기계설계학

저자소개

정봉수(Jeong Bong Soo)
관심영역 : 기계설계학, 진동 소음학
1992년~현재 : 전북대학교 공과대학 융합기술공학부 교수
1990년 3월 : Tohoku Univ. Sendai, Japan (Ph. D)

기계설계학

초판 인쇄 2015년 1월 5일
초판 발행 2015년 1월 12일

지은이 정봉수
펴낸이 최국주
펴낸곳 동명사
출판등록 1950년 11월 1일(제1-76호)
주소 (우 413-756) 경기도 파주시 회동길 50(문발동)
전화 031-955-7200(대표)~2, 7203(편집부), 7204(물류)
팩스 031-955-7205
전자우편 webmaster@dmsbook.com
홈페이지 www.dmsbook.com

ISBN 978-89-411-8140-8 93550
값 33,000원

머리말

우리나라 공업발전에 있어서 기계제작기술에서는 상당한 수준에 이르렀으나 설계능력에 있어서는 아직도 많은 지식이 필요하리라 여겨진다.

기계공학분야의 전공과목을 공부하는 목적은 기계를 설계하기 위한 것이라 해도 지나친 과언은 아니라 하겠다. 기계설계는 공학적인 실험, 해석 및 풍부한 경험으로부터 얻은 자료를 활용하여 실용설계에 적용하여야 한다.

본 저서는 기계요소를 체계적으로 분석하고 해석하는 방법을 기술하였고, KS규격을 참고로 하였으며 대학에서의 기계설계 강좌에 대비하였고, 산업현장의 실무자들이 참고서로 활용할 수 있도록 관심을 가지고 편집하였다.

각 장마다 필요로 하는 설계공식들을 이용한 응용풀이와 연습문제도 곁들여 수록하였으며 실용설계의 응용에 도움이 되도록 하였다.

출판에 앞서 미비한 점이 있을 것으로 생각되며, 독자여러분들의 지도편달을 받아 더욱 충실한 내용이 되도록 보완해 나갈 예정이다.

끝으로 본 저서가 나오기까지 많은 용기와 도움을 주신 모든 분들께 감사를 드리며 본서를 집필하는데 인용한 참고문헌의 저자분들, 그리고 원고 편집교정에 고생하신 출판사 사장님을 비롯한 여러분께 감사의 말씀을 드립니다.

저자

CONTENTS

제1장 서론

제2장 나사(screw) · 볼트(bolt) · 너트(nut)

제3장 키(key) · 코터(cotter) · 핀(pin)

제4장 리벳 이음(riveted joint)

제16장 V 벨트 전동기소설계

제17장 로우프 전동장치

제18장 체인 전동장치

서론

1.1 기계요소설계

기계요소는 모두 저항물체로서 B. W. Kennedy는 "기계라면 몇 개의 저항물체로서 각 물체는 각각 일정한 포속운동을 하고 있고, 그 일단에 동력을 주면 타단에서는 인간에게 유효한 일을 하는 것이다"라고 정의를 내리고 있다.

그러므로 기계를 설계제작함에 있어서 기계요소에 작용하는 응력상태, 형상, 재료 및 제작법에 대한 지식을 종합적으로 알고 있어야 하며, 기계설계에 필요한 기초 지식과 전문 지식은 모두 알고 있어야 한다.

다시 말하면, 기계를 설계한다는 것은 특별한 목적을 수행하기 위한 기계의 제작 또는 개량에 관한 계획을 설정하는 것이다. 기계설계에서 가장 중요한 것은 목적에 합당한 기구를 선택할 것과 기계 각 부에 가해지는 힘에 견딜 수 있도록 충분한 강도를 갖도록 하는 것이다. 그러므로 설계할 때에 먼저 기구를 생각하고 기계를 구성하는 각부의 재료와 그 치수를 결정하는 것이 중요하다.

좋은 기계를 만들려면 좋은 설계를 하여야 한다. 좋은 설계는 기계 전반에 관한 폭넓은 지식과 경험을 통하여 얻어진다. 특히 각 부분의 구조, 형상, 크기 등을 결정하려면 기계요소의 종류, 구조, 기능 등에 관해서도 충분한 지식을 가지고 있어야 한다.

설계를 하기 전에 널리 자료를 모아서 참고로 하는 것은 매우 중요한 일이다. 즉 KS는 물론이고 그 밖의 규격, 법규, 카탈로그(catalog) 등 많은 설계자료를 정리해서 이들을 충분히 활용하여야 할 것이다. 또한 항상 연구를 게을리 하지 않는 것도 중요한 일이다.

설계할 때 사용부품으로 규격품을 될 수 있는 대로 많이 사용하면 생산이나 교환에 유리하며 대량생산에 의해 우량품을 값싸고 빠르게 만들 수가 있다. 제품의 아름다운 형상은 제품의 시장가치를 높이므로 공업디자인도 무시할 수 없다. 물론 공예품처럼 지나치게 모양을 내어서는 안 되지만 각 부품의 본질적인 치수를 벗어나지 않는 범위 안에서 외관에 미적 조화를 갖도록 해야 한다.

1.2 설계제도 및 기계공작

설계는 모두 도면에 의해서 나타난다. 설계가 완료되었다는 것은 곧 제도가 완료되었음을 말한다. 또 기계부품은 도면의 지시대로 만들어지므로 도면을 정확히 표현하는 것은 매우 중요하다. 도면은 설계로부터 기계가 만들어지는 과정을 통해서 설계자의 의지를 표현하는 단 하나의 수단이며 또 이것은 설계자 자신이 그리는 것이므로 설계자는 기계도면에 관한 충분한 지식을 가지고 있지 않으면 안 된다.

또 설계자가 기계공작에 관한 지식이 부족하면 공작하기가 어려운 설계를 하게 되거나 용이하고 또 값싸게 만들 수 있도록 설계할 수 있는 부품을 많은 노력과 비용을 들게 하고 기계를 완성해 놓고 보면 잘못된 곳이 있거나 하게 된다. 이와 같이 설계방법에 따라서 공작의 난이, 제품의 성능이 결정되므로 기계공작에 관해서도 충분한 지식을 갖는 동시에 그 공장의 기계설비의 능력에 대해서도 잘 알아 두는 것이 중요하다.

1.3 표준규격

1. 표준규격의 목적 및 KS 규격

공업제품들을 설계 제작함에 있어서 그 형상, 치수, 재료 등을 규격화하면 고정밀도의 제품을 신속 정확하게 경제적으로 제작할 수 있을 뿐만 아니라 호환성이 얻어지고 제조업자나 수요자 모두 경제적이 된다. 이런 이유 때문에 제품의 규격화는 오래 전부터 선진 각국에서 제정하여 사용되어 왔으며, 또한 기술무역, 문화의 국제교류가 피할 수 없는 역사적 흐름이 되어 규격의 국제적 통일도 이루어져야 된다고 제창되어 ISO(국제표준화기구 : International Standardization of Organization)가 설립되었고 규격의 국제화에 노력하고 있다.

우리나라에서도 1962년 표준화 사업이 착수되어 한국공업규격(KS : Korean Industrial Standards)이 제정되었다. 표 1-1은 KS의 공업 부문별 기호이며 표 1-2는 기계부문의 분류번호를 나타낸 것이다.

[표 1-1] KS의 공업부문별 기호

분류번호	부문명칭	분류번호	부문명칭	분류번호	부문명칭
KSA	기본	KSF	토 건	KSM	화학
KSB	기계	KSG	일용품	KSP	의료
KSC	전기	KSH	식료품	KSV	조선
KSD	금속	KSK	섬 유	KSW	항공
KSE	광산	KSL	요 업		

[표 1-2] 기계부문의 분류번호

분류번호	부문명	분류번호	부문명
B0001~B0999	기계기본	B6001~B7000	일반기계
B1000~B3000	기계요소	B7001~B8000	산업기계
B3001~B4000	공 구	B8001~	수송기계
B4001~B6000	공작기계		

2. 기계설계에 있어서 SI단위

(1) 단위와 환산계수

기계설계에 있어서 사용되고 있는 주요한 조립단위를 표 1-3에 표시한다.

[표 1-3]

양	SI	
	단위 (명칭)	단위기호
면적	평방미터	m^2
체적	입방미터	m^3
속도	미터매초	m/s
가속도	미터매초제곱	m/s^2
각속도	라디안매초	rad/s
각가속도	라디안매초제곱	rad/s^2
진동수, 주파수	헤르쯔	Hz
회전속도	회매초	S^{-1}
밀도	킬로그램매입방미터	kg/m^3
운동량	킬로그램매초	kg · m/s
운동량의 모멘트 각운동량	킬로그램평방미터매초	$kg \cdot m^2/s$
관성모멘트	킬로그램평방미터	$kg \cdot m^2$
힘	뉴우튼	N
힘의 모멘트	뉴우튼미터	N · m
압력	파스칼	Pa
응력	파스칼(뉴우튼매평방미터)	Pa, (N/m^2)
표면장력	뉴우튼매미터	N/m
에너지, 일량	주울	J
일율, 동력	와트	W

그리고 고유의 명칭을 가진 조립단위의 몇 개를 표 1-4에 표시한다. 현재 사용하는 공학단위는 SI단위와의 환산계수 중에서 기계설계에서 잘 사용되고 있는 것을 표 1-5에 표시한다.

[표 1-4] 고유의 명칭을 가진 조립단위

양	명칭	단위기호	다른 SI단위에 의한 표시	SI기본단위에 의한 표시
진동수, 주파수	헤르쯔	Hz		s^{-1}
힘	뉴우튼	N		$m \cdot kg \cdot s^{-2}$
압력, 응력	파스칼	Pa	N/m^2	$m^{-1} \cdot kg \cdot s^{-2}$
에너지작업	주 울	J	N · m	$m^2 \cdot kg \cdot s^{-2}$
일율, 동력	와 트	W	J/s	$m^2 \cdot kg \cdot s^{-3}$

[표 1-5] 환산계수

양	공학단위	SI의 단위
질량	[$kgf \cdot s^2/m$] $1.019\ 72 \times 10^{-1}$	[kg] 9.806 65 1
힘	[kgf] 1 $1.019\ 72 \times 10^{-1}$	[N] 9.806 65 1
힘의 모멘트	[$kgf \cdot m$] 1 $1.019\ 72 \times 10^{-1}$	[$N \cdot m$] 9.806 65 1
압력	[kgf/cm^2] 1 $1.019\ 72 \times 10^{-5}$	[Pa] $9.806\ 65 \times 10^{4}$ 1
	[atm] 1 $9.869\ 23 \times 10^{-6}$	[Pa] $1.333\ 22 \times 10^{2}$ 1
	[mmH^2O) 1 $1.019\ 72 \times 10^{-1}$	[Pa] 9.806 65 1
	[mmHg, Torr] 1 $7.500\ 62 \times 10^{-3}$	[Pa] $1.333\ 22 \times 10^{2}$ 1
응력	[kgf/mm^2] 1 $1.019\ 72 \times 10^{-1}$	[$Pa(N/m^2)$] $9.806\ 65 \times 10^{6}$ 1
에너지, 일 (작업)	[kgf/mm^2] 1 $1.019\ 72 \times 10^{-1}$	[J] 9.806 65 1
	[$kW \cdot h$] 1 $2.777\ 78 \times 10^{-7}$	[J] 3.6×10^{6} 1
일률, 동력	[$kgf \cdot m/s$] 1 $1.019\ 72 \times 10^{-1}$	[W] 9.806 65 1
	[PS] 1 $1.359\ 62 \times 10^{-3}$	[W] 7.355×10^{2} 1

응력확대계수	[kgf · $mm^{-3/2}$] 1 3.224 63	[MPa · $m^{1/2}$] 3.101 14×10^{-1} 1
충격치	[kgf · m/cm^2] 1 1.019 72×10^{-5}	[J/m^2] 9.806 65×104 1
	[kgf · m] 1 1.019 72×10^{-1}	[J] 9.806 65 1

그리고 SI에서는 응력의 단위는 [Pa] 또는 [N/m^2]의 어느 것으로 표시해도 좋은 것으로 되어 있으나, 보통의 경우 응력 및 탄성계수는 각각 [MPa] 및 [GPa]로 표시하는 것이 바람직하다. 단, 응력의 정의 및 계산과정에 있어서 [N/m^2] 또는 [N/mm^2]을 사용해도 좋다.

1.4 재료의 강도

기계재료를 시험하여 그 결과에서 재료에 작용하는 응력과 변형률(strain)과의 관계를 선도에 나타낸 것을 응력–변형률선도(stress–strain diagram)라 한다. 이것은 재료의 내적 고찰이지만 외적으로 바꾸어 생각하면 하중–변형선도라 말해도 좋다. **그림 1–1**은 저탄소강의 인장시험에 있어서 응력–변형률선도를 나타낸 것으로 실선으로 표시한 것은 재료에 작용하는 하중을 최초의 단면적으로 나눈 응력 즉, 공칭응력(公稱應力 ; nominal stress)을 표시한 것이고 점선으로 표시한 것이 하중을 그때그때의 축소단면적으로 나눈 진응력(眞應力 ; true stress)을 보인 것이다. 이와 같은 선도에 있어서 P점까지는 응력과 변형률이 비례관계에 있으므로 P점을 비례한도(比例限度 ; proportional limit)라 하고 이 범위 내에서 응력과 변형률 사이에는 훅의 법칙(Hooke's law)이 성립한다. 즉,

$$\sigma = E\epsilon \tag{1–1}$$

여기서, E : 재료의 종탄성계수(縱彈性係數)이다. 다음에 E점은 응력을 제거하면 변형도 거의 완전히 없어지는 한계점으로서 탄성한도(elastic limit)라 불린다. E점을 넘어서 다시 응력이 가해지면 재료에는 영구변형(permanent strain)이 잔류하게 된다. 또 Y점에서는 응력이 그대로 있든가 또는 감소하는 데도 불구하고 변형률만이 급격히 증대한다. 이와 같은 점은 항복점(降伏點 ; yield point)이라 부른다. 이 점에서 재료는 탄성적 응집력을 잃었기 때문에 그 재료가 소성상태(plasticity)로 된다고 한다.

그러나 재료에 따라서는 **그림 1–2**에서와 같이 항복점이 명백하게 나타나지 않는 것이

있는데. 이런 경우에는 영구 변형률이 0.2%가 되는 점 Y'를 항복강도라 하고 이것을 항복점과 같은 것으로 취급한다. **그림 1-2**에서 (가)는 고탄소강의 응력-변형률선도를 나타낸 것이고 (나)는 주철의 경우이다.

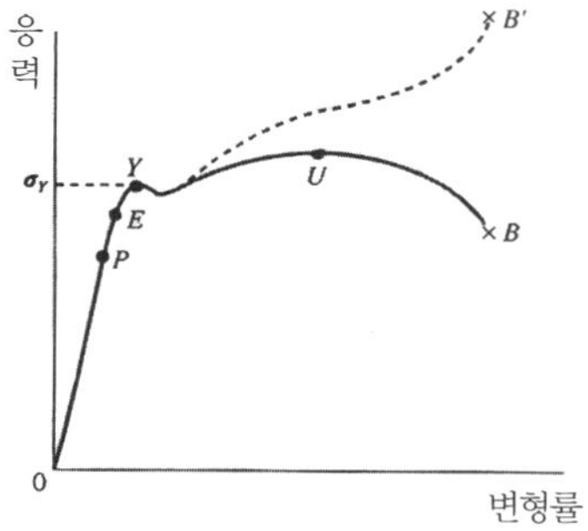

그림 1-1 응력-변형률 선도(Ⅰ)

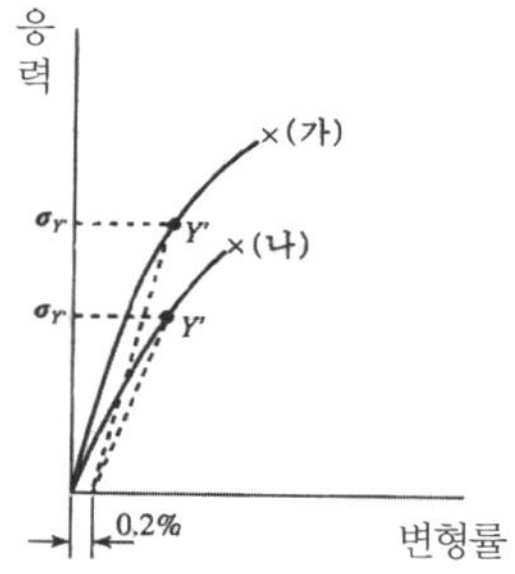

그림 1-2 응력-변형률 선도(Ⅱ)

항복점을 넘으면 재료의 단면이 점차 가느다랗게 되어 국부수축현상(局部收縮現像 ; local contraction)이 일어나고 따라서 공칭응력과 진응력과의 차는 증대되어 가고, 응력의 최대점 U에 도달하면 재료는 갑자기 가느다랗게 되어 응력의 값은 저하된다. 즉 재료가 견딜 수 있는 최대응력값으로 되어 결국 가느다랗게 된 부분에서 판단하게 된다. 이와 같은 U점의 응력을 극한강도(ultimate strength)라 하고 인장시험의 경우 극한강도를

[표 1-6] 금속재료의 기계적 성질 (단위 : kg/mm³)

재료	종탄성계수 E	횡탄성계수 G	탄성한도 σ_e	항복점 σ_γ	극한강도		
					인장강도	압축강도	전단강도
연강	21,000	8,100	18~23	20~30	34~45	34~45	30~38
반경강	21,000	8,100~8,400	28~36	30~40	48~62	48~62	40~
경강	21,000	8,100~8,400	50~	–	100~	100~	65~70
스프링강							
담금질 않음	21,000	8,500	50~	–	~100	–	–
담금질	21,500	8,800	75~	–	~170	–	–
니켈강(2.35%)	20,900	–	33~	38	56~67	–	–
주강	21,500	8,300	20~	21~	35~70	연질=σ_s	–
주철	10,000	3,800	없음	없음	12~24	경질35~70	13~26
황동							
주물	8,000	–	6.5	–	15	60~85	15
압연	–	–	–	–	30	10	–
인청동	9,300	4,300	–	40	23~39	–	–
알루미늄							
주물	6,750	2,000	–	–	6~9	–	–
압연	7,300	–	4.8	–	15	–	–
듀랄루민	5,000~6,000	–	–	24~34	38~48	–	–
포금	9,000	4,000	9	–	25	–	24

인장강도, 압축시험의 경우 극한강도를 압축강도라고 부른다. 기계부품은 영구변형이 남으면 곤란하므로 응력의 한계로서는 비례한도 또는 탄성한도를 극한으로 하는 것이 이상적이지만 이것들은 매우 불명확하기 때문에 항복점(또는 항복강도)을 한계로 생각한다.

지금까지 논한 것은 하중이 정적으로 가해진 경우이고 실제로는 동적 하중이 작용하므로 정하중에 의하여 파괴되는 경우가 매우 드물지만 재료의 강도를 측정하는 기본 방법으로 사용되며 이들의 값이 재료강도의 기초가 된다. 표 1-6은 공업적으로 사용되는 각종 금속재료의 기계적 성질을 나타낸 것이다.

1.5 응력집중

기계의 구성부품에 구멍이나 홈 등이 있으면 단면이 급격하게 변하므로 이런 부분의 근방에서 응력의 분포상태는 국부적인 곳에서 대단히 큰 응력이 작용하게 되는데 이런 현상을 응력집중(應力集中 ; stress concentration)이라고 한다. 특히 취성재료(脆性材料 ; brittle material)는 국소응력이 재료의 극한강도를 넘었을 때 균열이 생겨 그 균열의 선단(先端 ; crack tip)에서 급격한 응력확대를 일으켜 마침내 파괴되는 것이다. 또 이와 같은 부분이 변동하중을 받아서 응력의 방향이 변화하는 경우에는 연성재료(延性材料 ; ductile material)라 할지라도 그 부분에서 균열이 발생하고 이것이 진행하여 드디어 파괴된다는 사례는 허다하다.

그림 1-3은 작은 구멍이 있는 4각형판에 인장하중이 작용할 때 구멍을 포함한 단면상의 응력분포를 나타낸 것이다. 그림에서 m 점에 생기는 최대응력 $\sigma_{\max}$과 최대단면 부분으로 응력집중이 없다고 생각했을 때 평균응력 σ_{av}와 비를 형상계수 또는 응력집중계수(stress concentration factor)라 하고 이것을 a로 나타내면 다음과 같이 된다.

그림 1-4는 홈이 있는 원형단면축에 이장하중이 작용하는 경우 응력집중계수를 나타낸 것이다. 여기서 응력집중계수 a는 홈의 반지름 r와 축의 지름 d와의 비에 따라 변화하는 것을 알 수 있다. 즉 지름 d가 일정하다면 홈의 반지름 r가 클수록 응력집중계수 a는 작아진다는 것을 알 수 있다.

$$\alpha = \frac{\sigma_{\max}}{\sigma_{av}} \tag{1-2}$$

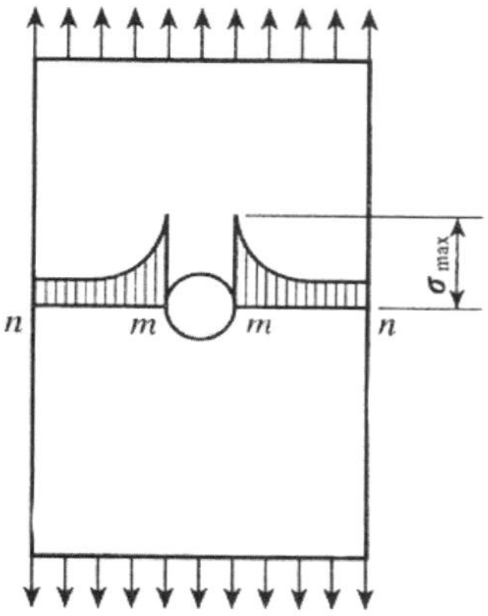

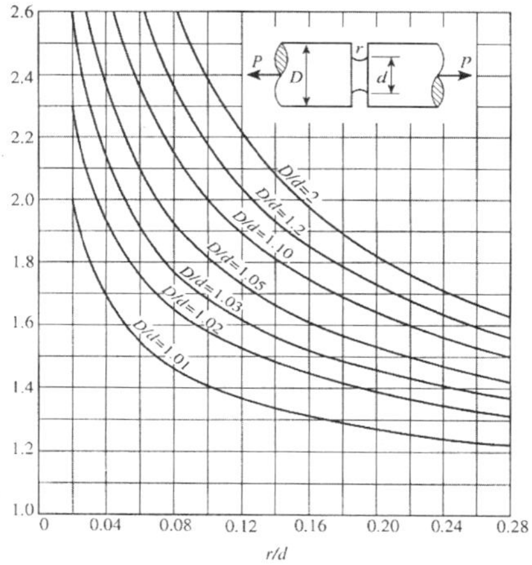

그림 1-3 구멍이 있는 판에서의 응력집중 **그림 1-4** 작은 홈이 있는 축이 인장을 받을 때 응력집중계수

1.6 피로

실제의 기계부품에는 일반적으로 동적 하중이 가해져서 반복응력을 받고 있기 때문에 정적인 재료의 강도보다 훨씬 작은 응력에서 파괴되는 수가 있다. 따라서 설계할 때는 충분히 이러한 사실을 고려해야 한다. 응력이 시간에 따라 변동하는 상태에서 재료가 파괴되는 것을 피로한도(疲勞限度 ; fatigue limit)라 한다.

응력이 시간에 따라 변동하는 반복응력은 **그림 1-5**와 같이 나타낼 수 있다. 응력진폭 $\sigma_a = (\sigma_1 - \sigma_2)/2$를 세로축에 그리고 파괴될 때까지의 반복횟수 N을 가로축에 취하면 **그림 1-6**과 같이 되는데, 이 곡선을 S-N곡선이라고 한다. 강재(鋼材)에서는 응력반복횟수가 $N = 10^6 \sim 10^7$ 부근에서 $S-N$곡선은 수평을 이루는데 이때의 응력진폭보다 작은 응력값에서는 영구히 파괴되지 않는다. 이 수평부분을 값을 피로한도라 하며 설계의 기준으로 삼는 재료의 강도와 밀접한 관계가 있다. 즉 기계부품에서는 이 값보다 작은 응력만 작용하도록 설계해 놓으면 반영구적으로 파괴되지 않을 것이다. 피로한도에 영향을 미치는 인자로는 다음과 같은 것들을 들 수 있다.

① **노치효과**(notch effect) ; 단면의 현상이 급격히 변화하는 부분에는 응력집중이 일어나므로 피로한도도 저하한다.

② **치수효과**(size effect) ; 동일한 재료일지라도 부재의 치수가 크게 되면 피로한도는 낮아진다.

③ **힘 박음**(force fit) ; 축에 허브(hub) 또는 베어링의 내륜 등을 힘 박음 또는 열박음하면 피로한도는 약 절반으로 낮아진다.

④ **표면거칠기**(surface roughness) ; 다듬질면의 조도가 심할 경우 엄밀히 생각하면 노치효과와 동일한 현상이 일어나 피로한도는 낮아진다.

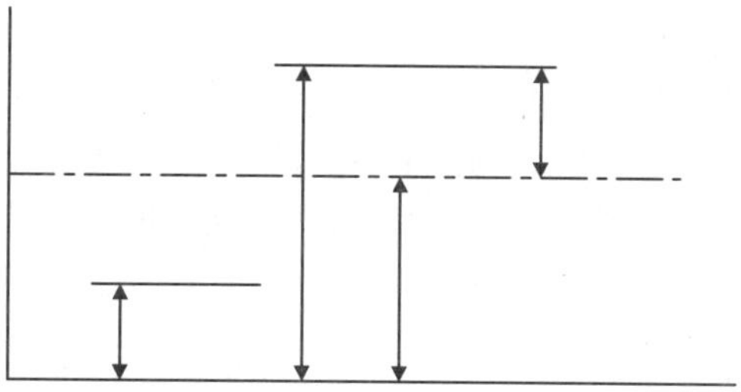

그림 1-5 반복응력

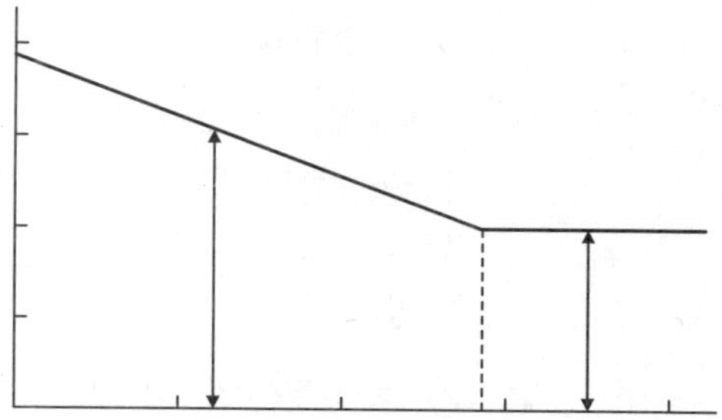

그림 1-6 탄소강의 $S-N$ 곡선(보통 눈금)

⑤ **부식**(腐蝕 ; corrosion) ; 부식작용도 피로한도를 저하시키는 원인이 되며 알칼리, 소금물 등은 물론 수중이나 공기 중에서도 부식이 일어난다.

1.7 허용응력과 안전계수

기계의 부재가 오랫동안 파괴되지 않고 목적을 달성하려면 부재 내부에 작용하는 응력을 일정한 값 이하로 제한하고 영구변형하거나 파괴되지 않도록 하여야 한다. 이와 같이 설계할 때 허용할 수 있는 응력을 허용응력(許容應力)이라고 한다.

허용응력은 단지 영구 변형이나 파괴를 방지하는 것으로만 생각할 것이 아니라 때에 따라서는 탄성변형량을 제한하는 것으로 보아 결정하지 않으면 안 될 경우도 있다. 따라서 허용응력을 결정할 때에는 사용재료의 성질, 하중의 종류, 사용조건 등에 의하여 적당한 값을 결정하여야 하고 이 적당한 값이 과대하게 되면 기계의 목적을 잃어버릴 뿐 아니라 위험을 가져오게 된다. 또 이 값이 너무 작으면 필요없는 중량을 증대시켜 재료비가 가산되어 경제성을 잃어버린다. 따라서 적당한 허용응력의 선정은 설계자에게 맡겨진 중대한 문제의 하나가 된다. 표 1-7은 각종 철강재료의 허용응력을 나타낸 것이다.

재료의 기준강도(σ_f)와 허용응력(σ_a)과의 비를 안전계수 혹은 안전율(safety factor)이라고 한다. 즉, 안전율 S는 다음과 같다.

$$S = \frac{\sigma_f}{\sigma_a} > 1 \tag{1-3}$$

재료의 기준강도의 선정은 재료의 기계적 성질, 하중의 종류, 사용조건 등에 따라 다르게 한다. 상온에서 연성재료가 정하중을 받는 경우는 항복응력을 상온에서 취성재료가 정하중을 받는 경우는 극한강도를, 고온에서 정하중을 받는 경우는 크리프한도(creep limit)를, 그리고 반복하중을 받는 경우는 피로한도를 기준강도로 삼는다. 안전률은 기계의 각 부분이 필요로 하는 충분한 안전도를 갖게 하기 위한 값으로서 항상 1보다 크게 되고 일반적으로 다음 사항을 고려하여 결정한다.

(1) 사용재료의 기계적 성질

재료에는 연강과 같은 연성재료와 주철과 같은 취성재료가 있으며 이것들은 특히 동하중이 걸릴 때의 강도에 미치는 영향이 크다. 물론 취성재료에 대하여 안전율을 크게 잡는다. 또 연강은 주철에 비하여 재질이 균일 하므로 연강에 대한 안전율은 작게 잡을 수 있다.

(2) 응력계산의 정확도

부재 내부에 생기는 응력이 계산에 의해 정확하게 정해지면 문제가 없으나 곤란할 때에는 근사적으로 구하거나 추정하거나 한다. 이런 때에는 안전율을 크게 잡는다.

(3) 하중의 작용상태

기계부재에 작용하는 하중에는 ① 하중의 작용점, 크기 및 방향이 변화하지 않는 정하중, ② 하중의 방향 및 작용점은 일정하나 방향과 크기가 0에서부터 최대까지 반복하여 변화하는 반복하중, ③ 작용점은 일정하나 방향과 크기가 변화하는 교번하중(交番荷重), ④ 급격히 최대하중이 작용하는 충격하중이 있다.

위와 같은 여러 가지 성질의 하중에 대하여 각종 부재가 가지는 저항력은 일정하지 않다. 일반적으로 말하면 동하중의 작용이 급격할수록 저항은 낮아진다. 따라서 안전율은 정하중일 때 최소이고 충격하중일 때 최대값을 잡아야 한다.

(4) 불연속 부분의 존재

단(段)이 달린 축의 경우와 같이 불연속 부문이 있으면 그 곳에서 응력집중이 생기므로 이런때는 안전율을 크게 잡아야 되고 이 응력집중이 재료의 강도에 미치는 영향, 즉 자국효과(notch effect)는 동일재료라 할지라도 정하중을 받는 경우와 동하중을 받는 경우가 아주 다르다. 취성재료가 동하중, 특히 반복하중을 받는 경우에는 자국효과에 주의하여야 하며 이때 안전율은 상당히 크게 잡아야 한다.

(5) 공작정도 및 조립상태

공작정도 및 다듬질면의 양부(良否)도 기계수명을 좌우하는 인자가 되고 또 공작 및 조립중 예기치 못한 응력이 부가되므로 그 양부 여하에 따라 안전율을 다르게 잡아야 한다.

이상과 같이 안전율은 여러 가지 인자를 고려하여 결정되는 문제이므로 일반적으로 통용되는 값을 결정한다는 것은 매우 어려운 일이다. 따라서 실제적으로는 종래부터 경험을 통하여 얻어진 안전율의 값을 사용하는 경우가 많다 예를 들면 Unwin은 재료의 극한강도를 기준으로 하여 안전율의 일반적 평균값을 제안하였다. **표 1-8**은 Unwin이 제안한 안전율의 값을 나타낸 것이다.

[표 1-8] Unwin의 안전율

재료	정하중	동하중		
		편진반복하중	양전반복하중	변동하중 및 충격하중
강 · 연철	3	5	8	15
주철	4	6	10	12
목재	7	10	15	20
석재	20	30	–	–

1.8 공차와 끼워맞춤

1. 공차

공작도에 기입한 한 부분품의 치수를 25mm라고 하면 이것은 호칭치수(nominal dimension)이며 실제로 가공하면 정확히 25mm가 안되고 약간 크거나 작다. 다시 말해서 25.03mm가 되거나 24.08mm로 되거나 한다. 따라서 어느 정도의 정밀도가 필요한가를 지정해야 할 것이다. 만약 $25^{+0.03}_{-0.02}$라고 기입했다면 이것은 24.98~25.03 범위 내의 치수로 가공해야 한다는 것을 지정한 것이 되며 0.05mm의 공차를 허용한 것이다. 이와 같이 최대치수와 최소치수의 차를 공차(公差 ; tolerance)라고 한다.

서로 끼워맞추는 상대가 없는 경우에 이 공차는 그다지 문제가 되지 않으나 축과 베어링에서와 같이 적당한 틈새를 가져야 할 경우나 기어를 축에 끼워야 할 경우와 같이 적당한 편새를 가져야 할 경우 공차는 매우 중요하다. 기계부품으로서는 공차가 작은 것이 바람직하나 공차가 작은 것을 제작하려면 특별한 기계설비 및 검사를 필요로 하므로 소요경비가 증대된다. 따라서 설계자는 공차가 너무 작은 것을 설계하려 하지 말고 기계의 성능을 생각하여 그 기능을 잃지 않는 정도에서 제작하기 쉬운 공차의 것을 설계하는 것이 중요하다.

2. IT 기본공차

제품을 같은 가공정도(加工精度)로 공작할 때 그 치수가 커지면 공작의 오차는 그 치수에 비례하여 공차를 변화시켜야 한다. 이 공차를 모든 치수에 대하여 정한다는 것은 대단히 복잡하므로 ISO에 따라 KS에서도 규정하고 있다. 즉 표 1-9(a) 및 (b)에 나타낸 바와 같이 500mm 이하의 치수에 대하여는 13구분으로, 500mm 초과 3,150mm 이하의 치수에 대해서는 8구분으로 나누어 공차를 정하고 있는데, 이 공차를 IT 기본공차라고 한다.

[표 1-9] IT 기본공차의 수치

(a) 0~500mm

치수구분 을초과	치수구분 이하	IT 01 (01급)	IT 0 (0급)	IT 1 (1급)	IT 2 (2급)	IT 3 (3급)	IT 4 (4급)	IT 5 (5급)	IT 6 (6급)	IT 7 (7급)	IT 8 (8급)	IT 9 (9급)	IT 10 (10급)	IT 11 (11급)	IT 12 (12급)	IT 13 (13급)	IT 14 (14급)	IT 15 (15급)	IT 16 (16급)
–	3	0.3	0.5	0.8	1.2	2	3	4	6	10	14	25	40	60	100	140	250	400	600
3	6	0.4	0.6	1	1.5	2.5	4	5	8	12	18	30	48	75	120	180	300	480	750
6	10	0.4	0.6	1	1.5	2.5	4	6	9	15	22	36	58	90	150	220	360	580	900
10	18	0.5	0.8	1.2	2	3	5	8	11	18	27	43	70	110	180	270	430	700	1100
18	30	0.6	1	1.5	2.5	4	6	9	13	21	33	52	84	130	210	330	520	840	1300
30	50	0.6	1	1.5	2.5	4	7	11	16	25	39	62	100	160	250	390	620	1000	1600
50	80	0.8	1.2	2	3	5	8	13	19	30	46	74	120	190	300	460	740	1200	1900
80	120	1	1.5	2.5	4	6	10	16	22	35	54	87	140	220	350	540	870	1400	2200
120	180	1.2	2	3.5	5	8	12	19	25	40	63	100	160	250	400	630	1000	1600	2500
180	250	2	3	4.5	7	10	14	20	29	46	72	115	185	290	460	720	1150	1850	2900
250	315	2.5	4	6	8	12	16	23	32	52	81	130	210	320	520	520	810	1300	2100
315	400	3	5	7	9	13	18	25	36	57	89	140	230	360	570	890	1400	2300	3600
400	500	4	6	8	10	15	20	27	40	63	97	155	250	400	630	970	1550	2500	4000

(b) 500~3150mm

치수구분 을초과	치수구분 이하	IT 6 (6 급)	IT 7 (7 급)	IT 8 (8 급)	IT 9 (9 급)	IT 10 (10급)	IT 11 (11급)	IT 12 (12급)	IT 13 (13급)	IT 14 (14급)	IT 15 (15급)	IT 16 (16급)
500	630	44	70	110	175	280	440	700	1100	1750	2800	4400
630	800	50	80	125	200	320	500	800	1250	2000	3200	5000
800	1000	56	90	140	230	360	560	900	1400	2300	3600	5600
1000	1250	66	105	165	260	420	660	1050	1650	2600	4200	6600
1250	1600	78	125	195	310	500	780	1250	1950	3100	5000	7800
1600	2000	92	150	230	370	600	920	1500	2300	3700	6000	9200
2000	2500	110	175	280	440	700	1100	1750	2800	4400	7000	11000
2500	3150	135	210	330	540	800	1350	2100	3300	5400	8600	13500

IT 기본공차는 기준치수가 500mm 이하의 경우에는 공차의 크기가 작은 것에서부터 큰 것의 순서로 IT 01, IT 0, IT 1, IT 2, …, IT 16의 합계 18등급으로 나누어지고 500mm 초과 3150mm 이하의 것은 각 치수구분에 따라 IT 6~IT 16의 11등급으로 나누어져 있다. IT 01~IT 4의 IT 기본공차는 주로 게이지를 제작할 때 적용하고 IT 5~IT 10의 IT 기본공차는 주로 끼워맞추는 기계부품, IT 11~IT 16의 IT 기본공차는 주로 끼워맞추지 않는 부분을 제작할 때 적용한다.

3. 구멍과 축의 종류 및 표시

KS에서는 구멍과 축의 종류를 기초가 되는 치수허용차(표 1-10)에 따라 나누고 그 기호는 알파벳(alphabet) 문자를 써서 구멍에 대해서는 대문자, 축에 대해서는 소문자로 나타낸다.

그림 1-7은 구멍과 축의 종류를 나타낸 것이다. 그림 1-7(a)에서 H는 최소치수가 호칭치수와 같은 구멍을 말하고 그림 1-7(b)에서 h는 최대치수가 호칭차수와 같은 축을 말한다. 구멍의 경우에 H에서 A에 가까워질수록 큰 구멍이고 실제치수는 호칭치수보다 크고 H에서부터 오른쪽의 문자는 호칭치수보다 실제치수가 작게 되어 있다. 축의 경우에는 구멍의 경우와는 반대로 h에서 a에 가까워질수록 가는 축이고 h에서 오른쪽의 문

자는 큰 지름의 축을 나타내고 있다.

KS에서는 27종의 서로 다른 구멍과 축의 종류를 규정하고 있다. 구멍과 축을 가공하기 위해서는 공차를 생각하지 않으면 치수를 정확하게 나타내지 못한다. 따라서 알파벳 문자와 함께 공차의 등급을 붙인 h6, s7, H9, G8 등과 같이 표시하고 이 기호에 의해서 구멍 또는 축의 최대치수, 최소치수가 정확하게 정해진다.

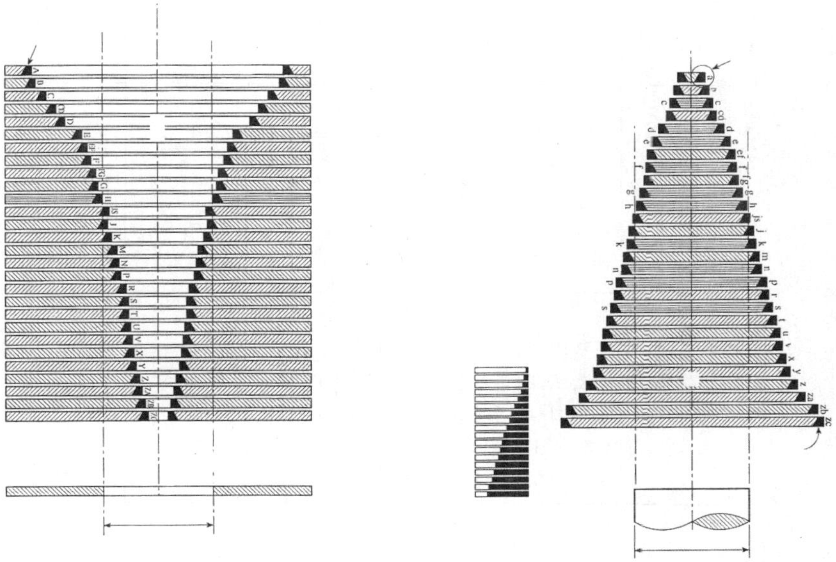

(a) 구멍의 종류　　(b) 축의 종류

그림 1-7 구멍과 축의 종류

4. 끼워맞춤

구멍과 축을 끼워맞추는 정도를 표현하는데 끼워맞춤(fit)이라는 용어를 쓴다. 끼워맞춤의 종류에는 구멍과 축 사이에 틈새가 생기는 헐거운 끼워맞춤, 죔새가 생기는 억지 끼워맞춤, 그리고 틈새와 죔새가 동시에 생기는 중간 끼워맞춤의 세가지 종류가 있다. 표 1-10은 끼워맞춤의 종류와 계산 예를 나타낸 것이다.

끼워맞춤 부분을 공작하려면 구멍이나 축 어느 한쪽을 기준으로 하여 가공하게 되는데 KS에서는 이와 같은 편측 공차방식을 채용하여 구멍과 축의 어느 것을 기준으로 하는가에 따라 구멍기준식과 축기준식의 두 가지 종류를 규정하고 있다.

구멍기준식은 H 5 ~ H 10의 6종류의 구멍을 기준으로서 각종의 축을 조합하는 것으로 규정하고 있다. 또한 축기준식은 h 4 ~ h 9까지의 6종류의 축을 기준축으로 하여 각종 구멍과 조합하여 여러 가지 끼워맞춤을 만들고 있다. 공간의 편리를 생각하면 구멍의 내면은 축의 외면을 가공하는 것보다 정확히 만들기 어렵다. 그러므로 구멍의 크기를 일정하게 해 놓고 끼워맞춤의 정도는 축의 바깥지름으로서 조절하는 것이 경제적인 것이다. 이런 의미에서 일반적으로 구멍기준방식이 널리 사용된다.

[표 1-10] 끼워맞춤의 종류와 계산 예

종류	정의	도해	실례(mm)
헐거운 끼워맞춤	구멍의 최소치수 〉축의 최대치수	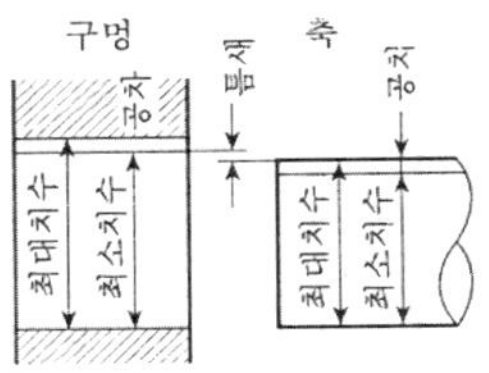	구 멍 축 최대치수 A=50.025 a=49.975 최소치수 B=50.000 b=49.950 최대틈새 = A−b = 0.075 최소츰새 = B−a = 0.025
억지 끼워맞춤	구멍의 최대치수 ≤축의 최소치수	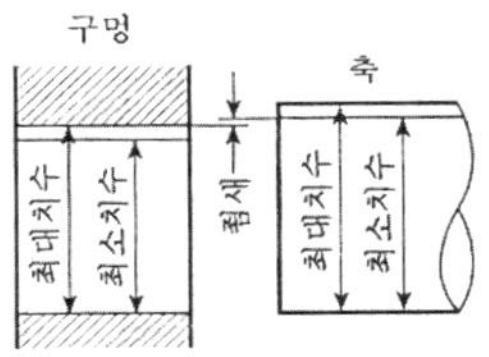	구 멍 축 최대치수 A=50.025 a=50.050 최소치수 B=50.000 b=50.034 최대틈새 = a−B = 0.050 최소츰새 = b−A = 0.009
중간 끼워맞춤	구멍의 최소치수 ≤축의 최대치수, 구멍의 최대치수 〉축의 최소치수	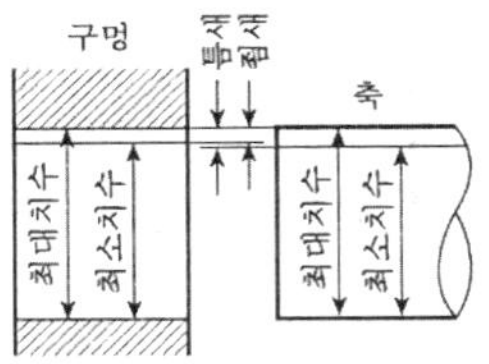	구 멍 축 최대치수 A=50.025 a=50.011 최소치수 B=50.000 b=49.995 최대틈새 = a−B = 0.011 최소츰새 = A−b = 0.030

끼워맞춤의 표시에는 구멍의 종류, 등급기호의 오른쪽에 사선을 긋고 축의 종류, 등급기호를 기입한다.

예 ; H 8 / f 6 $\left(\text{H 8 / f 6, 또는 } \dfrac{\text{H 8}}{\text{f 6}} \text{ 로 하여도 좋다}\right)$

KS에서는 이상에서와 같이 H 5 ~ H 10의 6종류의 구멍을 기준으로 하여 각종 축을 조합하고 축기준식에서는 h 4 ~ h 9의 6종류의 축을 기준으로 하여 각종 구멍과 조합하여 여러 가지 끼워맞춤을 얻도록 되어 있다. 그리고 구멍 및 축은 필요에 따라 임으로 조합하여 사용할 수 있으나 KS에서는 일반기계부품용으로 권장할 수 있는 조합을 상용하는 끼워맞춤으로 정하고 있으므로 되도록 이것을 사용하는 것이 바람직하다. 표 1-11에는 상용하는 끼워맞춤의 종류와 등급을 나타낸 것이다.

1.9 가공법과 정밀도

기계설계에 있어서 설계자는 다듬질면의 상태에 대하여 지시할 필요가 있고 가공법에 의하여 어떻든 다듬질면이 얻어지는가를 고려해야한다. 표 1-12은 각종 가공법에 의한 다듬질면의 거칠기의 범위와 약어를 표시한다.

[표 1-11] 상용 끼워맞춤의 종류와 등급

(a) 상용하는 구멍기준 끼워맞춤

기준 구멍	축의 종류와 등급																
	헐거운 끼워맞춤						중간끼워맞춤				억지끼워맞춤						
	b	c	d	e	f	g	h	js	k	m	n	p	r	s	t	u	x
H5						4	4	4	4	4							
H6						5	5	5	5	5							
					6	6	6	6	6	6	(6)*	(6)*					
H7				(6)	6	6	6	6	6	6	6	(6)*	(6)*	6	6	6	6
				7	7	(7)	7	7	(7)	(7)	(7)	(7)*	(7)*	(7)	(7)	(7)	(7)
H8					7		7										
				8	8		8										
				9	9												
H9			8	8			8										
		9	9	9			9										
H10		9	9	9													

(b) 상용하는 축기준 끼워맞춤

기준 구멍	축의 종류와 등급																
	헐거운 끼워맞춤						중간끼워맞춤				억지끼워맞춤						
	B	C	D	E	F	G	H	Js	K	M	N	P	R	S	T	U	X
h4							5	5	5	5							
h5							6	6	6	6	6*	6					
h6					6	6	6	6	6	6	6	6*					
				(7)	7	7	7	7	7	7	7	7*	7	7	7	7	7
h7				7	7	(7)	7	(7)	(7)	(7)	(7)	(7)	(7)*	(7)			
					8		8										
h8			8	8	8		8										
			9	9			9										
h9			8	8			8										
		9	9	9			9										
	10	10	10														

그리고 제품의 형상에 대해서도 완전하게 도품 그대로 제작할 수는 없고, 반드시 약간의 형상오차에 대해서도 고려해야 된다. 형상정밀도에 대해서는 각종의 요소에 관계하기 때문에 평면도, 진직도, 직각도, 진원도, 원통도, 평행도, 원심도 등에 대하여 그 정의, 표시법 및 측정방법 등에 대하여 규정하고 있다.

표면거칠기는 KS B 0161, 평면도는 KS B 0603, 진직도는 KS B 0601, 직각도는 KS B 0602, 진원도는 KS B 0604, 동심도는 KS B 0605, 평행도는 KS B 0606에 규격화되어 있으므로 각각 KS 규격을 참조하여야 될 것이다.

[표 1-12] 가공법과 다듬질할 수 있는 거칠기의 범위

표면거칠기의 표시		0.1S	0.2S	0.4S	0.8S	1.5S	3S	6S	12S	18S	25S	35S	50S	70S	100S	140S	560S
거칠기의 범위 (μ) / 가공법		0.1 이하	0.2 이하	0.4 이하	0.8 이하	1.5 이하	3 이하	6 이하	12 이하	18 이하	25 이하	35 이하	50 이하	70 이하	100 이하	140 이하	560 이하
	기호								무기호 또는								
단조	F									정	밀						
주조	C									정	밀						
다이캐스팅	CD																
열간압연	RH																
냉간압연	RC																
드로잉	D																
압출	E																
텀블링	SPT																
샌드블라스팅	SB																
전조	RL																
삼각기호				▽▽▽▽			▽▽▽			▽▽				▽			
평삭	P																
형삭	SH																
밀링깎기	M						정	밀									
정면밀링깎기	MFC						정	밀									
줄다듬질	FF						정	밀									
환삭	L				정밀			상		중					거칠다		
보링	B						정	밀									
정밀보링	BF																
드릴링	D																
리머다듬질	FR					정	밀										
브로칭	BR					정	밀										
셰이빙	TCSV																
연삭	G				정밀		상		중			거칠다					
호닝	GH																
수퍼피니싱	GSPR	정	밀														
버핑	FB			정밀													
사포다듬질	FCA				정	밀											
래핑	FL	정	밀														
액체호닝	SPL			정	밀												
버니싱	RLB																
전해연마	SPE		정	밀													

CHAPTER 2

나사(screw) · 볼트(bolt) · 너트(nut)

2.1 나사의 구성과 나사의 용어[KS B 0101]

1. 나선곡선 및 나사의 구성

그림 2-1과 같이 직각 3각형의 종이 ABC를 지름이 d인 원통 s에 감으면 빗변AB는 S의 원통면 위에 $aefb$의 입체적인 곡선을 그리게 되는데 이 곡선을 나선(helix)이라고 부른다. 그리고 이 나선을 따라서 3각형 또는 4각형 균일단면을 갖는 띠를 감으면 3각나사 또는 4각나사가 만들어진다. 또 이들 띠를 원통 외면에 감아서 만들어졌을 때의 나사를 수나사(external screw thread), 원통 내면에 감아서 만들어졌을 때의 나사를 암나사(internal screw thread)라고 한다.

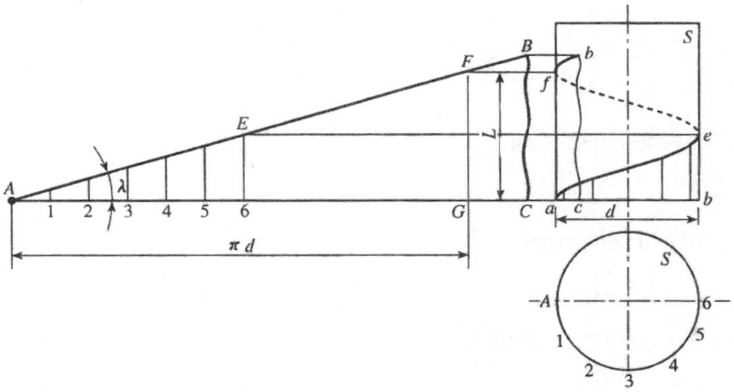

그림 2-1 나선의 형성

(1) 오른나사와 왼나사

나사는 나선의 방향에 따라 오른나사와 왼나사가 있다. 오른나사는 축방향을 보고 시계방향으로 돌렸을 때 전진하게 되며 왼나사는 반시계 방향으로 돌렸을 때 전진하게 된다. 일반적으로 사용되는 대부분의 나사는 오른나사이고 특수목적의 경우에는 왼나사가 사용된다.

(2) 리드(lead)

나사를 1회전 돌렸을 때 축방향으로 전진하는 거리를 리드라고 한다. 즉 그림 2-1에서 FG의 길이가 리드가 된다. 또 직각 3각형의 빗변 AF와 밑변 AG가 이루는 각 λ를 리드각(lead angle)이라고 한다. 따라서 원통의 지름을 d, 리드를 L이라고 하면 리드각 λ는 다음과 같이 된다.

$$\tan\lambda = \frac{L}{\pi d} \tag{2-1}$$

(3) 여러줄나사(multiple thread screw)

나사는 1줄의 나선에 의하여 만들어진 1줄나사, 2줄의 나선이 원주상에 180°의 위상차를 갖고 형성된 2줄나사, 120°의 위상차를 갖고 형성된 3줄나사 등이 있으며 2줄 이상의 나사를 여러줄나사(multiple thread screw)라고 한다. **그림 2-2**는 2줄나사의 예를 나타낸 것이다.

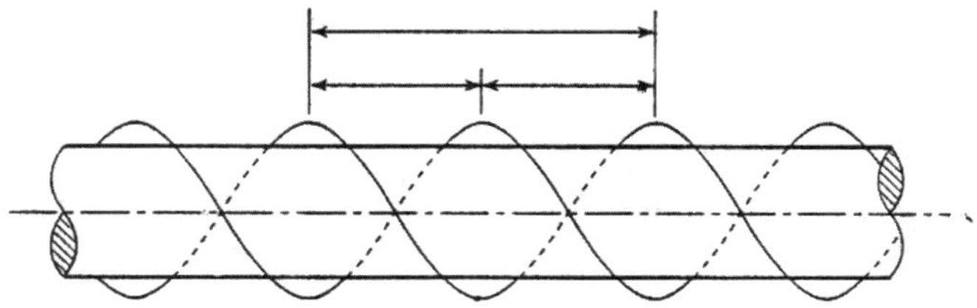

그림 2-2 2줄 나사

(4) 피치(pitch)

서로 인접되어 있는 나사산과 나사산 사이의 거리를 피치(pitch)라고 한다. 1줄나사에서는 리드와 피치와 같으나 2줄나사에서는 $L = 2p$, 3줄 나사에서는 $L = 3p$이고 n 줄나사의 경우는 다음과 같은 관계가 성립한다.

$$L = np \tag{2-2}$$

그림 2-3은 수나사를 나타낸 것으로 주요 명칭은 그림에 나타낸 바와 같다. d를 바깥지름, d_1을 골지름이라 하면 유효지름 d_2는 다음과 같이 된다.

$$d_2 = \frac{d + d_1}{2} \tag{2-3}$$

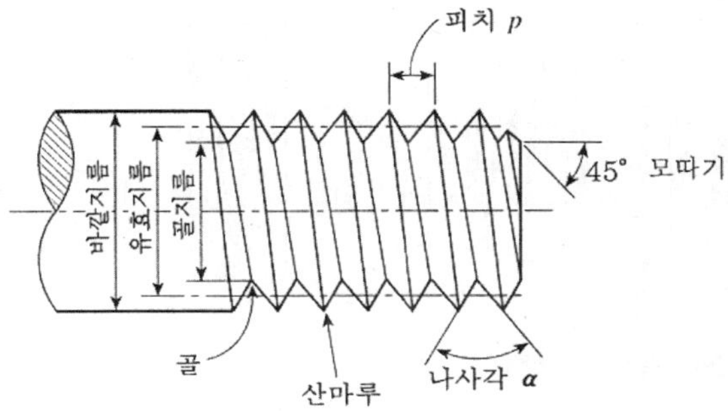

그림 2–3 수나사의 명칭

나사의 리드각은 골지름, 유효지름, 바깥지름에 대하여 각각 다르나 나사의 역학적인 계산에는 유효지름에 대한 리드각 λ, 즉 $\tan\lambda = \frac{p}{\pi d_2}$를 사용한다. 그리고 나사의 크기는 바깥지름으로 표시한다.

2. 나사의 명칭(그림 2–4)

① **나사산** : 나사의 홈과 홈 사이의 높은 부분

② **나사봉우리**(峯 ; crest) : 나사산의 꼭지면

③ **나사골**(root) : 나사홈의 밑부분

④ **플랭크면**(flank) : 나사봉우리와 골을 연결하는 나사면(thread surface)를 말하고 사면이 된다.

⑤ **나사의 지름**

ⓐ 바깥지름(外徑 ; major diameter) : 나사의 축에 직각으로 측정한 지름(d)을 말하고 나사의 크기는 나사의 바깥지름으로 표시한다. 즉 나사의 공칭지름은 바깥지름으로 한다.

ⓑ 골지름(minor diameter) : 수나사에 있어서는 최소지름이 되고, 암나사에 있어서는 최대지름이 된다. d_1으로 표시한다.

ⓒ 안지름 : 암나사의 최소지름을 말한다.

ⓓ 유효지름(d_2) : 바깥지름(d)과 골지름(d_1)의 평균지름 $d_2 = \frac{d+d_1}{2}$이고 피치지름이라고도 한다. 나사의 정도에 가장 중요한 것이고 **그림 2–5**에서 보는 것처럼 같은 바깥지름이고, 피치가 다른 나사의 유효지름은 피치가 작은 편이 크게 된다.

⑥ **나사의 유효단면적** : 유효지름과 수나사의 골지름과의 평균치를 지름으로 하는 원통의 단면적을 나사의 유효단면적이라 하며 다음 식으로 구한다.

$$\text{유효단면적} = \frac{\pi}{4}\left(\frac{\text{유효지름} + \text{수나사의 골지름}}{2}\right)^2 \qquad (2\text{–}4)$$

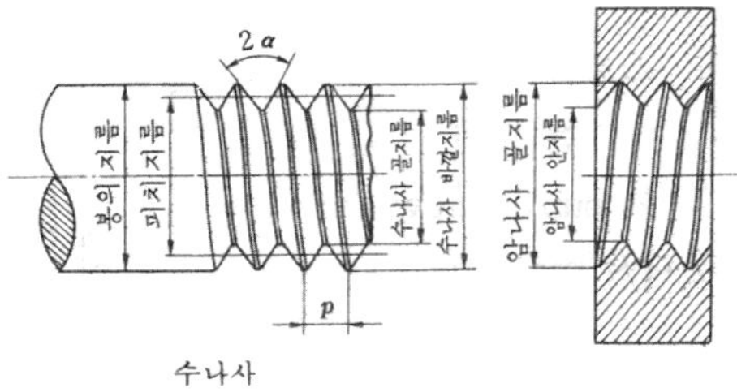

그림 2-4 나사의 명칭

그림 2-5 피치의 대소와 유효지름 관계

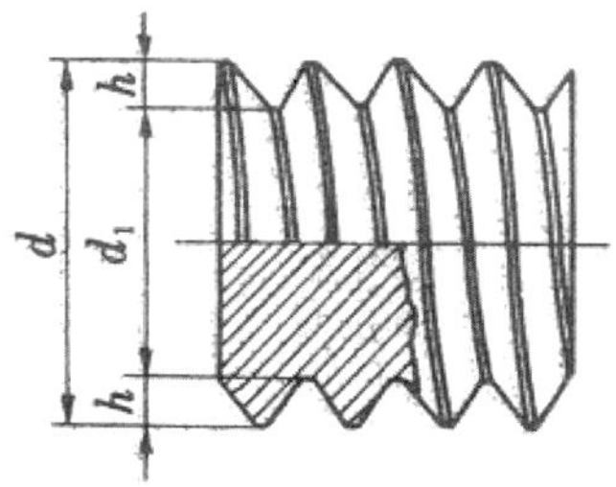

그림 2-6 나사높이(h)

⑦ **나사의 높이**(h) : 그림 2-6에 있어서 바깥지름 d와 골지름 d_1의 차의 $\frac{1}{2}$이 나사높이(h)로 된다.

⑧ **나사의 각도의 종류와 명칭**

ⓐ 리이드각과 비틀림각 : 리이드각은 **그림 2-1**에 도시한 직각3각형의 감은 종이의 경사각 λ를 말한다. 리이드각은 같은 나사의 골지름, 유효지름 및 바깥지름에서 각각 다르고 골지름이 가장 크다. 나사의 역학적 여러 가지 계산에 있어서는 피치지름에 있어서의 리이드각 λ_m을 사용한다.

$$\tan\lambda_m = \frac{l}{\pi d_2}$$

$$\therefore \lambda_m = \tan^{-1}\frac{l}{\pi d_2}$$

비틀림각은 **그림 2-7**에서와 같이 나사의 나사곡선과 그 위의 한 점을 통과하는 나사의 축에 평행한 직선과의 맺는 각 β를 말한다. 지금 리이드각 λ와 비틀림각 β 사이에는 다음 관계가 성립한다.

$$\beta + \lambda = 90^\circ$$

ⓑ 플랭크각과 나사산각 : 나사산의 정점과 골과를 맺는 면을 플랭크(flank)라 하고 그림 2-8에서 보는 것처럼 직선이다. 플랭크각(angle of flank)은 축선을 포함한 단면형에 있어서 축선에 직각한 직선과 맺는 각을 말하고, 인접한 2개의 플랭크가 맺는 각을 나사산각이라 하면 3각나사에 있어서는 플랭크각의 2배이다.

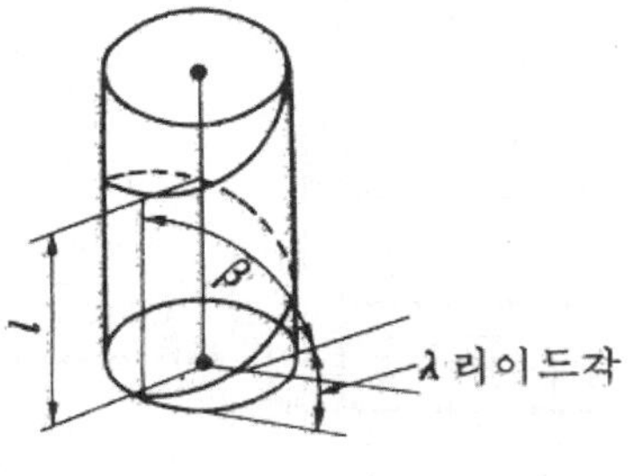

그림 2-7 리이드각 λ와 비틀림 각 β

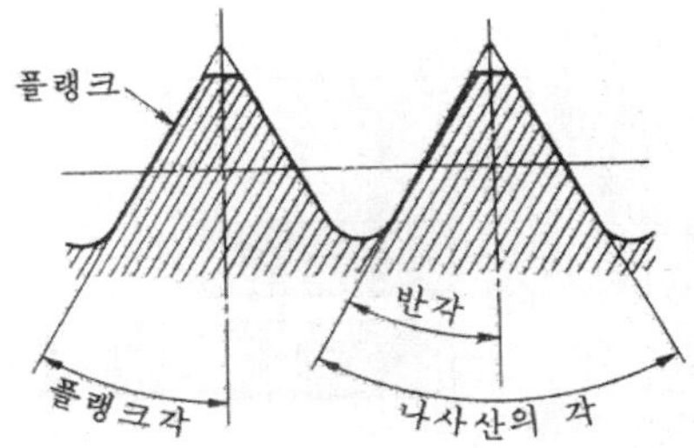

그림 2-8 플랭크각과 나사산각의 관계

이상의 피치, 리이드, 유효지름, 리이드각 등은 서로 끼워맞춰지는 수나사와 암나사에 있어서는 서로 같다. 즉 나사산각을 2α라 하면

$$\text{플랭크각} = \frac{\text{나사산각}}{2} = \frac{2\alpha}{2} = \alpha \tag{2-5}$$

2.2 나사의 종류

나사의 주가 되는 종류를 계별로 나누면 표 2-1과 같이 된다.

1. 나사의 기본형

나사는 가장 많이 사용되는 기소로서 교환성(exchangeability)이 요구된다. 따라서 각국이 모두 나사의 형상, 지름, 피치 등에 대하여 표준규격화하고 있으며, 우리나라에서도 KS B 0201 등에서 여러 가지 나사에 대하여 규격을 정하고 있다. 나사산의 종류에는 그림 2-9에서 보는 바와 같은 것들이 있다.

(a) 3각나사 (b) 4각나사 (c) 사다리꼴 나사 (d) 톱니나사 (e) 둥근나사

그림 2-9 나사산의 종류

[표 2-1] 나사의 계열

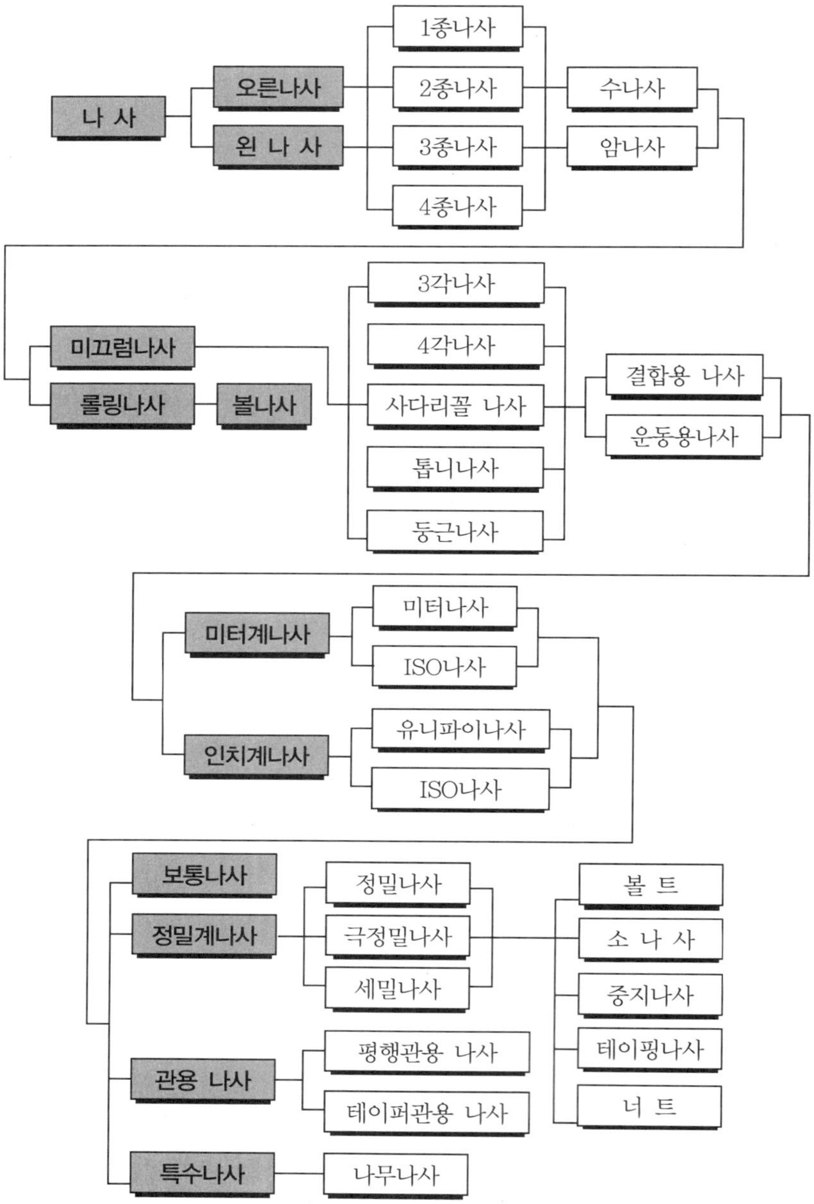

이들은 주로 다음과 같은 경우에 사용된다.

1) 3각나사(일반결합용)

2) 4각나사(힘의 전달용)

3) 사다리꼴 나사(운동전달용)

4) 톱니나사(한 방향에서 강한 힘이 작용하는 경우)

5) 둥근나사(큰 힘이 작용하는 경우)

6) 볼나사

[표 2-2] 나사 이음의 KS 규격 일람표

KS 규격	종류	KS 규격	종류
KS B 0201	미터 보통나사	KS B 1002	6각볼트
KS B 0204	미터 가는나사	KS B 1012	4각너트
KS B 0203	유니파이 보통나사	KS B 1004	4각볼트
KS B 0206	유니파이 가는나사	KS B 1013	4각너트
KS B 0221	관용 평행나사	KS B 1005	나비볼트
KS B 0222	관용 테이퍼나사	KS B 1014	나비너트
KS B 0227	30°사다리꼴 나사	KS B 1033	아이 볼트
KS B 0226	29°사다리꼴 나사	KS B 1034	아이 너트
KS B 1324	스프링 와셔	KS B 1021	홈붙이 작은나사
KS B 1324	이붙이 와셔	KS B 1055	나무못
KS B 0409	볼트 구멍지름 및 자리파기 지름	KS B 1056	십자형 나사못

(1) 결합용 나사

기계부품의 접합 또는 위치의 조정에 사용되는 나사로서 주로 3각나사가 사용된다. 그 종류는 다음과 같다.

① **3각나사** : 3각나사는 나사산의 단면이 정3각형에 가까운 나사로서, 그 산형의 종류에 따라 미터나사, 휘트워어드 나사, 유니파이 나사 등으로 나누어지고, 또 파이프용으로 사용되는 관용 나사가 있다.

ⓐ 미터나사(meteric thread) : 나사의 지름과 피치를 mm로 표시한 것이고, 나사산의 각도는 60°이다. **그림 2-10**(a)는 미터 보통나사, (b)는 미터 가는나사를 도시한다.

나사 봉우리는 평탄하게 깎고, 골의 밑부분은 둥금새를 주고 있다. 따라서 나사맞춤을 하였을 때 나사 봉우리와 골 사이에 반달형의 틈이 생기고, 따라서 경사면이 잘 맞물린다. 미터나사는 1898년 쮜리히(Zurich)에서 열린 국제회의에서 규정되었고, SI나사(system international screw)로서 알려져 있다. 우리나라에서는 KS B 0201에 미터 보통나사를, KS B 0204에 미터 가는나사(metric fine thread)를 규정하고 있다. 보통나사(coarse thread)는 지름과 피치와의 조합이 일반적이고 가장 보통으로 사용되는 나사이다. 본래 지름이 6[mm]에서 80[mm]까지 정해져 있으나 KS에서는 0.25~68[mm]까지 규격화하고 있다. 가는나사는 지름에 대한 피치의 비율이 보통나사보다 가는 것이나, 관용 나사보다는 피치가 약간 크게 한 미터나사로서 보통나사보다 강도를 필요로 하는 곳, 살이 얇은 원통부, 수밀, 기밀을 유지하는 곳에 사용된다.

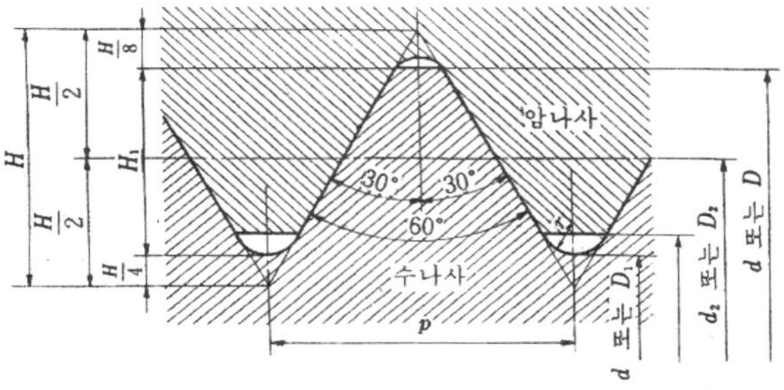

$$
\begin{aligned}
&H = 0.86603p\\
&H_1 = 0.45127p\\
&D_2 = d - 0.64952p\\
&H_1 = 5.8H\\
&D + d\\
&D_2 = d_2\\
&D_1 = d_1\\
&H_1 = \frac{5}{8}H \quad H_1 = \frac{5}{8}H
\end{aligned}
\qquad (2\text{-}6)
$$

(a) 미터 보통나사 치수

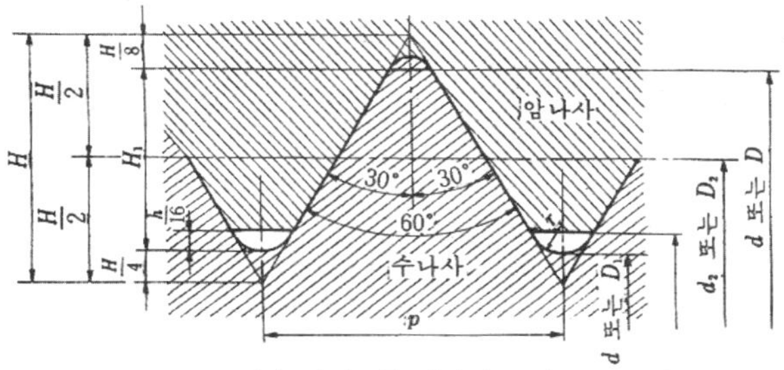

$$
\begin{aligned}
&H = 0.86603p\\
&H_1 = 0.45127p\\
&D_2 = d - 0.64952p\\
&H_1 = 5.8H\\
&D + d\\
&D_2 = d_2\\
&D_1 = d_1
\end{aligned}
\qquad (2\text{-}7)
$$

(b) 미터 가는나사의 규격

그림 2-10

표 2-3는 미터 보통나사의 KS 규격표, **표 2-4**는 미터 가는나사의 KS규격표이다.

ⓑ 미터 보통나사(metric coarse screw threads, KS B 0201) : 피치와 나사의 바깥지름과의 조합에 의하여 보통계와 가는계의 2계열이 있고 KS B 0203에 유니파이 보통나사를, KS B 0206에 유니파이 가는나사를 규격화하고 있다.

ⓒ 유니파이 나사(unified screw thread) : 1948년 영, 미, 캐나다의 3국이 협정에 의하여 정한 것으로 실질적으로 세계의 표준나사라 볼 수 있으며 ABC 나사라고도 한다. 인치 단위로서 피치 1인치에 몇 개의 나사산이 포함하고 있는가에 의하여 규정되어 있고, 나사산의 각도는 60°로서 영국의 휘트워어드 나사보다는 오히려 미국 표준나사에 가깝다.

수나사(external thread)와 암나사(internal thread)가 각각 다르고, **그림 2-11**과 같이 암나사는 나사 봉우리와 골이 모두 평탄하고 골은 $\frac{p}{8}$이고 나사 봉우리는 $\frac{p}{4}$로 평탄하다. 수나사는 (a)에서 보는 바와 같이 골은 둥금새를 주고, 나사 봉우리는 $c = 0.108p$의 둥금새를 주든지 $\frac{p}{8}$로 평탄하게 한다.

ⓓ 셀러나사(Seller's screw thread) : 1834년에 미국의 윌리엄 셀러(William Seller)가 제안한 것으로, 그 후 미국의 표준형이 되었다. 따라서 **미국 표준나사**(American standard screw thread)라고도 한다. 나사 봉우리와 골을 각각 $\frac{p}{8}$로 평평하게 깎는다. 나사각은 $\alpha = 60°$이며 인치 단위로 표준치수를 정하고 있다.

[표 2-3] 미터 보통나사(KS B 0201)

나사의 호칭				피치 p	접촉높이 H_1	암나사 골지름 D	암나사 유효지름 D_2	암나사 안지름 D_1
1	2	3	4			수나사 d	수나사 d_2	수나사 d_1
M 0.25				0.075	0.041	0.250	0.201	0.169
M 0.3				0.08	0.043	0.300	0.248	0.213
	M 0.35			0.09	0.049	0.350	0.292	0.253
M 0.4				0.1	0.054	0.400	0.335	0.292
	M 0.45			0.1	0.054	0.450	0.385	0.342
M 0.5				0.125	0.068	0.500	0.419	0.365
	M 0.55			0.125	0.068	0.550	0.469	0.415
M 0.6				0.15	0.122	0.600	0.503	0.438
	M 0.7			0.175	0.135	0.700	0.586	0.511
M 0.8				0.2	0.108	0.800	0.670	0.583
	M 0.9			0.225	0.122	0.900	0.754	0.656
M 1				0.25	0.135	1.000	0.838	0.729
	M 1.1			0.25	0.135	1.100	0.938	0.829
M 1.2				0.25	0.135	1.200	1.038	0.929
	M 1.4			0.3	0.162	1.400	1.205	1.075
M 1.6				0.35	0.189	1.600	1.373	1.221
			M 1.7	0.35	0.189	1.700	1.473	1.321
	M 1.8			0.35	0.189	1.800	1.573	1.421
M 2				0.4	0.217	2.000	1.740	1.567
	M 2.2			0.45	0.244	2.200	1.908	1.713
			M 2.3	0.4	0.217	2.300	2.040	1.867
M 2.5				0.45	0.244	2.500	2.208	2.023
			M 2.6	0.45	0.244	2.600	2.308	2.113
M 3×0.5				0.5	0.271	3.000	2.675	2.459
	M 3.5			0.6	0.325	3.500	3.110	2.850
M 4×0.7				0.7	0.379	4.000	3.545	3.242
	M 4.5			0.75	0.406	4.500	4.013	3.688
M 5×0.8				0.8	0.433	5.000	4.480	4.134
M 6				1	0.541	6.000	5.350	4.917
		M 7		1	0.541	7.000	6.350	5.917
M 8				1.25	0.677	8.000	7.188	6.647
		M 9		1.25	0.677	9.000	8.188	7.647
M 10				1.5	0.812	10.000	9.026	8.376
		M 11		1.5	0.812	11.000	10.026	9.376
M 12				1.75	0.947	12.000	10.863	10.106
	M 14			2	1.083	14.000	12.701	11.835
M 16				2	1.083	16.000	14.701	13.835
	M 18			2.5	1.353	18.000	16.376	15.294
M 20				2.5	1.353	20.000	18.376	17.294
				2.5	1.353	22.000	20.376	19.294
M 24	M 18			3	1.642	24000	22.051	20.752
				3	1.642	27.000	25.051	23.752
M 30	M 22			3.5	1.894	30.000	27.727	26.211
				3.5	1.894	33.000	30.727	29.211
M 36	M 27			4	2.165	36.000	33.402	31.670
	M 39			4	2.165	39.000	36.402	34.670
M 42				4.5	2.436	42.000	39.077	37.129
	M 45			4.5	2.436	45.000	42.077	40.129
M 48				5	2.706	48.000	44.752	42.587
	M 52			5	2.706	52.000	48.752	46.587
M 56				5.5	2.977	56.000	52.428	50.046
	M 60			5.5	2.977	60.000	56.428	54.046
M64				6	3.248	64.000	60.036	57.505
	M 68			6	3.248	68.000	64.103	61.505

주 : 1란은 우선적으로 필요에 따라 2란 3란 4란의 순으로 선택한다. 1란, 2란 및 3란은 ISO R 261에 규정되어 있는 ISO이며 나사의 호칭지름 선택 기준에 일치하여 있다.

[표 2-4] 미터 가는나사(KS B 0204)

나사의 호칭	피치 p	접촉높이 H_1	암나사 골지름 D / 수나사 바깥지름 d	암나사 유효지름 D_2 / 수나사 유효지름 d_2	암나사 안지름 D_1 / 수나사 골지름 d_1
M 1×0.2	0.2	0.108	1.000	0.870	0.783
M 1.1×0.2	0.2	0.108	1.100	0.970	0.883
M 1.2×0.2	0.2	0.108	1.200	1.070	0.983
M 1.4×0.2	0.2	0.108	1.400	1.270	1.183
M 1.6×0.2	0.2	0.108	1.600	1.470	1.383
M 1.8×0.2	0.2	0.108	1.800	1.670	1.583
M 2×0.25	0.25	0.135	2.000	1.838	1.729
M 2.2×0.25	0.25	0.135	2.200	2.038	1.929
M 2.5×0.35	0.35	0.189	2.500	2.273	2.121
M 3×0.35	0.35	0.189	3.000	2.773	2.621
M 3.5×0.35	0.35	0.189	3.500	3.273	3.121
M 4×0.5	0.5	0.271	4.000	3.675	3.459
M 4.5×0.5	0.5	0.271	4.500	4.175	3.959
M 5×0.5	0.5	0.271	5.000	4.675	4.459
M 5.5×0.5	0.5	0.271	5.500	5.175	4.959
M 6×0.75	0.75	0.406	6.000	5.513	5.188
M 7×0.75	0.75	0.406	7.000	6.513	6.188
M 8×1	1	0.541	8.000	7.350	6.917
M 8×0.75	0.75	0.406	8.000	7.513	7.188
M 9×1	1	0.541	9.000	8.350	7.917
M 9×0.75	0.75	0.406	9.000	8.513	8.188
M 10×1.25	1.25	0.677	10.000	9.188	8.647
M 10×1	1	0.541	10.000	9.350	8.917
M 10×0.75	075.	0.406	10.000	9.513	9.188
M 11×1	1	0.541	11.000	10.350	9.917
M 11×0.75	0.75	0.406	11.000	10.513	10.188
M 12×1.5	1.5	0.812	12.000	11.026	10.376
M 12×1.25	1.25	0.677	12.000	11.188	10.647
M 12×1	1	0.541	12.000	11.350	10.917
M 14×1.5	1.5	0.812	14.000	13.026	12.376
M 14×1.25	1.25	0.677	14.000	13.188	12.647
M 14×1	1	0.541	14.000	13.350	12.917
M 15×1.5	1.5	0.812	15.000	14.026	13.376
M 15×1	1	0.541	15.000	14.350	13.917
M 16×1.5	1.5	0.812	16.000	15.026	14.376
M 16×1	1	0.541	16.000	15.350	14.917
M 17×1.5	1.5	0.812	17.000	16.026	15.376
M 17×1	1	0.541	17.000	16.350	15.917
M 18×2	2	1.083	17.000	16.701	15.835
M 18×1.5	1.5	0.812	18.000	17.026	16.376
M 18×1	1	0.541	18.000	17.350	16.917
M 20×2	2	1.083	20.000	18.701	17.835
M 20×1.5	1.5	0.812	20.000	19.026	18.376
M 20×1	1	0.541	20.000	19.350	18.917

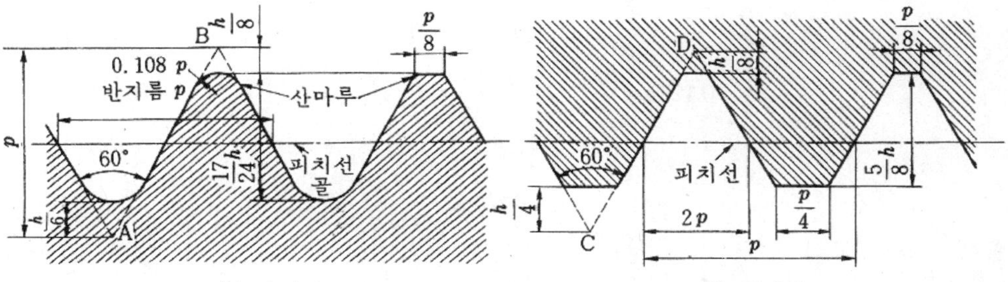

(a) 수나사　　　　(b) 암나사

그림 2-11 유니파이 나사의 형상

■ **유니파이 보통나사**(KS B 0203) : 그림 2-12 참조

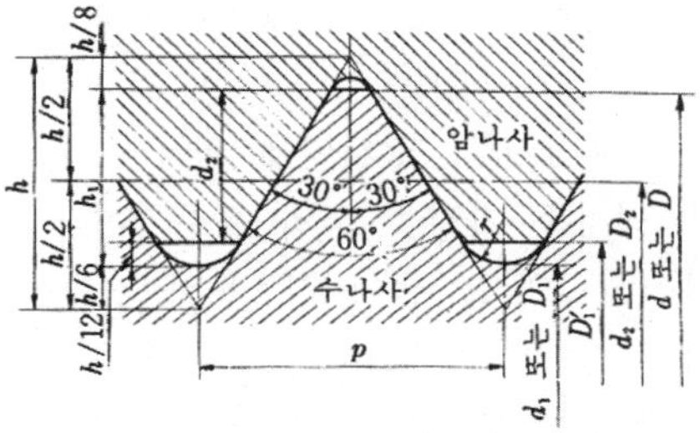

그림 2-12 유니파이 보통나사

굵은 실선은 기본 산 모양을 표시한다.

$$
\left.\begin{array}{l}
p=\dfrac{25.4}{n} \\
h=0.86603p,\ d_2=d-0.64952p,\ D=d \\
h_1=0.61343p,\ d_1=d-2h_1,\quad D_2=d_2 \\
r=0.14434p,\qquad\qquad D_1=d_1 \\
\qquad\qquad\qquad D_1'=d_1+2\times\dfrac{h}{12}
\end{array}\right\}\quad(2\text{-}8)
$$

■ **유니파이 가는나사**(KS B 0206) : 그림 2-13 참조

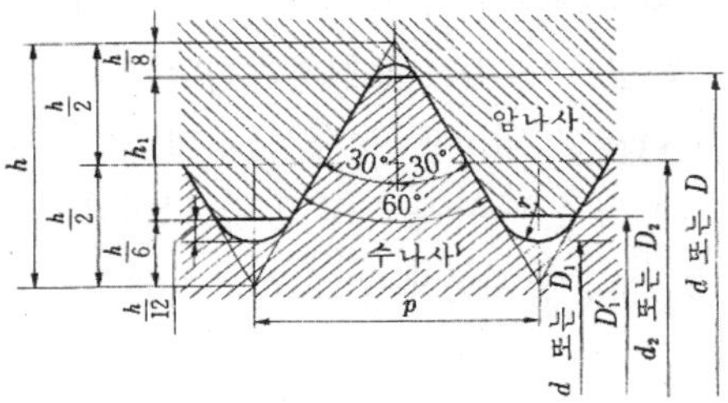

그림 2-13 유니파이 가는나사

굵은 실선은 기본 산 모양을 표시한다.

$$
\left.\begin{array}{ll}
p=\dfrac{25.4}{n} & d_1=d-2h_1 \\
h=0.86603p, & D=d \\
h_1=0.61343p, & D_2=d_2 \\
r=0.14434p, & D_1=d_1 \\
d_2=d-0.64952p,\ & D_1'=d_1+2\times\dfrac{h}{12}
\end{array}\right\}\quad(2\text{-}9)
$$

$$
d_1=d-\frac{1.3}{n} \qquad (2\text{-}10)
$$

미국에서 수입된 기계에 많이 채택되어 있으므로 주의를 요한다. 그림 2-14는 셀러나사의 단면도이고, 그 표준치수는 다음과 같다.

$$p=\frac{1}{n},\ h=0.8660p,\ h_1=0.64951p \tag{2-11}$$
$$b=0.125p=\frac{p}{8},\ D=d,\ D_1=d_1$$

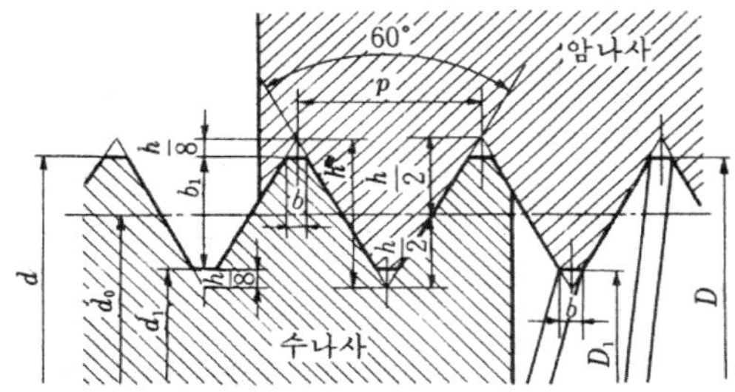

그림 2-14 셀러나사(ASA 규격)

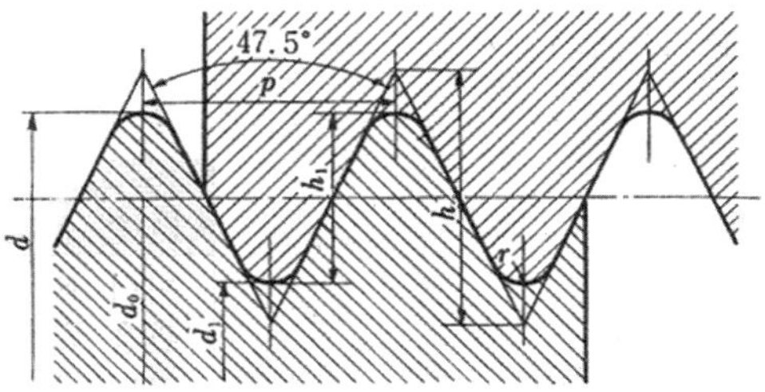

그림 2-15 BA 나사

ⓔ 휘트워어드 나사(Whitworth screw thread) : 1841년에 영국의 휘트워어드(J.Witworth)에 의하여 제안된 가장 오랜 역사를 가진 영국의 표준형이다. 나사산의 각도는 55°이고, 암나사와 수나사 사이에 조금도 틈이 없으므로 정확한 공구로 각각 절삭하지 않으면 양자는 정확하게 적합하지 않는다. 이 결점을 없애기 위하여 앞의 유니파이 나사와 같이 나사산의 나사 봉우리를 평탄하게 깎는 수가 있고, 따라서 휘트워어드 나사는 발전적으로 해소되고 인치계는 유니파이 나사로 통일되어 가고 있는 형편이다. 그리고 국제표준화기구(International Organization for Standardization, ISO)에서 세계적으로 통일된 나사의 규격의 산형으로서 미터나사 기준산형을 채용하였기 때문에 휘트워어드 나사는 폐지되었다. 우리나라도 1962년에 KS B 1004에 휘트워어드 나사를 규격화하였으나 1971년에 폐지하였다.

ⓕ BA 나사(British Association thread) : 영국에서 제정된 미터 치수의 세밀나사로서 전기기구, 시계, 광학기계 등의 작은 나사에 사용된다. 나사각은 47.5°이다.

r를 크게 취하여 $r=\frac{2}{11}p$로 취하기 때문에 높이 $h_1=0.6p$로 된다. 그림 2-15는 BA 나사를 도시한 것이다.

ⓖ 뢰벤헬쯔 나사 : 주로 독일에서 사용되는 나사로서 나사 봉우리와 골 $\frac{p}{8}$의 높이에서 평탄하게 깍고, 따라서 나사의 높이는 $\frac{3}{4}p$가 된다. 각점(角點) 간의 깊이 H는 p와 같게 된다. 나사각은 53.8°이다. 그림 2-16은 이 나사의 단면도이며, 이것도 기기용의 나사로 사용된다.

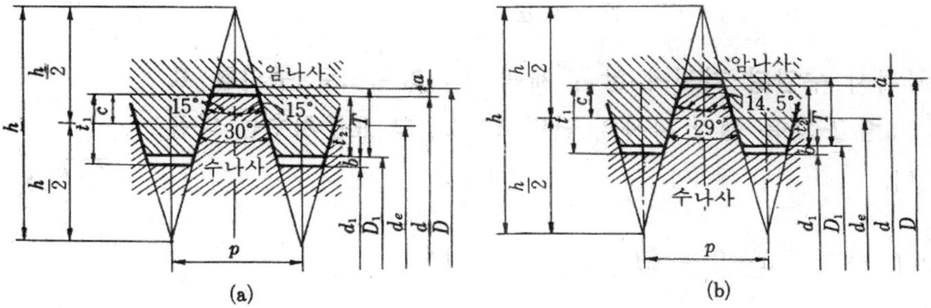

그림 2-16 뢰벤헬쯔 나사

ⓗ 관용 나사(pipe thread) : 파이프를 연결할 때 연속된 양 파이프의 끝에 나사를 끊고 속빈 원통의 너트에 박혀 연결을 짓는다. 이 때 파이프는 살의 두께가 얇으므로 위에 말한 여러 가지 기본나사를 사용하면, 나사산이 너무 높아서 파이프의 강도를 감소시킨다. 이 점을 고려하여 제정된 것이 파이프 나사이며, 누설을 방지하고 기밀을 유지하는 데 사용된다. 여기에는 테이퍼 관용 나사와 평행 관용 나사의 두 종류가 있고, 기밀용에는 특히 테이퍼형이 좋다. 테이퍼 수나사는 테이퍼 암나사 또는 평행 암나사에 대하여, 평행 수나사는 평행 암나사에 대하여 사용하는 것을 원칙으로 하고 있다. 관용 나사의 기본산형은 평행나사에 대해서는 KS B 0221에, 테이퍼 나사에 대해서는 KS B 0222에 규격화하고 있다. 지름 약 48mm의 나사에 대하여 관용 나사와 그 밖의 나사 및 피치와 나사산의 높이와를 비교하여 보면 표 2-5과 같이 되어 그 차이를 알 수 있을 것이다.

■ **평행 관용 나사**(parallel pipe threads) : 그림 2-17 참조

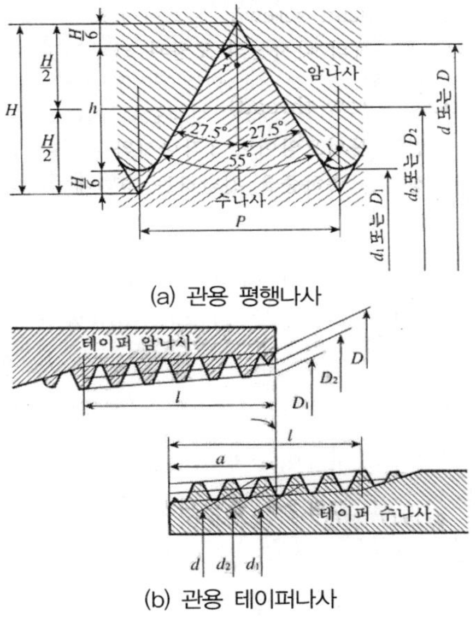

(a) 관용 평행나사

(b) 관용 테이퍼나사

그림 2-17 관용 나사

$$
\begin{aligned}
p &= \frac{25.4}{n} \\
H &= 0.96049p \\
h &= 0.64033p \\
r &= 0.13733p \\
d_2 &= d - h, \\
D_2 &= d_2 \\
d_1 &= d - 2h, \\
D_1 &= d_1
\end{aligned}
\tag{2-12}
$$

[표 2-5] 나사의 피치와 높이의 비교

치수 / 나사의 형식	호칭	나사의 바깥지름	피치	나사산의 높이
미터 보통나사	M 48	48.000	5.000	3.248
관용 테이퍼나사	PT 1 ½	47.803	2.300	1.479
미터 가는나사	M 48	48.000	1.500	0.974
미터극가는나사	M 48	48.000	1.000	0.605

(2) 운동용나사

① **4각나사**(square thread) ; 그림 2-18에서 (a)는 Armengaurd가 제안한 운동용나사로서 바깥지름을 D라 할 때 피치 p는 $p=0.09D+2\,\text{mm}$라고 규정하고 있다. 이 나사는 단면이 4각형이기 때문에 밀링 커터로는 들어가지 않으므로 제작이 곤란하다. 따라서 이것을 개량하는 뜻에서 그림 2-18(b)에서 보는 것처럼 모서리에 둥금새를 붙인 것이 언윈(Unwin)에 의하여 제안되었다. 그림 2-19는 미국에서 많이 사용되는 셀러 4각나사로서 피치는 셀러 3각나사의 2배로 취하고, $h=\frac{7}{16}p$로 정하고 있다. 4각나사는 드러스트(thrust ; 추력)를 전달시킬 수가 있고, 강력한 이송 나사(feed screw) 등에 이용된다.

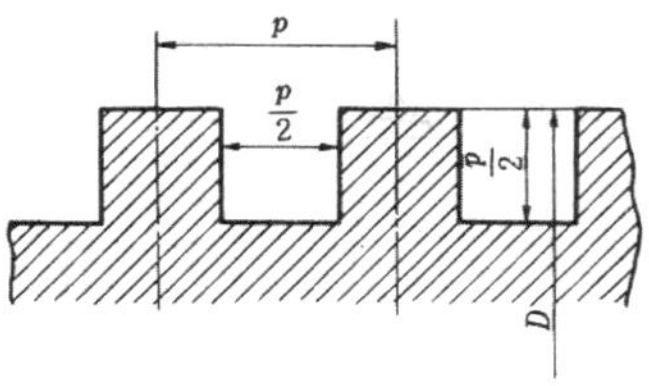

(a) 아르멘고드 각나사

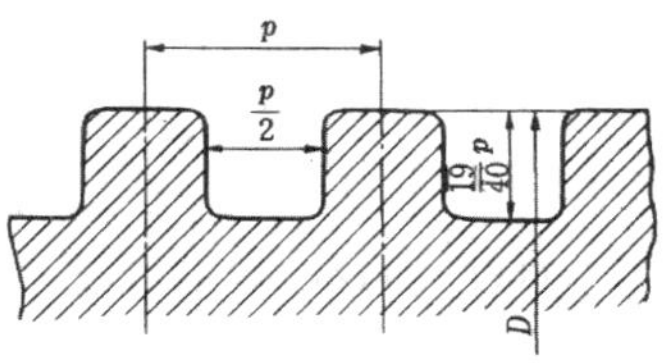

(b) 언윈 각나사

그림 2-18 4각나사

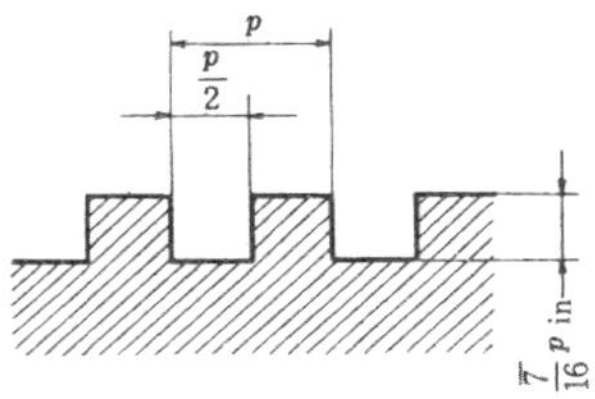

그림 2-19 셀러 4각나사

② **사다리꼴 나사**(trapezoidal screw thread) ; 애크미(acme) 나사라고도 하고 꼭지각은 미터계에서는 30°, 인치계에서는 29°이고 KS에서는 10~80[mm]까지 2~4[mm] 간격으로 정해져 있다.

드러스트를 전달시키는 운동용나사로서 순수한 4각나사가 기구학적으로 우수하나 제작이 곤란하므로 사다리꼴 나사로도 대응하는 수가 많다. 공작기계의 이송나사로서 널리 사용된다. 그리고 나사의 밑이 두꺼우므로 저항력이 크고, 나사 봉우리와 골에 틈이 생기게 되므로 공작이 용이하고, 물림(교합 ; meshing)이 좋으며 마모에 대해서는 조정하기 쉽다는 이점이 있다. KS에서 KS B 0227에 30° 사다리꼴 나사, KS B 0226에는 29° 사다리꼴 나사가 규격화되고, 29°의 것은 필요에 따라 점차 30°의 것으로 바뀌지고 있다.

■ **30° 사다리꼴 나사 :** 그림 2–20 참조
굵은 실선은 기본 산 모양을 표시한다.

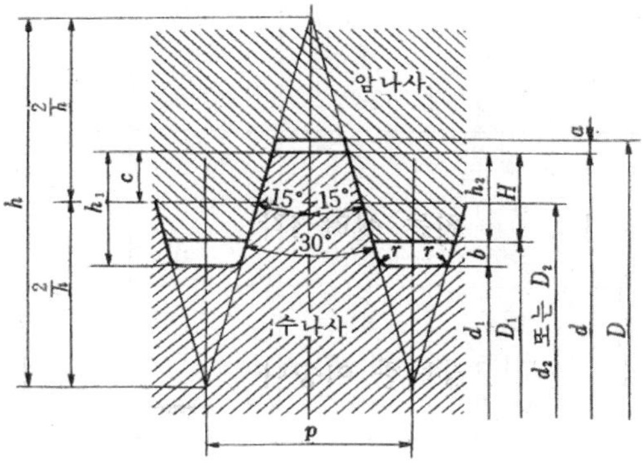

$$h = 1.866p, \quad d_2 = d - 2c$$
$$c = 0.25p, \quad d_1 = d - 2h_1$$
$$h_1 = 2c + a, \quad D = d + 2a \qquad (2\text{–}13)$$
$$h_2 = 2c + a - b, \quad D_2 = d_2$$
$$H = 2c + 2a - b, \quad D_1 = d_1 + 2b$$

그림 2–20 30° 사다리꼴 나사 상향표시

[표 2–6] 사다리꼴 나사의 나사산의 치수 (단위 : mm)

피치 p	틈새		c	h_2	h_1	H	r
	a	b					
2	0.25	0.50	0.50	0.75	1.25	1.00	0.25
3	0.25	0.50	1.75	1.25	1.75	1.50	0.25
4	0.25	0.50	1.00	1.75	2.25	2.00	0.25
5	0.25	0.75	1.25	2.00	2.75	2.25	0.25
6	0.25	0.75	1.50	2.50	3.25	2.75	0.25
8	0.25	0.75	2.00	3.50	4.55	3.75	0.25
10	0.25	0.75	0.50	4.50	5.25	4.75	0.25
12	0.25	0.75	3.00	5.50	6.25	5.75	0.25
16	0.25	0.50	4.00	7.00	8.50	7.50	0.50
20	0.50	1.50	5.00	9.00	10.50	9.50	0.50
24	0.50	1.50	6.00	11.00	12.50	11.50	0.50

[표 2-7] 30°사다리꼴 나사의 기본치수

호칭	피치 p	수나사			암나사		
		바깥지름 d	유효지름 d_2	골지름 d_1	골지름 D	유효지름 D_2	안지름 D_1
TM 10	2	10	9.0	7.5	10.5	9.0	8.5
TM 12	2	12	11.0	9.5	12.5	11.0	10.5
TM 14	3	14	12.5	10.5	14.5	12.5	11.5
TM 16	3	16	14.5	12.5	16.5	14.5	13.5
TM 18	4	18	16.0	13.5	18.5	16.0	14.5
TM 20	4	20	18.0	15.5	20.5	18.0	16.5
TM 22	5	22	19.5	16.5	22.5	19.5	18.0
(TM 24)	5	24	21.5	18.5	24.5	21.5	20.0
TM 25	5	25	22.5	19.5	25.5	22.5	21.0

■ **29° 사다리꼴 나사 : 그림 2-21 참조**

$$p = \frac{25.4}{n}$$

단, n은 산의 수(25.4mm에 대하여)

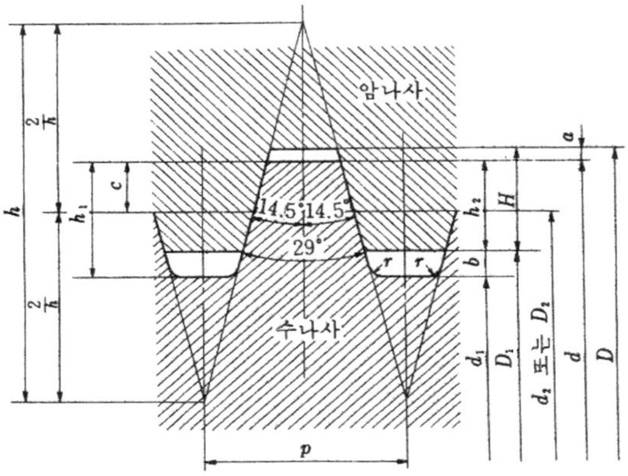

$$h = 1.9335p, \quad d_2 = d - 2c$$

$$c \fallingdotseq 0.25p, \quad d_1 = d - 2h_1$$

$$h_1 = 2c + a, \quad D = d + 2a \qquad (2\text{–}14)$$

$$h_2 = 2c + a - b, \quad D_2 = d_2$$

$$H = 2c + 2a - b, \quad D_1 = d_1 + 2b$$

그림 2-21 29° 사다리꼴 나사

[표 2-8] 29° 사다리꼴 나사의 나사산의 치수 (단위 : mm)

산의 수 25.4mm에 대한 n	피치 p	틈새		c	h_2	h_1	H	r
		a	b					
12	2.1167	0.25	0.50	0.50	0.75	1.25	1.00	0.25
10	2.5400	0.25	0.50	0.60	0.95	1.45	1.20	0.25
8	3.1750	0.25	0.50	0.75	1.25	1.75	1.50	0.25
6	4.2333	0.25	0.50	1.00	1.75	2.25	2.00	0.25
5	5.0800	0.25	0.75	1.25	2.00	2.75	2.25	0.25
4	6.3500	0.25	0.75	1.50	2.50	3.25	2.75	0.25
3 1/2	7.2511	0.25	0.75	1.75	3.00	1.75	3.25	0.25
3	8.4667	0.25	0.75	2.00	3.50	4.25	3.75	0.25
2 1/2	10.1600	0.25	0.75	2.50	4.50	5.25	4.75	0.25
2	12.7000	0.25	0.75	3.00	5.50	6.25	5.75	0.25

③ **톱니나사**(buttress screw thread) ; 압착기 등과 같이 압력의 방향이 일정할 때 사용되는 것으로서 압력쪽을 4각나사, 반대쪽을 3각나사를 깎아서 양자의 이점을 구비한 것이다. 나사각에는 30°의 경우와 45°경우의 2가지 경우가 있고, 하중을 받지 않는 뒷면에 대략 0.2mm 틈새를 준다. 그리고 압력쪽은 완전한 4각나사가 아니고, 제작을 간단하게 하기 위하여 나사각이 30°의 경우에는 3°의 경사를 붙이고, 45°의 경우에는 5°의 경사를 붙인다. 힘을 받는 면은 거의 축에 직각 방향이다. 바이스, 압착기 등에 사용된다. DIN에서는 103호, 378호, 379호, 263호에 규격화되어 있다.

최근에는 **그림 2-23**에서 보는 나사각 50°의 5° 수정형이 제작되고 또 **그림 2-24**에서 보는 바와 같은 3~33°형이 실용되고 있다. 3~33°형은 운전 성능이 좋고 독일 규격에서는 Sagen gewinde로, 이탈리아 규격에서는 Fill ettatura a dente di sega이다.

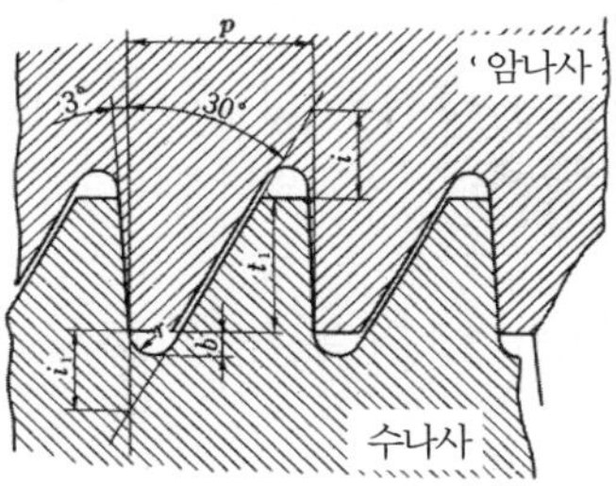

그림 2-22 톱니나사

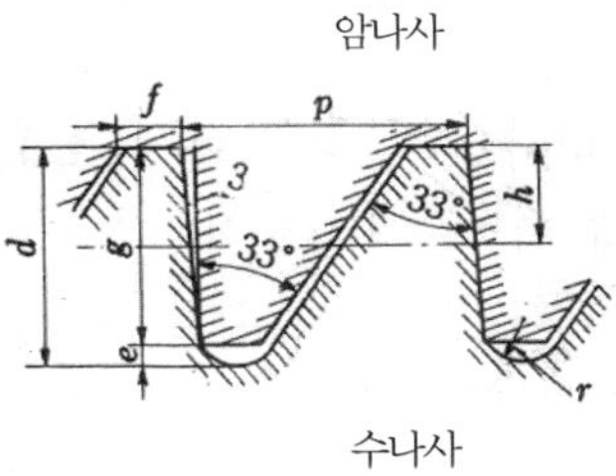

그림 2-23 5°수정형

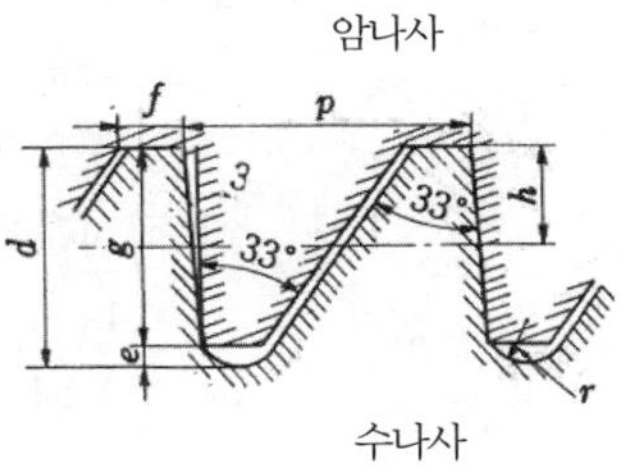

그림 2-24 3~33°형

④ **너클 나사**(둥근 나사 ; round thread, knuckle thread) : 그림 2-25와 같이 반원형이고 원형나사(둥근 나사)라고도 한다. 나사각은 30°로 나사 봉우리와 골은 크고 둥글게 되어

있다. 이것은 먼지, 모래, 녹가루 등이 나사산으로 들어갈 염려가 있는 경우에 사용된다. 따라서 예를 들면 오염된 액체를 취급할 때의 밸브 또는 호스(hose)의 이음 나사 등에 사용된다. 큰 힘을 견딜 수 있으므로 격동 부분에도 사용하면 효과적이다. 그림에서 표준치수 DIN에 규정된 것은 **그림 2-25**에서 보는 바와 같고, 꼭지각은 30°이고 그 밖의 치수는 다음과 같다.

JIS에서는 DIN과 약간 다르고, 전구의 입구 쇠붙이와 받침쇠에 사용하는 것으로서 JIS C 7702에 규정되어 있다.

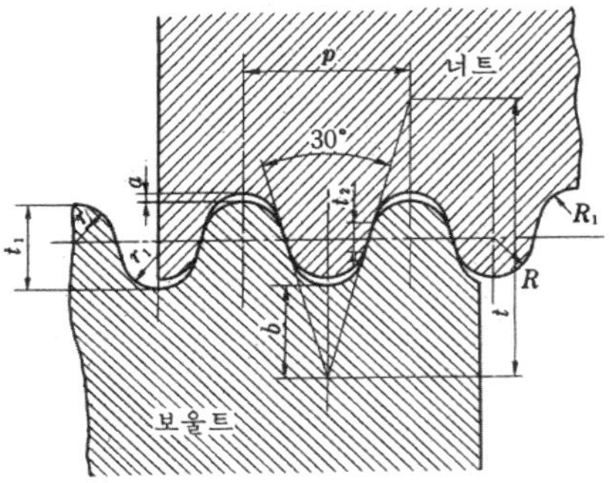

$$p = \frac{25.4}{n}$$

$$t = 1.866p, \quad t_1 = 0.5p$$
$$a = 0.05p, \quad r = 0.2385p$$
$$R = 00256p, \quad R_1 = 0.221p \qquad (2-15)$$
$$p = 0.16d + 2\,[\text{mm}], \quad b = 0.68301p$$
$$t_2 = 0.08350p, \quad r = 0.23851p$$

그림 2-25 너클 나사

[표 2-9] 너클 나사의 규격

바깥지름 d [mm]	25.4에 있는 나사산의 수 n	피치 p [mm]	나사산의 높이 h_1
8~12	10	3.540	1.270
14~33	8	3.175	1.588
45~100	6	4.233	2.177
150~200	4	6.340	3.175

⑤ **볼나사**(ball screw) ; 볼나사는 **그림 2-26**에서 수나사 부분과 너트 부분에 헬릭스상의 홈을 파고, 그 2개의 홈들을 맞대어 향하도록 맞추고, 그 홈 사이에 수많은 볼을 배치한 구조의 나사로서 수나사와 너트와는 보통의 미끄럼나사의 경우와 같이 상호간에 직선운동과 회전운동을 한다.

수나사에 대하여 너트를 회전시키면 볼은 너트의 홈 속을 굴러 이동하여 너트 중에 설치된 순환로를 통과하여 순환한다.

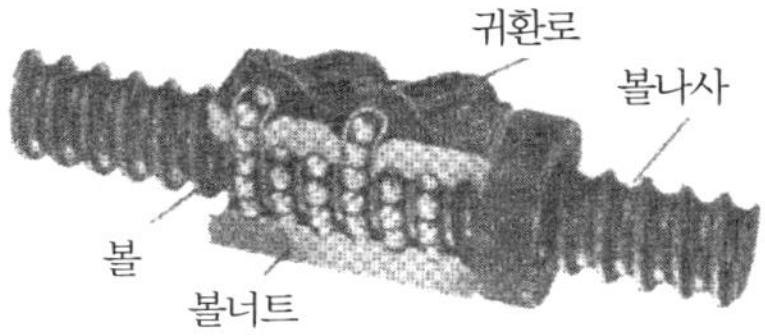

그림 2-26 볼나사

(3) 3각나사의 정밀도 등급

		높음	← 정밀도 →	낮음
미터나사		1급	2급	3급
휘트워어드 나사		2급	3급	
유니파이 나사	수나사	3A	2A	1A
	암나사	3B	2B	1B

2.3 나사의 역학

1. 나사의 마찰과 자립상태

(1) 4각나사의 경우

① **나사를 죌 때** : 결합용 나사는 운동용나사와는 달라서 졸라맨 뒤에 힘을 제거해도 풀리지 않아야 하므로, 그 조건을 자립조건이라고 하는 것은 앞에서 설명한 바와 같고 간단히 이해하기 위하여 4각나사의 경우에 대하여 생각해 보면, 그림 2-27에서 너트를 돌리는 데 필요한 힘 P와 축방향의 저항력 Q와의 관계를 계산하기로 한다. 그림 2-28에서 지금 나사면에 균일하게 힘이 작용하고 $\frac{d+d_1}{2}=d_2$의 유효지름에 집중하여 힘이 작용한다고 가정하면, P와 Q는 각각의 경사면에 평행한 힘과 수직한 힘으로 나누어진다.

$$\text{수직력} = Q\cos\lambda + P\sin\lambda$$

$$\text{평행력} = P\cos\lambda - Q\sin\lambda$$

수직력에 의하여 평행 방향에 마찰력이 작용하고, 이것과 평행력이 균형상태를 유지한다고 생각하면

$$P\cos\lambda - Q\sin\lambda = \mu(Q\cos\lambda + P\sin\lambda) \tag{2-16}$$

$$P(\cos\lambda - \mu\sin\lambda) = Q(\mu\cos\lambda + \sin\lambda)$$

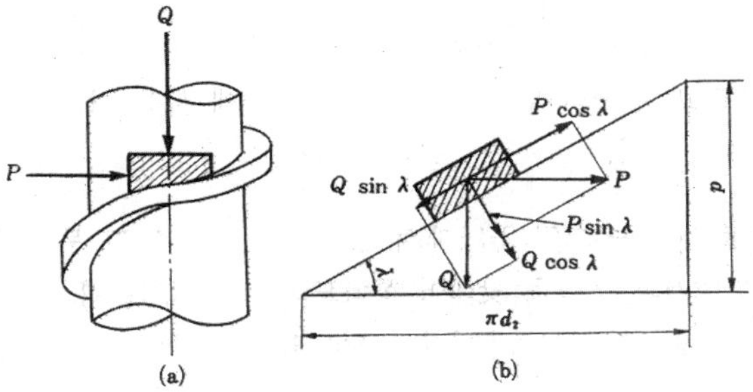

그림 2-27 나사의 역학

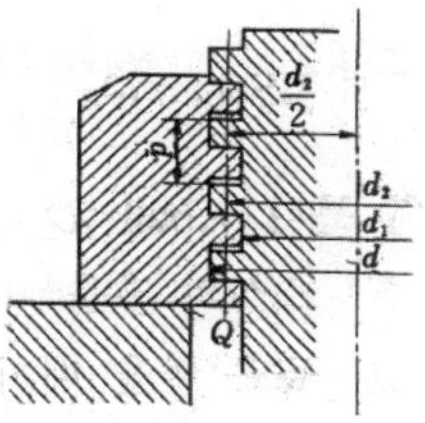

그림 2-28 볼트와 너트 이음

나사면의 마찰계수를 μ라 하고 마찰각을 ρ라고 하면, $\mu=\tan\rho$

$$\therefore\ P=Q\frac{\tan\rho\cos\lambda+\sin\lambda}{\cos\lambda-\tan\rho\sin\lambda}=Q\frac{\tan\rho+\tan\lambda}{1-\tan\rho\tan\lambda}=Q\tan(\lambda+\rho) \qquad (2-17)$$

그런데 $\tan\rho=\mu,\ \tan\lambda=\dfrac{p}{\pi d_2}$

$$\therefore\ P=Q\frac{p+\mu\pi d_2}{\pi d_2-\mu p} \qquad (2-18)$$

② **나사를 풀 때** : 그림 2-29와 같이 수평력 P로써 너트를 풀어내릴 때는 P의 방향이 올릴 때와는 반대가 되므로

$P=Q\tan(\rho-\lambda)$

여기서, $\rho>\lambda$이면 P는 (+)가 되고 나사를 풀어내리는 데 힘이 들며, $\rho=\lambda$이면 $P=0$으로 되고 하중 Q를 받아서 임의의 위치에 정지시킬 수 있다. 이것을 자동결합(self-locking)이라고 한다. $\rho<\lambda$이면 $P<0$으로 되어 너트는 힘을 가하지 않아도 자연히 풀어져 너트는 내려온다.

따라서 자립상태(self-sustenance)를 유지하려면 $\rho>\lambda$이어야 한다. 즉, 마찰각이 나사의 경사각 즉, 리이드각보다 커야 된다. 이것이 자립의 조건으로 되는 것이다.

$\mu=\tan\rho=0.15$이면, $\rho=8°30'$

$\therefore\ \rho>\lambda$이므로 $8°30'>\lambda$

즉, 경사각이 8°30′보다 작아야만 풀어지지 않는다.

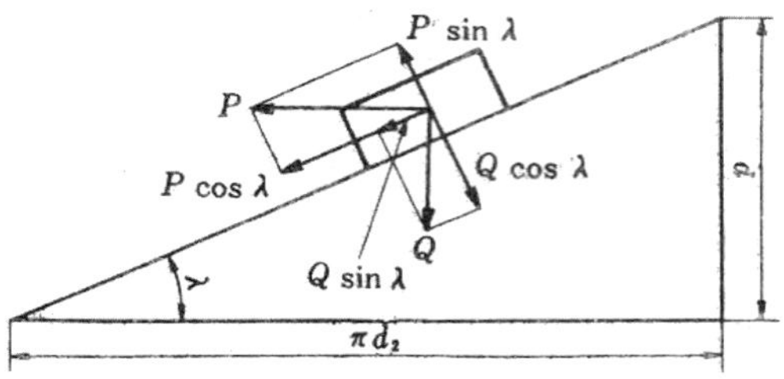

그림 2-29 나사의 역학(하강)

이상을 **그림 2-30**에서 보는 바와 같이 너트를 Q의 무게를 가지고 있는 물건으로 보고, 이것을 경사면으로 밀어올리고 또 내리는 경우와 같이 취급할 수 있다. R를 A와 BC와의 접촉면 사이의 수직반동력, F를 마찰저항이라고 하면 P, Q, R, F의 4개의 힘은 균형상태를 이루므로 힘의 다각형이 닫아진다.

$$F = \mu R = R\tan\rho$$

그리고 4개의 힘의 다각형에서

$$P = Q\tan(\rho + \lambda) \tag{2-19}$$

가 성립되고, 또 내려올 때는 아래 그림에서

$$P = Q\tan(\rho - \lambda) \tag{2-20}$$

가 성립된다.

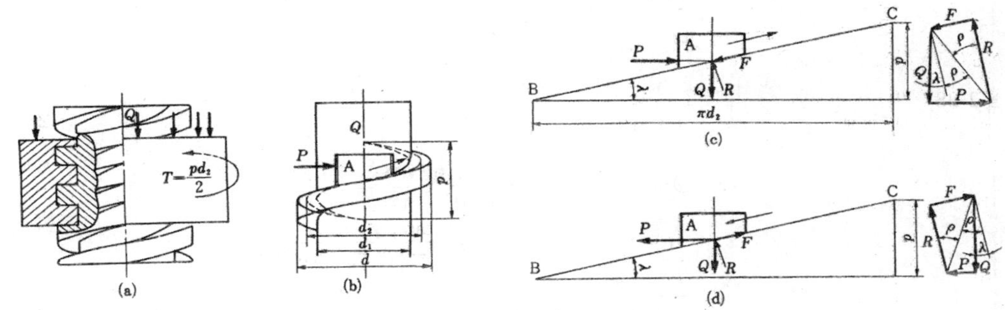

그림 2-30 나사의 역학(힘의 다각형)

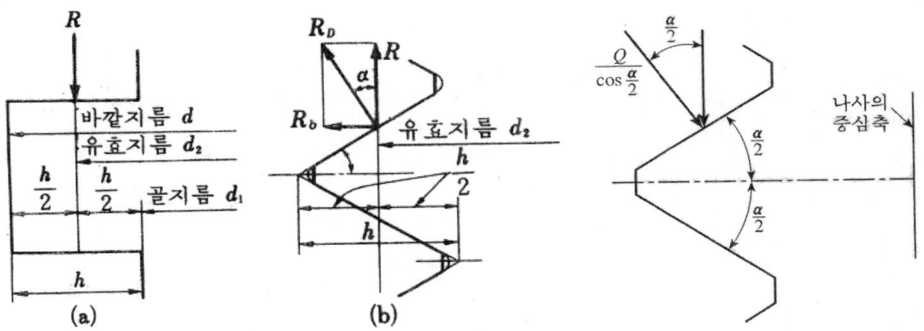

그림 2-31 3 · 4각나사의 힘의 분포 및 나사면에 걸리는 수직력

이상은 4각나사의 경우이나 4각나사는 주로 운동용에 사용되므로 자립조건은 오히려 유해무득이다. 3각나사가 주로 결합용에 사용되므로 3각나사를 결합용에 사용할 때에만 자립조건이 절대로 필요하다. 3각나사의 경우를 고찰하면 **그림 2-31**에 있어서 수직반동력은 R_Δ로 되고 4각나사의 R'에 해당한다.

$$\therefore\ R' = \frac{R}{\cos\alpha} \tag{2-21}$$

단, 여기서 α는 각나사에 고유한 나사산의 각도의 절반 즉, 플랭크각을 의미한다. 접촉면의 수직반동력에 의하여 생기는 마찰력은

$$F' = \mu R' = \frac{\mu R}{\cos\alpha} = \left(\frac{\mu}{\cos\alpha}\right) R \tag{2-22}$$

따라서 이 때는 마찰계수가 $\mu = \frac{\mu}{\cos\alpha}$ 라고 생각하면

$$\mu' = \tan\rho' = \frac{\mu}{\cos\alpha} \tag{2-23}$$

로 생각되고, 너트를 감아올릴 때는

$$\begin{aligned} P &= Q\tan(\lambda+\rho') = Q\frac{\tan\rho' + \tan\lambda}{1-\tan\rho'\tan\lambda} \\ &= Q\frac{p+\mu_{\Delta}\pi d_2}{\pi d_2 - \mu_{\Delta} p} = Q\frac{p+\dfrac{\mu\pi d_2}{\cos\alpha}}{\pi d_2 - \dfrac{\mu p}{\cos\alpha}} \end{aligned} \tag{2-24}$$

$W1$호 나사에서는 $\alpha = 27.5^\circ$

$$\therefore\ \mu' = \frac{\mu}{\cos 27.5^\circ} = 1.13\mu \tag{2-25}$$

$M1$호 나사에서는 $\alpha = 30^\circ$

$$\therefore\ \mu' = \frac{\mu}{\cos 30^\circ} = 1.15\mu \tag{2-26}$$

2. 나사의 비틀림 모멘트

그림 2-32에서 보는 바와 같이 잭(jack)으로 물건을 올릴 때 잭의 핸들을 돌려서 나사에 비틀림 모멘트를 주게 된다. 이 비틀림 모멘트 T를 계산하여 보기로 한다.

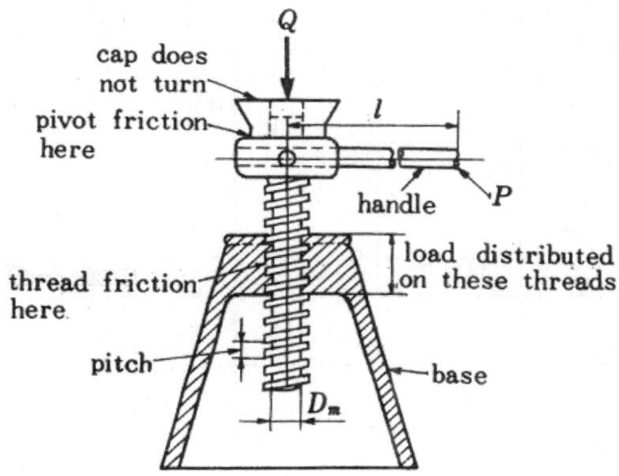

그림 2-32 나사의 회전력

축하중 Q에 저장하여 나사를 비트는 데 필요한 비틀림 모멘트 T는 유효지름의 원둘레에 작용하므로 4각, 3각나사 등 어느 나사에 있어서도

4각나사일 때 $T = \dfrac{Pd_2}{2}\,[kgf-\text{cm}]$

$$= Q\frac{d_2}{2}tan(\rho+\lambda)\,[kgf-\text{cm}]$$

3각나사일 때 $T = Q\dfrac{d_2}{2}tan(\rho'+\lambda)\,[kgf-\text{cm}]$

μ의 값은 $\begin{cases}\text{수나사가 강철 또는 청동의 경우} \\ \text{암나사가 강철 또는 주철의 경우}\end{cases}$

나사면 사이가 건조하고 있을 때 …… $\mu = 0.15 \sim 0.25$

나사면 사이에 기름기가 있을 때 …… $\mu = 0.11 \sim 0.17$

지금 4각나사에 있어서 W1호 및 M1호 나사의 각 지름에 대하여 $\dfrac{d_2}{2}tan(\rho'+\lambda) = C$라 하면

$$T = QC = \frac{QC}{d}d = \frac{C}{d}Qd = C_0Qd$$

$$T = QC = \frac{QC}{d_1}d_1 = \frac{C}{d_1}Qd_1 = C_1Qd_1$$

이라고 하면 C_0, C_1의 값을 조사하여 보기로 한다.

W1호 나사에 있어서 $\mu = 0.15$라고 하면

$\mu' = 1.13 \times 0.1 = 0.17$

$\rho' = \tan^{-1}0.17 = 9°38'$

d 호칭[inch]	$\frac{3}{8}$	$\frac{1}{2}$	$\frac{5}{8}$	$\frac{3}{4}$	1	$1\frac{1}{2}$	2
$\lambda=\tan^{-1}\frac{p}{\pi d_2}$	3°24′	3°24′	2°55′	2°38′	2°29′	2°11′	2°11′
$\tan(\lambda+\rho_\Delta)$	0.232	0.232	0.223	0.217	0.215	0.209	0.209
C	0.099	0.132	0.161	0.189	0.251	0.370	0.494
C_0	0.104	0.104	0.104	0.099	0.099	0.097	0.097
C_1	0.132	0.132	0.125	0.120	0.118	0.113	0.113

$M1$호 나사에 있어서 $\mu=0.15$ 라고 하면

$\mu'=1.15\times0.15=0.173$

$\rho'=\tan^{-1}0.173=9°48'$

d 호칭[inch]	10	12	16	20	24	39	52
$\lambda=\tan^{-1}\frac{p}{\pi d_2}$	3°2′	2°56′	2°29′	2°29′	2°29′	2°	1°52′
$\tan(\lambda+\rho_\Delta)$	0.223	0.226	0.218	0.218	0.218	0.209	0.207
C	0.103	0.108	0.160	0.201	0.240	0.381	0.506
C_0	0.103	0.103	0.100	0.100	0.100	0.098	0.097
C_1	0.137	0.129	0.121	0.121	0.121	0.114	0.112

이상에서 보는 범위에 있어서 대략 T는

$$T=0.1Qd=0.13Qd_1$$

으로 되는 것을 볼 수가 있다. 그림 2-33에서 보는 바와 같은 와셔에 대고 있는 너트 또는 볼트 머리를 하중에 저항하면서 돌리면, 너트와 와셔 사이에 $\mu'Q$의 마찰력이 생기므로 이것을 고려해야 될 것이다. μ'는 이 사이의 마찰계수로서 μ보다 약간 작게 취한다.

보통 6각너트 또는 6각볼트 머리에서는 한 변의 길이 d의 정6각형에서 동심으로 지름 d의 원을 뚫을 때의 평면원형의 회전반지름, 즉 $0.74d$를 반지름으로 하는 원주상에 마찰이 집중적으로 작용한다고 생각하여 $T'=0.74\mu'Qd$로 생각한다.

만일 바깥지름 D, 안지름 d의 윤형도형의 회전 반지름 $0.35\sqrt{D^2+d^2}$ 의 곳에 마찰이 집중하여 작용하였다고 생각하여

$$T'=0.35\mu'Q\sqrt{D^2+d^2} \qquad (2\text{-}27)$$

따라서 전체의 비틀림 모멘트 T_t는

$$T_t = T + T' \tag{2-28}$$

$$\text{여기서, } T = \frac{d_2}{2}P = \frac{Qd_2(\tan\lambda + \tan\rho)}{2(1-\tan\lambda\tan\rho)} = \frac{Qd_2(\tan\lambda + \mu)}{2(1-\mu\tan\lambda)} \tag{2-29}$$

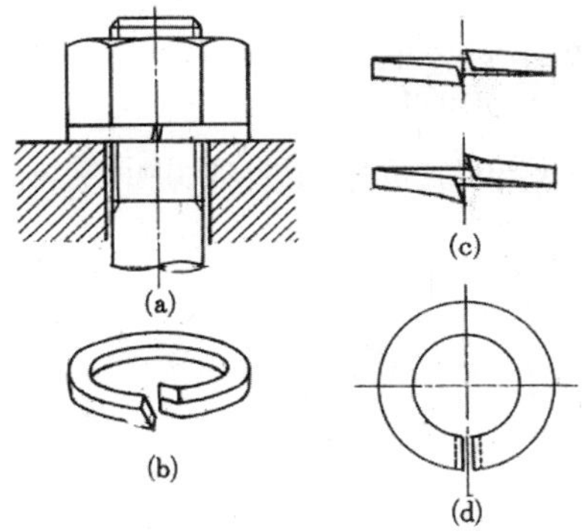

그림 2-33 와셔

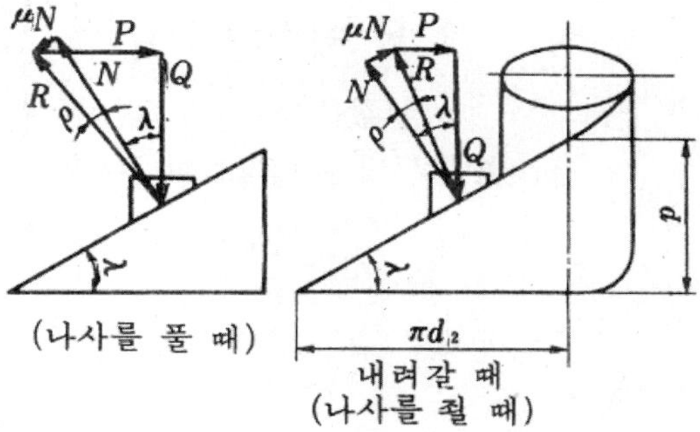

그림 2-34 나사의 효율과 사면

3. 나사의 효율

나사면에 마찰이 전혀 없다고 가정하면 회전은 이상상태로 되고, 그 때의 회전력 P_0는

$$P_0 = Q\tan\lambda = Q\frac{p}{\pi d_2} \tag{2-30}$$

$$\text{즉, } \pi d_2 P_0 = Qp \tag{2-31}$$

마찰을 고려할 때는 $P = Q\tan(\lambda+\rho)$로 되어, 이것은 경사각 λ에 다시 마찰각 ρ만큼 증가시킨 $(\lambda+\rho)$의 사면에 따라 Q의 무게를 밀어올리는 것과 같은 결과로 된다. 이것을 그림 2-34에 보인다.

1회전하는 동안에 실제로 행한 일량(work) 중 몇 퍼센트가 유효한 일을 하였는가의 비율을 나사의 효율(efficiency of screw)이라고 하며 η로 표시한다.

$$\text{유효한 일량} = Qp \tag{2-32}$$

$$\begin{aligned}\text{실제로 행한 일량} &= 2\pi T = 2\pi\frac{d_2}{2}P = 2\pi Q\frac{d_2}{2}tan(\lambda+\rho) \\ &= Q\pi d_2\tan(\lambda+\rho) = \pi d_2 P\end{aligned} \tag{2-33}$$

$$\therefore \text{ 마찰에 의한 손실일량} = Q\pi d_2\tan(\lambda+\rho) - Qp \tag{2-34}$$

$$\therefore \ \eta = \frac{Qp}{2\pi T} = \frac{Qp}{\pi d_2 P} = \frac{\pi d_2 P_0}{\pi d_2 P} = \frac{P_0}{P}$$

$$\therefore \ \eta = \frac{P_0}{P} = \frac{\tan\lambda}{\tan(\lambda+\rho)} = \frac{p(\pi d_2 - \mu p)}{\pi d_2(p+\mu\pi d_2)} \qquad (2\text{-}35)$$

즉, 나사의 효율 $= \dfrac{\text{마찰이 없는 경우의 회전력}}{\text{마찰이 있는 경우의 회전력}}$

η의 값은 $\lambda=0$과 $\lambda+\rho=90^\circ$, 즉 $\lambda=90^\circ-\rho$에 있어서 0이 된다. 이 사이에 η가 최대로 되는 λ의 값이 존재할 것이다.

즉, $\dfrac{d\eta}{d\lambda}=0$에서 $\tan\left(\lambda+\dfrac{\rho}{2}\right)=1$

즉, $\lambda=45^\circ-\dfrac{\rho}{2}$로 된다.

$$\eta_{\max} = \eta_{\lambda=45^\circ-\frac{\rho}{2}} = \frac{\tan\left(45^\circ-\frac{\rho}{2}\right)}{\tan\left(45^\circ+\frac{\rho}{2}\right)}$$

$$\therefore \ \eta_{\max} = \tan^2\left(45^\circ-\frac{\rho}{2}\right) \qquad (2\text{-}36)$$

나사가 스스로 풀리지 않는 한계, 즉 자립상태를 유지하고 있는 한계는 $\lambda=\rho$가 되므로

$$\eta = \frac{\tan\lambda}{\tan(\lambda+\rho)} = \frac{\tan\rho}{\tan 2\rho} = \frac{\tan\rho(1-\tan^2\rho)}{2\tan\rho} = \frac{1-\tan^2\rho}{2}$$

$$= \frac{1}{2} - \frac{1}{2}tan^2\rho < 0.5 \quad \left(\therefore \tan 2\rho = \frac{2\tan\rho}{1-\tan^2\rho}\right) \qquad (2\text{-}37)$$

자립상태를 유지하는 나사의 효율은 반드시 50% 이하이다. 즉 결합용 나사에서는 효율이 낮은 것은 어쩔 수 없는 현상이다. 결합용 나사는 3각나사가 사용되고, 또 너트의 좌면의 마찰도 고려해야 한다. 3각나사에 있어서는

$$\eta' = \frac{P_0}{P} = \frac{\tan\lambda}{\tan(\lambda+\rho')} = \frac{p\left(\pi d_2 - \frac{\mu p}{\cos\alpha}\right)}{\pi d_2\left(p + \frac{\mu\pi d_2}{\cos\alpha}\right)} \qquad (2\text{-}38)$$

다음 너트의 좌면의 마찰을 고려하면 1회전의 마찰 일량이 6각너트라면

$2\pi T' = 2\pi \times 0.74\mu' Qd = 1.48\pi d\mu' Q$

$$\therefore\ \eta'' = \frac{Qp}{2\pi T + 2\pi T'} = \frac{Qp}{\pi d_2 p + 1.48\pi d\mu' Q} \tag{2-39}$$

$$= \frac{p}{\pi d_2 \dfrac{p + (\mu\pi d_2/\cos\alpha)}{\pi d_2 - (\mu p/\cos\alpha)} + 1.48\pi d\mu'}$$

전동용 나사에서는 나사의 효율의 제한이 없고 효율도 좋게 하여야 하므로 λ를 크게 하는 것이 좋고 다중나사가 채용되고 있는 형편이다. 그림 2-35은 4각나사에 있어서 리드각 λ에 대한 나사의 효율을 η를 도시한 것이고, 마찰각 $\rho = 6°$로 한 것이다.

$\rho = 6°$, $\therefore\ \tan 6° = 0.105 = \mu$ 으므로

$\lambda = 45° - \dfrac{\rho}{2} = 45° - \dfrac{6°}{2} = 42°$에서 효율이 최대로 되고

$\eta_{\max} = \tan^2(45° - 3°) = \tan^2 42° = 0.81$로 되어 81%로 된다.

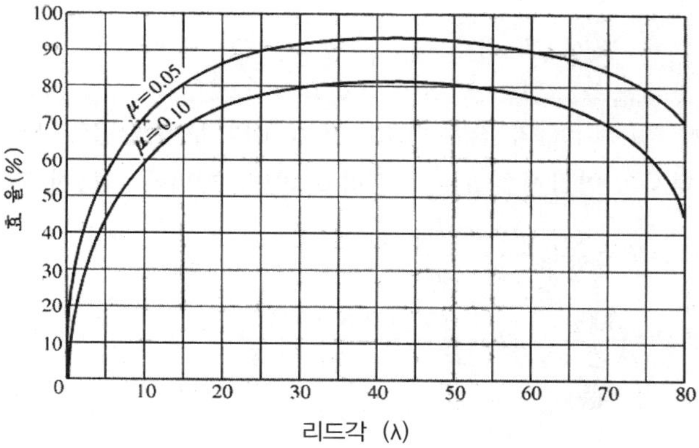

그림 2-35 4각나사의 효율

즉, 그림 2-35에서 효율은 경사각 λ의 증가와 더불어 갑자기 올라가고, $\lambda = 15°$의 부근에서 차차로 평평한 곡선으로 된다. λ가 작은 나사는 회전모멘트가 작고 효율이 낮다.

4. 3각나사와 4각나사의 특성

(1) 4각나사

4각나사는 운동용나사로서 특성이 필요하고 그림 2-36에서 보는 바와 같이 나사가 잘 풀어지려면 $\lambda > \rho$, 즉 리이드각이 마찰각보다 커야 되며 $p > \mu\pi d_2$로 되고, 푸는 힘 P는 $P > 0$이다. 나사는 하중 Q에 의하여 자연히 돌아가서 하중은 아래로 내려간다. 이 나사의 이용은 나사 프레스(fly press) 등에 사용되고 있다.

$\lambda = \rho$의 경우에는 그림 2-37에서 보는 것처럼 푸는 힘 P는 $P = 0$이다.

하중 Q를 지지할 때 임의의 위치에 정지되고 이 상태가 이미 전술한 바와 같이 자동

결합(self-locking)의 경우이고, 이 때의 최대효율은 50% 이하이다. 즉 $\eta < 0.5$이다.

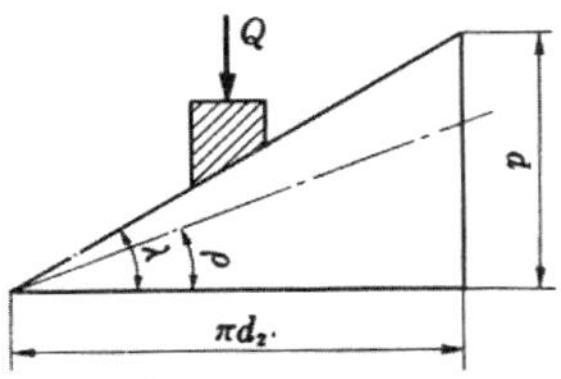

그림 2-36 $\lambda > \rho$의 나사

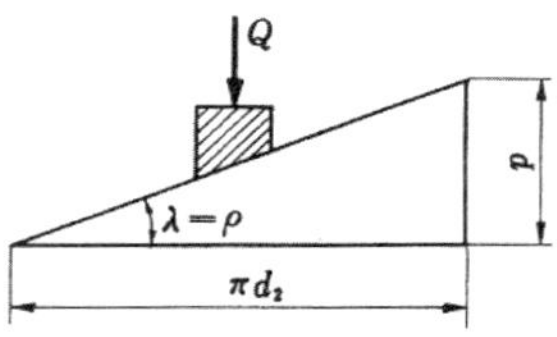

그림 2-37 $\lambda = \rho$의 나사

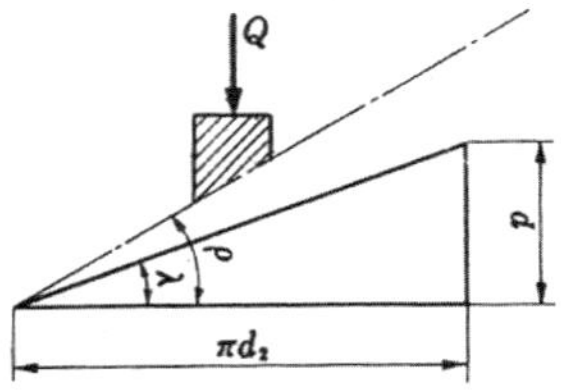

그림 2-38 $\lambda < \rho$의 나사

(2) 3각나사(그림 2-38)

$\lambda < \rho$의 경우에는 $P < 0$으로 되고 하중을 하강시키는 데 힘이 필요하다. 즉 나사는 자립의 상태를 유지하고 있고, 3각나사의 특성으로서 결합용으로 사용된다. 죔 볼트 등에 사용된다.

예제 1 $d_2 = 31$[mm], $p = 5$[mm]의 잭(jack)으로 3[ton]의 무게를 올리려고 한다. 레버(lever)의 유효길이를 250[mm], 나사의 마찰계수 $\mu = 0.1$이라고 하면, 레버에 가하게 되는 힘을 구하여라.

풀이

$$Pl = T = \frac{Q}{2} d_2 \frac{p + \mu\pi d_2}{\pi d_2 - \mu p}$$

$$25P = \frac{3000}{2} \times 3.2 \times \frac{0.5 + 0.1 \times \pi \times 3.2}{\pi \times 3.2 - 0.1 \times 0.5}$$

$$\therefore\ P = \frac{4800}{25} \times \frac{1.5}{9.95} \fallingdotseq 28.9\,[\text{kgf}]$$

예제 2 바깥지름이 24[mm]인 4각나사에서 $p = 6$[mm], 유효지름이 22.051[mm], 마찰계수 $\mu = 0.1$로 하여 나사의 효율을 구하여라.

풀이

$$\tan\lambda = \frac{p}{\pi d_2} = \frac{6}{\pi \times 22.051} = 0.0865 \quad \lambda \fallingdotseq 5^\circ$$

$$\tan\rho = \mu \times 0.1,\ \therefore\ \rho = 6^\circ$$

$$\eta = \frac{\tan\lambda}{\tan(\lambda + \rho)} = \frac{\tan 5^\circ}{\tan(5^\circ + 6^\circ)} = 0.45,\ \eta = 45\%$$

예제 3 바깥지름이 24[mm]의 미터나사에서 $\mu = 0.1$로 하여 나사의 효율을 구하여라. $d_2 = 22.051$, $p = 3$[mm]

풀이

$$\mu_\Delta = 0.1 \times 1.15 = 0.115$$

$$\tan\mu_\Delta = 0.115,\ \therefore\ \rho = 6^\circ 30'$$

$$\tan\lambda = \frac{p}{\pi d_2} = \frac{3}{\pi \times 22.051} = 0.04325,\ \lambda = 2^\circ 30'$$

$$\eta' = \frac{\tan\lambda}{\tan(\eta' + \lambda)} = \frac{\tan 2.5^\circ}{\tan(2.5 + 6.5^\circ)} = 0.275,\ \eta' = 27.5\%$$

2.4 나사의 기본설계

1. 나사의 강도와 치수

나사는 그 사용목적에 따라 다음과 같은 경우에 각기 다른 종류의 하중을 받는다.

① 나사에 축방향의 인장하중만을 받는 경우

② 나사가 축방향의 인장 또는 압축하중을 받으면서 회전할 때 비틀림 모멘트가 추가되는 경우

③ 나사가 축방향에 직각 방향으로 하중을 받고 전단하중(shearing load)을 발생하는 경우 이런 경우에는 되도록 적당한 방법을 사용하여 회피하는 것이 좋다.

(1) 축방향에 인장하중 W[kgf] 만을 받는 경우

그림 2-39와 같이 아이 볼트(eye bolt)에 있어서, W를 축방향에 작용하는 인장하중 [kgf], σ_a를 볼트 재료의 허용인장응력 [kgf/cm²]라고 하면

$$W=\frac{\pi}{4}{d_1}^2\sigma_a$$

$$d_1=\sqrt{\frac{4W}{\pi\sigma_a}}=\sqrt{\frac{1.27W}{\sigma_a}} \tag{2-40}$$

나사의 지름을 보통 그 바깥지름 d로 호칭하므로

$$W=\frac{\pi}{4}\left(\frac{d_1}{d}\right)^2 d^2\sigma_a$$

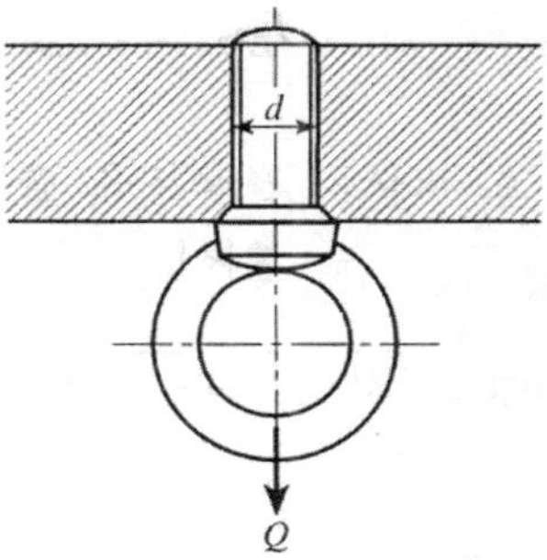

그림 2-39 인장하중 W만을 받을 때

W1호 나사에 있어서 $\left(\frac{d_1}{d}\right)$ 또는 $\left(\frac{d_1}{d}\right)^2$의 값을 표시하면 다음과 같다.

바깥지름 d[inch]	$\frac{3}{8}$	$\frac{1}{2}$	$\frac{5}{8}$	$\frac{3}{4}$	1	$1\frac{1}{2}$	2
d_1/d	0.786	0.786	0.814	0.830	0.840	0.858	0.853
$(d_1/d)^2$	0.62	0.62	0.66	0.69	0.71	0.74	0.74

M1호 나사는 다음과 같다.

바깥지름 d[mm]	10	12	16	20	24	39	52
d_1/d	0.792	0.797	0.827	0.827	0.829	0.858	0.867
$(d_1/d)^2$	0.63	0.64	0.68	0.68	0.68	0.74	0.75

지름 $(d_1/d)^2$의 값을 간단히 하기 위하여 나사의 지름에 관계없이 일정하다고 하고 그 작은 값이 0.62를 채택하면, 그 값보다 큰 값에 대해서는 더욱 안전하게 된다.

$$W = \frac{\pi}{4}(d_1/d\ )^2 d^2\,\sigma_a = \frac{\pi}{4}\times 0.62 d^2\,\sigma_a \fallingdotseq 0.5 d^2\sigma$$

$$d = \sqrt{\frac{2W}{\sigma_a}}\ \ [\text{cm}] \tag{2-41}$$

보통 $\sigma_t = 600\,[\text{kgf/cm}^2]$로 하면

$$W = 300\,d^2\,[\ \text{kgf}\ ] \tag{2-42}$$

앞의 식에서 구한 보통 KS 규격치가 아닌 경우가 많으므로 안전을 기하여 항상 그 계산치보다 큰 KS 구격치를 골라야 한다.

(2) 축하중 W[kgf]를 받고 있는 수나사에 끼워맞춤되어 있는 암나사(nut)를 비트는 경우

이 때는 W에 의한 인장응력 σ이외에 나사를 비트는 데 필요한 나사산 사이의 마찰 모멘트 T가 절단되어야 하고, 따라서 비틀림(torsion) 작용을 받아서 전단응력 τ가 추가 된다.

$$\tau = \frac{T}{\frac{\pi}{16}{d_1}^3} = \frac{0.13\,Wd_1}{\frac{\pi}{16}{d_1}^3} = 0.52\frac{W}{\frac{\pi}{4}{d_1}^2} = 0.52\sigma \tag{2-43}$$

즉, 비틀림 작용을 받아 인장응력의 약 절반의 전단응력이 생기고, 이와 같이 축에 인장응력 σ와 비틀림응력 τ가 동시에 작용하여 조합응력으로 작용할 때는 최대주응력설에 의하여

$$\sigma_{\max}=\frac{1}{2}\sigma+\sqrt{\frac{1}{4}\sigma^2+\tau^2}$$

$\therefore\ \tau=0.52\sigma$를 대입하여

$$\sigma_{\max}=0.5\sigma+0.78\sigma=1.28\sigma$$

즉, $\sigma_{\max}$는 σ에 비하여 약 30% 크게 된다. 최대전단응력설에 의하면

$$\tau_{\max}=\frac{1}{2}\sqrt{\sigma^2+4\tau^2}=\frac{1}{2}\sqrt{\sigma^2+4\times(0.52\sigma)^2}$$

$$=0.72\sigma=1.39\times0.52\sigma$$

즉, 비틀림만을 생각할 때의 τ의 값에 대하여 $1.39 \fallingdotseq 1.4$배의 응력을 생기게 한다. 실제로는 허용 전단응력을 더욱 낮게 취해서 $\tau_w=\frac{1}{1.4}\tau$로 하여

$$\tau=\frac{0.13Wd_1}{\frac{\pi}{16}{d_1}^3}=\frac{0.66}{{d_1}^2}\quad W=\frac{0.66W}{0.63d^2}=\frac{1.05W}{d^2} \tag{2-44}$$

$$\therefore\ d=\sqrt{\frac{1.05W}{\tau}}$$

보통 전단응력은 인장응력의 절반 정도로 하고, 다시 허용 전단응력을 1.4배 낮게 하므로 $\tau=\frac{\sigma_a}{2\times1.4}$로 취하여

$$d=\sqrt{\frac{1.05W}{\frac{\sigma_a}{2.8}}}=\sqrt{\frac{2.9W}{\sigma_a}} \tag{2-45}$$

(3) 축방향에 하중을 받음과 동시에 회전력이 작용하는 경우

① **스패너로써 볼트를 충분히 졸라맬 때** : 그림 2-40에서 L : 스패너의 유효 길이[cm], P_s : 충분히 비틀기 위하여 스패너의 끝에 가하게 되는 힘[kgf]이라 하고, $T_t=P_sL$ [kgf-cm]의 비틀림 모멘트로 너트를 스패너로써 졸라매면 볼트는 축방향에 인장을 받는다. 그 인장력을 Q라고 한다.

이 때 너트의 좌면의 마찰 모멘트는

$$T'=0.74\mu' Qd\ (\text{6각너트일 때}) \tag{2-46}$$

또는 $T_1 = 0.35\mu' Q\sqrt{D^2 - d^2}$ (바깥지름 D, 안지름 d의 와셔가 있을 때) (2-47)

또 $T = \frac{d_2}{2} Q\tan(\lambda + \rho)$

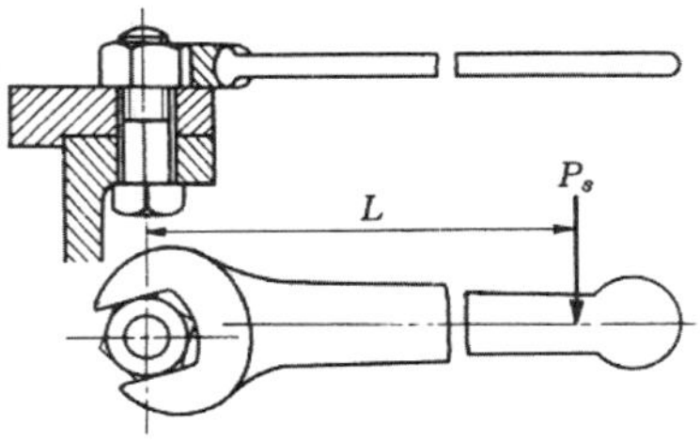

그림 2-40 스패너의 회전 모멘트

전체의 비틀림 모멘트 T_t는

$$T_t = T' + T = 0.74\mu' Qd + \frac{d_2}{2} Q\tan(\lambda + \rho) = P_s L$$

혹은 $T_t = 0.35\mu' Q\sqrt{D^2 + d^2} + \frac{d_2}{2} Q\tan(\lambda + \rho) = P_s L$

$$\therefore Q = \frac{P_s L}{0.74\mu' d + 0.5 d_2 \tan(\lambda + \rho)} \quad (2\text{-}48)$$

$$Q = \frac{P_s L}{0.35\mu' \sqrt{D^2 + d^2} + 0.5 d_2 \tan(\lambda + \rho)}$$

W1호 나사 또는 M1호 나사에 있어서 $\mu' = 0.12$ 라고 하면

$T' = 0.74 \times 0.12\, Qd = 0.084\, Qd$ (6각너트)

$T = 0.1\, Qd$

이므로, 보통은 스패너에서 $L \fallingdotseq 12d$ 라고 하여 $T_t = 12dP_s$ 로 놓고

$12dP_s = 0.084Qd + 0.1Qd = 0.184Qd$

$$Q = \frac{12dP_s}{0.184d} = 65.3P_s \quad (2\text{-}49)$$

Q에 의하여 생기는 응력은 $\sigma = \frac{Q}{0.5d^2} = \frac{2Q}{d^2}$

또, $\tau = 0.52\sigma = 0.52\frac{2Q}{d^2} = \frac{1.04Q}{d^2}$

$$\tau_{max} = \frac{1}{2}\sqrt{\sigma^2 + 4\tau^2} = \frac{1}{2}\sqrt{\left(\frac{2Q}{d^2}\right)^2 + 4\left(\frac{1.04Q}{d^2}\right)^2}$$
$$= \frac{1.44Q}{d^2} = \frac{1.44 \times 65.3P_s}{d^2} = 94.2\frac{P_s}{d^2} \quad (2-50)$$

$\frac{3}{4}''$ W1호 나사로서 $L \fallingdotseq 24$[㎝]의 스패너의 끝에 $P_s = 20\,[kgf]$의 힘을 작용시켜서 비틀면 $d = 1.905$[㎝], $L = (24 \div 1.905)d \fallingdotseq 12d$ 로서

$$\tau_{max} = 94.2 \times \frac{20}{1.905^2} \fallingdotseq 520\,[kgf/㎠]$$

같은 방법으로 $P_s = 20\,[kgf]$로서 $L = 12d$의 스패너를 돌려 졸라매면 $\frac{3}{8}''$볼트에서는 $\tau_{max} = 2080\,[kgf/㎠]$, $\frac{1}{2}''$볼트에서는 $\tau_{max} \fallingdotseq 1170\,[kgf/㎠]$로 된다. 이 결과를 고찰하여 보면 작은 지름의 나사를 스패너로 충분히 졸라매려고 하면 그것으르 볼트를 파단시킬 염려가 있다. 따라서 충분히 꽉 졸라매려고 할 때는 작은 지름의 볼트로 대략 $\frac{3}{4}''$ 이하의 것은 되도록 사용하지 않는 것이 좋다.

② **나사의 굵기의 산식** : 스패너로 강하게 죄는 기초볼트의 경우라든지 **그림 2-41**에서 보는 나사 프레스의 나사봉은 축방향의 힘과 동시에 비틀림의 힘을 받는다. 비틀림의 힘에 의한 죔나사와 잭의 나사막대에 생기는 응력은 수직응력의 $\frac{1}{3}$정도로 보기 때문에 축방향의 하중을 $\frac{4}{3}$배하여 이 속에 비틀림의 힘을 포함시킨 상당하중의 값을 식 (2-42)에 적용시켜서 축방향의 하중만이 작용하고 있는 경우와 같은 양으로 취급하여 계산한다.

$$즉,\ d = \sqrt{2 \times \frac{4}{3}W/\sigma_a} = \sqrt{\frac{8W}{3\sigma_a}} \quad (2-51)$$

그림 2-41 나사 프레스

예제 4 4[ton]의 축방향 하중과 비틀림이 동시에 작용하고 있을 때 결합용 나사, 미터 보통나사 중에서 적당한 것을 골라라. 단, 허용인장응력은 4.8[$kgf/㎟$]라 한다.

풀이 $d = \frac{\sqrt{8W}}{3\sigma_a} = \sqrt{\frac{8 \times 4000}{3 \times 4.8}} = 47[\text{mm}] \quad \therefore M\ 48$

예제 5 2[ton]의 하중을 올리는 나사잭의 나사막대의 지름을 계산하여라. 허용인장응력은 6[$kgf/㎟$]라 한다. 단, 사다리꼴 나사를 사용하며 $d_1 = 0.8d$로 가정하여 생각하여라.

풀이 $d = \sqrt{\frac{8W}{3\sigma_a}} = \sqrt{\frac{8 \times 2000}{3 \times 6}} \fallingdotseq 29.8[\text{mm}]$

$M\ 30$, 즉 30[mm]의 것을 사용

예제 6 그림 2-42에서 보는 1[ton],반지름 4[ton]의 기중기의 밑둘레의 기초볼트를 설계하여라. 단, 회전축 기둥부분의 무게는 950[kgf]이고, 그 곳에서 0.75[m] 되는 곳에 무게 800[kgf]의 돌출봉이 있고 밑둘레는 그림과 같이 배치되어 있다. $P_1 = 1000[kgf]$, $G = 800[kgf]$, $G_1 = 950[kgf]$, $l = 400[\text{cm}]$, $l_1 = 75[\text{cm}]$, $l_a = 120[\text{cm}]$, $l_c = 10[\text{cm}]$이다.

풀이 e점에 관하여 하중의 모멘트를 구하면

$$M_e = 1000\left(l - \frac{l_a}{2} - l_c\right) + 800\left(i_1 - \frac{l_a}{2} - l_c\right) - 950\left(\frac{l_a}{2} + l_c\right)$$
$$= 1000(400 - 60 - 10) + 800(75 - 60 - 10) - 950(60 + 10)$$
$$= 1000 \times 330 + 800 \times 5 - 950 \times 70 = 267500[kgf - \text{cm}]$$

이 모멘트를 밑둘레의 a, b, c, d의 4개의 볼트로써 지지하고 있으므로 지금 각 볼트에 작용하는 하중을 각각 P_a, P_b, P_c, P_d라고 하면 $P_b = P_d$이고 a볼트가 받는 인장하중 P_a가 최대로 된다.

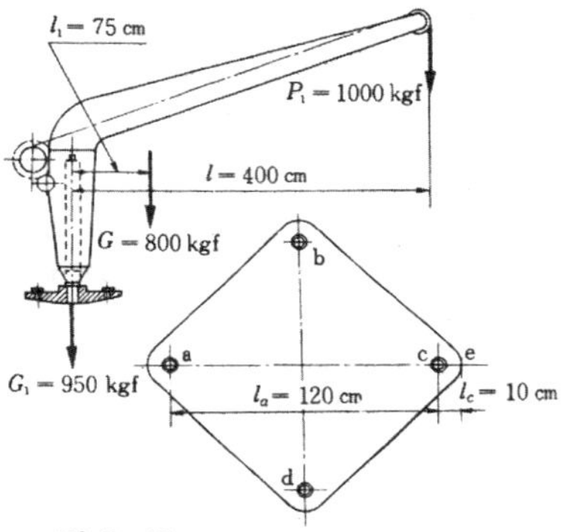

그림 2-42

그리고 중점에 관한 모멘트를 취하면

$$M_e = P_a(l_a + l_c) + 2P_b\left(\frac{l_a}{2} + l_c\right) + P_c l_c$$

즉, $M_e = P_a \times 130 + 2P_b \times 70 + P_c \times 10$

그런데 $2P_b = P_a \frac{70}{130}$, $P_c = P_a \frac{10}{130}$

$$\therefore M_e = 267500 = P_a \times 130 + 2P_a \frac{70^2}{130} + P_a \frac{10^2}{130} \qquad \therefore P_a = \frac{267500}{203} = 1317[kgf]$$

지금 일반적으로 기초 볼트의 인장응력을 500[kgf/cm²]라고 하면 a볼트의 단면적은

$$A = \frac{P_a}{500} = \frac{1317}{500} = 2.6[㎠]$$

W1호 나사를 사용한다고 하면 $\frac{7}{8}''$의 골면적(root area)이 2.72[㎠]이므로 $\frac{7}{8}''$를 취한다. 그러나 M1호나사를 사용한다고 하면 바깥지름 22[mm]의 볼트가 $A = 2.696[㎠]$가 되어 가장 가까운 볼트이므로 22[m] M나사를 채택하면 된다. b, c, d 볼트는 각각 a볼트보다 가늘어도 좋으나 보통 같은 치수의 볼트를 사용한다.

(4) 충분히 죈 볼트에 다시 인장하중이 작용하는 경우

플랜지 등을 조일 때는 그림 2-43에서 보는 것처럼 처음에 충분히 죄어져서 볼트에 Q_0의 인장력이 작용하고 있다. 이 인장력 Q_0 때문에 볼트는 늘어나고 죄어져서 중간편은 수축하여 균형의 상태를 이루게 된다.

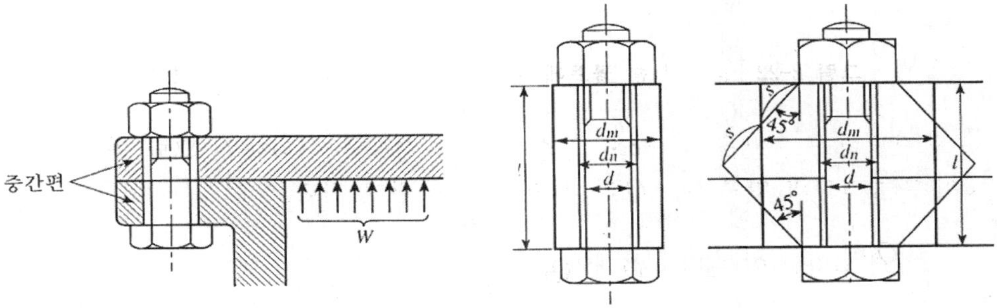

그림 2-43 플랜지 등의 죔

지금 Q_0에 대응하는 볼트의 늘음을 δ_t라 하고, Q_0에 대응하는 중간편의 줄음을 δ_c라 하여, 이 죔 상태를 힘 – 늘음(줄음)선도로 표시하면 그림 2-44의 (a), (b), (c)와 같이 된다. 즉 (a)는 볼트의 힘 – 늘음선도, (b)는 중간편의 힘 – 줄음선도, (c)는 (a), (b)를 조합한 것이다.

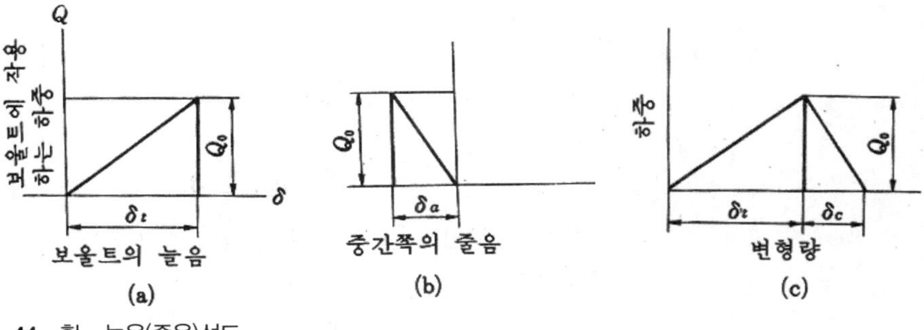

그림 2-44 힘 – 늘음(줄음)선도

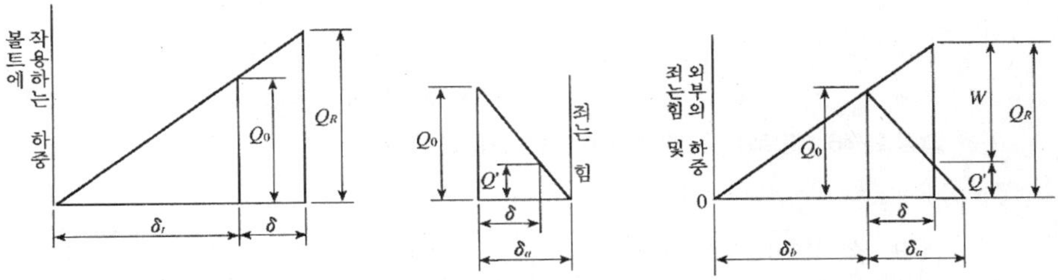

(a) 볼트의 신장량 (b) 중간편의 수축량 (c) (a)와 (b)의 조합

그림 2-45 충분히 죈 볼트에 다시 W의 하중의 작용할 때의 힘 – 늘음선도

다음에 이러한 상태에서 그림 2-45에서 보는 것처럼 W의 하중이 다시 가해졌다고 하면, 볼트는 W에 의하여 다시 δ만큼 늘어나고, 그 양상을 도시하면 그림 2-45의 (a)와 같이 된다.

이 때 볼트에 작용하는 인장력을 Q_R라 하면 다음 관계가 성립한다.

$$\frac{Q_R}{Q_0} = \frac{\delta_t + \delta}{\delta_t} \tag{2-52}$$

즉, $Q_R = Q_0 \dfrac{\delta_t + \delta}{\delta_t}$

여기에 대하여 중간편의 줄음은 $(\delta_c - \delta)$로 감소하고, 그 양상을 도시하면 그림의 (b)와 같이 된다. 이 때의 중간편의 압축력을 Q'라 하면 다음 관계가 성립한다.

$$\frac{Q_0}{Q'} = \frac{\delta_c}{\delta_c - \delta}$$

$$\therefore\ Q' = Q_0 \cdot \frac{\delta_c - \delta}{\delta_c}$$

따라서 볼트와 중간재의 선도를 조합하면 그림 2-46에서 명백히 보는 바와 같이 볼트에 작용하는 인장력 Q_R는 하중 W와 중간편에 주어진 압축력 Q'와의 합으로 표시할 수 있다. 따라서 다음 식이 성립한다.

$$Q_R = Q' + W = Q_0 \frac{\delta_c - \delta}{\delta_c} + W \tag{2-53}$$

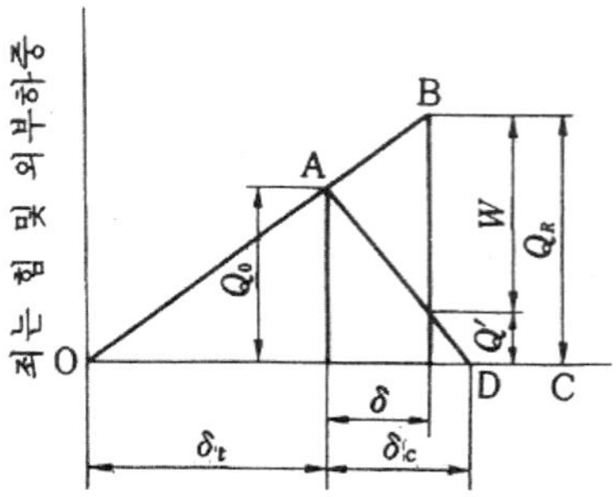

그림 2-46 볼트와 중간재와의 힘-변형의 조합선도

또 식 (2-52)으로부터 $\delta = \delta_t \left(\dfrac{Q_R}{Q_0} - 1 \right)$이므로, 이것을 식 (2-53)에 대입하면 다음 식이 성립한다.

$$Q_R = Q_0 \frac{\delta_c - \dfrac{Q_R \delta_t}{\delta_c} + \delta_t}{\delta_c} + W$$

$$\therefore \; Q_R = Q_0 + W \frac{\delta_c}{\delta_t + \delta_c}$$

그림에서 세로축에 힘, 가로축에 볼트와 늘음 및 죄어지는 물체의 줄음을 취하면, $\overline{OB}$는 볼트의 인장력, $\overline{AD}$는 죄어지는 물체의 압축선이다. A점은 볼트가 죄인 채 그대로의 상태이고 인장력 Q_0, 여기 해당하는 늘음 δ_t, 줄음 δ_c를 표시한다. B점은 여기에 다시 W의 하중이 가해져 볼트가 인장력 Q_R, 압축력 Q'로 된 상태로서, 각각의 크기의 관계는 앞의 식들로 표시된다.

그리고 W가 커서 W 때문에 볼트의 늘음이 $\delta = \delta_c$로 되면, 중간재의 줄음은 0으로 되고 압축력 $Q' = 0$이 되어 $Q_R = W$로 된다.

따라서 B의 상태는 W가 다음으로 표시되는 범위 내에 있을 경우에만 성립된다.

$$0 < W < Q_0 \frac{\delta_t + \delta_c}{\delta_t} \tag{2-54}$$

그리고 W가 크게 되어 볼트의 늘음이 아무리 증가하더라도 여전히 $Q' = 0$이므로

$$W < Q_0 \frac{\delta_t + \delta_c}{\delta_t} \tag{2-55}$$

이고 $Q_R = W$가 된다.

이 상태는 그림의 C가 될 것이다. Q_R는 볼트에 작용하는 합성인장력이므로 볼트의 크기는 Q_R로서 설계되어야 된다. 엔진의 실린더 헤드의 뚜껑, 압력용기의 뚜껑, 파이프 이음 등에 있어서 W가 아주 크면 볼트의 헤드 이하의 길이가 죄어지는 물체의 두께(grip) 이상으로 늘어나기 때문에 틈이 생겨 기밀을 유지할 수가 없게 된다.

따라서 기밀 이음에서는 누설방지의 목적으로 접합부에 패킹을 넣는다. 패킹으로는 종이, 고무, 파이버, 석선, 연판, 동판 등이다. 또 플랜지에 기밀의 목적으로 가스켓(gasket)을 댄다. δ_t와 δ_c는 재료의 탄성일 뿐만 아니라 형상, 길이 등에 의하여 정해지므로 복잡한 실험에 의하여 조사해야 되지만 다음과 같이 추산할 수도 있다. δ_t는 볼트의 늘음이 생기는 부분의 단면적이 균일하지 않으므로, 이것을 몇 개의 부분으로 나누고 각 부분마다

$$\delta_t = \frac{Q_0 l}{EA} \,[\mathrm{cm}] \tag{2-56}$$

에 의하여 계산하며 이것들을 총합하여 구한다.

여기서, l : 그 부분의 길이[cm], A : 그 부분의 단면적[cm²]

E : 재료의 세로탄성계수[kgf/cm²], Q_0 : 인장력[kgf]

원추형 등 단면적이 차차로 변하는 부분은 평균지름을 나사부의 유효지름으로 취하여 단면적으로 한다. 나사부의 길이 l은 너트에 박혀 있는 길이와 너트 이하의 늘고 있는 길이를 합하여 유효길이로 한다(그림 2-47 참조). 그리고

$$\delta_t = 0.95(\delta' + \delta'' + \delta''' + \cdots) \tag{2-57}$$

여기서, 0.95는 Thum의 수정계수로서 실측과 일치시키기 위한 계수이다.

δ_c는 그림 2-48의 (a)에 있어서

$$\delta_c = \frac{Q_0 l}{E\dfrac{\pi}{4}(d_m{}^2 - d_n{}^2)} \tag{2-58}$$

보통 $\delta_c/\delta_t = 0.65 \sim 1$이다. (2-59)

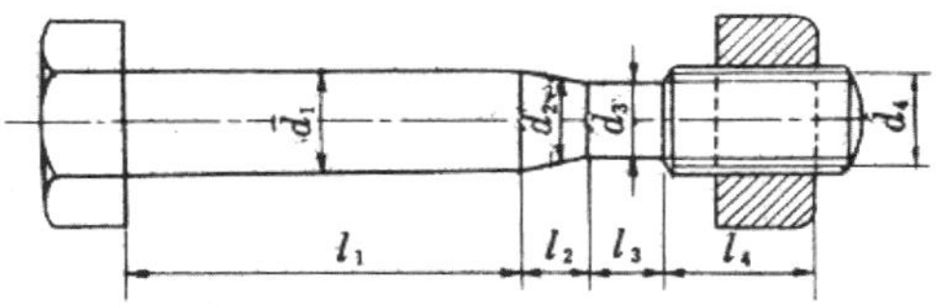

그림 2-47 지름이 다른 볼트의 늘음

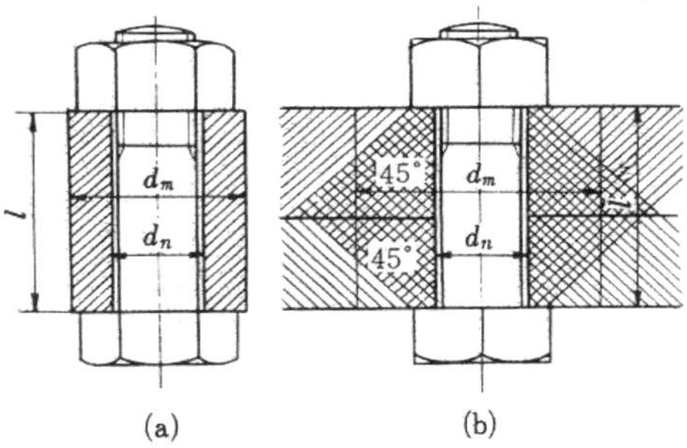

그림 2-48 Thum의 수정계수

예제 7 실린더의 지름 460[mm], 최대 기압 12[kgf/cm^2]의 복동증기기관의 피스턴 로드(piston rod)의 나사부를 설계하여라(그림 2-49 참조).

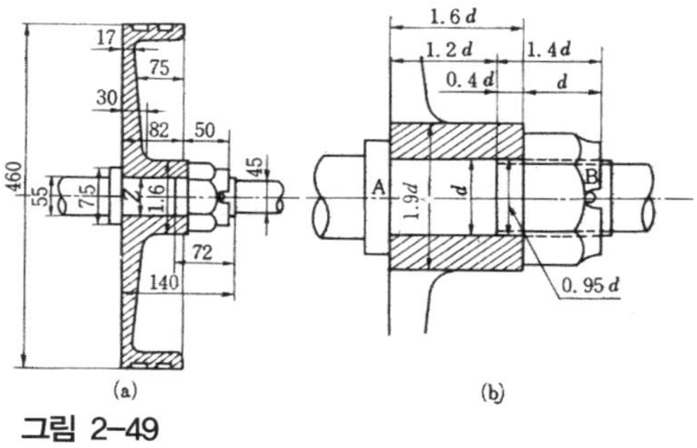

그림 2-49

풀이 크랭크축에서 피스턴에 작용하는 전체의 압력은 피스턴 로드의 단면적을 실린더 면적의 1.5%로 생각

하고

$$W=\frac{\pi}{4}\times 46^2\times(1-0.015)\times 12=19650[kgf]$$

로드에 피스턴을 통하여 너트로써 졸라맬 때 처음의 졸라맴 힘을 Q_0라고 하고, 여기에 대한 로드의 나사부 AB의 늘음 δ_t와 피스턴 보스부의 줄음 δ_c를 생각하면, 그림 2-49(b)와 같이 치수의 비율을 취하면 $\delta_t=0.95(\delta'+\delta''+\delta'''+\cdots)$ 이므로

$$\delta_t=0.95\frac{Q_0}{E}\left\{\frac{1.2d}{\frac{\pi}{4}d^2}+\frac{1.4d}{\frac{\pi}{4}(0.95d)^2}\right\}=0.95\frac{Q_0}{\frac{\pi}{4}d^2E}\left(1.2d+\frac{1.4d}{0.9}\right)$$

$$=\frac{0.95\times Q_0}{\frac{\pi}{4}d^2\times 21\times 10^5}\times 2.75d=\frac{1.58}{10^6}\cdot\frac{Q_0}{d}$$

단, 로드 재료를 강철로 하고 $E=21\times 10^5[kgf/㎠]$라 하면

$$\delta_c=\frac{Q_0}{E}\cdot\frac{1.6d}{\frac{\pi}{4}\{(1.9d)^2-d^2\}}=\frac{Q_0}{10\times 10^5}\cdot\frac{1.6d}{\frac{\pi}{4}d^2(3.61-1)}$$

$$=\frac{0.78}{10^6}\cdot\frac{Q_0}{d}$$ [단, 피스턴의 재료는 주철, $E=10\times 10^5[kgf/㎠]$]

$$\frac{\delta_t}{\delta_c}=\frac{1.58}{0.78}=2.03$$

최대하중 때 피결합부에 대한 졸라매는 힘 Q_c가 0이 되지 않으려면

$$Q\geq W\frac{\delta_t}{\delta_t+\delta_c}=19650\times\frac{2.03}{2.03+1}=13150[kgf]$$

지금 $Q_c=0.25W=0.25\times 19650=4900[kgf]$을 준다고 하면 최대하중 때 나사부가 받는 인장력은

$$Q_R=W+Q_c=19650+4900=24550[kgf]$$

인장력의 증가는

$$Q_R-Q_0=W\frac{\delta_c}{\delta_t+\delta_c}=19650\times\frac{1}{2.03+1}=6500[kgf]$$

$$\therefore\ Q_0=Q_R-6500=24550-6500=18050[kgf]$$

로드 재료의 SF 45, 인장강도 $\sigma_u=45[kgf/㎠]$, 탄성한계 $\sigma_c=26[kgf/㎟]$라 하고 Q_0에 대하여 나사부의 초결합응력을 σ_e의 0.5라 하면

$$\sigma_f=0.5\times 26=13[kgf/㎟]$$

이것으로 나사부의 필요 골 단면적은

$$A=\frac{18050}{1300}=13.9[㎠]$$

W1호 나사에서 호칭 2″의 규격을 보면

$$d=50.8,\ d_1=43.6,\ d_2=47.2[㎜]$$

$A = 14.9$[㎠]로서 13.9[㎠]에 가장 가까운 것이다.

초결합력 Q_0을 주기 위하여 너트에 주는 비틀림 모멘트는

$$T = 0.184 Q_0 d = 0.184 \times 18050 \times 50.8 = 169000 [kgf - cm]$$

$$L = 12d = 12 \times 50.8 = 610 \text{ [mm]}$$로 하여

스패너의 끝에 가하는 힘은 공식에서

$$P_s = \frac{Q_0}{65.3} = \frac{18050}{65.3} = 276 \text{ [kgf]}$$

P_s가 너무 크므로 L을 길게 하여 1000 [mm]로 하면

$$P_s = \frac{276 \times 600}{1000} = 168 \text{ [kgf]}$$

3명이 졸라맨다면 $\frac{168}{3} = 53$ [kgf]

즉, 1명이 53 [kgf]의 힘을 내야 한다.

2. 볼트의 나사산에 있어서의 하중분포

같은 재료로 제작된 볼트, 너트에 있어서 볼트에 너트를 걸리게 할 때 나사산의 하중분포상태를 도시하면 **그림 2-50**과 같이 된다. 그림에서 물림 나사산의 최초의 나사만으로 전하중의 $\frac{1}{3}$ 정도를 받고 있는 것을 알 수 있다. 따라서 일반적인 나사결합체에서는 보통 나사산이 물리는 처음 부분에 있어서 가장 파손되기 쉽다.

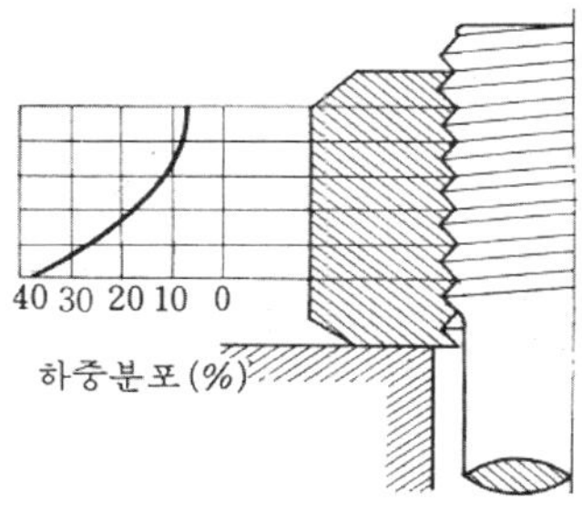

그림 2-50 물림 나사산에 있어서 하중분포 상태

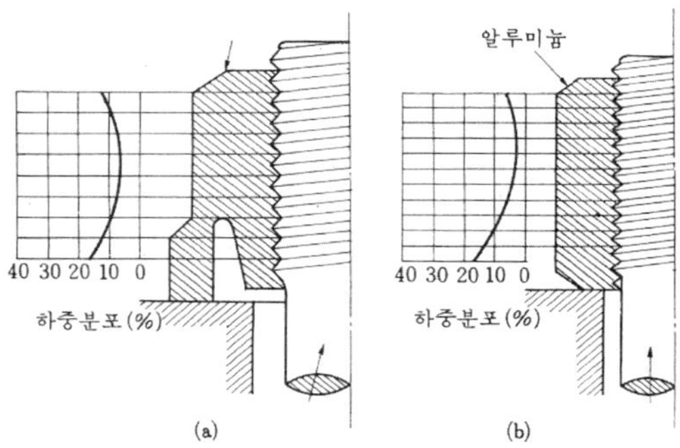

그림 2-51 나사산 하중분포의 개선

이와 같은 볼트와 너트 사이의 하중분포상태를 되도록 균등화하여 볼트의 파손을 방지하려면 여러 가지의 개선 수단을 강구하여야 한다. 예를 들면 **그림 2-51(a)**에서 보는 바와 같은 형상의 너트를 사용하면 물리는 나사산에 작용하는 분포하중은 상당히 고르게 균등화하고, 또 **그림 2-51(b)**에서 보는 바와 같이 너트를 볼트보다 탄성율이 작은 재료로 사용하면 상당히 고른 하중분포상태로 할 수 있다.

3. 3각나사 너트의 높이

너트의 전 높이에 나사가 깎여 있을 때 나사산의 수를 n이라 하면, n은 너트의 높이 H로 결정된다. 지금 $p=$ 나사의 피치라고 하면

$$H=np, \text{ 즉, } n=\frac{H}{p} \tag{2-60}$$

나사산의 파괴는 굽힘이 아니면 전단으로 파괴되고, 실험에 의하면 3각나사는 굽힘으로, 4각나사, 사다리꼴 나사는 전단작용으로 파괴되며, 주철은 대개가 전단작용으로 파괴되는 것으로 알려져 있다. 지금 **그림 2-52**에서 보는 바와 같이 W1호 나사에 대하여 강도의 견지에서 너트의 높이와 지름 d와의 관계를 생각하여 보면, Q의 하중이 작용할 때 이 Q가 뿌리 밑에서 $\frac{h}{3}$의 곳에 집중하중으로 작용한다고 하면

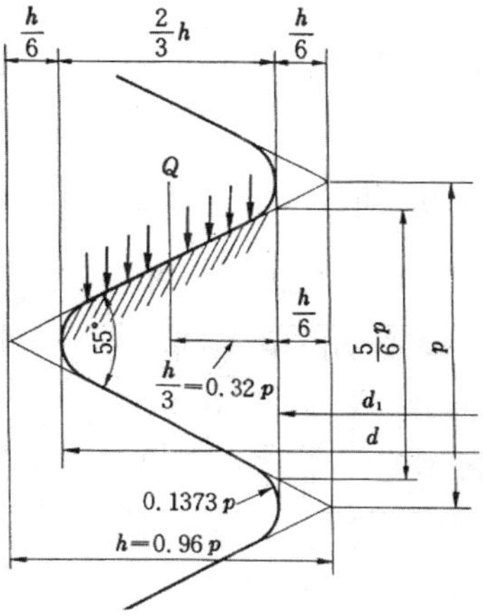

그림 2-52 너트의 높이

$$Q=\frac{\pi}{4}{d_1}^2\sigma_t \tag{2-61}$$

又 $M=\frac{h}{3}Q=0.32pQ \left(\because \frac{h}{3}=0.32p\right)$

외팔보(cantilever)의 고정단의 단면은 높이 $\frac{5}{6}p$, 폭 $n\pi d_1$의 4각형 단면이라고 생각되므로

단면계수 $Z=\frac{1}{6}(n\pi d_1)\times\left(\frac{5}{6}p\right)^2=\frac{25}{216}nd_1p^2\pi$

$$\therefore\ \sigma_b=\frac{M}{Z}=\frac{0.32\times 216}{25\pi}\cdot\frac{Q}{nd_1p}=\frac{2.7648Q}{n\pi d_1p} \tag{2-62}$$

같은 4각형 단면에 있어서 전단응력을 구하면

$$\tau_{\max} = \frac{3}{2}\tau_{mean} = \frac{3}{2}\frac{Q}{\frac{5}{6}pn\pi d_1} = \frac{1.8Q}{\pi n d_1 p} \qquad (2-63)$$

$$\therefore \ \frac{\sigma_{\max}}{\tau_{\max}} = \frac{2.7648}{1.8} = \frac{1}{0.65} \qquad (2-64)$$

그런데 보통 $\frac{\sigma_b}{\tau} = \frac{1}{0.8}$ 로 취하므로 굽힘에 대해서만 계산해도 무방하다.

식 (2-61)을 식 (2-62)에 대입하면 최대굽힘응력 σ_b는

$$\sigma_b = \frac{2.7648}{n\pi d_1 p} \times \frac{\pi}{4} d_1{}^2 \sigma_t = 0.691 \frac{d_1}{np}\sigma_t \qquad (2-65)$$

또 $H = np$를 대입하여

$$H = np = 0.691 \frac{\sigma_t}{\sigma_b} d_1 \qquad (2-66)$$

일반적으로 $\sigma_b \fallingdotseq \sigma_t$, $H = 0.7d_1$, $d_1 = 0.85d$로 하면 $H = 0.6d$

너트의 재료가 볼트의 재료보다 강한 강철로 만들어졌으면 너트의 높이 H는 $0.6d$ 정도로 하여야 한다. 그러나 일반적으로는 볼트의 재료가 너트의 재료보다 강하다.

이 때 σ_{bN}은 너트의 재료의 허용굽힘응력(allowable bending stress), σ_{bB}는 볼트의 재료의 허용굽힘응력이라고 하면

$$H = \frac{\sigma_{bB}}{\sigma_{bN}} d_1 \qquad (2-67)$$

예를 들면 연강의 볼트는 $\sigma_{bB} = 480[kgf/㎠]$, 황동(bronze)의 너트는 $\sigma_{bN} = 300[kgf/㎠]$ 이므로

$$H = \frac{480}{300} d_1 = 1.6d_1 = 1.5d \qquad (2-68)$$

그리고 같은 재료의 너트와 볼트를 사용할 때는 $H = d$로 설계한다. 기타의 재료에 대해서는 표 2-11에 표시한다. JIS에서는 $H = 0.8d$로 규정짓고 있다.

[표 2-11] 너트의 높이

볼트	너트	H
강철	강철	≒ d
강철	주철	≒ 1.5d
강철	청동	≒ 1.25d

4. 4각나사 너트의 높이

4각나사 등 전동용 나사에는 오히려 나사의 접촉면 압력에 의하여 너트의 높이를 결정하는 것이 중요하다. Q가 각 나사산에 완전히 균등하게 작용하고 있다고 하면 평균 압력 q_m은

$$q_m = \frac{Q}{n \cdot \frac{\pi}{4}(d^2 - {d_1}^2)}$$

나사의 평균지름 $d_m = d_2 = \dfrac{d+d_1}{2}$

나사산의 높이 $h = \dfrac{d-d_1}{2}$ 이므로

$$q_m = \frac{Q}{n\pi d_2 h} \tag{2-69}$$

축하중이 증가되면 나사를 돌릴 때의 나사 사이의 마찰이 크게 되고 압축강도에까지 도달하면 나사면의 마멸(wear)이 아주 심하게 되어 타게 되는 수도 있고, 사고의 발생을 조장시킨다. 따라서 실용상으로는 q_m의 값을 그와 같이 크게 취해서는 안되고 제한하게 된다. 특히 정밀한 것을 필요로 하는 이송나사(feed screw) 등에서는 충분히 낮은 값이 되도록 하지 않으면 마멸이 심하다.

결합용에는 비교적 높은 값을 취해도 좋으나, 역시 가끔 나사를 풀어서 조정하는 나사일 때는 낮은 값을 취해야 될 것이다. 나사산의 수를 증가시키지 않고 면압력을 낮게 하려면 나사의 지름을 크게 해도 좋을 것이다. 룃체르(Rottcher)는 허용압력 q_a를 표 2-12와 같이 제시하였다.

또 로이트와일러(Leutwiler)는 전동용의 나사에 대하여

저속도일 때에는 $q_a = 125 \sim 180[kgf/㎠]$

중속도일 때에는 $q_a = 35 \sim 100[kgf/㎠]$

으로 하는 것이 좋다고 하고 있다.

$$Q = \frac{\pi}{4}(d^2 - {d_1}^2)nq_a$$

$$\therefore \ n = \frac{4Q}{\pi(d^2 - {d_1}^2)q_a} = \frac{Q}{\pi d_2 h q_a} \tag{2-70}$$

$$\therefore \ H = np = \frac{4Qp}{\pi(d^2 - {d_1}^2)q_a} = \frac{Qp}{\pi d_2 h q_a} \tag{2-71}$$

이것으로 면압력의 견지에서 너트의 높이 H를 결정한다.

[표 2-12] 허용압력

재료		q_a [kgf-cm²]	
볼트	너트	결합용	전동용
연강	연강 또는 청동	300	100
경강	경강 또는 청동	400	130
강	주철	150	500

예제 8 35톤의 프레스 나사의 재료를 연강으로 만들고, 볼트의 바깥지름을 10[cm], 골지름(minor diameter)을 8[cm]라고 한다. 피치 $p=2$[inch(5.08 cm)]라고 할 때, 너트의 높이 H와 내부에 일어나는 응력을 계산하여라. 단, 좌굴응력(buckling stress)은 무시하기로 한다.

풀이 유효지름 $d_2 = \frac{d+d_1}{2} = \frac{10+8}{2} = \frac{10+8}{2} = 9\,[\text{cm}]$

$$T = \frac{d_2}{2} Q \cdot \frac{p + \pi\pi d_2}{\pi d_2 - \mu p} = 35000 \times \frac{9}{2} \times \frac{5.08 + \pi \times 9 \times 0.1}{\pi \times 9 - 5.08 \times 0.1} = 44853\,[kgf - \text{cm}]$$

비틀림에 의하여 생긴 전단응력 τ는

$$\tau = \frac{T}{\frac{16}{\pi} {d_1}^3} = \frac{44853}{\frac{16}{\pi} \times 8^3} = 446\,[kgf/\text{cm}^2]$$

인장응력 σ_t는

$$\sigma_t = \frac{35000}{\frac{\pi}{4} \times 8^2} = 696\,[kgf/\text{cm}^2]$$

인장과 전단의 조합응력을 생각하면

$$\sigma_{\max} = 0.35 \sim ga_t + 0.65\sqrt{{\sigma_t}^2 + 4(\alpha_0 \tau)^2} \text{ 에서}$$

연강에서는 $\sigma_t = 1000\,[kgf/\text{cm}^2]$, $\tau = 850\,[kgf/\text{cm}^2]$이라고 하여

$$\alpha_0 = \frac{\sigma_t}{1.3\tau} = \frac{1000}{1.3 \times 850} \fallingdotseq 0.9$$

$$\sigma_{\max} = 0.35 \times 696 + 0.66\sqrt{696^2 + 4(0.9 \times 446)^2} = 243.6 + 690.5 = 934.1\,[kgf/\text{cm}^2]$$

지금 너트를 청동으로 하면 $q_w = 100\,[kgf/cm^2]$

$$H = \frac{4Qp}{\pi(d^2 - d_1^{\,2})q_a}$$

$$\therefore H = \frac{4 \times 35000 \times 5.08}{3.14(10^2 - 8^2) \times 100} \fallingdotseq 63\,[\text{cm}]$$

너트의 높이가 63[cm]로 되나 너무 높기 때문에 3중나사(trible screw)로 깎았다고 하고 $H_a = \frac{H}{3} = 21\,[\text{cm}]$로 한다.

2.5 나사의 실기문제

잭은 기계가공할 때, 공작물의 지지와 기계부품을 수리할 때, 중량물을 일시적으로 유지하는 데 쓰이고 나사식, 랙식, 리프트식, 비임식, 유압식 등이 있다.

잭의 용량은 하중 2~25[t], 양정 100~300[mm], 중량 5~50[kgf] 정도가 보통이다.

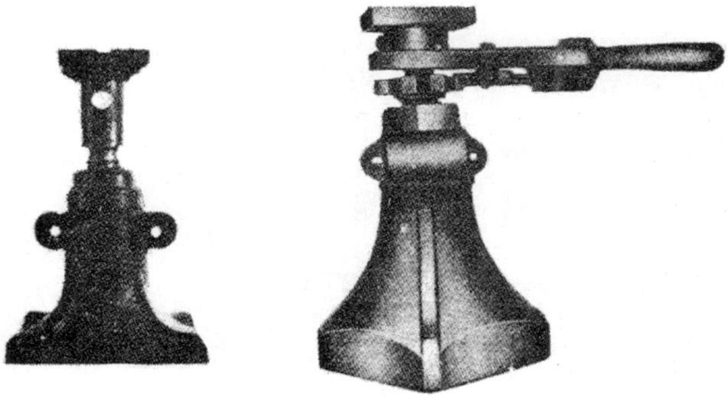

그림 2-53 나사식 잭의 외관

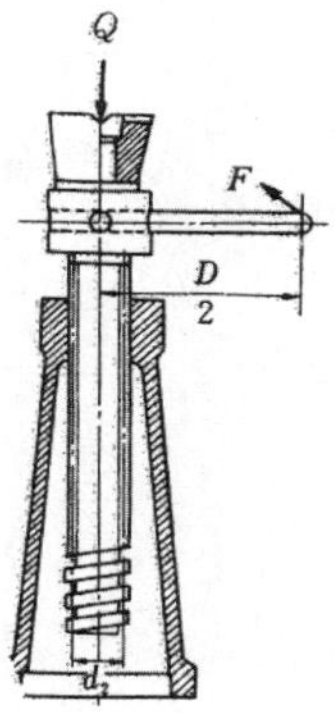

그림 2-54 나사잭

설계과제 1

그림 2-54에서 보는 바와 같은 잭의 나사봉을 연강제라 하고, 핸들을 돌려서 하중 $W=3000\,[kgf]$를 양정 150[㎜] 만큼 올릴 때의 나사잭을 설계하여라.

- 연강의 허용인장응력 $\sigma_a=10\,[kgf/㎟]$라 하고, 4각나사의 피치를 6[㎜]라 할 때 나사의 유효지름을 구하여라.
- 너트를 놋쇠로 만들고 마찰계수 $\mu=0.1$ 이라 할 때 나사를 돌리는 힘을 구하여라.
- 경강과 놋쇠의 볼트 이음에서 허용접촉면압력 $q=1.3\,[kgf/㎟]$이다. 너트의 높이를 구하여라.
- 나사봉의 전 길이와 토크를 구하여라.
- 나사의 효율은 몇 %가 되는가?
- 나사부의 강도를 검토하여라.
- 핸들의 지름을 구하여라.

풀이

- $d=\sqrt{\dfrac{8W}{3\sigma_a}}=\sqrt{\dfrac{8\times3000}{3\times10}}=\sqrt{8\times100}=\sqrt{800}=28.3\,[㎜]$

  규격은 고려하며 $d=30\,[㎜]$로 결정한다.

  나사 피치 $p=6\,[㎜]$이므로 안지름 $d_1=30-6=24\,[㎜]$

  나사의 유효지름 $d_2=\dfrac{d+d_1}{2}=\dfrac{30+24}{2}=27\,[㎜]$

- $\tan\rho \fallingdotseq \mu=0.1 \quad \therefore\ \rho=5°43'$

  리이드각 λ는 $\tan\lambda=\dfrac{p}{\pi d_2}=\dfrac{6}{3.14\times27}=0.0735 \quad \therefore\ \lambda=4°10'$

  $\lambda<\rho$이므로 지름과 피치의 수치는 적당하다.

  나사를 돌리는 힘을 P라 하면

  $P=W\tan(\lambda+\rho)$

  $W\dfrac{(p+\mu\cdot\pi d_2)}{\pi\cdot d-\mu\cdot p}=3000\times\dfrac{6+0.1\times\pi\times27}{\pi\times27-0.1\times6}=17.2\,[kgf]$

  사람의 손의 힘은 15~20[kgf]이므로 타당하다.

- $q=1.3\,[kgf/㎟]$이므로

  $H=\dfrac{4\wp}{\pi(d^2-{d_1}^2)q}=\dfrac{4\times3000\times6}{\pi(30^2-24^2)\times13}=54\,[㎜]$

■ 나사봉의 전 길이 L은 나사의 접촉부의 길이 H와 양정 H_0와를 고려하여 결정한다. 나사봉은 지름에 대하여 길이가 길으므로 이것을 장주로 보고 계산해야 된다.

즉, 양정 H_0는 $W_B = n\pi^2 \dfrac{EI}{l^2}$의 오일러의 공식에서

$$H_0^{\ 2} = \frac{n\pi^2 EI}{W} \quad \therefore H_0 = \sqrt{\frac{n\pi^2 EI}{W}}$$

단, E : 종탄성계수 [kgf/mm²], I : 최소단면 2차모멘트 [mm⁴], W : 좌굴하중, n : 단말계수

$$\therefore\ H_0 = \sqrt{\frac{n\pi^2 EI}{W}} = \sqrt{\frac{1\times\pi^2\times2.1\times10^6\times\pi\times30^4}{3000\times64}} = 163\,[\text{mm}]$$

단, $n = 1$ (양단회전단으로 보아 단말계수는 1이다)

이 163[mm]는 과제의 양정 150[mm]이고 안전하다고 볼 수 있다. 이것으로 L은

$$L = 70 + 150 \fallingdotseq 224\,[\text{mm}]$$

라 한다. 나사를 돌리는 회전모멘트 T는

$$T = P\times\frac{d^2}{2} = W\cdot\frac{d_2}{2}\cdot\frac{p+\mu\pi d_2}{\pi d_2 \mu P}$$

$$= 3000\times\frac{27}{2}\times\frac{6+0.1\times\pi\times27}{2.7\pi-0.1\times6} \fallingdotseq 7000\,[kgf\cdot\text{mm}]$$

■ $$\eta = \frac{p(\pi\cdot d_2)-\mu p}{\pi d_2(p+\mu\pi d_2)} = \frac{\tan\lambda}{\tan(\rho+\lambda)}$$

$$= \frac{6(\pi\times27-0.1\times6)}{\pi\times27(6+0.1\times\pi\times27)} = 0.413$$

$\eta \fallingdotseq 41.3\%$

■ 나사를 돌리는 토크 T에 의하여 나사봉에 생기는 사용비틀림응력 τ는

$$\tau = \frac{16T}{\pi d_2^{\ 3}} = \frac{16\times7000}{\pi\times27^3} = 2.82\,[kgf/\text{mm}^2]$$

나사봉은 하중 때문에 좌굴현상을 고려하지 않으면 사용압축응력 σ_c는

$$\sigma_c = \frac{W}{\frac{\pi}{4}d_2^{\ 2}} = \frac{4W}{\pi d_2^{\ 2}} = \frac{4\times3000}{\pi\times27^2} = 5.26\,[kgf/\text{mm}^2]$$

압축과 비틀림이 동시에 작용할 때의 상당압축응력 σ_{ca}는

$$\sigma_{ca} = 0.35\sigma_c + 0.65\sqrt{\sigma_c^{\ 2} + 4(\alpha_0\tau)^2} \le K_c$$

여기서, $K_c = 9\,[kgf/\text{mm}^2]$, $Kh_d = 6\,[kgf/\text{mm}^2]$라 하면

$$\alpha_0 = \frac{9}{1.3\times6} = 1.15$$

$$\sigma_{ca} = 0.35\times5.26 + 0.65\sqrt{5.26^2 + 4\times(1.15\times2.82)^2}$$

$= 1.84 + 3.66 = 5.5\,[kgf/mm^2]$

σ_{ca}는 재료의 허용 압축응력 9[kgf/mm^2]보다 작으므로 사용에 견딘다. 나사산의 일주를 보고 생각하여 굽힘응력 σ_b를 구하면, 외팔보로 생각하여 길이 h_1, 폭은 πd_2, W가 $\frac{h_1}{2}$의 곳에 집중하중으로 걸리는 것으로 생각된다.

$$\sigma_b = \frac{M}{Z} = \frac{W \cdot \frac{h_1}{2}}{\frac{n\pi d_1}{6} \cdot \left(\frac{p}{2}\right)^2} = \frac{12\,Wh_1}{n\pi d_1 p^2}$$

$$\therefore\ \sigma_b = \frac{12 \times 3000 \times 3}{55 \times \pi \times 24 \times 6^2} = 0.72\,[kgf/mm^2]$$

또 전단응력 τ는

$$\tau = \frac{W}{n\pi d_1 \frac{p}{2}} = \frac{2 \times 3000}{55 \times \pi \times 24 \times 6} = 0.24\,[kgf/mm^2]$$

■ 핸들의 길이를 l_0라 하면 핸들을 돌리는 힘 F는 $T = Fl_0$에서

$$T = Fl_0 = W\frac{d_2}{2}tan(\lambda + \rho)$$

$$\therefore\ l_0 = \frac{Wd_2 \tan(\lambda + \rho)}{2F} = \frac{3000 \times 27 \times \tan(5°43' + 4°10')}{2 \times 17.2} = 400\,[mm]$$

여기서, 손을 잡는 것을 고려하여 $l_0 = 420$[mm]로 설계한다.

$$F = \frac{T}{l_0} = \frac{7000}{400} = 17.5\,[kgf]$$

만일 $l_0 = 420$[mm]로 하면

$$F = \frac{7000}{420} = 16.6\,[kgf]$$

나사를 돌리는 힘과 거의 같게 된다.

핸들축의 지름을 d_0라 하면

$$d_0 = \sqrt[3]{\frac{32\,T}{\pi\sigma_b}} = \sqrt[3]{\frac{32 \times 7000}{\pi \times 10}} = 19.3\,[mm]$$

안전을 고려하여 $d_0 = 22$[mm]

이상의 결과를 종합하여 양정과 너트부의 길이의 합에 여유를 두어서 나사봉의 전 길이를 결정하고 이것으로부터 본체의 높이를 결정한다. 기타 본체와 핸들 부착부와 세부의 형상, 치수를 결정하여 전체의 계산도를 그린다. 다음에 계획도를 기초로 하여 조립도, 부분도를 그린다. 제도 중에서도 공작조립 등의 점에서 수정이 필요하면 형상, 치수 등을 설계 변경한다.

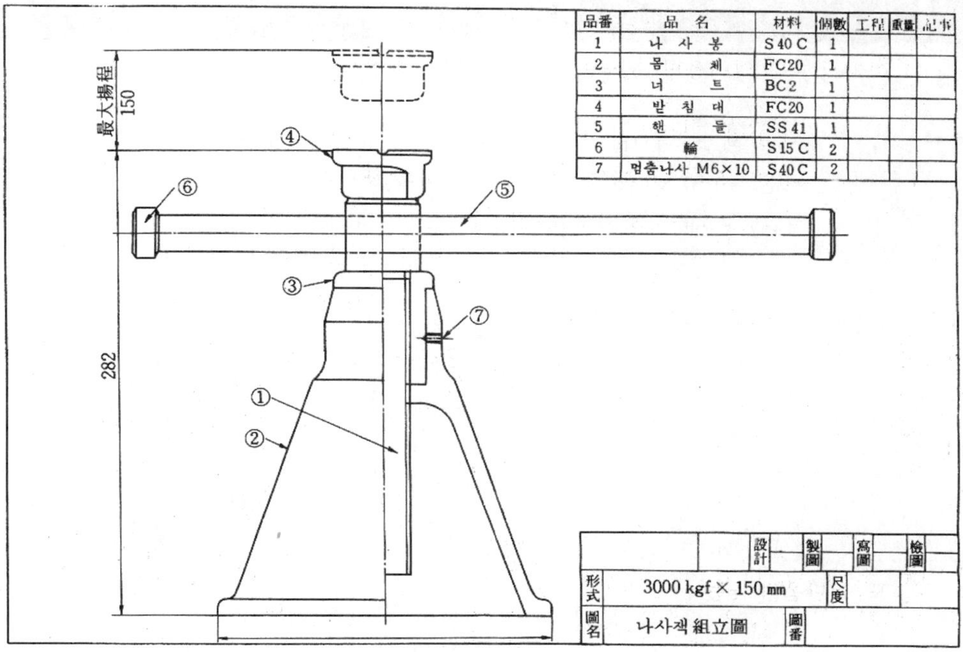

品番	品 名	材料	個數	工程	重量	記事
1	나 사 봉	S40C	1			
2	몸 체	FC20	1			
3	너 트	BC2	1			
4	받 침 대	FC20	1			
5	핸 들	SS41	1			
6	輪	S15C	2			
7	멈춤나사 M6×10	S40C	2			

그림 2-55 나사잭의 조립도

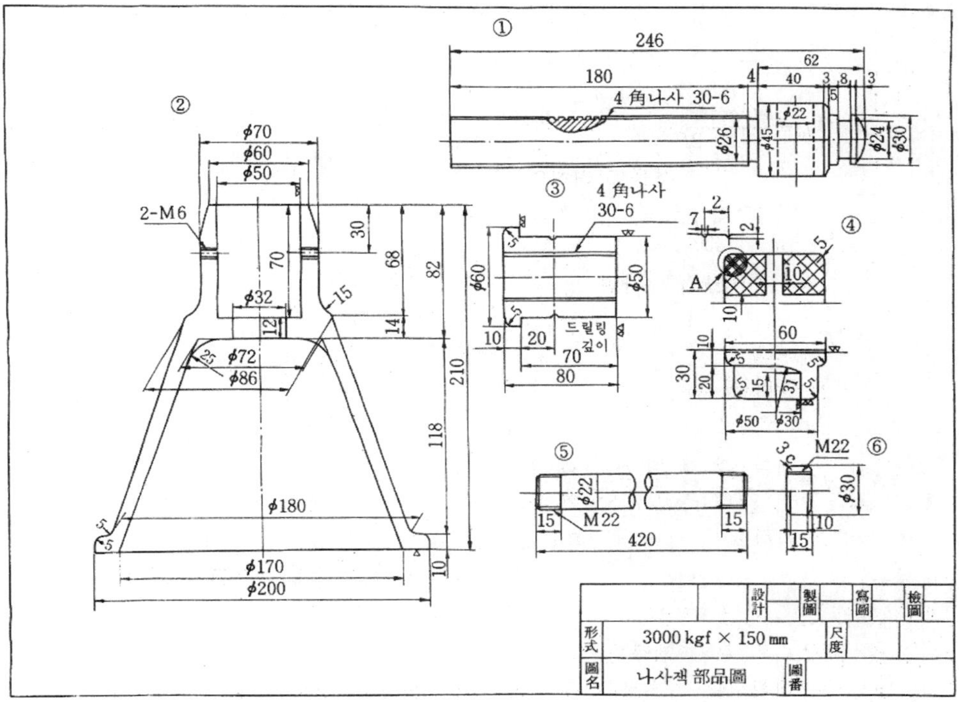

그림 2-56 나사잭의 부품도

연습문제

01 그림 2-57에서보는 것처럼 2개의 물체를 죈 볼트가 있다. 볼트와 물체는 같은 재료로 되어 있고 볼트와 굴체는 같은 단면적을 갖고 있다. 지금 볼트가 죈 힘 2500[kgf]로 물체를 죌 때, 이 물체를 분리시키는 데 필요한 힘 P를 구하여라.

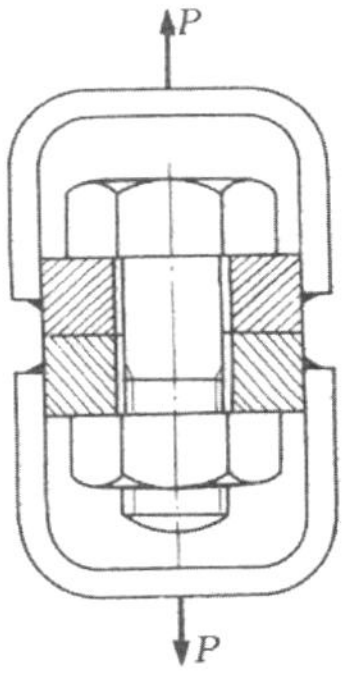

그림 2-57

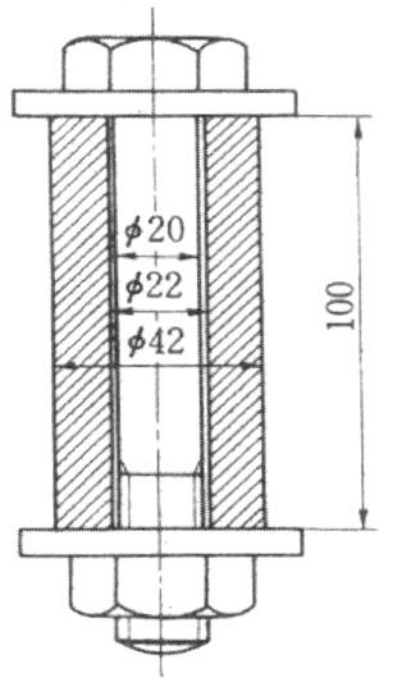

그림 2-58

02 그림 2-58과 같은 강제볼트로 동관을 죄려고 한다. 볼트의 나사는 피치 2.5[㎜]이다. 지금 볼트를 $\frac{1}{5}$ 회전하여 관을 죌 때 볼트와 동관에 생기는 응력을 구하여라. 동의 종탄성계수는 $E_c = 11000$[kgf/㎟]

03 지름 20[㎜]의 미터 보통나사의 나사산을 가진 너트를 아암의 길이 30[㎝]의 스패너 끝에 10[kgf]의 힘을 가하여 죌 때, 나사의 축선에 따라 작용하는 힘은 얼마인가? 단, 나사면의 마찰계수 $\mu = 0.15$ 라 하고, 너트와 자리면과의 사이의 마찰계수 $\mu' = 0.2$ 라 한다.

04

그림 2–59에서 보는 바와 같은 철강제 압력용기에 뚜껑이 12개의 강제볼트로 죄어 있다. 볼트는 10[㎜]의 것이 사용되었고, 결합력 1000[kgf]로 죄어져 있다. 압력용기에 15[kgf/㎠]의 압력이 가해져 있을 경우 각 볼트에 작용하는 힘을 구하여라. 단, 압력상승시에 온도상승은 전혀 생기지 않는 것으로 하고, 가스켓용 아연판의 종탄성계수는 $E_z = 8400$[kgf/㎟]라 한다.

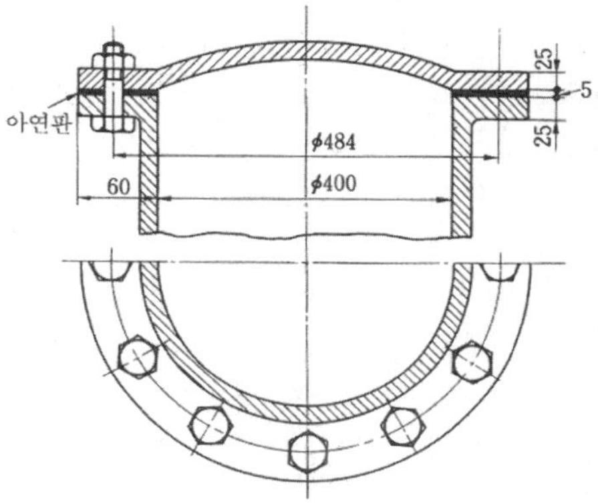

그림 2–59

05

$d = 24$[㎜]의 4각나사에 있어서 피치 $p = 6$[㎜], 유효지름 $d_e = 22.051$[㎜]이라면 나사의 효율은 얼마인가?

06

1000[kgf]의 하중을 아이 볼트 1개로써 매달 때 볼트를 설계하여라.
단, 허용인장응력 $\sigma_a = 600$[kgf/㎟]이라 한다.

해답

❶ 5000[kgf] ❷ 볼트의 응력 65.0[kgf/mm2], 동관의 응력 20.8[kgf/mm2]
❸ 656[kgf] ❹ 1017.3[kgf] ❺ 45% ❻ KS B 0201의 d = 18[mm]

CHAPTER 3

키(key) · 코터(cotter) · 핀(pin)

3.1 키(key)

1. 키(key)의 종류

키는 그림 3-1과 같이 축에 기어, 풀리, 플라이휠, 커플링, 클러치 등을 고정시켜서 상대적인 운동을 방지하면서 회전력을 전달시키는 결합용 기소이다. 즉 회전토크를 전달시키기 위하여 펌프, 터빈 등의 러너 및 기어 등과 축과를 결합해야 한다.

그리고 힘은 회전축과 키를 포함하는 평면에 직각으로 작용하므로 주로 전단력을 받게 된다. 키는 보통 원형 또는 4각형의 단면의 쐐기 형상인 경우가 많다. 그리고 키는 축재질보다 단단한 양질의 강을 사용한다.

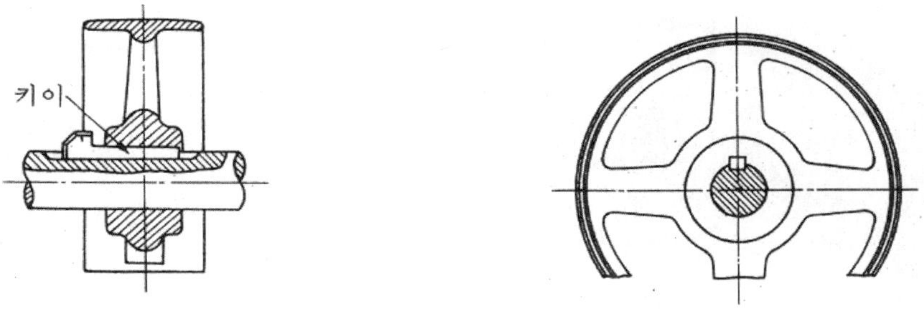

그림 3-1 키에 의한 축과 풀리의 고정

축에 키를 받는 홈, 즉 키홈(key way)를 파려면 그림 3-2에서 보는 바와 같이 밀링 커터 또는 엔드밀로써 가공하고, 풀리의 보스(boss)의 홈가공에는 브로치(broach) 가공, 슬로터(slotter) 가공에 의한다.

그림 3-3은 밀링 커터로 판 키홈이고, 그림 3-4는 엔드밀로 판 키홈을 도시한 것이다.

키는 사용 목적에 의하여 축과 보스를 고정하는 키와 축과 키를 결합하고, 그 측면에서 보스를 활동시키서 보스에 토크를 전달시키는 키가 있다. 후자에는 미끄럼 키와 스플라인 키가 그 대표적인 예이다.

[표 3-1] 키의 종류

- 쐐기 양식 이음
  - 키 이음
    - 새들 키
    - 평 키
    - 묻힘 키
      - 성크 키
        - 평행 키
        - 경사 키
      - 드라이빙 키
    - 접선 키
    - 미끄럼 키
    - 반달 키
    - 둥근 키
    - 원추 키
    - 스플라인 맞춤
      - 스플라인 이음
        - 각형 스플라인 이음
        - 인벌루트 스플라인 이음
      - 세레이션 이음
        - 3각형 세레이션
        - 인벌루트 세레이션 이음
      - 다각이음
        - 3각 이음
        - 4각 이음
  - 코터 이음
    - 원통 코터 이음
    - 원추 코터 이음
    - 두갈래 코터 이음
  - 너클핀 이음

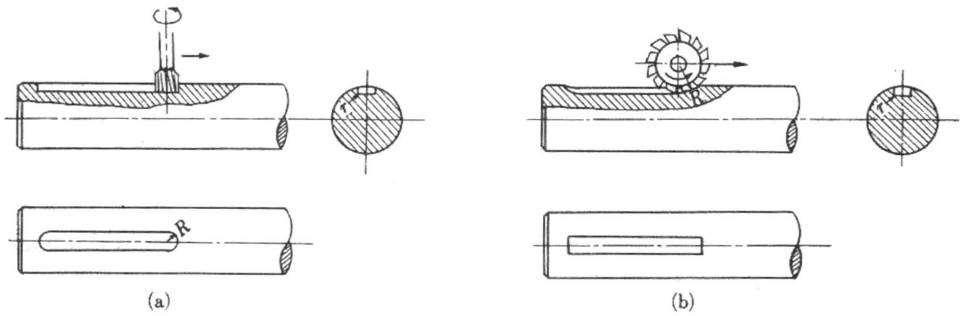

그림 3-2 키홈의 가공

그림 3-3 밀링 커터로 판키 홈 **그림 3-4** 핸드밀로 판키 홈

이상 키의 종류를 기능적 관점에서 계통적으로 나타내면 그림 3-5와 같이 된다. 그림 3-6은 이상 여러 가지 키의 종류를 도시한 것이다.

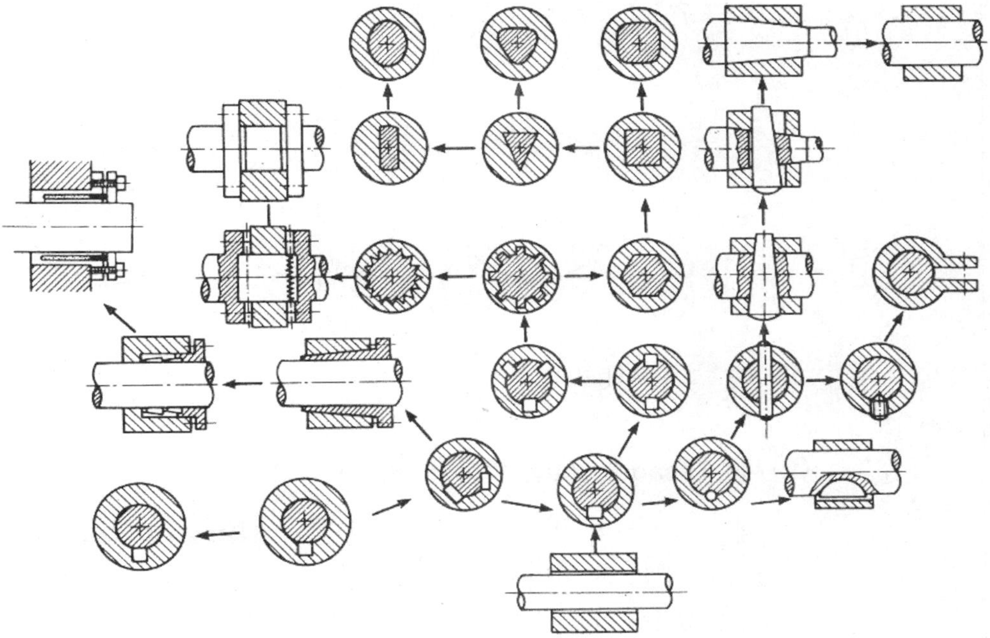

그림 3-5 키의 기능적 전개

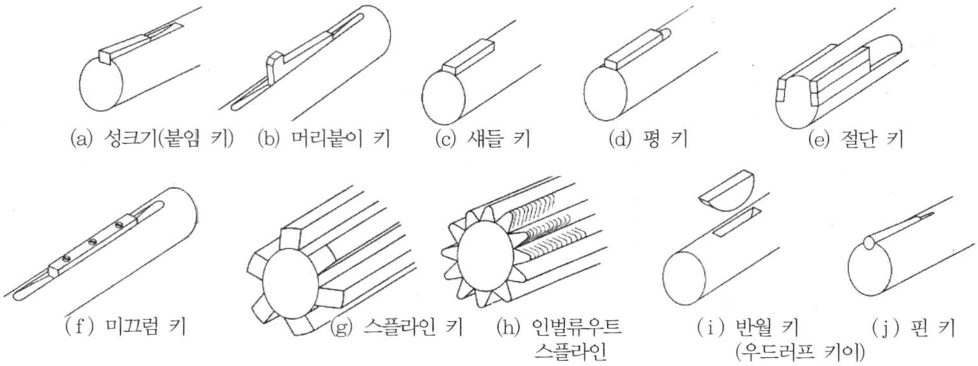

그림 3–6 여러 가지 키의 종류와 그 단면도

2. 소회전력의 키

그림 3–7에서 보는 바와 같이 새들키, 평키, 둥근키 등이 있다.

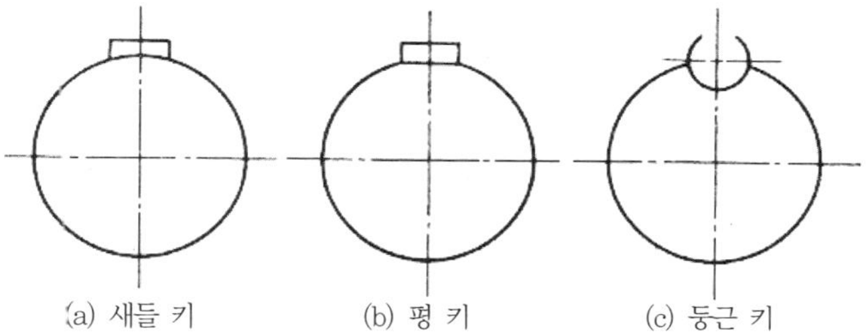

그림 3–7 소회전력의 키

(1) 새들키[saddle key, 안장키(그림 3–8 참조)]

축에는 홈을 파지 않고 보스에만 $\frac{1}{100}$ 정도의 기울기의 홈을 파고 이 홈 속에 키를 박는 것으로, 키의 한 면은 축의 원호에 잘 맞도록 凹형으로 깍고 이 축에 새들키면에 접촉압력을 생기게 하고, 이 마찰저항에 의하여 원주에 작용하는 힘을 전달시키는 키이다. 이 새들키에 있어서 축에는 하등의 가공을 가하지 않으므로 강도를 감소시키지 않는 점, 또 벨트 및 폴리, 기어 등을 임의의 위치에 매달 수 있는 이점이 있으나, 마찰력에 의해서만 회전을 전달시키므로 큰 동력을 전달시킬 수가 없고 불확실하다. 새들키는 이미 설치되어 있는 축의 어느 부분에 새로이 풀리를 달려고 할 때 사용하면 편리하다.

(2) 평키(flat key)

축을 키의 폭만큼 납작하게 깎아서 보스의 키홈(key way)과의 사이에 밀어 넣는다. $\frac{1}{100}$ 의 기울기를 붙이고, 새들키보다 약간 큰 힘을 전달시킬 수 있으며, 전달하는 회전력은 작으나 이것도 축의 강도를 거의 저하시키지 않는다.

(3) 둥근키(round key)

핀키(pin key)라고도 하고 핸들과 같이 토크가 작은 것의 고정에 사용되고, 단면은 그림 3-9에서 보는 바와 같이 원형이다. 하중이 작을 때에만 사용되고 표준잇수는 d를 축의 지름이라 할 때 핀키의 지름 d_p는 다음 식으로 구한다.

$$d_p = (0.6 \sim 0.7)\sqrt{d} \tag{3-1}$$

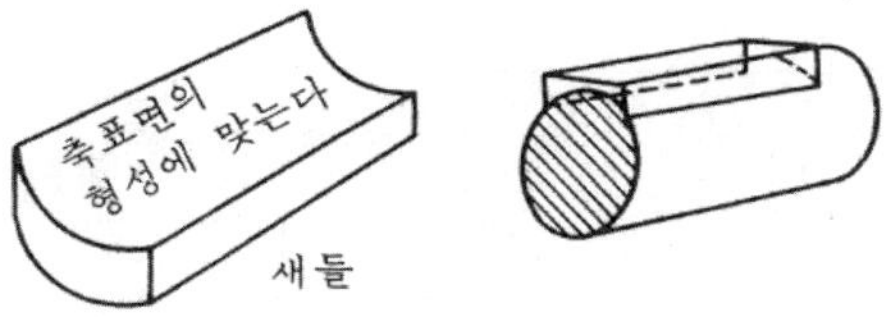

그림 3-8 새들 키

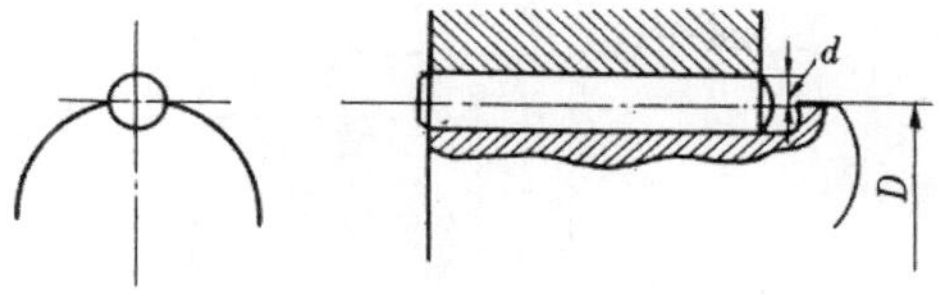

그림 3-9 둥근 키

3. 반달키(woodruff key)

우드러프 키라고도 하며, 그림 3-10에서 보는 바와 같이 반월형의 키로서 축의 홈이 깊게 되어 축의 강도가 약하게 되기는 하나 키와 키홈 등이 모두 가공하기 쉽고, 키가 자동적으로 축과 보스 사이에 자리를 잘 잡을 수 있다는 장점이 있어서 자동차, 공작기계 등에 널리 사용된다. 일반적으로 60[mm] 이하의 작은 축에 사용되고 특히 테이퍼축에 사용하면 편리하다. KS B 1313에 규격화되어 있고, 호칭의 예로서 자동차용 반달키 $3 \times 10 \times 9.6$ [mm] 등으로 쓰여진다. 그림 3-11은 반달키의 치수이고, 그림 3-12와 표 3-2는 반달키의 그림과 KS 규격 치수표를 표시한다.

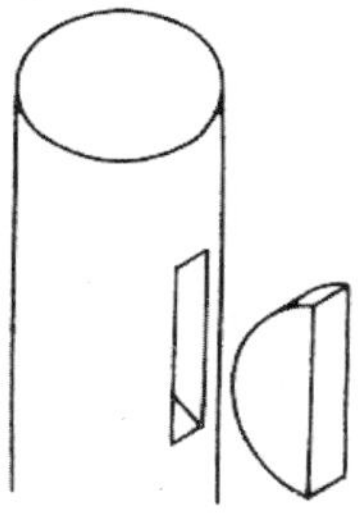

그림 3-10 반달키

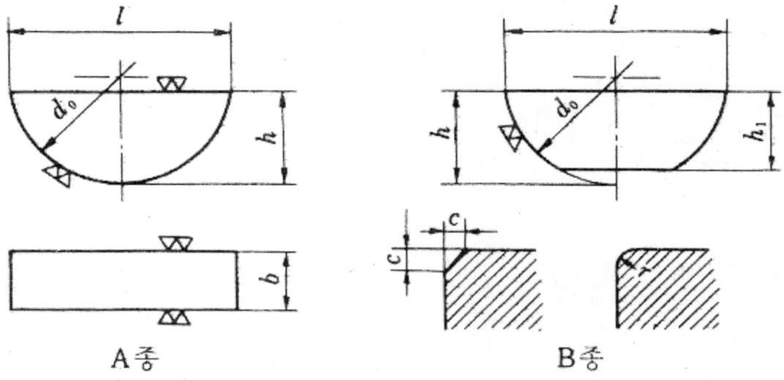

그림 3-11 반달키의 치수

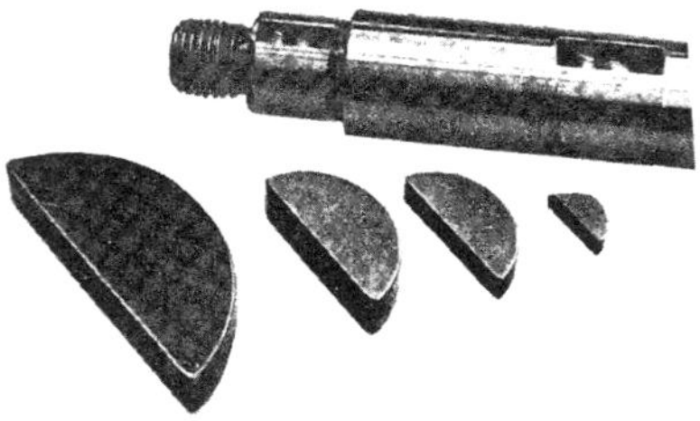

그림 3-12 반달키의 그림

[표 3-2] 반달키의 KS 규격(KS B 1313) (단위 : mm)

키의 호칭치수 $b \times d^0$	반달키의 치수									참고				
	b		d^0		h		h^1		c 또는 r	l	전단 단면적 (mm^2)	중량(g)		해당
	기본 치수	치수차	기본 치수	치수차	기본 치수	치수차	기본 치수	치수차				A종	B종	축지름 d
2.5×10	2.5	0 −0.025	10	0 −0.1	3.7	0 −0.075	3.55	±0.1	0.5	9.6	21	0.513	0.56	7~12
3×10			10		3.7	0 −0.075	3.55	±0.1		9.6	26	0.621	6.66	8~14
3×13	3		13	0 −0.1	5	0 −0.075	4.75	±0.2	0.5	12.6	35	1.11	1.0	9~16
3×16			16		6.5	0 −0.090	6.3	±0.2		15.7	45	1.81	1.7	11~18
4×13			13		5	0 −0.075	4.75			12.6	46	1.48	1.4	11~18
4×16	4	0 −0.030	16	0 −0.1	6.5	0 −0.075	6.3	±0.2	0.5	15.7	57	2.41	2.39	12~20
4×19			19		7.5	0 −0.090	7.1			18.5	70	3.27	3.22	14~22
5×16			16		6.5		6.3			15.7	72	3.01	2.99	14~22
5×19	5	0 −0.030	19	0 −0.1	7.5	0 −0.090	7.1	±0.2	0.5	18.5	86	4.08	4.03	15~24
5×22			22		9		8.5			21.6	102	5.74	5.66	17~26
6×22			22	0 −0.1	9	0 −0.090	8.5			21.6	121	6.89	6.79	19~28
6×25	6	0 −0.030	25	0 −0.2	10	0 −0.090	9.5	±0.2	0.6	24.4	141	8.64	8.53	20~30
6×28			28	0 −0.2	11	0 −0.110	10.6			27.3	155	10.6	10.5	22~32
6×32			32	0 −0.2	13	0 −0.110	12.5			31.4	180	14.4	14.3	24~34
8×25			25		10	0 −0.090	9.5			24.4	181	11.5	11.4	24~34
8×28	8	0 −0.036	28	0 −0.2	11	0 −0.010	10.6	±0.2	0.6	27.3	203	14.1	14.0	26~37
8×32			32		13	0 −0.110	12.5			31.4	239	19.3	19.1	28~40
8×38			38		15	0 −0.110	14.0			37.1	283	26.1	25.6	30~44

4. 묻힘키

KS B 1311에 규격화된 키로서 축의 길이 방향으로 절삭된 키홈에 키를 미리 붙어 놓고, 그 위에 보스를 축방향으로부터 활동시켜서 축과 보스를 결합하는 방법의 성크키이다. 묻힘키에는 양측면이 평행이나, 윗면만이 $\frac{1}{100}$ 의 한쪽 경사를 가진 경사키와 위아래면이 모두 평행인 평행키가 있다. 그림 3-13은 경사키의 경우이고, 그림 3-14는 평행키의 경우이다. 이 때는 힘을 전달하는 면은 측벽면이므로 키의 측면은 키홈에 꽉 들어박혀 있어야 된다. 그리고 축선방향의 이동은 그림 3-14에서 보는 바와 같이 세트 스크루우(set screw)로써 방지시켜야 한다. 묻힘키의 양끝의 형상은 반원 모양으로 다듬질한다.

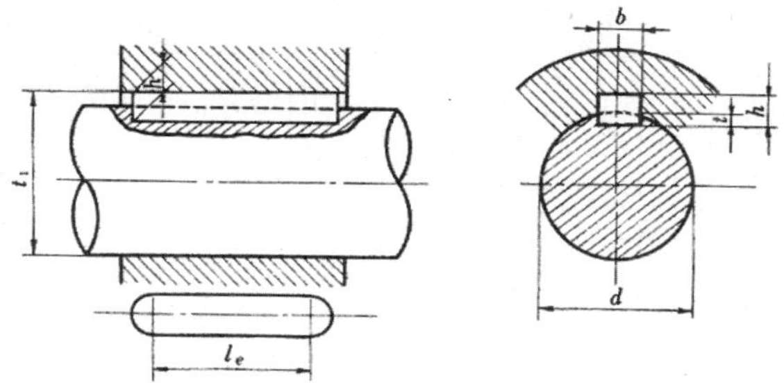

그림 3-13 경사 묻힘키

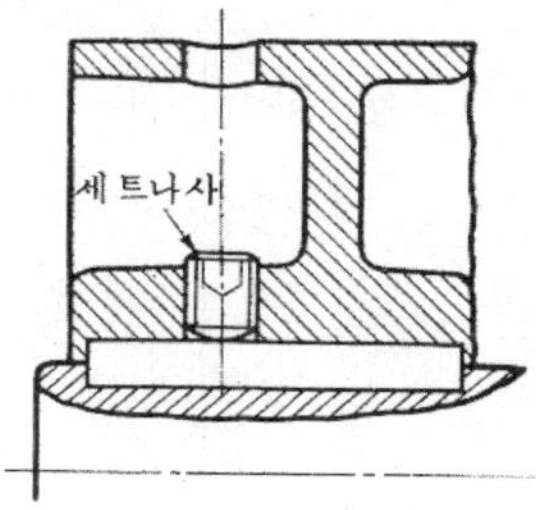

그림 3-14 평행 묻힘키

(1) 평행키 1종 및 키홈의 모양

KS B 1311에는 평행키 1종 및 키홈의 모양과 평행키 2종 및 키홈의 모양에 대하여 규격을 제정하고 이다. 표 3-3 및 그림 3-15는 평행키 1종에 대한 규격표와 그림이다. 그림 3-16은 평행키의 실물이다.

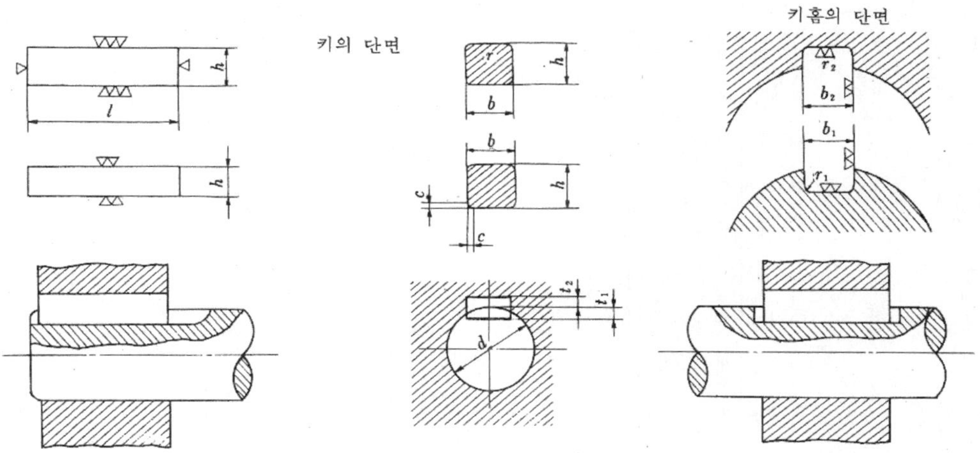

그림 3-15 평행키

그림 3–16 평행키의 실물

[표 3–3] 묻힘키의 KS 규격(KS B1311) (단위 : mm)

키의 호칭 치수 b × h	해당축지름 d	키의 치수					키홈의 치수							
		b		h		γ 또는 c	기본치수	b^1	b_2	γ_1 또는 γ_2	t_1		t_2	
		기본치수	치수차	기본치수	치수차			치수차	치수차		기본치수	치수차	기본치수	치수차
4×4	10이상 13이하	4	+0.024 +0.012	4	0 −0.030	0.5	4	+0.018 0	+0.022 +0.010	0.4	2.5	+0.050 0	1.5	+0.050 0
5×5	13 〃 20 〃	5	+0.024 +0.012	5	0 −0.030	0.5	5	+0.018 0	+0.022 +0.010	0.4	3	+0.050 0	2	+0.050 0
7×7	20 〃 30 〃	7	+0.030 +0.015	7	0 −0.036	0.5	7	+0.022 0	+0.028 +0.013	0.4	4	+0.050 0	3	+0.050 0
10×8	30 〃 40 〃	10	+0.030 +0.015	8	0 −0.036	0.8	10	+0.022 0	+0.028 +0.013	0.6	4.5	+0.050 0	3.5	+0.050 0
12×8	40 〃 50 〃	12	+0.036 +0.018	8	0 −0.036	0.8	12	+0.027 0	+0.034 +0.016	0.6	4.5	+0.050 0	3.5	+0.050 0
15×10	50 〃 60 〃	15	+0.036 +0.018	10	0 −0.036	0.8	15	+0.027 0	+0.034 +0.016	0.6	5	+0.050 0	5	+0.050 0
18×12	60 〃 70 〃	18	+0.036 +0.018	12	0 −0.043	0.2	18	+0.027 0	+0.034 +0.016	1.0	6	+0.050 0	6	+0.050 0
20×13	70 〃 80 〃	20	+0.043 +0.022	13	0 −0.043	1.2	20	+0.033 0	+0.041 +0.020	1.0	7	+0.050 0	6	+0.050 0
24×16	80 〃 95 〃	24	+0.043 +0.022	16	0 −0.043	1.2	24	+0.033 0	+0.041 +0.020	1.0	8	+0.050 0	8	+0.050 0
28×18	95 〃 110 〃	28	+0.043 +0.022	18	0 −0.043	1.2	28	+0.033 0	+0.041 +0.020	1.0	9	+0.050 0	9	+0.050 0
32×20	110 〃 125 〃	32	+0.051 +0.026	20	0 −0.052	2	32	+0.039 0	+0.050 +0.025	1.6	10	+0.050 0	10	+0.050 0
35×22	125 〃 140 〃	35	+0.051 +0.026	22	0 −0.052	2	35	+0.039 0	+0.050 +0.025	1.6	11	+0.075 0	11	+0.050 0
38×24	140 〃 160 〃	38	+0.051 +0.026	24	0 −0.052	2	38	+0.039 0	+0.050 +0.025	1.6	12	+0.075 0	12	+0.075 0
42×26	160 〃 180 〃	42	+0.051 +0.026	26	0 −0.052	2	42	+0.039 0	+0.050 +0.025	1.6	13	+0.075 0	13	+0.075 0
45×28	180 〃 200 〃	45	+0.051 +0.026	28	0 −0.052	2	45	+0.039 0	+0.050 +0.025	1.6	14	+0.075 0	14	+0.075 0
50×31.5	200 〃 224 〃	50	+0.051 +0.026	31.5	0 −0.062	2	50	+0.039 0	+0.050 +0.025	1.6	16	+0.075 0	15.5	+0.075 0
56×35.5	224 〃 250 〃	56	+0.062 +0.032	35.5	0 −0.062	2	56	+0.046 0	+0.060 +0.030	1.6	18	+0.075 0	17.5	+0.075 0
63×40	250 〃 280 〃	63	+0.062 +0.032	40	0 −0.062	3	63	+0.046 0	+0.060 +0.030	2.5	20	+0.075 0	20	+0.075 0
71×45	280 〃 315 〃	71	+0.062 +0.032	45	0 −0.062	3	71	+0.046 0	+0.060 +0.030	2.5	22.5	+0.100 0	22.5	+0.100 0
80×50	315 〃 335 〃	80	+0.062 +0.032	50	0 −0.062	3	80	+0.046 0	+0.060 +0.030	2.5	25	+0.100 0	25	+0.100 0
90×56	355 〃 400 〃	90	+0.072 +0.037	56	0 −0.074	3	90	+0.054 0	+0.071 +0.036	2.5	28	+0.100 0	28	+0.100 0
100×63	400 〃 450 〃	100	+0.072 +0.037	63	0 −0.074	3	100	+0.054 0	+0.071 +0.036	2.5	31.5	+0.100 0	31.5	+0.100 0
112×71	450 〃 500 〃	112	+0.072 +0.037	71	0 −0.074	3	112	+0.054 0	+0.071 +0.036	2.5	35.5	+0.100 0	35.5	+0.100 0

(2) 경사키

그림 3-17 및 표 3-4는 경사키에 대한 그림과 규격을 표시한 것이다.

[표 3-4] 경사키의 KS 규격(KS B1311 부표 2) (단위 : mm)

키의 호칭치수 b×h	해당축지름 d	키의 치수					키홈의 치수							
		b		h		γ 또는 c	기본치수	b_1	b_2	$γ_1$ 또는 $γ_2$	t_1		t_2	
		기본치수	치수차	기본치수	치수차			치수차	치수차		기본치수	치수차	기본치수	치수차
4×4	10이상 13이하	4	0 −0.018	4	0 −0.048	0.5	4	+0.030 0	+0.050 +0.020	0.4	2.5	+0.100 0	1.5	+0.100 0
5×5	13 〃 20 〃	5	0 −0.018	5	0 −0.048	0.5	5	+0.030 0	+0.050 +0.020	0.4	3	+0.100 0	2	+0.100 0
7×7	20 〃 30 〃	7	0 −0.022	7	0 −0.058	0.5	7	+0.036 0	+0.061 +0.025	0.4	4	+0.100 0	3	+0.100 0
10×8	30 〃 40 〃	10	0 −0.022	8	0 −0.058	0.8	10	+0.036 0	+0.061 +0.025	0.6	4.5	+0.100 0	3.5	+0.100 0
12×8	40 〃 50 〃	12	0 −0.027	8	0 −0.058	0.8	12	+0.043 0	+0.075 +0.032	0.6	4.5	+0.100 0	3.5	+0.100 0
15×10	50 〃 60 〃	15	0 −0.027	10	0 −0.058	0.8	15	+0.043 0	+0.075 +0.032	0.6	5	+0.100 0	5	+0.100 0
18×12	60 〃 70 〃	18	0 −0.027	12	0 −0.070	0.2	18	+0.043 0	+0.075 +0.032	1.0	6	+0.100 0	6	+0.100 0
20×13	70 〃 80 〃	20	0 −0.033	13	0 −0.070	1.2	20	+0.052 0	+0.092 +0.040	1.0	7	+0.100 0	6	+0.100 0
24×16	80 〃 95 〃	24	0 −0.033	16	0 −0.070	1.2	24	+0.052 0	+0.092 +0.040	1.0	8	+0.100 0	8	+0.100 0
28×18	95 〃 110 〃	28	0 −0.033	18	0 −0.070	1.2	28	+0.052 0	+0.092 +0.040	1.0	9	+0.100 0	9	+0.100 0
32×20	110 〃 125 〃	32	0 −0.039	20	0 −0.084	2	32	+0.062 0	+0.112 +0.050	1.6	10	+0.100 0	10	+0.100 0
35×22	125 〃 140 〃	35	0 −0.039	22	0 −0.084	2	35	+0.062 0	+0.112 +0.050	1.6	11	+0.150 0	11	+0.150 0
38×24	140 〃 160 〃	38	0 −0.039	24	0 −0.084	2	38	+0.062 0	+0.112 +0.050	1.6	12	+0.150 0	12	+0.150 0
42×26	160 〃 180 〃	42	0 −0.039	26	0 −0.084	2	42	+0.062 0	+0.112 +0.050	1.6	13	+0.150 0	13	+0.150 0
45×28	180 〃 200 〃	45	0 −0.039	28	0 −0.084	2	45	+0.062 0	+0.112 +0.050	1.6	14	+0.150 0	14	+0.150 0
50×31.5	200 〃 224 〃	50	0 −0.039	31.5	0 −0.100	2	50	+0.062 0	+0.112 +0.050	1.6	16	+0.150 0	15.5	+0.150 0
56×35.5	224 〃 250 〃	56	0 −0.046	35.5	0 −0.100	2	56	+0.074 0	+0.314 +0.065	1.6	18	+0.150 0	17.5	+0.150 0
63×40	250 〃 280 〃	63	0 −0.046	40	0 −0.100	3	63	+0.074 0	+0.314 +0.060	2.5	20	+0.150 0	20	+0.150 0
71×45	280 〃 315 〃	71	0 −0.046	45	0 −0.100	3	71	+0.074 0	+0.314 0.060	2.5	22.5	+0.200	22.5	+0.200
80×50	315 〃 335 〃	80	0 −0.046	50	0 −0.100	3	80	+0.074 0	+0.314 +0.060	2.5	25	+0.200	25	+0.200
90×56	355 〃 400 〃	90	0 −0.054	56	−0.120	3	90	+0.087	+0.159 +0.072	2.5	28	+0.200	28	+0.200
100×63	400 〃 450 〃	100	0 −0.054	63	−0.120	3	100	+0.087	+0.159 +0.072	2.5	31.5	+0.200	31.5	+0.200
112×71	450 〃 500 〃	112	0 −0.054	71	−0.120	3	112	+0.087	+0.159 +0.072	2.5	35.5	+0.200	35.5	+0.200

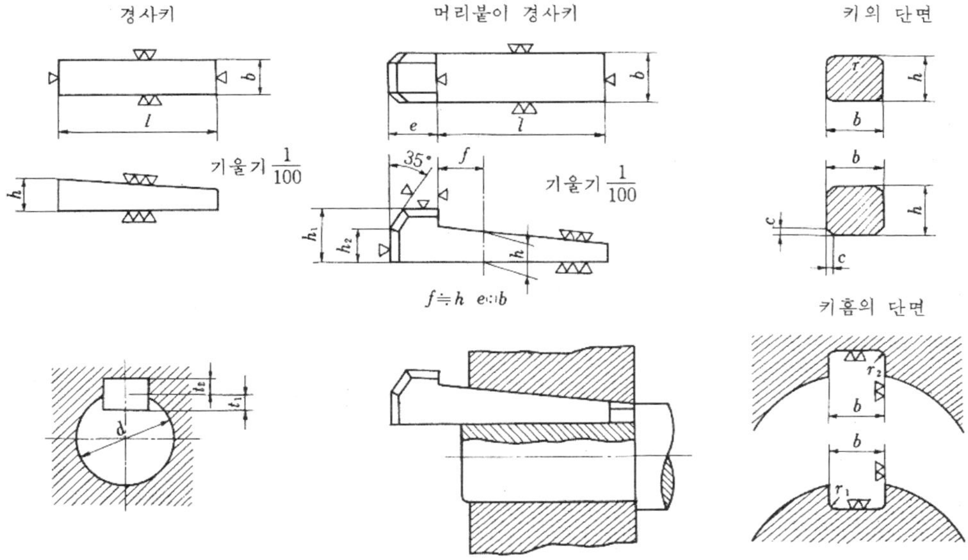

그림 3-17 경사키

(3) 성크키의 강도계산

그림 3-1에서 보는 것처럼 키의 단면 AEFD는 보스의 홈에, 단면 EBCF는 축의 홈에 끼워 박혀 있고, 축으로부터 보스쪽에 키를 통하여 토크를 전달하고 있다. 측벽 EB에 힘 P'가 작용하고, 키는 측면 DF를 통하여 보스쪽에 힘 P를 전달하여 보스에 토크를 전달하고 있다.

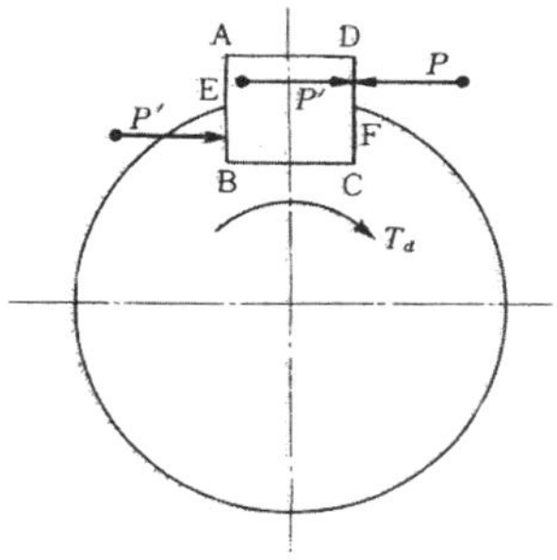

그림 3-18 키에 의한 토크 전달

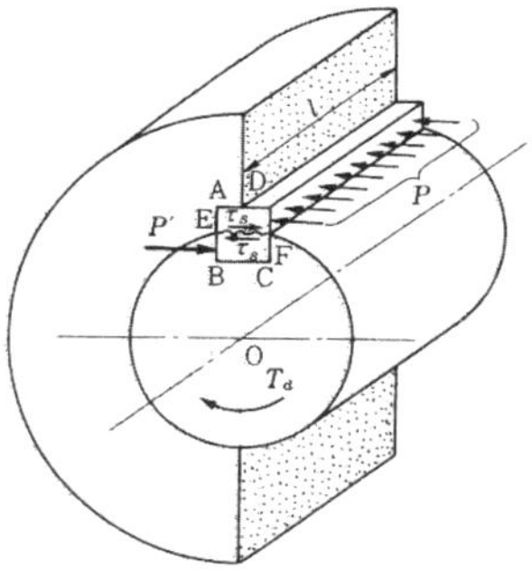

그림 3-19 키에 작용하는 힘

그림 3-19에 있어서 작용하는 힘만을 주목해 보면, 키의 측벽 EB에는 힘 P'가 작용하고, 측벽 DF는 키로부터 보스쪽에 미치는 힘의 반작용으로 키는 힘 P를 받는다. 이 때문에 키는 단면 EF를 경계면으로 서로 힘의 크기가 같고 반대방향인 힘 P, P'를 받는 것으로 되어 키에는 전단응력이 발생한다.

여기서 T : 키가 전달시키는 비틀림 모멘트

d : 축 지름, b : 키의 폭, h : 키의 높이, l : 키의 유효길이
τ : 키에 생기는 허용 전단응력, σ_c : 키에 생기는 허용 압축응력
이라 하면

$$T=\frac{d}{2}P,\quad P=\tau l b$$

$$\therefore\ T=\frac{\tau lbd}{2}\quad \therefore \tau=\frac{2T}{lbd} \qquad (3\text{-}2)$$

다음 압축응력을 살펴보면 **그림 3-20**에서

$$\sigma_c=\frac{P}{tl}=\frac{2T}{dtl} \qquad (3\text{-}3)$$

단, t ; 축에 묻히는 키의 길이
그런데 $t=\frac{h}{2}$ 라 하면

$$\sigma_c=\frac{4T}{hld} \qquad (3\text{-}4)$$

지금 키의 전단저항과 압축저항을 같도록 설계하여야 하므로

$$\tau lb=\sigma_c l\frac{h}{2}$$

$$\therefore\ \frac{b}{h}=\frac{\sigma_c}{2\tau}\quad \therefore\ h=b\frac{2\tau}{\sigma_c} \qquad (3\text{-}5)$$

여기서, $\sigma_c=2\tau$라고 하면 $b=h$로 되어 단면이 정4각형으로 된다.

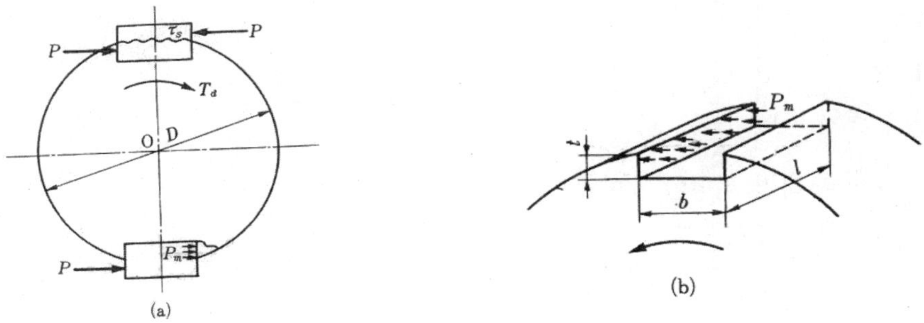

그림 3-20 성크키의 압축응력

그러나 일반적으로 $\tau > 0.5\sigma_c$ 이므로 $h > b$ 로 되나, 키의 두께가 너무 높으면 보스와 축에 깊이 홈을 파야 되기 때문에 축이 약하게 되므로 깊이를 폭보다 길게 하는 것은 좋지 못하다. 따라서 치수가 큰 것에 있어서는 $b > h$ 로 하고 압축에 대하여 약하게 된 점은 길이를 길게 하여 보충하기로 되어 있는데 규격에서 보면 알 수가 있다. 또 키의 전단저항에 의한 회전력이 축에 작용하는 회전력과 같게 하여

$$T = \tau l b \frac{d}{2} = \frac{\pi d^3}{16} \tau_d \tag{3-6}$$

τ_d 를 축에 생기는 최대전단응력, 축과 키를 같은 재료라고 하면

$\tau = \tau_d$ 로 하여 $lb \frac{d}{2} = \frac{\pi d^3}{16}$

길이 l 은 키가 축에 충분히 박히려면 경험에 의하여 $l > 1.5d$ 이어야 된다. 따라서

$l = 1.5d$ 라고 하여 $\frac{3bd^2}{4} = \frac{\pi d^3}{16}$

$$\therefore\ b = \frac{\pi}{12} d \fallingdotseq \frac{d}{4} \tag{3-7}$$

d 를 축지름[mm]으로 할 때, 키의 단면 치수는 대체로

$$\begin{cases} b = 0.2d + 3\,[\text{mm}] \\ \text{또는} \\ b = \left(\frac{3}{16} \sim \frac{1}{4}\right) d + 3\,[\text{mm}] \end{cases}$$

$$\begin{cases} b = 0.2d + 3\,[\text{mm}] \\ \text{또는} \\ h = \frac{d}{8} + 2\,[\text{mm}] \end{cases}$$

로 하면 적당할 것이다.

예제 1 지름 60[mm]의 강축이 전달할 수 있는 비틀림 모멘트를 전달시키는 머리붙이 키를 설계 제도하여라.

풀이 $d=60$[mm] $\tau_w=500[kgf/cm^2]$로 하여

$$T=\frac{\pi}{16}d^3\tau_w=\frac{\pi}{16}\times 6^3\times 500=21206[kgf-cm],\ d=60[mm],\ b=\frac{d}{4}=15[mm]$$

표 3-2에서 $h=10$[mm]

$$l_e=\frac{2T}{b\tau_w d}=\frac{2\times 21206}{1.5\times 500\times 6}=9.43[cm]\fallingdotseq 9.5[cm]$$

머리의 높이 $1.75h=1.75\times 10=17.5$[mm] 이것을 제도하면 그림 3-21와 같다.

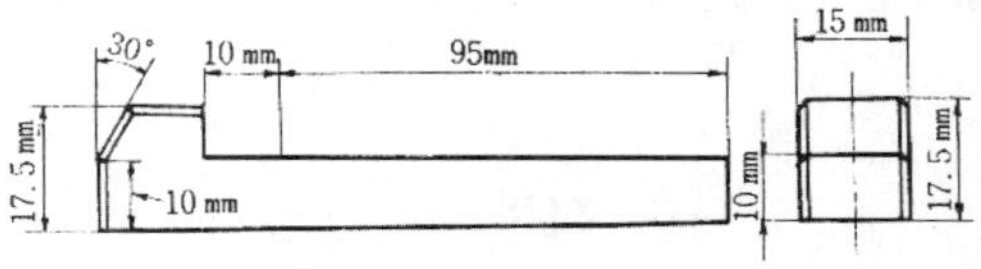

그림 3-21

예제 2 지름 75[mm]의 강축을 사용하여 250[rpm]으로 90마력을 전달시키는 성크키를 설계하여라.

풀이 표 3-3에서 키의 단면 잇수는
$d=75$[mm]에 대하여 $b=20$[mm], $h=13$[mm]

$$T=\frac{71620\times 90}{250}=25783[kgf-cm]$$

$$T=P\times\frac{d}{2}=P\times\frac{75}{2}$$

$$P=\frac{2\times 25783}{75}=6876[kgf]$$

$\sigma_w=1500[kgf/cm^2]$라고 하면, 키의 유효길이 l_e 는

$$l_e=\frac{2T}{\mu' b\times d\times\sigma_w}=\frac{2\times 25783}{0.2\times 2.0\times 7.5\times 1500}=11.46[cm]\fallingdotseq 115[mm]$$

이 때의 전단응력은 $\tau_w=\frac{2T}{lbd}=\frac{2\times 25783}{11.46\times 2.0\times 7.5}=300[kgf/cm^2]$

강철의 허용전단은 $300[kgf/cm^2]$ 정도이므로 안전하다.

예제 3 어느 축과 키에 있어서 인장과 압축응력의 관계가 최대전단응력설에 기본하여 $\tau=\frac{1}{2}\sigma$라 하고 키의 길이를 구하여라. 단, 주축의 토크의 값을 기초로 하여 구하여라. 그리고 축의 항복점응력 $40[kgf/cm^2]$, 축지름 80[mm], 키 재료의 항복점응력 $34[kgf/mm^2]$, 키의 치수 22×22[mm], 안전율 2 라 한다.

풀이 축의 토크 $T=\frac{\pi d^3}{16}\tau_a=\frac{\pi\times 80^3}{16}\cdot\frac{20}{2}=1005\times 10^6[kgf-mm]$

축표면의 접선력 $p=\frac{2T}{d}=\frac{1005\times 10^6\times 2}{80}=25,100[kgf]$

키의 길이 l 에 대하여 축에 의한 압궤를 기본으로 하여

$$l=\frac{P}{\sigma_a\frac{h}{2}}=\frac{25100}{\frac{40}{2}\times\frac{22}{2}}=114[mm]$$

키 재료의 압궤를 기본으로 하면

$$l=\frac{P}{\sigma_a\cdot\frac{h}{2}}=\frac{25100}{\frac{34}{2}\times\frac{22}{2}}=134[mm]$$

키의 전단을 기본으로 하면

$$l = \frac{P}{\tau_a b} = \frac{25100}{\frac{17}{2} \times 22} = 134\,[\text{mm}]$$

결국 $l = 140\,[\text{mm}]$로 하는 것이 좋다.

5. 접선키(tangential key)

4각키, 새들키 등에 있어서는 키에는 반지름방향의 압축력이 작용하고 있지만 실제로 전단하는 힘은 축의 바깥둘레에 접선방향에 작용하고 있으므로, 키를 박을 때 이 방향에 힘이 생기도록 해 놓으면 유리할 것이다.

접선키는 이 요구에 합당하는 키로서 아주 큰 회전력 또는 힘의 방향이 변화하는 곳에 사용되고 있다. 키의 기울기는 $\frac{1}{40} \sim \frac{1}{45}$ 정도이다. 축과 보스의 양쪽에 3각형의 홈을 합하여 직4각형의 되도록 보스의 양쪽에 3각형의 홈을 합하여 직4각형이 되도록 하고, 그림 3-22에서 보는 바와 같이 한쪽에만 기울기를 가지고 있는 높이 h, 폭 $\frac{b}{2}$의 키를 반대로 2개를 조합하여 전체의 폭이 b의 키로 하여 집어넣는다. 그리고 또 한 곳에만 넣으면 한 방향의 회전에만 견딜 수 있으므로 양쪽 방향의 회전에는 120° 또는 180°의 각도로 두곳에 설치한다. 180°로 하면 키홈의 조정이 용이하나 축을 손상시킨다. 그러므로 120°로 두곳에 배치하는 수가 많다. 즉 이 때는 전동력이 큰 축(100[mm] 이상 또는 플라이휠)에 주로 사용된다. 독일의 표준규격 DIN에는 충격적 교번하중의 경우(DIN 268)에 $d = 100 \sim 1000\,[\text{mm}]$에 대하여

$$\left.\begin{array}{l} b = 0.3d \quad h(=t) = 0.1d \\ a = 3 \sim 9\,[\text{mm}] \quad r = 2 \sim 8\,[\text{mm}] \end{array}\right\} \qquad (3\text{-}8)$$

보통의 교번하중(alternative load)의 경우(DIN 271)에 있어서는 $d = 60 \sim 1000\,[\text{mm}]$에 대하여

$$\left.\begin{array}{l} b = \frac{d}{4} \quad h(=t) \fallingdotseq \frac{1}{15}d \\ a = 1.5 \sim 5\,[\text{mm}] \quad r = 1 \sim 4\,[\text{mm}] \end{array}\right\} \qquad (3\text{-}9)$$

로 정하고 있다.

표 3-5는 DIN의 접선키에 대한 치수의 표준규격이다.

[표 3-5] 접선키의 DIN 규격

축지름 d [mm]	보통의 경우		충격적인 경우		축지름 d [mm]	보통의 경우		충격적인 경우	
	높이 t [mm]	나비 b [mm]	높이 t [mm]	나비 b [mm]		높이 t [mm]	나비 b [mm]	높이 t [mm]	나비 b [mm]
60	7	19.3		–	420	30	108.2	42	126
70	7	21.0	–	–	440	30	110.9	44	132
80	8	24.0	–	–	460	30	113.6	46	138
90	8	25.6	–	–	480	34	123.1	48	144
100	9	28.6	10	30	500	34	125.7	50	150
110	9	30.1	11	33	520	34	123.5	52	156
120	10	33.2	12	36	540	38	133.6	54	162
130	10	34.6	13	39	560	38	140.8	56	168
140	11	37.7	14	42	580	38	143.5	58	174
150	11	39.1	15	45	600	42	153.1	60	180
160	12	42.1	16	48	620	42	155.8	62	186
170	12	43.5	17	51	640	42	158.5	64	192
180	12	44.9	18	54	660	46	168.1	66	198
190	14	49.6	19	57	680	46	170.8	68	204
200	14	51.0	20	60	700	46	173.4	70	210
210	14	52.4	21	63	720	50	183.0	72	216
220	16	57.1	22	69	740	50	185.7	74	222
230	16	58.5	23	69	760	50	195.4	76	228
240	16	59.9	24	72	780	54	198.0	78	234
250	18	64.6	25	75	800	54	200.7	80	240
260	18	66.0	26	78	820	54	203.4	82	246
270	18	67.4	27	81	840	58	213.0	84	252
280	20	72.1	28	84	860	58	215.7	86	258
290	20	73.5	29	87	880	58	218.4	88	264
300	20	74.8	30	90	900	62	227.9	90	270
320	22	81.0	32	96	920	62	230.6	92	276
340	22	83.6	34	102	940	62	233.2	94	282
360	26	93.2	36	108	960	66	242.9	96	288
380	26	95.9	38	114	980	66	245.6	98	294
400	26	98.6	40	120	1000	66	248.3	100	300

보통의 경우	축지름[mm]	600~150	160~240	250~340	360~400	480~680	700~1000
	홈의 둥금새(r)	1	1.5	2	2.5	3	4
	키의 구석살 깎아내기(a)	1.5	2	2.5	3 5	4	5
충격적인 경우	축지름[mm]	100~220	230~260	380~460	480~580	600~860	880~1000
	홈의 둥금새(r)	2	3	4	5	6	8
	키의 필렛 깎아내기(a)	3	4	5	6	7	9

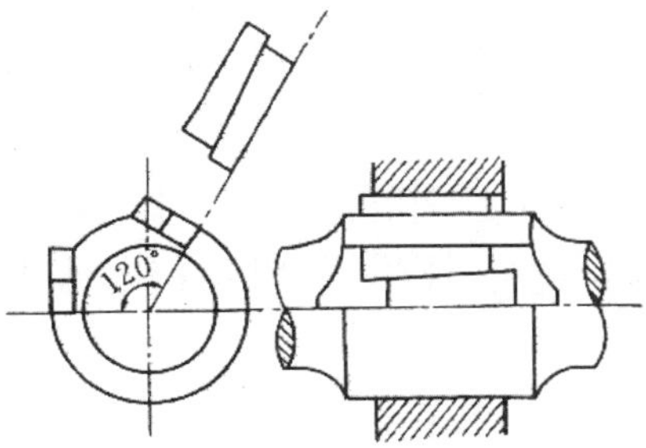

그림 3-22 접선키의 설치

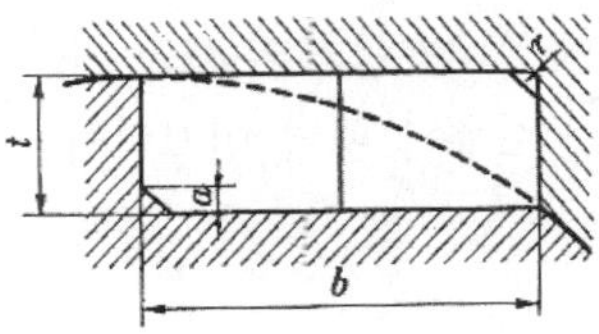

그림 3-23 접선키의 규격

6. 미끄럼키(feather key)

(1) 미끄럼키의 개요

보스가 축과 더불어 회전하는 동시에 축방향으로 미끄러져 움직일 수 있도록 되어 있는 키를 미끄럼키라고 한다. 키와 보스 또는 축과의 사이에 약간의 틈새(clearance)를 두고 있다. 키에는 기울기가 없고 평행으로 한다. 키의 단면은 직4각형이고 키의 길이와 키홈은 활동하는 범위의 길이만큼 취한다.

일반적으로 키의 호칭은 명칭과 나비$(b)\times$높이$(h)\times$길이(l)로 표시된다.

미끄럼키 $24\times16\times160$

미끄럼키의 고정은 키를 축에 고정시키는 방식과 보스에 고정시키는 방식이 있다.

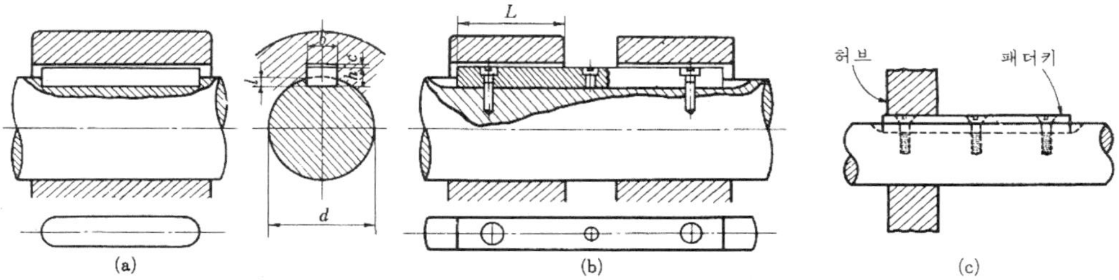

그림 3-24 축에 미끄럼키를 고정하는 방식

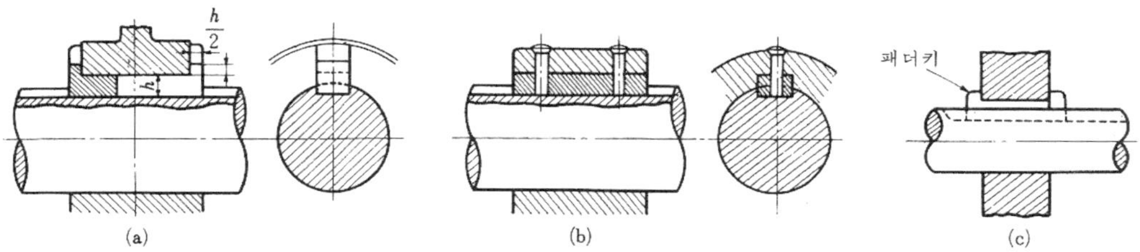

그림 3-25 키를 보스에 고정하는 방식

미끄럼키는 모두 측면만으로써 회전력을 전달시키는 것이므로, 측면압축강도를 충분히 갖도록 설계하면 된다. 측면으로 힘을 받들면서 활동운동도 하므로 접촉압력 p_a의 허용치는 묻힘키에 비하여 상당히 작게 잡아야 한다. 표 3-6은 p_a의 값을 표시한다.

미끄럼키는 보스 또는 축에 기계 나사 또는 압입방법으로 설치한다. 그림 3-26은 보스쪽에 평행 미끄럼키를 압입하여 축홈 속에 이동할 수 있도록 한 예이다.

[표 3-6] 미끄럼 키의 허용 접촉압력 p_a

키	보스 또는 축	$p_a[kgf/cm^2]$	
		정회전력	변동회전력
반 경 강	주철	1~2	1
	강	1~2	1
열처리강	열처리강	≦4	2

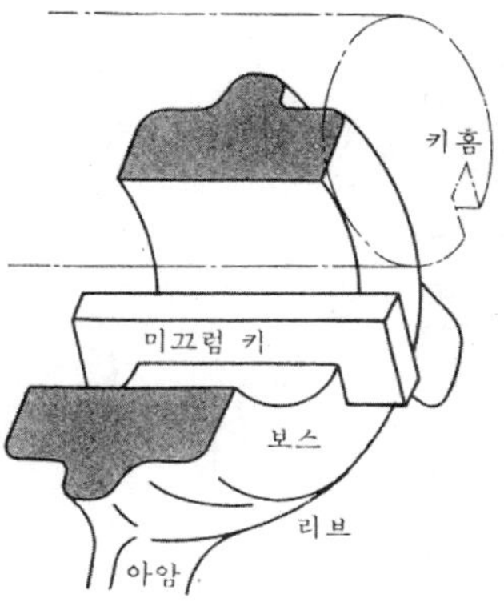

그림 3-26 미끄럼 키의 설치(보스쪽에 압입)

(2) 미끄럼 키의 전달 토크

그림 3-27(a)는 1개의 미끄럼키를 이용한 경우이고, 그림 (b)는 2개를 이용한 경우이다. 그림 (a)의 경우 축의 토크 T는

$$T = P_1\frac{d}{2}, \quad \therefore \; P_1 = \frac{2T}{d}$$

그 마찰력 μP_1은 축방향력으로 되어 그림 (c)에서 보는 것처럼 보스를 축방향에 이동하는 데 필요한 힘으로 된다.

$$2\mu P_1 = \frac{4\mu T}{d}$$

2개의 미끄럼키를 이용하는 경우에는

$$T = P_2 d, \quad P_2 = \frac{T}{d}$$

$$2\mu P_2 = \frac{2\mu T}{d} \qquad (3\text{-}10)$$

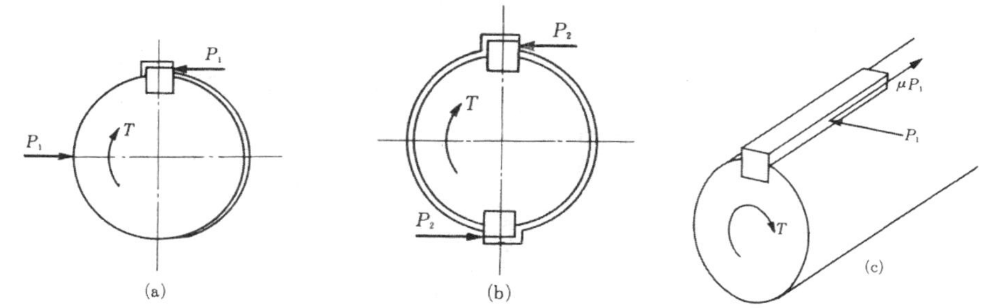

그림 3-27 미끄럼 키

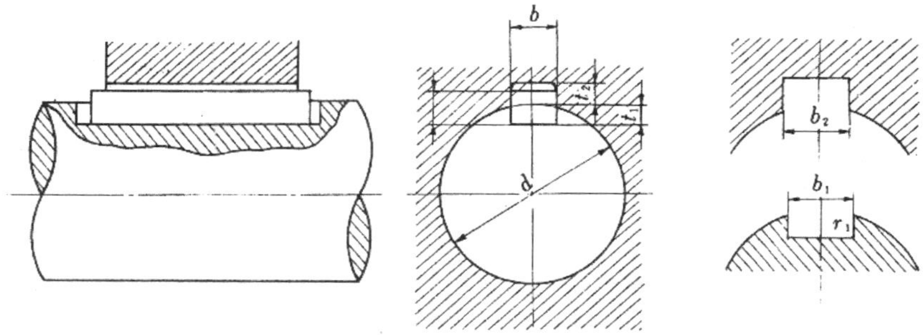

그림 3-28 미끄럼의 규격도

마찰력에 대하여 2개의 식을 비교하면 명확히 2개의 미끄럼키에 작용하는 축방향력은 1개의 미끄럼키의 $\frac{1}{2}$이 되는 것을 알 수 있다.

그림 3-28는 미끄럼 키의 규격도면이고, 표 3-7은 KS B 1313에 규격된 미끄럼 키의 규격치수이다.

7. 스플라인(spline)

(1) 스플라인의 특성과 종류

큰 토크를 축에서 보스에 전달시키려면 1개의 키만으로 전달시키는 것은 불가능하므로 4개~수십 개의 키를 같은 간격으로 축과 일체로 깎아낸 것이 스플라인축이다. 축의 전체 둘레에 몇 개의 키홈을 절삭하면 축의 단면적이 감소하고, 또 키홈은 축에 노치(notch)를 만든 것이 되고, 키홈의 밑바닥에 응력집중이 발생하여 축의 강도를 아주 감소시킨다. 또 스플라인축은 미끄럼키와 같은 양으로 회전토크를 전달시키는 동시에 축방향의 이동도 할 수 있고, 토크를 수 개의 키로써 분담하는 것이 되므로 큰 힘을 전달시킬 수가 있고 내구력도 좋다. 자동차, 항공기, 발전용, 증기터빈 등의 기어 속도변환축에 사용되고 있다(그림 3-29 참조).

스플라인은 이(齒)의 모양에 따라 각스플라인, 인벌류우트 스플라인 및 세레이션(serration) 등의 종류가 있다.

[표 3-7] 미끄럼키의 KS 규격 [KS B 1313]

키의 호칭치수 b×h	키 홈의 치수									참고
	b_1		b_2		r_1 또는 r_2	t_1		t_2		해당축지름 d
	기본치수	치수차	기본치수	치수차		기본치수	치수차	기본치수	치수차	
4×4	4	0 −0.030	4	+0.050 +0.020	0.4	2.5	+0.10 0	2.0	+0.10 0	10이상 14이하
5×5	5	0 −0.030	5	+0.050 +0.020	0.4	3	+0.10 0	2.5	+0.10 0	14 〃 18 〃
6×6	6	0 −0.030	6	+0.050 +0.020	0.4	3.5	+0.10 0	3.0	+0.10 0	18 〃 30 〃
(7×7)	7	0 −0.036	7	+0.061 +0.025	0.4	4	+0.10 0	3.5	+0.10 0	18 〃 30 〃
8×7	8	0 −0.036	8	+0.061 +0.025	0.6	4	+0.10 0	3.5	+0.10 0	24 〃 30 〃
10×8	10	0 −0.036	10	+0.061 +0.025	0.6	4.5	+0.10 0	4.0	+0.10 0	30 〃 40 〃
12×8	12	0 −0.043	12	+0.075 +0.032	0.6	4.5	+0.10 0	4.0	+0.10 0	40 〃 50 〃
15×10	15	0 −0.043	15	+0.075 +0.032	0.6	5	+0.10 0	5.5	+0.10 0	50 〃 60 〃
18×12	18	0 −0.043	18	+0.075 +0.032	1.0	6	+0.10 0	6.5	+0.10 0	60 〃 70 〃
20×13	20	0 −0.052	20	+0.032 +0.040	1.0	7	+0.10 0	6.5	+0.10 0	70 〃 80 〃
24×16	24	0 −0.052	24	+0.012 +0.025	1.0	8	+0.10 0	8.5	+0.10 0	80 〃 95 〃
28×18	28	0 −0.052	28	+0.092 +0.040	1.0	9	+0.10 0	10	+0.10 0	95 〃 110 〃
32×20	32	0 −0.062	32	+0.112 +0.050	1.6	10	+0.10 0	11	+0.10 0	110 〃 125 〃
35×22	35	0 −0.062	35	+0.112 +0.050	1.6	11	+0.10 0	11	+0.15 0	125 〃 140 〃
38×24	38	0 −0.062	48	+0.112 +0.050	1.6	12	+0.15 0	13	+0.15 0	140 〃 160 〃
42×26	42	0 −0.063	42	+0.115 +0.050	1.6	13	+0.15 0	14	+0.15 0	160 〃 180 〃
45×28	45	0 −0.062	45	+0.112 +0.050	1.6	14	+0.15 0	15	+0.15 0	180 〃 200 〃
50×31.5	50	0 −0.062	50	+0.112 +0.050	1.6	16	+0.15 0	16.5	+0.15 0	200 〃 224 〃
56×36.5	65	0 −0.074	56	+0.314 +0.060	1.6	18	+0.15 0	18.5	+0.15 0	224 〃 250 〃
63×40	63	0 −0.074	63	+0.314 +0.060	2.5	20	+0.15 0	21	+0.15 0	250 〃 280 〃
71×45	71	0 −0.074	71	+0.314 +0.060	2.5	22.5	+0.20 0	23.5	+0.20 0	280 〃 315 〃
80×50	80	0 −0.074	80	+0.314 +0.060	2.5	2.5	+0.20 0	26	+0.20 0	315 〃 315 〃
90×56	90	0 −0.087	90	+0.159 +0.072	2.5	2.8	+0.20 0	29	+0.20 0	355 〃 355 〃
100×63	100	0 −0.087	100	+0.156 +0.072	2.5	31.5	+0.20 0	32.5	+0.20 0	400 〃 450 〃
112×71	112	0 −0.087	112	+0.159 +0.072	2.5	3.35	+0.20 0	36.5	+0.20 0	450 〃 450 〃

비고 : ( ) 속에 있는 호칭 치수의 것은 되도록 사용하지 않는다.

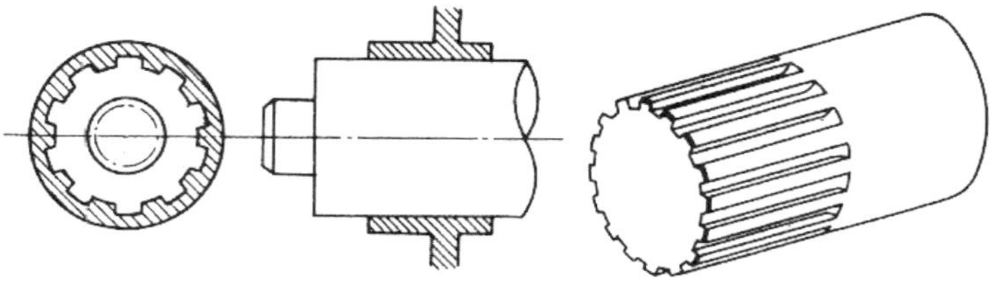

그림 3-29 스플라인축

(2) 각형 스플라인

이것은 보통 스플라인이라고 부르고 있다. 4, 6, 8, 10, 16, 20의 짝수 개(우수개)의 이와 이의 홈을 각각 축과 보스에 같은 간격으로 깎아낸 것이다. 이것은 자동차의 각 부분에 강력하고도 가볍고 내구성이 있는 미끄럼키의 필요성을 느끼게 된 것으로부터 발달한 것이며, 축과 보스에 질이 좋은 특수강을 기계다듬질, 표면경화, 연마 등의 방법에 의하여 고급공작한 것이다. KS B 2006(1977)에 규격화되어 있다.

(3) 각형 스플라인의 규격

표 3-8과 그림 3-30은 미국의 ASE규격의 스플라인의 표준잇수를 표시한 것이다. 일본의 JIS 505에는 자동차용 스플라인에 대하여 6, 8, 10홈의 3종을 규정하고 있다. 그림 3-31은 10홈의 각형 스플라인의 실물사진이다.

[표 3-8] 스플라인 키의 미국규격

	6 spline	4 spline	10 spline
Pemanent fit	d=0.90D w=0;.25D h=0.05D	d=0.85D w=0.241D h=0.075D	d=0.91D w=0.156D h=0.045D
To slide when not under load	d=0.85D w=0.25D h=0.075D	d=0.75D w=0.241D h=0.125D	d=0.86D w=0.156D h=0.07D
To slide when under load	d=0.80D w=0.25D h=0.10D		d=0.81D w=0.156D h=0.095D

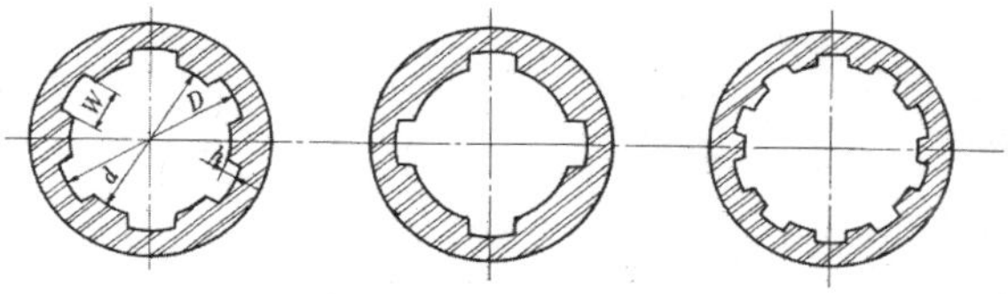

그림 3-30 스플라인 키의 잇수

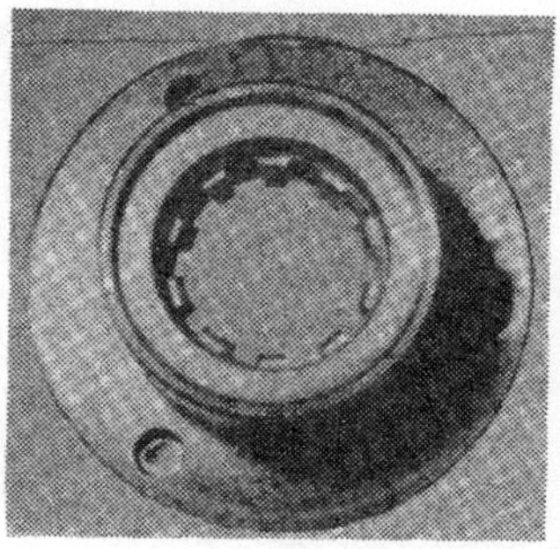

그림 3-31 10홈 각형 스플라인 실물 사진

(4) 스플라인축의 전달토크

b : 이나비, c : 잇면의 모따기(面取), d : 평균지름, d_1 : 스플라인의 작은 지름

d_2 : 스플라인의 큰 지름, h : 이높이, l : 보스의 길이

P_a : 이측면의 허용접촉면압력, T : 전달 토크, Z : 스플라인의 잇수(홈수)

η : 이측면의 접촉효율

잇수 Z개의 스플라인치의 측벽에 작용하는 힘 P는 다음과 같다.

$$P = Z(h-2c)\,l\,P_a\,[kgf] \tag{3-11}$$

여기서, 이측면의 접촉효율 η는 이론상으로는 100%이나 실제로는 스플라인치의 절삭 가공 정밀도의 문제를 생각하여, 절삭된 잇수의 $\frac{3}{4}$이 토크 T를 전달하는 데 유효하다고 한다. 즉 접촉효율 η는 보통 $\eta = 75\%$라 한다.

스플라인의 전달할 수 있는 토크 T는 다음과 같다.

$$T = \eta P \cdot \frac{d}{2} = \eta Z(h-2c)\,l\,P_a \frac{1}{4}(d_1 + d_2) \tag{3-12}$$

[표 3-9] 스플라인의 허용 접촉면압력 $P_a\,[kgf/mm^2]$

허용접촉압력	고정	무하중에서 접동	하중상태에서 접동
$P_a\,[kgf/mm^2]$	4.5~7.0	3.0~4.5	3.0 이하

예제 4 그림 3-32와 같은 스플라인축에 있어서 전달마력은 얼마인가?

단, 회전속도 $N = 1.023\,[rpm]$ 허용면압력 $P_a = 1\,[kgf/mm^2]$

보스의 길이 $l = 100\,[mm]$ 치수 $Z = 6$

큰지름 $d_2 = 50\,[\text{mm}]$ 작은지름 $d_1 = 46\,[\text{mm}]$

모따기 $c = 0.4\,[\text{mm}]$ 이높이 $h = 2\,[\text{mm}]$

이나비 $b = 9\,[\text{mm}]$ 접촉효율 $\eta = 0.75$

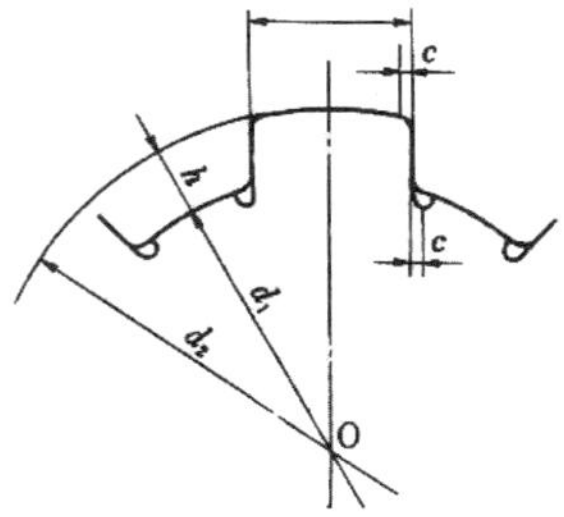

그림 3-32

풀이 전달토크 T는

$$T = \eta Z(h-2c)\,l P_a \frac{1}{4}(d_1+d_2)\,[kgf-\text{mm}]$$

$$= 0.75 \times 6(2-2\times 0.4)\times 100 \times 1 \times \frac{50+46}{4} = 12{,}950\,[kgf-\text{mm}]$$

$$H_{PS} = \frac{NT}{7162\times 10^3} = \frac{1{,}023\times 1{,}295\times 10^7}{7162\times 10^5} = 18.5 \fallingdotseq 19\,[PS]$$

(5) 전달토크의 계산

d : 축지름[mm], H_{kW} : kW 마력, H_{PS} : PS마력, N : 회전 속도[rpm] "

T : 전달토크[kgf−mm], τ_d : 축의 비틀림응력[kgf/mm^2]

$$\left.\begin{aligned} T &= 9.74\times 10^5 \frac{H_{kW}}{N}\,[\text{kgf}-\text{mm}] \\ T &= 7.162\times 10^5 \frac{H_{PS}}{N}\,[\text{kgf}-\text{mm}] \end{aligned}\right\} \qquad (3\text{-}13)$$

3.2 코터(cotter)

1. 코터의 형상과 테이퍼

키는 축의 회전력을 전달하기 때문에 주로 전단력을 받게 되나, 코터는 그 방향의 인장력 또는 압축력을 받게 된다. 피스턴 로드, 크로스 헤드 및 커넥팅 로드 사이의 결합용 기소로서 사용되고 있다. 따라서 축과 축이 끼워맞춰지는 소켓(socket)을 결합하게 된다.

코터의 착탈은 타격에 의하여 행하고 인발은 마찰에 의한 자립에 의하여 행한다. 코터 이음은 그림 3-33에서 보는 것처럼 로드 엔드(rod end), 소켓과 코터 구멍 사이에 틈새가 있는 것은 소켓의 플랜지가 축의 칼러(collar) 내에 접촉할 때까지 이음의 로드 엔드와 소켓의 2부분을 모두 잡아 맞추어 코터에 졸라맺음을 주기 위한 것이다. 코터 이음은 가공이 어려우므로 그 실용적인 것이 못되고 핀으로 대용되기도 한다.

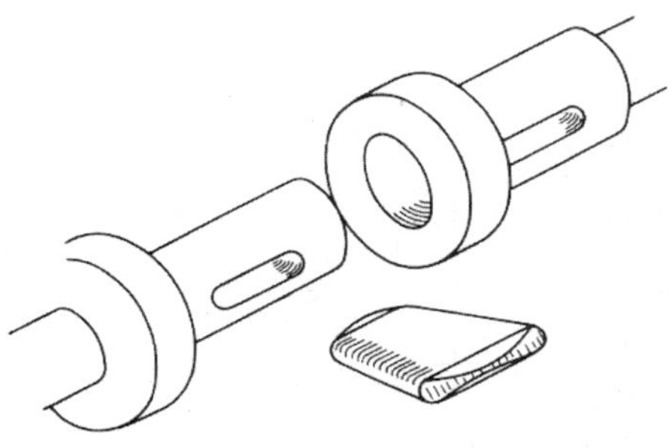

그림 3-33 코터 이음의 분해

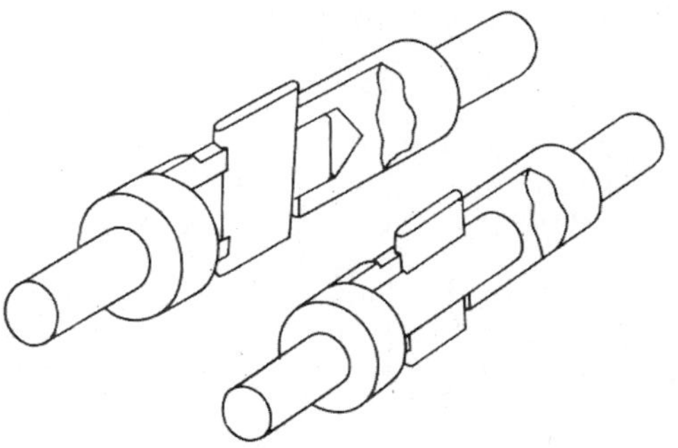

그림 3-34 코터 이음의 형상

코터에는 **그림 3-35**에서 보는 바와 같이 한쪽 테이퍼(편측구배) (a)와 양쪽 테이퍼(양측구배) (b)가 있고 공작이 간단하기 때문에 한쪽 테이퍼가 더 많이 사용된다. 단면은 치4각형으로 구멍의 구석이 구석지어서 예리하며 응력집중이 생기고, 쉽게 금이 가기 때문에 이것을 방지하기 위하여 측면에 둥금새 r(roundness)를 주고, 또 양끝 면은 타격에 의한 반곡을 방지하기 위하여 구면 R로 한다.

키는 축방향에 파묻고 주로 전단력을 받는데 대하여, 코터는 축방향에 직각으로 집어넣고 주로 굽힘 모멘트를 받게 된다. 코터의 기울기는 커넥팅 로드 때와 같이 코터를 비교적 가끔 빼서 조정할 필요가 있을 경우는 크게 취하고, 그림에서 $\tan\alpha$ 또는 $\tan(\alpha_1+\alpha_2)$를 $1/5\sim1/10$ 정도로 취하고, 영구적으로 박은 채 뺄 필요가 없을 경우는 1/10 정도로 취한다.

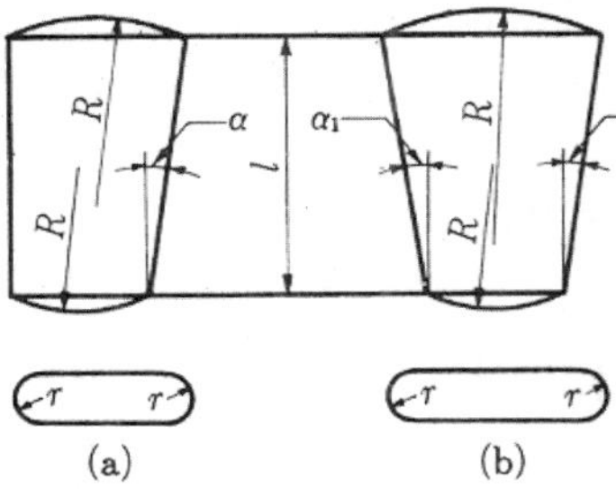

그림 3-35 코터의 테이퍼

2. 코터에 작용하는 힘

코터의 테이퍼면을 소켓과 로드 구멍의 테이퍼면에 밀착시키기 위하여 코터를 타격에 의하여 박는다. 코터는 테이퍼면의 마찰력에 의하여 자립상태를 유지하고 있으며, 하나의 쐐기의 역할을 한다. 힘의 균형상태를 도시하면 **그림 3-36**과 같으나 이것을 그림 3-37에서 보는 것같이 생각해도 좋으므로 그림에서 P, P_1, P_2를 축방향의 힘이라 하고, Q, Q_1, Q_2를 코터를 박는 힘, R, R_1, R_2를 반력, α, α_1, α_2를 테이퍼, ρ, ρ_1, ρ_2를 마찰각이라 한다.

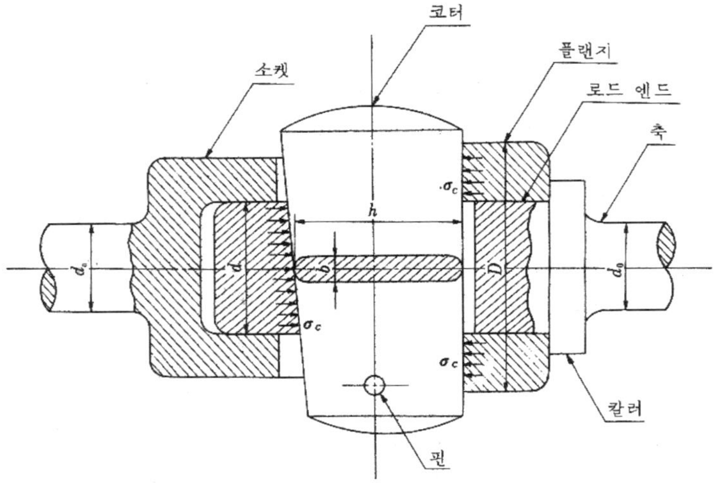

그림 3-36 코터 이음의 때려박음

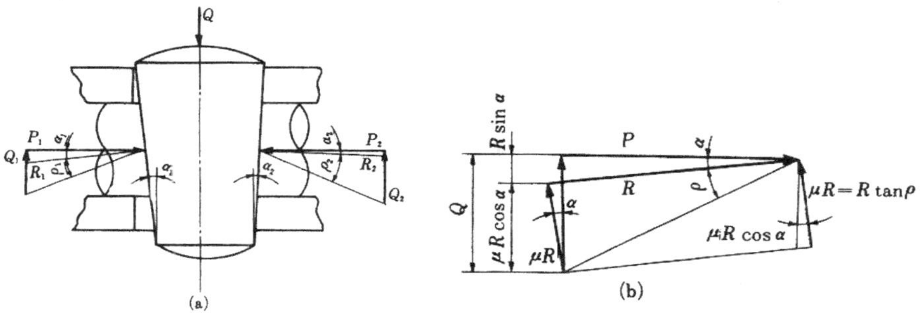

그림 3-37 코터의 타격에 의한 힘의 균형

(1) 양쪽 테이퍼의 경우

그림 3-36(a)에서 코터를 Q의 힘으로 축에 두드려 박으면 코터는 축으로부터의 반작용으로서 그림 3-37(b)에서 보는 것처럼 접촉면에 수직하게 R 또는 접촉면에 따라 마찰력 μR가 작용한다. 이 힘들의 상하방향의 분력의 균형을 $R_1 = R_2 = R$, $\rho = \rho_1 = \rho_2$라 하면

$$Q = 2(R\sin\alpha + \mu R\cos\alpha)$$

$$\therefore\ Q = 2(R\sin\alpha + R\tan\rho\cos\alpha) = 2R(\sin\alpha + \tan\rho\cos\alpha)$$

$$= 2R\frac{\sin(\alpha+\rho)}{\cos\rho} \tag{3-14}$$

$$\begin{pmatrix} \sin(\alpha+\rho) = \sin\alpha\cos\rho + \cos\alpha\sin\rho \\ \tan\rho = \sin\rho/\cos\rho \text{이므로} \end{pmatrix}$$

그리고 $P = R_1\cos(\alpha_1+\rho_1) = R_2\cos(\alpha_2+\rho_2)$로 주어지고 $Q = Q_1 + Q_2$로 분할된다.

$$\therefore\ Q_1 = R_1\sin(\alpha_1+\rho_1),\ \ Q_2 = R_2\sin(\alpha_2+\rho_2)$$

또 힘 P를 인수로 하면

$$Q_1 = P\tan(\alpha_1+\rho_1),\ \ Q_2 = P\tan(\alpha_2+\rho_2)$$

$$\therefore\ Q = R_1\sin(\alpha_1+\rho_1) + R_2\sin(\alpha_2+\rho_2) \tag{3-15}$$

$$Q = P\{\tan(\alpha_1+\rho_1) + \tan(\alpha_2+\rho_2)\} \tag{3-16}$$

한편 빠져나오는 힘을 Q'라 하면 위식을 유도한 것과 같은 모양으로 하여 다음 식이 성립된다.

$$Q' = P\{\tan(\alpha_1-\rho_1) + \tan(\alpha_2-\rho_2)\} \tag{3-17}$$

(2) 한쪽 테이퍼의 경우

그림 3-38에 있어서 $Q = Q_1 + Q_2$

또 $Q_1 = P_1(\sin\alpha + \mu\cos\alpha)$, $R_2 = P_2$, $Q_2 = \mu R_2 = \mu P_2$

$$\therefore\ Q = P_1(\sin\alpha + \mu\cos\alpha) + \mu P_2$$

$$\therefore\ P_2 = P_1(\cos\alpha - \mu\sin\alpha)$$

$$\therefore\ P_1 = \frac{Q}{\cos\alpha(2\mu + \tan\alpha - \mu^2\tan\alpha)} \fallingdotseq \frac{Q}{\cos\alpha(2\mu + \tan\alpha)} \tag{3-18}$$

$$P_2 = \frac{(1-\mu\tan\alpha)Q}{2\mu + \tan\alpha - \mu^2\tan\alpha} \fallingdotseq \frac{(1-\mu\tan\alpha)Q}{2\mu + \tan\alpha} \tag{3-19}$$

빠져나오는 데 필요한 힘 Q'는

$$Q' = \mu P_2 - P_1(\sin\alpha - \mu\cos\alpha) \tag{3-20}$$

$$P_2 = P_1(\cos\alpha - \mu\sin\alpha) \tag{3-21}$$

식 (3-20), (3-21)로부터

$$P_1 = \frac{P_2}{\cos\alpha - \mu\sin\alpha} \tag{3-22}$$

$$\therefore\ Q = \left(\mu - \frac{\sin\alpha - \mu\cos\alpha}{\cos\alpha - \mu\sin\alpha}\right) P_2 = \left(\mu - \frac{\tan\alpha - \mu}{1 + \mu\tan\alpha}\right) P_2 \tag{3-23}$$

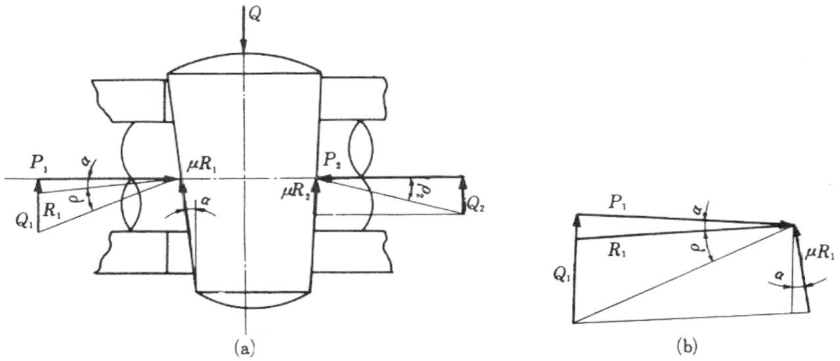

그림 3-38 한쪽 테이퍼인 경우의 코터의 타격력

3. 코터의 자립상태

(1) 양쪽 테이퍼의 경우

코터가 스스로 빠져나오지 않으려면, 즉, 자립상태(self-sustenance)를 유지하려면 $Q \leqq 0$ 이어야 한다.

$$\text{즉, } \tan(\alpha_1 - \rho_1) + \tan(\alpha_2 - \rho_2) \leqq 0 \tag{3-24}$$

$\alpha_1 = \alpha_2 = \alpha,\ \rho = \rho_1 = \rho_2$ 라 하면

$$2\tan(\alpha - \rho) \leqq 0$$

$$\therefore\ \tan(\alpha - \rho) \leqq 0$$

$\angle\alpha,\ \angle\rho$를 모두 극히 작다고 하면

$$\alpha - \rho \leqq 0\ \ \therefore\ \alpha \leqq \rho \tag{3-25}$$

(2) 한쪽 테이퍼의 경우

$\alpha_2 = 0,\ \alpha_1 = \alpha,\ \rho_1 = \rho_2 = \rho$ 일 때 자립상태를 유지하려면

$$Q \leqq 0$$

$$\therefore\ \tan(\alpha - \rho) + \tan(-\rho) \leqq 0 \tag{3-26}$$

$$\alpha - \rho - \rho \leqq 0$$

$$\therefore \ \alpha \leqq 2\rho \tag{3-27}$$

윤활유막의 유무에 의한 마찰계수와 마찰각의 관계를 표 3-10에 표시하며, 실제로 사용되는 α 값을 표 3-11에 표시한다.

[표 3-10] 마찰계수 μ와 마찰각 ρ

윤활유	μ	ρ
유	0.05~0.10	3°~6°
무	0.15~0.4	8.5°~22°

[표 3-11] 미끄럼 방지

테이퍼 tanα	미끄럼 방지
$\frac{1}{40} \sim \frac{1}{20}$	필요하지 않음
$\frac{1}{15} \sim \frac{1}{10}$	핀
$\frac{1}{15} \sim \frac{1}{5}$	너 트

4. 코터 이음의 응력해석과 설계치수

코터 이음에 인장 또는 압축하중이 외력으로서 작용하는 경우 코터 로드, 소켓의 각 부에 발생하는 응력을 해석하여 그 결과에서 설계치수를 결정한다.

여기서, b : 코터의 두께, d : 로드 엔드의 지름, d_0 : 축지름
D : 소켓의 플랜지의 지름, h : 코터의 폭,
h_1 : 로드 엔드의 끝의 길이, h_2 : 칼러와 코터 구멍의 사이의 길이
M : 굽힘 모멘트, M_{max} : 최대 굽힘 모멘트, P : 축방향의 힘
z : 직4각형의 단면계수, σ_b : 코터의 굽힘응력, σ_c : 축의 압축응력
σ_t : 축의 코터 구멍의 인장응력, τ_s : 축의 전단응력

(1) 코터의 압축응력

로드 엔드(rod end)가 코터에 접하는 부분에 가해지는 압축응력 σ_c는

$$\sigma_c = \frac{P}{bd} \tag{3-28}$$

소켓이 로드 엔드에 접하는 부분의 압축응력 σ_c'는

$$\sigma_c' = \frac{P}{b(D-d)} \tag{3-29}$$

따라서 설계에서는 $\sigma_c = \sigma_c'$로 하는 것이 좋으므로

$$\frac{P}{bd} = \frac{P}{b(D-d)}$$

$$bd = bD - bd$$

$$\therefore\ d = \frac{D}{2}$$

(2) 코터의 인장응력

축의 인장응력 σ_t는

$$\sigma_t = \frac{P}{\frac{\pi}{4}{d_0}^2} \tag{3-30}$$

로드 엔드의 코터 구멍의 인장응력 σ_t'에 대해서는

$$\sigma_t' = \frac{P}{\frac{\pi}{4}d^2 - bd} \tag{3-31}$$

$\sigma_t = \sigma_t'$로 설계하는 것이 원칙이므로

$$\frac{P}{\frac{\pi}{4}{d_0}^2} = \frac{P}{\frac{\pi}{4}d^2 - bd}$$

$$\therefore\ \frac{\pi}{4}{d_0}^2 = \frac{\pi}{4}d^2 - bd$$

$$b = \frac{\pi}{4}\left(\frac{d^2 - {d_0}^2}{d}\right) = \frac{\pi}{4}d\left(1 - \frac{{d_0}^2}{d^2}\right)$$

그러나 실제로는 코터 구멍의 내부에는 큰 응력집중이 생기므로 대체로 $d = \frac{4}{3}d_0$로 취하게 된다.

$$b = \frac{\pi}{4}\left(\frac{d^2 - \frac{9}{16}d^2}{d}\right) - \frac{\pi}{4} - \frac{7d}{16} = \frac{d}{3.43} \tag{3-32}$$

일반적으로 $b = \left(\frac{1}{4} \sim \frac{1}{3}\right)d$ (3-33)

(3) 코터의 굽힘응력

그림 3-39에서 보는 것처럼 (a)의 코터의 형상을 (b)의 보(beam)형으로 생각하면 (c)의 굽힘 모멘트선도가 그어지고, 코터의 최대굽힘 모멘트 M_{max}는

$$M_{max} = \frac{P}{2}\left(\frac{3}{8}-\frac{1}{8}\right) D= \frac{PD}{8}$$

또, $M=\sigma_b Z,\ Z= \frac{bh^2}{6}$

$$\therefore\ \sigma_b = \frac{M}{Z}= \frac{6M}{bh^2}= \frac{PD}{8} / \frac{bh^2}{6}= \frac{6PD}{8bh^2}$$

$$\therefore\ h = \sqrt{\frac{3PD}{4b\sigma_b}}$$

여기서, $b=\frac{1}{4}d,\ d_0 = \frac{3}{4}d,\ d=\frac{1}{2}D$라 하고 $P=\frac{\pi}{4}{d_0}^2\sigma_t$라 하면

$$h^2 = \frac{3PD}{4b\sigma}= \frac{3\cdot\frac{\pi}{4}{d_0}^2\sigma_t 2d}{d\sigma_b}= \frac{2\cdot\frac{3}{4}\left(\frac{3}{4}\right)\pi d^2\sigma_t}{\sigma_b}$$

$$= \frac{2\times 3^3\pi\sigma_t}{4^3\sigma_b}d^2 = 2.65\frac{\sigma_t}{\sigma_b}d^2$$

$$\therefore\ h = \left(2.65\frac{\sigma_t}{\sigma_b}\right)^{\frac{1}{2}} d \qquad (3\text{-}34)$$

코터를 단단한 재질이라 하여 $\frac{\sigma_t}{\sigma_b}= \frac{2}{3}$라 하면

$$h = \left(2.65\times\frac{2}{3}\right)^{\frac{1}{2}} d \fallingdotseq \frac{4}{3}d$$

일반적으로 코터의 폭 h는 로드 지름 d에 대하여

$$h = \left(\frac{2}{3}\sim\frac{3}{2}\right)d \qquad (3\text{-}35)$$

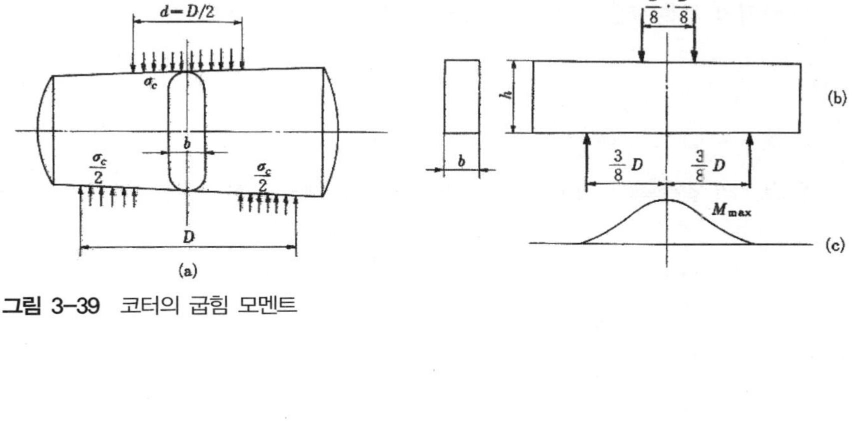

그림 3-39 코터의 굽힘 모멘트

(4) 코터의 전단응력

로드 끝의 전단응력 τ_s는

$$\tau_s = \frac{P}{2dh_1} \tag{3-36}$$

로드 끝의 길이 h_1은 $h_1 = \frac{P}{2d\tau_s} = \frac{\pi}{4}{d_0}^2\sigma_t/2d\tau_s$

$$= \frac{\pi {d_0}^2\sigma_t}{8d\tau_s} = \frac{\pi 3^2 d^2 2\tau_s}{8\times 4^2 d\tau_s} \tag{3-37}$$

$$= \frac{56.5}{128} - \frac{3}{2}h = \frac{169}{256}h = \frac{2}{3}h$$

일반적으로 $h_1 = h_2 = \left(\frac{1}{2} \sim \frac{2}{3}\right)h$ (3-38)

P의 값에 대해서는 코터를 박을 때 다시 힘이 추가되고 있으므로 $1.25P$로 설계하는 것이 바람직하다.

5. 코터 이음의 파괴강도

그림 3-40에서 다음 사항이 고려된다.

① **인장력에 의한 로드의 절단**: 그림 3-40(a)에 있어서

$$P = \frac{\pi}{4}d_0\sigma_t \tag{3-39}$$

② **인장력에 의한 로드의 코터 구멍 부분에 있어서 절단**: 그림 3-40(b)에 있어서

$$P = \left(\frac{\pi}{4}d - b\right)d\sigma_t \tag{3-40}$$

③ **코터의 압축력에 의한 로드의 코터 구멍과 축단 사이의 전단파괴**: 그림 3-40(c)에 있어서

$$P = 2dh_1\tau_s \tag{3-41}$$

④ **코터의 압축력에 의한 로드 칼러의 압축**: 그림 3-40(d)에 있어서

$$P = db\sigma_c \tag{3-42}$$

⑤ **소켓 끝의 압축력에 의한 로드 칼러의 압축** : 그림 3-40(e)에 있어서

$$P=\frac{\pi}{4}(d_3{}^2-d^2)\sigma_c \tag{3-43}$$

⑥ **소켓 끝의 압축력에 의한 로드 칼러의 전단** : 그림 3-40(f)에 있어서

$$P=\pi d h_3 \tau_s \tag{3-44}$$

⑦ **인장력에 의한 소켓의 구멍 단면의 절단** : 그림 3-40(g)에 있어서

$$P=\left\{\frac{\pi}{4}(d_2{}^2-d^2)-(d_2-d)b\right\}\sigma_t{}' \tag{3-45}$$

⑧ **코터의 압축력에 의한 소켓의 코터 구멍 측벽과 소켓 플랜지 사이의 전단** : 그림 3-40(h)에 있어서

$$P=2(D-d)h\tau_s{}' \tag{3-46}$$

⑨ **로드와 소켓의 압축력에 의한 코터의 이면전단** : 그림 3-40(i)에 있어서

$$P=2bh\tau_s{}'' \tag{3-47}$$

⑩ **코터의 압축력에 의한 소켓 플랜지부의 압축**

$$P=(D-d)b\sigma_c{}' \tag{3-48}$$

⑪ **로드와 소켓의 압축력에 의한 코터의 굽힘**

$$P=\frac{4bh^2\sigma_b}{3D} \tag{3-49}$$

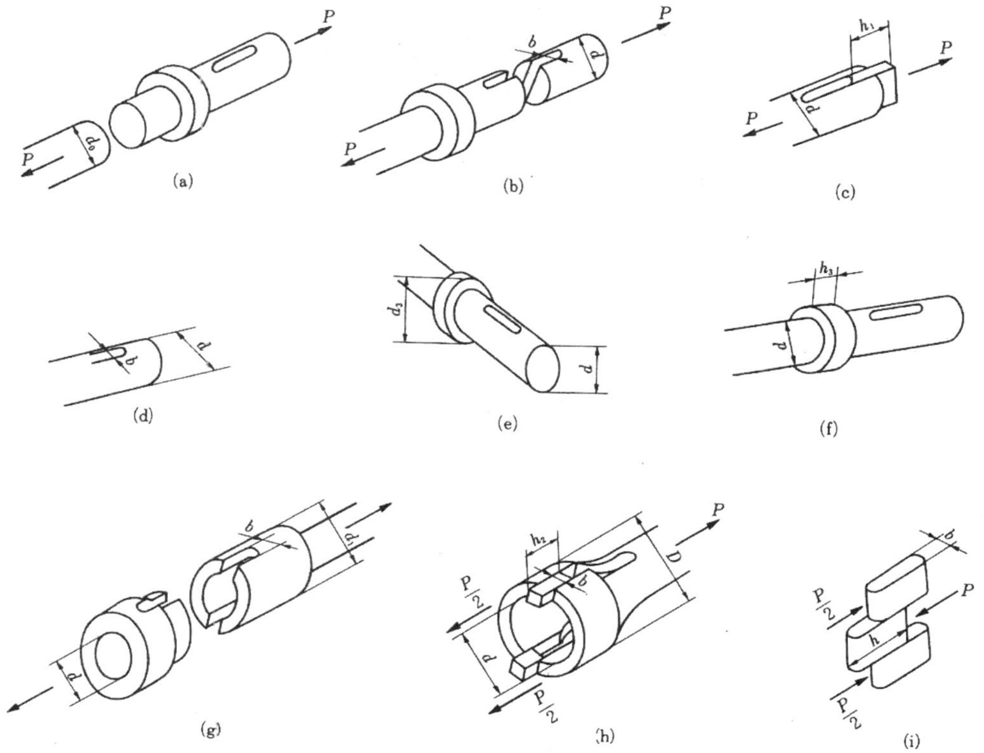

그림 3–40 코터 이음의 파괴강도

예제 5 그림 3–41에 도시한 것은 유압브레이크계 중의 하나인 유닛(unit)이다. 이 유닛에 있어서 작은 피스턴에 가하는 힘에서 벨 크랭크의 지점핀 A의 지름을 구하여라. 단, 작은 피스턴에 가하는 힘 $30[kgf]$, 핀의 허용 전단응력 $5[kgf-mm^2]$, 큰 피스턴 지름 $80[mm]$, 작은 피스턴 지름 $20[mm]$라 한다.

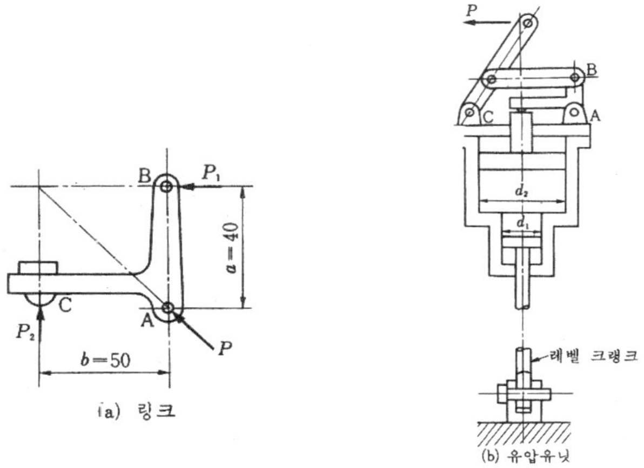

그림 3–41

풀이

큰 피스턴에 가하는 힘 P_2는 $P_2 = F\frac{{d_2}^2}{{d_1}^2} = 30 \times \frac{80^2}{20^2} = 480\,[kgf]$

B점에 가해지는 힘 P_1은 $P_1 = P\frac{b}{a} = 480 \times \frac{50}{40} = 598\,[kgf]$

A점의 핀에 작용하는 힘 P는 $P = \sqrt{{P_1}^2 + {P_2}^2} = \sqrt{598^2 + 480^2} = \sqrt{558000} = 746\,[kgf]$

핀의 지름 d는 $d = \frac{\sqrt{4P}}{n\pi r} = \sqrt{\frac{4 \times 746}{2\pi \times 5}} = 9.75 \fallingdotseq 9.8\,[\text{mm}]$

3.3 핀(pin)

1. 핀의 종류

핀은 풀리, 기어 등에 작용하는 하중이 작을 때 설치 방법이 간단하기 때문에 키 대용으로 널리 사용된다. 평행핀(KS B 1320), 너클 핀(knuckle pin), 스플릿 핀(KS B 1321) 테이퍼 핀(KS B 1322), 스프링 핀(KS B 1329) 등이 있다.

그림 3-42은 너클 조인트(knuckle joint)를 도시한 것이고, 그림 3-43은 너클 조인트의 조립 상태를 도시한 것으로 인장하중의 작용을 받는 2개의 축의 연결에 이용된다. 이것을 이용하려면 이음이 용이하게 분해, 조정, 수리 등을 할 수 있어야 한다.

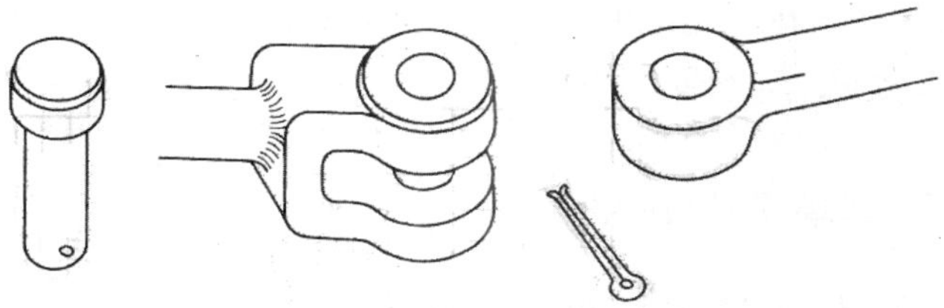

그림 3-42 너클 조인트

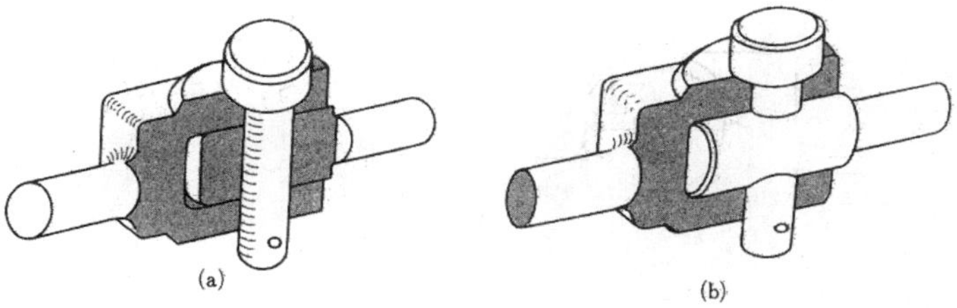

그림 3-43 너클 조인트의 조립 상태

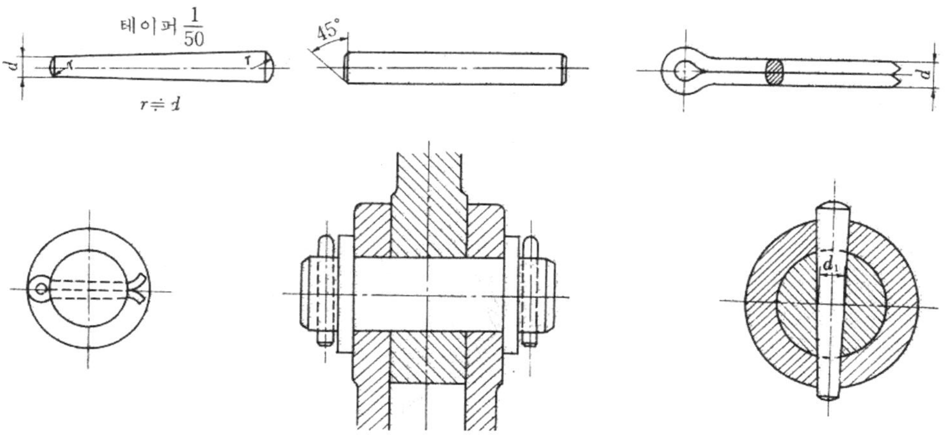

그림 3-44 여러 가지 핀의 종류

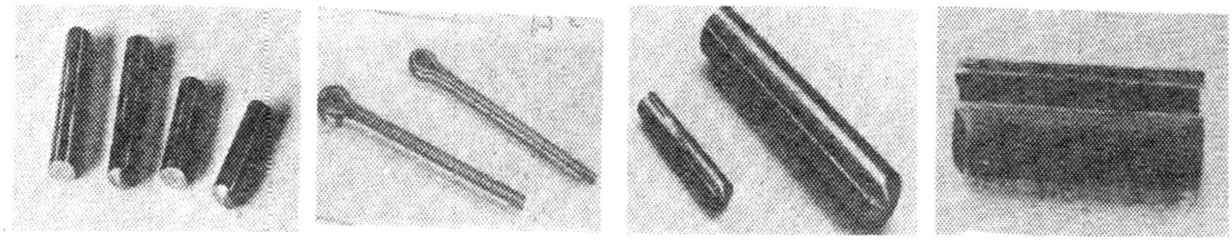

그림 3-45 여러 가지 핀의 실물사진

이음의 각부는 단조에 의하여 성형되고, 그림 3-43(a)의 오른쪽에 도시한 아이(eye)부가 기계가공으로 만들어진다. 그림 3-44은 여러 가지 핀의 종류를 도시한 것이다. 그림 3-45는 그 실물 사진들이다.

2. 너클 핀(knuckle joint)

(1) 너클 핀의 파괴에 관하여

그림 3-46에 있어서 다음 여러 가지의 파괴상태를 검토한다.

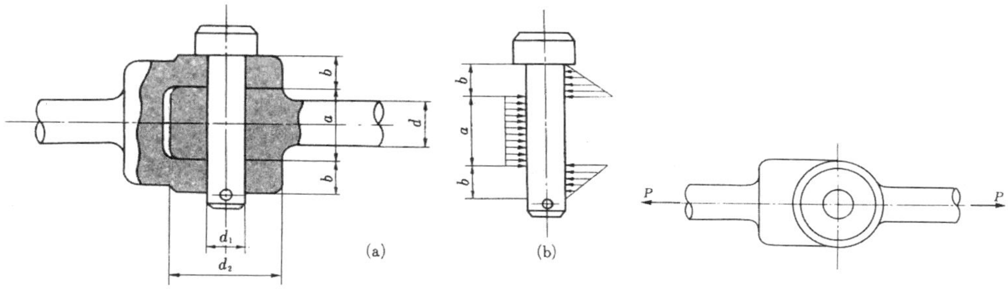

그림 3-46 너클 조인트의 파괴

① 강제축의 파괴

$$P=\frac{\pi}{4}d^2\sigma_t \tag{3-50}$$

② 너클 핀의 전단에 의한 파괴

$$P=2\frac{\pi}{4}d^2\tau \tag{3-51}$$

③ 아이(eye)의 전단에 의한 파괴

$$P=a(d_2-d_1)\tau \tag{3-52}$$

④ 포오크(fork)의 전단에 의한 파괴

$$P=2b(d_2-d_1)\tau \tag{3-53}$$

⑤ 아이의 인장에 의한 파괴

$$P=a(d_2-d_1)\sigma_t \tag{3-54}$$

⑥ 포오크의 인장에 의한 파괴

$$P=2b(d_2-d_1)\sigma_t \tag{3-55}$$

⑦ 아이의 파괴(핀에 대한 압궤에 의한)

$$P=ad_1\sigma_c \tag{3-56}$$

⑧ 포오크의 파괴(핀에 대한 압궤에 의한)

$$P=nbd_1\sigma_c \tag{3-57}$$

⑨ 핀의 굽힘에 의한 파괴

$$M_b=\frac{P}{2}\left\{\left(\frac{1}{2}a+\frac{1}{3}b\right)-\frac{1}{4}a\right\}=\frac{P}{2}\left(\frac{a}{4}+\frac{b}{3}\right)=\frac{P}{24}(3a+4b) \tag{3-58}$$

$$\text{또 } M_b=Z\sigma_b=\frac{\pi}{32}d_1{}^3\sigma_b=\frac{P}{24}(3a+4b) \quad \therefore\ P=\frac{3\pi d_1{}^3\sigma_b}{4(3a+4b)} \tag{3-59}$$

연습문제

01

그림 3-47과 같은 스핀들에 조립되어 있는 레버의 끝에 접선력이 작용하고 있다. 이 힘을 구하여라. 단, 4각키를 통하여 이 힘을 전달하는 것으로 하여 키재의 전단허용응력을 넘어서는 안되며 마찰은 무시한다. 그리고 스핀들의 지름 25[㎜], 레버의 길이 750[㎜], 키의 치수 6×6×38[㎜], 키의 전단허용응력 6[kgf/㎟]라 한다.

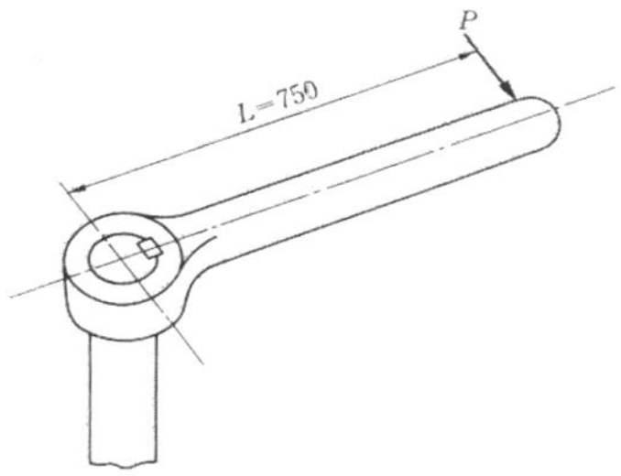

그림 3-47

02

그림 3-48와 같은 벨트전동장치에 있어서 사용되는 묻힘키의 전단과 압축의 응력치를 계산하여라. 단, 벨트의 인장력 $T_t = 6800[kgf]$, $T_s = 5500[kgf]$, 키의 치수 20×20×150[㎜], 축지름 60[㎜], 풀리의 바깥지름 90[㎜]이다.

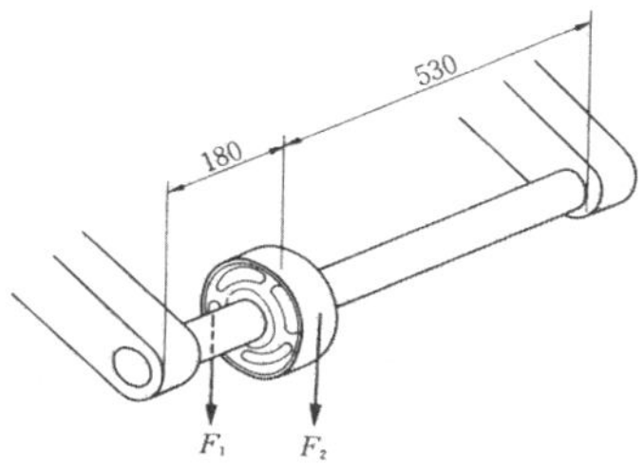

그림 3-48

03 어느 모터에 있어서 최대회전 중의 토크는 전부하토크의 2배이다. 이것에 사용하는 키의 최대전단응력과 압축응력을 구하여라. 단, 키 $24 \times 16 \times 300$[㎜], 전달마력 200[PS], 회전속도 1000[rpm], 축지름 100[㎜]라 한다.

04 키가 축의 토크를 양호한 상태에서 전달하려면 키재의 최저항복점의 값은 어떻게 되는가? 단, 축의 항복점 36[kgf/㎟], 축지름 80[㎜], 안전율 2, 키의 치수를 $20 \times 20 \times 120$[㎜]라 한다.

05 기어가 강축에 의하여 고정되어 있다. 이 축이 전토크를 전달할 때 축에 따라 기어를 활동시키려면 어느 정도의 힘이 필요한가? 단, 축과 보스의 마찰은 무시한다. 보스의 길이 76[㎜], 4각키 12×12[㎜], 축지름 50[㎜], 마찰계수 $\mu = 0.15$, 축의 전단응력 7[kgf/㎟]라 한다.

해답

❶ $P = 23$ [kgf] ❷ $\tau = 0.65$ [kgf/mm^2], $\tau_c = 12$ [kgf/mm^2]

❸ $\tau_{\max} = 0.80$ [kgf/mm^2], $\sigma_{\max} = 2.4$ [kgf/mm^2] ❹ $\sigma = 38$ [kgf/mm^2] ❺ $F = 1100$ [kgf]

CHAPTER 4

리벳 이음(riveted joint)

4.1 리벳의 종류

그림 4-1과 같이 강판 또는 형강(rolled steel) 등을 영구적으로 접합하는 데 사용하는 결합기소를 리벳(rivet)이라고 하고, 비교적 간단하기 때문에 응용범위도 넓다. 보일러, 물탱크, 가스 탱크, 철근 구조물, 철교, 항공기, 선체 등에 사용되고 있다.

재료는 연강, 동, 황동, 알루미늄, 듀랄루민 등이 사용되고 특별한 경우, 예를 들면 강도가 강한 곳에 사용할 때 또는 내식성을 증대시킬 필요가 있을 때에는 특수강을 사용하는 수도 있다. 리벳은 리벳 헤드(rivet head)와 리벳 생크(rivet shank)로 구성되어 있다.

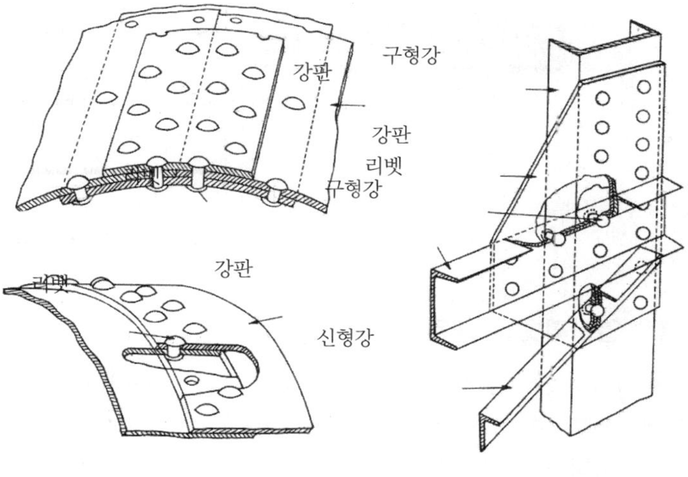

그림 4-1 리벳 이음

1. 리벳의 모양에 의한 분류

리벳에는 제작시에 냉간에서 성형되는 냉간리벳(호칭지름 3~13[mm]의 작은 지름)과 열간에서 성형되는 열간리벳(호칭지름 10~40[mm])이 있으며, 보일러용에는 44[mm]까지 큰지름의 2가지 경우의 리벳이 있다. 냉간리벳은 연강선재와 비철선재를 사용하고, 열간리벳은 압연선재를 사용한다. 표 4-1은 리벳의 분류를 나타낸 것이다.

[표 4-1] 리벳의 분류

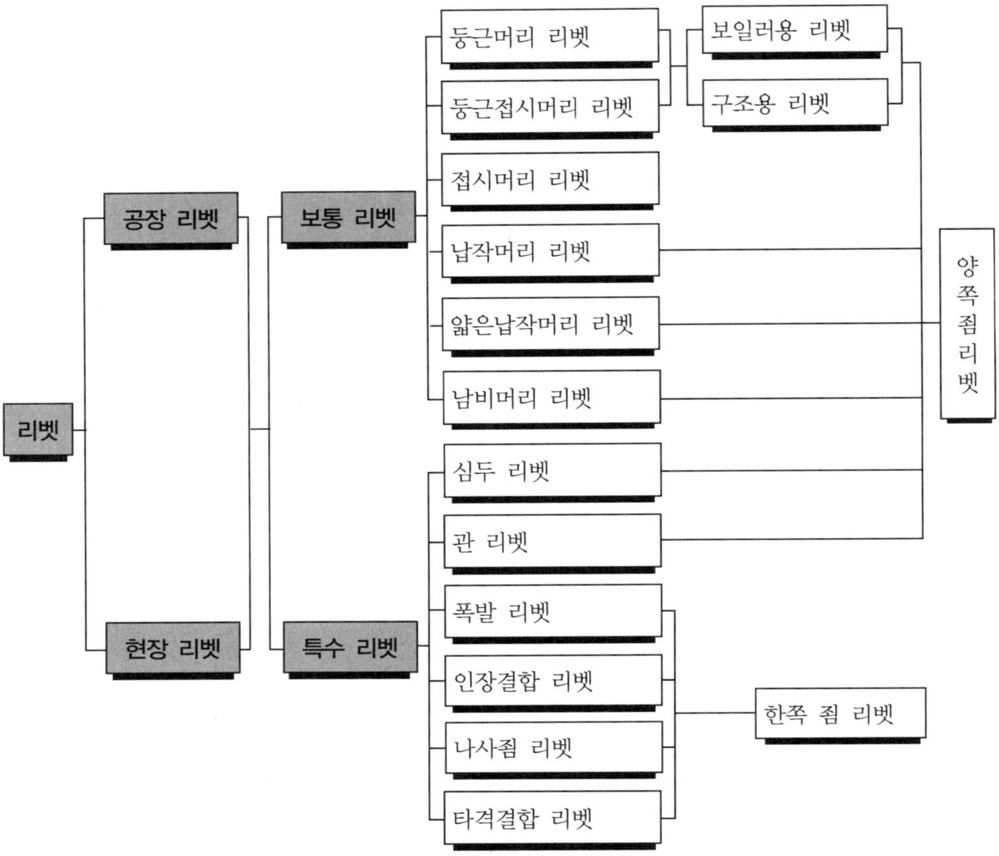

(1) 열간리벳과 냉간리벳

열간리벳은 **그림 4-2**에서 보는 것처럼 둥근머리 리벳, 접시머리 리벳, 둥근접시 리벳, 납작머리 리벳, 보일러용 둥근머리 리벳, 보일러용 둥근접시머리 리벳, 선박용 둥근접시머리 리벳의 7종류가 KS B 1102에 규격화되어 있으며, 냉간성형 리벳은 둥근머리 리벳, 작은둥근머리 리벳, 접시머리 리벳, 얇은납작머리 리벳, 남비머리 리벳의 5종류가 KS B 1101에 규격화되어 있다.

리벳의 종류 명칭은 그 머리부의 형상으로 하고, 크기(magnitude)는 리벳 생크의 지름으로 표시한다. 리벳의 지름 d는 목밑으로부터 $\frac{1}{4}d$의 곳에서 측정하는 것을 원칙으로 하고 있다.

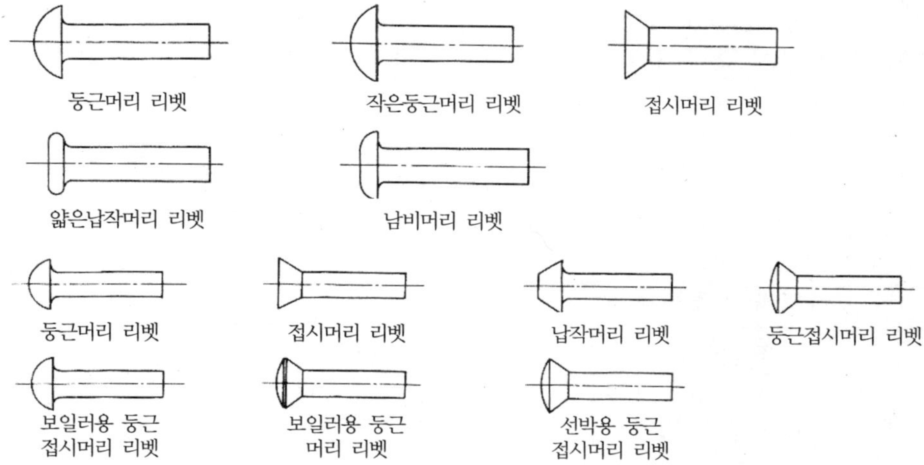

그림 4-2 리벳의 모양에 의한 종류

① **냉간성형 리벳**(KS B 1101) : 표 4-2 참조.

② **열간성형 리벳**(hot headed rivets : KS B 1102) : 둥근머리 리벳과 접시머리 리벳이 있다.

ⓐ 둥근머리 리벳 : 그림 4-3, 표 4-3 참조

ⓑ 접시머리 리벳 : 그림 4-4 참조

[표 4-2] 냉간성형 리벳의 규격(KS B 1101) (단위 : mm)

구분												
지름호칭	1란	3		4		5	6	8	10	12		
	2란		3.5		4.5							14
	3란											
축지름 d	기본치수	3	3.5	4	4.5	5	6	8	10	12	13	14
	허용차	+0.12	+0.14	+0.16	+0.18	+0.2	+0.24	+0.32	+0.4	+0.48	+0.5	+0.30
		−0.03	−0.04	−0.04	−0.05	−0.95	−0.06	−0.08	−0.08	−0.08	−0.08	−0.1
머리부의 지름 D	기본치수	5.7	6.7		7.2	8.1	9	13.3	16	19	21	22
	허용차	±0.2		±0.3								
머리부의 높이 H	기본치수	2.1	2.5	2.8	3.2	3.5	4.2	5.6	7	8	9	10
	허용차	±0.15					±0.2	±0.25				
머리밑의 둥글기	최대	0.15	0.18	0.2	0.23	0.25	0.3	0.4	0.5	0.6	0.65	0.7
구멍의 지름 d^{1}	참고	3.2	3.7	4.2	4.7	5.3	6.3	8.4	10.6	12.8	13.8	15
길이 l		3~23	4~22	4~24	5~26	5~30	6~36	8~40	10~56	12~60	14~65	14~70

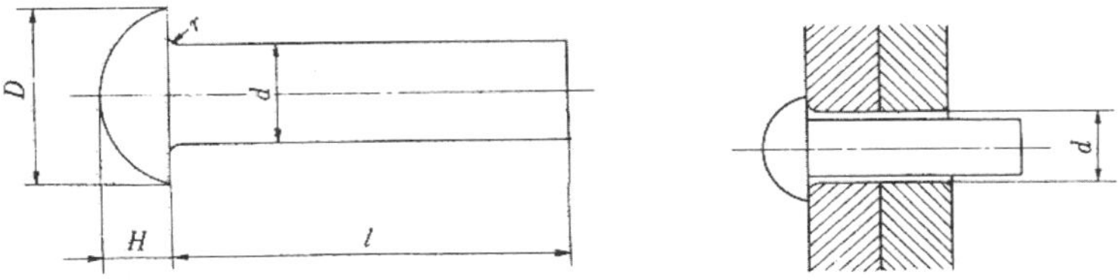

그림 4-3 냉간성형 리벳 치수

[표 4-3] 둥근머리 리벳의 규격(KS B 1102)

호칭	지름	10	12	13	14	16	18	19	20	22	24	25	27	28	30	32	33	36	40
축지름 d	기본치수	10	12	13	14	16	18	19	20	22	24	25	27	28	30	32	33	36	40
	허용차	+0.6 0					+0.8 0								+1.0 0				
머리지름 D	기본치수	16	19	21	22	26	29	30	32	35	38	40	43	45	48	51	54	58	64
	허용차	+0.5 +0.55 −0.25 −0.3					+0.6 −0.35				+0.7 −0.4							+0.8 −0.5	
머리높이 H	기본치수	7	8	9	10	11	12.5	13.5	14	15.5	17	17.5	19	19.5	21	22.5	23	25	28
	허용차	+0.6 0					+0.8 0				+0.9 0							+1.0 0	
구멍지름 d^1	(참고)	11	13	14	15	17	19.5	20.5	21.5	23.5	25.5	26.5	28.5	29.5	32	34	35	38	12

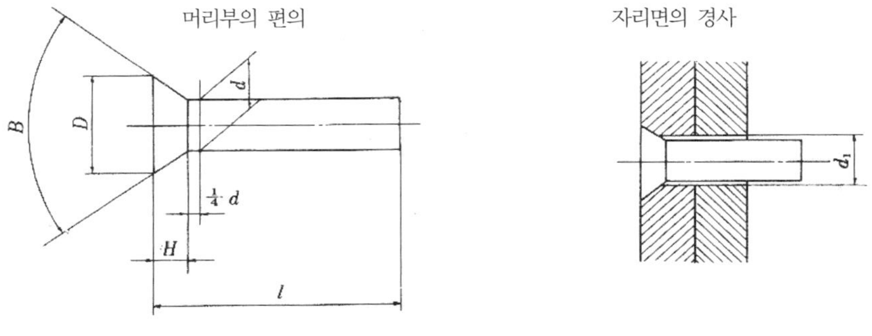

그림 4-4 접시머리 리벳

4.2 리베팅(riveting)

1. 리베팅 작업

결합하려고 하는 모재에 먼저 구멍을 뚫는다. 구멍을 뚫는 방법에는 펀칭(punching)과 드릴링(drilling)의 2가지 방법이 있다.

펀칭으로 하면 시간적으로는 경제적이나 구멍이 정확하지 않고 또 구멍의 주위가 약화되므로 압력이 작용하는 보일러의 경우에는 사용하지 않는다. 구멍을 뚫은 뒤에는 구멍은 리머(reamer)에 의하여 더욱 치수를 정확하게 다듬질한다. 드릴링에 의하면 구멍을 정확하게 뚫을 수가 있다. 리벳의 구멍은 보통 리벳지름보다 1~1.5[mm] 크게 뚫는다.

이와 같이 하여 구멍을 뚫은 뒤에는 그림 4-5와 같이 구멍을 맞추어서 겹쳐 놓고, 빨갛게 가열된 리벳 섕크를 구멍에 집어넣고 머리를 스냅(snap)으로 받치고, 섕크의 끝에 또 머리를 받드는 스냅을 대고 손의 힘 또는 기계력에 의하여 두드려 제2의 리벳머리를 만든다.

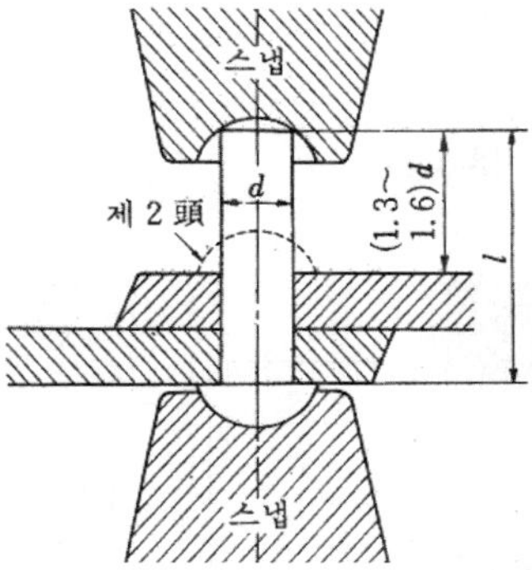

그림 4-5 리베팅 작업

리벳의 지름 25[㎜]까지는 손의 힘으로 할 수 있으나, 그 이상의 지름은 압축공기 또는 수압 등의 기계력으로 만든다. 리베팅 작업이 끝난 뒤에도 리벳이 냉각할 때까지 계속하여 눌러놓아야 된다. 왜냐 하면 가공 뒤의 냉각에 의하여 리벳은 줄어드는 것이며, 그 결과로 양 리벳머리 사이의 피접합물을 굳게 졸라맨다. 일반적으로 리벳축의 길이 l은 축지름 d의 5배 정도로서 접합부의 그립(죔두께 ; grip)으로부터 $(1.3 \sim 1.6)d$ 정도 긴 것이 좋다.

2. 코킹(caulking)

보일러와 같이 기밀을 필요로 할 때는 리베팅 작업이 끝난 뒤에 리벳머리의 주위와 강판의 가장자리를 정(chisel)과 같은 공구로 때린다. 이와 같은 작업을 코킹 작업이라고 하며, 그림 4-6과 같이 강판의 가장자리를 75~85° 가량 경사지게 놓는다.

코킹 작업에서는 아래쪽의 강판에 때린 자국이 나지 않도록 주의할 필요가 있으며, 더욱 기밀을 완전하게 하기 위하여 풀러링(fullering)을 한다. 이것은 강판과 같은 나비의 풀러링 공구로 때려붙이는 작업을 말한다. 코킹을 할 때의 강판의 두께에는 제한이 있고, 강판의 두께 5[㎜]이하에 대해서는 효과가 없으므로 얇은 강판에는 그 사이에 기름종이나 그 밖의 패킹재료를 집어 넣는다. 고온에 접촉하는 곳에는 석선을 사용한다.

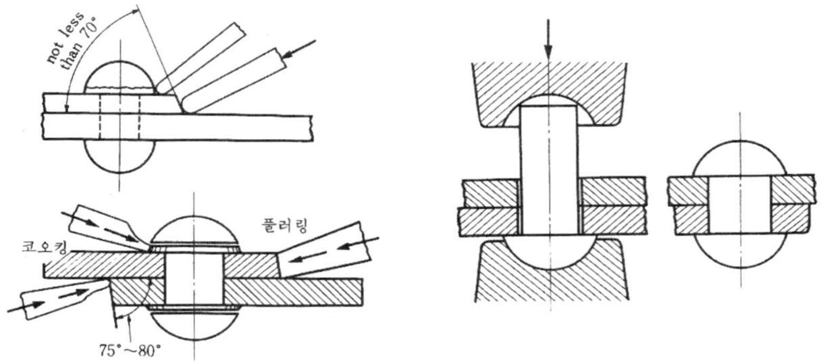

그림 4-6 코킹 작업

4.3 리벳 이음의 분류

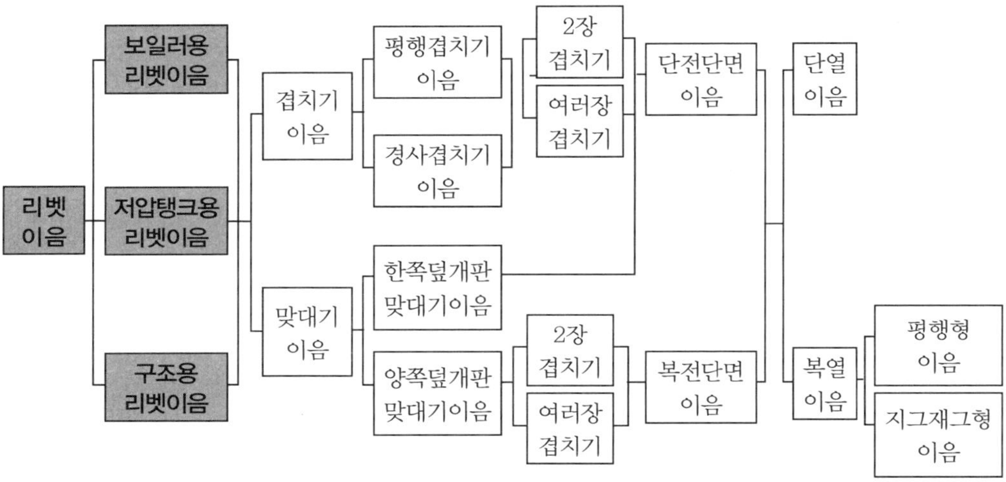

1. 강판의 배치에 의한 종별

(1) 겹치기 리벳 이음(lap joint)

결합하려고 하는 강판을 서로 겹쳐 포개어 졸라매는 리벳 이음으로서 가스와 액체용기의 이음 또는 보일러의 원주이음에 사용된다(그림 4-7).

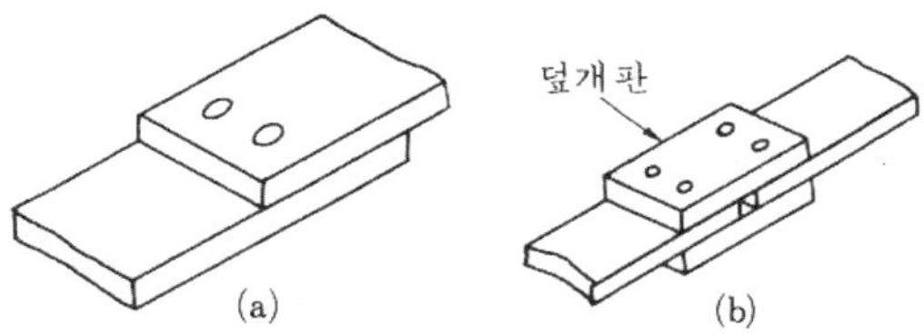

그림 4-7 리벳 이음의 종류

(2) 맞대기 리벳 이음(butt joint)

결합하려고 하는 양쪽의 강판을 서로 끝에 맞추고, 한쪽 또는 양쪽에 덮개판(strap)을 대고 리베팅하는 형식이고, 보일러의 세로방향 이음 구조물 등에 사용된다. 양쪽의 덮개판의 폭이 같으면 동폭형이고 다르면 이폭형이다(그림 4-8).

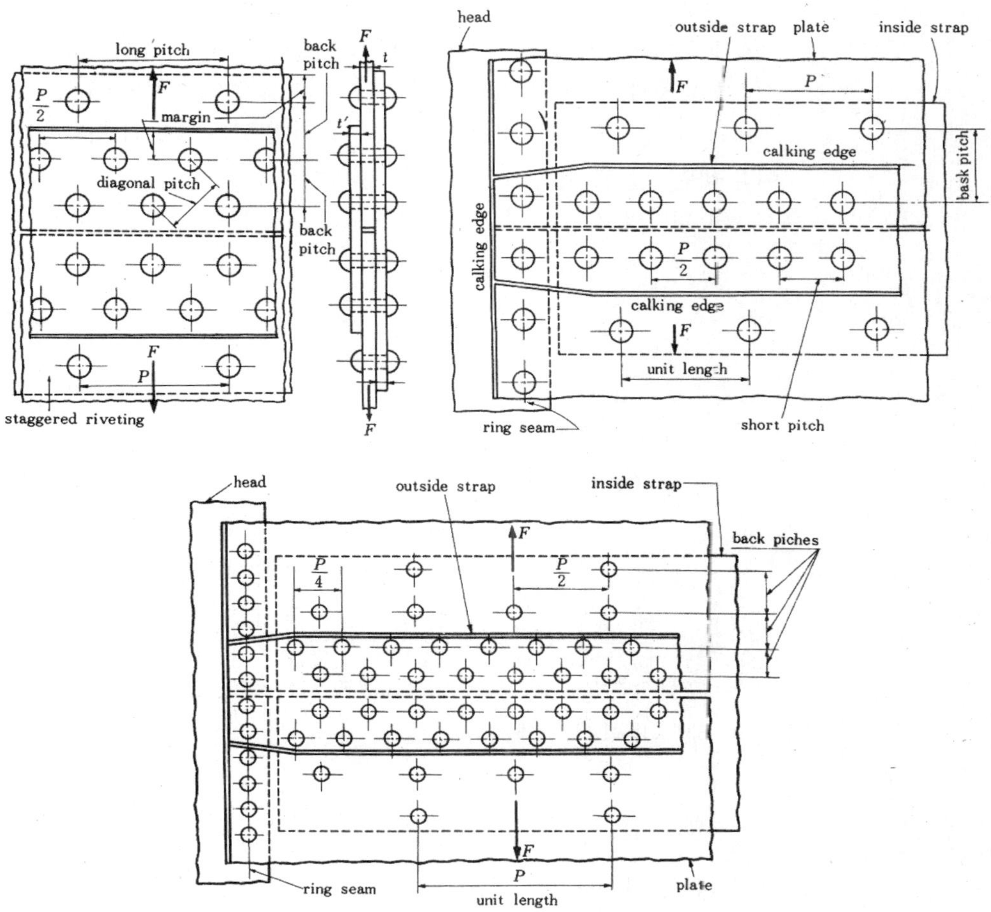

그림 4-8 맞대기 리벳 이음

4.4 리벳 이음의 강도계산

1. 이론적 강도계산

일반적으로 리벳 이음에서 리벳 생크에 직각방향으로 인장력이 작용하여 파괴하는 경우 그 파괴상태는 다음 5가지 경우가 고려된다.

① 리벳이 전단으로 파괴되는 경우

② 리벳구멍 사이의 강판이 찢어지는 경우

③ 강판 가장자리가 절단되는 경우

④ 리벳 또는 강판이 압궤되는 경우

⑤ 강판이 절개되는 경우

W : 인장하중[kgf], p : 리벳의 피치[mm]

e : 리벳의 중심에서 강판의 가장자리까지의 거리[mm],

t : 강판의 두께 t[mm]

d : 리벳으로써 졸라맨 후의 리벳지름 또는 구멍의 지름[mm]

τ : 리벳의 전단응력[kgf/cm^2], τ' : 강판의 전단응력[kgf/cm^2]

σ_t : 강판의 인장응력[kgf/cm^2], σ_c : 리벳 또는 강판의 압축응력[kgf/cm^2]

이라 하면, 단위길이에 대한 강도를 생각하는 것이 편리하고, 각 리벳의 줄에 있어서는 최대의 피치의 길이를 단위길이로 정하므로 그림 4-9에 있어서 p가 단위길이이다.

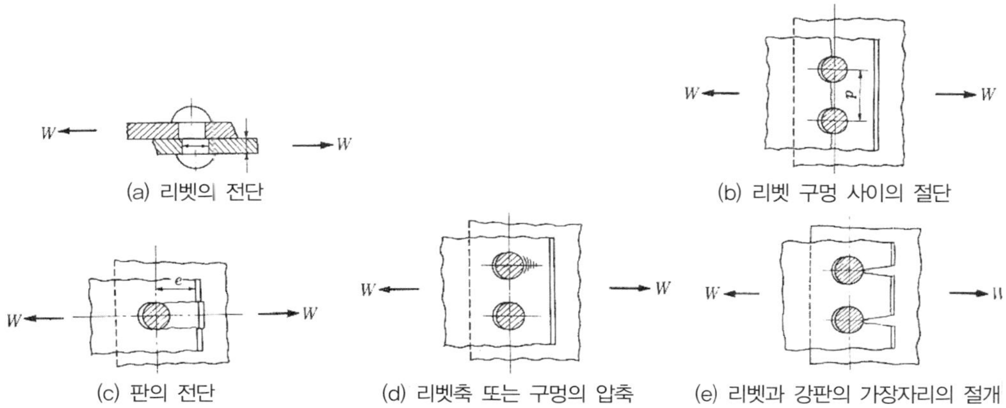

그림 4-9 리벳 이음의 파괴상태(5가지)

①의 리벳의 전단 $W=\frac{\pi}{4}d^2\tau$ (4-1)

②의 강판의 가장자리의 전단 $W=2et\tau$ (4-2)

③의 리벳의 구멍 사이의 절단 $W=(p-d)t\sigma_t$ (4-3)

④의 리벳의 지름 또는 강판의 압축 $W=dt\sigma_c$ (4-4)

그리고 이 때 내압면은 원주면이지만 압축응력은 투사면적 $d\times t$에 균일하게 생긴다고 가정한다.

⑤의 강판의 절개의 경우

이 때는 리벳의 지름과 같은 길이의 판자의 중앙에 W의 집중하중을 받아 판자가 굽는다고 생각할 수 있다. 따라서 굽힘 모멘트를 M이라 하면

$$M=\frac{1}{8}Wd,\ \text{단면계수}=\frac{1}{6}\left(e-\frac{d}{2}\right)^2 t$$

$M = \sigma_b Z$의 관계식으로부터

$$M = \frac{1}{8}Wd = \sigma_b Z = \sigma_b \cdot \frac{1}{6}\left(e - \frac{d}{2}\right)^2 t \quad (4-5)$$

$$W = \frac{1}{3d}(2e - d)^2 t \sigma_b$$

이상의 각 저항력이 모두 같은 값을 갖도록, 즉 등강(equal strength)으로 각부의 치수를 결정하고 설계하는 것이 가장 좋으나 이것을 모두 만족시킬 수는 없으므로, 실제적인 경험치를 기초로 하여 결정한 값에 대하여 위식을 적용시켜서 그 한계 이내에 있도록 설계한다. 예를 들어보면 지금 전단저항과 압축저항을 갈도록 하면

$$\frac{\pi}{4}d^2\tau = dt\sigma_c \quad \therefore \; d = \frac{4t\sigma_c}{\pi\tau} \quad (4-6)$$

이 식으로 주어진 강판의 두께 t 에 대하여 리벳지름 d를 결정할 수 있으나 리벳이음을 만드는 강판의 σ_c의 적당한 값을 취할 수 없으므로 실제적으로는 식 (4-6)은 정확하지 못하고 t에 대한 d의 경험치를 사용하는 수가 많다. 그러나 전단저항을 인장저항과 같게 하면

$$\frac{\pi}{4}d^2\tau = (p - d)t \cdot \sigma_t$$

$$p = d + \frac{\pi d^2 \tau}{4t\sigma_t} \quad (4-7)$$

τ와 σ_t의 적당한 값을 취할 수 있으므로 위 식에서 d와 t의 값에 대하여 p를 계산할 수 있다. 그리고 한줄맞대기 리벳이음 이외일 때에는 단위길이 내에 있는 리벳이 전단을 받는 곳의 수를 n이라고 하면

$$p = d + \frac{\pi d^2 n \tau}{4t\sigma_t} \quad (4-8)$$

그리고 이 때 즉 강판 3장을 졸라맬 때 리벳 1개에 대하여 전단하는 곳이 2개가 있으므로 $n = 2$로 하여야 되나, 안전을 기하기 위하여 $n = 1.75 \sim 1.875$로 하고, p의 길이가 어느 정도 이상이 되면 리벳과 리벳 사이가 잘 졸라매어지지 않게 되어 누설이 생길 염려가 있으므로 다음에 표시하는 경험치를 넘지 않도록 하여야 될 것이다.

그리고 리벳의 구멍에서 강판의 가장자리로 향하는 전단파괴에 대해서는 $W = 2et\tau'$가 되나 경험상

$$d = \frac{4}{\pi} t \frac{\sigma_c}{\tau} \tag{4-9}$$

보통의 재료에서는 $\sigma_c = 1.25\tau$ 이므로

$$d = 1.59t \tag{4-10}$$

식 (4-4)와 식 (4-8)로부터

$$e = \frac{1}{2}\left(1 + \sqrt{\frac{3\pi d \cdot \tau}{4t\sigma_{b}'}}\right)d \tag{4-11}$$

$\sigma_b' = \sigma_t' = \sigma_t$, $\tau = 0.85\sigma_t$ 로 하고, $p = \frac{d}{2}$ 로 해서 식 (4-11)에 대입하면

$$e = 1.5d \tag{4-12}$$

다음에 식 (4-4)와 (4-5)로부터

$$e = \frac{\pi}{8} \cdot \frac{d^2}{t} \cdot \frac{\tau}{\tau'} \tag{4-13}$$

이며, $\tau = \tau'$ 라 하고 식 (4-10)의 조건을 넣으면 $e = 0.785d$ 가 되어 식 (4-12)를 만족하며, ⑤의 경우나 ②의 경우나 모두 안전하다는 것을 알 수 있다.

$e = 1.5d$ 로 하면 충분히 전단저항에 견딜 수 있다는 것을 알고 있으므로, $e = 1.5d$ 로 강판의 가장자리까지의 길이 e 를 결정한다.

리벳의 줄의 중심선간의 거리 e_1 과 e_2 는 가장 가까운 2개의 리벳의 중심 간격이 $2d$ 이상이 되어야 된다는 조건에서 결정한다.

2. 최대피치의 경험식

리벳에 대한 치수의 결정은 판자의 규격, 구멍을 뚫는 데 필요한 비용 등이 최소가 되도록 결정하여야 되므로 경험식이 중요하다. 또 피치도 단지 강도뿐만 아니라 기밀에 대해서도 고려해야 되며, 또 작업조건도 고려해야 한다. 피치가 너무 크면 리벳 사이에 틈이 생겨 코킹, 풀러링(fullering) 등을 할 수 없으므로 최대피치를 경험적으로 다음 식으로 주어져 있다.

[표 4-4] C의 값

p의 최대피치 중에 있는 리벳수	겹치기 리벳이음	양쪽 덮개판맞대기 리벳이음
1	1.30	1.75
2	2.60	3.50
3	3.45	4.60
4	4.15	5.50
5	:	6.00

$$p = Ct + 42 \tag{4-14}$$

여기서, p : 최대피치[mm], t : 동판의 두께[mm], C : 상수(표 4-4에서 구함)
또 최소피치 $p_{\min}$ 도 공작을 고려하여

$$p_{\min} \geqq 2.5d \tag{4-15}$$

맞대기 리벳이음에 사용되는 덮개판의 두께는 한쪽 덮개판의 경우에는 $1.29t$ 정도, 양쪽 덮개판의 경우에는 $(0.6\sim0.8)t$ 정도로 한다.

4.5 리벳의 효율

리벳의 구멍 또는 노치(notch) 등이 전혀 없는 강판을 무지의 강판(unriveted plate)이라면 이 때 리벳이음을 한 강판의 강도와 무지의 강판의 강도와의 비(ratio)를 리벳이음의 효율이라고 한다. 이 중에서 특히 인장강도의 비를 강판효율이라고 한다.

즉, 단위길이의 폭에 있어서의 무지의 강판의 인장저항을 R라고 하면 $R = pt\sigma_t$ 이므로, 강판의 효율은 이것을 η_t 라고 하면

$$\eta_t = \frac{\text{1피치폭에 있어서의 구멍이 있는 강판의 인장강도}}{\text{1피치폭에 있어서의 무지의 강판의 인장강도}}$$

$$= \frac{(p-d)t \cdot \sigma_t}{pt\sigma_t} = \frac{p-d}{p} = 1 - \frac{d}{p} \tag{4-16}$$

무지의 강판의 강도에 대한 리벳의 전단강도의 비를 리벳의 효율라 하고, 이것을 η_s 로 표시하면

$$\eta_s = \frac{\text{1피치 내에 있는 리벳의 전단강도}}{\text{1피치폭의 무지의 강판의 인장강도}}$$

$$= \frac{n\frac{\pi}{4}d^2\tau}{pt\sigma_t} = \frac{n\pi d^2\tau}{4pt\sigma_t} \tag{4-17}$$

단, n ; 1피치 내에 있는 리벳의 전단면의 수

그러나 2줄 또는 3줄의 부동폭 양쪽 덮개판맞대기 이음과 같이 가장 바깥줄의 전단과 제2줄의 리벳 사이의 강판의 절단이동시에 일어나는 경우가 있고, 이때의 효율을 η_{st} 라고 하면

$$\eta_{st} = \frac{\frac{\pi}{4}d^2\tau + (p - zd)t\sigma_t}{pt\sigma_t}$$

$$= \frac{\pi d^2\tau}{4pt\sigma_t} + \frac{p - zd}{p} = \frac{\eta_s}{n} + \frac{p - zd}{p} \quad (4\text{–}18)$$

단, z ; 단위길이에 있는 강판의 파단하는 곳의 줄이 리벳수

η_t 를 증가시키려면 p 를 크게 하면 되고, η_s 를 크게 하려면 p 를 작게 하면 된다. 이상의 효율 중 가장 낮은 효율로서 그 리벳이음의 효율과 강도를 결정한다.

보통 설계에 있어서 여러 가지 형의 리벳이음의 효율은 대략 표 4–5의 범위 내에 있다.

[표 4–5] 리벳 이음의 효율

이음	리벳의 줄의 수	효율 η(%)
겹치기	1	45~60
	2	60~75
	3	65~84
맞대기	1	55~65
	2	70~80
	3	75~88
	4	85~95

예제 1 강판의 두께 $t = 10$[mm], 리벳의 지름 $d = 20$[mm], $p = 45$[mm], 리벳의 중심에서 강판의 가장자리까지의 거리 $e = 30$[mm]의 1줄 겹치기 리벳 이음의 효율을 구하여라. 단, 재료의 $\sigma_t = 880$[kgf/cm^2], $\sigma_c = 1600$[kgf/cm^2], $\tau = 700$[kgf/cm^2]라고 한다.

풀이 $t = 1$[cm], $d = 2$[cm], $p = 4.5$[cm], $e = 3$[cm]의 리벳 이음의 각 부의 허용최대인장하중을 구하면 다음과 같다.

① 리벳의 전단에 대하여 : $W_1 = \frac{\pi}{4} \times 2^2 \times 700 = 2200$[$kgf$]

② 강판의 가장자리의 전단에 대하여 : $W_2 = 2et\tau' = 2 \times 3 \times 1 \times 700 = 4200$[$kgf$]

$\tau = \tau'$ 로 하여 계산한다.

③ 강판의 인장파단에 대하여 : $W_3 = (p - d)t\sigma_t = (4.5 - 2) \times 1 \times 880 = 2200$[$kgf$]

④ 강판의 압궤에 대하여 : $W_4 = dt\sigma_c = 2 \times 1 \times 1600 \times 3200$[$kgf$]

⑤ 강판의 절개에 대하여 : $W_s = \dfrac{880}{3} \times \dfrac{1 \times (6-2)^2}{2} = 2350\,[kgf]$

무지의 강판의 인장강도는 $P_0 = R = p \cdot t \cdot \sigma_t = 4.5 \times 1 \times 880 = 3650\,[kgf]$

이 리벳 이음에서는 리벳의 전단, 강판의 인장강도가 가장 약하고

따라서 $\eta = \dfrac{2200}{3650} \times 100 = 56\%$

예제 2 강판의 두께 $t=20$ [㎜]의 1줄 겹치기 리벳 이음을 설계하여라. 단, 강판의 압축강도와 인장강도는 같고, 리벳의 전단강도는 압축강도의 70%라 한다.

풀이 설계에 있어서 d를 크게 하면 강판이 약하게 되고 피치 p를 작게 하면 효율이 저하된다.

$\sigma_c / \tau = 10/7$ 이므로 $d = \dfrac{4t\sigma_c}{\pi\tau} = \dfrac{4 \times 20 \times 10}{\pi \times 7} = 32.2$ [㎜]

따라서 $d=32$ [㎜]로 결정한다(d를 크게 하면 강판이 약해지므로)

$\sigma_t = \sigma_c$ 이므로 $p = \dfrac{\pi d^2 \tau}{4t\sigma_t} + d = \dfrac{\pi \times 32^2 \times 7}{4 \times 20 \times 10} + 32 = 60.1$ [㎜]

p를 작게 하면 효율이 떨어지고, 또 $p_{\min} = 2d$ 라는 거을 아울러 고려해서 $p=67$ [㎜]로 결정한다.

답 $D=32$ [㎜], $p=67$ [㎜]

예제 3 두께 $t=10$ [㎜], 리벳의 지름 $d_0 = 19$ [㎜]라고 할 때, 2줄 겹치기 이음의 지그재그형으로 졸라매었을 때 피치 p와 이음의 효율을 구하여라. 단, $\sigma_t = 880\,[kgf/㎠]$, $\tau = 700\,[kgf/㎠]$이다.

풀이

$t=1$ [㎝], $d_0 = 1.9$ [㎝], 따라서 $d=2$ [㎝]

$p = \dfrac{n\pi d^2}{4t} \times \tau + d = \dfrac{2 \times \pi \times 2^2}{4 \times 1} \times \dfrac{700}{880} + 2 = 7$ [㎝]

$e = 1.5d = 1.5 \times 2 = 3$ [㎝]

$e_1 = 2d = 4$ [㎝]

강판의 효율 $\eta_t = \dfrac{p-d}{p} \times 100 = \dfrac{5}{7} \times 100 = 71.4\%$

리벳의 효율 $\eta_s = \dfrac{2\frac{\pi}{4}d^2\tau}{pt\sigma_t} \times 100 = \dfrac{\pi \times 2^2 \times 700}{2 \times 7 \times 1 \times 880} = 71.4\%$

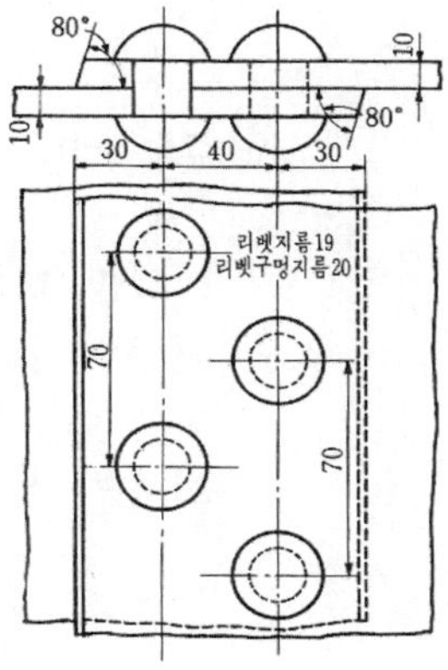

그림 4-10

이것을 제도하면 **그림 4-10**과 같다.

그리고 리벳의 길이와 무게는 보일러용 리벳이라 하고

$d_0 = 19$ [㎜], 그림 $s=20$ [㎜]라고 하면

$l = K_1 s + K_2 = 1.16 \times 20 + 24 = 47.2 \fallingdotseq 48$ [㎜]

$w = K_3 + K_4 l = 52.8 + 2.225 \times 48 = 159.8\,[g]$

4.6 기밀과 강도를 필요로 하는 리벳 이음

리벳이음 중에서 조건이 가장 나쁜 것으로서 증기보일러(steam boiler)와 압력용기

(pressure tank)의 리벳 이음이 여기에 해당한다. 기밀하게 하기 위하여 코킹(caulking) 작업을 강판의 가장자리 또는 리벳의 머리에 대하여 행한다.

각 나라에서는 리벳 이음의 보일러 또는 압력 탱크에 대하여 규격이 정해져 있다.

1. 보일러의 설계(1) 보일러 동체(boiler shell)의 설계(세로이음의 강도)

원통형의 보일러 동체가 내부압력을 받을 때, 그 파괴는 세로단면(longitudinal section)에 생기는 경우와 가로단면(transverse section)에서 일어나는 경우의 2가지를 생각할 수 있다.

지름 D : 보일러 동체의 안지름[cm], t : 강판의 두께[cm]

p : 증기의 사용압력[kgf/cm²], σ_t : 강판의 인장강도[kgf/cm²]

l : 보일러 동체의 길이[cm]

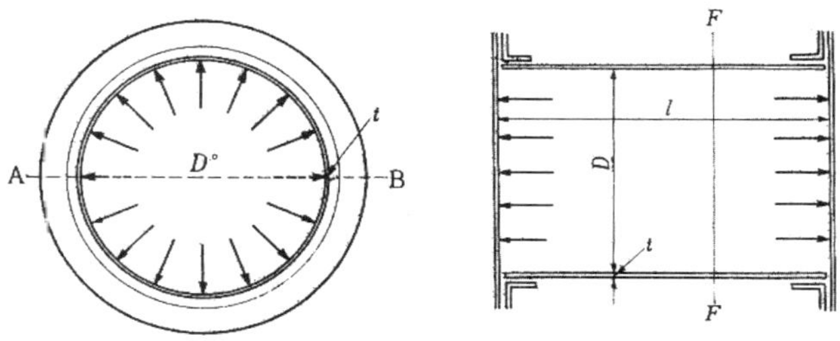

그림 4-11 보일러의 리벳 이음 강도

그림 4-11의 종단면의 AB선에 있어서 상하로 파괴될 때의 강도 관계를 계산하여 보면 증기압력의 반원주에 있어서의 총합력은 pDl로 되고, 해당 세로단면에 있어서의 동판은 이 힘과 저항해야 될 것이다. 그리고 좌우에 있어서의 동판의 절단면적은 $2tl$이 되므로, 그 저항력은 $2tl\sigma_t$가 된다.

$$\therefore\ pDl = 2tl\sigma_t$$

$$\sigma_t = \frac{pDl}{2tl} = \frac{pD}{2t} \quad \therefore\ t = \frac{pD}{2\sigma_t} \tag{4-19}$$

식 (4-19)는 리벳이음과 부식 등을 고려하지 않았으므로 다음과 같이 수정한다.

먼저 판자에 일어나는 인장응력은 동판재료의 인장강도 σ와 안전율 S로서 정해지는 허용인장응력보다 커서는 안 될 것이다.

$$즉,\ \sigma_t \leq \frac{\sigma}{S} \tag{4-20}$$

다음에 강판의 강도는 리벳 이음 때문에 약해져 있으므로 실제의 강판의 강도는 효율 η를 곱한 것이어야 된다.

$$\sigma_t = \frac{\sigma \eta}{S} \tag{4-21}$$

또 부식을 고려하여 0.1[㎝]의 두께를 가산한다.

$$\text{즉, } t = \frac{pDS}{2\sigma\eta} + 0.1\,[\text{cm}] \tag{4-22}$$

이상은 얇은 원통의 경우이지만 JIS에서는 D대신에 $(D+t)$를 사용하여 다음과 같은 식을 새로 규정하고 있다.

$$\left.\begin{aligned} t &= \frac{pD}{200\sigma\eta x - 1.2p} + 1[\text{mm}] \\ p &= \frac{200\sigma x\eta(t-1)}{D+1.2(t-1)} \end{aligned}\right\} \tag{4-23}$$

여기서, x는 안전율의 역수를 의미하는 것이다. 그리고 보일러의 최소 두께는 6[㎜]로 규정되어 있는 것이다.

(2) 원주이음의 강도

보일러동체 축에 직각한 가로단면에 작용하는 힘을 생각하면 동판의 가로단면적은 πDt이고, 여기에 작용하는 힘은 $\frac{\pi}{4}d^2p$이므로 판자의 인장응력 σ_t'는

$$\sigma_t' = \frac{\frac{\pi}{4}D^2p}{\pi Dt} = \frac{Dp}{4t} \tag{4-24}$$

이것은 세로이음 경우의 $\frac{1}{2}$이다. 따라서 계산은 세로이음 경우에 대해서만 하면 된다.

예제 4 $P=8.5\,[kgf/\text{m}^2]$, $D=1800\,[\text{mm}]$, $\sigma=3400\,[kgf/\text{cm}^2]$의 보일러가 있다. 세로이음은 양쪽덮개판 2줄 지그재그형 맞대기 리벳이음, 원주이음은 1줄 겹치기 이음을 채택하였다고 할 때 강판의 두께와 리벳이음을 설계하여라.

풀이 ① 강판의 두께 : $\eta=72\%$, $S=4$라고 하면

$$t = \frac{pDS}{2\sigma\eta} + 0.1\,[\text{cm}] = \frac{8.5\times180\times4}{2\times3400\times0.72} + 0.1 = 1.35\,[\text{cm}] \quad \therefore\ t = 14\,[\text{mm}]$$

② 세로이음 : $d=\sqrt{5t}-0.6$[cm]$=\sqrt{5\times1.35}-0.6=\sqrt{6.75}-0.6$

$=2.6-0.6=2$[cm]$=20$[mm]

또는 $d=t+0.6=1.4+0.6=2$[cm]$=20$[mm]

표준값을 취하면 리벳지름 $d_0=19$[mm]를 취한다.

$p=3.5d+1.5=3.5\times2+1.5=8.5$[cm]$=85$[mm]

$e=1.5d=1.5\times2=3$[cm]$=30$[mm]

$e_1=0.5p=0.5\times8.5=42.5$[cm] ≒ 43[mm]

$e_2=0.9e=0.9\times3=2.7$[cm]$=27$[mm]

$t_1=1.4\times0.65=0.9$[cm]$=9$[mm]

절구의 경사를 18°로 하고 $\frac{t_1}{4}=\frac{0.9}{4}=0.23$[cm] ∴ 3[mm]로 한다.

③ 원주이음 : 표준값을 취하여 $d=t+0.8=1.4+0.8=2.2$[cm], $d=23$[mm]

$p=2d+0.8=2\times2.3+0.8=5.4$[mm]$=5.4$[mm]

$e=1.5d$[cm]$=1.5\times2.3=3.45$[cm] ∴ $e=35$[mm]

절구의 경사$=\frac{t}{4}=1.4\times\frac{1}{4}=0.35$[cm] ∴ 4[cm]

예제 5 지름 2200[mm]의 랭카셔 보일러(Lancashire boiler)의 보일러동체 세로이음을 설계하여라. 단, 판자의 두께 15[mm], 이음 효율 80% 이상으로 하고, 이음 3줄 부동폭 양쪽 덮개판 막대기 리벳이음을 사용한다고 한다.

풀이

$t=15$[mm]$=1.5$[cm], $d=t+0.5=0.2$[cm]

또는 $d=\sqrt{5t}-0.7=\sqrt{5\times1.5}-0.7=2.7-0.7=2.0$[cm]

$p=6d+2+2=14$[cm]$=140$[mm]

그러나 보일러의 피치 p 를 구하는 공식을 사용하면

∴ $p=ct+42=6.00\times15+42=132$[mm]$=130$[mm]

효율은 재료를 SB 41과 SV 41을 사용한다고 하고

$$\eta_t=\frac{p-d}{p}=\frac{13.0-2}{13.0}=0.848,\ \sigma=4100[kgf/cm]$$

안전율 $S=4$, $\tau_w=700$[kgf/cm^2]

$\pi=4\times700=2800$[kgf/cm^2]

단위 길이 중에 일면전단의 리벳 1개, 양면전단의 리벳 4개, 따라서

$n=1+1.8\times4=8.2$

단, 양면전단은 일면전단의 1.8배의 저항력이라고 한다.

$$\eta_s=\frac{n\pi d^2\tau}{4pt\sigma}=\frac{8.2\times\pi\times w2^2\times2800}{4\times13\times1.5\times4100}=0.881>\eta_t$$

$$\eta_{st}=\frac{\eta_s}{n}+\frac{p-zd}{p}=\frac{0.881}{8.2}+\frac{13-2\times2}{13}=0.8$$

$e=1.5d=1.5\times20=30$[mm]

$e_1=2d=2\times20=40$[mm]

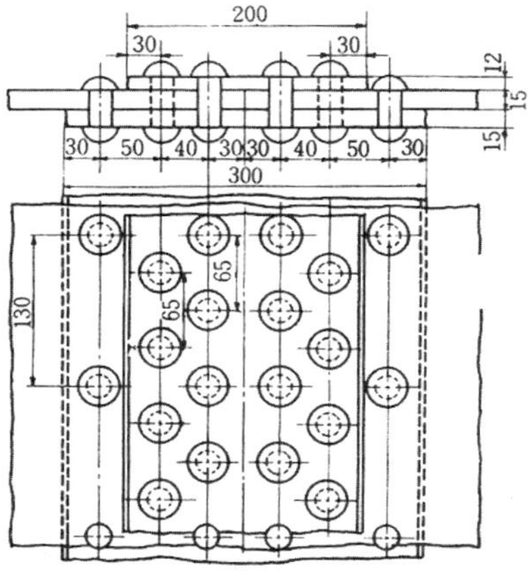

그림 4-12

$$e_2 = 2.5d = 2.5 \times 20 = 50\,[\text{mm}]$$

$$t_1 = 0.6t + 2 = 0.6 \times 15 + 2 = 11\,[\text{mm}]$$

바깥 덮개판의 두께를 12[mm], 안덮개판의 두께를 15[mm]로 정한다. 이상을 설계하여 제도하면 그림 4-12와 같다.

4.7 구조용 리벳 이음

철교, 기중기, 철근건축물 등의 구조물은 형동(rolled steel), 평동, 동판 등을 적당히 리벳으로 이어서 만든다. 리벳이음의 부분에 있어서 리벳에 전단력만 작용하도록 각 부분을 배치하고, 굽히는 힘 등은 나타나지 않도록 하는 것이 좋다.

구조물에 작용하는 힘으로는 자동, 작용중량, 풍압과 관성력 등을 생각할 수 있다. 이 모든 힘의 합계의 최대치에 대하여 생각하고, 다시 힘이 정하중인가, 동하중인가, 충격하중인가 또는 진동도 수반하는가 등을 고려하여야 될 것이다.

피치 사이에 있는 리벳의 수를 n이라고 하면 강판의 미끄럼저항 $P = n\frac{\pi}{4}d^2\sigma_t$이고, σ_t의 값은 충격하중에 대해서는 정하중 경우의 약 절반으로 견적한다.

만일 미끄럼 저항을 생각하지 않고, 리벳의 전단응력에 대하여 생각하면

$$P = n\frac{\pi}{4}d^2\tau$$

다음에 생각하여야 할 것은 리벳과 강판의 구멍과의 접촉면에 생기는 압축력이고, 이 압축응력을 σ_c라 하면

$$P = ndt\sigma_c \tag{4-25}$$

구조물에 있어서는 전단강도 τ는 인장강도의 약 0.8이며, 압축강도 σ_c는 전단강도의 약 2.5배로 잡는다.

전단강도와 압축응력의 점에서 겹치기 이음 또는 한쪽 덮개판맞대기 이음 때는

$$\frac{\pi}{4}d^2\tau = dt\sigma_c = dt2.5\tau(\sigma_c = 2.5\tau)$$

$$\therefore\ t = \frac{\pi}{10}d = 0.314d \quad \therefore\ d = 3.2t \tag{4-26}$$

즉, $d < 3.2t$의 경우는 리벳의 전단에 의하여, $d > 3.2t$의 경우는 리벳의 압궤에 의하여 파괴된다고 생각된다.

다음에 전단면수가 2개일 때는

$$2\frac{\pi}{4}d^2\tau = dt\sigma_c = dt\ (2.5\tau)$$

$$t = \frac{\pi}{5}d \quad \therefore \quad d = 1.6t \tag{4-27}$$

그리고 리벳의 전단력과 강판의 구멍만을 제거한 부분의 인장저항력을 같게 하려면

$$\frac{\pi}{4}d^2\tau = (p-d)t\sigma_t \quad \text{및} \quad \tau = 0.8\sigma_t$$

전단면수를 1로 하면

$$d = 3.2t \quad \therefore \quad \frac{\pi}{4}d^2 0.8\sigma_t = (p-d)\frac{d}{3.2}\sigma_t$$

이것을 풀어서 $p = 3d = 9.54t$ (4-28)

$$\eta = \frac{p-d}{p} = \frac{3d-d}{3d} = \frac{2}{3} = 0.67 \tag{4-29}$$

같은 방법으로 전단면수 2에 대하여 계산한 결과는 **표 4-6**과 같다.

[표 4-6] 구조용 리벳의 설계 치수

리벳이음의 전단면수	1	2
리벳구멍의 지름 d	3.20 t	1.60 t
피벳축의 길이	0.63 d	1.25 d
피치 p	9.54 t	4.77 t
효율 η	0.67	0.67

표에서 보듯이 전단면수가 1일 경우 리벳은 매우 짧게 되고, 전단면수가 2일 경우는 작은 리벳을 많이 사용한 셈이 된다. 보통의 리벳에 있어서 전단면수가 1일 경우는 강판의 인장저항, 즉 미끄럼 저항이 크게 되거나 또는 리벳의 전단저항이 크게 되는데 대하여, 전단면수가 2일 경우는 압축응력이 크게 된다. 그러나 이상은 이론적인 견지에서 생각한 것이고, 경험적으로 다음 식으로 계산한다.

$$d = (\sqrt{5t} - 0.2)[\text{cm}] = (\sqrt{5000\text{t}} - 2)[\text{mm}]$$

그립(grip) s는 열응력을 고려하여

$$\left.\begin{aligned} s &\leq (4-6)d \\ p &= (3-8)d \end{aligned}\right\} \tag{4-30}$$

그리고 **그림 4-13**에서

$$\left.\begin{aligned} e &= (1.5-2.5)d \\ e' &= (1.5-2)d \end{aligned}\right\} \quad (4-31)$$

또는 표 4-6에 의하여 결정해도 좋다.

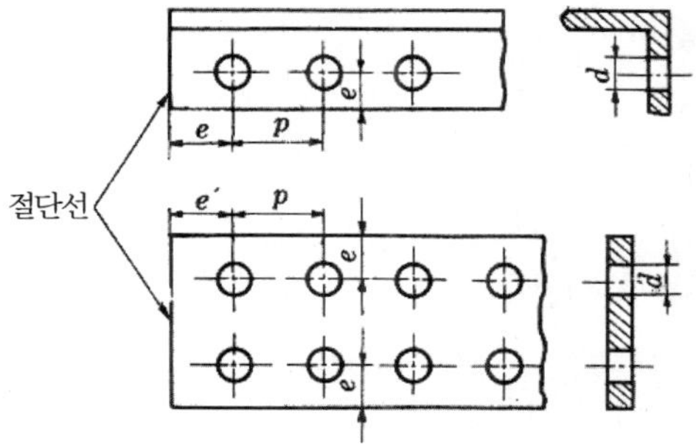

그림 4-13

[표 4-7] 구조용 리벳의 피치와 두께

두께 t	리벳지름 d	피치 p	e	e'
10[mm] 이하	14.0	40~100	22 이상	25 이상
	17.0	50~110	25 〃	28 〃
10~12.5	20.5	57~150	28 〃	32 〃
12.5~15	23.5	66~150	32 〃	38 〃

피치 p가 너무 크면 강판의 이은 틈으로 물, 먼지 등이 들어가서 해를 끼치므로 형강과 강판을 접합할 때에는 다음의 제한을 주도록 하는 것이 좋다.

$$\left.\begin{aligned} &t = 8 \sim 11[\text{mm}] \quad \text{p} \leqq 5\text{d} \\ &t > 11[mm] \qquad p \leqq 6d \end{aligned}\right\} \quad (4-32)$$

예제 6 10톤의 인장력을 받는 리벳 양쪽 덮개판맞대기 이음이 있다. 리벳의 지름을 16[㎜]라 하면 몇 개의 리벳이 필요한가? 단, 리벳의 허용 전단응력을 6[kgf/㎟]라 한다.

풀이 전단단면수의 경우이므로

$$\frac{\pi}{4}d^2(2n)\tau_a = 10 \times 10^3[kgf]$$

$$n = \frac{4 \times 10^4}{2d^2\tau_a\pi} = \frac{4 \times 10^4}{2 \times 16^2 \times 6 \times 3.14} = 4.15 \quad \therefore \ n = 5\text{개}$$

예제 7 그림 4-14와 같은 구조용 겹치기 리벳 이음에 있어서 W=9톤, d=17[㎜], b=120[㎜], t=10[㎜]

라 할 때, 리벳에 생기는 전단응력, 리벳구멍에 생기는 압축응력 및 도시한 그림 각 단면에 생기는 인장응력을 구하여라.

풀이 ① 리벳의 전단응력

$$\tau = \frac{W}{(\pi d^2/4) \cdot n} = \frac{9000}{(\pi \times 17^2/4) \times 9} = 4.40\ [kgf/mm^2]$$

② 리벳의 압축응력 $\sigma_c = \frac{W}{dtn} = \frac{9000}{17 \times 10 \times 9} = 5.88\ [kgf/mm^2]$

③ 각 단면의 인장응력 $\sigma_1 = \frac{W}{bt} = \frac{9000}{120 \times 10} = 7.50\ [kgf/mm^2]$

$$\sigma_2 = \frac{W}{(b-d)t} = \frac{9000}{(120-17) \times 10} = 8.74\ [kgf/mm^2]$$

$$\sigma_3 = \frac{W - W/9}{(b-2d)t} = \frac{9000-1000}{(120-2\times 17) \times 10} = 9.30\ [kgf/mm^2]$$

$$\sigma_4 = \frac{W - 3W/9}{(b-3d)t} = \frac{9000-3000}{(120-3\times 17) \times 10} = 8.70\ [kgf/mm^2]$$

$\sigma_5 = 3.49\ [kgf/mm^2]$, $\sigma_6 = 0.97\ [kgf/mm^2]$

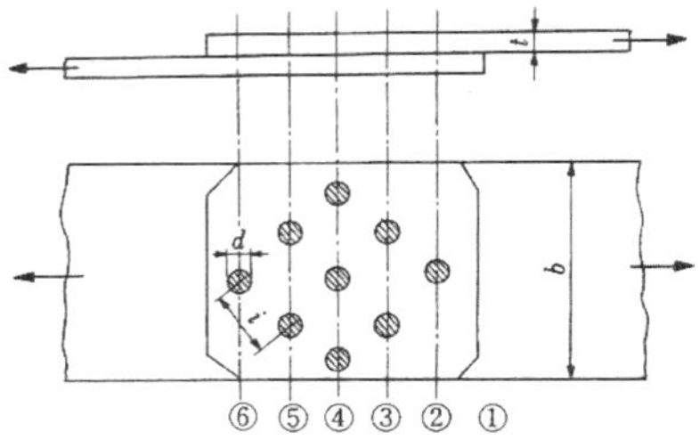

그림 4-14

4.8 편심하중을 받는 리벳 이음

그림 4-15에서 보는 것처럼 편심하중을 받고 있는 리벳 이음에 있어서 리벳의 수를 Z, 하중을 $P[kgf]$라 하고 고르게 각 리벳에 분포하고 있다고 하면, 리벳은 직선하중 $P/Z[kgf]$와 편심에 의한 모멘트 Pe의 영향을 받는다. 모멘트에 의하여 생기는 힘은 리벳군의 중심에서 리벳까지의 거리에 비례하고 중심까지의 반지름에 직각하게 작용한다고 하면, 그림에서

$$F_1 = Kr_1,\ F_2 = Kr_2,\ F_3 = Kr_3 \tag{4-33}$$

또, $M = Pe = Z_1F_1r_1 + Z_2F_2r_2 + Z_3F_3r_3$

$$= K(Z_1{r_1}^2 + Z_2{r_2}^2 + Z_3{r_3}^2) \tag{4-34}$$

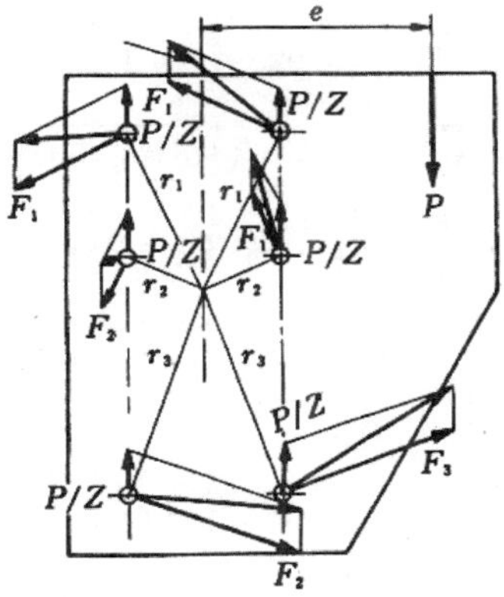

그림 4-15 편심하중을 받는 리벳 이음

예제 8 그림 4-16과 같은 4.5톤의 편심하중을 받는 리벳 이음에서 리벳에 생기는 최대응력을 구하여라. 단 리벳의 지름은 19[㎜]라 한다.

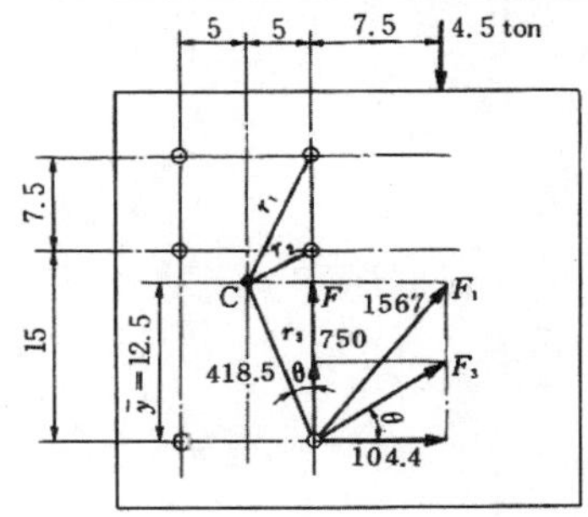

그림 4-16

풀이 리벳에 대한 직접력 F는

$$F=\frac{4500}{6}=750\,[\text{kg}]$$

$$\bar{y}=\frac{2\times22.5+2\times15}{6}=\frac{35}{6}=12.5$$

$$r_1{}^2=100+25=125$$

$$r_2{}^2=6.25+25=31.25$$

$$r_3{}^2=12.5^2+5^2=181.25$$

$$4500\times12.5=K(2\times125+2\times31.25+2\times181.25)$$

$$\therefore\ K=\frac{4500\times12.5}{675}=83.3$$

최대력은 $F_3=83.3\times13.5=1124.55\fallingdotseq1125\,[kgf]$, F_3의 분력을 각각 x, y라 할 때

$$\tan\theta=\frac{5}{12.5}=0.4\quad\therefore\ \theta=21^\circ50''$$

$$\sin\theta=\frac{x}{1125},\quad x=1125\times0.372=418.5$$

$$\cos\theta = \frac{y}{1125}, \quad y = 1125 \times 0.928 = 104.4$$

합성력 F_r는 $F_r = \sqrt{(x+F)^2 + y^2} = \sqrt{(418.5+750)^2 + 1044^2} = 1567$

전단면적 $A = \frac{\pi}{4} \times 19^2 = \frac{\pi}{4} \times 361 = 283.385 = 283 \quad \therefore \tau_a = \frac{1556}{283} = 5.5\,[kgf/㎟]$

연습문제

01 두께 $t=11$[㎜]의 동판을 지름 19[㎜](구멍지름 $d=20.2$[㎜])의 리벳으로써 1줄 리벳 겹치기이음으로 죌 때, 피치 p는 몇 mm가 적당한가? 단, 동판의 허용인장응력 $\sigma_a=4[kgf/㎟]$, 리벳재의 허용 전단응력 $\tau_a=3.6[kgf/㎟]$라 한다.

02 $t=10$[㎜], $\sigma=10[kgf/㎟]$, $\tau=8.5[kgf/㎟]$의 구조용 단열겹치기 이음을 설계하여라.

03 지름 500[㎜], 압력 12[atm]의 보일러의 길이방향의 이음을 설계하여라. 단, 동판의 인장강도는 35[$kgf/㎟$], 안전율은 4.75라 한다.

04 두께 11[㎜]의 동판 2열 지그재그 겹치기 이음에 있어서 리벳의 지름, 피치 및 이음 효율을 구하여라. 단, 동판의 인장강도를 34[$kgf/㎟$], 리벳 및 강판의 압축강도를 34[$kgf/㎟$], 리벳의 전단강도를 27[$kgf/㎟$]라 한다.

해답

❶ 피치 $p=48$[mm] ❷ $p=49$[mm], $\eta_1=\eta_2=0.58=58\%$

❸ $\eta_1=80\%$, $\eta_2=69\%$, $d=13$[mm], $t=8.02$[mm]

❹ $d=19$[mm], $p=67$[mm], $\eta_1=71\%$, $\eta_2=72\%$

CHAPTER 5

용접이음설계

5.1 용접의 개요

용접은 2개의 금속을 원칙으로 그 용융온도 이상으로 가열하여 접합하는 야금적 결합법이며 피접합물, 즉 모재는 용접부를 통하여 한몸이 된다. 따라서 용접은 기소결합법은 아니고 오히려 제조과정(manufacturing process)에 속한다. 그러나 리벳이음과 같은 목적으로 사용하는 결합 방법이므로 여기에서 간단히 취급하기로 한다.

용접은 보통 압연재를 필요한 형상과 치수로 재단하여 같은 재료의 용접봉을 녹여서 서로 응고접합시킨다.

용접구조물은 리벳 구조물, 철조물, 단조물에 비하여 다음과 같은 이점이 있다.

(1) 리벳이음에는 강도의 점에서 여기에 사용되는 강판 두께에 어느 한도가 있다. 예를 들면 리벳 구조의 고압용기의 사용압력 40[$kgf/㎠$], 강판 두께 30[㎜]를 한도로 하고, 그 이상은 이음 없는 단조강을 사용한다. 그러나 용접이음은 한도가 없다. 실제로 용접 구조에서는 사용압력 45~120[$kgf/㎠$], 강판 두께 40~120[㎜]의 것이 많이 제작되고 있다.

(2) 리벳이음에서는 이음 효율은 이음 형식과 리벳지름에 의하여 30~80%의 범위로 널리 변동하나, 용접이음에서는 이음 효율은 강판의 두께에 관계없이 100%까지도 할 수 있다.

(3) 압연재는 단조물 또는 구조물 등에 비하여 재질이 우수하고 재료의 선택이 자유로우므로 이상적 설계에 의하여 구조물을 가볍게 할 수 있다.

(4) 리베팅과 같이 소음을 발생시키지는 않는다.

표 5-1은 용접 구조가 리벳구조 또는 단조구조에 대하여 우수한 점을 실제의 기록으로 표시한 것이다.

[표 5-1] 용접의 이점

종류	중량경감 %	제작일수단축 %	제작비절약 %
리벳이음	4~25	약 50	14
주철	30~50	30~50	20
주강	20~30	30	50

5.2 용접의 종류

용접의 종류는 가열방법, 처리방법, 모재의 상태에 의하여 다르나, 크게 나누어 융접(fusion welding)과 압접(pressure welding), 납접(brazing)의 3가지이다. 그러나 납접은 납땜을 말하므로 별로 중요시하지 않는다.

[표 5-2] 용접의 분류

- **용접법**
  - **압접**
    - 저항용접(resistance welding)
      - 저주파 저항용접
      - 고주파 저항용접(high frequency resistance welding)
    - 그주파유도용접(high frequency induction welding)
    - 가스압접(gas pressure welding)
    - 마찰압법(friction welding)
    - 초음파용접(ultrasonic welding)
    - 냉간압접(cold pressure welding)
    - 폭발압접(explosion welding)
    - 단접(forge welding)
      - 해머압접
      - 틀압접
      - 로울압접
  - **융접**
    - 테르밋 용접(thermit welding)
      - 가압테르밋용접
      - 불가압테르밋용접
    - 가스용접(gas welding)
      - 산소아세틸렌용접(oxy-acetylene welding)
      - 산수소용접(oxy-hydrogen welding)
      - 공기아세틸렌용접
      - 산소프로판용접
    - 아아크용접
      - 대기중아아크용접
        - 금속아아크용접(metal arc welding)
          - 피복아아크용접
          - 서브머지드 아아크용접(submerged arc welding)
          - 스텃용접(stud welding)
        - 탄소아아크용접
      - 시일드아아크용접(shielded arc welding)
        - 원자수소 아아크용접(atomic-hydrogen arc welding)
        - 탄산가스 아아크용접(CO_2 shielded arc welding)
        - 불활성가스용접(insert gas welding)
          - 티그용접(TIG welding)
          - 미그용접(MIG welding)
    - 일렉트로 슬랙용접(electro slag welding)
    - 전자비임 용접(electron beam welding)
    - 플라즈마용접(plasma jet welding)
  - **납접**
    - 가스납접
    - 노중납접
    - 전기납접
      - 아아크납접
      - 유도납접
      - 저항납접
    - 침괘납접

용접은 모재를 반용접상태 또는 냉간에 있어서 기계적 압력 또는 해머 등의 압력을 가하여 결합시키는 것이고, 융접은 모재를 용접상태 아래에서 결합시키는 방법이며 표

5-2와 같은 종류로 나누어진다.

이상과 같이 용접법에는 여러 가지 종류가 있어 다양하게 나누어지나, 용접의 목적에 의하여 가장 적당한 것을 선택하고, 그것에 알맞은 설계를 하여 바라는 목적을 달성하여야 한다.

금속 아아크용접은 널리 사용되고 있으나 탄소 아아크용접은 현재는 그 사용 범위가 제한되어 있고, 여기에 대하여 용접금속을 공기 중의 산소와 질소의 나쁜 영향을 없애기 위하여 용접을 수소기류 중에서 행하는 원자수소 아아크용접(atomic hydrogen arc welding)과 함께 불활성가스 중에서 행하는 불활성가스 아아크용접(inert gas arc welding)이 점차로 보급되고 있다.

이 대의 용접전류는 소모가 적은 텅스텐전극을 통하여 공급되나, 최근 SIGMA법(shielded inert gas metallic arc process)이라고 하는 금속 아아크용접법과 같이 첨가재를 겸한 금속전극을 사용한 것이 발명되었다. 아아크용접법은 모두 강력한 전류에 의하여 전극의 끝과 모재와의 사이에 생기는 아아크부의 발생열로 모재를 녹여서 접합하는 것이고, 또 이음의 위에서 살포한 용극(flux) 중에서 아아크를 발생시키는 아아크용접법(체호용접법)도 이것과 같은 종류이다.

테르밋용접은 테르밋 반응에 의하여 발생열을 이용한 것이며, 또 여러 가지 종류의 가스의 연소열을 이용한 것이 가스용접법이다. 가스 용접법에서는 산소-아세틸렌의 불꽃이 가장 널리 사용된다. 그러나 용접부에 압력을 가하여 접합하는 가압용접법에는 가장 원시적인 단접법과 강력한 전류를 통하여 접촉저항에 의하여 접합면을 국부적으로 가열하여 녹이면서 이것을 가압접합하는 저항용접법(resistance welding)이 있다.

5.3 용접법의 선정

1. 용접의 KS 규격

용접에 대한 관련 KS 규격은 표 5-3과 같다.

2. 아아크용접법

이것은 극히 응용면이 넓어서 금속 아아크용접법은 가장 이용률이 높다. 압력탱크, 구조물, 선박공작기계 및 기관 등의 분야에 있어서 보통 강철과 특수강의 강판 또는 형강을 용접하는 데 사용되고 1.6[㎜] 이상의 두께만 있으면 그 살두께는 제한이 없다.

금속 아아크용접법에 있어서는 용접봉의 종류가 가장 그 이음 강도를 지배하고, 용접봉의 선택에 주의하면 모재와 같은 이음 강도가 기대된다.

그리고 여러 가지의 저합금강, 고망간강, 부수강과 일부의 동합금 용접도 가능하나, 때로는 다른 아아크용접법이 유리한 수도 있다. 즉 탄소 아아크용접법은 주로 동합금 등의 비철금속의 용접에 유리하나 얇은 강판에 대해서도 금속 아아크용접법과 같이 용이하게 적용된다. 그리고 원자수소 아아크용접법은 금속 아아크용접법으로서 용접하기

[표 5-3] 용접 KS 규격

규격번호	규격내용	제정 연월일(확인)
KS B 0052 KS B 0056 KS B 0106	용접기호 용접부 비파괴시험 기초 용접용어	1973(1979) 1977(1980) 1963(1980)
KS B 0833	맞대기용접 이음의 인장시험 방법	1971(1980)
KS B 0841	앞면 필렛 용접이음의 인장시험 방법	1971(1980)
KS B 0842	측면 필렛 용접이음의 인장시험 방법	1971(1980)
KS B 0844	T형 필렛이음의 굽힘시험 방법	1971(1980)
KS B 0845	강용접부의 방사선 투과시험 및 투과사진의 등급 분류 방법	1976(1979)
KS B 0861	용접 비드의 굽힘시험 방법	1971(1980)
KS B 0876	아아크용접 작업표준	1971(1980)
KS B 0879	서브머지드 아아크용접 작업표준	1971(1980)
KS B 0879	불활성가스 아아크용접 작업표준	1971(1980)
KS B 0887	경납땜 작업표준	1971(1980)

어려운 특수 합금과 고도의 기밀을 필요로 하는 압력 탱크의 용접에 잘 채택된다.

불활성가스 아아크용접법은 알루미늄과 마그네슘의 용접에서 발달하여 오늘에 와서는 크롬니켈 합금의 얇은 것에 적용되고, 불활성가스로서는 아르곤(Ar)이 주로 사용된다.

그림 5-1 자동용접기

이와 같은 용접은 보통은 손으로 하지만 상당한 길이의 직선 또는 원주이음 또는 같은 형상의 물품을 다량으로 생산하려고 할 때, 능률 향상의 견지에서 자동식기계를 사용한 자동용접이 사용된다. 이 때의 설계상의 고려는 특히 변한 것은 없으나 자동용접기 그림 5-1의 성능 또는 시공법을 잘 알고 설계를 하는 것이 좋을 것이다.

아아크용접법도 보통강, 저합금강, 부수강 등에 적용되는 획기적인 고속도 자동용접으로서 보통 용접 전류의 5배 이상의 대단히 큰 용접 전류를 사용하여 용접이음 위에 미리 살포시킨 협금작용을 가지고 있는 특수한 가루 모양의 용제(flux) 속에서 아아크 용접을 하는 것으로 발열량이 아주 많다. 이것은 압력 탱크에 사용된다.

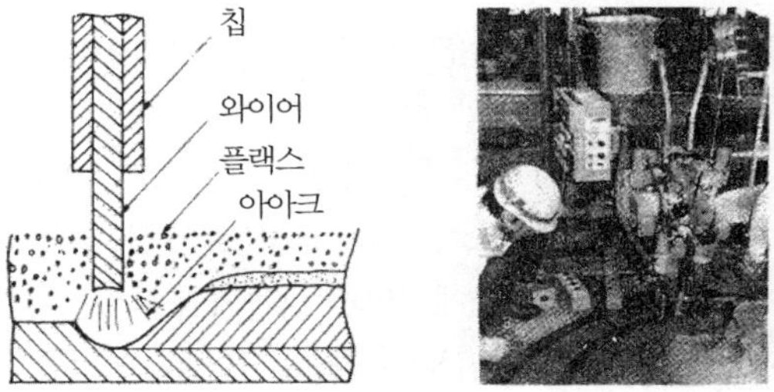

그림 5-2 서브머지드 용접(submerged welding)

서브머지드 아아크용접 그림 5-2은 깊이가 깊고 비드 표면이 매끈하며 비교적 두꺼운 강판도 한번에 용접할 수 있으므로 능률이 매우 높다. 그런데 자동이므로 직선이나 원호 등 단순한 용접선에서는 아주 큰 효과가 있으나, 복잡한 용접선이나 필렛 용접이 많이 쓰이는 구조물의 용접에는 곤란하다. 그러므로 조선에서 선각의 외판이라든가 압력용기 중 원통형용기의 원주이음과 길이 이음 및 철도차량의 제작 과정에서 가장 효과적인 작업을 하고 있다.

3. 테르밋용접법

이 방법은 일반적으로 강판의 두께가 두꺼운 4각형 또는 원형의 큰 단면의 강재의 용접에 대하여 공작비를 절약할 수 있는 이점이 있으므로, 대규모의 보수 또는 봉형의 강철 용접에 사용된다. 그러나 우수한 기계적 성질을 요구하는 중요한 이음에는 사용되지 못한다.

4. 가스용접법

가스용접은 강판 또는 형강 등의 용접 분야에 있어서 이음의 기계적 성질 또는 용접속도가 아아크 용접에 비해서 떨어지므로 이 방면에는 아아크 용접이 많이 사용되나, 약 3[mm] 이하의 얇은 강판의 용접, 일부의 특수강, 주철 또는 구리합금 등의 비철금속의 용접에 있어서는 아직도 확고한 기반을 갖고 있다. 작은 지름의 파이프, 얇은 파이프 등에 있어서는 가스 용접이 아아크 용접보다 우수하다. 또 특수한 사용 예로서 내면에서 이면용접을 할 수 없는 압력탱크의 맞대기 용접이음의 첫째층의 용접에 사용된다.

5. 저항용접법

점용접 또는 시임(seam)용접은 원래 통기관이라든가 자동차 차체와 같은 얇은 것의 용접 또는 작은 물건의 용접에 사용되어 왔으나, 오늘날에 와서는 상당히 두꺼운 물건의 용접에도 사용된다. 항공기기체에 있어서와 같이 알루미늄, 마그네슘합금의 용접에는 먼저 저항용접법의 선택을 고려하여야 할 것이다. 그리고 강판의 용접에 있어서도 설계와 공작을 잘 연구하면 저항 용접을 적용시켜서 좋은 결과를 얻는 수도 있다. 특수한 부분품이라든가 이음의 다량 생산에는 복잡하고 값이 비싼 전용기계가 사용되나, 일반 기계로도 전극의 형상과 형식의 제한 내에서 잘 이용하면 매우 편리하다.

프로젝션용접법(projection welding)은 용접하게 되는 강판에 많은 작은 돌기를 붙여 놓고 이 강판을 대형전극에 의하여 가압통전해서 이 돌기부를 동시에 점용접하게 되는 것이다. 플래시(flash)와 업셋(upset)용접법은 테르밋용접법과 같이 주로 봉재, 형재의 맞대기 용접에 사용된다. 업셋용접법은 플래시용접법에 비하여 능률이 떨어지고 또 이음의 기계적 성질도 떨어지는 결점이 있으므로, 현재는 단면적 약 5[cm]^2 이하의 간단한 형상의 것의 용접에 사용되는 정도이다.

그러나 플래시용접법에서는 접촉면의 전기저항에 의한 발생열 이외에 접합하기 직전에 잠시 아아크를 발생하고 접촉면을 녹여서 비산(flash off)시키므로 접촉면은 깨끗한 상태로 가압되고 또 열영향의 범위도 국한되어 이음의 기계적 성질도 극히 양호하다.

6. 가스압접법

이 방법은 산소-아세틸렌 불꽃장치와 간단한 가압장치만 있으면 실시할 수 있고, 또 플래시 용접법에 의한 것과 동등한 기계적 성능을 기대할 수 있으므로 고도의 공업 기술이 아직 충분히 발달되지 못한 나라의 실정에서 알맞은 방법이라고 할 수 있겠다. 주로 봉재와 형강(rolled steel) 등의 용접에 적용되고 다만 연강뿐만 아니라 고탄소강, 합금강, 오오스테나이트강, 주철, 비철금속의 용접에도 가능하다. 대형레일 등에도 실시할 수 있다.

7. 납땜

이 방법은 가는 파이프의 이음 또는 작은 물품의 기밀장치 등 높은 이음 강도를 필요로 하지 않는 경우, 또는 값싸고 다량생산에 적합한 용접법으로 높은 용접온도로 할 수 없는 경우에 사용된다. 보통 이 때의 용접 온도는 600 ~ 1000[℃] 정도이다.

이상 용접에 대한 대략의 선정방침을 언급하였는데, 결국 제품에 대하여 요구되는 모든 성능을 충분히 만족시키고 또 경비가 가장 적게 드는 조건으로 결정해야 할 것이다.

5.4 용접부

1. 용접부의 구성

용접에 의하여 용접봉, 모재의 일부가 용융하여 응고한 부분을 용착부(weld metal zone)라 하고, 그 부분의 금속을 용접금속(weld metal)이라 하며, **그림 5-3**에서 보는 것처럼 용접금속 중 용접봉의 것을 용착금속(deposit metal)이라고 한다. 즉, 모재－용착금속 =용접금속으로 된다. 용융은 하지 않으나 열에 의하여 조직, 특성 등이 변화한 모재의 부분을 열영향부라 하고 용착부와 합하여 용접부(weld zone)가 된다. 용접부의 치수 이상으로 표면으로부터 높이 덧붙인 용접금속을 보강금속(reinforcement of weld)이라고 한다.

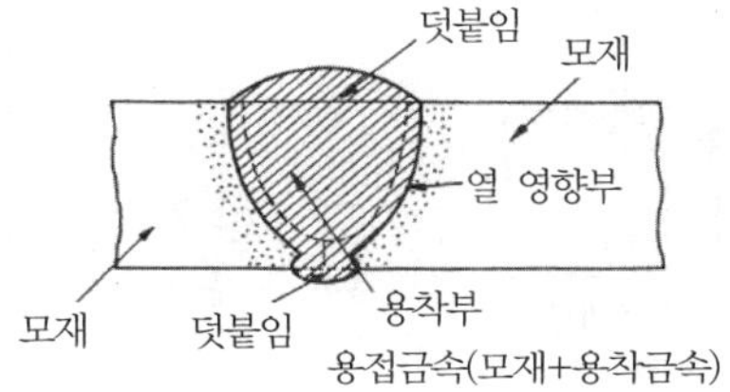

그림 5-3 용접부

2. 용접부의 형식

(1) 용가재의 배치법에 의한 형식

① **그루브 용접**(groove weld) ; **그림 5-4**에서 보는 바와 같이 접합하는 모재 사이의 홈의 부분, 즉 그루브의 부분에 행하는 용접으로 개선용접이라고도 한다.

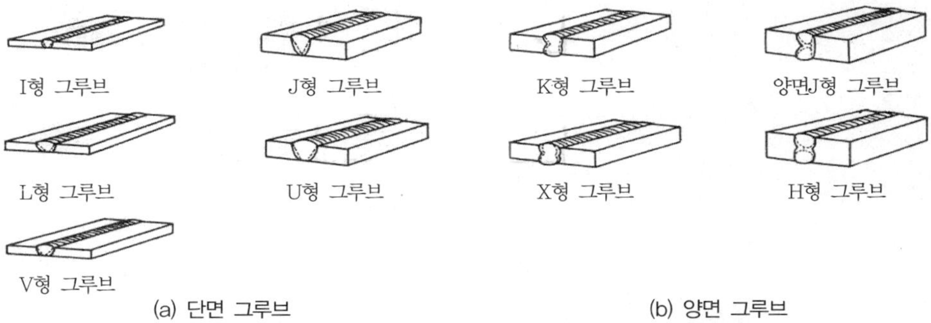

그림 5-4 그루브 용접

그루브의 표준형은 단면 그루브와 양면 그루브가 있고, 그 구별은 그루브의 형상으로서 J형 그루브용접, 양면 J형 그루브용접, K형, U형, X형, H형, I형, V형, L형 등으로 부른다. 그루브의 형상 및 치수 등은 모재의 두께, 재질, 용접조건에 가장 적합하도록 결정한다. 그림 5–5는 X형 그루브를, 그림 5–6은 V형 그루브를 도시한 것이다.

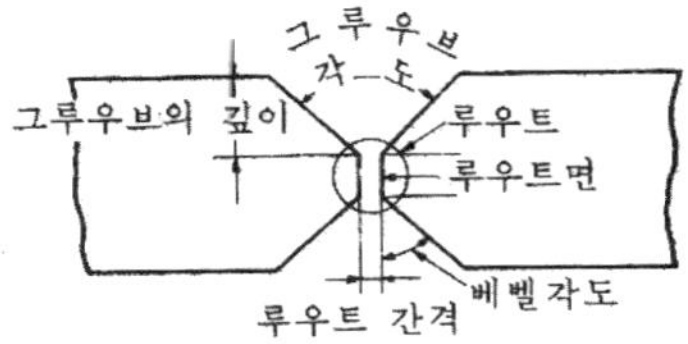

그림 5–5 X형 그루브

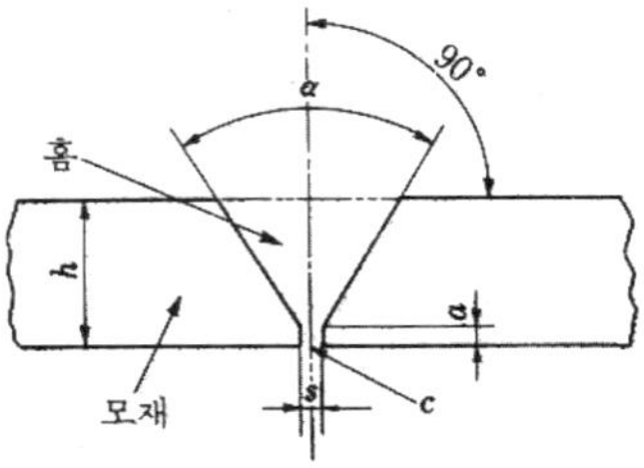

그림 5–6 V형 그루브

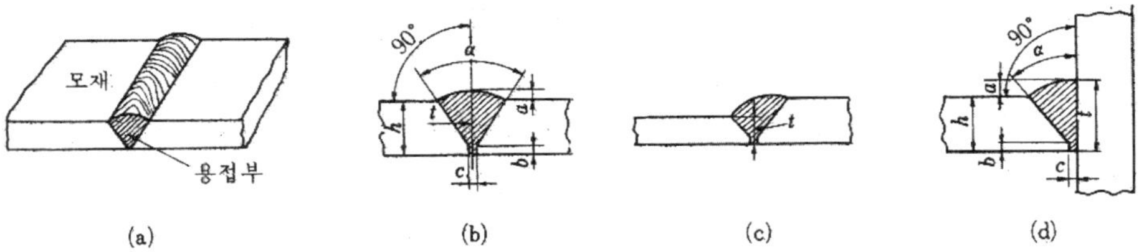

그림 5–7 그루브용접의 상태

그림 5–7에서 h : 모재의 두께

a : 보강높이(reinforced height) t : 목두께

α : 그루브각도(open angle) c : 밑틈새(root clearance)

$\frac{1}{2}\alpha$: 베벨각(bevel angle) f : 밑면 나비

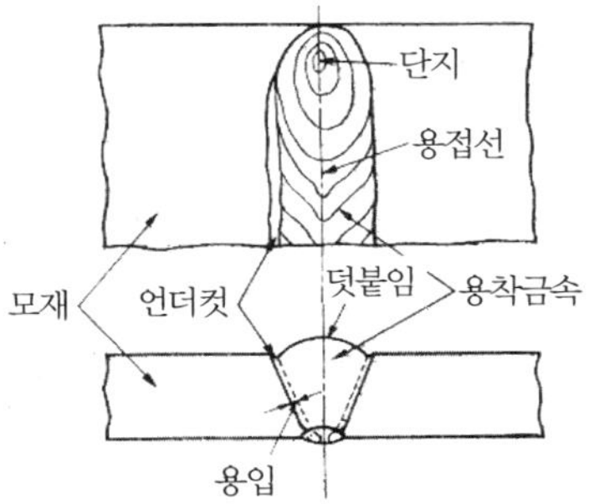

그림 5–8 그루브용접의 언더컷

그림 5–8에서 모재와 용착금속과의 경계면의 용접선에 평행하게 생기는 수가 있는 가느다란 홈의 부분을 언더컷(under cut)이라 한다. 그리고 용접의 끝부분에 생기는 오목하게 파진 부분을 단지라고 한다.

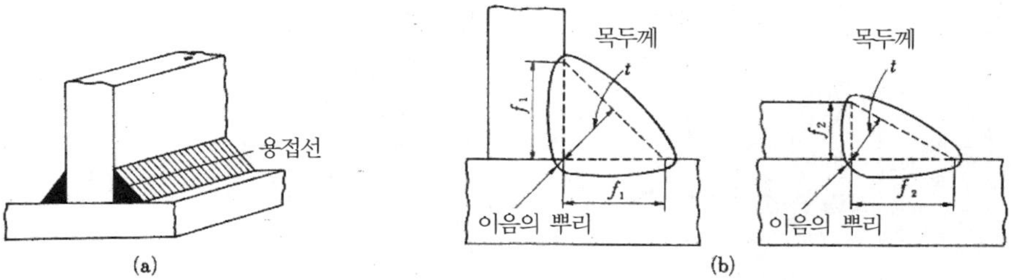

그림 5-9 필렛용접의 목두께와 용접다리

② **필렛**(fillet) **용접** ; 거의 직교하는 2개의 면을 결합하는 3각형의 크기를 표시하는 용접이다. 설계상 필렛 용접의 크기는 **그림 5-9**와 같이 용접다리 f_1, f_2로 표시된다. 이 용접 다리로 결정되는 3각형은 필렛 용접의 횡단면에 포함되어야 된다. 그리고 이음의 루트(root)로부터 3각형의 빗변까지의 거리를 목두께(throat)라 하고, 이것은 용접부의 강도계산에 필요한 부분이다. 용접선의 방향이 전달하는 응력의 방향에 거의 직각인 것을 전면 필렛 용접, 평행한 것을 측면 필렛 용접이라 한다. 이 필렛 용접은 그루브를 취하지 않고 중요한 부분의 용접에 사용한다. 필렛의 형상에는 **그림 5-10**에서 보는 것처럼 등변凸, 등변평, 부등변평, 등변凹 등이 있으나, 등변요형은 보통 사용하지 않는다.

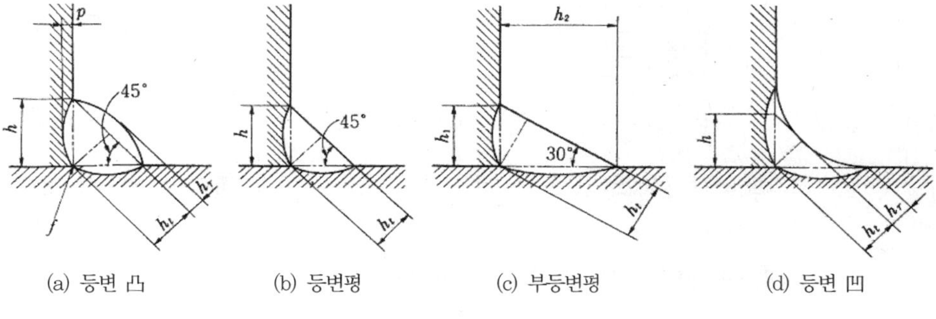

그림 5-10 필렛의 형상

③ **비이드 용접**(bead weld) ; 1회의 용접작업에 의하여 생긴 일련의 주우스 모양의 접착부를 비드라고 한다. 그리고 **그림 5-11**에서 보는 것처럼 개선을 만들지 않고 평면 모양의 그대로 그 위에 비드를 용착하는 용접을 비드 용접이라고 한다.

④ **플러그 용접**(plug weld) ; 그림 5-12에서 보는 것처럼 접합하는 모재의 한쪽에 구멍을 뚫고 판자의 표면까지 차게 용접하여 다른 쪽의 모재와 접합하는 용접을 말한다.

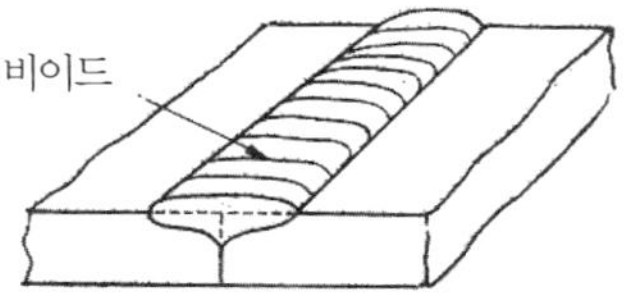

그림 5-11 비이드 용접

그림 5-12 플러그 용접

(2) 용접선의 단속에 의한 분류

그림 5-13에서 보는 것처럼 용접선이 연속되고 있으면 연속용접이라 하고, 도중에 끊어져 있으면 단속용접이라고 한다. 단속용접에는 평행단속용접과 지그재그 단속용접이 있다.

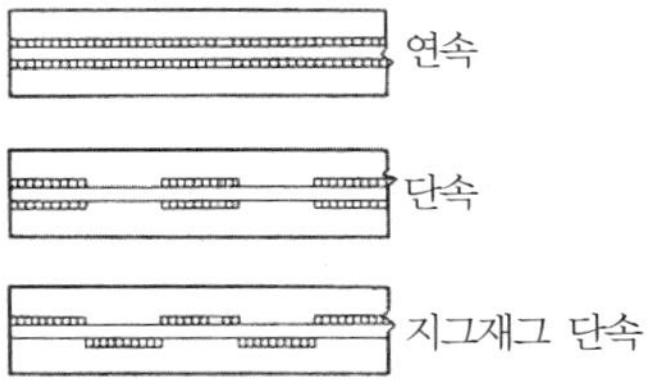

그림 5-13 용접선의 단속

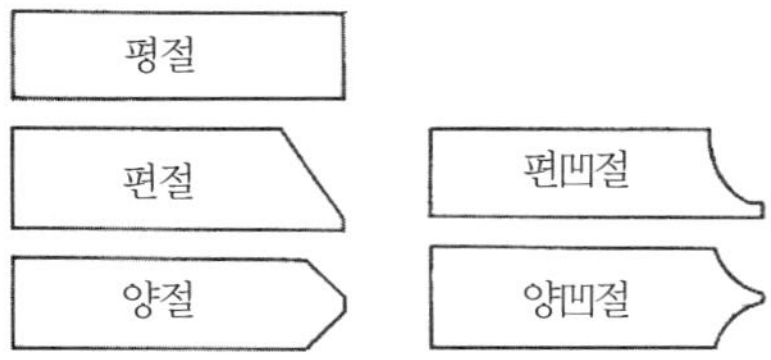

그림 5-14 절구의 형식

(3) 모재의 끝의 절구에 의한 형식

그림 5-14에서 보는 것처럼 평절, 편절, 양절, 편凹절, 양요절로 나눌 수가 있다.

(4) 용접의 표면형상에 의한 형식

용접부의 용접금속의 표면형상에 의하여 평형, 철형, 요형의 3가지로 나눌 수가 있다 (그림 5-15 참조).

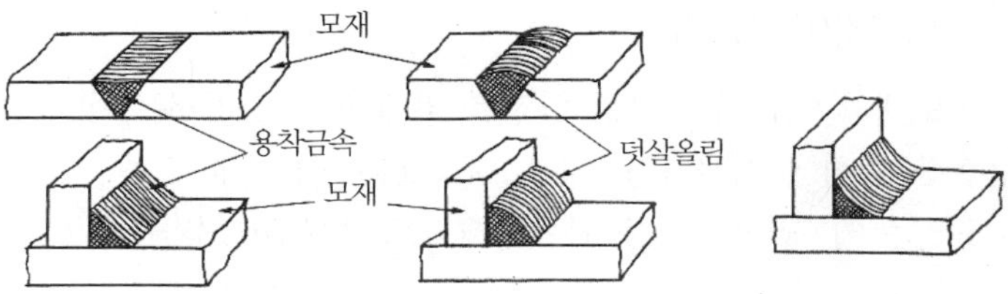

(a) 평형 (b) 凸형 (c) 凹형

그림 5-15 용접부의 표면형상

5.5 용접이음 설계

1. 용접이음의 종류

[표 5-4] 용접이음의 종류

- 용접이음
  - 맞대기 용접이음
  - 모서리 용접이음
    - 그루브 모서리 용접이음
    - 필렛 모서리 용접이음
  - 가장자리 용접이음
    - 그루브 가장자리 용접이음
    - 필렛 가장자리 용접이음
  - T 용접이음
    - 그루브 T 용접이음
      - 직각 T 이음
      - 경사 T 이음
    - 필렛 T 용접이음
      - 한쪽 용접이음
      - 양쪽 용접이음
  - 겹치기 용접이음
    - 전필렛 용접이음
    - 횡필렛 용접이음
    - 전횡필렛 용접이음
    - 경사필렛 용접이음
  - 덮개판(strap) 용접이음
    - 한쪽 덮개판 용접이음
    - 양쪽 덮개판 용접이음

용접이음은 용접부의 형식에 의하여 표시할 수도 있으나, 접합하는 모재의 대화적 관계에 의하여 다음과 같이 분류하고 있다.

(1) 맞대기 용접이음

모재의 양끝의 절구를 일직선 위에 놓고 용접하는 형식으로서 그림 5-16과 같이 끝의 절구 형식에 따라 I형, V형, X형(또는 2중 V형), U형, H형의 종류로 나눌 수 있다. 표 5-5는 이 형식이 응용되는 모재의 두께 h[mm]와 각부 치수를 표시한 것이다.

[표 5-5] 맞대기 이음의 치수

형식	h[mm]	각부 치수[mm]
I형	1~5	$c=1\sim3$
V형	6~12	$a=60^\circ\sim90^\circ$, $b=1.5\sim2.5$, $c=2\sim4$
X형	12~25	$a=60^\circ\sim90^\circ$, $b=2\sim4$, $c=2.5\sim4$
U형	16~50	$c=3\sim5$, $c_0=15\sim22$, $b=3\sim6$
H형	25~50	$c=3\sim4$, $c_0=15\sim18$, $b=3\sim5$

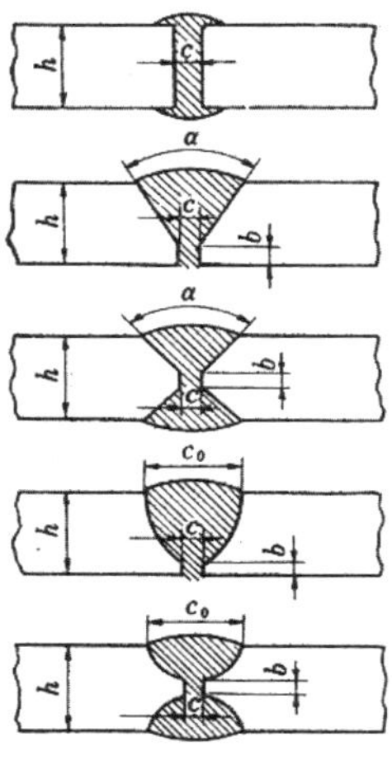

그림 5-16 맞대기 이음의 종류

(2) 한쪽 덮개판 맞대기 이음

그림 5-17을 참조

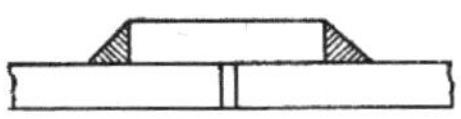

그림 5-17 한쪽 덮개판 맞대기 이음

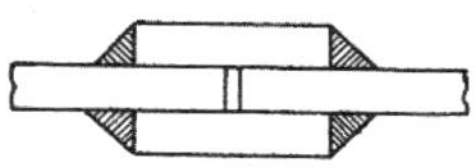

그림 5-18 양쪽 덮개판 맞대기 이음

(3) 양쪽 덮개판 맞대기 이음

그림 5–18을 참조

(4) 겹치기 이음(lap weld joint)

그림 5–19와 같고 $\alpha = 45 \sim 30^\circ$(a)는 되도록 사용하지 않는 것이 좋고 모재의 두께가 다른 경우에는 얇은 쪽을 취하고

$$h \leqq 12 \text{ 에서는 } b \geq (2h+10) \sim 4h\,[mm]$$
$$h \geqq 16 \text{ 에서는 } b \geqq (2h+15) \sim 4h\,[\mathrm{mm}] \qquad (5\text{–}1)$$

그림 5–20은 single, double, joggle의 3가지 경우의 겹치기 이음을 도시한다.

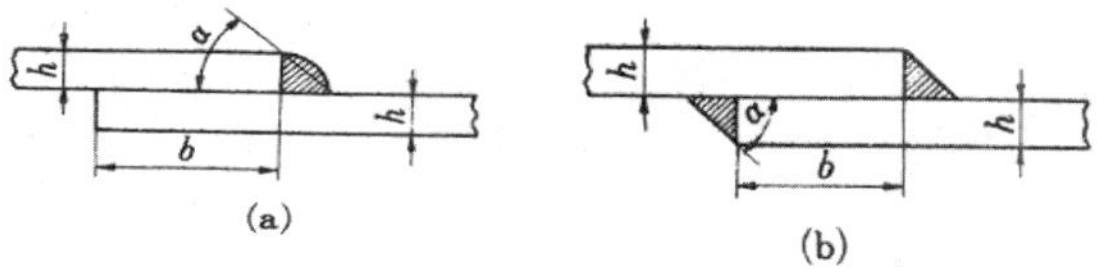

그림 5–19 겹치기 이음

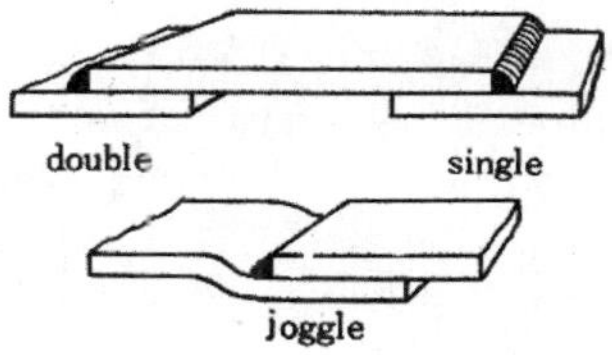

그림 5–20 3가지 겹치기 용접이음

(5) T형 용접이음

그림 5–21에서 보는 것처럼 (a) 평절형, (b) 편절형, (c) 양절형의 3가지 경우를 생각할 수 있다.

(b) $h = 6 \sim 25\,[\mathrm{mm}]$, $b = 0 \sim 4[\mathrm{mm}]$, $c = 1 \sim 3\,[\mathrm{mm}]$

(c) $h = 12 \sim 25[\mathrm{mm}]$, $b = 1 \sim 3\,[\mathrm{mm}]$, $c = 1 \sim 3\,[\mathrm{mm}]$

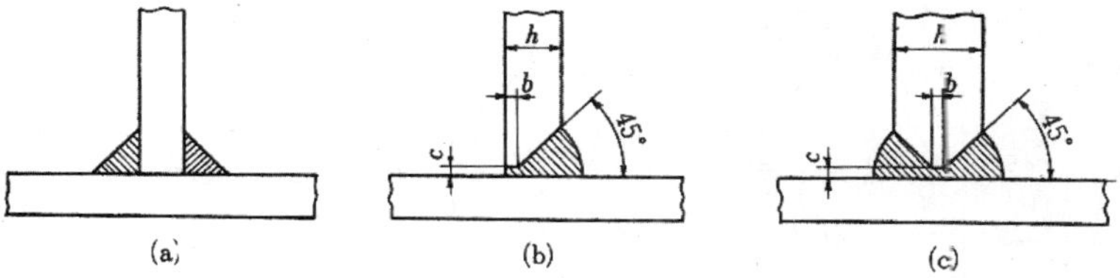

그림 5–21 T형 용접이음의 3가지 경우

(6) 모서리 이음

그림 5–22에서 보는 바와 같이 (a) 평절형, (b) (c) 편절형, (d) 양절형의 3가지 경우를 생각할 수 있다.

$h=6\sim25\,[\mathrm{mm}]$, $b=0\sim4\,[\mathrm{mm}]$, $c=1\sim3\,[\mathrm{mm}]$

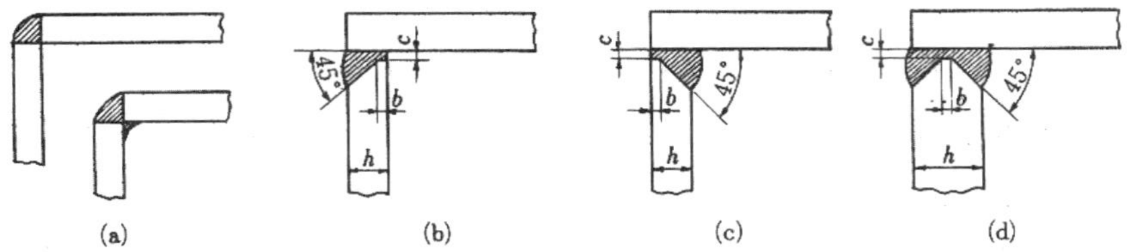

그림 5-22 모서리 이음의 여러 가지 경우

(7) 가장자리 이음(edge weld joint)

그림 5-23에서 보는 바와 같다.

그림 5-24에서는 이상 7가지 용접이음의 실례를 도시하였다.

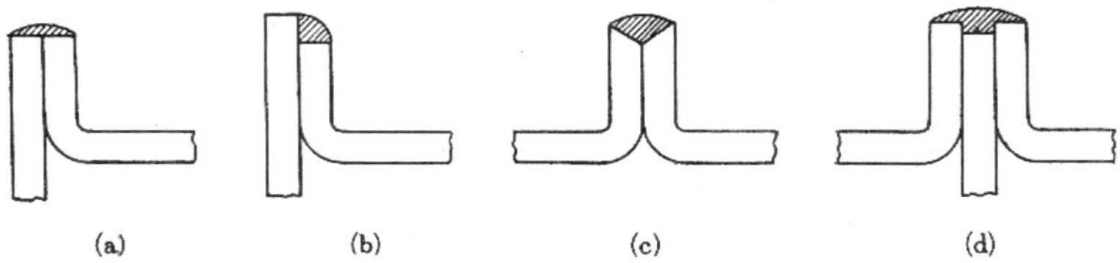

그림 5-23 가장자리 이음

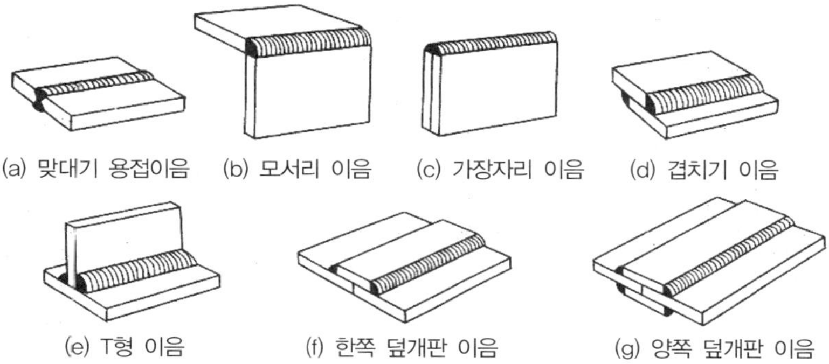

그림 5-24 7가지 용접이음

2. 용접이음의 강도계산

(1) 맞대기 용접이음

맞대기 이음에 있어서는 극히 얇은 강판을 제외하고는 표면을 용접한 뒤에는 이면도 잘 깎아서 용접을 하는 것이 원칙이다. 이면용접을 하지 않으면 강도가 어느 정도 약해지기 마련이며 또 신율이 아주 낮아진다.

일반적으로 구조물의 안전성을 확보하려면 인장강도와 더불어 충분한 연성이 필요하다. 강도가 중요한 곳의 맞대기 이음에 완전한 이면용접의 시공이 요구되는 것은 이 때문이다. 맞대기 이음에는 판자의 두께에 따라 보통 보강높임(보강고)을 하나, 이음의 강도 계산에 있어서는 안전한 쪽을 취하고, 이 보강높임을 무시하기도 한다. 보강높임 a는 모재의 두께를 h라고 할 때 V형에서는 $a=0.25h$, X형에서는 보통 $a=0.125h$로 잡는다(그림 5-25 참조).

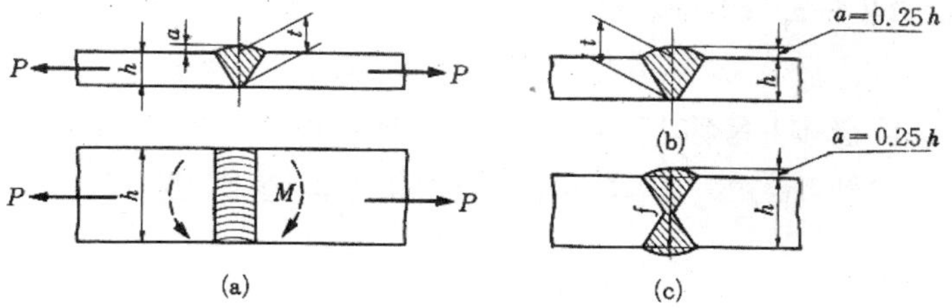

그림 5-25 맞대기 용접이음

여기서, P : 하중[kgf]　　h : 모재의 두께[cm]　　t : 목두께[cm]
l : 용접 유효길이[cm]　σ : 용접[kgf/㎠]라고 하면

$$P=tl\sim ga \tag{5-2}$$

$t=h$로 하든지 더욱 안전을 기하기 위하여 $t=h-1$ [mm]로 하기도 한다.
그리고 굽힘 모멘트 M은

$$M=\frac{1}{6}tl^2\sigma \tag{5-3}$$

이 때의 용접부의 인장강도는 대체로 모재와 같든지 또는 그 이상으로 여겨진다. $\sigma_u=27\sim43$[kgf/㎠], 피로한도는 이면용접한 것은 $\sigma_f=18$[kgf/㎠], 하지 않은 것은 $\sigma_f=12$[kgf/㎠]이다.

(2) 필렛 용접이음

필렛 용접이음은 겹치기 용접이음(lap weld joint)과 T형 용접이음에서 생기는 용접이고, 하중방향에 의하여 **그림 5-26**과 같은 전면 필렛이음(fillet weld transversely loaded)과 **그림 5-27**과 같은 측면 필렛이음(fillet weld longitudinally loaded)의 경우가 있다.

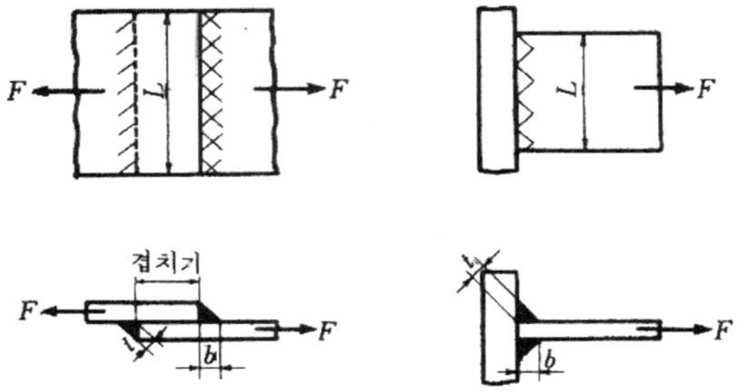

그림 5-26 전면필렛 용접이음

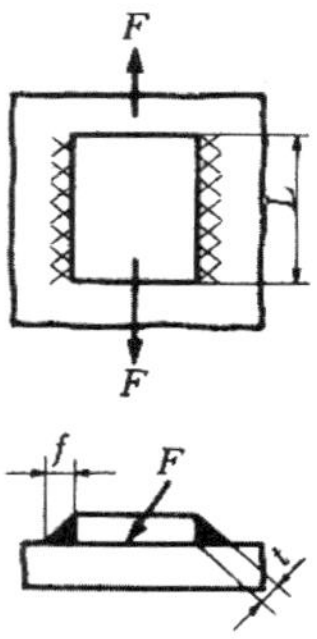

그림 5-27 측면필렛 용접이음

① **겹치기 용접이음**(lap weld) : 필렛의 다리의 길이 f(다리 길이가 다른 경우는 짧은 쪽을 취한다)를 한 번으로 하는 직각2등변 3각형을 생각하여 그 높이를 목두께 t라 하면

$$t = f\cos 45^\circ = \frac{f}{\sqrt{2}} \fallingdotseq 0.707f \qquad (5-4)$$

만일 f 를 강판의 두께 h와 같게 하면

$$t = 0.717h \qquad (5-5)$$

그림 5-28에서 (a)와 같이 측면 필렛이음의 경우 목의 단면에 전단이 작용하므로, 전단응력 τ는 목부분의 전단 단면적을 A, 하중을 P라 하면

$$\tau = \frac{P}{A} = \frac{P}{2lt} = \frac{P}{\sqrt{2}\,lf} = \frac{0.707P}{lf} \qquad (5-6)$$

그림 (b)와 같이 전단 필렛이음의 경우는

$$\tau = \frac{P}{lt} = \frac{\sqrt{2}\,P}{lf} \fallingdotseq \frac{1.414P}{lf} \qquad (5-7)$$

만일 f 를 판자의 두께 h와 같게 잡으면

$$\tau = \frac{1.414P}{lh} \qquad (5-8)$$

연강의 전단강도 : $\tau_e = 27 \sim 30$[kgf/㎟],

피로한도 : $\tau_f = 12\,[\text{kgf/mm}^2]$

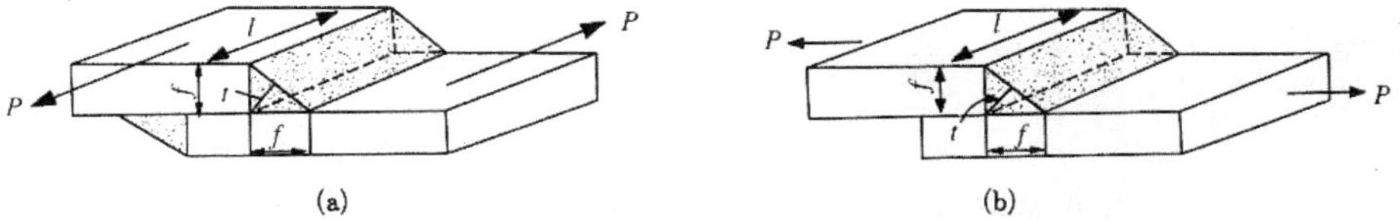

그림 5-28 필렛이음

② **T형 이음의 경우** : T형 이음은 강구조의 용접에 많이 쓰이는 경우이다. 이 때도 전면 필렛 이음의 경우와 측면 필렛이음의 두 가지 경우가 고려된다. 먼저 **그림 5-29**에서 보는 것처럼 용접선에 평행하게 하중이 작용하는 측면 필렛이음의 경우를 생각한다.

그림 5-29 측면 필렛이음의 T형 이음

$$t = \frac{f}{(\sin\theta + \cos\theta)} \tag{5-9}$$

따라서 전면적 A는 다음과 같이 된다.

$$A = tl = \frac{fl}{(\sin\theta + \cos\theta)} \tag{5-10}$$

그리고 전단응력 τ는 다음과 같이 된다.

$$\tau = \frac{\frac{P}{2}}{A} = \frac{P(\sin\theta + \cos\theta)}{2fl} \tag{5-11}$$

$\frac{d\tau}{d\theta} = 0$을 만족시키는 θ의 값이 τ의 최대치를 줄 것이다.

$\frac{d\tau}{d\theta} = \frac{P}{2fl}(\cos\theta - \sin\theta) = 0$

또는 $\cos\theta - \sin\theta = 0$

따라서 $\sin\theta = \cos\theta$, 즉 $\theta = 45°$ 일 때 전단응력의 최대치를 얻을 수 있다. 이때 τ의 값은

$$\tau_{\max} = \frac{P \cdot 2}{2fl \cdot \sqrt{2}} = \frac{P}{\sqrt{2}\,fl} = \frac{P}{2tl} \tag{5-12}$$

로 되어 필렛의 목에서 전단이 일어나는 것으로 생각하고, 이것에 견딜 만한 필렛 용접을 하면 된다.

③ **편심하중을 받는 필렛용접 이음**(fillet welds eccentric loading)

1) 그림 5-30과 같은 경우 용접부에 있어서의 굽힘 모멘트 M은 $M = Fa$, 목구멍을 통하는 단면의 단면계수(section modulus) Z는 $Z = \frac{tl^2}{6}$ 이다. 각각 한쪽의 용접에 대해서는

$$Z = \frac{tl^2}{6}$$

이 값을 굽힘 공식(bending formula) $M = \sigma Z$에 대입하면 다음 식이 성립한다.

$$\sigma = \frac{M}{Z} = \frac{3Fa}{tl^2} = \frac{3Fa}{fl^2 \cos 45°} = \frac{4.24Fa}{fl^2} \tag{5-13}$$

다음에서는 전단응력이 균일하게 분포되어 있다고 하면 전단응력 τ_s 는

$$\tau_s = \frac{F}{A} = \frac{F}{2tl} = \frac{F}{2lf\cos 45°} = \frac{0.707F}{lf} \tag{5-14}$$

최대전단응력설(maximum shearing stress theory)에 의하여 다음과 같은 최대 전단응력 $\tau_{\max}$ 를 얻는다.

$$\tau_{\max} = \left[\tau_s^{\,2} + \left(\frac{\sigma}{2}\right)^2\right]^{\frac{1}{2}} = \left[\left(\frac{F}{2tl}\right)^2 + \left(\frac{3Fa}{2tl^2}\right)^2\right]^{\frac{1}{2}} \tag{5-15}$$

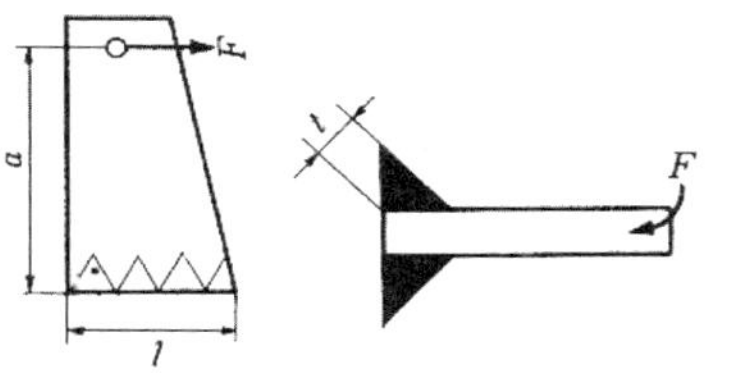

그림 5-30 편심하중을 받는 필렛이음

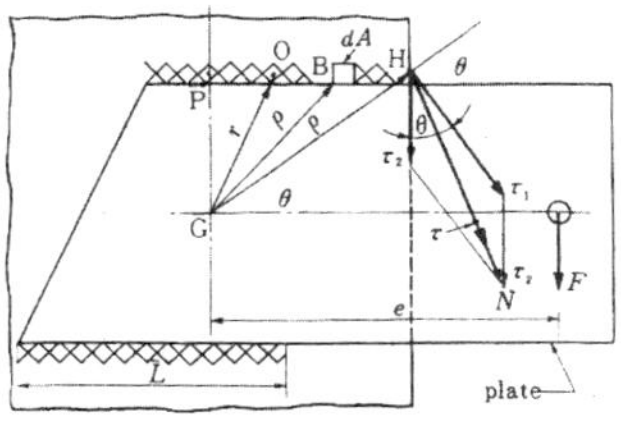

그림 5-31 편심하중을 받는 필렛이음

2) 그림 5-31과 같은 경우는 Fe의 모두먼트를 받을 때, Fe로 인하여 용접부의 어느 점에 생기는 응력은 중심(重心) G에서의 거리에 비례한다.

즉, $\frac{\tau}{\rho} = \frac{\tau_1}{\rho'}$

여기서, τ는 임의의 점 B의 응력이고, τ_1은 최대 반지름 ρ'를 가지고 있는 H점에 일어나는 최대 응력이다.

B점에 미소면적 dA를 취하면 dA에 생기는 저항모멘트(resistance moment)는 $\rho\tau dA$가 된다.

$$\therefore Fe = \rho\tau dA = \frac{\tau_1}{\rho'}\int \rho^2 dA \quad (5\text{-}16)$$

그런데 $\int \rho^2 dA$는 단면의 극관성 모멘트(polar moment of inertia) J_G이다.

$$\therefore Fe = \frac{\tau_1 J_G}{\rho'} \quad (5\text{-}17)$$

$$\therefore \tau_1 = \frac{Fe\,\rho'}{J_G} \quad (5\text{-}18)$$

만일 단면의 G에 관한 극관성 모멘트 J_G 대신에 용접선의 G에 관한 극관성모멘트를 I_G라고 하면

$I_G = \int \rho^2 dL,\ dA = t \cdot dL$

$J_G = \int \rho^2 dA = \int \rho^2 t \cdot dL = t\,\mathrm{sint}\rho^2 dL = t \cdot I_G = 0.7f \cdot I_G$

$$\therefore \tau_1 = \frac{Fe\rho'}{0.7fI_G} \quad (5\text{-}19)$$

I_G의 값은 그림 5-32에서

$$\left.\begin{array}{ll} \text{4측 필렛;} & I_G = \frac{(L+b)^3}{6} \\ \text{상하 2측필렛;} & I_G = \frac{L(3b^2+L^2)}{6} \\ \text{좌우 2측필렛;} & I_G = \frac{b(3L^2+b^2)}{6} \end{array}\right\} \quad (5\text{-}20)$$

J_G는 G축에 대한 전체의 목면적(throat area)의 극관성모멘트이다. 그러나 면적에 수직한 중심축 O에 관한 길고 가는 면적의 관성모멘트(the moment of inertia of a long slender area with respect to a centroidal axis of perpendicular to the area)는

$$J = \frac{AL^2}{12}$$

또 극관성 모멘트에 대한 정리를 이용하면

$$J_G = J + Ad^2 = \frac{AL^2}{12} + Ar^2 \tag{5-21}$$

여기서, r는 목면적의 중심 O와 전체 목면적의 중심 G와의 거리이다. 그리고 H의 아래 방향으로 전단응력 τ_2가 생기고

$$\tau_2 = \frac{F}{A} = \frac{F}{\Sigma Lt} = \frac{F}{\Sigma 0.7fL} \tag{5-22}$$

H점에 있어서 τ_1과 τ_2를 합성하면 코사인법칙(cosine law)에서

$$\tau_{\max} = \sqrt{{\tau_1}^2 + {\tau_2}^2 + 2\tau_1\tau_2\cos\theta} \tag{5-23}$$

3) 그림 5-33과 같은 경우에는 굽힘 모멘트 M을 받는 환상필렛의 경우이다. 즉 미소길이 $rd\theta$의 밑의 인장응력을 σ라고 하면 그 곳의 인장하중은

$dP = \sigma dA = \sigma tr d\theta$

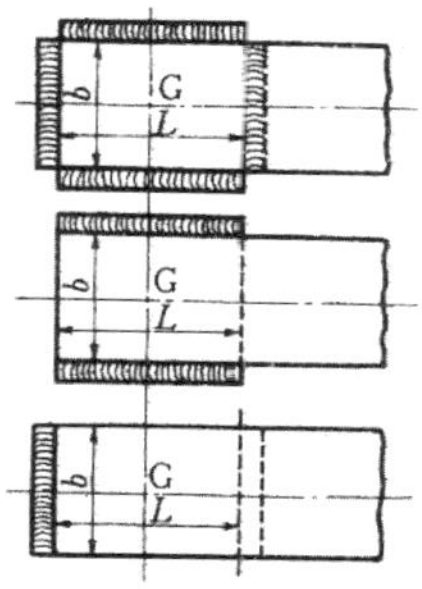

그림 5-32

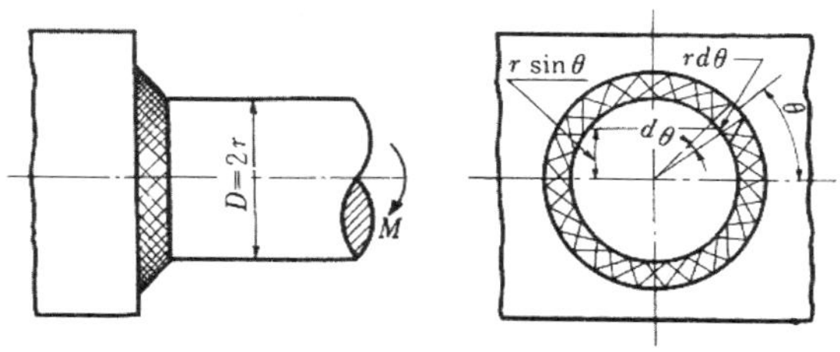

그림 5-33 원형단면의 용접

예제 1 그림 5-34와 같이 인장하중을 받는 폭 100[mm], 두께 12[mm]의 강판의 측면을 필렛 용접하였다. 필렛용접의 두께를 12[mm], 용접길이를 120[mm]라 하고, 용접부의 허용 전단응력을 4 [kgf/mm]라 할 때 몇 [kgf]의 인장하중에 견딜 수 있겠는가?

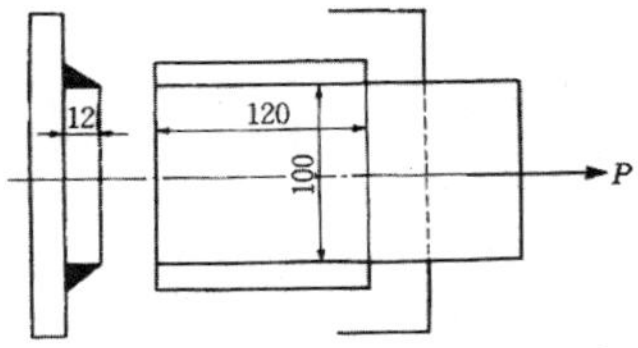

그림 5-34

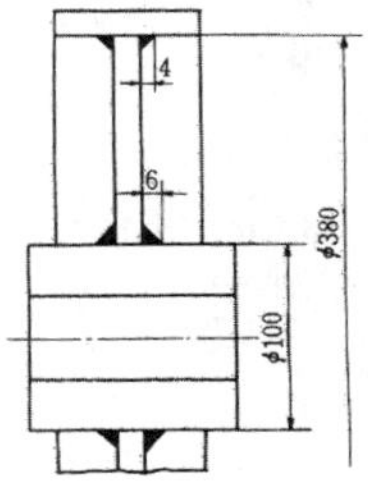

그림 5-35

풀이 $P=2tl\tau_a=2\times12\times0.707\times120\times4=8140$ [kgf]

예제 2 그림 5-35에서 보는 바와 같은 풀리에서 10[PS], 250[rpm]의 동력을 전달시킬 경우 림(rim), 보스(boss)의 용접부에 생기는 전단응력을 구하여라. 단, 전체 둘레의 필렛 용접의 크기는 림부가 4[mm], 보스부가 6[mm]이다.

풀이 전달토크 T는

$$T=716200\times\frac{10}{250}=28600[\text{kgf}-\text{mm}]$$

응력계산도법에서

$$\text{보스부의 응력 } \tau_B=\frac{2.83T}{\pi hD^2}=\frac{2.83\times28600}{3.14\times6\times100^2}=0.430[\text{kgf}-\text{mm}^2]$$

$$\text{림부의 응력 } \tau_B=\frac{2.83T}{\pi hD^2}=\frac{2.83\times28600}{4\times3.14\times380^2}=0.0447[\text{kgf/mm}^2]$$

답 보스부 ; 0.430[kgf/mm²], 림부 ; 0.0447[kgf/mm²]

예제 3 그림 5-36과 같은 용접이음에 있어서 하중 1000[kgf]를 작용시킬 경우, 용접부의 크기를 구하여라. 단, 용접부의 허용 전단응력을 7[kgf/mm²]라 한다.

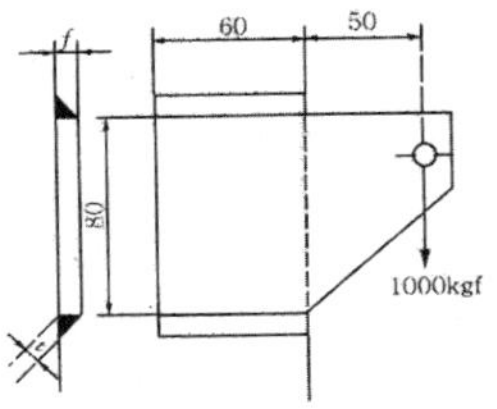

그림 5-36

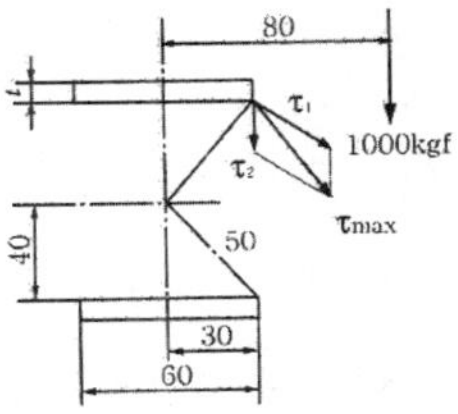

그림 5-37

풀이

$$S=\frac{P}{2tl}=\frac{100}{2\times t\times60}=\frac{8.33}{t}$$

$$M=Pe=80\times1000=80000[\text{kgf}-\text{mm}]$$

$$I_G=\frac{bL(3b^2+L^2)}{6}=\frac{60\times L(3\times80^2+60^2)}{6}=228000L$$

$$r=50\,[\text{mm}]$$

$$\tau_2=\frac{Mr}{I_G}=\frac{80000\times50}{228000L}=\frac{17.55}{L}$$

그림 5-37에서 합성응력은 허용응력의 7[kgf/㎟]와 같아야 된다.

$$7^2 = \tau_1^{\ 2} + \tau_2^{\ 2} + 2\tau_1\tau_2 \frac{30}{50} = \left(\frac{8.33}{L}\right)^2 + \left(\frac{17.55}{L}\right)^2 + 2\left(\frac{8.33}{L}\right)\left(\frac{17.55}{L}\right) \times \frac{30}{50}$$

$$L = \frac{\sqrt{553}}{49} = \sqrt{11.3} = 3.36 \qquad h = \frac{L}{0.707} = \frac{3.36}{0.707} = 4.75 \fallingdotseq 5\,[\text{mm}]$$

예제 4 그림 5-38에서 보는 바와 같은 채널(ㄷ형강)을 가로로 놓고 용접하였다. 용접부의 치수는 모두 같고, 허용 전단응력은 8 [kgf/㎟]이다. 받칠 수 있는 하중 P는 몇 [kgf]인가?

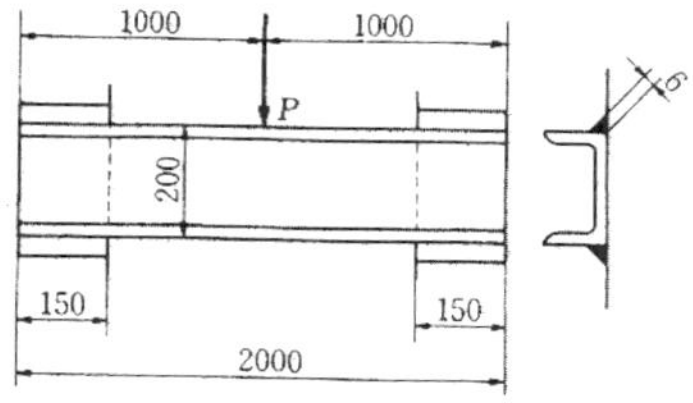

그림 5-38

풀이

$$\tau = \frac{P}{4tl} = \frac{P}{4 \times 6 \times 150} = 0.000278P$$

채널에 생기는 최대 모멘트 M_{max} 는

$$M_{max} = \frac{Pl}{8} = \frac{2000}{8}P = 250P \qquad r = \sqrt{100^2 + 75^2} = 125\,[\text{mm}]$$

식 (5-20)에서

$$I_G = \frac{bL(3b^2 + L^2)}{6}$$

$$= \frac{150 \times 6 \times (3 \times 200^2 + 150^2)}{6} = 2.14 \times 10^7$$

모멘트에 의한 전단응력은

$$\tau_2 = \frac{Mr}{I_G} = \frac{250P \times 125}{2.14 \times 10^7} = 0.00146P$$

그림 5-39에서 τ_1과 τ_2의 합성응력은 8[kgf/㎟]이므로

$$8^2 = (0.000278P)^2 + (0.00146P)^2 + 2 \times 0.000278P \times 0.00146P \times \frac{75}{125}$$

$$64 = 10^{-8}(7.72 - 213 + 48.7)P^2$$

$$P = 10^4 \frac{\sqrt{64}}{269} = 10^4 \times 0.488 = 4880\,[\text{kgf}]$$

예제 5 그림 5-40에서 보는 바와 같이 하중 $P = 5000$[kgf]를 받고 있을 때 200×70의 채널강(溝形鋼)이 4층 용접으로서 그림의 치수와 같이 되어 있다고 하면 용접부의 최대 응력은 얼마인가?

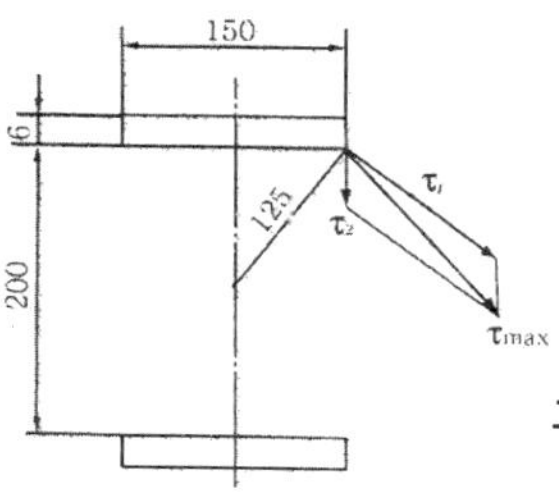

그림 5-39

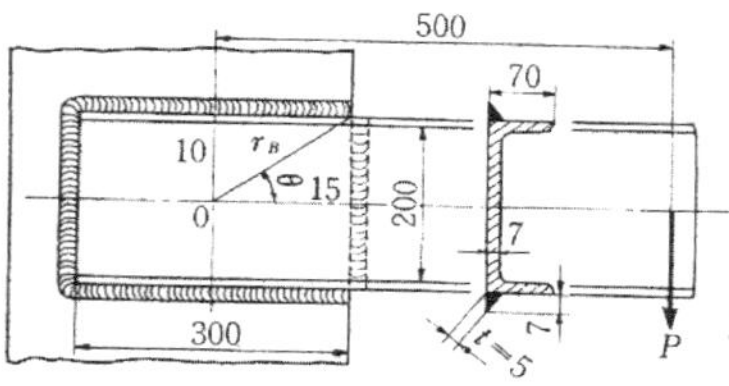

그림 5-40

풀이 $L=30\,[\text{cm}],\ b=20\,[\text{cm}]$

$$\therefore I_G=\frac{(L+b)^2}{6}=\frac{(30+20)^3}{6}\fallingdotseq 20830[\text{cm}^4]$$

$$t=0.7f=0.7\times0.7\fallingdotseq 0.5\,[\text{cm}]$$

$$\rho'=\sqrt{10^2+15^2}=18\,[\text{cm}]$$

$$\tau_1=\frac{Fe\rho'}{0.7fI_G}=\frac{5000\times50\times18}{0.5\times20830}=430[\text{kgf/㎠}]$$

$$\tau_2=\frac{F}{\Sigma 0.7fL}=\frac{5000}{2\times(20+30)\times0.5}=100\,[\text{kgf/㎠}]$$

$$\therefore \tau_{\max}=\sqrt{{\tau_1}^2+{\tau_2}^2+2\tau_1\tau_2\cos\theta}$$

$$=\sqrt{100^2+430^2+2\times100\times430\times\frac{15}{18}}=516\,[\text{kgf/㎠}]$$

예제 6 30[PS], 240[rpm]을 전달하는 기어의 용접 구조를 설계하여라.

풀이 기어가 받는 회전 모멘트 T는

$$T=\frac{71620H}{N}=\frac{71620\times30}{240}=89600[\text{kgf-cm}]$$

i) 그림 5-41에서 림과 원판과의 용접

필렛다리 $f=10\,[\text{mm}]$, 오목형의 목두께 $t=0.4\times10=4\,[\text{mm}]$, $D=47\,[\text{cm}]$로서

$$T=2\times\frac{\pi}{32}\times\frac{2}{D+2t}\{(D+2t)^4-D^4\}\tau$$

$$=2\times\frac{\pi}{32}\times\frac{2}{47+0.8}\{(47+0.8)^4-47^4\}\tau=\frac{0.3925}{47.8}\times316000\tau$$

$$\therefore \tau=89600\times47.\frac{8}{0.3925\times31},600=34.5\,[\text{kgf/㎠}]$$

ii) 보스와 원판과의 용접

필렛다리 $f=10\,[\text{mm}]$, 볼록형의 목두께 $t=0.7\times107\,[\text{mm}]$, $D=12\,[\text{cm}]$

$$T=2\times\frac{\pi}{32}\times\frac{2}{12+1.4}\{(12+14)^4-12^4\}\ \tau=\frac{0.3925}{13.4}\times11260\tau$$

$$\tau=89{,}600\times13\frac{.4}{0.3925\times11}260=272\,[\text{kgf/㎠}]$$

iii) 용접부

τ_w: $21\sim28\,[\text{kg/㎟}]$라고 하면

안전율 : $S=\frac{2100}{272}\sim\frac{2800}{272}=7.7\sim10.3$

표에서 보면 안전율이면 동하중에는 충분하나 반복하중에는 약간 약하다.

예제 7 그림 5-42에서 보는 바와 같은 양면 필렛용접에서 허용응력을 8[kgf/㎟]라 할 때 허용하중 P는 몇 [kgf]인가?

i) 6[mm]의 양면 필렛용접의 경우

ii) 우측이 용접다리 길이 12[mm], 좌측이 용접다리 길이 6[mm]의 양면 필렛용접의 경우

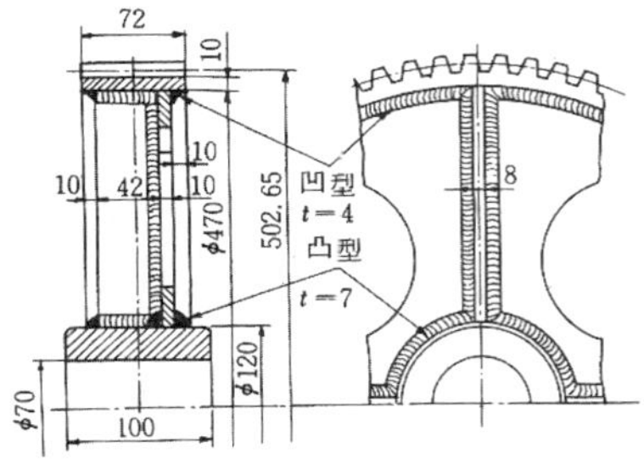

그림 5-41

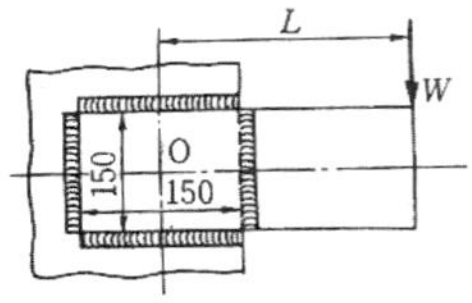

그림 5-42

풀이 i) 전용접 목부의 면적 A는 $A=6\times0.707\times150\times4=2545$ [㎟]

허용하중 P는 $P=\sigma A=8\times2545=20360$ [kgf]

ii) 좌측 목부의 면적 A_1는

$$A_1=6\times0.707\times150\times2=1273\ [\text{㎟}]$$

우측 목부의 면적 A_2는

$$A_2=12\times0.707\times150\times2=2545\ [\text{㎟}]$$

전체 목부의 면적 A는 $A=A_1+A_2=3818$ [㎟]

목부의 중심이 좌단에서 x [mm]의 곳에 있다고 하고 좌단에 관한 목부의 모멘트의 균형을 생각하면

$$3818x=1273\times75+2545\times385 \qquad \therefore\ x=282\ [\text{mm}]$$

좌용접부 극단면 2차모멘트 J_{G1}은

$$J_{G1}=A_1\left(\frac{L_1^{\ 2}}{12}+r_1^{\ 2}\right)=1273\left[\frac{150^2}{12}+\left(282-\frac{150}{2}\right)^2\right]=5693000[\text{mm}^4]$$

우용접부 J_{G2}는

$$J_{G2}=A_2\left(\frac{L_1^{\ 2}}{12}+r_2^{\ 2}\right)=2545\left[\frac{150^2}{12}+(385-282)^2\right]=31770000[\text{mm}^4]$$

전체 용접부 J_G는 $J_G=J_{G1}+J_{G2}=88700000[\text{mm}^4]$

직접응력 σ_D는 $\sigma_D=\dfrac{P}{A}=\dfrac{P}{3818}=0.000262P$

좌단 a점의 굽힘 모멘트에 관한 응력 σ_M은?

$$\sigma_M=\frac{Tr}{J_G}=\frac{[P\{282-(150+80)\}]\times282}{88700000}=0.000165P$$

전응력 σ는 $\sigma=\sigma_D+\sigma_M$

$$8=0.000262P+0.000165P$$

$$0.000427P=8 \qquad \therefore\ P=\frac{8}{0.000427}$$

3. Jenning의 응력계산식

용접이음의 여러 가지 경우에 대하여 제닝은 다음과 같은 응력계산도표를 발표하고 있다(그림 5-43).

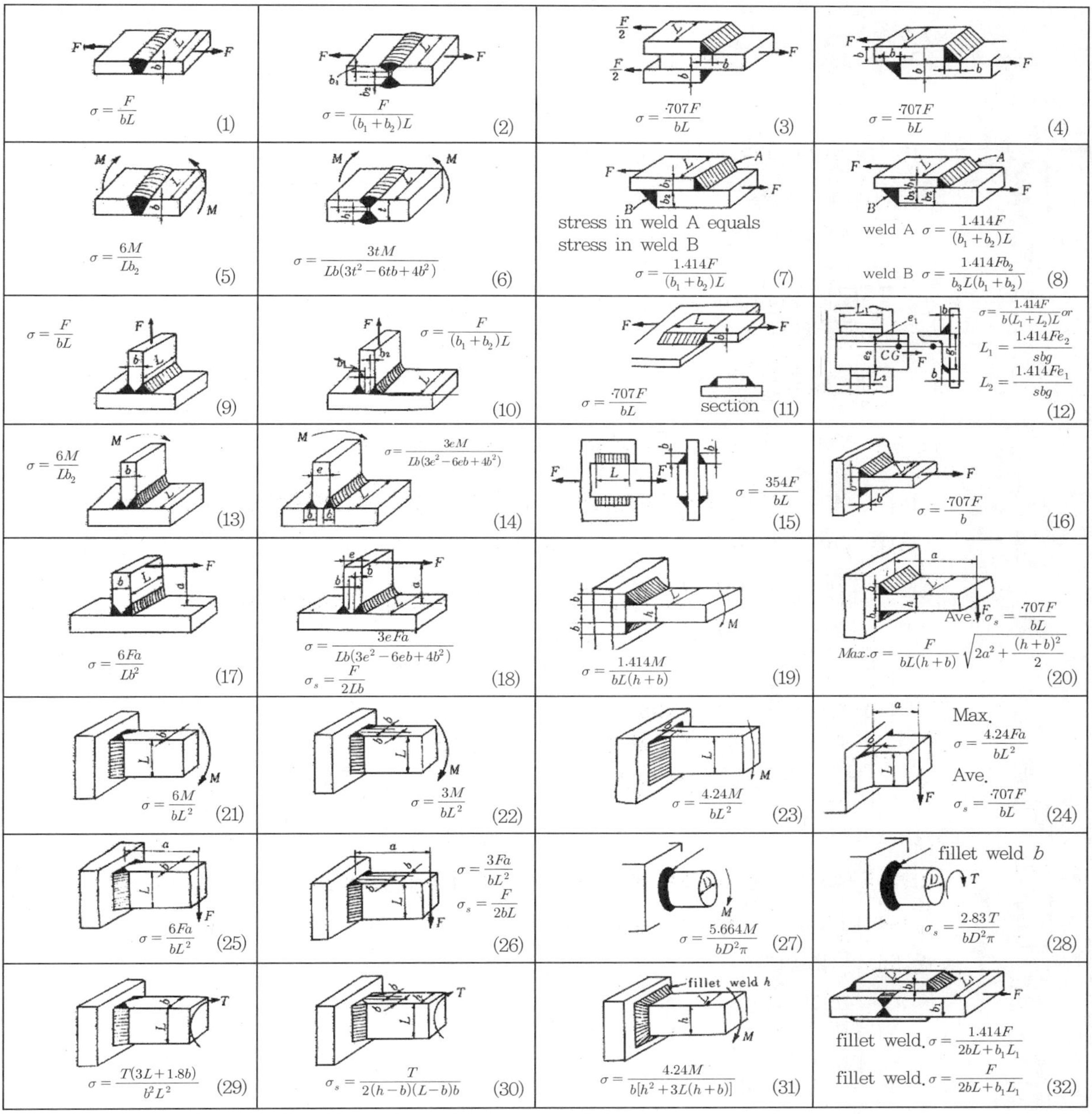

그림 5-43 Jenning의 응력계산

연습문제

01 그림 5-44에서 보는 바와 같이, 필렛용접이음에 하중 $P=1000$[kgf]가 작용할 때의 합성응력을 구하여라. 단, 치수는 같은 치수로 하여 $s=6$[mm], 유효길이 $l=100$[mm]라 한다.

02 그림 5-44와 같은 브래킷(bracket)을 플레임(frame)에 양쪽 필렛 용접을 하였다. 치수는 $s=8$[mm], 유효길이 $l=100$[mm], $c=20$[mm], 허용응력 $\sigma_a=14$[kgf/㎟]라 할 때 수평하중 P의 최대치를 구하여라.

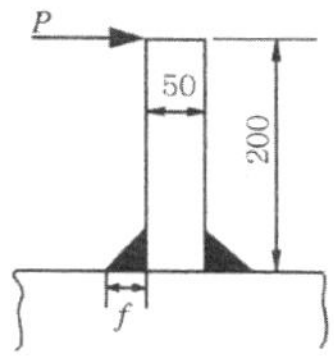

그림 5-44

03 그림 5-45에 있어서 하중 $P=1.8$톤이 수직 방향으로 작용하였을 경우, $s=5$[mm], $l=120$[mm], $d=20$[mm], $\sigma_a=14$[kgf/mm], $\tau_a=9$[kgf/㎟]라 하면 안전한 설계로 판단되는가를 검토하여라.

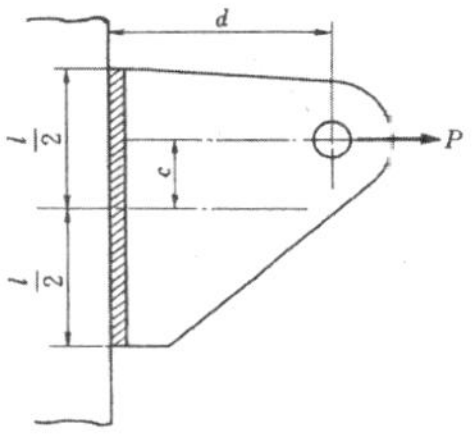

그림 5-45

04 그림 5-46과 같은 양쪽 필렛용접이음의 브래킷에 있어서 $l_1=60$[mm], $s_1=8$[mm], $l_2=40$[mm], $s_2=6$[mm], $b=50$[mm], $c=20$[mm], $P=3$[ton]이라 하면, 최대응력은 어느 정도인가?

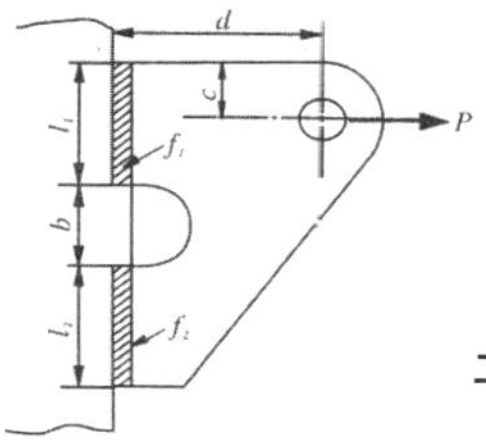

그림 5-46

CHAPTER 6

축(shaft)

6.1 축의 분류

일반적으로 베어링(bearing)으로 받쳐진 채로 멈추고 있든지 회전운동 또는 회전요동운동을 하여 물체를 받치면서 동력을 전달시키는 기계요소를 축이라고 한다. 축은 풀리, 기어, 플라이 휠(fly wheel), 바퀴 등을 달고 있는 경우가 많다.

축은 그 단면의 형상에 의하여 원축(circular shaft), 각축, 스플라인축(splined shaft) 등의 종류가 있고, 또 구멍이 뚫어져 있는 속빈축(hollow shaft)과 뚫어져 있지 않고 살 그대로 있는 실체축(solid shaft)으로 나누어진다. 그리고 축 전체의 형상에서 축을 구별하면 축이 일직선으로 곧은 직선축과 크랭크축과 같이 일직선이 아니고 구부러진 곡선축이 있다. 단면이 균일한 축과 테이퍼(taper)가 지어져 있는 테이퍼축(taper shaft)과 단이 지어져 있는 단달림축(段付軸) 등의 구별이 있다. 표 6-1은 축을 분류하여 표시한 것이다.

1. 작용 하중의 형식에 의한 분류

(1) 차축

동력을 전달시키지 않는 축으로서 주로 굽힘 작용을 받는다.

① **정지차축** : 축 그 자체가 정지하고 있는 차축으로서 자동차의 앞 차축과 같이 차륜은 회전하지만 그것을 받치는 차축은 회전하지 않는다.

② **회전차축** : 차량 그 자체가 회전하는 것으로서 철도차량용 차축과 같이 차축이 차륜에 고정되어 있어 차륜과 더불어 회전하는 차륜을 말하며 그림 6-1의 경우와 같다.

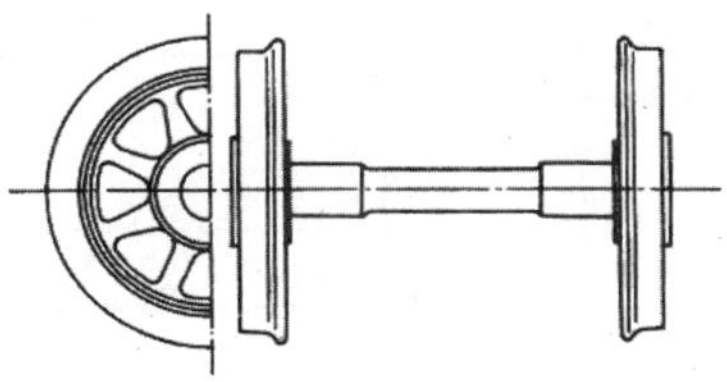

그림 6-1 차륜

(2) 동력축

비틀림, 굽힘, 축력 등을 동시에 받으면서 동력을 전달시키는 축을 말한다.

① **전동축**(transmissicn shaft) ; 주로 비틀림 작용 또는 비틀림과 굽힘 작용을 동시에 받아서 동력을 전달시키는 것을 주목적으로 하는 회전축이고 일반 공장용의 축은 여기에 속한다. 공장용 전동축은 다시 다음 3종류로 나눌 수 있다(그림 6-2).

[표 6-1] 축의 분류표

- **축**
  - **차 축**
    - 정지차축
    - 회전차축
  - **동력축**
    - 전 동 축
    - 작 업 축
    - 크랭크축
  - **원 축**
  - **비원축**
    - 4각축
    - 6각축
    - 스플라인축
  - **실체축**
  - **속빈축**
  - **원동축** / **종동축**
    - 출력축
    - 입력축
  - **강 축**
  - **요 축**
    - 철사플렉시블축
    - 코일플렉시블축
    - 자유자재플렉시축
  - **직선축**
  - **곡선축**
    - 외팔 크랭크축
      - 단식 크랭크축
      - 복식 크랭크축
    - 중간 크랭크축
      - 1 크랭크축
      - 2 크랭크축
      - 다 크랭크축
    - 일체 크랭크축
      - 단조 크랭크축
      - 주조 크랭크축
    - 용접 크랭크축
    - 조립 크랭크축
      - 마찰조립 크랭크축
      - 치형조립 크랭크축
      - 감 합 크랭크축

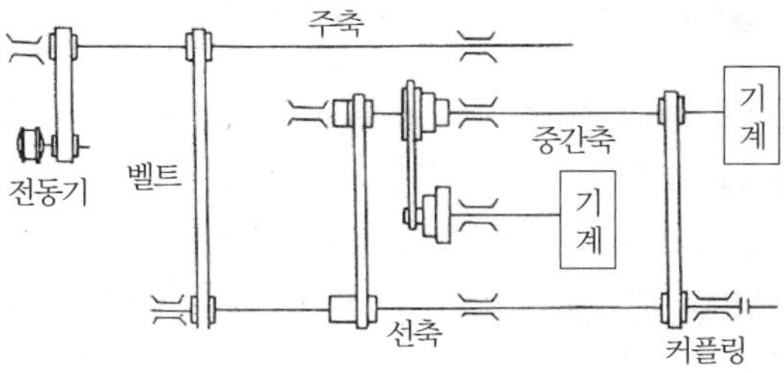

그림 6-2 전동축

1) 주축(main shaft) : 원동기에서 직접 동력을 받는 축을 말하며 제1축이라고도 한다.
2) 선축(line shaft) : 주축에서 동력을 받아서 각 공장에 분배하는 역할을 하는 축을 선축이라 한다.
3) 중간축(counter shaft) : 선축에서 동력을 받아서 각각의 기계에 필요한 속도와 방향을 조정해서 동력을 전달시키는 축

② 작업축

1) 스핀들축(spindle shaft) : 비틀림 작용을 받고 형상 치수가 정밀하며 변형량이 극히 작아야 되는 짧은 회전축으로서 선반, 밀링 머시인 등의 공작기계의 주축으로 사용되는 수가 많고, 공구날 등을 지지하며 직접 작업을 하면서 동력을 전달시키는 축이다. 그림 6-3은 선반의 스핀들축을 도시한 것이다.

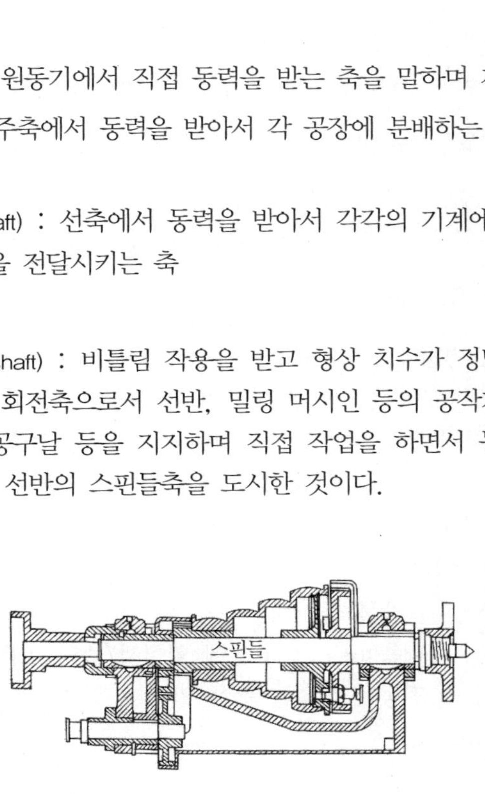

그림 6-3 선반의 스핀들축

2) 추진축 : 굽힘, 비틀림 작용 이외에 인장, 압축작용도 동시에 받아서 토크(torque)의 전달을 하는 축을 말하며 프로펠러축, 나사축 등이 여기에 속한다.
3) 플렉시블(flexible shaft) : 이것은 비틀림 강성도(torsional stiffness)는 상당히 있으나, 굽힘강성도(bending stiffness)는 극히 작은 축으로서, 축선방향이 변화하더라도 작은 회전 토크의 전달을 할 수 있는 축을 말한다. 플렉시블축에는 철사를 보통 4~10층으로 꼬아서 그 자신이 자유로 휘어질 수 있는 코일형 플렉시블축(線形撓軸)과 소형의 커플링 또는 단축원통을 수많이 이어 맞추어 축 전체로서 자유로 구부러질 수 있도록 한 자유이음형 플렉시블축의 2가지 형이 있다.

6.2 축의 설계에 있어서 고려되는 사항

축을 설계하려면 주어진 운전조건과 하중조건하에서 파손하지 않게 하기 위한 충분한 강도(strength)를 갖게 할 것과 처짐(deflection)과 비틀림이 어느 한도 이내에 있도록 필요한 강성도(stiffness)를 갖게 할 것과, 위험속도(critical speed)로부터 25% 이상 떨어진 상태에서 사용할 수 있도록 하는 조건들이 요구된다. 이 3가지 조건들은 서로 관련하지 않으므로 축의 설계에 있어서는 각 조건에 대하여 축의 치수를 계산하고, 이것들을 종합하여 가장 안전한 치수와 형상을 결정하도록 해야 한다. 보통은 변형의 제한조건을 만족하는 축은 강도도 충분하므로 먼저 변형조건에서 설계하고 다음에 강도를 검토하는 편이 좋다. 축의 설계에 있어서 고려해야 되는 사항들은 다음과 같다.

(1) 강도(strength)

정하중, 반복하중, 충격하중 등 하중의 종류에 따라 충분한 강도를 갖게 한다. 특히 키홈, 원주홈, 단달림축의 집중응력 등을 고려하여 설계해야 한다.

(2) 변형(deflection)

① **처짐변형** : 굽힘하중을 받는 축에서는 강도가 충분하더라도 처짐이 어느 한도 이상이 되면 베어링 압력의 불균형, 베어링의 틈새의 불균일, 기어의 물림 상태의 부정확, 공작기계의 스핀들의 경우에는 가공물의 완성의 부정확 등 여러 가지 원인에 의하여 기계적 불균형이 생긴다. 따라서 축의 종류에 따라 처짐의 양이 어느 일정한 한도 이내에 있도록 처짐의 제한을 하여 설계해야 될 것이다.

② **비틀림변형** : 주기적 또는 확실한 전동을 요하는 축은 비틀림각에 어느 제한을 받게 된다. 한 예를 들면 긴 축의 양단이 동시에 회전하는 천정주행기중기의 회전축, 운전기의 롤러축(roller sfaft) 등에 있어서 축의 비틀림각이 크면 기계적 불균형이 생기므로 확실한 전동을 요하는 축에 있어서 축의 비틀림각에 제한을 하여 설계해야 된다.

(3) 진동(vibration)

축은 굽힘진동 또는 비틀림진동에 의하여 특히 공진(resonance)현상에 의하여 파괴되고, 운전의 안정을 잃는 경우가 가끔 일어나므로, 고속회전의 회전체에 대하여서는 진동에 주의하고 진동 방지의 대책을 강구해야 된다.

(4) 열응력(thermal stress)

제트 엔진, 증기터빈의 회전축과 같이 고온상태에서 사용되는 축에 있어서는 열응력, 열팽창 등에 주의하여 설계하여야 된다. 축의 길이가 변화하려고 하더라도 그 변화가 구속되어 있으면 축에 열응력이 생기고 베어링하중이 증가하며, 축의 길이가 변화하면 기어 등이 있는 경우에는 그 물림 상태가 나쁘게 된다.

(5) 부식(corrosion)

선박 프로펠러축(marine propeller shaft), 수차축(water turbine shaft) 및 펌프축(pump shaft) 등과 같이 항상 액체 중에 접촉하고 있는 축은 전기적, 화학적 또는 그 합병작용에 의하여 부식하고, 또 타격적인 접촉압력이 작용하는 측면은 괴식하여 소모하게 되므로 축의 설계에 있어서 미리 주의해야 한다.

6.3 강도에 의한 축지름의 설계

1. 정하중을 받는 직선축의 강도

T : 축에 작용하는 비틀림 모멘트[kgf−cm]
M : 축에 작용하는 굽힘 모멘트[kgf−cm]
N : 축의 1분간의 회전 속도[rpm]
$H=H_{PS}$: 전달 마력[PS]
$H=H_{kW}$: 전달 마력(kW마력)
d : 실체원축(circular solid shaft)의 지름[cm]
d_1 : 속빈원축(circular hollow shaft)의 안지름[cm]
l : 축의 길이[cm]
d_2 : 속빈원축의 바깥지름[cm]
σ_a : 축의 허용굽힘응력[kgf/㎠]
τ_a : 축의 허용 전단응력[kgf/㎠]

이라고 하면 재료역학의 굽힘 공식(bending formula) $M=\sigma Z$의 관계와 비틀림 공식(twisting formula) $T=\tau_a Z_p$의 관계에서 다음과 같은 관계식들이 성립된다.

(1) 차축과 같이 M의 굽힘 모멘트만을 받는 축

굽힘 모멘트의 크기는 축의 지지방법과 하중의 종류 등에 따라 변화하지만 위험단면의 최대굽힘응력 σ는

$$\sigma=\frac{M}{Z} \quad \therefore M=\sigma Z$$

1) 실체원축의 경우

$$M=\sigma Z=\sigma\frac{\pi}{32}d^3=\frac{d^3}{10.2}\sigma \tag{6-1}$$

축의 허용굽힘응력 σ_a를 사용하면 축의 지름이 다음식으로 결정된다.

$$d=\sqrt[3]{\frac{10.2}{\sigma_a}M}\fallingdotseq 2.17\sqrt[3]{\frac{M}{\sigma_a}}\ [\mathrm{cm}] \tag{6-2}$$

그림 6-4에서 내외지름비를 $x=\frac{d_1}{d_2}$ 라 하면 다음식이 성립된다.

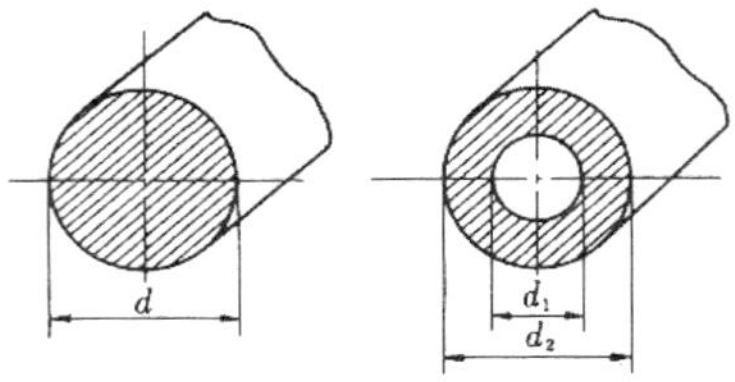

그림 6-4 속빈원축의 내외지름비

2) 속빈원축의 경우

$$M=\frac{\pi}{32}\left(\frac{{d_2}^4-{d_1}^4}{d_2}\right)\sigma_a=\frac{{d_2}^3}{10.2}(1-x^4)\sigma_a \tag{6-3}$$

$$d_2=\sqrt[3]{\frac{10.2M}{(1-x^4)\sigma_a}}\fallingdotseq 2.17\sqrt[3]{\frac{M}{(1-x^4)\sigma_a}}\ [\mathrm{cm}] \tag{6-4}$$

표 6-2는 각종 단면의 단면 2차 모멘트 I와 단면계수 Z의 값을 나타낸 것이다.

(2) T형 비틀림 모멘트만을 받을 때

1) 실체원축의 경우

$$T=\frac{\pi}{16}\tau_a d^3\fallingdotseq\frac{1}{5.1}d^3\tau_a \tag{6-5}$$

$$\therefore\ d=\sqrt[3]{\frac{5.1}{\tau_a}T}=1.72\sqrt[3]{\frac{T}{\tau_a}}\ [\mathrm{cm}] \tag{6-6}$$

또, $H=H_{PS}=\frac{T_\omega}{75\times100}=\frac{T\times\frac{2\pi N}{60}}{75\times100}=\frac{2\pi NT}{75\times60\times100}\ [\mathrm{PS}]$

$$\therefore\ T=\frac{71620H}{N}\ [\mathrm{kgf{-}cm}] \tag{6-7}$$

[표 6–2] 각종 단면형상의 단면 2차 모멘트와 단면계수, 회전반지름

단면형태	면적 A	단면2차모우먼트 I	단면계수 $Z=\frac{I}{y}$	회전반지름 $k^2=\frac{I}{A}$
① 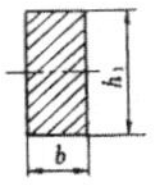	bh	$\frac{1}{12}bh^3$	$\frac{1}{6}bh^2$	$\frac{1}{12}bh^2$
② 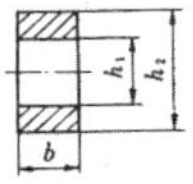	$b(h_2-h_1)$	$\frac{1}{12}b(h_2{}^3-h_1{}^3)$	$\frac{1}{6}\cdot\frac{b(h_2{}^3-h_1{}^3)}{h^2}$	$\frac{1}{12}\cdot\frac{h_2{}^3-h_1{}^3}{h^2-h_1}$
③ 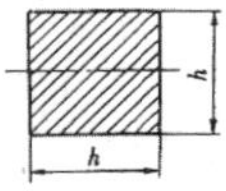	h^2	$\frac{1}{12}h^4$	$\frac{1}{6}h^3$	$\frac{1}{12}h^2$
④ 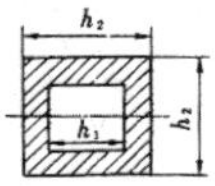	$h_2{}^2-h_1{}^2$	$\frac{1}{12}(h_2{}^4-h_1{}^4)$	$\frac{1}{6}\cdot\frac{h_2{}^4-h_1{}^4}{h^2}$	$\frac{1}{12}(h_2{}^2+h_1{}^2)$
⑤ 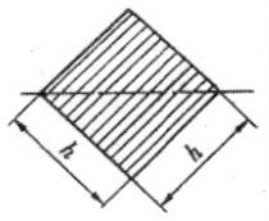	h^2	$\frac{1}{12}h^4$	$\frac{\sqrt{2}}{12}h^3$	$\frac{1}{12}h^2$
⑥ 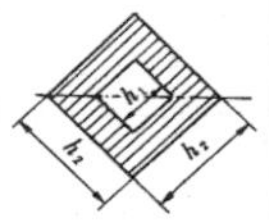	$h_2{}^2-h_1{}^2$	$\frac{1}{12}(h_2{}^4-h_1{}^4)$	$\frac{\sqrt{2}}{12}\cdot\frac{h_2{}^4-h_1{}^4}{h^2}$	$\frac{1}{12}(h_2{}^2+h_1{}^2)$
⑦ 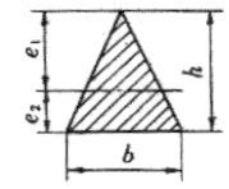	$\frac{1}{2}bh$	$\frac{1}{36}bh$	$e_1=\frac{2}{3}h,\ e_2=\frac{1}{3}h$ $Z_1=\frac{1}{24}bh^2,\ Z_1=\frac{1}{12}bh^2$	$\frac{1}{18}bh$
⑧ 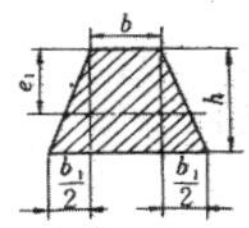	$h\left(b+\frac{1}{2}b_1\right)$	$\frac{6b^2+6bb_1+b_1{}^2}{36(2b+b_1)}\cdot h^4$	$e_1=\frac{1}{3}\cdot\frac{3b+2b_1}{2b+b_1}\cdot h$ $Z_1=\frac{6b_2+6bb_1+b_1{}^2}{12(3b+2b_1)}\cdot h^2$	$\frac{6b_2+6bb_1+b_1{}^2}{18(2b+b_1)^2}\cdot h^2$
⑨ 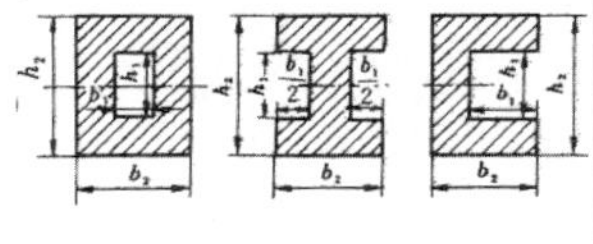		$A=b_2h_2-b_1h_1$ $I=\frac{1}{12}(b_2h_2{}^3-b_1h_1{}^3)$ $Z=\frac{1}{6}\cdot\frac{b_2h_2{}^3-b_1h_1{}^3}{h_2}$		$\frac{1}{12}\cdot\frac{b_2h_2{}^3-b_1h_1{}^3}{b_2h_2-b_1h_1}$

단면형태		면적 A	단면2차모우먼트 I	단면계수 $Z=\frac{I}{y}$	회전반지름 $k^2=\frac{I}{A}$
⑩	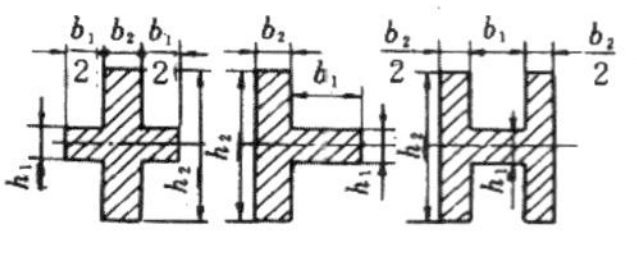	$A=b_1h_1+b_2h_2$ $I=\frac{1}{12}(b_1{h_1}^3+b_2{h_2}^3)$ $Z=\frac{1}{6}\cdot\frac{b_1{h_1}^3+b_2{h_2}^3}{h_2}$			$\frac{1}{12}\cdot\frac{b_1{h_1}^3+b_2{h_2}^3}{b_1h_1+b_2h_2}$
⑪	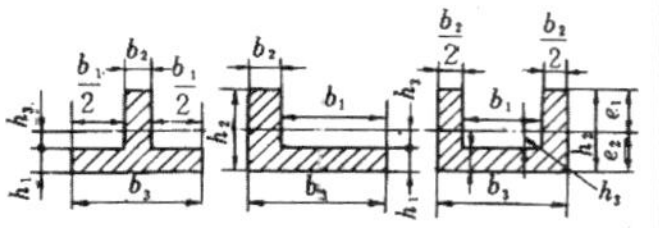	$A=b_1h_1+b_2h_2$ $I=\frac{1}{1}(b_3{e_2}^3-b_1{h_3}^3+(b_2{e_1}^3)$ $e_2=\frac{b_1{h_1}^2+b_2{h_2}^2}{2(b_1h_1+b_2h_2)}$			$\frac{1}{3}\cdot\frac{b_3{e_2}^3-b_1{h_3}^3+b_2{e_1}^3}{b_1h_1+b_2h_2}$
⑫	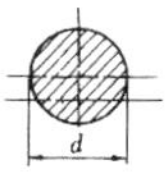	$\frac{\pi}{4}d^2$	$\frac{\pi}{64}d^4$	$\frac{\pi}{32}d^3$	$\frac{1}{16}d^2$
⑬	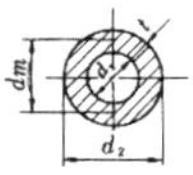	$\frac{\pi}{4}({d_2}^2-{d_1}^2)$	$\frac{\pi}{64}({d_2}^4-{d_1}^4)$	$\frac{\pi}{32}\cdot\frac{{d_2}^4-{d_1}^4}{d^2}$ $\fallingdotseq 0.8dm^2t$ (t/dm가 작을때)	$\frac{1}{16}({d_2}^2+{d_1}^2)$
⑭	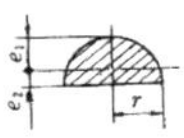	$\frac{\pi}{2}\pi^2$	$\left(\frac{\pi}{8}-\frac{8}{9\pi}\right)\pi^4$ $=0.1098r^4$	$e_1=0.5756r$ $e_2=0.4244r$ $Z_1=0.1908r^3$ $Z_2=0.2587r^3$	$\frac{9\pi^2-64}{36\pi^2}\cdot\pi^2$ $=0.0697r^2$
⑮	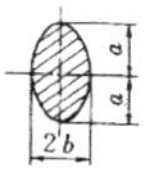	πab	$\frac{\pi}{4}a^3b$	$\frac{\pi}{4}a^2b$	$\frac{1}{4}a^2$

그리고 $H'=H_{kW}=\frac{T_\omega}{102\times100}=\frac{T\times\frac{2\pi N}{60}}{102\times100}=\frac{2\pi NT}{102\times60\times100}$ [kW]

$\therefore\ T=\frac{97400H'}{N}$ [kgf−cm]

따라서 $H=H_{PS}$ 마력을 N[rpm]으로 전달시키는 축의 지름 d는 다음 식으로 계산된다.

$$\frac{\pi}{16}d^3\tau_a=\frac{71620H}{N}$$

$$\therefore d=\sqrt[3]{\frac{365260H}{\tau_aN}}=71.5\sqrt[3]{\frac{H}{\tau_aN}}\ [\text{cm}] \qquad (6\text{–}9)$$

또 $$d=79.2\sqrt[3]{\frac{H'}{\tau_aN}}\ [\text{cm}] \qquad (6\text{–}10)$$

허용 전단응력 τ_a에 각종 재료의 값을 대입하면 다음과 같다.

$$\begin{aligned} &\text{연강 :} && \tau_a = 200[\mathrm{kgf/cm^2}] \ \therefore d = 12\sqrt[3]{\frac{H}{N}}[\mathrm{cm}] \\ &\text{보통강 :} && \tau_a = 300[\mathrm{kgf/cm^2}] \ \therefore d = 10.6\sqrt[3]{\frac{H}{N}}[\mathrm{cm}] \\ &\text{압연강 :} && \tau_a = 120[\mathrm{kgf/cm^2}] \ \therefore d = 14.4\sqrt[3]{\frac{H}{N}}[\mathrm{cm}] \\ &\text{Ni-Cr강 :} && \tau_a = 500[\mathrm{kgf/cm^2}] \ \therefore d = 9.0\sqrt[3]{\frac{H}{N}}[\mathrm{cm}] \end{aligned} \tag{6-11}$$

그림 6-5는 각종 축재료의 허용전단의 값에 대한 윗들의 계수치를 표시한 것이다.

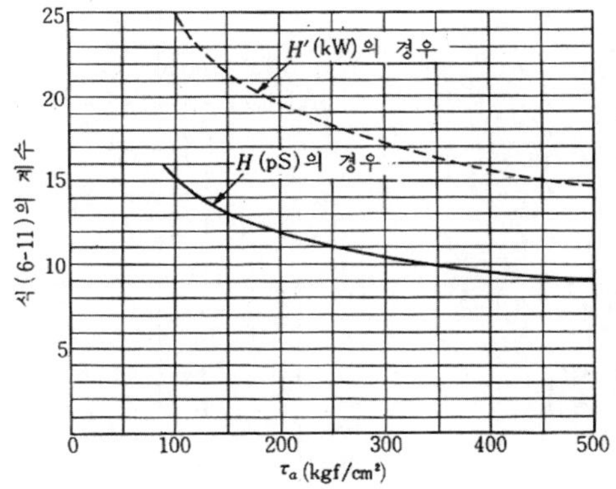

그림 6-5 식 (6-11)의 계수치

2) 속빈원축의 경우

$d_1 = xd_2$라 하면

$$T = \frac{\pi}{16}\left(\frac{{d_2}^4 - {d_1}^4}{d_2}\right)\tau_a = \frac{{d_2}^3}{5.1}(1 - x^4)\tau_a \tag{6-12}$$

$$\therefore \ d_2 = \sqrt[3]{\frac{5.1T}{(1-x^4)\tau_a}} = 1.72\sqrt[3]{\frac{T}{(1-x^4)\tau_a}}\ [\mathrm{cm}] \tag{6-13}$$

또는 $d_2 = 71.5\sqrt[3]{\frac{H}{(1-x^4)\tau_a N}}\ [\mathrm{cm}]$ (6-14)

$$d_2 = 79.2\sqrt[3]{\frac{H}{(1-x^4)\tau_a N}}\ [\text{cm}] \qquad (6-15)$$

속빈원축은 실체원축보다 바깥지름이 약간 크게 되나 무게는 훨씬 가볍게 되고 강도와 변형강성도 크게 되므로, 속빈원축의 편이 우수하다고 볼 수 있다. 그러나 공작제작비가 비싸게 들므로 육지의 공장 등에서는 실체원축을 사용하는 수가 많고 강도가 크고 무게가 가벼워야 되는 바다 또는 공중에서 사용되는 항공기, 선박 등의 축은 공작비가 비싸더라도 속빈원축을 사용하는 것이 원칙이다.

실체원축과 속빈원축의 강도가 같다고 하면 양편의 지름의 비는 다음과 같다.

$$\frac{d_2}{d} = \sqrt[3]{\frac{1}{1-x^4}} \qquad (6-16)$$

단, x는 내외 지름비를 표시한다.

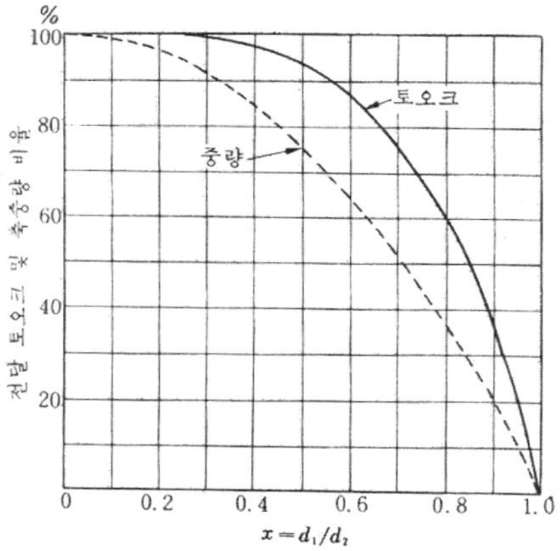

그림 6-6 전달토크 및 축중량의 비율(%)

그림 6-6은 속빈원축의 내외지름비가 여러 가지로 변환하였을 경우의 전달 토크와 축중량을 같은 바깥지름을 가진 실체원축과의 경우를 비교한 관계선도이다.

즉, $x=0.4$의 속빈원축의 경우 중량은 약 16% 감소한데 대하여 전달 토크는 겨우 4% 정도만 감소하였을 뿐이다.

(3) 굽힘 모멘트와 비틀림 모멘트를 동시에 받는 축

이 경우는 실제적으로 가장 많은 실례가 있고, M은 축방향에 수직응력 σ를, T는 전단응력 τ를 각각 생기게 한다. 그림 6-7의 (a)에 도시한 바와 같이 속빈원축에서 임의의 단면 mm에 있어서 축외주측면의 A점 및 축외주하면의 B점에 미소부분을 생각하여 여기에 작용하는 응력상태를 표시하면 그림의 (b)와 같이 된다. B점에서는 수직응력과 전단응력의 조합응력이 작용하여 A점보다 엄격한 사용 조건으로 된다. B점의 응력 상태에서 모어원(Mohr's circle)을 그어 보면 그림 6-8이 얻어진다.

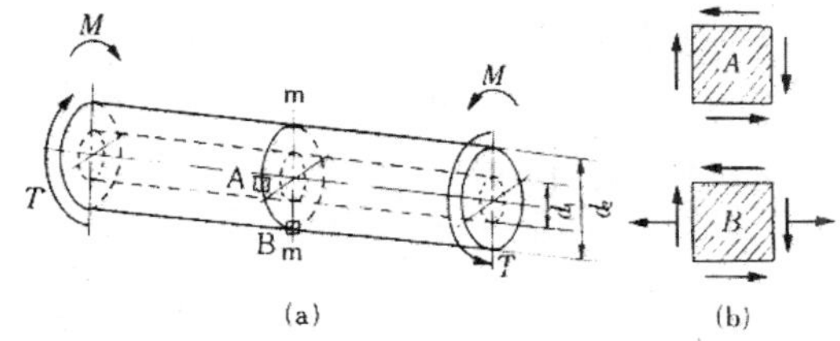

그림 6-7 굽힘과 비틀림을 받는 축

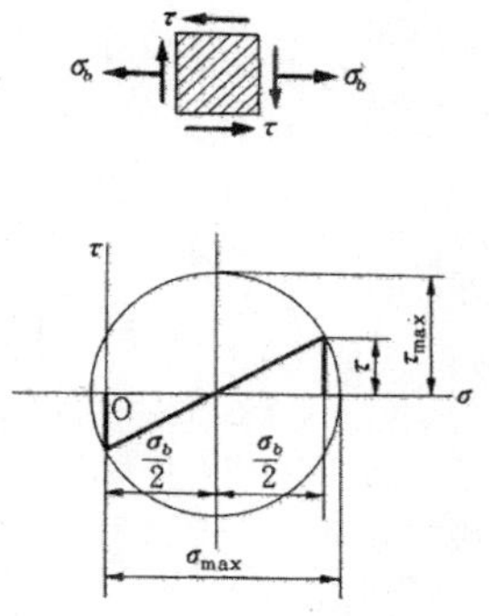

그림 6-8 B점의 모어원

여기서 주응력 $\sigma_{\max}$ 및 최대전단응력 $\tau_{\max}$는 각각 다음과 같이 구해진다.

$$\sigma_{\max} = \frac{1}{2}\sigma + \frac{1}{2}\sqrt{\sigma^2 + 4\tau^2} \tag{6-17}$$

$$\tau_{\max} = \frac{1}{2}\sqrt{\sigma^2 + 4\tau^2} \tag{6-18}$$

즉 Rankine이 주장하는 최대주응력설에 상당굽힘응력(equivalent bending stress) σ_e는 다음 식으로 주어진다.

$$\sigma_e = \frac{\sigma}{2} + \frac{1}{2}\sqrt{\sigma^2 + 4\tau^2} \tag{6-19}$$

또 Guest가 주장하는 최대전단응력설에 의한 상당비틀림응력(equivalent twisting stress) τ_e는 다음 식으로 주어진다.

$$\tau_e = \frac{1}{2}\sqrt{\sigma^2 + 4\tau^2} \tag{6-20}$$

그런데 $M = \frac{\pi}{32}\sigma d^3$, $T = \frac{\pi}{16}\tau d^3$이므로 $\sigma = \frac{32M}{\pi d^3}$, $\tau = \frac{16T}{\pi d^3}$를 각각 위식에 대입하면 최대주응력설에 의하면 σ_e는 $M_e = \frac{1}{2}(M + \sqrt{M^2 + T^2})$과 같은 모멘트가 굽힘 모멘트로서 작용하였을 경우의 굽힘응력에 상당하고, 또 최대전단응력설에 의하면 τ_e는 $T_e = \sqrt{M^2 + T^2}$과 같은 모멘트가 비틀림 모멘트로서 작용하였을 경우의 비틀림응력에 상당하다는 것이 된다. 이

M_e를 상당굽힘 모멘트(equivalent bending moment)라고 한다.

또 한편 Saint-Venant은 축의 파손은 최대변형에 기인한 것으로서, 다음과 같은 σ_e를 상당응력으로 하여 파손하지 않기 위해서는 σ_e가 허용응력 σ_a보다 작아야 된다는 것이다.

즉, $\sigma_a \geqq \sigma_e = \epsilon E = \frac{m-1}{2m}\sigma + \frac{m+1}{2m}\sqrt{\sigma^2+4\tau^2}$

단, ϵ ; 최대변형율, E ; 종탄성계수, m ; 프와송의 비

그러나 M과 T의 성질이 다른 경우는 양자에 대한 허용응력을 바꾸어야 된다고 Bach는 주장하여 τ대신에 $\alpha_0\tau$를 사용하였다.

여기서, $\alpha_0 = \frac{m}{m+1}\frac{\sigma_a}{\tau_a}$

따라서

$$\sigma_a \geqq \sigma_e = \epsilon \cdot E = \frac{m-1}{2m}\sigma + \frac{m+1}{2m}\sqrt{\sigma^2+4(\alpha_0\tau)^2} \tag{6-21}$$

여기서, σ_e를 상당굽힘응력이라 한다.

위식에 $M = \frac{\pi}{32}d^3\sigma$, $T = \frac{\pi}{16}\tau d^3$, $m = \frac{10}{3}$을 대입하면

$$\frac{\pi}{32}d^3\sigma_a \geqq 0.35M + 0.65\sqrt{M^2+\sigma_0{}^2T^2} \tag{6-22}$$

단, $\alpha_0 = \frac{1}{1.3}\frac{\sigma_a}{\tau_a}$

$$\text{그리고 } M_e = 0.35M + 0.65\sqrt{M^2+(\alpha_0 T^2)} \tag{6-23}$$

여기서 M_e는 상당굽힘 모멘트이다.

결국 이상을 종합하면 축의 파손이 최대인장응력에 의한 것인가, 최대전단응력에 의한 것인가 또는 최대변형에 의한 것인가, 어느 것에 의한 것인가에 따라 다음 식 중에서 선택하여 결정해야 된다.

i) 최대주응력설(maximum principal stress theory)에 의한 Rankine의 식

$$M_e = \frac{1}{2}(M + \sqrt{M^2+T^2}) \tag{6-24}$$

ii) 최대전단응력설(maximum shearing stress theory)에 의한 Guest의 식

$$T_e \sqrt{M^2 + T^2} \qquad (6-25)$$

iii) 최대변형설(maximum strain theory)에 의한 Saint-Vennant의 식

$$M_e = 0.35M + 0.65\sqrt{M^2 + (\alpha_0 T)^2} \qquad (6-26)$$

단, $\alpha_0 = \dfrac{\sigma_a}{1.3\tau_a}$

α_0 는 0.47 ~ 0.1 의 값이고 연강이면 0.47 이다.

일반적으로 강과 같이 연성재료의 축은 최대전단응력설이 가장 잘 일치하며 계산도 안전측에 있으므로 Guest의 식이 많이 채용되고, 주철과 같이 취약재료에서는 최대주응력설이 가장 잘 일치하므로 Rankine의 식이 많이 사용된다.

1) **실체원축의 경우**

강 등 연성 재료에 있어서

$$\tau = \frac{16}{\pi d^3}\sqrt{M^2 + T^2} \qquad (6-27)$$

$$\therefore\ d = \sqrt[3]{\frac{5.1}{\tau}\sqrt{M^2 + T^2}}\ [\text{cm}] \qquad (6-28)$$

주철 등 취성재료에 있어서

$$\sigma = \frac{32}{\pi d^3} \times \frac{1}{2}(M + \sqrt{M^2 + T^2}) = \frac{16}{\pi d^3}(M + \sqrt{M^2 + T^2}) \qquad (6-29)$$

$$\therefore\ d = \sqrt[3]{\frac{5.1}{\sigma}(M + \sqrt{M^2 + T^2})}\ [\text{cm}] \qquad (6-30)$$

2) **속빈원축의 경우**

연성재료에 있어서

$$\tau = \frac{16}{\pi(1-x^4)d_2{}^3}\sqrt{M^2 + T^2} \qquad (6-31)$$

$$\therefore\ d_2 = \sqrt[3]{\frac{5.1}{(1-x^4)\tau}\sqrt{M^2 + T^2}}\ [\text{cm}] \qquad (6-32)$$

취성재료에 있어서

$$\sigma = \frac{16}{\pi(1-x^4)d_2^{\,3}}(M+\sqrt{M^2+T^2}) \tag{6-33}$$

$$\therefore\ d_2 = \sqrt[3]{\frac{5.1}{(1-x^4)\sigma}(M+\sqrt{M^2+T^2})}\ [\mathrm{cm}] \tag{6-34}$$

(4) 굽힘 모멘트 M, 비틀림 모멘트 T 및 축방향의 힘이 동시에 작용하는 축의 경우

워엄 기어(worm gear)의 축, 선박용 프로펠러축(marine propeller shaft) 또는 무게가 무거운 하중을 받아서 축하단을 드러스트 베어링(thrust bearing)으로 지지되어 있는 수직축 등은 비틀림과 압축작용을 동시에 받는다.

지금 P를 압축축하중[kgf]라 하고, 좌굴(buckling)을 생각하지 않아도 좋은 단축과 고려하여야 할 장축으로 나누어 생각한다.

① **단축의 경우** : 굽힘과 비틀림 모멘트 이외에 축방향의 작용을 받는 축에서는 그림 6-9에서 보는 바와 같이 축의 바깥둘레 위의 A점에 가장 큰 응력이 작용한다. 여기서 A점에 작용하는 응력상태에서 모어의 원을 그리면 그림 6-10과 같이 된다.

최대주응력, 최대전단응력은 $\tau = \dfrac{16T}{\pi d^3}$, $\sigma_b = \dfrac{32M}{\pi d^3}$, $\sigma_t = \dfrac{4P}{\pi d^2}$ 이므로

$$\sigma_{\max} = \frac{1}{2}(\sigma_b+\sigma_t)+\frac{1}{2}\sqrt{(\sigma_b+\sigma_t)^2+4\tau^2}$$

$$= \frac{16}{\pi d^3}\left\{\left(\frac{d}{8}P+M\right)+\sqrt{\left(\frac{d}{8}+M\right)^2+T^2}\right\} \tag{6-35}$$

$$\tau_{\max} = \frac{16}{\pi d^3}\sqrt{\left(\frac{d}{8}P+M\right)^2+T^2} \tag{6-36}$$

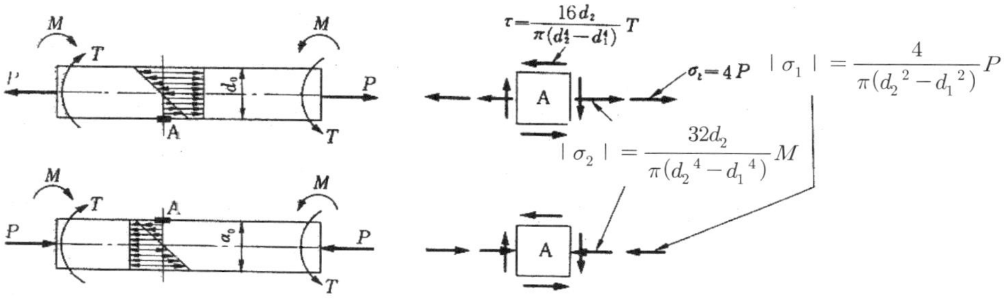

그림 6-9 굽힘, 비틀림, 축방향의 힘을 받는 축

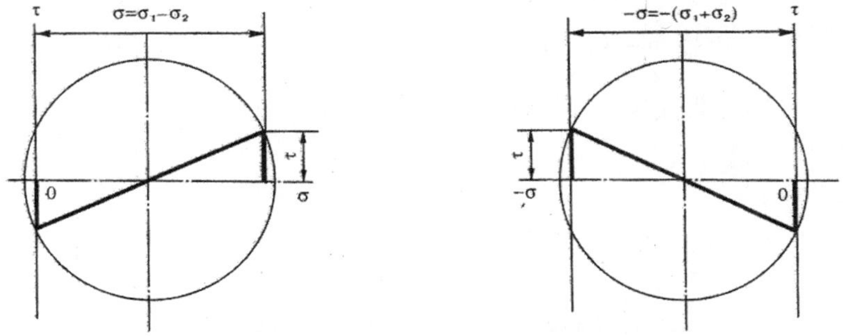

그림 6-10 A 점의 모어원

또 위식의 $\sigma_{\max}$, $\tau_{\max}$ 에 축재료의 허용응력 σ_a, τ_a 를 사용하여 축의 지름을 결정하면 다음과 같다.

1) 연성재료의 경우

$$d^3 = \frac{16}{\pi\tau_a}\sqrt{\left\{\frac{P(1+x^2)d}{8}+M\right\}^2+T^2} \text{ [cm]} \tag{6-37}$$

2) 취성재료의 경우

$$d^3 = \frac{16}{\pi\sigma_a}\left\{\frac{P(1+x^2)d}{8}+M\right\}+\sqrt{\left\{\frac{P(1+x^2)d}{8}\right\}^2+T^2} \text{ [cm]} \tag{6-38}$$

여기서 속빈원축의 경우 내외지름비 $x=\frac{d_1}{d_2}$ 을 표시한다.

이 식들을 사용하여 축지름을 구하려면 처음에는 대략으로 적당한 축지름 수치를 대입하여 좌우양변을 비교하면서 양변이 거의 같게 되는 수치를 발견해 가도록 해야 될 것이다.

② **장축의 경우** : 축방향력이 압축력이고, 축이 가느다란 경우에는 다시 좌굴에 대한 위험성을 고려하기 위한 계수를 사용하지 않으면 안 된다. 이 계수는 축을 베어링으로써 받쳐지는 장주로 생각하며 다음과 같이 취한다.

η : 좌굴효과를 표시하는 계수　　l : 베어링 사이의 거리

k : 축의 단면/2차반지름(회전반지름)　　λ : 세장비(slenderness ratio), $\lambda=\frac{l}{k}$

σ_Y : 압축항복점

n : 축의 받침계수로 볼 베어링(ball bearing)과 같이 자유로이 받쳐져 있을 경우는

$n=1$, 폭이 있는 미끄럼 베어링(sliding bearing)에서는 $n=2.5$, 완전고정하의 조건에서는 $n=4$를 취한다.

k에 대해서 실체원축의 경우는 $k=\frac{d}{4}$, 속빈원축의 경우는 $k=(1+x^2)\frac{d}{4}$로 취한다.

$$\lambda=\frac{l}{k}>110\text{의 경우}\qquad \eta=\frac{(\sigma_Y n\pi^2 E)}{\lambda^2} \tag{6-39}$$

$$\lambda=\frac{l}{k}<110\text{의 경우}\qquad \eta=1\{1-0.004(\lambda\sqrt{n})\} \tag{6-40}$$

1) 연성재료의 경우

$$d^3=\frac{16}{\pi\tau_a}\sqrt{\left\{\frac{\eta P(1+x^2)d}{8}+M\right\}^2+T^2}\ \ [\mathrm{cm}] \tag{6-41}$$

2) 취성재료의 경우

$$d^3=\frac{16}{\pi\sigma_a}\left\{\frac{\eta P(1+x^2)d}{8}+M\right\}+\sqrt{\left\{\eta P(1+x^2\frac{)d}{8}+M\right\}^2+T^2}\ \ [\mathrm{cm}] \tag{6-42}$$

이상에서 축지름을 구하면 처음에 k도 아직 알지 못하고 또한 η도 알지 못하므로 최초에 적당한 d를 가정하여 먼저 η를 정하고, d 및 η의 값을 위식들에 대입, 좌우양변을 비교하여 그 결과에서 d, η를 수정하면서 차츰 d의 근사치를 구해 가는 것이다. 단, 속빈원축의 경우 d는 바깥지름 d_2를 표시한다.

2. 동하중을 받는 직선축의 강도

기계의 축에 작용하는 굽힘 모멘트 M과 비틀림 모멘트 T는 일정하지 않고 복잡하게 변동하든지 또는 충격적으로 작용하는 경우가 많다.

또 축의 어느 단면은 설치물의 중량과 풀리에 작용하는 벨트의 장력 때문에 회전할 때마다 반복하중(repeated load)을 받게 된다.

따라서 이와 같이 동적 영향을 고려하여 축을 설계하기 때문에 축에 작용하는 M에 대하여 계수 k_m을 곱하고, T에 대하여 계수 k_t를 곱하여 각각 k_mM 및 k_tT로 하여 축지름을 계산해야 된다. 표 6-3은 동적 효과계수 k_m, k_t의 값을 표시한다.

(1) T와 M이 동시에 작용하는 경우

연성재료에 대하여 다음 식으로 구한다.

$$d = \sqrt[3]{\frac{16}{\pi(1-x^4)\tau_a}\sqrt{(k_m M)^2 + (k_t T)^2}} \text{ [cm]} \quad (6-43)$$

취성재료에 대하여 다음 식으로 구한다.

$$d = \sqrt[3]{\frac{16}{\pi(1-x^4)\sigma_a}(k_m M + \sqrt{(k_m M)^2 + (k_t T)^2}} \text{ [cm]} \quad (6-44)$$

[표 6-3] 동적 효과계수 k_m, k_t 의 값

하중의 종류	회전축		정지축	
	k_t	k_m	k_t	k_m
정하중 또는 극히 완만한 동하중	1.0	1.5	1.0	1.0
심한 변동하중 또는 가벼운 충격하중	1.0~1.5	1.5~2.0	1.5~2.0	1.5~2.0
격렬한 충격하중	1.5~3.0	2.0~3.0	–	–

예제 1 매분 500 회전하여 15 [PS]를 전달시키는 강철제의 실체원축에 작용하는 굽힘 모멘트가 4000 [kgf-cm]의 경우 축지름을 설계하여라. 단, 허용 전단응력 $\tau_a = 400$ [kgf/㎠]라 한다. $k_m = 1.5$, $k_t = 1.2$ 로 잡는다.

풀이

$$T = k_t \frac{71620H}{N} = 1.2 \times \frac{71620 \times 15}{500} = 2.578 \text{[kgf-cm]}$$

$$M = k_m \times 4000 = 1.5 \times 4000 = 6.000 \text{[kg-cm]}$$

$$d = \sqrt[3]{\frac{16\sqrt{2578^2 + 600^2}}{3.1416 \times 400}} = 4.37 \text{ [cm]} \quad \therefore\ 4.37 \text{ [cm]}$$

(2) T와 M 및 축방향력 P가 작용하는 경우

연성재료에 대해서는 다음 식으로 구한다.

$$d_2 = \left[\frac{16}{\pi(1-x^4)\tau_a}\sqrt{\left\{k_m M + \eta d_2 \frac{(1+x^2)}{8} P\right\}^2 + (k_t T)^2}\right]^{\frac{1}{3}} \text{[cm]} \quad (6-45)$$

취성재료에 대해서는 다음 식으로 구한다.

$$d_2 = \left[\frac{16}{\pi(1-x^4)\sigma_a}\left\{k_m M + \eta d_2 \frac{(1+x^2)}{8} P\right\} + \sqrt{\left\{k_m M + \eta d_2 \frac{(1+x^2)}{8} P\right\}^2 + (k_t T)^2}\right]^{\frac{1}{3}} \text{[cm]} \qquad (6\text{–}46)$$

단, d_2는 속빈원축의 바깥지름을 표시한다. $x=0$의 경우, 즉 실체원축의 경우에는 $d_2 = d$가 된다.

6.4 강성도(stiffness)에 의한 축지름의 설계

1. 직선축의 비틀림강성도

(1) 비틀림 모멘트만이 작용하는 축의 설계

축의 비틀림각 θ(rad)가 너무 크면 동력전달상 여러 가지 불편이 생긴다. 예를 들면 축에 단 기어의 이(齒)가 파손되어 사고의 원인이 된다. 따라서 일반적으로 전동축에서는 축에 작용하는 최대의 비틀림 모멘트 T에 의한 비틀림각 θ가 축의 길이 $1m$에 대하여 0.25°(0.004363 rad) 이내에 있도록 설계해야 된다고 Bach는 주장하고 있다.

또 $l=20d$에 대하여 1° 이내로 설계하는 것이 좋다고 주장하는 사람도 있어서 대체로 이상 두 가지 경우를 검토하여 설계한다.

지금 θ : 축의 비틀림[rad], θ° : 축의 비틀림각[degree]

l : 축의 길이[cm], G : 축재료의 횡탄성계수[kgf/㎠]

라 하면

1) 실체원축에 있어서

$$\theta = \frac{32}{\pi d^4} \cdot \frac{Tl}{G} = \frac{10.2\,Tl}{Gd^4} \qquad (6\text{–}47)$$

또 $\theta^\circ = \dfrac{180}{\pi}\theta$ 이므로

$$\theta^\circ = \frac{583.6\,Tl}{Gd^4} \qquad (6\text{–}48)$$

$T = \dfrac{\pi}{16} d^3 \tau$ 이므로

$$\theta^\circ = \frac{114.6\tau l}{Gd} \qquad (6\text{–}49)$$

또 $T=71620\frac{H}{N}$ (H : 전달 마력 [PS])이므로

$$\theta=\frac{32}{\pi}\cdot\frac{71620}{G}\frac{l\cdot H}{Nd^4} \tag{6-50}$$

$$\theta^\circ=\frac{41797400lH}{GNd^4} \tag{6-51}$$

2) 속빈원축에 있어서는 $\theta^\circ=\frac{583.6Tl}{(d_2{}^4-d_1{}^4)G}$

여기서, G의 값은

연강 : $(8\sim8.5)\times10^5$[kgf/㎠]　　황동 : 4.2×10^5[kgf/㎠]

Ni, Ni−Cr, Cr−V : $(8.4\sim6)\times10^5$ [kgf/㎠]　인청동 : 4.3×10^5 [kgf/㎠]

앞에 논술한 바와 같이 설계에 있어서는 θ°에 대하여 보통 다음과 같이 제한한다.

i) $l=20d$에 대하여　$\theta\leq1^\circ$

ii) $l=1$ [m]에 대하여　$\theta\leq\frac{1}{4}^\circ$ ············Bach

i)의 관계를 $\theta^\circ=\frac{114.6\tau l}{dG}$에 대입하면

$$\theta^\circ=1=\frac{114.6\tau\times20d}{dG}\quad\therefore\ \tau=\frac{G}{2292}$$

연강에 대한 G를 대입하면

$$\tau=\frac{(8\sim8.5)\times10^5}{2292}=(350\sim380)\,[\text{kgf/㎠}]$$

즉 사용응력이 이 값 이하이면 비틀림강성도는 소요의 범위 내에 있다.

다음에 ii)의 경우의 Bach의 제한을 사용하면 제한 조건을 $\theta^\circ=\frac{42797400lH}{GNd^4}$의 공식에 대입하여 연강에 대하여 $G=830000$ [kgf/㎠]로 하여

$$\theta^\circ=\frac{1}{4}=\frac{41797400\times100\cdot H}{830000Nd^4}$$

$$\therefore\ d=12\sqrt[4]{\frac{H}{N}}\ [\text{cm}] \tag{6-52}$$

위식을 Bach의 축공식이라고 한다. Bach의 축공식을 $H_{kW}=H'$로 환산하면

$$T=\frac{97400H'}{N} \tag{6-53}$$

$$\therefore\ d = 13\sqrt[4]{\frac{H}{(1-x^4)N}}\ \ [\text{cm}] \tag{6-54}$$

그림 6–11은 파선에서 아래부분의 실선의 범위는 비틀림각에 대한 강성의 부족을 표시한 것이고, 비틀림 강성을 필요로 하는 경우에는 강성의 식에서 축지름을 구한다. 파선에서 위부분의 범위는 강성을 만족시키는 것을 도시한 것으로서, 강도의 식에서 지름을 구하면 된다. G는 강재의 종류와 열처리에 의하여 거의 변화하지 않으므로 비틀림 강성도에서 축을 설계할 경우 특수강재를 사용한다든지, 열처리를 하더라도 별의미는 없다.

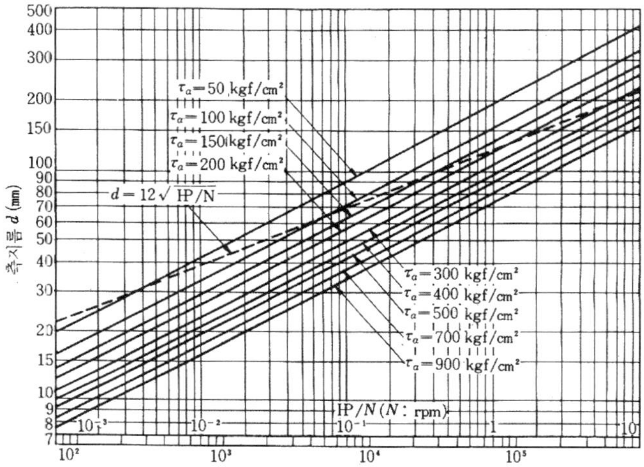

그림 6–11 전달 마력, 회전 속도, 비틀림 모멘트 및 축지름의 관계

(2) 비틀림강성도와 전단강도(torsional strength)에 의한 축지름의 비교

H_{PS} 마력을 전달시켜서 매분 N회전하는 강제실체원축을 설계하는 경우, 전단강도에 의한 축지름과 비틀림강성도에 의한 축지름은 각각 앞식들에서 구해진다.

지금 이 관계를 횡축에 $\frac{H}{N}$[PS/rpm]를 취하고, 종축에 d[cm]를 취하여 도시하면 그림 6–12와 같이 된다. 그림에서 연강축의 경우 $\frac{H}{N}$가 1이하이면 강성도에 의한 축지름의 편이 크게 되는 것을 알 수 있다.

이와 같이 일반적인 사용 조건에서는 비틀림강성도가 충분한 축은 전단강도에도 충분하므로, 축설계에 있어서는 먼저 강성도에서 설계하고, 다음에 강도를 검토하는 편이 좋다.

한편 공작기계의 스핀들과 기계의 내부에 설치한 축 등에서는 비틀림과 처짐 등의 변형이 극히 적을 것이 요구되므로 이와 같은 축에서는 충분한 강성도를 갖도록 설계할 것이 요구된다.

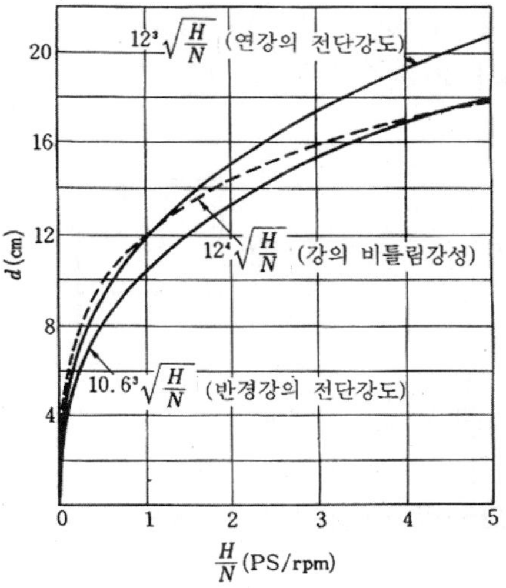

그림 6-12 축지름의 비교

(3) 단달림축의 비틀림각

앞의 비틀림각을 구하는 공식은 단면이 고른 원축에 대한 것이었다. 따라서 단달림에도 앞의 식을 적용시키기 위해서는 이 단달림축을 고른 지름을 가진 등가축(equivalent shaft)으로 고칠 필요가 있다. 예를 들어 단달림 실체원축이 **그림 6-13**에 보는 바와 같다고 하고 비틀림 모멘트 T를 받는 경우를 생각하면 축의 비틀림각은 다음 식으로 구해진다.

$$\theta = \frac{32Tl_1}{\pi d_1{}^4 G} + \frac{32Tl_2}{\pi d_2{}^4 G} + \cdots\cdots + \frac{32Tl_n}{\pi d_n{}^4 G}$$
$$= \frac{32T}{\pi d_1{}^4 G}\left(l_1 + \frac{d_1{}^4}{d_2{}^4}l_2 + \cdots\cdots + \frac{d_1{}^4}{d_n{}^4}l_n\right) \tag{6-55}$$

지금 위식에서

$$l_1 + \frac{d_1{}^4}{d_2{}^4}l_2 + \cdots\cdots + \frac{d_1{}^4}{d_n{}^4}l_n = l \tag{6-56}$$

이라 놓으면 θ는 다음 식과 같이 표시할 수 있다.

$$\theta = \frac{32Tl}{\pi d_1{}^4 G} \tag{6-57}$$

위식은 길이 l이고, 지름 d_1의 균일단면을 가진 원축에 대한 비틀림각을 구하는 공식과 같다. 즉 식 (6−56)로 구해지는 길이 l을 가진 지름 d_1의 원축은 많은 단을 가진 그림 6−13과 같은 축의 등가축으로 볼 수 있는 것이다.

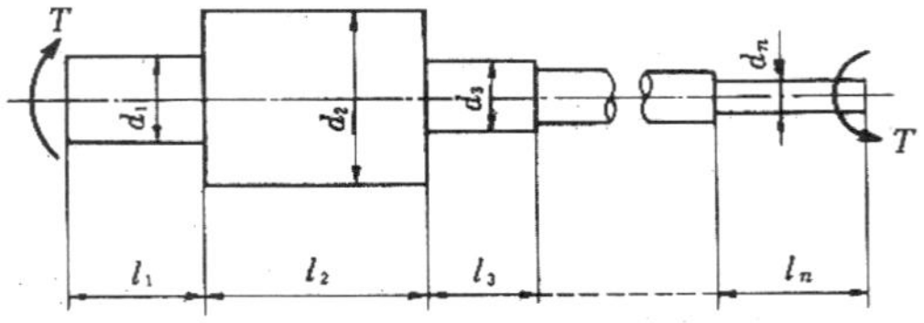

그림 6−13 비틀림을 받는 단달림축

2. 굽힘 모멘트 M만이 작용하는 축지름

(1) 전동축의 처짐강성도

축이 주로 굽힘 모멘트를 받을 때 비틀림강성도의 영향이 고려된다.

일반적으로 축이 굽힘 모멘트 M을 받으면 축의 중심선은 최초의 위치에서 처진다. 이 처지는 정도, 즉 처짐의 량 δ는 하중의 크기와 위치, 또 축의 지름과 형상, 베어링 사이의 거리, 재질 등에 따라 다른 것은 이미 재료역학에서 배워서 잘 아는 바이고, δ는 보통 책의 부록에 게시되어 있다. 베어링의 거리가 길면 축의 자중에 의한 처짐도 무시할 수 없다. 또 3점 이상의 베어링으로 받쳐져 있을 때에는 연속보로서 계산한다.

그리고 모터, 발전기 등의 전기 기계, 증기 터빈 또는 가스 터빈과 같이 로우터, 케이싱의 틈이 작을 때와 기어의 물림의 부정을 방지하기 위하여 또는 베어링에 무리가 생기게 하지 않도록 하기 위하여 축의 처짐 δ를 일정한 값 이상으로 되지 않도록 제한한다. 이 처짐의 제한은 여러 가지 사용목적에 의하여 다르나 몇 가지의 처짐의 제한을 열거하면 다음과 같다.

$$\text{공장전동축}:\ \delta \leqq 0.30[\text{mm/m}]$$
$$\text{일반전동축}:\ \text{균일분포하중}:\ \delta \leqq 0.30\,[\text{mm/m}] \tag{6-58}$$

$$\text{터빈축 및 전기기계축}\begin{cases}\text{원통형축}:\ \delta \leqq 0.026 \sim 0.128[\text{mm/m}]\\ \text{원판형축}:\ \delta \leqq 0.128 \sim 0.165[\text{mm/m}]\end{cases} \tag{6-59}$$

그러나 일반적으로 허용굽힘 처짐 $\delta_w \leqq 0.00033l$ (l은 축의 길이)이며, 미국 인치단위에서는 $\delta_w \leqq 0.00084l$

(2) 전동축의 처짐각도

이는 처짐량 δ로써 표시하는 것 이외에 축의 처짐에 의한 경사각(slope), 즉 처짐각도 β로써 표시하는 경우도 있고, 일반의 전동축에서 굽힘에 기인한 처짐의 제한치로서 축의 최대처짐 각도 β가 $\frac{1}{1000}$[rad] 이하가 되도록 해야 된다고 Bach는 주장하고, Pfarr는 스핀들 기어축, 수차축 등에 대하여 더욱 작게 $\frac{1}{1200}$ 이하로 제한해야 된다고 주장하고 있다.

그림 6-23에서 중앙의 W에 집중하중을 받고 있는 단순보의 경우에는

$$\delta_{max} = \delta = \frac{Wl^3}{48EI},\ \beta = \frac{Wl^2}{16EI}$$

$$\therefore\ \frac{\delta}{\beta} = \frac{1}{3}l$$

$\beta \leqq \frac{1}{1000}$을 대입하면 다음 식이 얻어진다.

$$\delta \leqq \frac{1}{3000} \tag{6-60}$$

균일분포하중 w를 받는 단순보에 있어서

$$\delta = \frac{5wl^4}{384EI},\ \beta = \frac{wl^3}{24EI}$$

$$\frac{\delta}{\beta} = \frac{5}{16}l$$

$$\beta \leqq \frac{1}{1000} \text{ 을 대입하면 } \delta = \frac{l}{3200}$$

즉 축의 중앙에 집중하중을 받는 경우 축의 최대처짐량은 축의 길이의 $\frac{1}{3000}$ 이하로 제한하고, 분포하중을 받는 경우에는 축의 길이의 $\frac{1}{3200}$ 이하로 제한하여 설계해야 된다.

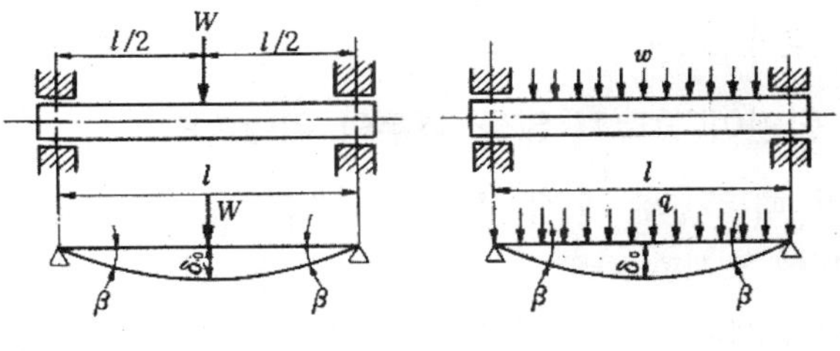

그림 6-14 처짐에 의한 설계의 조건

6.5 축의 진동

축의 처짐 또는 비틀림의 변형이 급격하면 축은 탄성체이므로 그 변형을 회복하려고 하는 에너지를 발생시키고, 이 에너지는 운동에너지로 되어 축의 원형을 중심으로 하여 번갈아 변형을 반복하게 된다.

특히 이 변화의 주기가 축 자체의 처짐 또는 비틀림의 고유진동수와 일치하든지, 그 차이가 극히 작을 대에는 공진(resonance)이 생겨 진동현상은 더욱 격렬히 일어나고, 진폭은 차차 증대되어 결국 축의 탄성한도를 넘어서 파괴된다. 이와 같은 축의 회전 속도를 위험속도(critical speed)라고 한다.

회전축에 있어서 신축, 처짐, 비틀림의 3가지 진동이 고려되나, 신축의 진동에 대해서는 비교적 위험성이 적으므로 주로 처짐 진동과 비틀림진동 등에 대해서만 고려된다. 축이 짧은 거리에서 베어링으로써 받쳐져 있을 경우에는 처짐진동은 억제되므로 비틀림 진동만을 고려하면 되고, 베어링 길이가 길고 증기 터어빈과 같이 횡진동을 억제하는 축에서는 주로 처짐진동에 대하여 고려되는 것이다. 회전축의 상용회전속도는 그 축의 고유진동수의 25% 이내가 되지 않도록 하는 것이 좋다. 즉 1000[rpm]의 제1차 고유진동수로 하는 축에서는 상용회전속도를 750[rpm] 이하로 하든지 또는 1250[rpm] 이상으로 하는 것이 좋다.

1. 축의 처짐진동

송풍기, 압축기, 펌프, 터빈, 축 등은 베어링의 간격이 길고, 성능의 요구에서 축의 지름을 너무 크게 할 수 없기 때문에 회전체의 중량, 자중에 의한 처짐이 크게 되므로, 처짐진동에 의한 위험 속도를 검토하지 않으면 안된다. 이 때 재료의 불균질, 가공조립의 정도불량 등에 의한 축심과 중심의 어긋남에 의한 불균형도 진동의 큰 원인이 된다.

즉 회전체의 무게에 의한 처짐, 재료의 불균질 또는 공작정도의 부족 등에 의하여 회전축의 축선이 회전의 기하학적 축선과 정확하게 일치하지 못하고 그 상태로 회전하면, 편심중량에 원심력이 작용하여 편심과 처짐이 증대된다. 그리고 이 원심력과 축의 탄성적 저항력이 균형이 잡히면 처짐은 어느 분량에서 중지하나, 그 회전 속도가 축의 상태에 따라 결정되는 횡진동, 즉 현과 같은 진동의 자연진동수와 일치할 때는 공진에 의하여 처짐이 아주 증대되고, 결국 축은 파괴되어 부러진다. 이것을 속도의 처짐에 대한 위험속도라고 한다.

(1) 단면이 고르지 않을 경우의 위험속도

이 때는 많은 회전체를 가진 축의 횡진동의 위험 속도를 검토하는 경우이고, 그림 6-15에 도시한 바와 같이 중량 W_1, W_2, W_3, ⋯ 의 회전체가 축에 달려 있을 때 각 회전체의 설치 위치어 있어서의 축의 정적 처짐을 각각 δ_1, δ_2, δ_3, ⋯ 라 하면 굽혀지고 있을 동안에 축에 저축된 탄성변형에너지 E_p는

$$E_p = \frac{W_1\delta_1}{2} + \frac{W_2\delta_2}{2} + \frac{W_3\delta_3}{2} + \cdots \qquad (6-61)$$

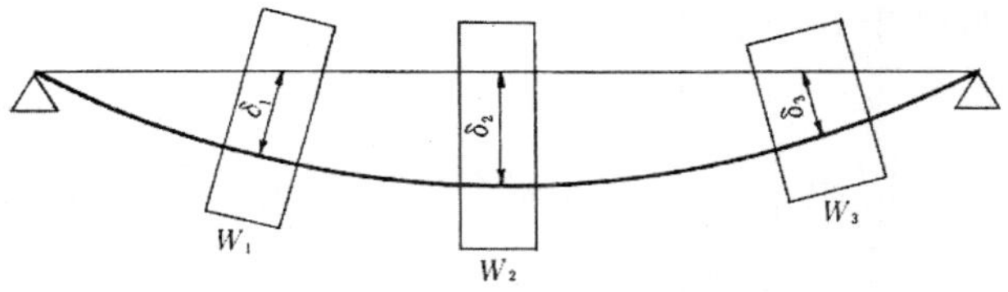

그림 6–15 회전축의 위험 속도

다음에 축의 1차 진동의 주기를 계산하기 위하여 축의 정적 처짐곡선을 진동 중의 처짐곡선이라 하고, 또 축의 처짐의 진동이 단현운동을 하는 것으로 가정하면 각 회전체의 임의의 시각 t 에 있어서 종변위는 각각 다음 식으로 표시된다.

$$X_1 = \delta_1 \cos wt\,,\;\; X_2 = \delta_2 \cos wt\,,\;\; X_3 = \delta_3 \cos wt \qquad (6\text{–}62)$$

진동에 의한 처짐곡선이 정적 처짐곡선에 일치한다는 것은 **그림 6–16**에서 B에 대한 A곡선은 C에 대한 B곡선에 일치하는 것이 되며, 진동할 때 정적 균형의 위치에서 최대처짐($\delta_{\max}$)에 이르기까지의 변형에너지의 증가는 식 (6–61)의 값으로 주어진다.

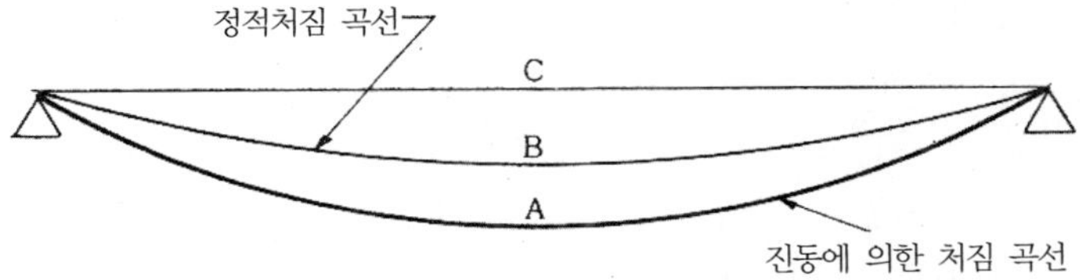

그림 6–16 진동에 의한 처짐곡선

진동 중에 운동에너지가 최대로 되는 곳은 진동의 중간위치, 즉 정적 균형의 위치를 통과할 때이고, 그 때의 속도는 식 (6–62)에서 다음과 같이 된다.

$$\frac{d}{dt}\delta \cos \omega t = -\delta \sin \omega t = -\delta\omega$$

단, t : 미소단위시간

따라서 각 하중점에서의 속도가 $\omega\delta_1$, $\omega\delta_2$, $\omega\delta_3$로 되므로 운동에너지 E_k는 다음 식으로 주어진다.

$$\begin{aligned} E_k &= \frac{W_1}{2g}(\omega\delta_1)^2 + \frac{W_2}{2g}(\omega\delta_2)^2 + \frac{W_3}{2g}(\omega\delta_3)^2 \\ &= \frac{\omega^2}{2g}(W_1{\delta_1}^2 + W_2{\delta_2}^2 + W_3{\delta_3}^2) \end{aligned} \qquad (6\text{–}63)$$

에너지의 손실이 없다면 E_p와 E_k는 같아야 된다.

$$\text{즉, } \frac{1}{2}(W_1\delta_1 + W_2\delta_2 + W_3\delta_3 + \cdots) = \frac{\omega^2}{2g}(W_1\delta_1{}^2 + W_2\delta_2{}^2 + W_3\delta_3{}^2 + \cdots)$$

$$\therefore \omega = \sqrt{\frac{g(W_1\delta_1 + W_2\delta_2 + W_3\delta_3 + \cdots)}{W_1\delta_1{}^2 + W_2\delta_2{}^2 + W_3\delta_3{}^2 + \cdots}} \qquad (6\text{–}64)$$

지름 축의 처짐의 위험속도를 N_{cr} [rpm]이라 하면 위식에서 다음 식이 얻어진다.

$$N_{cr} = \frac{60\omega}{2\pi} = \frac{30}{\pi}\sqrt{\frac{g(W_1\delta_1 + W_2\delta_2 + W_3\delta_3 + \cdots)}{W_1\delta_1{}^2 + W_2\delta_2{}^2 + W_3\delta_3{}^2 + \cdots}} \fallingdotseq 300\sqrt{\frac{g\Sigma W\delta}{\Sigma W\delta^2}} \qquad (6\text{–}65)$$

즉, 축의 각 하중점의 정적 처짐(statical deflection)이 구해지면 위식에서 위험 속도를 계산할 수 있는데, 이 방법을 Rayleigh법이라 한다.

그러나 Dunkerley는 자중을 고려하여 여러 개의 회전체를 가지고 있는 경우의 위험 속도를 실험적으로 다음과 같이 발표하였는데, 이 식을 Dunkerley의 실험공식이라고 한다.

$$\frac{1}{N_{cr}{}^2} = \frac{1}{N_0{}^2} + \frac{1}{N_1{}^2} + \frac{1}{N_2{}^2} + \cdots \qquad (6\text{–}66)$$

여기서, N_{cr} : 축의 처짐의 위험속도[rpm]

N_0 : 축만의 경우의 위험속도[rpm]

N_1, N_2 : 각 회전체를 단독으로 축에 설치했을 경우의 위험속도[rpm]

최근의 고성능의 고속회전기계에서는 축의 질량이 축방향에 분포하고 있다고 생각하고, 필요에 따라 2차 이상의 위험 속도도 정확하게 계산하여 그것을 고려해야 되는 경우가 있다.

이와 같은 경우에는 전달매트릭스법 또는 유한요소법을 사용하여 베어링, 베어링대의 강성 등도 고려한 아주 정도가 좋은 방법에 의하여 위험 속도를 계산해야 된다. 그리고 1차와 2차와의 위험 속도 사이에서 운전하는 경우에는 1차 위험 속도의 1.2배 이상에서 2차 위험 속도의 0.8배 이하의 범위에서 사용하도록 축지름 또는 질량을 설계하지 않으면 안된다. 전달마도릭스법 또는 유한요소법에 의한 위험 속도의 계산은 보통 전자계산기를 사용한다.

(2) 한 개의 회전체를 가지고 있는 축의 위험속도

축의 자중을 무시하면 위험회전속도는 다음 식으로 주어진다.

$$N_{cr} = \frac{60}{2\pi}\omega_c = \frac{60}{2\pi}\sqrt{\frac{k}{m}} = \frac{30}{\pi}\sqrt{\frac{g}{\delta}} \fallingdotseq 300\sqrt{\frac{1}{\delta}} \tag{6-67}$$

여기서, W : 1개의 회전체의 무게[kgf]

m : 1개의 회전체의 질량$=\dfrac{W}{g}$[kgf−sec2/cm]

δ : 축의 정적 처짐[cm]

k : 축의 스프링상수 $=\dfrac{W}{\delta}$[kgf−cm]

N_{cr} : 회전축의 위험 속도[rpm]

① **축이 양단에서 베어링으로 자유로 받쳐져 있는 경우**(자중은 고려하지 않는다) : 그림 6−17의 (a)에서 $\delta = \dfrac{Wa^2b^2}{3EI(a+b)}$ 이므로 위험 속도는 다음 식으로 주어진다.

$$N_{cr} = \frac{30}{\pi}\sqrt{\frac{g}{\delta}} = \frac{30}{\pi}\sqrt{\frac{3EI(a+b)g}{Wa^2b^2}} \tag{6-68}$$

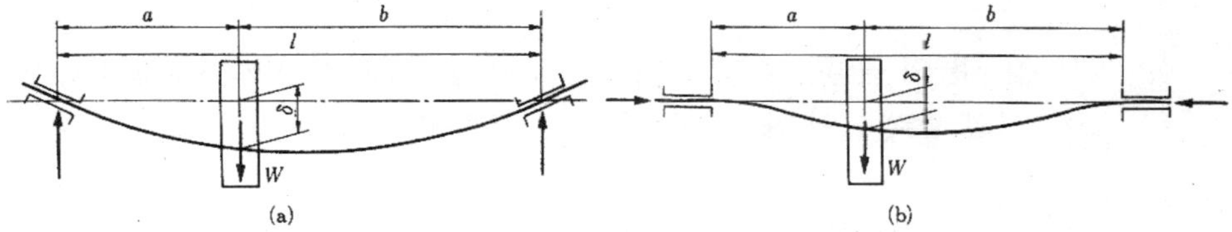

그림 6−17 축의 위험 속도

지름 d의 원축이라 하면 $I=\dfrac{\pi}{64}d^4$ 이므로

$$N_{cr} = 114.6d^2\sqrt{\frac{E(a+b)}{Wa^2b^2}} \tag{6-69}$$

② **축이 양단의 베어링으로써 회전축선방향으로 받쳐져 있을 경우, 즉 추력**(thrust)**을 받는 경우**(축의 자중은 고려하지 않는다) : 그림 6−17의 (b)에서 $\delta = \dfrac{Wa^3b^3}{3EI(a+b)^3}$ 이므로 위험 속도 N_{cr}는 다음 식으로 주어진다.

$$N_{cr} = \frac{30}{\pi}\sqrt{\frac{3EI(a+b)^3g}{Wa^3b^3}} \tag{6-70}$$

지름 d의 원축에서는 N_{cr}는 다음 식과 같이 될 것이다.

$$N_{cr} = 114.6d^2 \sqrt{\frac{E(a+b)^3}{Wa^3b^3}} \tag{6-71}$$

③ **지름이 균일한 축만이 양단에서 자유로 받쳐져 있는 경우**(자중을 고려하는 경우, 즉 횡하중을 받는다) : w는 축의 단위 길이의 무게[kgf/cm], l은 축의 베어링 사이의 길이[cm]이다.

$$N_{cr} = \frac{30}{\pi} \cdot \frac{\pi^2}{l^2} \sqrt{\frac{EIg}{w}} \tag{6-72}$$

지금 d의 원축에서는 위험 속도 N_{cr}는 다음 식과 같이 된다.

$$N_{cr} = 654 \frac{d^2}{l^2} \sqrt{\frac{E}{w}} \tag{6-73}$$

④ **지름이 균일한 축만이 양단의 베어링에서 회전축선방향으로 받쳐져 있는 경우**(자중을 고려한 경우) : 이 때는 추력을 받는 경우이며

$$N_{cr} = \frac{30}{\pi} \cdot \frac{22.45}{l^2} \sqrt{\frac{EIg}{w}} \tag{6-74}$$

원축에서의 위험 속도는 다음과 같이 된다.

$$N_{cr} = 1488 \frac{d^2}{l^2} \sqrt{\frac{E}{w}} \tag{6-75}$$

처짐을 되도록 작게 하여 위험 속도의 값을 되도록 높이고 위험 속도에 의한 축의 파괴를 방지해야 될 것이다.

처짐진동에 의한 위험을 방지하려면 먼저 상용회전속도와의 차를 크게 해야 되고, 그 차이가 위험 속도의 25% 이상 또는 이하로 하는 것이 좋다. 이 때 사용 속도가 위험 속도보다 높은 지장이 없고 다만 가속할 때 위험 속도를 빨리 통과시키면 된다.

그러나 특별히 고속도가 아닌 일반 기계에서는 회전체의 경감, 축의 증대, 공작부의 가공정도의 향상 등에 의하여 위험 속도를 방지할 수 있다.

예제 2 그림 6-18에서 보는 바와 같이 지름 $d=180$ [mm]의 낮은 리프트(lift)의 원심펌프축의 위험 속도 N_{cr}를 검토하여라. 단, 축의 상용회전속도를 327 [rpm]이라 한다.

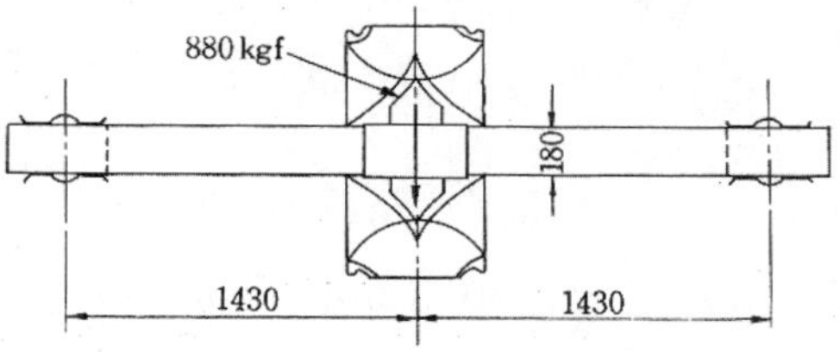

그림 6-18

풀이 축지름 $d=180$ [mm]의 균일한 축으로 보고 강축이므로

$$E=21\times10^5\,[\mathrm{kgf/cm^2}]$$

최대 처짐 δ_{max}는 날개 바퀴가 달린 부분의 중앙부에 생기고

$$\delta=\frac{Wl^3}{48EI}=\frac{880\times286^3}{48\times21\times10^5\times\frac{\pi}{64}\times18^4}=0.04\,[\mathrm{cm}]$$

회전체 1개가 양단에서 자유로 받쳐져 있으므로

$$N_1=114.6d^2\sqrt{\frac{E(a+b)}{Wa^2b^2}}=114.6\times18^2\times\sqrt{\frac{21\times10^5\times(143+143)}{880\times143^2\times143^2}}=473\,[\mathrm{rpm}]$$

축의 매 cm마다의 무게 :

$$w=0.00785\times\frac{\pi}{4}\times18^2\times1\fallingdotseq2\,[\mathrm{kgf/cm}]$$

축의 자중만을 고려할 때 :

$$N_0=654\frac{d^2}{l^2}\sqrt{\frac{E}{w}}=654\times\frac{18^2}{286^2}\sqrt{\frac{21\times10^3}{2}}=2650\,[\mathrm{rpm}]$$

$$\therefore\frac{1}{{N_{cr}}^2}=\frac{1}{{N_0}^2}+\frac{1}{{N_1}^2}=\frac{1}{2650^2}+\frac{1}{473^2}=\frac{32.4}{7030000}$$

$$\therefore N_{cr}=\sqrt{\frac{7030000}{32.4}}=466\,[\mathrm{rpm}]$$

사용회전속도는 327 [rpm]이므로 그 차이는

$$\frac{466-327}{466}\times100=30\%>25\%$$

따라서 위험 속도의 견지에서는 안전하다.

예제 3 지름 5 [cm]의 강철제의 축이 있고, 이것이 거리 250 [cm]의 양단에서 베어링으로 자유로 받쳐져 있다. 지금 스팬의 중앙에 무게 23 [kgf]의 풀리를 달아 놓았다. 이 때의 위험 속도는 얼마인가? 그리고 그 위에 다시 무게 14 [kgf]의 2개의 풀리를 각각 양단에서 25 [cm]의 곳에 추가한다면 이 때의 위험 속도는 얼마인가?

풀이 풀리가 없는 naked shaft의 위험 속도 N_{cr}는

$$l=250\,[\mathrm{cm}],\quad E=19\times10^5\,[\mathrm{kgf/cm^2}]$$

$$w=0.0078\times\frac{\pi}{4}\times5^2\times1=0.153\,[\mathrm{kgf/cm^2}]$$

$$N_0=654\frac{d^2}{l^2}\frac{\sqrt{E}}{w}=654\times\frac{5^2}{250^2}\times\sqrt{\frac{19\times10^5}{0.153}}=934\,[\mathrm{rpm}]$$

스팬의 중앙에 23 [kgf]의 풀 리가 작용할 때의 자중을 무시한 위험 속도는 다음과 같다.

$$W=23\,[\mathrm{kgf}],\quad l_1=l_2=125\,[\mathrm{cm}]$$

$$I=\frac{\pi}{64}d^4=\frac{\pi}{64}\times 5^4=30.65\,[\mathrm{cm}^4]$$

$$N_1=\frac{30}{\pi}\sqrt{\frac{3EI(a+b)g}{Wa^2b^2}}=\frac{30}{\pi}\sqrt{\frac{3\times 19\times 10^5\times 30.65\times 250\times 980}{23\times 125^2\times 125^2}}=834\,[\mathrm{rpm}]$$

따라서 자중을 고려하여 무게 23 [kgf]의 풀리 1개 때의 합성된 위험 속도는 던커레이의 공식에서

$$\frac{1}{{N_{cr}}^2}=\frac{1}{{N_0}^2}+\frac{1}{{N_1}^2}=\frac{1}{934^2}+\frac{1}{834^2}+\frac{2}{2970^2}$$

$$\therefore\ N_{cr}=628\,[\mathrm{rpm}]$$

다음에 양단에서 25 [cm] 떨어진 곳에 14 [kgf]의 풀리가 있을 경우의 종합 위험 속도는 Dunkerley 의 공식에서

$$\frac{1}{{N_{cr}}^2}=\frac{1}{{N_0}^2}+\frac{1}{{N_1}^2}+\frac{2}{{N_2}^2}=\frac{1}{934^2}+\frac{1}{834^2}+\frac{2}{2970^2}$$

$$\therefore\ N_{cr}=596.6\,[\mathrm{rpm}]$$

연습문제

01 400[rpm]으로 5[PS]를 전달시키는 연강제원축의 지름을 구하여라. 단, 비틀림 강도를 고려한다.

02 지름 50[mm]의 solid circular shaft가 100000[kgf · mm]의 비틀림 모멘트와 50000[kgf−mm]의 굽힘 모멘트를 동시에 받을 때에 생기는 최대전단응력 τ_{max} 및 최대수직응력 σ_{max} 를 구하여라.

03 길이 6[m]의 solid circular shaft에 400[kgf−m]의 비틀림 모멘트가 작용하였을 경우 비틀림각이 전 길이에 대하여 3° 이내에 있기 위해서는 지름을 얼마로 해야 되는가? 단, 연강제로서 횡탄성계수 $G=0.81\times10^4$ [kgf/㎟]라 한다.

04 120[rpm]으로 200[PS]를 전달시키는 실체원축의 지름은 몇 [cm]로 설계할 것인가? 단, 축재료의 허용 전단응력을 200 [kgf/㎠]라 한다.

05

지름 15[cm]로서 매분 300회전하는 강철제의 축이 동력을 전달시키고 있다. 이 축의 50[cm] 떨어진 임의의 2단면간의 비틀림각(열각)을 측정한 결과 0.05°이었다. 이 축이 전달시킬 수 있는 마력수를 계산하여라.

06

같은 재료로 만들어져 있고, 비틀림 강도가 같은 속빈원축(hollow circular shaft)과 실체원축의 중량을 비교하여라. 단, 속빈원축은 내외지름비 $x = \frac{d_1}{d_2} = 0.5$라 한다.

07

지름 8[cm]의 실체원축과 비틀림강도가 같고 중량이 60%의 속빈원축의 내외지름 d_1, d_2를 구하여라. 단, 축재료는 같다고 한다.

해답

❶ $d = 28$ [mm] ❷ $\tau_{max} = 4.56$[kgf/㎟] $\sigma_{max} = 6.60$ [kgf/㎟] ❸ 88 [mm]
❹ 14 [cm] ❺ $H = 301$ [PS] ❻ 1.28배 ❼ $d_1 = 80$ [mm] $d_2 = 110$ [mm]

CHAPTER 7

축이음(shaft joint)

7.1 축이음(shaft joint)

원동축(driving shaft)과 종동축(driven shaft)을 연결하여 동력을 전달시키는 기계요소로서 원통면, 원추면 또는 원판면에 있어서의 접촉을 이용하고 있는 수가 많다. 운전중 결합을 끊을 수 없는 영구축이음, 즉 커플링(coupling ; Kupplung)과 필요에 따라 운전중 결합을 단속할 수 있는 가동축이음(착탈축), 즉 클러치(clutch)로 크게 나누어진다.

1. 커플링 (영구 축이음 ; coupling)

운전중 절대로 단속할 수 없고 장치한 후에는 분해하지 않으면 연결을 분리시킬 수 없는 축이음이 커플링이고, 커플링은 다음 4가지로 구분된다.

(1) 고정 커플링 (고정 축이음 ; fixed coupling)

일직선상에 있는 두 축을 연결한 것으로서 볼트 또는 키를 사용하여 결합하고, 양축 사이의 상호이동이 전혀 허용되지 않는 구조의 커플링이다. 고정커플링에는 통형커플링과 플랜지 커플링으로 나누어진다. 플랜지형 고정커플링에 대해서는 KS B 1551에 규격화되어 있다.

(2) 플렉시블 커플링 (flexible coupling)

원칙적으로 직선상에 있는 두 축의 연결에 사용하나 양축간의 다소의 상호이동을 허용하는 것이며, 온도의 변화에 따른 축의 신축 또는 탄성변형 등에 의한 축심의 불일치를 완화하여 원활히 운전할 수 있는 커플링이다.

(3) 오울드 햄 커플링 (old ham coupling)

두 축이 평행하고 두 축의 거리가 아주 가까울 때 사용되는 커플링이다.

(4) 유니버설 커플링 (자재축이음 ; universal joint or Hook's joint)

두 축의 축선이 어느 각도로써 교차되고, 그 사이의 각도가 운전중 다소 변하더라도 자유로이 운동을 전달할 수 있도록 그 구조가 되어 있는 커플링이다.

2. 클러치 (clutch, Schaltbare Kupplungen)

운전중 또는 정지중에 따라 간단한 조작으로 곧 운동을 단속할 수 있는 형식이고 두 축은 일직선상에 있는 수가 많다. 다음 4가지로 구분된다.

(1) 확동 클러치(positive clutch)

각축에 설치된 돌기의 클로우(claw)로써 적극적인 연결을 한 클러치이다. 주로 저속·소하중의 경우 사용한다.

(2) 마찰 클러치(friction clutch)

각축에 붙어 있는 부분의 면을 밀어붙여 접촉시키며 그 사이의 마찰을 이용하여 연결하는 클러치로서, 접촉면을 미는 힘을 없애고 마찰을 제거하여 연결을 뗀다. 마찰 클러치는 고속회전 상태에서 연결이 가능하다.

[표 7-1] 축이음의 분류

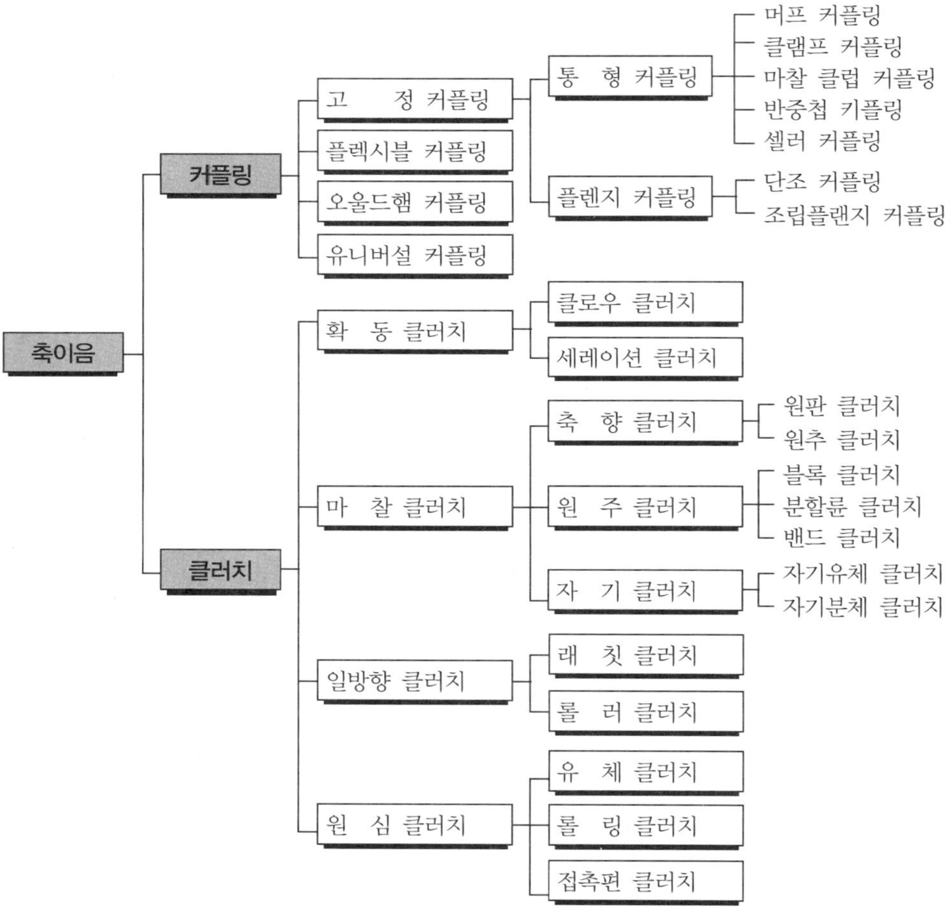

(3) 일방향 클러치

구동축이 종동축보다 속도가 늦어졌을 때 종동축이 자유로 공전할 수 있도록 한 것으로 일방향에만 동력을 전달시키고 역방향에는 전달시키지 못하는 클러치이다.

(4) 원심 클러치

입력축의 회전에 의한 원심력에 의하여 클러치의 결합이 이루어지는 것으로 유체클러치, 롤링 클러치, 접촉편클러치 등이 있다.

7.2 커플링

1. 설계에서 고려되는 사항

1) 중심 맞추기는 되도록 행하지 않아도 무방하게 설계할 것이며, 만일 중심 맞추기를 할 필요가 있을 경우에는 중심 맞추기가 완전하도록 해야 한다.
2) 회전균형이 완전하도록 할 것
3) 설치, 분해 등이 용이하도록 할 것
4) 소형으로 충분한 전동능력을 갖게 할 것
5) 회전부에 돌기물이 없도록 할 것
6) 진동에 의하여 이완되는 수가 없도록 할 것
7) 윤활 등은 되도록 필요하지 않도록 할 것
8) 전동토크의 특성을 충분히 고려하여 특성에 적응한 형식으로 할 것
9) 경량이고 값이 염가일 것
10) 양축 상호간의 관계, 위치를 고려할 것 등이다.

2. 원통커플링(box or cylindrical coupling)

원통커플링은 가장 간단한 구조로서 두 축의 끝을 맞대어 맞추고 접촉면을 중앙으로 원통의 보스를 끼워맞춤시켜 키 또는 마찰력으로 진동하는 커플링으로서 머프 커플링, 마찰 통형 커플링, 셀러 커플링, 반중첩 커플링, 분할통 커플링의 5가지 종류가 있다. 그리고 원통커플링에서 키의 작용을 생각하지 않고 축과 원통 사이의 마찰에 의하여서만 축의 비틀림 모멘트 T를 전달시키는 것이라고 생각하면 **그림 7-1**에서 전달시킬 수 있는 축의 비틀림 모멘트 T는 다음 식으로 구해진다.

$$T = \frac{d}{2}\mu\int_0^{2\pi} p\frac{L}{2}\cdot\frac{d}{2}d\phi = \mu\pi p\frac{Ld^2}{4} = \frac{\mu\pi Wd}{2}$$

$$p = \frac{W}{d\cdot\frac{L}{2}} \tag{7-1}$$

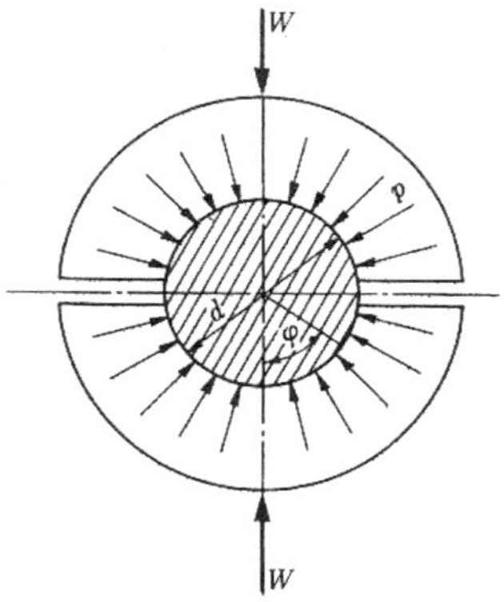

그림 7-1 통형커플링의 비틀림 모멘트

T : 축의 비틀림 모멘트[kgf-cm], W : 원통을 졸라매는 힘[kgf]

p : 원통과 축 사이에 생기는 압력[kgf/㎠], μ : 마찰계수(0.2 ~ 0.25)

L : 원통의 전 길이[cm]

그리고 축의 주위에 작용하는 전달력을 P라 하면 축과 보스의 접촉면 사이의 마찰력 W는 P보다 커야 될 것이다.

$$W = \pi dLp\mu \geq P = \frac{2T}{d} \tag{7-2}$$

위 식에 허용 전단응력 $\tau_a = \frac{16T}{\pi d^3}$을 대입하면 그림 7-2에 있어서 다음 식이 성립된다.

$$\frac{L}{d} \geq \frac{1}{8} \cdot \frac{\tau_a}{\mu p} \tag{7-3}$$

다음에 단면적 $A = (D-d)L$인 원통의 보스의 종단면에 작용하는 인장력을 P_S라 하면

$$P_s = dLp = \frac{W}{\pi\mu} \geq \frac{P}{\pi\mu} = \frac{2T}{\pi\mu d} = \frac{1}{8} \cdot \frac{\tau_a}{\mu} d^2 \text{ [kgf]} \tag{7-4}$$

따라서 종단면의 평균응력 σ_{mean}은 다음 식으로 구해진다.

$$\sigma_{mean} = \frac{P_s}{A} \geq \frac{1}{8} \cdot \frac{\tau_a}{\mu} \cdot \frac{d^2}{(D-d)L} \text{ [kgf/㎠]} \tag{7-5}$$

보스의 파괴에 대하여 이 평균응력이 목표가 되므로 이것을 통형커플링의 허용응력 σ_a와 같게 설계하여

$$\frac{D}{d} \geqq 1+\frac{1}{8} \cdot \frac{\tau_a}{\mu\sigma_a} \cdot \frac{d}{L} \qquad (7\text{-}6)$$

μ와 p의 허용치는 대략 다음 범위로 취한다.

$p = 300 \sim 500\,[\mathrm{kgf/cm^2}]$ (주철 대 강의 경우)

$\quad = 500 \sim 900\,[\mathrm{kgf/cm^2}]$ (강 대 강의 경우)

실제로는 $\frac{L}{d} = 3.5 \sim 5.2$, $\frac{D}{d} = 2 \sim 4$ 이나 통형 커플링의 종류에 대하여 약간 다르다.

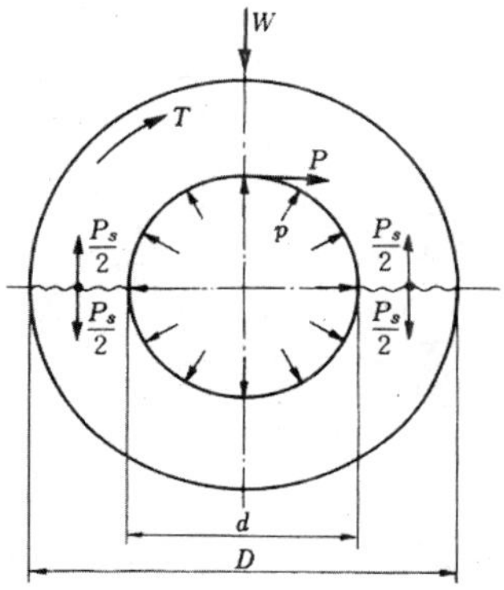

그림 7-2 원통커플링에 작용하는 힘

(1) 머프 커플링(muff coupling)

주철제의 원통 속에서 두 축을 맞대어 맞추고 키로 고정한 것이며, 축지름과 하중이 아주 작을 경우 사용되는 가장 간단한 원통커플링이다. 인장력이 작용하는 축에는 부적당하다. 그림 7-3에서 보는 바와 같이 종동키의 머리가 노출하고 있으면 작업자에 상해를 줄 염려가 있으므로 안전커버(safety cover)로 덮어 씌워야 될 것이다. 각부 치수는 경험상 다음과 같다.

길이 : $L = 3d + 35[\mathrm{mm}]$

원통살 두께 : $e = 0.4d + 10[\mathrm{mm}]$

원통의 지름 : $D = 1.8d + 10[\mathrm{mm}]$

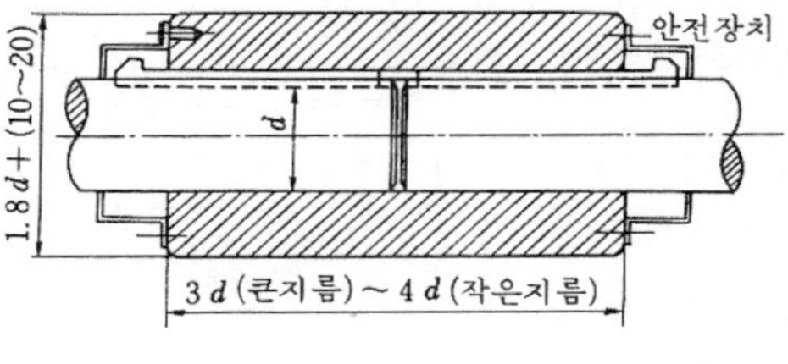

그림 7-3 머프 커플링

(2) 반중첩 커플링 (half lap coupling)

그림 7-4에서 보는 바와 같이 축단을 약간 크게 하여 경사지게 중첩시켜 공통의 키로 고정한 커플링이고, 축방향에 인장력이 작용하는 경우에 적용된다(그림 7-4).

$$\left.\begin{aligned} &L=(2\sim3)d, \quad D=(1\sim1.25)d \\ &l=(1\sim1.2)d, \quad T=0.5d \end{aligned}\right\} \tag{7-7}$$

l 부분은 1 : 12의 경사를 갖는다.

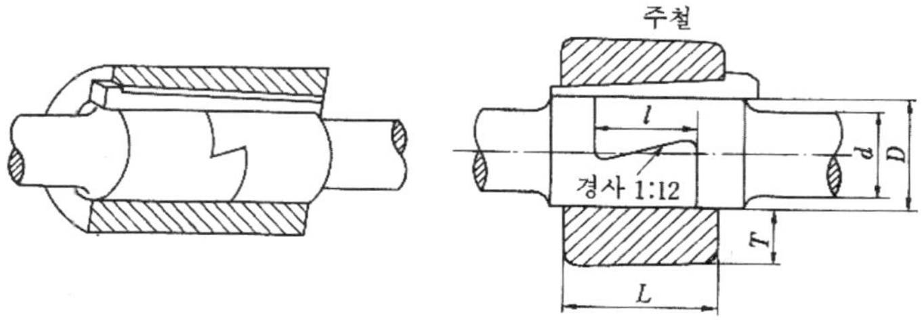

그림 7-4 반중첩 커플링

(3) 마찰원통커플링 (friction clip coupling)

이 커플링은 외주를 원추형으로 다듬질한 주철제 분할통으로 2축의 연결단에 덮여 씌우고, 이것을 연강제의 환륜으로 양단에서 때려박아 졸라맨다. 분할통은 중앙에서 양단으로 향하여 $\frac{1}{20}\sim\frac{1}{30}$의 테이퍼(taper)를 가지고 있다. 그리고 중앙부를 축지름 d에 같은 길이로 경사지게 하지 않고 평행하게 하는 수도 있다. 큰 토크의 전달에는 부적당하나 설치 및 분해가 용이하고, 축의 임의의 곳에서 고정할 수 있으므로 긴 전동축의 연결에 편리하다.

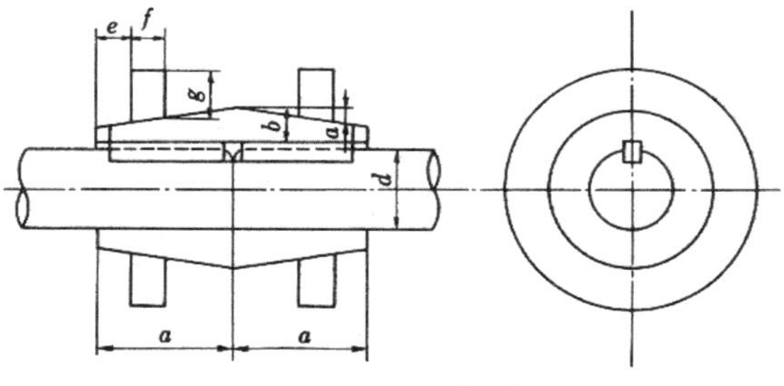

원추각도 $=\tan\alpha=\frac{1}{25}\sim\frac{1}{10}$

그림 7-5 통형 커플링

(4) 분할원통커플링(split muff coupling or clamp coupling)

그림 7-6(a)에서 보는 바와 같이 주철 또는 철강제의 2개의 반원통, 즉 클램프(clamp)를 보통 6개의 볼트를 2줄로 나누어 졸라매고 테이퍼가 없는 키를 박은 것이고, 축지름이 200[mm]까지에 사용된다. 따라서 보통 클램프 커플링이라고 하고 있다. 클램프 커플링은 설치 장소를 결정할 수 있으므로 긴 전동축의 연결에 적합하다. 전달토크가 작을 경우에는 볼트로 졸라매어 마찰력으로 축에 고정시켜도 좋으나 토크가 아주 커서 키로써 보완하여 사용할 경우에는 미끄럼 키를 사용하는 것이 좋다. 이 커플링에 있어서 볼트를 설계할 경우에는 다음 식에 의하여 1개의 볼트에 대하여 작용하는 인장하중을 구하여 볼트의 지름을 결정한다.

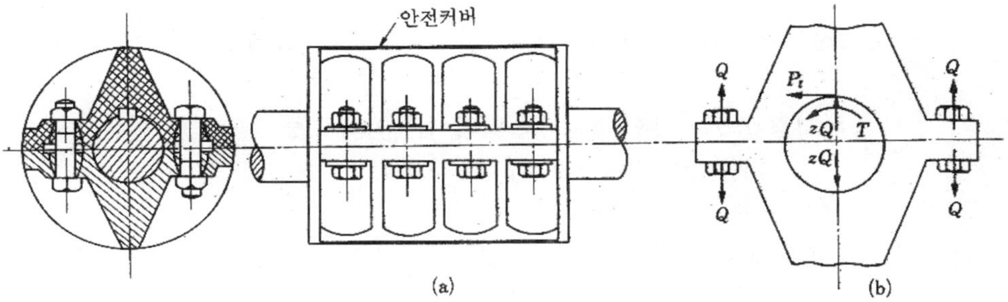

그림 7-6 분할 원통커플링

그림 7-6(b)에서

H : 전달 동력[PS], H' : 전달 동력[kW], T : 전달 토크[kgf · cm]

N : 회전 속도[rpm], P_t : 축에 작용하는 접선력[kgf], d : 축지름[cm]

Q : 1개의 볼트에 작용하는 힘[kgf], z : 볼트의 수

μ : 축지름과 커플링 사이의 마찰계수

라고 하면

$$T = \frac{71620H}{N} = \frac{97400H'}{N}$$

$$\therefore P_t = \frac{2T}{d} = \frac{143240H}{dN} = \frac{194800H'}{dN} \tag{7-8}$$

따라서

$$Q = \frac{P_t}{\mu z} = \frac{143240H}{\mu z d N} = \frac{194800H'}{\mu z d N} \tag{7-9}$$

지금 볼트의 지름을 δ[cm]라 하고, 볼트의 허용인장응력을 σ_a[kgf/㎠]라 하면 δ는

다음 식으로 구별된다.

$$\delta = 427\sqrt{\frac{H}{\mu z d N \sigma_a}} = 498\sqrt{\frac{H}{\mu z d N \sigma_a}} \tag{7-10}$$

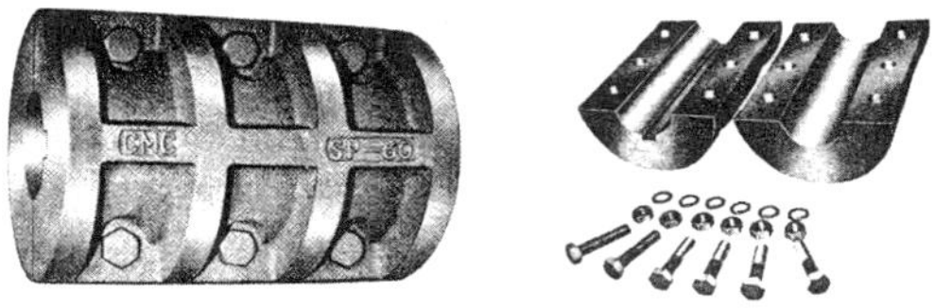

그림 7-7 분할 원통커플링의 실물

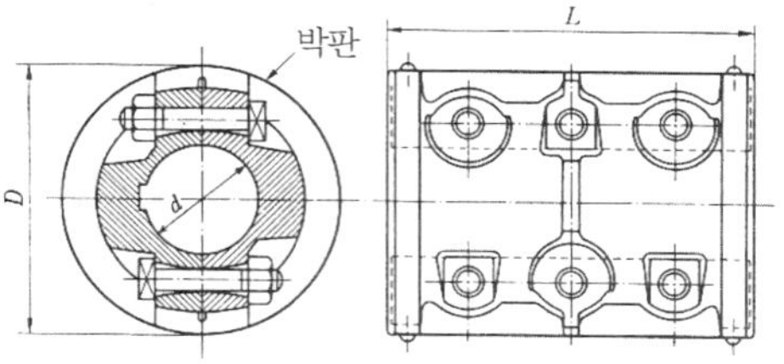

그림 7-8 클램프 커플링의 설계 치수

그림 7-7은 분할 원통커플링의 실물이고 그림 7-8에서 계산치수는 다음과 같다.

커플링의 길이 : $L=(3.5\sim5.0)d$

커플링의 지름 : $D=(2\sim4)d$

DIN에서 클램프 커플링의 표준치수를 다음과 같이 규정하고 있다.

[표 7-2] 클램프 커플링의 표준 치수

d[mm]	25	30	35	40	45	50	55	60	70	80	90	100
D[mm]	82	100	100	125	140	155	170	185	200	220	240	280
L[mm]	90	110	110	140	160	180	200	220	240	275	310	350
C[mm]	40	52	52	68	78	85	95	65	78	92	100	110
z(볼트의수)	4	4	4	4	4	4	4	6	6	6	6	6
δ(볼트의 지름)	$\frac{3}{8}''$	〃	〃	$\frac{1}{2}''$	〃	〃	$\frac{5}{8}''$	$\frac{5}{8}''$	$\frac{5}{8}''$	$\frac{3}{4}''$	$\frac{7}{8}''$	$1''$

예제 1 그림 7-9와 같은 지름 95[mm]의 축을 클램프 커플링에 있어서 $\frac{7}{8}''$의 볼트 6개를 사용할 때 볼트가 받는 응력을 구하여라(단, 축의 허용 전단응력은 200[kgf/㎠], $\mu=0.25$라 한다.)

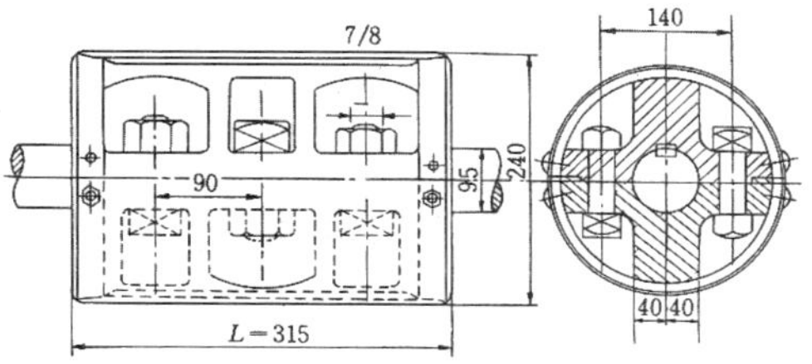

그림 7-9

풀이 지름 볼트의 총수를 z, 지름을 δ, 통과 축 사이의 압력을 p, 볼트의 축방향으로 작용하는 힘의 압력을 W라고 하면

공식에서 $P=\dfrac{W}{d\cdot\dfrac{L}{2}}$

$$T=\frac{d}{2}\mu\int_{2\pi}^{0}p\frac{L\cdot d}{2\times 2}d\phi=\mu\pi p\frac{Ld^2}{4}=\frac{\mu\pi Wd}{2}$$

$$T=\frac{\pi}{16}d^3\tau=\frac{\pi}{16}\times 9.5^3\times 200\div 33678\,[\text{kgf-cm}]$$

$$W=\frac{2T}{\mu\pi d}$$

$$z\frac{\pi}{4}\delta^2\sigma_{bt}=\frac{2T}{\mu\pi d}$$

$$\sigma_{bt}=\frac{2T}{\mu\pi z\frac{\pi}{4}\delta^2 d}=\frac{2\times 33678}{0.25\times\pi\times 9.5\times 6\times 2.72}=553\,[\text{kgf/cm}^2]$$

(5) 셀러 커플링(seller's coupling)

이것은 머프 커플링을 seller씨가 개량한 것이며, 그림 7-10에서 보는 바와 같이 주철제의 외통은 그 내면이 기울기가 $\frac{1}{6.5}\sim\frac{1}{10}$ 정도 기울어져 있어 원추형으로 되고, 따라서 중앙으로 갈수록 지름이 가늘게 된다. 이 외통에 2개의 주철제의 원추통을 쌍방에 박아 3개의 볼트로 죄는 동시에 축을 꽉 고정시키는 것이다. 따라서 테이퍼드 슬리이브 커플링(tapered sleeve coupling)이라고도 하고 있다. 그림 7-11은 셀러 커플링을 분해한 것을 도시한 것이다. 또 구멍원추와 축 사이에는 키를 집어넣는다. 3개의 볼트는 내외원추면 사이의 미끄럼을 방지하는 안전키의 역할을 하게 된다. 비틀림 모멘트의 전달은 내외원추의 테이퍼(taper)박음과 구멍 원추와 축 사이의 졸라매는 압력에 의한 마찰을 이용하여 행하게 되는데 키도 심어서 안전을 기하고 있다. 키는 미끄럼 키(feather key)가 사용된다.

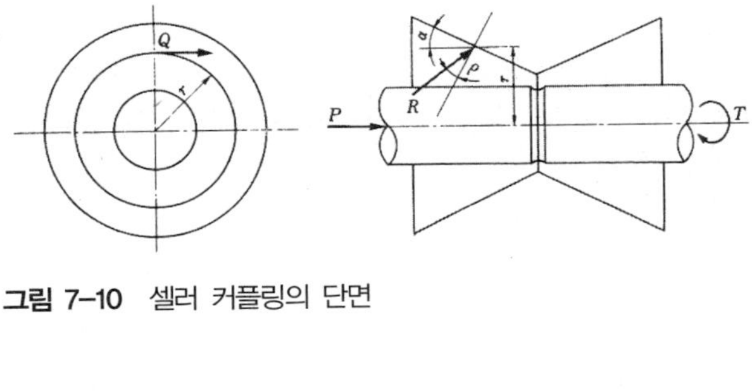

그림 7-10 셀러 커플링의 단면

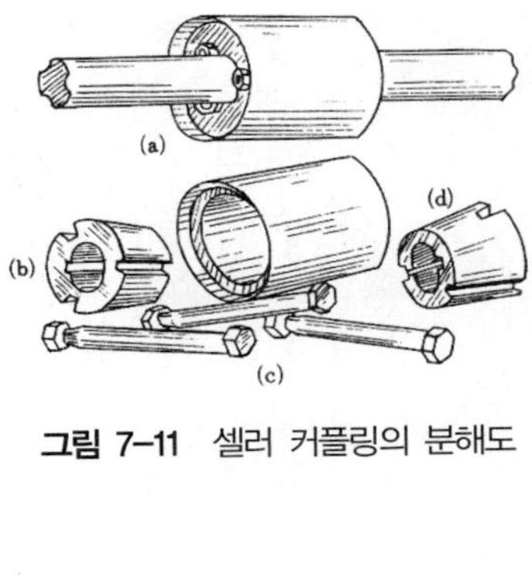

그림 7-11 셀러 커플링의 분해도

계산식은 다음 식으로 주어진다.

$$P = \frac{Q}{\mu}(\sin\alpha + \mu\cos\alpha) \tag{7-11}$$

결합용 볼트의 수를 z, 볼트의 골지름을 δ라 하면 볼트에 주어져야 되는데 인장응력은 다음 식으로 주어진다.

$$\sigma = \frac{P}{z\frac{\pi}{4}\delta^2} \tag{7-12}$$

셀러 커플링은 어느 정도의 자동조심성을 가지고 있고 또 구조상 볼트의 머리와 너트가 외통에서 돌출하지 않아서 편리하다. 그리고 외통을 겸용할 수 있도록 설계할 수 있다는 이점이 있다.

3. 플랜지 커플링(flange coupling)[KS B 1551 참조]

(1) 플랜지 커플링의 개요

플랜지 커플링은 큰 축과 고속도 정밀회전축에 적당하고 공장전동축 또는 일반 기계의 커플링으로서 널리 사용되는 고정 커플링이다. 플랜지는 주철 또는 철강 때로는 단조강 등으로 만들고 축에 플랜지를 때려 박고 키로써 고정시킨다. 때로는 구멍의 지름을 축지름보다 약 1[cm]에 대하여 0.04[mm] 작게 하여 열끼워맞춤(열감합) 또는 힘박음(열감합) 등의 방법으로 플랜지를 고정시키고 더욱 안전을 기하기 위하여 키로써 고정시키며, 일반적으로 큰 하중에 사용된다. 플랜지 커플링에 있어서 중심을 맞추는 방법에는 한편 축의 끝의 일부를 상대편 축의 플랜지에 박는 수도 있으나, 일반적으로는 그림 7-12에서 보는 바와 같이 양편 플랜지면의 중앙에 요철면을 만들어 축심을 일치시키고, 이 요철의 중앙부는 접촉시키지 않고 외주의 부분만을 접촉시킨다.

이와 같이 하는 것은 외주에 큰 회전마찰저항을 생기게 하고 비틀림 모멘트를 크게 하는 목적이다. 그러나 이와 같이 요철면을 만든 것은 축의 연결을 떼려고 할 때에는 볼트를 풀고 플랜지를 옮기지 않으면 안 되므로, 그림 7-13에서 보는 바와 같이 양면을 모두 오목(凹)면으로 하여 중간에 할륜을 집어넣는 수도 있다. 볼트와 그 구멍은 정확하게 다듬질하여 각 볼트가 균일하게 힘을 받도록 하는 것이 좋다. 플랜지의 외부에 돌기를 붙이는 것은 볼트의 돌출에 의한 위험방지가 목적이다.

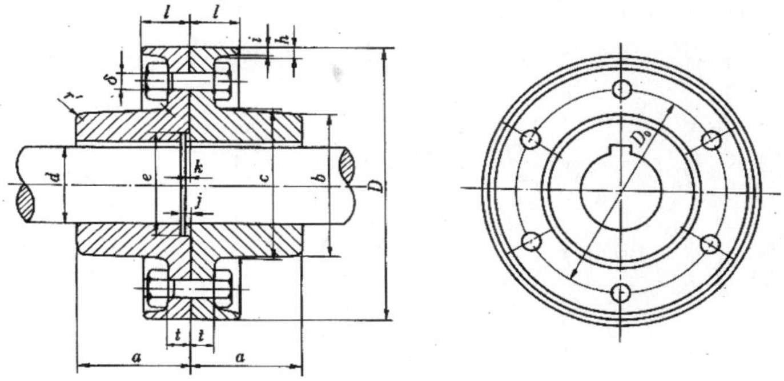

그림 7-12 플랜지 커플링(요철면)

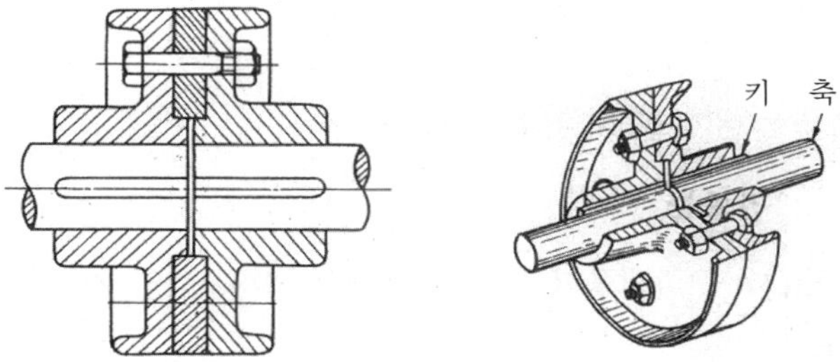

그림 7-13 스플릿 링의 플랜지 커플링

(2) 조립플랜지 커플링의 강도계산

① **응력계산 :** 볼트를 죄면 플랜지 상호간에 수직압력이 생기며, 이것에 의하여 마찰 저항에 의한 모멘트가 발생한다.

지금, D_f : 마찰면의 평균지름 $\frac{1}{2}$(안지름+바깥지름)

Q : 볼트 한 개에 작용하는 인장력[kgf]

μ : 마찰계수, z : 볼트의 수

T_1 : 마찰저항에 의하여 생기는 마찰저항 모멘트라 하면

$$T_1 = zQ\mu\frac{D_f}{2} \tag{7-13}$$

로 되어 D_f를 크게 하면 T_1이 크게 된다. 플랜지 커플링은 마찰만으로 축의 비틀림 모멘트를 확보하기는 어려운 일이고, 결국은 볼트로 죈 저항을 가산해야 되는 것이다.

지금 δ : 볼트의 지름, D_B : 볼트 중심간 거리, 즉 볼트 중심원의 지름

τ_B : 볼트의 전단응력, T_2 : 전단비틀림 모멘트

라 할 때 플랜지를 졸라매는 볼트는 전단 비틀림 모멘트에 의한 전단과 축에 작용하는

굽힘하중에 의한 인장을 받게 된다. 커플링을 되도록 베어링 근방에 설치함으로써 굽힘에 의한 영향을 없게 할 수 있으므로 전단에 대하여 계산하면 다음 식이 얻어진다.

$$\left.\begin{aligned} T_2 &= z\frac{\pi}{4}\delta^2\tau_B\frac{D_B}{2} = \frac{z\pi\delta^2\tau_B D_B}{8} \\ \tau_B &= \frac{2.55\,T_2}{\delta^2 z D_B} \end{aligned}\right\} \tag{7-14}$$

즉 앞의 T_1과 뒤의 T_2와의 총합이 최대저항 모멘트로 생각되므로, 축에 작용하는 비틀림 모멘트를 T라고 하면

$$T = T_1 + T_2$$

또 축의 허용비틀림 모멘트는

$$T = \frac{\pi}{16}d^3\tau$$

단, τ : 축재료의 허용 전단응력, D : 축의 지름

$$\therefore \frac{\pi}{16}d^3\tau = zQ\mu\frac{D_f}{2} + z\frac{\pi}{4}\delta^2\tau_B\frac{D_B}{2} \tag{7-15}$$

플랜지 커플링에는 하급과 보통급의 2등급이 있고, 보통급에서 토크는 이상과 같이 T_1과 T_2를 고려하나 상급은 주로 볼트의 전단강도에 의하여 토크를 전달한다. 즉 $T = T_2$로 계산한다.

$$\frac{\pi d^3}{16}\tau = \frac{z\pi\delta^2\tau_B D_B}{8} \tag{7-16}$$

② **볼트의 설계**

1) 전단에 의한 경우

식 (7-16)에서

$$\delta^2 = \frac{d^3\tau}{2z\tau_B D_B} \quad \therefore \delta = \sqrt{\frac{d^3\tau}{2z\tau_B D_B}} = 0.71\sqrt{\frac{d^3\tau}{zD_B\tau_B}} \quad R_B = \frac{D_B}{2}\text{이므로}$$

$$\delta = \sqrt{\frac{d^3\tau}{4z\tau_B R_B}} = 0.5\sqrt{\frac{d^3\tau}{zR_B\tau_B}}$$

$\tau_B = \tau$라 가정하면

$$\delta = 0.71\sqrt{\frac{d^3}{zD_B}} = 0.5\sqrt{\frac{d^3}{zR_B}} \qquad (7-17)$$

2) 마찰력에 의한 경우

$R_f = \dfrac{D_f}{2}$ 를 마찰면의 평균반지름이라 하면 마찰력에 의한 비틀림 토크 T는

$$T = \mu z Q R_f \quad \cdots\cdots \text{①}$$

볼트 1개의 탄성한계를 P_e라 하면

$$Q = 0.85P_e = 0.85 \times 0.75 \times \frac{\pi}{4}\delta^2 \sigma_Y = 0.64 \times \frac{\pi}{4}\delta^2 \sigma_Y \quad \cdots\cdots \text{②}$$

단, 볼트의 결합력은 $Q = 0.85P_e$, σ_Y는 단순항복인장응력

지금 허용결합응력을 σ_a라 하고 $\sigma_a = \dfrac{\sigma_Y}{1.3}$이라 하면

$$Q = 0.64\delta^2 \times \frac{\pi}{4} \times 1.3\sigma_a = 0.83 \times \frac{\pi}{4}\delta^2 \sigma_a \quad \cdots\cdots \text{③}$$

또 축의 전달토크는

$$T = \frac{\pi}{16}d^3\tau \fallingdotseq \frac{\pi}{16}d^3\frac{\sigma_a}{2} \quad \cdots\cdots \text{④}$$

식 ①에 ③, ④를 대입하면 볼트의 지름 δ는

$$\delta^2 = 0.15 \times \frac{d^3}{\mu z R_f}$$

지름 $R_f = R_B = \dfrac{1}{2}D_B$라 하면

$$\delta = 0.55\sqrt{\frac{d^3}{\mu z D_B}} \qquad (7-18)$$

대체로 $\mu = 0.15 \sim 0.25$ 라 하고, 볼트의 허용인장응력을 약 300 [kgf/㎠] 이하로 잡고 허용 전단응력은 약 200 [kgf/㎠] 이하로 잡으면 볼트의 지름 δ는 마찰력에 의한 것보다 전단력에 의한 계산치가 작게 된다. 그리고 볼트가 받는 응력해석에서 증명되는 바와 같이 볼트의 지름이 작은 범위에서는 δ가 조금 작아져도 응력은 급속히 증가되어 위험하게 되므로 10 [mm] 정도 크게 계산치를 취하면 안전성이 있다.

즉, $\delta = 0.5\sqrt{\dfrac{d^3}{zR_B}} + 10\,[\text{mm}]$

그리고 볼트의 수 z는 $0.75d + 2.5$에 가까운 정수를 취한다.

d: 40 [mm]이하일 때 $z=3$

d : 40 ~ 100 [mm]일 때 $z=4$

d : 100 ~ 150 [mm]일 때 $z=6$

d : 150 ~ 200 [mm]일 때 $z=8$

d : 200 [mm]이상일 때 $z=10$

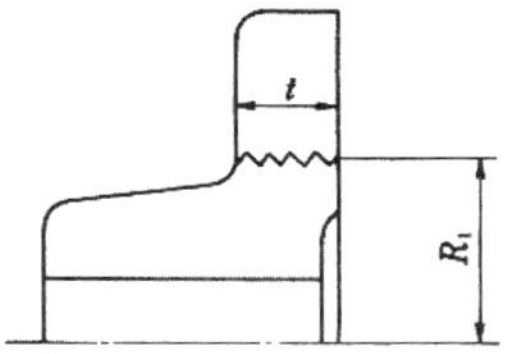

그림 7-14 플랜지 커플링의 뿌리부의 전단

그림 7-14에서

t : 플랜지 뿌리의 두께, R_1 : 플랜지 뿌리까지의 반지름

τ_f : 플랜지 재료의 허용 전단응력

$$\frac{\pi}{16}d^3\tau = 2\pi R_1 t\tau_f R_1 = 2\pi {R_1}^2\tau_f \qquad (7\text{–}19)$$

식에서 $2R_1$을 가정하고 t를 구한다. 표 7-3은 플랜지 커플링의 DIN 단면 치수이다. 그림 7-15과 대조하여라.

그림 7-16은 플랜지 커플링의 실물이다.

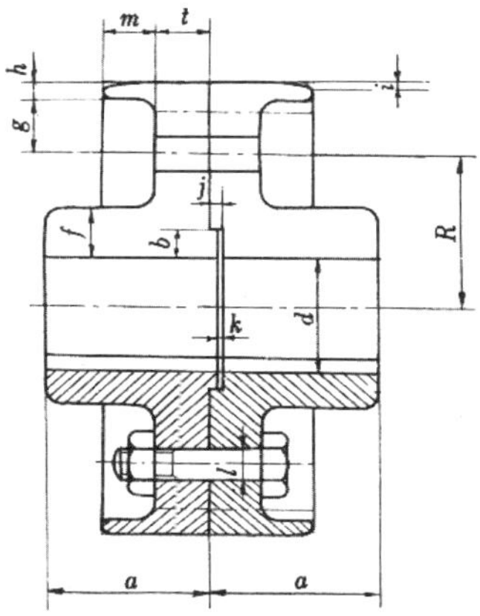

그림 7-15 플랜지 커플링

그림 7-16 플랜지 커플링

[표 7-3] 플랜지 커플링의 규격(DIN)

d	a	b	j	k	f	g	h	m	t	l	R	볼트	
												z	δ인치
50	90	20	6	2	27	28	17	22	23	6	80	4	$\frac{5}{8}$
60	100	24	6	2	32	28	17	25	25	6	90	4	$\frac{3}{4}$
70	112	28	7	2	35	35	17	26	29	6	105	4	$\frac{7}{8}$
80	125	32	8	2	41	38	17	30	32	6	120	4	1
90	135	35	9	2	43	40	17	30	35	7	130	4	1
100	145	40	9	2	50	42	17	30	40	7	145	4	1
110	155	44	10	2	52	43	18	30	45	7	155	6	1
120	167	48	11	2	55	43	20	33	50	7	165	6	1
130	178	52	12	2	57	45	22	35	55	8	175	6	$1\frac{1}{8}$
140	190	56	12	2	60	45	23	40	60	8	185	8	$1\frac{1}{4}$
150	200	60	12	2	63	50	24	40	65	8	200	8	$1\frac{1}{4}$

예제 2 40 [PS], 640 [rpm]을 전달시키는 플랜지 커플링을 설계 제도하여라.

풀이 ① 축지름을 d 라고 하면 Bach의 공식을 이용하여 나비×높이=18×12 [mm], 키홈의 깊이, 축에서 6[mm], 보스에서 6[mm]

$$d=12\sqrt[4]{\frac{H}{N}}=12\sqrt[4]{\frac{40}{640}}=12\sqrt[4]{\frac{1}{16}}=12\times\frac{1}{2}=6\,[\mathrm{cm}]=60\,[\mathrm{mm}]$$

② 키 : 묻힘키를 선택한다고 하고 축지름 60[mm]에 대하여

③ 플랜지 커플링 각부 설계 치수는 그림 7-15와 표 7-3을 대조하여 $d=60\,[\mathrm{mm}]$에 대하여

$a=100,\ g=28,\ i=6,$

$b=24,\ h=17,\ R=90,$

$c=6,\ m=25,\ k=2$

$t=25,\ f=32$

볼트의 지름 $\delta=\frac{3''}{4}$, 볼트의 수 $z=4$

이상과 같이 되고 이것을 제도하면 그림 7-17과 같이 된다.

④ 다음에 강도계산을 하면 다음과 같이 된다.

지금 축지름 60[mm]축의 재료의 전단응력을 210[kgf/㎠]라고 하면

$z=4,\ \delta=\frac{3''}{4}(19[\text{mm}])$,

$D_B=2R_1=180\,[\text{mm}]$이므로

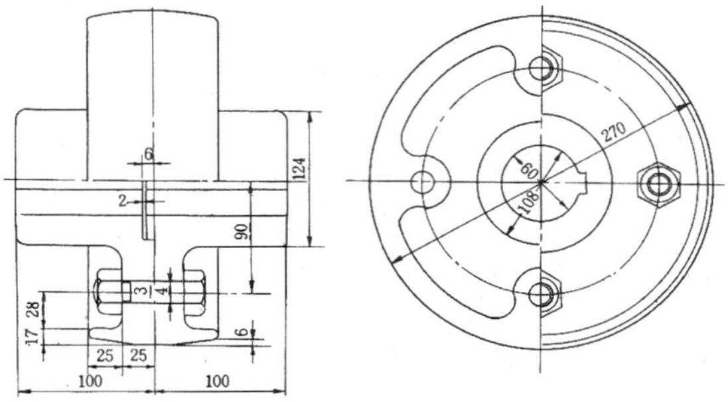

그림 7-17

$$\frac{\pi}{16}\times 6^3\times 210=\frac{z\pi\delta^2\tau_B D_B}{8}=\frac{4\times 3.1416\times 1.9^2\tau_B+18}{8}$$

$$\tau_B=\frac{\pi\times 8\times 6^3\times 210}{16\times\pi\times 4\times 1.9^2\times 18}=80\,[\text{kgf/㎠}]$$

이 값으로 볼트는 너무 지름이 큰 느낌이 있으나 4개의 볼트는 균일하게 죄기는 어렵고 또 충격적인 힘도 고려한다면 이 값이 적당하다.

플랜지 재료의 전단응력 τ_f 를 계산하면 다음과 같다.

$$\frac{\pi}{16}d^3\tau=2\pi R_1{}^2 t\tau_f$$

$R_1=62\,[\text{mm}],\ t=25\,[\text{mm}]$이므로

$$\frac{\pi}{16}\times 6^3\times 210=2\times\tau\times 6.2\times 2.5\times\tau_f$$

$$\tau_f=\frac{6^3\times 210}{16\times 12.4\times 2.5\times 6.2}=16\,[\text{kgf/㎠}]$$

로 되어 주철의 전단응력으로서는 충분히 안전하다.

4. 플렉시블 커플링(요축이음 ; flexible coupling)

(1) 플렉시블 커플링의 필요성

회전축이 자유스럽게 이동할 수 있게 한 커플링이고, 원동기의 축을 발전기 또는 원심펌프(centrifugal pump), 공작기계 등의 기계축에 직접연결할 때 쌍방의 축선을 정확하게 일직선상에 설치하는 것은 매우 곤란한 것이며, 설령 처음에는 양축이 일직선상에 정확하게 설치되었다고 하더라도 쌍방의 베어링의 마멸되는 정도가 다르게 되어 축선이 휘어지게 되고 베어링에 무리가 생긴다. 또는 전달 모멘트의 크기에 상당한 변동이 일어날 때 또는 고속도로 회전하기 때문에 진동이 생기게 된다. 이와 같은 좋지 못한 상태를 완화시킬 필요가 있고, 축이음이 약간 굴요성이 있어서 충격과 진동 등을 감소시키고, 또 베어링에 생기는 무리를 소멸시키고 소음이 나지 않는 커플링의 필요성이 생

기게 된다. 이 요구에 응하게 하기 위하여 만들어진 것이 플렉시블 커플링이고, 이 플렉시블 커플링으로서 양축을 직결시키면 베어링에 무리가 생기지 않고 플렉시블한 상태에서 회전을 전동시킬 수가 있다.

(2) 플렉시블 커플링의 설계상 고려되는 사항

1) 앞에서 말한 커플링의 설계 조건을 만족시킬 것
2) 구조가 간단하고 운전이 정숙할 것
3) 마모가 작고 다시 조절하지 않아도 좋을 것
4) 물 또는 먼지 등의 부착물에 의하여 고장을 일으키지 않을 것
5) 무리의 완화작용 또는 진동의 감쇠작용이 좋을 것
6) 요구가 있으면 전기적으로 절연되어 있을 것
7) 플렉시블 부분(flexible part)이 일부 파단되더라도 지장이 없는 구조를 설계할 것

(3) 플렉시블 커플링의 형식

탄성형식과 간극형식의 두 가지가 있다.

① **탄성형 :** 양 플랜지의 연결에 피혁 또는 고무 등 가요성을 가지고 있는 비금속재료의 탄성체의 특성을 이용한다든가 또는 강철스프링의 탄성을 이용하여 굴완성을 주는 형식이고, 다음 3가지 굽힘(만곡)탄성형, 압축탄성형, 전단탄성형 등의 형식이 있다.

5. 오울드 햄 커플링(old ham coupling)

(1) 구조와 특성

2개의 축이 평행하고, 그 축의 중심선의 위치가 약간 어긋났을 경우 각속도의 변화 없이 회전동력을 전달시키려고 할 때 사용되는 커플링으로서, 그 구조는 **그림 7-20**의 분해도에서 보는 바와 같이 한 개의 원반 Q의 앞뒤에 서로 직각방향에 키상의 돌기를 만들어, 이것을 그 돌기에 꽉 들어맞는 지름 방향의 홈이 파져 있는 양편의 플랜지 P, R 사이에 끼워 놓아, 그 한쪽의 축을 회전시키면 중앙의 원판이 홈을 따라 미끄러지면서 다른 쪽의 축에 회전을 전달시키게 된다. 즉 이 때의 각 플랜지와 원판 사이의 상대운동은 어느 대우에도 직선 미끄럼 운동으로서 상대각운동은 전혀 없으므로 원동축의 각속도는 그대로 종동축에 전달된다.

그림 7-18 기어 커플링

그림 7-19 롤러 체인 커플링

이 오울드 햄 커플링은 운전 중 양축선에 약간의 어긋남이 생기더라도 상관 없는 커플링으로 사용해도 좋을 것이다. 그림 7-21은 오울드 햄 커플링의 단면도를 그린 것이다.

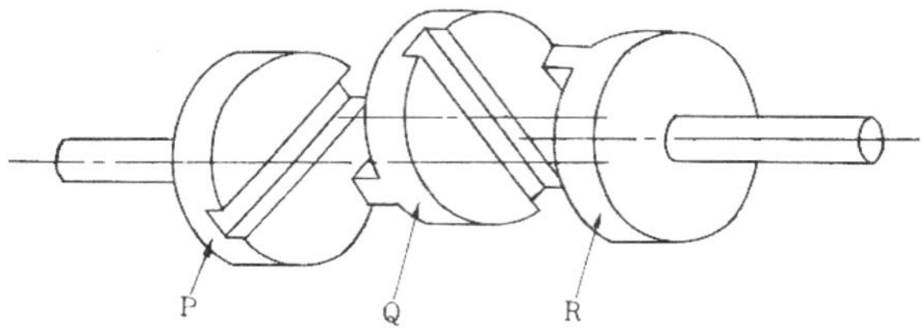

그림 7-20 오울드 햄 커플링의 분해

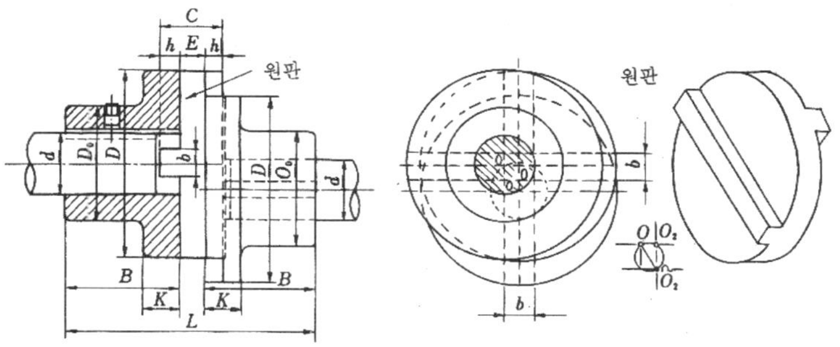

그림 7-21 오울드 햄 커플링의 단면도

중간원판은 그 중심 O_0가 양축의 편심거리 O_1, O_2를 지름으로 하는 원주상을 축이 한 번 돌아가는 사이에 일주하는 운동을 하므로 회전에 따라 그 받는 원심력은 진동을 일으키게 하고, 그 원심력은 속도의 제곱에 비례하므로 회전이 고속도로 됨에 따라 또는 편심거리가 크게 됨에 따라 진동은 아주 증대되므로 실용회전속도는 그 진동의 영향을 받지 않는 범위로 제한되어야 한다. 따라서 고속회전에는 부적당하다.

주로 주철제로 하고 마찰손실을 작게 하기 위하여 윤활을 행하는 것이 좋다.

6. 후크의 유니버설 커플링(universal coupling)

(1) 유니버설 커플링의 특성

유니버설 커플링은 후크의 조인트(Hook's joint)라고도 하며, 2축이 같은 평면내에 있으면서 그 중심선이 서로 어느 각도($\alpha \leqq 30°$)로서 교차하고 있을 때 사용되는 축이음으로 기구학에서 배운 바 있는 구면 2중 크랭크 기구의 응용이다. 회전전동 중에 2축을 맺는 각이 변화해도 좋으므로 공작기계, 자동차의 전달기구, 압연롤러의 전동축 등에 널리 사용되고 있다. 그림 7-22는 자동차에 사용된 예이고, 그림 7-23은 자동차의 플로펠러축에 사용된 후크의 조인트이다.

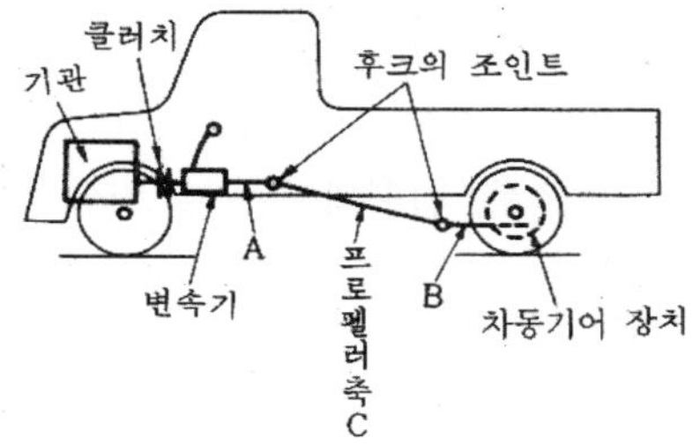

그림 7-22 자동차 동력 전달 기구

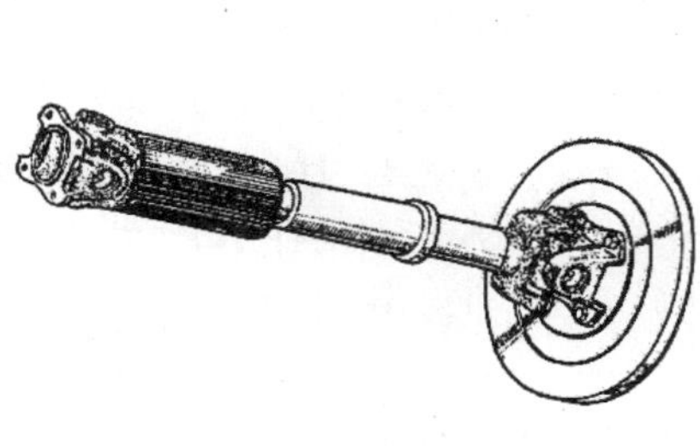
그림 7-23 자동차 프로펠러축의 후크의 조인트

구조는 그림 7-24에서 보는 바와 같이 원동축의 A축과 종동축의 B축의 양끝은 두 갈래로 나누어져 있고, 여기에 십자형의 저널(journal)을 조인트로써 회전할 수 있도록 연결한 구조이고, 원동축과 종동축의 각속비 $\frac{\omega_B}{\omega_A}$는 양축이 교차하는 각 α뿐 아니라 원동축의 회전축의 위치에 따라 변화한다는 특징이 있다. 다시 말하여 후크의 조인트에서는 원동축이 1회전하면 종동축도 1회전하나, 그 1회전 중에 각속비의 변화가 생긴다는 것이다. 이것은 물론 좋지 못한 특성이다.

여기서 각속비 $\frac{\omega_B}{\omega_A}$는 다음의 식과 같다.

$$\therefore \frac{\omega_B}{\omega_A} = \frac{\cos\alpha}{1-\sin^2\theta\sin^2\alpha} \tag{7-20}$$

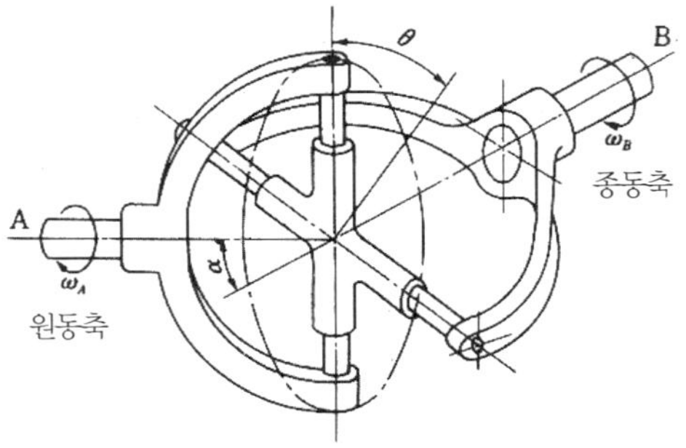

그림 7-24 후크의 조인트

(2) 등각속 유니버설 커플링

크로스 유니버설 커플링은 이미 논술한 바와 같이 원동축의 ω_A가 일정한 경우 종동축의 ω_B는 $\cos\alpha$와 $\frac{1}{\cos\alpha}$사이에서 변동하고, 원동축이 90°회전할 때마다 ω_B는 ω_A 보다 빨라지기도 하고 늦어지기도 한다. 따라서 전달토크 T도 역시 같은 주기로 변동할 것이므로 그대로 회전 전달하는 것은 α가 작은 범위에서는 별 지장이 없으나 10° 이상이 되면 부적당하다. 따라서 양축의 각속비를 같게 하기 위한 방법으로서, **그림 7-25**에서 보는 바와 같이 중간축 C를 양축간에 설치하여 각축을 C축의 같은 측은 반대측에 나오게 하여 같은 경사각 α가 되도록 하면 각속비는 항상 1이 된다. 이와 같이 연구한 것이 등각속유니버설 커플링이다.

중간축 대신에 볼(ball)을 통하여 등각속으로 한 실례가 많이 있다. 지금 **그림 7-26**에서 볼 1, 2를 중개로 하여 운동을 전달시키는 경우 P축과 Q축 사이에서 토크를 전달하는 볼의 중심을 K점이라 하고, P축과 Q축의 각속비를 각각 ω_P, ω_Q라 하고, θ를 P축에 관한 K점의 회전각이라 하면 다음 관계식이 성립된다.

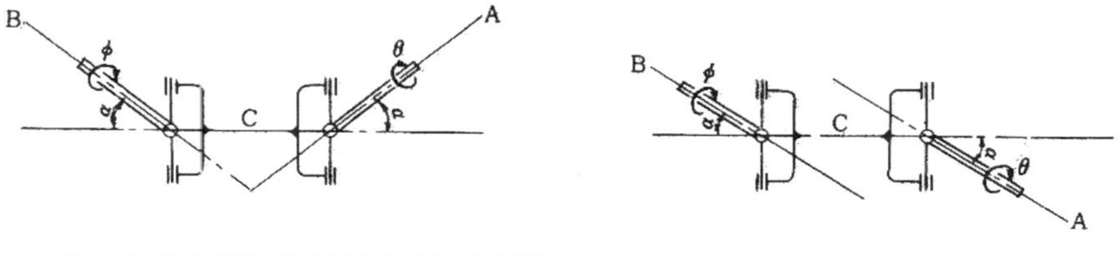

그림 7-25 후크의 유니버설 커플링의 중간축의 설치

$$\frac{\omega_P}{\omega_Q} = \frac{a^2\sin^2\theta + b^2\cos^2\theta}{ab}$$

위 식에서 K점을 P축, Q축의 이등분면상에 항상 있도록 하면 $a=b$로 되고, 항상 $\omega_P=\omega_Q$로 되어 양측의 각속비는 항상 1로 된다. **그림 7-27**에서 보는 바와 같이 제파(R.Zeppa) 유니버설 커플링은 이 실례이고 볼을 통하여 회전을 전달하는 것으로서 양축

이 경사지더라도 각속도의 변화 없이 자동차의 앞바퀴를 구동할 수 있다.

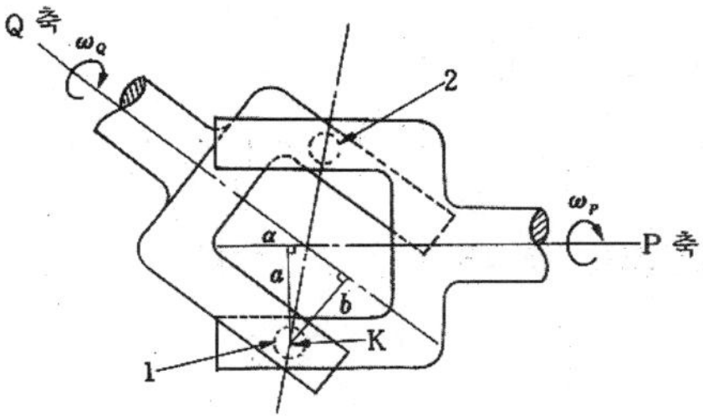

그림 7-26 등각속 유니버설 커플링

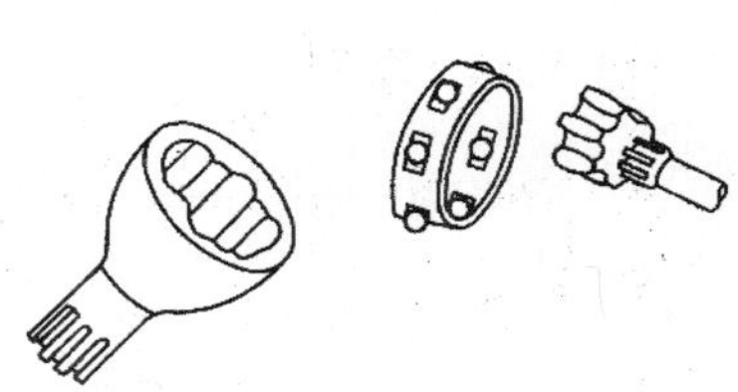

그림 7-27 Zeppa 유니버설 커플링

(3) 유니버설 커플링의 설계

평균회전 토크 T_m, 변동회전 토크의 진폭을 T_r 라 하면 이들은 다음 식으로 구해진다.

$$\left.\begin{aligned} T_m &= \frac{1}{2}T\left(\frac{1}{\cos\alpha}+\cos\alpha\right) = \frac{1+\cos^2\alpha}{2\cos\alpha}T \\ T_r &= \frac{1}{2}T\left(\frac{1}{\cos\alpha}-\cos\alpha\right) = \frac{\sin^2\alpha}{2\cos\alpha}T \end{aligned}\right\} \qquad (7\text{-}21)$$

지금 후크의 조인트에 작용하는 상당토크를 T_e 라 하면 T_e 는 다음 식으로 구할 수 있다.

$$\begin{aligned} T_e &= T_m + \beta_{kt}\left(\frac{\sigma_Y}{\sigma_e}\right)T_r \\ &= \left\{\frac{1+\cos^2\alpha}{2\cos\alpha}+\beta_{kt}\left(\frac{\sigma_Y}{\sigma_e}\right)\frac{\sin^2\alpha}{2\cos\alpha}\right\}T \end{aligned} \qquad (7\text{-}22)$$

여기서, σ_Y : 재료의 인장항복점, σ_e : 양진인장, 압축피로한도
β_{kt} : 노치(notch) 등에 의한 비틀림피로한도의 수정계수

7.3 클러치

1. 클로 클러치(claw clutch)

(1) 형식과 종류

확동클러치 중에서 가장 많이 사용되는 것으로서 연결은 올가미(jaw)와 올가미의 물림으로 행해지므로 올가미 클러치(jaw clutch)라고도 한다. 올가미를 가지고 있는 플랜지를

1개는 원동축에 키로써 고정하고, 다른 1개는 미끄럼 키(feather key)로써 종동축에 달고, 이것을 축방향에 활동시켜서 떼고 붙이고 한다. 축방향의 이동은 종동축의 보스에 파 있는 홈에 시프터(shifter)를 넣어서 행한다. 그림 7-28과 그림 7-29는 클로 클러치의 외형을 그린 것이고, 그림 7-30은 클로 클러치의 실물이다.

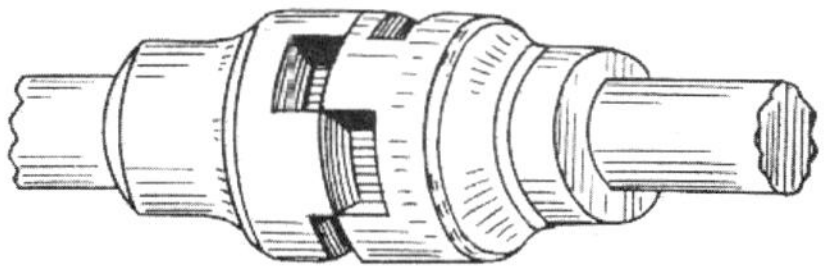

그림 7-28 클로 클러치의 외형

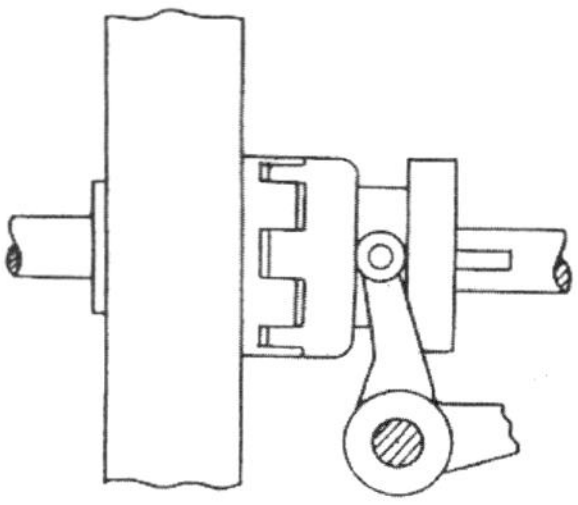

그림 7-29 클로 클러치

그림 7-30 클로 클러치의 실물

클로 클러치의 클로의 수, 높이 등은 전동토크, 회전속도 등에 의하여 결정되고 맞물음면은 반드시 중심을 통과하는 방사선상에 있다. 클로는 4각형, 3각형, 톱니형, 사다리꼴형, 스파이럴형 등이 있고, 3각형의 클로를 아주 작게 수많이 한 것을 특히 마우스 기어 클러치(mouth gear clutch)라 하고, 보통 전자클러치로 되어 온도상승을 기피하는 NC 공작기계에 사용된다. 그림 7-31은 마우스 기어 클러치의 실물이다.

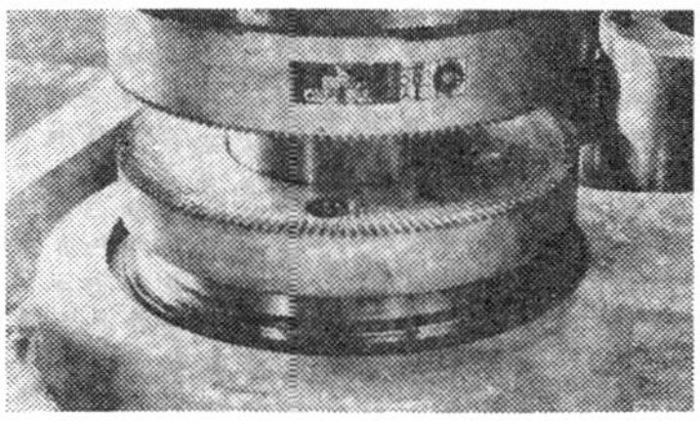

그림 7-31 NC 공작기계용 전자마우스 기어 클러치

그림 7-32 선반의 이송절환용 3각클로 클러치

저속회전, 소토크의 것은 클로를 3각 또는 사다리꼴로 설계한다. 그림 7-32는 선반의

이송절환용 3각 클로 클러치의 실물이고, 그림 7-33은 밀링반의 테이블이 정역절환용 사다리꼴 클로 클러치의 단면이다. 클로의 형상은 회전방향 하중의 대소 등에 의하여 여러 가지 형상이 있고, 그 종류와 특성은 그림 7-34와 표 7-6에서 보는 바와 같다.

[표 7-6] 클로 클러치의 종류와 특성

종류	도면	하중	회전방향	착탈
3각형	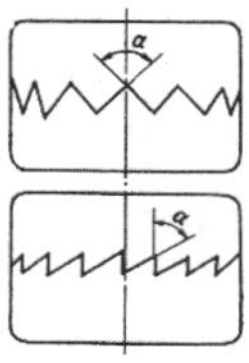	비교적 소하중	회전방향 변화 (양방향)	운전중 착탈 가능하다 (비교적 낮은 속도일 때)
			회전방향 일정 (일정)	
스파이럴형	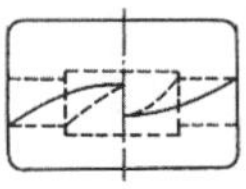	비교적 대하중	회전방향 일정 (일정)	
4각형	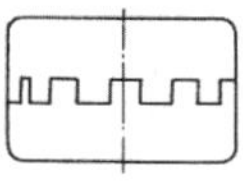	대하중	회전방향 일정 (일정)	붙일 경우는 정지하고 있을 때 뗄 경우에는 운전 중에 가능하다.
사 다 리 형	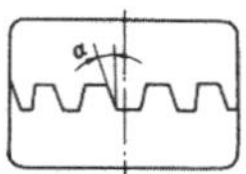			
	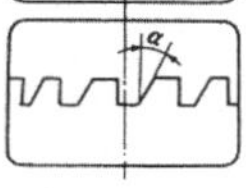	초대하중	회전방향 일정	착탈 더욱 용이하다.

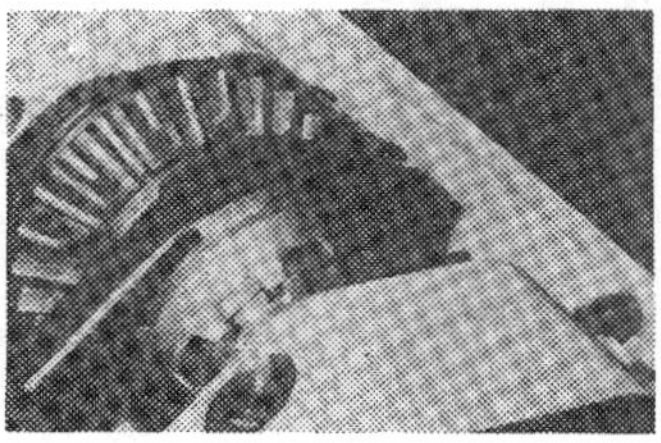

그림 7-33 밀링반의 테이블 정역절환용 사다리꼴 클로 클러치

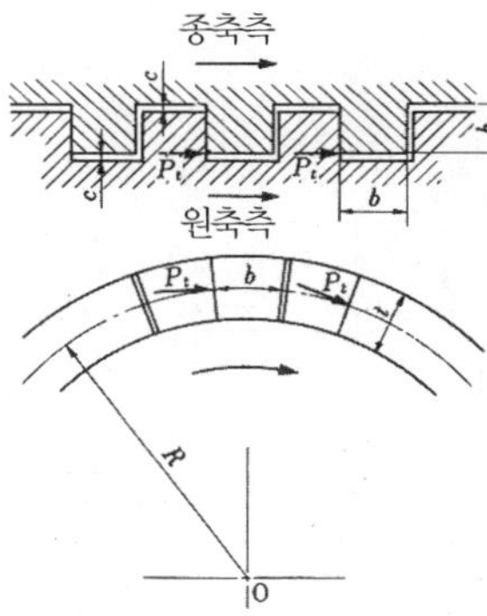

그림 7-34 각형클로 클러치의 강도

(2) 클로 클러치의 기본설계

① **굽힘강도의 검토** : 지금 4각형에 대하여 클로, 즉 올가미의 높이를 h, 폭을 b, 두께를 t라 하고, **그림 7-35**에서 보는 바와 같이 틈새 c로 물고 있다고 한다. 지금 최악의 경우로서 접선력 P_t가 클로의 선단에 작용하는 것으로 하면 클로의 뿌리에 작용하는 응력 σ_b는 다음과 같다.

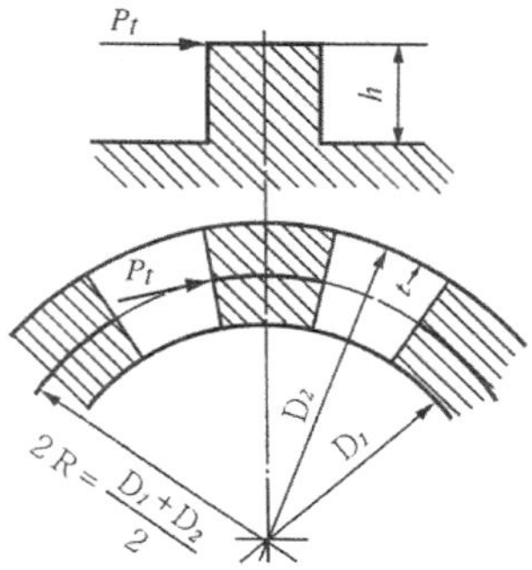

그림 7-35 각형클로 클러치의 토크

$$\sigma_b = \frac{P_t h}{tb^2/6} = \frac{6P_t h}{tb^2} \tag{7-23}$$

지금 z개의 클로에 P_t가 균일하게 작용한다고 하면 전달 토크 T는

$$T = zP_t R = zP_t \frac{D_1+D_2}{4} \tag{7-24}$$

여기서, D_2 : 클러치 원통의 바깥지름, D_1 : 클러치 원통의 안지름

R : $(D_2+D_1)/4$(평균반지름)

그림 7-35를 참조하여라.

$$\sigma_b = \frac{6Th}{zR_t b^2} = \frac{24Th}{(D_2+D_1)ztb^2} \tag{7-25}$$

c는 보통 $\left(\frac{1}{5} \sim \frac{1}{10}\right)h$로 잡는다.

② **회전토크의 계산** : 지금 클로의 뿌리면의 단면적을 A라 하고, 허용 전단응력을 τ_a라 하면 회전토크 T는 다음 식으로 구해진다.

$$T = zA\tau_a \frac{D_1 + D_2}{4} \tag{7-26}$$

4각형 클로이므로

$$zA = \frac{1}{2}\pi(D_2{}^2 - D_1{}^2)/4 = \frac{1}{8}\pi(D_2{}^2 - D_1{}^2)$$

$$\therefore T = \frac{\pi(D_2{}^2 - D_1{}^2)(D_1 + D_2)}{32} \cdot \tau_a \tag{7-27}$$

③ **접촉면압력** : 클로의 접촉면의 허용압력을 p_a라 하면 p_a는 보통 강철이면 300[kgf/cm²]정도 취하면 된다. 물림의 실제면적을 A[cm²]라 하면

$$A_c = (h-c)tz = (h-c)\frac{D_2 - D_1}{2}z \tag{7-28}$$

$$T = A_c p_a \frac{D_1 + D_2}{4} = \left(\frac{D_2{}^2 - D_1{}^2}{8}\right)(h-c)zp_a \tag{7-29}$$

c는 생략해도 큰 지장은 없다.

z는 함부로 취급되는 기계, 예를 들면 펀칭 머시인(punching machine), 전단기(shear machine) 등에 대해서는 $z=2\sim4$, 공작기계와 같이 가끔 떼고 붙여야 되는 경우에는 $z=24$까지 잡는다.

스파이럴 클로 클러치의 주요 치수는 표 7-7과 같다. 그림 7-36과 대조하여라.

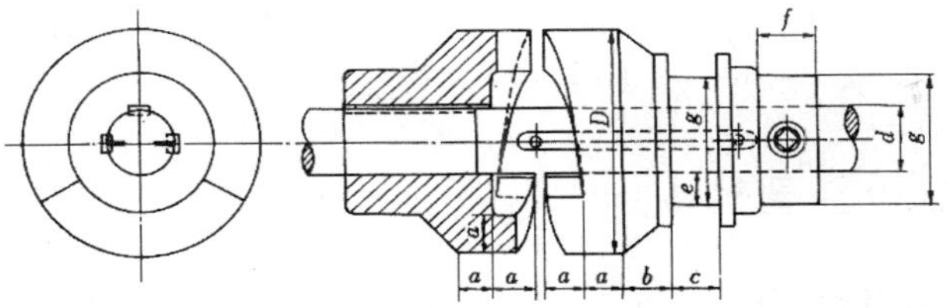

그림 7-36 스파이럴 클로 클러치의 단면도

[표 7-7] 스파이럴 클로 클러치의 주요 치수

d	40	50	60	70	80	90	100	110	120
D	100	125	150	175	200	225	250	275	300
a	20	23	25	30	35	40	45	50	55
b	40	50	60	70	80	90	100	110	120
c	20	25	30	35	40	45	50	55	60
e	16	18	20	22	24	26	28	30	32
f	30	32	34	39	38	40	42	44	46
g	72	86	100	114	128	142	156	170	183
클로수 z	3	3	4	4	4	5	5	6	6

예제 3 그림 7-37과 같은 클로 클러치가 있다. 5 [PS], 160 [rpm]으로 동력을 전달할 경우 클로의 높이(h)를 계산하고, 클로의 뿌리에 생기는 전단응력을 계산하여라. 단, 클러치는 연강제이고 허용면압을 $p_a = 2$[kgf/㎠]라 한다.

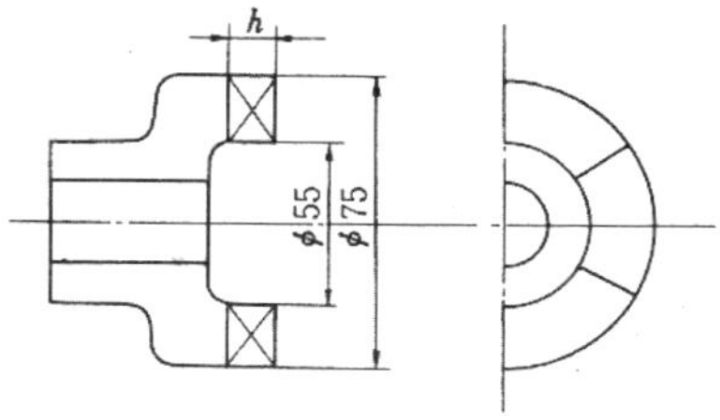

그림 7-37

풀이

$$T = 71620\frac{H}{N} = 71620 \times \frac{5}{160} = 2240\,[\mathrm{kgf \cdot cm}]$$

$$h = \frac{8T}{p_a(D_2^{\,2} - D_1^{\,2})z} = \frac{8 \times 2240}{2 \times (7.5^2 - 5.5^2) \times 3} = 1.15 \fallingdotseq 1.2\,[\mathrm{cm}]$$

뿌리에 생기는 전단응력 τ 는

$$\tau = \frac{32T}{\pi(D_1 + D_2)(D_2^{\,2} - D_1^{\,2})} = \frac{32 \times 2240}{3.14 \times (7.5 + 5.5)(7.5^2 - 5.5^2)} = 67.8\,[\mathrm{kgf/㎠}]$$

2. 마찰 클러치

(1) 마찰 클러치의 기능과 설계상 고려되는 일반사항

일직선상에 회전축을 가지고 있는 원동, 종동 양부분 사이의 전동을 접촉면의 마찰력을 이용하여 양축을 연결하는 클러치이고, 회전중에 단속할 수 있도록 되어 있는 축이음이다. 즉 회전 중 동력축인 원동축에 정지하고 있는 종동축을 운동의 타격 없이 자유로 연결시키는 것으로, 처음에 물릴 때에 약간의 미끄럼이 생기나 그 때의 마찰력에 의하여 종동원판에 서서히 가속을 주어 정지마찰력으로써 밀착시키고, 따라서 큰 비틀림 모멘트를 전달시킬 수 있는 것이다. 또 과대한 하중이 종동부분에 생겨도 접촉면의 마찰 부분에서 미끄러져서 원동축에는 일정 이상의 회전력이 작용하지 않고 안전장치가 된다는 이점이 있다. 그러나 마멸과 가열은 피할 수 없다.

이와 같이 클러치면에서 전달시킬 수 있는 회전력은 한도가 있고, 정지하고 있는 부하의 축을 클러치에 의하여 연결하면, 종동축은 차차로 가속되고 원동축의 회전속도에 도달하기까지는 마찰면은 미끄러지고 있다. 이 미끄러지는 시간은 회전 속도와 회전체의 관성모멘트와 부하의 크기 등에 의하여 다르고 또 실용상으로는 클러치를 넣는 방법에 의하여 가감되는 것이다. 따라서 공작기계, 자동차, 그 밖의 일반 기계에 널리 사용되고 있다. 일반적으로 고장은 마찰면의 마멸, 눌어붙어서 파손되는 것, 또는 밀어붙이는 힘이 약하게 되는 것 등에 의하여 생기므로 마찰 클러치를 설계함에 있어서 고려하여야 될 사항을 열거하면 다음과 같다.

1) 접촉면의 마찰계수를 적당한 크기로 잡을 것, 마찰계수는 마찰재료의 종류, 마찰면의 다듬질태, 건조 또는 기름의 유무, 평균 미끄럼 속도 등에 따라 다르다.
2) 관성을 작게 하기 위하여 소형이며 가벼워야 될 것
3) 마모가 생겨도 이것을 적당하게 수정할 수 없을 것
4) 마찰에 의하여 생긴 열을 충분히 제거하고, 눌어붙기(소부) 등이 생기지 않을 것
5) 원활하게 단속할 수 있도록 할 것
6) 단속할 때에 큰 외력을 필요하지 않게 할 것, 또 접촉면을 밀어붙이는 힘이 너무 크게 되지 않을 것
7) 균형 상태가 좋을 것

(2) 마찰 클러치의 형식

마찰 클러치는 그림 7-38과 같은 형식으로 나누어진다.

(3) 마찰재료

① 마찰재료의 구비 조건

1) 적당한 크기의 마찰계수 μ를 가지고 있을 것
2) 내마모성이 좋고 상대편을 손상시키지 않을 것
3) 마찰열에 의한 온도 상승에 대하여 내열성이 크고, 또 냉각에 의한 열 전도도가 클 것
4) 내유성이 크고, 기름이 묻더라도 특성이 변화하지 않을 것
5) 강도가 클 것
6) 공작이 용이할 것

마찰재료로서 보통 다음과 같은 것이 사용된다.

② 마찰재료의 종류

1) 경질재료 : 주로 가벼운 하중, 낮은 회전속도에 사용되고 상대편에는 주철이 사용된다. 벚나무, 단풍나무, 팽나무 등이 사용되며, 이것은 마찰계수는 크나 내열성이 작다.

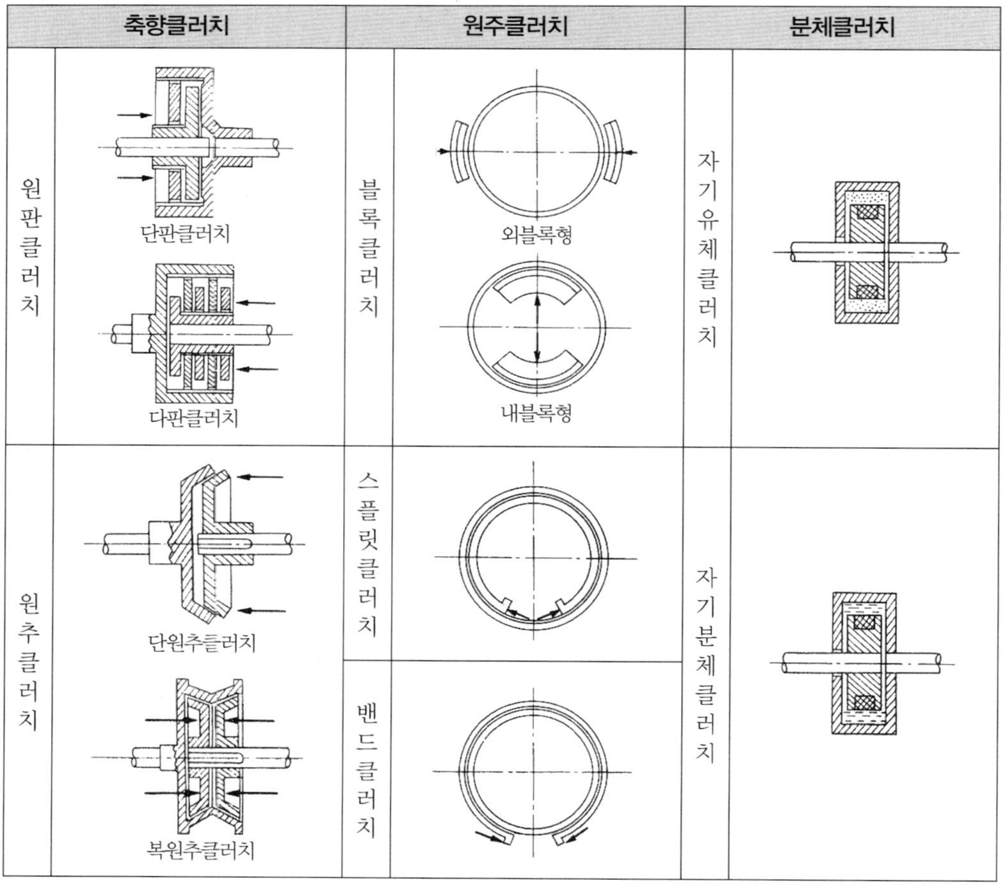

그림 7-38 마찰 클러치의 형식

2) **우피혁** : 우피혁을 피마자유(油), 우지 등에 담그든지 또는 그 속에서 쪄(煮)서 짜낸 것을 사용한다. 이것도 마찰계수는 크나 내열성은 작으며, 견고히 된 것은 부적당하다.

3) **석면직물**(asbestos lining) : 질이 좋은 석면섬유 또는 가루에 목선 그 밖의 다른 물질을 약간 섞어 황동면으로써 보강하여 끈(紐)을 만들어, 이것으로 베를 짜든지 또는 적당한 형상으로 압착하여 소결시킨 판자 또는 밴드(帶) 형상으로 한 것으로 두께는 3 ~ 7[mm] 정도로 하여 이것을 붙여 접촉면을 만든다. 마찰계수, 내열성 등 마찰재료로서 가지고 있어야 될 필요조건을 모두 잘 구비하고 있으므로 현재까지는 우수한 마찰재료로서 자동차 등 그 밖에 널리 애용되고 있는 것이다. 직물식의 것이 특히 우수하고 과격하게 사용해도 잘 견디어 낼 수가 있다. 압형식은 이러한 점에 있어서 직물식보다 약간 떨어진다.

아스베스트 라이닝(asbestos lining)을 원판 또는 원주에 붙일 때에는 지름 3[mm] 정도의 황동의 리벳을 사용하고, 리벳의 머리와 허리가 라이닝의 표면에서 돌출하지 않도록 속에 파묻어 버린다. 붙이는 방법은 **그림 7-39**에 도시한 바와 같고, 리벳의 재료는 동, 황동, 알루미늄 등과 같이 상대편의 금속보다 연한 재료를 사용한다. 리벳의 위치도 너무 끝에다 하면 그 부분에서 찢어지는 수가 있다. 보통 시판되는 상품명으로는 Ravbestos, Thermoid, Non-Burn 등이 있다.

4) **코르크(cork)** : 금속 대 금속클러치의 아래쪽의 금속접촉면에는 마개의 형상을 하고 있는 코르크를 박는 수가 있다. 코르크 마개의 지름은 15 ~ 20 [mm] 정도이고, 이것이 차지하는 면적은 접촉면 10 ~ 40%의 정도로 한다. 접촉면에 압력이 작용하지 않을 때에는 코르크를 금속면에서 약간 솟아나오게 하고, 시동연결할 때에 하중이 급격히 작용하는 것을 방지하고, 또 압력이 충분히 작용할 때에는 수축해서 금속면과 같은 면으로 하여 금속면의 마찰계수를 상당히 증대시키는 역할을 하게 된다. 또 마찰면을 적당하게 윤활하는 기름을 포함하는 작용도 한다.

이상 열거한 비금속재료와 접촉하게 되는 상대편의 금속은 주철, 주강, 강철, 청동 등이다. 그리고 금속끼리 접촉하는 클러치로서는 주철 대 주철, 주철 대 주강, 강철 대 강철, 강철 대 청동, 청동 대 알루미늄(코르크를 넣는 수가 많다), 주철 대 청동 등의 조합이다. 모두 적당한 윤활(lubrication)이 필요하나, 기름은 적당한 점도의 것을 주지 않으면 접촉면이 밀착해서 클러치를 뗄 때 곧 떨어지지 않으므로 주의해야 한다.

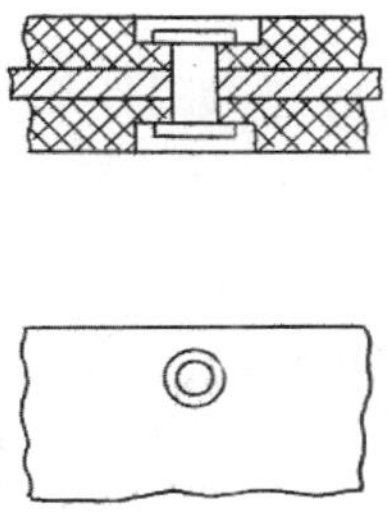

그림 7-39 아스베스트 라이닝의 리벳이음

(4) 축향마찰 클러치

① 특징

1) 마찰면이 축방향으로 이동한다.

2) 전동력이 작고 경부하 고속용에 사용한다.

② 원판 클러치(disk clutch)

1) **일반사항** : 구동축과 종동축이 각각 1개 내지 몇 개의 원판을 가지고 이것을 서로 접촉시켜서 그 사이의 마찰에 의하여 회전 토크를 전달시킨다. 원판의 수에 의하여 다판식과 단판식으로 나누어지고, 자동차는 구조를 간단히 하기 위하여 단판식이 주로 사용되며, 공작기계에서는 소형으로 하기 위하여 다판식이 많이 사용된다. 그

림 7-40은 다판클러치의 실물이다. 원판 클러치의 조작방식에는 그림 7-41에서 보는 바와 같이 다음 여러 가지 방식이 있다.

그림 7-40 다판클러치의 실물

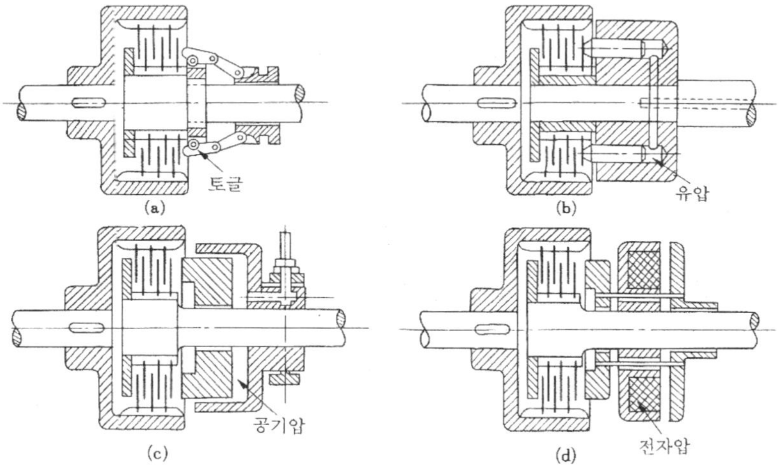

그림 7-41 원판기구의 조작방식

i) 스프링 기구에 의한 것
ii) 토글(toggle) 기구에 의한 것
iii) 유압 기구에 의한 것
iv) 공기압 기구에 의한 것
v) 전자기구에 의한 것

2) **원판 클러치의 기본설계** : 그림 7-42는 전동능력이 계산식을 만들기 위한 간단한 단판식원판 클러치의 그림이다.

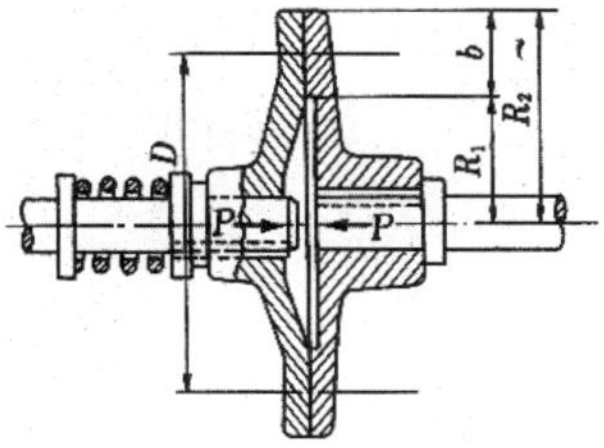

그림 7-42 단판식 원판 클러치의 그림

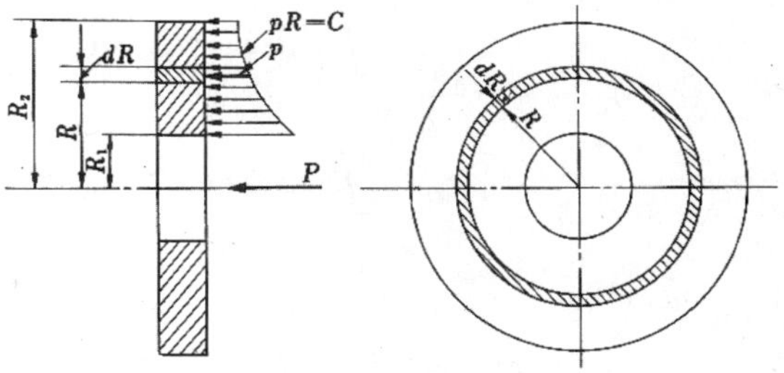

그림 7-43 원판 클러치의 설계

T : 회전토크, P : 축방향의 힘, μ : 마찰계수, D_1: 원판의 안지름$=2R_1$

D_2 : 원판의 바깥지름$=2R_2$, D : 원판마찰면의 균형지름 $\frac{D_1+D_2}{2}=2R$

z : 접촉면의 수(그림에서 $z=1$), p : 접촉압력, N : 회전속도, H : 전동마력수

b : 접촉면의 폭

이라 하면 마찰면에 생기는 압력 p는 처음에는 균일하게 분포하나 약간 사용한 후에는 마찰면의 바깥측일수록 더욱 많이 마모되므로 $pR=c$(일정)로 표시되는 압력 분포 상태가 되는 것은 그림 7-43에서 보는 바와 같다. 그리고 평균반지름 R는 압력분포의 상태에 따라 2가지 경우가 생긴다.

i) 마모량이 일정한 경우 : 마찰판이 어느 상대속도로 미끄러지고 있을 때 미끄럼 마찰에 의한 마모량은 마찰일량에 비례한다고 생각하면 마찰 일량은 압력 p와 미끄럼 속도 v의 곱에 비례하므로

마모량 $\propto pv$

또 $v=r\omega$(ω : 각속도 [rad/sec])이므로

$$\text{마모량} \propto pr\omega \tag{7-30}$$

지금 주위의 반지름 R의 위치에 미소폭 dR을 가지는 좁은 윤상의 면적을 생각하고, 여기 작용하는 압력을 p라 하면 밀어붙이는 힘 P와의 힘의 균형조건에서

$$P=\int_{R_1}^{R_2} 2\pi pRdR=\int_{R_1}^{R_2} 2\pi c dR=2\pi c(R_2-R_1) \tag{7-31}$$

$$\therefore c=\frac{P}{2\pi(R_2-R_1)} \tag{7-32}$$

이 때 최대 압력 $p_{\max}$는 안반지름 R_1의 위치에서 생기고

$$p_{\max}=\frac{P}{2\pi R_1(R_2-R_1)}$$

다음에 원판의 전달 토크 T는 마찰면의 마찰계수를 μ로 가정하였으므로

$$T=\int_{R_1}^{R_2}\mu(2\pi pRdR)R=\int_{R_1}^{R_2}2\pi\mu pR^2dR \tag{7-33}$$

$$=\int_{R_1}^{R_2}2\pi\mu cRdR=\pi\mu c(R_2{}^2-R_1{}^2)$$

위 식에 식 (7-32)을 대입하면 $R=\dfrac{R_1+R_2}{2}$ 이고

$$T=\mu P\frac{(R_1+R_2)}{2}=\mu PR=\mu P\frac{D}{2}=\mu P\frac{D_1+D_2}{4} \tag{7-34}$$

즉, 이 경우의 토크는 P가 마찰면의 평균반지름의 위치에 집중 작용한 것으로 생각할 때의 토크와 거의 같은 결과가 얻어진다.

즉, $T=\mu P\dfrac{D}{2}$에 그림 7-44에서 보는 바와 같이 $D=\dfrac{D_1+D_2}{2}$,

$P=\dfrac{\pi}{4}p(D_2{}^2-D_1{}^2)$을 대입하면

$$T=\mu\frac{\pi}{4}p(D_2{}^2-D_1{}^2)\frac{D_1+D_2}{4} \tag{7-35}$$

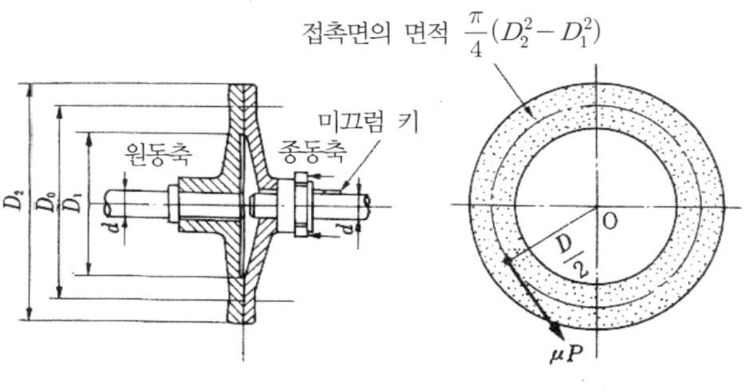

그림 7-44 원판마찰 클러치의 회전토크

ii) 압력 p가 일정하게 분포되는 경우 마찰면에 강성이 충분하여 앞에서 언급한 바와 같이 초기 마모에 있어서는 압력이 전체 접촉면에 고르게 분포되며 $p=$일정(const) 하게 된다.

즉,
$$\left.\begin{aligned}P&=\pi(R_2{}^2-R_1{}^2)p\\ T&=2\pi\mu\int_{R_1}^{R_2}pR^2dR=\frac{2\pi\mu}{3}(R_2{}^3-R_1{}^3)p\end{aligned}\right\} \tag{7-36}$$

위 식에서

$$T = \mu\frac{2}{3}\left(\frac{R_2{}^3 - R_1{}^3}{R_2{}^2 - R_1{}^2}\right)P = \frac{\mu P}{3}\left(\frac{D_2{}^3 - D_1{}^3}{D_2{}^2 - D_1{}^2}\right) \qquad (7-37)$$

실제로 $R_1 = (0.6 \sim 0.7)R_2$로 설계하므로

$$\frac{2}{3}\left(\frac{R_2{}^3 - R_1{}^3}{R_2{}^2 - R_1{}^2}\right) \fallingdotseq \frac{R_1 + R_2}{2} = R = \frac{D}{2}\text{(평균반지름)} \qquad (7-38)$$

따라서 약간의 오차는 있지만 이 때도 $T = \mu P\frac{D}{2}$로 생각해도 큰 지장이 없다.

또 이 클러치가 N[rpm]의 H[PS]를 전달시킨다면

$$\frac{\mu PD}{2} = 71620\frac{H}{N}$$

$$\therefore H = \frac{\mu PDN}{143240} \qquad (7-39)$$

만일 z가 접촉면의 수라 하면

$$\left.\begin{aligned} T &= \frac{\mu zPD}{2} \\ H &= \frac{\mu zPDN}{143240} \end{aligned}\right\} \qquad (7-36)$$

또 $P = \pi(R_2{}^2 - R_1{}^2)p = \pi(R_1 + R_2)(R_2 - R_1)p$

그런데 $b = R_2 - R_1$: 접촉면의 폭

$D = R_2 + R_1$: 평균지름

$$\therefore\ P = \pi Dbp \qquad (7-41)$$

식 (7-40), 식 (7-41)의 두 식에서 전달력은 다음과 같이 표시된다.

$$H = \frac{\mu z\pi bpND^2}{143240} \qquad (7-42)$$

실제로는 허용압력 p_a의 값이 너무 크면 빨리 마멸되고, 너무 작으면 클러치의 치수가 크게 되어 대형으로 된다. 허용마찰계수 μ_a의 값은 적당해야 되고, Maleev에 의하면 다음 표 7-6과 같이 설계 자료로 제공되고 있다. 따라서 실제 설계에서는 p_a, μ_a를 채택하여 원판마찰 클러치의 기본설계공식은 다음과 같이 된다.

$$P = \frac{2T}{\mu_a Dz}$$

$$P = \pi D b p_a \qquad (7-43)$$

$$H = \frac{\mu_a z \pi b p_a N D^2}{143240}$$

[표 7-6] 원판 클러치으 실용설계 자료

접촉면재료	마찰계수 μ_a			허용응력 p_a[kgf/㎠]
	건조	그리이스	윤활	
목재와 주철	0.35~0.20	0.12~0.08		4.2~6.3
피혁과 주철	0.5~0.3	0.20~0.15	0.15~0.12	0.7~2.8
파이버와 금속		0.20~0.10		0.7~2.8
아스베스트와 금속	0.5~0.35	0.30~0.25	0.25~0.20	2.1~5.6
코르크와 금속	0.35	0.30~0.25	0.25~0.22	0.6~1.1
주철과 주철	0.2~0.15	0.10~0.06	0.10~0.05	10.5~17.5
청동과 주철		0.10~0.05	0.10~0.05	5.6~8.4
강철과 주철	0.35~0.25	0.12~0.07	0.10~0.06	8.4~14

$$\left.\begin{array}{ll} \text{목재 대 주철의 경우 :} & K \fallingdotseq \dfrac{1.65}{v+0.65} \\ \text{주철 대 주철의 경우 :} & K \fallingdotseq 1.26 - \dfrac{v}{3.53} \\ \text{코르크를 넣은 주철 대 주철의 경우 :} & K = 1.19 - \dfrac{v}{10.6} \end{array}\right\} \qquad (7-44)$$

한편 허용마찰계수 μ_a와 허용압축력 p_a의 값에 대하여 Leutwiler가 많은 실용품을 조사한 결과, 그 값은 클러치 접촉면의 속도에 의하여 다음과 같이 변화한다.

$K = \mu_a \cdot p_a$, $v = 100$[rpm]에 있어서 접촉면 평균지름 D[cm]의 원주속도[m/sec]

즉, $v = \dfrac{\pi D \times 100}{100 \times 60} = 0.0524D$[m/sec]라 하여

아스베스트 라이닝 대 주철 또는 주철에 있어서는 $\mu_a = 0.2 \sim 0.3$, $p_a < 1.5$[kgf/㎠]가 가장 적당하다고 지적되고 있다.

예제 4 출력 24 [PS], 행정 115 [mm], 피스턴의 속도 5 [m/sec]의 자동차 엔진을 사용하는 원판 클러치가 있다. 이 원판 클러치의 한편의 마찰재료로서 석면을 사용하고 $\mu_a = 0.13$, 허용평균압력 $p_a = 0.85$ [kgf/㎠], 클러치 원판의 바깥지름 $D_2 = 250$ [mm], 안지름 $D_1 = 150$ [mm]의 치수를 가지게 설계되어 있다. 이 원판 클러치의 마찰면수 z를 구하여라.

풀이

$$T = \frac{75H}{\omega} = \frac{75 \times 24 \times 0.115}{5\pi} = 13.2\,[\text{kgf-m}] = 1320\,[\text{kgf-cm}]$$

마찰면 전 압력 P는

$$P = \pi(R_2{}^2 - R_1{}^2)p_a = \frac{\pi}{4}(D_2{}^2 - D_1{}^2)p_a$$

단, D_2 : 바깥지름, D_1 : 안지름

$$P = \frac{\pi}{4}(25^2 - 15^2) \times 0.85 \fallingdotseq 267\,[\text{kgf}]$$

마찰면 수를 z 라 하면

$$T = \frac{\mu_a P D z}{2}$$

$$1320 = \frac{0.13 \times 267 \times (25.15) \times z}{2 \times 2} \qquad \therefore\ z = 3.8$$

따라서 $z = 4$로 한다.

예제 5 300 [rpm]으로 16 [PS]의 동력을 전달시키는 원판 클러치를 설계하여라.

단, 접촉면의 압력을 $p_a = 1.5$ [kgf/㎠], $\dfrac{D_2}{D_1} = 1.5$, $\mu_a = 0.3$

풀이

$$T = \frac{71620 \times 16}{300} = 3824\,[\text{kgf-cm}]$$

$$P = \pi(R_2{}^2 - R_1{}^2)p_a = \frac{\pi}{4}(D_2{}^2 - D_1{}^2)p_a = \frac{\pi}{4}D_1{}^2\left\{\left(\frac{D_2}{D_1}\right)^2 - 1\right\}p_a$$

$$T = \frac{\mu_a P D z}{2} = \mu_a z \times \frac{\pi}{4}D_1{}^2\left\{\left(\frac{D_2}{D_1}\right)^2 - 1\right\}p_a \cdot \frac{D_1 + D_2}{4}$$

$$3824 = 0.3 \times 1 \times \frac{\pi}{4}\{(1.5)^2 - 1\} \times 1.5 \times \frac{2.5}{4} \times D_1{}^3$$

$$D_1 = 20.8 \fallingdotseq 21\,[\text{cm}]$$

$$D_2 = 21 \times 1.5 \fallingdotseq 31.5\,[\text{cm}]$$

$$b = \frac{D_2 - D_1}{2} = \frac{31.5 - 21}{2} = 5.25\,[\text{cm}]$$

예제 6 자동차 발동기가 있는데 지름 90 [mm]의 실린더 6개를 가지고 있고, 그 행정이 115 [mm]라고 한다. 이것이 900 [rpm]으로 30 [PS]를 전달시킨다. 이 때 클러치를 바깥지름 275 [mm], 안지름 175 [mm]의 단식 원판 클러치를 사용하고, 스프링으로 주는 마찰 압력이 655 [kgf]가 되게 설계되어 있다. 주철과 아스베스트 라이닝을 접촉 마찰 재료로써 사용하였을 때 마찰계수를 어떻게 잡는가 조사하여라. 마찰면수 $z = 2$라 한다.

풀이

$$p_a = \frac{655}{\frac{\pi}{4}(27.5^2 - 17.5^2)} = 1.85\,[\text{kgf/cm}^2]$$

$$T = \frac{71620 \times 30}{900} = 2387\,[\text{kgf-cm}]$$

$$D = \frac{D_1 + D_2}{2} = \frac{27.5 + 17.5}{2} = 22.5\,[\text{cm}]$$

$$T = \mu_a P \cdot \frac{D}{2}$$

$$\mu_a = \frac{2T}{zPD} = \frac{2 \times 2387}{655 \times 22.5 \times 2} = 0.162$$

③ 원추 클러치

1) 원추 클러치의 일반 사항 : 그림 7-45에서 보는 바와 같이 구조는 원동축편의 축단에 묻힘 키로써 고정된 원추면 A와 종동축편의 축단에 페더 키로써 활동할 수 있게 고정된 원추면으로서 구성되어 있고, 양자를 접촉시키려면 시프터로서 종동축의 B에 축방향의 힘을 가하여, 축 위를 활동시켜서 양 원추면을 접촉시킨다. 접촉의 첫무렵에 있어서는 다소의 미끄럼이 있으나, 양자 간의 마찰회전력에 의하여 종동축의 회전속도는 차차로 올라가서 결국은 서로 밀착하여 충분히 동력을 전달할 수 있도록 된다. 이것은 접촉면을 원추형으로 하여 쐐기 형상으로 밀어박아서 접촉압력을 크게 한 것이다. 이것은 또 클러치를 넣고 떼는 것을 쉽게 하고, 관성을 감소시키기 위하여 소형이고 가볍고 또 충분히 균형상태를 유지하는 것이 필요하다. 그리고 원추각 α가 너무 크면 마찰 회전력이 작아져 큰 동력을 전달시킬 수 없고, 너무 작으면 클러치를 넣고 떼는 데 불편하다.

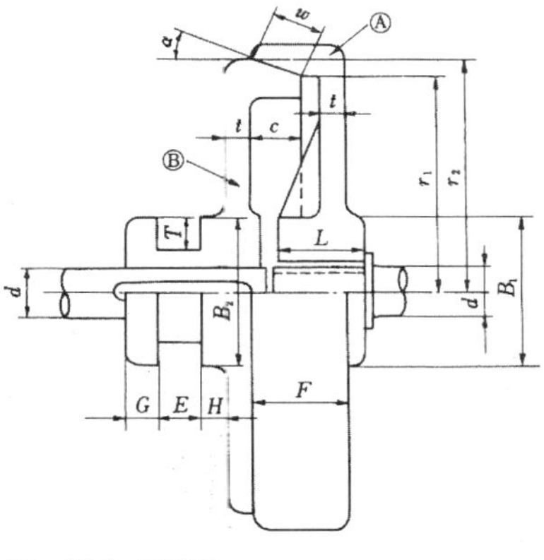

그림 7-45 원추 클러치

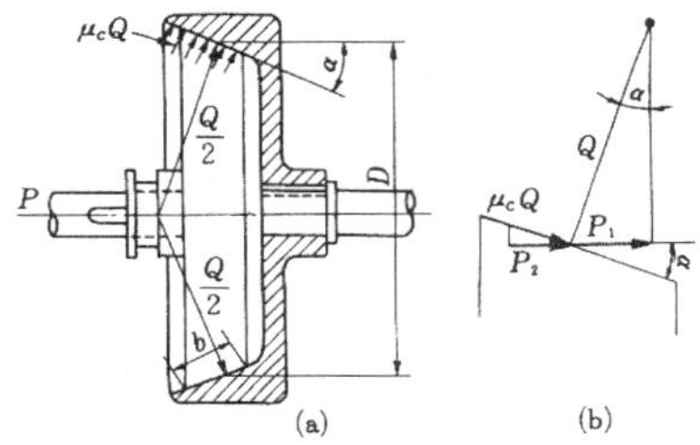

그림 7-46 원추 클러치의 역학관계

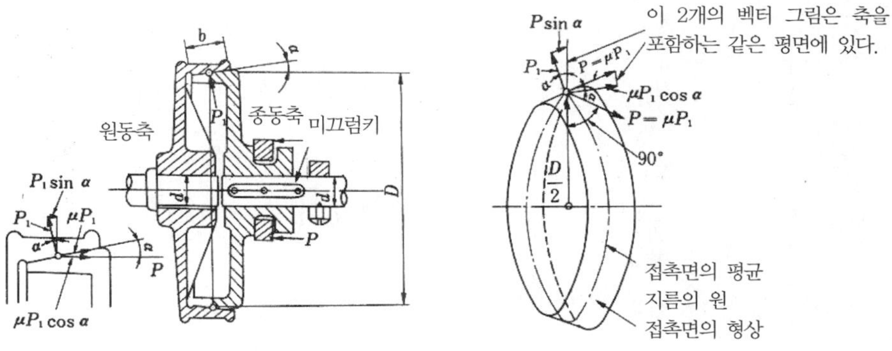

그림 7-47 원추 클러치의 마찰저항

2) **원추 클러치의 기본설계공식 :** 그림 7-46에서 보는 바와 같이 마찰면은 원추의 표면이 되고 접촉면 압력의 합력 Q는 축방향에 클러치를 넣기 위하여 가해지는 힘 P에 의하여 발생된다. 내원추를 외원추에 충분히 밀어붙일 때에는 접촉면에 따라 밀어박는 방향에도 마찰저항이 있다. 그림 7-47은 이 상태를 잘 보여 주고 있다.

α : 원추꼭지각의 $\frac{1}{2}$, μ_c : 밀어박는 방향에 있어서의 마찰계수

라고 하면

$$P = P_1 + P_2 = Q\sin\alpha + \mu_c Q\cos\alpha = Q(\sin\alpha + \mu_c\cos\alpha) \quad (7-45)$$

따라서 원추 마찰면이 전달할 수 있는 회전 모멘트는 원판 클러치의 경우와 같은 모양으로

$$T = \frac{\mu QD}{2} \quad (7-46)$$

D는 원추 마찰면의 평균 지름으로서 마찰이 이 원주에 집중하고 있다고 가정한 것이다. 그러나 위의 식은 마찰면이 미끄러지지 않고 운전하고 있는 동안의 관계이며, 원판 클러치의 경우와 마찬가지로 연결시동할 때의 상태를 생각하면 다음과 같다.

$$\frac{\mu QD}{2} > T' \quad (7-47)$$

여기서, T'는 클러치가 전달해야 될 회전모멘트이다. 실용설계에 있어서는 마찰계수의 허용치 μ_a를 사용한다.

$$T' = \frac{\mu_a Q D}{2} \tag{7-48}$$

$$\therefore P = Q(\sin\alpha + \mu_c \cos\alpha) = \frac{2T'}{D} \cdot \frac{\sin\alpha + \mu_c \cos\alpha}{\mu_a} [\text{kgf}] \tag{7-49}$$

μ_c의 값은 세밀히 따지자면 μ_a와 약간 다르나 설계에서는 보통 간략히 하기 위하여 $\mu_a = \mu_c$로서 계산한다.

만일 클러치를 떼기 위하여 더해지는 필요한 힘을 P'라고 하면

$$P' = Q(\sin\alpha - \mu_c \cos\alpha) = \frac{2T'}{D} \cdot \frac{\sin\alpha - \mu_c \cos\alpha}{\mu_a} \tag{7-50}$$

또, $$T' = 71620 \frac{H}{N} = \frac{P \mu_a D}{2(\sin\alpha + \mu_c \cos\alpha)} \tag{7-51}$$

또, $$P = \frac{71620 \times 2 \times \frac{H}{N}}{D} \cdot \frac{\sin\alpha + \mu_c \cos\alpha}{\mu_a} = \frac{143240\, H(\sin\alpha + \mu_c \cos\alpha)}{N \mu_a D}$$

$$\therefore Q = \frac{143240 H}{N \mu_a D} \tag{7-52}$$

또 b : 원추접촉면의 폭, p_a : 원추접촉면 사이의 허용압력이라고 하면 다음 식이 성립된다.

$$Q = \pi D b p_a [\text{kgf}] \tag{7-53}$$

$$\therefore \ \pi b D p_a = \frac{143240 H}{N \mu_a D}$$

$$D^2 = \frac{143240 H}{\pi \mu_0 b p_a N} \tag{7-54}$$

그런데 $\dfrac{b}{D} = x(x = 0.2 \sim 0.5)$의 관계가 있으므로

$$D^3 = \frac{143240 H}{\pi \mu_0 x p_a N} \tag{7-55}$$

따라서 전동마력 H : 회전속도 N : 마찰계수 μ와 평균압력이 결정되면 위의 식에서 D의 값을 알 수 있을 것이다.

일반적으로

$$\tan\alpha \geqq \frac{1}{6} > \mu \qquad (7-56)$$

로 정하여 클러치를 떼기 쉽게 한다.

[표 7-7] 원추 클러치의 설계자료

접촉면	μ_a	α	p_a[kgf/㎠]
가죽 대 금속 : 기름을 약간 바른다.	0.15~0.20	10~13°	0.5~0.8
아스베스트라이닝 대 금속:기름을 약간 바른다.	0.20~0.30	11~14½°	0.7~1
코르크 섞인 금속 대 금속:기름을 약간 바른다.	0.22~0.30	8~12°	0.5~0.8
주철 대 주철 : 기름을 약간 바른다.	0.07이하	8~11°	3~3.5
목재 대 주철 : 건조	0.20~0.30	11½~14°	2~3

원추각 α가 작을수록 P가 작아도 좋으나 α가 너무 작아서 마찰각 또는 그 이하로 되면 시동할 때에 클러치의 물리는 상태가 너무 급작스러워서 충격을 수반하고 또는 내추원을 잡아 뺄 때 힘이 들어서 불편하다. 따라서 α는 보통 $10 \sim 12°$ 정도로 한다. 위의 표 7-7은 μ_a, p_a, α 등의 값을 표시한 것으로, 실제 설계하는 데 있어서 설계자료로 제공하고 있다.

예제 7 단식원추 클러치가 있다. 원추접촉면의 평균지름 D가 400[mm], 마찰면의 폭 b가 50[mm], 원추접촉면의 단위직압력 $p=0.7$[kgf/㎠]라 하면 몇 마력을 전달시킬 수가 있는냐? 단, $N=900$[rpm]이라 하고 $\alpha=12°$, $\mu_a=0.2$로 한다.

풀이

$$Q=\pi \cdot D \cdot b \cdot p_a = 3.1416\times 40\times 5\times 0.7 = 440\,[\text{kgf}]$$

그런데 $Q=\dfrac{143240H}{N\mu_a D}$

$$\therefore\ H=\frac{QN\mu_a D}{143240}=\frac{440\times 900\times 0.2\times 40}{143240} \fallingdotseq 22$$

예제 8 3.5[PS]를 300[rpm]으로서 전달시키는 주철제 원추 클러치를 중간축의 풀리(지름 300[mm])에 집어넣을 수 있도록 설계하여라.

풀이 마찰면은 주철 대 주철, $\mu_a=0.06$, $\alpha=10°$, $p_a=3$[kgf/㎠]라고 가정한다.

$$T'=71620\times\frac{3.5}{300}=835\,[\text{kgf}\cdot\text{cm}]$$

$$\sin 10° = 0.174,\ \cos 10° = 0.935$$

풀리의 지름에서 원추의 평균지름을 $D=280$[mm]로 취한다. 원추를 밀어붙이는데 필요한 힘은

$$P=\frac{2T'}{D}\cdot\frac{\sin\alpha+\mu_a\cos\alpha}{\mu_a}=\frac{2\times 835}{28}\times\frac{0.174+0.06\times 0.985}{0.06}=236\,[\text{kgf}]$$

마찰면 전체의 압력은

$$Q=\frac{2T'}{\mu_a D}=\frac{2\times 835}{0.06\times 28}=994\,[\text{kgf}]$$

또 공식에서 원추 접촉면의 폭은 다음과 같이 구해진다.

$$b=\frac{Q}{\pi D p_a}=\frac{994}{\pi\times 28\times 3}=3.77\,[\text{cm}],\ \text{약}\ 38\,[\text{mm}]$$

이상을 설계제도하면 그림 7-48과 같다.

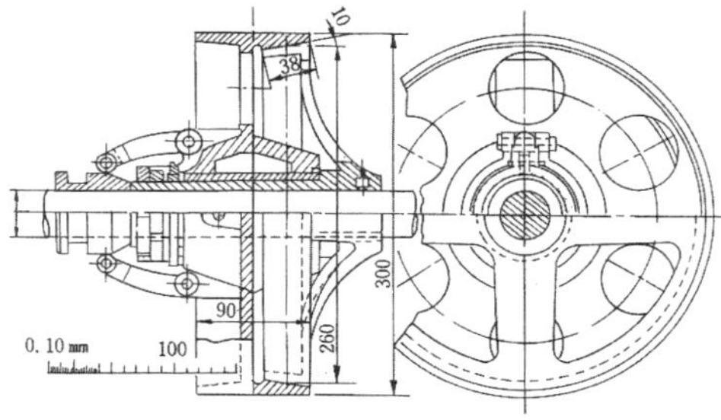

그림 7-48

(5) 원주 클러치 (rim clutch)

원주 클러치의 특징과 종류는 마찰면이 원주가 되고, 마찰면에 작동시킬 때 마찰면은 반지름 방향, 즉 축심을 향하여 움직인다는 점이며, 전동능력은 비교적 크다. 따라서 이것은 저속중하중용이 사용하면 적합하다. 블록 클러치, 분할윤클러치, 밴드 클러치 등이 그 대표적인 종류로 꼽힌다.

7.4 축이음 종합문제

※ 평기어 감속기 도면을 참고로 하여 아래 문제를 계산하여 답하여라.

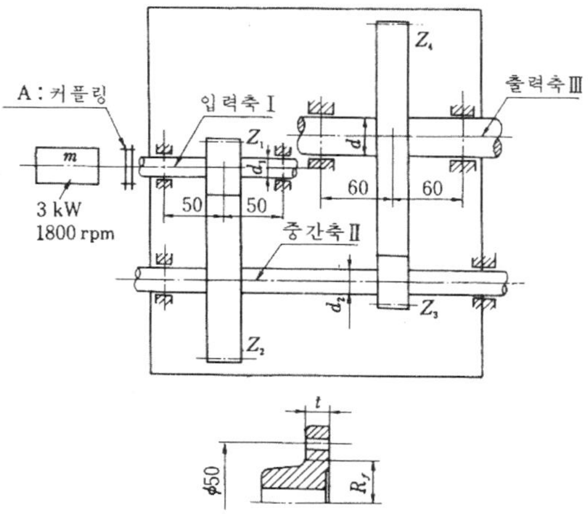

그림 7-49

3[kW]에 1800[rpm]인 모터로 전동하고, 입력축은 모터에 직결되어 있으며 감속비는 $\frac{1}{20}\left(i_1 \times i_2 = \frac{1}{4} \times \frac{1}{5}\right)$이고 피니언 잇수는 18개인 감속기이다.

문제 1. 기어 Z_2, Z_4의 잇수를 구하여라(단, $Z_1 = Z_3$이다).

문제 2. Ⅰ, Ⅱ, Ⅲ축에 걸리는 토크를 각각 구하여라.

문제 3. 피니언 Z_1, Z_3에 작용하는 접선력 P_1 및 P_3를 각각 구하여라. 단, Z_1의 모듀율 $m=3$, Z_3의 모듀율 $m=5$

문제 4. 비틀림과 굽힘이 동시에 작용할 때 입력축과 출력축의 지름을 각각 구하여라. 축 및 기어의 자중은 무시한다. 단, 축의 동하중계수 $K_m = 2.0$, $K_t = 1.5$, $\tau_a = 7\,[\text{kgf/mm}^2]$이고, 축의 키 홈의 영향을 고려하여 $\frac{1}{0.75}$을 계산한다.

문제 5. A부의 플랜지 커플링의 볼트를 3개 사용할 때, 볼트의 지름 d를 구하여라. 플랜지 커플링의 볼트 원의 지름 $D_B = 50\,[\text{mm}]$, $\tau_B = 100\,[\text{kgf/cm}^2]$이다.

문제 6. 플랜지의 뿌리부의 두께 t를 구하여라. 단, 뿌리부의 지름 $D=30[\text{mm}]$, $\tau_f = 16\,[\text{kgf/cm}^2]$이다.

[풀이]

1. $Z_1 = Z_3 = 18$ 이므로

$$\frac{Z_1}{Z_2} = \frac{1}{4} \qquad \therefore\ Z_2 = 4Z_1 = 4 \times 18 = 72\,(\text{개})$$

$$\frac{Z_3}{Z_4} = \frac{1}{5} \qquad \therefore\ Z_4 = 5Z_3 = 5 \times 18 = 90\,[\text{개}]$$

2. $T_1 = 974000\frac{H}{N} = 974000 \times \frac{3}{1800} = 1623.33[\text{kgf/mm}]$

$$T_1 = T_1 \times \frac{1}{i_1} = 1623.33 \times 4 = 6493.32[\text{kgf/mm}]$$

$$T_1 = T_1 \times \frac{1}{i_2} = 6493.32 \times 5 = 32466.6[\text{kgf/mm}]$$

3. $D_1 = Z_1 \cdot m = 54\,[\text{mm}]$, $T_1 = P_1 \cdot \frac{D_1}{2}$, m : 모듀율

$$\therefore\ P_1 = \frac{2T_1}{D_1} = \frac{2T_1}{Z_1 \cdot m} = \frac{2 \times 1623.33}{18 \times 3} \fallingdotseq 60.12\,[\text{kgf}]$$

$$D_3 = Z_3 \cdot m = 18 \times 5 = 90\,[\text{mm}],\quad T_1 = \frac{P_3 D_3}{2}$$

$$\fallingdotseq\ P_3 = \frac{2T_1}{D_3} = \frac{2 \times 6493.32}{90} \fallingdotseq 144.3\,[\text{kgf}]$$

4. $R_1 = \frac{P_1}{2} = 30.06\,[\text{kgf}]$

$M_{max} = R_1 \cdot l = 30.06 \times 50 = 150.3\,[\text{kgf}-\text{mm}]$

① 입력축지름 : $d_1 = \sqrt[3]{\dfrac{16 \cdot T_e}{\pi \cdot \tau}} = \sqrt[3]{\dfrac{16}{\pi \cdot \tau}\sqrt{(K_m \cdot M_1)^2 + (K_t \cdot T_1)^2}}$

$= \sqrt[3]{\dfrac{16}{\pi \times 7} \times \sqrt{(2.0 \times 150.3)^2 + (1.5 \times 1623.33)^2}} = 12.13\,[\text{mm}]$

키의 영향을 고려하여 $\dfrac{12.13}{0.75} ≒ 16.17\,[\text{mm}]$

② 출력축지름 : $d_3 = \sqrt[3]{\dfrac{16 \cdot T_e}{\pi \cdot \tau}} = \sqrt[3]{\dfrac{16}{\pi \cdot \tau}\sqrt{(K_m \cdot M_{\text{II}})^2 + (K_t \cdot T_{\text{II}})^2}}$

$R_3 = \dfrac{P_3}{2} = 72.15\,[kgf]$

$M_{max} = R_3 \cdot l = 72.15 \times 60 = 4329\,[kgf{\cdot}mm]$

$d_3 = \sqrt[3]{\dfrac{16}{\pi \times 7}\sqrt{(2.0 \times 4329)^2 + (1.5 \times 32466.6)^2}} = 33.02[\text{mm}]$

키의 영향을 고려하여 $\dfrac{33.02}{7.05} ≒ 44.03[\text{mm}] ≒ 45[\text{mm}]$

5. $T_{\text{I}} = Z \cdot \dfrac{\pi d^2}{4}\tau_B \cdot \dfrac{D_B}{2} = \dfrac{Z \cdot \pi \cdot d^2 \cdot \tau_B \cdot D_B}{8}$ 에서

$d = \sqrt{\dfrac{8T_{\text{I}}}{Z \cdot \pi \cdot \tau_B \cdot D_B}} = \sqrt{\dfrac{8 \times 1623.33}{3.14 \times 3 \times 1 \times 50}} = 5.25[\text{mm}]$

6. $T_{\text{I}} = \dfrac{\pi \cdot d^3 \cdot \tau_f}{16} = 2 \cdot \pi \cdot {R_f}^2 \cdot t \cdot \tau_f$ 에서 플랜지의 두께 t 는

$t = \dfrac{1623.33}{2 \cdot \pi \cdot {R_f}^2 \cdot \tau_f} = \dfrac{1623.33}{2 \times \pi \times 15^2 \times 0.16} = 7.18[\text{mm}]$

01 1000[rpm]으로 5[PS]를 전달시키는 지름 50[mm]의 2축을 클램프 커플링으로 연결할 때, 클러치에 사용하는 볼트의 지름은 얼마로 설계하면 좋은가? 단, 볼트의 수는 4개, 인장강도는 35[kgf/㎟], 축과 클러치 사이의 마찰계수는 $\mu=0.2$ 라 하고, 안전율 $S_f=2$ 라 한다.

02 그림 7-50과 같은 보통급의 플랜지 커플링의 전달 마력은 몇 [PS]가 되는가? 단, 볼트 수 $z=4$, 지름 $\delta=16$[mm], 각 볼트에 작용하는 졸라매는 힘은 1000[kgf], 회전속도 $N=300$[rpm], 플랜지 사이의 마찰계수 $\mu=0.15$ 라 한다.

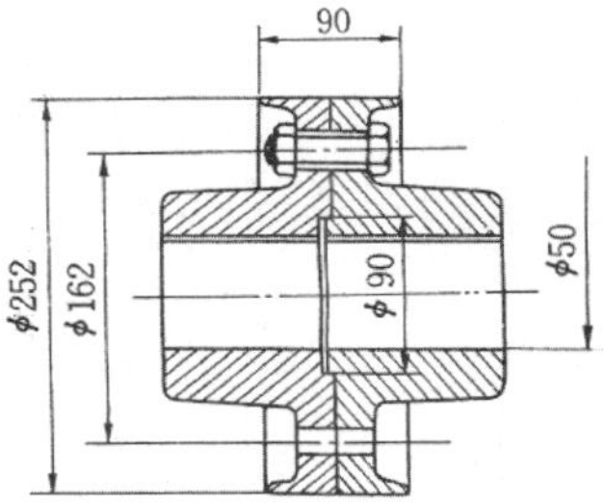

그림 7-50

03

지름 30[mm]로서 매분 900[rpm]인 2축을 연결하는 그림과 같은 falk coupling이 있다. 스프링은 두께 0.5[mm], 폭 4[mm]의 것이 사용되고, 폭의 중심에서 스프링의 폭의 중앙까지의 반지름은 38[mm]이다. 지금 이 커플링으로 10[PS]를 전달시킨다고 하면 스프링의 겹쳐 감은 수는 몇 개로 하면 좋은가? 단, 스프링 강철의 전단강도는 60[kgf/㎟]라 하고, 설계상의 안전율을 4라 한다.

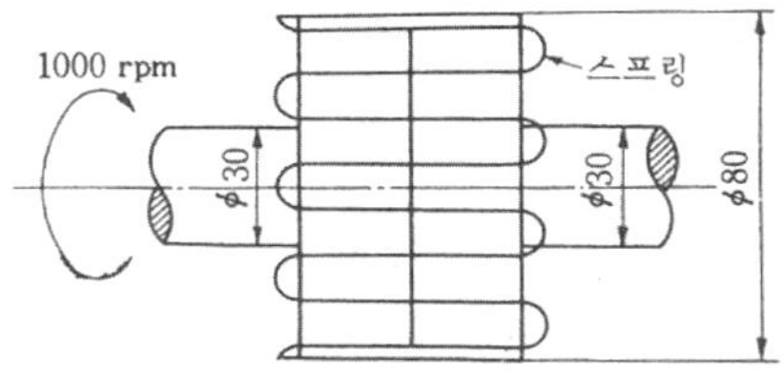

그림 7-51

04

서로 30°의 각을 맺는 2축 사이에 유니버설 커플링이 달려 있다. 지금 원동축에 작용하는 토크는 일정하여 10[kgf−m]일 때, 종동축에 전달되는 토크의 변동의 진폭을 구하여라.

05

85[PS], 200[rpm]의 동력을 전달시키는 플랜지 커플링에 지금 22[mm]의 볼트 4개를 사용하였을 경우 볼트에 생기는 전단응력을 구하여라. 단, 플랜지 접촉면에 마찰이 없는 것으로 하여 볼트의 구멍의 피치원 지름을 235[mm]라 한다.

해답

❶ 3.6[mm] ❷ 20.4[PS] ❸ 4개 ❹ 1.4[kgf−m] ❺ 91[kgf/㎠]

CHAPTER 8

저널(journal)과 구름 베어링(rolling bearing)

8.1 저널과 베어링의 개요

1. 저널의 정의와 특성

회전하고 있는 축을 받쳐서 축에 작용하는 하중을 받는 구실을 하는 기계요소를 베어링이라 하고, 축 중에서 베어링과 접촉하여 축이 받쳐지고 있는 축부분을 저널(軸頸)이라 하며 베어링을 저널 베어링이라고 한다. 한편 축방향의 하중을 받고 있을 경우의 저널을 피벗(pivot)이라 한다. 그리고 이 때의 베어링을 추력 베어링(thrust bearing)이라고 한다. 일반적으로 저널과 베어링은 짝(pair)을 이룬다. 즉 저널을 분류하면 다음과 같다.

(1) 횡저널(lateral journal)

힘이 축에 직각으로 작용하는 저널로서 레이디얼 저널(radial journal)이라고도 한다. 그림 8-1에서 보는 바와 같이 단저널(end journal)과 중간저널(intermediate or neck journal)이 있다.

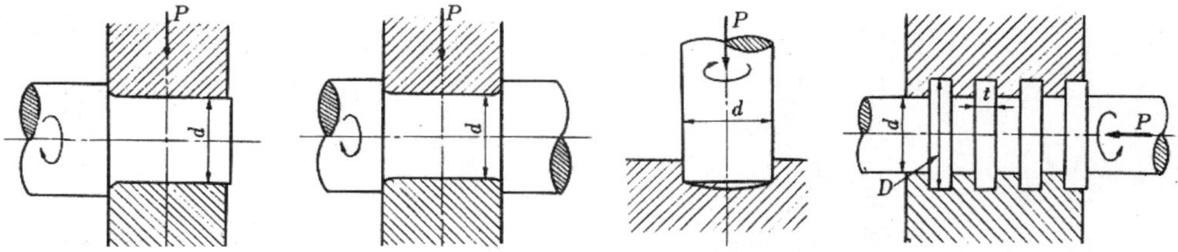

(a) 엔드 저널 (b) 중간 저널 (c) 피벗 저널 (d) 칼러 저널

그림 8-1 저널의 분류

(2) 추력 저널 (vertical journal)

힘이 축방향에서 작용하는 것으로서 피벗 저널(pivot)과 칼러 저널(collar journal)이 있다. 형상은 원통형이 가장 많이 사용되나, 다소의 추력에는 견딜 수 있게 그림 8-2에서 보는 것처럼 원추형 또는 구형의 것도 사용된다. 저널과 베어링과의 사이는 반드시 짝을 이루고 있고, 마찰을 작게 하기 위하여 액체마찰상태로 유지하는 것이 가장 이상적이나 실제로는 반유체마찰상태 즉 경계마찰에 가까운 상태에 있는 경우가 많다. 저널은 주로 다음 9장에서 설명하는 미끄럼 베어링과 관계가 많다. 특히 미끄럼 베어링에 있어서는 저널과 저널과의 사이에 미끄럼마찰이 심하고, 동력의 손실이 많으므로 윤활유에 의한

마찰감소 방법이 중요한 문제로 등장되는 것이다.

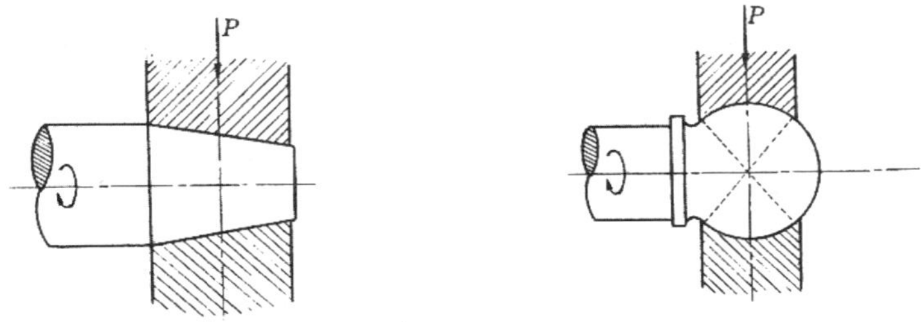

그림 8-2 원추형과 구형 저널

2. 베어링의 종류

(1) 저널과 베어링과의 상대운동에 의한 분류

① **미끄럼 베어링**(sliding bearing) : 저널과 베어링면이 윤활유를 중간에 중개물로 직접 대면하여 미끄럼 접촉을 하는 베어링을 미끄럼 베어링 또는 평면 베어링(plain bearing)이라고 한다.

② **구름 베어링**(rolling bearing) : 축과 베어링 사이에 볼(球) 또는 롤러, 니이들 롤러(needle roller)를 넣어서 미끄럼 접촉을 구름 접촉(rolling contact)으로 바꾸어서 마찰이 미끄럼 베어링브다 훨씬 작은 구름 마찰(rolling friction)을 하게 한 베어링이 구름 베어링이다. 구름 베어링의 용어에 대해서는 KS B 0104에 규격화되어 있고, 볼 베어링용 강구에 대하여 KS B 2001, 레이디얼 볼 베어링에 대해서는 KS B 2021, 드러스트 볼 베어링에 대해서는 KS B 2022에 규격화되어 있다.

3. 베어링의 마찰상태

2개의 고체가 접촉하여 활동하고 있는 경우 그 접촉면은 다음 3가지 마찰상태 중에서 어느 하나의 상태를 취하게 된다.

(1) 고체마찰

2개의 고체가 접촉해서 이동할 때에 양자간에 윤활제와 같은 물질이 개재하지 않고, 직접 고체면을 접촉하는 마찰상태를 고체마찰이라 하고, 접촉은 점접촉으로 시작하여 탄성적 또는 소성적 변형을 일으켜, 아주 큰 압력의 강도로 미끄러 나아가므로 마찰 저항이 가장 크고, 열을 발생하며 마모(wear)를 일으키므로 베어링에 있어서 절대로 금지해야 될 마찰상태이다. 이 상태를 건조마찰(dry friction)이라고도 한다.

(2) 완전 윤활마찰(perfect lubricated friction)

2개의 고체면 사이에 유동성 윤활제와 고체마찰제가 개재하여 2개의 고체면이 서로 직접 접촉하지 않고, 운전 중 두 활동면 사이에 완전히 유막이 형성되어 양면이 완전히 분리되어 있어서, 가장 좋은 윤활 조건에 있는 마찰상태를 말하고, 유체마찰(fluid friction)이라고도 한다. 이때는 마찰저항이 가장 작고 발열과 마모가 극히 적은 양호한 마찰상태라고 할 수 있다.

(3) 불완전 윤활마찰(imperfect lubricated friction)

고체마찰과 액체마찰의 중간쯤 되는 마찰상태로서 완전 윤활마찰상태의 베어링과 고체면 사이에 윤활제가 개재하고 있어도 어느 곳에서는 양 활동면이 유막이 깨져서 직접 접촉하여 윤활작용이 완전하지 못하게 되는데, 이와 같은 마찰상태를 말한다. 따라서 혼성마찰(combined friction)이라 하고, 또 특수한 경계현상을 나타내므로 경계마찰(boundary friction)이라고도 한다.

4. 베어링의 설계에서 주의사항

1) 마찰저항이 작고 손실동력을 극소화 시킬 것
2) 마모가 적을 것
3) 과대한 열의 발생으로 인한 베어링의 사용온도를 높이지 말 것
4) 구조가 간단하여 유지수리 등이 용이할 것
5) 강도를 충분히 취할 것
6) 눌어붙음(소부), 그 밖의 원인에 의하여 사용불가능이 되지 않고 신뢰성이 있을 것
7) 치수에 있어서 정확하게 구성하고, 특히 평면베어링에 있어서는 베어링의 간극(clearance)을 정확하게 설치할 것
8) 하중과 미끄럼 속도 또는 구름 속도에 의하여 마찰면이 파괴되지 않을 것
9) 진동하중과 축진동에 대하여 충분히 고려할 것
10) 마찰면 내에 물 또는 먼지 등이 침입되지 않을 것
11) 윤활유를 유효하게 사용하고, 그 소비량이 적고 또 열화되지 않을 것
12) 고속도, 큰 하중에 있어서는 특히 열의 방산, 전동 또는 윤활제의 다량공급에 의한 냉각방법을 고려할 것

5. 미끄럼 베어링과 볼 베어링의 비교

[표 8-1] 미끄럼 베어링과 볼 베어링의 비교

조건	미끄럼 베어링	볼 베어링
① 고속성능	마찰저항이 크나 일반적으로 유리하다. 오일 휘프(oil whip)가 일어나 베어링 메탈을 때려서 파손하는 경우가 있다. 그 때문에 기름의 점도와 급유법을 바꾼다. 저하중에 대하여 장려된다.	구조상으로 전동체와 리테이너 등 탄성지지 회전체이기 때문에 탄성진동을 일으키고, 전동체 리테이너 등에 미끄럼이 생긴다. 이것을 예압으로 억제한다. 윤활유의 비산과 복잡한 구조 때문에 일반적인 다양성이 없다.
② 저속성능	중압베어링에서는 유막구성력이 감소되고 불리하다.	유막구성력이 불충분하더라도 좋다.
③ 크기	지름이 작으나, 폭이 크게 된다. 또 베어링의 지름을 1[mm] 이하로 쉽게 할 수 있다.	베어링 지름에 대하여 길이가 작다.
④ 내충격성	크다.	작다.
⑤ 베어링 수명	응력변동이 작고 수명이 길다. 눌어붙음(소부)에 주의해야 한다.	궤도면에 반복응력을 받는다.
⑥ 음향	작다.	크다. 전동체와 리테이너 사이의 미끄럼 마찰음
⑦ 온도특성	저융점금속을 베어링 베탈로 사용하므로 고온에 약하다. 100℃ 이상은 곤란하다.	고온에 대하여 강하다.
⑧ 경제성	중압미끄럼 베어링은 염가이다. 정압미끄럼 베어링은 부대설비가 고가	양산, 규격화가 되어 있으므로 비교적 염가이다.
⑨ 하중방향	추력 또는 횡하중을 단독으로밖에 받을 수 없다.	추력과 횡하중은 합성하중을 동시에 받을 수가 있다.
⑩ 부대장치	구조가 간단하나 강제윤활에는 기름의 누수방지대책, 정압베어링에는 고압에서 다량의 급유장치를 부대장치로 설치한다.	베어링구조는 복잡하나 파손, 소손 등에 대하여 교환이 쉽고, 윤활은 그리이스에 의한 것이 많으므로 보수, 수리가 용이하다.
⑪ 마찰특성	동마찰저항은 작고, 정압베어링에서는 기동시의 마찰저항이 아주 작다.	기동시의 마찰저항은 비교적 작다.
⑫ 베어링강성	동압베어링에서는 축심의 변동이 작고 정압베어링에서는 축심의 변동가능하다.	축심의 변동은 작다.
⑬ 교환성	규격의 통일이 불충분하고, 교환성이 나쁘다. 단, 자가제작이 용이하다.	규격화되어 있어 교환성이 아주 좋다.
⑭ 베어링허용 부하용량	동압베어링에서는 고속저하중에 유리하며, 정압베어링에서는 고속고하중에유리하다.	저고속하중에 유리하며, 수명시간이 일정하다고 생각하였을 경우 속도가 증가하면 허용하중은 회전의 입방근에 반비례하여 저하한다.

8.2 구름 베어링의 구조와 작용

그림 8-3에서 보는 것처럼 내륜(inner race), 외륜(outer race), 강구(steel ball), 리테이너(cage or retainer)의 4가지 중요부분으로 구성되고, 리테이너는 강구를 전 원주에 고르게 배치하고, 상호간의 접촉을 피하고 마모와 소음을 방지하는 구실을 하게 된다(그림 8-4 참조).

롤러의 배열에는 단열(single raw)과 복열이 있고, 구면좌의 것은 자동조심작용 (self-align acting)을 하게 된다. 외측의 윤상에는 안쪽에 홈이 파져 있고, 내측의 윤상의 내륜의 외측에 홈을 설치하고, 이 양자의 홈부에 볼 또는 롤러를 집어넣어 조립한 것이다.

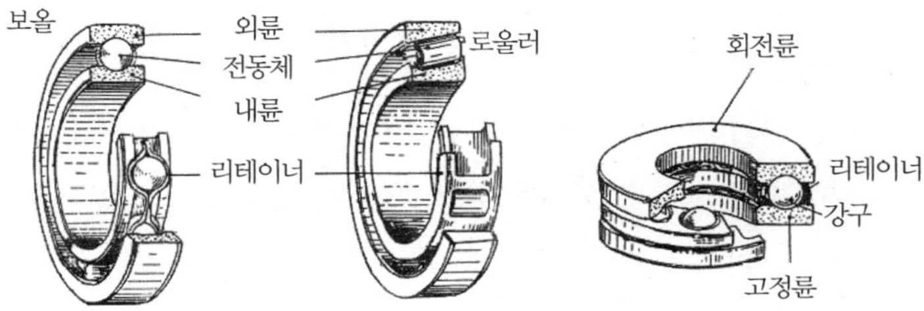

그림 8-3 구름 베어링의 구조

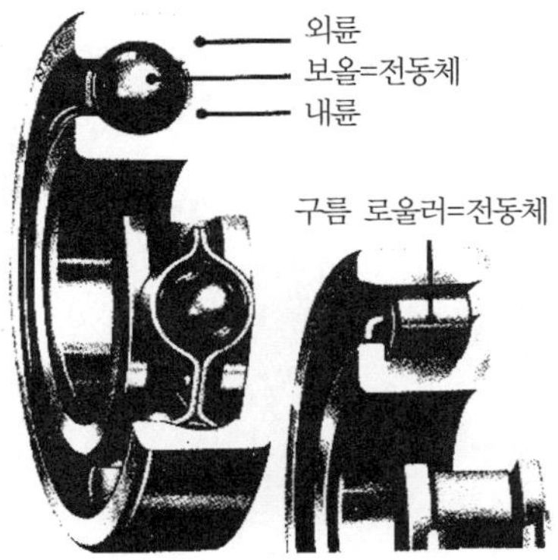

그림 8-4 구름 베어링의 구조실물

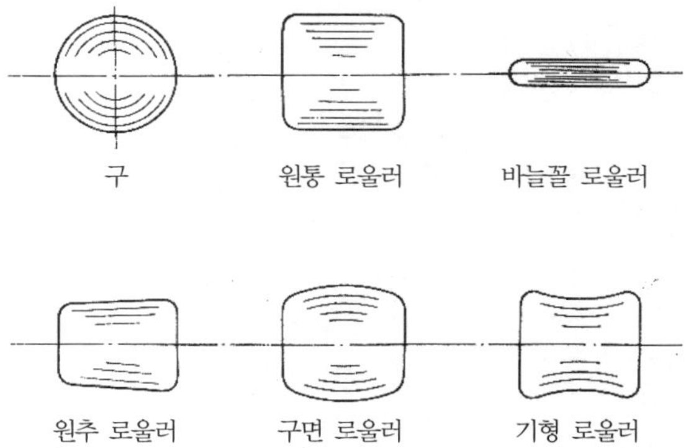

그림 8-5 전동체의 여러 가지 형상

전동체의 형상은 **그림 8-5**에서 보는 것처럼 원구 · 원통롤러, 원추롤러, 니이들 롤러, 구면롤러, 드럼형 롤러 등이 있다. 볼 베어링의 강구에 대해서는 KS B 2001에 규격화되어 있다.

8.3 구름 베어링의 장단점

1. 장점

1) 미끄럼 베어링에 비교해서 동력이 절약된다.
   퍼센트[%]로 표시하면

공장전동축	20 ~ 25,	제지기	10 ~ 40
전동기	5 ~ 15,	금속압연기	40 ~ 50
방직기스핀들	15 ~ 20,	고무 롤러	30 ~ 40
일반 방직기	5 ~ 20,	전차, 객차, 화차 등	10 ~ 30

2) 기동저항이 작다. 미끄럼 베어링의 10 ~ 50% 정도로 작다.
3) 윤활유가 절약된다.
4) 윤활유에 의한 기계의 오손이 적다.
5) 신뢰성이 있다. 단, 취급 방법이 좋지 못한 경우에는 신뢰성이 떨어진다.
6) 유지비가 감소된다.
7) 기계의 정밀도를 유지할 수 있다. 또 마멸도 극히 적다.
8) 고속 회전할 수 있다.
9) 베어링의 길이를 단축시킬 수가 있다.

2. 단점

1) 가격이 비교적 비싸다.
2) 소음이 생기기 쉽다.
3) 바깥지름이 크게 된다.
4) 충격에 약하다.

8.4 구름 베어링의 표시

1. 구름 베어링의 호칭번호와 주요 치수

구름 베어링의 설계는 미끄럼 베어링의 경우와 같이 계산으로써 각부 치수를 결정하는 것이 아니고, 호칭번호를 지정함으로써 주요 치수가 결정되게 된다. 주요 치수는 국제적으로 ISO에서 규격화되어 있고, 이것은 하나의 베어링의 호칭 치수에 대하여 베어링의 바깥지름이 단계적으로 결정되어 있는 지름계열과 이 베어링들의 안지름, 바깥지름에 대응하는 폭 또는 높이 등의 치수를 결정한 치수계열이 있다. 구름 베어링의 주요 치수는 그림 8-6에서 보는 것처럼 안지름, 바깥지름, 폭 또는 높이, 면따기 등의 윤곽을 표시하는 치수를 말하고, 축 및 하우징에 부착 할 때 반드시 필요한 치수이다. 호칭 치수는 그림 8-7에서 보는 바와 같이 지름계열과 폭계열로서 표시하고 수가 큰 순서대로 지름 또는 폭이 크게 된다.

안지름 표시는 20[mm] 이상 500[mm] 미만의 것은 안지름 치수의 $\frac{1}{5}$숫자로써, 500[mm] 이상의 것 또는 중간 치수의 22, 28, 38의 것은 /의 뒤에 안지름 치수를 숫자로서(예 /560, /28과 같이) 표시한다.

지름계열은 안지름에 대응한 바깥지름의 계열이고, 같은 안지름에 대하여 단계적으로 수종류의 바깥지름이 결정되어 있다.

레이디얼 베어링에서는 8종류, 원추롤러 베어링에서 4종류, 드러스트 베어링에서는 단식에서 6종류, 복식에서 3종류의 지름계열이 있고, 1자리의 숫자로서 표시한다. 또 폭계열(드러스트 베어링에서는 높이계열)은 같은 베어링 안지름, 같은 베어링 바깥지름에 대응한 폭(또는 높이)의 계열을 표시한 것이고, 같은 베어링 안지름, 같은 베어링 바깥지름에 대하여 단계적으로 수종의 폭을 정하고 1자리의 숫자를 사용하고 있다.

그리고 이 폭계열과 지름계열을 조합한 것이 치수계열이고, 같은 베어링 안지름에 대한 폭(또는 높이)과 베어링 바깥지름의 계열을 표시하고 폭계열을 표시하는 숫자와 지름계열을 나타내는 숫자와를 이 순으로 조합한 2자리의 숫자(치수기호)로 표시한 것이다.

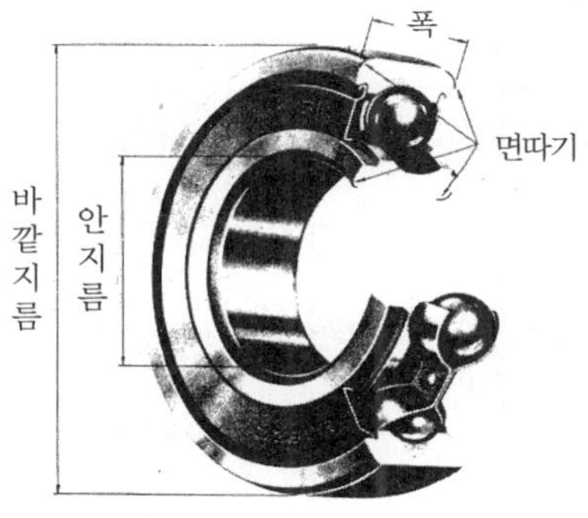

그림 8-6 구름 베어링의 주요 치수

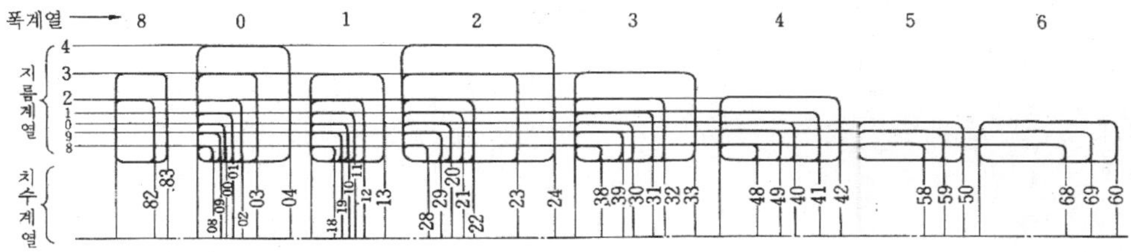

그림 8-7 치수기호

우리나라에서는 ISO에 준하여 KS B 2001, KS B 2021 등에 기본번호와 보조번호로 나누어서 베어링 치수, 정도, 성능 등을 결정하고, 그 순서대로 부르도록 규정되어 있다.

기본번호는 베어링의 형식을 표시하는 형식기호, 치수계열을 표시하는 치수기호(폭의 기호는 생략하는 수가 있다), 베어링 안지름을 표시하는 안지름번호 및 접촉각을 표시하는 접촉각기호 등을 이 순서로 조합한 것이다. 접촉각기호는 단열앵귤러 볼 베어링과 단열원추롤러 베어링의 경우에만 나타나는 각이다. 표 8-2는 베어링의 호칭번호의 배열상태를 표시한 것이다.

[표 8-2] 베어링의 기호

<table>
<tr><th colspan="3">기본기호</th><th colspan="6">보조기호</th></tr>
<tr><td>베어링계열번호</td><td>안지름번호</td><td>접촉각기호</td><td>시일기호 또는</td><td>시일드기호</td><td>레이스모양기호</td><td>조합기호</td><td>틈새기호</td><td>등급기호</td></tr>
</table>

[표 8-3] 접촉각기호

베어링의 종류	호칭접촉각	기호
단열 앵귤러 볼 베어링	10~22° 22~32°(보통 30°) 32~45°(보통 40°)	C A* B
단열원추 롤러 베어링	24~32°	D

* 생략해도 좋음.

[표 8-4] 보조기호

<table>
<tr><th colspan="2">보지기기호</th><th colspan="2">시일기호 또는 시일드기호</th><th colspan="2">궤도륜형상기호</th><th colspan="2">조합기호</th><th colspan="2">틈새기호</th><th colspan="2">등급기호</th></tr>
<tr><th>기호</th><th>내용</th><th>기호</th><th>내용</th><th>기호</th><th>내용</th><th>기호</th><th>내용</th><th>기호</th><th>내용</th><th>기호</th><th>내용</th></tr>
<tr><td rowspan="6">V</td><td rowspan="6">리테이너 없다</td><td colspan="2">UU* 양시일</td><td rowspan="2">K</td><td rowspan="2">양륜테이퍼 구멍 기준테이퍼 1/12</td><td rowspan="2">**
BD</td><td rowspan="2">배면 조합</td><td>C_1</td><td>C_2보다 작다</td><td rowspan="2">무기호</td><td rowspan="2">0급</td></tr>
<tr><td>u*</td><td>단측시일</td><td>C_2</td><td>보통 틈새보다 작다</td></tr>
<tr><td rowspan="2">ZZ</td><td rowspan="2">양측시일드</td><td rowspan="2">N</td><td rowspan="2">윤홈붙이기</td><td rowspan="2">**
DF</td><td rowspan="2">정면 조합</td><td>무기호</td><td>보통 틈새</td><td>P6</td><td>6급</td></tr>
<tr><td>C_3</td><td>보통 틈새보다 크다</td><td>P5</td><td>5급</td></tr>
<tr><td rowspan="2">Z</td><td rowspan="2">단측시일드</td><td rowspan="2">NR</td><td rowspan="2">중지륜 붙이기</td><td rowspan="2">**
DT</td><td rowspan="2">병렬 조합</td><td>C_4</td><td>C_3보다 크다</td><td rowspan="2">P4</td><td rowspan="2">4급</td></tr>
<tr><td>C_5</td><td>C_4보다 크다</td></tr>
</table>

*다른 기호를 사용해도 좋다. **D 대신에 G를 사용해도 좋다.

[표 8-5] 안지름 번호

안지름 번호	안지름 치수[mm]	안지름 번호	안지름 치수[mm]	안지름 번호	안지름 치수[mm]	안지름 번호	안지름 치수[mm]
1	1	06	30	22	110	72	360
2	2	132	32	24	120	76	380
3	3	07	35	26	130	80	400
4	4	08	40	28	140	84	420
5	5	09	45	30	150	88	440
6	6	10	50	32	160	92	460
7	7	11	55	34	170	96	480
8	8	12	60	36	180	1500	500
9	9	13	65	38	190	1530	530
00	10	14	70	40	200	1560	560
01	12	15	75	44	220	1600	600
02	15	16	80	48	240	1630	630
03	17	17	85	52	260	670	670
04	20	18	90	56	280	1710	710
122	22	19	95	60	300	1750	750
05	25	20	100	64	320	1800	800
128	28	21	105	68	340	1850	850

[예제 1]

6212 ZNR

62 12 Z NR

- NR: 궤도륜 형상기호(중지륜 붙이기)
- Z: 시일드기호(편측시일드)
- 12: 안지름번호(베어링 안지름 *60*[mm])
- 62: 베어링의 계열기호
  [단열 깊은 볼 베어링, 치수계열 *102*]

[예제 2]

608 C2 P6

60 8 C2 P6

- P6: 등급기호(*6*급)
- C2: 틈새기호(*C2* 틈새)
- 8: 안지름번호(베어링 안지름 *8*[mm])
- 60: 베어링의 계열기호
  [단열 높은 홈형 볼 베어링, 치수계열 *10*]

8.5 구름 베어링의 종류와 특성

[표 8-6] 구름 베어링의 분류

- 구름 베어링
  - ① 볼 베어링
    - 레이디얼 볼 베어링
      - 단열형
        - 깊은 홈형
        - 마그넷형
        - 자동조심형
        - 앵귤러컨택트형
      - 복 열 형
        - 복열고정레이디얼 볼 베어링
        - 복열자동조심형 볼 베어링
        - 복열앵귤러컨택트 볼 베어링
    - 추력 볼 베어링
      - 단식형
        - 단식평면좌추력 볼 베어링
        - 단식구면좌추력 볼 베어링
      - 복식형
        - 복식평면좌추력 볼 베어링
        - 복식구면좌추력 볼 베어링
  - ② 인형 베어링
  - ③ 롤러 베어링
    - 레이디얼 롤러 베어링
      - 원통레이디얼 롤러 베어링
      - 플렉시블 롤러 베어링
      - 원 추 롤러 베어링
      - 구 면 롤러 베어링
      - 니 이 들 롤러 베어링
    - 추력 롤러 베어링
      - 추력원통 롤러 베어링
      - 추력원추 롤러 베어링
      - 추력구면 롤러 베어링

8.6 구름 베어링의 KS 규격

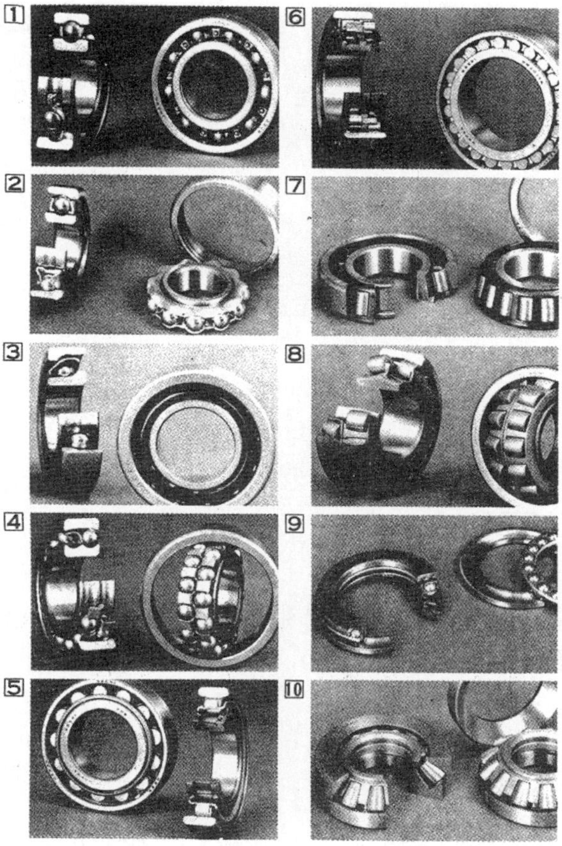

1 깊은 홈 한줄 볼 베어링 (노치 없음)
2 레이디얼 컨텍트 볼 베어링 (분리형)
3 앵귤러 볼 베어링 (비분리형)
4 자동조심 볼 베어링 (외륜궤도구면)
5 원통롤러 베어링 (외륜 플랜지 없음) (단열)
6 레디얼 원통롤러 베어링 (외륜플랜지 부착) (외륜플랜지 없음) (복열)
7 앵귤러 컨텍트 원추롤러 베어링(단열)
8 자동조심 롤러 베어링 (외륜궤도구면) (복열)
9 드러스트 볼 베어링 (단면좌형)
10 드러스트 자동조심 롤러베어링 (외륜궤도구면)(단식)

그림 8-8 구름 베어링의 실물

8.7 볼접촉의 기초이론

1. Hertz의 탄성이론

볼 베어링의 설계는 많은 사항을 고려하고 다시 경험을 첨가하여야 되며, 지금 여기서 극히 일반적인 이론적 계산을 하기도 한다. 강구의 접촉압력, 변형에 대한 탄성역학적 계산은 Hertz의 계산식에 의거하여 행하기로 되어 있다. 그림 8-9에서 도시한 바와 같이 반지름 r_1과 r_2의 탄성계수 E가 같은 동일 재료의 강구(ball)를 P의 힘으로써 서로 밀어 압력을 가하면 접촉면은 변형하여 지름 $2a$의 좁은 원형면적으로 된다. 그리고 2개의 볼의 중심간의 거리는 처음에 외접의 경우에는 r_1+r_2이었던 것이 δ만큼 가까워지고, 그림 8-10에서 보는 바와 같이 내접하고 있는 경우도 처음에는 중심 거리가 r_2-r_1이었던 것이 δ만큼 가까워질 것이다.

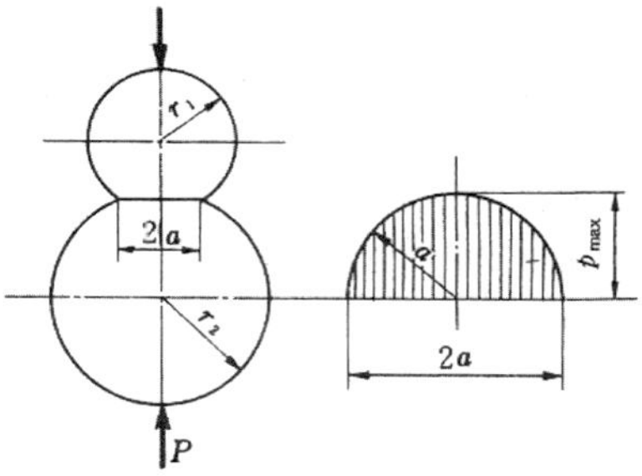

그림 8-9 볼의 외접

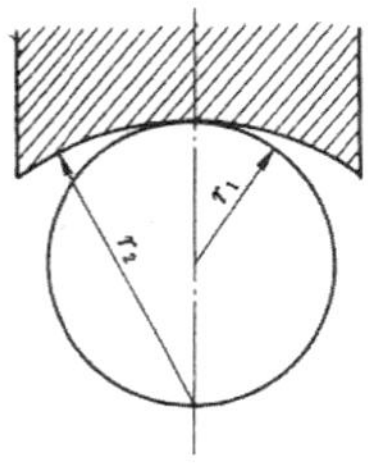

그림 8-10 볼의 내접

그리고 이 때 a와 δ는 헤르쯔에 의하면 다음 식으로 주어진다.

$$a = 1.109\sqrt[3]{\frac{P}{E} \cdot \frac{r_1 r_2}{r_1 + r_2}} \tag{8-1}$$

$$\delta = 2.46\sqrt[3]{\frac{P^2}{E^2} \cdot \frac{r_1 + r^2}{r_1 r_2}} \tag{8-2}$$

접촉면의 압력은 접촉원의 중심에서 최대치 $p_{\max}$로 되고 주위에 있어서는 0이 된다. 평균압력 p_{mean}은 P를 원면적으로 나눈 값이 되므로 다음 관계식이 성립된다.

$$p_{mean} = \frac{P}{\pi a^2} = \frac{1}{1.109^2 \pi}\sqrt[3]{PE^2\left(\frac{r_1 + r_2}{r_1 r_2}\right)}$$

$p_{\max} = 1.5 p_{mean}$의 관계가 있으므로 평균압력 p_{mean}은 다음과 같이 표시된다.

$$p_{\max} = 0.388\sqrt[3]{PE^2\left(\frac{r_1 + r_2}{r_1 r_2}\right)} \tag{8-3}$$

만일 지름 d의 2개의 강구가 접촉할 때에는 $r_1 = r_2 = \frac{d}{2}$로 되어

$$p_{\max} = 0.388\sqrt[3]{\frac{16PE^2}{d^2}}, \qquad P = \left(\frac{\sigma_{\max}}{0.388}\right)^3 \cdot \frac{d^2}{16E^2} \tag{8-4}$$

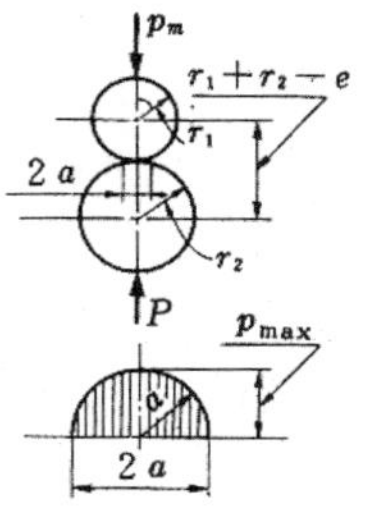	p_m : 평균압력 E : 탄성률 $a = 1.109\sqrt[3]{\frac{P}{E}\cdot\frac{r_1 r_2}{r_1+r_2}}$ $\delta = 2.46\sqrt[3]{\frac{P^2}{E^2}\cdot\frac{r_1+r^2}{r_1 r_2}}$ $p_m = \frac{P}{\pi a^2} = \frac{1}{1.109\pi^2}\sqrt[3]{PE^2\left(\frac{r_1+r_2}{r_1 r_2}\right)^2}$ $p_{\max} = 1.5p_m = 0.388\sqrt[3]{PE^2\left(\frac{r_1+r_2}{r_1 r_2}\right)^2}$
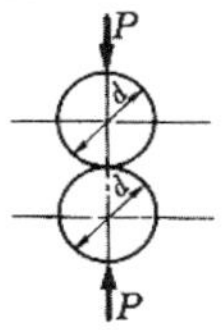	$p_{\max} = 0.388\sqrt[3]{\frac{16PE^2}{d^2}}$ $P = \left(\frac{\sigma_{\max}}{0.388}\right)\frac{d^2}{16E_2}$
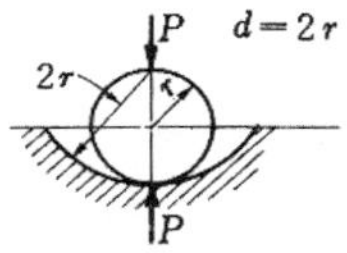	$p_{\max} = 0.388\sqrt[3]{\frac{PE^2}{d^2}}$ $P = \left(\frac{\sigma_{\max}}{0.388}\right)\frac{d^2}{E_2}$
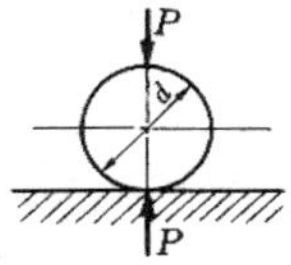	$p_{\max} = 0.388\sqrt[3]{\frac{4PE^2}{d^2}}$ $P = \left(\frac{\sigma_{\max}}{0.388}\right)\frac{d^2}{4E_2}$

그림 8–11 볼 베어링의 부하용량의 이론적 해석

또는 강구 내부에 일어나는 최대압축응력을 $\sigma_{\max}$ 라고 하면, 이것은 $p_{\max}$ 와 같고

$$\sigma_{\max} = 0.388\sqrt[3]{\frac{16PE^2}{d^2}}, \qquad P = \left(\frac{\sigma_{\max}}{0.388}\right)^3\cdot\frac{d^2}{16E^2} \tag{8–5}$$

그리고 반지름 r 의 볼이 반지름 $2r$ 의 볼의 내면에 접촉할 때에는

$$\sigma_{\max} = 0.388\sqrt[3]{\frac{PE^2}{d^2}}, \qquad P = \left(\frac{\sigma_{\max}}{0.388}\right)\cdot\frac{d^2}{E_2} \tag{8–6}$$

다음에 평면상에 볼이 접촉하는 경우는 $r_2 = \infty$ 로 되어 다음 식으로 된다.

$$\sigma_{max}=0.388\sqrt[3]{\frac{4PE^2}{d^2}}, \qquad P=\left(\frac{\sigma_{max}}{0.388}\right)\cdot\frac{d^2}{4E_2} \tag{8-7}$$

이상을 종합하면 다음 그림 8-11과 표에서 보는 바와 같으며, 위의 결과에서 아는 바와 같이 볼이 평면과 접촉할 때에는 σ_{max}의 같은 값에 대하여 압축력의 크기가 같은 볼이 접할 때의 4배가 되고, 볼의 2배의 지름이 볼면에 내접할 때에는 16배가 되는 것을 알 수 있다. 즉 강구끼리 서로 외접시키는 것은 위험하다는 결론을 얻고 내접시키는 것이, 즉 볼 베어링에서 보는 것처럼 강구와 레이스의 홈이 접촉하는 것이 가장 좋다는 것이 된다.

2. 구름 베어링의 부하용량의 이론계산식

구름 베어링의 돌지 않는 상태에서 정적 하중이 작용하였을 경우의 견뎌낼 수 있는 하중의 크기가 구름 베어링의 부하용량이 되고, 볼 베어링이 횡하중을 받을 때의 각구에 걸리는 힘의 계산에 대하여서는 Stribeck의 공식에서 구하기로 되어 있다. 즉 이 때는 그림 8-12에서 보는 것처럼 하반부분이 볼의 총하중 P가 부담하고 상반부분의 볼은 무부하의 상태에 있다. 이 부하권내에 있는 볼에 작용하는 힘을 각각 P_0, P_1, P_2 ⋯ 라 하면, P방향에 있는 최하위의 볼이 받는 힘 P_0가 최대로 된다. P_0의 함을 받는 볼의 곳에서 다음 볼의 중심을 통과하는 선과 맺는 각을 α라 하고, 볼의 수를 z라 하면 $\alpha=\frac{360°}{z}$로서 $\frac{1}{4}$원내에 있는 볼의 수는 $n\leq\frac{z}{4}$이다.

횡부하 P는 각 볼과 궤도륜(race)과의 수직방향의 압력의 분력의 총합으로 받쳐져 있으므로 다음 관계가 성립된다.

$$P=P_0+2P_1\cos\alpha+2P_2\cos 2\alpha+\cdots+2P_n\cos n\alpha \tag{8-8}$$

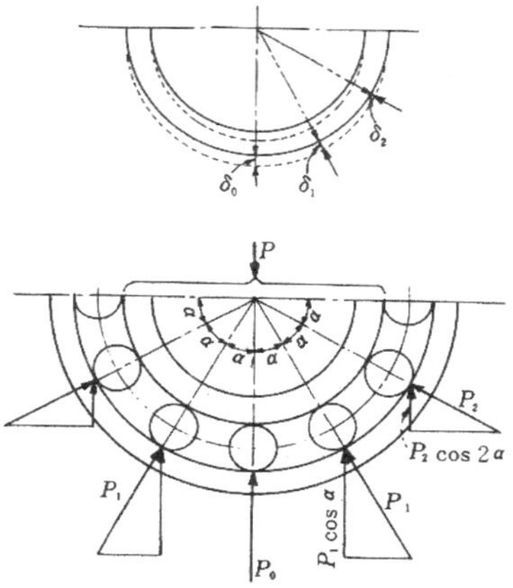

그림 8-12 볼 베어링의 부하해석

볼이 압력을 받으면 변형하고 내륜과 외륜은 접근한다. 이 때 양궤도륜의 반지름방향의 접근되는 양은 볼의 압축변형율(compressive strain)에 의하여 생기는 것이다. 그러나 지금 볼은 같은 크기이고 볼과 레이스 사이에는 틈도 없고, 또 레이스는 아주 강경하여 외력에 의하여 변형되지 않는다고 가정하면

$$\delta_1 = \delta_0 \cos\alpha, \qquad \delta_2 = \delta_0 \cos 2\alpha \tag{8-9}$$

또 Hertz의 이론식에서

$$\frac{P_0^{\ 2}}{\delta_0^{\ 3}} = \frac{P_1^{\ 3}}{\delta_1^{\ 3}} = \frac{P_2^{\ 2}}{\delta_2^{\ 3}} = \cdots\cdots\cdots\cdots \frac{P_n^{\ 2}}{\delta_n^{\ 3}} = \text{일정}$$

따라서 $P_1 = P_0\left(\dfrac{\delta_1}{\delta_0}\right)^{\frac{3}{2}} = P_0 \cos^{\frac{3}{2}}\alpha$

$P_2 = P_0\left(\dfrac{\delta_2}{\delta_0}\right)^{\frac{3}{2}} = P_0 \cos^{\frac{3}{2}}2\alpha$

$\cdots\cdots\cdots\cdots\cdots$

$P_n = \cdots\cdots\cdots\cdots = P_0 \cos^{\frac{3}{2}} n\alpha$

그러므로 $P = P_0(1 + 2\cos^{\frac{3}{2}}\alpha + 2\cos^{\frac{5}{2}}2\alpha + \cdots\cdots + 2\cos^{\frac{5}{2}}n\alpha)$ (8-10)

괄호 속은 z의 값에 따라서 다르나 z의 값으로서 표시할 수 있다.

z	10	15	20
α	36°	24°	18°
괄호속의 값	$2.28 = \dfrac{10}{4.38} = \dfrac{z}{4.38}$	$3.44 = \dfrac{15}{4.36} = \dfrac{z}{4.36}$	$4.58 = \dfrac{20}{4.37} = \dfrac{z}{4.37}$

그러므로 대체로 $P = \dfrac{z}{4.38}P_0$

볼이 받는 최대하중 $P_0 = \dfrac{4.38}{z}P$

각 볼은 같은 크기이고, 레이스가 변형하지 않는다는 가정하에서 얻은 것이며, 실제로는 있을 수 없는 일이므로 볼의 최대하중은 위의 식보다 약간 크게 되는 것으로 생각된다.

대략 $P_0 = \frac{5}{z}P$

$$\therefore \; P = 0.2\,zP_0 \qquad (8-11)$$

한편 Hertz의 탄성이론식에서

$$\delta = 2.46\sqrt[3]{\frac{P_0^{\,3}}{E^2}\left(\frac{r_1+r_2}{r_1 r_2}\right)}$$

$$\therefore \; \delta = (\text{상수}) \times \sqrt[3]{P_0^{\,2}}$$

$$\therefore \; \frac{P_0^{\,2}}{\delta^3} = \text{일정} \qquad (8-12)$$

또 Hertz는 탄성적인 파괴하중 볼의 지름의 제곱 d^2에 정비례한다는 것을 확인하였다. 볼이 내접하는 경우에

즉, $P_0 = \left(\frac{\sigma_{max}}{0.388}\right)^3 \frac{d^2}{E^2}$

볼에 허용응력을 줄 때 볼의 허용하중은 다음 식으로 주어진다.

$$P_0 = Kd^2 \qquad (8-13)$$

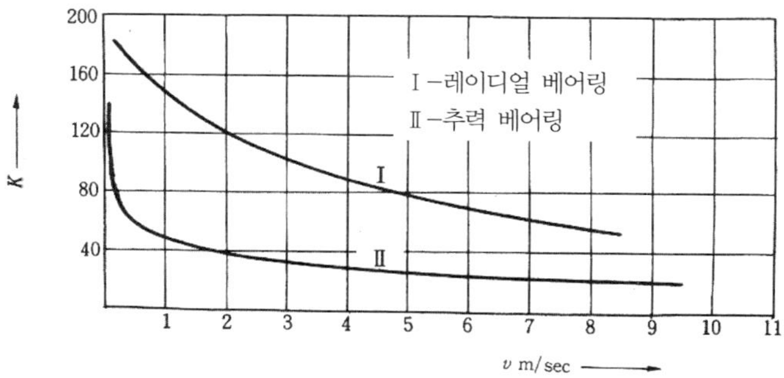

그림 8-13 롤러 베어링 K의 값

여기서, K는 재료의 종류, 접촉면의 경도, 강구의 홈의 형상, 하중상태 등에서 결정되는 상수로서 $d=1$[cm]이면 $K=P_0$[kgf]가 되므로 $d=1$[cm]의 경우의 값을 볼의 비하중(specific load)이라 한다. 식 (8-13)을 식 (8-11)에 대입하면 다음 식이 성립된다.

$$P = 0.2zKd^2 \qquad (8-14)$$

위 식을 스트리벡의 공식이라 한다.

속도의 영향을 고려하여 K의 값을 구하면 실험 결과에 의하여 위의 그림 8–13에서 보는 바와 같이 된다. 이 도표에서는 가로축에 취한 v의 값은 다음 식에서 계산한 것이다.

$$v = 0.000524\,D_m N[\mathrm{m/sec}] \tag{8–15}$$

단, D_m : 볼의 중심원의 지름[cm] N : 레이스의 매분 회전 속도

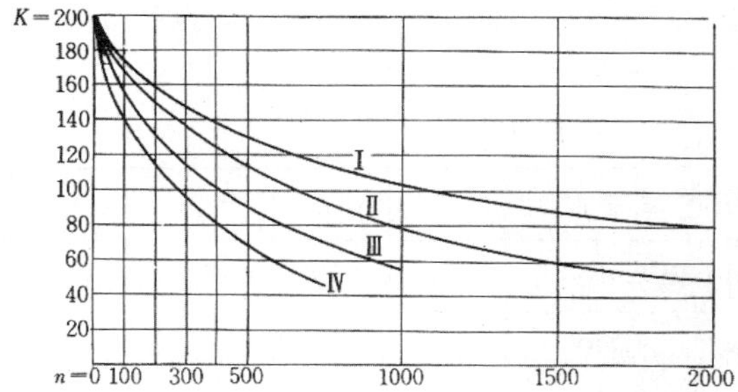

그림 8–14 회전속도와 K

K의 값을 회전 속도에 의하여 정하면 그림 8–14와 같이 된다. 그림 8–14는 가로형의 경우이고 I곡선은 중심원 지름이 50[mm] 이하의 경우, Ⅱ곡선은 50 ~ 100[mm] 이하의 경우이고, Ⅲ곡선은 100 ~ 150 이하의 경우이며, Ⅳ곡선은 200 ~ 250의 경우이다. 그림 8–15는 추력형 볼 베어링에 대한 K의 값이다.

Ⅰ : 100[mm] 이하 Ⅱ : 100 ~ 150[mm]의 경우
Ⅲ : 150 ~ 200[mm]의 경우 Ⅳ : 200 ~ 250[mm]의 경우

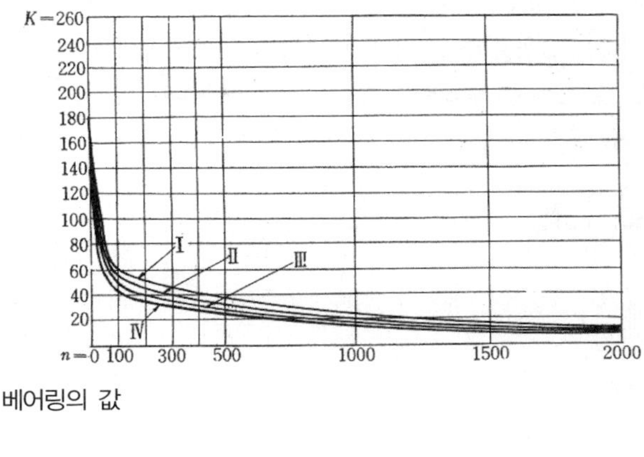

그림 8–15 추력 볼 베어링의 값

3. 원통형 롤러 베어링의 부하하중

앞에서 논술한 바와 같이 통형 볼 베어링에 대해서 부하하중은 $P_0 = Kd^2$으로 주어졌다. 따라서 원통형에 대해서는 d^2 대신에 롤러의 길이를 l[cm]라 할 때 dl을 대입하면 된다.

즉, $P_0 = Kdl\,[\text{kgf}]$ (8–16)

K의 값은 교량, 구조물 등에 사용되어 거의 움직이지 않은 롤러 또는 주철로 만든 롤러가 주철제의 평판에 들어 있는 경우는 $K=26$, 같은 경우 강철의 롤러가 강철제의 평판 사이에 들어 있는 경우는 $K=60$, 기중기(crane)의 지주 등에 있어서 극히 느리게 회전하는 롤러 베어링으로서 담금질한 강철제의 원통 롤러를 사용한 경우 $K=150$으로 취하는 것이 좋다. $d=l$의 짧은 원통형 롤러 베어링의 레이디얼 베어링에 있어서 어느 베어링 제작소에서 제시한 비하중 K의 값을 표시하면 다음 표 8–7과 같다.

[표 8–7] 비하중 K의 값

매분회전 속도 N	10	100	200	300	500	1,000	2,000	3,000	5,000
롤러의 평균 속도 v	0.02	0.22	0.44	0.66	1.10	2.2	4.4	6.6	11.0
카달로그(型錄)의 부하하중용량 P	750	690	600	540	420	350	330	300	250
비하중 K	313	288	250	225	175	146	137	125	104

단, $v = 0.000524\,DN\,[\text{m/sec}]$

예제 1 단열고정형의 레이디얼 볼 베어링, 호칭 번호 #6306에 0.5[ton]의 횡하중이 작용하고 있을 경우, 개개의 강구에 작용하는 하중은 어느 정도인가? 단, 강구의 지름 31/64[inch], 강구의 수 8, 강구의 중심이 긋는 원의 지름 52[mm], 베어링 안지름 30[mm], 베어링 바깥지름 72[mm], 베어링의 폭 19[mm]라 한다.

풀이 그림 8–16에서 보는 바와 같이 8개의 볼이 배치되고 축에 하중이 작용하고 있을 경우, 하중을 받는 강구는 하측의 3개뿐이고, 좌우대칭이므로 가장 아래의 강구가 받는 하중 P_0와 그 옆의 강구가 받는 하중 P_1을 구하면 된다. 스트리벡의 해석에 의하면

$$P_0 \fallingdotseq \frac{5P}{z}$$

$$P = 500\,[\text{kgf}],\quad z = 8 \qquad \therefore\ P_0 = 313\,[\text{kgf}]$$

$$P_1 = P_0 \cos^{\frac{3}{2}} \alpha$$

그리고

$$\alpha = \frac{360^\circ}{8} = 45^\circ$$

$$P_1 = 313 \times \left(\frac{1}{\sqrt{2}}\right)^{\frac{3}{2}} = \frac{313}{2\frac{3}{4}} = \frac{313}{1.682} = 186\,[\text{kgf}]$$

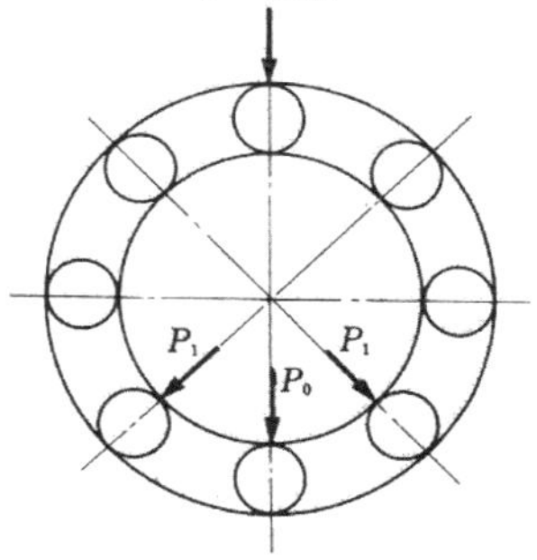

그림 8–16 8개의 볼을 가진 단열고정형의 레이디얼 볼 베어링

4. 롤러 베어링의 기본부하용량

(1) 기본정적 부하용량(specific static capacity)

일반적으로 봉로 베어링에 있어서 구의 열수를 λ라 하고, 구의 접촉각을 θ라 하면 다음 식으로 된다.

$$P = 0.2\,Kzd^2\lambda\cos\theta \tag{8-17}$$

그리고 최대응력을 받고 있는 접촉부에 있어서 전동체의 영구변형량과 궤도륜의 영구변형량과의 합의 전동체의 지름의 0.0001배로 되는 정적 하중을 취하여 이것을 기본정적 부하용량이라고 한다. 이것을 C_0[kgf]라 하면 ISO 규격에서는 다음과 같은 공식을 발표하고 있다.

① 레이디얼 볼 베어링

$$C_0 = f_0\lambda z d^2\cos\theta \tag{8-18}$$

② 레이디얼 롤러 베어링

$$C_0 = f_0\lambda z l_e d\cos\theta = 2.2\lambda z l_e d\cos\theta \tag{8-19}$$

③ 드러스트 볼 베어링

$$C_0 = f_0 z d^2\sin\theta = 5zd^2\sin\theta \tag{8-20}$$

④ 드러스트(推力) 롤러 베어링

$$C_0 = f_0 z l_e d\sin\theta = 10zl_e d\sin\theta \tag{8-21}$$

⑤ 자동조심볼 베어링

$$C_0 = 0.34\lambda z d^2\cos\theta \tag{8-22}$$

⑥ 깊은 홈 볼 베어링 및 앵귤러 볼 베어링

$$C_0 = 1.25\lambda zd^2\cos\theta \tag{8-23}$$

여기서

λ : 구 또는 롤러의 줄수
θ : 접촉각, l : 롤러의 유효접촉길이
z : 1줄 중의 구 또는 롤러의 수
d : 구 또는 롤러의 지름(원추롤러의 경우는 평균지름)
f_0 : 재질 또는 궤도면 및 전동체의 곡율로부터 결정되는 계수이고

표 8-8에 나타낸다.

[표 8-8] f_0의 값

베어링 형식		f_0[kgf · mm] 단위
레이디얼 베어링	자동조심 볼 베어링	0.34
	깊은 홈 앵귤러 컨택트 볼 베어링	1.25
	롤러 베어링	2.2
드러스트 베어링	볼 베어링	5
	롤러 베어링	10

(2) 구름 베어링의 기본 동적 부하용량(specific dynamic)

베어링의 선정에 있어서 그 수명을 추정한다는 것은 사용하려는 기계의 수명에 적당한 베어링을 선정학에 있어서나 또는 운전 중의 베어링의 손상에 기인하는 작업정지 때문에 생기는 경제적 손해를 방지하는 견지에서 중요한 문제이다. 베어링은 아주 설치가 정확하게 견고히 잘 되어 있고 적당히 윤활되어 운전되고 있으면서도 사용할 수 없게 되는 것은 접촉압축응력에 의한 피로박리(fatigue flaking)의 현상 때문이다. Palmgren과 Lundberg 등은 재료손실의 학설에 입각하여 재료의 피로강도에 관한 실험계수를 도입하여 통계적으로 부하용량의 설계식을 구하였다.

실용상 베어링의 수명의 정의로서 "동일조건 하에 있어서 베어링의 그룹의 90%가 피로박리 현상을 일으키지 않고 회전할 수 있는 총회전속도"라 하고, 이것을 베어링의 계산수명이라고 한다. 따라서 기본부하용량은 100만회전, 즉 $33\frac{1}{3}$[rpm]의 속도로 500시간 회전하는 총회전속도의 계산수명을 주는 일정하중을 말한다. 그리고 이와 같이 내륜을 회전시키고 외륜을 고정하는 조건하에서 한무리의 같은 베어링을 개별적으로 운전시킬 때 계산수명이 100만회전이 되는 방향과 크기가 변동하지 않는 하중을 기본동적 부하용량이라 한다. 수명을 시간으로 나타낼 경우에는 보통 500 시간을 기준으로 한다. 그러므로 100만회전의 수명은 $33.3 \times 60 \times 500 = 10^6$이므로 33.3[rpm]에서 500시간의 수명에 견디는 하중이 된다. 기본동적 부하용량 C[kgf]는 다음 식으로 주어진다.

i) 레이디얼 볼 네어링

$$d < 25.4\text{의 경우 : } C = f_c(\lambda\cos\alpha)^{0.7} z^{\frac{2}{3}} d^{1.8} \tag{8-24}$$

$$d > 25.4\text{의 경우 : } C = f_c(\lambda\cos\alpha)^{0.7} z^{\frac{2}{3}} \times 0.647 d^{1.4} \tag{8-25}$$

[표 8-9] (a) 구름 베어링의 부하용량

종류		단열 깊은 홈레이디얼 볼 베어링						단열 앵귤러 컨택트 볼 베어링				자동조심형 레이디얼 볼 베어링				원통 롤러 베어링			
하중의 구분		경하중용		중하중용		중하중용		경하중용		중하중용		경하중용		중하중용		경하중용		중하중용	
안지름 \ 형번		6200		6300		6400		7200		7300		1200		1300		N 200		N 300	
번호	d	C	C_0	C	C_0	C	C_0	C	C_0	C	C_0	C	C_0	C	C_0	C	C_0	C	C_0
00	10	400	195	640	380							430	135	560	185				
01	12	535	295	760	470							435	150	740	240				
02	15	600	355	900	545							585	205	750	265				
03	17	755	445	1060	660	1770	1100					650	245	975	375				
04	20	1011100	625	1250	790	2400	1560					775	325	980	410	980	695	1370	965
05	25	1530	705	1660	1070	2810	1900	1270	850	2080	1460	940	410	1410	610	1100	850	1860	1370
06	30	2010	1010	2180	1450	3350	2320	1770	1270	2650	1910	1220	590	1670	790	1460	1160	2450	1930
07	35	2280	1380	2610	1810	4300	3050	2330	1720	3150	2350	1230	675	1960	1000	2120	1700	3000	2360
08	40	2560	1580	3200	2260	5000	3750	2770	2130	3850	2930	1440	820	2310	1240	2750	2320	3750	3100
09	45	2750	1800	4150	3050	5850	4400	3100	2430	5000	3950	1700	975	2970	1620	2900	2500	4800	3900
10	50	3400	2000	4850	3600	6800	5000	3250	2600	5850	4700	1780	1100	3400	1780	3050	2700	5850	4960
11	55	4100	2530	56540	4250	7850	6000	4000	3300	6750	5500	2090	1360	4000	2290	3650	3250	7100	5850
12	60	4500	3150	6450	4960	8450	6700	4850	4050	7700	6350	2350	1580	4450	2710	4400	4000	8500	7200
13	65	4850	3450	7300	5600	9250	7650	5500	4750	8700	7300	2410	1750	4850	2990	5100	4750	9500	8150
14	70	5150	3800	8150	6400	11100	10200	6000	5250	9800	8300	2710	1920	5800	3600	5300	5000	10400	9000
15	75	5700	4200	8900	7250	12000	11000	6200	5550	10600	9400	3050	2180	6200	3900	6200	5850	12700	11000
16	80	6500	4500	9650	8100	12700	12000	6950	6250	11500	10500	3100	2400	6900	4300	7100	6800	13400	12000
17	85	7500	5450	10400	9000	13600	13200	7800	7200	12400	11700	3850	2900	7600	4950	8750	7800	15000	13200
18	90	8500	6150	11200	1000	14500	14600	9200	8500	13400	13000	4450	3250	9050	5700	9800	9300	17300	15600
19	95	9550	7050	12000	11000			10500	9750	14300	14300	5000	3750	10300	6500	11400	11000	18600	17000
20	100	10400	8000	13600	13200			11300	10400	16200	17200	5400	4100	11100	7350	12700	12200	21600	19600
21	105	11300	9050	14400	14400			12300	11700	17200	18700	5800	4500	12100	8250	14000	17300	25000	22400
22	110		10100	16100	16900			13300	13200	17300	22000	6850	5320	12700	9350	16300	15300	30000	26000
23	115	12100																	
24	120		11500	16200	06900			14300	14700	21000	25000					18300	18000	34000	30000

[표 8-9] (b) 구름 베어링의 부하용량

종류		테이퍼 베어링				구면구름 베어링				단식드러스트 볼 베어링				복식드러스트 볼 베어링			
하중의 구분		경하중용		중하중용		경하중용		중하중용		경하중용		중하중용		경하중용		중하중용	
안지름 \ 형번		30200		30300		22200		22300		51100		51200		5220		52300	
번호	d	C	C_0	C	C_0	C	C_0	C	C_0	C	C_0	C	C_0	C	C_0	C	C_0
00	10									570	1140	720	1400				
01	12									570	1140	770	1550				
02	15			1290	980					615	1250	990	2000	990	2200		
03	17	1040	850	1630	1250					690	1480	1060	2200				
04	20	1600	1290	2550	1600					920	2000	1400	3050	1400	3050		
05	25	1760	1560	3050	2160					1300	3000	1800	45100	1800	4100	2260	4990
06	30	2400	2080	3550	2850					1420	3400	1980	4700	1980	4700	2780	6400
07	35	3100	2650	4750	3750					1580	4050	2650	6350	2650	6350	3600	8500
08	40	3600	3100	5400	4500			6300	5850	1970	5100	3200	7980	3200	7980	4500	11000
09	45	4150	3600	6800	5700			8000	7500	2100	5600	3350	8500	3350	8500	5270	13300
10	50	4550	4050	8000	6700			11000	10000	2230	6150	3500	9050	3500	9050	6350	16400
11	55	5600	5200	9150	7800			12900	11800	2750	7550	4900	12900	4900	12900	7600	20000
12	60	6100	5600	10800	9150			15600	14000	3250	9150	5300	14500	5300	14500	8000	21700
13	65	7200	6550	12500	10800			17600	15300	3350	9550	5500	15300	5500	15300	8400	23300
14	70	7800	7100	14300	12200			22400	19600	3500	10300	5700	16100	5700	16100	9800	27600
15	75	8650	8150	16000	13700			23200	21200	3680	11100	5900	16900	5900	16900	11200	32000
16	80	9650	8800	17600	15300	9500	10200	27500	24500	3750	11400	6050	17700	6050	17700	11700	34000
17	85	11400	10600	20000	17000	12200	13200	30000	26500	3900	12200	7250	21400	7250	21400	13200	39700
18	90	12700	12000	21600	19000	15600	16000	35500	31000	5000	15400	8750	26500	8350	26500	13200	39700
19	95	14000	13200	25500	22800	18300	19000	38000	34000								
20	100	16300	15600	28000	25500	21200	21200	45500	40500	6950	21800	10760	33300	10700	33300	15600	48400
21	105	18300	17000	30500	27500												
22	110	20400	19600	33500	30000	27500	26000	56000	50000	7300	23400	11400	36700	11400	36700		
23	115																
24	120	22800	21600	40000	36500	34000	33500	68000	60000	7600	25000	11700	38800	11700	38800		

ii) 레이디얼 롤러 베어링 $C=f_c(\lambda l_e \cos\alpha)^{\frac{7}{9}} z^{\frac{3}{4}} d^{\frac{29}{27}}$ (8-26)

iii) 단열 및 복열드러스트 볼 베어링

$d<25.4$ 에 있어서

$\alpha=90°$ 의 경우 : $C=f_c z^{\frac{2}{3}} d^{1.8}$ (8-27)

$\alpha \neq 90°$ 의 경우 : $C=f_c \cos^{0.7}\alpha \tan\alpha\, z^{\frac{2}{3}} d^{1.8}$ (8-28)

$d>25.4$ 에 있어서

$\alpha=90°$ 의 경우 : $C=f_c z^{\frac{2}{3}} \times 3.647 d^{1.4}$ (8-29)

$\alpha \neq 90°$ 의 경우 : $C=(\cos\alpha)^{0.7} \tan\alpha z z^{\frac{2}{3}} \times 3.647 d^{1.4}$ (8-30)

iv) 드러스트 롤러 베어링

$\alpha=90°$ 의 경우 : $C=f_c l_e^{\frac{7}{9}} z^{\frac{3}{4}} d^{\frac{29}{27}}$ (8-31)

$\alpha \neq 90°$ 의 경우 : $C=f_c(l_e \cos\alpha)^{\frac{7}{9}} \tan\alpha\, z^{\frac{3}{4}} d^{\frac{29}{27}}$ (8-32)

이상의 식에서 λ : 1개의 베어링내의 전동체의 열수
C : 베어링 기본동적 부하용량,
z : 1줄에 포함되어 있는 전동체의 수
d : 전동체의 지름(원추롤러의 경우는 중앙지름)
α : 접촉각
l_e : 롤러의 유효길이
f_c : 베어링의 각부 형상, 가공정도 및 재료에 의하여 결정되는 계수

표 8-9(a), (b)는 구름 베어링의 부하용량 규격표이다.

[표 8-10] 구름 베어링의 수명계수 및 속도계수

베어링 형식	볼 베어링	롤러 베어링
수명시간	$L_h=500{f_h}^3$	$L_h=500f_h^{10/3}$
수명계수	$f_h=f_n\dfrac{C}{P}$	$f_h=f_n\dfrac{C}{P}$
속도계수	$f_n=\left(\dfrac{33.3}{N}\right)^{\frac{1}{3}}$	$f_n=\left(\dfrac{33.3}{N}\right)^{\frac{3}{10}}$

8.8 구름 베어링의 수명

1. 구름 베어링의 수명계산식

계산수명은 L[rpm]로 표시하면 L은 다음 식으로 주어진다.

$$\left.\begin{aligned} L &= \left(\frac{C}{P}\right)^r \times 10^6 [\text{rev}] \\ P &= \frac{C^r \sqrt{10^6}}{^r\sqrt{L}} [\text{kgf}] \end{aligned}\right\} \tag{8-33}$$

축회전속도는 rpm으로 주어지나 수명은 실제로는 시간이므로 다음과 같이 변형하여 쓰기 쉽게 할 수 있다.

$$\frac{L}{10^6} = \left(\frac{C}{P}\right)^r \tag{8-34}$$

단, C를 100만 회전이라 규정하였으므로 L의 단위는 10^6이다. L_h를 수명시간이라 하면 L과의 관계는 다음과 같이 표시된다.

$$L_h = \frac{L}{60 \times N} [\text{h}] \tag{8-35}$$

지금 $L = L_n \times 10^6$이라 놓으면

$$L_h = \frac{L_n \times 10^6}{60 \times N} [\text{h}] \tag{8-36}$$

그런데 $10^6 = 33.3[\text{rpm}] \times 500 \times 60$이므로

$$L_n = \frac{L_h \times 60 \times N}{10^6} = \frac{L_h \times 60 \times N}{500 \times 33\frac{1}{3} \times 60} = \left(\frac{C}{P}\right)^r$$

$$\therefore\ L_h = 500\left(\frac{C}{P}\right) \times \frac{33.3}{N} \tag{8-37}$$

한편

$$L_h = 500 {f_h}^r \tag{8-38}$$

이라 하면 f_h를 수명계수라 한다.

식 (8-37)과 (8-38)에서 f_h는 다음과 같이 된다.

$$f_h = \frac{C}{P}{}^r\sqrt{\frac{33.3}{N}} \tag{8-39}$$

[표 8-11] 구름 베어링에 있어서 수명계수의 선정기준

<table>
<tr><th colspan="2" rowspan="2">사용 예</th><th>수명계수</th><th>수명시간</th></tr>
<tr><th>f_h</th><th>L_h</th></tr>
<tr><td rowspan="2">항상 회전하지 않는 것</td><td>홴(fan)의 개폐장치
자동차의 방향지시기
문바퀴(門車)</td><td>1</td><td>500</td></tr>
<tr><td>항공발동기</td><td>1~3.5</td><td>500~1700</td></tr>
<tr><td>단속적으로 짧은 시간
사용하는 것</td><td>일반수동기계
기중기
농업기계
가정용기기</td><td>2~2.5</td><td>4000~8000</td></tr>
<tr><td>단속적 운전이나 특히 확실성을
필요로 하는 것</td><td>발전소용 보조 기계
컨베이어(運搬機)
엘리베이터(elevator)
일반하역기계
사용도가 적은 공작기계
응급기기 등</td><td>2.5~3</td><td>8000~13000</td></tr>
<tr><td>1일 8시간 운전하나,
항상 전부하가 아닌 것</td><td>공장 모터(전동기)
일반 기어장치</td><td>3~3.5</td><td>14000~20000</td></tr>
<tr><td>1일 8시간 운전하고,
전부하운전의 경우</td><td>선적용 하역기계
공장 전동축
항상 운전 작업하는 기중기, 펌프,
송풍기, 압축기
일반생산기계
공작기계</td><td>3.5~4</td><td>2000~30000</td></tr>
<tr><td>1일 24시간 연속운전의 경우</td><td>펌프, 송풍기, 압축기
전동 장치
광산권장기
밤낮 연속 작업하는 작업기계</td><td>4.5~5</td><td>50000~60000</td></tr>
<tr><td>1일 24시간 연속운전중
정지할 수 없는 경우</td><td>제지기계
그 밖의 화학기계
발전용 기계장치
광산 배수 펌프
수도급수장치
선박용 주기관
송배풍기계</td><td>6~7</td><td>100000~20000</td></tr>
</table>

한편 $f_n = \sqrt[r]{\dfrac{33.3}{N}}$ 을 속도계수라 하고, 이것을 식 (8-39)에 대입하면 다음 식이 성립된다.

$$f_h = f_n \frac{C}{P} \tag{8-40}$$

수명시간은 속도계수 f_n과 수명계수 f_h에서 구해진다.

볼 베어링에서는

$$L_h = 500\left(\frac{33.3}{N}\right)\left(\frac{C}{P}\right)^3 = 500\left(f_n \frac{C}{P}\right)^3 \tag{4-41}$$

롤러 베어링에서는

$$L_h = 500\left(\frac{33.3}{N}\right)\left(\frac{C}{P}\right)^{\frac{10}{3}} = 500 f_h{}^{\frac{10}{3}} = 500\left(f_n \frac{C}{P}\right)^{\frac{10}{3}} \tag{4-42}$$

표 8-11은 구름 베어링의 여러 가지 용도에 의한 수명계수의 선정기준을 표시한 것이다.

8.9 구름 베어링의 설계

1. 하중계수

베어링하중 P는 축이 받는 중량, 기어나 풀리와 벨트의 장력에 의한 힘을 받고 있으나 베어링의 설치오차에 의한 진동, 기어의 정도와 다듬질, 변형에 의한 영향, 벨트에 가해지는 초장력의 영향 등 때문에 이론적으로 계산되지 못하는 하중을 받고 있다. 따라서 베어링 선정에 있어서 베어링하중의 계산은 이론적 계산에서 구한 것에 보통 종래의 경험으로부터 구한 보정계수인 하중계수를 곱한다. 즉 이론적 하중을 P_{th}라 하면 사용하중 P는 하중계수 f_w를 P_{th}에 곱하여 구한다.

$$P = f_w P_{th} \tag{8-43}$$

다음에 하중계수와는 별도로 기어장치에서 실제하중 P는 기어계수 f_g를 도입하여 다음 식으로 계산하기도 한다. 표 8-13은 하중계수 f_w를 표시하고

$$P = f_m f_g P_g \tag{8-44}$$

단, f_m : 기계계수, P_g : 기어축에 작용하는 이론하중
풀리 장치에서의 실제하중 P는 다음 식으로 주어진다.

$$P = f_m f_b P_b \tag{8-45}$$

단, f_m : 기계계수, f_b : 벨트계수, P_b : 벨트의 유효회전력(이론치)

[표 8-12] 하중계수 f_w의 값

하중계수 f_w \ 수명시간 L_h		2000~4000h 때때로 사용	5000~15000h 단속적으로 사용한다. 항상 계속 사용하지 않는다.	20000~30000h 연속적으로 계속 사용한다.	40000~60000h 연속운전으로서 중요한 것
1~1.2	충격이 없는 원활한 운전	가정용 정전기 기구, 자전거 핸드·그라인더	컨베이어(conveyer) 호이스트(hoist) 엘리베이터(elevator) 에스컬레이터 톱날판(鋸盤)	일반 펌프 전동축 분리기(seperator) 공작기계 윤전기 정당분밀기 모터 원심분리기	중요한 주전동축 중요한 모터
1.2~1.5	보통의 운전 상태		자동차	철도 차량 전차 소형 엔진 감속 치차장치	배수펌프 제지기계 볼 밀(ball mill) 송풍기 기중기(crane)
1.5~2	어느 정도 충격과 진동을 수반한다.		탄차 압연기		전차주전동기
2~2.5	진동, 충격을 수반하는 운전		건설기계, 진동이 많은 기어 장치	바이브레이터, 조오크러셔 (jaw crusher)	전차구동장치

다음 표 8-13은 기계계수 f_m을 표시하고, 는 기어계수 f_g를 표시한다. 표 8-15는 벨트계수를 표시한다.

[표 8-13] 기계계수 f_m

기계의 조건	
충격을 받지 않는 회전기계 예〉: 발전기, 전동기, 회전노, 터어보송풍기	1.0~1.2
왕복부분을 가진 기계 예〉: 내연기관, 요동식 선별기, 클랭크축	1.2~1.5
매우 심한 충격을 받는 기계 예〉: 압연기, 분쇄기	1.5~3.0

[표 8-14] 기어계수 f_g

기어의 종류	기어계수 f_g
정밀기계 [피치오차, 형상오차 모두 20(μ) 이하의 것]	1.05~1.1
보통기계가공기어 [피치오차, 형상오차 모두 20~200(μ)의 것]	1.1~1.3

[표 8-15] 벨트계수 f_b

벨트의 종류	벨트계수 f_b
V벨트 1플라이 평벨트(고무, 가죽) 2플라이 평벨트(고무, 가죽)	2.0~2.5 3.5~4.0 4.5~5.0

2. 온도에 대한 고려

볼 베어링에 있어서는 200 ℃ 이상의 온도에 있어서는 사용하지 않는 것이 좋다. 온도에 의하여 다음과 같은 안전율을 정하고, 카탈로그의 기재 하중용량을 이것으로 나누어 허용하중으로 하도록 지정하고 있다.

50° ~ 100℃ 경우 …… 1.5
100° ~ 150℃ 경우 …… 2

예제 2 축지름 60[mm], 바깥지름 110[mm], 나비 22[mm]의 경량형 복열자동조심형 볼 베어링에 있어서 볼은 1줄에 19개, 전부 38개이고, 볼의 지름이 11[mm]라고 한다. 외륜과 볼과의 접촉점에 있어서의 반지름이 48[mm], 내륜과 볼과의 접촉점에 있어서 반지름이 37[mm]이다. 500[rpm]의 경우 카탈로그의 하중용량 1210[kgf]를 항상 작용시키고, 축회전으로 연속 운전한다면 베어링의 수명은 몇 시간인가?

풀이

$N = 500\,[\text{rpm}],\ P = 1210\,[\text{kgf}],\ z = 38,\ d = 1.1\,[\text{cm}]$

$$K = \frac{5P}{zd^2} = \frac{5 \times 1210}{38 \times 1.12} = 131.7[\text{kgf/cm}^2]$$

또, $K_l = K(1 + 0.001N)(1 + 0.07d^2)$

$$= 131.7(1 + 0.0001 \times 500) \times (1 + 0.07 \times 1.1^2) = 150[\text{kgf/cm}^2]$$

또, $r_2 = 4.8\,[\text{cm}],\ r_1 = 3.7\,[\text{cm}]$

$$\alpha = \frac{z}{1+\frac{r_2}{r_1}} = \frac{38}{1+\frac{4.8}{3.7}} = 16.5$$

또 표에서 $C_1 = 700$, $C_2 = 5$, $C_3 = 20$

$$m = \frac{1}{a}\left\{\left(\frac{C_1}{K_l - C_3}\right)^3 - C_2\right\} = \frac{1}{16.5}\left\{\left(\frac{700}{150-20}\right)^3 - 5\right\} = 9.15[\text{백반회}]$$

$$= 9150000[\text{회}]$$

따라서 수명 시간은 $\frac{9150000}{500 \times 60} = 305$ 시간

예제 3 예제 1의 베어링을 매일 8시간, 1년 300일로서 10년간, 500[rpm]의 전하중용량의 운전으로 사용하려고 한다. 허용하중은 얼마인가?

풀이 수명시간 $= 8 \times 300 \times 10 = 24000$ [시간]

$$m = 24000 \times 500 \times 60 = 720000000 = 720(\text{백만회})$$

$$K_l = \frac{C_1}{\sqrt[3]{am + C_2}} + C_3 = \frac{700}{\sqrt[3]{16.5 \times 720 + 5}} + 20 = 50.7$$

$$K = \frac{K_l}{(1+0.0001N)(1+0.07d^2)} = \frac{50.7}{(1+0.0001 \times 500)(1+0.07 \times 1.1^2)} = 44.5$$

$$P_l = \frac{zKd^2}{5} = \frac{38 \times 44.5 \times 1.1^2}{5} = 410\,[\text{kgf}]$$

안전율 $S_f = \frac{P}{P_l} = \frac{1210}{410} = 2.95$

3. 등가베어링하중(equivalent bearing load)

(1) 베어링하중은 레이디얼하중과 드러스트하중의 양하중의 합성하중이 작용하는 경우가 아주 많고, 또 레이디얼 베어링에 대해서는 드러스트하중만 작용할 때도 가끔 있는 형편이다. 이와 같은 경우 횡하중에 대해서는 추력하중을, 또 드러스트 베어링에 대해서는 레이디얼을 각각 등가횡하중 또는 등가추력하중으로 환산한 것을 베어링하중으로 해야 한다. 레이디얼하중을 R, 드러스트하중을 T라 하면 등가하중 P_r는 다음 식으로 계산된다.

$$P_r = vR \tag{8-46}$$

$$P_r = xvR - yT$$

v : 회전계수, x : 레이디얼계수, y : 드러스트계수로서 각각 베어링의 구조, 치수에 따라 다음 표 8-16에 표시한다. 단열베어링의 경우는 위의 2식으로 계산한 수치

중에서 큰 편을 취한다. 복열의 베어링의 경우는 아래식 $P_r = xvR + yT$의 식에서 계산한다.

표 8-16의 내륜회전 혹은 외륜회전의 구별은 실제로 내륜 혹은 외륜이 회전하는 경우를 말하는 것이 아니고, 하중의 방향에 대하여 내륜 또는 외륜의 상대적인 운동에 의하여 결정된다. 즉 내륜회전이라면 i) 실제로 내륜이 회전하여 하중의 방향이 일정한 경우와 ii) 실제로는 외륜이 회전하나 베어링하중의 방향도 역시 외륜과 더불어 회전하고, 축과 같이 고정한 내륜에 대하여 하중의 방향이 변화하는 경우이다.

외륜회전이라 함은 i) 실제로 외륜이 회전하고 하중의 방향이 일정한 경우와 ii) 실제로는 내륜이 축과 더불어 회전하나 베어링 하중의 방향도 역시 내륜과 더불어 회전하고, 베어링 하우징에 고정된 외륜에 대하여 하중의 방향이 변화하는 경우이다.

[표 8-16] 단열구름 베어링의 v, x, y의 값

<table>
<tr><th rowspan="2">베어링의 종류</th><th rowspan="2" colspan="2">호칭번호</th><th colspan="2">v</th><th colspan="2">$P_r \leq vR$</th></tr>
<tr><th>내륜회전</th><th>외륜회전</th><th>x</th><th>y</th></tr>
<tr><td>단열레이디얼 볼 베어링</td><td colspan="2"></td><td>1</td><td>1.2</td><td>0.5</td><td>아래표</td></tr>
<tr><td>단열앵귤러 컨택트 볼 베어링</td><td colspan="2">7202~7215
7303~7315</td><td>1</td><td>1.2</td><td>0.2</td><td>아래표</td></tr>
<tr><td>단열 원통 롤러 베어링</td><td colspan="2">전종류</td><td>1</td><td>1.3</td><td>1</td><td>-</td></tr>
<tr><td rowspan="3">원추 롤러 베어링</td><td colspan="2">30203~30204
30205~30212
30214~30230
30302~30303
30304~30307
30308~30324</td><td>1</td><td>1.3</td><td>0.3</td><td>2.2
2
1.7
2.8
2.5
2.2</td></tr>
<tr><td colspan="2">단열레이디얼
볼 베어링</td><td colspan="4">단열 앵귤러 컨택트 볼 베어링</td></tr>
<tr><td colspan="2">전종류</td><td colspan="4">7202~7215
7303~7315</td></tr>
<tr><td>$\frac{T}{D^2 - d^2}$*</td><td>0.01</td><td>0.03</td><td>0.09</td><td>0</td><td>0.2</td><td>0.4</td></tr>
<tr><td>y</td><td>2</td><td>1.6</td><td>1.2</td><td>0.9</td><td>0.8</td><td>0.7</td></tr>
</table>

* 비고 D : 베어링 바깥지름[mm], d : 베어링 안지름[mm]

복열베어링의 경우는 드러스트하중이 어느 한계까지는 복열 중 한편 쪽의 열이 레이디얼하중의 일부를 받고, 다른 단열이 횡하중의 일부와 드러스트 하중을 받는데, 드러스

트 하중이 어느 한도를 넘으면 열 중의 어느 한편 쪽의 열만이 하중을 받게 되므로, 표 8–17(A)란과 (B)란에서 표시한 바와 같이 $P_r \geq 2vR$, $P_r \leq 2vR$에 따라 x, y의 값이 다르게 된다. 이 경우의 P_r를 계산하는 x, y는 (A), (B)란 어느 편을 사용하더라도 좋다.

[표 8–17] 복열구름 베어링의 v, x, y의 값

베어링의 종류	호칭번호	v		(A) $P_r \geq 2vR$		(B) $P_r \leq 2vR$	
		내륜 번호	외륜 번호	x	y	x	y
복열 자동조심형 볼 베어링	1200~1203	1	1	0.6	3.5	1	2.5
	1204~1205				3.8		2.72
	1206~1207				4.5		3.25
	1208~1209				5.0		3.5
	1210~1212				5.5		4.0
	1213~1222				6.3		4.5
	1300~1303				3.2		2.25
	1304~1305				3.8		2.75
	1306~1309				4.2		3.0
	1310~1313				4.5		3.25
	1314~1322				5.0		3.5
	2204~2207				2.8		2.0
	2208~2209				3.5		2.5
	2210~2213				3.8		2.75
	2214~2215				4.2		3.0
	2304				2		1.5
	2305~2310				2.5		1.75
	2311~2315				2.8		2
복열 앵귤러 컨택트 볼 베어링	3204~3215 3304~3313	1	1.2	0.4	1.3	1	0.8
구면 롤러 베어링	22216~22217	1	1.3	0.6	4.2	1	3.0
	22218~22220				3.8		2.75
	22222~22260				3.7		2.6
	22308~22312				2.5		1.8
	22313~52340				2.8		2.0
	22344~22352				3.0		2.1

등가 드러스트하중 P_t는 $P_t = \dfrac{1}{y} P_r$ (8–47)

의 식으로 구할 수 있으나, 일반 드러스트 베어링은 횡하중을 작용시킬 수 없다. 구면롤러(shpyrical roller)의 경우만 드러스트 하중의 60% 이내의 횡하중을 작용시킬 수 있고, 다음 식으로 계산한다.

$$\left.\begin{aligned}&\text{회전좌 회전의 경우 : } P_t = T+1.5R\\&\text{고정좌 회전의 경우 : } P_t = T+2.1R\end{aligned}\right\}\tag{8-48}$$

회전좌 및 고정좌 회전의 구별은 각각 레이디얼 베어링의 경우의 내륜회전 및 외륜회전과 같은 양으로 생각한다.

(2) 단열앵귤러 컨택트 볼 베어링과 원추롤러 베어링(conical roller bearing; Timken bearing)을 2개 서로 상대하여 사용하는 경우, 횡하중이 작용하면 접촉각에 의하여 축방향의 분력이 생기게 되므로, 이것을 드러스트하중의 계산에 고려해야 될 것이다.

2개의 베어링에 대하여 각각

횡하중 : R_1, R_2 등가하중 : P_{r1}, R_{r2} 추력계수 : y_1, y_2

라 하면 외부에서 드러스트 하중 T를 받을 때

① $\dfrac{R_1}{1.6y_1} < \dfrac{R_2}{1.6y_2} + T$**의 경우**

$$P_{r1} = yvR_1 + y_1\left(\frac{R_1}{1.6y_2} + T\right)\tag{8-49}$$

$$P_{r2} = v\,R_2$$

② $\dfrac{R_1}{1.6y_2} > \dfrac{R_2}{1.6y^2} + T$**의 경우**

$$P_{r1} = vR_1$$

$$R_{r2} = x \cdot v \cdot R_2 + y_2\left(\frac{R_1}{1.6y_1} - T\right)\tag{8-50}$$

(3) 레이디얼 하중과 드러스트 하중이 동시에 작용하는 드러스트 베어링에 레이디얼 하중 R와 드러스트 하중 T가 동시에 작용할 때

$$P_r = xR+yT\tag{8-51}$$

로 구한다. x, y는 표 8-18에 의한다.

[표 8-18] x, y의 값

베어링 종류	베어링 번호		$\frac{T}{R} \leq e$		$\frac{T}{R} > e$		e*
		T/c_0	x	y	x	y	
단열고정형 레이디얼 볼 베어링	60, 62 63, 64 등의 각번호	=0.04	1	0	0.35	2	0.32
		=0.08			0.35	1.8	0.36
		=0.12			0.34	1.6	0.41
		=0.25			0.33	1.4	0.48
		=0.4			0.31	1.2	0.57
원추 롤러 베어링	30203~30204		1	0	0.4	1.75	0.34
	05~08					1.6	0.37
	09~22					1.45	0.41
	24~30					1.35	0.44
	30302~30303					2.1	0.28
	04~07					195	0.31
	08~24					1.75	0.34
자동 조심형 레이디얼 볼 베어링	1200~1203		1	2	0.65	3.1	0.31
	04~05			2.3		3.6	0.27
	06~07			2.7		4.2	0.23
	08~09			2.9		4.5	0.21
자동 조심형 레이디얼 롤러 베어링	10~12		1	3.4	0.65	5.2	0.19
	13~22			3.6		5.6	0.17
	24~30			3.3		5	0.2
	1300~1303			1.8		2.8	0.34
	04~05			2.2		3.4	0.29
	06~09			2.5		3.9	0.25
	10~24			2.8		4.3	0.23
	26~28			2.6		4	0.24

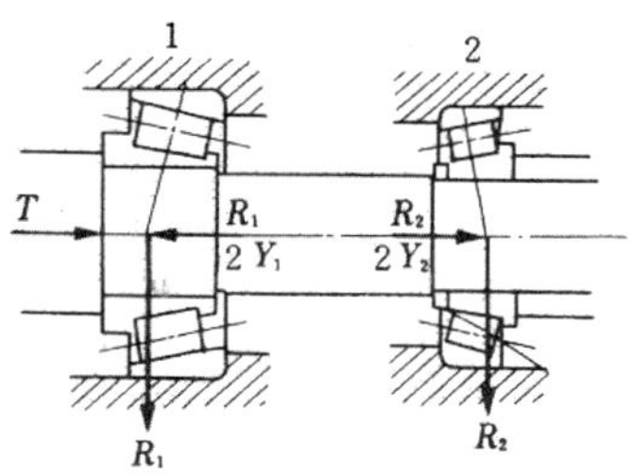

그림 8-17

그림 8-17과 같이 앵귤러 컨택트형, 레이디얼 볼 베어링 또는 원추롤러 베어링이 서로

대면하여 설치되어 있는 경우

① $\dfrac{R_1}{2y_1} \leq \dfrac{R_2}{2y_2} + T$**의 경우**

$$\left.\begin{aligned} P_1 &= x_1 R_1 + y_2 \left(\frac{R_2}{2y_2} + T \right) \\ P_2 &= R_2 \end{aligned}\right\} \tag{8-52}$$

② $\dfrac{R_1}{2y_1} \geq \dfrac{R_2}{2y_2} + T$**의 경우**

$$\left.\begin{aligned} P_1 &= R_1 \\ P_2 &= x_2 R_2 + y_1 \left(\frac{R_1}{2y_1} - T \right) \end{aligned}\right\} \tag{8-53}$$

여기서, P_1, P_2 : 베어링 1, 2의 등가 레이디얼하중(등가횡하중)
R_1, R_2 : 베어링 1, 2에 작용하는 드러스트하중
T : 외부에서 작용하는 드러스트하중
x_1, x_2 : 베어링 1, 2의 레이디얼계수
y_1, y_2 : 베어링 1, 2의 드러스트계수
$\dfrac{R}{2y}$: 횡하중 R에 의하여 생긴 드러스트하중

예제 4 **회전 속도 300 [rpm]으로 베어링하중 110 [kgf]를 받는 단열 레이디얼 볼 베어링을 선정하여라.**

풀이 표에서 $L_h = 60000$ 시간으로 생각한다.

$$L_n = \frac{60NL_h}{10^6} = \frac{60 \times 300 \times 60000}{10^6} = 1080 \times 10^6 [\text{rev}]$$

표에서 $f_w = 1.5$로 하여 $P = 1.5 \times 110 = 165$ [kgf]

$$L_n = \left(\frac{C}{P} \right)^3$$

$$C = P \sqrt[3]{L_n} = 165 \times \sqrt[3]{1080} = 1693 [\text{kgf}]$$

표에서 No. 6207(C = 2000[kgf]) 또는 No. 6306(C = 2180[kgf])

예제 5 **베어링 No.6310의 단열 레이디얼 볼 베어링에 그리이스 윤활로 3000시간의 수명을 주려고 한다. 최대사용회전속도와 그 때의 베어링하중을 구하여라.**

풀이 베어링 No. 6310의 안지름 50 [mm]이고, 한계 dN의 값은 200,000 이므로

$$N=\frac{dN}{d}=\frac{200000}{50}=4000[rpm]$$

$$L_n=\frac{60NL_h}{10^6}=\frac{60\times1000\times30000}{10^6}=7200 \quad 10^6[\text{회전}]$$

표에서 No.6310에 대하여 $C=4800[kgf]$

$$P=\frac{C}{\sqrt[3]{L_n}}=\frac{4800}{\sqrt[3]{7200}}=248[kgf] \quad \therefore 4000[rpm],\ 248[kgf]$$

예제 6 베어링하중 200[kgf]를 복열 자동조심형 볼 베어링으로 받치고 회전 속도 300[rpm]으로 어느 정도의 충격을 수반하고 연속적으로 사용한다고 가정하여 베어링을 선정하여라.

풀이 표에서 $L_h=30000[h]$

$$L_n=\frac{60NL_h}{10^6}=\frac{60\times300\times30000}{10^6}=540 \quad 10^6\text{회전}$$

어느 정도의 충격을 수반하므로 하중계수 $f_w=2$로 하여

$$P=2\times300=400[kgf]$$

$$C=P\sqrt[3]{L_n}=400\sqrt[3]{540}=3260[kgf]$$

그러므로 표에서 No.1310(C = 3400[kgf]) 또는 No.1217(C = 3850[kgf])을 선정한다.

예제 7 단열레이디얼 볼 베어링 6024에 300[rpm]으로써 20,000시간의 수명을 주려고 한다. 이 때 베어링의 받칠 수 있는 최대 베어링하중을 구하여라. 단, 보통의 운전 상태에 있다고 한다.

풀이 표에서 $C=995[kgf]$

$$L_n=\frac{60NL_h}{10^6}=\frac{60\times300\times20000}{10^6}=360 \quad 10^6\text{회전}$$

$$f_w=1.5$$

$$P=\frac{995}{1.5\times\sqrt[3]{360}}=93.2[kgf]$$

예제 8 용량 10[ton]의 윈치(권장기)의 후크에 사용하는 단열 드러스트 볼 베어링(single raw thrust ball bearing)을 선정하여라.

풀이 충격적으로 10[ton]이 작용한다고 하고 하중계수를 $f_w=2.5$로 잡으면

$$P=2.5\times10000=25000[kgf]$$

후크에는 약간의 동요가 있을 뿐이므로 정적 기본 부하용량 C_0를 기준으로 선정하면 된다.

표에서 No.51314를 선정하면 $C_0=281000[kgf]$로 되어 안전하다.

예제 9 150[rpm]으로서 100[kgf]의 하중을 받치는 감속기어축용의 단열 레이디얼 볼 베어링을 선정하여라. 단, 수명을 30,000시간, 보통의 운전 상태로 한다.

풀이 $f_2=1.5,\ P=1.5\times100=150[kgf]$

$$L_n=\frac{60\times150\times30000}{10^6}=270$$

$$10^6\text{회전} \quad \therefore C=150\sqrt[3]{270}=969[kgf]$$

표에서 No.6204(C = 995[kgf])

예제 10 원통 롤러 베어링 No. 206이 500 [rpm]으로 180 [kgf]의 베어링하중을 받치고 있다. 이 때의 수명 시간을 계산하여라. 단, 보통의 운전 상태에 있다.

풀이 $C=1450\,[\text{kgf}],\ r=\dfrac{10}{3},\ f_w=1.5 \qquad \therefore\ P=1.5\times180=270\,[\text{kgf}]$

$$\therefore\ L_n=\left(\frac{1450}{270}\right)^{\frac{10}{3}}=271\quad 10^6\ \text{회전}\qquad \therefore\ L_h=\frac{271\times10^6}{60\times500}=9040[\text{h}]$$

예제 11 1300형의 복열 자동조심형 볼 베어링으로 300 [kgf]의 레이디얼 하중과 100 [kgf]의 드러스트 하중을 받고 있다. 회전 속도 300 [rpm]으로 30,000 시간의 수명을 주려고 할 때, 이 베어링을 선정하여라. 단, 운전은 보통의 운전 상태에 있다.

풀이

$$\frac{T}{R}=\frac{100}{300}=0.333>e=0.29\sim0.24$$

따라서

$x=0.65,\ y=3.9$ 로 가정하고 $f_w=1.5$ 로 하면

$$y=f_w(xR+yT)=1.5(0.65\times300+3.9\times100)=878[\text{kgf}]$$

$$L_n=\frac{60\times300\times30000}{10^6}=540,\quad C=878\sqrt[3]{540}=7150\,[\text{kgf}]$$

No. 1317 (C = 7700 [kgf]) 의 베어링에 대한 $x=0.65,\ y=4.3$ 을 사용하여 검산하면

$$P=1.5(0.65\times300+4.3\times100)=938\,[\text{kgf}]$$

$$\therefore\ L_n=\left(\frac{7700}{938}\right)^3=553>540\ \text{이 적당하다.}$$

8.10 구름 베어링의 종합문제

유량 $Q=0.6\,[\text{m}^3/\text{min}]$, 양정 30[m]의 원심펌프가 있다. 동력 3.7 [kW], 3500 [rpm]으로 구동될 때 다음 사항에 답하여라. 단, 굽힘을 고려하여 축의 재질을 SM 45C ($\sigma_b=58$[kgf/㎟])라 하고 이 축에 생기는 허용 전단응력 $\tau_a=\dfrac{\sigma_b}{2}$로 한다. 그림 8-20을 보아라.

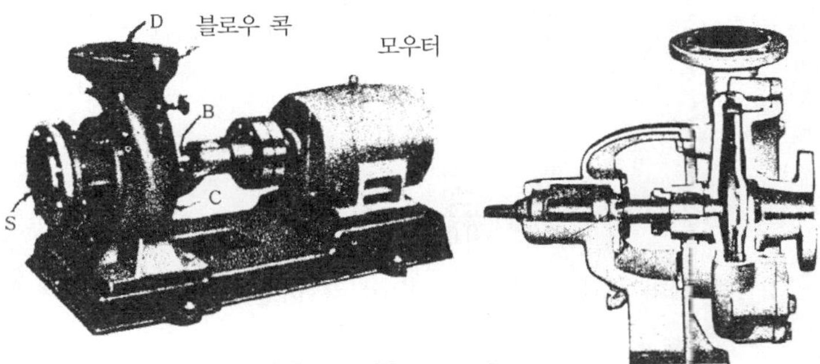

S ; 흡입구 C ; 스파이럴 케이싱 D ; 배출구 B ; 축

그림 8-18 원심펌프의 외관

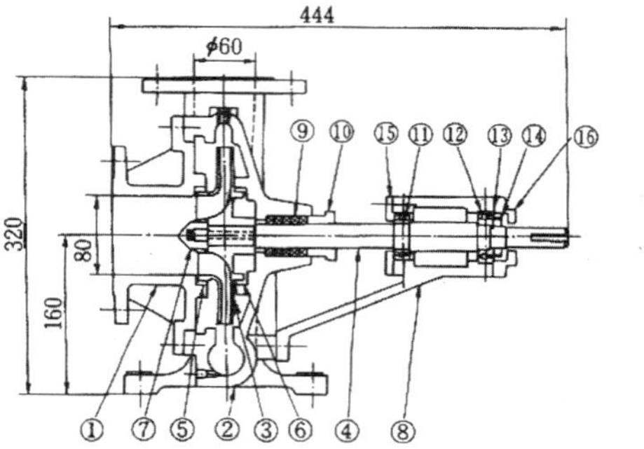

品番	品　名	材料	個數	工程	重量	記事
1	吸入노즐	FC20	1			
2	케이싱	FC20	1			
3	날개바퀴		1			
4	축	SS41	1			
5	라이너 링		1			
6	라이너 링		1			
7	봉투 너트	HB, B	1			
8	베어링 몸체	FCS 15	1			
9	패킹		5			
10	패킹 누르기	BC2	1			
11			1			6005
12			1			6205
13	스톱 와셔	SS41P	1			
14	둥근 너트	S25C	1			
15	베어링 뚜껑	FC15	1			
16	베어링 뚜껑	FC15	1			

	設計		製圖		寫圖		檢圖	
形式	VP-8m-0.45m³/min-2kW		尺度					
圖名	원심펌프組立圖		圖番	7001				

그림 8-19 원심펌프의 조립도

문제 1. 펌프의 러너(runner)가 길이 500 [mm], 지름 20 [mm]의 축의 중앙에 설치되었을 때, 이 축의 사용전단응력을 구하고 안전성을 검토하여라.

문제 2. 이 축과 러너를 $6 \times 3.5 \times 18$ [mm]의 성크키로서 고정할 때 키 내에 생기는 응력을 검토하여라.

문제 3. 등가레이디얼하중 = 62 [kgf], 하중계수 $f_w = 2.0$, 기본부하중용량 $C = 1660$ [kgf]의 볼 베어링으로 이 축을 받치고 있을 때 볼 베어링 계산수명은 몇 시간으로 되는가?

문제 4. 4개의 볼트($\phi 14$)로 원심펌프 장치를 설치대에 고정시킬 때 볼트에 생기는 전단응력을 구하여라. 볼트 사이의 거리는 100 [mm]이다.

[풀이]

1. $H = H_{kW} = 3.7$ [kW], 회전 속도 $N = 3500$ [rpm]

토크 $T = 974{,}000 \dfrac{H}{N} = \dfrac{3.7}{3500} \times 974{,}000 = 1029.66$ [kgf−mm]

또, $T = \dfrac{\pi}{16} d^3 \tau$

$$\therefore \ \tau = \frac{16T}{\pi d^3} = \frac{16 \times 1029.66}{3.14 \times 20^3} \fallingdotseq 0.66 \ [\text{kgf/mm}^2]$$

$$\tau_{\max} = \frac{\sigma_b}{2} = \frac{58}{2} = 29 \ [\text{kgf/mm}^2]$$

안전율 $S_f = \dfrac{\tau_{\max}}{\tau} = \dfrac{29}{0.66} \fallingdotseq 44$

2. 펌프의 축의 회전력을 P[kgf]라 하면

$$T = P \times \frac{d}{2} \qquad \therefore P = \frac{T}{\dfrac{d}{2}} = \frac{1029.66}{\dfrac{20}{2}} = 102.966 \ [\text{kgf}]$$

전단면적 $A_s = 18 \times 6 = 108\,[\text{mm}^2]$

$$\therefore \text{ 전단응력 } \tau = \frac{P}{A_s} = \frac{102.966}{108} \fallingdotseq 0.95\,[\text{kgf/mm}^2]$$

또는 공식 $\tau = \dfrac{2T}{bld} = \dfrac{2 \times 1029.66}{6 \times 18 \times 20} \fallingdotseq 0.95\,[\text{kgf/mm}^2]$

측면의 압축면적 $A_c = 18 \times \dfrac{3.5}{2} = 31.5\,[\text{mm}^2]$

압축응력 $\sigma_c = \dfrac{P}{A_c} = \dfrac{102.966}{31.5} = 0.81\,[\text{kgf/mm}^2]$

또는 $\sigma_c = \dfrac{4T}{hld} = \dfrac{4 \times 1029.66}{3.5 \times 1.8 \times 20} \fallingdotseq 0.81\,[\text{kgf/mm}^2]$

충분히 안전하다.

3. 실제하중 $P = f_w P_0 = 2.0 \times 62 = 124\,[\text{kgf}]$

공식 $L_h = 500\left(\dfrac{C}{P}\right)^3 \times \dfrac{33.3}{N} = 500\left(\dfrac{1660}{124}\right)^3 \times \dfrac{33.3}{3500} = 11413\,[\text{h}]$

또는 $L_n = \left(\dfrac{C}{P}\right)^3 \times 10^6 = \left(\dfrac{1600}{124}\right)^3 \times 10^6 = 23{,}999{,}160{,}000\,[\text{rpm}]$

$$L_h = \frac{L_n}{3500 \times 600} \fallingdotseq 11{,}413\,[\text{h}]$$

4. 1개의 볼트가 받는 전단력을 F_b라 하면

$$4F_b = \frac{B}{2} = T \quad \therefore\ F_b = \frac{T}{2B} = \frac{1029.66}{2 \times 100} = 5.14825\,[\text{kgf}]$$

또 볼트의 지름을 $d\,[\text{mm}]$라 하면

$$\frac{F_b}{\frac{2d^2}{4}} = \tau \qquad \therefore\ \tau = \frac{4F_b}{\pi d^2}$$

$$\tau = \frac{4F_b}{\pi d^2} = \frac{4 \times 5.14825}{3.14 \times 14^2} = 0.03446\,[\text{kgf/mm}^2]$$

연습문제

01 깊은 홈형 볼 베어링 #0210을 레이디얼하중 200[kgf], 드러스트하중 200[kgf], 회전속도 $N=900$ [rpm]의 내륜회전으로 사용할 때 수명시간을 구하여라. 단, 하중계수 $f_w=1.3$ 이라 한다.

02 베어링 안지름 40[mm]의 자동조심볼 베어링을 레이디얼하중 1000[kgf], 회전속도 $N=10$ [rpm]으로 보통 상태로서 사용한다. 5000시간의 수명을 얻으려면 호칭 번호 몇 번의 것을 선정해야 되는가?

03 사용조건이 레이디얼하중 35,000[kgf], 드러스트하중 3500[kgf], 회전속도(외륜회전) $N=88$ [rpm]이 되는 컨베이어의 드럼 베어링으로 자동조심형 롤러 베어링이고, $e=0.37$의 것을 사용하였다. 마모 수명을 고려하였을 경우의 실용수명을 구하여라.

04 단열깊은 홈형 레이디얼 볼 베어링 6212에 레이디얼하중 500[kgf]가 작용하고, 1000[rpm]으로 회전할 때 수명시간을 계산하여라.

05 위 문제 4번에서 드러스트하중 500[kgf]를 동시에 받을 때의 수명 시간을 구하여라.

06 150[rpm]으로 회전하고 있는 단식드러스트 볼 베어링 51206이 있다. 1000시간을 확보하려면 4드러스트하중을 얼마로 제한할 것인가? 단, 하중계수는 1.0이라 한다.

CHAPTER 9

미끄럼 베어링(sliding bearing)

9.1 미끄럼 베어링의 종류

미끄럼 베어링은 그림 9-1에서 보는 바는 것처럼 축과 베어링 메탈 사이에 얇은 유막을 형성시켜서 상대 미끄럼운동을 하는 베어링으로서, 8장에서 논한 구름 베어링의 발달로 미끄럼 베어링의 적용범위가 많이 감소되었다고는 하나, 미끄럼 베어링은 미끄럼 베어링 나름의 특징이 있으므로 아직도 그 응용범위는 넓으며, 원동기의 베어링 부분에 없어서는 안 될 베어링으로서 구름 베어링과는 약 50%씩의 적용범위가 있다.

[표 9-1] 미끄럼 베어링의 분류

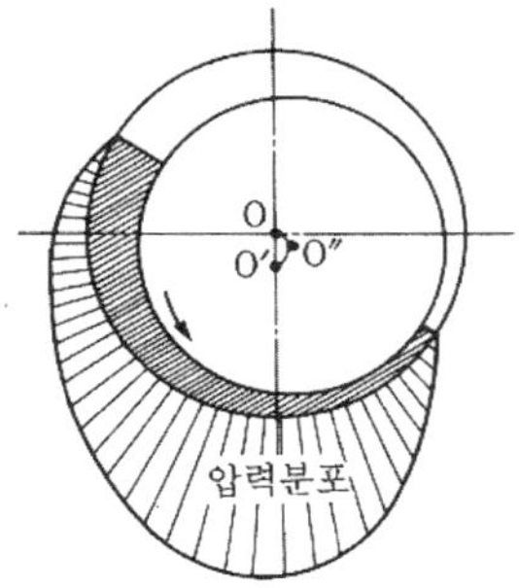

그림 9–1 미끄럼 베어링

미끄럼 베어링은 반지름방향의 하중을 받는 레이디얼 미끄럼 베어링(radial sliding bearing)과 축방향하중을 받는 드러스트 미끄럼 베어링(thrust sliding bearing)의 구별이 있다.

다시 각형식의 베어링도 윤활의 원리상 동압과 정압으로 나누어진다.

동압은 베어링과 축 사이의 상대운동에 의하여 동역학적으로 유막에 압력을 발생시킴으로써 하중을 받치는 것이고, 정압 베어링은 정역학적으로 유막압력을 발생시켜서 이것이 하중을 받치는 것이다.

이 각 베어링들을 분류하면 표 9–1과 같다.

9.2 미끄럼 베어링에 있어서 활동면의 형식

1. 병행 활동면

미끄럼면이 서로 평행상태에 있을 경우를 말하고, 공작기계의 안내면, 칼러 드러스트 베어링의 미끄럼면, 크로스 헤드의 안내면 등은 이 형식에 속한다. 그림 9–2는 정지면 B에 윤활유 C가 있고, 그 위에 B면과 평행한 이동면 A가 화살표 방향으로 B면에 평행하게 미끄러져 갈 때의 두 면 사이의 유압 p가 발생되고, 유압 p는 A면의 전체에 걸쳐서 고르게 낮은 압력의 분포를 하고 있고, 그 전압력이 A면을 지지하는 힘이 된다.

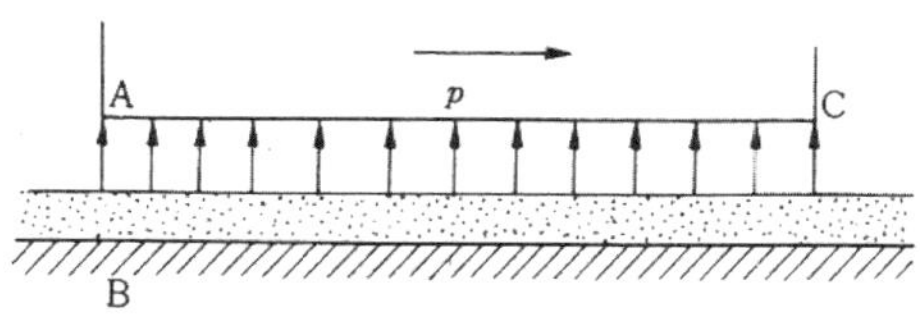

그림 9–2 병행 활동면

[표 9-2] 미끄럼 베어링의 형식

	레이디얼 베어링		드러스트 베어링	
	기본형식		기본형식	
동압 베어링		원통저널 베어링으로서 가장 일반적이고, 2조각으로 분할 또는 부동 부시를 사용한다.	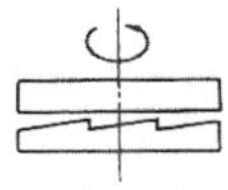	고정식 경사드러스트 베어링으로서 간단하고 값이 싸므로 널리 사용된다.
	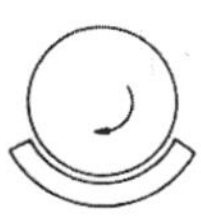	부분저널 베어링으로서 부하부분만 사용하므로 효율이 좋으나, 하중방향이 변화하는 경우는 사용되지 못한다.	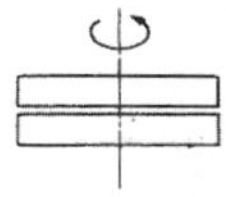	평행면 드러스트 베어링으로서 간단한 기름 홈을 병용하는 수도 있으나 큰 추력에는 못 견딘다.
		미첼형 저널 베어링으로서 피벗 대신에 스프링을 사용하는 수도 있다. 부하용량이 크다.	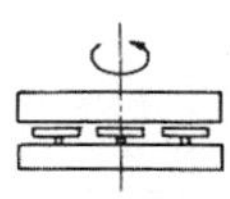	미첼형 드러스트 베어링으로서 고성능이나 비교적 고가이다.
정압 베어링		정압저널 베어링으로서 사방에서 정압으로 지지된 통저널도 있다. 축심의 안정에 유효하다.	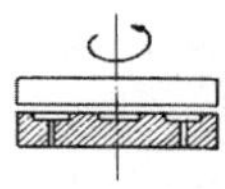	정압드러스트 베어링으로서 저속고하중이고, 동적인 유막 구성능력이 낮은 경우에 유효하다.

2. 경사 활동면(경사 미끄럼면)

미끄럼 면이 그림 9-3에서 보는 바와 같이 경사면에 대하여 경사져 있어서 화살표 방향으로 미끄러져 가게 할 때 압력분포는 균일하지 않고, 도시한 바와 같이 입구와 출구에 있어서 0이 되고, 중간에서 최고 $P_{\max}$로 되는 포물선적 분포상태를 이루게 된다.

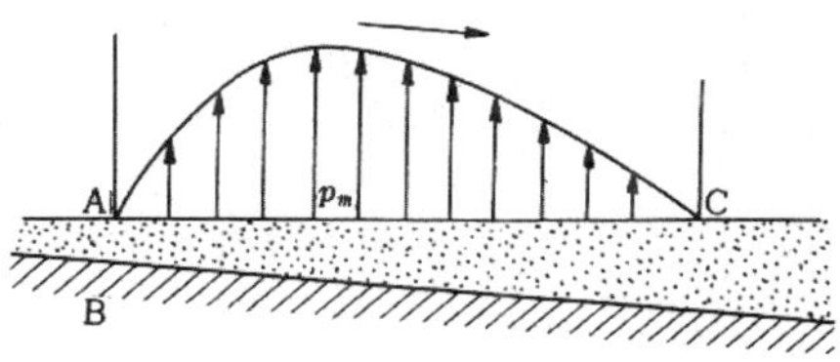

그림 9-3 경사활동면

A면을 지지하는 힘은 압력 분포의 전체 수압면적에 대한 적분치이고, 지지중심점은 분포 곡선 밑의 면적 중심이다. 이것은 미첼 베어링(michell bearing), 즉 킹스베리 베어링(kingsbury bearing) 등에 응용되는 형식이다.

그리고 이상은 무한폭에 대한 이론적 부하능력과 압력분포를 표시한 것이다. 무한폭에 대해서는 옆으로 유체가 새어 흐르는 것을 고려하여 상당한 수정이 필요하다.

그림 9-4는 무한폭의 넓이의 평판과 양단이 경사지고 중앙이 평행한 평판 사이의 극간에는 기름이 충만되어 있고, 이것이 화살표 방향으로 평행 운동을 하면 상대적으로

기름은 이 틈새에 흘러들어와 평행부를 지나서 유출하게 된다. 이 때의 기름의 압력분포는 오른쪽의 경사 부분 사이에는 +기호와 같이 압력을 생기게 하고, 중앙의 평행부는 낮은 양(+) 압력을 유지하고, 다음에 왼쪽의 경사 부분 사이에서 음(-)의 압력으로 된다. 즉 평행면보다도 진입경사면의 압력이 높아지고 하중을 부담하는 양이 증대된다. 그리고 극소극간에 들어가기 직전에 있어서 최고로 되고, 넓어지는 곳에 들어오면 유압은 아주 강하한다는 것을 알 수 있다.

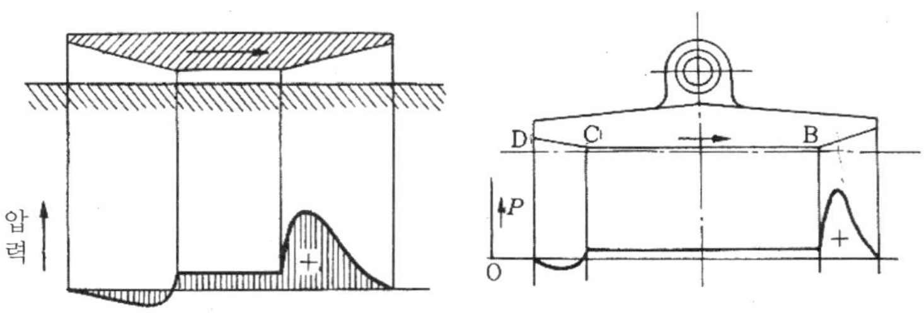

그림 9-4 무한폭의 활동면

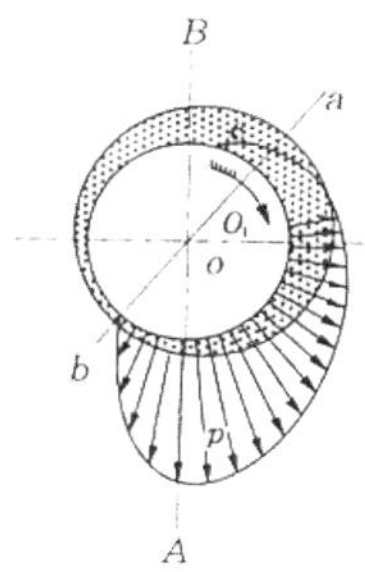

그림 9-5 원통활동면

3. 원통 활동면(원통 미끄럼면)

그림 9-5에서 보는 바와 같이 축 A가 베어링 구멍 B에 대하여 화살표 방향으로 회전하는 경우이고, 일반적인 레이디얼 베어링(radial bearing)은 여기에 속한다. 이 때의 압력분포는 그림 9-5에서 보는 바와 같이 축중심 O와 구멍 중심 O_1에 의하여 최대극간을 a점으로 최소극간을 b점으로서 분포된다. 축을 지지하는 힘은 $\overline{ac}$ 사이에서 음(-)으로 되고 $\overline{cb}$ 사이는 양(+)이 되어 이 총합의 상방분력이 지지력이 된다. 이 때는 경사미끄럼면 경우와 같고, 그 직선면을 반원통면으로 바꾼 것뿐이다. 회전할 동안에 축중심 O는 결코 하나의 정점을 점하고 있는 것은 아니고 상하 또는 좌우로 진동적으로 변화하면서 회전하는 것이다.

원통활동면에는 그림 9-6에서 보는 바와 같이 전원주 베어링과 부분원주 베어링이 있다. 그림 9-6에서 (a)는 전원주로서 축의 전주에 따라 미끄럼면이 있고, (b)는 축의 둘레의 일부분에 미끄럼면이 있는 것이다.

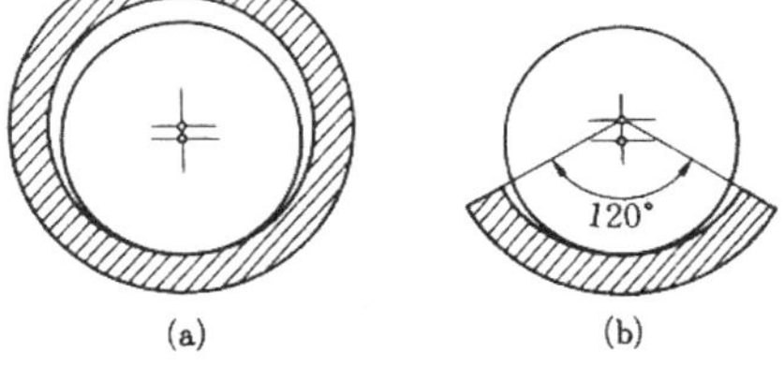

그림 9-6 원통저널의 활동면의 종류

9.3 미끄럼 베어링의 기초이론

1. 레이놀즈의 방정식

미끄럼 베어링은 유체마찰로서 회전축을 받치는 것이 이상적이다. 베어링면에 발생하는 유체유막의 압력분포는 그림 9–7에서 보는 바와 같이, 축중심이 하중방향과 회전방향에 의하여 변위하고 베어링폭 중앙에서 최대로 된다. 지금 기름은 비압축성이고, 점도는 일정하고 흐름은 층류라 하고, 고체면과 유체막과의 계면은 미끄럼이 생기지 않으며 유체압력은 유막의 두께방향에 균일하다고 가정한다.

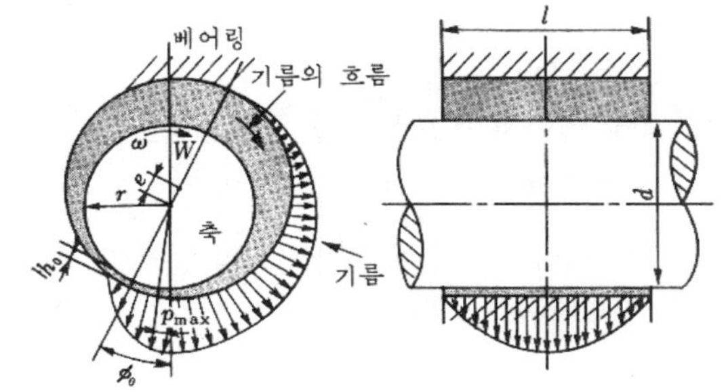

그림 9–7 유막압력 분포상태

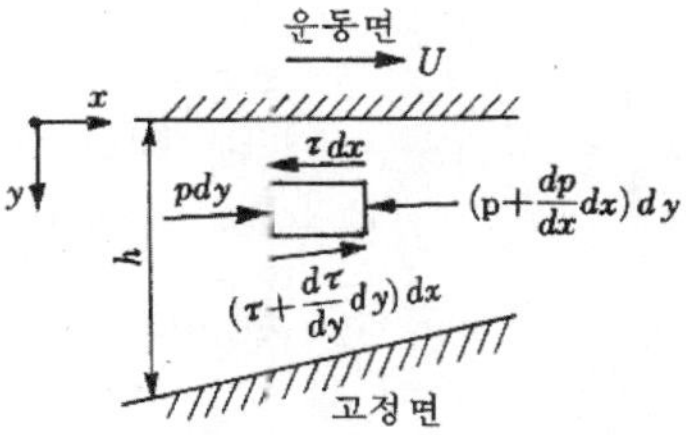

그림 9–8 유막압력과 전단력과의 평형(2차원류)

그림 9–8에서 보는 것처럼 x를 흐름의 방향, y를 두께의 방향으로 하고, 기름의 점도를 η(Pa · s)라 하고 임의의 층에 있어서 속도를 u, 기름의 전단응력을 τ, 압력을 p라 하면

$$pdy-\left(p+\frac{dp}{dx}dx\right)dy-\tau dx+\left(\tau+\frac{d\tau}{dy}dy\right)dx=0 \qquad (9\text{–}1)$$

2차미소항을 생략하여

$$\frac{dp}{dx}=\frac{d\tau}{dy} \qquad (9\text{–}2)$$

뉴우튼의 점성방정식으로부터

$$\tau=\frac{F}{A}=\eta\frac{\partial u}{\partial y} \qquad (9\text{–}3)$$

여기서, F : 점성저항력, A : 전전단면적

식 (9–2), 식 (9–3)으로부터

$$\frac{dp}{dx}=\eta\frac{\partial^2 u}{\partial y^2} \tag{9-4}$$

$$\therefore\ u=\frac{1}{2\eta}\frac{dp}{dx}y^2+c_1y+c_2 \tag{9-5}$$

점 x 에 있어서 유막 두께를 h 라 하면, $y=0$ 에서 $u=U$, $y=h$ 에서 $u=0$, 적분상수 $c_1=-\left(\frac{h}{2\eta}\right)\cdot\left(\frac{dp}{dx}\right)-\frac{U}{h}$, $c_2=U$로 되고 유속 u는 다음 식으로 얻어진다.

$$\therefore\ u=\frac{U(h-y)}{h}-\frac{y(h-y)}{2\eta}\cdot\frac{dp}{dx} \tag{9-6}$$

식 (9–6)은 윤활중의 임의점에 있어서 속도분포를 표시하는 일반식이다. 그러나 위식의 우변 제1항은 압력 p에 무관계하게 전단속도 U를 최대치로 하는 직선분포를 나타내고, 제2항은 $-\left(\frac{h^2}{8\eta}\right)\cdot\left(\frac{dp}{dx}\right)$를 최대속도로 하는 포물선상의 분포를 한다. 틈새를 흘러가는 단위마다의 유량 Q는

$$Q=\int_0^h udy=\frac{Uh}{2}-\frac{h^3}{12\eta}\frac{dp}{dx} \tag{9-7}$$

연속의 식은 $\frac{dQ}{dx}=0$ 이므로

$$\frac{dQ}{dx}=\frac{U}{2}\frac{dh}{dx}-\frac{d}{dx}\left(\frac{h^3}{12\eta}-\frac{dp}{dx}\right)=0 \tag{9-8}$$

$$\frac{d}{dx}\left(\frac{h^3}{\eta}\frac{dp}{dx}\right)=6U\frac{dh}{dx} \tag{9-9}$$

이것을 1차원류에 대한 레이놀즈 방정식(Reynolds equation)이라 한다. h는 x의 함수이므로 이 식을 풀면 p가 x의 함수로서 구해진다. 식 (9–9)를 적분하여 $\frac{dp}{dx}=0$, $h=h_0$ (h_0는 최대압력 위치에 있어서의 유막두께)로부터 적분상수를 결정하면 다음 식이 얻어진다.

$$\frac{dp}{dx}=6\eta U\left(\frac{1}{h^2}-\frac{h_0}{h^3}\right) \tag{9-10}$$

만일 축방향(z 방향)의 흐름을 생각하면 식 (9–9)는 다음과 같이 된다.

$$\frac{\partial}{\partial x}\left(\frac{h^3}{\eta}\frac{\partial p}{\partial x}\right)+\frac{\partial}{\partial z}\left(\frac{h^3}{\eta}\frac{\partial p}{\partial z}\right)=6U\frac{\partial h}{\partial x} \tag{9-11}$$

식 (9−11)은 3차원류에 대한 레이놀즈방정식이다. 다음에 표시하는 각항목 중의 $\frac{l}{d}$ $\left(\frac{\text{폭}}{\text{축지름}}\right)>4$이면 위식의 좌변 제2항을 무시한 무한대 베어링이론이 근사적으로 성립하고, 또 $\frac{l}{d}>\frac{1}{4}$이면 좌변 제1항을 무시한 무한소 베어링으로 되고 근사적으로 성립한다.

2. 마찰과 윤활

(1) 미끄럼 마찰(sliding friction)

그림 9−9에서 보는 바와 같이 물체 A가 일정한 속도로 미끄러지고 있을 때, 접촉면에 작용하는 마찰력 f 는 쿨롱(Coulomb)의 법칙에 의하여 다음 관계가 성립한다.

$$f=\mu P \tag{9-12}$$

단, P : 접촉면 사이의 수직력, μ : 마찰계수

접촉면에 기름, 기타의 오손이 없는 경우의 마찰을 고체마찰 또는 건조마찰(dry−friction) 특히 마찰면에 윤활제 등이 있을 경우에는 마찰의 양상은 건조마찰과는 아주 다르다.

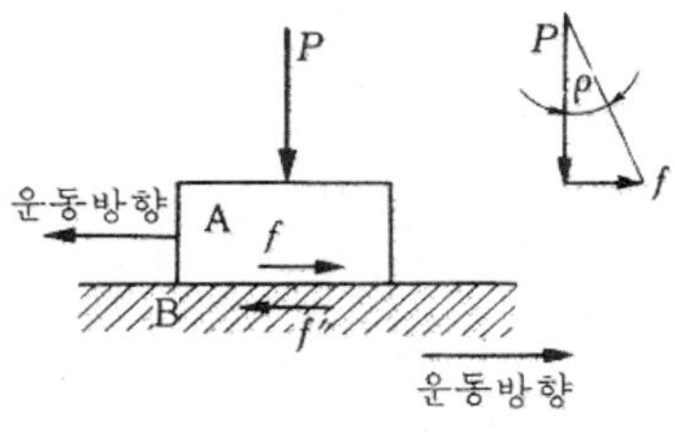

그림 9−9 미끄럼 마찰

윤활하의 마찰에 있어서도 마찰면 사이의 유막의 두께에 따라 특성이 다른 유체마찰(fluid friction)과 경계마찰(boundary friction)로 나누어진다. 유체마찰은 유막의 두께가 충분할 때 생기고 기름의 점성에만 의한 전단력이고, 물체의 재질이나 표면의 상태에는 관계없다. 마찰계수 μ는 극히 작다.

유막이 차차로 얇게 되어 10^{-3}[mm] 이하로 되면 뉴우튼의 법칙이 성립되기 어렵게 되고 건조마찰에 비슷하게 되며 쿨롱의 법칙이 거의 성립되게 되나 마찰은 건조마찰보다 훨씬 작다.

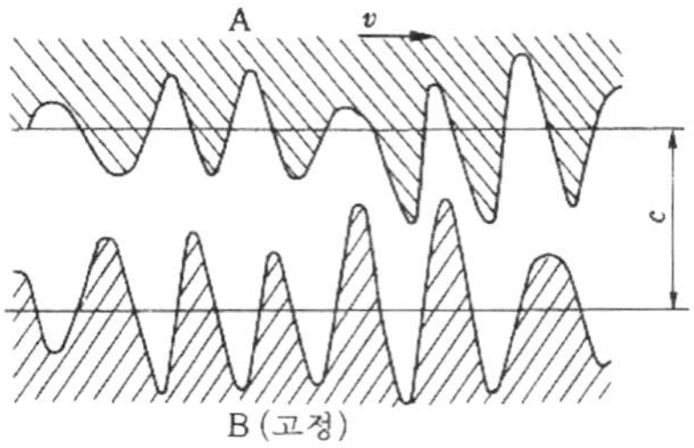

그림 9-10 경계마찰

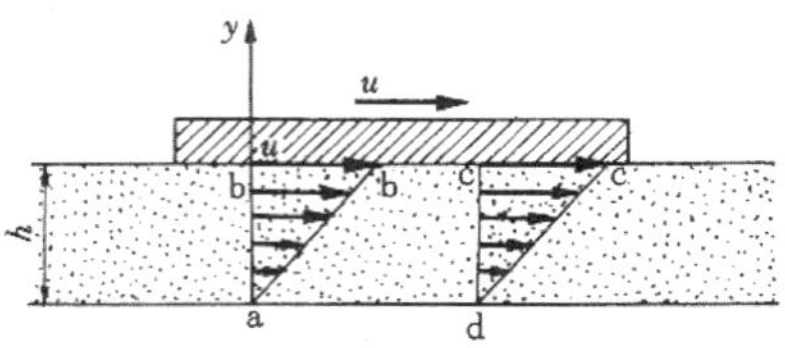

그림 9-11 점성저항

즉, 이 정도의 유막두께에서는 기름의 분자가 단분자층으로부터 점성분자층까지 물체 표면에 흡착한 상태로 기름의 점성보다도 오히려 유분자의 성질, 물체와의 화학작용, 더욱이 물체의 성질의 영향이 크다고 생각된다. 이와 같은 유층을 경계층(boundary layer)이라 하고, 유막의 두께가 이 정도일 때의 마찰을 경계마찰이라 한다. 실제로는 물체의 표면의 파도침, 거칠기는 경계층의 두께 정도이므로 **그림 9-10**에서 보는 바와 같이 경계마찰에서는 이미 거칠기의 돌출부가 부분적으로 직접 접촉하는 것으로 생각된다. 따라서 유막이 얇게 됨에 따라 유체마찰, 경계마찰, 고체마찰의 혼재상태와 비슷한 상태로 옮겨 간다.

유체마찰만의 윤활상태를 유체마찰 또는 완전윤활이라 하고, 유체마찰 상태에서 마찰이 갑자기 증가를 시작하여 경계마찰 상태의 경계윤활에 이르는 영역을 불완전윤활이라 한다.

(2) 점도(η)

그림 9-11에 있어서 평면상에 판자가 있고, 양자 사이에 기름이 개재하여 판자가 속도 u로 운동하고, 기름의 속도분포가 흐름의 방향에 수직의 단면에서 균일하다고 하면 평면에 접하는 점 a에서 0으로 되고 판자에 접하는 점 b에서 u로 되고 그 사이는 직선적으로 변화하는 것으로 생각된다. 여기서 임의의 기름의 부분 $abcd$를 생각하면 단위 시간 후에는 $ab'c'd$로 되어 일종의 전단변형이 생기는 것이 되고 이것에 수반되어 전단 저항이 생긴다. 이것은 기름에 점성이 있기 때문에 저항으로 이것을 기름의 점성저항이라 한다. 이 점성저항을 이기고 판자를 움직이는 힘을 F라 하고, 판자가 기름에 접하는 면적을 A라 하면 $\tau = F/A$가 전단응력에 상당하고 이 값이 뉴우튼에 의하여 y축상 속도경사 $\frac{du}{dy}$에 비례하는 것이 알게 되었다.

$$\text{즉, } \tau = \eta \frac{du}{dy} \tag{9-13}$$

이 식의 비례상수 η를 절대점도라 하고, 이것은 유체 고유의 값으로 유막의 두께를 h라 하고 y축방향에 u가 직선적으로 증가한다고 하면

$$\tau = \frac{F}{A} = \eta \frac{u}{h}$$

$$\therefore \ \eta = \frac{Fh}{Au} \qquad (9\text{–}14)$$

이것을 CGS단위로 표시하면

$$\eta = \frac{F[\text{dyn}] \times \text{h}[\text{cm}]}{A[\text{cm}^2] \times u[\text{cm/s}]} = \frac{Fh}{Au}[\text{dyn} \cdot \text{s/cm}^2] \qquad (9\text{–}15)$$

이 단위를 프와즈(poise ; p), 그 $\frac{1}{100}$을 센티프와즈(centipoise ; cp)라 하고 점도의 단위로 하고 있다.

절대점도의 단위[dyne·sec/㎠]는 1[㎝]의 유막두께로 면적 1[㎠]의 판을 1[㎝/sec]의 속도로 움직이는 데 필요한 1[dyne]의 힘을 말하며 이 단위를 poise라 한다.

대부분의 윤활유의 점도는 1[poise]보다 작으므로 점도의 실용 단위로서 절대점도의 $\frac{1}{100}$을 취하여 centi–poise[cp ; dyne s/㎠]를 사용한다. 68.4°F의 물은 1cp와 같다.

절대점도 η[poise]에 대한 운동점도 ν[stokes]는 기름의 비중(㎤의 질량)을 ρ로 할 때

$$\left.\begin{aligned} \nu &= \frac{\eta}{\rho}[\text{cm}^2/\text{sec}] \\ \eta[c \cdot p] &= \nu[\text{cst}] \times \rho \end{aligned}\right\} \qquad (9\text{–}16)$$

여기서, ρ : 기름의 비중 dyne · $\text{sec}^2/cm^4[1g/cm^3]$

1[stokes]의 $\frac{1}{100}$을 $1centi-stoke$[cst]라 한다. 기름의 절대점도는 [centi–poise(cp)]로 표시될 때가 많으나, 공학상은[kgf · sec/m^2]를 사용하는 것이 계산에 편리하다.

(3) Petroff의 베어링 방정식

그림 9–12에서 반지름 r방향의 베어링 틈새(radial clearance)를 c, 베어링의 길이를 l, 회전속도를 N[rpm], $N = \frac{N}{60}$[rpm/sec]으로 할 때 반지름 방향 틈새가 어느 곳에서나 일정하다고 가정하고 F를 유체의 마찰력이라 하면, 기름의 전단강도는

$$\tau_l = \frac{F}{A} = \eta\frac{U}{h} = \eta\frac{U}{c}$$

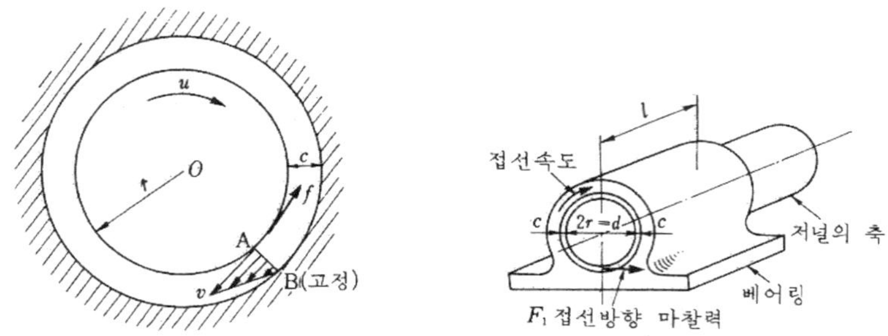

그림 9-12 페트로프의 법칙

그림 9-12에서 보는 바와 같이 원통 속에서 반지름 r의 축이 원통과의 틈새 c, 원주 속도 u로 회전하고 있을 때 축의 단위 길이마다에 작용하는 마찰저항 F는 다음과 같이 구해진다.

$$F = 2\pi r\eta Ul/c \tag{9-17}$$

$F_1 = \dfrac{F}{l}$로 하면

$$\frac{F_1}{\eta U}\left(\frac{c}{r}\right) = 2\pi \tag{9-18}$$

베어링의 마찰계수 μ는 $P_1 = \dfrac{pdl}{l}$로 할 때

$$\mu = \frac{F_1}{P_1} = \frac{F}{P} \tag{9-19}$$

또 $\tau_l = \eta\dfrac{U}{h} = \eta\dfrac{2\pi rN}{c}$

토크 T는

$$T = (\tau_l A)r = \left(\eta\frac{2\pi rN}{c}\right)(2\pi rl)r = \eta\frac{4\pi^2 r^3 lN}{c} \tag{9-20}$$

베어링 수압력 p는 베어링하중 P를 $2rl$로 나눈 것이므로

$$p = \frac{P}{2rl}$$

$$T = \mu Pr = \mu(2rlp)r = 2r^2\mu lp$$

따라서 $$\mu = 2\pi^2 \frac{\eta N}{p}\left(\frac{r}{c}\right) \tag{9-21}$$

이것을 Petroff의 식이라 하고, 편심이 작을 때의 미끄럼 베어링의 마찰계수를 나타낸다. 여기서 $\eta N/p$, r/c의 값은 미끄럼 베어링의 성능 결정에 중요한 파라미터(parameter)가 된다.

(4) 베어링계수($\eta N/p$)

$\eta N/p$는 유막의 상태와 두께에 관한 값으로 이 무차원량을 베어링계수(bearing modulus)라 한다. 베어링계수의 값이 클 때는 유막이 두껍게 되어 유체윤활로 되고, 이 값이 작으면 유막이 얇게 되어 축과 베어링 사이의 아주 작은 요철부가 직접 접촉하여 경계윤활의 마찰계수가 큰 접촉 상태로 된다.

그림 9-13은 $\eta N/p$의 베어링계수와 마찰계수 μ와의 일반적 관계를 표시한 것이다.

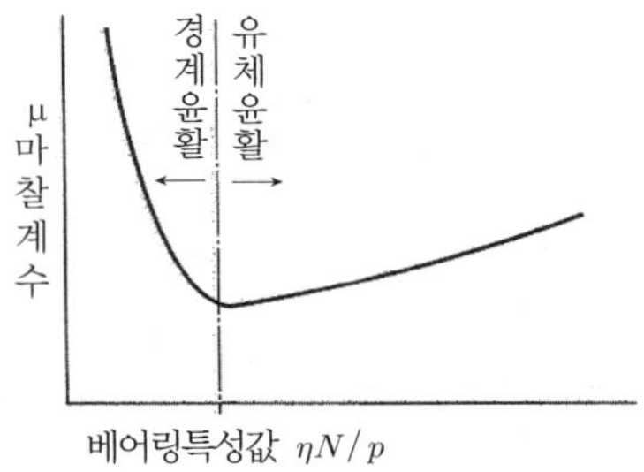

그림 9-13 μ와 $\eta N/p$와의 관계

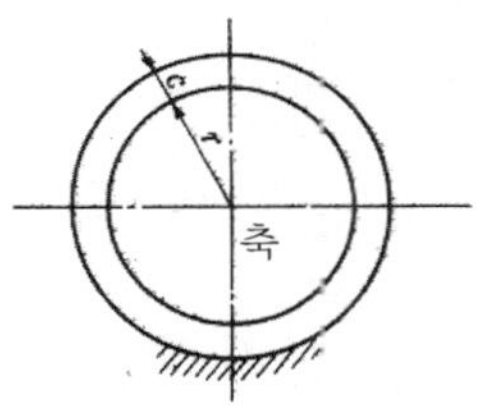

그림 9-14 반지름 틈새

(5) 틈새비

그림 9-14에 있어서 축과 베어링의 반지름 틈새를 c, 축의 반지름을 r라 한다.

$$\phi = \frac{c}{r} \tag{9-22}$$

를 베어링 틈새비라 하고 마찰계수와 관계가 있다.

(6) 좀머펠트수

식 (9-21)의 $\mu = 2\pi^2 \eta \frac{N}{p}\left(\frac{r}{c}\right)$에 있어서 $\frac{r}{c}$=반지름 틈새비의 역수$\left(\frac{1}{\phi}\right)$을 표시한다.

$$S = \frac{\eta N}{p}\left(\frac{r}{c}\right)^2 = \frac{\eta N}{p}\left(\frac{1}{\phi}\right)^2 \tag{9-23}$$

S를 좀머펠트수라 하고, 저널 베어링설계에 있어서 기본이 되는 설계계수이다.

9.4 저널의 기본설계

1. 레이디얼 저널의 기본설계

저널과 피벗의 설계는 강도, 강성, 베어링수압력, 열전도의 관점에서 설계를 진행한다.

(1) 베어링의 수압력

베어링에 있어서 베어링수압력은 이미 논술한 바와 같이 면의 위치에 따라 다르므로 다음과 같이 평균치를 잡는다. 즉 **그림 9-15**에서 보는 것처럼 저널의 면상에 미소면적 dA를 취하여 여기에 분포된 압력을 p라 하고, 하중을 P라고 하면 다음 관계가 성립된다.

$$P=\int_0^{\pi} p\,dA\sin\alpha$$

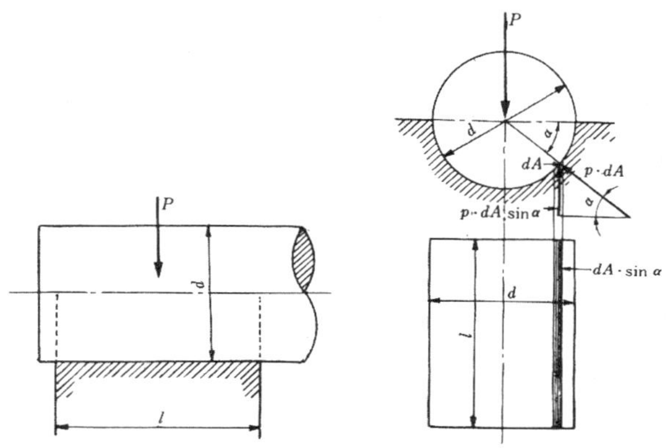

그림 9-15 베어링의 허용수압력

$dA=l\cdot\dfrac{d}{2}\cdot d\alpha$이고 p가 일정하다고 하면

$$P=p\frac{d}{2}\cdot l\int_0^{\pi}\sin\alpha\,d\alpha=p\cdot d\cdot l \tag{9-24}$$

여기서, $d\cdot l$은 **그림 9-16**에서 보는 것처럼 베어링면을 하중 P의 방향에 수직한 평면상에 투상된 면적, 즉 투상면적(project area)이다. 그러므로 베어링의 수압력은 하중을 베어링의 투상면적으로 나눈 값을 말하고, 투상면적을 A라 하면 $d\cdot l=A$로 되므로 다음과 같은 관계식이 성립된다.

$$P=p\cdot A \text{ 또는 } p=\frac{P}{A} \tag{9-25}$$

즉, 하중을 투상면적으로 나눈 평면압력을 수압력(bearing pressure)이라 하고, 미끄럼 베어링의 설계에 있어서 여러 가지 형식에 대하여 적당한 값이 주어져 있고, 저널의 치수 계산의 기초가 된다. 이 설계에 사용되는 수압력을 허용수압력(allowable bearing pressure)이라 하고, 이것을 p_a라 하면

$$p_a = \frac{P}{A} = \frac{P}{dl} \tag{9-26}$$

$$A = d \cdot l = \frac{P}{p_a} \tag{9-27}$$

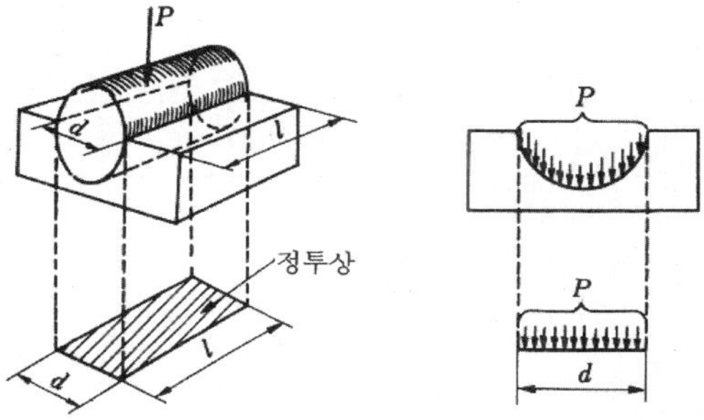

그림 9-16 레이디얼 저널 베어링의 투상면적

[표 9-3] 베어링 목재의 허용수압력 (단위 : kgf/㎠)

재료	p_a[kgf/㎠]
강과 주철	20~30(표준치)
강과 포금 또는 황동	50
강과 철동	50
다듬질하여 연마한 강과 청동	80
강과 화이트 메탈	60(표준치), 100(최대치)
담금질한 강과 화이트 메탈	90
담금질한 강과 알루미늄 합금	50(목표치), 100(최대치)
담금질한 연마한 강과 강	150
연금한 수윤활한 견질목재	5~20
칠드주철과 주철	40(표준치), 80(최대치)
특히 고급재료	200~300

p_a의 값은 재료, 윤활유, 윤활방법, 회전속도, 하중의 종류, 설계, 가공상태 등 여러 가지 조건에 따라 다르나, 대체로 다음 표 9-3에 표시된 값으로 주어진다.

미끄럼 베어링의 형식에 의한 p_a의 값을 표시하면 표 9-4에서 보는 바와 같다.

[표 9-4] 미끄럼 베어링의 형식에 의한 수압력의 값 (단위 : kgf/㎠)

기계		베어링 종류			
		메인 베어링	크랭크 축	크로스 헤드핀	크로스헤드 스로이드
증기기관	고 속	11~20	25~40	65~100	2~4
	저 속	12~28	50~70	80~120	2.5~4
	박 용	18~30	30~50	80~100	2.5~5
기관차		20~30	100~120	200~260	2.5~4
내연기관	가 스	30~40	70~120	80~140	2.5~4
	가솔린	25~40	70~120	70~140	–
	디이젤	30~50	70~100	120~160	2.5~4
공기압축기	중앙(中央)크랭크	11~18	18~35	28~50	2~4
	한팔(片持)크랭크	12~17	30~60	40~90	2~4
폰지, 전단기(剪斷機)		130~260	350~500	–	–
증기터빈		3~5			
발전기와 모터		3~5			
차 량		20~35			
전동차	경하중	1~2			
	중하중	7~10			

(2) 레이디얼 베어링의 강도계산

저널은 축의 일부분이므로 그 지름은 대체로 축의 지름에 따라 결정한다. 저널에는 축의 끝부분이 되는 단저널(end journal)과 축의 중간에 있는 중간저널이 있다.

① **엔드 저널의 경우** : 엔드 저널은 축의 지름보다 어느 정도 가느다랗게 한다. 그림 9-17에서 보는 바와 같이 하중 P가 베어링의 길이의 중앙에 집중하여 작용하는 것으로 생각하여 굽힘공식에서 다음 식이 성립된다.

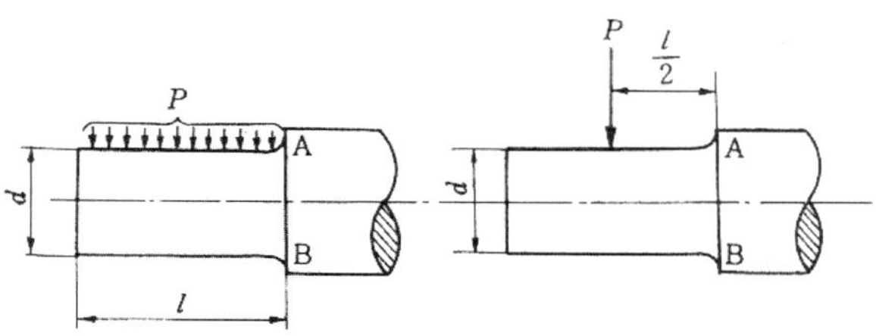

그림 9-17 단저널의 설계

$$M=\sigma_b z$$

$$\therefore \frac{Pl}{2} = \frac{\pi}{32} d^3 \sigma_b$$

$$\therefore d = \sqrt[3]{\frac{5.1Pl}{\sigma_b}} \tag{9-28}$$

한편, $P = p_a dl$

$$p_a dl \frac{l}{2} = \sigma_b \frac{\pi}{32} d^3$$

$$p_a l^2 = \frac{\pi}{16} d^2 \sigma_b$$

$$\left(\frac{l}{d}\right)^2 = \frac{\pi}{16} \frac{\sigma_b}{p_a}$$

$$\therefore \frac{l}{d} = \sqrt{\frac{1}{5} \cdot \frac{\sigma_b}{p_a}} \tag{9-29}$$

② **중간저널의 경우** : 가장 간단한 단순보(simple beam)로 된 중간저널에 대하여 생각한다. 그림 9-18의 (a)에서 보는 것처럼 하중이 작용한다고 하면, 최대굽힘 모멘트 M은 저널의 중간단면에 생기는데, 이 값에 대하여 그림 (b)와 같은 집중하중이 작용하는 보로 치환하여 그 오른쪽의 절반을 외팔보로 생각해도 좋으므로 다음 계산이 성립된다.

$$M_{\max} = \frac{P}{2}\left(\frac{l}{2} + \frac{l_1}{2}\right) - \frac{P}{2} \cdot \frac{l}{4} = \frac{P}{2}\left(\frac{l}{2} + \frac{l_1}{2} - \frac{l}{4}\right)$$

$$= \frac{P}{2}\left(\frac{l}{4} + \frac{l_1}{2}\right) = \frac{P}{2} \cdot \frac{1}{4}(l + 2l_1) = \frac{P}{8} L \tag{9-30}$$

$$\frac{P}{8} L = \sigma_b \frac{\pi}{32} d^3$$

$$\therefore d^3 = \frac{4}{\pi} \frac{PL}{\sigma_b}$$

$$\therefore d = \sqrt[3]{\frac{4}{\pi} \frac{PL}{\sigma_b}} \fallingdotseq \sqrt[3]{1.25 \frac{PL}{\sigma_b}} \tag{9-31}$$

전길이 L과 저널 부분의 길이 l과의 비 $\frac{L}{l} = e$라 하면, 일반적으로 $L = el = 1.5\,l$로 하므로

$$d = \sqrt[3]{\frac{1.25ePl}{\sigma_b}} = \sqrt[3]{\frac{1.25 \times 1.5 p_a dl^2}{\sigma_b}} \tag{9-32}$$

$$d^3 = 1.25 \times 1.5 \frac{p_a}{\sigma_b} dl^2$$

$$\therefore \left(\frac{l}{d}\right)^2 = \frac{1}{1.25 \times 1.5} \frac{\sigma_b}{p_a}$$

$$\therefore \frac{l}{d} = \sqrt{\frac{1}{1.25 \times 1.5} \frac{\sigma_b}{p_a}} = \sqrt{\frac{1}{1.88} \frac{\sigma_b}{p_a}} \tag{9-33}$$

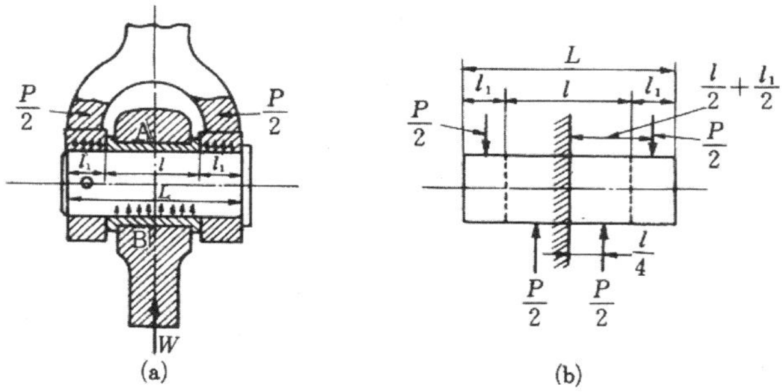

그림 9-18 중간저널의 설계

[표 9-5] $\frac{l}{d}$의 값

기계		베어링의 종류		
		메인베어링	크랭크핀	크로스헤드핀
증기기관	고속(高速) 저속(低速) 박용(舶用)	2~3 1.75~2.25 1~1.5	1~1 1~1.25 1~1.5	1.4~1.6 1.2~1.5 –
내연기관	정치형(定置型) 가솔린 기관	2~2.5 1~1.75	1~1.5 1.2~1.4	1.5~1.75 1.7~2.25
증기 터빈 발전기와 모터 돌기펌프 원심선풍기(遠心扇風機) 공작기계(工作機械) 목공기계(木工機械) 양어기(揚御機)		2~3 2~3 2~2.5 2~3 2~4 2.5~4 1.5~2		
전동축을 달아 매는 베어링	고정형 자동조심형(自動彫心型)	2.5~3 3~4		
고정형 보통 베어링	보통형 유륜주유식(油輪注油式)	2.5~3.5 4~5		

회전운동에 대한 마찰저항의 정도는 저널이 굵을수록 크게 되므로 마찰에 의한 에너

지손실을 적게 하고, 또 재료경제상으로도 저널의 지름 d는 작게 하는 편이 좋다. 그러나 베어링 압력을 적당한 값으로 유지하기 위하여 베어링면적 dl의 값을 결정하면 아주 가느다란 저널로 되어 버리므로 강도와 강성도의 점에서 약하게 되어 버린다. 즉 강도와 베어링 수압력과의 양쪽에서 종합적으로 생각하면 저널의 길이와 지름과의 비 $\frac{l}{d}$에는 가장 알맞고, 균형이 잡힌 값이 존재한다는 것을 알 수 있다.

표 9-5는 보통 사용되는 $\frac{l}{d}$의 값을 표시한 것이다.

(3) 열전도에서의 설계

① 열의 발열

v : 저널과 베어링 사이의 미끄럼 속도[m/sec]

$$v = \frac{\pi d N}{100 \times 60} = 0.000524\, d N \tag{9-34}$$

단, d : 저널의 지름[cm], N : 저널의 회전속도[rpm]
매초마다의 마찰손실작업량 W_f는 다음 식으로 표시된다.

$$W_f = \mu P v\,[\text{kgf} \cdot \text{m/sec}] \tag{9-35}$$

마찰손실마력 H_f는 다음과 같다.

$$H_f = \frac{\mu P v}{75}\,[\text{PS}] \tag{9-36}$$

마찰에 의해서 생기는 열량을 Q_f라 하면

$$Q_f = \frac{W_f}{J} = \frac{W_f}{426.9}\,[\text{kcal/sec}] \tag{9-37}$$

② 열의 소산(heat dissipation) : 앞에서 구한 마찰열은 베어링의 온도를 올리게 한다. 그러나 열은 한편 저널과 베어링에서 전도와 복사 등에 의하여 소산되므로, 발생하는 마찰열과 소산되는 열이 양적으로 같게 되면 어느 균형온도가 결정된다. 따라서 소산되는 열량이 적으면 열이 차차로 축적되어 온도가 높아지고, 순조로운 운전을 방해할 뿐 아니라 때로는 베어링을 태워버리고 심한 고장을 일으키기도 된다. 따라서 미리 이와 같은 위험성의 염려가 없도록 충분히 안전하게 설계해야 될 것이다. 레이디얼 베어링에 있어서 열의 소산되는 열량은 투상면적 dl에 정비례하는 것으로 생각

된다. 비교의 편의상 마찰열은 마찰손실작업량을 투상베어링 면적으로 나눈 값으로 표시하고, 이것을 비마찰작업량이라고 하고 w_f로 표시하면 w_f는 다음 식으로 표시된다.

$$w_f = \frac{W_f}{d \cdot l} = \frac{\mu P v}{d \cdot l} = \mu p v \,[\mathrm{kgf \cdot m/sec}] \qquad (9\text{–}38)$$

단, $p = \dfrac{P}{dl}$

베어링의 열소산용량도 역시 투상면적의 매 ㎠가 소산하는 열량을 일의 단위 [kgf · m/sec]로서 표시하고 이것을 q_f로 표시하며, Pederson은 다음과 같은 실험식을 발표하고 있다.

$$q_f = \frac{(t+18.3)^2}{K} \qquad (9\text{–}39)$$

여기서, t : 베어링 내외의 온도차 [℃], K : 베어링의 형식과 주위의 공기의 유통상태에서 결정되는 실험상수로서, 가벼운 구조로 공기가 유통하지 않는 경우 45,250 정도의 값으로 최고치를 나타내고, 무거운 구조로서 유통이 좋은 공기 중에 있는 베어링의 경우 26,800 정도로서 최저치라 생각된다.

열의 발생은 주로 마찰열에 의하여 생기지만 증기터빈의 베어링과 같이 다른 열이 접촉부분에서 전달되는 수도 있으므로 주의를 요한다. 베어링 내의 허용온도는 사용된 윤활유의 성질과 베어링의 용도 등에 따라 다르지만 보통 50[℃] 이상이면 높은 편이고 되도록이면 60[℃]를 넘지 않도록 하는 것이 좋다.

[표 9-6] $p \cdot v$ 치의 설계자료

증기기관 메인 베어링	$p \cdot v = 15 \sim 20 \left[\dfrac{\mathrm{kgf}}{\mathrm{cm^2}} \cdot \dfrac{m}{\mathrm{sec}}\right]$
내연기관 화이트 메탈 베어링	≧ 30
내연기관의 건메탈(砲金) 베어링	≦ 25
선박의 베어링	30 ~ 40
전동축의 베어링	10 ~ 20
왕복기계의 크랭크 핀	25 ~ 35
화이트 메탈을 넣은 크랭크 축베어링	50
선박용 기관의 크랭프 핀	50 ~ 70
철도차량 차축	50
기관차 차축	65

③ **열관계를 고려한 $p \cdot v$의 제한치와 베어링의 길이** : 마찰열 때문에 베어링의 온도가 너무 올라가서, 고장의 원인이 되는 것을 방지하기 위하여 비마찰작업양 w_f가 어느 값을 넘지 않도록 제한되어야 한다. $w_f = \mu pv$이므로 μ를 계수로 보고 $p \cdot v$를 제한하면 된다. 완전 윤활이 항상 지속될 수 없는 베어링에 대하여 뢰첼(Rotsher)은 다음 표 9-6과 같이 표시하고 있다.

P : 베어링의 하중[kgf], N : 저널의 회전속도[rpm]이라고 하면

$$p \cdot v = \frac{P}{d \cdot l} \cdot \frac{\pi d N}{6000} \fallingdotseq \frac{PN}{2000l}$$

$$\therefore \ l = \frac{PN}{2000p \cdot v}$$

으로 되므로 $p \cdot v$의 적당한 허용치를 대입하여 안전온도를 보증할 수 있는 베어링의 길이를 결정할 수가 있다. 작업량 관계를 고려하면 대략 다음과 같다.

저속저널에는	$l = 0.25 \sim 1.0d$	
$v < 1$ [m/sec]에서는	$l \fallingdotseq 1.5d$	
$v = 2 \sim 4$[m/sec]에서는	$l = 1.8d \sim 2.5d$	
$v > 5$ [m/sec]에서는	$l = 2.5d \sim 4d$	(9-41)

④ **냉각법** : 비마찰작업양 w_f의 값이 허용온도의 범위내에 있어서 소산용양 q_f의 값에 균형을 잡고 있을 때, 윤활유를 다량 사용하여 펌프로 순환시켜 이것을 도중에서 냉각시키는 방법이 채택된다. 그리고 이 때 냉각에 의하여 매초마다 제거되어야 하는 열양 H_q[kcal]는 다음 식으로 구해진다.

$$H_q = \frac{(w_f - q_f)d \cdot l}{426.9} [\text{kcal/sec}] \qquad (9-42)$$

그리고 냉각시키기 위하여 필요한 물 또는 기름의 순환양은 열의 소산의 균형에 알맞게, 안전한 베어링 내의 온도로 결정되어진다. 만일 자연의 상태에서 w_f가 q_f보다 크고, 베어링 온도가 안전한 정도보다 훨씬 올라가게 되는 염려가 있을 경우에는 따로 냉각장치를 해야 된다. 냉각장치로서는 물 재킷(water jacket)을 설치하기도 하고, 또 베어링 메탈 부근에 파이프를 통하여 냉각수를 순환시키기도 한다. 물 또는 기름 순환양 Q [l/secl는 다음 식으로 구해진다.

$$Q = \frac{H_q}{\gamma c(t_2 - t_1)} = \frac{(w_f - q_f)d \cdot l}{426.9\gamma c(t_2 - t_1)} \qquad (9-43)$$

단, t_1 : 물 또는 기름의 유입온도[℃], t_2 : 물 또는 기름의 유출온도[℃]

γ : 물 또는 기름의 매 $d\,m^3$의 무게[kgf/dm^3], c : 비열

$$H_q: \ Q\gamma c(t_2 - t_1) \tag{9-44}$$

기름	$\gamma=0.9$	$c=0.4$
물	$\gamma=1$	$c=1$

2. 레이디얼 미끄럼 베어링의 설계순서

1) 저널의 지름 d는 축지름보다 크지는 못하므로 저널의 지름 d의 최대한도는 자연히 제한을 받게 된다.
2) 베어링 설계 이전에 축의 설계에서 축의 지름, 회전속도, 베어링하중 등이 결정된다.
3) 저널의 폭 l은 일단 경험적 실증치에서 결정하고, 이것을 마찰계수, 온도상승 등의 견지에서 검토한다.
4) 저널의 주요 치수 d와 l은 다음 사항들을 고려하여 결정한다.
   i) 저널의 지름은 하중에 대하여 강도와 강성에 모두 충분히 견딜 수 있도록 설계할 것
   ii) 적당한 허용수압력을 구하여 이것으로써 필요한 투상베어링면적을 결정할 것
   iii) 베어링의 길이를 1)과 2)의 항목에 적합하도록 결정한다. 단, 베어링의 길이와 지름의 비에 대해서는 여러 가지 형식에 대한 적당한 경험치에 표시괴어 있으므로 되도록 여기에 합치하도록 결정한다.
   iv) 열관계를 고려하고 만일 불안할 때에는 치수를 바꾸고, 냉각법을 연구하여 안전을 기할 것

예제 1 $P=5$[ton]의 하중을 받고, $N=200$ [rpm]으로 회전하는 칼러 저널에서 축지름 $d_1=150$[mm]라 하면, 칼러의 바깥지름 d_2는 얼마로 하면 되는가? 단, 칼러의 수$=3$, $pv=0.3$[kgf/mm² · m/s]라 한다.

풀이 $d_2 - d_1 = \dfrac{1}{1000\times30}\,\dfrac{PN}{zpv}$

$$d_2 = \frac{1}{1000\times30}\cdot\frac{PN}{zpv}+d_1 = \frac{5000\times200}{1000\times30\times3\times0.3} = 37+150=187 \fallingdotseq 190\text{[mm]}$$

예제 2 200[rpm]으로서 650[kgf]를 받는 지름 80[mm]의 수직축의 하단에 피벗 베어링을 설치하려고 한다. 그 치수를 설계하여라.

풀이 수압면의 평균 지름을 $d_m=5$ [cm]로 하여

$$v_m = 0.000524 d_m N = 0.000524\times5.0\times0.524\text{[m/sec]}$$

허용 수압력을 $p=15$[kgf/cm²]라고 하면

$$b = \frac{P}{\pi d_m p} = \frac{650}{\pi \times 5.0 \times 15} = 2.75[\text{cm}]$$

수압면 바깥지름 $d_2 = d_m + b = 5.0 + 2.75 = 7.75[\text{cm}] \fallingdotseq 78[\text{mm}]$

수압면 안지름 $d_1 = d_m - b = 5.0 - 2.75 = 2.25[\text{cm}] \fallingdotseq 25[\text{mm}]$

로 열소산 관계에는 지장이 없다.

예제 3 그림 9-23과 같은 플랜지 5개를 가지고 있는 드러스트 베어링이 워엄 기어 장치에 사용되고 있고, 1000[rpm]에 있어서 $P=1400$ [kgf]의 추력을 받고있다. 이 플랜지 베어링은 안전한지 검토하여라.

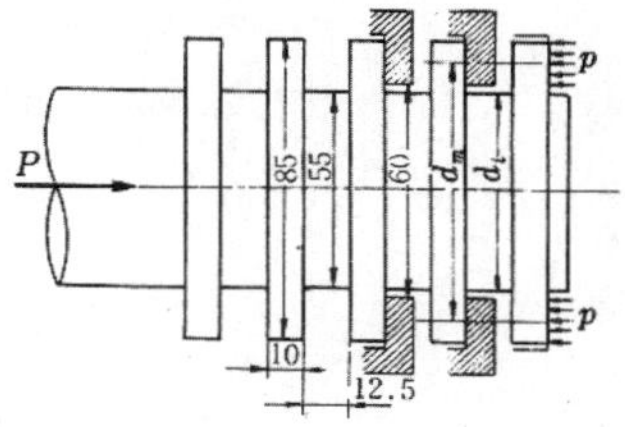

그림 9-23

풀이 평균수압력은

$$P = \frac{P}{\frac{\pi}{4}(d_2^2 - d_1^2)z} = \frac{1400}{\frac{\pi}{4}(8.5^2 - 6^2) \times 5} = 9.83[\text{kgf/cm}^2]$$

$$d_m = (d_2 + d_1) \div 2 = (8.5 + 6) \div 2 = 7.25\,[\text{cm}]$$

$$v_m = 0.000524\,d_m N = 0.000524 \times 7.25 \times 1000 = 3.79[\text{m/sec}]$$

$$pv_m = 9.83 \times 3.79 = 37.3\left[\frac{\text{kgf}}{\text{cm}^2} \cdot \frac{m}{\text{sec}}\right]$$

마찰열 관계를 표시하는 이 값은 너무 크므로 이 드러스트 베어링은 전하중으로서 연속 운전을 행하면 눌어붙을 염려가 있다. 그러나 전하중이 작용하지 않든지 불연속 운전의 경우는 사용될 수도 있다.

플랜지의 강도 : 하중이 플랜지의 평균 지름 d_m의 원주상에 작용하는 것으로 하여

$$\frac{P(d_m - d_i)}{2} = z\frac{\pi d_i h^2 \sigma_b}{6}$$

단, h : 플랜지의 두께, z : 플랜지의 수

$$\therefore\ \sigma_b = \frac{6P(d_m - d_i)}{2z\pi d_i h^2} = \frac{6 \times 1400 \times (7.25 - 5.5)}{2 \times 5 \times \pi \times 5.5 \times 1^2} = 94[\text{kgf/cm}^2]$$

9.5 레이디얼 미끄럼 베어링의 설계

베어링의 제1차 설계로서 대하중 베어링에서는 pv 치, 일반적으로는 베어링계수 $\eta(N/p)$ 치를 기준으로 하고 허용수압력 p_a, 최소유막두께 $h_{\min}$, 마찰계수 1, 기름의 유량 0, 온도상승 등을 계산하여 적당한 값이 아닌가를 알기 위하여 일단 그 성능계산을 하는 것이 바람직하다. 위의 사항에 대하여 아래에 간단하게 설명하기로 한다. 저널의 강도, 수

압력, 마찰열(pv 치)에 대해서는 이미 논술하였으므로 생략하기로 한다.

1. 미끄럼 베어링의 설계자료

(1) 베어링의 특성치

그림 9-24는 마찰계수 μ와 베어링 특성치 $\eta N/p$와의 관계를 도시한 것이다. 그림에 있어서 곡선 $ABCD$를 마찰특성곡선 또는 스티리벡곡선이라 한다.

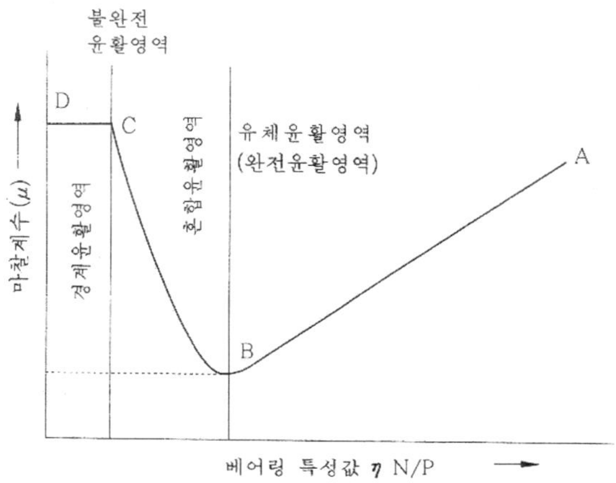

그림 9-24 마찰특성곡선

그림 9-24에 있어서 마찰계수는 A에서 B까지는 감소하고, B에서 C를 향하여 불규칙이며 또 급격히 증가한다. AB 사이를 유체윤활영역(완전윤활영역), BC 사이를 혼합윤활영역 CD 사이를 경계윤활영역이라 하고, BD 사이를 총합하여 불완전윤활영역이라 한다. BC 사이는 혼합윤활영역에서 마찰면의 요철 등의 영향에 의하여 일부는 경계막에 의하여 박막윤활상태로 되고 다른 쪽에 있어서도 유체윤활상태가 지속되고 있는 것 같은 불규칙한 상태이며, B점은 유체윤활에서 혼합윤활로 옮기게 하는 전이점으로 마찰계수가 최소로 되는 점인데, 이 점을 한계점이라 한다.

유체윤활영역 내에서 p가 비교적 작고 거의 일정한 경우는 N 및 η의 증가에 의하여 각각 η 및 N이 감소하고 ηN≒ 일정하게 안정된 윤활상태를 유지하나, N 및 η가 과소 또는 p가 과대할 경우에는 수압면적이 감소하고 박막상태로 되어 마찰이 증가하고, 그 열에 의하여 유막의 유지가 곤란하게 되어 불안정한 윤활상태로 되고 눌어붙음(燒付)이 일어난다.

2. 유막의 두께(h)와 $\eta N/p$와의 관계

축과 베어링 사이에 구성되는 유막의 두께 h는 $\eta N/p$의 값이 클수록 크게 된다는 것을 실험으로써 알게 되었다.

즉, i) 윤활유의 점도가 높을수록(η가 클수록)

ii) 점도가 일정하면 원주속도(회전속도가 빠를수록, 즉 N이 클수록)

iii) 하중이 낮을수록(p가 작을수록)

유막 h는 두껍게 되고 **그림 9-25**의 (b)에 확대해서 도시한 바와 같이 축과 베어링과는 완전히 유막으로 격리되고 유체마찰만으로 유체윤활로 되고 마찰도 작고 마멸도 생기지 않는다.

반대로 $\eta N/p$의 값이 작으면 유막이 얇게 되고 **그림 9-25**(3)에서 보는 바와 같이 경계윤활로 된다. 특히 저속고하중의 경우에는 $\eta N/p$의 값이 작게 되므로 윤활유가 충분히 공급될 수 있도록 해야 된다.

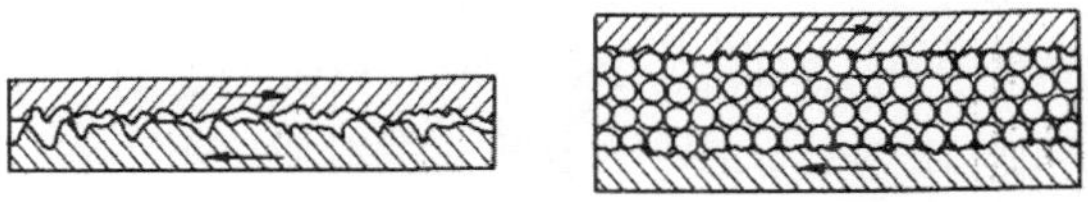

(a) 경계윤활 (b) 유체윤활

그림 9-25 윤활상태

실제의 유막두께는 표면거칠기, 하중, 기름의 점도 등의 영향을 받으나 저널 중심의 편심양 e[mm], 반지름 틈새 c[mm], 편심률 $\epsilon = e/c$라 하면 최소 유막두께 $h_{\min}$은

$$h_0 = h_{\min} = c(1 + \epsilon \cos\theta)$$

로 구해진다. 축심이 베어링 중심 둘레를 회전하면 축의 선회에 의하여 기름은 오일휘프(oil whip)의 현상을 일으킨다. 이것은 축계의 진동에 관계가 있으며, 계의 위험 속도의 2배, 2 N_c 또는 그 이하의 회전속도에서 일어난다. 방지책으로는 폭을 짧게 하고 η가 작은 기름을 사용하기도 하고 틈새를 크게 하기도 한다.

3. 마찰계수

그림 9-26에서 보는 바와 같이 축과 베어링 사이의 적당한 틈새가 있고 윤활유가 충만되어 있고 정지하였을 경우에는 **그림 9-26**(a)와 이 중심선은 수직이나, 시동하면 금속면이 직접 접촉하기 때문에 그림 (b)와 같이 저널이 이동한다. 그러나 회전이 달라지면 기름도 저널과 더불어 운동을 일으켜서 축을 기름 속에 떠오르게 한다. 이 변화를 그래프로 도시하면 **그림 9-27**에서와 같이 되고, **그림 9-26**(a)의 마찰저항 상태는 **그림 9-27**의 A점에 상당하나, **그림 9-26**(b), (c)의 상태로 됨에 따라 마찰저항이 **그림 9-27**의 B점, B'점에 저하한다. 그러나 더욱 회전속도가 상승함에 따라 마찰저항은 안전을 기하기 위하여 베어링의 특성치 $\eta N/p$의 값은 μ가 최소된 한계점의 마찰계수의 적어도 4~5배가 되도록 실용설계값를 결정한다.

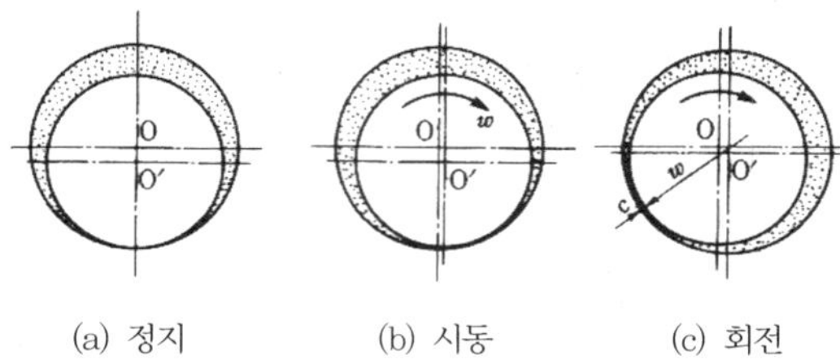

그림 9-26 축의 회전

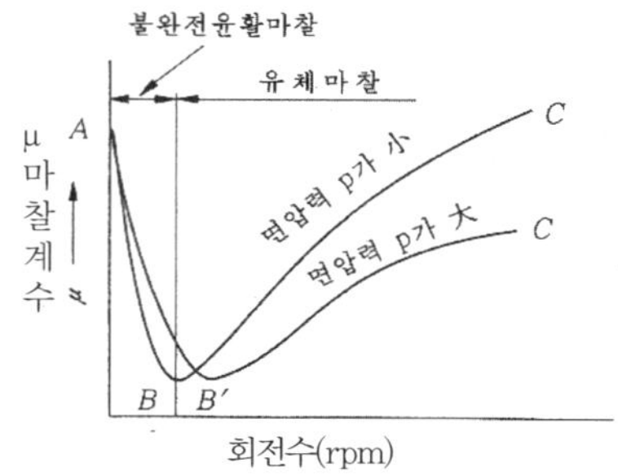

그림 9-27 회전속도와 마찰계수와의 관계

그림 9-28은 Wilson과 Barmard의 실험자료에 의하여 $\eta N/p$에 대한 μ의 값을 도시한 것이다. 이 결과는 어느 베어링의 모든 운전 조건에 있어서의 관계가 하나의 곡선으로 표시되고, 이 선도에는 μ의 최저값을 주는 $\eta N/p$의 값이 존재하고 이것을 한계점으로 하여 왼쪽은 불완전윤활, 오른쪽은 완전윤활을 하고 있는 것으로 판정되는 것이다.

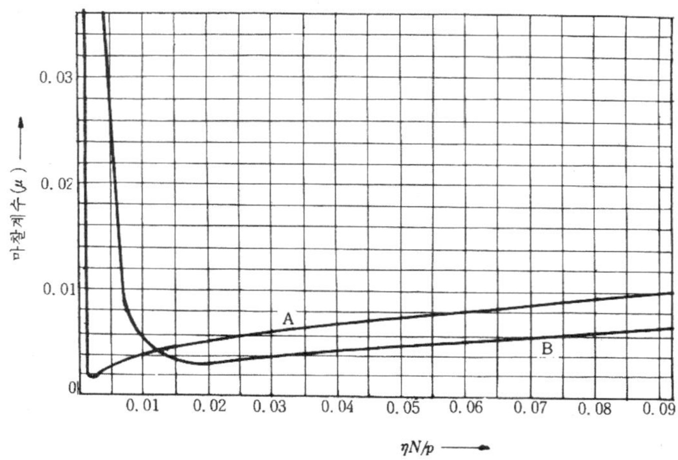

그림 9-28 μ와 베어링계수와의 관계

그림 9-28에서 곡선 A는 지름 70[mm], 길이 137[mm]의 백색감마합금의 경우이고, B곡선은 지름 70[mm], 길이 230[mm]의 주철제 베어링의 경우를 도시한 것이며 각각 μ의 최저치의 위치가 다르다. A의 경우는 저속고압에서도 빨리 완전윤활을 할 수 있지만 B의 주철의 경우는 훨씬 늦다. 백색냉금(white metal)은 연질이고 마찰면이 운전 중 압력 때문에 미끈해지고 기름에 대해서도 잘 융화되는 성질이 있으므로 빨리 유막이 형성되는 것이다. 베어링은 μ의 최저상태에 있어서 사용할 수 있으면 가장 좋으나, 이 상태에서는 매우 불안정하고 마찰열이 유막의 온도로 상승시키면 점도 η를 감소시키고, 따라서 $\eta N/p$의 값이 작게 되고 곧 불완전 윤활의 구역으로 빠지게 되어 μ가 갑자기 크게 된다. 그러므로 다소 μ의 값이 증가하더라도 이 한계점보다 오른쪽의 상태에 있어

서 운전시키는 것이 오히려 안전하고, 실용상은 $\eta N/p$의 값을 μ의 최저의 한계값의 4~5배 정도로 취하여 운전 상태로 하는 것이다. 상태가 분명하지 못할 경우는 15배 정도로 취하여 운전 상태로 하기도 한다.

예를 들면 그림 9-28에서

주철 베어링 μ의 최저의 $\dfrac{\eta N}{p}=0.02$, 실용치 $\dfrac{\eta N}{p}=0.1$

화이트 메탈 베어링 μ의 최저치 $\dfrac{\eta N}{p}=0.004$, 실용치 $\dfrac{\eta N}{p}=0.02$

4. 베어링 틈새비

Pettrogff의 식에서

$$\mu=\frac{F}{P}=\frac{\pi^2}{30}\cdot\frac{\eta N}{p}\frac{r}{\delta} \tag{9-56}$$

지름 δ를 틈새 c와 같이 하고 $\phi=\dfrac{c}{r}$라 놓으면

$$\mu=\frac{\pi^2}{30}\frac{\eta N}{p}\frac{1}{\phi} \tag{9-57}$$

즉 η를 cp로서 표시하면 $1\text{cp}=102\times10^{-4}$[kgf · s/㎠]이므로 μ는 다음과 같이 된다.

$$\mu=\frac{\pi^2}{30}\times1.02\times10^{-4}\left(\frac{\eta N}{p}\right)\left(\frac{1}{\phi}\right)=33.5\left(\frac{\eta N}{p}\right)\left(\frac{1}{\phi}\right)\times10^{-6} \tag{9-58}$$

일반적으로 마찬계수는 l/d로서도 변화하므로 Mackee는 다음 실험식을 유도하였다.

$$\mu=33.3\left(\frac{\eta N}{p}\right)\left(\frac{1}{\phi}\right)\times10^{-10}+\mu_0 \tag{9-59}$$

μ_0는 l/d에 의해 결정되는 상수로서 그림 9-29로부터 구해진다.

표 9-10은 틈새비 ϕ와 최소특성치의 관계를 표시한 것이다.

ϕ는 $\dfrac{1}{10000}\sim\dfrac{4}{10000}$를 표준으로 한다.

$$\phi=0.001\sim0.004 \tag{9-60}$$

[표 9-10] 최소 $\frac{\eta N}{p}$과 틈새비 ϕ

베어링 메탈	최소 $\eta N/p\left[\frac{\text{cp}\times\text{rpm}}{\text{kgf/cm}^2}\right]$	ϕ
Sn기 화이트 메탈	200	(0.1~1.0)×103
Pb기 화이트 메탈	140	(0.1~1.0)×103
Cd기 화이트 메탈	50	(0.8~1.0)×103
켈멧	50	(1.2~1.5)×103
Ag-Pb-In	30	(1.2~1.5)×103

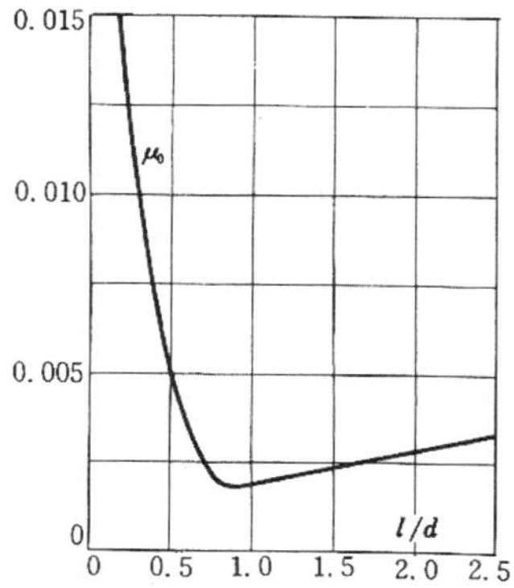

그림 9-29 맥키의 실험식에서 μ_0 의 값

일반적으로 정밀기계에서는 축심의 흔들림을 작게 하기 위하여 틈새 c는 되도록 작게 하고 중하중 고속베어링에서는 윤활유를 충분히 공급하여 윤활과 냉각을 겸해서 행해야 되므로 틈새를 크게 잡는다.

5. 비마모량

비마모량 W_f[mm³/N · mm]이라 하는 것은 단위하중 $P[N]$, 단위거리 L[mm]마다의 마모량을 말하고, W[mm³]를 마모량이라 하면

$$W_f = \frac{W}{PL} \tag{9-61}$$

마찰계수 μ와 비마모량 W_s를 측정하면 윤활 상태를 알 수가 있다.

그림 9-30의 스트리벡곡선의 윤활 상태와 윤활 영역과의 관계를 도시한 것이다.

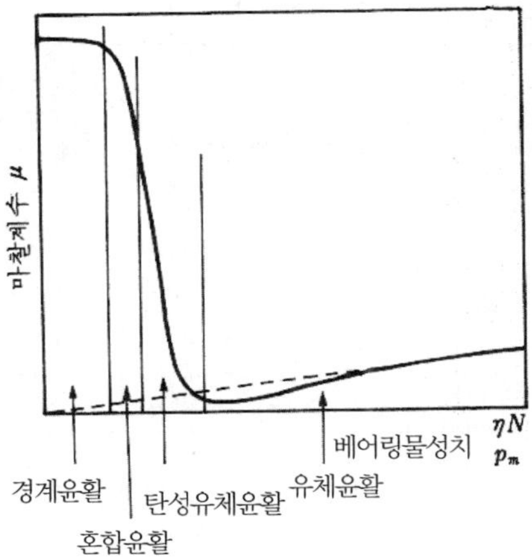

그림 9–30 스트리벡곡선

6. Q_f 값

마찰면의 단위시간마다의 발열양 Q[J/s]는 베어링의 구조, 기름홈, 송유량 등을 결정하는 데 필요하다.

지금 마찰차수를 μ, 하중을 $P[N]$, 속도를 v[m/s]라 하면

$$Q = \mu P v \tag{9–62}$$

또 발열량과 기름으로부터 제거되고, 표면쇠붙이로 직접 들어가지 않는 경우의 마찰면 온도 t_f는 다음 식으로 주어진다.

$$t_f \propto \sqrt[4]{P} \cdot v \tag{9–63}$$

다음 표 9–11은 미끄럼 베어링의 설계자료를 표시한다. 실제 계산에 참조하여라.

[표 9-11] 미끄럼 베어링의 설계자료

기계이름	베어링	최대허용 압력 p_m [kgf/㎠]	최대허용압력속도 계수 $p_m V$ [kgf/㎠][m/s]	적정점성 계수 η [cp]	최소허용 $\eta N/p_m$ [cp · rpm kgf/㎠]	표준 틈새비 ψ	표준폭 지름비 l/d
자동차 및 항공기용 엔진	메인베어링 크랭크 핀 피스턴 핀	60+~120△ 100△+~350△ 150×+~400△	2000 4000 –	7~8	200 140 100	0.001 0.001 〈0.001	0.8~1.8 0.7~1.4 1.5~2.2
가스, 중유기관 (4사이클)	메인베어링 크랭크 핀 피스턴 핀	60×+~120△ 120×+~150△ 150×+~130△	150~200 200~300 –	20~65	280 140 70	0.001 〈0.001 〈0.001	0.6~2.0 0.6~1.5 1.5~2.0
가스, 중류기관 (2사이클)	메인베어링 크랭크 핀 피스턴 핀	40×+~50△ 70×+~100△ 80×+~130△	100~150 150~200 –	20~65	350 170 140	0.001 〈0.001 〈0.001	0.6~2.0 0.6~1.0 1.5~2.0
박용증기관	메인베어링 크랭크 핀 피스턴 핀	35 40 100	40~70 70~100 –	30 40 30	280 200 140	〈0.001 〈0.001 〈0.001	0.7~1.5 0.7~1.2 1.5~1.7
육용증기 기관(저속)	메인베어링 크랭크 핀 피스턴 핀	30 100 130	20~30 50~100 –	60 80 60	280 80 70	〈0.001 〈0.001 〈0.001	1.0~2.0 0.9~1.3 1.2~1.5
육용증기기관 (고속)	메인베어링 크랭크 핀 피스턴 핀	20 40 130	30~40 40~80 –	15 30 25	350 80 70	〈0.001 〈0.001 〈0.001	1.5~3.0 0.9~1.5 1.3~1.7
왕복 펌프 압축기	메인베어링 크랭크 핀 피스턴 핀	20× 40× 70×+	20~30 30~40 –	30~80	400 280 140	0.001 〈0.001 〈0.001	1.0~2.2 0.9~2.0 1.5~2.0
증기기관차	구동축 크랭크 핀 피스턴 핀	40 140 180	100~150 250~200 –	100 40 30	400 70 70	0.001 〈0.001 〈0.001	1.6~1.8 0.7~1.1 0.8~1.3
차량	축	35	100~150	100	700	0.001	1.8~2.0
증기터빈	메인베어링	100×~20△	400	2~10	1500	0.001	1.0~2.0
발전기, 전기모터, 원심펌프	회전자 베어링	10×~15×	20~30	25	2500	0.0013	1.0~2.0
전동축	경하중 자동조 심중하중	2× 10× 10×	10~20	25~60	1400 400 400	0.001 0.001 0.001	2.0~3.0 2.5~4.0 2.0~3.0
정방기	스핀들	0.1	–	2	150000	0.0005	–
공작기계	메인베어링	5~2	5~10	40	15	〈0.001	1.0~2.0
펀칭기 전단기	메인베어링 크랭크 핀	280× 550×	–	100 100	–	0.001 0.001	1.0~2.0 1.0~2.0
압연기	메인베어링	200	500~800	50	140	0.0015	1.1~1.5
감속기어	베어링	5~20	50~100	30~50	500	0.001	2.0~4.0

〈비고〉 (1) $\eta N/p_m$을 무차원량으로 나타내려면 표의 값에 1.7×10^{-10}을 곱하면 된다. 또 실제의 값으로 사용하려면 안전을 기하기 위하여 표의 값의 2~3배를 잡는 것이 좋다.

(2) [×표]는 적하 또는 유륜식 급유를 표시한다.

(3) [+표]는 회전체의 일부를 유중에 담가 급유

(4) [△표]는 강제급유를 말한다.

9.6 미끄럼 베어링의 종합문제

그림 9-31과 같은 오일링식 고정베어링에 있어서 다음에 답하여라.

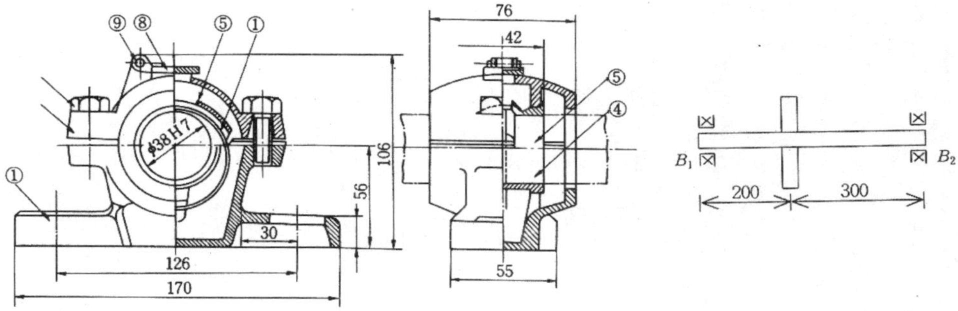

그림 9-31

문제 1. B 1점에 걸리는 축력 P_1을 구하여라. 단, 벨트에 걸리는 긴장측의 장력 $T_t = 800$ [kgf], 이완측의 장력 $T_s = 200$ [kgf]라 한다.

문제 2. 베어링에 작용하는 힘 $P = 1500$[kgf], 저널의 지름 $d = 38$ [mm], 압력 $p = 2$ [kgf/㎟]이고, $l/d = 1.1$ 이라 할 때 베어링의 길이를 구하여라.

문제 3. $d = 38$ [mm], 회전속도 $N = 720$ [rpm], 베어링에 작용하는 힘 $P = 1500$, 마찰계수 $\mu = 0.05$ 일 때 손실마력을 구하여라. 단, 볼트의 허용인장응력 $\sigma_t = 3$ [kgf/㎟]

문제 4. 캡 볼트의 골지름 δ_1을 구하여라. 단, 볼트의 허용인장응력 $\sigma_t = 3$[kgf/㎟]라 한다.

문제 5. 베어링대 ①의 속이 충실한 주물이라 하면 높이 h는 몇 mm가 되는가? 단, $P = 1500$ [kgf], $\tau = \sigma_b = 2$ [kgf/㎟]라 한다.

[풀이]

1. B_2 점에 대한 모멘트를 취하면

$$\text{축력 } P_1 = \frac{(T_t + T_s) \times 300}{500}$$

$$P_1 = \frac{(800 + 200) \times 300}{500} = 600 \text{ [kgf]}$$

2. $l \geq \dfrac{P}{pd} = \dfrac{1500}{2 \times 38} \geq 19.74$ [mm]

$$\frac{l}{d} = 1.1 \quad \therefore\ l = 1.1d = 1.1 \times 38 = 41.8 = 42 \text{ [mm]}$$

3. $v = \dfrac{\pi d N}{100 \times 60} = 1.43\text{[m/sec]} = \dfrac{3.14 \times 38 \times 720}{1000 \times 60}$

비마찰작업량 $W_f = \mu Pv = 0.05 \times 1500 \times 1.43 = 107.44$ [kgf/sec]

$$H_f = \frac{W_f}{75} = 1.43\text{HP[PS]}$$

$$Q_f = \frac{W_f}{J} = \frac{107.44}{426.9} = 0.25 \text{ [kcal/sec]}$$

4. $P = 2 \times \frac{\pi}{4} \sigma_1{}^2 \times \sigma_t$

$$\therefore\ 1500 = 2 \times \frac{\pi}{4} \times \delta_1{}^2 \times 3$$

$$\therefore\ \sigma_1 = \sqrt{\frac{2 \times 1500}{3\pi}} = 17.84 = 18 \text{ [mm]}$$

5. $\frac{P}{2} l = \frac{bh^2}{6} \sigma_b$, $l = 30$ [mm], $b = 55$ [mm]

$$\frac{1500}{2} \times 30 = \frac{55 \times h^2}{6} \times 2$$

$$\therefore\ h = 35.03 \fallingdotseq 36 \text{ [mm]}$$

연습문제

01

그 $W=8.5$ [ton]의 하중을 받는 엔드 저널의 지름 d와 길이 l을 계산하여라. (단, 허용굽힘응력 $\sigma_a=5$ [kgf/㎟], 허용베어링의 수압력 $p=0.4$ [kgf/㎟]라 한다).

02

중간저널에서 $W=1$ [ton]의 하중을 받을 때 $\frac{l}{d}=1.4$, $L=1.5l$, 허용굽힘응력 $\sigma_a=3.5$ [kgf/㎟]라 하고 저널의 지름 d와 길이 l을 구하여라.

03

$W=2000$ [kgf]의 하중을 받고 $N=150$ [rpm]으로 회전하는 엔드 저널의 치수를 구하여라. 허용굽힘응력 $\sigma_a=5$ [kgf/㎟], 최대허용 응력속도계수 $pv=0.15$ [kgf/㎟-m/sec]라 한다.

04

지름 $d_1=110$ [mm]의 축에 4개의 칼러를 설치하고, $W=750$ [kgf]의 하중을 받으려고 할 때, 칼러와 바깥지름 d_2를 구하여라(단, 평균 베어링압력 $p=0.03$ [kgf/㎟]라 한다).

05

바깥지름 $d_2 = 500$ [mm], 안지름 $d_1 = 400$ [mm]의 칼러 베어링이 $W = 3000$ [kgf]의 하중을 받아서 $N = 200$ [rpm]으로 회전할 때, 칼러의 개수 z를 구하여라. (단, pv의 허용값을 0.05[kgf/㎟ · m/sec]라 한다).

06

지름 10[cm], 폭 15[cm]의 베어링이 회전속도 750[rpm]으로서 1000[kgf]를 받을 때, 틈새비를 0.0025, 윤활유의 점도를 온도 70[℃]에서 21[cp]라 하고 최소유막의 두께를 구하여라. 마찰계수를 Mckee식으로 구하여라.

07

앞의 문제와 같은 베어링에서 하중을 15000[kgf], 회전속도를 2000[rpm]으로 증가하였을 경우 유막의 최소두께를 계산하여라. 또 마찰계수를 구하여라.

08

선박용 터빈축이 18000[ps]를 77[rpm]으로 전달할 때, 축추력을 12개의 칼러 저널로서 받을 때, 베어링압력 및 마찰일량을 구하고 계산의 결과를 검토하여라(단, 칼러 저널의 치수는 바깥지름을 93[cm], 저널 지름을 60[cm], 프로펠러 피치를 900[cm]라 한다).

해답

❶ $d = 120$ [mm] $l = 180$ [mm] ❷ $d = 28$ [mm] $l = 40$ [mm]
❸ $d = 60$ [mm] $l = 105$ [㎜] ❹ 145[㎜] ❺ 4개 ❻ $h_0 = 0.00375$[cm] $\mu = 0.0051$
❼ $h_0 = 0.00081$ [cm] $\mu_n = 0.0025$ ❽ $p = 2.46$ [kgf/㎠]

CHAPTER 10

브레이크(brake)

10.1 브레이크의 뜻과 기능

기계운동부분의 에너지를 흡수하여 그 운동을 멈추게 하든지 또는 운동속도를 조절하여 위험을 방지하는 기계요소를 브레이크라고 한다. 일반적으로 운동에너지를 고체마찰에 의하여 열에너지로 바꾸는 마찰브레이크가 가장 많이 사용된다. 유체마찰을 이용한 것도 있다. 전자브레이크에서는 운동에너지를 전기에너지로 바꾼다. 브레이크의 구조는 서로 마찰력을 생기게 하는 작동부분과 이 부분에 힘을 주는 조작부분으로 구성된다. 조작부분에 작용시키는 힘으로는 인력, 증기, 진공, 압축공기, 유압, 전기 등이 있다.

10.2 브레이크의 종류

브레이크는 앞장에서 논한 클러치의 종류와 구조 등에 있어서는 거의 같으나 기능이 반대이다. 전자는 토크를 주어서 가속시키나 후자는 토크를 빼서 감속시킨다. 그리고 클러치는 축향 클러치가 주로 사용되나 브레이크는 심향 브레이크가 주가 된다. 표 10-1은 브레이크의 종류를 표시한다.

1. 심향 브레이크(원주 브레이크)

(1) 블록 브레이크(block brake)

블록 브레이크는 브레이크륜(brake ring)의 원주 위에 1개 또는 2개의 브레이크 블록(枕 ; block)을 브레이크 막대에 의하여 밀어붙여 마찰에 의한 제동작용을 행하는 것이다. 브레이크륜은 주철, 철강으로 만들고 브레이크 블록은 나무 또는 나무에 가죽을 입힌 것도 사용되나, 주철제의 블록에 아스베스토스 라이닝, 페로오드 등을 내장(라이닝)한 것이 많이 사용되는 형편이다. 철도차량에서는 주철제의 블록이 사용되고 차륜이 브레이크륜의 역할을 담당하고 있다.

그림 10-1 자전차의 블록 브레이크

그림 10–1에서는 자전차의 앞바퀴가 브레이크륜의 역할을 담당하고 있다.

[표 10–1] 브레이크의 분류

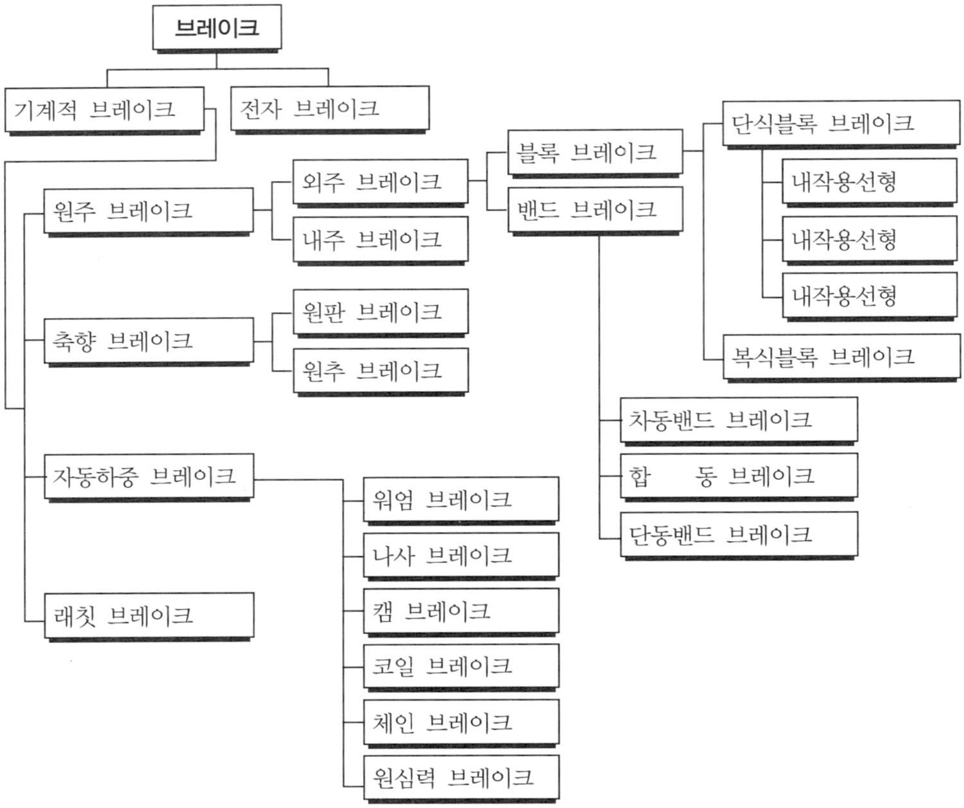

(2) 단식블록 브레이크

단식블록 브레이크는 구조가 간단하고 제동축에 굽힘 모멘트가 작용하므로 너무 큰 회전역의 제동에는 사용되지 않는다. 일반적으로 제동축지름 50[mm] 이하에 주로 사용된다.

그림 10–2는 단식블록 브레이크의 3가지 형식을 도시하고 (a)는 내작용선형($c>0$), (b)는 중작용선형($c=0$), (c)는 외작용선형($c<0$)을 도시한다. 이것은 한 개의 블록을 사용하고 브레이크륜의 회전에는 우회전과 좌회전의 경우가 있고 막대의 치수 a/b의 표준치는 3~6이고 최대 10을 넘어서는 안 된다. 수동의 경우 사람이 손에 줄 수 있는 힘 F는 10~15[kgf]가 보통이고 최대 20[kgf]를 초과해서는 무리이다. 브레이크 블록과 브레이크륜 사이의 최대틈새의 표준치로서 2~3[mm] 정도가 적당한 값이다.

여기서, T : 브레이크 토크[kgf · mm]

D : 브레이크륜의 지금[mm]

Q : 브레이크의 회전력[kgf] $\left[=\frac{2T}{D}\right]$

P : 브레이크륜과 브레이크 블록 사이의 압력[kgf]

F : 브레이크 막대의 끝에 작용하는 조작력[kgf]

μ : 브레이크륜과 브레이크 블록 사이의 마찰계수

$a,\ b,\ c$: 그림에 도시한 브레이크 막대의 치수[mm]

라 하면 $T=\frac{QD}{2}=\frac{\mu PD}{2}$이다.

그림 10-2(a)의 경우 : 브레이크 힘의 작용선이 브레이크 막대지점의 내측에 있다.

$$\left.\begin{aligned}&\text{좌회전일 때 } Fa-Pb-\mu Pc=0 \therefore F=\frac{P}{a}(b+\mu c)=\frac{Q}{\mu a}(b+\mu c)\\&\text{우회전일 때 } Fa-Pb+\mu Pc=0 \therefore F=\frac{P}{a}(b-\mu c)=\frac{Q}{\mu a}(b-\mu c)\end{aligned}\right\} \quad (10-1)$$

그림 10-2(b)의 경우 : 작용선이 브레이크 막대지점 위에 있다.
$c=0$가 되므로 회전방향에는 관계가 없고 우회전과 좌회전에서 같게 된다.

$$Fa-Pb=0 \quad \therefore \quad F=P\frac{b}{a} \quad (10-2)$$

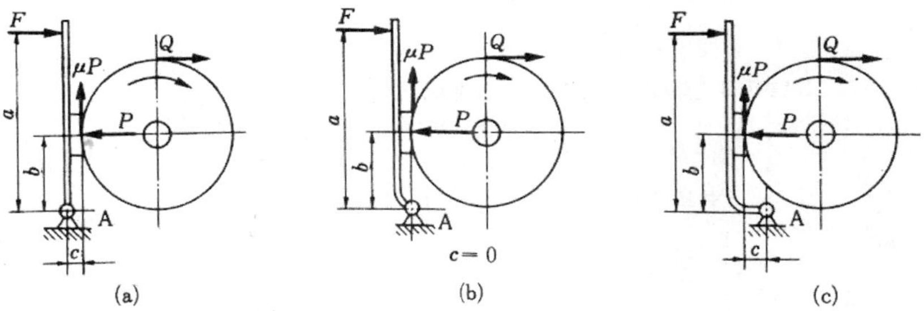

그림 10-2 단식블록 브레이크의 형식

그림 10-2(c)의 경우 : 작용선이 브레이크 막대지점의 외측에 있다.

$$\left.\begin{aligned}&\text{좌회전일 때 } Fa-Pc+\mu Pc=0 \quad \therefore \quad F=\frac{P}{a}(b-\mu c)=\frac{Q}{\mu a}(b-\mu c)\\&\text{우회전일 때 } Fa-Pc-\mu Pc=0 \quad \therefore \quad F=\frac{P}{a}(b+\mu c)=\frac{Q}{\mu a}(b+\mu c)\end{aligned}\right\} \quad (10-3)$$

이상은 모두 브레이크 막대지점 A에 대한 모멘트의 균형을 생각하여 세워졌다.
이상 3가지 경우의 단식블록 브레이크를 비교해 보면 그림 10-2(a)의 경우는 브레이

크 막대를 굽혀서 만들 필요가 없다는 잇점이 있으나, 제동력은 축의 회전방향에 의하여 변화한다. 그 변화의 정도는 μ의 값에 의해 다르지만, 그 차이는 일반적으로 10% 이내이므로 실용상 거의 지장이 없다. **그림 10-2**(b)는 회전방향에 의하여 제동력의 변화는 없으나 브레이크 막대를 굽혀서 만들 필요가 있다. **그림 10-2**(c)의 경우는 브레이크 막대를 더욱 크게 굽혀야 된다. 이 때 제동력이 회전방향에 의하여 다르게 되는 것은 그림 (극의 경우와 같다. **그림 10-2**(a)의 좌회전, (c)의 우회전의 경우는 $\frac{b}{\mu} \leqq c$로 되면 $F \leqq 0$로 되고, 브레이크 막대에 힘을 작용시키지 않더라도 자동적으로 브레이크가 걸리므로 축은 회전이 정지되고, 축의 회전속도를 조절제어 하는 브레이크로서는 사용할 수 없다.

마찰면의 저항력을 작은 힘 P를 작용시켜서 더욱 큰 효과를 나타나게 하려면 **그림 10-3**에서 보는 바와 같이 쐐기작용을 가진 V블록을 사용한다. V홈 각 α의 쐐기형 블록을 힘 P로서 브레이크륜에 밀어붙일 때 사면에 수직한 힘을 N, 마찰계수를 μ라 하면 다음 식이 성립된다.

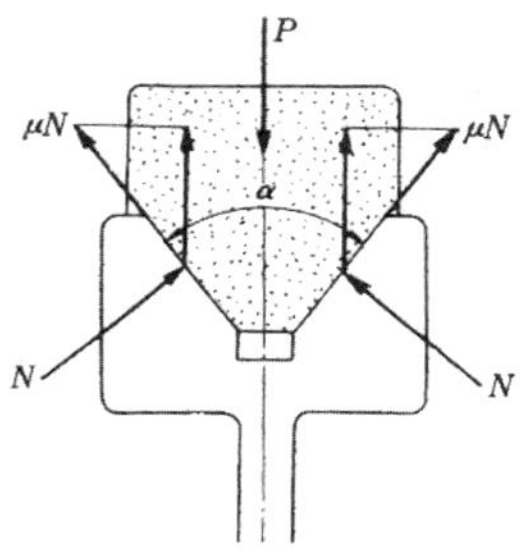

그림 10-3 쐐기형의 단식블록 브레이크

$$P = 2\left(N\sin\frac{\alpha}{2} + \mu N\cos\frac{\alpha}{2}\right) \tag{10-4}$$

$$\text{또는, } N = \frac{P}{2\left(\sin\frac{\alpha}{2} + \mu\cos\frac{\alpha}{2}\right)} \tag{10-5}$$

브레이크의 제동력 Q는 브레이크륜과 블록의 미끄럼 방향에 작용하는 마찰력이므로 그 크기는 2개의 사면을 생각하여 다음과 같이 한다.

$$Q = 2\times\mu N = 2\times\mu\times\frac{P}{2\left(\sin\frac{\alpha}{2} + \mu\cos\frac{\alpha}{2}\right)} = \frac{\mu}{\sin\frac{\alpha}{2} + \mu\cos\frac{\alpha}{2}}P \tag{10-6}$$

위 식에 있어서 $\mu' = \dfrac{\mu}{\sin\frac{\alpha}{2} + \mu\cos\frac{\alpha}{2}}$로 놓으면

$$Q=\mu' P \frac{1}{\sin\frac{\alpha}{2}+\mu\cos\frac{\alpha}{2}} \tag{10-7}$$

이 μ'는 실제의 마찰계수 μ가 평형이 쐐기형으로 되었기 때문에 마치 배로 증가한 것으로 생각된다. 따라서 μ'를 외관마찰계수 또는 등가마찰계수라 한다. 따라서 쐐기형 블록의 제동력은 보통 평형블록의 경우의 μ 대신에 μ'를 사용하면 된다. 예를 들어 $\mu=0.2\sim0.4$, $\alpha=36°$라 하면 $\mu'=0.40\sim0.58$로 되고, 마찰계수가 $1.5\sim2$배로 증가한 효과를 표시한다. α가 작을수록 큰 제동력 Q가 얻어지나 너무 작게 하면 쐐기가 V홈에 꼭 끼어 박히므로 보통 $\alpha \geq 45°$로 한다. 일반적으로 단식블록 브레이크는 축에 굽힘 모멘트가 작용하고 베어링하중이 크게 되므로 브레이크 토크가 큰 것에는 사용되지 못한다.

2. 복식블록 브레이크

그림 10-4에서 보는 바와 같이 축에 대칭으로 브레이크 블록을 놓고 브레이크 링을 양쪽으로부터 죈다. 브레이크 힘이 크게 되면 단식블록 브레이크에서는 큰 굽힘이 생기므로 복식으로 하면 축에 대칭이므로 굽힘 모멘트가 걸리지 않고, 베어링에도 그다지 하중이 걸리지 않는다. 이 때 브레이크 토크는 단식의 2배로 된다.

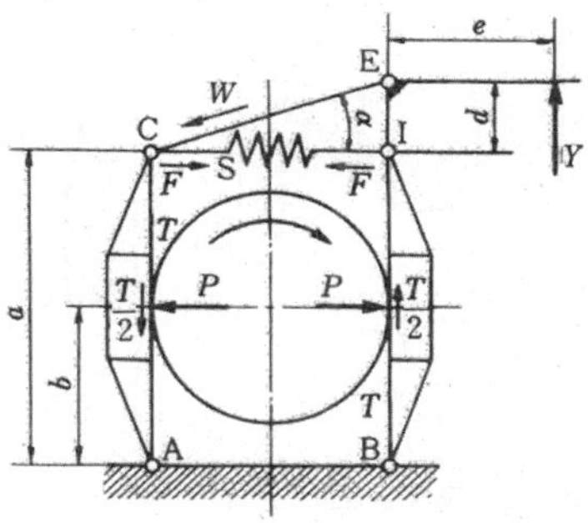

그림 10-4 복식블록 브레이크

전동윈치나 기중기 등에 주로 사용되고 브레이크제동력은 스프링에 의해 주고, 전자석에 의해 브레이크를 풀어 주는 형식이 많다. 풀어 주는 힘 Y는 브레이크 블록의 지점 A의 둘레의 균형을 생각하여 $F=Pb/a$, 또 브레이크 막대의 지점 E의 둘레의 균형을 생각하여 다음과 같이 된다.

$$Y=\frac{Fd}{e} \quad \therefore Y=\frac{Pdb}{ae},\ P=Y\frac{ae}{bd} \tag{10-8}$$

또 브레이크의 제동력 $Q=2\mu P$이므로 $Q=2\mu Y\dfrac{ae}{bd}$ (10-9)

그림 10-5는 전동윈치의 복식블록 브레이크의 실물이고, 그림 10-6은 그 단면도이다. 한편 그림 10-7에서 보는 것처럼 수동식의 복식블록 브레이크에 μP의 제동력을 얻기 위하여 레버(lever)의 끝에 작용시켜야 되는 힘 F는 다음 공식으로 구할 수 있다.

그림 10-5 전동윈치용의 복식블록 브레이크의 실물

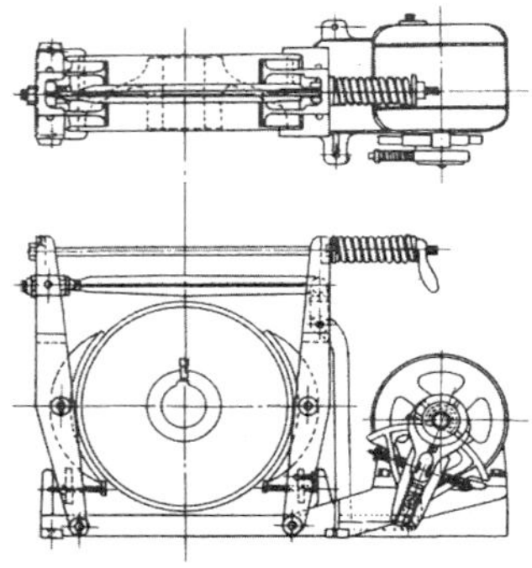

그림 10-6 전동윈치용 복식블록 브레이크의 단면도

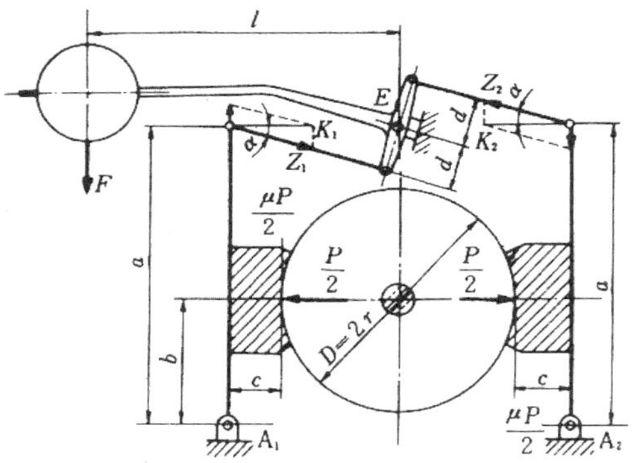

그림 10-7 수동식 복식블록 브레이크의 제동력

그림 10-7에 있어서 A_1, A_2의 양지점의 주위의 모멘트의 균형 상태를 생각하면 다음 식이 성립된다.

A_1 지점에 대해서

$$K_1 a=\frac{1}{2}Pb+\frac{1}{2}\mu Pc \qquad \therefore\ K_1=\frac{P(b+\mu c)}{2a}$$

A_2 지점에 대하여

$$K_2 a=\frac{1}{2}Pb-\frac{1}{2}\mu Pc \qquad \therefore\ K_2=\frac{P(b-\mu c)}{2a}$$

또 E점에 대해서

$$Fl = Z_1 d + Z_2 d$$

그런데 $Z_1 = \dfrac{K_1}{\cos\alpha}$, $Z_2 = \dfrac{K_2}{\cos\alpha}$

$$\therefore\ Fl = \frac{K_1}{\cos\alpha}d + \frac{K_2}{\cos\alpha}d$$

$$= (K_1 + K_2)\frac{d}{\cos\alpha}$$

$$= \left\{\frac{P(b+\mu c)}{2\alpha} + \frac{P(b-\mu c)}{2\alpha}\right\}\frac{d}{\cos\alpha} = \frac{Pbd}{a\cos\alpha}$$

$$\therefore\ F = P\frac{bd}{al} = \frac{1}{\cos\alpha} \qquad (10\text{–}10)$$

3. 블록 브레이크의 성능

(1) 브레이크 블록

브레이크의 륜은 주철 또는 철강제이고, 브레이크 블록은 주철, 철강, 나무 또는 목편에 가죽, 석면직물 등을 라이닝한 마찰계수가 큰 것, 내마찰성이 높은 재료를 사용한다. 마찰계수 μ는 건조상태에서는 크지만 마모가 빨리 오므로 마찰면에 약간 기름을 쳐서 사용한다. 표 10-2는 브레이크재료의 μ의 값을 표시한다.

[표 10-2] 브레이크재료의 마찰계수 μ의 값

재료	허용브레이크압력 q_a [kgf/㎠]	마찰계수 μ	사용조건	재료	허용브레이크압력 q_a [kgf/㎠]	마찰계수 μ	사용조건
주 철	10이하	0.1~0.2 0.08~0.12	건조 윤활	연철 논쇠 청동 목재 파이버 가죽 석면직물	4~8 2~3	0.18 0.1~0.2 0.1~0.2 0.15~0.25 0.05~0.10 0.25~0.30 0.35~0.60	건조 건조유욕 건조유욕 소량의 기름 건조유연 건조윤활 건조
강철대		0.15~0.20 0.10~0.15	건조 윤활				
연 강		0.15	건조				

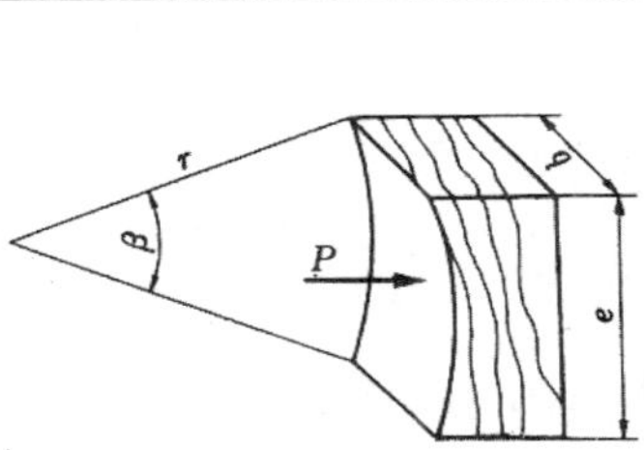

그림 10-8

그림 10-8에서

P : 블록을 브레이크륜에 밀어붙이는 힘[kgf]

b : 브레이크 블록의 나비[mm]

e : 브레이크 블록의 길이[mm]

d : 브레이크륜의 지름[mm] $=(2r)$

A : 브레이크 블록의 마찰면적[㎟]

이라 하면 블록과 브레이륜 사이의 제동면적 q[kgf/㎟]는 다음 식으로 된다.

$$q=\frac{P}{A}=\frac{P}{be} \tag{10-11}$$

e의 값은 d에 대하여 작을수록 압력이 균일하게 되어 좋으나, 보통 $\beta \fallingdotseq 50° \sim 70°$가 되도록 e/d의 값을 취한다.

브레이크 면적 A는 마찰열과 그 방산을 생각하여 균형있게 취한다.

(2) 브레이크 용량(capacity of brake)

지금 v : 브레이크륜의 주속[m/sl], Q : 브레이크륜의 제동력[kgf], H : 제동마력[PS]라 하면 다음 관계가 성립된다.

$$75H=Qv=\mu qAv=\mu Pv$$

$$H=\frac{Qv}{75}=\frac{\mu qAv}{75}=\frac{\mu Pv}{75} \tag{10-12}$$

따라서 마찰면의 단위면적마다의 일량은

$$\frac{75H}{A}=\frac{\mu Pv}{A}=\mu qv\,[\text{m}\cdot\text{kgf/㎟}\cdot\text{s}] \tag{10-13}$$

이 μqv는 마찰계수, 브레이크압력[kgf/㎟], 속도[m/s]의 상승적으로서 브레이크용량이라 한다. 브레이크 블록의 접촉면적 1[㎟]마다 1초간에 흡수하고 또 열로 방출해야 되는 에너지이다.

$$A=\frac{75H}{\mu qv} \tag{10-14}$$

따라서 브레이크면적 A는 제동마력 H와 브레이크용량 μpv의 값에서 결정된다. 자연 냉각의 브레이크의 용량을 심하게 사용한 때는 0.06[m · kgf/mm · s] 이하이고, 가볍게 사용하는 경우는 0.1[m · kgf/㎟ · s] 이하이므로 방열상태가 좋고 가볍게 하는 경우에는

0.3[m · kgf/㎟ · s] 이하로 취한다.

4. 내확 브레이크(expansion brake)

(1) 내확 브레이크의 뜻

이것은 복식블록 브레이크가 변형된 형식이고 그림 10-9에서 보는 것처럼 2개의 브레이크 블록이 브레이크륜의 안쪽에 있어서 이것을 바깥쪽으로 확장하여 브레이크륜에 접촉시켜서 제동을 하게 된다. 이것은 마찰면이 안쪽에 있으므로 먼지와 기름 등이 마찰면에 부착하지 않고 또 브레이크륜의 바깥면에서 열을 발산시키는 데 편리하다. 그림 10-9는 내확 브레이크의 단면도로서 브레이크 슈우(brake shoe)를 밀어붙이는 데 캠을 사용하든지 유압장치를 사용하는데, 유압장치를 사용하는 것은 자동차용으로 널리 사용되고 있다. 그림 10-10은 이것을 도시한다.

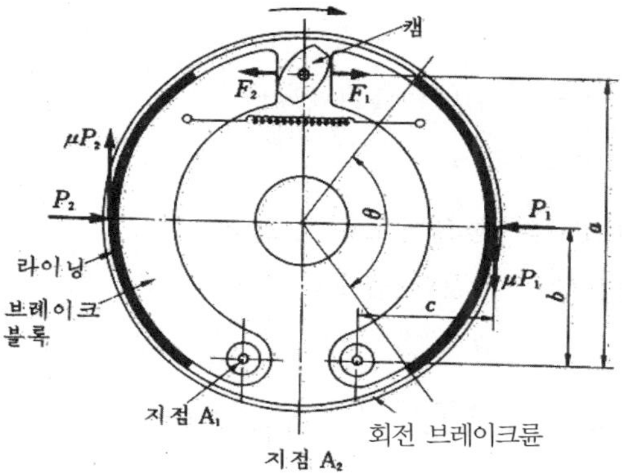

그림 10-9 내확 브레이크의 단면도

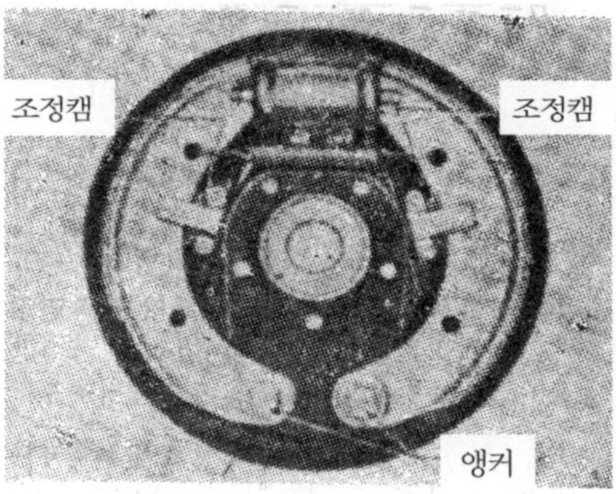

그림 10-10 자동차용 내확 브레이크

(2) 내확 브레이크의 제동토크

그림 10-9에 있어서

P_1, P_2 : 마찰면에 작용하는 수직력 [kgf]

F_1, F_2 : 브레이크 블록을 넓히는 데 필요한 힘 [kgf]

μ : 마찰계수

a, b, c : 그림에 도시한 브레이크 블록의 치수 [mm]

좌회전의 경우

$$\left.\begin{aligned} F_1 &= \frac{P_1}{a}(b-\mu c) \\ F_2 &= \frac{P_2}{a}(b+\mu c) \end{aligned}\right\} \quad (10-15)$$

$$\text{우회전의 경우} \quad \left.\begin{aligned} F_1 &= \frac{P_1}{a}(b+\mu c) \\ F_2 &= \frac{P_2}{a}(b-\mu c) \end{aligned}\right\} \tag{10-16}$$

그리고 $\mu < 0.4$의 경우 $\theta < 90^\circ$, $\mu < 0.2$의 경우 $\theta < 120^\circ$로 한다.

$$\text{브레이크륜상의 제동력 } Q = \mu P_1 + \mu P_2 \tag{10-17}$$

그리고 제동토크를 T라 하면 T는 다음과 같이 구해진다.
우회전하는 경우 지점에 대한 모멘트의 균형 상태를 생각하면

$$F_1 a = P_1 b - \mu P_1 c = \mu P_1 \left(\frac{b-\mu c}{\mu}\right)$$

$$F_2 a = P_2 b + \mu P_2 c = \mu P_2 \left(\frac{b+\mu c}{\mu}\right)$$

두 식에서 브레이크의 제동력을 구하면 다음과 같다.

$$Q_1 = \mu P_1 = \frac{\mu F_1 a}{b-\mu c}$$

$$Q_2 = \mu P_2 = \frac{\mu F_2 a}{b+\mu c}$$

$$\therefore \; T = (Q_1 + Q_2)\frac{D}{2} = (\mu P_1 + \mu P_2)\frac{D}{2} = \left(\frac{F_1 a}{b-\mu c} + \frac{F_2 a}{b+\mu c}\right)\frac{\mu D}{2} \tag{10-18}$$

좌회전의 경우는 $F_1 a = P_1 b + \mu P_1 c$, $F_2 a = P_2 b - \mu P_2 c$

$$\therefore \; T = \left(\frac{F_1 a}{b+\mu c} + \frac{F_2 a}{b-\mu c}\right)\frac{\mu D}{2} \tag{10-19}$$

예제 1 브레이크륜에 7160[kgf · mm]의 토크가 작용하고 있을 경우, 레버에 15[kgf]의 힘을 가하여 제동하려면 브레이크륜의 지름은 몇 [mm]로 하면 좋은가? 또 브레이크륜의 회전방향이 반대로 되었을 경우 레버에 작용하여야 되는 힘은 몇 [kgf]인가? 그림 10-11을 보아라. 단, 브레이크 블록과 브레이크륜 사이의 마찰계수는 0.3이라 한다.

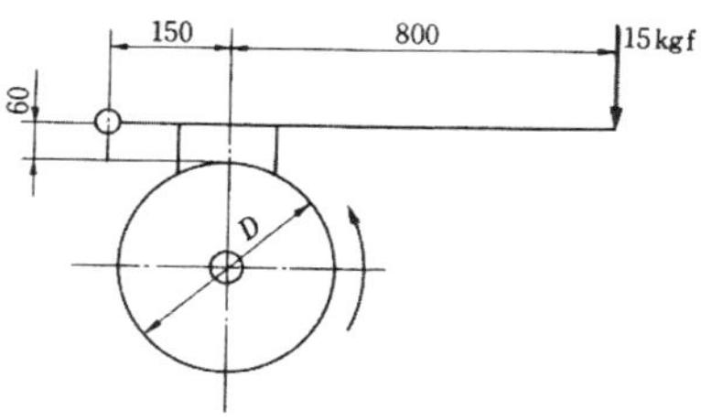

그림 10-11

풀이

$$Q=F\frac{\mu a}{(b-\mu c)}=15\times\frac{0.3\times 950}{(150-0.3\times 60)}=32.4\,[\text{kgf}]$$

$$D=\frac{2T}{Q}=\frac{2\times 7160}{32.4}=442\,[\text{mm}]$$

방향이 반대로 되면

$$Q=\frac{2T}{D}=\frac{2\times 7162}{442}=32.4\,[\text{kgf}]$$

$$F=\frac{Q(b+\mu c)}{\mu a}=\frac{32.4\times(150+0.3\times 60)}{0.3\times 950}=19.1\,[\text{kgf}]$$

예제 2 그림 10-12와 같은 확장브레이크에서 실린더에 보내게 되는 유압이 40[kgf/㎠]이고 브레이크 드럼이 500[rpm]이라 할 때 몇 장력을 제동할 수 있는가? 단, 마찰계수를 0.3이라 한다.

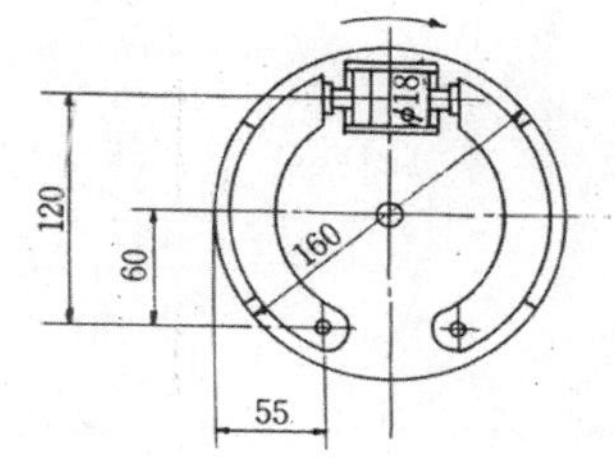

그림 10-12

풀이

$$F=\frac{\pi}{4}\times 1.8^2\times 40=101.5\,[\text{kgf}]$$

$$P_1=\frac{Fa}{b-\mu c}=\frac{101.5\times 120}{60-0.3\times 55}=280\,[\text{kgf}]$$

$$P_2=\frac{Fa}{b+\mu c}=\frac{101.5\times 120}{60+0.3\times 55}=159\,[\text{kgf}]$$

$$T=\mu(P_1+P_2)\frac{D}{2}=0.3\times(280+159)\times 80=10{,}500\,[\text{kgf}\cdot\text{mm}]$$

$$H=\frac{TN}{716200}=\frac{10530\times 500}{716200}=7.35\,[\text{PS}]$$

예제 3 그림 10-13에서 보는 것처럼 내확 브레이크로서 $H=12.5\,[\text{PS}]$, $N=500\,[\text{rpm}]$의 동역을 제동하려고 한다. 유압실린더의 안지름을 20[mm]라 할 때 유압을 구하여라. 단, $D=150\,[\text{mm}]$, $\mu=0.35$라 하고 $a=110\,[\text{mm}]$, $b=55\,[\text{mm}]$, $c=51\,[\text{mm}]$

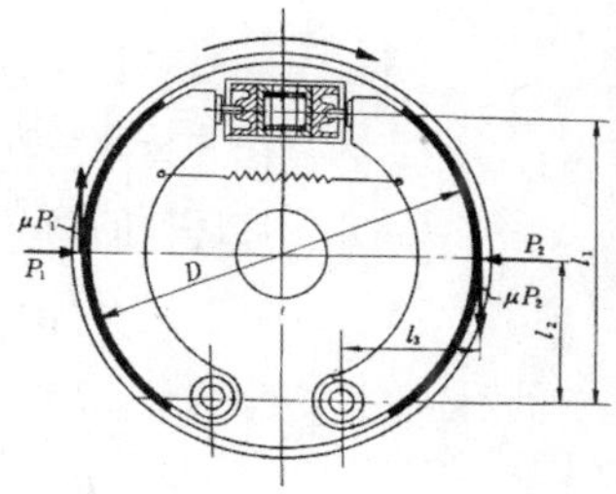
그림 10-13

풀이 필요한 브레이크 토크는

$$T=\frac{716200H}{N}=\frac{716200\times 12.5}{500}=1{,}800\,[\text{kgf-mm}]$$

$$Q=\frac{T}{\frac{D}{2}}=\frac{180000}{75}=240\,[\text{kgf}]$$

또 $Q=\mu P_1+\mu P_2=\mu(P_1+P_2)$

$$P_1+P_2=\frac{Q}{\mu}=\frac{240}{0.35}=686\,[\text{kgf}] \cdots\cdots ①$$

유압에 의하여 브레이크 슈우를 확장하는 힘 F_1 및 F_2는 같으므로

$$\frac{P_1}{a}(b-\mu c)=\frac{P_2}{a}(b+\mu c)\cdot s \cdots\cdots ②$$

①과 ②에서 $P_1(55-0.35\times 51)=(686-P_1)(55+0.35\times 51)$로 되고, 이것을 풀어서 $P_1=454\,[\text{kgf}]$를 얻는다.

따라서 $P_2=686-454=232\,[\text{kgf}]$

$$F=\frac{P_1}{a}(b-\mu c)=\frac{454}{110}(55-0.35\times 51)=157\,[\text{kgf}]$$

그러므로 필요한 유압은 다음과 같다.

$$q=\frac{157}{\frac{\pi}{4}\times 20^2}=0.5\,[\text{kgf/mm}^2]$$

5. 밴드 브레이크(band brake)

(1) 구조와 기능

브레이크륜의 외주에 강제의 밴드를 감고 밴드에 장력을 주어서 밴드와 브레이크륜 사이의 마찰에 의하여 제동작용을 하는 것으로서, 마찰계수 μ를 크게 하기 위하여 밴드의 안쪽에 나무조각, 가죽, 석면직물 등을 라이닝한다. 밴드가 브레이크륜에 감긴 위치에 의하여 단동식, 차동식, 합동식의 3가지 형식이 있다.

(2) 밴드 브레이크의 기초이론

밴드의 양단의 장력 및 밴드와 브레이크륜 사이의 압력분포의 상태는 벨트와 풀리와의 마찰박동의 경우와 꼭 같다.

그림 10-14에 있어서

T_1, T_2 : 밴드의 양단의 장력[kgf]
θ : 밴드와 브레이크륜 사이의 접촉각[rad]
μ : 밴드와 브레이크륜 사이의 마찰계수
Q : 브레이크제동력[kgf]
T : 회전토크[kgf · mm]
F : 조작력[kgf]

이라 하면

$$Q=\frac{2T}{D} \tag{10-20}$$

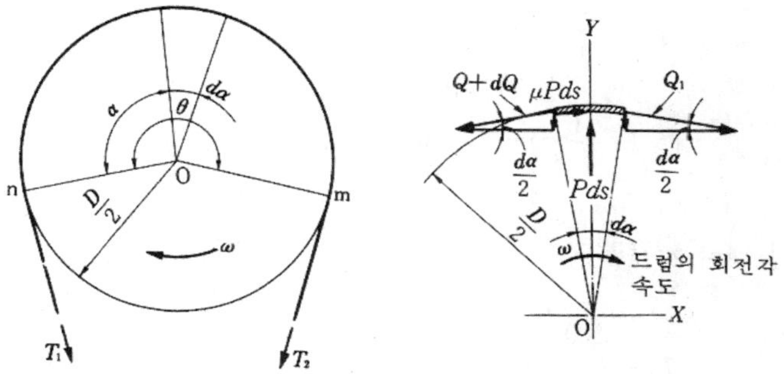

그림 10-14 밴드의 미소부분에 작용하는 힘

지금 그림 10-14에서 n점에 있어서 밴드의 장력은 T_1, m점에 있어서는 T_2라 하고, 밴드가 감아져 있는 mn 사이에 있어서 장력은 T_2에서 T_1에 변화하고 있다. mn 사이의 임의의 미소길이 ds를 취하여 생각하면, m에 가까운 곳에 Q, n에 가까운 곳에 $(Q+dQ)$의 장력이 작용한다. 밴드가 브레이크륜을 밀어붙이는 힘을 Pds라 하면, 그사이에는 μPds의 마찰력, 즉 제동력이 생긴다. 장력의 반지름방향의 힘의 균형 상태를 생각하면 다음 식이 성립된다.

$$\begin{aligned} Pds &= Q\sin\frac{d\alpha}{2}+(Q+dQ)\sin\frac{d\alpha}{2} \\ &= 2Q\sin\frac{d\alpha}{2}+dQ\sin\frac{d\alpha}{2} \end{aligned} \tag{10-21}$$

여기서, dQ, $d\alpha$는 미소하므로 제2항 $dQ\sin\frac{d\alpha}{2}$는 생략하고, $\sin\frac{d\alpha}{2} \fallingdotseq \frac{d\alpha}{2}$로 해도 큰 지장은 없으므로 밀어붙이는 힘은 $Pds = 2Q\sin\frac{d\alpha}{2} = 2Q\frac{d\alpha}{2} = Qd\alpha$가 Qds에 의하여 원주방향에 회전의 반대인 방향에 마찰력 μPds가 생기므로, 원주방향에 대한 균형 상태는 다음과 같이 된다.

$$Q + dQ = Q + \mu Pds \quad \therefore\ dQ = \mu Pds \tag{10-22}$$

이 식에 $Pds = Qd\alpha$를 대입하면

$$dQ = \mu Qd\alpha \quad \therefore\ \frac{dQ}{Q} = \mu d\alpha \tag{10-23}$$

이것을 m에서 n까지 적분하면

$$\int_{T_2}^{T_1} \frac{dQ}{Q} = \mu \int_0^{\theta} d\alpha$$

$$\therefore \ \ln \frac{T_1}{T_2} = \mu\theta \ \text{(단, } \log_e \text{ 를 ln이라 표시한다.)} \tag{10-24}$$

$$\therefore \ \frac{T_1}{T_2} = e^{\mu\theta} \tag{10-25}$$

$T_1 - T_2 = Q$ 이므로

$$T_1 = Q \frac{e^{\mu\theta}}{e^{\mu\theta} - 1} \tag{10-26}$$

(3) 밴드 브레이크의 제동력

① **단동식 밴드 브레이크** : 우회전의 경우는 그림 10-15(a)에서 보는 바와 같이

$$Fl = T_2 a$$

$$F = Q\frac{a}{l} \cdot \frac{1}{e^{\mu\theta} - 1} \tag{10-27}$$

회전방향이 반대로 되면, 즉 좌회전의 경우는 T_1과 T_2가 반대로 되므로

$$F = \frac{\frac{Q}{a}}{l} \cdot \frac{e^{\mu\theta}}{e^{\mu\theta} - 1} \tag{10-28}$$

즉, 같은 브레이크의 힘을 내기 위하여 F의 값을 $e^{\mu\theta}$배로 해야 된다. 다시 말해서 F가 일정하면 회전방향에 의하여 브레이크의 제동력이 다르게 되고, $\mu\theta$의 값이 클수록 그 차이가 크다.

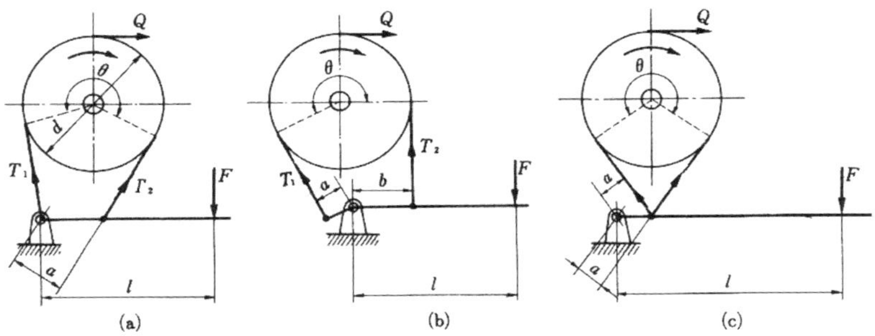

그림 10-15 밴드 브레이크의 제동력

② **차동밴드 브레이크**(differential band brake) : 그림 10-15(b) 경우로서 브레이크 막대의 힘 F를 작용시키면 밴드의 접촉이 시작하는 측은 이완하는 것같이 작용하고, 접촉이 끝나는 측은 긴장하는 것과 같이 작용한다. 브레이크륜을 죄는 효과는 차동적으로 작용한다.

우회전의 경우(정회전의 경우)는

$$Fl = T_2 b - T_1 a$$

$$\therefore\ F = \frac{Q(b - ae^{\mu\theta})}{l(e^{\mu\theta} - 1)} \tag{10-29}$$

F는 b와 $a^{\mu\theta}$와의 차에 의하여 작용한다. 즉 차동적이다.

좌회전의 경우, 즉 역회전의 경우는 T_1과 T_2가 반대로 되므로 다음과 같이 된다.

$$F = \frac{Q(be^{\mu\theta} - a)}{l(e^{\mu\theta} - 1)} \tag{10-30}$$

즉 같은 크기의 브레이크의 힘을 내려면 밑에서 상당히 큰 힘을 주어야 된다. 그리고 우회전의 경우는 $ae^{\mu\theta} \geqq b$, 좌회전의 경우는 $a \geqq be^{\mu\theta}$로 되면 $F \leqq 0$로 되어 자동적으로 정지되고 회전축의 회전속도를 제어하는 브레이크로써 사용할 수 없다. 이와 같은 작용을 자결작용(self-locking action)이라 한다.

그리고 만일 우회전의 경우 $ae^{\mu\theta} = b$, 즉 $F = 0$로 결정하면 $e^{\mu\theta}$는 항상 1보다 크므로 좌회전의 경우에 $be^{\mu\theta}$는 항상 a보다 크게 되므로 F는 결코 0으로 되지 않는다. 따라서 이와 같은 치수를 가진 차동식 밴드 브레이크장치를 설계하면 드럼의 반시계방향 회전은 자유로 할 수 있으나 시계방향회전은 할 수 없는 역전방지장치(back stop mechanism)로 할 수 있다. b와 $ae^{u\theta}$ 또는 a와 $be^{\mu\theta}$의 비가 너무 작으면 진동적으로 하는 수가 있으므로 보통 2.5~3.0으로 잡는다. 그리고 a, b 중에서 작은 편의 값은 30~50[mm]로 잡는다.

③ **합동밴드 브레이크** : 그림 10-15(c)에서 보는 바와 같이 브레이크륜을 죄는 효과가 합동적으로 된 것이고 $Fl = T_1 a + T_2 a$

$$\therefore F = \frac{a}{l}(T_1 + T_2) = \frac{a}{l} Q \frac{e^{\mu\theta} + 1}{e^{\mu\theta} - 1} \tag{10-31}$$

즉 차동식에서 $a = -b$로 된 것이고, 회전방향이 변화하더라도 F는 변화하지 않는다. 단동식 때보다 F의 크기는 $(a^{\mu\theta} + 1)$배로 커진다.

예제 4 그림 10-16에서 보는 것처럼 밴드 브레이크에서 5[PS], 100[rpm]의 동력을 제동하려고 한다. 레버에 작용시키는 힘을 20[kgf]라 하고 레버의 길이를 구하여라. 마찰계수는 0.3이고 밴드의 접촉각은 225°라 한다.

풀이

$$T=716200\frac{H}{N}=716200\times\frac{5}{100}=35800[\mathrm{kgf\cdot mm}]$$

$$Q=\frac{2T}{D}=\frac{2\times 35800}{400}=179\,[\mathrm{kgf}]$$

$$\mu=0.3,\ \theta=225^\circ \qquad \therefore\ e^{\mu\theta}=3.25$$

$$l=Q\frac{a}{F}\frac{1}{e^{\mu\theta}-1}=179\times\frac{200}{20}\times\frac{1}{3.25-1}=796[\mathrm{mm}]$$

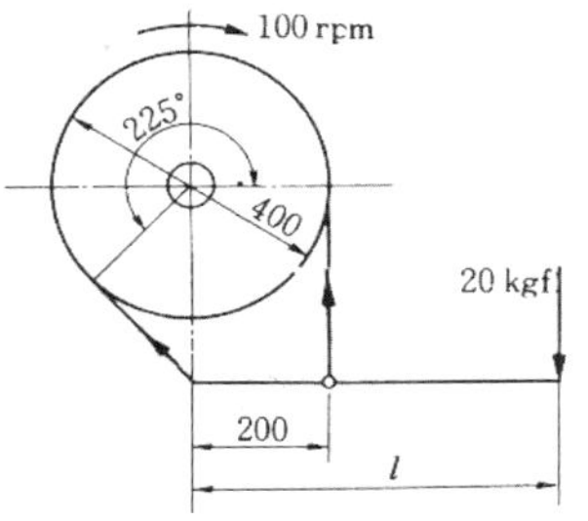

그림 10-16

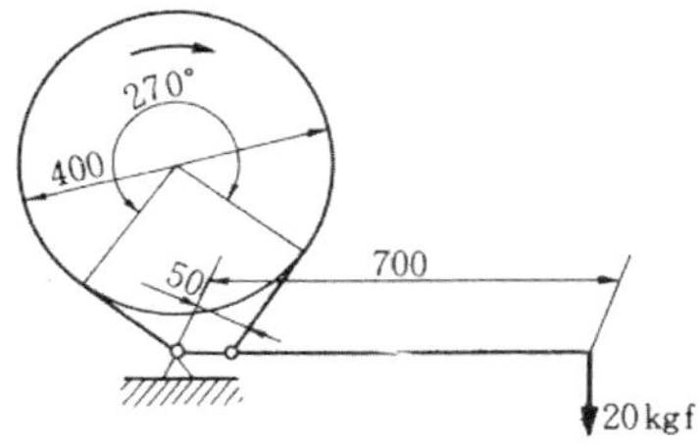

그림 10-17

예제 5 그림 10-17과 같은 밴드 브레이크장치에서 얻어지는 최대브레이크 토크 T를 구하여라. 밴드는 석면직물을 라이닝한 것이고 $\mu=0.4$라 한다. 그리고 밴드의 두께 $h=3$[mm]로 하였을 경우 폭을 구하여라. 허용인장응력 $\sigma_a=7.5$[kgf/㎟]라 한다.

풀이 우회전이므로 $Fl=T_2a \quad \therefore\ F=Q\frac{a}{l}\frac{1}{e^{\mu\theta}-1}$ 에서

$$\theta=270^\circ,\ \mu=0.4 \qquad \therefore\ e^{u\theta}=6.59$$

브레이크 제동력 $Q=F\frac{l}{a}(e^{\mu\theta}-1)=20\times\frac{700}{50}\times(6.59-1)=1565\,[\mathrm{kgf}]$

$$T=Q\frac{D}{2}=1565\times 400ove2=313000[\mathrm{kgf\cdot mm}]$$

$$T_1=Q\frac{e^{\mu\theta}}{e^{\mu\theta}-1}=1565\times\frac{6.59}{6.59-1}=1850[\mathrm{kgf}]$$

$$\therefore\ w=\frac{T_1}{\sigma_a h}=\frac{1850}{7.5\times 3}\fallingdotseq 83\,[\mathrm{mm}]$$

6. 축향 브레이크

브레이크륜의 방향에 압력이 작용하는 브레이크로서 그 압역분포상태, 구조 등 축향 클러치와 비슷하고 또 앞에서 논한 원주브레이크가 주가 되므로 생략해도 좋으나, 뒤에서 논한 자동하중브레이크장치와 조합하여 사용되므로 여기서는 간단하게 취급한다.

(1) 원판 브레이크(disk brake)

① **단판 브레이크** : 그림 10-18에 보는 것처럼 1장의 브레이크원판이 의한 것으로서 마찰면은 1개이나 지금 P[kgf]를 축력, R[mm]를 평균반지름, Q를 평균지름에 있어서의 브레이크의 제동력이라 하면

$$Q = \mu P$$

$$\text{제동토크}\quad T = QR = \mu PR = \frac{\mu PD}{2} \tag{10-32}$$

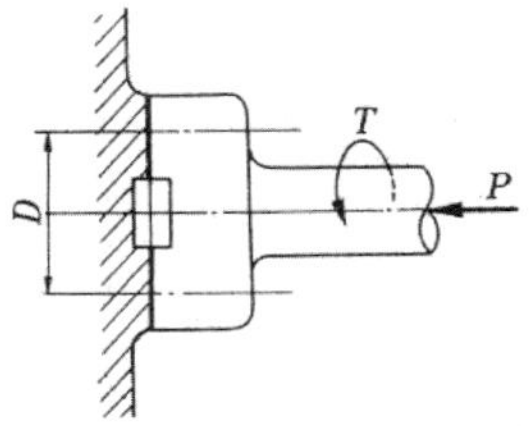

그림 10-18 단판원판 브레이크

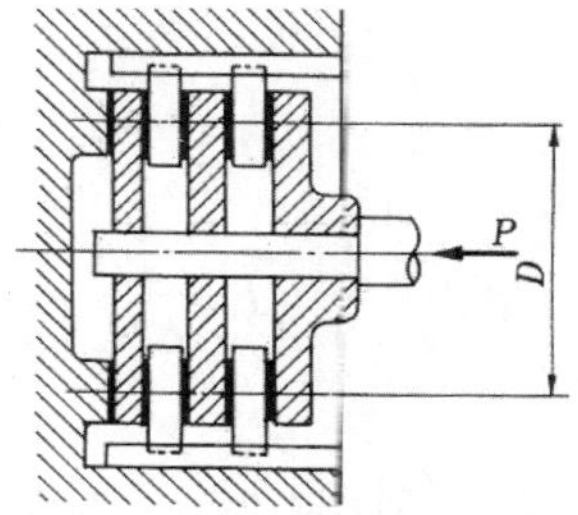

그림 10-19 다판원판 브레이크

② **다판 브레이크** : 그림 10-19에서 보는 것처럼 원판을 차례로 축에 끼워 미끄럼 키로 고정하고, 이것을 축방향에 밀어붙일 때 축방향에 활동하여 원판과 원판이 밀착하여 서로 압력을 받고, 그 사이에 생기는 마찰력에 의하여 축에 제동작용이 전달된다. 마찰면을 z라 하면

$$Q = z\mu P$$

$$T = QR = z\mu PR = \frac{z\mu PD}{2} \tag{10-33}$$

원판의 재료는 주철, 강을 사용하고 보통 석면직물, 파이버 등을 라이닝한다. 단위면적마다의 브레이크압력 p[kgf/㎟]는 강과 청동의 경우 0.04~0.08[kgf/㎟], 강과 석면직물의 경우 0.02~0.03[kgf/㎟] 정도이고 브레이크 용량은 $\mu pv = 0.1\ 0.3$[m·kgf/㎟·s]의 범위이다.

(2) 원추 브레이크(cone brake ; Kegel Bremse)

그림 10-20에서 보는 것처럼 마찰면을 원추로 한 것으로서, 다찰면의 나비를 b[mm]라 하고 마찰면과 브레이크축과의 원추각을 α[rad]라 하면

$$P = 2\pi Rpb\sin\alpha \tag{10-34}$$

$$q = 2\pi Rb\mu p = \frac{\mu}{\sin\alpha}P \tag{10-35}$$

지금 그림 10-21에서 보는 것처럼 보통 외원추는 기계의 프레임(frame)에 고정되어 있고, 내원추를 제동해야 되는 회전축에 미끄럼 키로 결합되어 있으므로 여기에 힘 P로써 밀어붙여 브레이크가 걸리게 한다. 제동토크를 T[kgf · mm], 원추 마찰면에 수직하게 작용하는 힘을 N[kgf], 핸들에 작용시키는 힘을 F[kgf]라 하면

$$Q \leqq 2\mu N,\ \ Q = \frac{2T}{D} \tag{10-36}$$

$$P = 2N(\sin a + \mu\cos a)$$

$$\therefore F \geqq Q\frac{b}{a}\frac{\sin a + \mu\cos a}{\mu}$$

$$F = \frac{2T}{D}\cdot\frac{b}{a}\frac{\sin a + \mu\cos a}{\mu} \tag{10-37}$$

단, a, b는 그림에서 도시한 핸들의 치수이다. 원추부는 외측도 내측도 주철의 것이 사용되기도 하나 외측은 주철이고 내측의 목재의 라이닝한 것이 사용된다. α는 10~18 정도가 적합하다.

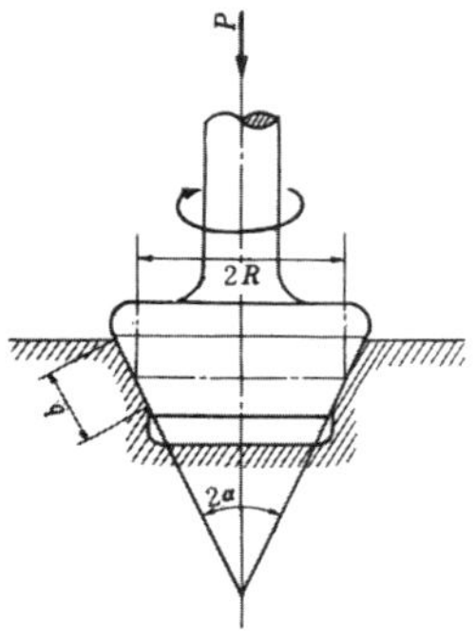

그림 10-20 원추브레이크

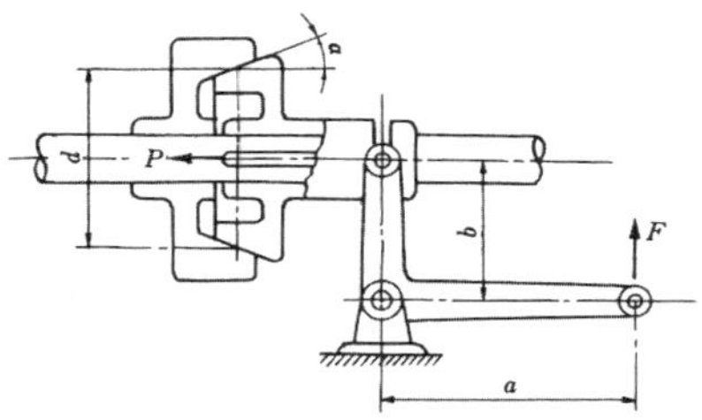

그림 10-21 원추브레이크의 작동력

7. 자동하중 브레이크

윈치, 기중기 등에서 대중량 또는 사용이 격렬한 고속의 것은, 수동브레이크에서는 브레이크 막대에 작용하는 힘이 변화하면 브레이크의 힘이 상당히 크게 변화하므로 속도의 조절과 하물을 임의의 위치에 정지시키기 어려우므로 자동하중브레이크를 사용한다. 감아올릴 때에는 브레이크 작용을 행하지 않고 클러치(clutch)의 작용을 하고, 내릴 때에는 하중 자신에 의하여 브레이크의 작용을 행하여 속도를 억제한다. 내릴 때에도 브레이크 힘의 회전 모멘트와 하중에 의한 회전 모멘트와의 차이를 회전 모멘트축에 주

어야 한다.

마찰계수가 일정하면 브레이크의 제동력은 하중에 정비례하고, 마찰계수 μ는 하중이 증가하면 감소한다.

워엄 브레이크(worm brake) : 워엄 기어가 회전할 때 생기는 추력을 이용한 것으로서 그림 10-22는 기중기에 적용한 그림이다. 1은 워엄, 2는 워엄 기어, 3은 워엄을 구동하는 모터이다. 4는 워엄축, 5는 워엄축 4에 부착된 원추형의 브레이크륜, 6은 원추구멍을 가진 브레이크 접시, 7은 6의 바깥 가장자리에 설치한 래칫 휠(ratchet wheel), 8은 포올(pawl), 9는 포올이 끼어 있는 핀, 10은 핀이 설치되는 고정부, 11은 워엄 기어에 고정된 드럼, 12는 드럼에 의하여 권상되는 하중이다. 13은 모터로서 드럼에 의하여 권상되는 하중이다. 13은 모터로서 이 모터축에 워엄과 미끄럼 키에 의하여 결합되어 있다.

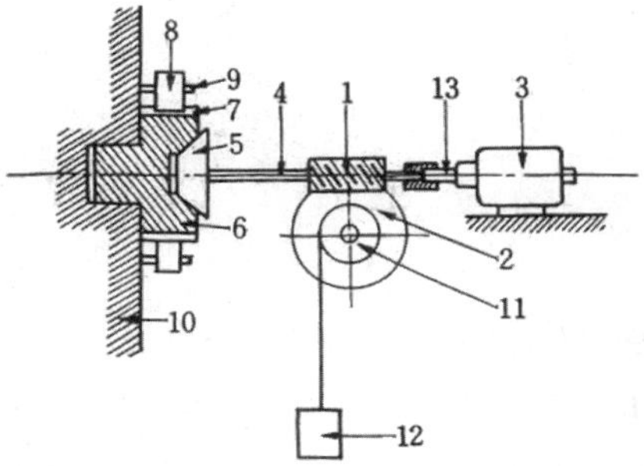

그림 10-22 워엄 브레이크의 설명도

8. 포올 브레이크(pawl brake)

(1) 래칫(ratchet)과 포올(pawl)

일반적으로 래칫 휠과 포올 장치는 다음의 목적으로 사용되는 기계요소이다.

1) 역전방지 : 사용예로는 자동하중브레이크, 시계의 태엽기구, 기중기

2) 토크 및 칩의 전달 사용예로는 자전차, 잭

3) 조속기계

4) 나눔작업 : 이송기구(feed mechanism), 예를 들면 눈금 기계, 공작기계, 전화기 등

(2) 포올 브레이크의 형식

포올(pawl)과 래칫 휠(ratchet wheel) 사이의 작용을 이용하는 브레이크로, 축의 역전방지기구로 널리 사용된다. 외측포올 브레이크, 내측포올 브레이크, 마찰포올 브레이크 등 3가지 형식이 있다.

① **외측포올 브레이크** : 그림 10-23에서 보는 것처럼 래칫의 외측에 치를 깎은 것이 외측래칫 휠이고, A는 래칫 휠, B는 포올로서 래칫이 화살표 방향으로만 회전할 수 있고, 그 역전은 허용하지 않는다. 보통 브레이크와 병용하여 역전방지에 널리 사용

되고 있다. 포올의 형상은 하중에 충분히 견딜 수 있고 확실히 작용하여 포올이 래칫에 잘 걸려야 된다. 그림에서 포올의 지점 m이 래칫의 외접원의 접선의 방향에 있을 경우 포올이 받는 힘이 최소로 된다.

포올의 각도 α는 마찰각 ρ보다 크게 잡아 포올이 래칫의 치의 이뿌리에 미끄러 들어가 확실히 작용하도록 한다. 포올과 치와의 교합은 포올의 자중 또는 코일 스프링 등을 사용하여 행하고, 포올의 수는 6~25정도로 한다.

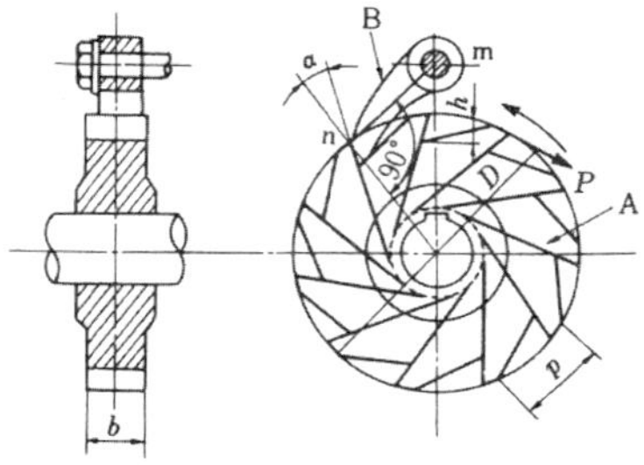

그림 10-23 외측래칫 휠의 포올

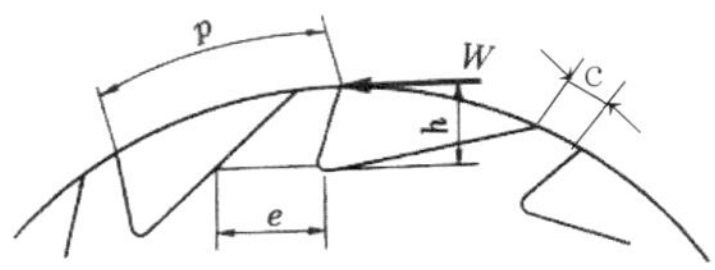

그림 10-24 래칫 휠의 설계

② **래칫 휠의 기본설계** : 그림 10-24에서 보는 바와 같이

W : 포올에 작용하는 힘[kgf], T : 래칫에 작용하는 회전토크[kgf · mm]

Z : 래칫의 잇수, p : 래칫의 치의 피치[mm], h : 치의 높이

b : 래칫의 나비[mm], e : 이뿌리의 두께[mm],

q : 치에 작용하는 압력[kgf/㎟], D : 래칫의 외접원의 지름[mm]

라 하면

$$\left.\begin{aligned} W &= \frac{T}{\frac{D}{2}} = \frac{2T}{D} = \frac{2\pi T}{Zp} \\ p &= \frac{\pi D}{Z} \end{aligned}\right\} \tag{10-38}$$

$$\text{그런데 } q = \frac{W}{bh} \tag{10-39}$$

$$Wh = \frac{2T}{D}h = \frac{2\pi T}{pZ}h \tag{10-40}$$

치의 강도를 이뿌리의 굽힘에 대하여 조사한다.

M : 이뿌리의 굽힘 모멘트[kgf · mm], σ_a : 허용굽힘응력[kgf/㎟]

이라 하면 M은 다음과 같이 표시된다.

$$M = Wh = \frac{be^2}{6}\sigma_a$$

보통 $h = 0.35p$, $e = 0.5p$, $b = 0.25p$로 설계되므로 $0.35pW = \frac{bp^2}{24} \cdot \sigma_a$

$$Wh = 0.35pW = \frac{bp^2}{24}\sigma_a = \frac{2\pi T}{pZ}h \qquad (10-41)$$

예제 6 150,000[kgf · mm]의 회전토크를 받는 래칫 휠을 설계하여라.

풀이 치수 Z는 15라 가정하면 재질을 주강, 허용응력 $\sigma_a = 5$ [kgf/㎟]로 하면 원주 피치는

$$p = 4.74^2\sqrt{\frac{T}{Z\sigma_w}} = 4.74^3\sqrt{\frac{150000}{15 \times 5}} = 60\,[\text{mm}]$$

모듈 $m = \frac{p}{\pi} = \frac{60}{3.14} = 19.1\,[\text{mm}]$

여기서 모듈 m은 너무 크므로 잇수 $Z = 25$로 변경하면

원주 피치 $p = 4.74^3\sqrt{\frac{150000}{25 \times 5}} = 51\,[\text{mm}]$, $m = \frac{p}{\pi} = \frac{51}{3.14} = 16.2\,[\text{mm}]$

그러므로 모듈 $m = 16$으로 결정하면

피치 $p = \pi m = 3.14 \times 16 = 50\,[\text{mm}]$

외접원의 지름 $D = Zm = 25 \times 16 = 400\,[\text{mm}]$

치의 높이 $h = 0.35p = 0.35 \times 50 = 17.5 ≒ 18\,[\text{mm}]$

이끝 두께 $c = 0.25p = 0.25 \times 50 = 12.5 ≒ 13\,[\text{mm}]$

이뿌리의 두께 $e = 0.5p = 0.5 \times 50 = 25\,[\text{mm}]$

이나비 $b = 0.5p = 0.5 \times 50 = 25\,[\text{mm}]$

다음에 치에 해당하는 면압을 조사하여 보면

치에 작용하는 힘 $W_B = \frac{2T}{D} = \frac{2 \times 15000}{40} = 750\,[\text{kgf}]$

면압 $q = \frac{W}{bh} = \frac{750}{20 \times 18} = 2.08$ [kgf/㎟]

철의 경우 허용면압강도는 $\sigma_c = 1.5 \sim 3.0$ [kgf/㎟]의 범위이므로 강도는 안전하다고 볼 수 있다.

연습문제

01

그림 10-2의 단식블록 브레이크에 있어서 $a=120$[cm], $b=30$[cm], $c=5$[cm], $D=60$ [cm]라 할 때 브레이크륜의 축에 300[kgf · cm]의 토크가 작용하고 있을 경우 힘 F는 몇 kgf인가?

02

그림 10-4의 복식블록 브레이크에 있어서 2[PS]의 동력을 전달시키고 있는 브레이크윤의 축을 제동하려고 한다. 가해야 되는 힘 F를 구하여라. 또 브레이크 블록의 마찰면의 크기를 얼마로 하면 좋은가? 허용 브레이크 압력 $q_a=4$[kgf/㎠], 브레이크륜의 회전속도 200[rpm], $a=50$[cm], $b=20$[cm], $D=40$[cm], $\mu=0.2$ 라 한다.

03

그림 10-15에서 보는 단동식 밴드 브레이크에 의하여 $H=4.2$[PS], 회전속도 $N=100$ [rpm]의 동력을 제동하려고 한다. $a=14$[cm], $D=40$[cm], $F=15$[kgf]라 할 때 브레이크 막대의 길이 l과 브레이크 밴드의 치수를 구하여라. 밴드는 두께 1 [mm]의 강판으로 석면직물을 라이닝하였다. $\mu=0.3$, 접촉각 $\theta=216°$ 라 한다. 또 브레이크가 좌회전하였을 경우의 제동마력을 구하여라.

04

그림 10–21에서 보는 원판브레이크에 있어서 제동마력을 계산하여라. 접촉부의 평균지름 $8cm$, 밀어붙이는 힘 $p=1000$ [kgf], $\mu=6.1$, $N=60$ [rpm]이라 한다.

05

그림 10–2(c)의 외작용선형의 단식블록 브레이크에 있어서 $a=100$[cm], $b=30$[cm], $c=5$[cm], $\mu=0.25$, $D=50$[cm]라 하고, $F=15$[kgf]를 가했을 경우 브레이크의 제동력 Q 및 토크 T를 구하여라.

06

그림 10–15에서 보는 차동식 밴드 브레이크에 있어서 브레이크륜의 지름 25[cm], $\theta=210°$, $l=70$[cm], $a=2$[cm], $b=6$[cm], $\mu=0.25$, $F=10$[kgf]의 힘을 가하면 브레이크 토크 T는 얼마인가? 또 이 브레이크를 자동적으로 작용시키려면 α의 값을 얼마로 하면 좋은가? 또 밴드를 강제로 하여 두께 $h=0.1$(cm)라 하면 번드의 폭은 얼마인가? 허용인장응력을 800[kg/㎠]라 한다.

해답

❶ 우회전 : $F=103$ [kgf], 좌회전 ; $F=97$ [kgf] ❷ $F=37.8$ [kgf] 접촉면적 ; $A=45$[㎠]

❸ $l=51$ [cm], 밴드의 폭 $B=2.6$ [cm] 이상 $H=1.12$ [PS] ❹ $H=\dfrac{1}{3}$ [PS]

❺ 우회전의 경우 : $Q=13$ [kgf] $T=325$ [kgf · cm],
좌회전의 경우 : $F=12$ [kgf] $T=300$[kgf · cm]

❻ $T=13125$[kgf · cm], $\dfrac{b}{a}=2.11$, $B=9$ [cm]

CHAPTER 11

스프링(spring) 및 관성차(flywheel)

11.1 스프링의 뜻

일반적으로 탄성체는 하중을 받으면 하중에 따른 만큼 변위를 하게 되고, 그 일을 탄성에너지로 흡수, 축적하는 특성을 가진다. 따라서 이 기본 특성에서 동적으로는 고유진동을 가지고 충격을 완화하든지 진동을 방지하는 기능을 가진다. 탄성체가 가진 이와 같은 특성과 기능을 적극적으로 이용한 기계요소가 스프링이고, 하중에 비하여 탄성변형이 큰 재료 및 형상을 선택하여 주로 에너지를 흡수, 축적시키기 위하여 사용되는 기계요소를 스프링이라 한다. KS B 0103에 스프링 용어, KS B 0006에 스프링제도에 대한 규격이 있다. 탄성체로서는 금속, 고무, 공기 등이 사용된다.

11.2 스프링의 특성

1. 스프링의 작용

(1) 스프링 특성

그림 11–1(a)와 같이 스프링에 하중 P[kgf]가 작용하였을 경우의 변형 δ[mm]라 하면 하중의 크기와 변형의 관계는 **그림 11–1(b)**의 A, B, C에서 보는 바와 같이 스프링의 특성에 따라 다르다. 지금 직선 A와 같이 P와 δ가 정비례하는 경우에는 다음 관계식이 성립된다.

$$P = k\delta \tag{11–1}$$

그러나 **그림 11–1**에서 보는 바와 같이 접시 스프링과 원통스프링에서는 작업응력이 탄성한도 이하라 해도 비선형하중–처짐특성을 표시한다.

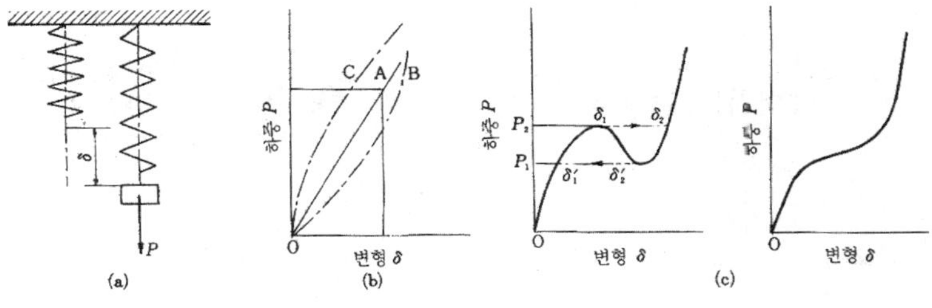

그림 11–1 스프링의 하중특성

식 (11-1)의 k[kgf/mm]를 스프링상수(spring constant)라 하고, 단위 변위에 필요한 하중의 크기를 표시한다.

몇 개의 스프링을 조합시켜 1개의 스프링으로는 얻을 수 없는 특성을 줄 수 있다. 이 조합의 기본방식으로는 직렬과 병렬의 2가지 방법이 있다. 즉 각각의 스프링상수를 k_1, k_2, k_3, …라 하고, 몇 개의 조합스프링의 스프링상수를 k라 하면 그림 11-2에서

$$\left.\begin{aligned} &\text{병렬의 경우 : } k = k_1 + k_2 + k_3 + \cdots \\ &\text{직렬의 경우 : } \frac{1}{k} = \frac{1}{k_1} + \frac{1}{k_2} + \frac{1}{k_3} + \cdots \end{aligned}\right\} \tag{11-2}$$

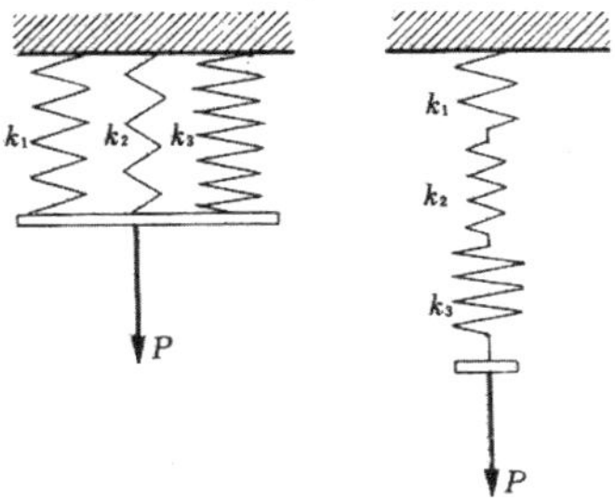

(a) 병렬 (b) 직렬

그림 11-2 스프링의 조합

이상과 같이 스프링에 작용한 하중과 하중에 의하여 생기는 스프링의 변형과의 관계를 스프링 특성이라 하고, 보통 스프링 특성은 직선관계가 있으며 하중과 변형량은 비례하고 그 경사가 스프링 상수가 된다. 스프링 특성이 곡선으로 되는 스프링을 비선형 스프링이라 하고 현가 스프링, 밸브 스프링, 접시 스프링 등은 비선형의 스프링특성을 이용한 스프링이다.

(2) 탄성에너지의 흡수, 방출

그림 11-1(a)에 있어서 하중이 스프링에 대하여 행한 일량 U[kgf · mm]는 스프링의 내부에 Resilience, 즉 탄성에너지로 흡수된 것이 된다.

$$\text{즉, } U = \frac{1}{2}P\delta = \frac{1}{2}k\delta^2 \tag{11-3}$$

이 에너지는 변형이 복원할 때는 외부에 대하여 이만큼 일을 하게 될 것이다.

11.3 스프링의 종류

스프링의 종류는 다종다양이고, 그 분류도 여러 가지 방법이 있으나 결정적인 것은 아니다.

1. 사용재료에 의한 분류

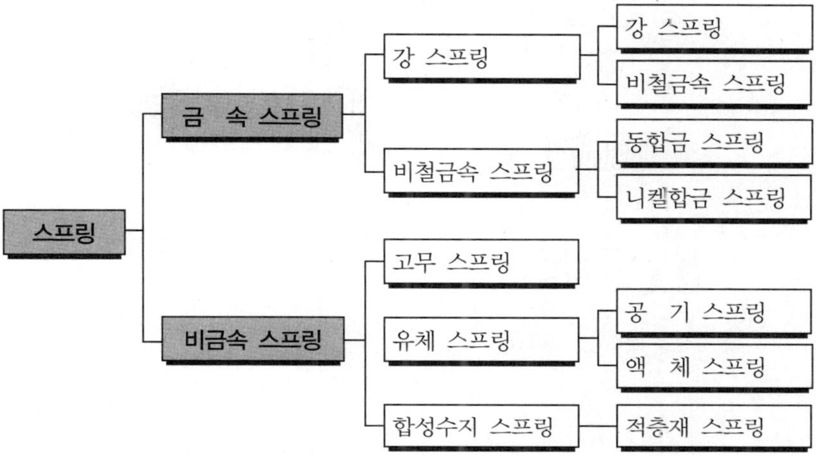

2. 스프링의 형상에 의한 분류와 그 특징

1) 코일 스프링(원통형, 원추형, 드럼형, 장고형, 〈KS B 0103, 113번〉)
2) 겹판 스프링(KS B 0103 101번)
3) 벌류우트 스프링(죽순 스프링 〈KS B 0103, 119번〉)
4) 원륜 스프링(ring spring) (127)
5) 태엽 스프링(spiral spring) (123, 124)
6) 접시 스프링(disk spring) (126)
7) 와셔 스프링
8) 스냅 스프링(snap spring) (132)
9) 지그재그 스프링(zigzag spring) (133)
10) 토션 바(torsion bar) (128)

(1) 코일 스프링(coil spring)

① **코일 스프링의 종류와 장단점** : 코일 스프링은 봉재를 나선상으로 감은 것이고, 그림 11-4에서 보는 바와 같이 압축코일 스프링, 인장코일 스프링, 비틀림 코일 스프링으로 나눌 수가 있다. 그림 11-5는 실물이다. 코일 스프링에 사용되는 소재도 단면의 형상은 보통 원형이지만 정방형 또는 구형의 것도 사용하는 수가 있다.

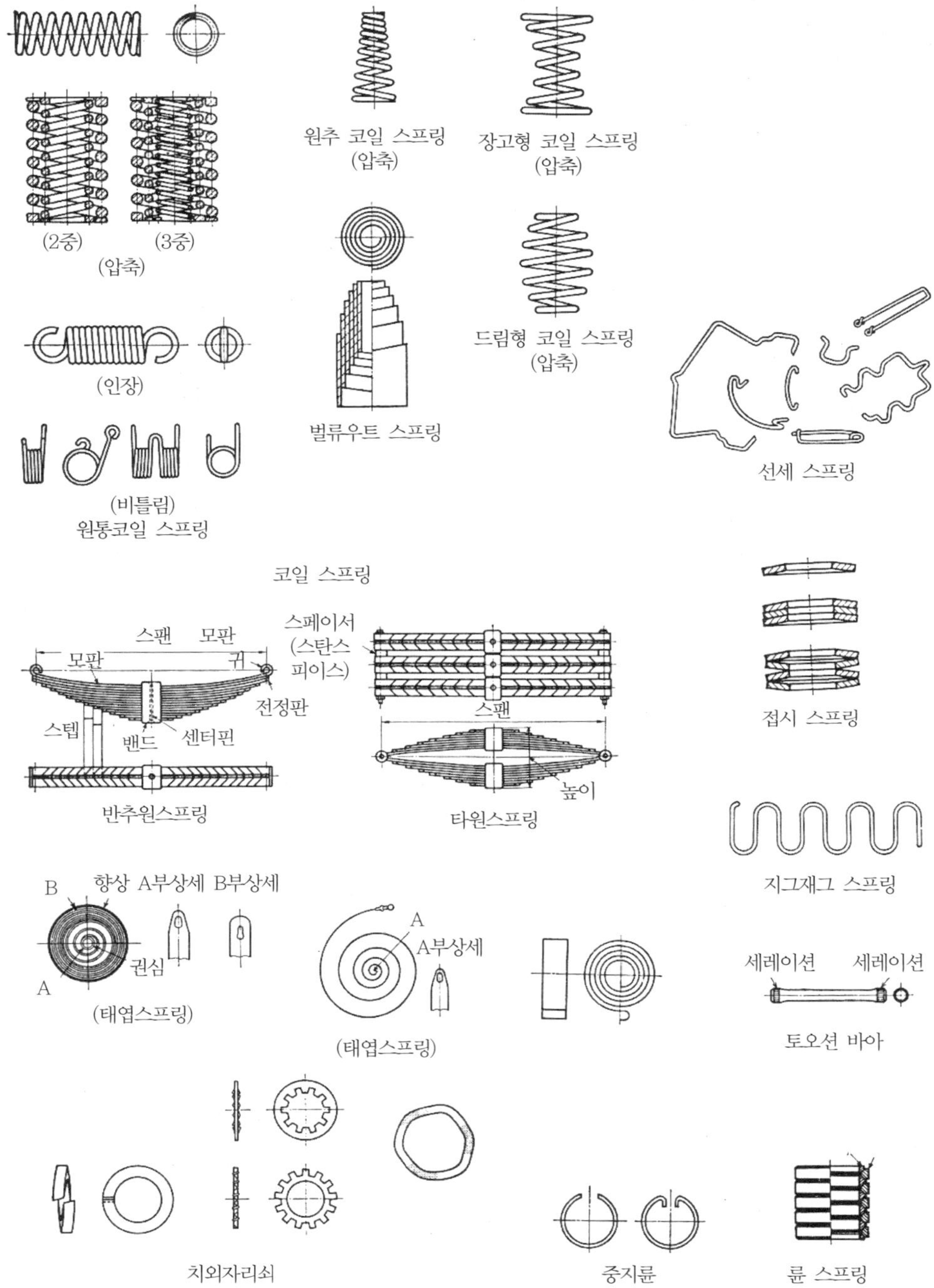

그림 11-3 형상에 의한 스프링의 종류

〈특징〉

1) 제작비가 염가이다. 특히 전용기를 사용하면 아주 싸게 된다.

2) 기능이 확실 유효하다.

3) 경량소형으로 제조할 수 있다.

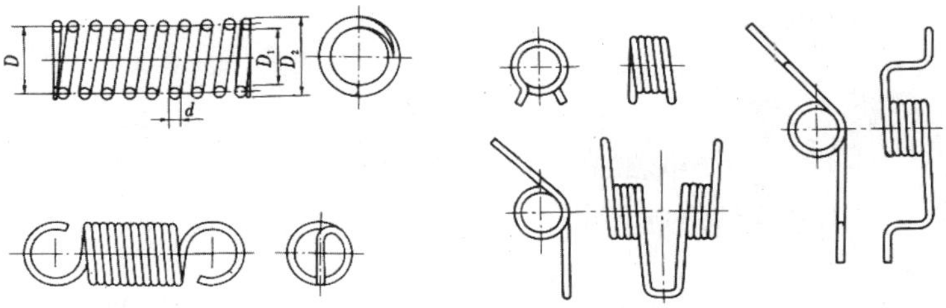

그림 11-4 코일 스프링의 단면도

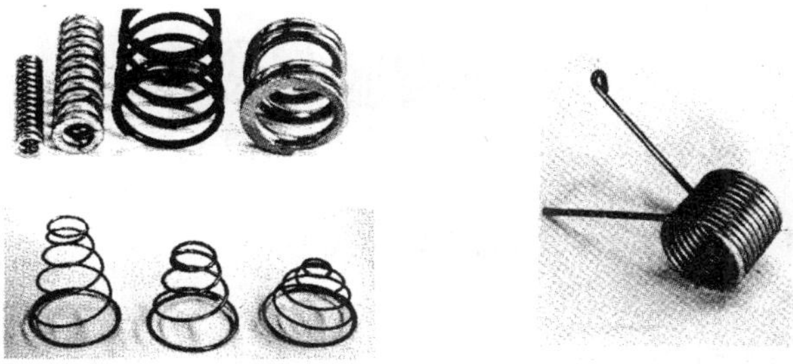

그림 11-5 코일 스프링의 실물

② **압축코일 스프링** : 압축코일 스프링에서는 그 끝부분을 座(자리)라 하고, 보통 평평하게 다듬질한다. 압축코일 스프링은 모든 기기에 사용되고, 계측기기용 스프링, 안전 밸브 스프링, 차량용 현가스프링, 내연기관의 밸브 스프링 등에 널리 사용된다.

〈특징〉

1) 제작비가 싸다.

2) 단위체적마다의 탄성에너지 효율이 높다.

압축코일 스프링은 이 코일 부분의 형상에 의하여 지금까지 말한 원통압축코일 스프링 이외에 **그림 11-6**에서 보는 바와 같이 원추압축코일 스프링, 장고형(長鼓形) 압축코일 스프링, 드럼형(준형) 압축코일 스프링 등이 있다.

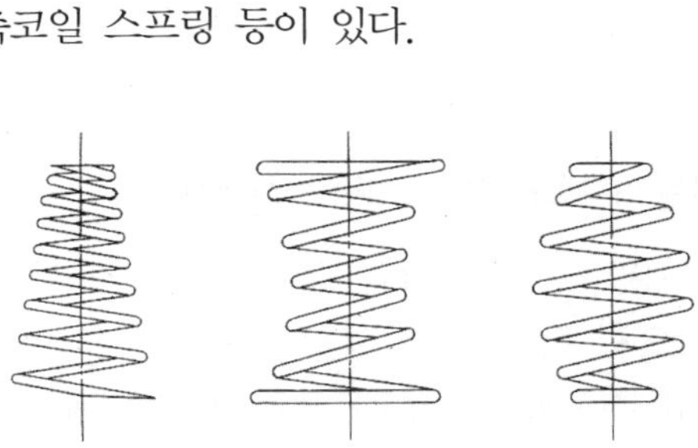

(a) 원추형 (b) 장고형 (c) 드럼형

그림 11-6 특수코일 스프링

③ **인장코일 스프링** : 인장코일 스프링의 단부는 보통 **그림 11-4(b)**에서 보는 바와 같이 훅(鉤)을 내는데. 그 형식은 여러 가지가 있고 **그림 11-7**에는 대표적인 예를 볼 수가 있다.

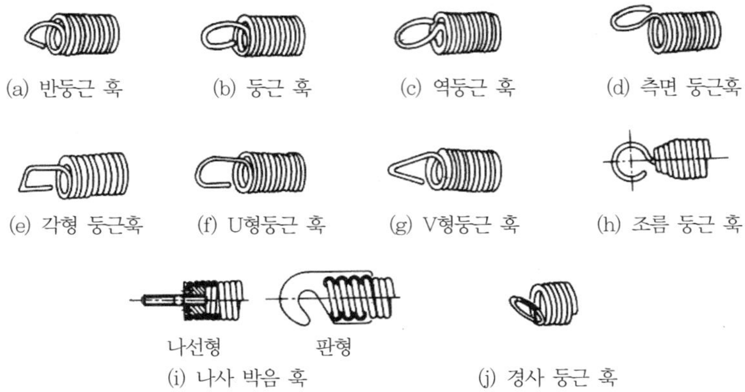

그림 11-7 인장 코일 스프링의 훅의 형상

④ **비틀림 코일 스프링** : 이것은 그림 11-4(c)에서 보는 바와 같이 코일의 중심선의 부위에 비틀림 모멘트를 받는 스프링이다.

(2) 태엽 스프링(spiral spring)

그림 11-8에서 보는 바와 같이 박강판 또는 대강 등의 스프링재를 와권상으로 감은 것이고, 시계의 태엽, 장난감의 원동력용 스프링 등에 사용된다. 코일 스프링에서는 비틀림 응력이 작용하는데, 태엽 스프링에는 굽힘응력이 작용한다. 이 스프링은 비교적 좁은 장소에 비교적 큰 에너지를 저축할 수 있는 것이 특징이다.

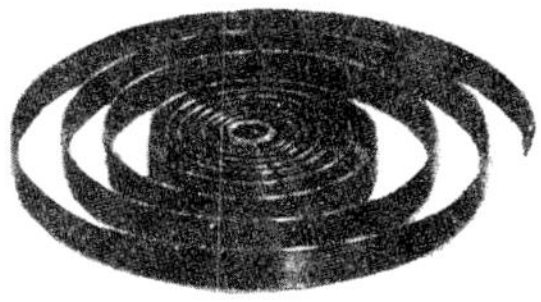

그림 11-8 태엽 스프링

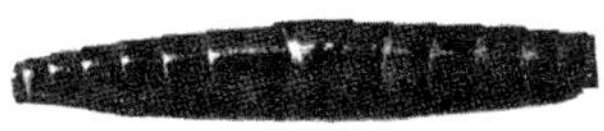

그림 11-9 벌류우트 스프링

(3) 벌류우트 스프링(volute spring)

그림 11-9에서 보는 바와 같이 태엽 스프링을 축방향에 잡아올려 연장시키면 죽순과 같은 형상으로 된다. 주로 압축용에 사용되고 오토바이의 차체완충용과 펌프에서 밸브의 운동제어에 사용된다. 이것은 제작이 용이하고 코일 사이의 마찰에 의한 내부감쇠력을 가지고 있다는 것과 스프링의 특성이 변형과 더불어 견고히 되는 비선형 특성을 가지고 있다는 특징이 있다.

(4) 토션 바(torsion bar)

그림 11-10에서와 같이 봉재를 비틀림으로서 스프링을 사용하는 것이 토션 바(torsion bar)이다.

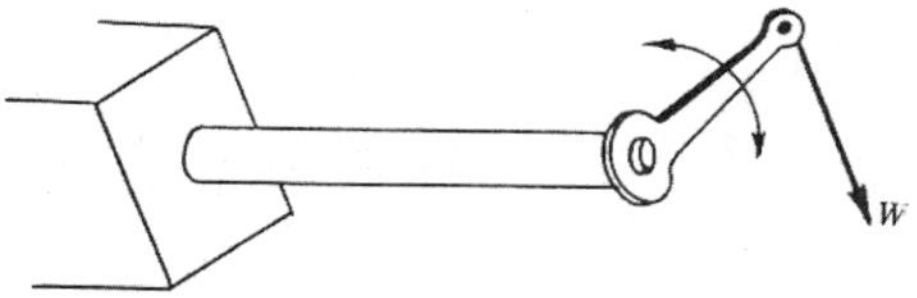

그림 11-10 토션 바

〈특징〉

1) 큰 에너지를 저축할 수 있다.

2) 경량이고 간단한 형상을 얻는다.

3) 스프링 특성과 이론치가 잘 일치한다.

그러나 부착부의 가공이 복잡하다.

(5) 판자 스프링

그림 11-11에서 보는 바와 같은 스프링 와셔(spring washer) 또는 그림 11-12에서 보는 박판 스프링(flat spring)은 단 한 장으로 된 판자 스프링이고 박판 스프링은 얇은 판자를 여러 가지 형상으로 가공하여 스프링 작용시킨 것이다.

그 특징은 스프링 작용으로서 변위가 큰 것은 박판을 사용하고 있기 때문에 응력을 작게 취할 수 있고, 비선형특성을 쉽게 얻을 수 있으며 프레스가공에 의하여 제작할 수 있으므로 다량생산이 가능하다. 또 판자스프링에는 그림 11-13에서 보는 바와 같이 몇 장의 판자를 포개서 만든 겹판 스프링(leaf spring)이 있다. 이것은 에너지 흡수능력이 크고, 스프링 작용 이외에 구조용 부재로서의 기능을 겸하고, 제조가공이 쉽다는 특징이 있으므로 자동차의 현가용으로 사용된다.

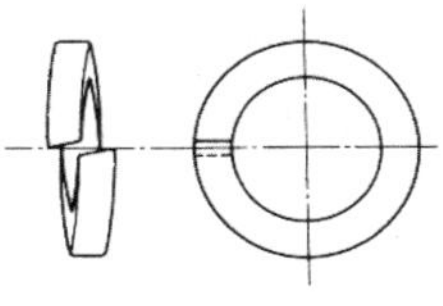

그림 11-11 스프링 와셔

그림 11-12 박판 스프링

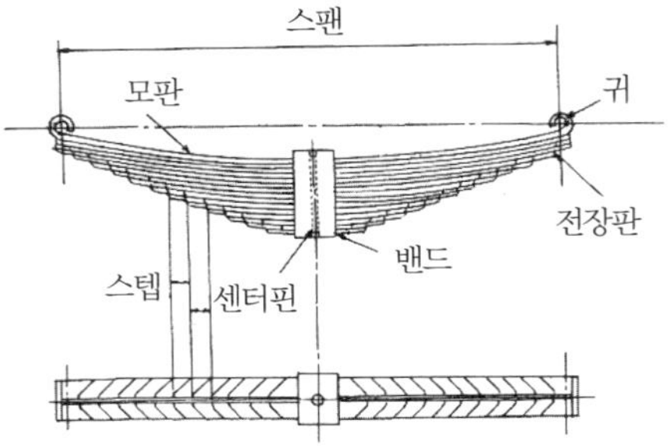

그림 11-13 겹판 스프링

(6) 철사 스프링(wire spring)

선재를 목적에 따라 여러 가지 형상으로 감거나 굽히거나 한 것이고 코일 스프링, 판자 스프링, 태엽 스프링을 소형으로 간략한 것이다. 그림 11-14에서 보는 바와 같다.

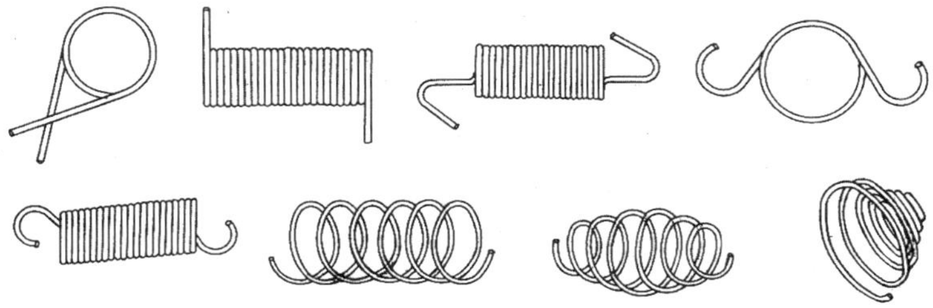

그림 11-14 철사 스프링

(7) 링 스프링(ring spring)

그림 11-15(a)에서 보는 바와 같은 형상의 스프링으로서, 크기에 비하여 제한된 공간에서 큰에너지를 흡수할 수 있고 또 감쇠력을 가지고 있으므로 철도차량의 연결기의 완충용 등에 잘 사용된다. 축방향에 하중이 작용하면 사면의 작용에 의하여 외륜은 팽창하여 인장을 받고, 내륜은 풀어서 압축을 받게 되는 것이다. 양륜이 마찰때문에 고착하는 것을 방지하기 위하여 윤활재를 넣는다. 이 스프링은 일반적으로 아주 강하므로 충격 초기의 작은 하중과 예상한 것보다 훨씬 작은 충격을 연하게 완충하고 싶은 경우에는 코일 스프링을 직열로 병용하여 이 소재가 서로 밀착하여 그 이상 줄어들지 않게 된 후부터 륜스프링이 본격적으로 작용하도록 한다. 그림 11-15(b)에서 보는 바와 같다.

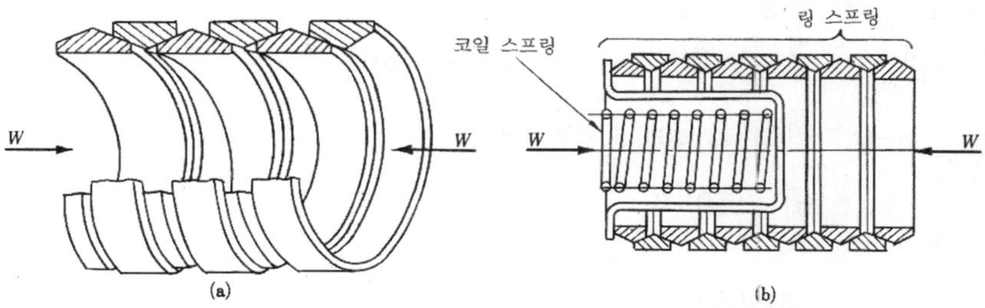

그림 11-15 링 스프링

(8) 접시 스프링(disk spring)

접시 스프링은 그림 11-16에 있어서 그 지름방향의 단면도에서 보는 바와 같이 중앙에 구멍이 있는 원판을 원추형으로 성형하고, 상하방향에 하중이 작용하도록 하여 사용하는 스프링이다. 이 스프링은 좁은 공간에서 비교적 큰 부하용량을 가지고 있을 뿐 아니라 자유상태에서의 원추의 높이와 판자두께의 비를 적당하게 선정함으로써 이용범위가 넓은 비선형 스프링특성이 용이하게 얻어지는 특징이 있다. 그림 11-16(b)는 접시 스프링의 실물사진이다.

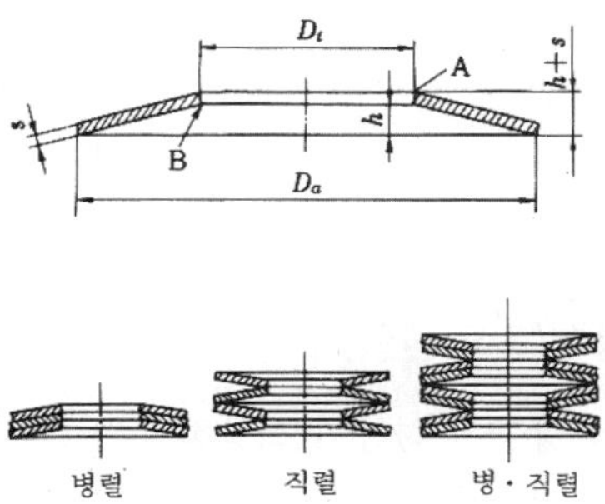

그림 11-16 접시 스프링

11.4 스프링의 용도와 규격

1. 스프링의 용도

(1) 진동 또는 충격에너지를 흡수한다.

예 전차, 자동차 등의 대차, 연결기의 완충스프링

(2) 에너지를 저축하여 놓고 이것을 동력원으로 작용시킨다.

예 시계, 섭영기의 태엽 스프링

(3) 힘을 주는 데 사용한다.

예 안전밸브의 스프링, 스프링 와셔

(4) 힘의 측정에 사용한다.

예 스프링 저울의 스프링

2. 스프링의 KS 규격

[표 11-1] 스프링 KS 규격

규격번호	규격명칭	제정(확인) 년 월 일
KS B 2398-79	겹판 스프링 설계 기준	1979.12.28
KS B 2399-79	비틀림 코일 스프링 설계 기준	1979.12.28
KS B 2400-79	원통 코일 스프링 설계기준	1973.12.27(1979.4.30)
KS B 2401-78	겹판 스프링	1968.7.6
KS B 2402-80	열간성형 코일 스프링	1962.7.6(1980.6.25)
KS B 2403-79	냉간성형 압축 코일 스프링	1968.8.2
KS B 2404-78	접시 스프링	1978.12.29
KS B 2405-79	냉간성형 인장 코일 스프링	1979.8.22
KS B 2406-80	압축 인장 코일 스프링 설계 기준	1980.12.24
KS B 3239-79	토오션 바아 스프링	1973.12.24(1979.8.4)

11.5 코일 스프링

1. 압축코일 스프링

(1) 압축코일 시스템의 기본설계공식(단면원형)

그림 11-17에서 도시한 바와 같이 축방향에 하중이 작용하고 있는 경우, 그 평형반지름을 r라 하고 평균지름을 D라 하면 $2r=D$이고, 스프링에는 $T=Pr=P\cdot\frac{D}{2}$의 비틀림 모멘트가 생긴다.

$$\text{따라서}\quad T=Pr=\frac{\tau\pi d^3}{16} \tag{11-4}$$

으로 되고 스프링의 단면에 작용하는 평균전단응력이 구해지나 설계의 응력은 이 값보다 크다. 즉 이 단면에는 이 응력 이외에 직접적인 전단력, 코일방향의 압축력 및 굽힘응력 등이 작용하고, 더욱 코일의 굽힘을 고려하던 그림 11-18에 도시한 바와 같은 복잡한 응력의 분포상태로 된다. 따라서 수정계수 K를 곱하여 보정한다.

$$\tau=\frac{16rP}{\pi d^3}=\frac{8D}{\pi d^3}P=\frac{8C}{\pi d^2}P=\frac{8C^3}{\pi D^2}P \tag{11-5}$$

단, $\dfrac{D}{d}=\dfrac{2r}{d}=C$ 이고, C를 스프링 지수라 한다.

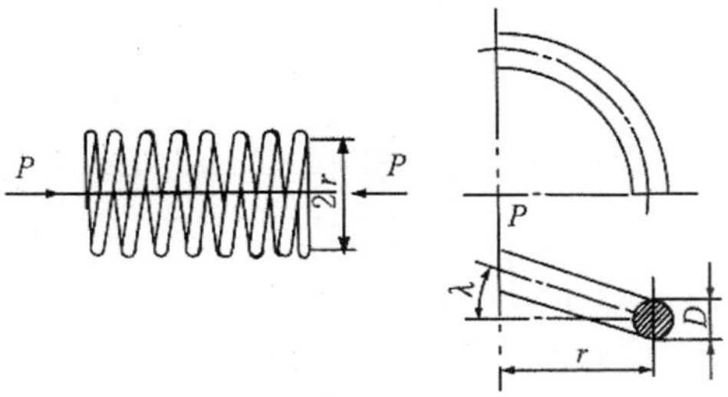

그림 11-17 압축코일 스프링

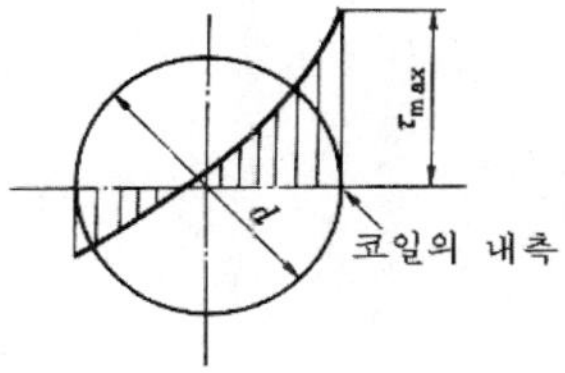

그림 11-18 코일 스프링의 단면에 있어서 응력분포상태

앞에서 이미 논한 바와 같이 수정계수 K로 수정하면 다음과 같이 된다.

$$\tau = K\frac{16rP}{\pi d^3} = K\frac{8D}{\pi d^3}P = K\frac{8C}{\pi d^2}P = K\frac{8C^3}{\pi D^2}P$$

K를 Whal의 수정계수라 하고, 다음 식에서 보는 바와 같이 스프링지수 C만의 함수이다.

$$K=\frac{4C-1}{4C-4}+\frac{0.615}{C} \qquad (11-6)$$

$$\text{혹은 } K=\frac{C}{C-1}+\frac{1}{4C} \qquad (11-7)$$

다음 **표 11-2**는 $\dfrac{D}{d}=C$에 대한 K의 값을 표시한 것이다.

[표 11-2] C에 대한 K의 값

D/d	4.0	4.25	4.5	4.75	5.0	5.25	5.5	6.0	6.5	7.0	7.5	8.0	8.5	9.0
K	1.39	1.36	1.34	1.32	1.30	1.28	1.27	1.24	1.22	1.20	1.18	1.17	1.16	1.15

코일 스프링에서는 평균지름 $D=2r$에 비하여 소재의 지름 d가 크게 되면, 굵은 소재를 작은 지름에 감는 것이 되므로 제작할 때 파상이 생기기 쉽다. 따라서 $C=\dfrac{D}{d}$를 4 이하로는 잡는 것이 좋지 못하다. 이 스프링 지수 C의 값은 코일 스프링의 실제의 계산에 있어서, 이론적인 계산공식을 수정해서 사용하는 경우에 고려하지 않으면 안 되는 중요한 값이다. 그리고 이 K의 값은 그림 11-19에서 보는 바와 같이 C의 값이 작게

됨에 따라 갑작스럽게 크게 되므로 굵은 소재를 작은 지름에 감는다는 것은 생기는 전단응력을 크게 하는 결과로 되므로 앞에서 말한 바와 같이 $\frac{2r}{d}=C$를 너무 작게 하지 않는 것이 좋다.

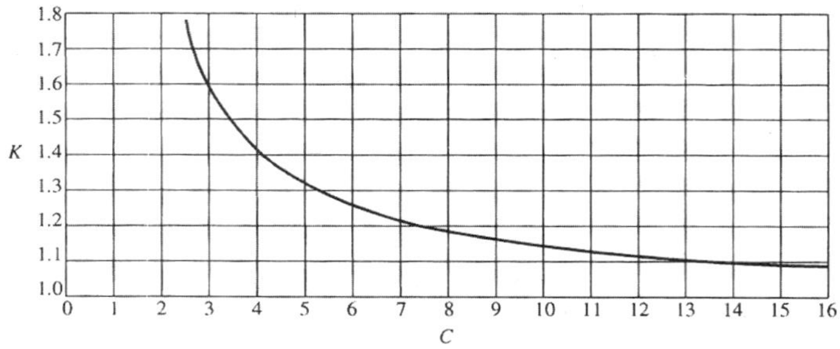

그림 11-19 와알(wahl)의 응력수정계수

탄소강 압연재의 압축코일 스프링에 대한 허용응력은 $d > 13$[mm]에서는 35 ~ 55 [kgf/㎟], $d < 13$[mm]에서는 45 ~ 65 [kgf/㎟], 합금강에서는 이것보다 20% 정도 크게 취한다. 그리고 침금(철사)의 경우에는 피아노선 75 ~ 80 [kgf/㎟], 강선 60 ~ 75 [kgf/㎟], 인청동 20 ~ 24 [kgf/㎟]라 하고 선이 가늘수록 크게 취한다.

단, 위의 값은 모두 정적 하중의 값이므로 반복 또는 충격하중이 작용하는 경우에는 그 값들의 50% 정도의 값을 사용하는 것이 안전하다. 즉 내연기관의 밸브 스프링과 같이 고속도의 반복하중을 받는 것은 외부에서 작용하는 진동과 스프링의 고유진동의 주기가 일치하여 서어징이라는 공진현상이 생기며, 큰 응력이 생겨 스프링이 파손되는 수가 있으므로 미리 허용응력을 작게 취하는 것이 좋다.

인장코일 스프링에서는 접착에 의한 안전성이 없으므로 20% 정도 낮은 허용치를 사용하고 보통 30 ~ 55 [kgf/㎟]의 범위로 취하면 될 것이다. 일반적으로 비틀림에 의한 원형봉의 비틀림각(열각) θ는 다음과 같이 표시된다.

$$\theta = \frac{Tl}{GI_p} \text{ [rad]} \tag{11-8}$$

여기서, T : 비틀림 모멘트, l : 길이

G : 횡탄성계수, I_p : 축심에 대한 극단면 2차모멘트

코일 스프링에서는 $l = 2\pi rn$, $I = \frac{\pi}{32}d^4$, $T = W \cdot r$ 이므로 위식에 대입하여 다음 식을 얻는다.

$$\theta = \frac{64nr^2W}{Gd^4} \tag{11-9}$$

$$\delta = \frac{64 \cdot nr^3 W}{Gd^4} \tag{11-10}$$

$2r = D$, $\frac{D}{d} = C$라 하면

$$\delta = \frac{8nD^3}{Gd^4}W = \frac{8nC^3}{Gd}W = \frac{8nC^4}{GD}W \tag{11-11}$$

또 스프링상수 k는 다음 식들과 같이 표시된다.

$$k = \frac{W}{\delta} = \frac{Gd^4}{8nD^3} = \frac{Gd}{8nC^3} = \frac{GD}{8nC^3} = \frac{Gd^4}{64nr^3} \tag{11-12}$$

다음에 휨이 δ의 경우 스프링에 저축되는 에너지 U는 다음 식으로 구해진다.

$$U = \frac{W\delta}{2} = \frac{32nr^3 W^2}{Gd^4} = \frac{V \cdot \tau^2}{4K^2 G} \tag{11-13}$$

단, V는 스프링의 대강의 체적이고

$$V = \frac{\pi d^2}{4} \cdot 2\pi rn \tag{11-14}$$

따라서 단위체적마다에 흡수되는 에너지를 크게 하려면 좋은 재료를 사용하여 τ를 크게 취하고 또 K를 작게, 즉 $C = \frac{D}{d} = \frac{2r}{d}$를 크게 할 필요가 있다. 그리고 $\delta = \frac{8nD^3 W}{Gd^4}$에 있어서 횡탄성계수 G의 값은 재료의 종류에 따라 다음 표 11-3에 표시한 값을 취한다.

또 G의 값은 강재이면 탄소강, 합금강 어느 것이든지 소재의 지름에 의하여 다음 표 11-4와 같이 취해도 좋다.

[표 11-3] 횡탄성계수 G의 값 ×103

재료	기호	G의 값 [kgf/mm²]
스프링강선	SUP	8×103
경강선	SW	8×103
피아노선	SWP	8×103
스테인레스강선 (SUS27, 32, 40)	SUS	7.5×103
황동선	BSW	4×103
양백선	NSWS	4×103
인청동선	PBW	4.5×103
베릴륨동선	PeCuW	5×103

[표 11-4] 스프링용 강재의 횡탄성계수

소재의 지름 d [mm]	G [kgf/mm²]
$d \geq 13$	7500
$5.5 < d < 13$	8000
$2 < d \leq 5.5$	8400
$d \leq 2$	8800

(2) 압축코일 스프링의 단부의 영향과 유효권수

① **단부의 형상** : 압축코일 스프링의 단부의 형상에는 **그림** 11-20에서 보는 바와 같은 것들이 있고, 이 중에서 가장 많이 사용되고 있는 것은 냉간성형에서는 **그림** 11-20(d)의 연삭한 오픈 엔드이고, 열간성형에서는 그림 (c)의 테이퍼 가공한 크로스 엔드(closed end)이다. 단부를 연삭 또는 테이퍼 가공할 경우에는 선단의 두께를 보통 소선의 지름 d의 $\frac{1}{4}$로 한다.

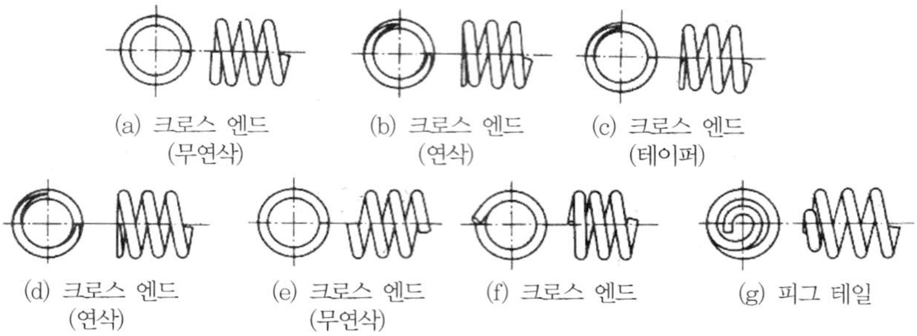

그림 11-20 압축코일 스프링의 단부의 형상

$d < \phi 16$의 경우에는 연삭하고, $d \geq \phi 16$의 경우에는 테이퍼 가공을 한다. 그림 (a), (e)와 같이 크로스 엔드(closed end), 오픈 엔드(open end) 모두 연삭하지 않는 형상도 있고, 그림 (f)의 탄젠트 테일엔드(tangent tail end), 그림 (g)의 피그 테일 엔드(pig tail end) 등의 특수형상의 것도 있으나 일반적으로 많이 사용되지는 않고, 승용의 현가 스프링(suspension spring)의 경우 사용된다.

② **압축코일 스프링의 권수** : 압축스프링에서는 양단이 축에 직각이 되도록 자리를 만들고 스프링의 굽힘을 방지한다. 따라서 자리의 부분에서는 소재의 일부가 서로 접촉한다. 이 접촉하는 부분은 **그림** 11-21에서 보는 바와 같이 $\frac{3}{4}$감기(捲), 1감기, $1\frac{1}{2}$감기로 제작한다. 이 자리의 부분을 제거하여 스프링으로 유효하게 작용하는 부분을 유효부분이라 하고, 그 부분의 감은 수를 유효권수라 한다.

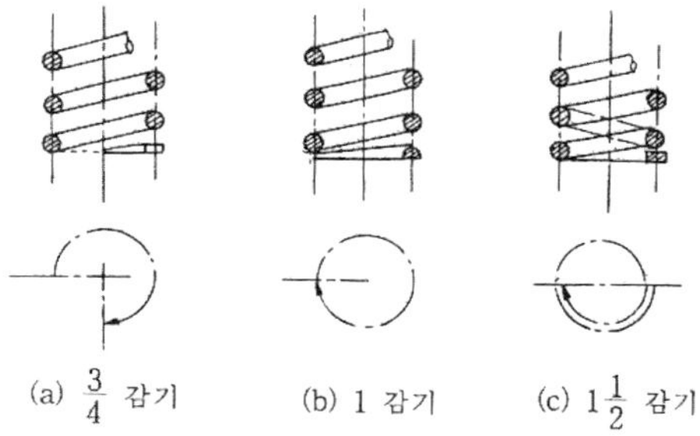

그림 11-21 압축코일 스프링의 자리(座)의 형상

이상과 같이 소선의 접촉길이가 그림 (a) 1감기의 $\frac{3}{4}$, 그림 (b) 1감기, 그림 (c) $1\frac{1}{2}$감기 등이 있는데, 작용된 하중과 그것으로서 생긴 처짐과의 비례관계가 정확해야 되는 경우에는 그림 (b), (c)를 사용하고, 완충용에는 그림 (a)형을 사용하는 편이 좋다. 그리고 스프링의 양단의 지지면에 접하는 부분과 여기에 계속하여 바로 옆의 코일에 접착하고 있는 부분은, 스프링으로서 그 기능을 발휘하지 못하므로 이 부분을 좌권(end turns)이라 하고, 그 수를 좌권수라 한다. 따라서 좌권수는 앞에서 언급한 바 있는 $\frac{3}{4}$감기, 1감기(捲), $1\frac{1}{2}$감기가 될 것이고, 스프링으로서 작용하지 않으므로 무효권수라고도 할 수 있다. 스프링의 한 단에서 다른 단까지의 전체의 권수를 총권수(total number of coils)라 하고, 총권수에서 무효권수를 빼고, 스프링으로서 유효하게 작용하는 부분을 스프링의 유효부분이라고 한다는 것은 이미 논술하였다. 유효부분의 스프링의 권수를 유효권수(number of active coils)라 한다.

결국

총권수=유효권수+무효권수

11.6 판자 스프링

1. 판자 스프링의 일반사항

판자모양의 재료의 굽힘탄성을 이용한 것으로서 단일의 스프링판자로 된 단일판스프링과 2장 이상의 판자를 겹쳐서 구성한 겹판 스프링이 있다. 구조가 간단하고 구조의 일부재로서 이용된다.

특히 겹판 스프링은 다음과 같은 특징이 있다.

1) 자동차와 철도차량의 현가용으로 겹판 스프링을 사용하였을 경우, 이 스프링은 차체구조의 일부를 겸하기 때문에 차체구조가 간이화된다.
2) 겹판 스프링의 판자 사이의 마찰은 스프링이 진동하였을 경우 감쇠력으로 작용한다. 이 감쇠력의 크기가 적당하면 이 스프링이 현가용으로서 사용되었을 경우, 아주 좋은 특성이 된다.
3) 어느 판자 하나가 끊어지더라도 그 판자만을 바꿔서 그 스프링을 다시 사용할 수 있다.

2. 단일판 스프링

(1) 단형단면의 경우

그림 11-22와 같은 캔틸레버에 있어서 길이 l, 폭 b, 두께 h라 하고, 자유단에 수직하중 W가 작용할 때의 처짐 δ와 스프링상수 k, 응력 σ를 구한다.

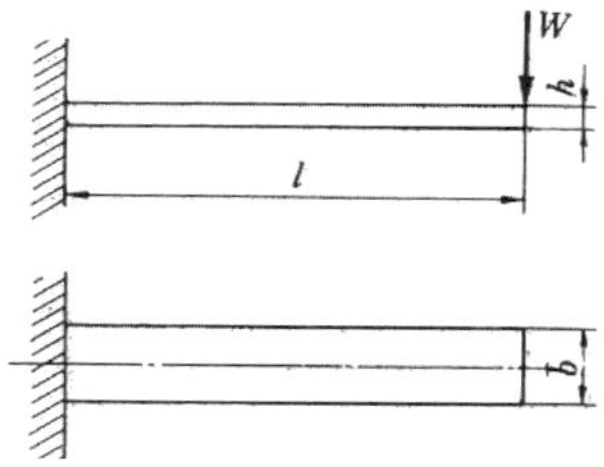

그림 11-22 단일판 스프링

재료역학에서

$$\left.\begin{aligned} \delta &= \frac{Wl^3}{3EI} \\ k &= \frac{W}{\delta} = 3\frac{EI}{l^3} \\ \sigma_{\max} &= \frac{Wl}{z} \end{aligned}\right\} \qquad (11-15)$$

$I = \dfrac{bh^3}{12}$, $z = \dfrac{bh^2}{6}$ 이므로 이 값들을 식 (11-27)에 대입하면 다음 식들이 얻어진다.

$$\delta_1 = \frac{4Wl^3}{Ebh^3}, \quad k = \frac{Ebh^3}{4l^3}$$

$$\sigma_{\max} = \frac{6Wl}{bh^2} \qquad (11-16)$$

그러나 실제의 판자 스프링의 양단이 자유로 받쳐져 있고, 단면이 균일한 길이 $2l$의 곧은 단보의 중앙에 $2W$가 작용하는 경우이므로 δ, k, σ는 다음과 같이 표시될 것이다.

$$\left.\begin{aligned} \delta &= \frac{4Wl^3}{Ebh^3} \\ k &= \frac{2W}{\delta} = \frac{Ebh^3}{2l^3} \\ \sigma_{max} &= \frac{6Wl}{bh^2} \end{aligned}\right\} \quad (11-17)$$

(2) 사다리꼴단면의 경우

그림 11-23에서 보는 바와 같이 단형의 경우에 스프링의 응력이 균일하지 않는 불리한 점을 시정하기 위하여 사다리꼴로 하여 앞에서와 같은 계산을 반복하면 δ는 다음과 같이 구해진다.

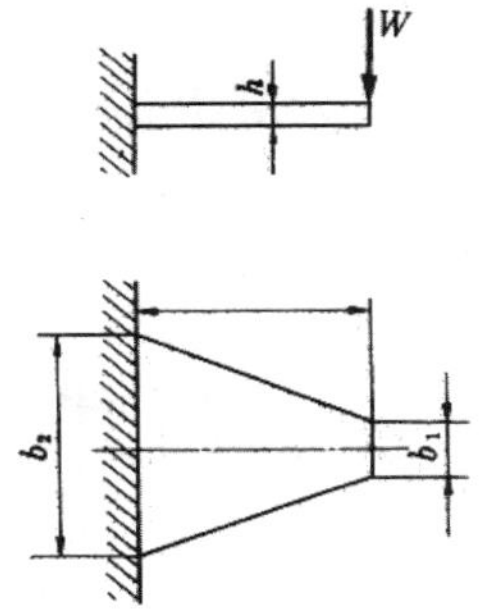

그림 11-23 사다리꼴 스프링

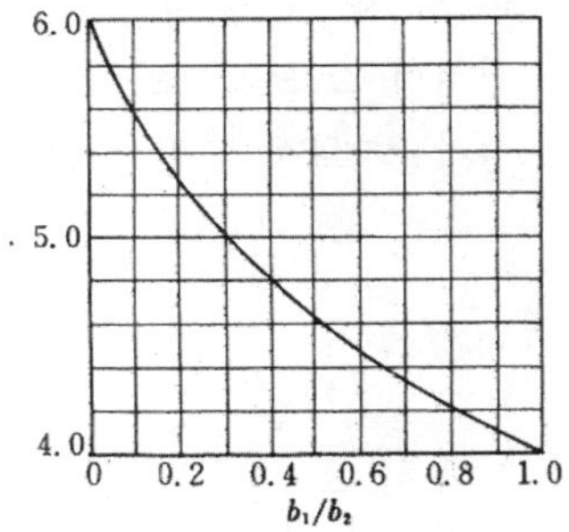

그림 11-24 형상수정계수 ϕ의 값

$$\delta = \phi \frac{Wl^3}{12EI} \quad (11-18)$$

단, $I = \dfrac{b_2 h^3}{12}$

그리고 스프링상수 k는

$$k = \frac{12E}{\phi l^3} \quad (11-19)$$

형상수정계수 ϕ는 다음 식으로 주어진다.

$$\phi = \frac{12}{\left(1-\dfrac{b_1}{b_2}\right)^3}\left[\frac{1}{2} - 2\frac{b_1}{b_2} + \left(\frac{b_1}{b_2}\right)^2\left(\frac{3}{2} - \log_e \frac{b_1}{b_2}\right)\right] \quad (11-20)$$

그리고 b_1/b_2에 대한 ϕ는 **그림 11-24**에서 구해진다. b_1/b_2가 작을수록, 즉 사다리꼴의 정도가 강할수록 스프링으로서는 효율이 좋다. $b_1/b_2=0$은 삼각형, $b_1/b_2=1$은 직사각형이고, 최대 굽힘응력은

$$\sigma_{\max}=\frac{6\,Wl}{b_2h^2}$$

3. 겹판 스프링

(1) 구조

1971년 4월 17일자로 겹판 스프링에 대한 용어가 KS B 0103에 확인 공포되었고, KS B 0103을 참조하여 각자 잘 익혀 놓아야 할 것이다. **그림 11-25**에 도시한 바와 같이 3각형 또는 사다리꼴의 스프링을 같은 폭으로 끊어서 길이가 다른 가느다란 판자를 겹쳐서 스프링으로 한 것으로서 U볼트, 클립(clip) 등으로 고정한다. 철도차륜, 자동차의 현가장치로서 널리 사용되고 있다.

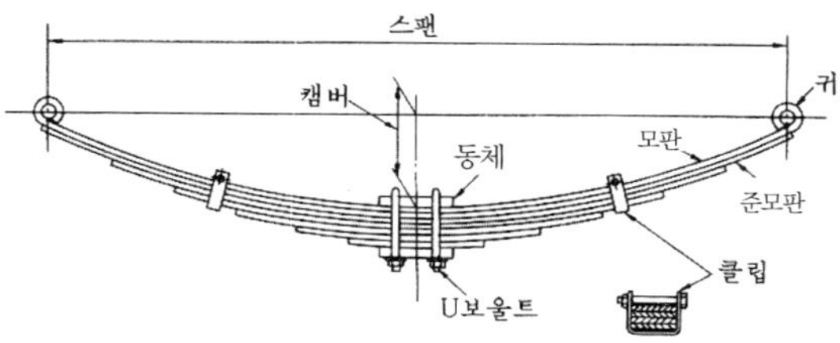

그림 11-25 겹판 스프링의 구조

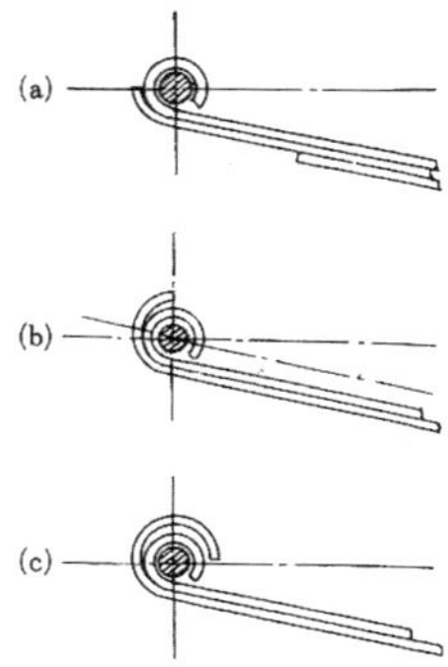

그림 11-26 둘째 판감기의 형상

가장 긴 스프링판(leaf plate)을 모판(main leaf)이라 하고, 모판이 파단하면 못쓰게 되므로 모판과 같은 길이의 준모판을 1~2매 놓는 수가 많다. 모판과 준모판을 온 길이판(全長板 ; full length leaf)이라 하고, 자판 중 스팬 이상의 길이 스프링판이 된다. 모판 이외의 스프링판을 자판(子板)이라 하고, 인접한 스프링판의 길이의 차로서 나타난 단을 스텝(step)이라 한다.

그리고 모판 다음의 스프링판의 단부를 스프링 귀에 따라 모판을 보호할 목적으로 모판보다 길게 감는데, 이것을 둘째 판감기라 하고 **그림 11-26**은 둘째 판감기의 형상을 도시한 것이다. 특히 스프링 귀를 $\frac{3}{4}$정도 감은 것을 군대나팔(military lapper)이라 하고, 군용차에 주로 사용된다.

스프링판의 끝 부분을 둥글게 감은 부분을 스프링 귀(spring eye)라 하고 귀의 중심거

리를 스팬이라 하며, 그 허용차는 ±3%라 한다. 그리고 귀에는 부싱(bushing)을 집어넣는다. 부싱에는 **그림 11-27**(a)와 같은 청동제 금속 부싱과 그림 (b)와 같은 고무 부싱이 있다. 고무 부싱은 승용차, 소형승용차에 주로 사용된다.

스프링판은 조립 전에서는 번호가 커짐에 따라 곡준도 보통 크게 만들어진다. 따라서 이것을 겹치면 **그림 11-28**에서 보는 바와 같이 판자 사이에 틈이 생긴다. 이와 같이 각 판의 캠버(camber)를 바꾸는 것을 닙(nip)이라 하고, 닙을 붙여서 조립하면 모판에는 음의 응력이, 자판에는 양의 응력이 생기며 최소자판과 모판에서는 하중을 작용시키지 않는 상태에서도 응력에 상당한 차가 생겨 모판을 보호하는 역할을 한다.

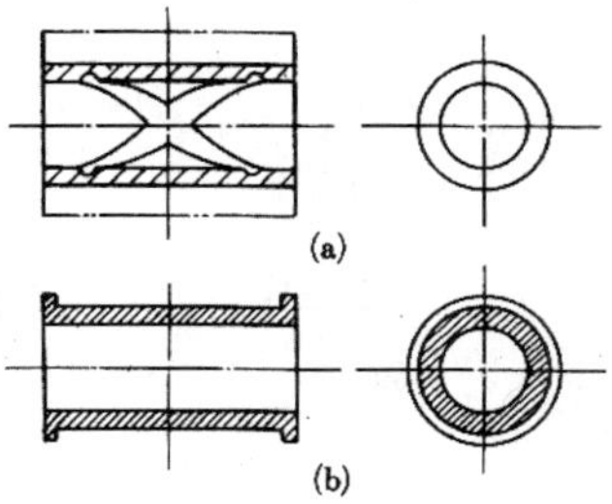

그림 11-27 부싱의 구조 예

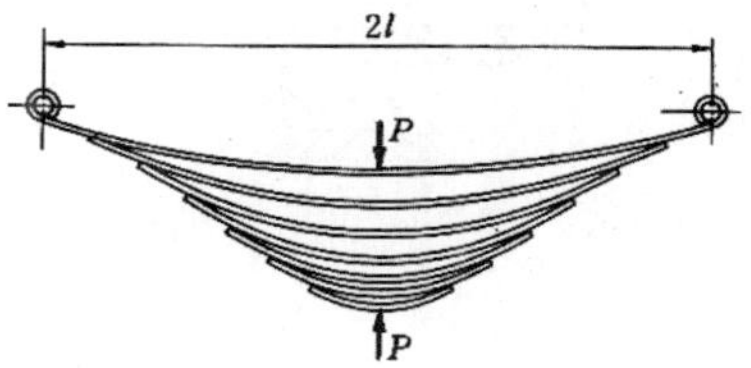

그림 11-28 닙(nip)

앞에서 말한 캠버라 함은 스프링 귀를 맺는 선과 모판의 중점과의 거리를 말하고, 최소자판의 중점까지의 거리를 높이(height)라 한다.

스프링판의 단면의 형상에는 **그림 11-29**에서 도시한 바와 같이 6가지가 있다.

그림 (a)는 각형으로 보통 사용되는 형상이다.

그림 (b)는 둥근 각형이고, 자동차 등에 사용되는 수가 있다.

그림 (c)의 중저형은 판마찰을 감소시키는 윤활제를 넣기 쉬게 한 형상이고, 약간 요면으로 한 것이다.

그림 (d)의 파라보리크형은 반복굽힘파괴는 인장측에서부터 시작하므로, 단면의 중립축을 중앙에서 인장측에 가까와지게 하여 피로한도를 올린 것이다.

그림 (e)의 중凹형도 스프링의 부하시에 있어서 인장응력을 감소시킴과 동시에 경양화를 도모하기 위하여 압축응력측의 일부에 홈을 판 것이다

그림 (f)의 리브 부착형은 중앙에 리브가 홈을 붙여 이것이 들려 끼워 맞추어져서 조합되었을 때 판자의 가로 미끄럼을 방지할 수 있게 한 것으로서, 철도차량에 주로 사용된다.

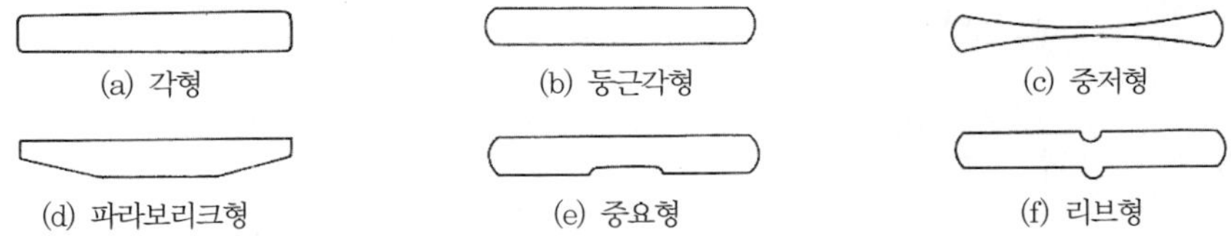

그림 11-29 겹판 스프링의 단면의 여러 가지 형상

다음 스프링판의 판부는 6-14매가 보통 사용되나, 스프링을 사이의 마찰을 작게 하기 위해서는 3-5매가 좋다. 대하중용으로서 두꺼운 판을 너무 많이 겹치면 겹판 스프링으로서의 이점이 없어진다. 스프링판의 중앙부에 있어서 밴드(band) 또는 센터 볼트에 의해 죄이고, 일체의 스프링으로서 작용시킨다(그림 11-30을 참조). 또 그림 11-31에서 보는 클립으로 겹판 스프링의 상호 분리 또는 가로 마찰 등을 방지하기 위하여 몇 곳에서 죈다.

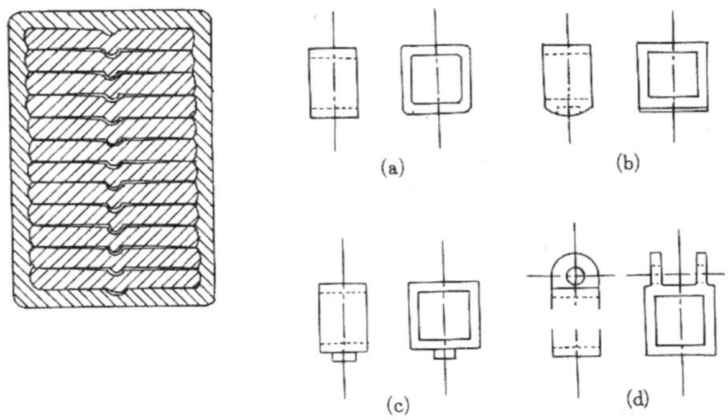

그림 11-30 밴드(band)

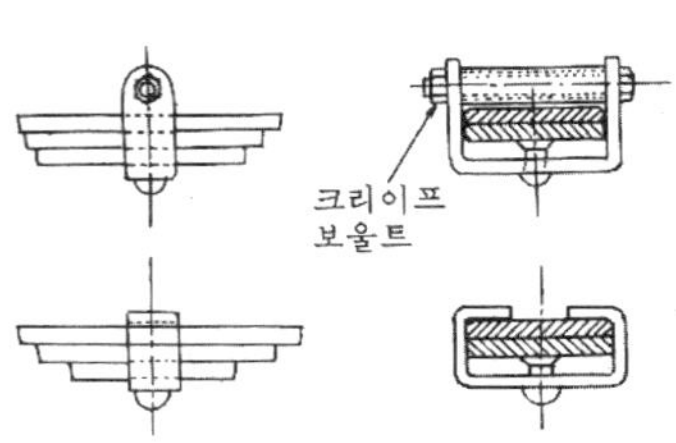

그림 11-31 클립

(2) 겹판 스프링의 종류

① 형상에 의한 종류

(a) 반타원식(semi-elliptic spring) : 그림 11-32의 (a)~(h)에 보는 바와 같고 1조의 겹판 스프링을 사용한 것으로서 대부분의 자동차, 화차 등에 사용된다.

(b) 타원 스프링(full-elliptic spring) : 그림의 (i), (j)에서 보는 바와 같이 2개의 겹판 스프링으로 구성되고, 주로 철도차량의 보울스터 스프링[KS B OP 3의 3'-109번 참조]에 사용된다.

(c) $\frac{1}{4}$ 타원 스프링 : 그림 11-32의 (k)의 경우이고, 반타원 스프링의 또 절반인 형식이다.

[표 11-5] 겹판 스프링의 스프링판의 단면치수 (단위 : mm)

반타원식		타원 스프링				1/4타원 스프링	
b	*h*	*b*	*h*	*b*	*h*	*b*	*h*
75	10 11	45	5 6	90	8 9 10 11	45	5 6
		50	6 7 8		13	50	7 8
90	10 11 13	60	6 7 8	100	10 11 13 16	65	〃
		65	6 7 8 9 10			70	7 8 9 10
100	〃	70	7 5 9 10 11	115	10 11 13 16		11
				125	16 20	80	8 9 10 11
125	13 16	80	7 8 9 10	150	25 30	90	9 10 11
			11 13	180	30	100	10 11 12

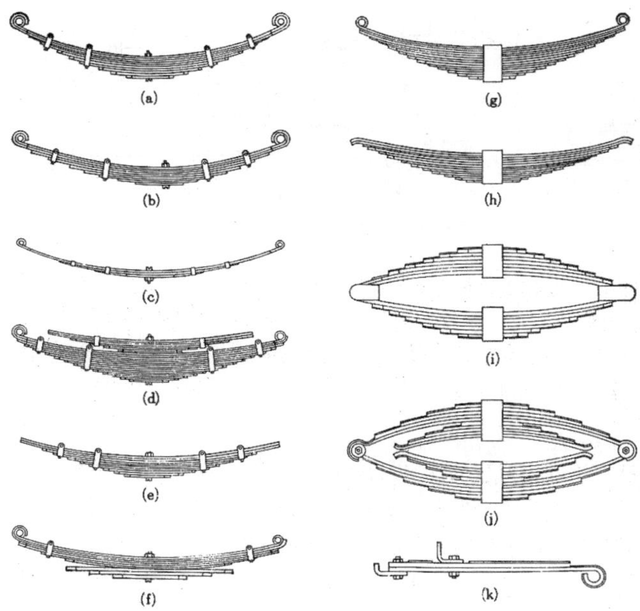

그림 11-32 겹판 스프링의 종류

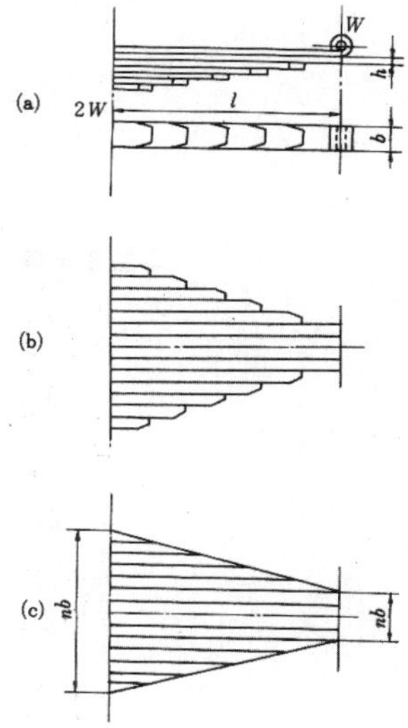

그림 11-33 겹판 스프링의 전개도

(3) 겹판 스프링의 설계 공식

겹판 스프링의 계산에는 전개법과 판단법의 두 가지가 있다. 그림 11-33(a)에서 보는 바와 같이 겹판 스프링을 길이의 방향으로 2등분하고, 그림 (b)와 동일평면상에 다시 나란히 놓아 단일판 스프링의 특성이 원의 겹판스프링의 특성과 같다고 생각하는 방법이며, 겹쳐 있는 스프링판 상호의 접촉이 온 길이에 행하여 있다고 가정하고 곡률반지름에 비하여 판두께가 아주 작다고 하면, 동일점의 곡률 $\frac{1}{\rho}$은 각판에서 서로 같다고 생각할 수 있다. 판단법은 그림 11-34에서 보는 바와 같이 각판은 그 선단에서만 옆의 스프링판과 접촉하고, 따라서 어느 스프링판에서 다음의 스프링판에의 힘의 전달은 선단에서만 행해진다는 가정을 기초로 한 것이다.

이상 2가지 방법을 비교하면 전개법에서는 스프링판의 스텝, 선단의 테이퍼, 스프링판 두께의 구성의 차이에 의한 영향이 계산식에 반영되어 있지 않는데 반하여 판단법에서는 계산은 약관 복잡하다. 가정이 실정에 가깝기 때문에 계산결과가 실측치와 일치하고, 개개의 스프링판에 대한 응력분포를 정확하게 계산할 수 있다는 장점이 있다.

따라서 보통의 설계에 사용할 때에는 전개법으로서 충분하나 전개하여 사다리꼴 또는 3각형 등으로 되지 않는 경우에는 판단법이 널리 사용된다.

① 전개법

1) **스프링판 두께가 일정한 겹판 스프링의 경우** : 두께 h가 같은 경우에는 스프링판의 단부의 형상과 스텝을 무시하고, 그림 11-33(c)와 같이 변형하여 생각하면 사다리꼴의 캔틸레버의 식으로부터 처짐과 응력을 구할 수가 있다.

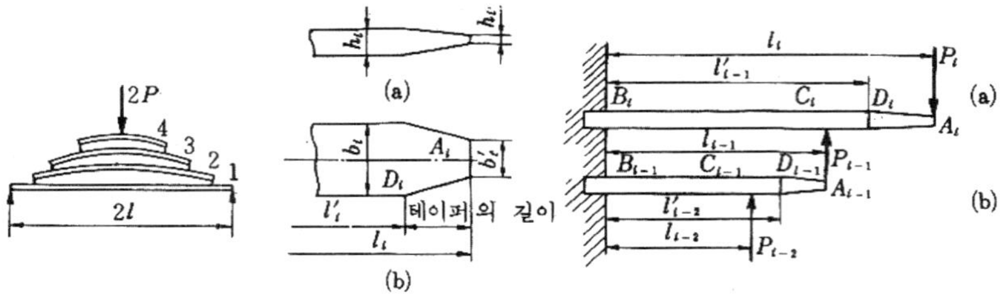

그림 11-34 판단법

$$\left.\begin{aligned}\delta &= \phi\frac{Wl^3}{3EI_0} = \phi\frac{4Wl^3}{Enbh^3}\\ k &= \frac{2W}{\delta} = \frac{6EI_0}{\phi l^3} = \frac{Enbh^3}{2\phi l^3}\\ \sigma &= \frac{6l}{nbh^2}W = \frac{3Eh}{2\phi l^2}\delta\end{aligned}\right\} \tag{11-21}$$

ϕ은 그림 11-34에서 구한다.

2) **스프링판의 두께가 다른 경우** : 폭 b이고, 두께 h_1의 스프링판이 n_1매, 두께 h_2의 것이 n_2매, … h_m의 것이 n_m개로서 구성되는 겹판 스프링의 전개법에 의한 계산법은 위식의 nbh^3 대신에, $b(n_1h^3+n_2h_2{}^2+\cdots+n_mh_m{}^3)$으로 놓을 것을 사용하면 된다.

$$\left.\begin{aligned}\delta &= \phi_1\frac{4Wl^3}{Eb(n_1h_1^3+n_2h_2{}^3+\cdots+n_mh_m{}^3)}\\ k &= \frac{2W}{\delta} = \frac{Eb(N_1h_1{}^3+n_2h_2{}^3+\cdots+n_mh_m{}^3)}{2\phi_1 l^3}\\ \sigma &= \frac{6l_ihW}{b(n_1h_1{}^3+n_2h_2{}^3+\cdots+n_mh_m{}^3)}\end{aligned}\right\} \tag{11-21}$$

위의 응력의 식은 두께가 h_i인 스프링판의 응력을 표시한다. 따라서 최대굽힘응력은 가장 두꺼운 판자에 생긴다. 철도차량용 겹판 스프링의 설부실험식 스프링판의 총판수가 비교적 많고, 몇 매의 온길이 판이 있을 경우, 즉 예를 들면 기관차 및 화차용 스프링에 대하여 다음 계산식이 사용된다.

$$\delta = \frac{5.5W(l-0.6u)^3}{Enbh^3}\,[\text{mm}] \tag{11-23}$$

$$\sigma=\frac{5.5\,W(l-0.6u)}{nbh^2}\,[\text{kgf/mm}^2] \tag{11-24}$$

단, $2u$: 밴드의 폭[mm], $2W$: 하중[kgf], $2l$: 스팬[mm]

총판수도 적고 온길이판의 매수도 적을 경우, 예를 들면 객화차용 스프링에 대해서는 다음과 같다.

$$\delta=\frac{5.3\,Wl^3}{Enbh^3}\,[\text{mm}] \tag{11-25}$$

$$\sigma=\frac{5.3\,Wl^2}{[bh^2]}\,[\text{kgf/mm}^2] \tag{11-26}$$

예제 1 스팬 $2l=1000$ [mm], 상용하중 $2W=600$ [kgf], 상용하중에 있어서 처짐 $\delta=40$ [mm±3mm], 설계응력 $\sigma=30$ [kgf/mm²]의 조건을 만족시키고, 을종단면을 가진 겹판 스프링을 설계하여라. $E=2.1\times10^4$ [kgf/mm²]라 하고 전개법을 사용하는 것으로 한다.

풀이

식 (11-35)에서 $\dfrac{\delta}{\sigma}=\dfrac{\dfrac{6W}{nbh^2}}{\phi\dfrac{4Wl^3}{Enbh^3}}=\dfrac{3Eh}{2l^2\phi}$

또는 $\dfrac{h}{\phi}=\dfrac{\delta}{\sigma}\times\dfrac{2l^2}{3E}=\dfrac{30}{40}\times\dfrac{2\times(500)^2}{3\times2.1\times10^4}=5.95$, $\phi=\dfrac{h}{5.95}$

식에서 $nb=\dfrac{6Wl}{\sigma h^2}=\dfrac{6\times300\times500}{30\times h^2}=\dfrac{3\times10^4}{h^2}$

위 식에서 $h=6, 7, 8, 9$ [mm]로 놓고 ϕ를 구하며, 표에서 $\eta=\dfrac{b_1}{b_2}$ 및 nb를 구하여 본다.

[표 11-6]

h[mm]	6	7	8	9
$\phi\left(=\dfrac{h}{5.95}\right)$	1.01	1.18	1.34	1.51
$\eta\left(\dfrac{b_1}{b_2}\right)$	0.97	0.45	0.15	0.00
nb	833	612	469	370
b_1	808	276	70.6	0

표 11–6에서 스프링판, 온길이판 및 판폭의 표준치(규격표)에서 $h=9$ [mm], $b=70$ [mm]가 가장 적합하다고 생각된다.

여기서 $h=8$ [mm], $b=70$ [mm], $n=7$로 하여 응력 및 처짐을 구한다.

$$\sigma=\frac{6Wl}{nbh^2}=\frac{6\times300\times500}{7\times70\times8^2}\,[\text{kgf/mm}^2]$$

$$=\frac{90\times10^4}{31.4\times10^3}=28.7$$

$$\eta=\frac{b_1}{b_2}=\frac{b}{nb}=\frac{1}{7}=0.143 \quad \therefore\ n=1.35$$

$$\sigma=\phi\frac{4Wl^3}{Enbh^3}=\frac{1.35\times4\times300\times500^3}{2.1\times10^4\times7\times70\times8^3}=38.4\,[\text{mm}]$$

$\therefore\ h=8$ [mm], $b=70$ [mm], $n=7$ 매

② 판사이마찰

겹판 스프링이 취해질 때, 각 스프링판 사이에 슬립(slip)이 생겨 스프링판 사이에는 마찰력이 생기고, 이것은 하중에 대한 저항으로 나타난다. 겹판 스프링자동차의 현승용으로 장치하였을 경우 마찰의 량이 적당히 조정되어 있으면 차를 탄 사람의 기분이 좋고 너무 많으면 기분을 해친다. 마찰계수 $\mu=0.14\sim0.20$ 정도이다.

스프링판 사이에 기름이 없는 경우에는

$$\mu=(10-0.05b)\frac{h\sqrt{n-1}}{l+420} \tag{11–27}$$

기름이 있는 경우에는

$\mu=0.65(10-0.05b)\dfrac{h\sqrt{n-1}}{l+420}$ 정도라는 실험결과가 있다.

단, l은 유효 스팬의 길이

겹판 스프링을 자동차에 달 경우 작은 진폭의 진동이 생기는 경우가 많은데, 이 때는 **그림** 11–35의 a, b, c, d에서 보는 바와 같은 가하중과 감하중과의 사이에서 이역곡선을 그린다. 그림에서 AA' 사이는 종축에 평행하고, 이 사이는 스프링판의 고착하고 있는 것으로 생각된다. DC는 잔류처짐이고 진동을 주면 영으로 된다.

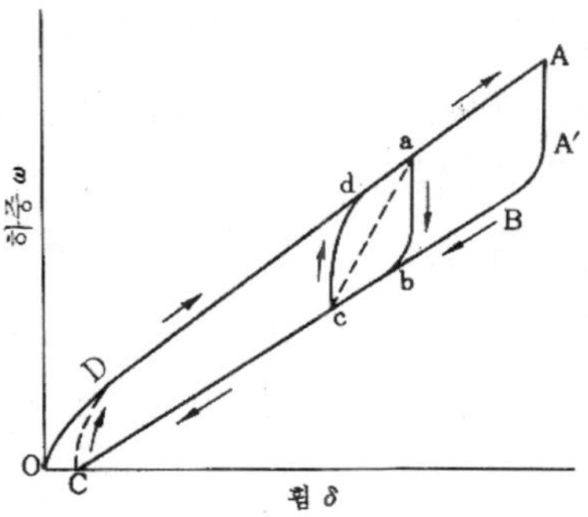

그림 11-35 겹판 스프링의 하중처짐곡선

동적 강성은 정적 강성보다 크게 되고, 동적 스프링상수는 거의 ac로 취하면 된다. 면적 ab cd는 진동 감쇠작용을 주는 일량을 표시하므로 스프링판 사이의 마찰은 감쇠에 유효하나 표면상황, 하중속도에 따라 다르고 자유로 제어할 수 없으므로 되도록 마찰을 감소시키고 다른 감쇠장치를 하는 것이 좋다. 마찰을 감소시키는 방법으로 판의 수수를 감소시키든지 또는 스프링판 사이에 그리이스를 칠하든지 한다. 그리고 마찰을 고려한 처짐은 다음 실험식으로 표시된다.

$$\left.\begin{aligned} \delta_1 &= \frac{5(1-\mu)}{5+\mu}\delta \\ \delta_2 &= \frac{5(1+\mu)}{5+\mu}\delta \end{aligned}\right\} \qquad (11\text{-}28)$$

단, δ : 마찰이 없는 경우의 처짐[mm]

δ_1, δ_2 : 마찰이 있는 경우의 가하중, 감하중의 처짐

11.7 토오션 바아 스프링

1. 토오션 바아 스프링(torsion bar spring)의 특징

이것은 그림 11-36에서 보는 바와 같이 곧은 막대의 한 단을 고정하여 다른 단을 비틀 때 생기는 비틀림 변형을 이용한 것으로서, 단위체적마다에 저축되는 탄성에너지가 크고 경량이며, 형상이 간단하고 좁은 곳에 설치할 수 있고, 스프링 특성의 계산값과 아주 잘 맞는다는 특징이 있다. 그러나 재료를 정선하여야 되며, 단부의 가공이 어렵고 비용이 들며, 부착쇠 관계에 비용이 든다.

2. 토오션 바아 스프링의 용도

1) 소형 승용차의 현가용 스프링

2) 자동차, 특히 군사용 차의 현가용 스프링

3) 빠른 진동하중을 받은 코일 스프링 때와 같이 서어징현상이 일어나지 않기 때문에 고속회전 엔진의 밸브 스프링으로서 사용된다.

4) 구동축 중에 집어넣어 토오크의 군집을 완화하는 역할을 시킬 때 사용한다.

5) 공기스프링을 사용한 철도차축과 버스에는 대형의 토오션 바아 스프링이 스태빌라이저(stabilizer)로서 사용된다.

3. 토오션 바아 스프링의 계산식

(1) 단체의 경우의 계산식

막대의 단면은 **그림 11-37**에서 보는 바와 같이 구멍원형단면 **그림 11-37**의 (a)의 경우와 원형단면 **그림 11-38**의 (b)의 경우 그리고 거형단면 **그림 11-37**의 (c)의 경우가 있다. 그리고 구멍 막대와 그 중의 막대와를 직열 또는 병열로 조합한 조합토오션 바아 스프링도 있다.

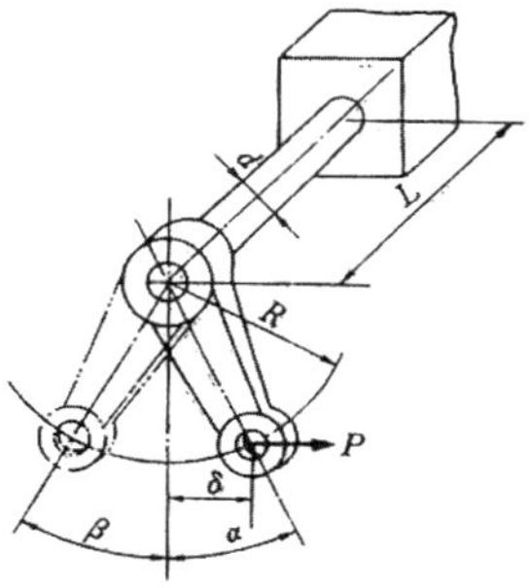

그림 11-36 토오션 바아 스프링의 원리

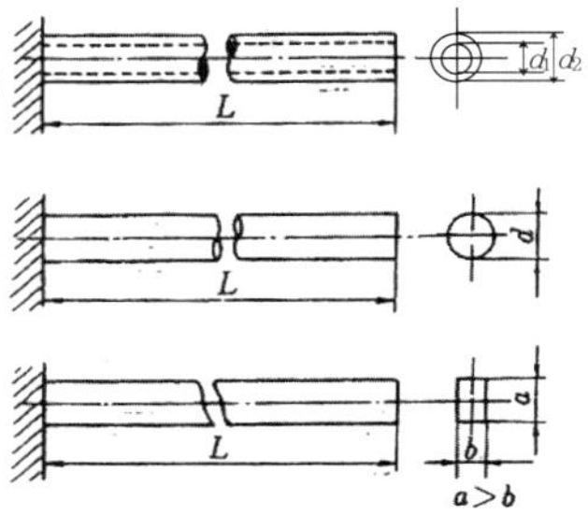

그림 11-37 토오션 바아 스프링의 단면형상

① 속빈원형단면의 경우

$$\tau_{\max} = \frac{16 d_2 T}{\pi({d_2}^4 - {d_1}^4)} = \theta \frac{d_2 G}{2L} \tag{11-29}$$

$$\theta = \frac{32}{\pi({d_2}^4 - {d_1}^4)} \cdot \frac{TL}{G} = \frac{2\tau L}{d_2 G} \tag{11-30}$$

② 실체원형단면의 경우 : 위 식에서 $d_1 = 0$, $d_2 = d$로 하여

$$\tau_{\max} = \frac{16T}{\pi d^4} = \frac{\theta d G}{2L} \tag{11-31}$$

③ 거형단면의 경우

$$\tau_{\max} = \frac{T}{k_1 ab^2} \tag{11-32}$$

$$\theta = \frac{TL}{k_2 ab^3 G} = \frac{k_2}{k_1}\frac{\theta bG}{L} \tag{11-33}$$

k_1, k_2는 b/a에 의하여 결정되는 상수이다.

(2) 아암과 조합된 경우의 계산식

그림 11-24에 있어서 착력점의 하중방향의 스플이상수 k는 변화한다. 그 변화상태는 아암의 부착각 및 토오션 바아의 사용각도에 의하여 결정된다.

즉, 비트림 모우먼트 T는

$T = WR\cos\alpha$

비 비틀림각도 θ는 $\theta = \alpha + \beta$로 된다. 비틀림 스프링상수 k_T는 $k_T = T/\theta$로 표시되고, 하중 W는

$$w = \frac{k_T}{k}C_1, \quad C_1 = \frac{\alpha + \beta}{\cos\alpha}$$

착력점의 하중방향의 스프링상수 k는 위 식을 그 방향의 휨 δ로써 미분하여 구한다.

11.8 접시 스프링

1. 접시 스프링의 특성

그림 11-36에서 또는 바와 같이 중심에 구멍이 뚫린 원판을 원추형상으로 가공한 스프링이다. 이것은 좁은 스페이스(space)로서 상당히 큰 스프링력을 얻을 수 있고, 자유높이 H와 스프링판 두께 h 와의 관계를 정당하게 고르면 여러 가지 스프링특성을 쉽게 얻을 수 있다. 또 그림 11-37에서 보는 바와 같이 직열형, 병열형 또는 직병겸열형으로 비교적 좁은 스페이스에서도 몇 개의 접시 스프링을 조합할 수가 있고, 조합에 의하여 여러 가지 스프링 특성을 쉽게 얻을 수 있다는 특성이 있다.

그러나 반면 자유 높이와 두께의 약간의 차이가 영향을 끼치므로 높은 정도의 스프링 특성을 얻을 수 없고, 두께가 일정한 재료로 제작되므로 응력분포가 고르지 못하다. 균등 응력분포로 하려면 반지름에 비례하여 스프링판의 두께를 변화시켜야 된다. 따라서 용도로서는 일정한 압력이 생기는 와셔(washer), 클러치 스프링, 프레스의 완충스프링, 소용적으로서 정하중 또는 큰반력(대포의 압력)을 이용하는 기계요소 등이다.

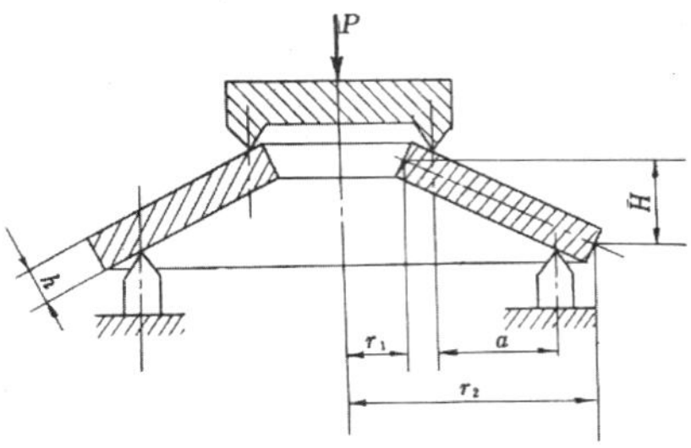

그림 11-38 접시 스프링

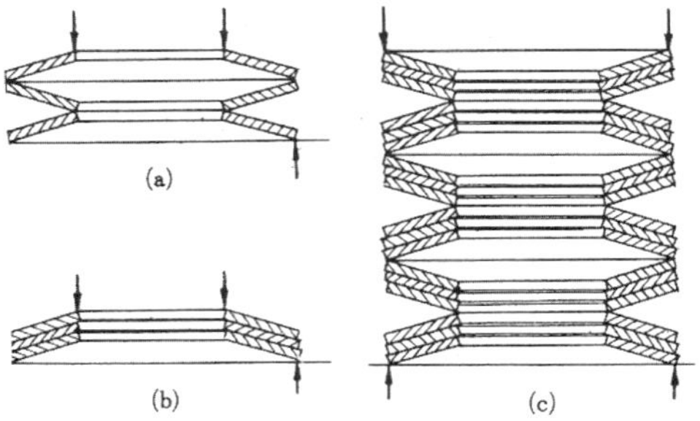

그림 11-39 접시 스프링의 조합

11.9 플라이휠

1. 관성차의 기능과 목적

왕복펌프, 내연기관, 공기압축기 등의 크랭크축에 작용하는 토크(torque)는 1사이클 중에 방향 및 크기가 변동하고, 또 순간적인 각속도도 항상 변동하고 있다. 토크의 방향이 반대로 되었을 경우 회전부분에 관성(inertia)이 없으면 회전은 불가능하게 될 것이다. 실제로는 적당한 관성이 있기 때문에 회전하고 있으나, 그래도 1사이클 중에 순간적인 각속도의 변동이 있다. 일반적으로 내연기관으로 다른 기계를 구동할 경우에 이 각속도의 변동이 크며, 구동하는 기계에 나쁜 영향을 주게 된다.

또 공기압축기의 경우에는 이것을 구동하는 모터에 변동부하를 주게 되기 때문에 전류가 변동하는 악현상을 일으키게 한다. 관성차(flywheel)는 그 자체가 가진 큰 관성모멘트(moment of inertia)에 의하여 변동토크가 작용하였을 경우 운동에서 거의 축적 및 방출을 반복함으로써 토크의 방향이 반대로 되었을 경우에도 회전을 계속할 수 있도록, 또 각속도도 될 수 있는 대로 없애도록 하는 목적으로 설치한다. 그러나 관성차는 이 목적 외에 플라이휠에 축적된 운동 에너지를 방출해서 일을 하게 하는 목적도 있다.

예를 들면 절단가공기, 타발가공기에 사용하는 플라이휠은 이런 목적으로 사용된다. 실제로는 엔진과 기계 등에서 이 관성차 자신의 관성모멘트뿐 아니라, 각 회전부의 관성모멘트도 관성차의 역할을 하게 되나, 관성차의 그것에 비하여 아주 적다.

2. 관성차의 모멘트

그림 11-40에서

r : 림(rim)의 임의의 점까지의 반지름, γ : 관성차 재료의 비중량

I : 관성차 전체의 관성모멘트, I_1 : 림 부분의 관성모멘트

I_2 : 원판부분의 관성모멘트, I_3 : 보스(boss) 부분의 관성모멘트

라 하고 관성차의 관성모멘트를 구해 본다.

먼저 림부분의 관성모멘트 I_1을 구해 보면

$$I_1 = \int_{r2}^{r1} \frac{(2\pi r dr) b_1 \gamma}{g} \times r^2 = \frac{\pi b_1 \gamma}{2g}(r_1^{\ 4} - r_2^{\ 4}) \tag{11-34}$$

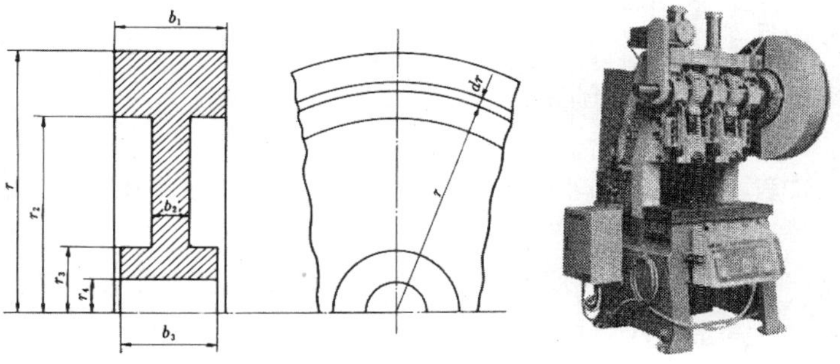

그림 11-40 관성차의 관성모멘트

마찬가지로 해서

$$I_2 = \frac{\pi b_2 \gamma}{2g}(r_2^{\ 4} - r_3^{\ 4}) \tag{11-35}$$

$$I_3 = \frac{\pi b_3 \gamma}{2g}(r_3^{\ 4} - r_4^{\ 4}) \tag{11-36}$$

$$I = I_1 + I_2 + I_3 \tag{11-37}$$

실제의 관성차에 대해서 계산해 보면, 전체의 관성모멘트 중에서 I_1이 그 대부분을 차지하고 I_2는 대단히 작기 때문에 보통 생략한다.

그림 11-41에서 림의 바깥지름, 안지름 및 폭을 각각 D_1, D_2, B_1 보스의 바깥지름, 안지름 및 폭을 각각 D_3, D_4, B_2, 원판부 폭을 B_3라 하고, 관성차의 재료의 비중을 γ라 하면 I_1, I_2, I_3는 다음과 같이 된다.

$$\left.\begin{aligned} I_1 &= \frac{\pi B_1 \gamma}{32g}(D_1^{\ 4} - D_2^{\ 4}) \\ I_2 &= \frac{\pi B_2 \gamma}{32g}(D_2^{\ 4} - D_3^{\ 4}) \\ I_3 &= \frac{\pi B_3 \gamma}{32g}(D_4^{\ 4} - D_4^{\ 4}) \end{aligned}\right\} \tag{11-38}$$

의 관성모멘트를 가진 플파이휠을 사용하는 경우 크랭프축의 1사이클 중의 변동에너지 ΔE를 구하기도 한다.

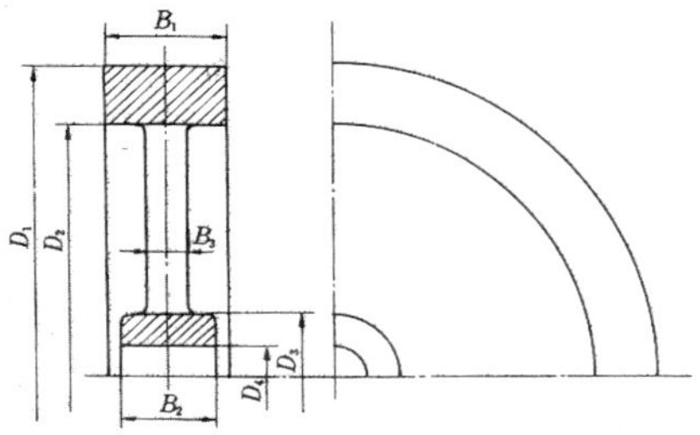

그림 11-41 관성차의 구조

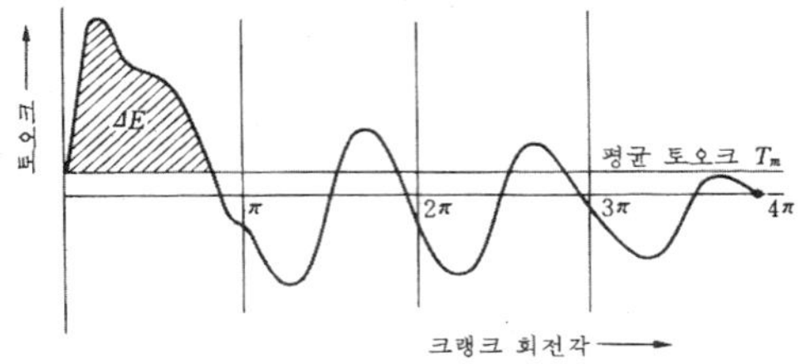

그림 11-42 4사이클-1 실린더 디이젤 엔진의 토크곡선

그림 11-42는 4사이클-1 실린더 디이젤 엔진의 토크곡선을 표시한다. 이것을 보면 1 사이클을 완료하기까지 토크는 회전방향(+측)과 반대 방향(-측)으로 아주 심하게 변동하고 있음을 알 수 있다. 이 그림에서 토크 곡선과 가로축 사이에 둘러싸인 (+)의 면적과 (-)의 면적을 각각 측정해서 그 대수합을 4π로 나누면 평균토크 T_m이 구해진다. 특수한 기계이외에서는 1사이클 중에 기계가 발생 또는 소비하는 에너지 E는 T_m을 평균토크라 하면 다음 식으로 주어진다.

$$E = 4\pi T_m \tag{11-39}$$

한편 관성차의 관성모멘트를 I라 하고 각속도를 ω라 하면, 관성차에 축적된 에너지는 $\frac{1}{2}I\omega^2$이다. 따라서 외부의 일을 함으로써 각속도가 ω_1으로부터 ω_2로 저하했다면 일에 소비된 에너지 ΔE는 다음 식으로 주어진다.

$$\Delta E = \frac{1}{2}({\omega_1}^2 - {\omega_2}^2) = I\omega^2\delta \tag{11-40}$$

단, δ는 각속도변동율로서 $\delta = \frac{\omega_1 - \omega_2}{\omega_1}$로 표시되는 값이다.

$$\text{따라서 } \omega_1 - \omega_2 = \delta\omega \tag{11-41}$$

또 근사적으로 $\frac{\omega_1 + \omega_2}{2} = \omega$로 볼 수 있으므로 다음과 같이 된다.

$$\omega_1 + \omega_2 = 2\omega \tag{11-42}$$

$$N = \frac{60\omega}{2\pi}$$

$$\Delta E = I\omega^2\delta = I\left(\frac{\pi}{30}\right)^2 N^2\delta \tag{11-43}$$

$$\therefore\ \delta = \frac{\Delta E}{\omega^2 I} \tag{11-44}$$

E에 대한 변동에너지 ΔE의 비 $q = \Delta E / E$ (11-45)

[표 11-7] 각종 기관, 기계에 대한 에너지 변동계수 q

기관종류				q	기관종류		q
증기기관	단통기관			0.15~0.25	압축기		
증기기관	단형복식기관			0.15~0.25	압축기		
증기기관	복식기관(크랭크각90°)			0.05~0.08	압축기	복동단통	0.155~0.22
증기기관	3기통기관			0.03	압축기	복동복통	0.093~0.125
디젤기관	4 사이클	단동	1기통	1.2~1.3	압축기	복동단열대향형	0.20~0.25
디젤기관	4 사이클	단동	2〃	1.55~1.85	압축기	복동복열대향형	0.05~0.15
디젤기관	4 사이클	단동	3〃	0.5~0.88	압축기	V형복동(전부하시)	0.05~0.06
디젤기관	4 사이클	단동	4〃	0.19~0.25	압축기	V형복동(1/2부하시)	0.52~0.55
디젤기관	4 사이클	단동	5〃	0.33~0.37	압축기	반량형 복동(전부하시)	0.05~0.055
디젤기관	4 사이클	단동	6〃	0.12~0.14	압축기	반량형복동(1/2부하시)	0.13~0.16
디젤기관	2 사이클	단동각종		(위의 1/2)	압축기	반량형복동(1/4부하시)	0.50~0.60
디젤기관	2 사이클	복동	3, 4기통	0.06~0.07	압축기		
디젤기관	2 사이클	복동	5, 6기통	0.014~0.017	압축기		

를 에너지 변화계수라 하고, q는 대체로 일정한 값으로 정해져 있으므로 E를 알면 q에 의하여 ΔE를 구할 수 있다. 여러 가지 기계에 대한 q의 값을 표시하면 표 11-7과 같다.

또 각속도의 변동계수 δ는 작은 편이 좋으나, 너무 작을 경우에는 같은 ΔE에 대하여 큰 I가 필요하고, 따라서 플라이휠이 크게 되므로 어느 값 이상으로 제한할 필요가 있다. 그리고 기계의 성능상으로서도 제한을 받는다. 표 11-8은 실용화되어 있는 δ의 값을 표시한다.

[표 11-8] 기관의 종류에 의한 허용각속도 변동계수 δ(kent)

종류	δ
공기압축기, 왕복펌프, 기타의 일반공장 동력용 증기기관	$\frac{1}{20} \sim \frac{1}{40}$
제지, 제분기	$\frac{1}{40} \sim \frac{1}{50}$
일반공장동력용 디이젤기관	$\frac{1}{20} \sim \frac{1}{70}$
벨트전동에 의한 직류발전기, 운전용 디이젤기관	$\frac{1}{70} \sim \frac{1}{80}$
벨트전동에 의한 압축기	$\frac{1}{60} \sim \frac{1}{75}$
직결직류발전기, 운전용 내연기관	$\frac{1}{100} \sim \frac{1}{150}$
직결교류발전기, 운전용 내연기관	$\frac{1}{150} \sim \frac{1}{250}$
공작기계	$\frac{1}{35}$
방직기계	$\frac{1}{150} \sim \frac{1}{300}$
왕복펌프, 전단기	$\frac{1}{20} \sim \frac{1}{30}$

실제의 평균 일량을 E라 하면 $\frac{\Delta E}{E}$는 왕복 기계의 종류와 용량 등에 의하여 다르나, 보통 실린더의 수가 2 이하에서는 $0.5 \sim 1.2$ 정도이고 8이면 최소 0.1 정도이다.

$$\left.\begin{aligned} & E = 4500\frac{HP}{N}[\text{kgf}\cdot\text{m}] \cdots\cdots 2\text{사이클 형식} \\ \text{단,}\quad & E = 9000\frac{HP}{N}[\text{kgf}\cdot\text{m}] \cdots\cdots 4\text{사이클 형식} \end{aligned}\right\} \tag{11-46}$$

절단기, 단조기 등과 같이 간헐적으로 작업을 하는 기계에서는 ΔE가 거의 하나의 작업에 필요로 하는 전량과 같도록 한다.

G를 관성차의 림의 중량[ton], D를 림의 단면 중심의 지름[cm], N을 관성차의 회전속도[rpm], H를 축마력[PS]이라 할 때 GD^2 [t · m²]를 관성차의 효과라 하고 다음 식으로 계산한다.

$$GD^2 = 16.2 \times 10^6 \frac{Hq}{N^3 \delta} \tag{11-47}$$

3. 관성차의 강도

관성차 각부의 강도계산은 1사이클 중의 최대토크에 대하여 행해야 한다. 또 관성차는 중량이 크므로 회전 중에는 림의 부분이 원심력에 의하여 원주방향의 인장응력을 받는다. 따라서 플라이휠의 강도는 원심력에 의하여 생기는 인장응력이 기준으로 되는데, 휠 전체를 한덩이로 생각하지 않고 풀리의 경우처럼 림부분의 강도를 생각한다. 지금 림의 부분만이 회전한다고 생각하고 얇은 회전원통으로 생각하여 계산하면 인장은력 σ_t는 다음과 같이 된다.

$$\sigma_t = \frac{D^2\omega^2\gamma}{g} = \frac{v^2\gamma}{g} \tag{11-48}$$

단, ω : 평균각속도, γ : 관성차재의 비중

D : 평균지름, v : 림의 평균원주속도$\left(=\frac{D}{2}\omega\right)$

즉, σ_t는 림의 두께와 지름에는 관계없고 원주속도 v에 의해서만 결정된다. 주철제의 경우에는 $v < 30$[m/sec] 이하로 잡고, 그 이상의 경우에는 보통 철강을 사용한다.

예제 2 **20[PS], 300[rpm]의 4사이클 단기통디이젤 기관에서 각속도변화율을 $\frac{1}{80}$ 이하로 유지시키기에 필요한 플라이휠의 림의 치수를 결정하여라(단, 이 기관의 에너지 변화계수는 1.30, 플라이휠의 바깥지름은 1.8[m]로 한다).**

풀이 이 기관이 1사이클 중에 행하는 작업량은 다음과 같다.

$$E = \frac{2\times75\times60H}{N} = \frac{9000\times20}{300} = 600[\text{kgf}\cdot\text{m}]$$

E는 1사이클 중에 크랭크축이 받는 에너지인데, 여기서는 1사이클 중에 크랭크축이 외부에 대하여 배출에너지이다.

$$\therefore\ \Delta E = qE = 1.3\times600 = 780\,[\text{kgf}\cdot\text{m}]$$

식 (11-44)로 부터

$$I = \frac{\Delta E}{\omega^2\delta}$$

여기서,

$$\omega = \frac{2\pi N}{60} = \frac{2\pi\times300}{60} = 31.4\,[\text{rad/sec}]$$

$$\delta = \frac{1}{80}$$

따라서

$$I = \frac{780}{(31.4)^2\times\frac{1}{80}} = 63.4[\text{kgf}\cdot\text{m}\cdot\text{sec}^2]$$

이 관성 모멘트는 림의 부분만으로 된다고 생각하여 림의 치수를 결정한다. 식 (11-46)로 부터

$$I = \frac{\pi b_1 \gamma}{2g}(r_1{}^4 - r_2{}^4)$$

여기서, r_1 : 0.9[m], b_1 : 0.18[m], γ : 7300[kgf/m³] (주철)을 대입하면 다음과 같이 계산된다.

$$I = \frac{\pi \times 0.18 \times 7300}{2g}(0.9^4 - r_2{}^4) = 63.4[\text{kgf} \cdot \text{cm}]$$

이 식을 풀면 $r_2 = 0.774\text{m} = 774[\text{mm}]$

예제 3 송출압력 8[kgf/㎠] 송출량 35[l/min]의 공기압축기의 매분 회전속도를 600[rpm]으로 하고, 피스턴에 걸리는 공기 압력 및 왕복 부분의 관성력을 고려한 토크 곡선은 그림 11-43과 같다. 이 압축기에 그림 11-44와 같은 플라이휠을 달았을 때 각속도변화율을 구하여라. 그리고 강도를 검토하여라.

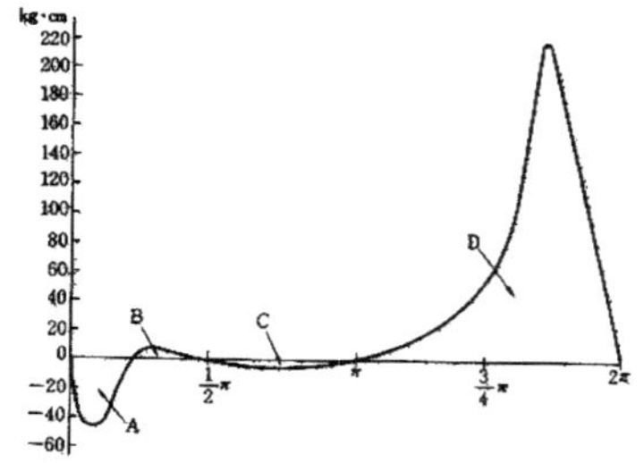

그림 11-43 공기압축기의 토크 곡선

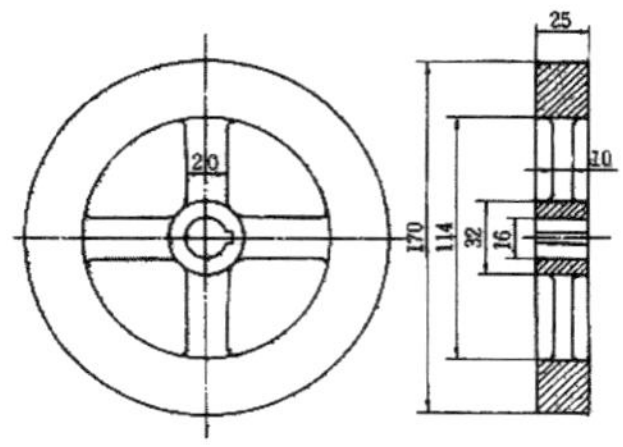

그림 11-44 아암식 플라이휠

풀이 그림 11-44의 림부분만 생각하여 플라이휠의 관성 모멘트는 다음과 같이 구해진다.

$$I = \frac{\pi b_1 \gamma}{2g}(r_1{}^4 - r_2{}^4)$$

b_1 : 2.5[cm], γ : 0.0073[kgf/㎤] r_1 : 8.5[cm], r_2 : 5.7[cm]

$$\therefore\ I = \frac{\pi \times 2.5 \times 0.0073}{2 \times 980}(8.5^4 - 5.7^4) = 0.121[\text{kgf} \cdot \text{cm} \cdot \text{sec}^2]$$

다음에 **그림 11-43**에서 토크 곡선과 가로축에 둘러싸이는 넓이를 위쪽의 것은 (+), 아래의 것은 (−)로 하여 이들의 대수합을 구한다. 이 값을 2π로 나누면 평균높이가 나오는데 평균 토크의 값은 31.6[kgf · cm]이다. **그림 11-45**는 **그림 11-43**과 같은 토크 곡선인데, 이 그림에는 횡선과 ΔE를 나타내는 평균 토크를 나타내고 있다. ΔE는 그림에서 보여주는 것처럼 평균 토크의 선보다 위쪽 부분의 넓이를 측정하여 이것에 이 선도의 단위 넓이에 상당하는 일[kgf · cm]을 곱한 것이다.

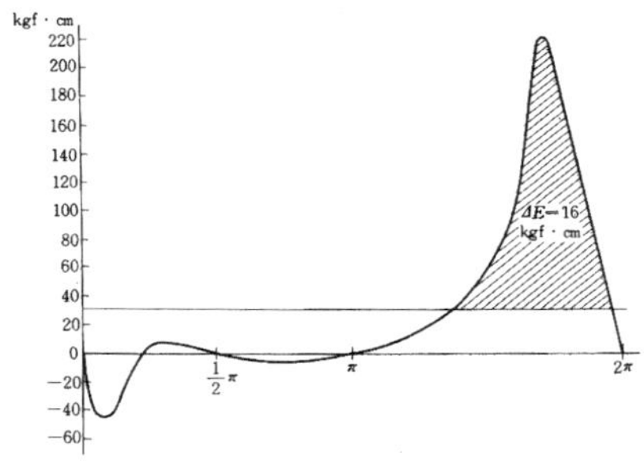

그림 11-45

이와 같이 하여 ΔE를 구하면

$$\Delta E = 16\,[\text{kgf} \cdot \text{cm}]$$

로 된다.

평균각속도 $\omega = \dfrac{2\pi N}{60} = \dfrac{2\pi \times 600}{60} = 20\pi$ [rad/sec]

따라서 δ는 식 (11-44)로 부터

$$\delta = \frac{\Delta E}{\omega^2 I} = \frac{16}{(20\pi)^2 \times 0.121} = \frac{1}{30}$$ 인데, 이것은 공기 압축기로 적당한 값이다.

먼저 림의 원주압력 σ_t를 검토한다.

식 (11-48)로 부터

$$\sigma_t = \frac{v^2 \gamma}{g}$$

이므로 여기에

$$v = \frac{2\pi r N}{60} = \frac{2\pi \times 0.071 \times 600}{60} = 4.46 \text{ [m/sec]}$$

와 $\gamma = 7300$ [kgf/m³]를 대입하면 σ_t는

$$\sigma_t = \frac{4.46^2 \times 7300}{9.8} = 14800 \text{[kgf/m}^2\text{]} = 0.0148 \text{[kgf/mm}^2\text{]}$$

이다. 따라서 원주응력은 충분하다.

1사이클 중에 작용하는 최대 토크는 **그림 11-43**으로 부터 220[kgf · cm](즉 2200[kgf · mm])임을 알 수 있다. **그림 11-44**로 부터 축지름 $d = 16$ [mm]이다. 그러므로 축에 생기는 최대 비틀림 응력은

$$\tau_{max} = \frac{16\,T_{max}}{\pi d^3} = \frac{16 \times 2200}{\pi \times 16^3} = 2.74 \text{ [kgf/mm}^2\text{]}$$

이므로 충분하다.

지금 T_{max}를 축에 전달할 때 림의 안쪽을 작용하는 접선력은

$$P = \frac{T_{max}}{r^2} = \frac{2200}{57} = 38.6 \text{ [kgf]}$$

이고, 아암의 수가 4이므로 1개의 아암에 걸리는 힘 Q는 다음과 같다.

$$Q = \frac{P}{4} = \frac{38.6}{4} = 9.65 \text{[kgf]}$$

이다. 이 힘을 아암의 끝에 작용하는 캔틸레버(외팔보)로 생각하면, 보스와 연결되는 부분에 생기는 최대 굽힘 모멘트는 아암의 길이가 41[mm]이므로 다음과 같이 된다.

$$M_{max} = Ql = 9.65 \times 41 = 396 \text{ [kgf · mm]}$$

한편 아암의 단면계수 Z의 값은 다음과 같다.

$$Z = \frac{bh^2}{6} = \frac{10 \times 20^2}{6} = \frac{2000}{3} \text{ [mm}^3\text{]}$$

굽힘응력 $\sigma_b = \dfrac{M_{max}}{Z} = \dfrac{390}{\dfrac{2000}{3}} = 0.594$[kgf/mm²]

또 접선력에 의한 아암의 전단응력은

$$\tau = \frac{Q}{bh} = \frac{9.65}{10 \times 20} = 0.0483[\text{kgf/mm}^2]$$

이상의 응력들은 모두 허용응력보다 매우 작으므로 강도는 충분하다.

예제 4 어떤 강판을 전단하는 데 5000[kgf · m]의 일을 필요로 한다. 이 강판을 끊기 위하여 전단기를 제작하려고 한다. 매분 500회전의 축에 플라이휠을 달아서 이 플라이휠에 저장 될 에너지로 전단 작업을 하려고 한다. 전단할 때 플라이휠의 회전속도는 20% 저하된다고 하면, 이 플라이휠의 관성 모멘트는 얼마나 크면 되겠는가?

풀이 전단 작업 전의 회전속도는

$N = 500$ [rpm]이므로

$$\omega_1 = \frac{2\pi N_1}{60} = \frac{2\pi \times 500}{60} = 52.4[\text{rad/sec}]$$

전단 작업 후의 회전속도는

$N_2 = 500 \times 0.8 = 400$ [rpm]이므로

$$\omega_2 = \frac{2\pi N_2}{60} = \frac{2\pi \times 400}{60} = 41.9\,[\text{rad/sec}]$$

이다. 그런데 전단에 사용된 에너지 E는 다음과 같이 계산된다.

$$E = \frac{1}{2}({\omega_1}^2 - {\omega_2}^2) = 5000\,[\text{kgf} \cdot \text{m}]$$

따라서 소요의 관성 모멘트는

$$I = \frac{2 \times 5000}{{\omega_1}^2 - {\omega_2}^2} = \frac{2 \times 5000}{52.4^2 - 41.9^2} = 10.1[\text{kgf} \cdot \text{m} \cdot \text{sec}^2]$$

예제 5 16[PS], 500[rpm]의 4사이클 단기통디이젤 기관의 각속도 변화계수를 $\frac{1}{100}$ 이하로 유지시키기에 필요한 관성 모멘트는 얼마인가? 단, 이 엔진의 에너지 변화 계수를 1.3으로 한다. 또 이 엔진에 의하여 구동되는 기계의 관성 모멘트는 생각하지 않는다.

풀이 이 엔진이 1사이클 중에 행하는 에너지 E 다음과 같이 계산된다.

$$E = \frac{2 \times 75 \times 60 \times 16}{500} = 288\,[\text{kgf} \cdot \text{m}]$$

이다. 식 (11-48)로 부터

$$\Delta E = q \cdot E = 1.3 \times 288 = 374\,[\text{kgf} \cdot \text{m}]$$

$$\omega = \frac{2\pi N}{60} = \frac{2\pi \times 500}{60} = 52.4[\text{rad/sec}]$$

따라서 식 (11-47)로 부터

$$I = \frac{\Delta E}{\omega^2 \delta} = \frac{374}{52.4^2 \times \frac{1}{100}} = 13.7\,[\text{kgf} \cdot \text{m} \cdot \text{sec}^2]$$

01 압축코일 스프링에 있어서 하중 $W=30$ [kgf]의 경우 휨을 계산하여라(단, 코일의 평균지름 $D=40$ [mm], 소선지름 $d=6$ [mm], 유효권수 $n=10$이라 한다. 재료는 경강선을 쓴다).

02 지금 하중 $V=800$[kgf], 휨 $\delta=65$ [mm], $D=100$ [mm], 응력 $\tau=45$ [kgf/㎟]라 할 대 소선의 지름 d와 유효권수 n을 구하여라.

03 인청동선을 사용하여 자유 길이 $H_0=90$ [mm], 부하상태의 각 선 사이의 거리 1[mm]의 압축코일 스프링을 설계하려고 한다. 하중 $W=150$ [kgf], $D=36$ [mm], $\tau=40$ [kgf/㎟]라하고, d와 n을 구하여라.

04 다음과 같은 명세의 벌류우트 스프링의 처짐과 응력을 구하여라. 판폭 24[mm], 두께 4 [mm], 총권수 $n_i=6.75$, 유효권수 $n=5$, 자유 높이 72 [mm], 유효안지름 $r_1=15$ [mm], 바깥지름 $r_2=45$ [mm]

05 내다지 보에 있어서 길이 $l=400$ [mm], $b_2=650$ [mm], 보의 두께 $h=10$ [mm], 허용응력 $\sigma=50$ [kgf/㎟]라 하면, 최대하중 W는 몇 [kgf]인가?

06 상용하중 $W=500$ [kgf]에 있어서 처짐 $\delta=80$ [mm]의 원통압축코일 스프링의 소재의 지름 및 유효권수를 구하여라(단, 코일의 평균지름 $D=100$ [mm], 허용응력 $\tau=40$ [kgf/㎟]라 한다).

07

유효권수 $n=6$, 코일의 평균지름 $D=35$[mm], 소선의 지름 $d=6$[mm]의 스프링의 서어징의 고유진동수는 얼마인가? 단, 스프링의 양단자유이다.

08

스팬 $2l=1000$[mm], 상용하중 $2W=1200$[kgf]에 있어서 처짐 $\delta=50$[mm]± 4[mm], 허용응력 $\sigma=35$[kgf/㎟]의 조건을 만족하고, 2종단면의 치수를 겹판 스프링을 설계하여라. 단, $E=2.1\times 10^4$[kgf/㎟] 전개법을 사용하여라.

09

스팬의 길이 $2l=1000$[mm], 하중 $2W=1200$[kgf], $n=12$, $b=90$[mm], $h=7$[mm], 밴드의 폭 $2u=100$[mm]의 겹판 스프링의 처짐, 굽힘응력을 계산하여라. 단, $E=2.1\times 10^4$[kgf/㎟]

10

바깥반지름 100[mm], 안반지름 50[mm]로서 처짐변화 1.5[mm]에 대하여 하중이 약 1000[kgf]가 그다지 변화하지 않도록 접시 스프링을 설계하여라. 단, 응력은 150[kg/㎟] 이하로 취한다.

11

2기통 2사이클 30[PS]의 가솔린 엔진이 있다. 회전속도 500[rpml으로서 속도변동율을 $\frac{1}{40}$로 하려고 한다. 합계의 회전관성모멘트 1을 얼마로 하면 좋은가?

12

진동전달율을 0.1로 하려고 한다. 고유진동수비 ω/ω_c를 구하여라. 또 공유진동수 $\omega=100$[rad/sec]의 경우의 고유진동수를 구하여라.

13 동댐퍼에 있어서 통상진동수 $\omega=50$ [c/sec]의 계에 적합한 동댐퍼를 설계하여라.

14 16[PS]의 1실린더 2사이클 가솔린 엔진이 있다. 매분의 회전속도는 480[rpm]이고, 속도변동률을 $\frac{1}{40}$이라 하고, 폭발할 때 토출된 에너지의 90%를 플라이휠에 저축할 수 있도록 하려면 플라이휠의 관성모멘트를 얼마로 설계하면 좋은가? 또 플라이휠의 회전반지름이 40[cm]이면 그 중량은 몇 [kgf]인가?

15 플라이휠에 평균 180[rpm]으로 5[PS]를 공급하여 매분 18개의 구멍을 뚫는 프레스가 있다. 기계의 효율을 85%로 하여 속도변동률을 $\frac{1}{20}$이라 하면, 플라이휠의 관성모멘트를 얼마로 설계하면 좋은가? 단, 1개의 구멍을 뚫으려면 플라이휠의 1회전이 필요하다.

16 코일 스프링에서 코일의 지름 $D=30$[mm], 철사의 지름 $d=6$[mm], 유효권수 $n=8.5$이다. 허용응력을 $\tau=6000$[kgf/㎠]라 할 때 최대하량을 구하여라. 또 처짐을 구하여라.

17 인장코일 스프링이 코일의 지름 $D=15$[mm] 소선의 지름 $d=2.5$[mm], 유효권수 $n=30$, 응력 $\tau=7000$[kgf/㎠]라 할 때 인장하중 및 스프링상수를 구하여라.

해답

❶ 14.8[mm] ❷ $d=18$[mm], $n=9$ ❸ $d=8$[mm], $n=7.5$
❹ $\delta=48.9$[mm], $\delta=126$[kgf/㎟] ❺ $W=1335$[kgf] ❻ $d=16$[mm], $n=10.5$
❼ 290.6[cps] ❽ 90×7, $n=12$ ❾ $\delta=43.7$[mm], $\sigma=29.3$
❿ $h=3.8$[mm], $H=5.7$[mm], $W=1072$[kgf] ⓫ 206[kgf · m/sec^2]
⓬ $3.32\omega_n=30.1$[rad/sec] ⓭ $K_2=100.5$[kgf · cm], $m_2=\frac{1}{980}$[kgf · sec^2/cm]
⓮ $I=2.14$[kgf · m/sec^2], $W=131$[kgf] ⓯ $I=53.8$[kgf · m/sec^2]

CHAPTER 12

마찰차 전동장치(friction gearing)

12.1 마찰자의 개요

마찰차는 2개의 바퀴를 직접 접촉시킨 다음 이것을 서로 밀어붙여 그 사이에 생기는 마찰력을 이용하여 두 축 사이에 동력을 전달시키는 장치이다. 2개의 바퀴는 구름 접촉(rolling contact)을 하면서 회전하므로 접촉선 위의 한 점에서 두 바퀴의 표면속도는 항상 같다. 그러나 실제로는 약간의 미끄럼이 따르는 것이 불가피하다. 따라서 확실한 회전운동의 전달 및 강대한 전동에는 적당하지 못하다. 그러나 접촉면이 매끈하기 때문에 운전 중 접촉을 분리시키지 않고 바퀴를 이동시킬 수 있고, 지름을 자유로 변경시킬 수 있으며 주어진 범위 내에서 연속직선적으로 변속시킬 수 있는 장치를 용이하게 얻을 수 있는 특징이 있으므로 무단변속장치에 응용된다. 여기에 대해서는 따로 자세히 설명하기로 한다. 따라서 응용범위는 대개 다음과 같다.

i) 전달해야 될 힘이 그다지 크지 않고 속비를 중요시하지 않을 경우
ii) 회전속도가 커서 보통의 기어를 사용할 수 없을 경우
iii) 양축 사이를 빈번히 단속할 필요가 있을 경우
iv) 무단변속을 할 경우

따라서 마찰차의 실용적인 것을 구별하면 다음과 같다.

1) 평마찰차(spur friction wheel)는 2축이 평행하고 바퀴는 원통형이다.
2) 홈마찰차(구마찰차 ; grooved friction wheel)는 2축이 평행하다
3) 원추마찰차(산마찰차 ; bevel friction wheel)는 2축이 어느 각도로 서로 만나고 있으며 바퀴는 원추형이다.
4) 변속마찰차(variable speed friction wheel)

1. 평마찰차

(1) 회전비(velocity ratio)

두 원통마찰차가 완전한 구름 접촉을 하여 미끄럼이 전혀 없다고 하면 표면 속도는 같다. 즉 원동풀리는 종동풀리를 접촉선에 있어서 마찰에 의하여 자기에 밀착시켜서 같은 속도로 회전작용을 계속적으로 한다. 즉 그림 12-1에서 r_A, r_B를 양풀리의 반지름, ω_A, ω_B를 그 각속도, 매분의 회전속도를 각각 N_A, N_B라 하면

$$\omega_A = \frac{2\pi}{60}N_A, \quad \omega_B = \frac{2\pi}{60}N_B, \quad \frac{\omega_A}{\omega_B} = \frac{N_A}{N_B}$$

속도 $v = r_A\omega_A = r_B\omega_B$

$$\therefore \frac{r_A}{r_B} = \frac{\omega_B}{\omega_A} = \frac{N_B}{N_A} = \frac{D_A}{D_B} \tag{12-1}$$

즉, 회전속도는 지름에 반비례한다. **그림 12-1**(a)와 같이 외접하는 경우는 회전 방향이 서로 반대이고, 양 중심거리 C는 다음 식으로 주어진다.

$$C = \frac{D_A + D_B}{2} = r_A + r_B \tag{12-2}$$

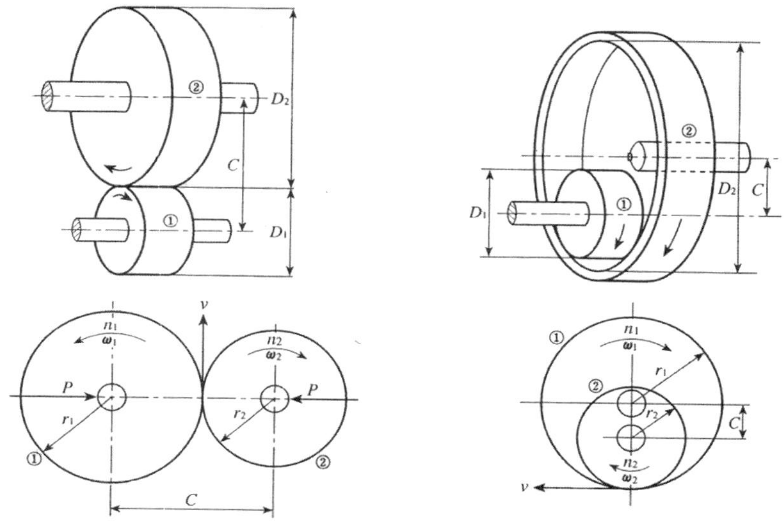

그림 12-1 평마찰차의 회전비

그림 12-1(b)와 같이 내접촉 평마찰차(internal spur friction wheel)에서는 회전 방향이 같고, 두 축 사이의 중심거리는 다음 식으로 주어진다.

$$C = \frac{D_B - D_A}{2} = r_B - r_A \tag{12-3}$$

(2) 마찰에 의한 전동마력

일반적으로 **그림 12-2**에서 도시한 것은 2개의 물체의 표면을 P의 힘으로써 밀어붙인 상태이다. 이 2개의 물체 A, B를 활동시켜서 도시한 방향에 상대적으로 운동시킬 때,

블록 A에는 접촉면에 Q의 힘이 도시한 방향으로 작용하고, B에는 Q'의 힘이 도시한 방향으로 작용한다. 이 Q와 Q'의 크기는 같고 방향이 서로 반대이다. 그리고 그 방향은 운동을 방해하는 방향이다. 또한 A를 움직이게 하는 것을 반대하는 마찰력은 Q이며 P와 Q 사이에 다음 관계가 있다.

$$Q = \mu P \qquad \therefore\ \mu = \frac{Q}{P} = \tan\rho \tag{12-4}$$

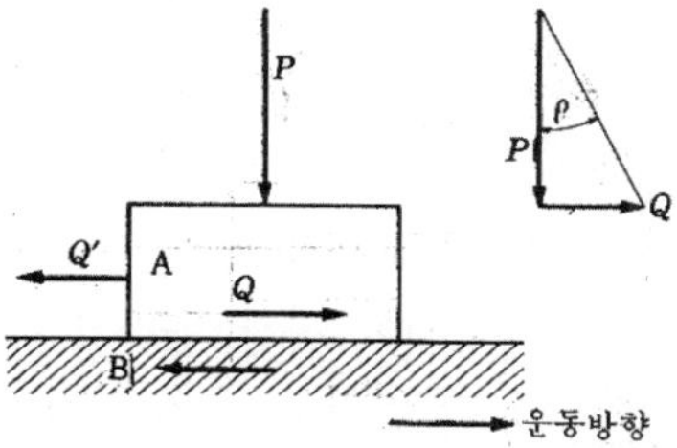

그림 12-2 마찰각

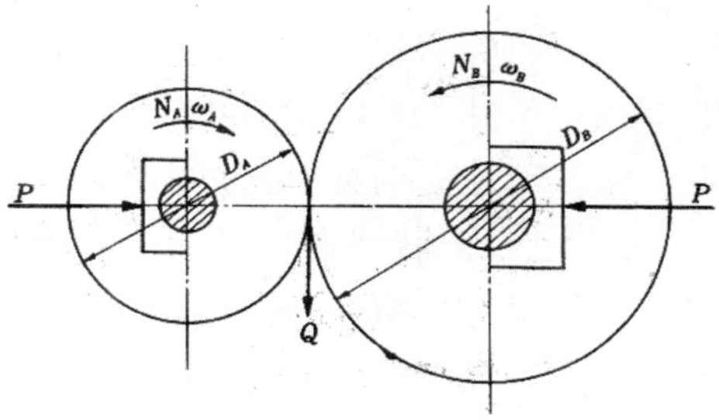

그림 12-3 평마찰차의 전동마력

μ를 이 2개의 물체 사이의 마찰계수라 하고, ρ를 마찰각이라 한다. 따라서 그림 12-3에 있어서 2개의 마찰차를 P의 힘으로 밀어붙이면 접촉점에서 $Q=\mu P$의 마찰력이 생기고, 이 Q의 힘으로 종동차를 회전시킨 수가 있다. 즉 종동마찰차를 회전시키는 데 필요한 접선력이 μP보다 작으면 동력을 전달시킬 수가 있다.

그러나 종동마찰차에 큰 저항이 걸려서 이것을 회전시키는 힘이 μP보다 클 경우에 두 바퀴는 미끄럼이 생기고 동력을 전달시킬 수 없게 된다. 따라서 전달시킬 수 있는 최대의 접선력은 μP이고, 종동마찰차에 허용할 수 있는 최대의 토크 $\mu P \cdot \frac{D_B}{2}$[kgf/cm]이다.

하중의 모멘트가 그 이상이면 바퀴는 미끄러져서 동력은 전달되지 않는다. 또 전달시킬 수 있는 최대마력은 다음 식으로 표시된다.

$$v = \frac{\pi D_A N_A}{100 \times 60} = \frac{\pi D_B N_B}{100 \times 60} = 0.000524\, D_B N_B \,[\text{m/sec}] \tag{12-5}$$

단, D_A는 [cm] 단위로 표시한 것이다.

$$\therefore\ H_{PS} = \frac{\mu P \pi D_A N_A}{75 \times 1000 \times 60} = \frac{\mu P \pi D_B N_B}{75 \times 1000 \times 60}\,[\text{PS}] \tag{12-6}$$

$$H_{kW} = \frac{\mu P \pi D_A N_A}{102 \times 1000 \times 60} = \frac{\mu P \pi D_B N_B}{102 \times 1000 \times 60}\,[\text{kW}]$$

(3) 접촉선상의 허용응력과 마찰차의 폭

P_0 : 바퀴를 미는 힘을 접촉선 1[cm]에 할당한 힘의 강도[kgf], b : 바퀴의 폭[cm] 이라 하면

$$P = bP_0 \tag{12-7}$$

(4) μ의 값과 두 바퀴의 접촉

마찰계수 μ의 값은 표면의 재료에 의해 결정되나, 실험에 의하면 운전중 미끄럼에 의하여 생기는 종동마찰차의 회전속도의 감소가 2～6%의 경우에 μ가 최대치가 된다. 미끄럼이 이것보다 증가함에 따라 운전은 아주 불안정하게 되고, 미끄럼이 갑자기 증대되어 종동마찰차는 정지하게 된다. 설계상에는 최대치의 60% 정도를 μ의 허용치로 한다. 그러나 다음 표 12–1과 같이 μ와 p를 잡는 것이 가장 좋다고 주장하는 사람도 있다. 그리고 래쉘(Rätschel)은 μ와 p를 표 12–2와 같이 잡는 것을 주장하고 있다.

[표 12–1] 여러 가지 재료의 마찰계수

표면의 재료	μ			P_0[kgf/cm]
	주철	알루미늄	화이트메탈	
가죽	0.135	0.216	0.246	27
목재	0.150			27
코르크가공 마찰재료	0.210			9
특수섬유질마찰재료				
tarved fiber	0.150	0.183	0.165	43
straw fiber	0.255	0.273	0.186	27
leather fiber	0.309	0.297	0.183	43
sulphite fiber	0.330	0.318	0.309	25

[표 12–2] 레쉘에 의한 마찰계수

표면재료	μ	P_0[kgf/cm]
주철 대 주철	0.1～0.15	45～70[kgf/cm]
주철 대 종이	0.15～0.2	45～25[kgf/cm]
주철 대 단단한 목재	0.2～0.3	17～25[kgf/cm]
주철 대 연한 목재	0.2～0.3	10～15[kgf/cm]
주철 대 단단한 가죽	0.2～0.3	7～15[kgf/cm]

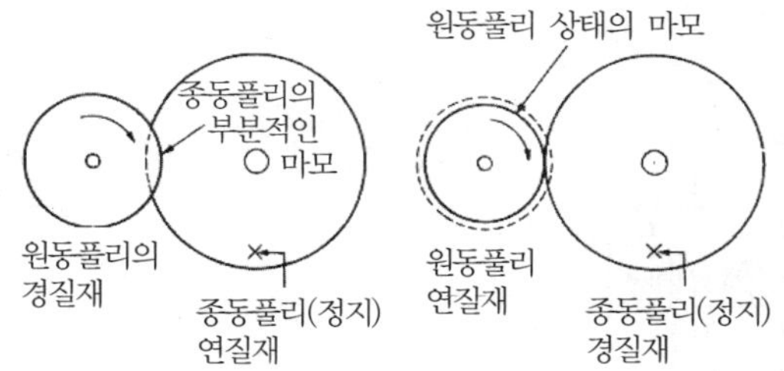

그림 12-4 마찰차의 마모

비금속마찰재료는 상대쪽의 금속면보다 마모하기 쉽고 이것을 원동차의 표면에 라이닝하여 사용한다. 그 이유는 **그림 12-4**를 보면 이해된다. 즉 연질제를 원동풀리에 라이닝하면 원동풀리가 고르게 마모되기 때문이다. **그림 12-5**는 비금속 마찰 재료를 사용한 구조를 도시한 것이며, **그림 12-6**은 평마찰차에 나무조각과 같은 연한 재료를 라이닝한 것이다.

그림 12-7은 평마찰차를 윈치(winch)에 적응한 실례도면이다. 미는 힘이 비교적 작을 때에는 **그림 12-8**에 도시한 바와 같이 사람의 힘으로 레버를 이용하여 밀어붙이는 수도 있다. 이 때는 원동차의 회전축은 레버의 회전축에서 극히 편심되게 설치한다. **그림 12-9**와 같이 A와 B의 축은 각자 위치를 고정하고, C를 중간에 넣어 양쪽에서 동시에 밀어붙이면 원동차 A와 종동차 B와는 같은 방향으로 회전한다. 이 때 A와 B는 금속제로 하고, C의 표면에는 가죽 또는 목재를 사용한다. **그림 12-10**은 클립마찰 전동장치라 하고 A가 원동차, b가 종동차, c는 중간차로서 이것들의 바깥쪽에 열끼워맞춤을 한 외륜 D를 설치하고, D의 탄성에 의하여 베어링에 걸리는 하중을 증가시키지 않고, A와 B의 하중을 강하게 밀어붙일 수가 있으므로 대마력의 전동에 적합하다.

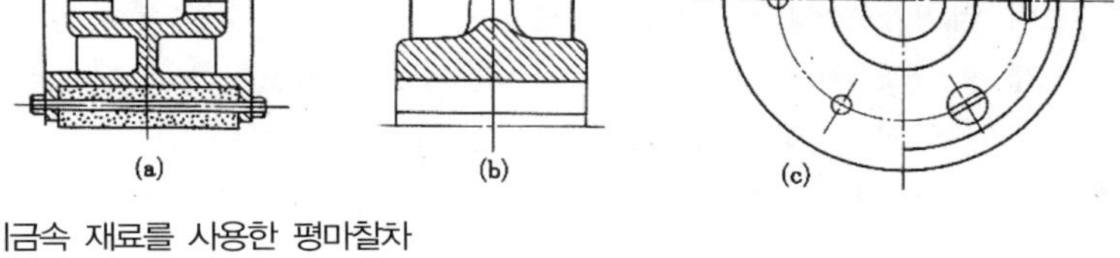

그림 12-5 비금속 재료를 사용한 평마찰차

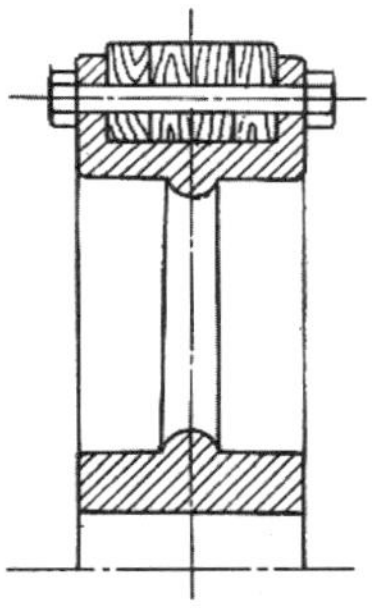

그림 12-6 나무 라이닝의 평마찰차

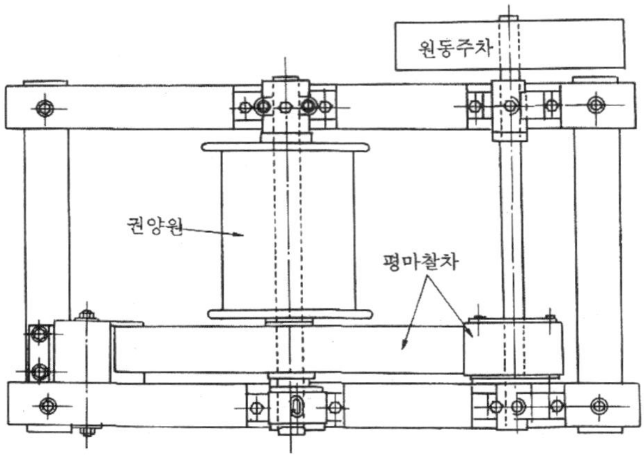

그림 12-7 원치에 적응한 평마찰차

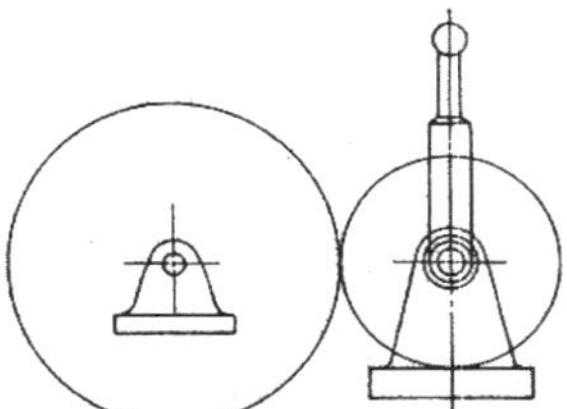

그림 12-8 마찰차의 레버에 의한 조작

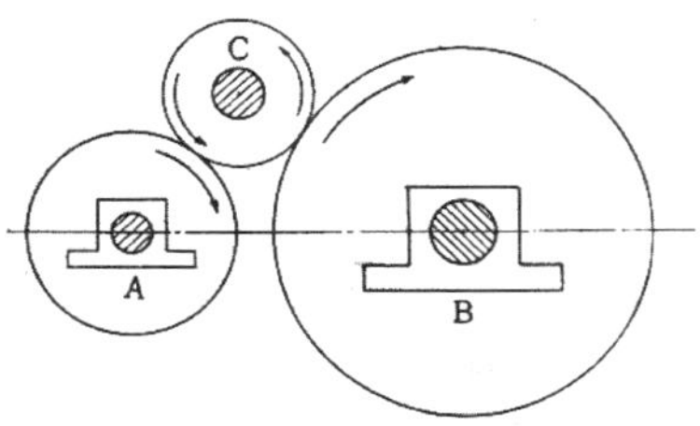

그림 12-9 중간차 C

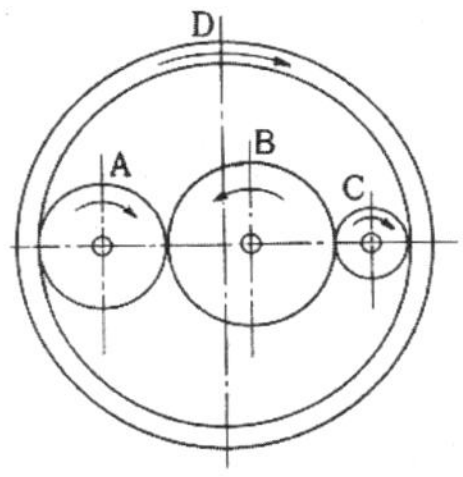

그림 12-10 클립마찰 전동장치

2. 홈마찰차(구마찰차 ; grooved friction wheel)

마찰차에 의하여 큰 동력을 전달시키려고 할 때 일반적으로 두 바퀴를 큰 힘으로 밀어붙여야 되는데, 밀어붙이는 힘은 베어링을 통하여 주어지므로 이것은 베어링하중으로 되고 큰 마찰손실이 생긴다. 따라서 이것을 개량한 것이 홈마찰이다. 그림 12-11과 같이 바퀴의 둘레에 쐐기형의 홈을 만들고, 원동차와 종동차의 凸부와 凹부가 서로 들어박히도록 하면, 평마찰차에 비하여 작은 힘으로 밀어붙여도 된다는 이론이 성립된다.

그림 12-12에 접촉한 곳을 향하여 바퀴를 미는 반지름 방향의 힘 P에 의하여 접촉홈의 벽면에는 그림 (b)에서 보는 바와 같이 면에 수직력 F가 생기고, F에 의하여 빗면에는 μF의 마찰력이 생기고, 이것이 종동마찰차에 주어지는 회전력이 된다. F는 전 접촉선 위에 생기는 압력의 합력을 표시한다. 홈의 각도를 2α라 하면, 수직력 F를 생기게 하기 위하여 반지름 방향으로 주어야 되는 힘 P_1은 그림 12-12(b)에서 $P_1 = F\sin\alpha$의 힘으로 홈의 벽에 밀어붙일때 그 방향에도 역시 μF의 마찰저항이 있고, 이것을 이기기 위하여 반지름 방향에 다시 P_2의 힘이 필요하다.

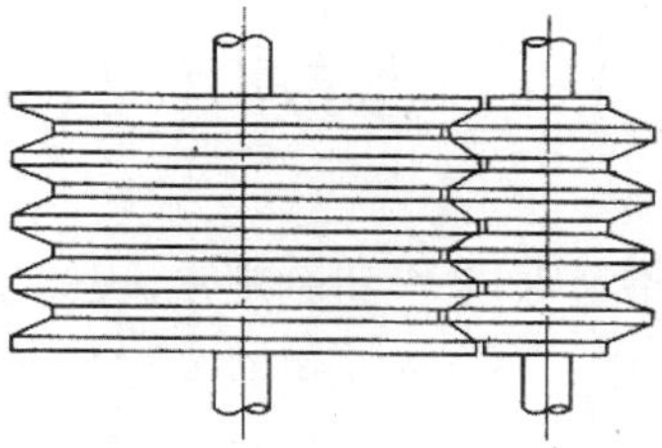

그림 12-11 V홈마찰차

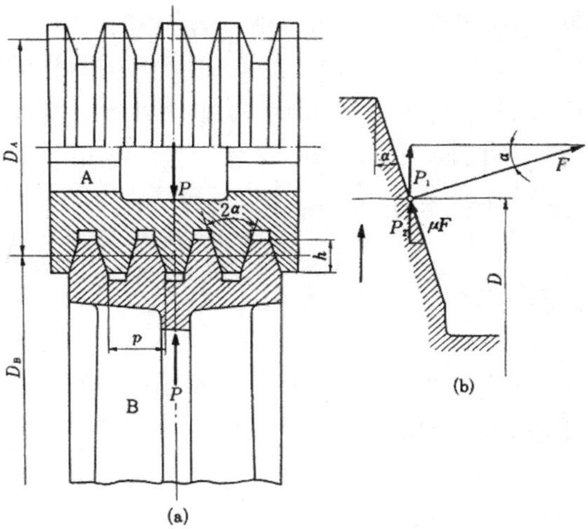

그림 12-12 V홈 마찰차의 역학

즉, $P_2 = \mu F \cos\alpha$

그러므로 바퀴를 미는데 필요한 힘 P는

$$P = P_1 + P_2 = F(\sin\alpha + \mu\cos\alpha)$$

$$F = \frac{P}{\sin\alpha + \mu\cos\alpha} \qquad (12\text{-}8)$$

회전력으로 작용하는 힘은 바퀴의 접선방향의 마찰력 μF이고, 이것을 P'로 표시하면

$$\mu F = \frac{\mu P}{\sin\alpha + \mu\cos\alpha)} = \mu' P = P' \qquad (12\text{-}9)$$

단, $\mu' = \dfrac{\mu}{\sin\alpha + \mu\cos\alpha}$

따라서 평마찰차와 V홈 마찰차와의 경우, 같은 힘으로 밀어붙일 때를 비교해 보면

$$P' : P = \left(\frac{\mu}{\sin\alpha + \mu\cos\alpha}\right) : \mu = \mu' : \mu \qquad (12\text{-}10)$$

즉, V홈 마찰차의 경우 마찰계수 μ'는 평마찰차의 마찰계수 μ의 $\frac{1}{\sin\alpha+\mu\cos\alpha}$배로 증가한 것이며, 이 μ'를 유효마찰계수 또는 등가마찰계수라 한다는 것은 이미 설명하였다.

홈 마찰차는 보통 양바퀴를 모두 주철로 만들고 홈의 각도는 $2\alpha = 30 \sim 40°$ 이다. 홈의 피치는 $3 \sim 20$[mm]가 있고, 보통 10[mm] 정도이며 그리고 홈의 수가 너무 많으면 홈이 동시에 정확하게 박혀지지 않으므로 보통 $z = 5$개 정도로 한다.

그리고 홈 마찰차가 정확하게 구름 접촉을 하는 것은 홈의 중앙부의 한 점뿐이고, 그 안팎은 멀리 멀어짐에 따라 크게 되는 미끄럼이 생기므로 마모 및 소음이 생기기 쉽다. 따라서 홈의 깊이가 크게 되면 홈의 벽면에 부동의 마모가 현저하게 생긴다. 따라서 홈의 깊이는 되도록 작은 것이 좋고, 보통 바퀴의 지름을 D라 하여 0.05 이하이다. 그리고 다음과 같은 경험식이 많이 사용된다.

$$\text{홈의 깊이 } h = 0.94\sqrt{\mu' P} \ \text{[mm]} \qquad (12\text{-}11)$$

홈의 수 z는 다음 경험식으로 구할 수 있다.
전접촉선의 길이를 l이라 할 때

$$\left.\begin{aligned} l &= 2zh \div \cos\alpha \fallingdotseq 2zh \\ z &= \frac{F}{2hp_0} \end{aligned}\right\} \qquad (12\text{-}12)$$

예제 1 원동차의 표면에 가죽, 종동차의 표면에 주철을 사용한 마찰차에 있어서 원동차의 지름 $D=20$ [cm], 대분의 회전속도 $N=1000$ [rpm]이고, $H=3$ [PS]를 전달시키는 데 필요한 바퀴의 폭을 구하여라. 단, 허용압력[$p_0 = 7$ kgf/cm], 마찰계수 $\mu = 0.2$라 한다.

풀이 b : 바퀴의 폭[cm]이라 하면 $P = bp_0 = 7b$

$$v = \frac{\pi Dn}{100 \times 60} = \frac{\pi \times 20 \times 1000}{100 \times 60} = 10.4 \text{ [m/s]}$$

$$p_0 = \frac{75H}{\mu v} = \frac{75 \times 3}{0.2 \times 10.4} \fallingdotseq 107 = 7b$$

$$\therefore\ b = \frac{107}{7} = 15.3 \text{ [cm]}$$

예제 2 매분 250 회전을 하는 지름 $D=650$ [mm]의 평마찰차를 230[kgf]로 밀어붙이면 몇 마력을 전달시킬 수 있는가? 단, $\mu = 0.35$라 한다.

풀이 마찰력 $Q = \mu \cdot P = 0.35 \times 230 = 80.5$ [kgf]

이 마찰력을 이기고 지름 D의 바퀴를 매분 N 회전시키는 데 필요한 매초당의 작업량 w는 속도 $v=\dfrac{\pi DN}{60\times100}=\dfrac{3.14\times65\times250}{60\times100}$ 이므로

$$w=v\cdot\mu P=\frac{3.14\times65\times250}{60\times100}\times80.5=684.3\,[\text{kgf}\cdot\text{m/sec}]$$

$$H=\frac{\mu Pv}{75}=\frac{684.3}{75}=9.1\,[\text{PS}]$$

예제 3 앞의 보기의 마찰차에 있어서 원동차(작은 차)의 회전속도를 500[rpm]으로 하여 1[PS]를 전달시키려면 바퀴의 폭을 몇 [mm]로 해야 될 것인가? 단, $\mu=0.2$, 허용 압력 $p_0=1.0$ [kgf/mm]라 하고, 외접원동 마찰차일 경우 지름이 12.5cm이고, 내접원동 마찰차일 경우 지름이 25.0cm이다.

풀이

$$H=\frac{\mu Pv}{75}=\frac{\mu P\pi DN}{75\times1000\times60}\quad\therefore\ P=\frac{75\times1000\times60H}{\mu\pi DN}$$

1) 외접원동 마찰차에서는

$$D_B=125\,[\text{mm}],\ N_B=500\,[\text{rpm}]\quad\therefore\ P=\frac{75\times1000\times60\times1}{0.2\times3.14\times125\times500}\fallingdotseq115\,[\text{kgf}]$$

바퀴의 폭을 b 라 하면 $P=b\cdot p_0\quad\therefore\ b=\dfrac{P}{p_0}=\dfrac{115}{1.0}=115\,[\text{mm}]$

여유를 고려하여 120[mm]로 결정한다.

2) 내접원동 마찰차의 경우

$$D_B=250\,[\text{mm}],\ N_B=500\,[\text{rpm}]$$

$$P=\frac{75\times1000\times60\times1}{0.2\times3.14\times250\times500}=57.3\fallingdotseq58\,[\text{kgf}]$$

$$\therefore\ b=\frac{P}{p_0}=\frac{58}{1.0}=58\,[\text{mm}]$$

여유를 고려하여 60[mm]로 결정한다.

예제 4 홈의 각도가 40인 주철제의 홈 마찰차에 있어서 원동차의 지름을 250[mm], 회전속도를 750[rpm], 종동차의 지름을 500[mm]라 하고, 5[PS]를 전달시키려면 몇 [kgf]의 힘으로 밀어붙여야 되느냐? 또 이 때 허용 압력 $p_0=3.0$[kgf/mm]로 하고, 마찰계수 $\mu=0.15$ 라 하면 홈의 수는 몇 개로 하는가?

풀이 홈 마찰차의 전달마력을 계산하는 공식 $H=\dfrac{\mu' Pv}{75}$ 에서

$$P=\frac{75H}{\mu' v}$$

이 때 홈각도 $2\alpha=40^\circ$, $\alpha=20^\circ$

$$\therefore\ \mu'=\frac{\mu}{\sin\alpha\times\mu\cos\alpha}=\frac{0.15}{\sin20^\circ+0.15\cos20^\circ}$$

$$=\frac{0.15}{0.342+0.15\times0.940}\fallingdotseq0.31$$

또 $v=0.000524\,DN=0.000524\times25\times750=9.8\,[\text{m/sec}]$

$$\therefore\ P=\frac{75\times5}{0.31\times9.8}=125\,[\text{kgf}]$$

이 힘을 가지고 양 바퀴를 밀어붙일 때 홈의 벽에 수직하게 작용하는 힘 P'는

$$\mu P' = \mu' P \text{에서} \quad \therefore\ P' = \frac{0.31 \times 125}{0.15} = 250\,[\text{kgf}]$$

이 때 허용압력 $p_0 = 3.0\,[\text{kgf/mm}]$이므로 위의 P'를 지지하려면 접촉 부분의 전 길이 l은

$$l = \frac{P'}{p_0} = \frac{250}{3.0} = 84\,[\text{mm}]$$

홈의 수 z, 홈의 깊이 h라 하면 (그림 12-13을 볼 것)

$$l = 2z\frac{h}{\cos\alpha} \fallingdotseq 2zh\,(\alpha \text{가 작기 때문에})$$

또 홈의 깊이 h는

$$h = 0.94\sqrt{\mu' P} = 0.94\sqrt{0.31 \times 125} \fallingdotseq 6\,[\text{mm}]$$

$$z = \frac{l}{2h} = \frac{84}{2 \times 6} = 7 \text{ 개}$$

$\therefore$ 밀어붙이는 힘 125[kgf], 홈의 수 7[개]

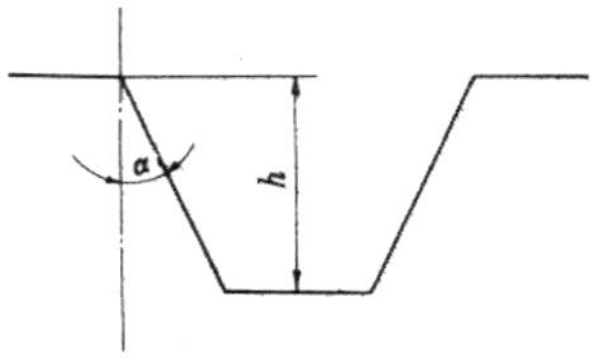

그림 12-13

3. 원추차(베벨 마찰차)

원추차는 두 축이 구름 접촉을 하면서 어느 각도로 마주치게 될 때 사용되는 마찰차로서 베벨 마찰차(bevel friction wheel)라고도 한다. 그림 12-14는 원추차를 도시한 것으로 그림 (a)는 외접한 경우로 두 개의 원추차는 반대 방향으로 회전하고, 그림 (b)는 내접하는 경우로 같은 방향으로 회전한다.

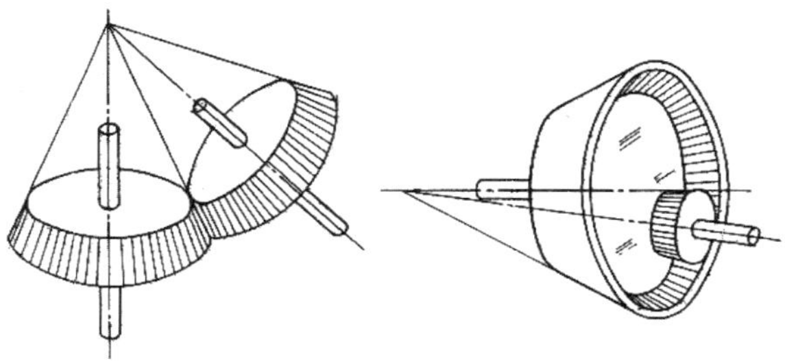

(a) 외접차　　(b) 내접차

그림 12-14 원추마찰차

(1) 회전비

그림 12-15에 있어서 전동축 O_1과 O_2를 축으로 하는 두 개의 원추표면이 접촉하고 있을 때 양바퀴는 서로 구름 접촉을 하면 접촉선은 양전동축을 포함하는 평면상에 있어서의 양축의 교점을 지나는 직선 OP이다. 이 접촉직선 OP 위의 임의의 점 P를 지나는 도형단면의 지름의 비는 일정하므로 양바퀴의 각속비는 어느 정도 일정하게 되고,

따라서 원추표면의 어느 부분을 사용하여 전동 마찰차를 만들더라도 속비는 변함이 없고, 전달해야 되는 마력에 따라 적당한 크기의 부분을 선택하는 것이 된다.

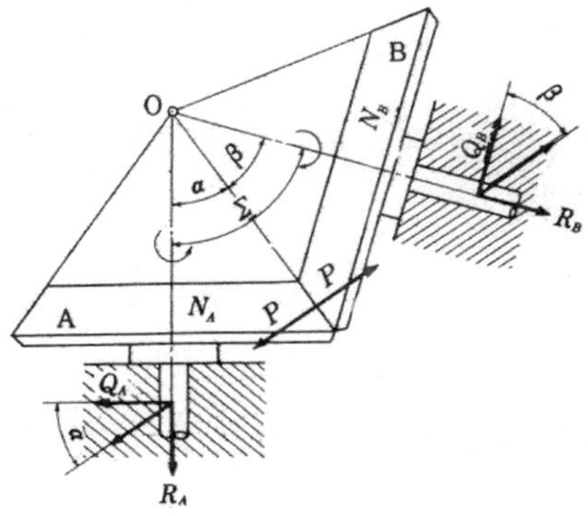

그림 12-15 원추 마찰차의 각속비

지금 그림 12-15에 있어서 원추각을 각각 α와 β라 하고 2축이 맺는 각, 즉 축각(shaft angle)을 Σ라 하면 이것들과 각속비 ω_B: ω_A 또는 회전비 N_B: N_A의 관계는 다음과 같다. 즉 각속비는 양원추각의 사인(sine)에 반비례한다.

$$\frac{N_B}{N_A}=\frac{\omega_B}{\omega_A}=\frac{D_A}{D_B}=\frac{2OP\sin\alpha}{2OP\sin\beta}=\frac{\sin\alpha}{\sin\beta}=\frac{\sin\alpha}{\sin(\Sigma-\alpha)}=\frac{\sin\alpha}{\sin\beta}=\frac{\sin\alpha}{\sin(\Sigma-\alpha)}$$

$$=\frac{\tan\alpha}{\sin\Sigma-\cos\Sigma\tan\alpha}(\alpha+\beta=\Sigma\text{이므로}) \tag{12-13}$$

$$\left.\begin{aligned}\tan\alpha&=\frac{\sin\Sigma}{\dfrac{N_A}{N_B}+\cos\Sigma}\\ \text{같은 양으로}\quad\tan\beta&=\frac{\sin\Sigma}{\dfrac{N_B}{N_A}+\cos\Sigma}\end{aligned}\right\} \tag{12-14}$$

$\Sigma=90^\circ$의 경우가 실제상 가장 많이 사용되므로 이 때는

$$\tan\alpha=\frac{N_B}{N_A},\ \tan\beta=\frac{N_A}{N_B} \tag{12-15}$$

(2) 마찰에 의하여 전달되는 마력

그림 12-16에 있어서 접촉한 곳에 직각된 힘 F를 주기 위하여 A와 B바퀴를 각각

P_A와 P_B 힘으로 꼭지점을 향하여 축방향으로 밀어야 된다. 그 관계는 힘의 선도에서

$$F = \frac{P_A}{\sin\alpha} = \frac{P_B}{\sin\beta} \tag{12-16}$$

합력 F는 접촉선의 중앙에 작용한다고 가정하여 표면속도는 평균속도를 취하여

$$v = 0.000524 \frac{(D_B + D_B)}{2} N_B [\text{m/sec}] \tag{12-17}$$

마찰에 의하여 주어지는 회전력은 다음과 같이 된다.

$$\mu F = \frac{\mu P_A}{\sin\alpha} \text{ 또는 } \frac{\mu P_B}{\sin\beta} \tag{12-18}$$

전달마력은 다음과 같다.

$$\left.\begin{aligned} H_{PS} &= \frac{\mu F v}{75} \\ H_{kW} &= \frac{\mu F v}{102} \end{aligned}\right\} \tag{12-19}$$

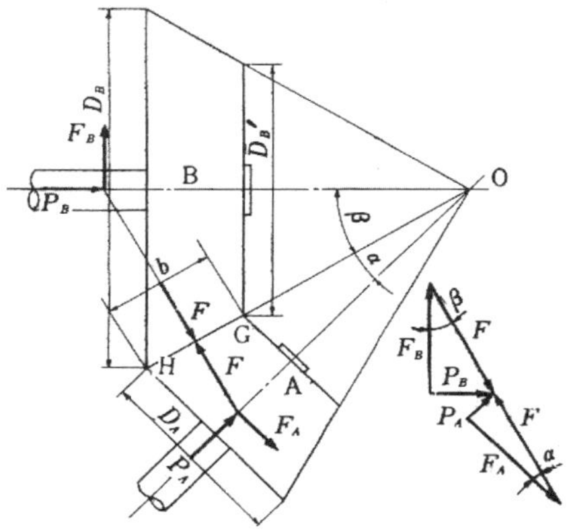

그림 12-16 원추마찰차의 힘의 해석

(3) 베어링에 걸리는 하중

분력 F_A 및 F_B는

$$F_A = \frac{P_A}{\tan\alpha}, \ F_B = \frac{P_B}{\tan\beta} \quad (12-20)$$

로 각각 A와 B바퀴의 베어링에의 횡하중으로 되어 작용한다.

$\Sigma = 90°$의 경우는

$$F_A = P_{B,\ F_B} = P_A \quad (12-21)$$

베어링에 작용하는 합성횡하중 R는

$$R = \sqrt{{F_A}^2 + (\mu F)^2} = \sqrt{{F_B}^2 + (\mu F)^2}$$

그리고 P_A와 P_B는 추력이므로 이것 때문에 드러스트 베어링(thrust bearing)을 사용해야 된다.

(4) 접촉압력과 바퀴의 폭

접촉선의 1[cm]마다에 작용하는 힘을 p_0[kgf]라 하면 이 때 접촉선의 길이, 즉 바퀴의 폭 b[cm]는

$$b = \frac{F}{p_0} \quad \therefore\ b = \frac{P_A}{p_0 \sin\alpha} \quad (12-22)$$

μ와 p_0의 허용값은 평마찰차의 값을 그대로 사용한다.

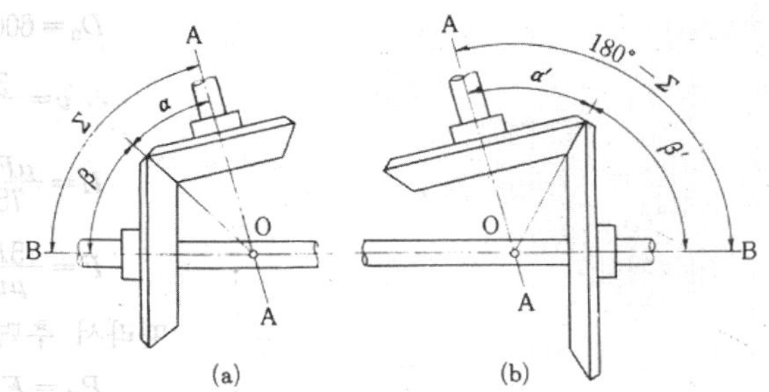

그림 12-17 예각원추마찰차

예제 5 $N_A = 250$[rpm], $N_B = 150$[rpm]의 한 쌍의 원추 마찰차의 축각이 60일 때 양바퀴의 원추각 α, β를 구하여라.

풀이

$$\tan\alpha = \frac{\sin\Sigma}{\dfrac{N_A}{N_B} + \cos\Sigma} = \frac{\sin 60°}{\dfrac{250}{150} + \cos 60°} = \frac{0.866}{1.66 + 0.5} = 0.401$$

$$\therefore\ \alpha = 21°50' \qquad \therefore\ 2\alpha = 43°40'$$

$$\tan\beta = \frac{\sin 60°}{\dfrac{N_B}{N_A} + \cos 60°} = \frac{0.866}{0.6 + 0.5} = 0.787$$

$$\therefore\ \beta = 38°10', \quad \therefore\ 2\beta = 76°20'$$

또는 $\Sigma = \alpha + \beta$이므로 $\beta = 60° - 21°51' = 38°10'$라 해도 좋다.

$$\therefore\ 43°40',\ 76°20'$$

예제 6 회전비 2 : 1, 축각 90°의 원추 마찰차로서 목재의 원동차 400[rpm]에서 3[PS]를 전달시키려고 한다. 종동차는 주철이고 최대 지름 600[mm], 접촉면의 폭 150[mm], 마찰계수 $\mu = 0.3$이라 하면 전동 때문에 각축에 작용시켜야 되는 추력을 계산하여라. 또 접촉면의 폭이 이것에 적용하는 압력에 대하여 적당한가를 조사하여 보아라.

풀이

$$\tan\alpha = \frac{1}{2} \quad \therefore\ \alpha = 26°30',\ \beta = 90° - 27°30' = 63°30'$$

다음에 종동차의 평균 지름의 곳에 있어서 전동 속도를 v라 하고 v를 구하면 평균 지름 D_0는 그림 12-18에서

$$D_0 = 600 - 2x = 600 - 2 \times 75\cos 26°30' = 465\ [\text{mm}]$$

$$\therefore\ v = \frac{3.14 \times 465 \times 200}{60 \times 1000} = 5\ [\text{m/sec}]$$

$$H = \frac{\mu F v}{75}$$

$$F = \frac{75H}{\mu v} = \frac{75 \times 3}{0.3 \times 5} = 150\ [\text{kgf}]$$

따라서 추력은

$$P_A = F\sin\alpha = 150 \times \sin 26°30' = 67\ [\text{kgf}]$$

$$P_B = F\sin\beta = 150 \times \sin 60°30' = 135\ [\text{kgf}]$$

다음에 주철과 나무의 허용 접촉 압력은 $p_0 = 1.0 \sim 1.5\ [\text{kgf}]$이므로 이 때는

$$p_0 = \frac{F}{b} = \frac{150}{150} = 1.0\ [\text{kgf/mm}]$$

가 적당하다고 인정된다.

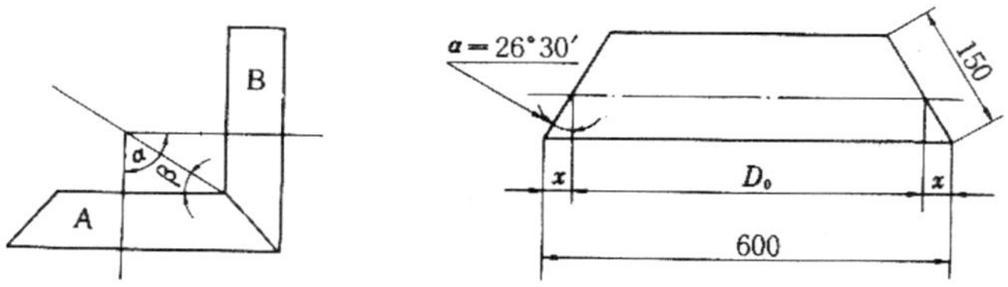

그림 12-18

예제 7 회전속도 200[rpm]의 원동차에서 이것과 80°의 각도로 서로 만나는 종동차에 원추 마찰차를 중개로 회전속도 84[rpm]의 운동을 전달시킨다. 원동차의 표면은 타아르(tar)를 적신 펄프, 종동차는 주철이다. 종동차의 바깥지름은 350[mm], 폭은 100[mm]로 할 때, 양 바퀴에 생기는 추력을

계산하여라. 단, 접촉면 사이의 수직 압력은 430[kgf]이다.

풀이

$$\tan\alpha = \frac{\sin\Sigma}{\frac{N_A}{N_B}+\cos\Sigma} = \frac{\sin 80^\circ}{\frac{200}{84}+\cos 80^\circ} = 0.386$$

$$\therefore\ \alpha = 21^\circ 10' \quad \therefore\ \beta = 80^\circ - 21^\circ 10' = 58^\circ 50'$$

또 $v = \dfrac{\pi \times 0.35 \times 200}{60} = 3.67[\text{m/sec}]$

마찰계수 $\mu = 0.15$로 가정하여 $F = 430$ [kgf]로 하여

전달마력 $H = \dfrac{\mu v F}{75} = \dfrac{0.15 \times 3.67 \times 430}{75} = 3.2[\text{PS}]$

따라서 생기는 추력은

$$Q_A = F\sin\alpha = 430 \times \sin 21^\circ 10' = 147\ [\text{kgf}]$$

$$Q_B = F\sin\beta = 430 \times \sin 58^\circ 50' = 211\ [\text{kgf}]$$

12.2 변속마찰차

1. 무단변속기구의 분류

표 12-3은 무단변속장치의 분류표이다.

2. 원판 마찰차

그림 12-19은 롤러원판장치로서 2축은 직교하고 있고 롤러 B는 축Ⅱ를 좌우로 이동시킴으로써 원판 A의 회전속도를 자유로 연속적으로 변화시킬 수가 있다. 롤러 B가 원판 A의 중심에 있으면 롤러의 나비의 양쪽에 있어서 역방향의 미끄럼이 생겨져 원판은 정지한다.

그림 12-19는 세로축으로 회전하는 원판 A와 수평축을 가지고 있는 롤러 B와의 접촉에 의하여 두 축 사이에 회전을 전달시키는 장치이다.

롤러 B는 그 축과 더불어 회전하나 축에 따라서는 미끄럼 운동을 할 수 있도록 되어 있고 원판 A에 대하여 그 위치, 즉 x를 변경시킴으로써 변속하게 된다.

$$\text{즉,}\ \frac{\omega_1}{\omega_2} = \frac{R_2}{R_1} \quad \text{또는} \quad \omega_1 = \frac{R_2}{R_1}\omega_2 \tag{12-23}$$

[표 12-3] 무단변속기의 종류

- 무한변속기
  - 기 계 식
    - 마찰차식
      - 원추차식
        - 바이엘 방식
        - 링코운 방식
        - 더블코운 방식
      - 구면차식(콥방식)
      - 원판식
    - 벨 트 식
      - 평벨트식
      - V벨트식
    - 체 인 식
      - 롤러 체인방식
      - PIV 방식
    - 맞물림식(PIV 방식)
    - 링프리휠식(제로마 방식)
  - 유 압 식
    - 베 인 모터
    - 플런저 모터
    - 기 어 모터
  - 전 기 식
    - 교류 모터식
    - 직류 모터식
      - 워드 레오나드 방식
      - 사이리스터 레오나드 방식

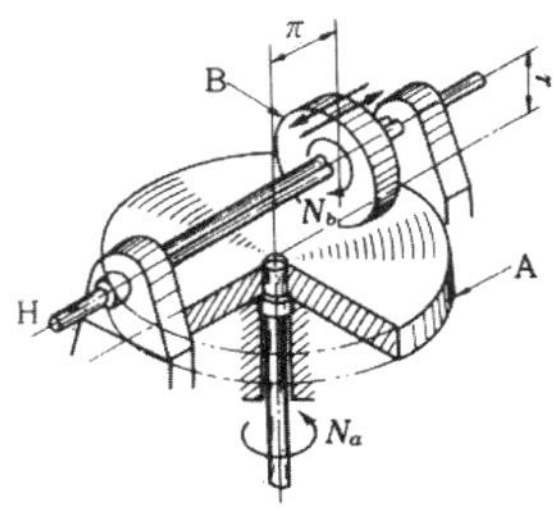

그림 12-19 롤러원판장치

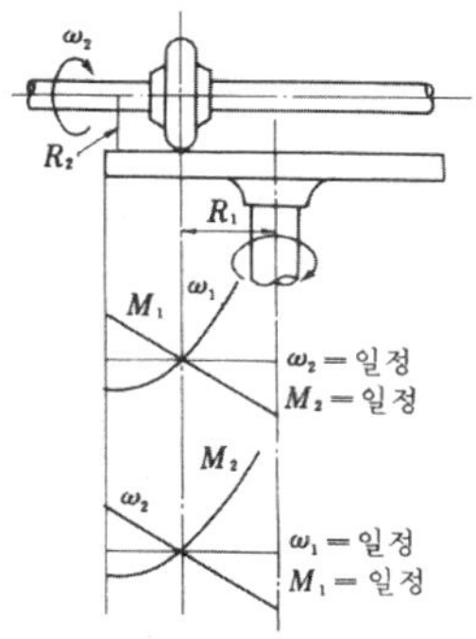

그림 12-20 원판마찰차 무단변속기구

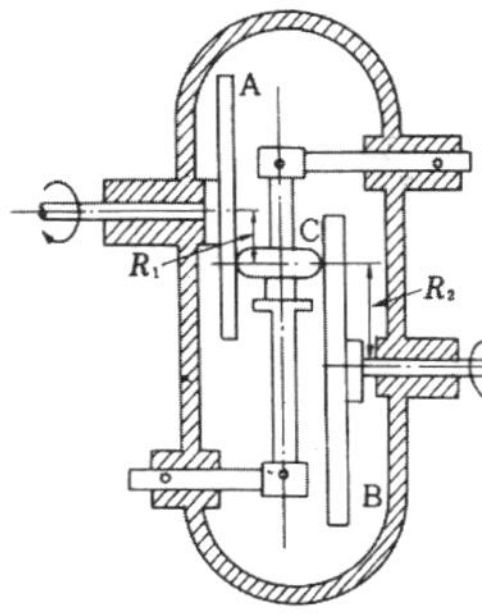

그림 12-21 2쌍원판 무단변속기구

그러므로 롤러를 원동차로 하여 그 회전속도를 일정하게 한다. 원판의 회전속도는 롤러의 위치($R_1 = x$)에 반비례하여 변화하도록 하면 $R_2 =$ 일정 $= R$가 되어 다음 관계가 성립한다.

$$\omega_1 = \frac{R}{x}\omega_2 \tag{12-24}$$

또 이 장치에 있어서 원판 및 롤러의 회전모멘트를 각각 M_1 및 M_2라 하면 $M_2 =$ 일정, $M_1 = \frac{M_2}{R_2}R_1$ 즉, M_1은 롤러의 위치 R_1에 정비례하여 변화한다.

그림 12-20의 곡선은 이 관계를 나타낸 것인데, 롤러가 원판의 중심선을 넘어서 반대쪽으로 옮겨가면 회전 방향은 반대로 된다. 그림 12-21는 이 장치를 2쌍 조합하여 만들어진 변속기로서 원판차 A에서 롤러 C를 지나 원판차 B에 회전을 전달시키는 것인데, 롤러를 그 축 위에서 이동시킴으로써 두 원판차의 각속비를 바꿀 수가 있다.

이 때 원판차 A, B가 롤러 C를 양쪽에서 누르게 되어 마찰 상태를 좋게 하는 동시에 장치가 견고하게 되고 롤러축이 휘어지는 것을 방지하기도 한다.

그림 12-22 마찰 프레스

그림 12-22는 이 장치를 응용한 마찰프레스(friction Press)로서, A는 나사 막대 B에 고정된 플라이휠(flywheel)의 역할을 겸한 종동마찰륜이고 바퀴의 둘레에 생가죽을 입힌 것이다. C는 원동축이고 왼쪽의 풀리에 의하여 일정한 방향으로 회전하며 그 축에 고정된 D_1, D_2 2개의 주철제 원통마찰원판차를 스프링의 힘과 핸들의 작용에 의하여 원동차를 좌우로 이동하고 D_1 또는 D_2에 플라이휠 A를 접촉시켜 오른쪽이나 왼쪽으로 회전시킨다.

나사 막대 B의 아래끝에는 프레스의 윗틀이 부착되어 있는데, 지금 D(D_1 또는 D_2)의 중심부와 접촉할 때에는 A의 회전은 늦으며, B의 나사에 의하여 A 및 B가 아래쪽으로 내려가는 경우에는 회전이 진행됨에 따라 차차로 D의 바깥둘레와 접촉하기 때문에 속도는 증가되고 타성의 힘도 증가되어 프레스가공을 할 수 있다. $D(D_1$ 또는 $D_2)$의 접촉이 반대로 되면 A는 역회전하여 원위치에 되돌아가게 되므로 연속작업을 할 수 있다.

3. 원추를 이용하는 경우

그림 12-23은 원추차 A와 롤러 B가 접촉하여 회전시키고 롤러를 화살표 방향으로 이동시킬 때 A, B의 속도가 변화하는 기구이다.

그림에서 원추의 꼭지점으로부터 롤러까지의 거리를 x라 하면, 롤러를 종동차로 하여 그 회전속도를 N_2라 하고 원추차가 구동차이며 그 회전속도를 N_1이라 할 때

$$N_2 = \frac{R_2}{r_1} N_1 = \frac{N_1 R_1}{r_1 l} x \tag{12-25}$$

구동차의 회전속도 $N_1 =$ 일정하므로 $N_2 = x$(상수)로 되어 N_2는 x에 대하여 비례하게 되고 직선적으로 변화하게 된다.

또 두 차의 접촉면에 있어서 접선력을 P라 하면 회전모멘트는 $M_1 = PR_x$, $M_2 = \mathrm{P}r_1$이로 되고

$$M_2 = \frac{r_1}{R_x} \cdot M_1 = \frac{r_1 l}{R_{1x}} \cdot M_1 \tag{12-26}$$

즉, 모멘트 M_2는 x에 대하여 쌍곡선적으로 변화하는 것을 알 수 있다.

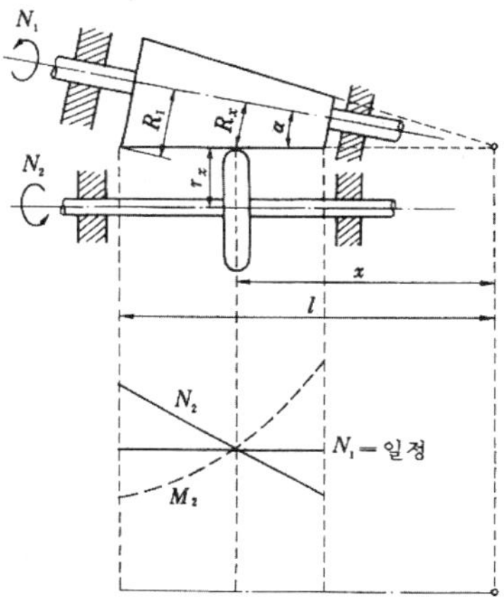

그림 12-23

그림 12-24(a)는 그림 (b)의 장치를 2개 조합한 것을 도시한다. 이것은 평행축의 전동에 사용된다.

$$l_0 = l_1 \frac{R_0}{R_1}, \quad R_{x1} = \frac{R_1}{l_1} x$$

$$R_{x2} = \frac{R_1}{l_1} [(l_1 + l_0) - x] = \frac{R_1}{l_1} \left[l_1 \left(1 + \frac{R_0}{R_1} \right) - x \right] \tag{12-27}$$

$$\frac{N_3}{N_1} = \frac{R_{x1}}{r_1}, \quad \frac{N_2}{N_1} = \frac{r_1}{R_{x2}}$$

$$\frac{N_2}{N_1} = \frac{R_{x1}}{r_1} \cdot \frac{r_1}{R_{x2}} = \frac{R_{x1}}{R_{x2}} \tag{12-28}$$

그러므로

$$\frac{N_2}{N_1} = \frac{R_1 / l_1 \cdot x}{R_1 / l_1 \left[l_1 \left(1 + \frac{R_0}{R_1} \right) - x \right]} = \frac{R_1 x}{l_1 (R_1 + R_0) - R_1 x} \tag{12-29}$$

중간차는 두 원추차의 각속비에는 관계하지 않는다.

$$P = \frac{M_1}{R_{x1}} = \frac{M_1 l_1}{R_1 x} \tag{12-30}$$

$$M_2 = P R_{x2} = \frac{M_1 [l_1 (R_1 + R_0) - r_1 x]}{R_1 x} \tag{12-31}$$

로 되고 그 변화는 그림에 도시한 바와 같다.

2개의 원추차에 낀 롤러 또는 원통차 대신 가죽 또는 강철제의 환(ring)을 사용해도 좋고 두 전동축의 회전 방향은 반대로 된다. 그림 12-25는 가죽제의 링을 사용한 Evance의 변속마찰 원추율를 도시한다.

그림 12-26도 이 장치를 2쌍 조합한 것으로서 평행 두 축 사이에 사용된다. 이 장치에서 어느 것을 원동률로 하더라도 똑 같은 결과가 된다. 그림에 있어서 B와 C는 원추차, A는 이것에 접촉하는 롤러이다. 핸들 D를 돌리면 나사에 의하여 A의 위치가 바뀌고, B와 C의 각속도비를 변화시킨다. G는 접촉압력을 주기 위한 스프링으로서, 그 강도는 핸들 H에 의하여 가감한다. E는 A의 위치, 따라서 종동차의 회전속도를 표시하는 눈금 목판이다.

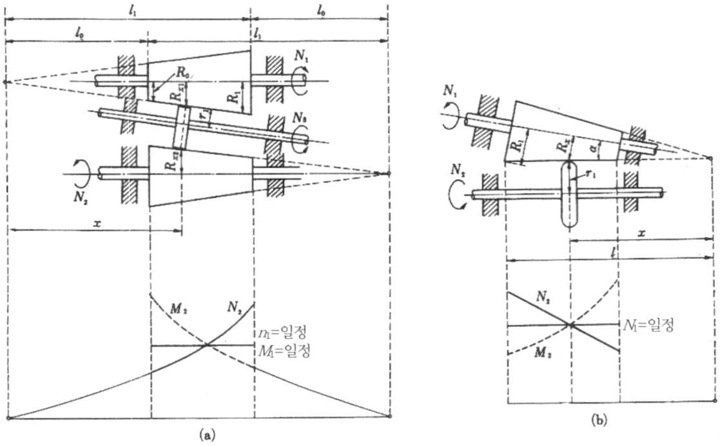

그림 12-24 2쌍의 변속원추마찰차

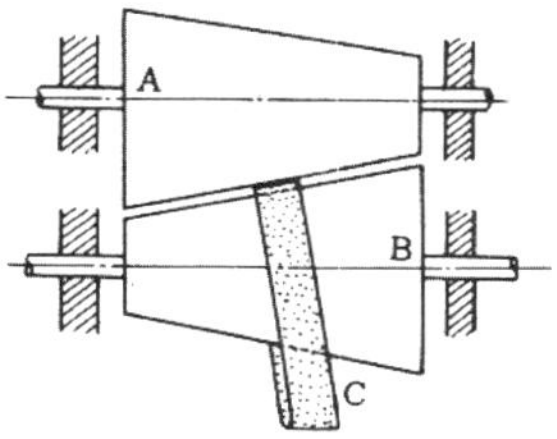

그림 12-25 에반스마찰차

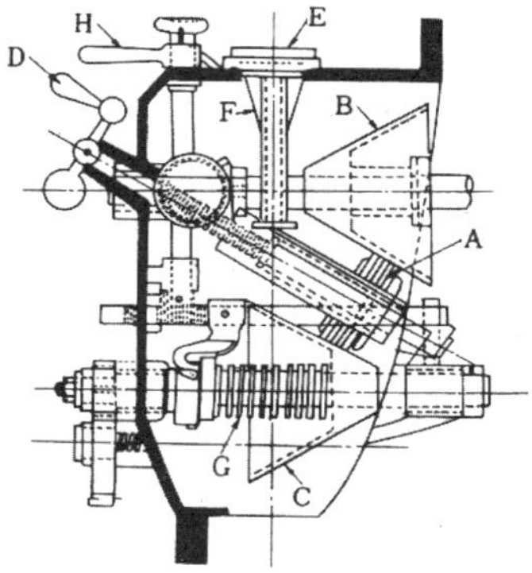

그림 12-26 변속원추마찰차의 작동

4. 구형변속마찰차(1) 구면차의 속비

접촉표면에 구면을 사용하면 구면의 중심의 둘레에 운동시켜도 상대편의 바퀴와의 접촉을 그대로 계속시킬 수 있다는 것이 변속장치로서 실질상 편리한 점이다. 그림 12-26과 그림 12-27은 전동축이 직교하는 경우이고, 그림 12-26에서 OO축의 주위로 회전하는 구면의 OO축의 위치를 화살표 방향으로 변경하면 지금 $2r$의 원동축의 롤러(roller)와 지름 $2r$의 종동축의 롤러와의 접촉에서 구면의 회전축 OO까지의 거리 r_1과 r_2가 변화한다.

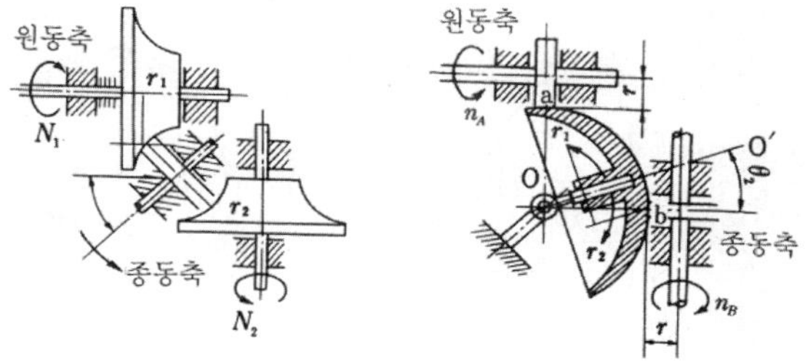

그림 12-27 구면차의 속비

즉, 전동축의 회전속도의 비 $N_1 : N_2$는 구의 회전속도 N과 구의 반지름 R를 사용하면

$$\frac{N}{N_1}=\frac{r}{r_1}=\frac{1}{\cos\phi}\cdot\frac{r}{R}$$

$$\therefore\ N_1 = N\cos\phi\frac{R}{r} \tag{12-32}$$

$$\frac{N}{N_2}=\frac{r}{r_2}=\frac{1r}{\sin\phi R}$$

$$\therefore\ N_2 = N\sin\phi\frac{R}{r} \tag{12-33}$$

그림 12-28 구면차

그러므로 $\frac{N_2}{N_1}=\frac{r_2}{r_1}=\tan\phi$

$$\therefore\ N_2 = N_1\tan\phi \tag{12-34}$$

로 되어 $\frac{N_1}{N,}\frac{N_2}{N}$, $\frac{N_2}{N_1}$가 각각 $\cos\phi$, $\sin\phi$, $\tan\phi$로 되는 3각관계기구로 된다.

즉 구면차의 기울기를 화살표 방향으로 변화시키므로 2개의 롤러의 각속비를 바꿀 수가 있다. 그림 12-28은 이 기구를 볼판에 응용한 예이다. 그림 12-29는 구면차와 원추차를 이용한 무단변속기구로서 원동축, 종동축에 서로 상대하여 설치한 같은 형상의 원추차 A, B에 구면차 C를 밀어붙여 회전운동을 전달시키는 장치이다.

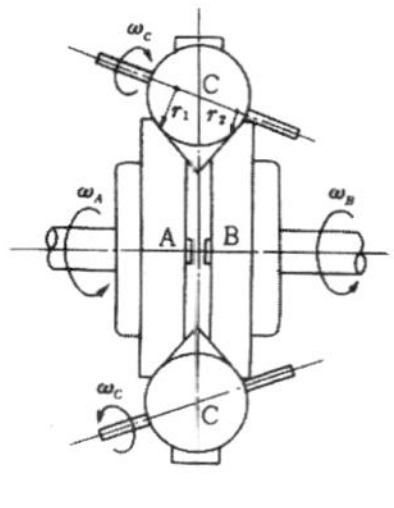

그림 12-29 구면차의 무단변속기구

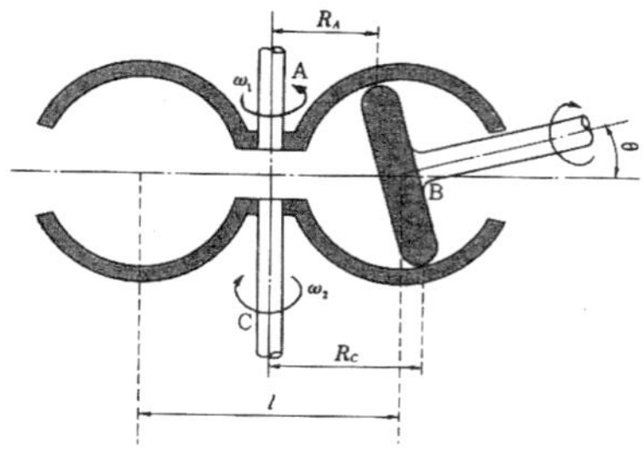

그림 12-30 2개의 반구형

구면차의 축을 경사지게 하면 그림에서 보는 바와 같이 두 원추차와의 접촉점의 위치가 변화하므로 A, B 차의 속비가 변화한다. 그림 12-30은 2개의 반구형 구차 A, B 사이에 롤러 B를 끼고서 롤러 B이 기울기 ϕ 를 바꿈으로써 종동축에 속도변화를 준다.

예제 8 그림 12-31에 나타낸 변속기구에서 원판차의 회전속도가 120 [rpm], 롤러의 회전속도가 360 [rpm]으로 되게 하려면 롤러의 위치는 어느 곳에 놓으면 되겠는가? 롤러의 지름은 120 [mm]이다.

풀이 원판의 중심으로부터 구하는 롤러의 거리를 x [mm]라 하면 원판차의 회전속도 $N_1 = 120$ [mm], 원판차의 지름 $D_1 = 2x$, 롤러의 회전속도 $N_2 = 360$ [rpm], 롤러의 지름 $D_2 = 120$ [mm]이므로

$$\frac{\text{롤러의 회전 속도}}{\text{원판차의 회전 속도}} = \frac{360}{120} \times \frac{2x}{120} \qquad \therefore\ x = 180$$

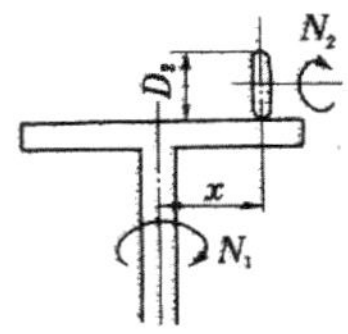

그림 12-31

원판차의 중심에서 180 [mm]의 위치에 놓으면 된다.

예제 9 그림 12-32에서 지름 300[mm]인 원판차 위에 반지름 50 [mm]의 볼을 축심으로부터 100 [mm]의 위치에 놓고 원판차를 180 [rpm]으로 회전시킬 때 볼의 회전속도를 구하여라.

풀이 볼의 지름 $D_1 = 50 \times 2$

회전속도 $N_1 = x$ [rpm]

원판차 위의 볼의 위치 $D_2 = 100 \times 2$

회전속도 $N_2 = 180$ [rpm]

$$\frac{\text{볼의 회전 속도}}{\text{언판차의 회전 속도}} = \frac{x}{180} \times \frac{100 \times 2}{50 \times 2} \qquad \therefore\ x = 360\,[\text{rpm}]$$

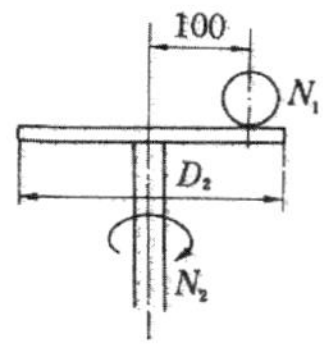

그림 12-32

예제 10 그림 12-33에 나타낸 에반스마찰차에서 큰 부분의 지름이 15 [cm], 작은 쪽의 지름이 6 [cm]이다. 원동차의 회전속도가 150 [rpm]일 때 종동차의 최대, 최소의 회전속도를 구하여라.

풀이 그림에서 가죽 고리 모양의 벨트 고리가 왼쪽 끝에 왔을 때 종동차 B의 회전속도가 최대로 된다.

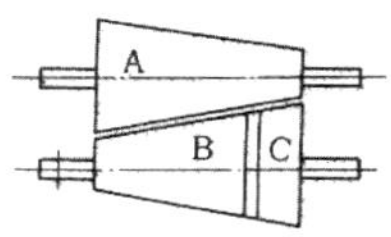

그림 12-33

$N_1 = 150$ [rpm], $r_1 = 7.5$ [cm], $r_2 = 3$ [cm]

N_2의 최대 회전속도 : $\dfrac{7.5}{3} \times 150 = 375$ [rpm]

N_2의 최소 회전속도 : $\dfrac{7.5}{3} \times 150 = 60$ [rpm]

12.3 PIV 무단변속장치

PIV는 positive infinitely variable(확실무단변속의 뜻)의 두문자를 쓴 것이고 V벨트기구를 특수한 베벨 기어와 특수 체인의 측면을 맞물리게 한 것이다. 특수한 베벨 기어라는 것은 **그림** 12-34에서 보는 바와 같이 양측의 원추면에 요철을 설치하여 양측의 요철을 어긋나게 하여 기어와 같은 관계, 즉 철에는 요가 대향하도록 한 것이고, 외주부에서 이 요철이 크고 중심 가까운 곳에서는 작아져 있다. V벨트에 상당하는 특수 체인은 그 종방향과 직각으로 출입할 수 있는 얇은 강판(접동판)이 수많이 조합되어 있고, **그림** 12-35에서 보는 것처럼 이 강판이 상대편의 요철에 따라 출입하여 맞물게 되어 있다. 다른 마찰차의 방식과는 달리 서로 맞물리기 때문에 회전의 전달이 확실하다.

그림 12-34 PIV의 외관

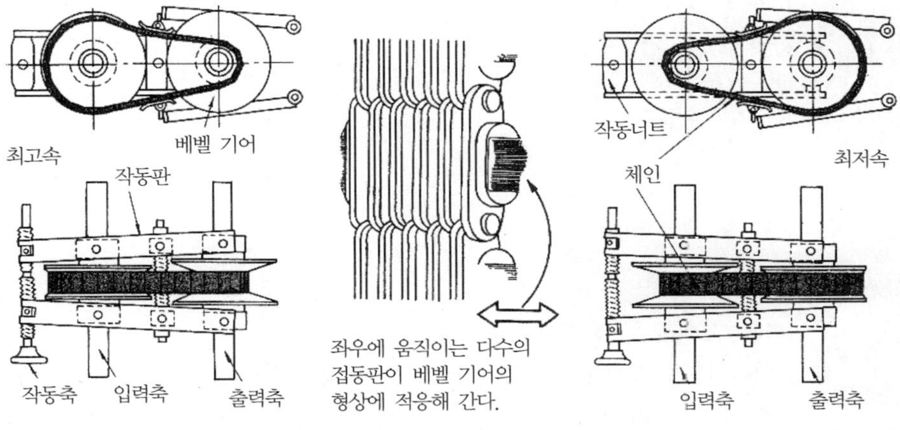

그림 12-35 PIV무단변속기의 구조와 체인의 구조

연습문제

01 교각 60°의 원추마찰차에서 $N_A = 450$ [rpm], $N_B = 150$ [rpm]의 경우, 각 바퀴의 꼭지각을 구하여라.

02 두 축이 직교하는 원추마찰차의 종동차의 최대 지름 600 [mml] 접촉부의 길이 150 [mm]로서 원동차의 회전속도 400 [rpm]의 경우 종동차 200 [rpm]으로서 2.5 [kW]를 전달시킨다. 전동하기 위하여 각 축에 작용하는 추력은 몇 [kgf]인가? 단, $\mu = 0.3$이라 한다.

03 축간 거리 400 [mm], $N_A = 300$ [rpm], $N_B = 100$ [rpm]인 평마찰차에 있어서 전달마력은 몇 [PS]인가? 단, $\mu = 0.2$라 한다.

04 지름 25 [cm], 회전속도 144 [rpm]으로 0.1 [PS]를 전달시키는 마찰차에 있어서 마찰계수가 0.15라 할 때, 밀어붙이는 힘은 얼마인가? 그리고 이 바퀴의 표면에 $2\alpha = 30°$의 V형 홈을 파면 바퀴를 밀어붙이는 힘은 몇 [kgf] 정도 감소하는가?

05

회전비 2 : 1, 양축의 교각 96°의 베벨 마찰차에 있어서 400 [rpm]으로 3 [PS]를 전달시킨다 원동차는 섬유질 라이닝한 것이고, 종동차는 주철제로서 최대 지름 600 [mm], 접촉각은 15 [cm], 면의 마찰계수는 0.1 이라 한다.

1) 전동하기 때문에 각 축에 작용되는 축추력을 구하여라.
2) 접촉선상 단위 길이마다의 압력의 적부를 검토하여라.

06

원동차 750 [rpm], 종동차 300 [rpm]으로 두 축 사이에 3.5 [PS]를 전달시키는 홈마찰차의 피치원의 지름과 홈의 수를 결정하여라. 양차의 재질은 모두 주철이며, 홈의 각도 $2\alpha = 30°$, 중심거리 250 [mm]라 한다.

07

한 쌍의 홈마찰차로서 중심거리 600 [mm]의 평행축 사이에 10 [PS]를 전달시킨다. 원동축은 200 [rpm], 종동축은 60 [rpm], 홈의 각도 40°, 마찰계수 $\mu = 0.15$, 접촉선 위의 허용 압력을 70 [kgf/cm]라 하고, 양차를 압박하는 힘, 홈의 깊이와 그 수를 구하여라.

해답

❶ A차의 꼭지각 $2\alpha = 27°48'$, B차의 꼭지각 $2\beta = 92°12'$
❷ 드러스트(추력) $F_A = 76$[kgf], $F_B = 152$ [kgf] ❸ $H = 1.675$ [PS]
❹ $P = 26.6$ [kgf], $P' = 19$ [kgf], $P - P' = 7.6$ [kgf]
❺ $F_A = 89.4$[kgf], $F_B = 44.7$ [kgf], $p = \frac{P}{b} = \frac{100}{150} = 0.667$[kgf/cm]로 충분하다.
❻ $z = 12$ 개, $D_A = 160$ [mm], $D_B = 340$ [mm], $P = 149$ [kgf], $h = 6$ [mm]
❼ $h = 15$ [mm], $z = 8$ 개, 1700 [kgf]

CHAPTER 13

기어 전동기소설계

13.1 기어전동장치

1. 기어의 뜻(KS B 0102)

한국공업규격 KS B 0102에 의하면 차례로 물리는 치에 의하여 운동을 전달시키는 기계요소를 기어(齒車 ; gear, toothed wheel)라 한다. 동력을 전달시키는 방법으로는 기어 이외에도 이미 배운 바와 같이 마찰차, 체인과 스프로킷 휠, 로우프 전동, 벨트전동 등 여러 가지 방법이 있지만, 기어는 확실한 속비와 아주 작은 구조의 좋은 효율로 큰 회전력을 전달할 수 있으므로 작은 것은 계기 또는 시계와 같은 것으로부터 큰 것은 수만 마력의 선박용 터빈의 감속기어에 이르기까지 극히 넓은 범위 내에서 사용되고 있다. 그리고 KS B 0102에는 서로 맞물려서 회전하는 기어 중에서 치수가 많은 기어를 큰기어 또는 기어라 하고, 치수가 작은 기어를 피니언(pinionl)이라 규정하고 있다(그림 13-1 참조). 그리고 서로 물리는 기어 중에서 구동축으로부터 운동을 전달하는 쪽의 기어를 구동기어(driver, driving gear)라 하고, 서로 물리는 기어 중에서 구동 기어에 의해서 운동전달을 받는 기어를 피동기어(follower, driven gear)라고 한다.

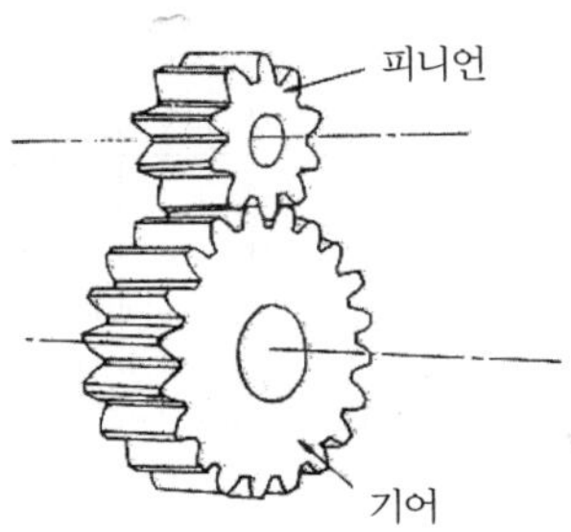

그림 13-1 기어와 피니언

2. 기어의 분류

(1) 두 축의 상대위치에 의한 기어의 분류

맞물려 회전하는 한 쌍의 기어에서 2개의 축을 상대적인 위치에 의하여 분류하면 표 13-1과 그림 13-3[KS B 0102의 (3)의 202에서 227을 참고]에서 보는 바와 같다. 도시한 바와 같이 기어의 종류가 극히 많고, 각 물림의 성능상 또는 공작상의 장점과 단점이 있고, 가격 및 형식에 의하여 아주 다르므로 설계할 때 그 선택에 있어서 충분히 신

중한 고려가 있어야 될 것이다.

일반적으로 스퍼어 기어(평치차), 헬리컬 기어, 베벨 기어(우산치차), 워엄 기어 등이 가장 많이 사용된다.

[표 13-1] 기어의 종류(KS B 0102 참고)

2축의 상대 위치	명칭			이와 이의 접촉	설명
	한국어	영어	독일어		
평행	① 스퍼어 기어 202번	spur gears	Stirnäder mit gerden Zähne, Geradstirnäder	직선	이 끝이 직선이며 축에 평행한 원통 기어를 스퍼어 기어라 한다.
	② 랙 203번	rack	Zahnstange	직선	원통 기어의 피치 원통의 반지름을 무한대로 한 것을 랙이라 한다.
	③ 헬리컬 기어 204번	helical gear	Stirnräder mit schrägen Zähnen		이 끝이 헬리컬 선을 가지는 원통 기어를 말하고, 보통 평행한 2축 사이에 회전운동을 전달한다.
	④ 헬리컬 랙 205번	helical rack	Schrägzahnstange	직선	헬리컬 기어의 피치 원통의 반지름을 무한대로 하여 얻어지는 랙을 헬리컬 랙이라 한다.
	⑤ 헤링보운 기어, 2중 헬리컬 기어 206번	herringbone gears ; double helical gears	Pfeilzahnräder	직선	양쪽으로 나선형으로 된 기어를 조합한 것을"헤링보운 기어"라 하고 평행 2축 간에 운동을 전달한다.
	⑥ 안기어 208번	internal gears	Innenrider	직선 (곡선)	원통 또는 원추의 안쪽에 이가 만들어져 있는 기어를 안기어라 한다. 또 안기어와 이에 물리는 바깥 기어와를 합해서 안기어라고 할 수도 있다.
두 축이 어느 각도로 만날 때	⑦ 베벨기어 209번	bevel gears	Kegelräder	직선	교차되는 2축 간에 운동을 전달하는 원추형의 기어를 베벨기어라 한다.
	⑧ 마이터 기어 210번	miter gears		직선	선각인 2축간에 운동을 전달하는 잇수가 같은 한 쌍의 베벨 기어를 말한다.
	⑨ 앵귤러 베벨 기어 211번	angular bevel gears		직선	직각이 아닌 2축 간에 운동을 전달하는 베벨 기어의 한 쌍을 레귤러 베벨 기어라 말한다.
	⑩ 크라운 기어 212번	crown gears	Planrad, Zahnscheibe	직선	피치면이 평면인 베벨 기어를 말하고 스퍼어 기어에서 랙에 해당한다.
	⑪ 직선베벨 기어 214번	straight bevel gear	Stirnke gelräder	직선	이끝이 피치 원추의 모직선과 일치하는 경우의 베벨 기어에서 랙에 해당한다.
	⑫ 스파이럴 기어 213번	spiral bevel gear	Kurvenzahnkege-läder	직선	이 기어는 이것과 물리는 크라운 기어의 이끝이 곡선으로 된 베벨 기어를 말한다.

두 축이 어느 각도로 만날 때	⑬ 제로올 베벨 기어 215번	zerol bevel gear	Zerolkegelräder	곡선	나선각이 0인 한쌍의 스파이럴 베벨 기어를 제로올베벨 기어라 말한다.
	⑭ 스큐우 베벨 기어 216번	skew bevel gear	Schrägzahnkege-lräder	직선	이 기어는 이것과 물리는 크라운 기어의 이끝이 직선이고, 꼭지점에 향하지 않은 베벨 기어를 말한다.
	⑮ 스큐우 기어 217번	skew gear	Schraubgetriebe	직선	교차하지 않고, 또 평행하지도 않는 2축(스큐우축)간에 운동을 전달하는 기어를 총칭하여 스큐우 기어라 한다.
	⑯ 나사 기어 218번	crossed helical gear	Schraubräder mit gekreuzten Ach-sen, Schraubge triebe.	점	헬리컬 기어의 한 쌍을 스쿠우 축 사이의 운동 전달에 이용할 때에 이것을 나사 기어라 한다.
두 축이 만나지도 않고 평행하지도 않은 경우	⑰ 하이포이드 기어 219번	hypoid gear	Hypoidkegelräder.	곡선	스큐우 축간에 운동을 전달하는 원추형 기어의 한 쌍을 하이포이드 기어라 한다.
	⑱ 페이스 기어 220번	face gear	Planradgetriebe. Planrad, Zahnsch-cioe.	점	스퍼어 기어 또는 헬레컬 기어와 서로 물리는 원판상의 기어의 한 쌍을 페이스기어라 한다. 2축의 교차하는 것도 있고 스큐우하는 것도 있는데, 보통은 축각이 직각이다.
	⑲ 워엄 기어 221번	worm gear	Schneckenräder, Schnckengetriebe	곡선	워엄과 이와 물리는 워엄 휠에 의한 기어의 한 쌍을 총칭하여 워엄 기어라 한다. 보통은 선접촉을 하고 또 축각은 직각으로 된 것이 많다.
	⑳ 워 엄 223번	worm	Schnecke	–	한 줄 또는 그 이상의 줄수를 가지는 나사 모양의 기어를 워엄이라 하고, 일반적으로는 원통형이다.
	㉑ 워엄휠 223번	worm wheel	Schneckenräder	–	워엄과 물리는 기어를 워엄 기어라 한다.
	㉒ 장고꼴 워엄 기어 장치 224번	hourglass worm gear	Globidschnecken räder Globidschnecken-getriebe	곡선	장고꼴 워엄 기어와 물리는 워엄 기어 장치를 장고꼴 워엄 기어 장치라 말한다.

그림 13-2 기어의 실물

평행축 기어

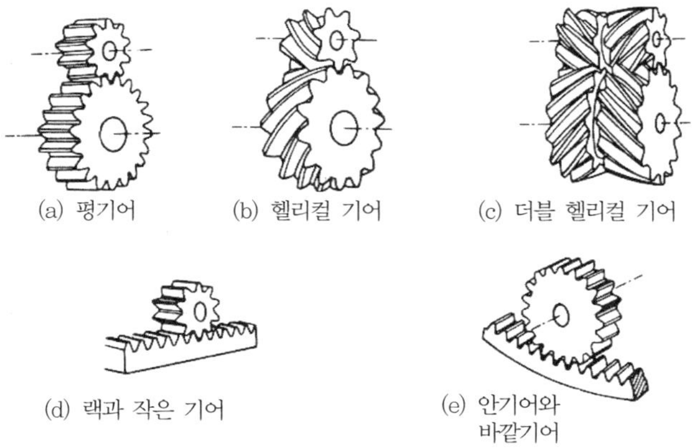

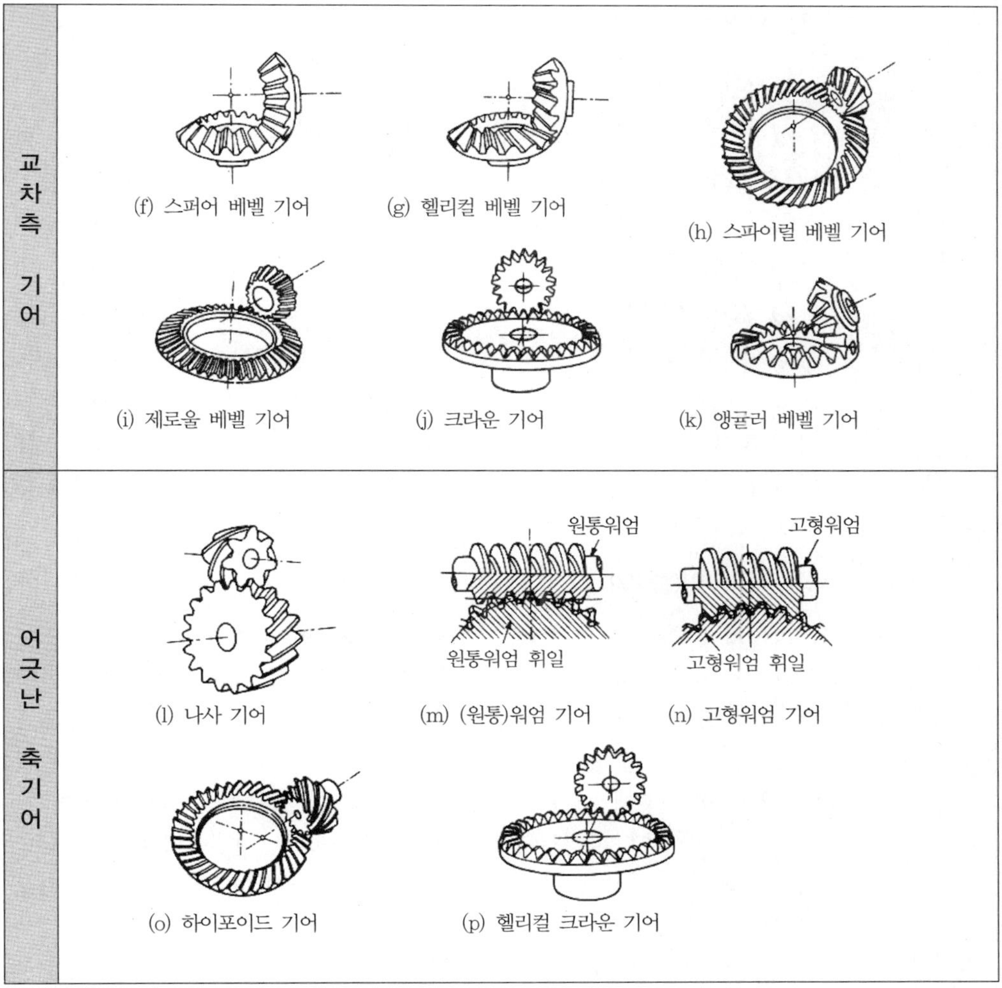

그림 13-3 기어의 종류

(2) 기어의 크기, 즉 바깥지름에 의한 분류

1) 극대형 기어 ········· 1000 [mm] 이상
2) 대 형 기어 ········· 250 ~ 1000 [mm]
3) 중 형 기어 ········· 40 ~ 250 [mm]
4) 소 형 기어 ········· 10 ~ 40 [mm]
5) 극소형 기어 ········· 10 [mm] 이하

보통 자동차 등에 사용하는 기어는 바깥지름 $D_0 = 40 \sim 250$ [mm] 정도가 많으므로 중형기어가 많다.

(3) 치형을 절삭가공하는 방법에 의한 분류

1) 성형치절기어

성형치절기어는 성형치절법으로 깎아낸 기어로서 밀링 머신(milling machine)으로 깎아낸 혼성기어(composite gear)가 여기에 해당된다. 또 따로 치의 형체를 계산하여 판자 게이지를 만들고, 이 게이지에 맞춘 바이트로 치를 하나씩 셰이퍼(shaper)와 같은 공작기계로 깎아낸 것도 있다. 일반적으로 하급기어에 사용된다.

2) 창성치절기어

창성치절기어의 고급정밀도와 다양의 능률생산을 요망하고 있는 오늘날, 이 창성식에 의한 기어가 많이 제작되고 있다. 이것은 커터(cutter)와 기어소재와의 관계적 운동에 의하여 치를 깎아나가는 방법이다. 즉 호브라든가 피니언 커터, 랙형 커터 등의 전문적인 치절기계로서 절삭하는 것이다. 직선 베벨 기어, 스파이럴 베벨 기어, 워엄과 워엄 기어 등도 거의 창성식으로 제작되고 있다.

(4) 기어 이(齒)의 각부 명칭

마찰차에 의한 동력전달은 그 사이에 약간의 미끄럼(slip)이 있으므로 회전속도비는 확실하지 못하다. 지금 이 마찰차의 원주표면을 기점으로 하여 그 위아래에 요철을 만들고, 그 물림에 의하여 회전을 전달시키면 그 사이에는 미끄럼이 조금도 없고 정확한 속비로 회전을 전달시킬 수가 있다. 이 장치를 기어라 하는 것은 이미 아는 사실이다. 이 마찰차의 외원주에 해당하는 원을 기어의 피치원(Pitch circle)이라 하고, 요철을 이(齒 ; tooth)라 한다. 이 피치원에서 아래 이의 곡면을 이뿌리면(齒根面 ; tooth flank)이라 하고, 위쪽 이의 곡면을 이끝면(脚先面 ; tooth face)이라 한다. 이 봉우리의 이끝 평면을 이 봉우리면(top surface)이라 한다.

그림 13-4와 같이 서로 물려 있는 기어의 잇수의 차가 특히 심할 때, 큰 쪽을 기어(gear)라 하고, 작은 쪽을 피니언(pinion)이라 한다. 그리고 기어의 반지름이 무한대로 될 때는 림(rim)이 곧은 직선으로 되는데, 이것을 랙(rack)이라 한다. KS B 0102에는 피치면에 대하여 표 13-2와 같이 용어를 설명하고 있다. 기어의 제도는 KS B 0002(80), 기어 기호는 KS B 0053에 규격화되어 있다.

이끝 높이(h), 이뿌리 높이(h_f), 이끝면(m), 이뿌리면(n), 총이높이(h), 이나비(b), 원주 이두께(t), 직선 이두께(t'), 이홈나비(ω), 백래시(B), 여기에는 원둘레 방향의 백래시(B_0)와 법선방향의 백래시(B_f)가 있다. 그림 13-5를 보아라. 백래시에 대하여 KS B 1411-78에 규격화되어 있다. 특히 다음과 같은 명칭이 기본적으로 중요하다.

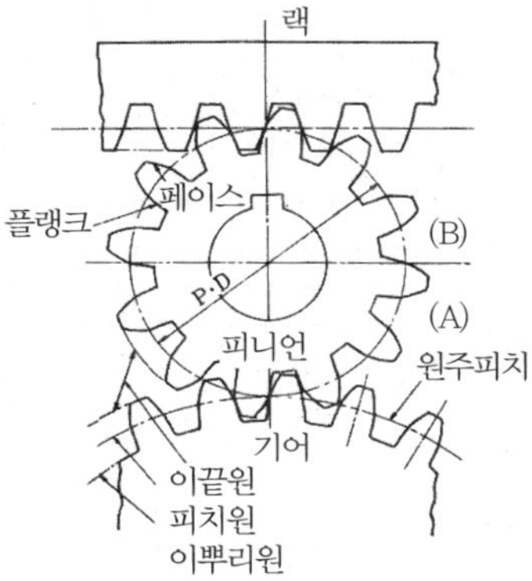

그림 13-4 랙과 피니언

[표 13-2] 피치면의 종류와 규격 설명

번호	명칭	설명
301	피치면(pitch surface)	이붙이 기준을 삼기 위하여 각 기어에 고정되며, 서로 구름 접촉(rolling contact)을 하는 곡면 피치면이라 한다.
302	피치평면(pitch plane)	피치면이 평면인 것을 피치 평면이라 한다.
303	피치원통(pitch cylinder)	피치면이 원통인 것을 피치 원통이라 한다.
304	피치원추(pitch cone)	피치면이 원추인 것을 피치 원추이라 한다. 베벨 기어에서 볼 수 있다.
305	피치모선 (pitch surface element)	피치면을 조성하는 모선을 피치 모선이라 하고, 양기어의 피치면의 접촉선을 말할 때가 많다.

[표 13-3] 주평면에 대한 용어(KS B 0102)

번호	명칭	설명
501	축평면(axial plane)	상대되는 기어의 축평면이라 함은 2축을 포함하는 평면을 말한다. 1개의 기어의 경우는 그 기어의 축을 포함하는 임의의 평면을 말한다.
502	피치평면(pitch plane)	피치면 위의 한 점을 포함하는 접촉 평면을 이점에서의 피치평면이라 한다.
503	축직각평면(plane of rotation)	기어의 축에 수직한 평면을 축직각 평면이라 한다.
504	정면(transverse plane)	축평면과 피치 평면에 수직인 평면을 정면이라 한다. 평행축의 기어에서는 정면과 축직각 평면과는 일치한다.
505	잇줄 직각 평면(normal plane)	잇줄에 직각인 평면을 잇줄 직각 평면이라 한다.
506	중앙단면 (central plane of worm gear)	워엄 휠축에 직각이며 워엄과 워엄 휠과의 공통수직선을 포함하는 평면을 워엄 휠의 중앙 단면이라 한다. 일반의 직각축의 경우에는 이 단면은 워엄의 축을 포함한다.

[표 13-4] 이(齒)의 요소에 대한 용어(KS B 0102)

번호	명칭	설명
601	잇면(tooth surface)	기어의 이가 물려서 닿는 면을 잇면이라 한다.
607	기준피치원 (standard pitch circle)	기준 피치를 잇수로 곱한 원주 길이를 가진 원을 기준 피치원이라 한다.
608	조형피치원(generating rolling circle)	조형공구로 이를 절삭함에 있어서 이것이 기어에 물려 있을 대의 피치원을 조형 피치원이라 한다.
609	물림피치원(intermeshing pitch circle)	한 쌍의 기어가 물려 있을 때에 서로 접촉하고 완전한 구름 운동을 하는 그들의 기어에 속하는 피치원을 물림 피원이라 한다. 이들의 반지름은 중심거리를 그들의 잇수비로 비례내분 또는 비례외분한 값이다.
611	피치선(pitch line)	랙에 있어서 기어의 피치원에 해당되는 것을 피치선이라 한다.
612	기준피치선(axis of symmetry of basic rack)	기준 피치선이라함은 여기에 따라 측정한 랙의 이 두께가 피치의 1/2이 될 수 있는 특정한 피치선을 말한다.
614	접촉점(point of contact)	한 쌍의 이가 접촉하고 있는 접을 접촉점이라 한다.
615	접촉로(path of contact)	한 쌍의 이가 물려서 움직일 때, 그 접촉점의 궤적을 접촉로라 한다.
616	접촉선(line of contact)	서로 물리는 한 쌍의 잇면 사이의 동시에 공유하는 선을 접촉선이라 한다.
617	접촉영역(surface of action; zone of contact)	한 쌍의 기어가 물림에 있어서 접촉선이 그은 면 전체를 접촉영역이라 한다.

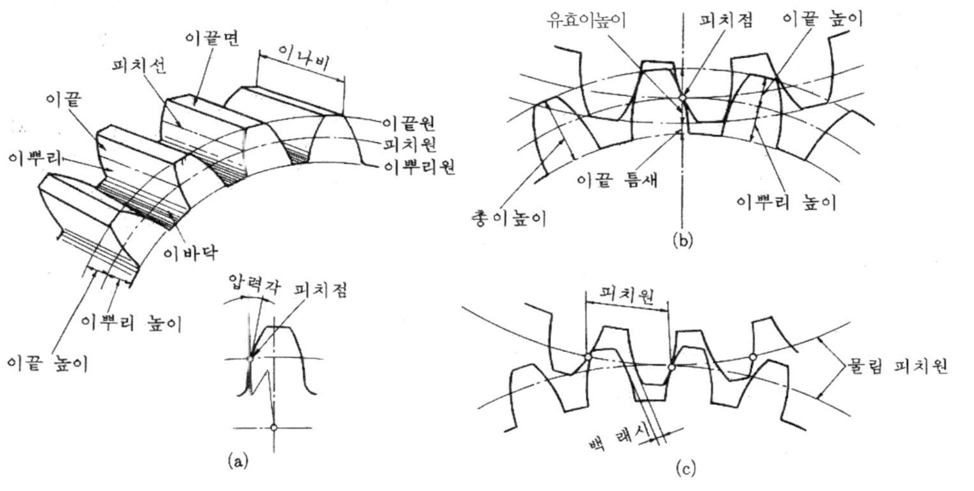

그림 13-5 기어각부의 명칭

13.2 기어의 기초이론

1. 기어 전동의 기구학적 조건

(1) 기어의 각속비

치형곡선의 기구학적 필요조건은 일정각속비, 즉 기어의 모든 물림 위치에 있어서 2개의 기어의 각속비가 일정해야 된다. 이 운동요건을 만족시키는 곡선은 치형곡선으로 될 수 있으나 이 밖에 강도, 제작, 수명 등의 여러 요건도 아울러 만족시키지 않으면 공업적으로는 사용할 수 없다. 따라서 먼저 일정각속비의 기어의 기구적 조건을 기하학적으로 검토해 보기로 한다.

그림 13-6에 있어서 두 개의 기어 1, 2가 O_1, O_2를 회전중심으로 회전하고 치형이 미끄럼 접촉을 한다. 미끄럼 접촉의 조건에 의하여 접촉점에 있어서 각 기어의 접선속도는 차이, 즉 미끄럼 속도(sliding velocity)는 있어도 좋지만, 양치형은 서로 떨어져도 안 되고 부딪쳐도 안 되므로 법선속도는 같아야 된다. 접점에 있어서 기어 1의 속도를 v_1, 기어 2의 속도를 v_2라 하면

$$v_1 \cos\alpha_1 = v_2 \cos\alpha_2 \tag{13-1}$$

일반적으로 f : 회전반지름, ω : 각속도라 할 때 $v = r\omega$이므로

$$r_1\omega_1 \cos\alpha_1 = r_2\omega_2 \cos\alpha_{2z}$$

$$\therefore \ \frac{\omega_1}{\omega_2} = \frac{r_2 \cos\alpha_2}{r_1 \cos\alpha_1} \tag{13-2}$$

여기서, $\angle QO_1N_2 = \alpha_1$, $\angle QO_2N_2 = \alpha_2$ 이므로

$r_1 \cos\alpha_1 = \overline{Q_1N_1}$, $r_2 \cos\alpha_2 = \overline{O_2N_2}$

따라서 $\dfrac{\omega_1}{\omega_2} = \dfrac{\overline{O_2N_2}}{\overline{O_1N_1}}$

$\triangle O_1N_1P$ 및 $\triangle O_2N_2P$에 있어서

$\angle O_1N_1P = \angle O_2N_2P = \angle R$이므로

$$\frac{\omega_1}{\omega_2} = \frac{\overline{O_2P}}{\overline{O_1P}} \tag{13-3}$$

O_1, O_2는 양기어의 회전중심이므로 정점이고, 양기어는 일정각속비로 회전하므로 $\frac{\omega_1}{\omega_2}$

는 일정하다.

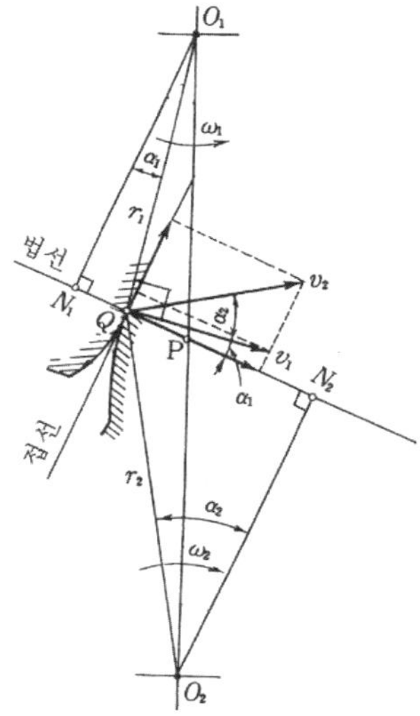

그림 13-6 기어의 치형곡선의 해석

따라서 P점은 일정선분 $\overline{O_1O_2}$를 일정비 $\left(\frac{\omega_1}{\omega_2}\right)$로 내분하는 점으로 되고 정점이다.

그러므로 접촉점의 법선은 일정점을 통과한다. 내기어의 경우에는 P점은 선분 $\overline{O_1O_2}$의 정비와 분점으로 된다.

(2) 카뮈의 정리(theory of Camus)

"물고 돌아가는 2개의 기어가 일정각속비로 회전하려면 접촉점의 공통법선은 일정점을 통과해야 된다. 반대로 접촉점의 법선이 일정점을 통과하는 유선은 치형곡선으로 된다." 이것을 카뮈의 정리라 하며 이것이 치형곡선을 성립하는 기구학적 필요조건이지만 이 조건을 만족시키더라도 공업적인 여러 가지 요건을 만족시키지 않으면 실용화는 어렵다.

따라서 양기어 중심을 연결하는 선분을 각속비로 내분(또는 외분)하는 일정점이 피치점이 되고, 기어 중심을 중심으로 하여 피치점을 통과하는 원의 피치원으로 된다. 기어의 전동회전과 피치원의 미끄럼이 없는 구름 접촉에 의한 전동회전이 기하학적으로 동등하다는 것은 이상의 증명에서 명확하다. 이런 의미에서 피치원은 기어전동을 기하학적으로 동등한 미끄럼이 없는 마찰전동으로 바꾸어 놓은 마찰원이다. 치형곡선의 접촉점은 기어의 회전과 더불어 이동하고, 이 궤적을 기어의 접촉로(path of contact)라고 한다.

2. 실용 치형곡선

현재 사용되고 있는 치형곡선에는 사이클로이드 곡선과 인벌류우트 곡선이 있고, 최근 특수한 원호치형으로서 노비고프치형이 주목되고 있다.

그러나 전동용의 기어로는 인벌류우트 기어가 사용되고 있으므로, 이 책에서는 주로 인벌류우트 치형곡선에 대해서만 논하기로 한다.

(1) 사이클로이드 치형

그림 13–7에서 보는 것처럼 피치원을 기초원으로 하여 이 위를 작은 원인 구름원(rolling circle)이 미끄럼 없이 굴러갈 때 이 구름원 위의 한 점이 긋는 궤적, 즉 사이클로이드 곡선을 치형곡선으로 형성한 것이 사이클로이드 치형이다.

즉 피치원 O_1에 대한 에피사이클로이드 곡선(epicycloid curve) QC_e와 하이포사이클로이드 곡선(hypocycloid curve) QC_h와를 연결한 곡선을 이끝면과 이뿌리면으로 하는 피치원 O_1의 치형유선으로 하고, 피치원 O_2에 대한 외전사이클로이드(epicycloid curve) $Q'C_e'$와 내전사이클로이드 곡선(hypocycloid curve) $Q'C_h'$와를 연결한 곡선을 이끝면, 이뿌리면으로 하는 피치원 O의 치형곡선으로 하면, 이 양곡선이 접하는 점 M에 있어서 그 공통법선은 항상 피치점 P를 통과해서 치형곡선이 구비해야 되는 조건을 만족시킨다. 이 사이클로이드 치형은 인벌류우트치형에 비하여 접촉점에 있어서 미끄럼이 적다는 잇점이 있어 마모상 유리하므로 정밀측정기의 기어 등에 사용되나, 제작이 곤란하므로 일반 전동용으로는 사용이 어렵고, 주로 인벌류우트 치형이 사용된다.

(3) 인벌류우트 치형

그림 13–8에서 보는 것처럼 피치점 P를 통과하는 임의의 직선 $\overline{N_1N_2}$를 긋고, O_1, O_2를 중심으로 하여 $\overline{N_1N_2}$에 접하는 원 ①, ②를 긋는다. 지금 $\overline{N_1N_2}$선 상의

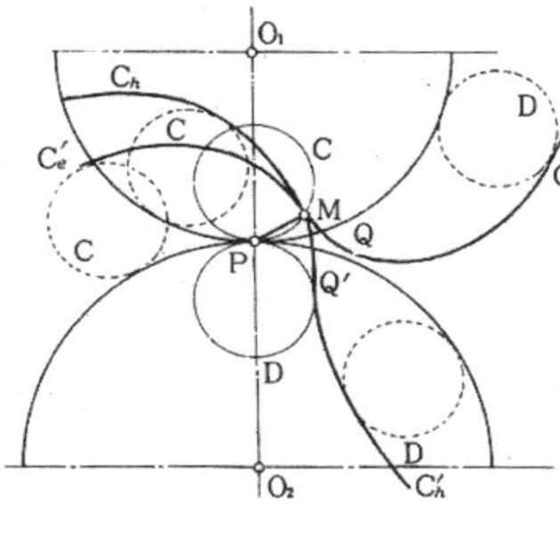

그림 13–7 사이클로이드치형 곡선

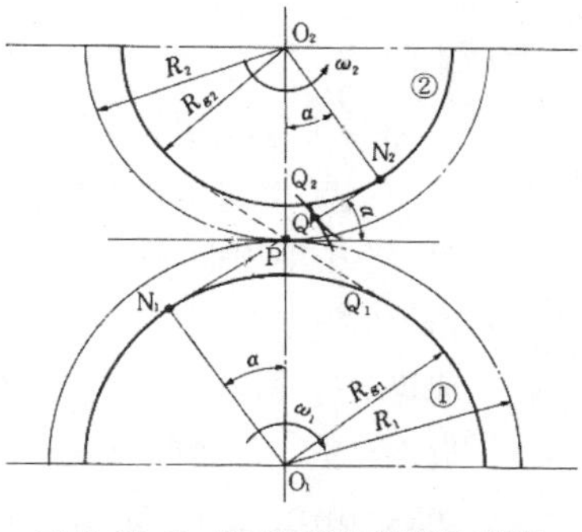

그림 13–8 인벌류우트치형의 형성

임의의 점 Q를 선택하여 $\overline{N_1Q}$를 ①원상에 감으면 ① 기어에 대하여 QQ_1 치선이 얻어진다. 또 $\overline{N_2Q}$를 ② 원상에 감으면 ② 기어에 대하여 QQ_2곡선이 얻어진다. 이와 같은 QQ_1, QQ_2곡선은 원 ① 및 원 ②의 인벌류우트곡선이고, 이 곡선들로 형성된 기어가 인벌류우트 기어(involute gear)이다. 원 ①, 원 ②를 인벌류우트 기어의 기초원(base circle)이라 한다. 인벌류우트 기어의 물림은 기초원에 벨트를 엇걸기로 감은 경우와 똑같은

경우라고 생각된다.

$\overline{N_1N_2}$선은 기초원의 공통절선이고 이것이 인벌류우트 곡선을 긋는 구름 직선에 일치하기 때문에 2개의 인벌류우트 곡선은 $\overline{N_1N_2}$ 위의 점 Q에서 서로 접하면서 공통법선은 $\overline{N_1N_2}$에 일치한다. 따라서 치형으로서 필요조건을 만족시키고 일정한 각속비로 회전을 전달시킬 수가 있다.

$\overline{N_1N_2}$직선은 인벌류우트 기어의 작용선 또는 압력선이라 하고, 한 쌍의 인벌류우트 치형의 접촉점 Q는 항상 이 선상을 이동한다. 또 피치점 P에 있어서 $\overline{O_1O_2}$에 세운 수직선과 작용선과의 맺는 각 α를 압력각이라 한다.

피치원의 지름이 무한대로 된 기어, 즉 랙(rack)의 인벌류우트 치형은 접촉궤적 N_1N_2에 직각인 직선으로 되어 산의 각도가 2α인 사다리끌 치형으로 된다.

이상에서 인벌류우트 곡선은 기초원만으로 결정되고 피치원과는 하등의 관계가 없으므로, 하나의 인벌류우트 기어에 있어서 그 기초원은 결정되지만 피치원은 결정되지 않고 있다. 그러나 물리게 되는 상대쪽의 기어가 주어지면 그림에서 보는 것처럼 양쪽의 기초원에 대한 공통접선, 즉 작용선이 중심선과 만나는 점을 통과하는 원이 피치원이 되므로, 여기서 비로소 피치원이 결정되는 것이다.

지금 한 쌍의 물고 돌아가는 기어의 피치원의 반지름을 각각 R_1, R_2라 하고, 기초원의 반지름을 R_{g1}, R_{g2}라 하면 회전속비 $\epsilon=\frac{\omega_2}{\omega_1}$는 다음과 같이 된다.

$$\epsilon=\frac{\omega_2}{\omega_1}=\frac{R_1}{R_2}=\frac{R_1\cos\alpha}{R_2\cos\alpha}=\frac{R_{g1}}{R_{g2}} \tag{13-4}$$

위식에서 인벌류우트 기어의 속비는 기초원반지름에 반비례함을 알 수 있다.

그런데 기초원반지름은 각 기어에 대하여 미리 결정되어 있으므로, 한 쌍의 인벌류우트 기어의 중심거리가 변화하더라도 일정속비의 회전전달을 할 수가 있다. 또 중심거리가 변화하면 피치원 반지름과 압력각은 변화하게 된다. 그리고 인벌류우트 기어에서는 교환성을 가지게 하려면 각 기어의 원주피치 또는 모듈이 같아야 되는 것은 물론이지만, 압력각도 같아야 된다는 것이 필요 조건으로 된다. 그림 13-9에 있어서 O_1에 속하고 있는 인벌류우트 곡선군의 간격은 항상 p_n과 같다. 이 p_n을 법선피치라 한다. 그리고 O_1과 O_2를 중심으로 하고, $\overline{O_1P}$와 $\overline{O_2P}$를 반지름으로 하는 원이 피치원이 될 것이다.

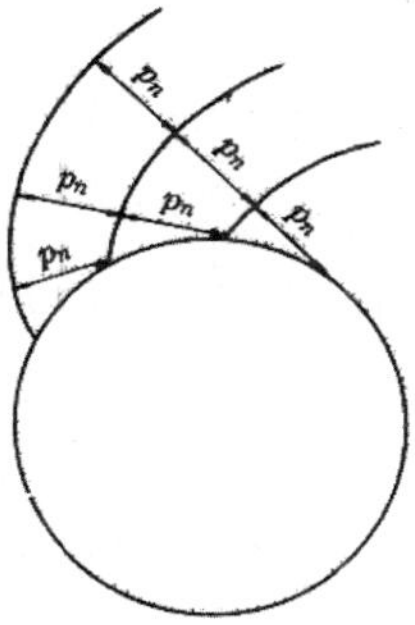

그림 13-9 법선피치

지금 D : 피치원의 지름, D_g : 기초원의 지름이라 하면

$$D_g = D\cos\alpha \tag{13-5}$$

법선피치와 기초원의 지름과의 관계는

$$p_n = \frac{\pi D_g}{Z} \tag{13-6}$$

법선피치와 피치원의 지름과 기초원의 피치 p_g와의 관계는

$$p_g = p_n = \frac{\pi D}{Z}\cos\alpha \tag{13-7}$$

2개의 기어가 맞물고 있을 경우의 중심거리는 두 기어의 피치원 지름의 합의 $\frac{1}{2}$이다.

$$\text{즉 } A = \frac{D_1 + D_2}{2} = \frac{Z_1 + Z_2}{2}m \tag{13-8}$$

3. 치의 크기(magnitude of tooth)

피치원의 크기가 같더라도 기어로는 잇수를 적게 하며 대신 개개의 이를 크게 깎아 기어를 만들 수도 있고, 반대로 잇수를 많이 하고 개개의 이의 크기를 작게 하여 기어를 만들어낼 수도 있다. 따라서 이의 크기를 결정하기 위하여 이의 기준이 되는 것을 만들어 놓아야 될 것이다. 여기에는 3가지의 종류를 기준으로 하고 있다(그림 13-10 참조).

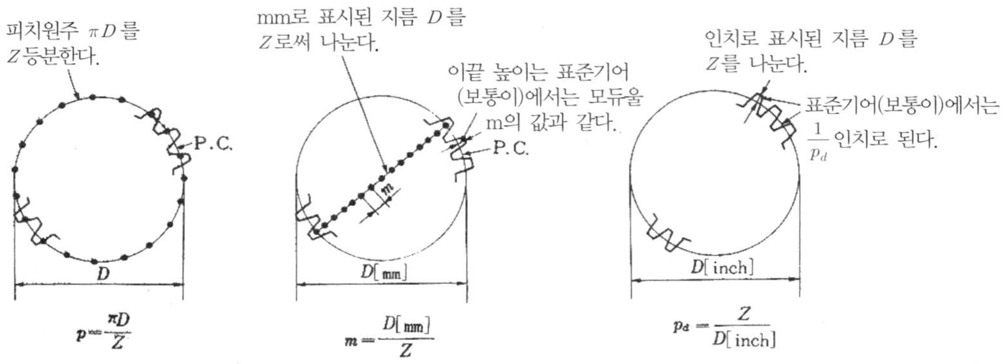

그림 13-10 이의 크기의 비교

(1) 원주피치(circular pitch) : p

피치원의 원둘레를 잇수로 나눈 것이다.

즉 D : 피치원의 지름([mm] 또는 [inch]), Z : 잇수, p : 피치라 하면

$$p=\frac{\pi D}{Z} \tag{13-9}$$

이 p를 기준으로 하여 이끝 높이, 이뿌리 높이, 그 밖의 모든 부분의 치수 비율을 결정한다.

그러나 $p=\frac{\pi D}{Z}$의 공식에서 명백한 바와 같이 분자에 π가 포함되어 있기 때문에 D를 정수로 하면 p는 소수가 포함되고, p를 정수로 하면 D의 값이 소수가 되어 계산이 매우 곤란해지므로, 이의 크기를 결정하는 기준으로는 그다지 사용되지 않고, 다음의 모듈과 지름 피치 등이 주로 사용된다.

(2) 모듈(module) : m

오늘날 미터(meter) 방식을 사용하고 있는 나라에서 모듈이 이의 크기를 표시하는 단위로서 사용하고 있다. 모듈은 [mm]로 표시된 피치원의 지름을 잇수 Z로 나눈 값이다.

즉 $D=\frac{p}{\pi}Z$에서 $\frac{p}{\pi}=m$으로 놓으면

$$D=mZ \tag{13-10}$$

$$\therefore\ m=\frac{p}{\pi}=\frac{D}{Z}\,[\mathrm{mm}] \tag{13-11}$$

로 되고, 위식에서 m과 p의 관계가 계산된다.

(3) 지름 피치(diametral pitch) : p_d

피치원의 지름은 잇수를 인치로 표시된 피치원의 지름으로 나눈 값이다.

즉 $Z=\dfrac{\pi D}{p}$ 에서 $\dfrac{\pi}{p}=p_d$ 로 놓으면

$$D=\frac{Z}{p_d}$$

$$\therefore\ p_d=\frac{\pi}{p}=\frac{Z}{D[in]} \tag{13-12}$$

이것은 모듈의 역수가 되나 이 경우 p_d의 단위로는 인치를 사용하므로 수치에서는 모듈의 역수가 되지 않는다.

$$p_d=\frac{25.4}{m}$$

[표 13-5] 모듈과 지름 피치의 값

모듈 m [mm]	원주피치 $p=\pi m$ [mm]	지름피치 $p_d=25.4/m$	모듈 m [mm]	원주피치 $p=\pi m$ [mm]	지름피치 $p_d=25.4/m$
0.2	0.628	127.00	3.25	10.210	7.815
0.25	0.785	101.600	3.5	10.996	7.257
0.3	0.942	84.667	3.75	11.781	6.773
(0.35)	1.100	72.571	4	12.566	6.350
0.4	1.257	63.500	4.5	14.137	5.644
(0.45)	1.414	56.444	5	15.708	5.080
0.5	1.571	50.800	5.5	17.279	4.618
(0.55)	1.728	46.182	6	18.850	4.233
0.6	1.885	42.333	7	21.991	3.629
(0.65)	2.042	39.077	8	25.133	3.175
0.7	2.199	36.286	9	28.274	2.822
(0.75)	2.356	33.867	10	31.416	2.540
0.8	2.513	31.750	11	34.558	2.009
0.9	2.827	28.222	12	37.699	2.117
1.0	3.142	25.400	13	40.841	1.954
1.25	3.297	20.320	14	43.982	1.814
1.5	4.712	16.933	15	47.124	1.693
1.75	5.498	14.514	16	50.269	1.588
2	6.283	12.700	18	56.549	1.411
2.25	7.069	11.289	20	62.832	1.270
2.5	7.854	10.160	22	69.115	1.155
2.75	8.639	9.236	25	7.540	1.016
3	9.425	8.467			

지름 피치 p_d는 인치제를 채용하고 있는 나라에 있어서 치의 크기를 표시하는 단위로 사용되고 있다. 모듈과 지름 피치는 그 수치를 마음대로 결정하면 치의 크기의 종류가 너무 많고 다르게 되며, 공작도 대단히 불편하므로 표준규격에 의하여 표준값이 결정되고 있다. 표 13-5는 표준 모듈에 대한 원주 피치, 지름 피치의 값을 표시한 것이다.

표 13-6은 각종 피치를 비교한 것을 표시한 것이다.

여기서 모듈의 경우는 그 값이 클수록 이의 크기는 정비례하여 크게 된다. 그리고 지름 피치의 경우 p_d의 값이 크게 될수록 이의 크기는 작게 되어 반비례한다.

[표 13-6] p와 m과 p_d 사이의 관계

종류	기호	p로 기준	m을 기준	p_d를 기준
원주피치	p	$\frac{\pi D}{Z}$	πm	
모듈	m	$\frac{p}{\pi}$	$\frac{D}{Z}$	$\frac{25.4}{p_d}$
지름피치	p_d	$\frac{\pi}{p}$	$\frac{25.4}{m}$	$\frac{Z}{D}$

4. 인벌류우트 함수와 이용

(1) 인벌류우트 곡선의 표시법

인벌류우트 곡선을 표시하려면 인벌류우트 함수가 사용된다. 즉 그림 13-11에서 반지름 R_g의 기초원 위의 어느 점 Q_1에서 풀려 나간 인벌류우트 곡선 Q_1Q_2 위의 임의의 점 Q로부터 기초원에 대하여 접선 $\overline{QT}$를 긋고, 점 Q_1T를 중심 O와 연결하고 $\angle TOQ=\alpha$ [rad], $\angle Q_1OQ=\phi$ [rad]라 한다.

인벌류우트의 성질에서 $\overline{TQ}$는 기초원 위의 원호 $\widehat{TQ_1}$에 같으므로

$$\overline{TQ}=R_g(\alpha+\phi) \tag{13-14}$$

또 한편 직3각형 ΔQTO에서 $\overline{QT}=R_g\tan\alpha$ 이므로

$$R_g\tan\alpha=R_g(\alpha+\phi)$$

$$\therefore\ \phi=\tan\alpha-\alpha \tag{13-15}$$

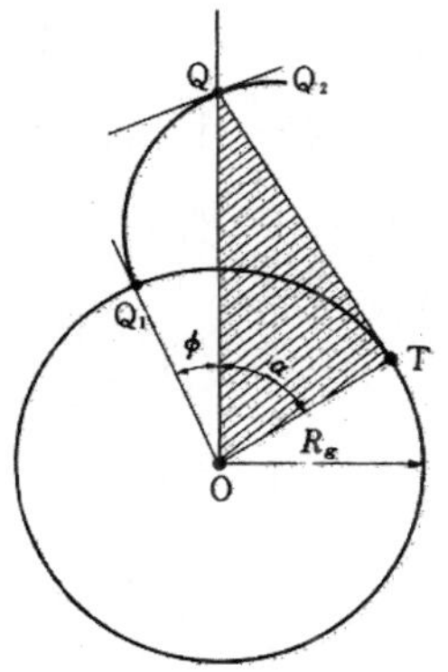

그림 13-11 인벌류우트 함수

이 각 ϕ를 각 α의 인벌류우트 함수(involute function)라 하고 inv α로 표시된다. 부록 3에 인벌류우트 함수표를 게재한다.

$$즉,\ \phi = \tan\alpha - \alpha = \text{inv}\,\alpha \tag{13-16}$$

그림 13-12에서 기초원을 이미 알고 있는 인벌류우트 치형이라 하고, 반지름 R의 원에 따라 측정한 치의 두께 T를 기어 마이크로미터로 측정하여 이미 알고 있을 때 R_t 반지름 위의 이의 두께 T_t를 구할 수 있다. 그림 13-13에서 즉 $\frac{T}{2} = \beta \cdot R$, $\frac{T_t}{2} = R_t \beta_t$이므로

$$\frac{T}{2R} - \frac{T_t}{2R_t} = \beta - \beta_t = \phi_t - \phi = \text{inv}\,\alpha_t - \text{inv}\,\alpha$$

$$\therefore\ T_t = 2R_t\left(\frac{T}{2R} + \text{inv}\,\alpha - \text{inv}\,\alpha_t\right) \tag{13-17}$$

$R = \frac{R_g}{\cos\alpha}$를 이용하여 $\cos\alpha$와 $\cos\alpha_t$를 구하고, 함수표에서 α, α_t에 대한 invα와 invα를 구하여 T_t를 계산한다.

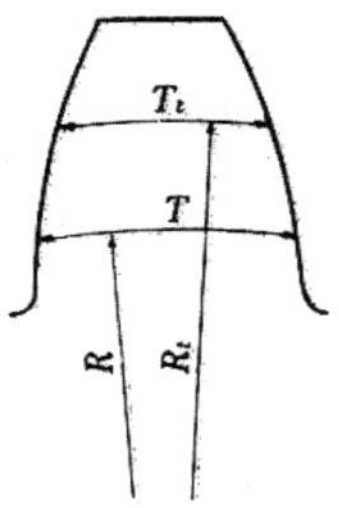

그림 13-12 이의 임의의 곳의 이 두께

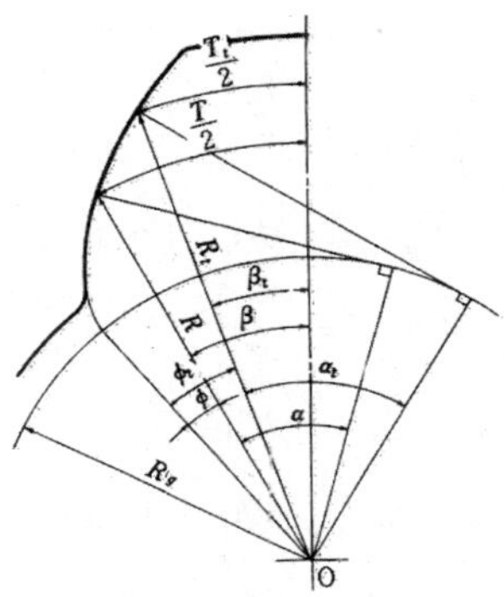

그림 13-13 이의 임의의 곳의 이두께 측정

(2) 함수표의 이용

임의의 반지름 R에 있어서의 이두께 T를 알고 치의 꼭대기의 두께 T_t가 0이 되는 반지름의 길이를 구할 수 있다.

그림 13-14에 있어서

$$T_t = 2R_t\left(\frac{T}{2R} + \mathrm{inv}\alpha - \mathrm{inv}\alpha_t\right)$$

식에서 $T_t = 0$가 되면 된다.

$$\therefore\ \frac{T}{2R} + \mathrm{inv}\alpha - \mathrm{inv}\alpha_t = 0$$

$$\therefore\ \mathrm{inv}\alpha_t = \frac{\mathrm{T}}{2\mathrm{R}} + \mathrm{inv}\alpha \qquad (13-18)$$

에서 R_t를 구한다.

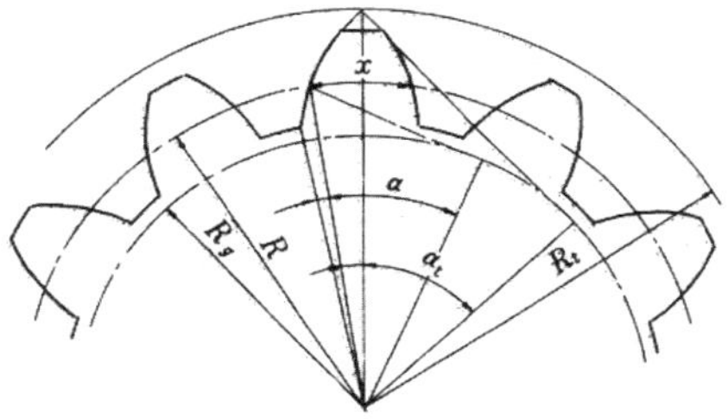

그림 13-14 인벌류우트함수표의 이용

예제 1 그림 13-13의 인벌류우트치형에서 $\alpha = 20^\circ$, $R = 120\,[\mathrm{mm}]$, $T = 15.708[\mathrm{mm}]$라 할 때 $R_t = 127.500\,[\mathrm{mm}]$의 곳의 이두께 T_t를 구하여라.

풀이

$$R_g = R\cos\alpha = R_t\cos\alpha_t$$

$$\cos\alpha_t = \frac{R\cos\alpha}{R_t}$$

$$R_g = R\cos\alpha = 120\cos 20^\circ = 120 \times 0.9397 = 112.764\,[\mathrm{mm}]$$

$$\cos\alpha_t = \frac{R\cos\alpha}{R_t} = \frac{112.763}{127.5} = 0.88441$$

$$\therefore\ \alpha_t = 27^\circ 49' 13''$$

$$\mathrm{inv}\alpha = \mathrm{inv}20^\circ = 0.014904$$

$$\mathrm{inv}\alpha_t = \mathrm{inv}(27^\circ 49' 13'') = 0.042138$$

$$T_t = 2R_t\left(\frac{T}{2R}+\mathrm{inv}\alpha-\mathrm{inv}\alpha_t\right)$$
$$=2\times127.5\left(\frac{15.708}{2\times120}+0.014904-0.042138\right)$$
$$=9.744\,[\mathrm{mm}]$$

예제 2 잇수 $Z=24$, 지름 피치 $p_d=1$ 의 표준기어가 있다. 이의 꼭지에 있어서 이봉우리면의 두께를 구하여라.

풀이 피치원의 반지름을 R 라 하면

$$R=\frac{Z}{2p_d}=\frac{24}{2\times1}=12''$$

이끝높이 $h_k=\dfrac{1}{p_d}=1''$

$$\therefore\ R_t=12''+1''=13''$$
$$\alpha=14\frac{1}{2}^\circ,\quad T=\frac{\pi}{2p_d}=1.5708''$$
$$R_g=R\cos14\frac{1}{2}^\circ=12\times0.96815=11.618''$$
$$\cos\alpha_t=\frac{R\cos\alpha}{R_t}=\frac{11.618}{13}=0.8937$$
$$\therefore\ \alpha_t=20^\circ39'$$
$$\mathrm{inv}\alpha=\mathrm{inv}14\frac{1}{2}^\circ=0.00448$$
$$\mathrm{inv}\alpha_t=\mathrm{inv}(36^\circ39')=0.36728$$
$$T_t = 2R_t\left(\frac{T}{2R}+\mathrm{inv}\alpha-\mathrm{inv}\alpha_t\right)$$
$$=2\times13\left(\frac{1.5708}{2\times12}+0.0055448-0.036724\right)$$
$$=0.8912''$$

예제 3 앞의 문제 있어서 이끝이 뾰족하게 될 때의 반지름을 구하여라.

풀이

$$\mathrm{inv}\alpha_t=\frac{15.708}{2\times120}+\mathrm{inv}20^\circ=0.06545+0.014904=0.08035$$
$$\therefore\ \alpha_t=33^\circ54'22''$$
$$\therefore\ R_t=\frac{12\times\cos20^\circ}{\cos(33^\circ54'22'')}=\frac{120\times0.9397}{0.8299}=135.864\,[\mathrm{mm}]$$

예제 4 지름 피치 $p_d=6$, 잇수 $Z=24$, $\alpha=20^\circ$ 의 인벌류우트 치형에 있어서 바깥지름이 몇 인치이면 뾰족한 이끝으로 되는가?

풀이 피치원의 반지름 $R=\dfrac{Z}{2p_d}=\dfrac{24}{2\times6}=2''$

$$T=\frac{\pi}{2p_d}=\frac{3.1416}{2\times6}=0.2618'$$

$$\alpha = 20^\circ$$

$$\mathrm{inv}\alpha = \mathrm{inv}20^\circ = 0.014304$$

$$\mathrm{inv}\alpha_t = \frac{0.2618}{2\times 2} + 0.014904 = 0.06545 + 0.014904 = 0.08035$$

함수표에서 $\alpha_t = 33^\circ 54' 22''$

$$R_t = \frac{2\times \cos 20^\circ}{\cos(33^\circ 54' 22'')} = \frac{2\times 0.93969}{0.82995} = 2.2644''$$

5. 기어의 성능

(1) 기어의 접촉호와 접촉길이

1쌍의 치가 접촉하기 시작하여 접촉이 끝날 때까지 기어가 회전하는 각을 접촉각(angle of contact) 또는 작용각이라 하고, 이 접촉각에 대한 피치원의 호를 접촉호(arc of contact) 또는 작용호라 한다. 접촉 중에서 접촉이 시작해서부터 그 접촉점이 피지점에 올 때까지의 기어의 회전각을 접근각(angle of approach)이라 하고, 접촉점이 피치점에서 접촉이 끝날 때까지의 이동하는 사이의 기어의 회전각을 퇴거각(angle of recess)이라 한다. 그리고 이들 각에 대한 피치원의 호를 각각 접근호(arc of approach) 및 퇴거호(arc of recess)라고 한다.

따라서 접촉각=접근각+퇴거각
또 접촉호=접근호+퇴거호

사이클로이드 기어에서는 그림 13-15에서 A가 접촉이 시작하는 점이고 A'가 접촉이 끝나는 점이므로 원동기어의 접촉각은 $\angle BO_1C$이며 그 접촉호는 $\widehat{BPC}$이다. 또 종동기어의 접촉각은 $\angle CO_2B$이고 그 접촉호는 $\widehat{CPB}$이다.

한편 인벌류우트 기어에서는 그림 13-16에서 두 기초원 공통 접선과 각각의 이끝원이 만나는 점을 각각 $\overline{AA'}$라 할 때 길이 $\overline{AA'}$가 접촉점의 궤적이고, 이것이 접촉로가 되나 인벌류우트 기어에서는 특히 물음길이라고 한다. 이 때 A점에서 접촉이 시작되고 A'점에서 끝난다. 그 사이에 각 기어의 회전하는 각 $\angle CO_1C'$ 및 $\angle BO_2B'$가 접촉각이고, 이 각에 대한 피치원의 원호 $\widehat{CPC'}$ 및 $\overline{BPB'}$가 접촉호가 된다.

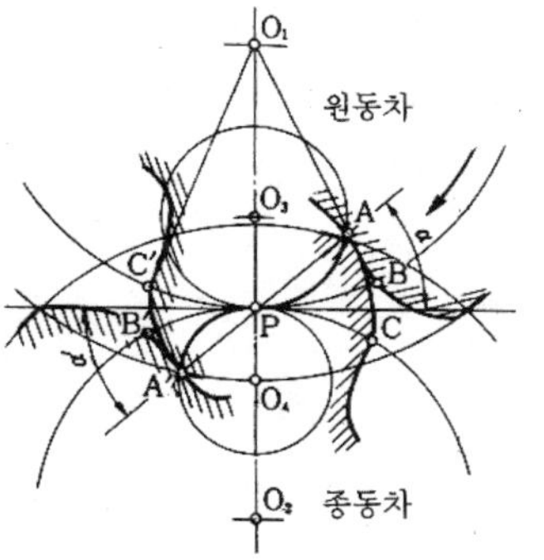

그림 13-15 사이클로이드 기어의 압력각과 접촉호

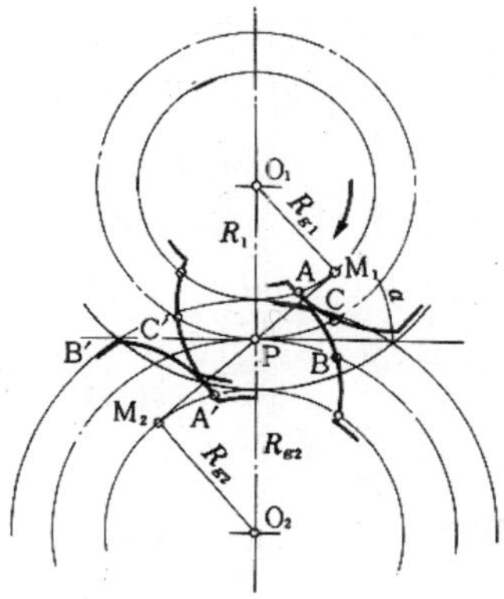

그림 13-16 인벌류우트 기어의 압력선과 접촉호

(2) 물음률과 접촉률

O_1 기어에서 O_2 기어로 끊임 없이 균일한 각속비로 회전을 전달시키려면 1쌍의 치가 접촉을 끝마칠 때까지는 적어도 다음의 1쌍의 치가 물음 상태에 들어가 있어야 한다.

즉 기어가 연속적으로 물고 돌아가려면 1쌍의 치는 항상 물고 있어야 한다는 것이다. 항상 물고 있으려면 접촉호의 길이가 반드시 원주피치보다 커야 되고, 접촉호를 원주피치로 나눈 값을 접촉률(ratio of contact)이라고 한다.

접촉률은 반드시 1보다 커야 하고, 실제(1.2~1.8)의 범위로 된다.

$$\text{접촉율 } \epsilon = \frac{\text{접촉호의 길이}}{\text{원주피치의 길이}} = 1.2 \sim 1.8 \qquad (13\text{-}20)$$

따라서 접촉률이 1.6이라 하면 1쌍의 치가 물음을 시작하는 순간에는 그것보다 1피치 앞의 1쌍의 치가 이미 접촉하고 있고 거기서 0.6 피치에 상당하는 회전 기간은 2쌍의 치가 물고 있고 0.6 피치 회전의 끝에 있어서는 피치 전의 1쌍의 치의 물음은 끝나므로, 끝나서부터 0.4 피치에 상당하는 회전 기간은 1쌍의 치의 물음 기간이 끝나면 바로 이어서 다음 1쌍의 치가 돌기 시작하고 2쌍의 치의 물음 기간이 시작된다. 이하 같은 물음 상태를 반복하게 된다. 물음의 쌍수가 변화하는 순간에 치의 부하가 변동하는데, 치의 부하의 급격한 변동은 진동과 소음이 나는 원인이 되므로 이러한 의미에 있어서는 접촉률을 꼭 2로 하면 이상적이나 실제는 실용상의 제약이 있으므로 이것은 하나의 설계목표일 뿐이다. 접촉호는 이끝 높이 h_k를 길게하면 커진다. 그리고 사이클로이드치에 있어서는 구름원의 지름을 크게 하면 커지고 인벌류우트치에 있어서는 압력각 α를 작게 하면 커진다.

① **인벌류우트 기어의 물음길이**(KS B 1417-79) : 기어가 연속적으로 회전을 전달시키려면 적어도 1쌍의 치면의 접촉이 끝나지 않는 동안에 다음의 1쌍의 치면이 접촉을 시작해야한다. 그림 13-17(a)에서 양기어의 이끝원이 작용선을 끊는 점을 a, b라 하면 1쌍

의 치가 물음을 시작하여 끝마칠 때까지에 양기어의 치면의 접점은 a와 b사이를 이동한다. 이 ab의 길이를 물음길이라 하고, a에서 피치점 P까지의 길이를 접근 물음길이(length of approach), P에서 b까지의 길이를 퇴거 물음길이(length of recess)라고 한다.

물음길이(l) = 퇴거물음길이(l_r) + 접근물음길이(l_a)

$$\text{즉, 물음율 } \epsilon \text{은 } \epsilon = \frac{l}{p_n} = \epsilon_1 + \epsilon_2 = 1.2 \sim 1.5 \tag{13-21}$$

따라서 물음길이 ϵ은

$$\epsilon = \left\{ \sqrt{(Z_1+2)^2 - (Z_1 \cos\alpha)^2} + \sqrt{(Z_2+2)^2 - (Z_2 \cos\alpha)^2} - (Z_1+Z_2)\sin\alpha \right\} / 2\pi \cos\alpha$$

이 된다.

그림 13-17은 표준 기어의 물음율의 계산도표이다. 그림 13-18는 압력각 14.5°, 20°, 27°의 표준 기어 물음율의 값을 잇수비에 대하여 도시한 것으로, 그림 13-18에서 14.5°는 물음율의 값을 그 이상으로 잡을 수 있으나 20°의 경우에서는 그 이상으로 도달 할 수 없다. 그러나 물음율을 크게 할 수 있는 낮은 압력각의 치형에서 잇수가 적게 되면 도시한 바와 같이 언더컷의 현상에 의하여 물음길이가 짧게 되고 물음율의 값이 갑자기 감소한다. 반대로 27°의 치형에서는 $Z=10$까지는 물음율의 변동이 아주 작다. 더욱 이와 같은 치형은 강도상 매우 유리하므로 최근에 중하중기어의 치형으로 채용되어 가고 있다.

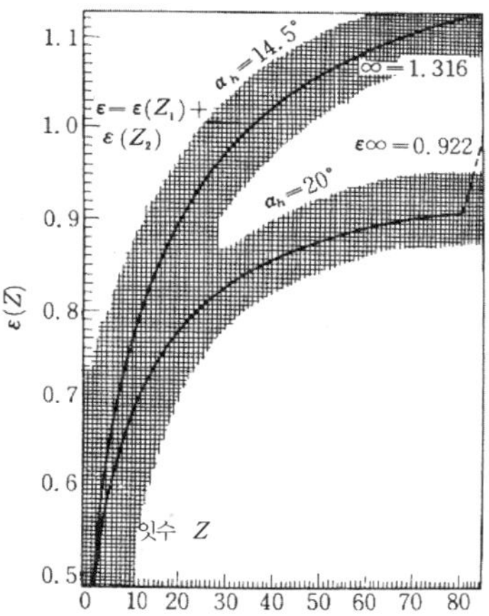

그림 13-17 표준 기어의 물음율의 계산도표

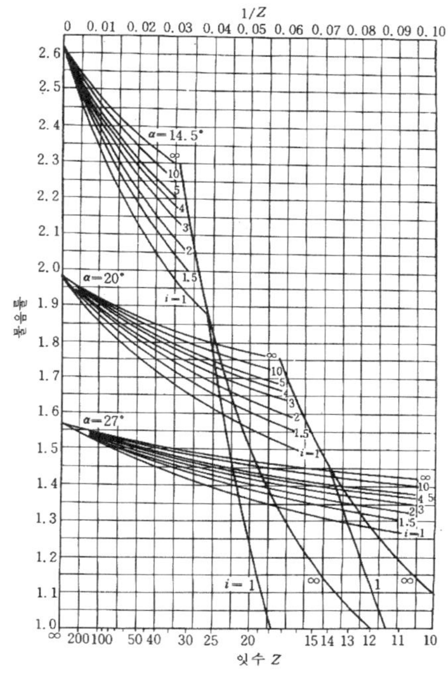

그림 13-18 잇수 및 압력각과 물음율의 관계도

② **물음율의 해석 :** 여기서 $\epsilon=1.6$ 이라는 것은 그림 13-19(a)에서 보는 것처럼 물림이 시작해서부터 $0.6p_n$ 사이와 물림이 끝마치기 전의 $0.6p_n$ 사이는 2쌍의 치가 물고 있으나 중간의 $0.4p_n$ 사이는 1쌍의 치만이 물고 회전을 전달시키는 것을 의미한다. 그림 13-19의 (b)는 물음률 1.3 의 해석이다. $0.7p_e$ 만이 한 쌍의 치가 물고 돌아간다.

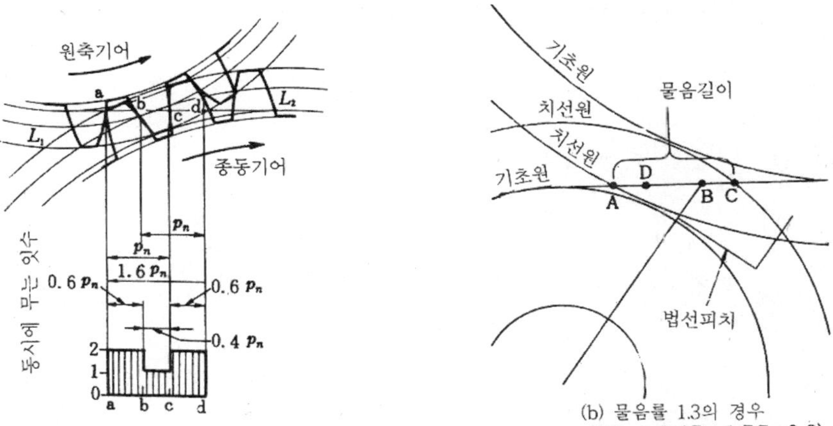

(a) 물음률 1.6의 경우

(b) 물음률 1.3의 경우
(AC=1.3, AB=1, BC=0.3)

그림 13-19 물음율 1.6과 1.3의 해석

(3) 미끄럼율(sliding ratio)

그림 13-20에 있어서 O_1, O_2의 같은 반지름을 기초원으로 하고, ai 및 $\overline{i'a'}$를 이 원들로부터 출발하는 인벌류우트 곡선이라고 한다. 양기초원의 중심각의 등회전각에 대한 인벌류우트 곡선상의 점을, 기초원 O_1의 것에는 $a, b, c, \cdots, g$, 기초원 O_2의 것에는 $g', f', e', \cdots, a'$라는 기호를 붙이고 양곡선의 접촉이 a와 a', b와 b', c와 c' ⋯, g와 g'가 차례로 대응하여 접촉해서 회전이 전달된다고 하면 이 접촉점은 작용선상을 옮겨가고, 원 O_1이 일정각도로 회전하면 원 O_2도 정각속도로 회전한다.

지금 그림 13-20에서 또는 바와 같이 e와 e'가 접촉하고 있다고 하면 다음의 접촉점 d, d까지에 원 O_1의 인벌류우트 곡선은 $\widehat{ef}$, 점 O_2의 인벌류우트 곡선은 $\widehat{e'f'}$ 만큼 진행하고, 그 길이는 인벌류우트 곡선이 기초원으로부터 멀리 떨어져 나갈수록 크게 되어 있으므로 $\widehat{ef} > \widehat{e'f'}$ 이고 그 사이에 $\widehat{ef}-\widehat{e'f'}$ 만큼 미끄럼이 있었다는 것을 의미한다. 그리고 피치점 p에 가까이 올수록 미끄럼이 작게 되고 피치점에 있어서 미끄럼율은 0으로 된다. 다음에 접촉점이 피치점 p를 지나가면 이 관계는 반대로 되고 미끄럼이 증대된다.

그림 13-21에서 보는 것처럼 O_1, O_2의 1쌍의 서로 물고 있는 치면에 대하여 기어의 미소회전각에 대한 치면의 변위를 d_{s1}, d_{s2}라 할 때 미끄럼율은

$$\sigma_1 = \frac{d_{s2} - d_{s1}}{d_{s1}}, \quad \sigma_2 = \frac{d_{s1} - d_{s2}}{d_{s2}} \tag{13-22}$$

라 할 때 σ_1을 기어 O_1의 치면에 대한 그 위치의 미끄럼율, σ_2를 기어 O_2의 치면에 대한 위치의 미끄럼율이라 한다. 인벌류우트 곡선의 기하학적 성질에 의하여 접촉점에 있어서 각 곡선의 곡률반지름 ρ_1, ρ_2는 피치원의 반지름을 R_1, R_2, 압력각을 α라 하면

$$\left.\begin{aligned} \rho_1 &= R_1 \sin\alpha \pm l \\ \rho_2 &= R_2 \sin\alpha \pm l \end{aligned}\right\} \tag{13-23}$$

단, l은 피치점에서 접촉점까지의 길이를 표시하고, (+)는 피치점에서 외측에, (−)는 피치점에서 내측에 접촉점이 있을 경우라고 한다.

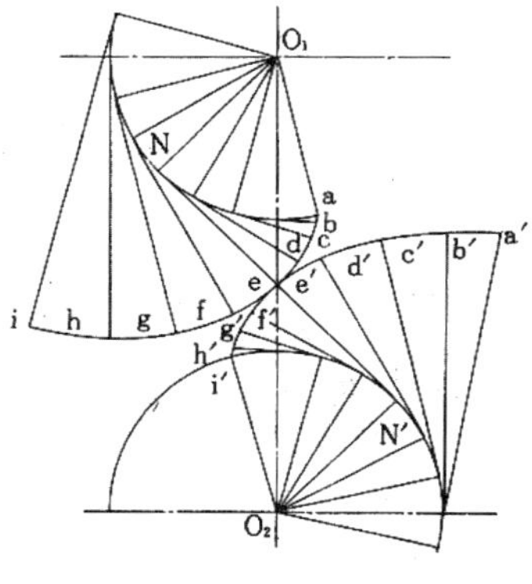

그림 13-20 인벌류우트 곡선의 미끄럼 접촉

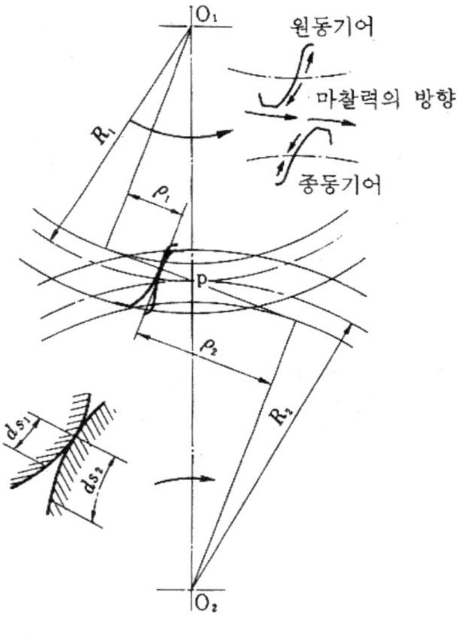

그림 13-21 치면의 미끄럼

6. 스퍼어 기어의 기준치형의 비례 치수(KS B 1414-1979)

기어에 교환성(interchangeability)을 주기 위하여 이의 형상을 결정해야 된다. 그러나 같은 인벌류우트 기어라도 잇수가 다르면 이의 형상이 모두 다르게 된다. 그러나 기초원의 지름이 무한대로 되면 랙(rack)으로 되고, 그 때의 이의 형상은 중심선에 대하여 압력각만큼 경사된 직선으로 된다. 랙의 이의 형상을 규정짓는 것은 용이한 것이며, 이것을 결정지어 놓으면 모든 잇수의 치형을 결정한 것이 된다. 이것을 기준 랙이라 하고, KS에서는 **그림 13-22**과 같이 압력각 14.5°와 20°의 보통치를 규정하고 있었으나 최근에

20°만을 규정하기로 되었다. 보통 치라면 이끝 높이 h_k의 값을 모듈 m의 값과 같게 잡는 것이다. 이 밖에 이의 높이를 보통 치보다 높게 한 높은 이와 이의 높이를 낮게 한 낮은 이(stub gear)가 있으나 최근에는 사용되지 않는다.

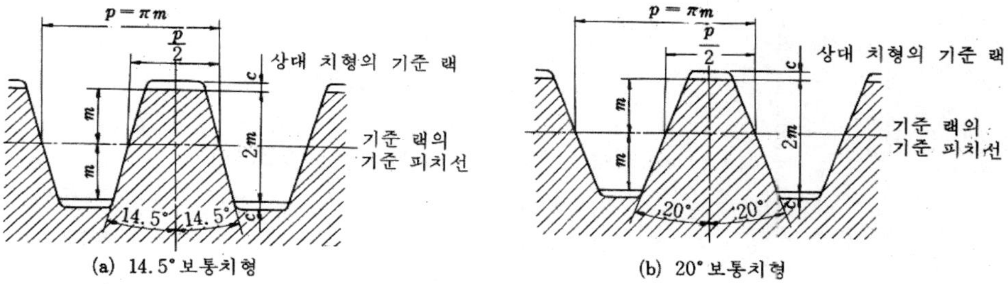

그림 13-22 기준랙

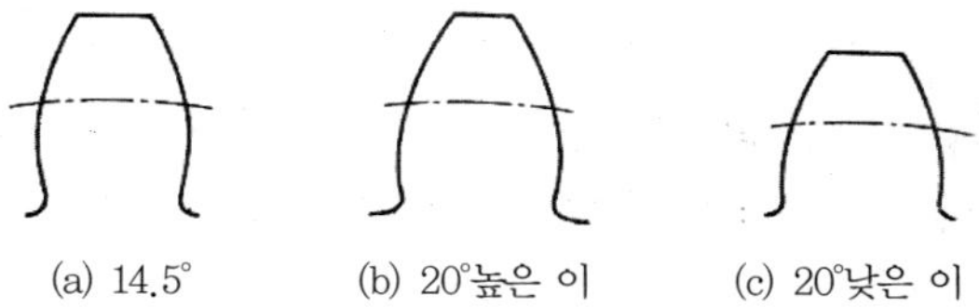

그림 13-23

압력각은 일본, 미국 등에서는 14.5°와 20°가 많이 사용되고 있고, 유럽에서는 15°와 20°가 사용되고 있었으나 주로 20°가 사용되고 앞으로 압력각을 크게 하는 방향으로 움직이고 있다. 근래 항공발동기용의 기어로서 특히 강도를 필요로 한 것에는 $\alpha = 26.5°$를 사용하는 수가 있다. 보통 이의 경우 기어 바깥지름을 D_0라 하면

$$D_0 = D + 2h_k = Zm + 2m = (Z+2)m = \frac{Z+2}{p_d} \tag{13-24}$$

표 13-7은 스퍼어 기어의 보통이의 각부 치수를 미터식과 영식으로 비교하여 표시한 것이다.

[표 13-7] 스퍼어 기어의 비례 치수

각부의 명칭	미터식[mm]	영식[in]
모듈(m)	$m=\frac{p}{\pi}=\frac{D}{Z}=\frac{D_0}{Z+2}=\frac{25.4}{p_d}$	—
지름피치 p_d	—	$p_d=\frac{\pi}{p}=\frac{Z}{D}=\frac{Z+2}{D_0}$
원주피치(p)	$p=\pi m=\frac{\pi\cdot D}{Z}=\frac{\pi D_0}{Z+2}$	$p=\frac{\pi}{p_d}=\frac{\pi D}{Z}$
바깥지름(D_0)	$D_0=(Z+2)m=D+2m$	$D_0=\frac{Z+2}{p_d}=D+\frac{p_d}{2}$
피치원지름(D)	$D=mZ=\frac{pZ}{\pi}=\frac{D_0\cdot Z}{Z+2}$	$D=\frac{Z}{p_d}=\frac{pZ}{\pi}$
이뿌리원지름(D_r)	$D_r=(Z-2.31416)m$ $=D-2.31416m$	$D_r=(Z-2.31416)/p_d$ $=D-(2.31416)/p_d$
잇수(Z)	$Z=\frac{D}{m}=\left(\frac{D_0}{m}\right)-2$	$Z=p_d\cdot D=D_0P_d-2$
이두께(t)	$t=\frac{\pi m}{2}=\frac{p}{2}=1.5708m$	$t=\frac{\pi}{2p_d}=\frac{p}{2}=\frac{1.5708}{p_d}$
이끝높이(h_k)	$h_k=m=0.3183p$	$h_k=\frac{1}{p_d}=0.3183p$
이뿌리높이(h_f)	$h_f=h_k+c=1.15708m$	$h_f=h_k+c=\frac{1.15708}{p_d}=0.3983p$
총이높이(h)	$h=h_k+h_f=2.15708m$	$h=h_k+h_f=\frac{2.15708}{p_d}=0.6866p$
이끝틈새(c)	$c=0.15708m=\frac{t}{10}$ c의 값은 최근에는 0.25m로 수정되었다.	$c=\frac{0.15708}{p_d}=\frac{t}{10}$

7. 치형의 간섭

(1) 치의 간섭과 언더컷(undercut ; 절하)

한 쌍의 기어를 물려서 회전시킬 때, 한쪽 기어의 이끝이 상대쪽의 이뿌리에 부딪쳐서 회전할 수 없게 되는 수가 있다. 이러한 현상을 이의 간섭이라고 한다(그림 13-24와 그림 13-25 참조).

언더컷은 잇수가 특히 적을 경우와 양쪽의 잇수비가 클 경우에 생기고, 랙과 잇수가 적은 피니언이 물고 돌아가면 가장 간섭이 일어나기 쉽다. 랙과 호브로써 치절작업을 할 때 간섭이 생기면 그 이의 이뿌리의 부분이 먹어들어가게 되어 가느다란 치형을 가진 기어로 된다. 그림 13-26을 보아라. 잇수 $Z=8$, $\alpha=20°$의 경우이다.

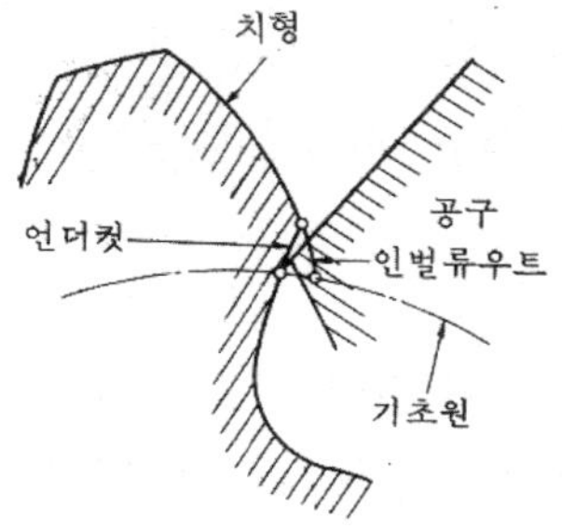

그림 13-24 이의 언더컷

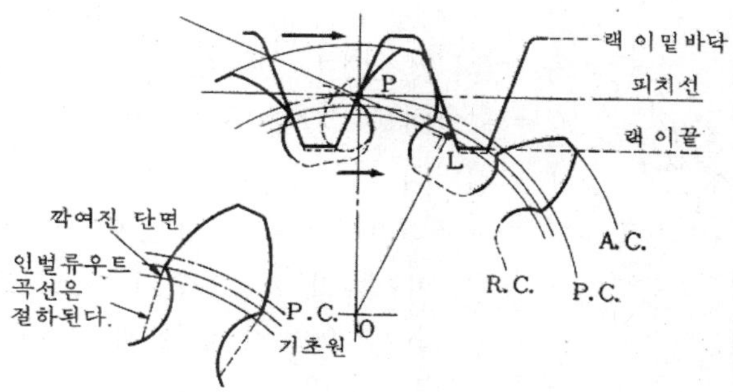

그림 13-25 이의 간섭

간섭의 현상을 더욱 자세히 설명하면 치절하는 경우, 그림 13-27에서 보는 것처럼 랙 공구의 이끝의 구석 C점이 바로 M점을 통과하는 경우에는 절삭되는 기어의 인벌류우트도 꼭 기초원 위의 풀려내는 점까지 창성되고, 다시 그 뿌리가 긋는 트로코이드(trochoid) 곡선에 따라 절삭되어 이뿌리의 필렛(fillet)이 형성된다. 만일 공구의 끝이 C를 넘어서 C'점까지 있으면, C'점이 긋는 트로코이드는 인벌류우트의 뿌리의 부분과 간섭하여 이 부분을 깎여 나가게 하고 언더컷(undercut)이 생긴다. 보통 공구의 끝에는 약간의 둥금새를 붙이고 있는데, 이 경우에도 공구이끝을 연결하는 선이 간섭점 M을 넘으면 언더컷이 생긴다.

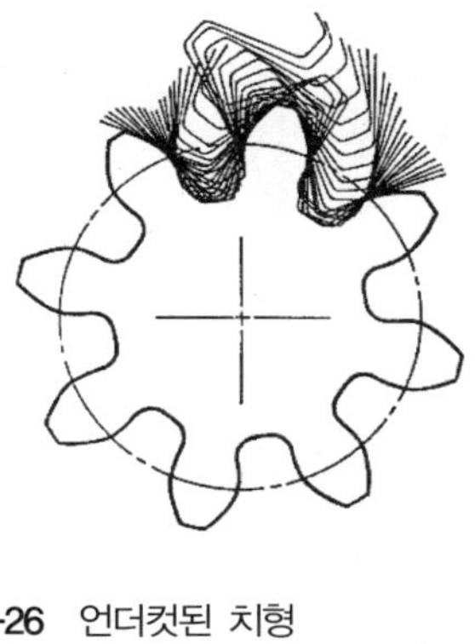

그림 13-26 언더컷된 치형

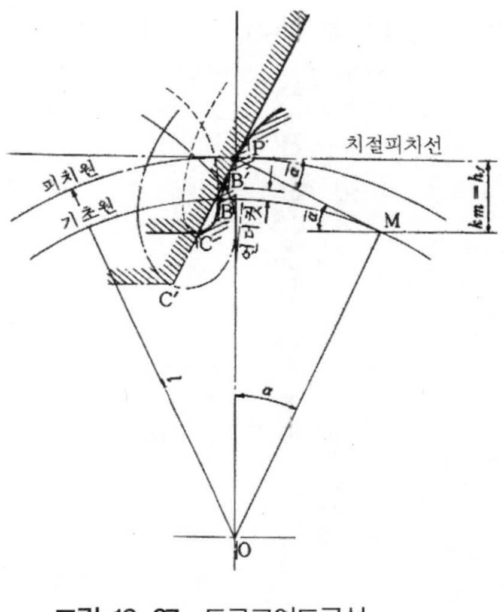

그림 13-27 트로코이드곡선

(2) 간섭점

그림 13-28에서 간섭이 일어나는 큰 기어의 이끝원이 접점 M_1을 넘어서 M_1점의 바깥측을 통과할 때이고, M_1점을 통과하는 경우가 간섭이 일어나지 않는 극한점이 된다. 이 한계점 M_1 또는 M_2를 기어의 간섭점이라고 한다.

언더컷이 생긴 기어는 이뿌리가 가느다랗게 되고, 강도적으로 약할 뿐 아니라 유효치면이 감소되고, 그 결과 물림 길이가 짧게 되어 원활한 운전을 할 수 없게 되므로 잇수를 어느정도 많게 하고 언더컷이 생기지 않는 기어를 설계제작해야 된다.

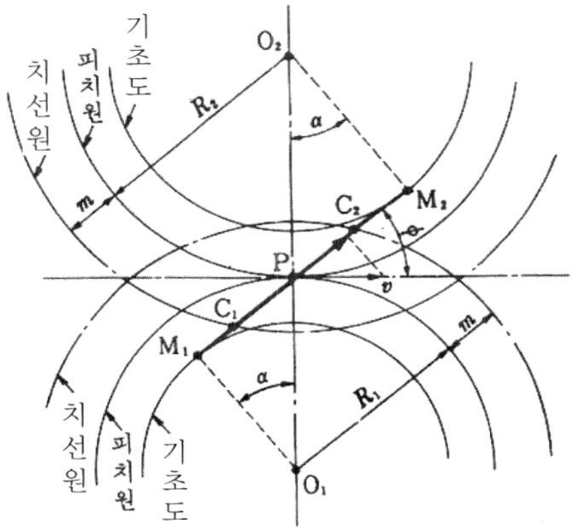

그림 13-28 기어의 간섭점

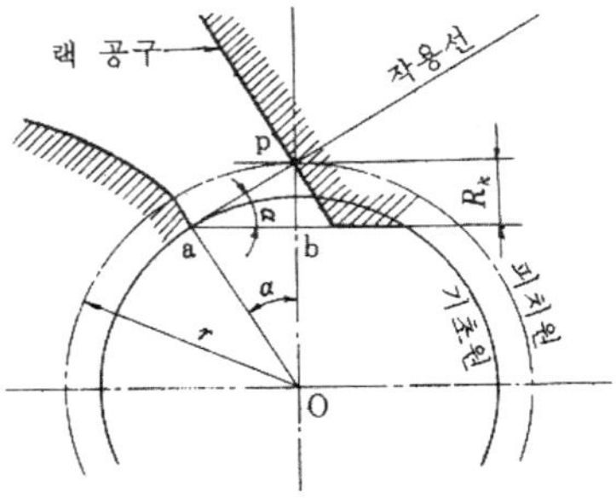

그림 13-29 치형의 간섭과 최소 잇수

(3) 치형의 언더컷의 방지와 최소 잇수

기하학적으로 언더컷을 조사해 보면 그림 13-29에서 간섭이 일어나는 것은 랙의 이끝의 선 ab가 기어의 기초원 위의 작용선의 접점 a를 통과하는 경우가 한계이고, 이끝 높이를 h_k, 피치원의 반지름을 R, 피치점을 p라 하면

$$\overline{pb} = \overline{pa}\sin\alpha = \overline{OP}\sin\alpha \cdot \sin\alpha = R\sin^2\alpha = h_k$$

이 때의 잇수를 Z_g, 모듈을 m이라 하면

$$2R = mZ_g \quad \therefore\ R = \frac{mZ_g}{2}$$

$$\therefore\ \frac{mZ_g}{2}sin^2\alpha = h_k$$

표준치면 $h_k = m$이므로

$$Z_g = \frac{2}{\sin^2\alpha} \qquad (13-25)$$

$\alpha = 14.5^\circ$, 20°의 경우를 계산하면 각각 압력각에 있어서 최소 잇수는 이론적으로 $Z_g = 32$개, 17개가 된다.

표 13-8은 표준 기어의 치형의 간섭을 일으키지 않는 잇수의 관계를 표시하고 있다. 그리고 그림 13-30는 이것을 도표로 도시한 것이다.

다음에 작은 기어가 랙과 물고 있을 때의 치형의 간섭을 검토해 본다.

즉, $$Z_2 \leqq \frac{m^2 Z_1^{\,2} \sin^2\alpha - 4h_{k2}^{\,2}}{2m(2h_{k2} - mz_1 \sin^2\alpha)} \qquad (13-31)$$

의 공식에서 $2h_{k2} - mZ_1 \sin^2\alpha = 0$의 경우에 $Z_2 = □□$로 되므로

$$Z_1 \geqq \frac{2h_r}{m\sin^2\alpha} = Z_g \qquad (13-32)$$

여기서, h_r =랙치형의 이끝 높이도 기준치형의 경우는 $h_r = m$

$$Z_1 \geqq \frac{2}{\sin^2\alpha} = Z_g \qquad (13-33)$$

위의 식들에서 랙과 물리는 작은 기어의 잇수가 Z_g의 잇수보다 크면 간섭은 일어나지 않는다. 이 Z_1을 최소 잇수 또는 한계 잇수라고 한다.

그림 13-30는 한계 잇수와 간섭의 범위를 도시한 그림이다.

[표 13-8] 간섭을 일으키지 않는 잇수 관계표

압력각 α	작은 기어의 잇수 Z_1	큰 기어의 잇수 Z_2	잇수비 Z_2/Z_1	물음율 ϵ	
14.5	22	22	1.00	1.83	1.83
	23	26	1.13	1.86	1.84
	24	32	1.33	1.91	1.85
	25	40	1.60	1.96	1.86
	26	52	2.00	2.00	1.88
	27	68	2.52	2.06	1.90
	28	92	3.28	2.08	1.91
	29	132	4.55	2.14	1.93
	30	220	7.34	2.21	1.94
	31	506	16.35	2.50	1.96
	32	랙	∞	2.30	1.97
15	21	21	1.00	1.78	1.78
	22	27	1.23	1.83	1.80
	23	32	1.39	1.88	1.81
	24	45	1.87	1.93	1.82
	25	58	2.31	1.99	1.83
	26	81	3.12	2.04	1.84
	27	118	4.37	2.08	1.85
	28	194	6.92	2.14	1.86
	29	476	16.40	2.16	1.87
	30	랙	∞	2.23	1.87
20	12	12	1.00	1.25	1.25
	13	16	1.23	1.48	1.44
	14	25	1.79	1.49	1.47
	15	44	2.94	1.61	1.48
	16	94	5.87	1.68	1.51
	17	랙	∞	1.73	1.53

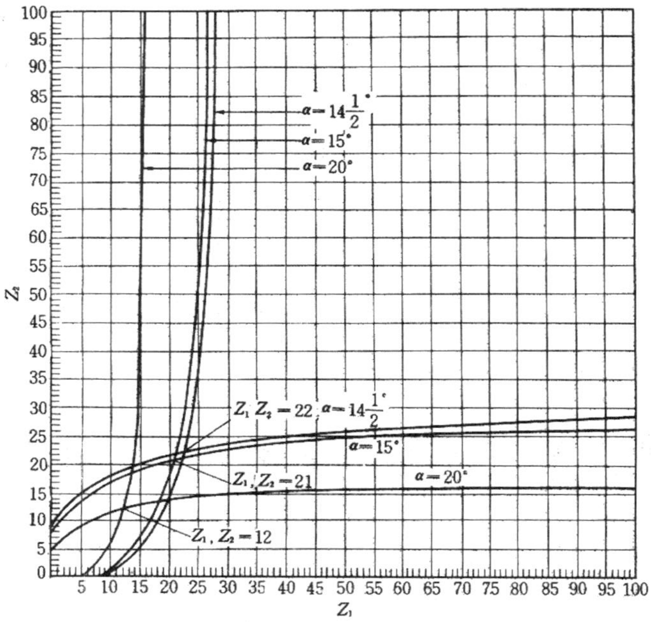

그림 13-30 치의 언더컷의 범위

13.3 전위기어

1. 전위기어의 개요

기어에 있어서 치를 절삭할 때 실용적인 잇수, 즉 공구압력각 20°의 경우는 14개, 14.5°에서는 25개 이하로 되면 이뿌리가 공구끝에 의하여 먹어들어가서, 이른바 언더컷(절하 ; under Cut)의 현상이 생겨서 유효한 물음길이가 감소되고, 그 때문에 이의 강도가 아주 약하게 된다. 이것을 방지하려면 기준랙의 기준피치선을 기어의 피치원으로부터 어느 거리 적당량만큼 이동하여 창성 절삭한다. 이와 같이 기준랙의 기준피치선이 기어의 기준피치원에 접하지 않는 기어를 전위기어라 한다.

일반적으로 20°, 14.5°의 압력각의 치형에서는 전위시킴으로써 간단하게 언더컷을 방지할 수 있다. 최근 전위기어는 표준기어의 단점을 개선했을 뿐 아니라, 표준기어를 창성할 때와 같은 공구 및 치절기계로써 공작되므로 널리 사용되고 있다.

즉 그림 13-31은 평기어를 랙커터로써 절삭하는 상태를 도시한 것이다. 랙커터는 HH'의 화살표 방향으로 상하 운동하여 기어소재의 바깥둘레에 치형을 절삭하는 것이고, 랙커터의 하단면의 E에는 커터가 있다. 커터가 아래로 내려갈 때 치형을 절삭한다. 랙커터는 상하운동을 하면서 V의 화살표 방향으로 수평 이동하는데, 이 때에 기어 소재도 V'의 화살표 방향으로 회전한다. 그리고 기어 소재의 회전속도 V'는 랙의 이동속도 v와 같다. 단, 기어소재의 원둘레 속도는 A, B, C, D와 같이 바깥쪽으로 감에 따라 동일 회전속도로 회전하고 있더라도 속도가 크게 된다. 여기서 기어소재의 기준피치원에 상당하는 점을 C점이라 하면, 이 C점의 원주속도 v'를 랙의 속도 v와 같게 하는 것이다. 그리고 랙커터의 기준 피치선 X_1X_1이 C점에 접촉하기까지 커터로 깎아 집어넣으면 여기 표준 평기어가 깎여지는 것이다. 이 때 커터를 깊게 깎아넣든지 옅게 깎아넣든지 해서 기준피치선이 이 C점보다 어느 정도 깊게 들어가든지 나오든지 하더라도 기어는 가공절삭 된다. 이와 같이 이를 깎아낸 기어가 전위기어이다. **그림 13-32**는 이 상태로서 기어의 절삭을 완료한 것을 위에서 본 그림이다.

이 그림에서는 랙커터의 기준피치선 X_1X_1이 기어의 기준 피치원에 접하고 있지 않다. 이 접하지 않고 떨어져 있는 거리 CG가 전위량이고, 전위량에는 **그림 13-32**에서 보는 바와 같이 기어의 기준 피치원의 바깥쪽에 전위된 (+) 전위량과 반대로 랙 중심선이 기어의 피치원에서 안쪽에 떨어져 있는 (−) 전위량이 있다. 이 전위량은 계산상으로 전위계수로 표시하는 경우가 많다. 즉 전위량[mm]을 모듈 m으로 나누고, 이것을 전위계수(addendum modification coefficient)라고 한다(KS B 0102의 910번에 규정).

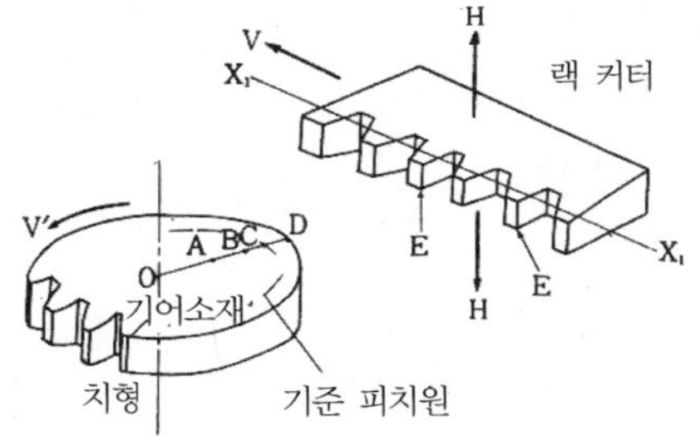

그림 13-31 전위기어의 창성

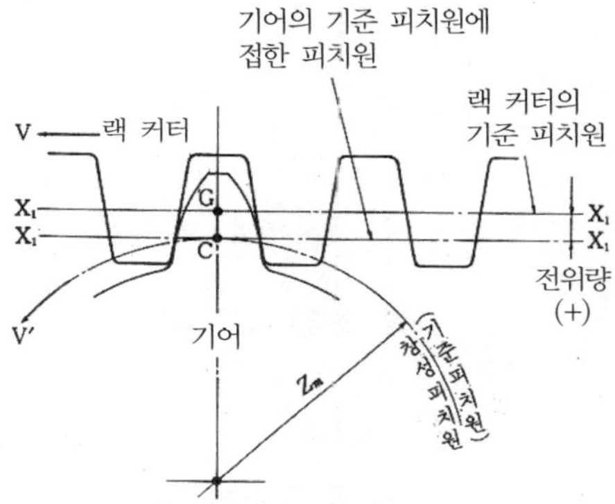

그림 13-32 치의 전위

이상을 **그림 13-32**에서 이론곡선으로 생각해 보면, 기준 랙에 상당하는 공구의 기준 피치선과 기어의 기준 피치원과를 접하지 말고, xm만큼 거리를 떨어뜨려 표준 기어의 경우와 완전히 같은 상대적 운동을 랙과 기어에 주면 랙의 이동 속도는 어느 부분에 있어서도 서로 같으므로, 기어의 기준 피치원과 미끄럼 없이 굴러가는 랙의 피치선은 치절피

치선이 되고, 기준 피치선과 xm만큼 떨어져 있다(그림 13-33 참조).

따라서 기준 피치원의 이두께는 그림에서 분명히 $\left(\frac{\pi}{2}+2x\tan\alpha\right)m$으로 되고, 표준 기어와 같이 기준 피치 p의 $\frac{1}{2}$과 같이 되지는 않는다. 따라서 기준피치원의 압력각은 여전히 α와 같고 그 기초원은 변함이 없으며 그 지름 D_g는 $Zm\cos\alpha$이고, 따라서 그 기초원 위의 피치, 즉 법선피치 p_n은 $\pi m\cos\alpha$에 같다. 그러므로 같은 랙형공구로써 공작된 기어는 전위의 유무에 관계 없이 정확하게 물을 수가 있다. xm을 전위량(amount of addendum modification)이라 하고 x를 전위계수라 한다.

KS B 0102의 743번에는 "전위 기어에 속하는 기준랙 치형공구를 물리는 경우, 기준랙 공구의 기준 피치선과 기어의 기준 피치원과의 거리를 전위양"이라 규정하고 있다. 이 전위계수 x 의 값을 적당하게 선택함으로써 같은 기초원의 인벌류우트 곡선의 적당한 곳을 사용할 수 있을 뿐 아니라, 그 이두께의 크기도 임의로 조성할 수가 있다. 따라서 언더컷을 방지할 수 있을 뿐 아니라, 성능에 가장 적당한 인벌류우트 곡선을 선택하고, 또 강도상 유효하도록 그 치형을 설계할 수가 있는 것이다.

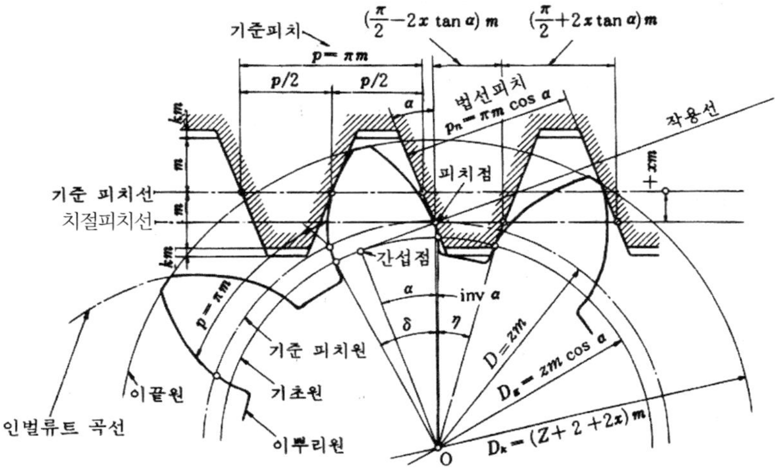

그림 13-33 전위기어의 계산

이상과 같이 전위기어는 설계 계산에는 표준기어보다 다소 복잡하기는 하나

1) 중심거리를 자유로 변화시키려고 할 경우

2) 언더컷을 피하고 싶은 경우

3) 치의 강도를 개선하려고 할 경우

그 밖의 여러 가지 경우에 유익한 점이 많으므로 자유로 전위 기어를 설계할 수 있어야 될 것이다.

그림 13-34은 전위양 xm 이 증가함으로써 언더컷을 방지하고, 이뿌리의 이두께를 크게 하여 치의 강도를 증대시키는 상태를 도시하고 있다. 또 전위기어는 표준기어와 같은 각속비로 물림 운동을 하나, 중심거리와 더불어 물림압력각은 공구압력각과는 다르게 되고 이끝원 지름 D_k와 이끝 높이 등은 변화한다.

그림 13-35은 $Z_1=14$, $Z_2=46$ 으로 하여 그림 (a)는 $\alpha=14.5°$의 표준 기어, 그림 (b)는 $\alpha=14.5°$의 전위 기어의 치형과 그 물림 상태를 도시한 것이다. 표준기어에서는 심한 언더컷이 있기 때문에 물음길이는 감소되고 이는 여위어 있어 강도가 약한 치형으로 보인다. 전위기어는 이두께의 균형이 잘 되어 있고, 퇴거물음길이도 접근물음 길이보다 길고, 동력전달용의 치형으로 아주 성능이 좋을 것이 기대된다. 이 설계에 있어서는

그 목적에 가장 적당하도록 설계자는 그 치형을 자기가 원하는 바에 따라 설계할 수가 있을 것이다.

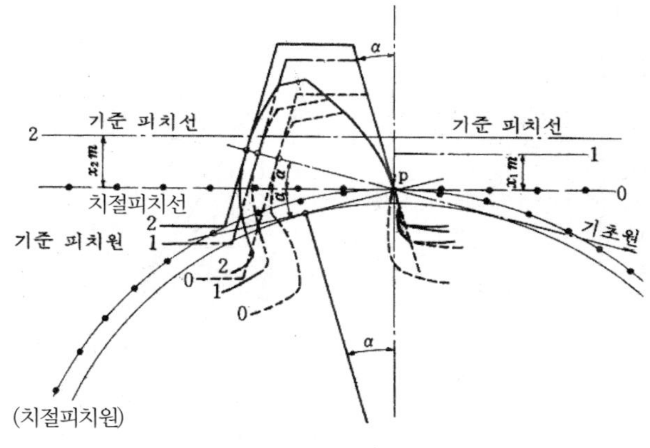

그림 13-34 전위량 xm의 증가의 영향

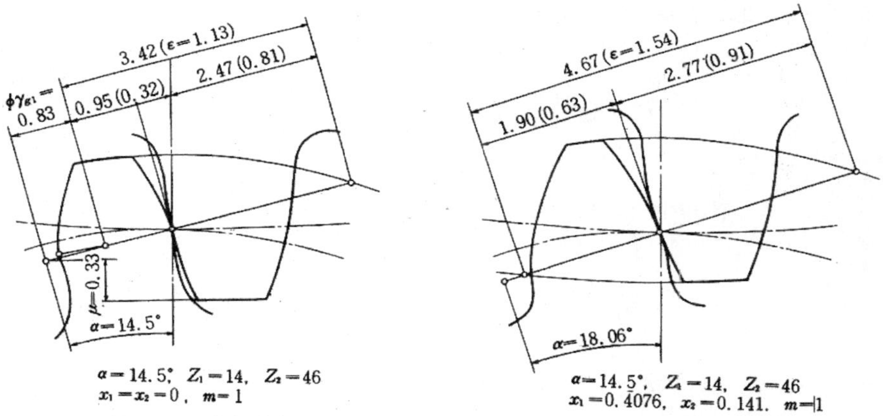

(a) 표준 기어의 치형

(b) 전위 기어의 치형

그림 13-35 표준기어와 전위기어의 치형의 비교

2. 전위기어의 계산식

(1) 전위기어의 물림방정식

그림 13-36에서 랙공구의 치절피치선은 기어의 치절피치원과 구름 접촉을 하므로, 기어의 치절피치원에 있어서의 이두께는 공구의 치절피치선상의 이의 홈의 폭과 같게 된다. 즉 이의 홈의 폭은 그림 13-36에서

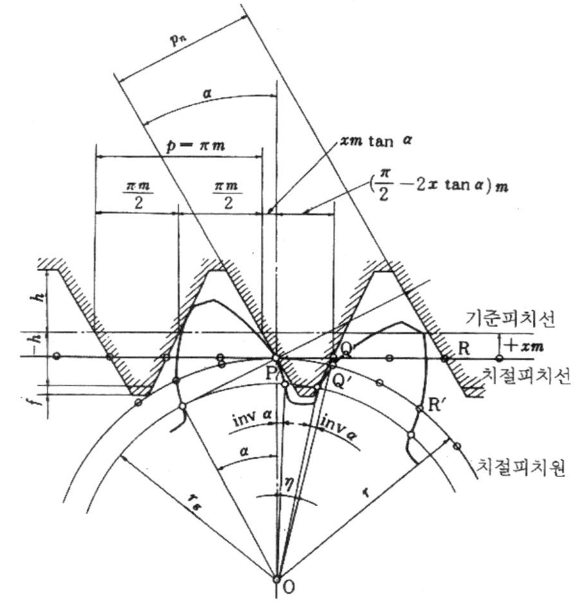

그림 13-36 전위기어의 물림

$$\widehat{PQ'}=\overline{PQ'}=\left(\frac{\pi}{2}-2x\tan\alpha\right)m \qquad (13-34)$$

전위기어의 이두께 $\widehat{Q'R'}=t$는

$$t=\widehat{Q'R'}=xm-\widehat{PQ'}=\pi m-\left(\frac{\pi}{2}m-2xm\tan\alpha\right)$$

$$=\left(\frac{\pi}{2}+2x\tan\alpha\right)m \qquad (13-35)$$

$\widehat{PQ'}$의 중심에 대한 각 $\angle POQ'$는

$$\angle POQ'=\widehat{PQ'}\,/\,\frac{1}{2}Zm=2\left(\frac{\pi}{2}-2x\tan\alpha\right)m\,/\,Zm$$

$$=(\pi-4x\tan\alpha)\,/\,Z \qquad (13-36)$$

또 한편 그림 13-36에서

$$\angle POQ'=\eta+2\,\mathrm{inv}\,\alpha$$

여기서, η는 기초원 위의 이밑각(齒底角)을 말한다.

$$\therefore\ \frac{\pi-4x\tan\alpha}{Z}=\eta+2\,\mathrm{inv}\,\alpha$$

$$\therefore\ \eta=\frac{\pi}{Z}-\frac{4x\tan\alpha}{Z}-2\mathrm{inv}\,\alpha \tag{13-37}$$

따라서 기초원의 이두께각을 δ라 하면 δ는 다음과 같이 된다.

$$\begin{aligned}\delta&=\frac{2\pi}{Z}-\eta=\frac{2\pi}{Z}-\left[\frac{\pi}{Z}-2\mathrm{inv}\,\alpha-\frac{4x\tan\alpha}{Z}\right]\\&=\frac{\pi}{Z}+2\mathrm{inv}\,\alpha+\frac{4x\tan\alpha}{Z}\end{aligned} \tag{13-38}$$

지금 잇수 Z_1과 Z_2의 기어가 각각 전위계수 x_1, x_2로써 치절되었다고 하고, 이 기어들이 백래시 B_f로써 물고 있을 때의 중심거리를 A라 하고, 물림압력각을 α_b라 하면 다음 방정식이 성립된다. 이것을 전위기어의 물림방정식이라 하고, 전위기어의 기본설계공식이 된다.

$$\mathrm{inv}\,\alpha_{\mathrm{b}}=2\tan\alpha\frac{x_1+x_2}{Z_1+Z_2}+\mathrm{inv}\,\alpha+\frac{B_f}{\mathrm{m}\cos\alpha\cdot(Z_1+Z_2)} \tag{13-39}$$

백래시를 잡지 않으면 $B_f=0$으로 되어

$$\mathrm{inv}\,\alpha_{\mathrm{b}}=2\tan\alpha\cdot\frac{x_1+x_2}{Z_1+Z_2}+\mathrm{inv}\,\alpha \tag{13-40}$$

이 된다.

(2) 중심거리의 계산

중심거리 $A_f=\dfrac{D_{g1}+D_{g2}}{2\cos\alpha_b}$

그런데 $\left.\begin{aligned}D_{g1}&=Z_1 m\cos\alpha\\D_{g2}&=Z_2 m\cos\alpha\end{aligned}\right\}$

$$\therefore\ A_f=\frac{Z_1 m\cos\alpha+Z_2 m\cos\alpha}{2\cos\alpha_b}=\frac{Z_1+Z_2}{2}m\cdot\frac{\cos\alpha}{\cos\alpha_b} \tag{13-41}$$

$$\therefore\ A_f=\left(\frac{Z_1+Z_2}{2}\right)m+\frac{Z_1+Z_2}{2}\left(\frac{\cos\alpha}{\cos\alpha}-1\right)m \tag{13-42}$$

지금 표준기어의 중심거리를 A라 하면

$$A = \left(\frac{Z_1 + Z_2}{2}\right)m$$

$$\therefore \ A_f = A + ym \qquad (13\text{–}43)$$

$$\text{여기서, } y = \frac{Z_1 + Z_2}{2}\left(\frac{\cos\alpha}{\cos\alpha_b} - 1\right) \qquad (13\text{–}44)$$

이고, y를 중심거리 증가계수라 한다.

$$\therefore \ A_f = A + ym = \frac{Z_1 + Z_2}{2}m + ym = \left[\left(\frac{Z_1 + Z_2}{2}\right) + y\right]m \qquad (13\text{–}45)$$

으로도 표시된다.

$$\therefore \ y = \frac{A_f - A}{m} \qquad (13\text{–}46)$$

만일 백래시 B_f를 주면 중심거리증가량은 다음과 같이 구한다.

$$A_c = \frac{B_f}{2\sin\alpha_b} \qquad (13\text{–}47)$$

따라서

$$A_f = A + ym + A_c = \left(\frac{Z_1 + Z_2}{2} + y\right)m + A_c \qquad (13\text{–}48)$$

(3) 전위기어의 치수

① 기초원지름 : D

$$D_g = mZ\cos\alpha \qquad (13\text{–}49)$$

② **바깥지름 : D_0**

$$\text{바깥 반지름} = \frac{Zm}{2} + xm + m \qquad (13-50)$$

$$D_0 = Zm + 2m(x+1) = (Z+2)m + 2xm$$

③ **이뿌리원, 이끝원의 지름 :** 그림 13-37에서 치절피치선으로부터 공구의 이끝까지의 거리는 기어쪽으로 $km = c$의 이끝 틈새를 준다고 하면 $(m + km - xm)$이다.

따라서 기어 Z_2의 이밑원(齒底圓)의 지름을 D_{r2}, 전위계수를 x_2라 하면

$$\frac{D_{r2}}{2} = \frac{Z_2 m}{2} - \{(m + km) - x_2 m\} \qquad (13-51)$$

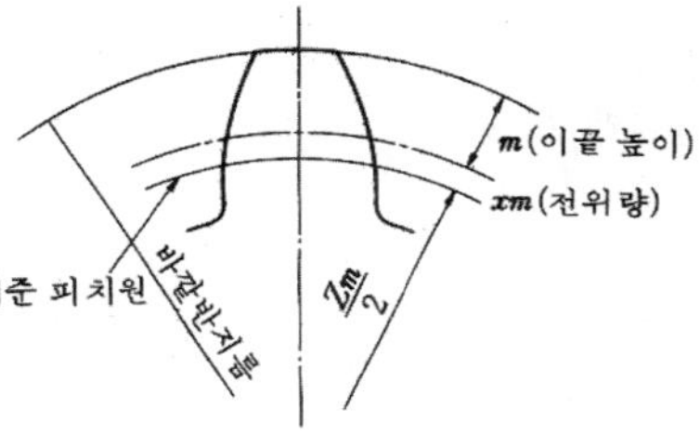

그림 13-37 전위기어의 바깥지름

또 기어 Z_1의 이끝원의 지름을 D_{k1}이라 하고, 기어 Z_2와의 중심거리 A_f로 물고 있다고 하면

$$A_f - \frac{D_{k1}}{2} - \frac{D_{r2}}{2} = km$$

$$\therefore \ \frac{Z_1 + Z_2}{2} m + ym - \frac{D_{k1}}{2} - \left[\frac{Z_2 m}{2} - \{(m + km) - x_2 m\}\right] = km$$

$$D_{k1} = \{(Z_1 + 2) + 2(y - x_2)\}m \qquad (13-52)$$

3. 전위계수의 선택

전위계수 x의 값은 어느 범위 내에서 임의로 취할 수 있으므로 종래부터 그 선택에 있어서는 많은 제안이 있다. 따라서 실제의 설계에 있어서는 그 기어의 목적과 사용 상태를 고려하여 이 제안들을 참고로 하여 그 전위계수 x를 결정해야 한다.

(1) 언더컷 방지의 전위계수

언더컷을 일으키는 한계는 공구의 이끝이 간섭점을 통과하는 경우이므로 다음 식으로

구해진다. 언더컷을 방지하기 위한 전위계수는 그림 13-38에서

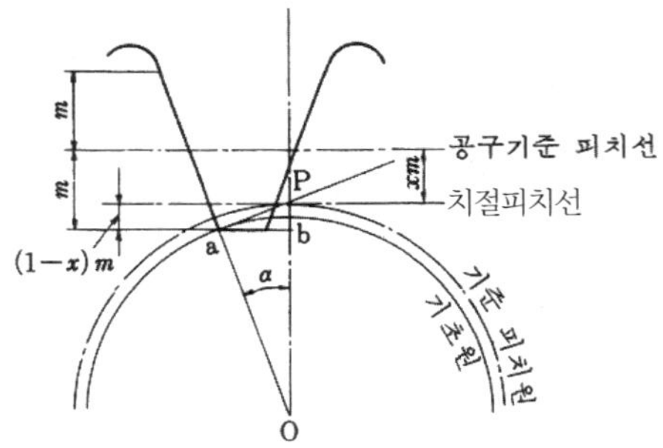

그림 13-38 언더컷이 생기지 않는 전위

$$\overline{Pb} = (1-x)m = \overline{\text{ap}}\sin\alpha = \overline{\text{OP}}\sin\alpha \cdot \sin\alpha = \overline{\text{OP}}\sin^2\alpha = \frac{Zm}{2}\sin^2\alpha \tag{13-53}$$

따라서 전위계수를

$$x \geqq 1 - \frac{Z}{2}\sin^2\alpha \tag{13-54}$$

가 되도록 선정하면 언더컷이 생기지 않는다.

$$\alpha = 20^\circ \text{ 의 경우는 } x = \frac{17-Z}{17} \tag{13-55}$$

$$\alpha = 14.5^\circ \text{ 의 경우는 } x = \frac{32-Z}{32} \tag{13-56}$$

[표 13-11] 언더컷 한계 전위계수

α	20°	15°	14.5°
이론적	$1-\frac{Z}{17}$	$1-\frac{Z}{30}$	$1-\frac{Z}{32}$
실용적	$\frac{14-Z}{17}$	$\frac{25-Z}{30}$	$\frac{26-Z}{32}$

일반의 기어에서의 언더컷은 반드시 방지해야 되므로 이 전위계수 x의 값은 최소값이라고 생각할 수 있다. 즉, 이 전위계수를 줌으로써 언더컷을 방지할 수가 있으나, 기초원에 가까운 인벌류우트 곡선을 사용하는 것이 된다. 일반적으로 이 부분의 인벌류우트 곡선의 곡률반지름은 작고 그 변화도 갑작스럽고, 접촉에 의한 응력과 미끄럼률의 값도 크고, 공작상에도 오차가 발생하기 쉬운 곳이기 때문에 되도록 이 부분을 사용하

지 않도록 하는 것이 좋고, z의 값을 원래의 식에서 구한 값보다 약간 크게 하는 것이 좋을 것이다.

(2) 중심거리를 표준 기어의 값과 같게 하는 방법

피니언에 (+) 전위계수를 주고, 큰 기어에 이것과 절대치가 같은 (−) 전위계수를 주면

$$\left.\begin{aligned} &x_2 = -x_1,\ \alpha_b = \alpha,\ y = 0 \\ &\therefore\ A = \frac{(Z_1 + Z_2)m}{2} = A_f \end{aligned}\right\} \tag{13-57}$$

로 되어 중심거리는 표준 기어와 같게 된다. 따라서 전위 기어의 복잡한 계산이 필요 없고, 중심거리가 공작에 편리한 값으로 되고, 물음률도 일반적으로 크게 되므로 널리 사용된다. 단, 양기어에 언더컷을 일으키지 않기 위해서는 $\alpha = 20°$의 경우 $Z_1 + Z_2 \geqq 34$, $\alpha = 14.5°$의 경우는 $Z_1 + Z_2 \geqq 64$로 할 필요가 있다. 피니언에 주는 전위계수로는 언더컷을 방지하는, 앞에서 말한 공식을 사용하는 방법도 있고, $\alpha = 20°$의 경우 $x_1 = 0.5$로 하는 DIN의 방법도 있다. 이 때는 $x_2 = -0.5$로 하더라도 언더컷을 일으키지 않은 것이 필요하므로 $Z \geqq 26$의 경우에 가능하다.

예제 5 잇수 $Z_1 = 10$, $Z_2 = 27$의 랙공구의 모듈 $m = 3$, 공구압력각 $\alpha = 14.5°$의 전위스퍼어 기어를 설계하여라.

풀이 $x_1 = 1 - \dfrac{Z_1}{32} = 1 - \dfrac{10}{32} = +0.688$

$$x_2 = 1 - \frac{Z_2}{32} = 1 - \frac{27}{32} = +0.157$$

$$\mathrm{inv}\,\alpha_b = \mathrm{inv}\,\alpha + 2\tan\alpha \cdot \frac{x_1 + x_2}{Z_1 + Z_2} = \mathrm{inv}\,14.5° + 2\tan 14.5°\left(\frac{0.688 + 0.157}{10 + 27}\right)$$

$$= 0.005545 + 2 \times 0.025867 \times \frac{0.845}{37} = 0.017359$$

$$\therefore\ \mathrm{inv}\,\alpha_b = 0.017359$$

$$\alpha_b = 21°03'$$

중심거리 증가량은

$$\Delta A = ym = \frac{(Z_1 + Z_2)}{2}\left(\frac{\cos\alpha}{\cos\alpha_b} - 1\right)m$$

$$= \frac{10 + 27}{2}\left(\frac{\cos 14.5°}{\cos 21°03'} - 1\right) \times 3$$

$$= 2.04795\,[\mathrm{mm}]$$

중심거리 $A_f = A_0 + ym = \dfrac{(10+27)}{2} \times 3 + 2.04795$

$= 55.5 + 2.04795 = 57.548\,[\text{mm}]$

바깥지름 $D_{k1} = \{(Z_1+2)m + 2(y-x_2)m\}$

$= \{(10+2)\times 3 + 2(2.04795 - 0.157\times 3)\}$

$= 39.154\,[\text{mm}]$

$D_{k2} = \{(Z_2+2)m + 2(y-x_1)m\}$

$= \{(27+2)\times 3 + 2(2.04795 - 0.688\times 3)\}$

$= 86.968\,[\text{mm}]$

예제 6 모듈 $m=3$, 공구압력각 $\alpha = 20^\circ$, 잇수 $Z_1 = 12$, $Z_2 = 27$의 한 쌍의 기어를 중심거리 61 [mm]에 물려 회전시키려고 한다. 이 때 양기어의 전위계수와 전위량을 구하여라.

풀이 표준 스퍼어 기어이면 중심거리 A는

$$A = \frac{Z_1+Z_2}{2}m = \frac{12+27}{2}\times 3 = 58.5\,[\text{mm}]$$

$$\frac{A_f - A}{m} = \frac{Z_1+Z_2}{2}\left(\frac{\cos\alpha}{\cos\alpha_b} - 1\right)$$

$$\frac{61-58.5}{3} = \frac{12+27}{2}\left(\frac{\cos 20^\circ}{\cos\alpha_b} - 1\right)$$

$$\frac{2.5}{3} = \frac{39}{2}\left(\frac{0.9397}{\cos\alpha_b} - 1\right)$$

$$\cos\alpha_b = 0.901$$

$$\therefore\ \alpha_b = 25^\circ 40'$$

$$\text{inv}\alpha_b = \text{inv}25^\circ 40' = 0.032583$$

$$\text{inv}\alpha_b = \text{inv}\,\alpha + 2\tan\alpha\frac{x_1+x_2}{Z_1+Z_2}$$

$$\text{inv}\,25^\circ 40' = \text{inv}\,20^\circ + 2\tan 20^\circ\,\frac{x_1+x_2}{12+27}$$

$$0.032583 = 0.014904 + 2\times 0.3640 \times \frac{x_1+x_2}{39}$$

$$x_1 + x_2 = \frac{(0.032583 - 0.014904)\times 39}{2\times 0.3640} = 0.947$$

$$\therefore\ x_1 + x_2 = 0.947$$

$Z_2 = 27$은 언더컷의 염려가 없으므로 $x_2 = 0$으로 표준치로 하고, $Z_1 = 12$의 기어만을 전위하면 $x_1 = 0.947$, 전위량 $x_1 m = 0.947\times 3 = 2.841\,[\text{mm}]$

13.4 치의 강도설계

1. 강도설계의 개요

동력전달용 기어의 파손은 크게 나누면 이의 절손과 잇면의 손상이다. 절손은 과대하중에 의하여 단시간에 일어나고 이의 뿌리부가 파손되는 경우이며, 이의 치면의 손상은 열처리 등에 의하여 표면경화된 이에서 흔히 나타나고 피로에 의하여 일어나는 경우이며 피치점 부근에 발생하는 피팅(점부식을 말하고, 작은 구멍 모양의 손상) 현상이다 스코오링 현상은 잇면 사이의 미끄럼에 의한 피로박리 및 융착현상을 말한다.

일반적으로 이의 절손에 대해서는 굽힘강도, 잇면의 손상에 대해서는 면압강도, 또 윤활의 변화에 의한 부식, 마모, 순간상승온도에 대해서는 스코오링강도 등 여러 가지 면에서 이의 강도설계를 검토해야 된다. 표면경화 등을 행한 취성치에 대해서는 굽힘강도, 인성치에 대해서는 면압강도를 주로 검토하고, 고속, 고부하에 대해서는 스코오링강도도 검토하면 좋다.

(1) 기계절삭치의 강도계산

① **위험단면의 고찰** : 이의 굽힘 강도의 검토는 엄밀히 따지자면 복잡한데도 불구하고, 이의 굽힘 강도 검토의 초기에는 1개의 이의 이끝에 전하중이 집중작용하는 것으로 생각하여, 그림 13-39에 있어서 Wilfred Lewis는 이를 치형에 내접하는 포물선형 균일강도의 외팔보로 치환하여 이뿌리의 응력을 계산하는 방법을 제안, 주로 치형의 영향을 도입한 치형계수의 항으로 허용하중을 결정하였다.

Niemann, Glaubity 등은 치형중심선과 하중작용선의 연장선의 교점과 접촉점을 맺는 선분의 중점에서 필렛곡선에 접선을 그어 얻은 접점이 거의 최대응력이 일어나는 점과 일치한다는 것을 주장하였고, Buckingham도 하중작용선과 이의 중심선과의 교점에서 필렛곡선에 접선을 그어, 그 접점을 통과하는 단면을 위험단면이라 규정한 바 있다.

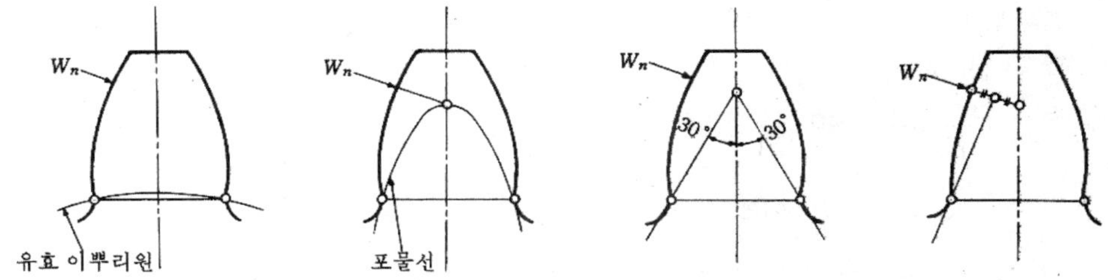

(a) Bach (b) Lewis (c) Hofer (d) Niemann

그림 13-39 위험단면의 여러 가지 고찰

그러나 기어의 물림에 있어서 하중점의 위치에 따라 위험단면의 위치가 변화하지만, Holer는 압력각 20°, 14.5°에 대하여 하중점의 위치에 관계없이 치형의 중심선과 30°의 각도를 이루는 접선이 필렛곡선에 접하는 점을 통과하는 단면이 위험단면이 된다는 것을 광탄성실험에서 확인하고 위험단면의 이 두께를 측정하였다.

② **Lewis의 기본설계공식** : 미국의 루이스의 공식이 기어강도의 기본 설계 공식으로 널리 쓰이고 있다.

$$W_a = \sigma_a bpy = \sigma_a b\pi my = \sigma_a bmy_0 \tag{13-58}$$

단, $\pi y = y_0$, W_a : 피치 원둘레 방향의 허용접선하중 [kgf]

σ_a : 기어재료의 굽힘에 대한 허용 굽힘응력 [kgf/㎟]

v : 이나비[mm], m : 모듈, y : 치형계수, p : 원주 피치

Lewis의 설계공식은 다음과 같은 생각으로 유도된 것이다.

그림 13-40에 있어서 잇면에 수직하게 작용하는 전하중 W_n의 작용선과 이의 중심과의 교점 A를 꼭지점으로 치형곡선에 내접하는 포물선 BAC를 그으면, 그 포물선에서 보는 W_n의 수평분력 W_0에 대한 균일강도의 외팔보가 되므로, 포물선의 외측에 있는 이의 부분보다 포물선과 접하는 점 BC의 응력쪽이 크다는 것을 알 수 있다. 따라서 B, C를 맺는 지름을 포함한 이의 축방향의 단면이 위험단면이 되고, 이 위험단면의 강도는 그림 13-40에서 $\overline{BC} = S_f$ [mm], $\overline{AE} = l$ [mm]이라 하면

$$M = W_0 l,\ Z = \frac{bS_f^{\,2}}{6},\ M = \sigma Z \qquad \therefore\ W_0 l = \sigma \cdot \frac{bS_f^{\,2}}{6}$$

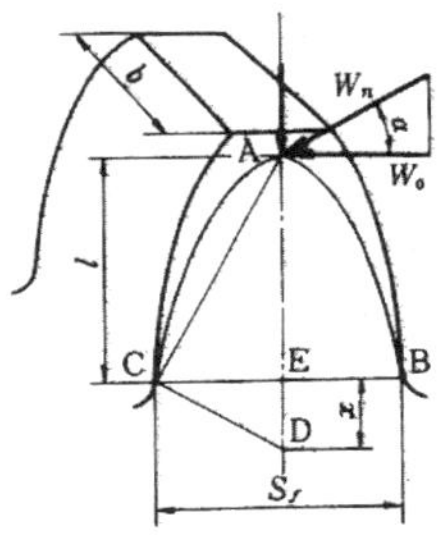

그림 13-40 치의 강도

S_f, l을 원주 피치 $p(=\pi m)$로 표시하면 $S_f = \phi p$, $l = \lambda p$(ϕ, λ는 계수)로 놓을 수 있으므로 위 식을 고쳐 쓰면

$$W_0 = \frac{\sigma b \phi^2 p^2}{6\lambda p} \tag{13-59}$$

그림에서 $\angle ACD = 90°$로 취하고 $\overline{DE} = x$라 하면 $\triangle ACE$와 $\triangle CDE$는 닮은꼴이므로

$$\overline{EC'}^2 = \overline{ED} \cdot \overline{EA}$$

$$\frac{{S_f}^2}{4} = x \cdot l$$

$$\therefore\ \phi^2 p^2 = 4x\lambda p \quad (13-60)$$

$$W_0 = \frac{\sigma b \cdot 4x\lambda p}{6\lambda p} = \frac{2}{3}\sigma b x$$

지금 $y = \dfrac{2x}{3p}$ 라 하고, 허용응력을 취하면

$$W_a = \sigma_a bpy \quad (13-61)$$

위 식을 루이스의 기본설계공식이라고 한다. 잇수가 같으면 x는 피치에 비례하고 되고, 따라서 잇수에 의하여 다르게 되고 y는 x의 함수로 주어졌으므로 y는 단지 잇수에 의하여 결정되는 형상계수이며, 이것을 치형계수(toothed form factor)라고 한다.

(2) 스퍼어 기어의 이의 안전 사용응력

단위 면적에 대한 허용응력 σ_a의 크기는 기어의 속도, 재료의 종류, 정밀도 등에 의하여 상관적으로 결정되나, 특히 피치 라인(pitch line) 위에 있어서의 치의 선속도는 허용응력을 결정하는 기초적인 요소가 된다. 왜냐하면 치는 가해지는 충격력에 의하여 주로 손상을 받게 된다. 정밀도가 나쁠수록 충격력을 받게 되는 기회는 많으며, 특히 치의 물림 속도의 증가에 의하여 아주 증가된다. 따라서 옛날부터 치의 사용 응력을 속도의 함수로써 결정하여 왔다. 지금 σ_0를 속도 0일 때의 허용 굽힘응력이라 하고, 속도를 3단계로 나누어 본다.

① **저속도용**(10[m/sec] 이하) : 기계 다듬질을 하지 않은 것 또는 소홀히 기계 다듬질한 것

$$\sigma_a = \sigma_0\left(\frac{3.05}{3.05+v}\right)[\text{kgf/cm}^2] \quad (13-62)$$

② **중속도용**(5～20[m/sec]) : 기계 다듬질한 것

$$\sigma_a = \sigma_0\left(\frac{6.1}{6.1+v}\right)[\text{kgf/cm}^2] \quad (13-63)$$

③ **고속도용**(20~80[m/sec]) : 정확한 기계 다듬질한 것, 연마, 래프 닦음한 것

$$\sigma_a = \sigma_0\left(\frac{5.55}{5.55+\sqrt{v}}\right)[\text{kgf/cm}^2] \tag{13-64}$$

④ **합성수지 등 비금속재질의 기어**

$$\sigma_a = \sigma_0\left(\frac{0.75}{1+v}+0.25\right)[\text{kgf/cm}^2] \tag{13-65}$$

이상에서 v는 피치원의 원주 속도로 m/sec로 표시한 것이고, D를 피치원의 지름 [cm], N을 기어의 1분간의 회전속도라 하면

$$V = 0.000524DN[\text{m/sec}] \tag{13-66}$$

그리고 위의 식들에서 (　)안의 수식은 속도계수(speed factor)로서 f_v로 표시한다. σ_0는 재료의 탄성계수의 절반 또는 최대인장강도를 안전계수로 나눈 것으로, 대체로 이때의 안전계수는 (3~6) 정도로 취한다. 표 13-10은 각종 기어 재료에 대한 σ_0의 값을 표시한다.

[표 13-10] 각종 기어 재료에 대한 σ_0의 값 (단위 : kgf/㎠)

재료	σ_0 [kgf/㎠]
크롬 니켈강 : 담금질한 것	7,000
크롬 바나듐강 : 담금질한 것	7,000
합금동 표면경화	3,500
기계강	1,750
주물강	1,400
고급강 메탈(高級砲金)	1,120
보통강 메탈	840
고급 주철(semisteel)	1,050
상급주철	700
보통 주철	560
견 지	420
압축수지제품	420
생가죽(生牛皮; rawhide)	420

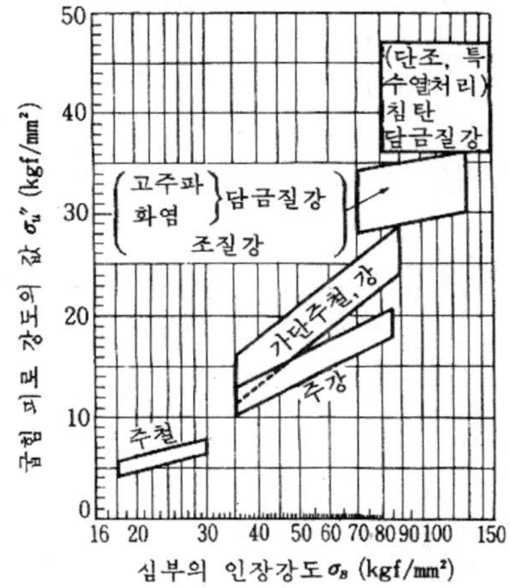

그림 13-41 기어 재료의 굽힘피로강도

[표 13-11] 각종 기어 재료의 σ_0의 값 (단위 : kgf/㎠)

	재료	σ_0 [psi]
강철	크롬 니켈강을 열처리한 것	100,000
	크롬 바나듐강을 열처리 한 것	100,000
	0.5% 탄소강	25,000
	0.3% 탄소강	20,000
	철강	20,000
청동	특수 청동	16,000
	보통 청동	10,000
주철	세미 스틸	15,000
	은량 주철	10,000
	보통 주철	8,000
비금속	베이클라이트 생가죽(生牛皮)	8,000

미국에서는 ft-lbs 단위로 하여 $\sigma_a = \sigma_0\left(\frac{600}{600+v}\right)$으로서 허용 응력을 결정하는 것이 보통이고, 여기서 v는 피치원의 원주 속도를 ft/min로 표시한 것이다. 따라서 $\left(\frac{600}{600+v}\right)$이 이때의 속도계수 f_v가 될 것이다. 그리고 σ_0의 값은 대체로 표 13-11과 같다. 그림 13-41은 기어재료의 굽힘피로강도의 값을 도시한 것이다.

(3) 스퍼어 기어의 전달마력

허용하중만큼의 힘이 항상 피치원 부근에 작용하여 회전하는 것으로 생각하여 전달동력 H를 구하면

$$H_{PS}=\frac{W_a v}{75}\,[PS],\quad H_{kW}=\frac{W_a\cdot v}{102}\;\;[\mathrm{kW}] \tag{13-67}$$

또 H_{pS} 마력을 v의 속도로 전달할 때 이에 작용하는 하중 W는

$$W=\frac{75H_{pS}}{v}\;\;\text{또는}\;\;W=\frac{102H_{kW}}{v} \tag{13-68}$$

ft−lbs 단위로 하면

$$H=\frac{\pi DWN}{33000\times 12} \tag{13-69}$$

여기서, W : 하중[lbs], N : 회전속도[rpm], D : 피치원의 지름[inch]

예제 7 15°의 주철제 인벌류우트 기어로 6[PS]를 전달시키려고 한다. 양축 사이의 거리는 250[mm]로서, 양축의 속비는 2 : 3이다. 피니언의 속도를 150[rpm]이라 하고, 이 2개의 기어를 설계하여라. 단, 사용 응력 $\sigma_a=350\,[\mathrm{kgf/cm^2}]$라 한다.

풀이 그림 13−42에서 양축 사이의 거리가 250[mm]이고, 그 속비가 $\frac{2}{3}$이므로 양기어의 피치원의 반지름의 합은 250[mm]이고, 그 길이는 속비에 반비례한다. 그림에 있어서 A를 큰 기어, B를 작은 기어의 축심이라 하면

$$R_A=150\,[\mathrm{mm}],\quad R_B=100\,[\mathrm{mm}]$$

로 될 것이다. 일반적으로 같은 종류의 재료로 만들어진 큰 기어와 작은 기어에 있어서 작은 기어는 큰 기어보다 약한 것이 보통이다. 그러므로 기어의 크기를 결정하는 데 있어서, 항상 작은 기어쪽에 대하여 결정해야 될 것이다. 지금 작은 기어의 피치원의 지름을 D_B라 하면 $D_B=100\times 2=200\,[\mathrm{mm}]$이므로 그 원둘레에 작용하는 속도 v_B는

$$v_B=150\times\pi\times\frac{200}{1000}=94.2\,[\mathrm{m/min}]$$

그런데 $6HP=6\times 4500=27000\,[\mathrm{kgf\cdot m/min}]$

그러므로 피치원의 절선 방향에 있어서의 힘 W는

$$W=\frac{27000}{94.2}=287\,[\mathrm{kgf}]$$

지금 $\sigma=350\,[\mathrm{kgf/cm^2}]=3.5\,[\mathrm{kgf/cm^2}]$, 또 이나비는 부정이나 가령 $b=25\,[\mathrm{mm}]$로 하면 $w=11.5\,[\mathrm{kgf/m}]$로 되므로

$$m=D\left(0.091-\sqrt{0.0082-\frac{0.465\omega}{\sigma D}}\right)$$

$$=200\left(0.091-\sqrt{0.0082-\frac{0.465\times 11.5}{3.5\times 200}}\right)=14$$

$\therefore$ 원주피치 $p=\pi m=14\pi=44\,[\text{mm}]$

그런데 이것은 이나비와 [mm]에 대하여 $b=(2\sim3)p$에 잘 맞지 않으므로 두 번째의 시도로서 $b=50\,[\text{mm}]$로 하면

$$w=\frac{287}{50}=5.74\,[\text{kgf}],\quad m=200\left(0.0091-\sqrt{0.0082-\frac{0.465\times5.74}{3.5\times200}}\right)=4.9$$

$\therefore$ $m=5$로 하고, $p=\pi m=3.1416\times5=15.7\,[\text{mm}]$

이것으로 하면 치형은 $\dfrac{b}{p}=\dfrac{50}{15.7}=3.18$이므로 $b=(2\sim3)$의 범위에 그다지 벗어나지 않으므로 큰 지장은 없다.

따라서 $m=5$로 결정한다.

그러므로 작은 기어의 잇수 Z_B는

$$Z_B=\frac{D_B}{m}=\frac{200}{5}=40\,[\text{개}]$$

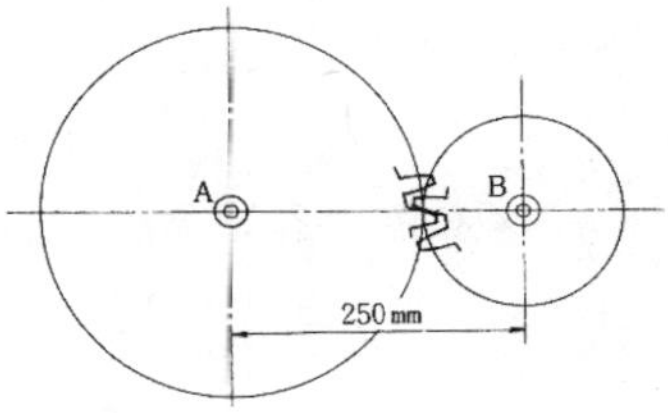

그림 13-42

큰 기어의 잇수 Z_A는

$$Z_A=\frac{D_A}{m}=\frac{2R_A}{m}=\frac{2\times150}{5}=60\,[\text{개}]$$

예제 8 다음과 같은 한 쌍의 기계절삭치의 기어가 전달할 수 있는 마력수를 구하여라.

기어 : 피니언 $Z_1=15$, 큰 기어 $Z_2=60$

재료 : 기계강, 고급주철

회전속도[rpm] : $N_1=400$, $N_2=100$

지름 피치 : $p_d=4$, $p_d=4$

$14\frac{1}{2}°$ 규정표준형, 이 나비 $b=60\,[\text{mm}]$

풀이 피치원의 지름

$$D_1=\frac{25.4Z_1}{p_d}=\frac{25.4\times15}{4}=95.250[\text{mm}]$$

$$D_2=\frac{25.4\times60}{4}=381.000[\text{mm}]$$

$$v=0.000524D_1N_1=0.000524\times9.525\times400=2\,[\text{m/sec}]$$

표 13-10에서 $\sigma_{01}=1750[\text{kgf/cm}^2]$, $\sigma_{02}=1050\,[\text{kgf/cm}^2]$

$$\sigma_{a1}=\frac{3.05}{3.05+v}\sigma_{01}=\frac{3.05}{3.05+2}\times1750=1050\,[\text{kgf/cm}^2]$$

$$\sigma_{a2}=\frac{3.05}{3.05+v}\sigma_{02}=\frac{3.05}{3.05+2}\times1050=630\,[\text{kgf/cm}^2]$$

표 13-10에서 $y_{01}=0.245$, $y_{02}=0.355$

식 (13-75)에서 $W_{a1}=\dfrac{2.54\sigma_{a1}by_{01}}{p_d}=\dfrac{2.54\times1050\times6.0\times0.245}{4}=980\,[\text{kgf}]$

$$W_{a2}=\frac{2.54\times630\times6.0\times0.355}{4}=853\,[\text{kgf}]<980\,[\text{kgf}]$$

$$H=\frac{W_a v}{75}=\frac{853\times 2}{75}=22.7\,[\text{PS}]$$

예제 9 한 쌍의 인벌류우트의 표준이의 주철제의 철조치로 10 [PS]를 전달시키려고 한다. 피니언 250 [rpm]이고, 피치원의 지름은 약 15 [cm]이고 회전비는 4.5 이다. 피치와 이나비를 구하고 각각의 잇수와 피치원의 지름을 계산하여라.

풀이

$$D_1 \fallingdotseq 15\,[\text{cm}],\ N_1=250\,[\text{rpm}],\ H=10\,[\text{PS}]$$

$$v=0.000524\,D_1 N_1=0.000524\times 15\times 250=1.97\,[\text{m/sec}]$$

$$W=\frac{75H}{v}=\frac{75\times 10}{1.97}=380\,[\text{kgf}]$$

재료를 주철의 특별 고급품이라 하여 표에서

$$\sigma_a=\frac{3.05}{3.05+v}\sigma_0=\frac{3.05}{3.05+1.97}\times 700=42.3\,[\text{kgf/cm}^2]$$

또 $b=2.5p$ 라 하면

$$W=380=0.055\sigma_a pb=0.055\times 423\times 2.5p^2=58.2p^2$$

$$p=\sqrt{\frac{380}{58.2}}=2.56\,[\text{cm}]\ \fallingdotseq 26\,[\text{mm}]$$

$$b=2.5\times 26=65\,[\text{mm}],\ Z_1=\frac{\pi D_1}{p}=\frac{\pi\times 15}{2.6}=18.14\fallingdotseq 18$$

$$Z_2=4.5\times 18=81,\ D_1=\frac{Z_1 p}{\pi}=\frac{18\times 26}{\pi}=149\,[\text{mm}]$$

$$D_2=\frac{Z_2\,p}{\pi}=\frac{81\times 26}{\pi}=670.7\,[\text{mm}]$$

이끝높이 $h_k=0.3p=0.3\times 26=7.8\,[\text{mm}]$

이뿌리 높이 $h_f=0.4p=0.4\times 26=10.4\,[\text{mm}]$

총 이높이 $h=a+d=7.8+10.4=18.2\,[\text{mm}]$

이두께 $t=0.48p=0.48\times 26=12.48\,[\text{mm}]$

바깥지름 $D_{01}=D_1+2h_k=149+2\times 7.8=164.6\,[\text{mm}]$

$D_{02}=D_2+2h_k=670.7+2\times 7.8=686.3\,[\text{mm}]$

중심거리 $A=\dfrac{149+670.72}{2}=409.85\,[\text{mm}]$

2. 피로에 의한 면압강도

(1) 피팅과 그 종류

전달동력에 의하여 한 쌍의 기어의 잇면 사이에 작용하는 수직하중이 너무 과중하면 기어의 회전과 더불어 과대한 반복응력이 생겨 심한 마모를 일으켜 피로 현상이 잇면에 생긴다. 이것이 점부식(pitting)이다. 그림 13-43은 점부식의 종류를 도시한 것으로 그림 (a)는 잇면에 무수히 작은 구멍이 발생하는 현상이고, 일반적으로 피치원의 근방에 많이 생긴다. 피치원 근방에 생기는 경우는 작은 구멍이 모여서 큰 구멍으로 된 것이 많다. 이것을 P형 점부식이라 한다. 그림 (b)는 이끝 근방에 물음의 미끄럼이 긋기형의 점부식으로 생기는 것으로 폭은 0.5 ~ 2 [mm] 정도이고, 약간의 간격을 띠고, 이나비 전체에 또는 이나비의 양단의 어느 부분에 생기는 부분적인 것이고, 이것을 S형 점부식(Stype pitting)이라 한다.

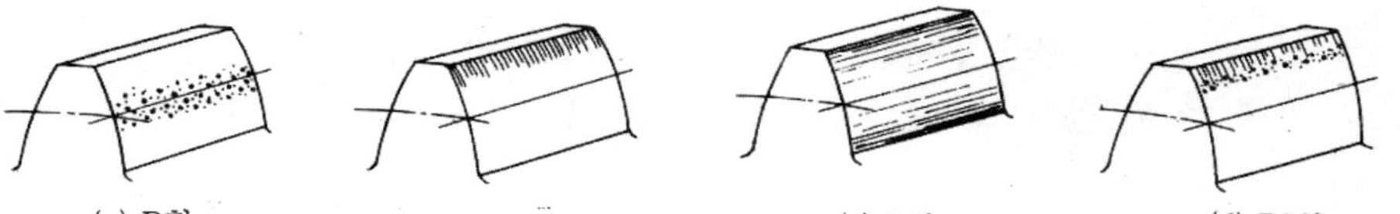

그림 13-43 피팅의 종류

그림 (c)는 이끝 및 이뿌리 근방의 마주침이 아주 강하여 잇면이 아주 거칠게 되는 경우이고, 때로는 그 중에 P형의 특히 작은 구멍이 생기는 수도 많다. 이것은 피치원 근방에는 그다지 생기지 않는 것 같다. 이것을 B형 점부식이라 한다. 때로는 S형 점부식이 발전하여 P형과 연결을 맺어 그림 (d)와 같은 PS형 점부식이 생기기도 한다. 재료는 이와 같은 점부식에 의하여 파손이 촉진되어 파괴된다. 따라서 잇면에 생기는 접촉응력이 기어 재료에 따라 정해진 값보다 이내에 있도록 설계하는 것이 잇면의 면압강도의 견지에서 설계하는 것이 된다.

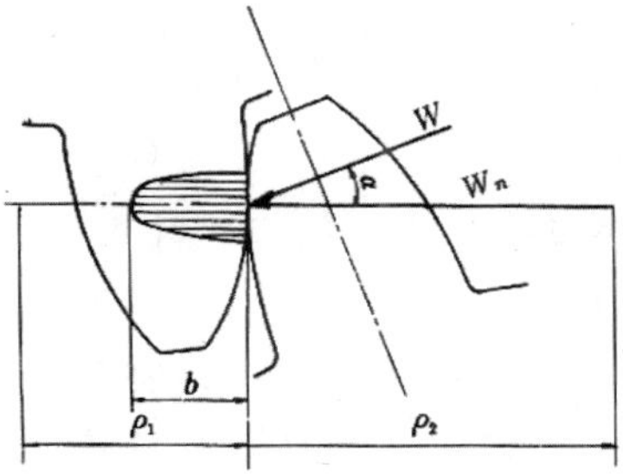

그림 13-44 접촉압력의 분포

(2) 면압강도(피팅문제)

그림 13-44는 잇면 사이의 접촉압력의 분포 상태를 도시한 것이다. 이 압력이 너무 크면 이의 마모와 반복응력 때문에 생기는 피로에서 기인되는 피팅현상이 일어나며 잇면이 손상을 받게 되고 진동과 소음을 내는 원인과 효율을 저하시킨다.

접촉압력의 계산으로는 헤르쯔의 공식이 가장 널리 사용되고 있고, 서로 접하는 2개의 원주면의 곡률반지름 및 종탄성계수를 각각 ρ_1, ρ_2 [mm] 및 E_1, E_2 [kgf/㎠]라 하면, 길이 b, 접촉면의 수직방향에 작용하는 하중을 W_n [kgf]라 하면 최대접촉압축응력 σ_c

[kgf/㎟]는 헤르쯔의 공식에서

$$\sigma_c{}^2 = \frac{0.35\, W_n \left(\dfrac{1}{\rho_1} + \dfrac{1}{\rho_2} \right)}{b \left(\dfrac{1}{E_1} + \dfrac{1}{E_2} \right)} \tag{13-70}$$

이 2개의 원기둥을 기어로 생각하면 잇면의 곡률반지름은 장소에 따라 다르나, 피치점에 있어서 곡률반지름으로 생각하면

$$\left. \begin{aligned} \rho_1 &= \frac{D_1}{2} \sin\alpha \\ \rho_2 &= \frac{D_2}{2} \sin\alpha \end{aligned} \right\} \tag{13-71}$$

한편, 수평력 $W = W_n \cos\alpha$ 이고 이것들을 식 (13-70)에 대입하면

$$\sigma_c{}^2 = \frac{1.4\, W(D_1 + D_2)}{\sin 2\alpha\, b \left(\dfrac{1}{E_1} + \dfrac{1}{E_2} \right) D_1 D_2} \tag{13-72}$$

$$\therefore\ W = \frac{\sigma_c{}^2 \sin 2\alpha}{1.4} \left(\frac{1}{E_1} + \frac{1}{E_2} \right) bm \frac{Z_1 Z_2}{Z_2 + Z_2} \tag{13-73}$$

실제의 경우 속도계수 f_v를 고려하여

$$W = K f_v bm \frac{2 Z_1 Z_2}{Z_1 + Z_2} = K f_v D_1 b \frac{2 Z_2}{Z_1 + Z_2} \tag{13-74}$$

$$\therefore\ K = \frac{\sigma_c{}^2 \sin 2\alpha}{2.8} \left(\frac{1}{E_1} + \frac{1}{E_2} \right) \tag{13-75}$$

이 K를 접촉응력계수라 하고, 기어의 재질 및 압력각의 크기에 의하여 결정된다. 마모를 고려한 면압강도를 다음 공식으로 구하기도 한다.

$$W_a = f_v \cdot K D_1 b \frac{2 Z_2}{Z_1 + Z_2} \qquad W_a = f_v \cdot K \cdot m \cdot b \frac{2 Z_1 Z_2}{Z_1 + Z_2} \tag{13-76}$$

[표 13-12] 접촉면압력계수의 값

기어재료		K[kgf/㎟]		
작은기어 경도 H_B	큰기어 경도 H_B	σ [kgf/㎟]	$\alpha=14.5°$	$\alpha=20°$
강철(150)	강철(150)	35	0.020	0.027
〃(200)	〃(150)	42	0.029	0.039
〃(250)	〃(150)	49	0.040	0.053
강철(200)	강철(200)	49	0.040	0.053
〃(250)	〃(200)	56	0.052	0.069
〃(300)	〃(200)	63	0.066	0.086
강철(250)	강철(250)	63	0.066	0.086
〃(300)	〃(250)	70	0.081	0.107
〃(350)	〃(250)	77	0.098	0.130
강철(300)	강철(300)	77	0.098	0.130
〃(350)	〃(300)	84	0.116	0.154
〃(400)	〃(300)	88	0.127	0.168
강철(350)	강철(350)	81	0.137	0.182
〃(400)	〃(350)	99	0.159	0.210
〃(450)	〃(350)	102	0.170	0.226

기어재료		K[kgf/㎟]		
작은기어 경도 H_B	큰기어 경도 H_B	σ [kgf/㎟]	$\alpha=14.5°$	$\alpha=20°$
강철(400)	강철(400)	120	0.234	0.311
〃(500)	〃(400)	123	0.248	0.329
〃(600)	〃(400)	127	0.262	0.348
강철(500)	강철(500)	134	0.243	0.389
〃(600)	〃(600)	162	0.430	0.569
강철(150)	주철	35	0.030	0.039
〃(200)	〃	49	0.059	0.079
〃(250)	〃	63	0.098	0.130
〃(300)	〃	65	0.105	0.139
강철(150)	인청동	35	0.031	0.041
〃(200)	〃	49	0.062	0.082
〃(250)	〃	60	0.092	0.135
주철	주철	63	0.132	0.188
니켈주철	니켈주철	65	0.140	0.186
니켈주철	인청 동	58	0.116	0.155

3. 스코오링 강도

면압강도에 있어서 치면강도는 고체접촉으로 생각하고 계산되는데, 실제로 기어는 기름으로 윤활되고 잇면 사이에 유막이 형성되므로, 베어링과 마찬가지로 유체압력으로 하중을 지지하고 있다는 생각으로 계산해야 된다. 즉 고속하중의 경우에는 치면압력이 높아져서 잇면 사이의 유막이 파괴되어 금속끼리 접촉하여 표면의 순간온도가 상승하여 눌어붙는다. 이 현상을 스코오링(scoring)이라 한다.

스코오링에 대해서는 다음과 같은 설계법이 있다.

(1) 압력속도계수 pv의 값을 제한하는 방법(베어링의 경우와 같음)

기어의 수가 크게 변화하면 (pv)의 값으로 한계를 결정하는 것은 어렵다. 따라서 다음 방법을 사용한다.

(2) pvs의 값을 제한하는 방법

여기서 s는 피치원으로부터 이끝 또는 이뿌리의 물음한계점까지의 물음 길이를 말한다. 압력 p를 [psi], 속도 v를 [ft/sec]로 표시하면

$$pvs \leqq 1.5\times 10^6$$

기름의 종류에 의한 (pvs) 한계값을 표 13-13에 표시하였다.

[표 13-13] 기름의 종류에 의한 (pvs)값의 한계 값

윤활유의 종류	(pvs)한계값 [kgf/sec]
광 유	8.2×10^6
기어유	1.12×10^7
하이포이드유	2.01×10^7

(3) 최고온도를 제한하는 방법

Blok에 의하면 접촉하는 잇면의 최고온도는

$$\theta_{\max}=\frac{0.83\mu R(v_1-v_2)}{b(\sqrt{\lambda_1\gamma_1c_1v_1}+\sqrt{\lambda_2\gamma_2c_2v_2})\sqrt{B}} \tag{13-77}$$

여기서, γ는 비중량, λ는 열전도율, c는 비율, 1의 첨자는 작은 기어, 2의 첨자는 큰 기어를 뜻한다.

예제 10 주축에서 속비 1.5 : 1 로 감속되는 종동축이 있다. 주축은 300 [rpm], 60 [PS], 축간 거리를 90 [mm] 이내로 하여 이것에 사용하는 한 쌍의 스퍼어 기어의 잇수와 모듈을 결정하여라. 단, 압력각 20°, 재질을 니켈 크롬강이라고 한다.

풀이 양기어의 피치원의 지름을 D_1, D_2라 하면

$$C=\frac{D_1+D_2}{2},\ \ D_2=1.5D_1,\ \ 2C=D_1+1.5D_1$$

$$180=2.5D_1,\ \ \therefore\ D_1=72\,[\text{mm}],\ \ D_2=108\,[\text{mm}]$$

피치원의 원주 속도 $v=\dfrac{3.14\times72\times300}{60\times1000}=11.3\,[\text{m/s}]$

속도계수 $f_v=\dfrac{6.1}{6.1+v}=\dfrac{6.1}{6.1+11.3}=0.35$

재질을 니켈크롬강(SNC 90)이라 하고 $\sigma_0=50\,[\text{kgf/mm}^2]$, 이나비 $b=10m$,

치형계수 $y=0.135$ (평균값)

전달하중 $W=\dfrac{75H}{v}=\dfrac{75\times60}{11.3}=400\,[\text{kgf}]$

작은 기어(주축측)에서

$$W=f_v\cdot\sigma_0\cdot b\pi my=0.35\times50\times10m\times3.14\times m\times0.135=400\,[\text{kgf}]$$

$$\therefore\ m=\sqrt{\frac{400}{0.35\times50\times10\times3.14\times0.35}}=2.3$$

이상의 결과에서 $m=2.5$ 라 하면

$Z_1 = \frac{D_1}{m} = \frac{72}{2.5} = 28.8 = 29$ 개, $Z_1 = 1.5Z_1 = 43$ 개

축간 거리 $A = \frac{Z_1 + Z_2}{2} m = \frac{29 + 43}{2} \times 2.5 = 90\,[\text{mm}]$

이나비 $b = 10m = 10 \times 2.5 = 25\,[\text{mm}]$

면압강도의 견지에서 허용 하중을 조사해 보면

$$W = f_v K \cdot m \cdot b \cdot \frac{2Z_1 Z_2}{Z_1 + Z_2} = 0.35 \times 0.569 \times 2.5 \times 25 \times \frac{2 \times 29 \times 43}{29 + 43} = 430$$

(단, K의 값은 담금질을 한 후의 경도로 $H_B = 600$으로 잡는다.)

이상의 결과에서 $m = 2.5$, $Z_1 = 29$, $Z_2 = 43$으로 하면 소요의 전달을 할 수가 있다.

예제 11 **압력각 14.5°, 잇수 14 : 49, 작은 기어는 720 [rpm]으로 30 [PS], 모듈 5, 이나비 50 [mm]로 하여 양기어의 재질을 결정하여라.**

풀이 피치원의 지름 $D_1 = mZ_1 = 5 \times 14 = 70\,[\text{mm}]$, $D_2 = mZ_2 = 5 \times 49 = 245\,[\text{mm}]$

피치원의 원주 속도 $v = \frac{3.14 \times 70 \times 720}{60 \times 1000} = 2.7\,[\text{m/s}]$

속도 계수 $f_v = \frac{3.05}{3.05 + v} = \frac{3.05}{3.05 + 2.7} = 0.52$, 전달하중 $W = \frac{75H}{v} = \frac{75 \times 30}{2.7} = 835\,[\text{kgf}]$

i) 굽힘 강도에서

작은 기어에서의 치형계수 $y_{01} = 0.086$

$$\therefore\ \sigma_{01} = \frac{W}{f_v \cdot b \cdot \pi \cdot m \cdot y_{01}} = \frac{835}{0.52 \times 50 \times 3.14 \times 5 \times 0.86} = 24\,[\text{kgf/mm}^2]$$

큰 기어에서의 치형계수 $y_{02} = 0.110$

$$\therefore\ \sigma_2 = \frac{835}{0.52 \times 50 \times 3.14 \times 5 \times 0.110} = 18.5\,[\text{kgf/mm}^2]$$

ii) 면압 강도에서

$$K = \frac{W}{f_v \cdot m \cdot b \cdot \frac{2Z_1 Z_2}{Z_1 + Z_2}} = \frac{845}{0.52 \times 5 \times 50 \times \frac{2 \times 18 \times 49}{18 + 49}} = 0.244\,[\text{kgf/mm}^2]$$

이상의 결과를 표와 대조하여 { 작은 기어 : 0.4% 탄소강(S35 C), 큰 기어 : 0.3% 탄소강(S25 C) } 으로 결정한다.

예제 12 **작은 기어의 재질은 주철(GC 30), 잇수 $Z_1 = 20$, 회전속도 $N_1 = 250$[rpm]이고 큰 기어의 재질은 주철(GC 20), 잇수 $Z_2 = 100$, 회전속도 $N_2 = 500$ [rpm], 모듈 $m = 5$, 압력각 $\alpha = 14.5°$, 이나비 $b = 50$ [mm]의 한 쌍의 스퍼어 기어의 전달마력을 산출하여라.**

풀이 i) 굽힘 강도에서

작은 기어에서는

피치원상의 원주 속도 $v = \frac{\pi D_1 N_1}{60 \times 1000} = \frac{3.14 \times 5 \times 20 \times 250}{60 \times 1000} = 1.3\,[\text{m/s}]$

속도계수 $f_v = \dfrac{3.05}{3.05+v} = \dfrac{3.05}{3.05+1.3} = 0.7$

치형계수 $y_{01} = 0.090$, $\sigma_b = 13\,[\text{kgf/mm}^2]$, $b = 50\,[\text{mm}]$, $m = 5$ 이므로

Lewis의 공식에 의하여 굽힘 강도의 허용 하중은

$$W_a = \sigma_0 f_v b \pi m y_0 = 13 \times 0.7 \times 50 \times 3.14 \times 5 \times 0.9 = 642\,[\text{kgf}]$$

큰 기어에서는 $f_v = 0.7$, $y_{02} = 0.117$, $\sigma_0 = 9\,[\text{kgf/mm}^2]$, $b = 50\,[\text{mm}]$, $m = 5$ 에서

$$W_a = 0.7 \times 9 \times 50 \times 3.14 \times 5 \times 0.117 = 579\,[\text{kgf}]$$

ii) 면압 강도에서

치의 허용 하중은 $f_v K m b \dfrac{2Z_1 Z_2}{Z_1 + Z_2} = 0.7 \times 0.132 \times 5 \times 50 \times \dfrac{2 \times 20 \times 100}{20+100} = 770\,[\text{kgf}]$

최소 허용 전달 하중 $= 579\,[\text{kgf}]$이므로

전달마력 $H = \dfrac{579 \times 1.3}{75} = 10\,[\text{PS}]$로 된다.

예제 13 **작은 기어의 재질 0.4% 탄소강(S 40 C), 브리넬 경도 $H_B = 250$, 회전속도 $N_1 = 600\,[\text{rpm}]$이고 큰 기어의 재질은 주철(GC 30), 회전속도 $N_2 = 200\,[\text{rpm}]$이다. 양기어의 축간 거리 $A \fallingdotseq 300\,[\text{mm}]$, 압력각 $\alpha = 14\dfrac{1^\circ}{2}$, 전달마력 $H = 25\,[\text{PS}]$의 경우 모듈의 크기를 굽힘강도의 견지에서 결정하여라.**

풀이 $\dfrac{N_2}{N_1} = \dfrac{D_1}{D_2} = \dfrac{200}{600} = \dfrac{1}{3}$

$2A = D_1 + D_2$ 이므로, 축간 거리를 300[mm]라 하면

$$D_1 + D_2 = D_1 + 3D_1 = 600\,[\text{mm}]$$

$$\therefore\ D_1 = \frac{600}{4} = 150\,[\text{mm}],\ D_2 = 3D_1 = 450\,[\text{mm}]$$

피치원의 원주 속도 $v = \dfrac{\pi D_1 N_1}{60 \times 100} = \dfrac{3.14 \times 150 \times 600}{60 \times 1000} = 4.7\,[\text{m/s}]$

이에 작용하는 전달 하중 $W = \dfrac{75H}{v} = \dfrac{75 \times 25}{4.7} = 400\,[\text{kgf}]$

i) 굽힘 강도에서

지금 작은 기어에 대하여 생각해 보면

$$속도계수\ f_v = \frac{3.05}{3.05+v} = \frac{3.05}{3.05+4.7} = 0.39$$

$\sigma_0 = 26\,[\text{kgf/mm}^2]$, 이나비 $b = 10m$ 으로 하면

치형계수 $y_0 = 0.1$ 정도로 취하고

$$W = \sigma_0 f_v \times b \times \pi m y_0 = 0.39 \times 26 \times 10m \times 3.14 \times m \times 0.1 = 400$$

$$m = \sqrt{\frac{400}{0.29 \times 26 \times 10 \times 3.14 \times 0.1}} = \sqrt{\frac{400}{31.8}} = \sqrt{12.56} = 3.5$$

큰 기어에는 같은 양으로 $f_v=0.39$, $\sigma_0=13$ [kgf/㎟], $y_{02}=0.1$, $b=10m$이라고 하면

$$400=0.39\times13\times10m\times3.14\times m=0.1$$

$$m=\sqrt{\frac{400}{0.39\times13\times10\times3.14\times0.1}}=\sqrt{\frac{400}{15.9}}=\sqrt{25}=5$$

지금 $m=5$로 가정하면

$$Z_1=\frac{D_1}{m}=\frac{150}{5}=30\text{[개]},\ Z_2=\frac{D_2}{m}=\frac{450}{5}=90\text{[개]}$$

$$b=10m=10\times5=50\text{[mm]}$$

4. 기어모체의 계산

기어의 지름이 작은 경우에는 **그림 13-45**에서 보는 것처럼 전체를 균일한 두께의 원판으로 한다. 기어 모체는 **그림 13-45**와 같이 림, 보스, 아암의 주요한 부분으로 한다. **그림 13-46**에서 그림(a)는 경하중용, 그림 (b)와 (c)는 중하중용, 그림 (d)는 최중하중용이다.

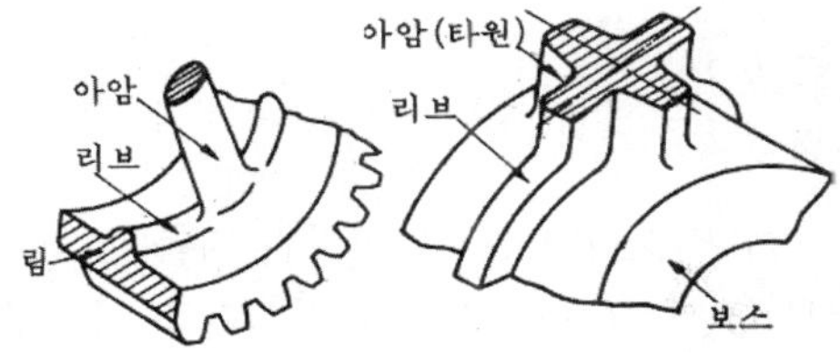

그림 13-45 기어모체의 구조

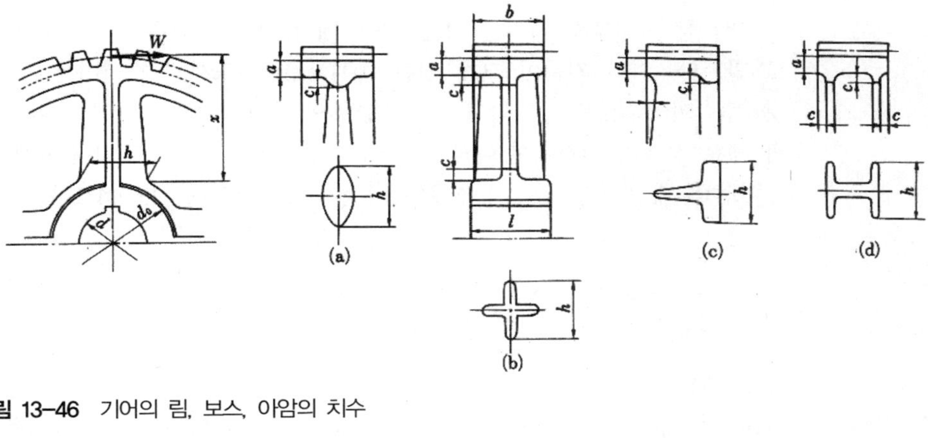

그림 13-46 기어의 림, 보스, 아암의 치수

(1) 림(rim)

림의 두께는 경하중의 작은 기어에서는 원주 피치 p 의 $(0.5 \sim 0.7)$배로 하든지 큰 기어의 경우에는 $0.5p$ 의 리브(rib)를 붙여서 보강한다.

(2) 보스(boss)

보스의 두께는 보스에 키를 설치하는 경우에는 키홈의 두께만큼 전반적으로 보스의 바깥지금을 증가시킨다. 보스의 두께에서 키홈의 깊이를 빼 낸 두께 δ[mm]는 일반적으로 다음 식으로 구한다.

$$\begin{cases} \text{경하중} & \delta = 0.4d \\ \text{중하중} & \delta = 0.44d \\ \text{중하중} & \delta = 0.5d \end{cases} \tag{13-78}$$

보스의 길이 l[mm]은

$$l = (1.2 \sim 2.2)d \tag{13-79}$$

$$\text{또는 } l = b + \frac{D}{40} \tag{13-80}$$

단, b : 이나비[mm], D : 피치원 지름[mm]

l 이 너무 길면 $(0.4 \sim 0.5)l$ 의 길이만큼 중앙부를 오목하게 절삭한다. 안지름 다듬질 작업이 편하게 되고, 축과도 잘 익히고 안정하게 고정시킬 수 있다.

(3) 아암(arm)

극히 작은 지름의 기어는 **그림 13-47**에서 보는 것처럼 전체를 이나비 b와 같은 두께로 만든다. 약간 지름이 크게 되면 200[mm] 정도까지의 기어는 **그림 13-48**에서 보는 것처럼, 아암부분을 밑바닥판으로 원판상으로 한다. 이 이상 지름이 크게 되면 중량경감과 재료 경제의 견지에서 아암형식으로 하여 취급하는 데도 편리하게 한다.

아암의 개수 n은 풀리의 경우와 마찬가지로 다음 **표 13-14**로부터 선정한다.

$$n = \frac{1}{7}\sqrt{D} \sim \frac{1}{8}\sqrt{D} \tag{13-81}$$

여기서, D : 피치원 지름

아암의 수는 너무 많으면 복잡하여 제작상 곤란하게 되고, 큰 지름의 것을 견고한 아암단면으로 하여 개수를 적게 하면 아암과 아암 사이의 림의 부분이 약하게 되므로 주의를 요한다. 좌우간 아암의 개수는 아암의 단면의 형상과 치수에 밀접한 관계가 있고, 기어의 외관, 다른 부분과의 균형 상태 등을 잘 보아서 결정해야 되고, 계산식과 표 등에 너무 구애를 받아서는 안되며 이것들은 어디까지나 설계의 목표로 삼을 정도이어야 된다. 아암의 개수를 결정하면 다음에는 아암의 단면의 형상치수를 결정한다.

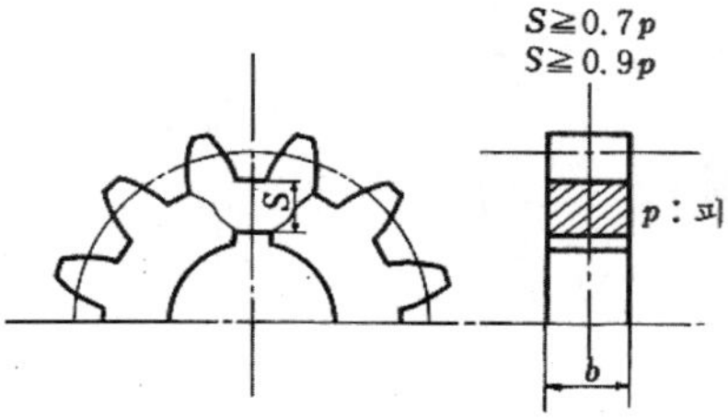

그림 13-47 작은 기어의 모체

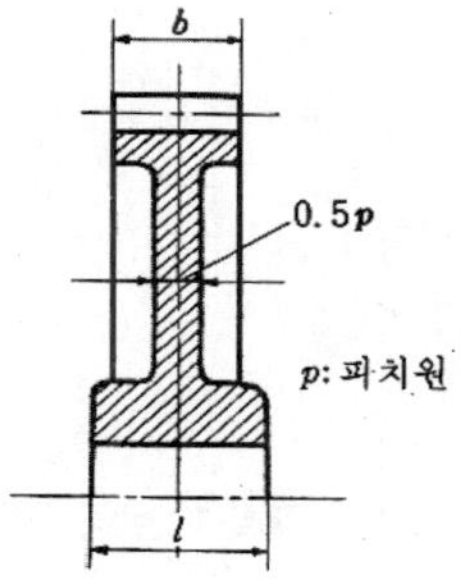

그림 13-48 원판형식

[표 13-14] 지름에의한 아암의 수

D	n
600[mm] 정도까지	4~5
600~1500	6
1500~2400	8
2400 이상	10 또는 12

아암의 강도는 보스쪽의 뿌리를 고정단으로 하고, 피치원주의 접선방향에서 아암에 직각하게 회전력 W가 작용하는 오팔보(cantilever)로 계산한다.

그림 13-49에서 보는 것처럼 $n=4$의 경우 1개의 아암으로써 받치는 것으로 생각하여 안전을 기하여 $\frac{n}{4}$개가 작용하는 것으로 계산한다.

아암의 뿌리부에 작용하는 굽힘 모멘트 M은 $M=Wl$이다.

$$M=Wl=\frac{n}{4}\sigma_b Z$$

Z는 단면계수로서 타원단면의 경우는 $b=\frac{1}{2}h$라 하고, 중앙축은 짧은 지름의 위치에 있으므로

$$Z=\frac{\pi\times(\text{긴지름})^2\times(\text{짧은 지름})}{32}=\frac{\pi h^2\left(\frac{1}{2}h\right)}{32}=\frac{\pi}{64}h^3$$

$$Wl=\frac{n}{4}\sigma_b\cdot\frac{\pi}{64}h^3$$

$$\therefore\ h^3 = \frac{256\,Wl}{\pi n \sigma_b} \quad \therefore\ h = \sqrt[3]{\frac{256\,Wl}{\pi n \sigma_b}} \tag{13-82}$$

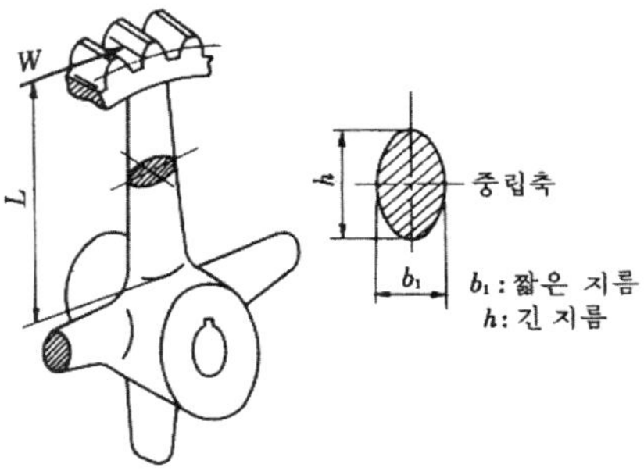

그림 13-49 아암의 굽힘 강도

연습문제

01

작은 기어의 재질은 S 35 C ($H_B=200$), 잇수 $Z_1=20$, 회전속도 $N_1=1500$ [rpm], 큰 기어의 재질 S 35 C ($H_B=150$), 잇수 $Z_2=100$, 회전속도 $N_2=300$ [rpm], 모듈 $m=4$, 압력각 $\alpha=20°$, 이나비 $b=40$ [mm]의 경우 면압강도에 의한 기어의 전달마력을 구하여라.

02

다음 한 쌍의 스퍼어 기어가 전달할 수 있는 동력을 [PS] 마력으로 구하여라. 작은 기어의 잇수 $Z_1=23$, 브리넬 경도 $H_B=250$, 회전속도 $N_1=1800$ [rpm], 큰 기어의 잇수 $Z_2=105$, 브리넬 경도 $H_B=200$, 재질은 양자 모두 S 25 C, 모듈 $m=4$, 압력각 $\alpha=20°$의 표준기어로서 이나비 $b=42$ [mm]라 한다.

03

압력각 $\alpha=20°$, 잇수 $Z_1'=40$, $Z_2=80$, 모듈 $m=4$의 인벌류우트의 표준스퍼어 기어의 물음률을 구하여라.

04

잇수가 각각 $Z_1=20$, $Z_2=60$, $\alpha=20°$, $m=3$의 인벌류우트 기어가 물릴 때, 양기어가 간섭을 일으키지 않으려면 이끝 높이의 한계값을 어떻게 취해야 하는가?

05 중심거리 61.5[mm] 사이에 잇수가 각각 $Z_1=15$, $Z_2=25$인 한 쌍의 기어를 조합하려고 한다. 각 기어의 공구압력각 $\alpha=20^\circ$, 모듈 $m=3$의 커터로써 치절된다. 전위계수를 어떻게 설계하면 되는가?

06 작은 기어가 0.4% C탄소강제, 회전속도 600[rpm], 큰 기어가 주철 GC 20제, 회전속도 200[rpm], 중심거리 약 300[mm], 압력각 20°의 기어에서 20[PS]를 전달할 수 있도록 한 쌍의 기어를 설계하여라.

07 잇수 10개 및 25, 모듈 3, 압력각 14.5°, 이끝 틈새 $c=km=0.175m$, 백래시 $B_f=0.15$[mm]라 하고, 언더컷이 생기지 않도록 설계하여라.

해답

❶ 5.63[PS] ❷ 13[PS] ❸ $e=1.77$

❹ 큰 기어의 한계이끝 높이 4[mm], 작은 기어 19.79[mm]

❺ $B_f=0$의 경우 $x_1+x_2=0.544Z$, $B_f=0.15$의 경우 $x_1+x_2=0.471$

❻ $m=8$, $b=76$[mm], $A=304$[mm], $Z_1=19$, $Z_2=57$

❼ $x_1=+0.6875$, $x_2=+0.2188$, $y_0=0.722$, $A_f=54.87$[mm], 공구절입량 $H=6.7$[8mm]

CHAPTER 14

특수 기어

14.1 헬리컬 기어

1. 헬리컬 기어(helical gear)의 개요

기어의 물림 상태를 되도록 원활히 하기 위해서는 물음률을 크게 해야 하며, 잇수가 많은 것끼리 조합시켜야 한다. 따라서 직선치의 스퍼어 기어의 나비를 그림 14-1(a)에서 보는 것처럼 몇 개로 나누어, 얇은 스퍼어 기어 모양으로 자른 것을 약간씩 같은 각도로 경사지게 하여 그림 (b)에서 보는 바와 같은 단기어(stepped gear)로 만들면, 분할된 각각의 치는 약간씩 어긋나게 되어 물림의 옮김이 순차적으로 원활히 행해져서 본래의 직선치 스퍼어 기어보다 물림 기간이 훨씬 연장된다.

즉 분할된 한 조의 이를 종합하면 치형의 크기, 곡선은 모두 본래의 기어와 완전히 같으며 직선치 1개의 치에 비하여 아주 원활한 전동을 할 수 있게 되고, 이의 충돌도 없어진다. 원주피치에 대하여 적당한 비로써 잘 어긋나게 하면 치형의 크기, 곡선은 적은 잇수에 대해서도 잇수만 분할수대로 곱한 기어가 되어, 그림 (a)에서는 4분할되어 있으므로 4배의 잇수를 가진 기어의 물림 상태와 근사하게 된다.

이와 같이 하여 분할수를 무한대로 하면 치가 그림 (b)에서 보는 것처럼 나선상으로 되어 나선치(helical teeth)로 된다.

즉 그림 14-2에서 보는 바와 같이 잇수만큼 나선실로 감으면 나사와 같은 원리의 기어가 생긴다. 이와 같은 기어를 헬리컬 기어라 하고, 용도는 스퍼어 기어와 같다. 잇수가 적은 경우에 헬리컬 기어로 하면 스퍼어 기어에 비하여 물림이 훨씬 원활히 되므로 같은 크기의 피치원이라도 큰 치형을 창성할 수 있고, 크기에 비하여 큰 동력을 전달시킬 수 있다. 즉 헬리컬 기어는 스퍼어 기어의 축에 직각인 단면의 형체를 축방향의 거리에 비례하여 비튼 것이 된다. 그림 14-3은 헬리컬 기어의 실물로서, 이 헬리컬 기어에서는 그림 14-4에서 보는 것처럼 치가 물고 돌아감에 따라 기어를 축방향에 미는 추력 W_t가 생긴다.

$$즉,\ W_t = W\tan\beta = W_n \sin\beta \tag{14-1}$$

단, W는 원주방향의 분력으로 기어의 회전력이 되고, W_n은 치에 직각으로 작용하는 힘으로서 이의 접촉하중이고, β는 비틀림각이다. 그림 14-4에서 헬리컬 기어의 리이드 L은 나선각, 즉 리이드각을 β라 하면 다음 식으로 주어진다.

$$L = \pi d \cot \beta \tag{14-2}$$

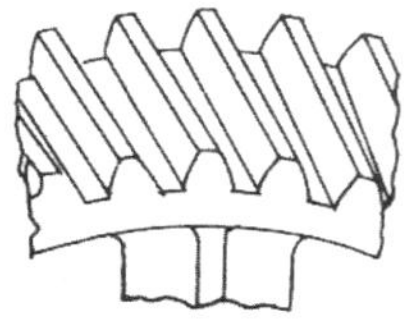

(a)

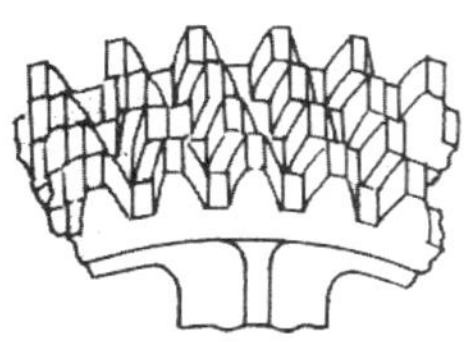

(b)

그림 14-1 단기어와 나선치

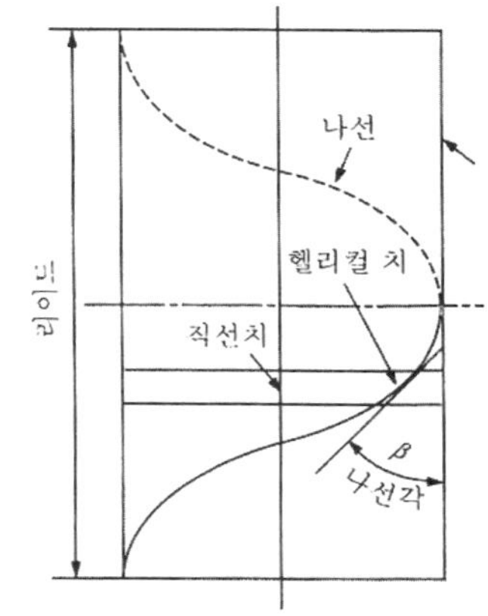

그림 14-2 헬리컬 기어의 원리

그림 14-3 헬리컬 기어와 더블 헬리컬 기어의 실물

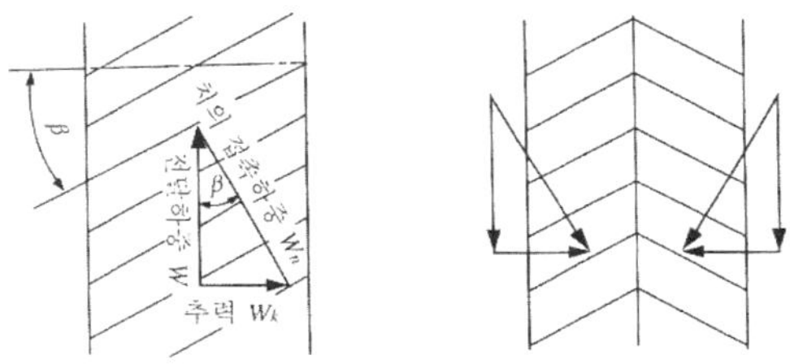

그림 14-4 헬리컬 기어와 더블 헬리컬 기어의 추력

그리고 추력은 축에서 기어를 빠져나오게 작용하는 힘으로서 좋지 못하므로 추력을 없애야 하는데, 이 추력을 없애기 위하여는 이나비의 절반쯤을 이의 경사가 완전히 정반대가 되도록 놓으면, 그림 14-4에서 보는 바와 같이 기어의 양편에 생기는 추력이 서로 상쇄되어 버리는데, 이와 같은 기어를 더블 헬리컬 기어 또는 헤링보운 기어(herringbone gear)라고 한다. 현재는 공작기계와 공작기술이 아주 발달되어 고속도운전의 경우도 거의 소음이 생기지 않고 큰 동력을 원활히 전달시킬 수 있게 되었으며, 그 용도가 더욱 확대되어 가고 있다.

더블 헬리컬 기어에는 보통 그림 14-5에서와 같이 여러 종류가 있다. 헬리컬 기어의 나선의 경사는 1피치원을 포함하는 원통면상의 나선에 의해서 측정하여 그 나선이 축방향과 맺는 각으로써 나타내는데, 이 각을 비틀림각 또는 나선각(helix angle)이라 하며 β로 표시한다.

일반적으로 헬리컬 기어에서는 비틀림각이 크게 되면 추력이 크게 된다. 그러나 현재는 드러스트 베어링(thrust bearing)이 발달되었기 때문에 점차 큰 비틀림각이 사용되는 경향이 있으며, β는 $10 \sim 35°$까지의 범위로 확대되어 가고 있다. 비틀림각을 크게 하면 축방향의 동시 물림 잇수가 증가된다. 축방향의 동시 물림 잇수를 증가시키면 물음율이 좋아지고, 이의 물림이 원활히 행해져서, 고속 회전의 경우도 소음이 발생되지 않고 또 작은 기어의 잇수를 감소시킬 수 있다. 한 쌍의 헬리컬 기어가 물고 있으면 양 기어의 비틀림각은 같고, 한쪽 기어가 오른쪽 비틀림이면 반대쪽은 왼쪽 비틀림이 되어야 한다.

(a) 엔드밀식 (b) 조합식 (c) 중구식 (d) 사이클식

그림 14-5 더블 헬리컬 기어의 여러 가지 형식

2. 헬리컬 기어의 특징

(1) 장점

1) 스퍼어 기어에서는 작용선상에서 치와 치가 물림을 시작하면 돌연 이나비 전체에 선접촉을 하고, 또 작용선상의 끝에서 치의 접촉이 깨지면 선접촉이 돌연 깨지므로 작용선의 처음과 끝에서 이의 총합탄성이 갑자기 변하고 잇면에 걸리는 하중의 변동이 커져서 진동과 소음의 원인이 되나, 헬리컬 기어에서는 작용면의 처음은 치의 한편의 끝부분에서 점접촉이 시작되고 다음에 이의 접촉폭이 서서히 증가하여 최대로 되고, 다시 서서히 감소되어 작용평면의 끝에서 이나비의 반대쪽의 점접촉으로 물림이 끝나므로, 이의 총합탄성의 변화가 완만하고 원활하여 진동과 소음은 같은 정도의 정도를 가진 다른 기어에 비하여 작다. 따라서 고속도 운전에 적합하다.
2) 비틀림의 곡선치에서는 1개의 치가 물고 있어도 물림이 잇면을 따라 전후 연속하고 있으므로, 직선치보다 물림의 길이가 길고 치의 강도에는 유리하며, 박용증기터빈의 기어와 같이 수천 마력에 이르는 동력발달에 사용된다.
3) 물림이 잇면을 따라 전후 계속되고 있으므로 스퍼어 기어보다 물림률이 좋고, 잇수가 적은 기어에서도 사용할 수 있으므로 큰 회전비를 얻을 수 있으며, 한 쌍의 회전비 $\frac{1}{10} \sim \frac{1}{15}$ 또는 그 이상의 것을 얻을 수가 있다.
4) 실험상 스퍼어 기어보다 효율이 좋으므로 98 ~ 99%까지 얻을 수 있으며, 아주 큰 동력, 고속운전에는 주로 추력이 없는 더블 헬리컬 기어가 사용된다.

3. 헬리컬 기어의 구성

(1) 헬리컬 랙

그림 14-6에서 보는 바와 같이 그 이동 방향과 직각인 방향에 대하여 잇줄이 β 만큼 경사진 랙을 헬리컬 랙이라고 한다. 이동 방향 단면의 치형압력각을 축직각압력각 또는 정면압력각이라 한다. 그리고 잇줄에 직각인 단면의 치형압력각을 치직각압력각이라 한다.

(2) 헬리컬 기어의 창성

피치원통의 접평면을 피치평면으로 하는 두께가 없는 비틀림각 β의 헬리컬 랙 잇면을 그 피치 평면 내에 이동시키면 **그림 14-7**에서 보는 것처럼 랙 잇면의 포락면으로서 각 원통상에 인벌류우트 헬리코이드가 형성되고 헬리컬 기어가 창성된다.

4. 치형방식과 종류

(1) 치형방식

헬리컬 기어의 정면압력각, 정면모듈을 표준값으로 하는 축직각방식과 치직각압력각, 치직각모듈을 표준값으로 하는 치직각방식의 두 가지 방식이 있다.

① **축직각방식 그림 14-8(a)** : 축과 직각인 단면의 치형이며, 피치를 축직각피치라고 한다(축직각 피치 p_s, 축직각 모듀을 m_s).

② **치직각방식 그림 14-8(b)** : 이와 직각인 단면의 치형이며, 피치를 치직각피치라고 한다(모듈 m, 치직각피치 p).

두 방식을 비교하면 축직각방식은 축에 직각인 단면의 치형의 잇수가 스퍼어 기어의 치형과 같고 다만 그것이 축방향에 비틀어진 것뿐이므로 그 취급이 스퍼어 기어와 똑같다. 그러나 치절삭을 정밀한 기계로 깎아야 되고, 또 복잡하므로 보통 치직각방식을 많이 채택한다. 따라서 편리한 것과 경제적인 면에서 스퍼어 기어를 깎는 공구를 그대로 유용하여 헬리컬 기어를 깎는다. 이 때는 나사홈에 따라 기준랙 기어에 적합한 공구단면이 절삭되므로 깎아진 이는 치직각방식의 잇수와 같게 되고, 축에 직각인 단면에는 이 높이가 그대로이며, 폭넓은 치형이 나타난다. 따라서 원주피치가 크게 되므로, 피치로의 지름도 동일 잇수의 스퍼어 기어보다 크게 되고, 중심거리도 크게 된다. 그리고 축에 직각일 평면에서의 치형은 **그림 14-9**에서 보는 것처럼 아주 폭넓은 치형으로 되는 것도 알 수 있다. 한편 Sykes식 또는 Sunderrand식의 더불 헬리컬 기어 등은 전문의 치절반이 개발되어 있으므로 축직각방식으로 설계하고 있다. 또 압력각에 대해서는 치직각압력각 α와 축직각압력각 α_s와의 사이에 다음 관계식이 성립된다.

$$\tan\alpha_s = \tan\alpha / \cos\beta \qquad (14-3)$$

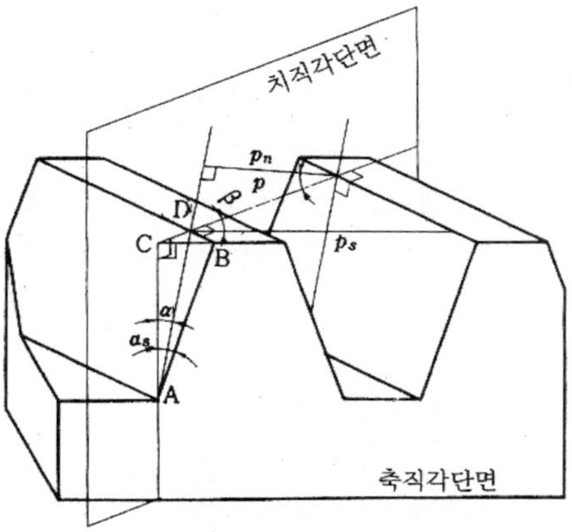

그림 14-6 헬리컬 랙

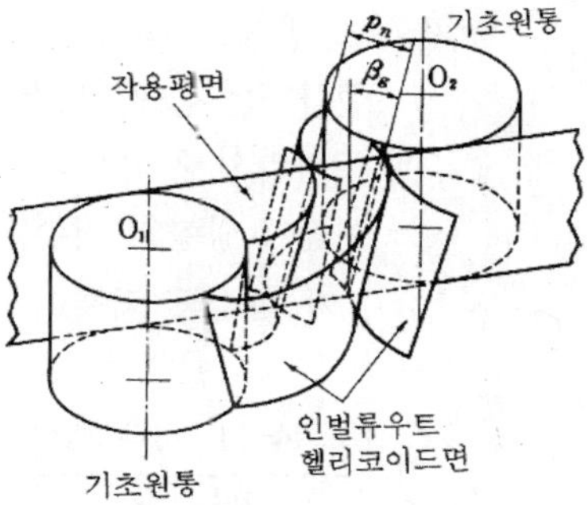

그림 14-7 헬리컬 기어의 창성

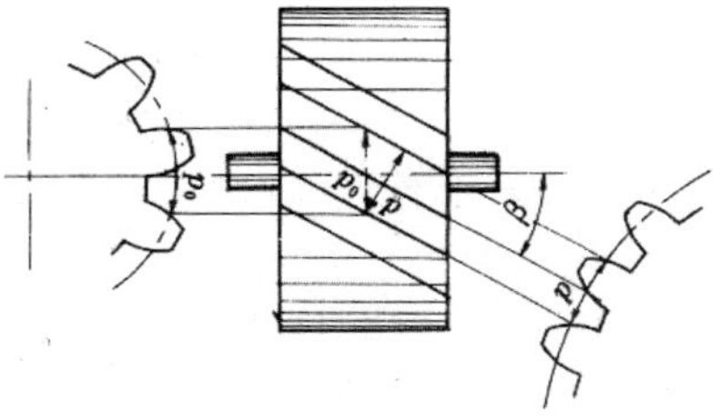

(a) 축직각 (b) 치직각

그림 14-8 축직각방식과 치직각방식

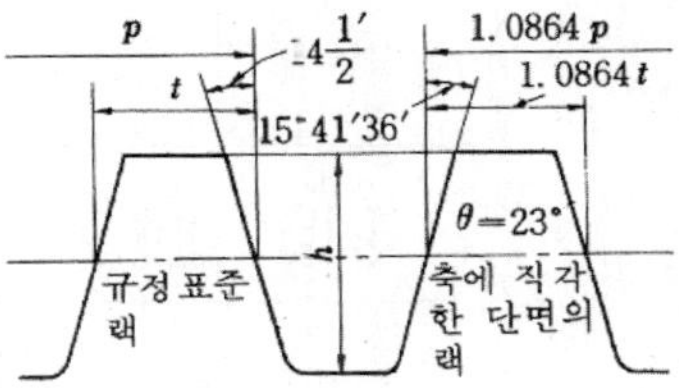

그림 14-9 헬리컬 기어의 치형의 비교

식 (14-3)을 증명하면 그림 14-10에서와 같이 직각3각형 $HAC(\angle CHA = \angle R)$에서

$$\tan\alpha_s = \overline{HA} / \overline{HC}$$

직각3각형 $HBC(\angle CHB = \angle R)$에서 $\tan\alpha = \overline{HB} / \overline{HC}$

직각3각형 $HAB(\angle HBA = \angle R)$에서 $\cos\beta = \overline{HB} / \overline{HA}$

$$\therefore\ \tan\alpha_s = \tan\alpha / \cos\beta$$

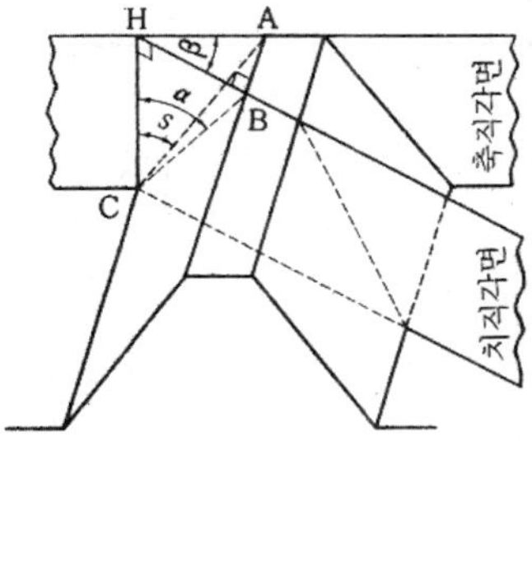

그림 14-10 압력각의 관계

5. 헬리컬 기어의 치수계산식

이미 앞절에서 언급한 바와 같이 헬리컬 기어의 치형은 스퍼어 기어와 똑같으므로 어느 방식을 채택하더라도 별 지장은 없으나, 치가 나사 모양으로 되어 있으므로 이것을 절삭하는 공구칼날은 나사 모양으로 진행되고, 그 공구칼날면은 나사홈에 직각으로 된다.

따라서 치직각방식이 합리적이다. 그리고 치직각치형에 비하여 축직각치형(정면치형)은 이높이 방향의 치수는 같으나, 가로의 나비 방향, 즉 피치 방향의 치수는 $\frac{1}{\cos\beta}$ 배로 된다. β가 클수록 치형의 나비는 넓게 된다.

[표 14-1] 치직각방식의 헬리컬 기어의 축에 직각인 단면에서의 치수

기준단면		축직각	치직각
총이높이		$h \geqq 2.157m$ 최근에는 $h \geqq 2.25m$	
공구	모듈	$m_s = \frac{m}{\cos\beta}$	m
	압력각	$\alpha_s \left(\tan\alpha_s = \frac{\tan\alpha}{\cos\beta}\right)$	α
피치원의 지름 D		$D_s = Zm_s$	$D_s = \frac{Zm}{\cos\beta}$
바깥지름 D_k		$D_k = D_s + 2m = Zm_s + 2m$	$D_k = \left(\frac{Z}{\cos\beta} + 2\right)m$
중심거리 A		$A = \frac{D_{S1} + D_{S2}}{2} = \frac{(Z_1 + Z_2)m}{2}$	$A = \frac{(Z_1 + Z_2)m}{2\cos\beta}$
총이높이 h		$h \geqq 2.157m$ 최근에는 $h \geqq 2.25m$	
이높이 h_k	표준	$h_k = m_s$	$h_k = m$
	전위	$h_k = (1 + x_s)m_s$	$h_k = (1 + x)m$
정면 원주 이두께 t	표준	$t = \frac{\pi m_s}{2}$	$t = \frac{\pi m}{2\cos\beta}$
	전위	$t = \left(\frac{\pi}{2} \times 2x_s \tan\alpha_s\right)m_s$	$t = \left(\frac{\pi}{2} \times 2x \tan\alpha\right) \times \frac{m}{\cos\beta}$

치직각방식에 의해 결정되는 각부 치수는 다음과 같다.

① 모듈

$$m_s = \frac{m}{\cos\beta} \tag{14-4}$$

② 압력각

$$\tan\alpha_s = \frac{\tan\alpha}{\cos\beta} \tag{14-5}$$

③ 피치원 지름

$$D_s = Zm_s = Z\frac{m}{\cos\beta} = \frac{Zm}{\cos\beta} = \frac{D}{\cos\beta} \tag{14-6}$$

④ 바깥지름(D_k)

이 높이 h_k는 단면에서나 이에 직각인 단면에서도 같고 $h_k = m$ 이므로

$$D_k = D_s + 2m = Zm_s + 2m = Z\frac{m}{\cos\beta} + 2m = \left(\frac{Z}{\cos\beta} + 2\right)m$$

⑤ 중심거리

$$A = \frac{D_{S1} + D_{S2}}{2} = \frac{Z_1 m_s + Z_2 m_s}{2} = \frac{(Z_1 + Z_2)m_s}{2} = \frac{Z_1 + Z_2}{2} \cdot \frac{m}{\cos\beta} \tag{14-8}$$

6. 헬리컬 기어의 상당스퍼어 기어

헬리컬 기어에 있어서는 성형치절법에 의하여 헬리컬 기어를 깎을 때 공구번호의 선정 및 설계에서 실제의 잇수 Z에 의하지 않고, 다음에 같이 상당스퍼어 기어 잇수 Z_e에 의한다.

그림 14-11에서 A 및 A'는 헬리컬 기어에서 피치 원통을 도시한 것이다. 이것을 P점에서 잇줄 BC에 직각인 평면 EF로 끊으면, 그 단면은 타원으로 된다. P점에 있는 치는 P점에서 곡률반지름 R에 같은 반지름의 피치원을 가진 스퍼어 기어의 직선치형과 같아야 된다.

$\frac{x^2}{a^2} + \frac{y^2}{b^2} = 1$의 타원에서 곡선상의 한 점 $P(x, y)$의 곡률반지름 ρ는

$$\rho = \frac{\left\{a^2 - \left(1 - \frac{b^2}{a^2}\right)x\right\}^{\frac{3}{2}}}{ab} \tag{14-9}$$

이다. EF단면의 타원은 $b = \frac{D}{2}$(헬리컬 기어의 피치원의 반지름), $a = \frac{D}{2\cos\beta}$이므로 P점은

$x=0,\ y=b$의 점이므로, P점에서 곡률반지름 R_e는

$$\rho = R_e = \frac{a^3}{ab} = \frac{a^2}{b} = \left(\frac{D}{2\cos\beta}\right)^2 \cdot \frac{2}{D} = \frac{D}{2\cos^2\beta} \tag{14-10}$$

따라서 이것에 같은 반지름의 직선치스퍼어 기어의 피치원의 지름 D_e는

$$D_e = 2R_e = \frac{D}{\cos^2\beta} \tag{14-11}$$

이와 같이 생각한 직선치스퍼어 기어를 상당스퍼어 기어 D_e를 상당스퍼어 기어의 피치원의 지름이라 하며 **그림 14-12**에서 보는 바와 같다.

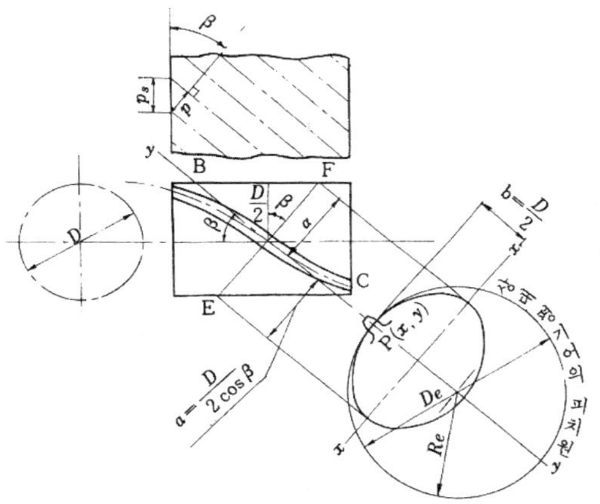

그림 14-11 상당스퍼어 기어의 전개

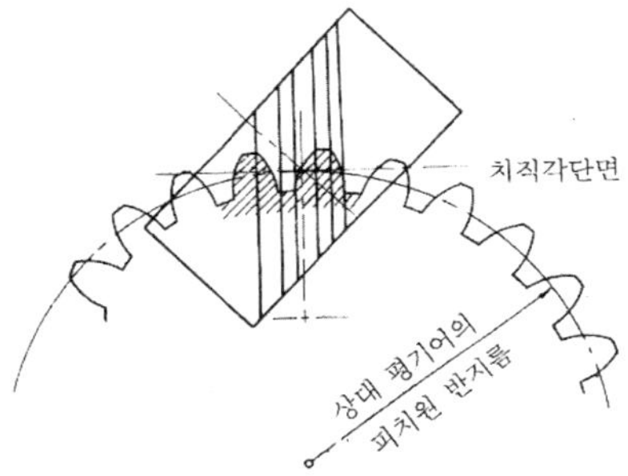

그림 14-12 상당스퍼어 기어의 피치원

그리고 모듈 m의 잇수 Z_e를 상당스퍼어 기어 잇수라 하고, 다음 식으로 주어진다.

$$Z_e = \frac{D_e}{m} = \frac{D}{m\cos^2\beta} = \frac{Zm}{\cos\beta} / m\cos^2\beta$$

$$\therefore\ Z_e = \frac{Z}{\cos^3\beta} \tag{14-12}$$

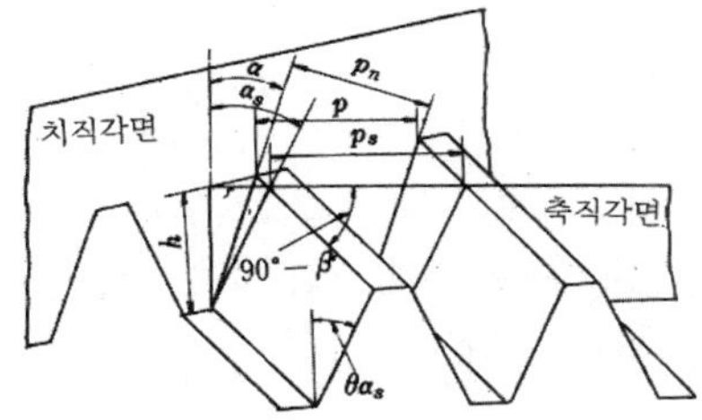

그림 14–13

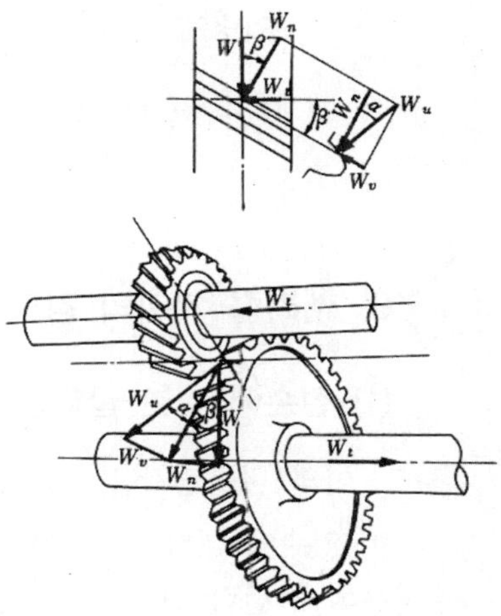

그림 14–14 헬리컬 기어에 걸리는 하중해석

7. 헬리컬 기어에 작용하는 힘

그림 14–14에서 헬리컬 기어의 추력과 베어링하중(bearing load)을 검토했을 때 여기에 작용하는 힘은, 잇줄에 직각인 접촉하중을 W_n이라고 하면 피치원의 절선방향의 분력 W가 회전력으로 된다.

지금 치직각압력각을 α, 비틀림각을 β라 하면

$$W = W_n \cos\beta \qquad \therefore\ W_n = \frac{W}{\cos\beta} \tag{14–13}$$

$$\text{又}\ \ W_n = W_u \cos\alpha \tag{14–14}$$

$$\therefore\ W_u = \frac{W_n}{\cos\alpha} = \frac{W}{\cos\alpha\cos\beta} \tag{14–15}$$

$$W_v = W_u \sin\alpha = \frac{W\sin\alpha}{\cos\alpha\cos\beta} = \frac{W}{\cos\beta} tan\alpha = W_n \tan\alpha \tag{14–16}$$

$$\text{추력}\ \ W_t = W\tan\beta \tag{14–17}$$

그리고 W와 W_v가 기어축에 대하여 횡하중으로 작용하고 그 합력은

$$W_R = \sqrt{W^2 + W_v^{\,2}} \tag{14–18}$$

으로 된다.

즉 베어링에 걸리는 하중은 W와 W_v가 기어축에 대하여 횡화중으로 작용하고

$$W_R = \sqrt{W^2 + W_v{}^2}$$

으로 된다.

8. 헬리컬 기어의 강도

(1) 절손에 대한 굽힘강도

이의 비틀림각을 β, 상당스퍼어 기어의 잇수를 Z_e라 하면 $Z_e = Z/\cos^3\beta$로 되므로, 이 잇수에 대하여 스퍼어 기어의 강도계산을 사용한 Lewis의 식을 적용한다. 단, 이 경우의 접선력 W는 잇줄에 직각으로 작용하는힘, 즉 상당스퍼어 기어에 작용하는 하중 $W_n = W/\cos\beta$를 취하고, 또 이나비 b는 잇줄에 연한 방향의 이나비, 즉 유효이나비 $b_n = \dfrac{b}{\cos\beta}$를 사용하면 양변에서 $\cos\beta$가 소거되므로, 스퍼어 기어의 경우와 같은 식으로 되며 그대로의 형상으로 적용된다.

$$즉,\ \frac{W}{\cos\beta} = \sigma_0 f_v f_w \frac{b}{\cos\beta} p y_e$$

$$\therefore\ W = \sigma_0 f_v f - w b p y_e \qquad (14-19)$$

$$W = \sigma_0 f_v f_w b \pi m y_e = \sigma_0 f_v f_w b m y_{0e} \qquad (14-20)$$

$(y_{0e} = \pi y_e)$

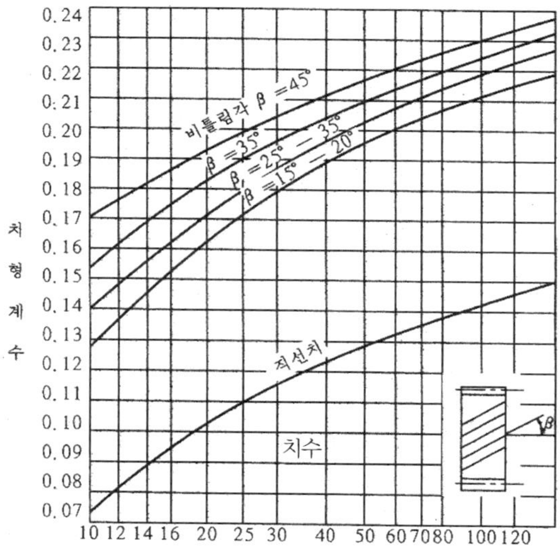

그림 14-15 헬리컬 기어의 치형계수 y_e의 값($\alpha = 20°$)

치형계수는 D_e에 상당하는 스퍼어 기어의 치형계수 y, y_0를 구하여 헬리컬 기어의 치형계수 y_e, y_{0e}로 한다. 그림 14-15는 $\alpha = 20^\circ$의 경우의 y_e의 값을 표시한 것이다.

(2) 피로에 의한 면압강도

헬리컬 기어의 면압강도는 마멸에 견뎌야 되고 스퍼어 기어의 경우와 같다. 지금 상당 스퍼어 기어의 작은 기어의 피치원의 지름을 D_{e1}이라 하면

$$D_{e1} = mZ_{e1} = \frac{m_s \cos\beta Z_1}{\cos^3\beta} = \frac{D_1}{\cos^2\beta} \, (D_1 = m_s Z_1)$$

단, m_s는 축직각모듈, m은 치직각모듈을 표시한다.

치직각방향의 이나비는 $\frac{b}{\cos\beta}$이므로

$$\therefore \; W_w = \frac{C_w}{\cos^2\beta} KD_1 b \frac{2Z_1}{Z_1 + Z_2} \tag{14-21}$$

$$\left.\begin{aligned} &= \frac{C_w}{\cos^2\beta} Km_s b \frac{2Z_1 Z_2}{Z_1 + Z_2} \quad \cdots\cdots \text{ 모듈 기준} \\ &= \frac{50.8 C_w}{\cos^2\beta} K \frac{b}{p_d} \cdot \frac{2Z_1 Z_2}{Z_1 + Z_2} \cdots \text{ 지름 피치 기준} \end{aligned}\right\} \tag{14-22}$$

$$K = \frac{K_{\max}}{S} \tag{14-23}$$

단, W_w : 허용전달하중[kgf]

Z_1, Z_2 : 작은 기어, 큰 기어의 잇수, b : 이나비[mm]

K : 허용접촉응력(스퍼어 기어 경우와 같다)[kgf/㎟], $K_{\max}$: 최대접촉응력

p_d : 축직각 지름피치, S : 안전율, C_w : 헬리컬 기어의 면압계수

로서 일반적으로 보통의 헬리컬 기어에서는 $C_w = 0.75$로 취하고, 특히 비틀림각을 양기어에서 정확하게 잘 다듬질하든지 또는 절창 후에 래핑(lapping)한 것에 대해서는 $C_w = 1.0$으로 취한다.

14.2 베벨 기어

1. 베벨 기어(bevel gear)와 그 종류

2축의 중심선이 평행하지 않고 한 점에서 만나고 있는 경우에 그림 14-16에서 보는 바와 같이 원추면상에 방사선으로 치를 깎으면 우산 꼭지 모양의 기어가 생긴다. 이것을 베벨 기어(bevel gear)라 하며, 회전을 전달시키는 축과 회전을 받는 축이 어느 각도, 보통 90°를 맺는 두 축 사이의 동력전달에 사용된다.

그림 14-17은 축각과 피치 원추각의 종류에 의하여 생기는 6가지 경우를 도시한 것이며, Σ는 양축의 교차 각도로서 축각(shaft angle)이라 하고, $\overline{OP}$는 피치 원추(pitch cone)의 공통접촉선으로서 피치원추각(pitch cone angle) γ_1과 γ_2는 기구학에서 이미 아는 바와 같이 회전속도 또는 잇수에 의하여 다르다.

그림 14-17(a)는 보통 베벨 기어로서 축각 $\Sigma = 90^\circ$, 피치원추각 γ_1, γ_2가 각각 다르다.

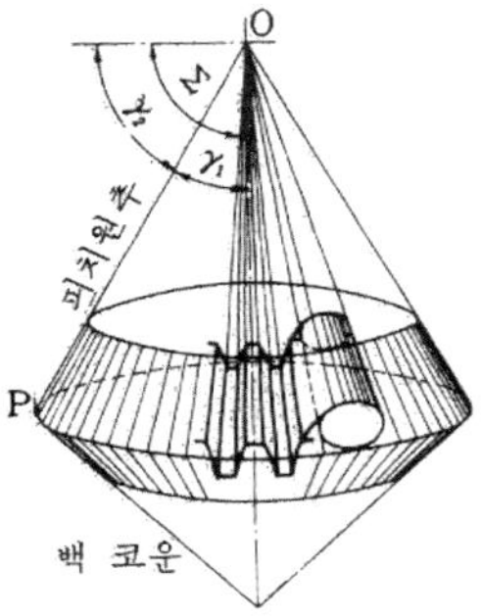

그림 14-16 베벨 기어의 접촉

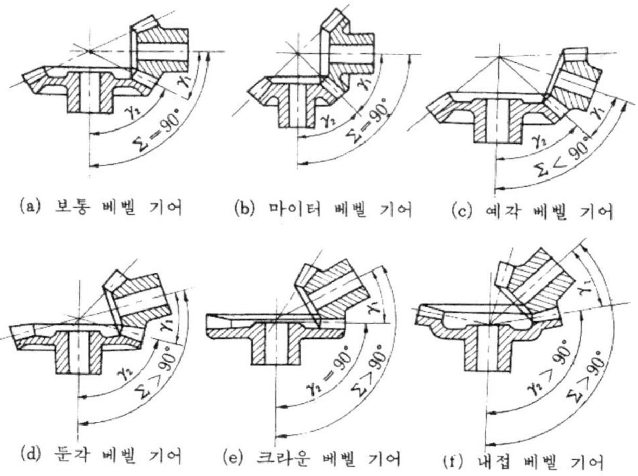

그림 14-17 베벨 기어의 여러가지 형식

그림 14-17(b)는 마이터 기어(miter gear)로서 $\Sigma = 90^\circ$, $\gamma_1 = \gamma_2 = 45^\circ$, $Z_1 = Z_2$, $N_1 = N_2$, 즉, $N_1 : N_2 = 1:1$의 경우이다.

단, N_1 : 피니언의 회전속도[rpm], N_2 : 기어의 회전속도[rpm]

그림 14-17(c)는 예각베벨 기어(acute bevel gear)로서

$$\Sigma = \gamma_1 + \gamma_2 < 90^\circ$$

$$\tan\gamma_1 = \frac{\sin\Sigma}{\dfrac{Z_2}{Z_1} + \cos\Sigma} = \frac{\sin\Sigma}{\dfrac{N_1}{N_2} + \cos\Sigma} \qquad (14\text{–}24)$$

$$\tan\gamma_2 = \frac{\sin\Sigma}{\dfrac{Z_1}{Z_2} + \cos\Sigma} = \frac{\sin\Sigma}{\dfrac{N_2}{N_1} + \cos\Sigma} \qquad (14\text{–}25)$$

그림 14-17(d)는 둔각베벨 기어(obtuse bevel gear)로서

$$180^\circ < \Sigma = \gamma_1 + \gamma_2 > 90^\circ$$

$$\tan\gamma_1 = \frac{\sin(180^\circ - \Sigma)}{\dfrac{Z_2}{Z_1} - \cos(180^\circ - \Sigma)} = \frac{\sin(180^\circ - \Sigma)}{\dfrac{N_1}{N_2} - \cos(180^\circ - \Sigma)} \tag{14-26}$$

$$\tan\gamma_2 = \frac{\sin(180^\circ - \Sigma)}{\dfrac{Z_1}{Z_2} - \cos(180^\circ - \Sigma)} = \frac{\sin(180^\circ - \Sigma)}{\dfrac{N_2}{N_1} - \cos(180^\circ - \Sigma)} \tag{14-27}$$

그림 14-17(e)는 크라운 기어(crown gear)로서

$$\Sigma = \gamma_1 + \gamma_2 > 90^\circ$$

기어의 피치원추각 $\gamma_2 = 90^\circ$의 베벨 기어를 특히 크라운 기어라고 한다.
그림 14-17(f)는 내접베벨 기어(internal bevel gear)로서

$$\Sigma = \gamma_1 + \gamma_2 > 90^\circ$$

기어의 피치 원추각(pitch cone angle) γ_2가 둔각, 즉 $\gamma_2 > 90^\circ$의 경우이다.

$$\tan\gamma_1 = \frac{\sin(180^\circ - \Sigma)}{\dfrac{Z_2}{Z_1} - \cos(180^\circ - \Sigma)} = \frac{\sin(180^\circ - \Sigma)}{\dfrac{N_1}{N_2} - \cos(180^\circ - \Sigma)} \tag{14-28}$$

$$\tan\gamma_1 = \frac{\sin(180^\circ - \Sigma)}{\dfrac{Z_2}{Z_1} - \cos(180^\circ - \Sigma)} = \frac{\sin(180^\circ - \Sigma)}{\dfrac{N_1}{N_2} - \cos(180^\circ - \Sigma)} \tag{14-29}$$

그림 14-18에서
γ_1 : 피니언의 피치원추각, Z_1 : 피니언의 잇수
γ_2 : 큰 기어의 피치원추각, Z_2 : 큰 기어의 잇수라 하면
$\Sigma = \gamma_1 + \gamma_2 = 90^\circ$

$$\tan\gamma_1 = \frac{Z_1}{Z_2} \tag{14-30}$$

$$\tan\gamma_2 = \frac{Z_2}{Z_1} \tag{14-31}$$

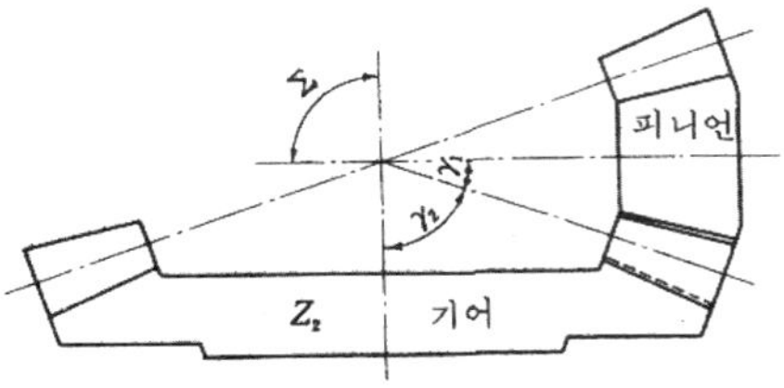

그림 14-18 보통 베벨 기어

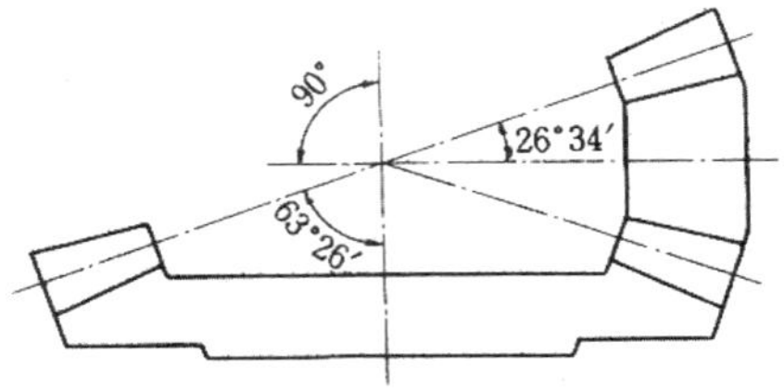

그림 14-19 보통 베벨 기어의 계산실례

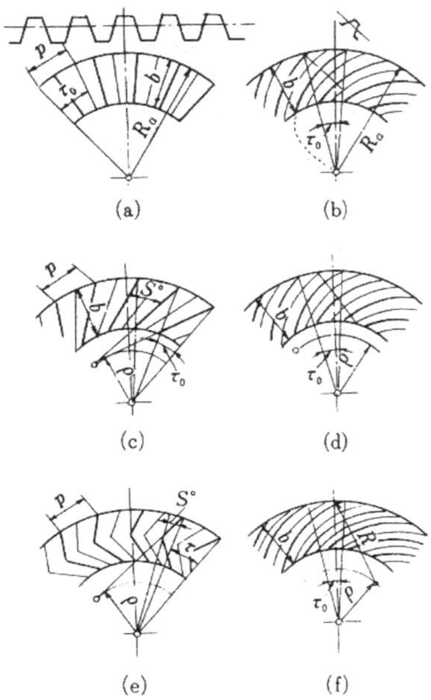

그림 14-20 베벨 기어의 곡선치의 여러 가지 형식

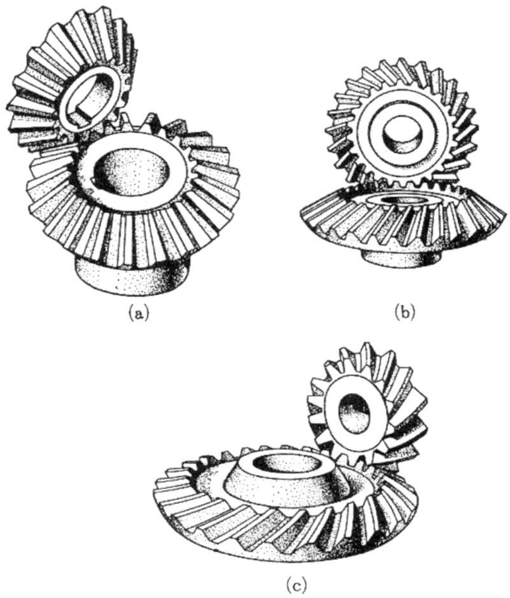

그림 14-21 베벨 기어의 실물

그림 14-22 마이터 기어의 실물

그림 14-23 잇수비가 다른 직선치베벨 기어

그림 14-19에서 $Z_1=15$, $Z_2=30$의 경우

$$\tan\gamma_1=\frac{15}{30}=0.5 \qquad \therefore\ \gamma_1=26.57^\circ\,(26^\circ 34')$$

$$\gamma_2=90^\circ-\gamma_1=90^\circ-26^\circ 34'=63^\circ 26'$$

또 베벨 기어는 이의 곡선에 의하여 그림 14-20에서 보는 바와 같이 나누어진다. (a)는 직선치, (b)는 나선치, (c)는 산형치 또는 복수나선치(double helical bevel gear), (d)는 스파이럴곡선치 베벨 기어(spiral bevel gear), (e)는 인벌류우트 곡선 베벨 기어(involute bevel gear), (f)는 원호곡선베벨 기어이다. 그림 14-21에서 (a)는 직선치, (b)는 나선곡선치베벨 기어(helical bevel gear), (c)는 스파이럴 베벨 기어의 실물이다. 가장 일반적인 것은 베벨 기어에 의한 것이고, 한 쌍의 베벨 기어로서 증감속을 하지 않고 직각 방향으로 축방향을 바꾸기만 하는 것이 이미 논술한 마이터 기어이다.

그림 14-22는 마이터 기어 실물이다. 축방향을 바꾸면서 증감속을 하려면 잇수비를 그 변속비에 맞추면 된다. 그림 14-23은 이것을 도시한다. 그리고 헬리컬 베벨 기어, 스퍼이럴 베벨 기어의 경우, 비틀림 방향과 회전 방향이 같으면 비틀림 방향에 드러스트가 걸려서 그 방향에 기어를 전진시키는 힘이 작용한다. 그러면 양쪽의 기어가 가까와지려 하고 치의 가느다란 끝쪽에 무리가 생겨서 치를 손상시킨다. 따라서 비틀림 방향과 회전 방향은 서로 반대가 되도록 한다. 그렇게 하면 기어는 서로 멀어지려고 하는 힘이 작용하므로 치에 무리가 생기지 않는다. 그리고 외측에서 드러스트하중을 받치도록 하는 편이 기구상 좋다. 베벨 기어의 1쌍으로 축방향과 직각이 되지 않는 것은 사교베벨 기어라 하고 헬리콥터, 모터 보우트에 사용된다.

2. 베벨 기어의 전개

베벨 기어의 치형이 구면상의 곡선이 되는 것은, 기구학에서 배운 바와 같다. 그림 14-24는 이것을 전개하여 평면상의 스퍼어 기어로 보고 도시한 것이다. 즉 베벨 기어의 치형을 표시하려면 기어의 대단부(large end)에서 피치원추에 접하는 반대 방향의 원추를 생각한다. 이 원추를 백 코운(후원추 ; back cone)이라 하고, 평면상에 전개할 수 있으므로 실용적이다. 이 원추의 전개 평면에 치형을 표시하면 백코운의 반지름과 같은 반지름의 피치원을 가지고 있는 스퍼어 기어의 치형과 같은 것이 된다. 그림 14-24에서 OA는 피치원추의 모선이고, O′A는 백코운의 모선이다. OA와 O′A는 베벨 기어의 성질로서 직각이 된다.

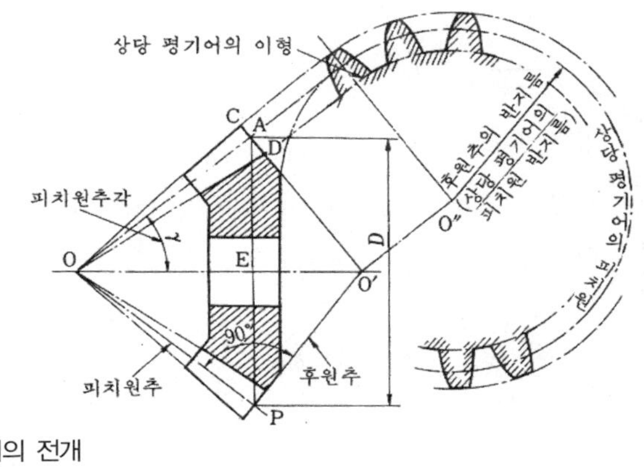

그림 14-24 베벨 기어의 전개

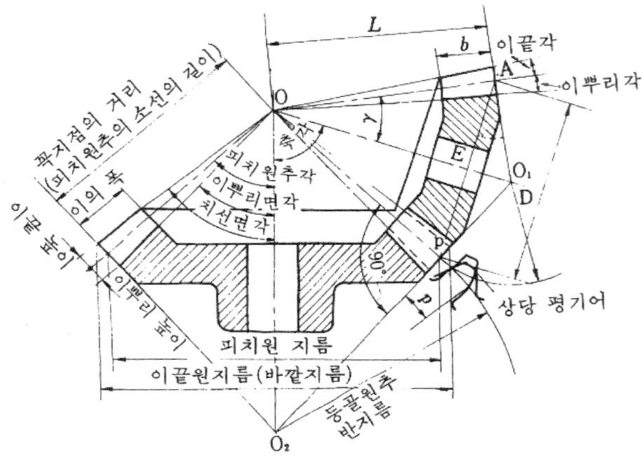

그림 14-25 베벨 기어의 명칭

O′A를 백코운 반지름(back cone radius) 또는 상당스퍼어 기어의 반지름이라 한다. 그리고 O′A를 피치원의 반지름으로 하고, O″를 중심으로 하며, 이끝높이 $\overline{AC}$, 이뿌리높이 $\overline{AD}$를 그대로 이끝높이, 이뿌리높이로 하는 하나의 스퍼어 기어를 생각하고, 이것을 상당스퍼어 기어라 하며, 이것이 베벨 기어를 전개한 것이고, 이것으로 대단부의 치형을 계산한다. 상당 스퍼어 기어는 밀링 머신 등으로 베벨 기어를 깎을 경우 인벌류우트커터의 커터 번호를 계산할 경우나 강도계산을 할 경우에 사용된다.

그림 14-25에서 베벨 기어의 상당 스퍼어 기어에 대하여 알아보면

D : 베벨 기어의 피치원의 지름 $=\overline{AP}$

R_e : 백코운의 반지름 $=\overline{O_1A}$

γ : 피치원추각 $\angle AOO_1$

p : 베벨 기어의 대단부의 치형의 피치

Z : 베벨 기어의 잇수

Z_e : 베벨 기어의 상당스퍼어 기어의 잇수

라 하면 주기어에서 ΔO_1AE를 생각하면 $\angle O_1AE=\gamma$, $\overline{AE}=\frac{D}{2}$이므로

$$R_e=\overline{O_1A}=\frac{\overline{AE}}{\cos\gamma}=\frac{D}{2\cos\gamma} \tag{14-32}$$

또 $Z=\frac{\pi D}{p}$이므로 백코운의 반지름으로 전개하더라도 피치 p의 길이에는 변화가 없으므로 상당스퍼어 기어의 잇수는

$$Z_e=\frac{2\pi R_e}{p}=\frac{2\pi D}{2p\cos\gamma}=\frac{\pi D}{p}\cdot\frac{1}{\cos\gamma}=\frac{Z}{\cos\gamma} \tag{14-33}$$

3. 직선치베벨 기어

(1) 직선치베벨 기어(straight bevel gear)

표준 직선치베벨 기어와 전위직선치베벨 기어의 2가지를 생각할 수 있고, 보통의 베벨 기어라면 표준직선치베벨 기어를 말한다. 전위직선치베벨 기어의 대표적인 것은 미국의 그리이슨(Greason's)식 베벨 기어이다. 베벨 기어라면 일반적으로 표준직선치베벨 기어를 의미하다시피 사용되어 왔으나, 그리이슨식이 우수하므로 최근에는 그리이슨식 베벨 기어가 고급 기계용으로 널리 사용되고 있는 형편이다.

(2) 보통의 표준직선치베벨 기어의 계산식

그림 14-26에 각 부분의 명칭을 도시하고 있으므로 위의 표 14-2와 대조하여 각부의 잇수를 계산할 수 있다.

Lewis의 계수 및 밀링 커터공구의 번호 선정 등은 Z_e의 값으로 한다.

$$Z_{e\cdot 1} = \frac{Z_1}{\cos\gamma_1} \quad Z_{e\cdot 2} = \frac{Z_2}{\cos\gamma_2}$$

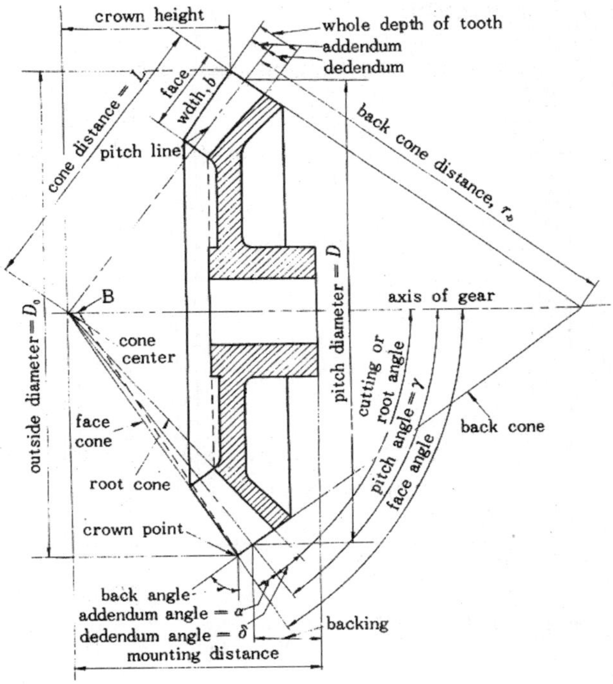

그림 14-26 베벨 기어의 명칭

[표 14-2] 표준직선치베벨 기어의 잇수계산식

번호	명칭	기호	작은 기어의 잇수	큰 기어의 잇수
①	축각(shaft angle) : 양축이 맺는 각을 말함	Σ	$\sum = \gamma_1 + \gamma_2$	$\sum = \gamma_1 + \gamma_2$
②	피치원추각(pitch cone angle) : 피치 원추의 꼭지각(頂角)의 절반이 된다.	γ	$\tan\gamma_1 = \dfrac{\sin\sum}{\dfrac{Z_2}{Z_1} + \cos\sum}$	$\tan\gamma_2 = \dfrac{\sin\sum}{\dfrac{Z_1}{Z_2} + \cos\sum}$
③	이끝각(齒先角 : addendum angle)	α	$\tan\alpha_1 = \dfrac{2h_k \sin\gamma_1}{D_1} = \dfrac{2\sin\gamma_1}{Z_1} = \dfrac{h_k}{L}$	$\tan\alpha_2 = \dfrac{2h_k \sin\gamma_2}{D_2} = \dfrac{2\sin\gamma_2}{Z_2} = \dfrac{h_k}{L}$
④	이뿌리각(齒根角 : dedendum angle)	δ	$\tan\delta_1 = \dfrac{2.314\sin\gamma_1}{Z_1} = \dfrac{h_f}{L}$	$\tan\delta_2 = \dfrac{2.314\sin\gamma_2}{Z_2} = \dfrac{h_f}{L}$
⑤	표면각 또는 이끝원추각(齒先圓錐角)	ϕ	$\phi_1 = \gamma_1 + \alpha_1$	$\phi_2 = \gamma_2 + \alpha_2$
⑥	잇면각(齒面角) : 90° 에서 이끝원추각, 즉 표면각을 빼낸 각	β	$\beta_1 = 90° - (\gamma_1 + \alpha_1) = 90° - \phi_1$	$\beta_2 = 90° - (\gamma_2 + \alpha_2) = 90° - \phi_2$
⑦	절삭각(cutting angle) 또는 이뿌리원추각(齒根圓錐角)	λ	$\lambda_1 = \gamma_1 - \delta_1$	$\lambda_2 = \gamma_2 - \delta_2$
⑧	피치원의 지름(pitch circle diameter)	D	$D_1 = \dfrac{Z_1 p}{\pi} = Z_1 m = \dfrac{25.4 Z_1}{p_d}$	$D_2 = \dfrac{Z_2 p}{\pi} = Z_2 m = \dfrac{25.4 Z_2}{p_d}$
⑨	바깥지름(外徑)	D_0 $k = h_k \cos\gamma$ 라 하면 $D_0 = D + 2k$	$D_{0.1} = D_1 + 2h_k \cos\gamma_1 = D_1 + 2k_1$	$D_{0.2} = D_2 + 2h_k \cos\gamma_2 = D_2 + 2k_2$
⑩	피치 원추 반지름(pitch cone radius) 또는 꼭지점 거리	L	$L = \dfrac{D_1}{2\sin\gamma_1}$	$L = \dfrac{D_2}{2\sin\gamma_2}$

4. 베벨 기어의 강도

(1) 주조치의 경우

그림 14-27에서 보는 바와 같이 외팔보(cantilever)로 가정하여 하중이 이의 선단에서 접선방향으로 작용하는 것으로 하고, 지금 치의 임의의 단면에 dx 의 미소거리를 택하여 여기 작용하는 하중을 dW라 할 때 굽힘 작용을 생각하면

$$dW = \frac{\sigma t^2 dx}{6h}$$

여기서, t와 h는 치단면의 이두께와 높이를 표시하고, σ는 굽힘응력(bending stress)을 표시한다.

그런데 $t = \frac{t_1 x}{L}$, $h = \frac{h_1 x}{L}$이므로

$$dW = \frac{\sigma t^2 dx}{6h} = \frac{\sigma {t_1}^2 x dx}{6Lh_1}$$

단, x는 꼭지점(頂點)에서 임의의 단면까지의 거리이다.

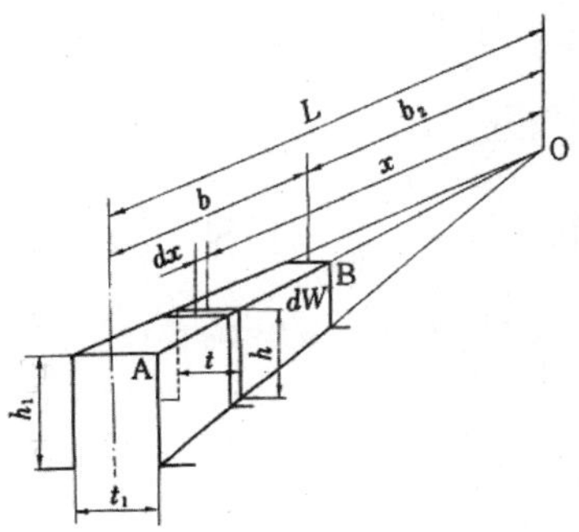

그림 14-27 베벨 기어의 강도

하중 dW에 의한 꼭지점 O에 관한 모멘트를 구하면

$$dM = dWx = \frac{\sigma {t_1}^2 x^2}{6Lh_1} dx$$

이와 같은 모멘트를 이나비 전체에 대하여 적분하면 전모멘트를 구할 수 있고, 이것을 M이라 하면

$$M = \int_{b2}^{L} dM = \frac{\sigma {t_1}^2}{6Lh_1} \int_{b2}^{L} x^2 dx = \frac{\sigma {t_1}^2}{18Lh_1} (L^3 - {b_2}^3) \tag{14-34}$$

M은 치에 작용하는 전체의 힘 W에 의한 꼭지점 O에 관한 회전 모멘트이다. 이 M을 L의 길이로 나누고, 그 값 W_1이 치의 최대부에 작용하면 이것은 힘 W가 앞에서 말한 조건에 따라 이나비 전체에 분포하고 있는 것과 동일한 회전 모멘트를 주는 것을 의미한다.

$$W_1 = \frac{M}{L} = \frac{\sigma {t_1}^2}{18h_1} \left(\frac{L^3 - {b_2}^3}{L^2} \right) \tag{14-35}$$

그런데 $b_2 = L - b$가 되므로 이것을 위 식에 대입하면

$$W_1 = \frac{\sigma t_1^{\,2} b}{18 h_1}\left(3 - \frac{3b}{L} + \frac{b^2}{L^2}\right) \tag{14-36}$$

즉, W_1의 힘이 치의 최대부에 작용하는 것과 W의 힘이 이뿌리에 같은 최대내부응력 σ가 생기도록 전체의 잇면에 분포한 것은 기어로서는 같은 결과, 즉 등가의 회전 모멘트를 받는 것이 된다. 치의 강도는 위식에서 구하고, 기어가 전달하는 마력수는 다음 식으로 주어진다.

$$H = \frac{W_1 v}{75}\ [\mathrm{PS}]$$

단, W_1 : [kgf], v : [m/sec]

인치 단위로는 $H = \dfrac{W_1 v}{33000}$ [PS}

단, W_1 : [lbs], v : [ft/min]

표준비례치수에 의하면 $h_1 = 0.7p$, $t_1 = 0.48p$

$$W_1 = 0.018\sigma p b\left(3 - \frac{3b}{L} + \frac{b^2}{L^2}\right) \tag{14-37}$$

지름 $0.018\left(3 - \dfrac{3b}{L} + \dfrac{b^2}{L^2}\right) = 0.054\left(\dfrac{L-b}{L}\right) = m_c$ 라고 놓으면

$$W_1 = m_c \sigma b p \tag{14-38}$$

보통 $b = (2 \sim 3)p$, $b \leq \dfrac{1}{3}L$로 잡으므로, 정밀한 값을 요구하지 않고 개략치를 구하려 할 때는 $\dfrac{b^2}{3L^2}\left(< \dfrac{1}{27}\right)$을 생략해도 큰 지장은 없다. 그리고 σ의 허용치는 스퍼어 기어의 경우와 같게 생각하면 좋다.

(2) 기계절삭치의 경우

그림 14-28은 베벨 기어의 각 단면에 작용하는 하중을 스퍼어 기어의 경우와 똑같이 생각한 상태를 그린 것으로서, 이는 절선 방향의 분력 W에 의하여 굽혀서 파괴된다. 그은 치에서 단면의 중심선과 분력의 작용선과의 교점을 꼭지점으로 하고 이뿌리에 접하는 포물선을 그으면, 이것이 균일강도의 외팔보(片持梁 ; cantilever)가 되고, 이뿌리면 이외의 단면은 이것보다 여분의 살을 가지고 있으므로 치에서는 이뿌리면이 가장 약하게 된다.

특히 기계절삭치의 경우 **그림 14-28**에서와 같이 하중이 치의 선단에서 잇면에 직각으로 작용하고, 굽힘을 일으키는 힘을 그 절선방향의 분력이라고 한다.

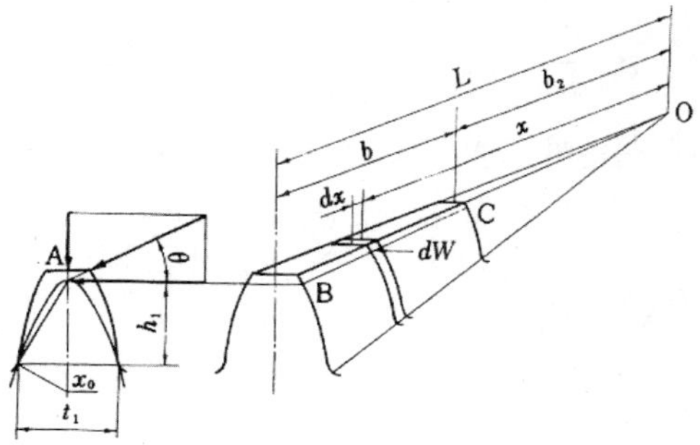

그림 14-28 기계절삭치의 베벨 기어의 강도

주조치의 경우와 같이 생각하여

$$W_1 = \frac{\sigma {t_1}^2 b}{18h_1}\left(3 - \frac{3b}{L} + \frac{b^2}{L^2}\right)$$

위 식에 ${t_1}^2 = 4h_1 x_0$를 대입하여 p를 넣으면

$$W_1 = \frac{2x_0}{3p} \times \sigma pb\left(1 - \frac{b}{L} + \frac{b_2}{3L}\right)$$

위 식에서 $y = \dfrac{2x_0}{3p}$ (치형계수)

$$\lambda = 1 - \frac{b}{L} + \frac{b_2}{3L} \fallingdotseq \frac{L-b}{L}$$

라 놓으면

$$W_{1w} = \sigma_a pby\lambda \tag{14-39}$$

$$\left.\begin{aligned} W_{1w} &= \frac{2.54\sigma_a by_0\lambda}{p_d} \\ \text{또}\quad W_{1w} &= \sigma_a bmy_0\lambda \end{aligned}\right\} \tag{14-40}$$

단, $y_0 = \pi y$, $b = (2-3)p$, $b \leqq \dfrac{1}{3}L$

위 식에서 주의해야 할 점은 y 또는 y_0를 $Z_e = \dfrac{Z}{\cos\gamma}$로 결정하는 것이다. 그리고 여기서 $\lambda = \dfrac{L-b}{L}$를 베벨 기어계수라고 한다.

$$\text{또 } W_1 = \sigma b p \left(\frac{t_1^{\ 2}}{6ph_1}\right)\left(1-\frac{b}{L}+\frac{b^2}{3b_2}\right) \tag{14-41}$$

이라 놓으면 $\dfrac{t_1^{\ 2}}{6ph_1}=y$로 되고 루이스의 치형계수이다.

전달마력을 미터계의 PS로 표시하면 다음과 같다.

$$\left.\begin{aligned} H_{pS} &= \frac{W_{1w}v}{75} \\ H_{kW} &= \frac{W_{1w}v}{102} \end{aligned}\right\} \tag{14-42}$$

$v=0.000524\,DN$[m/sec]

단, v : [m/sec], D : [cm], N : [rpm]

또 인치 단위로 표시하면 다음과 같다.

$$H_{PS}=\frac{W_{1w}v}{33000} \tag{14-43}$$

단, W_{1w} : [lbs], v: [ft/min]

예제 1 직교하는 2축 사이에 회전을 전달시키는 직선치베벨 기어를 설계하려고 한다. 압력각 20°, 속비 3.25 : 1, 재질은 주철, 전달마력 22.5 [PS], 피니언의 피치원의 지름 약 120 [mm], 회전속도 1000 [rpm]으로 하여 모듈 m과 이나비 b를 결정하여라. 공기압축기에 사용한다.

풀이 작은 기어의 피치원의 지름 $D_1=120$ [mm]

큰 기어의 피치원의 지름 $D_2=120\times 3.25=380$ [mm]

피치 원주 속도 $v=\dfrac{3.14\times 120\times 1000}{60\times 1000}=6.28$ [m/sec]

속도계수 $f_v=\dfrac{3.05}{3.05+v}=\dfrac{3.05}{3.05+6.28}=0.32$

전달하중 $W=\dfrac{75H}{v}=\dfrac{75\times 22.5}{6.28}=270$ [kgf]

피치 원추각 $\tan\gamma_1=\dfrac{\sin 90^\circ}{\dfrac{Z_2}{Z_1}+\cos 90^\circ}=\dfrac{Z_2}{Z_1}=\dfrac{1}{3.25}=0.3077$

$\gamma_1=17^\circ 06'$, $\gamma_2=90^\circ-17^\circ 06'=72^\circ 54'$

원추 거리 $L=\dfrac{D_1}{2\sin\gamma_1}=\dfrac{120}{2\times\sin 17^\circ 06'}=\dfrac{120}{2\times 0.2940}=20$ [mm]

이나비 $b=\left(\frac{1}{3}\sim\frac{1}{4}\right)L=65[\text{mm}]$

재질을 GC 30이라 하면 $\sigma_a=13\,[\text{kgf/mm}^2]$

$$270=0.32\times13\times m\times65\times3.14\times y_{e\cdot1}\times\frac{204-65}{204}$$

$$\therefore\ my_{e\cdot1}=0.465$$

m	3	4	5
$Z_1=\frac{D_1}{m}=\frac{120}{m}$	40	30	24
$Z_2=3.25Z_1$	130	98	78
$Z_{e\cdot1}=\frac{Z_1}{\cos17°06'}=\frac{Z_1}{0.9558}$	42	31	25
위식에 의한 $y_{e\cdot1}$	0.155	0.116	0.093
표에 의한 $y_{e\cdot1}$	0.126	0.114	0.110

$m=5$의 경우에 대하여 허용하중을 역산하면 피니언에서

$$W_{1w}=0.32\times13\times5\times65\times3.14\times0.11\times\frac{204-65}{204}=318\,[\text{kgf}]$$

따라서 $m=5$로 충분하다.

5. 베벨 기어에 받치는 베어링에 걸리는 추력

베벨 기어를 받치는 압력과 추력을 구하려면 먼저 잇면에 작용하는 전압력의 합성과 착력점에 대하여 축에 직각인 방향과 축방향으로 분해해야 한다.

그림 14-29에서 임의의 부분에 있어서의 절단편 dx에 대한 굽힘 모멘트의 균형을 생각해 보면 다음 관계식이 성립한다.

$$dW=\frac{\sigma t^2 dx}{6h}=\frac{\sigma t_1{}^2 xdx}{6Lh_1}=\sigma\mu xdx$$

단, $\frac{t_1{}^2}{6Lh_1}=\mu$이다.

위와 같은 힘을 이나비 전체에 대하여 적분하면

$$W=\int_{b2}^{L}dW=\sigma\mu\int_{b2}^{L}xdx=\sigma\mu\frac{L^2-b_2{}^2}{2}=\frac{\sigma t_1{}^2}{12Lh_1}(L^2-b_2{}^2) \tag{14-44}$$

또 dW의 힘의 O점에 관한 회전 모멘트를 구하면

$$dM=xdW=\sigma\mu x^2dx$$

$$\therefore\ M = \sigma\mu\int_{b2}^{L} x^2\,dx = \sigma\mu\frac{L^3 - {b_2}^3}{3}$$

W의 전체 힘의 착력점 O점에서의 거리 l_0는 다음 식으로 표시된다.

$$l_0 = \frac{M}{W} = \frac{2}{3}\left(\frac{L^2 \times Lb_2 \times {b_2}^2}{L \times b_2}\right) \tag{14-45}$$

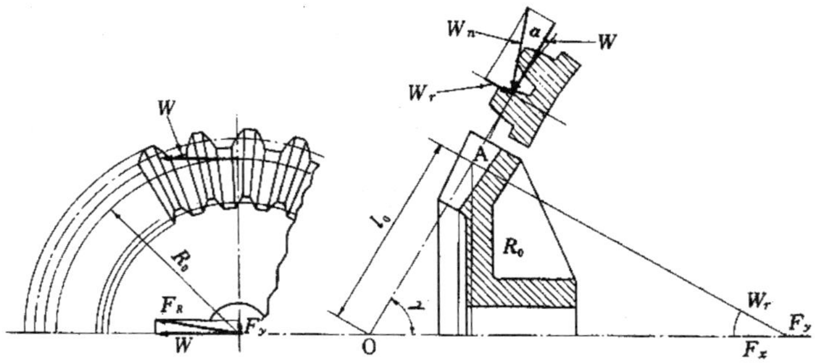

그림 14-29 베벨 기어에 작용하는 힘의 역학

그런데 **그림 14-29**에서 보는 바와 같이 W의 착력점에서 회전축선에 이르기까지의 거리를 R_0라 하면

$$R_0 = l_0 \sin\gamma$$

또 그림에서 $b_2 = L - b$이므로 이것을 위식에 대입하여

$$l_0 = \frac{2L}{3}\left(\frac{3 - \dfrac{3b}{L} + \dfrac{b^2}{L^2}}{2 - \dfrac{b}{L}}\right) \tag{14-46}$$

또 $L = \dfrac{D}{2\sin\gamma}$이므로

$$l_0 = \frac{1}{3}\,\frac{D}{\sin\gamma}\left(\frac{3 - \dfrac{3b}{L} + \dfrac{b_2}{L^2}}{2 - \dfrac{b}{L}}\right) \tag{14-47}$$

또는 $R_0 = l_0 \sin\gamma = \dfrac{D}{3}\left(\dfrac{3 - \dfrac{3b}{L} + \dfrac{b^2}{L^2}}{2 - \dfrac{b}{L}}\right)$ (14-48)

지금 $\frac{1}{3}\left(\frac{3-\frac{3b}{L}+\frac{b^2}{L^2}}{2-\frac{b}{L}}\right)=\phi$

라 놓으면 ϕ는 $\frac{b}{L}$의 값으로 결정되는 계수이다.

위 식에서 W, 즉 기어의 회전력이 작용하는 위치의 반지름을 알 수 있고, 잇면에 작용하는 전압력은 $W=\sigma\mu\frac{L^2-{b_2}^2}{2}$에서 구할 수 있다.

또 기어의 전달마력수 H와 회전속도를 N이라 하면 기어가 받는 회전 모멘트는

$$T=\frac{71620H}{N}[\text{kgf}\cdot\text{cm}]$$

이므로 $W=\frac{T}{R_0}$에서 간단하게 직접 구할 수도 있다. 잇면에 작용하는 힘은 생각하기에 따라서 아주 복잡하게 되나, 그림 14-29에서 W를 피치원면에 절선방향으로 작용하는 힘이라 하고, 전달력 W가 힘의 착력점에 집중하여 작용한다고 생각하면, 잇면에는 압력각 α의 방향에 힘 W_n이 작용하고, 또 피치 원추면에 수직으로 W_r의 힘이 작용한다. 즉 W_n은 W와 W_r의 힘으로 나누어진다.

$$W=W_n\cos\alpha \qquad (14-49)$$

$$W_r=W_n\sin\alpha=W\tan\alpha \qquad (14-50)$$

W는 베어링에 직압력, 즉 횡하중을 주나 하등의 추력하중을 주지 않는다.

$$F_y=W_r\cos\gamma=W\tan\alpha\cos\gamma \qquad (14-51)$$

만일 마찰을 고려하여 마찰각을 ρ라 하면

$$F_y=W_r\cos\gamma=W\tan(\alpha+\rho)\cos\gamma \qquad (14-52)$$

W_r에 의한 추력하중을 F_x라 하면

$$F_x=W_r\sin\gamma=W\tan\alpha\sin\gamma \qquad (14-53)$$

마찰각 ρ(약 3°)를 고려하면

$$F_x=W\tan(\alpha+\rho)\sin\gamma \qquad (14-54)$$

따라서 합성횡하중 F_R는 마찰각 ρ를 생략하여 다음과 같이 된다.

$$F_R = \sqrt{W^2 + {F_y}^2} = W\sqrt{1 + \tan\alpha\cos\gamma} \qquad (14-55)$$

예제 2 작은 기어가 450 [rpm]에서 7.5 [PS]를 회전비 $\frac{1}{2}$로 전달시키는 직각베벨 기어를 설계하여라. 작은 기어의 피치원의 지름이 약 160 [mm], 재질은 모두 고급 주철로 하고 치는 $14\frac{1^\circ}{2}$ 인벌류우트의 규정표준형이라 한다.

풀이 작은 기어를 1, 큰 기어를 2라 한다.

$D_1 = 16\,[\text{cm}],\ N_1 = 450\,[\text{rpm}],\ H = 7.5\,[\text{PS}]$

$\therefore\ v = 0.000524 \times 16 \times 450 = 3.78\,[\text{m/sec}]$

$W_1 = \dfrac{75 \times 7.5}{3.78} = 149\,[\text{kgf}],\ \sigma_0 = 700\,[\text{kgf/cm}^2]$

로 하면

$$\sigma_a = \sigma_0\left(\frac{3.05}{3.05 + v}\right) = 700 \times \frac{3.05}{3.05 + 3.78} = 310\,[\text{kgf/cm}^2]$$

$$\frac{N_2}{N_1} = \frac{1}{2} = \frac{Z_1}{Z_2}$$

축각 $\Sigma = \gamma_1 + \gamma_2 = 90^\circ$의 경우에는

$$\therefore\ \tan\gamma_1 = \frac{Z_1}{Z_2} = \frac{1}{2} = 0.5$$

$$\therefore\ \gamma_1 = 26^\circ 34',\ \gamma_2 = 90^\circ - 26^\circ 34' = 63^\circ 26'$$

$$\sin 26^\circ 34' = 0.4472,\ \cos 26^\circ 34' = 0.8944$$

피치원추 반지름

$$L = \frac{D_1}{2\sin\gamma_1} = \frac{16}{2 \times 0.4472} \fallingdotseq 17.88\,[\text{cm}]$$

베벨 기어의 이나비

$$b \leqq \frac{L}{3} = \frac{17.88}{3} = 5.96\,[\text{cm}]$$

$$\therefore\ b = 5\,[\text{cm}]$$

$$\lambda \fallingdotseq \frac{L_1 - b}{L} = \frac{17.88 - 5}{17.88} = 0.72$$

$W_w = \dfrac{2.54\sigma_a b y_{0e}\lambda}{p_d}$ 에서

$$W_1 = 149 = \frac{2.54 \times 310 \times 5 \times y_{0e} \times 0.72}{p_d} = 2840\frac{y_{0e}}{p_d}$$

$$\therefore\ y_{0e} = \frac{149}{2840}p_d = 0.0525p_d$$

$$Z_{1\cdot e} = \frac{Z_1}{\cos\gamma_1} = \frac{Z_1}{0.8944}, \quad Z_1 = \frac{D_1 p_d}{25.4} = \frac{16p_d}{25.4} \fallingdotseq 0.63p_d$$

따라서 $P_d = 6$, $Z_1 = 38$, $Z_2 = 38 \times 2 = 76$

$$D_1 = \frac{25.4 \times 38}{6} = 160.867\,[\text{mm}], \quad D_2 = \frac{25.4 \times 76}{6} = 321.733\,[\text{mm}]$$

p_d	4	5	6
$Z_1 = 0.63p_d$	25	32	38
$Z_{1\cdot e} = \frac{Z_1}{0.8944}$	28	36	44
$y_{0e} = 0.0525p_d$ 에서	0.214	0.263	0.315
y_{0e} (표에서 $Z_{1\cdot e}$에 대하여)	0.314	0.330	0.340

$b = 50\,[\text{mm}]$에 대하여

$$L = \frac{160.867}{2 \times 0.4472} = 179.86\,[\text{mm}]$$

베벨 기어계수 $\lambda = \frac{L-b}{L} = \frac{179.86-50}{179.86} = 0.722$

$$p_d = 6, \quad p = 13.294[\text{mm}], \quad t = 6.497[\text{mm}]$$

$$h_k = 4.2333[\text{mm}], \quad h_f = 4.8980[\text{mm}]$$

$$t_s = t \times \frac{L-b}{L} = 6.6497 \times 0.722 = 4.801\,[\text{mm}]$$

$$h_{sk} = 4.2333 \times 0.722 = 3.056[\text{mm}], \quad h_{sf} = 4.8980 \times 0.722 = 3.536[\text{mm}]$$

이끝각을 α라 하면

$$\tan\alpha = \frac{h_k}{L} = \frac{4.2333}{179.86} = 0.02354$$

$$\therefore\ \alpha = 1^\circ 21'$$

이뿌리각을 δ라 하면

$$\tan\delta = \frac{h_f}{L} = \frac{4.8980}{179.86} = 0.02723$$

$$\therefore\ \delta = 1^\circ 34'$$

잇 면 각 $\begin{cases} \beta_1 = 90^\circ - (26^\circ 34' + 1^\circ 21') = 62^\circ 5' \\ \beta_2 = 90^\circ - (63^\circ 26' + 1^\circ 21' = 25^\circ 13' \end{cases}$

절 삭 각 $\begin{cases} \lambda_1 = 26^\circ 34' - 1^\circ 34' = 25^\circ \\ \lambda_2 = 63^\circ 26' - 1^\circ 34' = 61^\circ 52' \end{cases}$

바깥지름 $\begin{cases} D_{0.1} = D_1 + 2h_k \cos\gamma_1 = 160.867 + 2 \times 4.2333 \times 0.8944 = 440[\text{mm}] \\ D_{0.2} = D_2 + 2h_k \cos\gamma_2 = 321.734 + 2 \times 4.2333 \times 0.4472 = 325.520[\text{mm}] \end{cases}$

큰 기어의 구조에서

피 치　$p=13.2994 \fallingdotseq 13.5\,[\text{mm}]$

림의 두께 $s=0.5p=0.5\times13.5 \fallingdotseq 8\,[\text{mm}]$

아 암　$Z=4,\ j=8\,[\text{mm}]$ T 단면이라면

$W=W_1=149\,[\text{kgf}]$

$\sigma_a=120\,[\text{kgf/cm}^2]$

$D_2 \fallingdotseq 32.2\,[\text{cm}]$

$$k=\sqrt{\frac{3WD_2}{Zj\sigma_a}}=\sqrt{\frac{3\times149\times32.2}{4\times0.8\times120}}=6.12\,[\text{cm}]\fallingdotseq 62\,[\text{mm}]$$

축에 작용하는 힘 $L \fallingdotseq 18[\text{cm}],\ b=5\,[\text{cm}]$

$$\phi=\frac{1}{3}\left(\frac{3-\dfrac{3b}{L}+\dfrac{b^2}{L^2}}{2-\dfrac{b}{L}}\right)=\frac{1}{3}\left(\frac{3-\dfrac{3\times5}{18}+\dfrac{5^2}{18^2}}{2-\dfrac{5}{18}}\right)=0.434$$

$D_1=160.867\,[\text{mm}],\ R_0=l_0\sin\gamma=0.434\times160.867\fallingdotseq 69.8[\text{mm}]\fallingdotseq 6.98[\text{cm}]$

$$T_1=\frac{71620H}{N_1}=\frac{71620\times7.5}{450}=1194\,[\text{kgf}\cdot\text{cm}]$$

$$W=\frac{T}{R_0}=\frac{1194}{6.98}=171\,[\text{kgf}]$$

$$\tan\alpha=\tan 14\frac{1}{2}^{\circ}=0.2586$$

작은 기어일 경우

횡하중　$F_y=W\tan\alpha\cos\gamma_1=171\times0.2586\times0.8944=39.6\,[\text{kgf}]$

추 력　$F_x=W\tan\alpha\sin\gamma_1=171\times0.2586\times0.4472=19.8\,[\text{kgf}]$

합성횡하중 $F_R=\sqrt{W^2+{F_y}^2}=\sqrt{171^2+39.6^2}=176\,[\text{kgf}]$

큰 기어일 경우

$F_y=19.8\,[\text{kgf}],\ F_x=39.6\,[\text{kgf}]$

$F_R=\sqrt{W^2+{F_y}^2}=\sqrt{171^2+19.8^2}=172\,[\text{kgf}]$

[보스(boss)]

	작은 기어	큰 기어
축지름 d	40[mm]	50[mm]
$d_B=1.75d+3$	75[mm]	90[mm]
$L_B=1.6d$	65[mm]	85[mm]

6. 베벨 기어의 피로에 의한 면압강도

(1) 마모를 고려할 때

직선베벨 기어의 잇면의 면압강도는 마모(wear)에 견뎌야 하므로 스퍼어 기어의 경우와 같이 생각하고, 피치원의 지름과 치수는 상당스퍼어 기어에 대하여 생각해야 된다.

따라서 $W_c = \sigma_k D_{e\cdot 1} b \dfrac{2Z_{e\cdot 2}}{Z_{ecdot1} + Z_{e\cdot 2}}$ (14-56)

$$W_c = \sigma_k mb \frac{2Z_{e\cdot 1}Z_{e\cdot 2}}{Z_{e\cdot 1} + Z_{e\cdot 2}}$$ ……… 모듈 기준 (14-57)

$$W_c = 50.8\sigma_k \frac{b}{p_d} \cdot \frac{Z_{e\cdot 1}Z_{e\cdot 2}}{Z_{e\cdot 1} + Z_{e\cdot 2}}$$ … 지름피치 기준 (14-58)

단, $\sigma_k = \dfrac{\sigma_{\max}}{S_f}$

여기서, W_c : 잇면이 전달할 수 있는 하중[kgf]

$D_{e\cdot 1}$: 피니언의 상당스퍼어 기어의 피치원의 지름[mm]

σ_k : 허용접촉응력[kgf/㎟], $\sigma_{\max}$: 최대허용접촉응력[kgf/㎟]

S_f : 잇면의 면압강도에 대한 안전율, b : 이나비[mm]

$Z_{e\cdot 1}, Z_{e\cdot 2}$: 작은 기어, 큰 기어의 상당스퍼어 잇수

m : 이의 대단부에 있어서의 모듈(상당스퍼어 기어의 모듈)[mm]

p_d : 이의 대단부에 있어서의 지름피치(상당스퍼어 기어의 지름피치)[inch]

(2) AGMA에 의한 면압강도

AGMA에서는 잇면의 면압강도에 대하여 다음 식을 채용하고 있다.

$$W_A = 1.336b\sqrt{D_1}\,f_m f_s$$ …… 직선치 (14-59)

$$W_A = 1.367b\sqrt{mZ_1}\,f_m f_s$$ …… 헬리컬, 스파이럴 등의 곡선치 (14-60)

여기서, W_A : 백코운(back cone)의 피치원 즉 상당스퍼어 기어의 피치원에 있어서 잇면이 전달할 수 있는 하중[kgf]

b : 이나비[mm], D_1 : 작은 기어의 피치원의 지름[mm],

m : 이의 대단부에 있어서의 모듈[mm], Z_1 : 작은 기어의 잇수

f_m : 재료에 의한 재료계수(표 14-5 참조)

f_s : 사용 기계에 의한 사용기계계수(표 14-4 참조)

[표 14-3] 베벨 기어의 재료에 의한 재료계수 f_m

작은 기어의 재료	큰 기어의 재료	f_m	작은 기어의 재료	큰 기어의 재료	f_m
주철 또는 주강	주철	0.3	기름담금질강	연강 또는 주강	0.45
조질강	조질강	0.35	침탄강	조질강	0.5
침탄강	주철	0.4	기름담금질강	기름담금질강	0.80
기름담금질강	주철	0.4	침탄강	기름담금질강	0.80
침탄강	연강 도는 주강	0.45	침탄강	침탄강	1.00

[표 14-4] 베벨 기어의 사용 기계에 의한 사용기계계수 f_s

f_s	사용기계
2.0	자동차, 전차(기동 토크에 의함)
1.0	항공기, 송풍기, 원심분리기, 기중기, 공작 기계(벨트 구동) ; 인쇄기, 원심 펌프, 감속기, 방직기, 목공기
0.75	공기 압축기, 전기 공구(체대용), 광산 기계, 선인기, 컨베이어(conveyer)
0.65~0.5	분쇄기, 공작 기계(모터 직결 구동), 왕복 펌프, 압연기

예제 3 잇수 $Z_1=40$, $Z_2=56$의 1쌍의 주철제 직각베벨 기어가 있다. 피니언의 회전속도 $N_1=180$ [rpm], 이나비 $b=70$ [mm], 공구 압력각 $\alpha=14\frac{1^\circ}{2}$, 모듈 $m=8$일 때 전달 가능한 마력수를 구하여라.

풀이 i) 굽힘 강도에서는

피치원의 지름 $D_1=mZ_1=8\times40=320$ [mm]

$D_2=mZ_2=8\times56=448$ [mm]

원주 속도 $v=\dfrac{3.14\times320\times180}{60\times1000}=3$ [m/sec]

속도계수 $f_v=\dfrac{3.05}{3.05+v}=\dfrac{3.05}{3.05+3}=0.5$

재질을 GC 30이라 하면 허용 굽힘응력 $\sigma_w=13$ [kgf/㎟]로 결정하고 양기어의 피치 원추각 γ_1, γ_2는

$$\tan\gamma_1=\frac{\sin\Sigma}{\frac{Z_2}{Z_1}+\cos\Sigma}=\frac{\sin 90^\circ}{\frac{56}{40}+\cos 90^\circ}=\frac{1}{\frac{7}{5}+0}=\frac{5}{7}=0.7143$$

$\therefore\ \gamma_1=35^\circ30'$, $\gamma_2=90^\circ-35^\circ30'=54^\circ30'$

상당 스퍼어 기어의 잇수는

$$Z_{e\cdot1}=\frac{Z_1}{\cos\gamma_1}=\frac{40}{\cos 35^\circ30'}=\frac{40}{0.8141}=49$$

$$Z_{e\cdot 2}=\frac{Z_2}{\cos\gamma_2}=\frac{56}{\cos 54^\circ 30'}=\frac{56}{0.5807}=97$$

따라서 치형계수는 표에서

$$y_{e\cdot 1}=0.110,\ y_{e\cdot 2}=0.117$$

피치 원주 반지름은

$$b_1=\frac{D_1}{2\sin\gamma_1}=\frac{320}{2\times\sin 35^\circ 30'}=\frac{320}{2\times 0.5807}=276\,[\text{mm}]$$

따라서 허용전달하중 W_w는 다음과 같다.

피니언에서 $W_{w1}=f_v\sigma_0\pi mby_{e\cdot 1}\dfrac{L_b}{L}$

$$=0.5\times 13\times 3.14\times 8\times 70\times 0.110\times\frac{276-70}{276}=938\,[\text{kgf}]$$

큰 기어에서 $W_{w2}=0.5\times 13\times 3.14\times 8\times 70\times 0.0117\times 0.746=997\,[\text{kgf}]$

$$H=\frac{W_{w1}v}{75}=\frac{938\times 3}{75}=37.5\,[\text{PS}]$$

ii) 면압강도에서는

$$\begin{cases} W_A=1.336b\sqrt{D_1}\,f_mf_s \\ W_A=1.336b\sqrt{mZ_1}\,f_mf_s \end{cases}$$

재료에 의한 계수

$$f_m=0.3$$

사용 기계에 의한 계수

$$f_s=0.65$$

$$W_A=1.336\times 70\times\sqrt{320}\times 0.3\times 0.65=326\,[\text{kgf}]$$

$$H=\frac{W_Av}{75}=\frac{326\times 3}{75}\fallingdotseq 13\,[\text{PS}]$$

결국 굽힘 강도만을 중요시할 때는 37.5마력 정도를 전달시킬 수 있으나 면압강도가 문제시되는 경우에는 13마력을 안전히 전달시킬 수가 있다.

예제 4 **주강제의 마이터 기어가 있다. 압력각 14.5°, 이나비 65 [mm], 모듈 $m=8$, 잇수 30이라 하여 바깥지름과 200 [rpm]에서의 전달마력을 계산하여라.**

풀이 마이터 기어라면 축각 $\Sigma=90^\circ$, 피치원추각 $\gamma=45^\circ$의 2개의 같은 기어의 조합이다.

i) 굽힘 강도에서는

$$Z_e=\frac{30}{\tan 45^\circ}=30\qquad \therefore\ y_e=0.101$$

$$D=mZ=8\times 30=240\,[\text{mm}]$$

$$v=\frac{3.14\times 240\times 200}{60\times 10000}=2.5\,[\text{m/sec}]$$

$$f_v = \frac{3.05}{3.05+v} = \frac{3.05}{3.05+2.5} = 0.55$$

재질을 주강 SC 46이라 하고

$$L = \frac{D}{2\sin\gamma} = \frac{240}{2\times\sin 45^\circ} = \frac{240}{2\times 0.7071} = 169.5\,[\text{mm}]$$

$b = 65\,[\text{mm}]$이므로

$$W_a = \sigma_a pby_e \frac{L-b}{L} = f_v \sigma_0 \pi mby_e \frac{L-b}{L}$$

$$= 0.55\times 19\times 3.14\times 8\times 65\times 0.101\times \frac{169.5-65}{169.5} = 1070\,[\text{kgf}]$$

$$H = \frac{W_a v}{75} = \frac{1070\times 2.5}{75} = 35.6\,[\text{PS}]$$

ii) 면압강도에서는

$f_m = 0.45$, $f_s = 0.75$ (광산 기계)

$$W_A = 1.336b\sqrt{D_1}\,f_m f_s$$

$$= 1.336\times 65\times \sqrt{240}\times 0.45\times 0.75 = 1.336\times 315 \fallingdotseq 421\,[\text{kgf}]$$

허용 전달마력

$$H = \frac{W_A v}{75} = \frac{421\times 2.5}{75} = 14\,[\text{PS}]$$

$h_k = m$ 이라 하면

바깥지름 $D_0 = D + 2h_k\cos\gamma = 240 + 2\times 8\times \cos 45^\circ = 240 + 2\times 8\times 0.7071 = 251.314\,[\text{mm}]$

14.3 워엄과 워엄 기어

1. 워엄과 워엄 기어의 개요

(1) 워엄과 워엄 기어의 뜻

그림 14-30은 2축이 직각의 위치에 있을 때의 나사 기어의 물림 상태를 도시한 것으로서 왼쪽 끝의 한 쌍은 속비가 1 : 1이고, 오른쪽으로 갈수록 속비가 커져서 오른쪽 끝의 한 쌍은 속비가 1 : 32이다. 이와 같이 속비가 커질수록 한쪽의 나사 기어는 나사의 형체로 되어간다. 이 때 양쪽 기어의 크기는 변함이 없고, 다만 나사각만이 변한다. 이 때 나사 모양의 기어를 워엄(worm), 반대쪽의 기어를 워엄 휠(worm wheel)이라 하며 이 한 쌍의 나사 조합을 워엄 기어라 한다.

즉, 나사 기어로서는 점접촉이므로 동력을 전달시킬 수 없고 마모도 크므로 이것을 선접촉으로 하기 위하여, 큰 기어의 치절삭에 작은 기어와 같은 형상의 호브를 사용하여 호브를 큰 기어의 축방향에 보내지 않고 상대적인 회전운동을 주어서 창성치절을 하면 작은 기어와 선접촉을 하는 큰 기어가 생긴다. 이 때 작은 기어가 워엄이고 큰 기어가 워엄 휠이다. 그림 14-31은 워엄 기어의 실물이다. 워엄 기어는 어긋난 축기어의 일종으로 보통 축각은 90°이다.

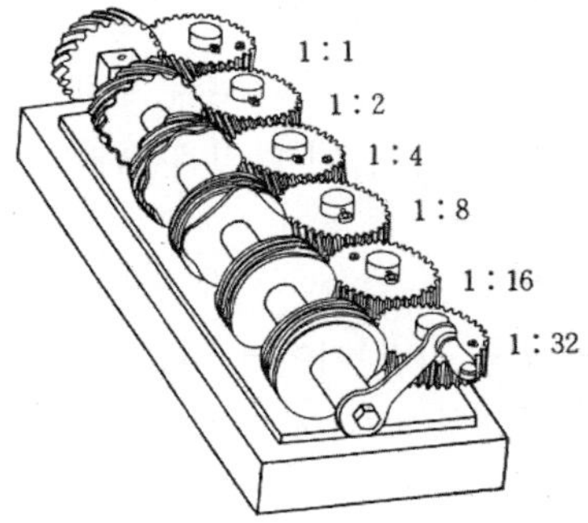

그림 14-30 워엄 기어의 물림 상태

그림 14-31 워엄 기어의 실물

(2) 워엄 기어장치의 장단점

〈장점〉

1) 큰 감속비가 얻어진다

2) 부하용량이 크다.

3) 역전방지를 할 수 있다.

4) 소음과 진동이 적다.

〈단점〉

1) 잇면의 미끄럼이 크고 진입각이 작으면 효율이 낮다.

2) 워엄 휠은 연삭할 수 없다.

3) 인벌류우트 원통기어와 같이 교환성이 없다.

4) 잇면의 맞부딪침이 있기 때문에 조정이 필요하다.

5) 워엄 휠의 공작에는 특수공구가 필요하다.

6) 워엄 휠의 정도측정이 곤란하다.

7) 워엄 휠의 재질의 종류는 그다지 많지 않고 일반적으로 고가이다.

8) 워엄과 워엄 휠에 추력하중이 생긴다.

감속비를 아주 크게 10～500 정도까지 취할 수 있으므로 감속장치, 공작기계의 분할기구 등에 널리 사용된다.

(3) 워엄 기어의 속비

작은 기어는 워엄으로 잇수가 1 ~ 6정도이고, 그 모양은 볼트 나사와 같으며 나사의 줄수가 1개 또는 2개, 많아야 3개 정도이나 때로는 6개까지도 있을 수 있다. 워엄 기어 장치는 운전 중 소음이 생기지 않고 원활히 회전할 수 있을 뿐 아니라, 회전비를 매우 크게 취할 수 있으므로 큰 감속에 사용된다. 지금 워엄의 줄수를 Z_n, 워엄 기어의 잇수를 Z라 하면 워엄의 1회전에 대하여 워엄 기어는 $\frac{Z_n}{Z}$의 회전을 하게 된다. 즉 회전속도비 ε는 워엄 나사의 줄수 Z_n과 워엄 기어의 잇수 Z에 반비례한다.

즉, $\epsilon = \dfrac{Z_n}{Z}$

스퍼어 기어(spur gerr)의 경우, 속비가 크게 되면 기어의 바깥지름이 크게 되므로 설계에 곤란이 생기고, 보통 6 : 1 이상은 힘들고 고속회전을 저속회전으로 하려면 2단, 3단으로 떨어뜨려야 된다. 그러나 **그림 14-30**과 같은 워엄 기어 장치로 하면 한번에 1 : 10, 1 : 20, 1 : 30, 1 : 100 정도의 속비를 얻을 수 있고, 그 이상의 속비도 용이하게 얻을 수 있다.

또한 기어의 중량, 용적이 적게 들고 큰 속비를 얻을 수 있으므로 모터, 내연기관 등 고속도발동기의 감속장치로서 가장 많이 사용되며, 워엄이 구동차가 되고 워엄 기어는 피동차가 되어 그 반대의 전동은 절대로 불가능하므로 이것을 이용하여 역전방지기구로서 사용한다.

워엄을 회전시키면 그 잇면은 워엄 기어의 잇면에 쐐기(楔)가 들어가는 것과 같이 침입하여 그 치를 밀어 회전시키므로, 다른 기어와 비교하여 엄청나게 미끄럼이 커서 마찰손실에 의한 동력손실이 크게 되는 결점이 있다. 따라서 피동축에 전달되는 동력은 그만큼 감소된다. 피동축에 전달되는 동력을 구동축의 동력으로 나눈 값을 그 기어의 효율이라 하고, 퍼센트(%)로 표시한다. 스퍼어 기어에서는 효율 η가 95 ~ 98% 정도로 되는 것이 보통이나, 워엄 기어에서는 잇면 사이의 미끄럼이 크므로 효율은 일반적으로 낮아진다.

즉 전동효율이 나쁘다는 결점이 있다. 결국 워엄과 워엄 휠 장치에 있어서는 접촉 면적이 매우 작고, 미끄럼이 크므로 마모가 심하고 동력의 전달용으로는 그다지 유리하지 못하다. 동력전달의 경우는 접촉면의 마모(wear)와 전동 효율을 충분히 고려해야 된다.

그러나 감속장치로서는 아주 유리하다는 것은 앞에서도 강조한 바 있다. 보통 워엄의 줄수가 1개 또는 2개의 경우는 압력각 $\alpha = 14\frac{1}{2}^{\circ}$를 사용하고, 3개 또는 4개의 경우는 $\alpha_s = 20^{\circ}$를 사용한다. 오른쪽 나사와 왼쪽 나사가 모두 사용되고, 회전은 워엄의 회전방향으로 표시한다.

그림 14-32는 워엄과 워엄 기어의 여러 가지 배치와 회전방향의 관계를 도시한 것이고, **그림 14-33**은 워엄 기어의 용어를 도시한 것이다.

한편 l : 워엄의 나사가 1회전할 때 축방향의 전진 거리, 즉 리이드(lead)

N, N_w : 워엄 기어와 워엄의 1분간의 회전속도[rpm]

p : 워엄 나사의 피치 또는 워엄 기어의 이의 피치

D : 워엄 기어의 피치원의 지름

이라 하면

$$Z=\frac{\pi D}{p},\ Z_w=\frac{l}{p} \tag{14-61}$$

$$\text{또}\quad \epsilon=\frac{Z_w}{Z}=\frac{N}{N_w}=\frac{l/p}{\pi D/p}=\frac{l}{\pi D} \tag{14-62}$$

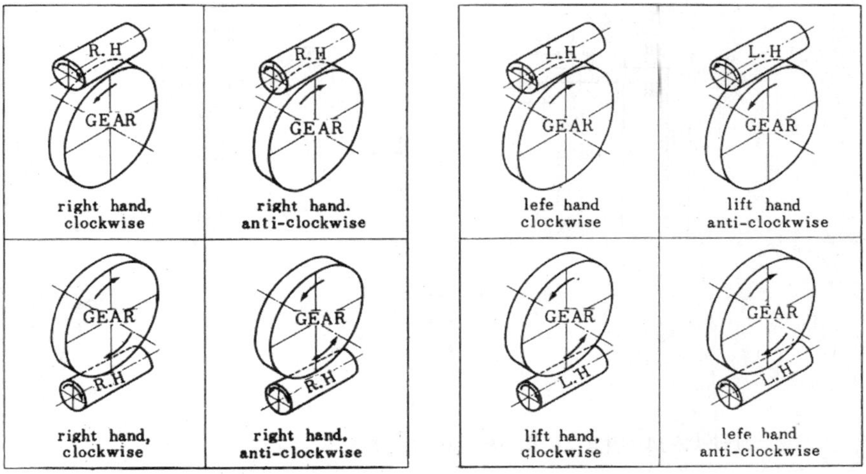

그림 14-32 워엄 기어장치의 배치와 회전방향의 관계

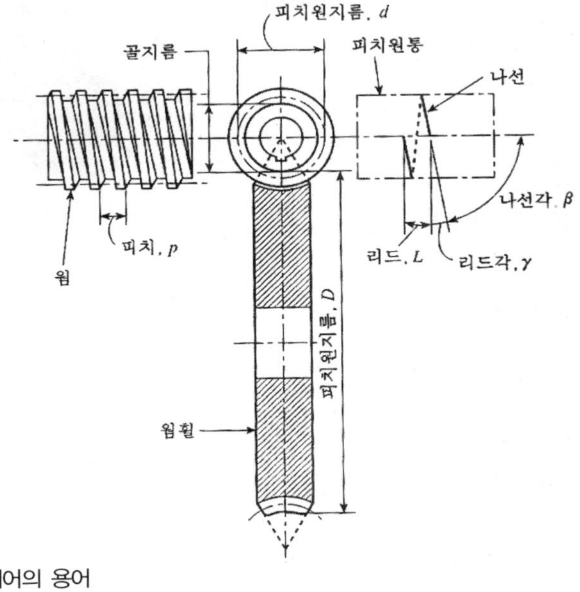

그림 14-33 워엄 기어의 용어

2. 워엄과 워엄 기어장치의 치수계산식

그림 14-34에서 보는 바와 같이 림의 형식에는 3가지가 있는데, 그림 (a)는 점접촉의 기본적인 워엄 형식으로서 하기 쉽고 경하중용으로 쓰인다. 그러나 큰 동력의 전달에 견디게 하려면 그림 (b), 그림 (c)와 같이 워엄 휠의 이나비 쪽을 중앙으로 오목하게 만들고, 워엄 둘레의 일부를 끌어안는 모양으로 하여 선접촉을 시켜야 된다. 이것은 요즘 자동차 등에 사용되는데, 더욱 물림접촉부를 증대시키기 위하여 그림 14-35와 같이 워엄을 장고꼴로 만든 힌들레이 워엄(Hindley worm)으로 한 것도 있다.

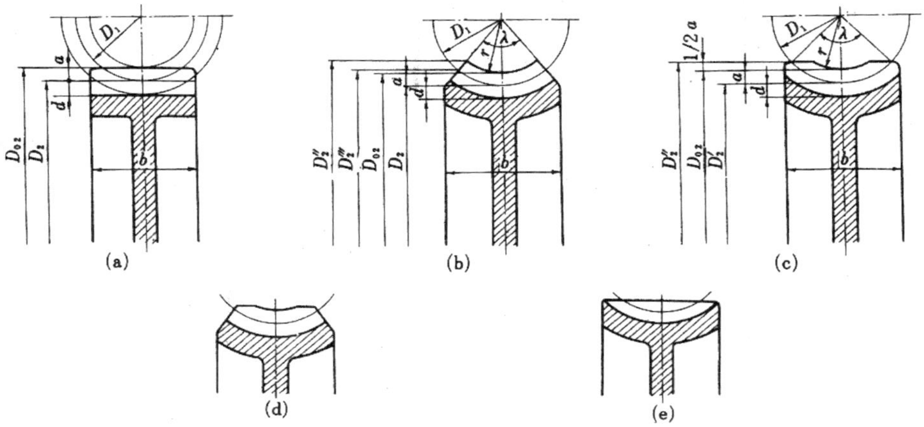

그림 14-34 워엄 기어장치제작과 림의 형식

그림 14-35 힌들레이 워엄

(1) 워엄 기어의 치수 계산

그림 14-34에서 피치원의 지름

$$D = \frac{pZ}{\pi}$$

이나비 중앙의 바깥지름, 즉 스토오트 지름

$$D_0 = D + 2a$$

이끝 오목(凹)부의 반지름

$$r=\frac{D}{2}-a$$

그림 (a)의 경우 비틀림 각 β는

$$\tan\beta=\frac{1}{\pi D}$$

그림 (b)의 경우 워엄 기어의 최대 지름 D''는

$$D'=D_w+2\left(r-r\cos\frac{\lambda}{2}\right)$$
$$=D_w+2r(1-\cos\frac{\lambda}{2}\Big) \quad (14-63)$$

그림 (c)의 경우

$$D'=D+3a \quad (14-64)$$

워엄 기어의 페이스각(face angle) λ는 $\alpha=14\frac{1^\circ}{2}$이고, β가 90°에 가까운 경우

$$\lambda=60\sim80^\circ \quad (14-65)$$

λ에 대하여 스트리벡은 다음 경험식을 추천하고 있다.

$$\tan\frac{\lambda}{2}=\frac{K}{\dfrac{D_w}{2p}+0.6} \quad (14-66)$$

K의 값은 표 14-5에 표시한다.

[표 14-5] K의 값

Z	28	36	41	56	62	68	76	84
K	1.9	2.1	2.3	2.5	2.6	2.7	2.8	2.9

그림 (c)에 대하여

$$\cos\frac{\lambda}{2}=\frac{D_w-3a}{D_w} \quad (14-67)$$

또 워엄 기어의 나비는

$$b = \left(\frac{3}{5} \sim \frac{2}{5}\right) \times \text{워엄의 바깥지름} \tag{14-68}$$

$$\left.\begin{array}{l} b = 2.38p + 6[\text{mm}] \cdots\cdots \text{ 1종, 2종나사의 경우} \\ b = 2.15p + 5[\text{mm}] \cdots\cdots \text{ 3종, 4종나사의 경우} \end{array}\right\} \tag{14-69}$$

압력각 α는 진입각 γ가 크면 치의 간섭이 일어나므로 **표 14-6**에서 보는 바와 같이 하고, γ는 45° 이상으로는 취하지 않는다.

[표 14-6] 워엄의 진입각과 압력각

진입각(γ)	15°까지	25°까지	35°까지	36° 이상
압력각(α)	14.5°	20°	25°	30°

그림 14-36 워엄 기어감속기의 외관과 내부

워엄 기어 장치는 **그림 14-36**에서 보는 소형의 감속장치에 널리 사용된다. 그 축은 중심거리 250 mm의 것이다. 내부 그림에서 위의 것이 입력축의 워엄을 나타낸다.

3. 워엄과 워엄 휠의 강도설계

워엄 기어는 잇면 사이의 마찰로 인한 발열에 의하여 제한을 받으므로 보통 굽힘강도 설계는 하지 않아도 좋으나, 때로는 응력시험을 해 보는 수가 있으므로 간단히 소개하기로 한다.

(1) 굽힘강도

워엄은 보통 침탄강의 강한 것으로 하고, 워엄 휠은 인청동 등으로 하므로 워엄보다 훨씬 약하다. 그러므로 워엄 휠에 대하여 굽힘강도를 시험하면 된다.

$$W_a = \sigma_b pby = \sigma_b p_s \cos\gamma by \tag{14-70}$$

여기서, σ_b : 허용굽힘응력[kgf/㎟], p : 워엄의 치직각피치[㎜]
b : 워엄 휠의 이나비[㎜], p_s : 워엄의 축방향피치[㎜], y : 치형계수

[표 14-7] 워엄 기어의 치형계수 y

(단위 : kgf/㎟)

α	y
14.5°	0.100
20°	0.125
25°	0.150
30°	0.175

[표 14-8] 워엄 휠의 허용굽힘응력 σ_b

재료	하중방향일정	정역전을 할 때
주철	8.5	5.5
기어용청동	17	11
안티몬청동	10.5	7
합성수지	3	2

(2) 워엄 기어의 내압강도

① **정적 하중인 경우 :** Backingham의 실험식을 소개한다.

$$W_a = \phi db_e K \tag{14-71}$$

여기서, W_a : 마모에 대한 허용하중[kgf], ϕ : 진입각의 보정계수
d : 워엄 휠의 피치원의 지름[mm], b_e : 워엄 휠의 이나비[mm]
K : 내마모계수[kgf/㎟]

$$b_e = 2\sqrt{h_k(d_w + h_k)} \tag{14-72}$$

b_e는 유효이나비로서 워엄 피치원의 지름 d_w, 이끝 높이 h_k에서 결정된다.

[표 14-9] ϕ값

진입각 γ	ϕ
$\gamma < 10°$	1
$\gamma = 10 \sim 25°$	1.25
$\gamma > 25°$	1.50

[표 14-10] 내마모계수 K의 값

워엄	워엄휠	K[kgf/㎟]
강(경도 $H_B = 250$)	인청동	0.042
담금질강	주철	0.035
담금질강	인청동	0.056
담금질강	칠인청동	0.085
담금질강	안티몬청동	0.085
담금질강	합성수지	0.087
주철	인청동	0.106

② 동적 하중인 경우

$$W_a = 0.76 f_v K_m t_m d_2 b_e \tag{14-73}$$

여기서, f_v : 마모에 대한 속도계수(그림 14-37 참조)

K_m : 마모에 대한 접촉응력계수(표 14-11 참조)

t_m : 마모에 대한 운전시간계수(그림 14-38 참조)

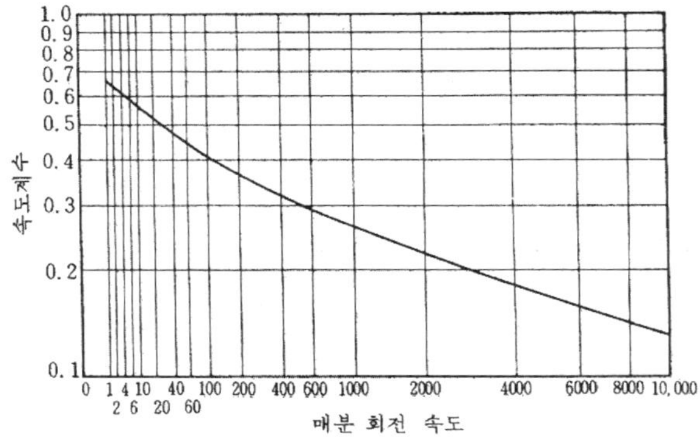

그림 14-37 마모에 대한 속도계수 f_v (BSS)

[표 14-11] 마모에 대한 접촉응력계수 K_m

워엄	워엄휠	K_m [kgf/㎟]
강(경도 $H_B = 250$)	**인청동**	**0.042**
담금질강	주철	0.035
담금질강	인청동	0.056
담금질강	칠인청동	0.085
담금질강	안티몬청동	0.085
담금질강	합성수지	0.028
주철	인청동	0.056

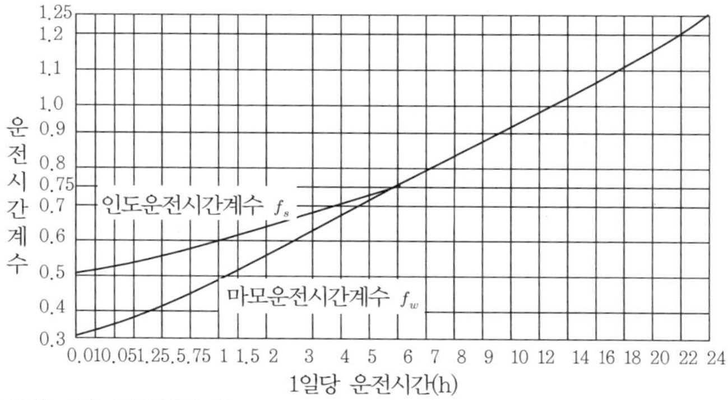

그림 14-38 마모에 대한 운전시간계수

$$v_s = \frac{\pi d_w N}{60 \times 1000 \times \cos\gamma} \tag{14-74}$$

여기서, v_s : 미끄럼 속도

(3) 워엄의 발열에 대한 강도

워엄의 발열현상은 기어의 재료, 치형, 공작의 정밀도, 윤활유의 상태와 냉각장치 등 여러 가지 조건에 의하여 영향을 받는다.

$$W_h = C_u b_e' p_s \tag{14-75}$$

여기서, W_h : 발열에 대한 허용전달하중[kgf]

b_e' : 워엄의 피치원을 따라 측정한 워엄 기어의 이나비[cm]

p_s : 축직각단면의 워엄의 피치[cm], C_u : 상수

b_e'의 값은 워엄의 피치원의 지름을 d, 페이스각(face angl)을 λ라 하면

$$b_e' = \pi d \frac{\lambda}{360°} \tag{14-76}$$

λ는 보통 $60 \sim 80°$이다. C_u의 값에 대해서는 Kutzbach의 실험식을 사용한다.

$$\left.\begin{aligned} C_u &= \frac{40}{1+0.5v_s}\text{(주철과 주철)} \\ C_u &= \frac{60}{1+0.5v_s}\text{(강철과 인청동)} \end{aligned}\right\} \tag{14-77}$$

여기서, v_s는 워엄의 미끄럼 속도[m/sec]이며, 워엄의 원주 속도를 v_w[m/sec], 비틀림 각을 β라 하면 v_s와 v_w 사이에는 다음 관계가 성립한다.

$$\left.\begin{aligned} v_s &= \frac{v_w}{\cos\beta} \\ v_w &= \frac{\pi d N_w}{1000 \times 60} \end{aligned}\right\} \tag{14-78}$$

[표 14-12] v_s와 C_u의 관계

v_s	1	2.5	4	5.5	7
C_u[kgf/㎠]	30~40	25~30	20~25	15~20	10~12

또, C_u의 값에 대하여 Schubel은 전하중운전을 계속하지 않고 때때로 쉬는 경우에 v_w가 8[m/sec] 이하에서 다음과 같이 표시하고 있다. 표 14-12는 C_u와 v_s의 관계를 표시한다.

주철의 워엄 기어 $C_u = 0.25\,[\text{kgf/mm}^2]$

인청동의 워엄 기어 $C_u = 0.40\,[\text{kgf/mm}^2]$

알루미늄 청동의 워엄기어 $C_u = 0.50\,[\text{kgf/mm}^2]$

14.4 헬리컬 기어의 종합문제

그림 14-39는 V벨트와 헬리컬 기어를 이용한 감속 기구 장치이다 주어진 조건에 따라 문제에서 요구하는 사항을 설계하여라.

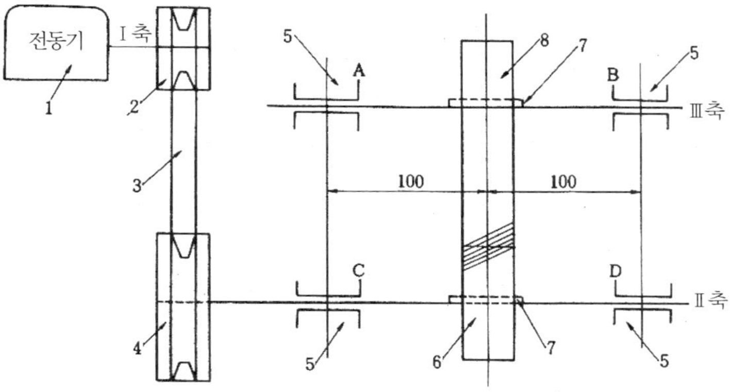

그림 14-39 1 : 전동기 5[PS], 1800[rpm]   2 : V 풀리, d_1 = 120(피치원지름)   3 : V 벨트
4 : V 풀리, d_2 5 : 베어링 #7207
6 : 헬리컬 기어 Z_1 = 30(잇수), m = 2(치직각모듈)
7 : 성크 키, 10×Z_2 = 150, 8×50   8 : 헬리컬 기어, (잇수), m = 2(치직각모듈)

문제 1. 이 기구의 구동 전동기는 5[PS]에 회전속도 $N = 1800$[rpm]이다. 여기에 사용되는 실체원축 I의 지름을 구하여라. 단, 축 T는 비틀림 모멘트만을 받으며, 허용 전단응력 $\tau_1 = 3\,[\text{kgf/mm}^2]$이다.

문제 2. 전동기에서 V벨트를 사용하여 축 II1를 구동하며, 전동기 쪽 V벨트 풀리의 지름 d_1을 120[mm], 축간 거리 c는 큰 V벨트 풀리의 지름 d_2와 같게 하고 회전비가 $\frac{1}{3}$로 감속할 때 V벨트의 형과 가닥수를 구하여라. 단, V벨트의 부하 수정계수 $K_2 = 0.9$이고, 원심력은 무시한다.

문제 3. 헬리컬 기어 6의 재질이 SM 25 C이고, 헬리컬 기어 8의 재질이 GC 27일 때, 이들 한 쌍의 기어에서 생기는 굽힘응력 σ_1, σ_2를 구하고, 허용굽힘강도에 대한 안전성 여부를 판단하여라. 단, 두 기어의 공구 압력각 $\alpha = 20^\circ$이며, 이나비 $b = 20$[mm]이고, 비틀림각 $\beta = 22^\circ$이다.

문제 4. 축 재료의 허용굽힘응력 $\sigma_3 = 6\,[\text{kgf/mm}^2]$이고, 허용전단응력 $\tau_1 = 3[\text{kgf/mm}^2]$일 때 비틀림과 굽힘 모멘트를 동시에 받는 실체원축 Ⅲ의 지름을 구하여라. 단, 축지름의 설계는 5[mm]단위로 한다.

문제 5. 헬리컬 기어 6, 8과 축 Ⅱ, Ⅲ 사이에 성크 키 [폭(b)×높이(h)×길이(l) $=10\times8\times50$]를 사용할 때 키의 안전성 여부를 판단하여라. 단, 성크 키의 재료의 허용전단응력 $\tau_2 = 4\,[\text{kgf/mm}^2]$이고, 허용압축 응력 $\sigma_4 = 6\,[\text{kgf/mm}^2]$이며, 축에 묻히는 키의 깊이 t는 높이 h의 반(半)이고, 축지름은 축 Ⅲ의 값을 기준한다.

문제 6. (문제 5)에서 축 Ⅲ의 A점과 B점에 각각 1개(#7207)인 동일 규격의 단열 앵귤러 컨택트 볼 베어링을 사용하였을 때 A점의 베어링 수명시간 L_h를 구하여라. 단, 접촉각 $\theta = 30°$이며, 하중계수 $f_w = 1.5$이고, 베어링에는 레이디얼 하중과 드러스트 하중이 동시에 작용한다.

[표 14-13] 레이디얼 계수 x와 드러스트계수 y의 값

형식			단열인 경우복열인 경우							
			$P_a/P_r \leq e$		$P_a/P_r > e$ $P_a/P_r \leq e$				$P_a/R_r > e$	
			x	y	x	y	x	y	x	y
깊은홈형 볼 베어링	P_a/C=0.04 0.12 0.01	0.32 0.41 0.54	1	0	0.35 0.34 0.31	2.0 1.6 1.2	1	0	0.35 0.34 0.31	2.1 1.6 1.2
앵귤러형 볼 베어링	θ=20° 30° 40°	0.67 0.96 1.35	1	0	0.31 0.27 0.23	1.04 0.76 0.57	1	0.94 0.65 0.46	0.50 0.44 0.37	1.69 1.24 0.93
복열자동조심형 볼 베어링		1.5tanθ	–	–	–	–	1	0.42cotθ	0.65	0.65cotθ
구면롤러 베어링 원추롤러 베어링		1.5tanθ	0	0	0.4	0.4cotθ 1	1		0.67	0.67cotθ

P_r : 레이디얼 하중[kgf], P_a : 드러스트 하중[kgf], θ : 접촉각

[표 14-14] V벨트의 선택기준

마력	벨트의 속도[m/sec]		
	10 이하	10~17	17 이상
2 이하	A	A	A
2~5	B	B	A 또는 B
5~10	B 또는 C	B	B
10~25	C	B 또는 C	B 또는 C
25~50	C 또는 D	C	C
50~100	D	C 또는 D	C 또는 D
100~150	E	D	D
150 이상	E	E	E

[풀이]

1. 비틀림 모멘트 : $T=716,200\dfrac{H}{N}=716,200\times\dfrac{5}{1800}=1989.444$ [kgf−mm]

 축지름 $d=\sqrt[3]{\dfrac{16T}{\pi\cdot\tau}}=\sqrt[3]{\dfrac{16\times1989.444}{\pi\times3}}=15$

2. V벨트의 원주속도 : $v=\dfrac{\pi\cdot D\cdot N}{60\times1000}=\dfrac{\pi\times120\times1800}{60\times1000}=11.310$[m/s]

 표 14-14에서 5[PS], $v=11.310$ [m/s]인 경우 V벨트의 형은 B형이다.

 $v=11.310$ [m/s]인 경우 V벨트 1가닥의 전달마력은

 $\dfrac{2.6-2.5}{0.5}\times0.310+2.5=2.562$

 큰 V 풀리지름 : $d_2=d_1\cdot\dfrac{N_1}{N_2}=120\times\dfrac{1800}{600}=360$ [mm]

 따라서 축간 거리 : $c=d_2=360$ [mm]이다.

 V벨트의 접촉각 : $\theta=180^\circ-2\times\sin^{-1}\dfrac{d_2-d_1}{2c}=180^\circ-2\times\sin^{-1}\dfrac{360-120}{2\times360}=141.058^\circ$

 $k_1=0.92$이므로

 필요한 가닥수 : $z=\dfrac{H}{H_0\cdot k_1\cdot k_2}=\dfrac{5}{2.562\times0.9\times0.92}=2.357\fallingdotseq3$ 가닥

 $\therefore$ B형, 3가닥

3. 헬리컬 기어의 축직각모듈 : $m_s=\dfrac{m}{\cos\beta}=\dfrac{2}{\cos22^\circ}=2.157$

 소기어의 피치원지름 : $D_1=Z_1\cdot m_s=30\times2.157=64.71$ [mm]

 대기어의 피치원지름 : $D_2=Z_2\cdot m_s=150\times2.157=323.55$ [mm]

 피치 원주속도 : $v=\dfrac{\pi\cdot D_1\cdot N}{60\times1000}=\dfrac{\pi\times64.71\times600}{60\times1000}=2.033$ [m/s]이므로

 속도계수 : $f_v=\dfrac{3.05+v}{3.05}=\dfrac{3.05}{3.05+2.03}3=0.6$

 헬리컬 기어의 상당평기어의 잇수는

 피니언 : $Z_{e1}=\dfrac{Z_1}{\cos^3\beta}=\dfrac{30}{\cos^3 22^\circ}=37.638\fallingdotseq38$ 개

 대기어 : $Z_{e2}=\dfrac{Z_2}{\cos^3\beta}=\dfrac{150}{\cos^3 22^\circ}=188.189\fallingdotseq189$ 개

 상당평기어의 치수에 대한 치형계수는

 $y_{e1}=0.4$ ($\therefore$ $Z_{e1}=38$ 개)

 $y_{e2}=\dfrac{0.474-0.464}{150}\times39+0.464=0.467$

 $\therefore$ $Z_{e2}=189$ 개

 기어의 전달력 : $P=\dfrac{75H}{v}=\dfrac{75\times5}{2.033}=184.456$[kgf]

피니언의 응력 : $\sigma_1 = \dfrac{P}{f_v \cdot b \cdot m \cdot y_e} = \dfrac{1874.456}{0.6 \times 20 \times 2 \times 0.4} = 19.214[\text{kgf/㎟}]$

대기어의 응력 : $\sigma_2 = \dfrac{P}{f_v \cdot b \cdot m \cdot y_e} = \dfrac{184.456}{0.6 \times 20 \times 2 \times 0.467} = 16.458\,[\text{kgf/㎟}]$

허용굽힘강도와 비교하면

피니언 : $\sigma_1 = 19.214 < \sigma_{w1} = 21$ 이므로 안전하다.

대기어 : $\sigma_2 = 16.458 > \sigma_{w2} = 13$ 이므로 불완전하다.

$\therefore \begin{cases} \text{소기어의 허용응력}\ \sigma_1 = 19.214[kgf/㎟]\ \text{이며 안전함} \\ \text{대기어의 허용응력}\ \sigma_2 = 16.458[kgf/㎟]\ \text{이며 안전함} \end{cases}$

4. 축의 토크 : $T = 716200\dfrac{H}{N} = 716200 \times \dfrac{5}{120} = 29841.667\,[\text{kgf-mm}]$

축의 레이디얼 하중 : $P_{r1} = \dfrac{P}{\cos\alpha} = \dfrac{184.456}{\cos 20} = 196.294\,[\text{kgf}]$

굽힘 모멘트 : $M = \dfrac{P_{r1}}{2} \cdot l = \dfrac{196.294}{2} \times 100 = 9814.7\,[\text{kgf-mm}]$

축에 걸리는 상당비틀림 모멘트

$$T_e = \sqrt{M^2 + T^2} = \sqrt{9814.7^2 + 29841.667^2} = 31414.223\,[\text{kgf-mm}]$$

$$M_e = \frac{1}{2}(M + T_e) = \frac{1}{2}(9814.7 + .1414.223) = 20614.462\,[\text{kgf-mm}]$$

따라서 축지름을 구하면

$$d = \sqrt[3]{\frac{16\,T_e}{\pi \cdot \tau}} = \sqrt[3]{\frac{16 \times 31414.223}{\pi \times 3}} = 37.641\,[\text{mm}]$$

$$d = \sqrt[3]{\frac{32 M_e}{\pi \cdot \sigma}} = \sqrt[3]{\frac{32 \times 20614.462}{\pi \times 6}} = 32.709\,[\text{mm}] \qquad \therefore\ d = 40\,[\text{mm}]$$

5. 키에 생기는 전단응력 : $\tau = \dfrac{2T}{b \cdot l \cdot d} = \dfrac{2 \times 29841.667}{10 \times 50 \times 40} = 2.984[\text{kgf/㎟}]$

키에 생기는 압축응력 : $\sigma_c = \dfrac{4T}{hh \cdot l \cdot d} = \dfrac{4 \times 29841.667}{8 \times 50 \times 40} = 7.460[\text{kgf/㎟}]$

허용강도와 비교하면

$\tau = 2.984 < \tau_a = 4$ 이므로 안전함

$\sigma_c = 7.460 > \sigma_a = 6$ 이므로 불안전함

$\therefore \begin{cases} \tau = 2.984[kgf/㎟],\quad \text{안전함} \\ \sigma_c = 7.460[kgf/㎟],\quad \text{불안전함} \end{cases}$

6. 표 14-15에서 #7207의 $C = 2330[\text{kgf}]$이므로

레이디얼하중 : $P_{r2} = f_w \cdot P_{r1} = 1.5 \times 196.294 = 294.441\,[\text{kgf}]$

드러스트 하중 : $P_t = P_{r1} \cdot \tan\beta = \tan\beta = 294.441 \times \tan 22^\circ = 118.962\,[\text{kgf}]$

문제 4.의 그림 14-50에서 베어링 1개당 하중은

$$P'_{r2} = \frac{P_{r2}}{2} = \frac{294.441}{2} = 147.221\,[\text{kgf}]$$

따라서 $\dfrac{P_t}{P_{r2}}$ 비는

$$\frac{P_t}{P'_{r2}} = \frac{118.962}{147.221} = 0.808 < \epsilon = 0.96$$

그리고 $x=1,\ y=0$ 이므로

$$P = xP'_{r2} + yP_t = 1 \times 147.221 + 0 \times 118.962 = 147.221[\text{kgf}]$$

A점의 베어링회전수명 : $L_n = \left(\dfrac{C}{P}\right)^3 \times 10^6 = \left(\dfrac{2330}{147.221}\right) \times 10^5 = 3964.227 \times 10^6$[회전]

A점의 수명시간 : $L_h = \dfrac{L_n}{60N} = \dfrac{3964.227 \times 10^6}{60 \times 120} = 5.506 \times 10^5$시간

$\therefore$ A점의 수명시간(L_h) $= 5.506 \times 10^5$시간

[표 14–15] 롤러 베어링의 부하 용량

종류		단열 레이디얼 볼베어링											
형식[mm] / 안지름[mm]		6000		6300		6300		1200		7200		7300	
		C	C_0	C	C_0	C	C_0	C	C_0	C	C_0	C	C_0
00	10	365	190	400	195	640	380	430	132				
01	12	400	220	535	295	760	470	435	150				
02	15	440	255	600	355	900	545	585	205				
03	17	465	285	755	445	1060	660	650	245				
04	20	740	450	1010	625	1250	790	775	325				
05	25	785	520	1100	705	1660	1070	940	410	1270	880	2080	1460
06	30	1030	710	1530	1010	2180	1450	1220	590	1770	1270	2650	1910
07	35	1250	880	2010	1380	2610	1810	1230	975	2330	1720	3150	2350
08	40	1320	980	2280	1580	3200	2260	1440	820	2770	2130	3850	2930
09	45	1610	1270	2560	1800	4150	3050	1700	975	3100	2430	5000	3950
10	50	1660	1370	2750	2000	4850	3600	1780	1100	3250	2600	5850	4700
11	55	2180	1800	3400	2530	5650	4250	2090	1360	4000	3300	6750	5500
12	60	2270	1930	4100	3150	6450	4900	2350	1580	4850	4050	7700	6350
13	65	2400	2120	4850	3800	7300	5600	2480	1750	5500	4750	8700	7300
14	70	2970	2550	5150	4200	8150	6400	2710	1920	6000	5250	9800	8300
15	75	3100	2800	5700	4500	8900	7250	3050	2180	6200	5550	10600	9400
16	80	3750	3350	6500	5450	9650	8100	3100	2400	6950	6250	11500	10500
17	85	3900	3600	7500	6150	10400	9000	3850	2900	7800	7200	12400	11700
18	90	4550	4150	8500	7050	11200	10000	4450	3250	9200	8500	13400	13000
19	95	4700	4500	10400	9050	11200	11000	5000	3250	10500	9750	14300	14300
20	100	4700	4500	11300	10100	13600	13200	5400	4100	11300	11300	16220	17200

연습문제

01

한 쌍의 주조치의 베벨 기어가 있다. 회전비 2 : 1, 피니언은 $N_1 = 175$ [rpm], $Z_1 = 25$, $p = 3.8$[cm], 이나비 $b = 10$ [cm]이다. 재료는 고급 주철이고, 이는 15° 인벌류우트 표준형이다. 이 한 쌍의 베벨 기어는 몇 마력을 전달시킬 수 있는가?

02

한 쌍의 주강제의 마이터 기어가 있다. 이는 $14\frac{1}{2}°$의 규정표준형 기계절삭치이고 $p_d = 3$, $Z = 30$, $b = 6.5$ [cm]이다. 이 마이터 기어의 여러 각도와 치수를 계산하고, 또 200 [rpm]에서 몇 마력을 안전하게 전달시킬 수 있는가?

03

회전비 3 : 1의 베벨 기어 장치를 사용하여 축각이 직각일 때, 축 사이에 피니언의 축이 회전속도 300 [rpm]으로서 20 [PS]를 전달시키려고 한다. 이는 15°, 모듈 기준, 규정 표준형 절삭치로 피니원의 피치원의 지름 약 20[cm], 재료는 청동, 큰 기어의 재료는 고급 주철이라 한다.

1) 이의 모듈과 이나비
2) 여러 각도의 크기와 치수
3) 이에 작용하는 합성 하중과 그 작용하는 위치
4) 추력의 크기를 계산하여라.

04

직각축 사이에 사용되는 한 쌍의 베벨 기어가 있다. 이는 $14\frac{1}{2}°$의 규정 표준형 절삭치라 하고 $p_d = 4$, $b = 7.5$ [cm], 피니언은 피치원의 지름이 약 15 [cm], 0.3%의 탄소강제이고 250 [rpm]으로 회전하고 회전비가 4 : 1, 큰 기어는 보통 주철제로 한다. 여러 치수를 계산하고 전달할 수 있는 마력을 이의 강도와 마모와 두 방면에서 조사하여라.

05

축각이 75°의 축 사이에 회전비가 2.5 : 1로 동력 10[PS]를 베벨 기어로써 전달시키려고 한다. 피니언의 축은 750[rpm]으로서 항상 $\frac{1}{4}$의 하중이 그다지 변화 없이 전달되고 있는 상태이다. 재료, 치형, 잇수를 적당하게 선정하고, 이 한 쌍의 베벨 기어를 설계하여라.

06

한 쌍의 오른편 곡선 베벨 기어가 있다. 원동소 기어의 시계 방향 2200[rpm]에 있어서 40마력을 전달시킨다. 스파이럴 각도는 30°, 압력각 $\alpha=14\frac{1}{2}$, 지름 피치 $p_d=4$, 그리이슨식의 치형이고, 잇수는 10과 48이다. 운전에 수반되는 추력의 크기와 방향은 어떠한가?

07

화물 자동차의 후축구동용의 곡선 베벨 기어가 있다. 잇수는 8과 45이고 치형은 그리이슨식이며, 압력 각 $\alpha=14\frac{1}{2}°$, 지름 피치 $p_d=3.5$, 이나비 $b=55$[mm]이다. 각 기어의 여러 각도와 치수를 계산하여라.

08

회전비 3 : 1, 잇수 16과 48, 치형은 그리이슨식, 지름 피치 $p_d=5$, 이나비 $b=38$[mm], 스파이럴 각도 30°인 한 쌍의 곡선 베벨 기어의 여러 각도와 치수를 계산하여라. 단, 재료는 모두 표면경화탄소강이고, 피니언은 1000[rpm]의 경우 20[PS]를 전달시키는 것으로 하여 각 기어의 횡하중과 추력을 계산하여라.

CHAPTER 15

평벨트 전동기소설계

15.1 걸어감기 전동장치

걸어감기 전동장치라 하면 원동축의 회전을 종동축의 회전으로 전달시키는 데 있어서 두 축간거리가 가까우면 마찰차(friction wheel) 또는 기어(gear) 등에 의한 직접 접촉에 의해서 전동할 수 있으나 그 축간거리가 멀어서 $2 \sim 15\,[\mathrm{m}]$까지는 평벨트를 풀리(pulley)에 감아서 사용하는 평벨트 기구, $2 \sim 5\,[\mathrm{m}]$까지는 V벨트를 V풀리에 감아서 사용하는 V 벨트 전동기구, 체인을 스프로킷 휠(sprocket wheel)에 감아서 사용하는 체인 전동기구 등이 사용되고, 축간거리가 길면 로우프를 시브 풀리(sheave pulley)에 감아서 사용하는 로우프 전동기구가 사용된다.

이들은 어느 것이나 인장력에 대하여는 강하나 그 다른 힘에 대해서는 저항하지 못하며, 이들은 자유로이 굽힐 수가 있으므로 요성체에 의한 전동기구라고도 한다. 이와 같은 경우 연속적으로 회전을 전달하기 위해서는 무한히 긴 것을 사용할 수 없으므로 양 끝을 이어 고리(環)로 만들어 연속적인 박동을 시키게 된다.

그림 15-1은 이들 전동장치를 도시한다.

그림 15-1 걸어감기 전동장치의 종류

벨트나 로우프는 이것과 짝을 이루는 풀리 사이의 마찰력에 의해서 운동을 전달하므로 약간의 미끄럼을 면하지 못하며 기어전동과 같이 정확하고 일정한 회전비를 얻기 어려우나, 벨트나 로우프는 어느 정도의 충격을 흡수하고 또 마찰전동에 의해서 이루어지므로 부하가 커지면 미끄러져서 기계에 무리를 일으키는 경우가 적고 비교적 정숙한 운동을 시킬 수 있다. 이 감기전동링크에 의한 전동은 어느 순간에 대하여 생각할 때 그림 15-2에서 보는 바와 같은 4링크기구와 같다. 링크 C의 속도는 감기 장치의 속도와 같고 이것을 v라 하면 A, B 두 차의 반지름 및 각속도를 각각 r_1, r_2 및 ω_1, ω_2라 하면

$$v = r_1\omega_1 = r_2\omega_2 \tag{15-1}$$

걸어감기 전동장치는 조작이 간단하고 비용도 싸며 효율도 좋으므로 각종 기계의 전동에 널리 사용되고 있다. 벨트와 로우프는 마찰력에 의하여 전동하므로 약간의 미끄럼(slip)을 수반하여 회전이 부정확하게 되므로 회전비를 완전히 일정하게 보전하려고 할 때라든가 강력고속도의 경우에는 곤란하고 진동도 일으키기 쉽다.

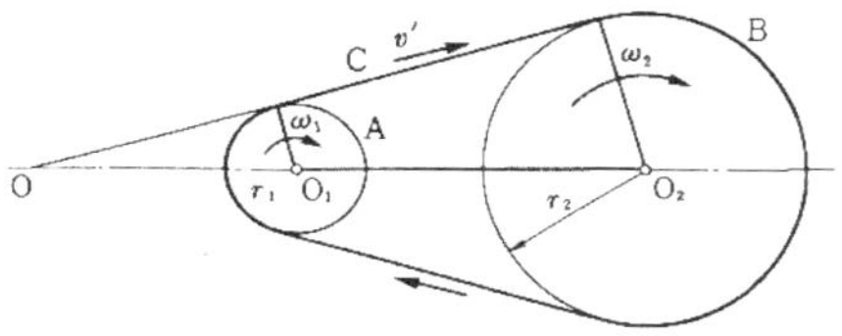

그림 15-2 걸어감기의 운동기구

그림 15-3 벨트전동장치

[표 15-1] 걸어감기 전동장치의 적용 범위

매개절의 종류		축간거리[m]	회전비		매개절의 속도[m/sec]	
			보통	최대	보통	최대
평벨트		10 이하	1 : 1~6	1 : 15	10~30	50
V벨트		5 이하	1 : 1~7	1 : 10	10~18	25
로우프(선, 마)		10~25	1 : 1~2	1 : 5	15~25	30
체인	롤러체인	4 이하	1 : 1~7	1 : 10	4 이하	10
	사일런트체인	4 이하	1 : 1~8	1 : 10	8 이하	10

그러나 공작기계와 같이 정밀을 요구하는 전동에 있어서도 기어전동보다 양호한 결과를 얻는 수도 있고 또 제강용의 매우 큰 마력의 기계의 전동에 사용되는 실례도 있으므

로, 벨트전동이라 함은 어쩐지 낡은 것으로 느껴지는 감도 있으나 아직도 각 방면에 널리 이용되고 있는 실정이다. 특히 *V*벨트와 체인 전동은 최근에 와서 더욱 그 이용 범위가 넓어져 가고 있는 현상이다. 걸어감기 전동장치의 적용 범위를 예시하면 표 15–1과 같다.

15.2 평벨트 전동장치(transemission by flat belting)

이 장치는 가죽(leather) 또는 고무, 직물 등으로 만든 직4각형의 편평한 벨트를 고리 모양으로 이어서 2개의 풀리에 적당한 장력으로 걸어서 동력을 전달시키는 장치로서, 벨트와 풀리의 원둘레면 사이에 수직압력을 생기게 하고, 이 수직 압력에 의한 마찰력을 이용하여 동력을 전달시킨다.

1. 걸어감는 방법

벨트를 풀리에 걸어감는 방법에는 바로걸기(평행걸기 : open belting)와 엇걸기(십자걸기 : cross belting)의 2종류가 있는데, 전자는 두 축의 회전 방향이 같게 되고, 후자는 서로 반대 방향이 되며 또 접촉각이 바로걸기보다 크기 때문에 작은 풀리로써 큰 동력을 전동하는데 적합하다. 그림 15–4는 바로걸기와 엇걸기를 도시한 것이다.

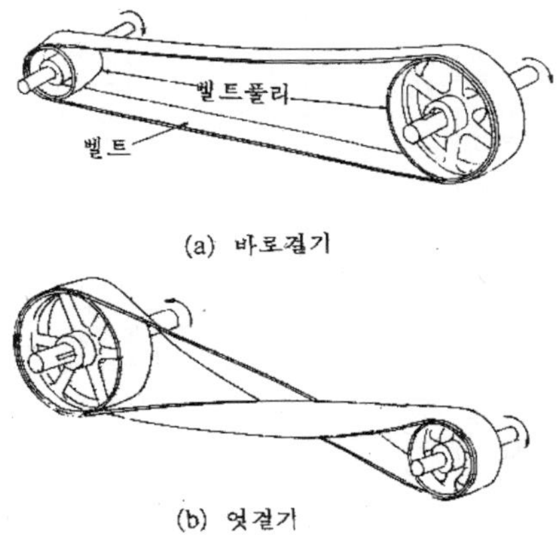

그림 15–4 벨트를 거는 방법

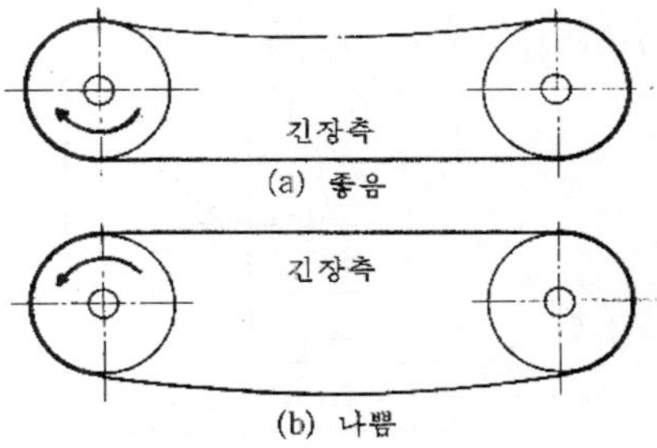

그림 15–5 바로걸기에 있어서 벨트를 감는 방법

바로걸기는 그림 15–5와 같이 위쪽을 이완측으로 한다. 왜냐 하면 아래쪽을 긴장측으로 하면 벨트와 풀리의 접촉각이 크게 되어 전달 능력을 증가시키므로 동일마력을 전달시킬 때 벨트의 장력이 작아도 좋으며, 벨트의 수명이 길게 되고 동력손실이 감소된다. 한편 엇걸기에 있어서는 벨트가 가끔 문대어 스쳐가며 벨트 이음에 의하여 손상을 받는다. 벨트가 비틀림으로써 생기는 비틀림 응력은 벨트의 폭이 넓고, 축간 거리가 짧을수록 심하다. 따라서 축간 거리는 벨트 폭의 20배 이상이 되도록 설계하고 벨트의 폭은

되도록 좁게 한다. 그러나 엇걸기는 이미 설명한 바와 같이 벨트와 풀리의 접촉각이 크고, 벨트의 소요 길이가 양풀리의 지름의 합의 함수이므로 고속장치에 사용하면 편리하다.

2. 벨트의 종류

(1) 가죽벨트

가죽벨트의 재료로서 가장 많이 쓰이는 것은 소가죽이다. 이것은 탄성이 풍부하고 마찰계수가 크며 내구성이 좋으므로 벨트의 재료로서 적합하나 값이 비싸며 긴 벨트가 필요할 경우는 이어서 사용해야 하는 결점이 있다.

벨트를 잇는 방법으로는 벨트의 끝을 예리한 칼로 경사지게 깎아서 겹쳐 놓고 접착제를 바른 다음 압착하는 방법과 가죽끈, 쇠줄, 리벳 기타 특수한 장식으로 꿰매는 방법 등이 있으나 여하한 방법으로도 인장강도는 감소한다. 이음이 있는 것과 없는 것의 강도의 비를 벨트의 이음효율이라고 한다. 그림 15-6은 벨트의 이음방법을 나타낸 것이고 표 15-2 및 표 15-3은 가죽벨트의 표준치수 및 이음효율을 각각 나타낸 것이다.

[표 15-2] 가죽벨트의 표준치수 (단위 : mm)

<table>
<tr><th colspan="3">1겹 벨트</th><th colspan="3">2겹 벨트</th><th colspan="3">3겹 벨트</th></tr>
<tr><th>폭</th><th>허용차</th><th>두께</th><th>폭</th><th>허용차</th><th>두께</th><th>폭</th><th>허용차</th><th>두께</th></tr>
<tr><td>25</td><td rowspan="5">±1.5</td><td rowspan="5">3 이상</td><td>51</td><td>±1.5</td><td rowspan="5">6 이상</td><td>203</td><td>±4.0</td><td rowspan="17">10 이상</td></tr>
<tr><td>32</td><td>63</td><td rowspan="4">±3.6</td><td>229</td><td rowspan="11">±5.0</td></tr>
<tr><td>38</td><td>76</td><td>254</td></tr>
<tr><td>44</td><td>89</td><td>279</td></tr>
<tr><td>51</td><td>102</td><td>305</td></tr>
<tr><td>57</td><td rowspan="8">±3.0</td><td rowspan="8">4 이상</td><td>114</td><td rowspan="8">±4.0</td><td></td><td>330</td></tr>
<tr><td>63</td><td>127</td><td rowspan="7">7 이상</td><td>336</td></tr>
<tr><td>70</td><td>140</td><td>381</td></tr>
<tr><td>76</td><td>152</td><td>406</td></tr>
<tr><td>83</td><td>165</td><td>432</td></tr>
<tr><td>89</td><td>178</td><td>457</td></tr>
<tr><td>95</td><td>191</td><td>483</td></tr>
<tr><td>102</td><td>203</td><td>508</td><td rowspan="5">±1.0%</td></tr>
<tr><td>114</td><td rowspan="4">±4.0</td><td rowspan="4">5 이상</td><td>229</td><td rowspan="4">±5.0</td><td rowspan="4">8 이상</td><td>559</td></tr>
<tr><td>127</td><td>254</td><td>610</td></tr>
<tr><td>140</td><td>279</td><td>660</td></tr>
<tr><td>152</td><td>305</td><td>712</td></tr>
</table>

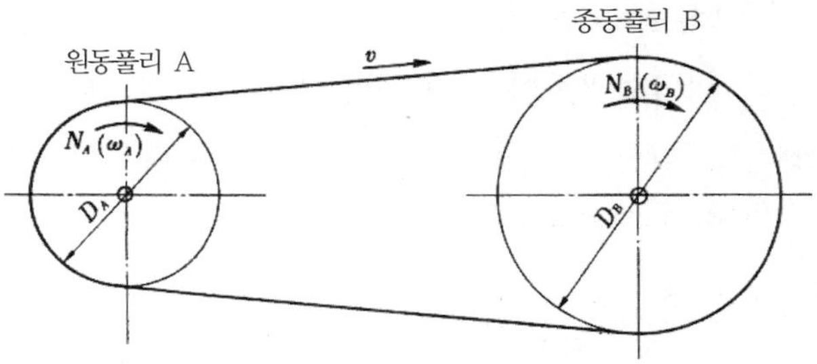

그림 15–6 벨트의 이음방법

[**표 15–3**] 가죽벨트의 이음효율

이음 방법	이음 효율(%)
아교로 겹쳐서 붙였을 때	80~90
쇠줄로 꿰매었을 때	85~90
가죽끈으로 꿰매었을 때	약 50
연결용 쇠붙이를 썼을 때	30~65

(2) 직물벨트(textile belt)

이것은 무명, 대마, 짐승의 털 등의 섬유를 사용하여 짜서 만든 것이다. 폭이나 길이를 필요한 대로 만들 수 있으나 가죽에 비하여 연결하기가 힘들다. 직물벨트는 가축에 비하여 값이 싸기 때문에 많이 사용되지만 전동능력이 가죽보다 못하다.

(3) 고무벨트(rubber belt)

두 장 이상의 면포 또는 인조견포와 질이 좋은 배합고무를 포개붙여 압착하여 황화(vulcanize)한 것이며 강도는 항상 면포로서 유지되며 면포 대신에 끈을 넣은 것도 있다. 고무벨트는 습기에 잘 견딜 수 있고, 먼지 등에 의한 해를 입지 않는다. 또 묽은산, 알칼리 등에 영향을 받지 않고 가죽벨트에 비하여 강도가 크며 신장률은 적고 가격도 싸서 널리 사용된다. 그러나 열이나 기름에는 약하다.

(4) 강철벨트(steel belt)

압연한 강철박판의 벨트이며 보통 두께가 0.3~1.1㎜, 폭이 150~250㎜ 정도이다. 인장강도가 다른 벨트에 비하여 대단히 크며 늘어나지 않고 수명이 길다 그러나 두 축이 정확히 평행이고 벨트풀리의 형상이 정확해야 한다. 마찰을 크게 하기 위해서는 벨트풀리의 표면에 헝겊, 고무, 코르크 등을 붙인다. 두 끝은 겹쳐서 리벳으로 연결하든가 서로 맞대어 다른 판을 더 댄 다음 납땜한다.

3. 회전비(speed ratio)

그림 15-7에 있어서 A풀리의 회전속도, 각속도, 지름을 각각 N_A, ω_A, D_A, B풀리의 회전속도, 각속도, 지름을 각각 N_B, ω_B, D_B라 하고, 벨트와 풀리 사이에 미끄럼이 전혀 없다고 하면 선속도 v는 다음과 같이 된다.

$$v = \pi D_A N_A = \pi D_B N_B$$

$$\therefore \ \frac{N_A}{N_B} = \frac{\omega_A}{\omega_B} = \frac{D_B}{D_A} \tag{15-2}$$

위식은 벨트에 두께가 없다고 생각하여 세운 식이며, 실제로는 벨트에는 어느 만큼의 두께가 있으므로 벨트가 풀리의 둘레에 감겨지면 벨트는 원호 모양으로 굽어지는데, 이 때 벨트의 바깥쪽은 늘어나고 안쪽은 줄어들며, 중앙부는 신축이 없는 부분이라고 생각된다. 그리고 벨트의 두께 t를 고려하면 **그림 15-8**에서 보는 것처럼 아래식이 성립한다.

$$\frac{N_A}{N_B} = \frac{\omega_A}{\omega_B} = \frac{D_B + t}{D_A + t} \tag{15-3}$$

그러나 t는 D에 비하여 극히 작은 것이며, 그리고 마찰전동인 이상 실제로는 반드시 약간의 미끄럼이 생기게 되므로 $\frac{N_A}{N_B} = \frac{D_B}{D_A}$로 취급해도 큰 지장은 없다.

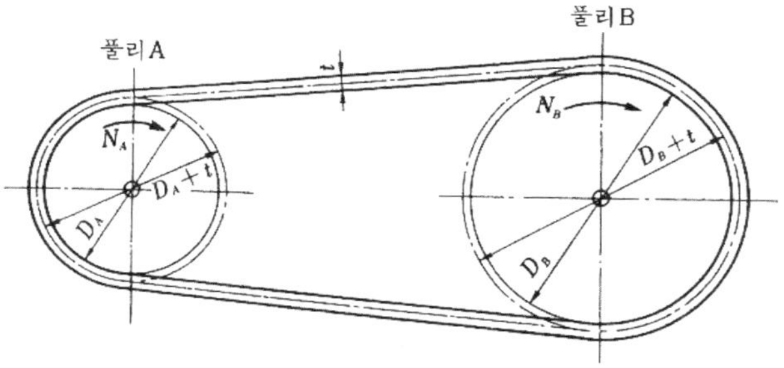

그림 15-8 회전비(벨트가 두꺼운 경우)

오히려 여러 가지 원인에 의하여 종동풀리의 회전속도는 위의 방정식에서 구한 것보다 2～3% 가량 늦는 것이다. 그 원인을 고찰해 보면 벨트는 탄성체이므로 인장력이 작용하면 늘어나고, 인장력이 없어지면 줄어든다. 일반적으로 **그림 15-9**에 있어서 풀리는 원동풀리이며 화살표 방향으로 돌고, 이것으로 풀리 B가 따라서 회전한다고 할 때, 벨트의 아래쪽 부분 T에 인장력이 작용하여 회전력을 전달시킨다. 그리고 위쪽 부분 S에 있어서는 벨트는 느슨해져서 이완된 상태로 화살표 방향의 풀리 A에서 풀리 B로 이동되어, 또다시 아래쪽으로 와서 인장되어 회전력을 전달시키는 과정이 반복되는 것이다.

따라서 벨트는 아래쪽에 있을 때는 인장력을 받아서 당겨져 있고, 위쪽에 있을 때는 인장력이 없으므로 느슨해져 있다. 즉 원동풀리에 의하여 끌어당겨져서 장력이 크게 된 쪽을 긴장측(tighten side), 원동풀리에서 송출되어서 느슨해져 있는 쪽을 이완측(slack side)이라고 한다. 이 때 벨트의 신축은 갑자기 생기는 것이 아니고, 벨트가 풀리 A에 감겨져 있는 동안에 느슨해져 있던 것이 차차로 줄어든 것이며, q점에서 가장 당겨져 있지만 p점에서 가장 느슨해져 있는 상태에 있으므로 벨트의 속도는 풀리 A의 바깥둘레의 속도보다 늦다. 그리고 풀리 B에 감겨져 있는 동안은 m점에서 가장 느슨해 있던 것이 차차로 당겨져서 n점에서 가장 당겨진 상태에 있으므로 이 때는 풀리 B의 바깥둘레의 속도가 벨트의 속도보다 늦어진다.

이와 같은 작용으로 이 때의 벨트의 속도와 풀리의 림(rim) 면의 속도 차이에 의하여 벨트가 풀리의 림 면을 기어가는 현상이 일어나게 되는데, 이 현상을 벨트의 크리이핑(creeping)이라고 한다. 벨트의 크리이핑 작용에 의하여 풀리 B는 $\frac{N_A}{N_B}=\frac{D_B}{D_A}$의 관계식에서 구한 회전속도보다 늦어지는 것이며, 또 이 밖에 종동풀리에 하중이 작용하고 있으면 벨트와 풀리의 림 면 사이에 약간의 미끄럼이 생기므로 이 미끄럼이 종동풀리의 회전속도를 늦추는 원인이 되는 것이다. 이와 같이 크리이핑 작용(creeping action) 및 미끄럼 작용(slip action), 플래핑(flapping) 등의 원인에 의한 늦어짐을 정확하게 계산하는 것은 곤란한 일이나 보통 2 ~ 3%의 정도 늦어지는 것으로 감안해야 된다. 플래핑 현상(파도침)은 긴 축간 거리에 있어서 고속으로 평벨트 전동할 때 생기는 현상이고, 파닥파닥 소리를 내며 파도치면서 전동되는 현상이다.

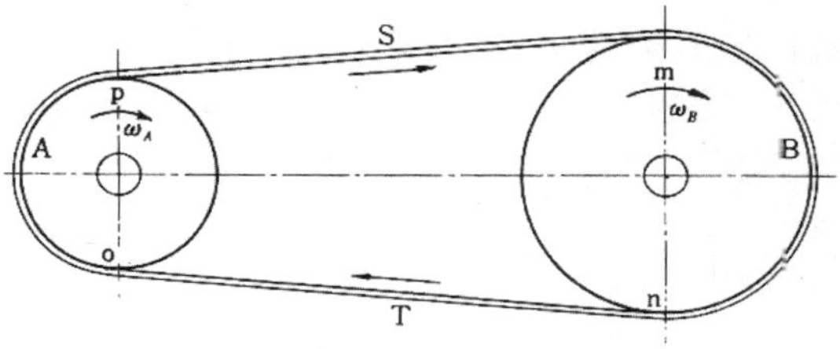

그림 15-9 벨트 전동에 있어서 크리이핑 현상

예제 1 **원동풀리의 지름 800 [mm], 1분간의 회전속도 120 [rpm], 벨트의 두께 5 [mm]일 때, 지름 400 [mm]의 풀리의 회전속도를 구하여라.**

풀이 A를 원동풀리라고 하고 벨트의 두께를 0으로 보고 미끄럼이 없다고 할 때 종동풀리 B의 회전속도 N_B는

$$N_B = \frac{D_A}{D_B} \times N_A = \frac{800}{400} \times 120 = 240 \,[\text{rpm}]$$

다음에 미끄럼이 없고 벨트의 두께 t 만을 고려하면

$$N_B = \frac{D_A + t}{D_B + t} \times N_A = \frac{800+5}{400+5} \times 120 = 238.5 \,[\text{rpm}]$$

만일 두께, 미끄럼, 크리이핑, 플래핑 현상을 고려하면

$$N_B = \frac{D_A + t}{D_B + t} \times N_A \times \frac{100-2}{100} = 2.385 \times 0.98 = 234\,[\text{rpm}]$$

다음에 기구학상으로는 $\frac{D_A}{D_B}$의 비는 아무런 제한이 없으나, 실용상으로 보면 D_A와 D_B의 차가 너무 크면 벨트가 풀리에 접촉하여 만드는 원호의 중심각에 아주 큰 차이가 생겨 작은 풀리에 미끄럼이 일어나기 쉬운 상태가 되므로, 보통 6 : 1 정도로 제한하고 그 이상은 사용하지 않는 것이 좋다.

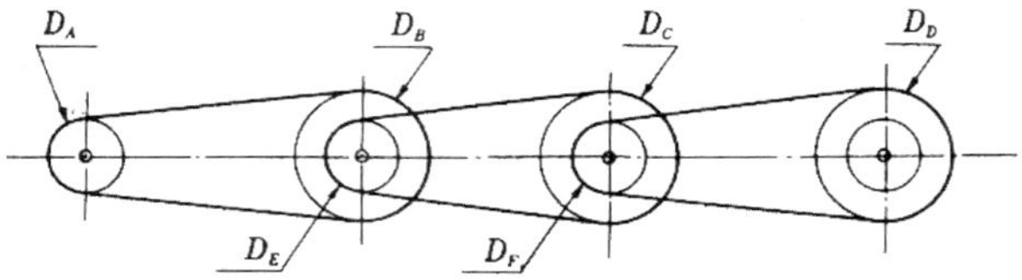

그림 15–10 풀리 트레인

따라서 큰 각속비를 얻으려 할 때는 **그림 15–10**과 같이 중간축(counter shaft or intermediate shaft)을 설치하여 풀리 트레인(pulley train)을 만들어 사용한다. 즉 최초와 최후의 축의 속비는 다음과 같이 된다.

$$\epsilon = (\epsilon_{A-B})\,(\epsilon_{C-D})\,(\epsilon_{E-F}) = \left(\frac{D_B}{D_A}\right)\left(\frac{D_D}{D_C}\right)\left(\frac{D_F}{D_E}\right) \qquad (15\text{–}4)$$

예를 들면 1분간에 150회전하는 원동풀리 A는 종동풀리 B에 1분간에 1800회전을 시키려 할 때, 회전속도비가 1800 : 150 = 12 : 1이 되므로 **그림 15–11**과 같이 A에서 B에 전달시키는 사이에 중간축을 놓고, 여기에 풀리 C, D를 달고 A와 C, D와 B를 조합하여 A, C, D, B의 지름을 각각 900, 300, 800, 200 [mm]로 하면

$$\frac{\omega_c}{\omega_a} = \frac{900}{300} = \frac{3}{1}, \quad \frac{\omega_b}{\omega_d} = \frac{800}{200} = \frac{4}{1}$$

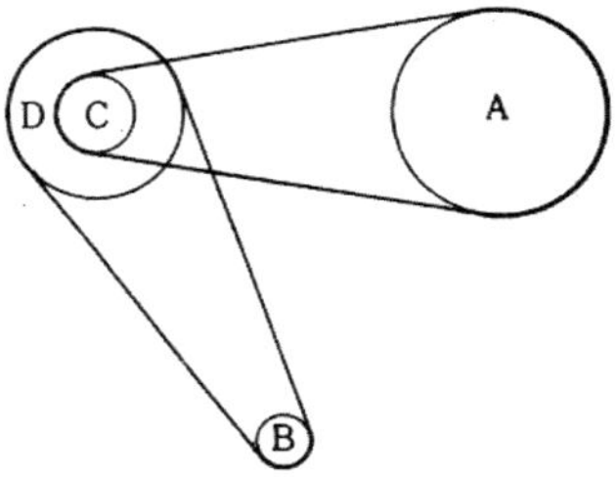

그림 15–11 풀리 트레인의 계산 예

로 되어 모두 6 : 1의 비율보다 낮은

$$\frac{\omega_b}{\omega_a} = \frac{\omega_b}{\omega_c} \times \frac{\omega_c}{\omega_a} = \frac{\omega_b}{\omega_d} \times \frac{\omega_c}{\omega_a} = \frac{4}{1} \times \frac{3}{1} = \frac{12}{1}$$

가 된다.(C와 D는 같은 축에 달려 있으므로 $\omega_c = \omega_d$가 됨)
따라서 A와 B 사이에는 목적한 바와 같이 운동을 전달시킬 수가 있다.

15.3 벨트의 길이

A, B 두 개의 풀리가 같은 평면 안에 있을 때 벨트를 걸어감는 방법에는 바로걸기와 엇걷기의 두 가지가 있다는 것은 앞절에서 이미 설명한 바 있지만, 방법에 따라 벨트의 길이도 약간 다르게 될 것이다. 그리고 벨트의 전동은 마찰력을 이용하기 때문에 최초

에 상당한 장력을 주어 평행하게 해 놓아야 된다. 벨트는 반드시 탄성을 가지고 있으므로 이론적으로 계산하여 구한 길이의 벨트를 사용하면 적당한 초장력(initial tension)을 얻을 수가 있다. 따라서 실제로는 이론적 계산을 하여 대략의 벨트의 길이를 정하고 이것을 풀리에 걸어감아서 적당한 장력을 주도록 이음을 조절한다. 이론적으로 벨트의 길이를 계산하는 데는 벨트 두께의 중심층에서 계산해야 되나, 일반적으로 두께는 풀리의 지름에 비하여 아주 작으므로 이것을 무시해도 좋다.

1. 바로걸기의 벨트 길이

그림 15-12에서 다음 관계가 성립된다.

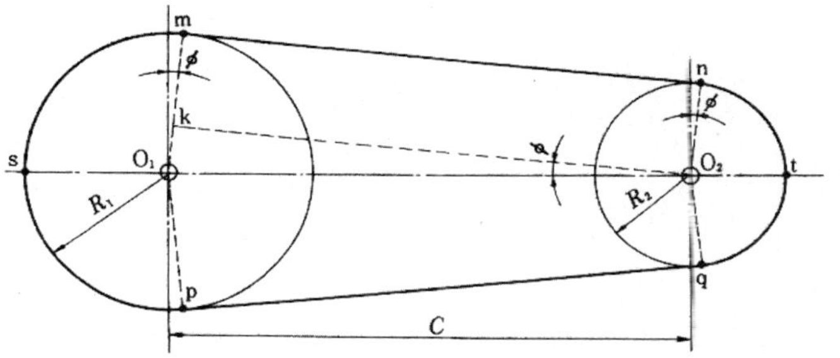

그림 15-12 바로걸기의 벨트 길이

$$\overline{\mathrm{mn}} = \overline{\mathrm{pq}} = \overline{\mathrm{O_2k}} = \sqrt{\mathrm{C}^2 - (\mathrm{R_1} - \mathrm{R_2})^2}$$

또 $\widehat{\mathrm{msp}} = \mathrm{R_1}(\pi + 2\phi)$, $\widehat{\mathrm{ntq}} = \mathrm{R_2}(\pi - 2\phi)$

그러므로 벨트의 전 길이 L_0는 다음 식으로 구한다.

$$\begin{aligned} L_0 &= 2\overline{O_2 k} + \widehat{\mathrm{msp}} + \widehat{\mathrm{ntq}} \\ &= 2\sqrt{C^2 - (R_1 - R_2)^2} + R_1(\pi + 2\phi) + R_2(\phi - 2\phi) \\ &= 2\sqrt{C^2 - (R_1 - R_2)^2} + \pi(R_1 + R_2) + 2(R_1 - R_2)\phi \end{aligned} \tag{15-5}$$

그런데 $\sin\phi = \dfrac{R_1 - R_2}{C}$, 즉 $\phi = \sin^{-1}\left(\dfrac{R_1 - R_2}{C}\right)$

$$\begin{aligned} \therefore\ L_0 &= 2\sqrt{C^2 - (R_1 - R_2)^2} + \pi(R_1 + R_2) + 2(R_1 - R_2)\phi \\ &= 2\sqrt{C^2 - (R_1 - R_2)^2} + \pi(R_1 + R_2) + 2(R_1 - R_2)\sin^{-1}\left(\frac{R_1 - R_2}{C}\right) \end{aligned} \tag{15-6}$$

$(R_1 - R_2)$가 C에 비하여 극히 작을 때는 근사적으로 $\sin\phi \fallingdotseq \phi = \dfrac{R_1 - R_2}{C}$

$$\sqrt{C^2-(R_1-R_2)^2}=C\left\{1-\left(\frac{R_1-R_2}{C}\right)^2\right\}^{\frac{1}{2}}$$

위식을 이항정리로 전개하면 다음과 같이 된다.

$$C\left\{1-\left(\frac{R_1-R_2}{2}\right)^2\right\}^{\frac{1}{2}}=C\left\{1-\frac{1}{2}\left(\frac{R_1-R_2}{C}\right)^2-\frac{1}{8}\left(\frac{R_1-R_2}{C}\right)^4\cdots\cdots\right\}$$

로 되나, 제3항 이하는 아주 작은 항이므로 생략하여 벨트의 길이를 근사적으로 구할 수 있다.

$$\text{즉, } L \fallingdotseq 2C\left\{1-\frac{1}{2}\left(\frac{R_1-R_2}{C}\right)^2\right\}+\pi(R_1+R_2)+2(R_1+R_2)\frac{(R_1-R_2)}{C}$$

$$\fallingdotseq 2C+\pi(R_1+R_2)+\frac{(R_1-R_2)^2}{C} \tag{15-7}$$

지금 각각의 지름을 D_1, D_2라고 하여 $D_1+D_2=\Sigma$, $D_1-D_2=\Delta$라 표시하면

$$L_o'=2C+\frac{\pi}{2}(D_1+D_2)+\frac{(D_1-D_2)^2}{4C}$$

$$=2C+1.57(D_1+D_2)+\frac{(D_1-D_2)^2}{4C} \tag{15-8}$$

$$\therefore\ L_0'=2C+\frac{\pi}{2}\Sigma+\frac{\Delta^2}{4C}=\frac{\pi}{2}\Sigma+2C\left(1+\frac{\Delta^2}{8C^2}\right) \tag{15-9}$$

즉 바로걸기의 벨트 길이는 풀리의 지름의 합과 차에 의하여 변화한다. 따라서 한 쌍의 풀리에 있어서 그 지름의 합과 차를 각각 Σ_1과 Δ_1이라 하고, 또 다른 한 쌍의 풀리의 합과 차를 Σ_2와 Δ_2라고 할 때, 이 두 쌍의 풀리에 대하여 같은 길이의 벨트를 사용할 수 있게 하려면 다음 관계식이 성립되어야 한다.

$$\frac{\pi}{2}\Sigma_1+2C\left(1+\frac{{\Delta_1}^2}{8C^2}\right)=\frac{\pi}{2}\Sigma_2+2C\left(1+\frac{{\Delta_2}^2}{8C^2}\right)$$

$$\therefore\ \Sigma_2=\Sigma_1+\frac{{\Delta_1}^2-{\Delta_2}^2}{2\pi C} \tag{15-10}$$

예제 2 지름이 각각 900 [mm], 300 [mm]의 2개의 풀리의 중심거리가 2.5 [m]이고, 바로 걸기로 감을 때 벨트의 길이를 구하여라.

풀이 문제의 뜻에 의하여

$C=2500\,[\mathrm{mm}],\ R_1=450\,[\mathrm{mm}],\ R_2=150\,[\mathrm{mm}]$

$$\sin\phi=\frac{R_1-R_2}{C}=\frac{450-150}{2500}=0.12000$$

ϕ는 $6°54'$로 된다.

$$\therefore\ \phi=6\frac{54}{60}\times\frac{\pi}{180}=0.12043$$

$$L_0=2\sqrt{2500^2-(450-150)^2}+\pi(450+150)+2(450-150)\times 0.12043=6921\,[\mathrm{mm}]$$

2. 엇걸기의 벨트 길이

그림 15-13에 있어서

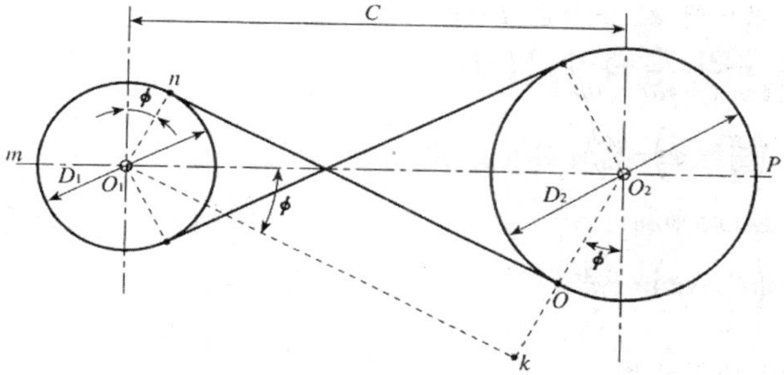

그림 15-13 엇걸기의 벨트 길이

$$\overline{\mathrm{mn}}=\overline{\mathrm{pq}}=\overline{\mathrm{O_2k}}=\sqrt{\mathrm{C}^2-(\mathrm{R_1}+\mathrm{R_2})^2}$$

$$\widehat{\mathrm{msp}}=\mathrm{R_1}(\pi+2\phi)$$

$$\widehat{\mathrm{ntq}}=\mathrm{R_2}(\pi+2\phi)$$

$$\sin\phi=\frac{R_1+R_2}{C}$$

$$\phi=\sin^{-1}\left(\frac{R_1+R_2}{C}\right)$$

즉, $\mathrm{L_0}=\overline{2\mathrm{O_2k}}+\widehat{\mathrm{msp}}+\widehat{\mathrm{ntq}}$

$$=2\sqrt{C^2-(R_1+R_2)^2}+R_1(\pi+2\phi)+R_2(\pi+2\phi)$$

$$=2\sqrt{C^2-(R_1+R_2)^2}+\pi(R_1+R_2)+2(R_1+R_2)\sin^{-1}\left(\frac{R_1+R_2}{C}\right) \qquad (15\text{–}11)$$

$$\therefore\ L_0{}' = 2C + \pi(R_1 + R_2) + \frac{(R_1 + R_2)^2}{C}$$

$(R_1 + R_2)$가 C에 비하여 아주 작을 때에는 ϕ는 아주 작게 되고 $\sin\phi \fallingdotseq \phi = \dfrac{R_1 + R_2}{C}$로 생각해도 무방하다. 또 바로걸기 경우와 같은 양으로 생각하여

$$\sqrt{C^2 - (R_1 + R_2)^2} \fallingdotseq C\left\{1 - \frac{1}{2}\left(\frac{R_1 + R_2}{C}\right)^2\right\}^{\frac{1}{2}} = C - \frac{(R_1 + R_2)^2}{2C}$$

$$L_0{}' = 2C + 1.57(D_1 + D_2) + \frac{(D_1 + D_2)^2}{4C}$$

따라서 $L_0{}' = \dfrac{\pi}{2}\Sigma + 2C\left(1 + \dfrac{\Sigma^2}{8C^2}\right)$

즉, 엇걸기일 때는 벨트의 길이는 양풀리의 지름의 총합 Σ에 의해서만 변화한다. 그러므로 풀리의 각각의 지름이 어떻게 되든지 그 총합이 항상 일정하고 중심거리 C가 일정하면 길이의 벨트를 사용할 수가 있다.

15.4 벨트의 장력과 전달마력

1. 벨트의 초장력(initial tension)

풀리에 벨트를 걸어감을 때 벨트가 풀리의 림면에 접촉하여 감겨져 있는 각을 접촉각(contact angle)이라 한다. 바로걸기에서는 **그림 15-14**에서 보는 바와 같이 큰 풀리에서는 접촉각 θ_A는 180°보다 크고, 작은 풀리의 접촉각 점는 180°보다 작다. 엇걸기에서는 **그림 15-15**에서 보는 바와 같이 θ_A와 θ_B는 180°보다 크고, $\theta_A = \theta_B$로 될 것이다. 따라서 바로걸기의 경우 보다 접촉호가 길다. 그리고 바로걸기 때나 양풀리의 크기가 아주 떨어졌을 때 또는 중심거리가 짧을 때는 **그림 15-15**(a)에서 보는 바와 같이 작은 풀리의 접촉각이 아주 작게 되어 벨트가 미끄럼을 일으켜서 회전을 전달시킬 수가 없다. 이와 같은 때는 **그림 15-16**(b)에서 보는 바와 같이 중간풀리(idle pulley)를 사용하여 접촉각 θ를 증가시킨다. 중간 풀리는 접촉각을 증가시키는 동시에 벨트의 장력을 증가시키는 역할도 겸하게 되므로 긴장풀리(tightening pulley)라고도 한다. 여기에 대해서는 뒤에서 다시 설명하기로 한다. **그림 15-17**을 보아라.

그리고 **그림 15-18**에서 보는 바와 같이 바로걸기에서 벨트를 평행하게 감을 때, 벨트의 이완측은 자중에 의하여 수하되므로 일반적으로 **그림 15-18**(a)에서 보는 바와 같이 위쪽이 벨트의 이완측이 되도록 전동하는 것이 좋고 만일 **그림 15-18**(b)에서 보는 바와 같이 이완측이 아래쪽에 오면 접촉각이 감소하여 마찰력은 전달력을 이기지 못하여 벨트는 풀리에서 미끄럼을 일으켜 필요한 회전속도를 전달시킬 수가 없게 된다. 그리고 **그림 15-19**에서 보는 바와 같이 종동풀리를 수직으로 아래쪽에 놓으면 벨트의 자중 및 원

심력 때문에 종동풀리의 아래쪽에 틈이 생겨 미끄럼이 증가된다.

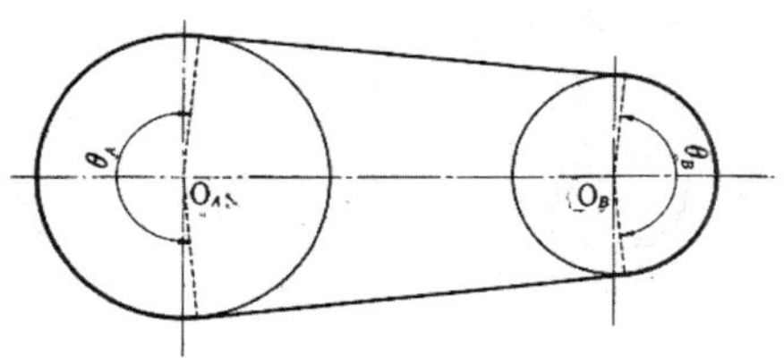

그림 15-14 바로걸기의 벨트의 접촉각

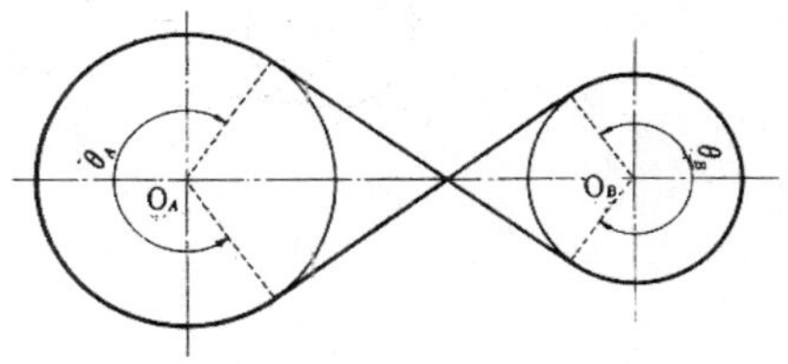

그림 15-15 엇걸기의 벨트의 접촉각

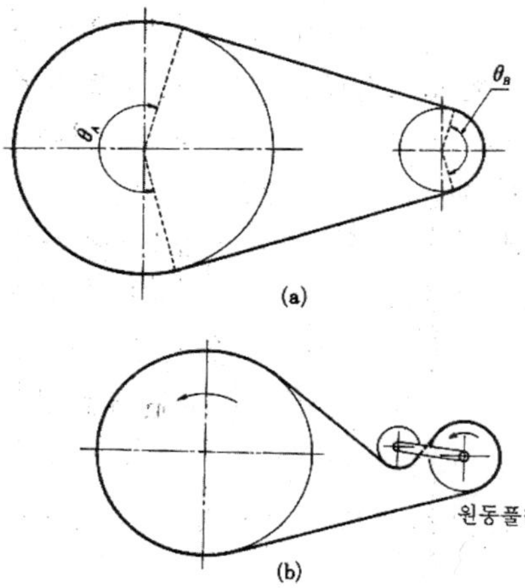

그림 15-16 긴장 풀리

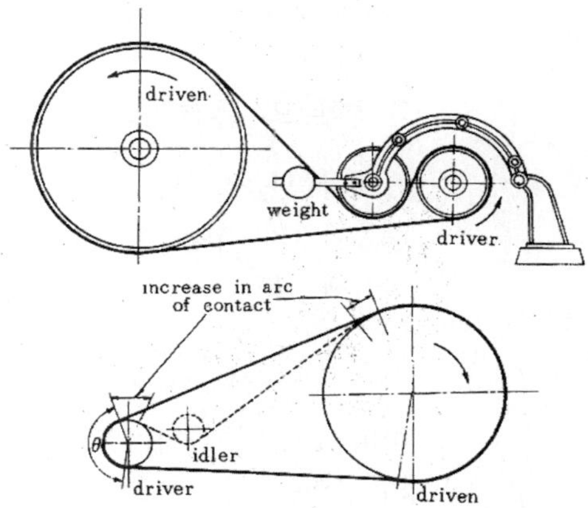

그림 15-17 긴장 풀리의 실예

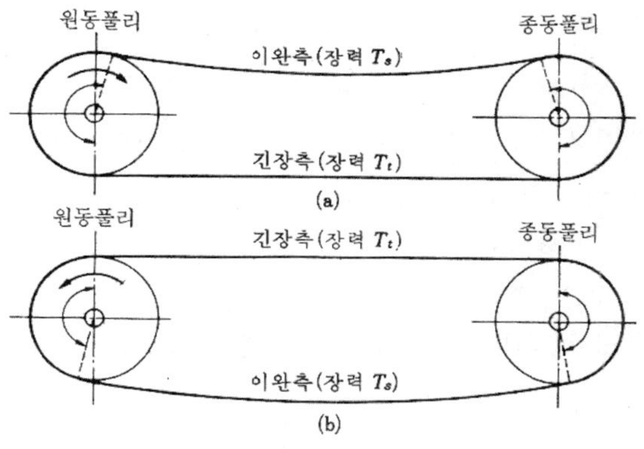

그림 15-18 벨트의 긴장측과 이완측의 관계

원동풀리 A와 종동풀리 B를 벨트 장치로 동력을 전달시키려고 할 때 처음에 상당한 장력이 필요하다. 이것을 초장력이라고 하며, 초장력은 벨트의 각 점에 있어서 서로 같다고 생각된다. 이 초장력을 T_0로 표시하면, T_0는 벨트를 압박하여 벨트와 풀리 사이에 마찰을 일으켜서 벨트로 하여금 풀리를 움직이게 한다. 풀리가 정지하고 있을 때는 양쪽에 초장력이 걸리고 있다.

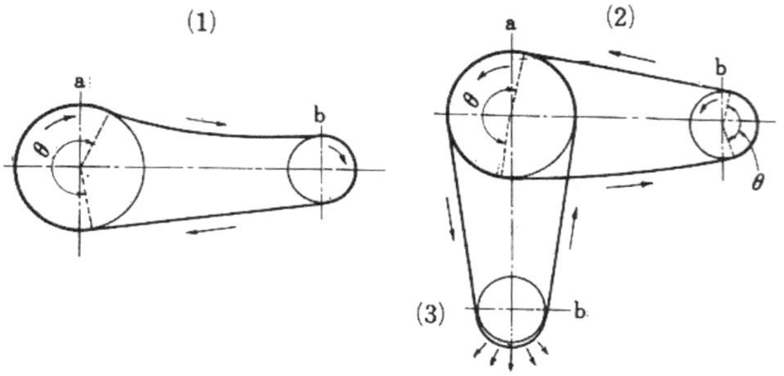

그림 15-19 종동측이 아래쪽에 왔을 때

2. 벨트의 유효장력

지금 원동풀리에 회전력을 주어서 종동풀리가 회전력에 대한 저항력을 생기게 할 때 종동풀리의 저항력이 마찰력에 의한 유효장력보다 작으면 벨트는 원동풀리와 더불어 돌아가게 되고, 그 결과로서 종동풀리는 그 축에 일어나는 저항력을 이기고 돌아가게 된다. 그리고 이 때 벨트가 한쪽을 지날 때는 장력이 증가하여 당겨지게 되고, 반대쪽을 지날 때는 차차로 장력이 감소되어 느슨하게 된다. 이 때 당겨지는 쪽을 긴장측이라고 하며, 느슨하게 되는 쪽을 이완측이라고 한다는 것은 이미 설명한 바이다. 지금 긴장측의 장력을 T_t, 이완측의 장력을 T_s라고 하면 $P_e = T_t - T_s$가 유효장력(effective tension)이고, P_e가 회전력(driving force)으로써 동력을 전달시키는 것이다.

운전이 시작되어 동력전달이 이루어지면 긴장측에서는 원동차가 마찰력의 범위 안에서 그 진입쪽 벨트를 잡아당기므로 장력이 T_0에서 T_t로 증가하고 이완측에서는 원동차에서 벨트가 밀리므로 T_0에서 T_s로 감소한다. 이 T_t를 긴장측의 장력(tight side tension), T_s를 이완측의 장력(slack side tension)이라 부른다. $P_e = (T_t - T_s)$의 유효 장력은 되도록 큰 것이 좋고, $(T_t + T_s)$는 양측을 서로 잡아당기는 힘으로서, 이것은 되도록 작은 것이 좋다.

3. 긴장측(tension side)과 이완측(slack side)에 있어서의 장력계산

지금 벨트의 장력을 계산함에 있어서

- w : 벨트의 단위 길이에 대한 무게 [kgf/ml
- Q : 벨트가 단위 길이에 대하여 풀리의 림면을 누르는 힘 [kgf]
- F : 벨트의 단위 길이에 대한 원심력 [kgf]
- T_t : 벨트의 긴장측의 장력 [kgf]
- T_s : 벨트의 이완측의 장력 [kgf]
- v : 벨트의 속도 [m/sec]

θ : 벨트의 접촉각 [radian]

μ : 벨트와 풀리의 림 사이의 마찰계수

그림 15-20에 있어서 m점에서 벨트의 장력은 T_s이고, n점에서는 T_t라 하면, 벨트가 풀리에 걸감아져 있는 mn사이에서 벨트의 장력은 T_s로부터 T_t에 차차로 변화하고 있는 것으로 생각된. 따라서 mn 사이의 임의의 곳에 아주 작은 길이 ds를 취하여 생각하면, 이 부분의 이완측에 가까운 쪽에는 T의 장력이 작용하고 긴장측에 가까운 쪽에는 $(T+dT)$의 장력이 작용한다.

이 두 힘은 일직선상에 있지 않으므로 이 힘들에 의하여 벨트는 풀리를 밀어붙이게 된다. 그리고 벨트가 림면을 누르고 있는 힘은 Qds가 되고, Qds 때문에 벨트와 림면 사이에는 μQds의 마찰력이 생긴다. 그리고 그림 15-20(b)에서 보면

$$Qds = T \cdot \sin\frac{d\theta}{2} + (T+dT)\sin\frac{d\theta}{2} 2T\sin\frac{d\theta}{2} + dT \cdot \sin\frac{d\theta}{2} \tag{15-14}$$

$d\theta$, dT는 아주 작으므로 제2항은 생략하고, 또 $\sin\frac{d\theta}{2} \fallingdotseq \frac{d\theta}{2}$라 하면

$$Q \cdot ds = 2T \cdot \frac{d\theta}{2} = T \cdot d\theta \tag{15-15}$$

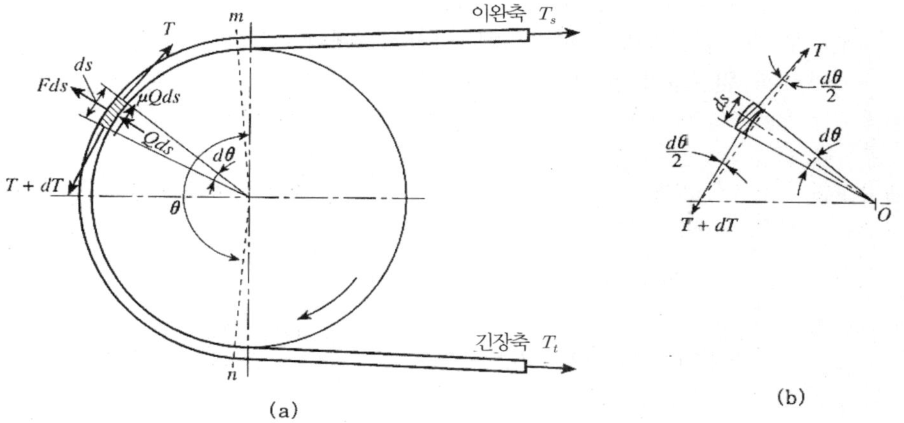

그림 15-20 벨트와 풀리 사이의 힘의 균형

따라서 마찰력은 $\mu Qdx = \mu \cdot T \cdot d\theta$로 표시되고, 이것이 벨트를 미끄러져 나가게 하는 힘 dT와 균형을 이루고 있으므로

$$dT = \mu Qds = \mu Td\theta$$

$$\therefore \ \frac{dT}{T} = \mu d\theta \tag{15-16}$$

이것을 m에서 n까지 적분하면

$$\int_{T_s}^{T_t} \frac{dT}{T} = \mu \int_0^{\theta} d\theta$$

$$\log_e \frac{T_t}{T_s} = \mu\theta$$

$$\frac{T_t}{T_s} = e^{\mu\theta} \tag{15-17}$$

이 식을 아이텔바인(Eytelwein, 1807년) 식이라고 한다. 그리고 $\frac{T_t}{T_s} = e^{\mu\theta} = k$를 장력비라 하고 대체로 (2~5)의 범위 내에 있다.

e는 자연대수의 바탕이므로

즉, $e = 2.71828$

$$\therefore \ \log \frac{T_t}{T_s} = 0.4343\mu\theta\,(\text{radian}) = 0.007578\mu\theta^{\circ} \tag{15-18}$$

만일 고속으로 운전하면 벨트는 원심력에 의하여 풀리에서 멀리 떨어지려고 하므로 벨트가 림면을 압박하는 압력은 그만큼 빼내야 될 것이다.

또 원심력의 영향도 고려하면 풀리의 반지름을 R라 하면 원심력은 다음과 같다.

$$F \cdot ds = \frac{w}{g} \cdot \frac{v^2}{R} ds = \frac{w}{g} \cdot \frac{v^2}{R} \cdot Rd\theta = \frac{w}{g} v^2 \cdot d\theta \tag{15-19}$$

$$\therefore \ Q \cdot ds = T \cdot d\theta - \frac{w}{g} v^2 \cdot d\theta = \left(T - \frac{wv^2}{g}\right) d\theta \tag{15-20}$$

그런데 $dT = \mu \cdot Qds$ 이므로

$$\therefore \ dT = \mu \left(T - \frac{wv^2}{g}\right) d\theta$$

$$\frac{dT}{T - \frac{wv^2}{g}} = \mu d\theta \tag{15-21}$$

두 식을 적분하면

$$\int_{T_s}^{T_t} \frac{dT}{T-\dfrac{wv^2}{g}} = \mu \int_0^{\theta} d\theta$$

$$\therefore\ \mu\theta = \log_e \frac{T_t - \dfrac{wv^2}{g}}{T_s - \dfrac{wv^2}{g}} \tag{15-22}$$

$$e^{\mu\theta} = \frac{T_t - \dfrac{wv^2}{g}}{T_s - \dfrac{wv^2}{g}} \tag{15-23}$$

또 $P = T_t - T_s$ (15-24)

두 (15-23), (15-24)에서

$$\left.\begin{aligned} T_t &= \frac{e^{\mu\theta}}{e^{\mu\theta}-1}P + \frac{wv^2}{g} \\ T_s &= \frac{1}{e^{\mu\theta}-1}P + \frac{wv^2}{g} \end{aligned}\right\} \tag{15-25}$$

그러나 $v < 10$ [m/sec] 정도에 있어서는 원심력의 영향을 무시해도 좋다. 따라서 원심력을 무시하면

$$\left.\begin{aligned} T_t &= \frac{e^{\mu\theta}}{e^{\mu\theta}-1}P \\ T_s &= \frac{1}{e^{\mu\theta}-1}P \\ \frac{T_t}{T_s} &= e^{\mu\theta} \end{aligned}\right\} \tag{15-26}$$

$$\therefore\ P = T_t\left(\frac{e^{\mu\theta}-1}{e^{\mu\theta}}\right) \tag{15-27}$$

[표 15-4] $\dfrac{(e^{\mu\theta}-1)}{e^{\mu\theta}}$ 의 값

μ	$\theta°$									
	90	100	110	120	130	140	150	160	170	180
0.15	0.210	0.230	0.250	0.270	0.288	0.307	0.325	0.342	0.359	0.376
0.20	0.270	0.295	0.319	0.342	0.364	0.386	0.408	0.428	0.448	0.467
0.25	0.325	0.354	0.381	0.407	0.432	0.457	0.480	0.503	0.524	0.524
0.30	0.376	0.408	0.439	0.467	0.494	0.520	0.544	0.567	0.590	0.610
0.35	0.423	0.457	0.489	0.520	0.548	0.575	0.600	0.624	0.646	0.667
0.40	0.476	0.502	0.536	0.567	0.597	0.624	0.649	0.673	0.695	0.715
0.45	0.507	0.544	0.579	0.610	0.640	0.667	0.692	0.715	0.737	0.757
0.50	0.549	0.582	0.617	0.649	0.678	0.705	0.730	0.752	0.773	0.792

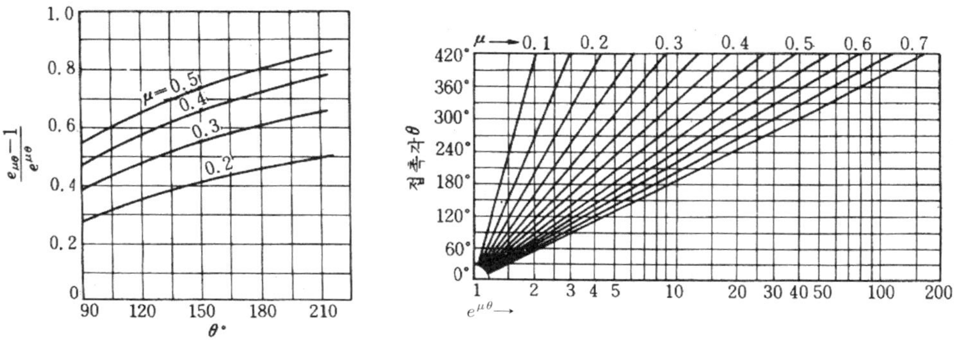

그림 15-21 μ 및 θ값에 따른 $\dfrac{(e^{\mu\theta}-1)}{e^{\mu\theta}}$ 의 값

다음 표 15-4는 $\dfrac{e^{\mu\theta}-1}{e^{\mu\theta}}$ 의 값을 표시한 것이다. θ는 양풀리 중에서 큰 폭을 취하면 된다. $\dfrac{(e^{\mu\theta}-1)}{e^{\mu\theta}}$ 와 θ의 관계를 도시하면 그림 15-21에서 보는 바와 같다.

$e^{\mu\theta}$의 값은 $\theta=\pi$로 하여 μ의 여러 가지 값에 대하여 도시하면 그림 15-22와 같이 되며, 표 15-5는 $e^{\mu\theta}$의 값을 표시한다.

[표 15-5] $e^{\mu\theta}$의 값

θ (rad)	(°) μ	0.10	0.20	0.25	0.30	0.40	0.50
π	180	1.37	1.87	2.19	2.57	3.51	4.81
7π/6	210	1.44	2.08	2.50	3.00	4.32	6.23
8π/6	240	1.52	2.31	2.85	3.51	5.34	8.08
1.5π	270	0.60	2.57	3.25	4.12	6.59	10.6
2π	360	1.87	3.51	4.81	6.58	12.3	23.1
3π	540	2.57	6.60	10.6	16.9	43.4	111.3
3.5π	630	3.0	9.0	15.6	27.0	81.3	244.1

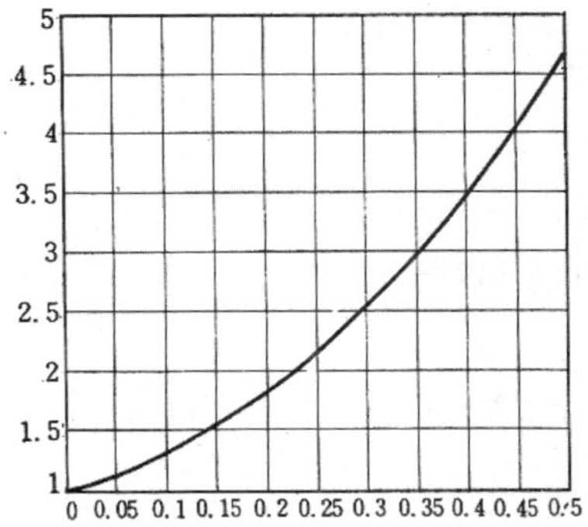

그림 15-22 $\theta=\pi$의 경우 θ와 $e^{\mu\theta}$와의 관계

미국의 1b-ft 단위로 표시하면 원심력 $F \cdot ds$는

$$v_s = fps$$

$$r = radius\ of\ pulley(\text{inch}) = \left(\frac{r}{12}ft\right)$$

$$w = (volume) \times (density) = (bhds)\rho = (bhr \cdot d\theta)\rho$$

$$F \cdot dS = \frac{bhr(d\theta)\rho {v_s}^2}{g(r/12)} = \frac{12\rho {v_s}^2 d\theta}{g} \tag{15-28}$$

$$e^{\mu\theta} = \frac{T_t - \dfrac{12\rho bh{v_s}^2}{g}}{T_s - \dfrac{12\rho bh{v_s}^2}{g}} \tag{15-29}$$

$$T_t - T_s = \left(T_t - \frac{12\rho bh{v_s}^2}{g}\right)\left(\frac{e^{\mu\theta}-1}{e^{\mu\theta}}\right)$$

$$\therefore\ T_t - T_s = b\,h\left(\frac{\sigma_a - 12\rho {v_s}^2}{32.2}\right)\left(\frac{e^{\mu\theta}-1}{e^{\mu\theta}}\right) \tag{15-30}$$

여기서 ρ=벨트의 밀도(lb/in^3), b= 벨트의 폭(in)
h= 벨트의 두께(in), σ_a= 벨트의 응력(lb/in^2)
g= 32.2[ft/sec^2]

4. 벨트 전달마력

초장력 T_0는 $T_0 = \dfrac{T_t + T_s}{2}$로 계산하는 수도 있고, $T_0 = \dfrac{(\sqrt{T_t} + \sqrt{T_s})^2}{4}$로 계산하는 수도 있다. 지름 전달마력을 H_{PS}라 하면

$$H = \frac{P \cdot v}{75 \times 60} = \frac{(T_t - T_s)v}{75 \times 60} \tag{15-31}$$

단, v는 벨트의 속도[m/min], 1HP는 75 [kgf · m/sec]
지금 1분간의 회전속도를 N, 풀리의 지름을 D라고 하면

$$H_{pS} = \frac{\pi DNP}{75 \times 60} = \frac{\pi DN(T_t - T_s)}{75 \times 60} \tag{15-32}$$

$$H_{kW} = \frac{\pi DN(T_t - T_s)}{102 \times 60} = \frac{T_1 v}{75}\left(\frac{e^{\mu\theta} - 1}{e^{\mu\theta}}\right)$$

15.5 벨트전동의 설계공식

1. 벨트의 접촉각

(1) 바로걸기의 경우

그림 15-23과 같은 바로걸기의 접촉각 θ는 작은 풀리에 있어서의 각도로 표시하고
R_2 : 큰 풀리의 반지름[cm]
R_1 : 작은 풀리의 반지름[cm]
C : 양풀리 사이의 중심거리[cm]
라고 하면

$$\cos \widehat{GLH} = \frac{HL}{LG} = \frac{FL - EG}{LG}$$

$$\therefore \ \cos\frac{\theta}{2} = \frac{R_2 - R_1}{C}$$

$$\therefore \ \theta = 2\cos^{-1}\frac{R_2 - R_1}{C} \tag{15-33}$$

그러나 보통 0.5%의 오차뿐인 다음 식을 사용하는 수가 많다.

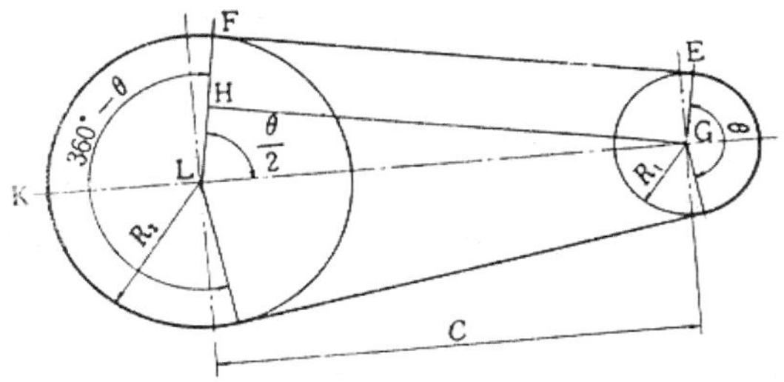

그림 15-23 바로걸기의 접촉각의 계산

$$\theta = 181 - \frac{120(R_2 - R_1)}{C} \tag{15-34}$$

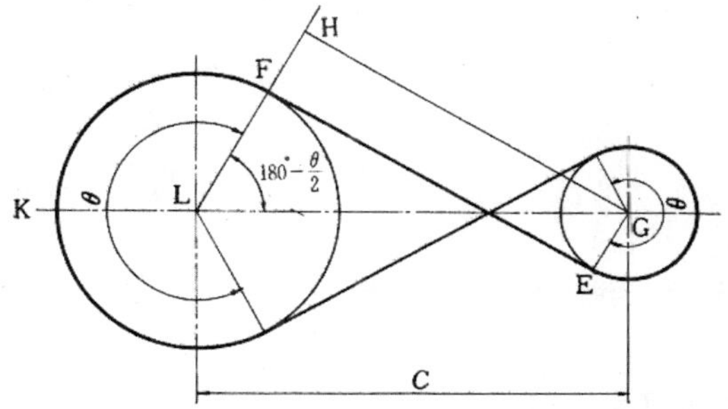

그림 15-24 엇걸기의 접촉각의 계산

(2) 엇걸기의 경우

그림 15-25에서 보는 바와 같은 엇걸기는 양풀리의 접촉각 θ는 같고

$$\cos\widehat{GLH} = \frac{HL}{LG} = \frac{FL + EG}{LG}$$

$$\cos\left(180^\circ - \frac{\theta}{2}\right) = \frac{R_2 + R_1}{C}$$

$$\therefore\ \theta = 180^\circ + 2\cos^{-1}\frac{R_2 + R_1}{C} \tag{15-35}$$

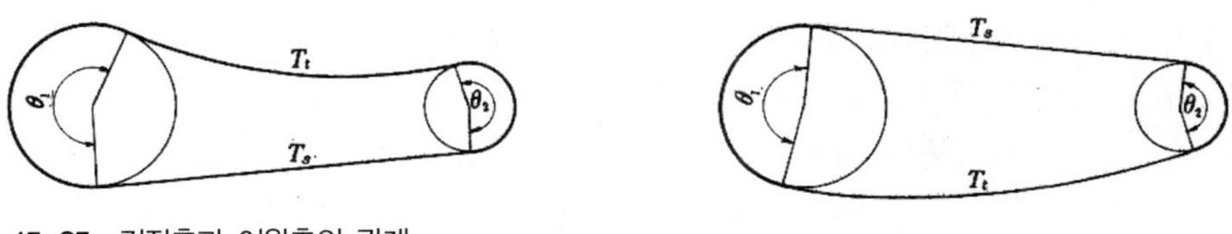

그림 15-25 긴장측과 이완측의 관계

따라서 벨트의 두께와 폭은 T_t에 견디어 낼 수 있도록 설계해야 될 것이다. 그리고 같은 회전력을 전달시키려면 T_t를 되도록 작게 해야되고, T_t를 작게 하려면 $e^{\mu\theta}$의 값을 되도록 크게 하고, $e^{\mu\theta}$를 크게 하려면 μ와 θ의 값을 되도록 크게 해야 된다. θ를 크게 하기 위해서는 **그림 15-25**에서 보는 바와 같이 위쪽을 긴장측으로 하면 θ의 값이 작아지므로 아래쪽을 긴장측으로 해야 될 것이다. 그리고 이미 설명한 바와 같이 중간 풀리(idle pulley)를 설치함으로써 θ를 크게 할 수 있다. 다음 **그림 15-26**의 그래프는 θ와 $\frac{T_t}{T_s}$의 관계를 도시한 것이고, 세로축에 $\frac{T_t}{T_s}$를 취하고 가로축에 θ를 취한 것이다.

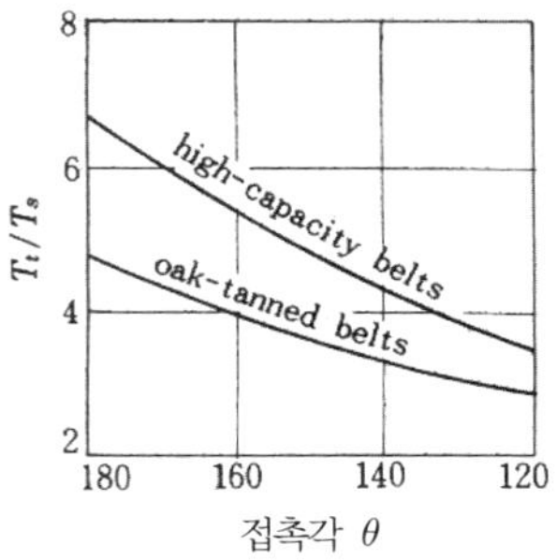

그림 15-26 장력비와 접촉각 θ 와의 관계

2. 마찰계수

마찰계수 μ는 벨트와 풀리의 림면 사이의 상태와 지름의 부착상태 등에 의하여 변화하는데 더우기 둘 사이의 미끄럼 속도(sliding velocity)에 의하여 크게 영향을 받는다. 미끄럼속도의 상승과 더불어 벨트의 속도 및 마찰계수가 크게 된다. Barth는 μ와 벨트의 속도 v [m/sec] 사이의 관계를 다음 실험공식으로 주어진다고 발표하고 있다.

$$\mu = 0.54 - \frac{14}{50 + 20v} \tag{15-36}$$

이것을 도시하면 **그림 15-27**과 같이 된다.

한편 $\mu = 0.22 + 0.012v$ (15-37)

의 관계식을 발표한 사람도 있다.

그러나 μ는 정확하게 결정지을 수 없는 값으로서 사정에 따라 아주 달라진다.

접촉면의 성질, 상태, 벨트의 유효장력, 미끄럼의 정도 등의 여러 가지 조건이 모두 μ의 값을 변화시키는 것이다. 옛날에는 전동하고 있는 벨트는 전혀 미끄럼이 생기지 않고, 만일 생기면 전동은 중지되는 것으로 알고 있었으나, 그 후에 많은 실험을 한 결과 그와는 반대로 전동하고 있을 경우에도 미끄럼이 생기고, 그것이 어느 범위를 넘지 않는 한에는 결코 전동작용이 중지되지 않고, 오히려 마찰계수 μ가 미끄럼의 증가와 더불어 증가하게 되는 것을 알게 되었다.

그러므로 벨트의 속도를 일정하게 해 놓고, 그 전동력을 증가시키면, 다시 말해서 벨트의 유효장력 $(T_t - T_s)$를 증가시키면 벨트는 더 한층 미끄럼을 증가시키고, μ의 값도 증가하게 되는 것이다.

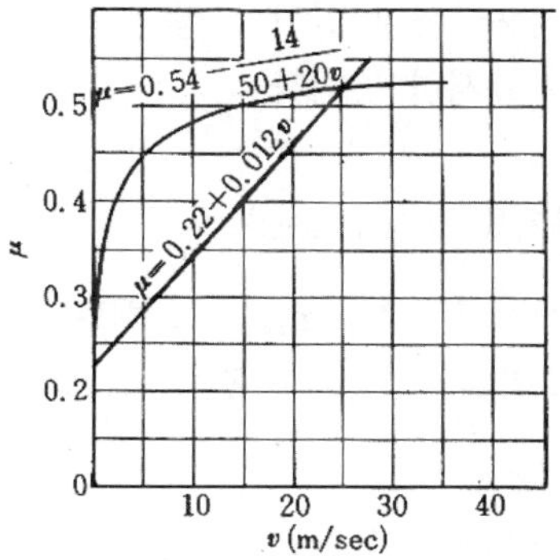

그림 15-27 마찰계수 μ와 미끄럼 속도와의 관계(Barth의 실험 공식)

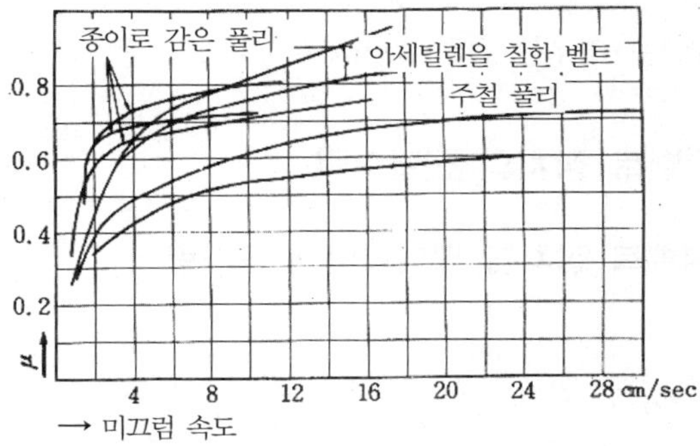

그림 15-28 재질과 속도에 의한 마찰계수

[표 15-6] 안전마찰계수 μ

벨트의 종류	벨트 풀리의 림면의 종류						
	철 또는 강철	나무	종이	습한 주철	그리이스를 칠한 주철	가름을 칠한 주철	고무 또는 가죽으로 붙인 것
타닝 처리 벨트	0.25	0.30	0.35	0.20	0.15	0.12	0.40
크롬처리 벨트	0.40	0.45	0.50	0.35	0.25	0.20	0.48
고무 벨트	0.30	0.32	0.35	0.18	–	–	0.42
무명 벨트	0.21	0.24	0.26	0.15	0.12	0.10	0.30
모 벨트	0.35	0.40	0.45	0.25	0.20	0.15	0.45
발라타 벨트	0.32	0.35	0.48	0.20	–	–	0.40

루이스는 폭 $b=140$ [mm], 두께 $h=5.5$ [mm]의 가죽 벨트에 있어서 $v=4.24$ [m/sec]에 대하여 **그림 15-28**과 같은 도표를 얻었다. 이것에서 보는 바와 같이 μ은 미끄럼의 증가와 더불어 최초에는 갑자기 증대되고 차차로 증가율이 감소되는 것을 볼 수가 있다. 그리고 풀리의 림면과 벨트의 상태에 따라 많은 영향을 받는 것을 알 수가 있다.

그러나 실제로 설계함에 있어서는 채택해야 되는 μ의 값은 실험에서 얻는 최대마찰계수가 아니고, 사용하는데 있어서 항상 확보할 수 있는 값, 즉 안전마찰계수가 되며, 표 15-6은 이것을 표시한 것이다.

3. 벨트의 운전속도 v(m/sec)

여기서, D : 풀리의 지름[cm], h : 벨트의 두께[cm]
N : 풀리의 1분간의 회전속도[rpm]라고 하면

$$v=\frac{\pi(D+h)N}{100\times 60}=0.000524(D+h)N\fallingdotseq 0.000524\,DN \tag{15-38}$$

v는 일반적으로 25~30[m/sec]가 가장 경제적인 속도라고 하나, 전동축에서 기계축을 돌리는 경우는 7.5~10[m/sec]를 넘는 것이 드물다.

4. 평벨트 장치의 전달마력

(1) 평벨트 장치에 있어서의 전동마력

$$\left.\begin{aligned} H_{pS}&=\frac{Pv}{75}=\frac{(T_t-T_s)v}{75}=\frac{T_tv}{75}\cdot\frac{e^{\mu\theta}-1}{e^{\mu\theta}}\\ H_{kW}&=\frac{Pv}{102}=\frac{(T_t-T_s)v}{102}=\frac{T_tv}{102}\cdot\frac{e^{\mu\theta}-1}{e^{\mu\theta}}\end{aligned}\right\} \tag{15-39}$$

그리고 그림 15-29에서 가장 일반적인 경우로서 $\theta=165^\circ$, $\mu=0.25$라고 하면

$k=\dfrac{T_t}{T_s}=e^{\mu\theta}=2$로 되고

$$\left.\begin{aligned} T_t&=2P_e\\ T_s&=P_e\\ \therefore\ T_t&=2T_s\end{aligned}\right\} \tag{15-40}$$

따라서 베어링의 합력을 W라고 하면

$$W=T_t+T_s=2P_e+P_e=3P_e \tag{15-41}$$

이상은 원심력의 영향을 무시한 것이지만 원심력을 고려하면

$$P_e = T_t - T_s = \left(T_t - \frac{w}{g}v^2\right)\frac{e^{\mu\theta}-1}{e^{\mu\theta}} = \left(T_s - \frac{w}{g}v^2\right)(e^{\mu\theta}-1) \tag{15-42}$$

또 전달시킬 수 있는 마력은

$$H_{pS} = \frac{P_e v}{75} = \left(T_t - \frac{w}{g}v^2\right)\frac{v}{75} \cdot \frac{e^{\mu\theta}-1}{e^{\mu\theta}} \tag{15-43}$$

$$T_t = \frac{75H_{pS}}{v} \cdot \frac{e^{\mu\theta}}{e^{\mu\theta}-1} + \frac{wv^2}{g} = \frac{102H_{kW}}{v} \cdot \frac{e^{\mu\theta}}{e^{\mu\theta}-1} + \frac{wv^2}{g} \tag{15-44}$$

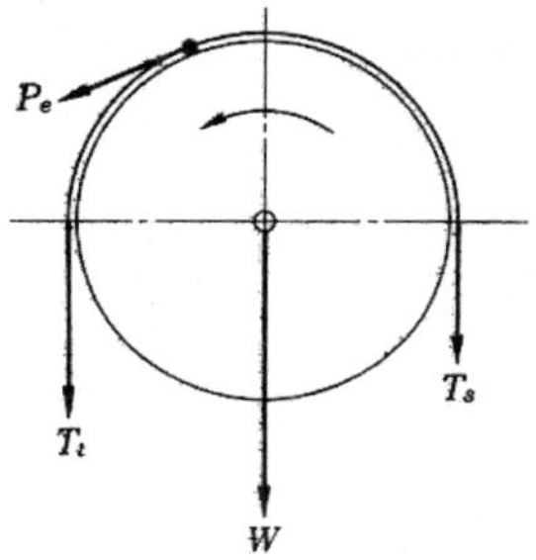

그림 15-29 베어링에 걸리는 합력

그러나 미국에서는 다음 공식이 될 것이다.

$P_e = T_t - T_s = \dfrac{33000H}{v_m} = \dfrac{550H}{v_s}$

여기서, v_s : 벨트속도[fps] v_m : 벨트속도[fpm]

$$H = \frac{(T_t - T_s) \cdot v_s}{550} \tag{15-45}$$

$$\therefore\ H = \frac{(T_t - F) \cdot v_s}{550}\left(\frac{e^{\mu\theta}-1}{e^{\mu\theta}}\right) \tag{15-46}$$

$$\therefore\ bh = \frac{550H}{v_s\left(\sigma_w - \dfrac{12\rho {v_s}^2}{32.2}\right)}\left(\frac{e^{\mu\theta}}{e^{\mu\theta}-1}\right) \tag{15-47}$$

여기서, σ_w : 벨트의 최대 작용응력[psi]

(2) 벨트의 경제적 속도와 최대 전달마력

벨트의 속도가 10[m/sec] 이하의 경우는 앞서 말한 바와 같이 원심력의 영향을 생략해도 지장은 없으나, 20[m/sec] 이상이 되면 원심력의 영향도 무시못할 정도로 뚜렷하게 된다.

지금 $\dfrac{T_t - \dfrac{wv^2}{g}}{T_s - \dfrac{wv^2}{g}} = e^{\mu\theta}$의 식에 있어서 $\dfrac{wv^2}{g} = F$, $e^{\mu\theta} = k$라고 하면

$$\frac{T_t - F}{T_s - F} = k$$

$$\therefore\ T_s = \frac{(T_t - F)}{K} + F = \frac{T_t + F(k-1)}{k}$$

$$\therefore\ P_e = T_t - T_s = T_t - \frac{T_t + F(k-1)}{k} = (T_t - F)\frac{k-1}{k}$$

$$\therefore\ P_e v = (T_t - F)\frac{k-1}{k}v = \left(T_t v - \frac{wv^3}{g}\right)\frac{k-1}{k} \tag{15-48}$$

식 (15-43)에서 $\dfrac{dH}{dv} = 0$로 놓으면

$$\frac{e^{\mu\theta} - 1}{75e^{\mu\theta}}\left(T_t - \frac{3w}{g}v^2\right) = 0$$

$$\therefore\ T_t - \frac{3w}{g}v^2 = 0 \tag{15-49}$$

즉, T_t가 위식을 만족시키게 되면 벨트의 전달마력은 최대로 되고

$$\therefore\ v = \sqrt{\frac{T_t g}{3w}} = v_1 \tag{15-50}$$

이 v_1은 전달마력 H가 최대가 되는 벨트의 속도이다.

지금 γ=벨트 재료 1[㎤]의 무게[kgf]라고 하면

$w = \gamma bh$, $\dfrac{T_t}{bh} = \sigma$ =인장응력이므로

$$v_1 = v_{\max} = \sqrt{\frac{T_t g}{3w}} = \sqrt{\frac{\sigma bhg}{3\gamma bh}} = \sqrt{\frac{g\sigma}{3\gamma}}\ [\text{cm/s}]$$

이것이 최대 전달마력을 주는 속도의 값이다.

가죽 벨트일 때 $\gamma = 0.00097$ [kgf/㎤]라고 하고 $g = 980$ [cm/sec²]라고 하면

$$v_1 = v_{\max} = \sqrt{\frac{980 \times \sigma}{3 \times 0.00097}} = 580\sqrt{\sigma} \tag{15-51}$$

즉 이 속도는 벨트의 긴장측의 인장응력의 값에 의하여 변화한다.

예를 들면 $\sigma=28\,[\text{kgf/cm}^2]$라고 하면

$$v_1=v_{\max}=580\sqrt{28}=3070[\text{cm/sec}]=30.7\,[\text{m/sec}]$$

$\sigma=20[\text{kgf/cm}^2]$라고 하면

$$v_1=v_{\max}=580\sqrt{20}=2550[\text{cm/sec}]=25.5\,[\text{m/sec}]$$

즉, 벨트를 운전하는 가장 경제적인 속도는 σ의 값에 의하여 다르나 대략 30[m/sec]로 된다. 그리고 이 속도는 풀리의 제한 속도와 거의 같다. 이보다 더 속도를 빨리 하는 것은 여러 가지 점에서 좋지 못하다. 실제로는 벨트의 내구성 등을 고려하여 $v=15\sim20$ [m/sec]로 하는 수가 많다.

$v_1=\sqrt{\dfrac{T_t\,g}{3w}}$ 의 경우 전달마력이 최대마력 $H_{\max}$로 되고 다음 식으로 주어진다.

$$\begin{cases} H_{\max}=\dfrac{2}{3}\,\dfrac{T_t}{75}\sqrt{\dfrac{T_t\,g}{3w}}\cdot\dfrac{e^{\mu\theta}-1}{e^{\mu\theta}}[\text{PS}] \\ \text{H}_{\max}=\dfrac{2}{3}\,\dfrac{T_t}{102}\sqrt{\dfrac{T_t\,g}{3w}}\cdot\dfrac{e^{\mu\theta}-1}{e^{\mu\theta}}[\text{kW}] \end{cases} \tag{15-52}$$

한편 $T_t=\dfrac{wv^2}{g}$으로 되면, 원심력과 벨트장력의 구심력이 균형이 잡혀 벨트가 풀리를 밀어붙이는 힘이 없어지고, 유효장력이 0으로 되는 벨트는 동력을 전달시킬 수 없게 된다.

이 때의 속도, 즉 벨트가 힘을 전달할 수 없게 되는 속도를 v_2라 하면

$$v_2{}^2=\frac{T_t\,g}{w}$$

$$\therefore\ v_2=\sqrt{\frac{T_t\,g}{w}}=\sqrt{3}\,v_1 \tag{15-53}$$

예를 들어 $\sigma=35\,[\text{kgf/cm}^2]$일 때

$$v_1=580\sqrt{\sigma}=580\sqrt{35}\fallingdotseq 3400[\text{cm/sec}]=34[\text{m/sec}]$$

$v_2=\sqrt{3}\times34=59[\text{m/sec}]$로 된다.

이 때의 속도와 전달마력의 관계를 그림 15-30과 같이 되고, $v_1=34\,[\text{m/sec}]$로 운전하면 최대전달마력을 얻을 수 있어서 가장 좋으나, 진동에 대한 안전, 벨트의 마찰손상 등을 고려하여 $v_1=20\,[\text{m/sec}]$를 사용하는 수가 많다.

각종 벨트에 대하여 v_1, v_2의 값을 계산하면 표 15-7과 같이 된다.

[표 15-7] 각종 벨트에 대한 v_1, v_2의 값

종류		$v_{max} = v_1$ [m/sec]	v_2 [m/sec]
가죽벨트	제1종	29	50
	제2종	34	59
고무벨트	제1종	22	41
	제2종	26	46
마 벨트		38	66
무명직물벨트		35	61
무명누빔벨트		31	54
강 벨트		72	121

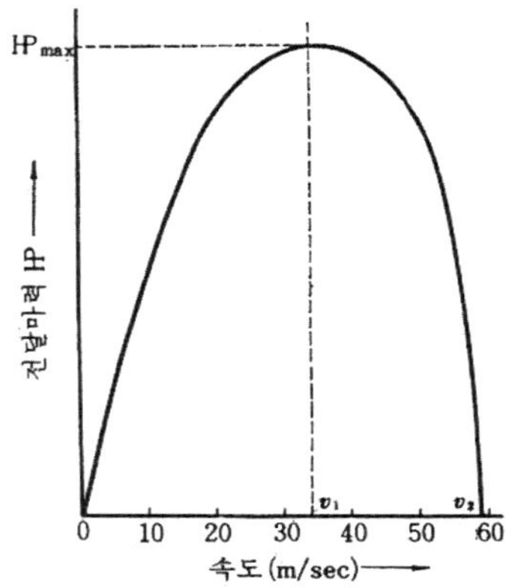

그림 15-30 최대의 속도와 전달마력과의 관계

15.6 단차(step pulley)

원추풀리(cone pulley)를 사용하면 연속적으로 각속비가 바뀌지는 잇점은 있으나, 벨트가 지름이 큰 쪽으로 올라가는 경향이 있어서 이동방지의 장치를 강구해야 되고, 따라서 벨트를 손상하기 쉽다. 또 슬립이 생기기 쉬우므로 큰동력을 전달시키는 데에는 부적당하다. 따라서 이 결점을 없애기 위하여 지름이 다른 몇 개의 풀리를 나란히 놓은 것같이 하면 회전속도는 연속적으로 변화하지는 않으나 단계적으로 변화하게 된다. 이와 같은 풀리를 단차(stepped pulley)라 한다. 단차는 각종 기계의 운전, 특히 공작기계의 속도변환장치에 많이 사용되고 있다. 그림 15-31은 단차를 도시한다.

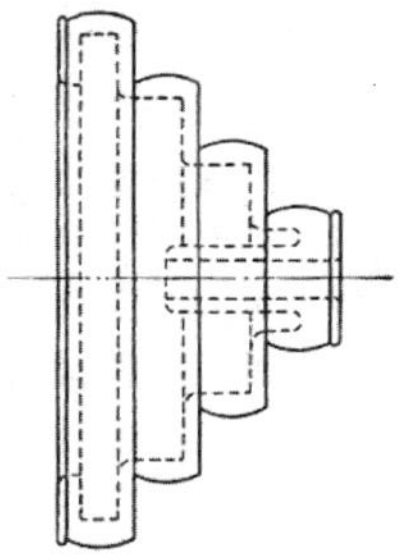

그림 15-31 단차

이 때 만일 그림 15-32에서 보는 바와 같이 한쪽 차만을 단차로 사용하고 상대쪽은 넓은 폭의 원주차를 사용하면 벨트를 이동할 때마다 소요 벨트의 길이가 다르므로 적당한 긴장풀리를 사용해야 된다. 그림 15-33도 같은 경우를 나타낸다.

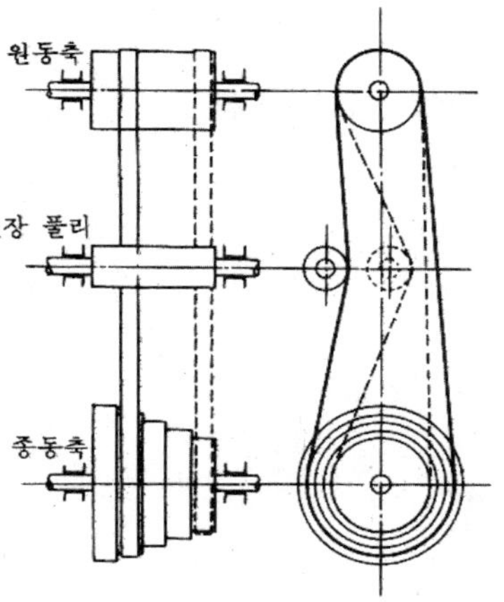

그림 15-32 단차와 원주차의 조합

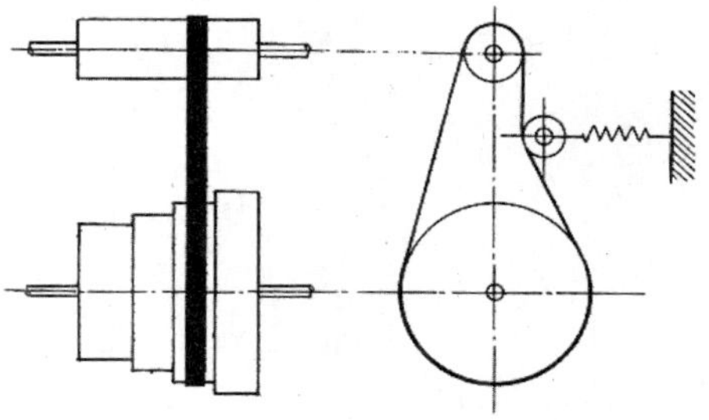

그림 15-33 단차와 원주차에 긴장 풀리로 장력을 준다

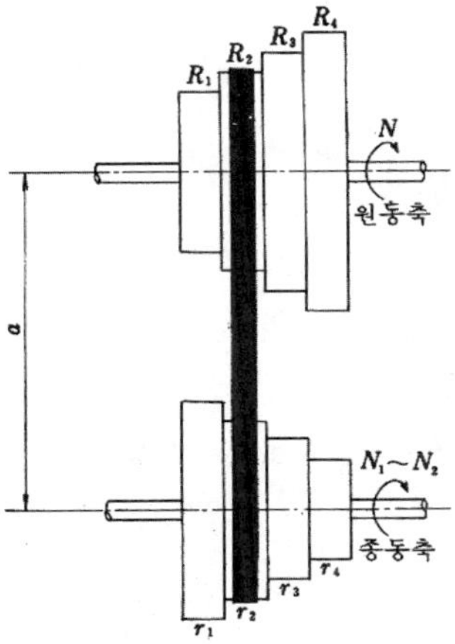

그림 15-34 단차끼리의 조합

그림 15-33에서 보는 바와 같이 보통 양쪽의 축을 단차로 사용하고, 1개의 벨트로 단차의 어떤 단에도 감을 수 있도록 설계되어 있다. 그리고 제작비를 싸게 하기 위하여 원동축과 종동축은 동형의 단차로 하여 서로 반대 방향으로 놓아 사용하는 것이 상례이다. 벨트를 벗기고 걸어감는 것은 항상 벨트의 진입측에서 행하는 것이다.

이와 같은 단차를 사용하여 종동축의 회전속도를 단계적으로 변화시킬 때, 회전속도를 순차적으로 등차급수로 하는 수도 있으나 일반적으로는 등비급수로 배열하는 수가 많다. 그림 15-34에 있어서 원동축의 회전속도는 일정하고(N), 종동축의 회전속도를 각각 $N_1, N_2, N_3, \cdots N_m$ 이라고 한다. 이 종동축의 회전속도가 등비급수로 변화한다고 하면

$$\frac{N_2}{N_1} = \frac{N_3}{N_2} = \frac{N_4}{N_3} = \cdots$$

$$= \frac{N_m}{N_{m-1}} = \phi \tag{15-54}$$

원동풀리의 단차의 반지름을 차례로 R_1, R_2, $R_3 \cdots R_m$

종동풀리의 단차의 반지름을 차례로 r_1, r_2, $r_3 \cdots\cdots r_m$ 이라고 하면

$$N_1 = N\frac{R_1}{r_1} \cdots \text{ 최소}$$

$$N_2 = N\frac{R_2}{r_2} = N_1\phi$$

$$N_3 = N\frac{R_3}{r_3} = N_2\phi = N_1\phi$$

$$\vdots$$

$$N_m = N\frac{R_m}{r_m} = N_{m-1}\phi = N_1\phi^{m-1} \cdots\cdots \text{최대}$$

최후의 식에서

$$\phi = \sqrt[m-1]{\frac{N_m}{N_1}} \tag{15-55}$$

위 식에서 최대, 최소의 회전속도가 주어지고 단수가 주어질 때 공비 φ 를 구할 수가 있을 것이다.

또 $R_1 + r_1 = R_m + r_m = C =$ 일정

$$N_m = N\frac{R_m}{r_m} = N_1\phi^{m-1} = N\frac{R_1}{N_1}\phi^{m-1}$$

$$\text{즉, } \frac{R_m}{r_m} = \frac{R_1}{r_1}\phi^{m-1} \tag{15-56}$$

의 관계가 있으므로

$$r_m = \frac{C}{1\frac{+R_1}{r_1}\phi^{m-1}} = \frac{R_1 + r_1}{1 + \frac{R_1}{r_1}\phi^{m-1}} \tag{15-57}$$

$$\therefore \ R_m = (R_1 + r_1) - r_m$$

m 단차의 반지름을 각각 구할 수가 있다. 공비 ϕ는 $1.25 \sim 2$의 범위 내의 값으로 설계한다.

예제 3 20 [PS]를 전달시키는 벨트의 속도가 12 [m/sec]이고, 접촉각 $\theta = 150°$일 때 T_t, T_s, T_0를 구하라. 단, $\mu = 0.3$ 원심력은 무시하기로 한다.

풀이

$$P = \frac{75}{v}H = \frac{75 \times 20}{12} = 125\ [\text{kgf}]$$

도[°]로 표시한 접촉각을 α 라 하고, 라디안(radian)으로 표시한 접촉각을 θ 라 하면 $\theta = 0.175 \times \alpha$의 관계가 있다.

$$e^{\mu\theta} = e^{0.3 \times 150 \times 0.175} = 2.19$$

$$T_t = \frac{2.19}{2.19 - 1} \times 125 = 230\ [\text{kgf}]$$

$$T_s = \frac{1}{2.19 - 1} \times 125 = 105\ [\text{kgf}]$$

$$T_0 = \frac{(\sqrt{230} + \sqrt{105})^2}{4} = 161\ [\text{kgf}]$$

예제 4 원동풀리가 100 [rpm], 종동풀리가 최고 300 [rpm], 최저 40 [rpm]으로 하여 양축사이의 중심거리가 2 [m]일 때, 제4단의 바로걸기 단차를 설계하여라. 단, 원동풀리 중에서 최소 풀리의 반지름을 50 [mm]라 한다.

풀이

$$N = 100,\ N_1 = 40,\ N_4 = 300$$

$$c = 2000\ [\text{mm}],\ R_1 = 50\ [\text{mm}]$$

$$\therefore \ \phi = \sqrt[m-1]{\frac{N_m}{N_1}} = \sqrt[4-1]{\frac{300}{40}}$$

$$\therefore \ \phi = \sqrt[3]{\frac{300}{40}} = 1.96$$

$$\therefore \ N_2 = N_1\phi = 40 \times 1.96 = 78.4\ [\text{rpm}]$$

$$N_3 = N_1\phi^2 = 1.96^2 \times 40 = 153.3\,[\text{rpm}]$$

$$\frac{R_1}{r_1} = \frac{N_1}{N}$$

$$\therefore\ r_1 = \frac{100}{40} \times 50 = 125\,[\text{mm}]$$

또 전 길이 $L_0 = 2c + \dfrac{(R_1 - r_1)^2}{c} + \pi(R_1 + r_1)$

$$= 2 \times 2000 + \frac{(50-125)^2}{2000} + \pi(50+125) = 4552.6[\text{mm}]$$

제 2단에 있어서는

$$\begin{cases} \dfrac{R_2}{r_2} = \dfrac{73.4}{100} \\ 2 \times 2000 + \dfrac{(R_2 - r_2)^2}{2000} + \pi(R_2 + r_2) = 4552.6 \end{cases}$$

①, ②의 연립방정식을 풀어서

$$\begin{cases} \mathrm{R}_2 = 78.4[\text{mm}] & \cdots\cdots ① \\ \mathrm{r}_2 = 100[\text{mm}] & \cdots\cdots ② \end{cases}$$

제 3단에 있어서도

$$\left\{ \frac{R_3}{r^3} = \frac{153.3}{1000} \right. \quad \cdots\cdots ③$$

$$2 \times 2000 \times \frac{(R_3 - r_3)^2}{2000} + \pi(R_3 + r_3) \quad \cdots\cdots ④$$

③, ④의 연립방정식을 풀어서

$$\begin{cases} R_3 = 106.5[\text{mm}] \\ \mathrm{r}_3 = 69.5[\text{mm}] \end{cases}$$

제4단에 있어서도

$$\begin{cases} \dfrac{R_4}{r_4} = \dfrac{300}{100} = 3 & \cdots\cdots ⑤ \\ 2 \times 2000 + \dfrac{(R_4 - R_4)^2}{2000} + \pi(R_4 + r_4) & \cdots\cdots ⑥ \end{cases}$$

⑤, ⑥의 연립방정식을 풀어서

$$\begin{cases} R_4 = 131.1[\text{mm}] \\ \mathrm{r}_4 = 43.7[\text{mm}] \end{cases}$$

이 결과를 나타내면 **표 15-8**과 같이 된다.

[표 15-8]

	원동풀리의 회전속도	종동풀리의 회전속도	원동풀리의 반지름	종동풀리의 반지름	양 풀리의 반지름의 합
제1단	100	40.0	50[mm]	125[mm]	175[mm]
제2단	100	78.4	78.4[mm]	100[mm]	178.4[mm]
제3단	100	153.3	106.5[mm]	69.5[mm]	176.0[mm]
제4단	100	300.0	131.1[mm]	43.7[mm]	174.8[mm]

이 결과를 보아 아는 바와 같이 양축간의 거리가 풀리의 지름에 비하여 멀 때에는 바로걸기에서도 각 단에 있어서의 양반지름의 합은 거의 일정하다고 볼 수 있다. 또 운전중 벨트의 신축이 있으므로 이와 같은 극히 작은 차이는 무시해도 좋다고 하면 엇걸기일 경우와 같이 취급해도 좋을 것이다.

15.7 벨트와 풀리장치의 치수설계

1. 벨트의 설계

1) 바로걸기 또는 엇걸기의 배치에서 기하학적으로 접촉각 $\alpha = \pi \pm 2\phi[\,^\circ]$가 결정되고, 풀리의 벨트의 조합에서 마찰계수 μ를 결정한다. 따라서 $e^{\mu\theta}$의 각을 계산한다.
2) 벨트와 벨트의 이음 방법에 의하여 허용인장응력 σ_a의 값, 비중량, 이음 효율 η를 결정한다.
3) 벨트의 속도 v를 결정한다.
4) 전달마력을 계산한다.
5) 긴장측의 장력 T_t에 견딜 수 있도록 벨트의 폭 b를 결정한다.
6) 벨트의 폭에서 두께와 풀리를 설계할 수 있다.

2. 벨트 장치의 강도에 의한 치수 결정

(1) 응력에서 벨트의 치수를 결정

운전중 벨트는 먼저 T_t와 T_s의 장력을 받고, 다음에 림면에 있어서 굽힘(bending)을 받는다. 즉 벨트에 생기는 응력 σ는 σ=장력에 의한 응력 + 굽힘에 의한 응력$=\sigma_t+\sigma_b$로 일반적으로 표시된다.

단, b ; 벨트의 폭, h ; 벨트의 무게, D ; 풀리의 지름

E ; 벨트 탄성계수 $\begin{cases} 1000 \sim 1250[\text{kgf/cm}^2] \cdots\cdots \text{새 가죽 벨트} \\ 2000 \sim 2250[\text{kgf/cm}^2] \cdots\cdots \text{오래된 가죽 벨트} \end{cases}$

그림 15–35에서 두께 h의 벨트가 지름 D의 풀리에 감겨질 때의 변형율 ϵ은

$$\epsilon = \frac{\left\{\left(\frac{D}{2}+h\right)-\left(\frac{D}{2}+\frac{h}{2}\right)\right\}}{\left(\frac{D}{2}+\frac{h}{2}\right)} \fallingdotseq \frac{h}{D} \tag{15-58}$$

따라서 굽힘응력 $\sigma_b = \frac{hE}{D}$로 된다.

$$\therefore\ \sigma = \sigma_t + \sigma_b = \frac{T_t}{bh} + \frac{hE}{D} \tag{15-59}$$

그러나 $\frac{h}{D}$가 작을 경우에는 굽힘응력을 고려하지 않는다.

$$즉,\quad \left.\begin{aligned} T_t &= bh\sigma \\ \therefore b &= \frac{T_t}{\sigma_a \cdot h} \end{aligned}\right\} \tag{15-60}$$

굽힘응력을 감소시키고 벨트의 수명을 길게 하려면 풀리를 되도록 크게 하는 것이 좋고, $\frac{D}{h} > 35$로 하는 것이 좋다.

[표 15–9] 벨트의 응력

$\frac{D}{h}$	25 ~ 50	50 이상
σ	16 ~ 23[kgf/㎠]	20 ~ 30[kgf/cm]

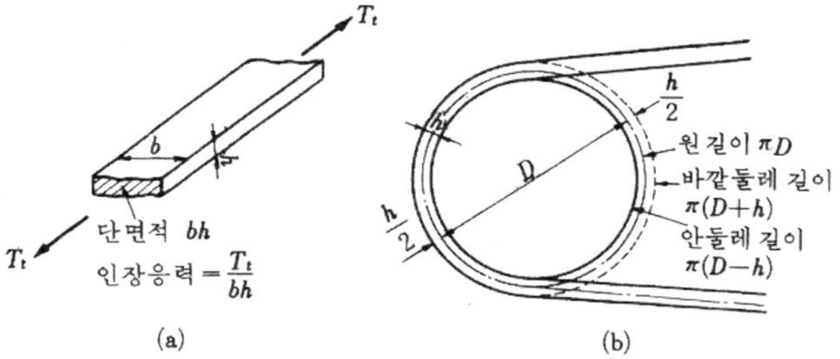

그림 15–35 벨트에 생기는 응력

예제 5 바로걸기 벨트 전동장치에 있어서 전달마력 $H=5$ [PS], 원동풀리의 회전속도 $N_1=1000$ [rpm], 지름 $D_1=500$ [mm], 속비 $\epsilon=\frac{1}{3}$, 축 사이의 거리 $c=3$ [m]라고 할 때 벨트를 설계하여라.

풀이

$$H=\frac{T_t v}{T_s}\cdot\frac{e^{\mu\theta}-1}{e^{\mu\theta}}$$

$$v=\frac{\pi D_1 N_1}{1000\times 60}=\frac{\pi\times 500\times 1000}{60\times 1000}=26\,[\text{m/sec}]$$

접촉각 θ는

$$\sin\phi=\frac{D_2-D_1}{2c}=\frac{1500-500}{2\times 3000}=0.166 \qquad \therefore\ \phi=9^\circ 30'$$

$$\theta=180^\circ-2\times 9^\circ 30'=161^\circ$$

마찰계수 μ는 가죽 벨트와 주철제의 풀리로 하여 $\mu=0.2$

$$\frac{e^{\mu\theta}-1}{e^{\mu\theta}}=0.428$$

$$\therefore\ 5=\frac{T_t\times 26}{75}\times 0.428$$

$$T_t=\frac{5\times 75}{26\times 1.428}=33.8\,[\text{kgf}]$$

$$b=\frac{T_t}{\sigma_a\cdot h}\text{에서}$$

한겹 벨트로 하여 두께 $h=4$ [mm], $\sigma_a=0.2$ [kgf/㎟]로 하여

$$b=\frac{33.8}{0.2\times 4}=42.4\,[\text{mm}]$$

여유를 두고 규격 치수 51[mm]를 하여 $b=51$ [mm]로 한다.

예제 6 7.5 [PS], 1800 [rpm], 지름 125 [mm]의 풀리로써 바로걸기로 지름 450 [mm]의 풀리에 동력을 전달시킨다. 중심거리 2.5 [m]로 하고, 가죽 벨트를 사용할 때 벨트의 치수를 구하여라.

풀이

$$v=\frac{\pi D_1 N_1}{1000\times 60}=\frac{\pi\times 125\times 1800}{1000\times 60}=11.8\,[\text{m/sec}]$$

앞의 문제와 같이 가죽 벨트와 주철제의 풀리라고 하여 $\mu=0.2$라 하면 접촉각 θ는

$$\sin\phi=\frac{D_2-D_1}{2c}=\frac{450-125}{2\times 2500}=\frac{325}{5000}=0.065 \qquad \therefore\ \phi=3^\circ 45'$$

$$\theta=180^\circ-2\times 3^\circ 45'=172^\circ 30'$$

$$\frac{e^{\mu\theta}-1}{e^{\mu\theta}}=0.453 \quad 7.5=\frac{T_t\times 11.8}{75}\times 0.453$$

$$T_t=105\,[\text{kgf}]$$

지금 한겹 가죽 벨트로서 두께 5 [mm], 항장력=350 [kgf/㎠], 안전율 8, 이음 효율을 50%라고 하면

$$\sigma_a=(350\div 8)\times 0.5=22\,[\text{kgf/㎠}]$$

벨트의 폭 b 는

$$b = \frac{T_t}{\sigma_a h} = \frac{1.5}{22 \times 0.5} = 9.6[\text{cm}]$$

가죽 벨트의 표준 규격에서 5[mm]×102[mm]길이 l 은

$$l \fallingdotseq 2c + \frac{\pi}{2}(D_1 + D_2) + \frac{(D_2 - D_1)^2}{4c}$$

$$= 2 \times 2500 \times \frac{\pi}{2}(125 + 450) + \frac{(450 - 125)^2}{4 \times 2500}$$

$$= 5000 + 900 + 10.6 = 5910[\text{mm}]$$

3. 풀리의 설계

풀리의 각부에 작용하는 힘의 관계를 엄밀히 따지는 것은 아주 어려운 일이며, 특히 주조할 때 생기는 발생응력을 생각하면 도저히 수식으로 표시할 수 없다. 따라서 각부의 치수를 강도계산만으로 결정하면 실제와는 아주 다른 경우가 생기므로 실제로는 오랜 경험을 첨가하여 치수를 결정하고 있다. 풀리의 구체적인 설계는 다음의 **그림 15-36** 및 표 15-10에 따른다.

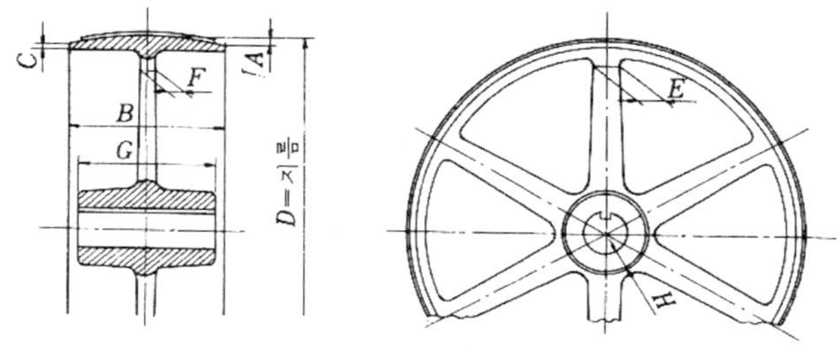

그림 15-36 풀리의 치수

[표 15-10] 풀리의 치수

(단위 : mm)

지름 (D)	폭 (B)	C	A	E	F	C	H	지름 (D)	폭 (B)	C	A	E	F	C	H
150	100	3	5	19	11	76	9	350	300	5	8	43	21	165	16
150	150	3	5	19	11	89	13	400	100	4	6	35	14	89	13
150	200	3	5	19	11	89	13	400	200	5	8	36	16	127	16
150	300	3	5	19	11	100	13	400	300	6	9	36	16	165	19
200	100	3	5	21	11	76	9	400	400	6	9	48	24	209	22
200	150	3	5	21	11	89	13	450	100	5	8	33	14	102	16
200	200	4	6	27	14	114	13	450	200	6	9	38	17	140	19
200	300	4	6	27	14	140	13	450	300	6	9	38	17	184	22
250	100	3	5	24	14	76	13	450	500	6	9	57	32	229	22
250	150	4	6	27	14	89	13	500	100	5	8	35	16	102	16
250	200	4	6	27	14	114	13	500	200	5	8	35	16	127	19
250	300	4	6	33	16	140	16	500	300	6	9	41	19	178	19
300	100	4	6	25	11	83	13	500	500	7	11	57	28	254	25
300	150	4	6	44	13	102	13	550	100	5	8	38	16	102	16
300	200	4	6	44	13	127	16	550	200	5	8	38	16	127	19
300	300	5	8	38	19	165	16	550	300	9	9	44	21	165	22
350	100	4	6	28	13	89	13	550	500	7	11	67	32	279	28
350	150	4	6	28	13	114	16	600	100	6	9	40	17	102	16
350	200	5	8	33	14	127	16	600	200	6	9	40	17	140	19

연습문제

01

축간거리 4[m], 원동풀리의 지름 230[mm], 종동풀리의 지름 660[mm]라 할 때, 바로걸기와 엇걸기의 두 가지 경우의 벨트 길이를 구하고, 바로걸기의 경우 원동풀리의 회전속도를 400[rpm]이라 하고 2[PS]를 전달하려고 할 때 벨트의 치수를 결정하여라. 단, $\mu = 0.2$, $\sigma_a = 0.25$ [kgf/㎟], 벨트 이음 효율 $\eta = 0.8$ 이라 한다.

02

3[kW], 2100[rpm]의 모터와 바로걸기의 평고무 벨트 1종으로 연결된 작업 기계의 축이 420[rpm]으로 구동하기 위해 필요한 벨트 장치의 아래 치수를 구하여라. 단, 축간거리는 1200[rpm]라 한다.

1) 고무 벨트의 단면 치수, 소요 길이, 단축 길이
2) 풀리의 재질, 바깥지름, 폭
3) 모터의 축지름(키를 고려한다)

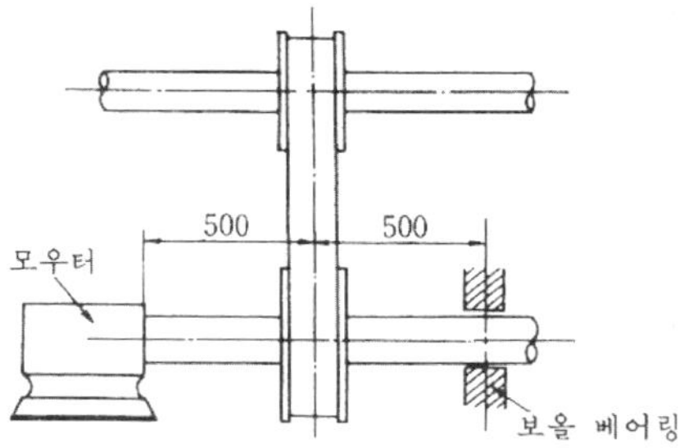

그림 15-37

03

원동축의 회전속도는 1750 [rpm], 종동축의 회전속도는 600 [rpm]이고 2 PS를 평벨트로 전달시키는 경우 풀리 림의 지름, 벨트의 폭과 길이, 주어야 되는 초장력 T_0를 구하여라. 단, 벨트의 속도 $v=20$ [m/sec], 축간 거리 $c=128$ [cm], 마찰계수 $\mu=0.2$ 라 한다.

04

모터 M의 축의 출력이 31 [PS], 이 축에 붙은 원판의 지름이 210 [cm]이고, 이것으로 발전기 A와 B가 벨트전동으로 운전되고 있다. 1) 풀리 A와 B의 지름, 2) 원주속도, 3) 회전력, 4) 벨트이 폭을 구하여라. 단, 회전속도는 M에서 240[rpm], A에서 1400 [rpm], B에서 900 [rpm], 축건 거리는 M, A 사이가 400 [cm], A, B 사이가 150 [cm]이다.

해답

❶ 바로걸기= 941 [cm], 엇걸기= 946 [cm], $bh=102\times5=510$ [㎟]

❷ 단축량 $\Delta L=L\dfrac{T_0}{bh}\cdot\dfrac{1}{t}=57.6$ [mm], 모터 풀리 $D_1=150$ [mm], $B_1=90$ [mm], 종동풀리 $D_2=750$ [mm], $B_2=90$ [mm] 벨트 $bh=75\times3$, $L=3830$ [mm], 키를 $10\times8d=36.3\fallingdotseq38$ [mm]

❸ $D_1=21.8$ [cm], $T_0=3.8$, $D_2=63.69$ [cm], 벨트의 길이 $L=393$ [cm], $P=7.5$[kgf], $b=1.23$ [kgf]

❹ 1) $d_A=54.8$ [cm], $d_B=34.5$ [cm] 2) $v=26.3$ [m/sec] 3) $P=88$[kgf] 4) $b=8$ [cm]

CHAPTER 16

V벨트 전동기소설계

16.1 V 벨트

1. V벨트 장치의 특성

(1) 고무제 V벨트

V벨트는 사다리꼴의 단면을 가지고 있는 이음매가 없는 고리 모양(환상)의 벨트로서, V형의 홈이 파져 있는 V풀리(V-pulley)에 밀착시켜, 홈마찰차의 경우과 같이 쐐기 작용에 의하여 마찰력을 아주 증대시킨 것으로서, 벨트가 홈에 감겨져 있을 때에는 안쪽 부분은 압축을 받아 폭이 넓어지므로 홈의 양쪽에 잘 밀착되어 V풀리에서 잘 떨어져 나오고, 직선이 되는 경우에는 폭이 수축되어 가느다랗게 되므로, 홈의 출입에 무리가 없어 비교적 작은 장력으로서 큰 회전력을 얻을 수가 있는 벨트이다. 즉 고무 V벨트의 홈에 있어서의 마찰 전동력의 증가와 고무의 굴요성이 크다는 것을 이용하여, 기어와 평벨트의 중간쯤 되는 축 사이의 거리의 전동장치로써 널리 사용되고 있으며, 양축 간의 거리가 5[m] 정도까지 사용된다. 따라서 협소한 장소에도 설치할 수가 있고, 평벨트에 비하여 운전이 조용하고 충격의 완화 작용도 할 수 있다. 또한 미끄럼이 적으므로 높은 속비가 얻어지는데, 보통 1 : 7, 최대 1 : 10까지 사용되며 원주속도 25[m/sec]까지의 고속운전이 가능하다. 운전효율도 높아 96 ~ 99% 정도이며, 또한 장력이 적으므로 베어링의 부담하중도 적다.

이상과 같은 잇점이 있으나 평행 두 축간으로서 같은 방향의 회전의 경우에 한하여 사용되며 그 길이를 조정할 수가 없으므로 축의 위치가 조금 움직일 수 있게 적당한 장력을 줄 수 있는 구조로 해 둘 필요가 있다. 그리고 V벨트가 홈에 들어갔을 때에 V벨트의 바깥쪽이 홈바퀴의 바깥둘레면과 일치하도록 하고, V벨트의 안쪽이 홈바퀴의 밑바닥의 면에 접촉하지 않도록 해야 된다.

그림 16-1은 고무 V형 벨트를 도시하고, 우리 나라에서는 KS M 6535에 고무 V벨트의 규격을 제정하였고, 일본의 JIS K 6323에는 동력 전달용 고무제 V벨트의 표준을 규정하고 있다. V벨트의 구조는 여러 가지가 있으나, 보통 중앙 부근과 위 부분에 질이 좋은 강한 무명으로 만든 끈 또는 면포를 몇 겹으로 하여 고무 속에 밀착시켜 장력에 견딜 수 있게 하며, 또 전동중의 느림을 방지시킨다. 중앙부의 아래 부분과 위 부분은 질이 좋은 고무만의 층을 하여 압축변형을 쉽게 하여 굽히는 데 유연성을 준다. 다시 이것의 주변을 질이 좋은 고무를 입힌 면포 또는 인견의 직물르 몇 겹으로 둘러 내부를 보호하고, 홈에 접하는 부분에 내마모성을 주는 구조로서, 이것을 압착가황하여 V형으

로 만든 것이다.

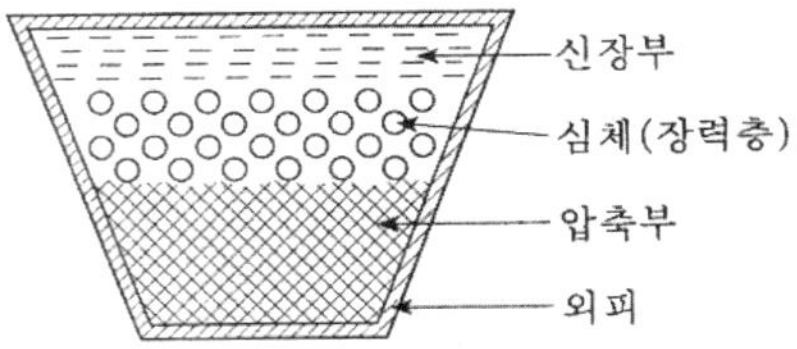

그림 16–1 V벨트의 구조

2. V벨트의 KS 규격

(1) V벨트의 재료와 제작

KS M 6535의 (3)의 사용 재료에 다음과 같이 규정하고 있다.

① **3.1 고무 :** 고무는 V벨트의 사용 목적에 적합하도록 배합하고, 그 질은 균일해야 한다.

② **3.2 포**(布) **:** 포는 평직면포를 사용하고, 경사와 위사의 밀도가 균일해야 하며, 홈이나 늘어짐이 없어야 한다.

③ **3.3심**(芯)**의 실**(糸) **:** 심의 실은 면사, 인견사 및 그 밖의 것을 쓰며, 사용 목적에 적합하도록 꼬임이 균일해야 한다.

[표 16–1] V벨트의 표준 치수(KS M 6355)

형 \ 치수	a[mm]		b[mm]		α[°]	
	치수	허용값	치수	허용값	치수	허용값
A	12.5	±0.7	9.5	±1.0	40	±1.0
B	16.5	±0.8	11.5	±1.0	40	±1.0
C	22.0	±1.0	14.5	±1.5	40	±1.0
D	31.5	±1.5	20.0	±1.5	40	±1.0
E	38.5	±1.5	25.5	±2.0	40	±1.0

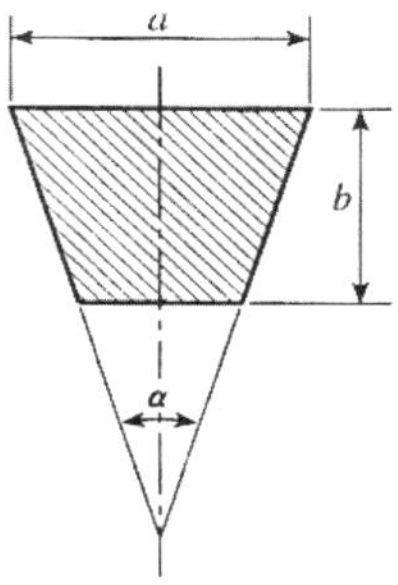

그림 16–2 V벨트의 KS의 표준치수

KS M 6535의 (4)의 제조 방법에는 V벨트는 (3)과 같이 사용 재료를 사용하여 실 또는 면포 및 고무를 심으로 하여 고무를 입힌 면포로 이를 압착가황하여 제조한다.

(2) V고무 벨트의 치수

KS M 6535의 (2)에 단면의 종류로서 A, B, C, D, E형의 5가지를 규정하고 있고, KS M 6535의 (5)에는 그 단면 치수를 다음과 같이 규격화하고 있다.

V벨트의 단면은 좌우 대칭이며, 각 도 및 각 변의 치수는 **표 16-1**과 같다.

(3) 품질(KS M 6535의 6)

① **6.1 외관 :** V벨트는 바른 대형의 하면을 가지고 비꼬임, 홈 또는 그 밖의 결함이 없어야 한다.

② **6.2 성능 :** V벨트는 KS M 6535의 (7)의 시험 방법에 따라 시험하고, **표 16-2**의 규정에 합격해야 된다.

[표 16-2] V벨트의 성능 시험

항목 \ 형		A	B	C	D	E
인장시험	인장강도[kgf/가닥]	180 이상	300 이상	500 이상	1000 이상	1500 이상
굴곡시험	굴곡 후의 인장강도 [kgf/가닥]	140 이상	240 이상	400 이상	800 이상	1200 이상
탄성시험	영구 신장률[%]	0.7 이하	0.7 이하	0.7 이하	0.7 이하	0.7 이하

일본의 JIS 규격에서는 **표 16-3**에서와 같이 M, A, B, C, D, E의 6종류를 제정하고 있으나, 이 밖에 자동차용 홴(fan) 벨트, 재봉틀용 V벨트, F형의 대마력용, 높이를 낮게 하여 굽혀지기 쉽게 한 것, 무단변속용의 폭이 넓은 것 등 특수 형상의 것이 제조되고 있다.

표 16-4는 미국의 V벨트의 규격(ASE)을 표시한 것이다. V벨트의 각도는 우리 나라에서 40°로 규정하고 있으나 ISO에서는 40°±10으로 규정하고 있고 미국, 서독 등에서는 명시하고 있지는 않지만 대체로 40° 근처의 값을 사용하고 있다.

[표 16-3] V벨트의 치수(JIS)

형별	밀리미터[mm] 단위의 것					단면적 [㎟]	인치[inch] 단위의 것	
	a[mm]	a_0[mm]	b[mm]	인장강도 [kgf]	허용장력 [kgf]		a인치[mm]	b인치[mm]
M	10.0	–	5.5	100 이상	10	–	–	–
A	12.5	5.9	9.0	180 이상	18	83	$\frac{1}{2}$(12.70)	$\frac{11}{32}$(8.73)
B	16.5	8.5	11.0	300 이상	30	137.5	$\frac{21}{32}$(16.67)	$\frac{7}{16}$(11.11)
C	22.0	11.8	14.0	500 이상	50	236.7	$\frac{7}{8}$(22.22)	$\frac{17}{32}$(13.49) $\frac{9}{16}$(14.29)
D	31.5	17.7	19.0	1000 이상	100	467.1	$1\frac{1}{4}$(31.75)	$\frac{3}{4}$(19.05)
E	38.0	19.4	25.5	1500 이상	150	732.3	$1\frac{1}{2}$(33.10)	1(25.40)

$\beta = 40° \pm 20'$ 단, β는 V벨트의 경사각

[표 16-4] V-벨트의 규격(ASE)

Symbol	Size, outside width×depth	Weight per ft, lb, w	Maximum working load, lb, F1	Minimum recommended grooved pulley diam., in	Minimum flat pulley diam. in.	Correction for pitch diam., in.	
						Grooved*	Flat+
A	$\frac{17}{32}$ by $\frac{11}{32}$	0.06	40	3	17	$\frac{3}{8}$	0.30
B	$\frac{11}{16}$ by $\frac{7}{16}$	0.11	65	5.5	24	$\frac{1}{2}$	0.40
C	$\frac{15}{16}$ by $\frac{9}{16}$	0.20	126	9	42	$\frac{3}{4}$	0.60
D	$1\frac{5}{16}$ by $\frac{3}{4}$	0.40	240	13	52	$\frac{7}{8}$	0.80
E	$1\frac{19}{32}$ by $\frac{29}{32}$	0.60	400	21.5	62	$1\frac{1}{8}$	0.95

Sizes and weights are approximate, as they vary with the manufacturer.
*Subtract from outside diameter of sheave to get pitch diameter.
+Add to outside diameter of flat pulley to get pitch diameter.

3. 특수 V벨트의 종류

최근 보통 V벨트 이외에 특별한 용도 때문에 V벨트가 여러 가지로 제작되고 있다.

(1) 중하중용 V벨트(super power V-belt)

심체에 데이크런을 사용한 것은 인장강도가 규격의 2배 이상으로 되고, 습도의 영향을 받지 않으므로 오랫동안 사용하더라도 길이가 변하지 않는다. 나일론은 충격에 대하여 강하고 비닐론은 약품에 침식되지 않으므로 강력한 전동을 할 수 있다. 또 고무도 보통의 천연 고무 대신에 네오프렌, 그 밖의 합성고무를 사용하면 내유성이 있을 뿐 아니라 발열도 적다. 따라서 전동능력이 40% 이상으로 증가된다.

그리고 심체로서 가늘고 유연한 와이어 로우프를 사용하면 더 한층 인장강도가 크게 되고 고속운전에 적합하게 된다. 이것은 와이어 로우프를 상당히 위쪽 근방에 배치하고 이면에 깊은 노치(切缺 ; notch)를 붙여서 굽히기 쉽게 되어 전동능력도 보통의 V벨트의 2배 정도로 된다.

(2) 개방 V벨트(open end V-belt)

무단환상으로 만들지 않고 평벨트와 같이 하나의 긴 V벨트로 만든 것으로 필요한 길이로 끊어서 사용하며, 이것을 환상으로 하기 위하여 이음 쇠붙이를 사용한다. 따라서 접합부의 강도는 떨어지고 그 부분이 V풀리에 마주칠 때 충격, 소음, 진동 등을 수반하기 쉬우므로 일반적은 아니나 표준길이의 V벨트를 사용할 수 없을 경우 관계에 연결되기도 하는 관계로, 베어링 위치의 이동이 불가능한 경우나 V풀리의 양쪽에 베어링이 있을 경우 및 긴 축의 중간에 거는 경우 등에 사용된다.

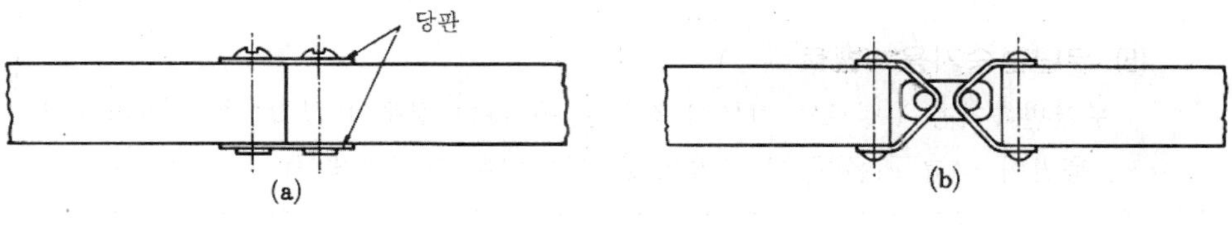

그림 16-3 이음 쇠붙이

(3) 2중 V벨트(double V-belt)

그림 16-4에서 보는 바와 같이 이것은 V벨트를 등을 맞대고 포갠 것으로서 반대쪽으로도 굽힐 수 있다. 따라서 6각 벨트(hexagonal belt)라고도 한다. 이것은 심체가 중앙의 가장 폭이 넓은 곳에 배치되고 옆에서 보면 보통의 벨트보다 높이가 낮다. 그림 16-5에서 보는 바와 같이 원동축과 종동축을 반대 방향으로 돌아가게 하고 싶을 때라든가, 1개의 원동축으로부터 여러 개의 종동축을 번갈아 반대 방향으로 회전(serpentine drive)시키려고 할 때에 편리하다.

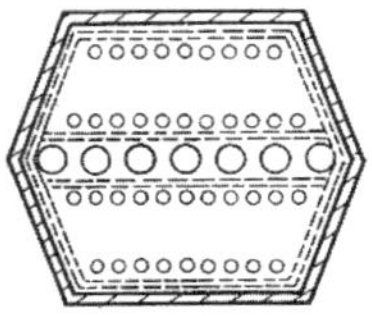

그림 16-4 2중 V-Belt

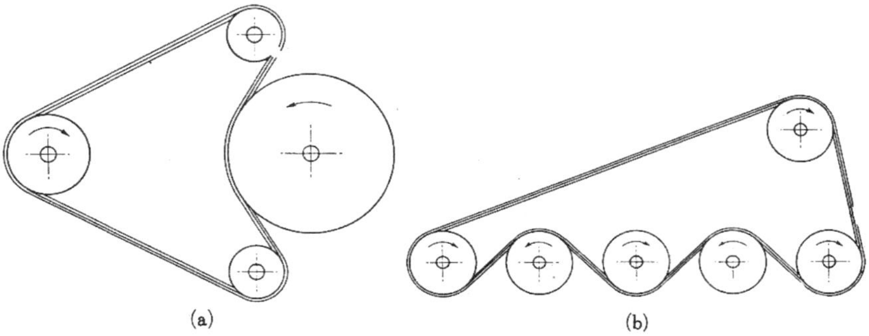

그림 16-5 2중 V벨트의 사용 예

(4) 요형 V벨트(concave side V-belt)

보통의 벨트는 V풀리에 걸어감을 때 굽혀지므로 중앙부가 볼록하게 되어 그림 16-6(c)와 같이 된다. 따라서 V벨트를 그림 16-6(a)와 같이 V벨트의 양쪽을 요형으로 만들어 V풀리에 걸어감으면 그림 16-6(b)와 같이 V벨트의 중앙부가 볼록하게 직선으로 되어 V풀리의 홈에 적합하게 된다. 이것은 접촉면적이 증가하여 마찰력은 커진다고는 하나, 보통 V벨트가 중앙부분이 볼록하게 되기 때문에 홈의 양쪽에 강하게 밀어붙여지게 되어 생기는 자립결합(selflocking) 작용이 크게 되는 데 대하여, 이 요형 벨트는 그 작용이 작으므로 전동능력의 증가는 기대되지 않는다.

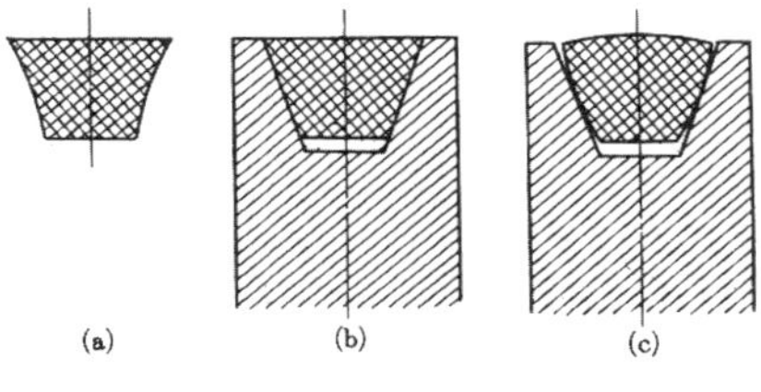

그림 16-6 요형 V벨트

(5) 무단변속기용 V벨트

무단변속기용 V벨트는 지름이 작은 곳에 거는 경우가 많고, 축간 거리가 짧고, 측면이 크고 기름 등의 부착이 많다는 나쁜 조건하에서 사용되는 수가 많다. 따라서 굽혀지기 쉬고 측면에 잘 견디게 만들어야 되므로 그림 16-7과 같이 이면의 파도형으로 코그 벨트(cog belt)로 하는 수가 많다. 그림 16-8은 V벨트 장치이다. 그림 16-9는 V벨트의 종류를 표시한 것이다.

그림 16-7 무단변속기용 V벨트

그림 16-8 V벨트 장치

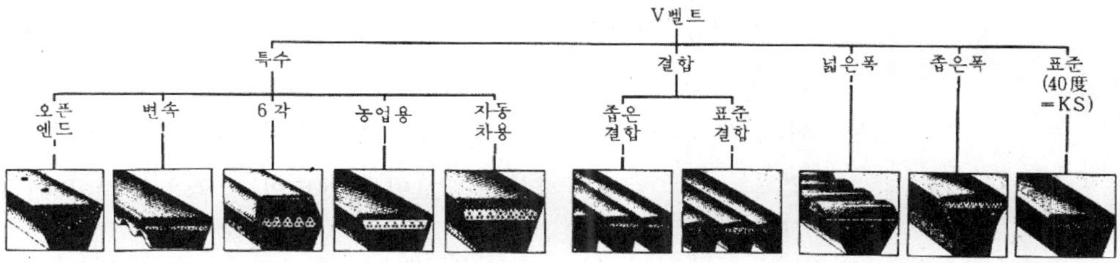

그림 16-9 V벨트의 종류

16.2 V벨트 장치의 설계

1. V벨트의 외관마찰계수

그림 16-10에 있어서 V벨트를 V풀리의 홈에 밀어붙이는 힘을 F, 홈면에 수직하게 생기는 반력을 R라 하면 반지름 방향의 힘의 균형을 생각하면 다음 식이 성립된다.

$$F=2\left(R\sin\frac{\alpha}{2}+\mu R\cos\frac{\alpha}{2}\right)$$

$$\therefore\ R=\frac{F}{2\left(\sin\frac{\alpha}{2}+\mu\cos\frac{\alpha}{2}\right)} \qquad (16\text{–}1)$$

단, μ는 V벨트와 V풀리의 홈면 사이의 마찰계수이다.

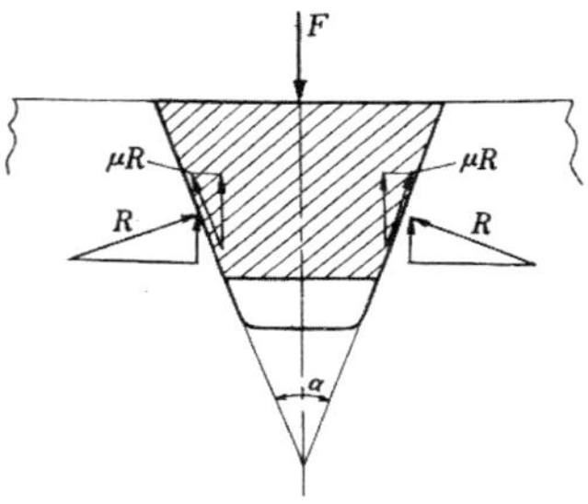

그림 16-10 V벨트와 V벨트 풀리의 홈면에 작용하는 힘

V풀리의 회전력(R에 의하여 홈의 양측면에 생기는 마찰력)은 다음 식으로 표시된다.

$$2\mu R = \frac{\mu F}{\sin\frac{\alpha}{2} + \mu\cos\frac{\alpha}{2}} = \mu' F \tag{16-2}$$

평벨트와 같이 홈이 없는 경우의 마찰력은 μF이므로, 홈에 끼어박히는 V벨트에서는 $\mu' = \frac{\mu}{\sin\frac{\alpha}{2} + \mu\cos\frac{\alpha}{2}}$를 그 마찰계수라고 보면 평벨트의 경우와 똑같이 취급할 수가 있다.

따라서 μ'를 유효마찰계수, 환산마찰계수, 외관마찰계수 등으로 부르고 있다.
예를 들면

$\mu = 0.25$ 이면 $\quad \mu' = \frac{0.25}{\sin 20^\circ + 0.25\cos 20^\circ} = 0.46$

$\mu = 0.4$ 이면 $\quad \mu' = \frac{0.4}{\sin 20^\circ + 0.4\cos 20^\circ} = 0.56$

다음 표 16-5는 여러 가지의 μ와 α에 대한 μ'의 값을 표시한다.

[표 16-5] $\mu' = \frac{\mu}{\sin\frac{\alpha}{2} + \mu\cos\frac{\alpha}{2}}$의 값

α[°]	α				
	0.20	0.25	0.30	0.35	0.40
34	0.41	0.47	0.52	0.56	0.59
35	0.41	0.46	0.51	0.55	0.59
36	0.40	0.46	0.50	0.55	0.58
37	0.39	0.45	0.50	0.54	0.57
38	0.39	0.44	0.49	0.53	0.57
39	0.38	0.44	0.49	0.53	0.56
40	0.38	0.43	0.48	0.52	0.56

그리고 그림 16-10에서 경사면에 작용하는 μR를 생략해도 큰 지장이 없다고 생각할 때는 $F=2R\sin\frac{\alpha}{2}$로 되고, $2\mu R=\frac{\mu F}{\sin\frac{\alpha}{2}}$로 되므로 앞에서와 마찬가지로

$$2\mu R+\mu'' F \tag{16-3}$$

단, $\mu''=\frac{\mu}{\sin\frac{\alpha}{2}}=\mu\operatorname{cosec}\frac{\alpha}{2}$

2. V벨트의 장력

V벨트 전동에 있어서 V벨트의 장력과 V벨트 풀리의 림에 작용하는 힘과의 관계도 평벨트의 경우와 같이 구한다. 단, $\mu'=\frac{\mu}{\left(\sin\frac{\alpha}{2}+\mu\cos\frac{\alpha}{2}\right)}$ 또는 $\mu''=\frac{\mu}{\sin\frac{\alpha}{2}}$를 사용한다.

즉 원심장력 $\frac{wv^2}{g}$을 고려하여

$$\frac{T_t-\frac{wv^2}{g}}{T_s-\frac{wv^2}{g}}=e^{\mu'\theta} \tag{16-4}$$

$$\left.\begin{aligned} P&=T_t-T_s=T_t\left(1-\frac{wv^2}{T_t g}\right)\left(\frac{e^{\mu'\theta}-1}{e^{\mu'\theta}}\right)\\ T_t&=\frac{e^{\mu'\theta}}{e^{\mu'\theta}-1}P+\frac{wv^2}{g}\\ T_s&=\frac{1}{e^{\mu'\theta}-1}P+\frac{wv^2}{g}\end{aligned}\right\} \tag{16-5}$$

그리고 장력비 $K=\frac{T_t}{T_s}$의 값은 평벨트 전동에서는 2 ~ 5정도인데 비하여 V벨트전동에서는 4 ~ 8정도로 할 수 있다. V벨트 전동에서는 자립 상태의 작용이 있으므로 $T_s \fallingdotseq 0$로 되는 경우도 있을 수 있다. 이와 같은 경우에는 K는 더욱 큰 값을 취하게 된다.

초기장력 T_0는 $T_0=\frac{(T_t+T_s)}{2}$로 생각하면

$$T_0=\frac{T_t+T_s}{2}=\frac{K+1}{2K}T_t \tag{16-6}$$

$K=4\sim 8$로 하여 $T_0=(0.56\sim 0.62)T_t \fallingdotseq 0.6T_t$로 되고, 긴장측의 장력 T_t가 허용장력

으로 된다고 하면 T_0는 허용장력의 60% 정도로 해 놓으면 된다.

3. V벨트전동마력

V벨트의 전동마력도 평벨트의 경우와 같으나 μ 대신에 μ'를 사용하는 것이 다르다. 즉 V벨트 1가닥의 전달마력을 H_0라 하면

$$H_0=\frac{Pv}{75}=\frac{v}{75}\left(T_t-\frac{wv^2}{g}\right)\left(\frac{e^{\mu'\theta}-1}{e^{\mu'\theta}}\right)$$

$$=\frac{T_t v}{75}\left(1-\frac{wv^2}{T_t g}\right)\left(\frac{e^{\mu'\theta}-1}{e^{\mu'\theta}}\right)[\mathrm{PS}]$$

$$H_0=\frac{T_t v}{102}\left(1-\frac{wv^2}{T_t g}\right)\left(\frac{e^{\mu'\theta}-1}{e^{\mu'\theta}}\right)[\mathrm{kW}] \tag{16-7}$$

V벨트의 전동효율은 95% 정도이다. 여기서, 최대전동마력의 V벨트의 속도를 구하면 V벨트의 비중 $\gamma=1.2\sim1.3[\mathrm{kgf/dm^3}]$, 허용응력 $\sigma_a=0.2[\mathrm{kgf/mm^2}]$라 하면 $\frac{dH}{dv}=0$에서 $v=23[\mathrm{m/sec}]$ 정도로 되나 V벨트의 수명상 $10\sim18[\mathrm{m/sec}]$ 정도가 좋다.

$v=10[\mathrm{m/sec}]$ 이하의 경우에는 원심력의 영향을 생략하여

$$H_0=\frac{T_t v}{75}\cdot\frac{e^{\mu'\theta}-1}{e^{\mu'\theta}} \tag{16-8}$$

따라서 V벨트 z가닥수의 전동마력 H[PS]는

$$H=\frac{zT_t v}{75}\left(1-\frac{w v^2}{T_t g}\right)\frac{e^{\mu'\theta}-1}{e^{\mu'\theta}}[\mathrm{PS}] \tag{16-9}$$

그리고 V벨트의 1가닥의 전달마력 H_0[PS]는 다음 근사식으로 계산할 수도 있으나 약간의 오차가 있다.

$$H_0=0.233v\times\left(1-\frac{v^2}{1470}\right)\times A \tag{16-10}$$

단, v : V벨트의 속도[m/sec], A : V벨트의 단면적[cm²]

그림 16-11은 v와 H_0와의 관계를 도시한 것이다.

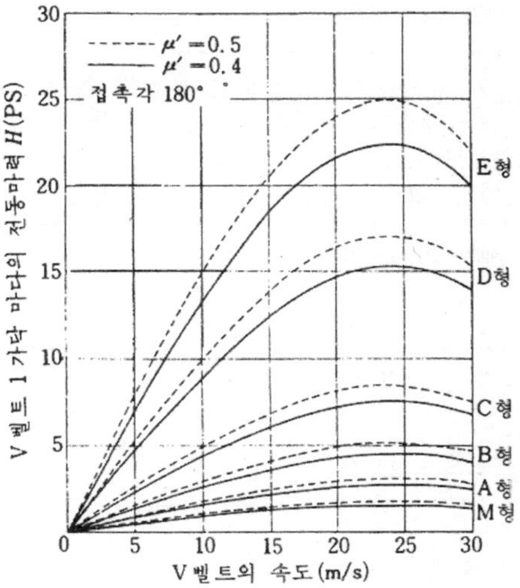

그림 16-11 V벨트의 속도와 1가닥마다의 전달마력

4. V벨트의 선정

표 16-6은 속도와 전달마력에 의한 V벨트의 선택기준을 표시한 것이며, 설계자료로 중요하다.

V벨트에 의한 동력전달에 있어서 표준접촉각 180°에 있어서 V벨트의 1개의 최대전달마력은 계산되어 있다. 표 16-7은 부하 수정계수 k_2의 값을 표시한다.

[표 16-6] V벨트의 선정기준

전달마력	V벨트의 속도[m/sec]		
	10 이하	10~17	17 이상
2이하	A	A	A
2~5	B	B	A 또는 B
5~10	B 또는 C	B	B
10~25	C	B 또는 C	B 또는 C
25~50	C 또는 D	C	C
50~100	D	C 또는 D	C 또는 D
100~150	E	D	D
150 이상	E	E	E

[표 16-7] 부하 수정 계수 k_2의 값

기계의 종류 또는 하중 상태		k_2
송풍기, 원심 펌프, 발전기, 컨베이어(conveyer), 엘리베이터, 교반기, 인쇄기, 그 밖에 하중 변화가 적고 완만한 것		1.0
공작기계, 세탁 기계, 면조 기계 등 약간 충격이 있는 것		0.9
왕복압축기		0.85
제지기, 제재기, 제빙기		0.80
분쇄기, 전단기, 광산기계, 제분기, 원심분리기		0.75
방적기계, 광산기계 기동하중	100 ~ 150%의 것	0.72
	150 ~ 200%의 것	0.64
	200 ~ 250%의 것	0.50

표 16-8은 V벨트 1개의 최대 전달마력을 표시한 것이다. θ가 180°보다 작게 되면 전달마력도 역시 감소되고, 다음 표 16-9에 표시한 접촉각 수정계수 k_1을 최대 전달마력 표에 곱하여 전달마력수를 계산한다. 그리고 하중 작용 상태와 운전 기계의 종류에 대하여 허용 전달마력을 수정해서 V벨트의 치수와 가닥수를 결정해야 된다.

큰 치수의 V벨트를 가닥수를 적게 사용할 것인가 또는 가느다란 V벨트의 가닥수를 많이 사용할 것인가는 용도의 조건에 의하여 결정할 것이고, 대체로 V벨트의 속도가 빠를수록 V벨트 풀리의 지름이 작을수록 가느다란 것이 적당하고, 전달마력에 의하여 V벨트의 가닥수를 결정하려면 다음 식에 의하여 결정한다.

$$z = \frac{H}{H_0 \cdot k_1 \cdot k_2}$$

$$\text{즉,}\quad \text{No. of V-belts} = \frac{\text{total HP transmitted}}{\text{HP transmitted by each belt} \times k_1 \times k_2} \qquad (16\text{-}11)$$

[표 16-8] V벨트 1개의 최대전달마력

속도 v [m/sec]	접촉각 $\theta=180^\circ$ 의 경우의 V벨트 1개의 전달마력					속도 v [m/sec]	접촉각 $\theta=180^\circ$ 의 경우의 V벨트 1개의 전달마력				
	A	B	C	D	E		A	B	C	D	E
5.0	0.9	1.2	3.0	5.5	7.5	13.3	2.2	2.8	6.7	12.9	17.5
5.5	1.0	1.3	3.2	6.0	8.2	13.5	2.2	2.9	6.9	13.3	18.0
6.0	1.0	1.4	3.4	6.5	8.9	14.0	2.3	3.0	7.1	13.7	18.5
6.5	1.1	1.5	3.6	7.0	9.9	14.5	2.3	3.1	7.3	14.1	19.0
7.0	1.2	1.6	3.8	7.5	10.3	15.0	2.4	3.2	7.5	14.5	19.5
7.5	1.3	1.7	4.0	8.0	11.0	15.5	2.5	3.3	7.7	14.8	20.0
8.0	1.4	1.8	4.3	8.4	11.6	16.0	2.5	3.4	7.9	15.1	20.5
8.5	1.5	1.9	4.6	8.8	12.2	16.5	2.5	3.5	8.1	15.4	21.0
9.0	1.6	2.1	4.9	9.2	12.8	17.0	2.6	3.6	8.3	15.7	21.4
9.5	1.6	2.2	5.2	9.6	13.4	17.5	2.6	3.7	8.5	16.0	21.8
10.0	1.7	2.3	5.5	10.0	14.0	18.0	2.7	3.8	8.6	16.3	22.2
10.5	1.8	2.4	5.7	10.5	14.6	18.5	2.7	3.9	8.7	16.6	22.6
11.0	1.9	2.5	5.9	11.0	15.2	19.0	2.8	4.0	8.8	16.9	23.0
11.5	1.9	2.6	6.1	11.5	15.8	19.5	2.8	4.1	8.9	17.2	23.3
12.0	2.0	2.7	6.3	12.0	16.4	20.0	2.8	4.2	9.0	17.5	23.5
12.5	2.1	2.8	6.5	12.5	17.0						

[표 16-9] 접촉각 수정계수 k_1 의 값

각도 θ	180	176	172	176	168	164	160	156	153	150	145	140	137	135	130	128	128	123	120	115	100	90
k_1	1.00	0.99	0.98	0.98	0.97	0.96	0.96	0.95	0.95	0.94	0.93	0.92	0.91	0.90	0.89	0.89	0.88	0.87	0.86	0.85	0.74	0.69

예제 1 벨트의 속도 $v=10\,[\text{m/sec}]$의 경우 A형 V벨트 1개의 전달마력을 구하여라. 단, 접촉각 $\theta=135$, 풀리는 주철제로 하고 벨트의 마찰계수 $\mu=0.4$ 라고 한다. 또 $v=25\,[\text{m/sec}]$로 되면 어떠하겠는가?

풀이 벨트의 속도가 $10\,[\text{m/s}]$ 이하의 경우는 원심력의 영향을 고려하지 않아도 무방하므로

1) $H_0=\dfrac{T_t\,v}{75}\cdot\dfrac{e^{\mu'\theta}-1}{e^{\mu'\theta}}$에 있어서

A형의 허용 인장력 $P=15\,[\text{kgf}]$로 하면

$$\mu'=\frac{\mu}{\sin 20^\circ+\mu\cos 20^\circ}=\frac{0.4}{0.342+0.4\times 0.94}=0.56$$

$$\mu'\theta=0.56\times 2.39=1.34$$

$$e^{\mu'\theta}=2.718^{1.34}=3.82$$

$$\therefore\ \frac{e^{\mu'\theta}-1}{e^{\mu'\theta}}=\frac{2.82}{3.82}=0.74$$

$$\therefore\ H_0=\frac{15\times 10}{75}\times 0.74=1.48\,[\text{PS}]$$

2) $v=25$ [m/s]에서는 속도가 너무 빠르므로 원심력의 영향을 고려하여, 원심력에 의한 장력의 증분은

$$\frac{wv^2}{g}=\frac{0.1^* \times 25^2}{9.8}=6.37 \fallingdotseq 6.4\,[\text{kgf}]$$

$$H_0=\left(T_t-\frac{wv^2}{g}\right)\frac{v}{75}\cdot\frac{e^{\mu'\theta}-1}{e^{\mu'\theta}}=(15-6.4)\frac{25}{75}\times(0.74)=2.12\,[\text{PS}]$$

예제 2 출력 50 [PS], 회전속도 1150 [rpm]의 모터에 의하여 300 [rpm]의 공작기계를 운전하려고 한다. 축간 거리 약 1.5 [m], 하중계수 0.70으로 하여 V벨트의 형과 가닥수를 결정하여라. 단, 마찰계수 $\mu=0.3$이라고 한다.

풀이 전달마력과 V벨트의 종류와의 관계를 표 16-6에서 $H=50\sim100$은 대체로 C 또는 D를 선정하므로, D형을 선정하면 표 16-8에서 홈바퀴의 최소 피치원지름(모터쪽) $D_A=300$ [mm]로 된다.

공작기계 쪽의 피치원지름 $D_B=300\times\frac{1150}{300}=1150\,[\text{mm}]$

벨트의 속도 $v=\frac{3.14\times300\times1150}{60\times1000}=18\,[\text{m/sec}]$

따라서 속도가 빠르므로 원심력의 영향을 고려하여, 원심력에 의한 장력의 증분(increment)은

$$\frac{wv^2}{g}=\frac{0.56\times18^2}{9.8}=18.5\,[\text{kgf}]$$

단, D형의 단면적$=4.67$[㎠]이므로 V벨트의 비중$=1.2$로 하여 1[m]마다의 중량은

$$w=4.67\times1000\times\frac{1.2}{1000}=0.56\,[\text{kgf/m}]$$

접촉각 $\theta=180^\circ-2\sin^{-1}\frac{D_B-D_A}{C}=180^\circ-2\sin^{-1}\frac{115-30}{2\times150}=147^\circ=2.56\,[\text{rad}]$

$\mu=0.3$으로 하여 $\mu'=\frac{\mu}{\sin\frac{\alpha}{2}+\mu\cos\frac{\alpha}{2}}=\frac{0.3}{\sin20^\circ+0.3\cos20^\circ}=0.48$

$$e^{\mu'\theta}=2.718^{0.48\times2.56}=3.43$$

* A형의 단면적=0.83[cm²] 길이 1[m]의 체적 83[cm³]

고무 벨트의 비중 1.2이므로 $w=83\times1.2=100$[gf]$=0.1$ [kgf/m]

$$\therefore\ \frac{e^{\mu'\theta}-1}{e^{\mu'\theta}}=\frac{3.43-1}{3.43}=0.708$$

D형의 허용 인장력 $T_t=86$ [kgf]

전달마력은 $H_0=\frac{\left(T_t-\frac{wv^2}{g}\right)v}{75}\cdot\frac{e^{\mu'\theta}-1}{e^{\mu'}}=(86-18.5)\frac{18}{75}\times(0.708)=11.5\,[\text{PS}]$

부하 수정계수 $k_2=0.70$이라 하면

50 [PS]를 전달시키는 데 필요한 V벨트의 가닥수 z는

$$z=\frac{50}{11.5\times0.7}\fallingdotseq 6\text{개}$$

답 D형 6개

표 16–8에서 $v=18\,[\mathrm{m/s}]$의 경우 D형 1개의 전달마력 $[H_0=16.3\,\mathrm{PS}]$

$$\therefore \begin{cases} k_1=0.935 \\ k_2=0.70 \end{cases} \text{ 으로 하여}$$

$$z=\frac{H}{H_0 k_1 k_2}=\frac{50}{16.3\times0.935\times0.70}=4.6 \fallingdotseq 5$$

답 D형, 5개

예제 3 회전속도 1100[rpm]의 모터로 운전되는 10[PS], 110[rpm]의 공기압축기가 있다. V벨트 풀리의 지름을 각각 150[mm], 1500[mm]라 하고, 축간 거리를 1000[mm]로 하여 C형 V벨트를 사용하면 몇 가닥수로 설계할 것인가? 또 D형이면 어떠한가?

풀이 i) C형의 경우 : $v=\dfrac{3.14\times150\times1100}{60\times1000} \fallingdotseq 8.6\,[\mathrm{m/s}]$

원심력의 영향은 고려하지 않는다.

$$\text{접촉각 } \theta=180^\circ-2\sin^{-1}\frac{150-15}{2\times100}=95^\circ=1.66\,[\mathrm{rad}]$$

$\mu=0.4$라 하면 $\mu'=0.56$으로 된다.

$$\therefore\ e^{\mu'\theta}=2.718^{0.56\times1.66}=2.539$$

$$\frac{e^{\mu'\theta}-1}{e^{\mu'}}=\frac{2.539-1}{2.539}=0.61$$

표 16–3에서 허용 인장력 $P=50\,[\mathrm{kgf}]$이다.

1개의 전달마력 $H_0=\dfrac{50\times8.6\times0.61}{75}=\dfrac{262.3}{75}=3.5\,[\mathrm{PS}]$

부하 수정계수 $k_2=0.85$로 하여 10[PS]를 전동시키는 데 필요한 V벨트의 가닥수는

$$Z=\frac{10}{3.5\times0.85}=3.3 \fallingdotseq 4\text{개}$$

ii) D형의 경우 : C형의 경우과 같이 계산하여 $P=100\,[\mathrm{kgf}]$

$$H_0=\frac{100\times8.6\times0.61}{75}=7\,[\mathrm{PS}]$$

$$Z=\frac{10}{7\times0.85}=1.7 \fallingdotseq 2\text{개}$$

[별해]

$v=8.6\,[\mathrm{m/s}]$의 경우 C형에서 $H_0=4.7\,[\mathrm{PS}]$, D형에서 $H_0=8.8\,[\mathrm{PS}]$

표 16–3과 16–7에서 $k_1=0.72$, $k_2=0.85$

$$z=\frac{H}{H_0 k_1 k_2}$$

i) C형의 경우 $z=\dfrac{10}{4.7\times0.72\times0.85}=3.1 \fallingdotseq 4\text{개}$

ii) D형의 경우 $z=\dfrac{10}{8.8\times0.72\times0.85}=1.8 \fallingdotseq 2\text{개}$

16.3 V풀리

1. V풀리의 형상

V벨트 홈바퀴를 V벨트 풀리(V-belt pulley)라 하고, 간단하게 V풀리라 해도 좋다.

V벨트의 내구력과 효율을 충분히 나타내기 위하여 홈의 각도와 형상을 정확하게 하며, 홈의 표면을 아주 매끈하게 다듬질할 필요가 있으며, 재료는 조직이 치밀한 특수 배합 주철을 사용하나, V벨트의 A, B, C형에는 강판제의 것을 사용하는 경우가 있다. 이것은 가볍고 강하기 때문이다. 바퀴에는 V형 홈이 파져 있고, V벨트를 감을 때 벨트의 중심선을 통과하는 피치원은 되도록 큰 쪽이 좋다. 홈의 각도는 V벨트 풀리의 지름의 대소에 적합하도록 선정한다. 그리고 작은 V풀리는 홈의 각도를 작게 한다. **그림 16-12**는 V벨트와 V풀리를 도시하고, 그림에서 보는 바와 같이 홈의 폭은 V벨트가 꽉들어 맞도록 한다. 그리고 홈의 밑바닥은 **그림 16-13**과 같이 V벨트가 들어박힐 때 $6 \sim 10$[mm] 정도의 틈이 생기도록 해 놓는다. 그리고 홈과 홈 사이의 거리는 V벨트의 폭 W보다 $3 \sim 6$[mm] 정도 크게 해야 된다.

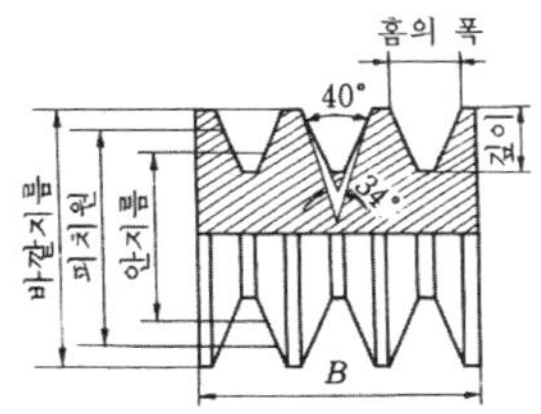

그림 16-12 V풀리의 형상과 명칭

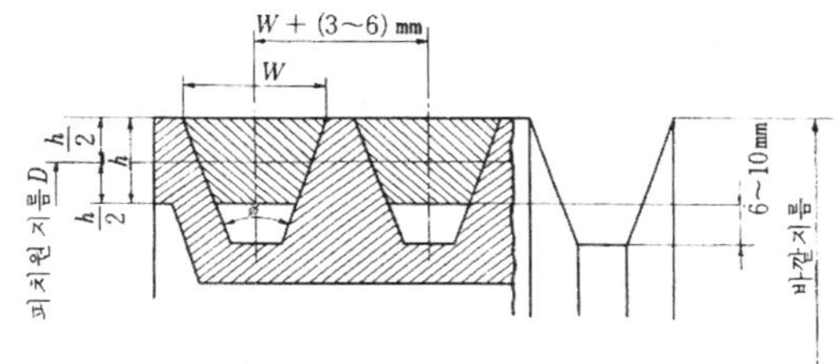

그림 16-13 V풀리의 치수 관계

그리고 홈바퀴의 전체의 폭 B는 z개의 V벨트를 사용할 때에 표에서 표시한 P와 Q의 값에서

$$B = \{2Q + (z-1)P\} \tag{16-12}$$

로 된다.

그림 16-14 V풀리의 실물

V벨트 풀리의 보스(boss)의 길이는 홈바퀴의 개수와 V풀리의 지름을 고려하여 결정하나, 평벨트의 풀리의 경우보다 20% 정도 증대시키는 것이 좋다.

이상을 고려하여 우리나라에서는 KS B 1403에 V풀리의 홈 모양의 치수에 대하여 규격화하고 있다. 그림 16-14는 V벨트 풀리의 실물이다.

2. V풀리의 KS 규격

(1) 적용범위

이 규격은 일반 전동용 벨트 풀리의 홈 모양에 대하여 규정한다.

(2) 모양 및 치수

홈의 모양 및 치수의 표준은 다음 표와 같다(표 16-10과 그림 16-15 참조).

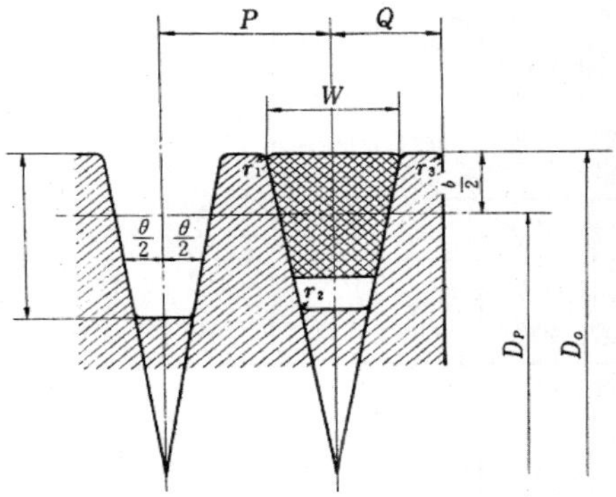

그림 16-15 V풀리의 KS 규격

[표 16-10] V풀리 KS 규격

종류*	D_p	θ[도]	W	H	P	Q	r_2	r_3	V벨트의 두께 b[mm]	
									치수	허용치
A형	75 이상 40 이하	35	12.1	12.5	16	10	0.5~1.5	1~2	9.5	±10
	140 이상 140 이하	37	12.3							
	190 이상	39	12.5							
B형	125 이상 190 이하	35	16.0	15	20	12	0.5~1.5	1~2	11.5	±1.0
	120 이상 225 이하	37	16.2							
	225 이상	39	16.4							
C형	200 이상 240 이하	35	21.4	19	26	16	1~1.5	2~3	14.5	E1.5
	240 이상 335 이하	37	21.6							
	335 이상	37	21.9							
D형	305 이상 380 이하	35	3.06	25	37	24	1.5~2	3~4	20.0	±1.5
	380 이상 510 이하	37	31.0							
	510 이상 610 이하	38	31.2							
	610 이상	39	31.4							
E형	510 이상 610 이하	37	37.3	32	44	29	1.5~2	4~5	25.5	±2.0
	610 이상 710 이하	38	37.5							
	710 이상	39	37.8							

*일반 전동용 V벨트 풀리 중에서 전기 장치용, 기타 특수 용도의 것은 포함하지 않는다.

*표 중의 종류는 KS M 6535(V 고무 벨트)의 종류와 같다.

〈비고〉 1. 그림 중에 D_0는 벨트 풀리의 지름을 표시하는 것이며 특별히 규정하지 않는다.

2. 그림 중에 r_1은 모따기 정도로 하고, 특별히 수치는 규정하지 않는다.

예제 4 회전속도를 1200[rpm]으로부터 약 400[rpm]으로 떨어뜨리고, 7.5[PS]의 송풍기를 운전하는 V 벨트전동장치를 설계하여라. 단, 원동V풀리의 바깥지름은 200[mm] 정도로 하고, 축간 거리는 70[mm]라 한다.

풀이 i) V벨트의 설계 : 벨트의 속도 $v=\dfrac{\pi DN}{1000\times 60}=\dfrac{\pi\times 200\times 1200}{1000\times 60}=12.56[\text{m/sec}]$

표 16-6에서 B형 벨트를 사용하고

원동 V풀리의 피치원지름 : $D_{PA}=200-(5.5\times 2)=189=180\,[\text{mm}]$

원동 V풀리의 바깥지름: $D_{OA}=180+(5.5\times 2)=191\,[\text{mm}]$

종동 V풀리의 피치원지름 : $D_{PB}=180\times\dfrac{1200}{400}=540=560\,[\text{mm}]$

종동 V풀리의 바깥지름 : $D_{OB}=560+(5.5\times 2)=571\,[\text{mm}]$

종동 V풀리의 회전속도 : $N_B=1200\times\dfrac{180}{560}=386\,[\text{mm}]$

V벨트의 길이 L은

$$L=\frac{\pi}{2}(560+180)+2\times 700+\frac{(560-180)^2}{4+700}=2613.3[\text{mm}]$$

즉 105번(2667[mm])을 사용하면 된다(길이의 차이가 이 범위 안이면 베어링 위치로써 조절할 수 있다).

축간 거리는 $571<700<(57+191)$을 만족하고 있다.

벨트의 속도를 다시 구해 보면

$$v=\frac{\pi\times 1.80\times 1200}{1000\times 60}=11.3\,[\text{m/sec}]$$

ii) V벨트의 가닥수 : 원동풀리의 접촉각 θ는

$$\theta=\pi-\frac{560-180}{700}=2.598[\text{rad}]=149^\circ$$

벨트와 V풀리와의 마찰계수를 $\mu=0.3$이라 하고 원동 V풀리의 홈 각도를 $\alpha=36^\circ$라 하면 유효마찰계수 μ'는

$$\mu'=\frac{0.3}{\sin\dfrac{36}{2}+0.3\cos\dfrac{36}{2}}=\frac{0.3}{0.309+0.3\times 0.951}=0.505$$

$$\therefore\ e^{\mu'\theta}=3.78$$

V벨트의 허용응력을 $\sigma_a=0.2\,[\text{kgf/mm}^2]$, 비중을 $\gamma=1.2\,[\text{kgf/dm}^3]$라 하면, B형 V벨트의 단면적은 $A=137.5[\text{mm}^2]$이므로 V벨트 1개의 전달하중은

$$P=\frac{137.5\times 11.3}{75}\left(0.2-\frac{1.2\times 11.3^2}{1000\times 9.8}\right)\left(\frac{3.78-1}{3.78}\right)=2.8\,[\text{kgf}]$$

16.4 V벨트 설계상의 주의사항

1) 속비는 1 : 7정도까지가 좋다.
2) 축간 거리는 대체로 다음 범위 내에서 취한다.
   큰 벨트의 지름 $< C <$ (큰 V풀리의 지름)+(작은 V풀리의 지름)
3) V벨트의 길이의 규격은 허용차가 크므로 수많이 걸어감을 경우는 세트(set)로 팔고 있으므로 한 세트씩 사용하도록 한다. 장력이 고르지 못한 것은 V벨트의 수명을 단축시킨다.
4) $\dfrac{T_t - T_s}{T_t + T_s}$가 0.6 이하로 유지되지 않으면 슬립(slip)이 크게 된다.
5) V풀리의 홈은 정확하게 좌우대칭으로 하고, 홈의 중심면은 바퀴의 축선에 직각이 되어야 한다. 홈의 측면의 다듬질은 특히 원활하고 매끈해야 된다.
6) V벨트는 엔드리스이므로 벨트를 걸어감고 벗길 때 또는 초기장력을 줄 때, 그리고 사용중에 그 길이가 늘어날 때에는 축간 거리를 조절할 필요가 있으므로, 베어링 위치는 이동할 수 있게 연구해 놓아야 된다.

01 $H_{kW}=3$ [kW], $N=1500$ [rpm]의 모터로서 $N_2=250$ [rpm]의 펌프를 구동한다. 2축의 중심거리 $C=500$ [mm]라 하고, 이것에 사용하는 V벨트전동장치를 설계하여라.

02 5 [PS}, 1750 [rpm]의 모터에서 V벨트에 의하여 3000 [rpm]으로 운전하고 있는 플레이너(planer)가 있다. 축간거리는 최소 375 [mm]라 할 때, V벨트의 형과 개수를 구하여라.

03 다음 조건의 V벨트동력을 설계하여라. 모터의 출력 25 [PS], 회전속도=1150 [rpm], 축간거리=700 [mm]이내로서 425 [rpm]의 송풍기를 운전한다.

04 V벨트에 의하여 운전되고 있는 2 [PS], 400 [rpm]의 공기압축기가 있다. 모터 쪽의 풀리는 지름 120 [mm], 회전속도 1150 [rpm], 축간 거리는 큰 V풀리의 지름과 같다고 하면 V벨트의 형과 개수를 구하여라.

05 35 [PS]의 직물기계가 있다. E형 V벨트를 사용하여 V벨트의 속도를 10 [m/sec]로 하고 접촉각 140°로 할 때 벨트의 가닥수를 구하여라.

06

원동 V풀리의 지름 125[mm], 회전속도 900[rpm]으로 2.2[kW]의 동력을 전달시키고 있다. 종동 V풀리의 지름은 375[mm], 축간 거리를 500[mm], 마찰계수를 0.3, 부하수정계수를 0.7이라 할 때, B형의 V벨트가 3가닥이면 되는가?

07

벨트의 속도 $v=10$[m/sec]의 경우 A형 V벨트 1개의 전달마력을 계산하여라. 단, 접촉각 $\theta=140°$, 마찰계수 $\mu=0.3$이라 한다. 또 $v=30$[m/sec]로 되면 어떠한가?

08

V벨트로써 전동시키는 냉동기용 압축기가 있다. 모터 15[PS], 1750[rpm], V풀리의 지름 135[mm], 압축기쪽의 벨트의 회전속도 250[rpm], 축간 거리 1.2[m]라 하고 벨트의 형식 및 길이, 가닥수를 구하여라.

해답

❶ B형 3가닥, $L=2225$[mm](90번) ❷ B형 2개
❸ C형 6개, $L=2455$[mm] ❹ C형 8개 ❺ 4개 필요하다. ❻ 4개 필요하다.
❼ $v=10$[m/sec]에서는 $H=1.41$[PS], $v=30$[m/sec]에서는 $H=1.35$[PS]
❽ 가닥수$=8$, 길이 $L=4{,}234$[mm], 수정 축간 거리$=154$[mm]

CHAPTER 17

로우프 전동장치(rope gearing)

17.1 로우프 전동의 개요

1. 로우프 전동의 구조

평벨트 장치에 있어서 축에 고정된 풀리의 림에 홈이 파져 있는 홈바퀴(시이브 풀리)로 로우프를 걸어감고, 림과 홈바퀴 사이의 마찰력에 의하여 축에 운동과 동력을 전달시키는 장치로서 V벨트 장치와 비슷한 전동장치이다.

2. 로우프 전동의 장단점

〈장점〉

1) 대동력 전달에는 평벨트 및 V벨트보다 유리하다.
2) 상당히 장거리 사이의 동력전달이 가능한 것으로 와이어 로우프에서는 50~100[m], 섬유질 로우프에서는 10~30[m] 정도이다.

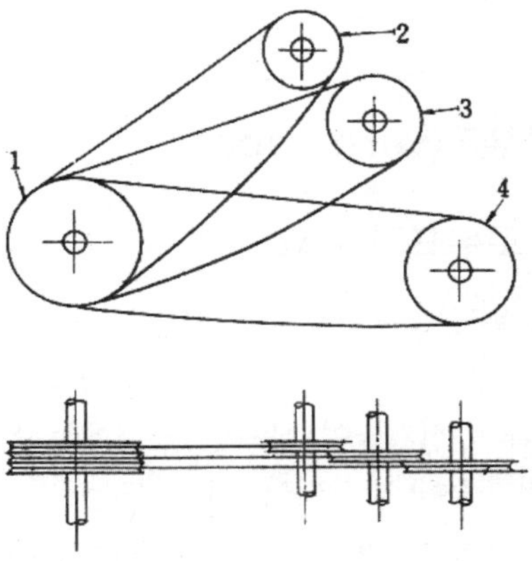

그림 17-1 수 개의 종동풀리를 구동하는 로우프 전동

3) 그림 17-1에서 보는 것처럼 로우프는 그다지 장소를 잡지 않으므로 1개의 원동풀리에서 몇 개의 종동풀리로 회전을 전달시키는 데에 아주 편리하다. 따라서 전동마력은 로우프의 가닥수를 바꿈으로써 얼마든지 변화시킬 수가 있다. 그리고 원동축에서 종동축으로 동력을 분배하는 경우에 접합하다.
4) 벨트에 비하여 미끄럼이 적다.

5) 고속운전에 적합하다.

6) 전동경로가 직선이 아닌 경우일 때에도 사용이 가능하다.

〈단점〉

1) 장치가 복잡하게 된다. 즉 벨트와 같이 자유로이 로우프를 걸어감고 벗겨낼 수가 없다.

2) 조정이 어렵고 절단되었을 경우 수리가 곤란하다.

3) 미끄럼이 적으나 전동이 불확실하다.

3. 로우프 전동의 종류

로우프의 종류에는 와이어 로우프와 섬유질 로우프가 있고, 섬유질 로우프에는 무명 로우프와 대마 로우프 및 나일론 등의 합성섬유 로우프 등이 있다.

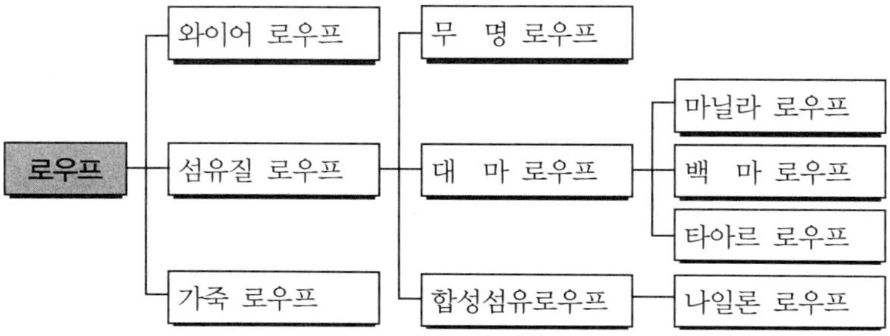

17.2 와이어 로우프(wire rope)

1. 와이어 로우프의 개요

와이어 로우프는 철 또는 강철의 철사를 꼬아서 만든 것으로, 원거리에 있는 축의 전동 또는 하물의 수송에 사용되고 또 체인과 같이 하양용(荷揚用) 내지 지지용으로도 사용된다. 전력과 송전기술이 부족한 옛날에는 원거리의 전동용으로 많이 사용되어 왔으나, 현재는 송전기술이 발달되어 이 용도는 거의 없어졌다. 그러나 광산에 있어서의 광석 및 그 밖의 하물수송용 또는 윈치(권상기 : intch)의 드럼(drum)용 및 유전의 착정용으로 널리 사용된다.

다음 18장에서 다룬 바와 같은 기중기의 하양용(荷揚用) 로우프로서, 체인과 같이 갑자기 끊어지지 않고 수명을 미리 알 수가 있으며, 중하중용의 곳에도 안심하고 사용할 수 있으므로 더욱 체인의 사용 범위까지 넓히고 있는 현상이다. 그 밖에 굴뚝, 교량, 범주 등의 망용으로 널리 사용된다. 전동용으로서 와이어 로우프는 다른 섬유질 로우프 또는 체인보다 같은 무게에 대한 강도가 특히 크다. 예를 들어 와이어 로우프와 같은 강도를 가지려면 섬유질은 약 3배의 중량, 체인은 약 5배의 중량이 필요하다. 그림 17-2는 와이어 로우프의 대표적인 실례로서 고층 건물에 사용하는 엘리베이터이다.

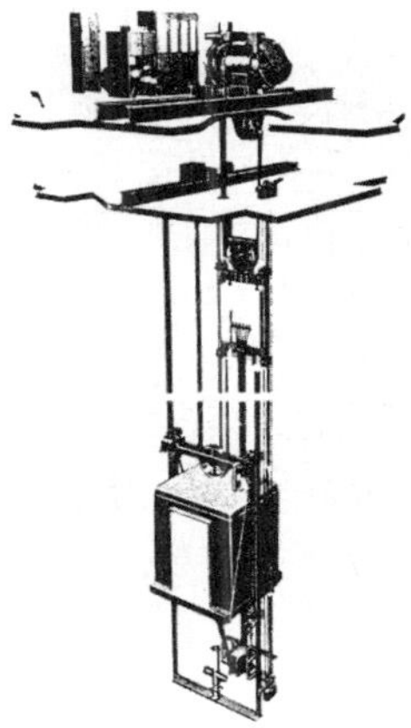

그림 17-2 엘리베이터용 와이어 로우프

2. 와이어 로우프의 구성

(1) 와이어 로우프의 크기

와이어 로우프의 크기는 원둘레와 지름으로 표시한다. 원둘레는 외접원의 원둘레를 말하고 지름도 외접원의 지름을 말한다.

그림 17-3은 와이어 로우프의 정확한 지름을 측정하는 방법을 도시한다.

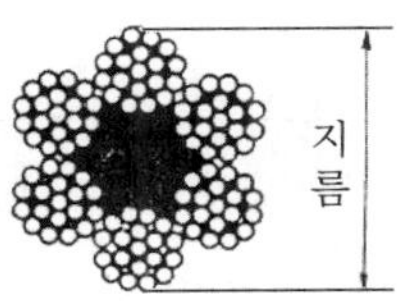

그림 17-3 와이어 로우프의 크기 표시

와이어 로우프는 질이 좋은 강선소재를 열처리하여 몇 번이고 다이스를 통과시켜 필요한 크기로 잡아 늘여서 아연도금을 한 철사를 꼬아서 만든 것이다. 중심에 대마심을 넣는 것은 로우프의 구성을 용이하게 하고, 유연성을 주어서 자유로이 굽어지게 하며, 윤활제를 포함시켜서 철사 사이의 마찰을 감소시켜서 내구성을 높이기 위하여 넣는 것이다. 따라서 강도계산에는 상관없다. 그러므로 지지용 로우프와 같이 강도만이 중요한 로우프에는 대마심을 중심 또는 스트랜드(strand) 사이에 넣지 않고 철사만을 꼬아 만든다.

(2) 로우프의 꼬는 방법

철사를 몇 가닥 또는 수십 가닥을 적당하게 꼬아서 스트랜드(자승 : strand)를 만들고, 이

스트랜드를 여러 개 모아 그 중심에 대마심(hemp core)을 집어넣는다. 대마심은 스트랜드의 사이에도 집어넣는 수가 있고, 모두 적당하게 스핀들유를 침윤시킨다. 그 상태에 따라 각 나라에서는 몇 종류로 규격화하고 있다.

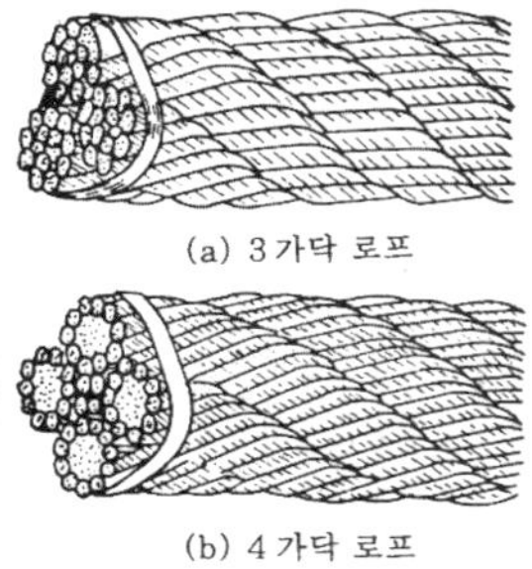

그림 17-4 보통꼬임

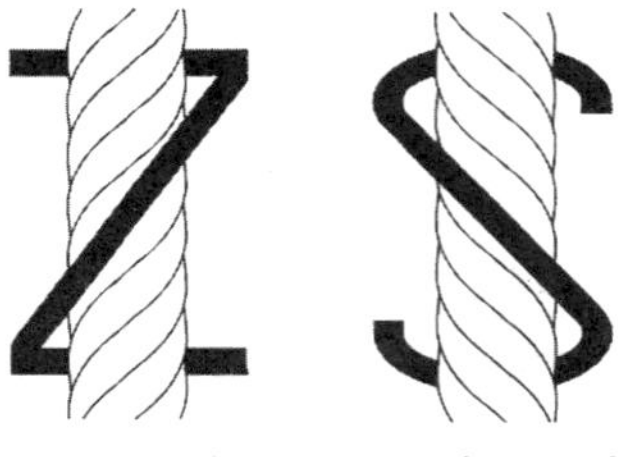

그림 17-5 로우프 꼬임방법

꼬는 방법에는 보통꼬임(ordinary lay)과 랭로임(lang's lay)의 2종류가 있다. 보통꼬임은 그림 17-4와 같이 스트랜드의 꼬임의 방향과 로우프를 구성하는 소선을 꼬는 방향에 반대되는 꼬임 방법이 있고 일반적으로 널리 사용된다. 그림 17-5와 같이 랭꼬임은 같은 방향으로 꼬는 방법이다. 그리고 보통꼬임과 랭꼬임에는 각각 스트랜드의 꼬는 방법이 오른나사와 같은 방향으로 되어 있는 Z 꼬임과 왼쪽나사와 같은 방향으로 되어 있는 S 꼬임의 2가지 꼬임 방법이 있다. 일반적으로 취급이 편리한 Z 꼬임이 많이 사용된다.

랭꼬임은 소선의 굽어지는 정도가 작아서 경사가 완만하게 로우프의 표면에 나타나고, 상호간의 접촉면이 넓고, 다른 물체와 마찰할 때에 마모가 한 곳에 집중되지 않으므로 내구성이 우수하고 손상이 덜 생긴다. 또 유연성도 비교적 크므로 마모가 중요시되는 곳에 널리 사용된다.

① **유연성 :** 와이어 로우프는 그 구성에 의하여 유연성이 다르다. 같은 굵기도 와이어 로우프를 구성하는 소선의 수가 많을수록 유연성은 증가한다. 그러나 소선지름이 작을수록 내마모성이 저하한다. 이 관계를 도시하면 그림 17-7에서 보는 바와 같다. 유연성의 정도를 표시하는데 가요도를 사용한다.

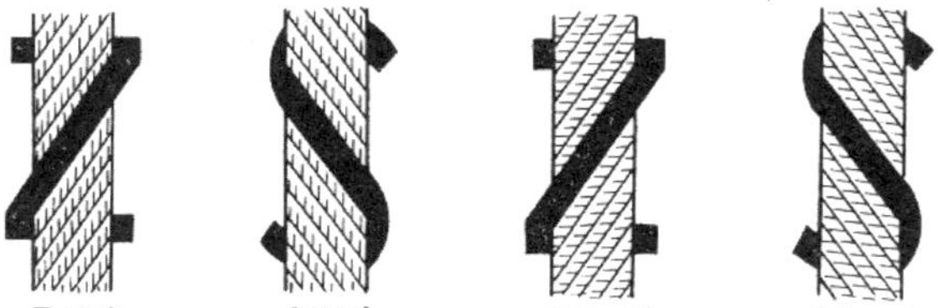

그림 17-6 로우프 꼬임의 종류

$$\text{가요도 } F = \frac{F \cdot I}{E_f \cdot I_r} \tag{17-1}$$

여기서, E : 로우프와 같은 지름의 강봉의 탄성율[kgf/㎟]

E_f : 로우프와 같은 지름의 원봉의 로우프의 굽힘탄성율[kgf/㎟]

I : 소선고착으로 생각할 때의 단면 2차 모멘트[㎟]

I_r : 소선고착으로 생각할 때의 로우프의 단면 2차 모멘트[kgf/㎟]

가요도가 클수록 와이어 로우프는 굽어지기 쉽다. 다음 표 17-1은 가요도의 비교표이다. 일반적으로 지름 12[mm] 이하에는 3호, 14[mm] 이하는 6호가 사용되고 있다.

[표 17-1] 로우프의 가요도 F

로우프의 종류	가요도(F)
원강봉	1
6×7(1호)	120~170
6×19(3호)	467
6×37(6호)	763
6×24(4호)	920

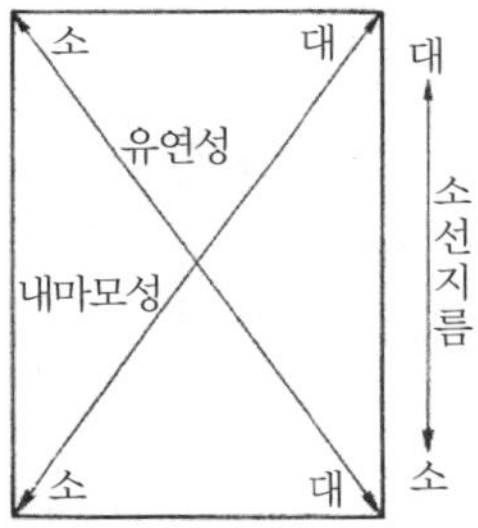

그림 17-7 와이어 로우프의 유연성[㎟]

② **장단점** : 다음 표 17-2는 랭꼬임과 보통 꼬임의 특성을 비교한 것이다.

[표 17-2] 와이어 로우프의 꼬임 방법과 비교

특징 \ 꼬임	보통 꼬임	랭꼬임
외관	소선과 로우프축은 평행이다.	소선과 로우프축은 각도를 가진다.
장점	1. 킹크(kink)를 잘 일으키지 않으므로 취급이 쉽다. 2. 꼬임이 강고하기 때문에 모양이 잘 흐트러지지 않는다.	1. 소선은 긴 거리에 걸쳐서 외부와 접촉하므로 로우프의 내마모성이 크다. 2. 유연하다.
단점	소선이 짧은 거리에 걸쳐 외부와 접촉하므로 국부적으로 단선을 일으키기 쉽다.	킹크를 일으키기 쉬우므로 취급에 주의가 필요하다.
용도	일반용	광산색도용

〈비고〉 킹크라는 것은 꼬임이 되돌아가든가 서로 걸려서 엉킴(kink)이 생기는 상태를 말한다.

3. 로우프의 규격

표 17-3은 와이어 로우프의 규격표이다. 표 17-4는 와이어 로우프의 구성과 종류 및 구분을 표시한다.

[표 17-3] 와이어 로우프의 단면 및 구조

호 별	1호	2호	3호	4호	5호
구성	7가닥 6꼬임 중심 섬유	12가닥 6꼬임 중심 및 각 스트랜드 중심 섬유	19가닥 6꼬임 중심 섬유	24가닥 6꼬임 중심 및 각 스트랜드 중심 섬유	30가닥 6꼬임 중심 및 각 스트랜드 중심 섬유
구성기호	6×7	6×12	6×19	6×24	6×30
단면	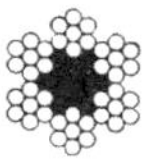	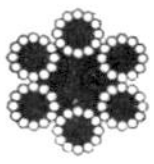			
호 별	6호	7호	8호	9호	10호
구성	37가닥 6꼬임 중심 섬유	61가닥 6꼬임 중심 섬유	플래드형 3 각심 7가닥 6꼬임 중심 섬유	플래드형 둥근선 3 각심 7가닥 6꼬임 중심 섬유	시일형 19가닥 6꼬임 중심 섬유
구성기호	6×37	6×61	6×F{(3×2+3)+7}	6×F{(3×2+3)+12 +12}	6×S(19)
단면		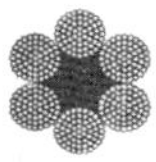		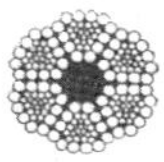	
호 별	11호	12호	13호	14호	15호
구성	워어린톤형 19가닥 6꼬임 중심 섬유	피일러형 25가닥 6꼬임 중심 섬유	피일러형 29가닥 6꼬임 중심 섬유	피일러형 25가닥 6꼬임 중심 7가닥 6꼬임 공심	시일형 19가닥 8꼬임 중심 섬유
구성기호	6×W(19)	6×Fi(25)	6×Fi(29)	7×7+6×Fi(25)	8×S(19)
단면				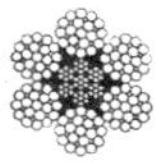	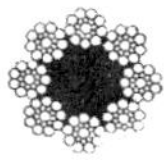

호 별	16호	17호	18호	19호
구성	워어린톤형 19가닥 8꼬임 중심 섬유	피일러형 25가닥 8꼬임 중심 섬유	피일러형 29가닥 6꼬임 중심 와이어 로우프	워어린톤형 26가닥 6꼬임 중심 섬유
구성기호	8×W(19)	8×Fi(25)	7×7+6×Fi(29)	6×WS(26)
단면		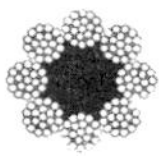	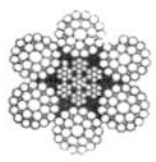	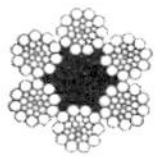
호 별	20호	21호	22호	23호
구성	워어린톤형 시일형 31가닥 6꼬임 중심 섬유	워어린톤 시일형 36가닥 6꼬임 중심 섬유	워어린톤 시일형 41가닥 6꼬임 중심 섬유	세미 시일형 37가닥 6꼬임 중심 섬유
구성기호	6×WS(31)	6×WS(36)	6×WS(41)	6×SeS(37)
단면		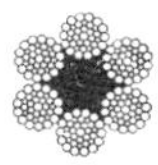	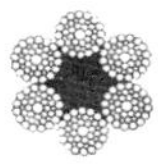	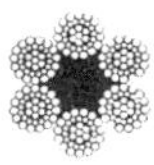

그림 17-8 와이어 로우프의 비교

[표 17-4] 와이어 로프의 구성과 종류 및 구분

번호	도금유무 / 꼬임법 / 소선 / 구성기호	와이어로프(아연도금)		나(벗음)	
		보통 Z꼬임 또는 보통 S꼬임	랭 Z꼬임 또는 랭 꼬임	보통 Z꼬임 또는 보통 S꼬임	랭 Z꼬임 또는 랭 S꼬임
		종류	종류	종류	종류
1호	6×7	G	A		A
2호	6×12	G			
3호	6×19	A, G	A	A, B	A, B
4호	6×24	A, G		A	
5호	6×30	G			
6호	6×37	A, G		A, B	
7호	6×61	A, G		A, B	
8호	6+F{3×2+3)+7}				A, B
9호	6×F{3×2+3)+12+12}				
10호	(가) 6×S(19)	A, G	A	A, B	A, B
	(나) 6×S(19)			E	
11호	(가) 6×W(19)	A, G	A	A, B	A, B
	(나) 6×W(19)			E	
12호	(가) 6×Fi(25)	A, G	A	A, B	A, B
	(나) 6×Fi(25)			E	
13호	6×Fi(29)	A, G	A	A, B	A, B
14호	7×7+6×Fi(25)	A	A	A, B	A, B
15호	8×S(19)			A, B, E	A, B, E
16호	8×W(19)			A, B, E	A, B, E
17호	8×Fi(25)			A, B, E	A, B, E
18호	7×7+6×Fi(29)	A	A	A, B	A, B
19호	6×WS(25)	A, G	A	A, B	A, B
20호	6×WS(31)	A, G	A	A, B	A, B
21호	6×WS(36)	A, G	A	A, B	A, B
22호	6×WS(41)	A, G	A	A, B	A, B
23호	6×SeS(37)	A, G	A	A, B	A, B

〈비고〉 1. 10호(나), 11호(나), 12호(나), 15호, 16호, 17호는 주로 엘리베이터용으로 사용한다.

2. 10호, 19호의 로프 지름은 10~50[mm]까지, 11호는 4~53[mm]까지, 12호는 10~ 60[mm]까지, 20호, 21호, 23호는 20~60[mm]까지, 22호는 30~60[mm]까지라 한다.

3. 소선에 의한 구분은 다음과 같다.

구분	적요
E종[135kgf/㎟급]	나(벗음)
G종[150kgf/㎟급]	도금후 신선한 것을 포함함
A종[165kgf/㎟급]	나 및 도금 후 신선한 것
B종[180kgf/㎟급]	나(벗음)

도금 후 신선(伸線)한 것은 소선 지름 2.0[mm] 이하로 한다.

4. 로우프를 걸어감는 방법

로우프를 걸어감는 방법에는 그림 17-9에서 보는 바와 같이 병렬식(multiple system)과 연속식(continuous system)이 있다. 병렬식은 2개의 로우프 풀리 사이에 병렬시켜서 몇 개의 서로 독립한 로우프를 걸어감는 방식이고, 각 로우프의 장력이 고르지 못하고 이음매에 의한 진동이 크다는 결점이 있으나, 하중이 각 로우프에 고르게 분리하여 작용하고 로우프의 하나가 절단되더라도 전동이 가능하다는 특징이 있다. 따라서 일반적으로 널리 채용되고 있다.

연속식은 1개의 긴 로우프를 양시이브에 몇 번이고 걸어감는 방식이며, 운전중의 진동이 작고 장력의 조절이 쉽다는 특징이 있으나 로우프가 한 곳이라도 절단되면 운전이 불가능하다는 결점이 있다.

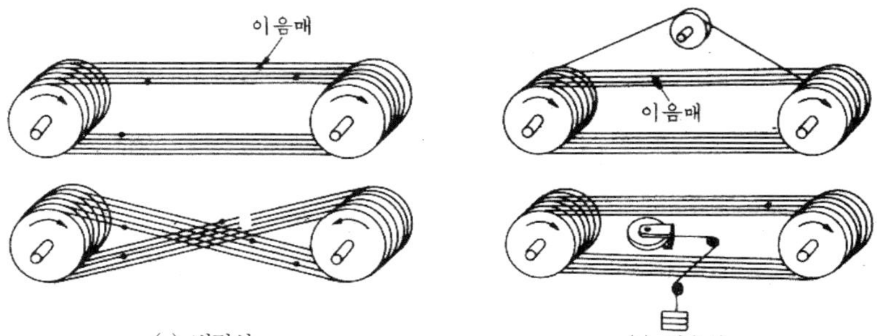

(a) 병렬식 (b) 연속식

그림 17-9 로우프를 걸어감는 방식

(5) 와이어 로우프의 응력해석

1) 로우프와 시이브 풀리의 림 사이의 마찰력 때문에 로우프에 작용하는 인장응력
2) 로우프가 시이브 풀리의 림에 접촉할 때의 만곡작용 때문에 로우프에 생기는 굽힘 응력
3) 로우프가 어느 속도로 시이브 풀리의 림을 운동하기 때문에 받은 원심응력

그리고 3)의 경우는 비교적 작기 때문에 생략하더라도 큰 지장은 없다. 특히 속도가 늦을 때는 생략된다.

굽힘응력 σ_b는 로우프를 구성하는 철사의 성질과 꼬임 방법, 시이브 풀리의 지름 등에 의하여 다르다. 지금 δ를 철사의 지름, E를 그 탄성계수, I를 그 단면의 관성모멘트, Z를 단면계수(modulus of section)라 하고, 이것이 지름 D, 반지름 R의 원호에 굽어져 있다고 하면 그 때의 굽힘 모멘트는 재료역학에서 아는 바와 같이

$$M = \frac{EI}{R} = \frac{EZ\delta}{2R}$$

M에 대한 저항 모멘트는 굽힘 공식(bending fomula)에 의하여 $\sigma_b Z$와 같다.

$$M = \frac{EZ\delta}{2R} = \sigma_b Z$$

$$\sigma_b = \frac{E\delta}{2R} = \frac{E}{D}\delta \tag{17-2}$$

위의 식은 로우프를 구성하는 각 소선이 모두 서로 평행한 경우에 적용되며, 실제로는 수정계수 C를 곱한다.

$$\sigma_b = C\frac{E}{D}\delta \tag{17-3}$$

C의 값에는 로우프의 재료 및 꼬임 방법 등에 의하여 다르나 Bach는 평균 $\frac{3}{8}$을 취하고 있다. 굽힘응력 σ_b는 다음과 같은 계산식도 있다.

$$\sigma_b = W/n\sqrt{kE_w/T \cdot A}$$

$$\text{또는 } \sigma_b = \tan\theta\sqrt{kE_w T/A} \tag{17-4}$$

여기서, k : 로우프의 구성에 의한 계수, E : 소선의 탄성계수=20,000[kgf/㎟]
D : 시이브 풀리와 와이어 드럼의 지름[mm], n : 로우프의 가닥수
W : 원호의 중심을 향하여 작용하는 집중하중[kgf]
T : 로우프에 작용하는 장력[kgf], A : 로우프의 단면적[㎟],
θ : 1개의 롤러에 의하여 로우프가 굽어지는 각도[°]

k의 값에 대해서는 0.3~0.5라는 학설과 0.9~1.0이라는 새로운 학설이 있다.

전자는 로우프의 인장탄성계수 E_r를 $E_r = kE_w$라 놓고 로우프의 굽힘탄성계수와와 로우프의 인장탄성계수가 같은 값이라고 생각한 것이고, 후자는 어디까지나 소선의 탄성계수 E_w를 주체로 생각한 것이다.

① 동력수송에 의한 인장응력

δ : 소선의 지름[cm], n : 소선의 가닥수
W : 하중[kgf], σ_0 : 정하중 W에 의한 인장응력[kgf/㎠]

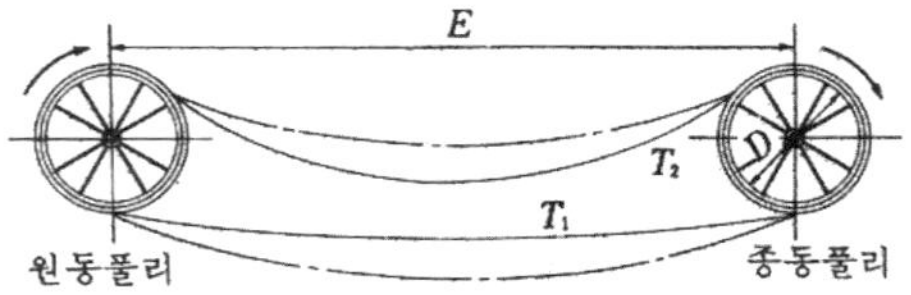

그림 17-10 로우프 전동

$$\sigma_0 = \frac{W}{\frac{\pi}{4}\delta^2 n} \tag{17-5}$$

하중이 $a\,[\mathrm{m/sec^2}]$의 가속도로 시동되는 경우에 P_1을 로우프에 작용하는 시동장력 $[\mathrm{kgf/cm^2}]$라 하면 가속에 의한 로우프의 인장응력의 증가분은 다음 식으로 계산된다.

$$P_1 = \frac{W}{g}a,\ \sigma_1 = \frac{P_1}{\frac{\pi}{4}\delta^2 n} = \sigma_0 \frac{a}{g} \tag{17-6}$$

시동의 경우 와이어 로우프가 이완되어 있으면, 이 수하량만큼 감겨당겨질 때의 순간에 갑자기 하중이 작용하고, 이 때 로우프에 생기는 장력을 $P_2\,[\mathrm{kgf}]$라 하면

a : 시동의 경우의 로우프의 가속도[m/sec]

e : 정하중 W에 상당하는 로우프의 늘음[m]

$\varDelta$: 와이어 로우프의 수하량[cm], σ_2 : 이 때의 인장응력이라 하면

$$\sigma_2 = \frac{P_2}{\frac{\pi}{4}\delta^2 n} = \sigma_0\left(1 + \sqrt{1 + \frac{2a\varDelta}{eg}}\right) \tag{17-7}$$

다음 표 17-5는 와이어 로우프에 생기는 장력의 실험 결과이다.

[표 17-5] 로우프에 생기는 장력

와이어 로우프의 수하량[cm]	장력계에 나타난 장력[kgf]		
	하중과 그 용기의 중량[kgf]		
	1670	2900	5140
0	1833	3055	5240
12.7	2545	5090	8650
15.24	4070	5600	10660
30.5	5690	7130	12730

이상과 같이 여러 가지 경우가 생각되나 로우프에 작용되는 전인장력을 P라 하고,

철사의 가닥수를 n이라 하면

$$\sigma_t = \frac{P}{\frac{\pi}{4}\delta^2 n} \tag{17-8}$$

따라서 가장 큰 하중을 받는 철사의 응력 σ는

$$\sigma = \sigma_b + \sigma_t = C\frac{E\sigma}{2R} + \frac{P}{\frac{\pi}{4}\delta^2 n} \tag{17-9}$$

$$\therefore\ P = 0.785\left(\sigma - C\frac{E\delta}{2R}\right)\delta^2 n \tag{17-10}$$

지금 철사의 가닥수 n과 허용응력 σ와 시이브 풀리의 반지름 R를 결정하고, 철사의 지름 δ를 여러 가지로 바꾸면 반대로 P를 최대로 하는 δ의 값을 알 수가 있다. 이것은 $\frac{dP}{d\delta}=0$으로 하여 위식을 풀면 된다.

$$\sigma\frac{R}{\delta} = \frac{3CE}{4\sigma} \tag{17-11}$$

σ의 허용치는 철사의 지름과 시이브 풀리의 크기에 따라 결정되어야 한다. 우수한 재료에 대해서는 1000 [kgf/㎠] 정도로 취할 수 있으나, 보통 600 ~ 700[kgf/㎠] 정도이다.

지금 $\sigma = 700$ [kgf/㎠], $E = 2{,}000{,}000$[kgf/㎠], $C = \frac{3}{8}$이라 하면 $\frac{R}{\delta} = 800$을 얻는다.

이 의미는 시이브 풀리의 크기와 로우프를 구성하는 철사의 가닥수가 일정할 때 로우프의 최대 인장 강도는 바퀴의 반지름과 철사의 지름과의 비가 800일 때 생기는 것을 표시한다.

[표 17-6] σ_b와 σ_t의 값 (단위 : kgf/㎠)

$\frac{R}{\delta}$	굽힘응력 σ_t	인장응력 σ_b	전응력 σ
650	577	123	
700	536	164	
750	500	200	
880	469	231	700
850	441	259	
900	417	283	
950	395	305	
1000	375	325	

로우프의 굽힘응력이 시이브 풀리와 철사와의 크기의 비에 의하여 아주 다르게 된다는 것은 이미 알고 있지만 $\sigma=700\,[\mathrm{kgf/cm^2}]$, $E=2{,}000{,}000\,[\mathrm{kgf/cm^2}]$라 하고 $\frac{R}{\delta}$의 여러 값에 대한 σ_b 및 σ_t의 값을 구하면 표 17-6과 같다.

② 원심력(centrifugal force)에 의하여 생기는 응력

σ_t : 원심력에 의하여 생기는 응력, v_f : 로우프의 속도[m/sec]라 하면

$$\sigma_f = 0.098/4v^2 \tag{17-12}$$

또는 길이 1[m]의 로우프의 중량을 w[kgf]라 하면

원심력 $F=\dfrac{wv^2}{g}$

따라서 이 때의 원심 응력 σ_f는 이것을 로우프의 단면적 $n\frac{\pi}{4}\delta^2$으로 나누어서

$$\sigma_f = \frac{w}{n\frac{\pi}{4}\delta^2}\frac{v^2}{g} = \frac{w}{10}\frac{v^2}{g}\,[\mathrm{kgf/cm^2}] \tag{17-13}$$

w는 로우프 재료의 밀도를 $[\mathrm{kgf/dm^3}]$로 표시한 것이다.

w는 7.8 $[\mathrm{kgf/dm^2}]$라 하고 v와 σ_f와의 관계를 표시하면 다음 표 17-7과 같다.

[표 17-7] v와 σ_f와의 관계

v[m/sec]	5	10	15	20	25	30	31	40
σ_f[kgf/cm²]	1.99	7.96	17.96	31.80	49.75	71.55	97.50	127.30

δ는 0.8 ~ 2.0[mm], 로우프의 지름 d는 9 ~ 30[mm]가 보통이다.

다음 표 17-8은 와이어 로우프의 크기, 철사의 크기 및 중량, 허용 전달력의 일례를 참고로 표시한 것이다. 이것은 대마 로우프에도 적용되며 $D \geqq 175d$로 한 것이다.

예로서 축간 거리 25[m], 속도 10[m/sec]로 8[PS]를 전달시키는 와이어 로우프를 계산하면

전달력 $P=\dfrac{75H}{v}=\dfrac{75\times 8}{10}=60\,[\mathrm{kgf}]$

[표 17-8] 와이어 로우프의 크기와 무게

로우프의 지름 d[mm]	전달력 P[kgf]	철사의 지름 δ[mm]	철사의 가닥수 n	중량 q[kgf/m]	로우프의 지름 d[mm]	전달력 P[kgf]	철사의 지름 δ[mm]	철사의 가닥수 n	중량 q[kgf/m]
9	50	1.0	36	0.26	18	180	1.6	48	0.91
10	60	1.0	42	0.31	20	210	1.8	48	1.15
11	70	1.2	36	0.38	22	240	1.8	54	1.30
12	85	1.2	42	0.45	24	270	1.8	60	1.46
13	100	1.4	36	0.51	26	300	2.0	60	1.80
14	120	1.4	42	0.61	28	330	2.0	60	2.00
15	140	1.4	48	0.70	30	365	2.0	72	2.20
16	160	1.6	42	0.79					

표에서 $d=10[\mathrm{mm}]$, $\delta=1.0\,[\mathrm{mm}]$, $n=42$, $q=0.31[\mathrm{kgf/m}]$의 것을 사용하면 시이브 풀리의 지름 $D=175d=175\times10=1750\,[\mathrm{mm}]$

회전속도 $N=\dfrac{60v}{\pi D}=\dfrac{60\times10}{\pi\times1.75}=110[\mathrm{rpm}]$

$$\sigma_b=\frac{3}{8}\cdot\frac{E\delta}{d}\,\frac{3}{8}\times\frac{2{,}000{,}000\times1}{1750}=428\,[\mathrm{kgf/cm^2}]$$

$$\sigma_t=\frac{P}{\frac{\pi}{4}\delta^2 n}=\frac{60}{\frac{\pi}{4}\times0.1^2\times42}=\frac{60}{0.33}=182\,[\mathrm{kgf/cm^2}]$$

$$\sigma_f=\frac{q}{n\frac{\pi}{4}\delta^2}\cdot\frac{v^2}{g}=\frac{w}{10}\,\frac{v^2}{g}=\frac{7.8}{10}\times\frac{10^2}{9.81}=7.96\,[\mathrm{kgf/cm^2}]$$

$$\sigma=\sigma_b+\sigma_t+\sigma_f=428+182+7.96\fallingdotseq 618\,[\mathrm{kgf/cm^2}]$$

연습문제

01

그림 17-37과 같이 로우프 풀리전동장치에 있어서 $W = 4540$ [kgf]의 하중을 끌어올릴 때, 로우프의 자중을 무시하고 안전율을 5, 풀리의 지름은 로우프소선의 지름의 300배, 로우프의 전동효율을 $\frac{1}{1.10}$로 하여 로우프의 지름을 구하여라.

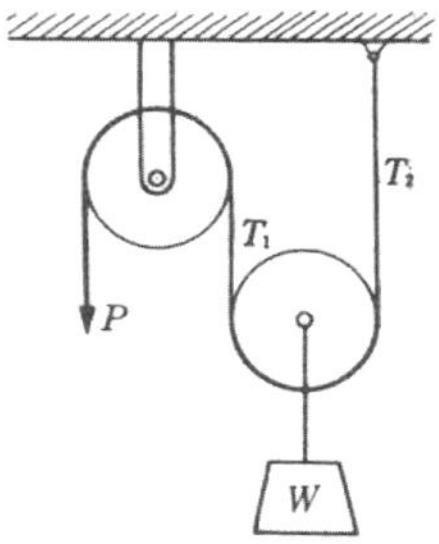

그림 17-16

02

축간 거리 25 [m], 속도 10 [m/sec]로 8 [PS]를 전달시키는 로우프 및 로우프 풀리를 설계하여라.

03

섬유질 로우프 풀리전동장치에 의하여 300 [PS], 600 [rpm] 모터에서 300 [rpm]의 방적공장전동축을 운전하려고 한다. 제1축의 중심거리를 15[m]라 하고, 로우프의 지름과 가닥수를 구하여라.

04

15개의 대마 로우프로 로우프의 속도를 20 [m/sec]로 하여 350 [PS]를 전달시 키려고 한다. 접촉각은 565°, 홈의 각도를 40°라 하여 로우프의 크기를 결정하여라.

05

10 [PS], 250 [rpm]의 모터를 지름 80 [cm]의 시이브 휠로써 같은 회전속도의 다른 축에 전달시키려고 한다. 19×6의 와이어 로우프를 사용하고 설계하여라.

06

증기기관의 플라이휠(fly wheel)은 지름이 4.5 [m]이고 90 [rpm]이다. 24개의 섬유질 로우프로 750 [PS]를 지름 2.2 [m]의 시이브 휠을 가지고 있는 축에 전달시키려고 한다. 홈의 각도 40°, 중심거리 18 [m]로 하여 로우프의 크기를 결정하여라.

07

6개의 25 [mm]의 섬유질 로우프로써 150 [PS], 156 [rpm]의 동력을 지름 150 [cm]의 시이브 휠에서 지름 100 [cm]의 시이브 휠에 전달시키려고 한다. 중심거리는 20 [m]이다. 홈의 각도가 45°의 경우에 홈의 벽면과 로우프 사이의 마찰계수와 긴장측, 이완측의 장력을 구하여라. 그리고 이 때의 로우프의 두 풀리에 대한 절점이 수평선 위에 있다고 하여 필요한 초장력 $T_D = \dfrac{T_1 + T_2}{2}$를 로우프의 수하에 의하여 주려면 수하양은 얼마로 하면 되는가?

해답

❶ $d = 4.7$ [cm]

❷ 전달력 $P = 60$ [kgf], 응력 $\sigma = 517$ [kgf/㎠], $T_0 = 135$ [kgf], 수하량 $\delta = 18$ [cm]

❸ $d = 26$ [mm] (백마1종), $n = 11$

CHAPTER 18

체인 전동장치(chain drive)

18.1 체인 전동

1. 체인 전동의 뜻과 종류

벨트와 로우프 전동은 마찰력에 의한 전동이지만 체인 전동은 체인을 스프로킷 휠(sprocket wheel : 쇄치차)에 걸어 감아서 체인과 휠의 치가 서로 물리는 힘으로 동력을 전달시킨다.

주로 축간 거리가 짧고 기어전동이 불가능한 경우에 전동용으로 사용된다.

체인은 형식상 다음과 같이 크게 나눈다.

1) 코일 체인(coil chain)

2) 디태쳐블 체인(detachable chain)

3) 폐절 체인(closed joint chain)

4) 블록 체인(block chain)

5) 롤러 체인(roller chain)

6) 사일런트 체인(silent chain)

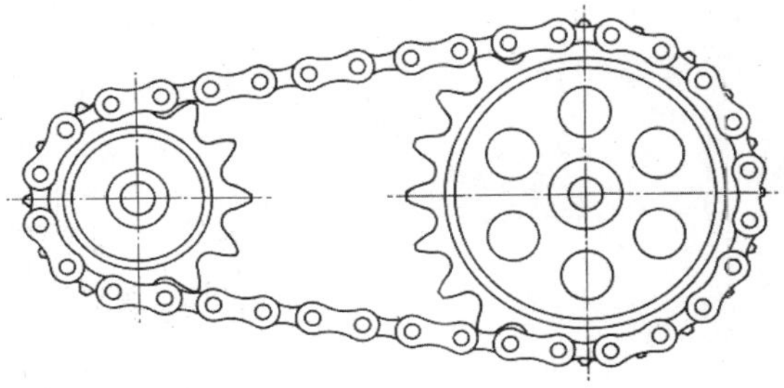

그림 18-1 체인 전동

2. 체인 전동의 특성

1) 미끄럼이 없는 일정한 속도비가 얻어진다.

2) 초기장력을 줄 필요가 없으므로 정지시에 장력이 작용하지 않고 베어링에도 하중이 가해지지 않는다.

3) 접촉각은 90° 이상이면 좋다.

4) 체인은 길이를 신축할 수 있고 다축 전동이 용이하다.

5) 내열, 내유, 내습성이 강하다.

6) 대동력을 전달시킬 수 있고, 그 효율도 95% 이상이다. 그리고 비교적 콤팩트하다.

7) 체인은 탄성 등에 의하여 어느 정도 충격하중을 흡수시킬 수 있다.

8) 유지 및 수리가 용이하다.

9) 수명이 길다.

10) 마모가 생길 경우도 이와 롤러와의 물림 상태는 차차로 이끝쪽으로 옮겨갈 뿐이고, 본질적으로는 전동기구는 변화가 없으므로 효율은 거의 저하하지 않는다.

11) 다축을 동시에 구동할 수 있다.

12) 진동과 소음이 나기 쉽고, 특히 마모된 상태에서 이 경향이 뚜렷이 나타난다. 따라서 고속회전에는 부적당하고, 그 회전각의 전달정확도도 좋지 못하다.

13) 윤활이 필요하다.

[표 18-1] 체인의 종류

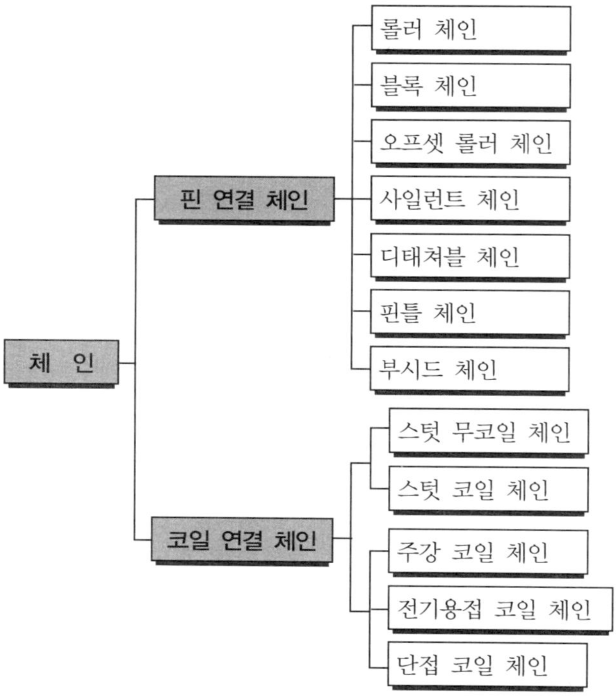

전동용 체인에는 여러 가지 종류가 있으나 대체로 전동용 체인(power chain), 하물수송용 체인(chain for hoisting), 운반용 체인의 3가지로 나눌 수가 있다.

18.2 전동용 체인

전동용 체인에는 블록 체인(block chain), 롤러 체인(roller chain), 사일런트 체인(silent chain)의 3가지가 있으나 롤러 체인과 사일런트 체인이 가장 많이 사용된다.

1. 블록 체인

그림 18-2와 같은 안경 모양의 블록과 플레이트(plate)의 링크를 핀(pin)으로 연결한 체인으로 모두 강철로 만들고, 핀은 플레이트 링크(plate link)에 고정되어 있으며 양끝이 졸라매어져 있다. $4 \sim 4.5$[m/sec]이하의 저속도의 전달에 적당하며, 비교적 값이 싸나 마찰 부분이 많고, 경하중에는 적합하지만 중하중에는 적합하지 않다. **그림 18-3**은 블록 체인의 실물이다.

이 스프로킷 휠의 큰 지름의 것은 주철로 만들고, 우수한 제품의 림(rim)은 강철로, 보스는 주철로 조합하여 만든다. 잇수는 15개 이상이 좋고, 15개 이하는 사용하지 않는 것이 좋다. 치형은 **그림 18-4**와 같으며 블록 체인은 그다지 사용하지 않는다.

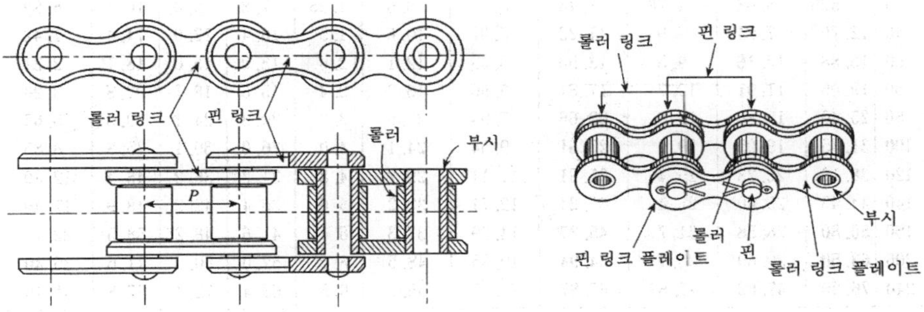

그림 18-2 블록 체인의 단면

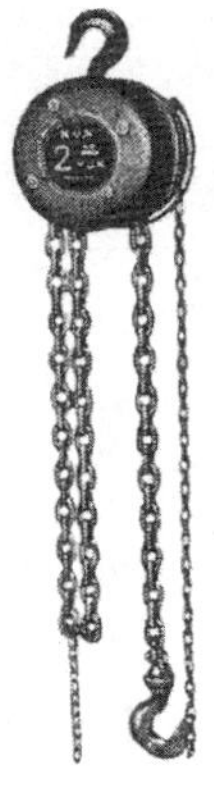

그림 18-3 블록 체인의 실물

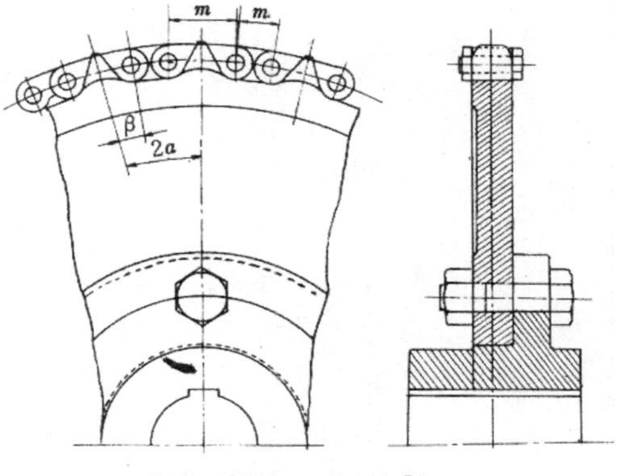

그림 18-4 블록 체인의 스프로킷 휠

2. 롤러 체인

(1) 롤러 체인의 구조

일반 중력용 롤러 체인에 대하여 KS B 1407(1980)에 규격화되어 있고, 이 치수는 미국에서 결정한 표준 치수에 의한 것으로 세계 여러 나라가 거의 공통된 것이다. **그림 18-5**에 도시한 바와 같이 핀(pin), 링크(link), 부시(bush), 롤러(roller) 등을 조합한 것이고, 부시는 링크의 간격을 일정하게 유지하기 위하여 집어넣은 것이며 핀, 부시, 롤러가 3중으로 된다. 부시의 구멍에 핀을 관통시키므로 축부시와 핀은 축과 베어링의 관계와 같다 체인의 요곡성은 핀과 부시 사이의 회전으로써 얻어지고, 전동하중은 핀, 부시 사이의 면압으로써 전달된다. 롤러는 부시의 바깥쪽에서 회전한다. 링크는 강판제의 누에고치형이고, 2종류의 링크를 번갈아서 연결하여 긴 체인으로 만드는 것이다.

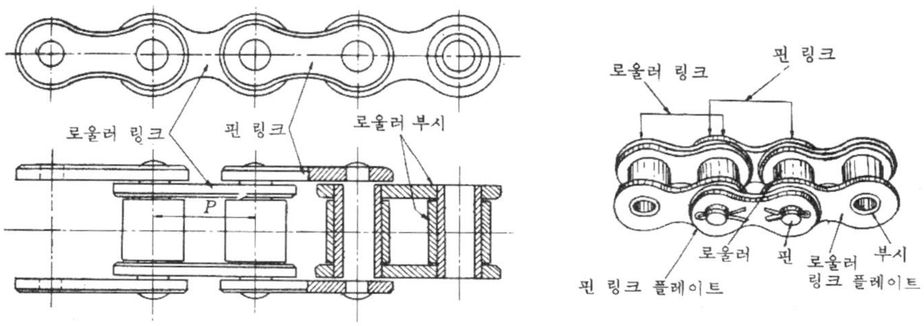

그림 18-5 롤러 체인의 구성

- **롤러 체인**
  - 핀 링크
    - 핀 링크 플레이트
    - 핀
  - 롤러 링크
    - 롤러 링크 플레이트
    - 부 시
    - 로울러

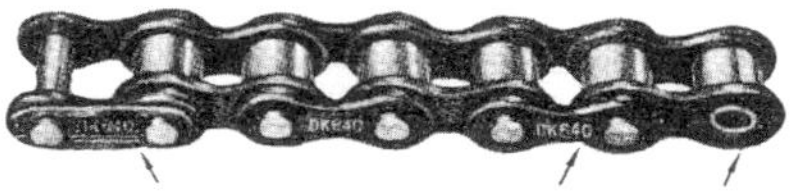

그림 18-6 롤러 체인의 실물

롤러 링크는 **그림 18-7**에서 보는 것처럼 롤러를 끼운 부시(bush)의 양끝에서 2장의 롤러 링크 플레이트에 고정되어 있다. 이 롤러 링크의 부시의 속을 관통시킨 핀의 양끝을 2개의 핀 링크 플레이트로 고정하여 연결해서 핀 링크로 하고, 이와 같은 모양으로 차례로 연결해 간다.롤러는 부시의 주위에 자유로이 회전할 수 있으므로, 이것과 접촉하는 스프로킷 휠의 치와의 사이의 상대 미끄럼에 의한 마찰력을 감소시킬 수가 있다. 또 체인을 쉽게 걸어감고 벗기기 위하여 륜상으로 만든 체인의 이음매의 하나를 코오킹

(caulking)하여 고정하지 않고 이음 링크를 사용하여 스플릿 핀 또는 스프링 클립에 의하여 보통 연결한다. 링크의 수가 짝수일 경우는 이음 링크가 그대로 핀 링크로 되어 별 지장 없이 이어맺을 수 있으나, 홀수일 경우에는 이음매의 부분이 한쪽은 롤러 링크, 다른쪽은 핀 링크로 되어 링크 플레이트의 간격도 다르다.

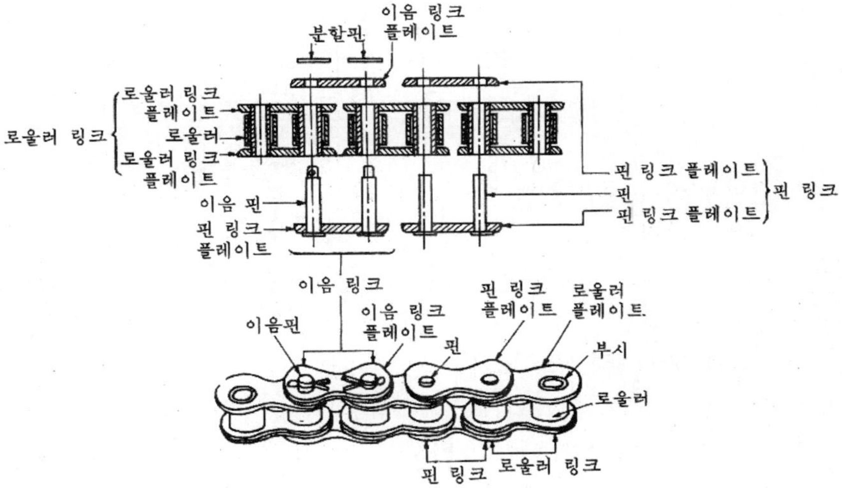

그림 18-7 롤러 체인의 구성

그림 18-8에서 보는 것처럼 양쪽의 플레이트가 평행으로 되어 이음 링크로는 이어맺을 수 없으므로 오프셋 링크(offset link)로 이어 맺는다. 이것은 한쪽이 핀 링크로 되고, 다른 쪽이 롤러 링크의 형상을 한 특별한 이음 링크라고 생각하면 된다.

(a) 클립형 (b) 분할핀형 (c) 오프셋형

그림 18-8 이음 링크

(2) 롤러 체인의 규격[KS B 1407(1980)]

롤러 체인의 각부 치수와 그 치수 범위는 그림 18-9와 표 18-2와 같이 규격화되고 있다. 그리고 그림 18-10은 롤러 체인의 구성을 나타내었다.

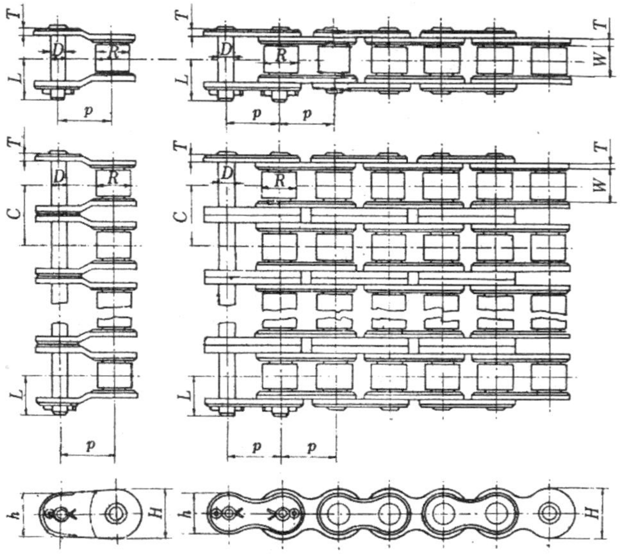

그림 18-9 롤러 체인의 규격

그림 18-10 롤러 체인의 구성

롤러 체인의 항장력, 즉 절단하중은 재질, 제조법 여하에 달려 있지만 우수한 제품에 대하여 다음과 같이 경험적으로 계산하는 수도 있다.

절단하중 P_B[kgf]는 D=핀의 지름[mm]라 하면

$$P_B = 70.5D^2 - 318\,[\text{mm}] \tag{18-1}$$

[표 18-2] 롤러 체인의 치수표

롤러 체인의 호칭 번호	피치 p		롤러(roller)			핀(pin)			핀 링크 플레이트(pin link plate)		가로 피치 (C) (lateral pitch)	중량 (單列) [kgf/m]	보증절 단하중 P_B [kgf]	롤러링크플레이트의 폭(H) 최대
	[in]	[mm]	바깥지름(R) (최대)		폭 (W) 내측폭	바깥지름 D [mm]	길이							
			[mm]	[in]			L부	L부를 빼낸 길이	두께 T[mm]	높이 h[mm]				
40	1/2	12.70	7.94	0.306	7.9	3.96	10.0	8.1	1.5	10.4	14.4	0.60	1420	12.0
50	5/8	15.88	10.16	0.400	9.5	5.08	12.2	10.2	2.0	13.0	18.1	0.94	2210	15.0
60	3/4	19.05	11.91	15/22	12.7	5.96	14.7	12.9	2.4	15.6	22.8	1.41	3650	18.1
80	1	25.40	15.88	9/16	15.8	7.94	19.7	16.6	3.2	20.8	29.8	2.47	5650	24.1
100	1 1/4	31.75	19.05	5/8	19.0	9.53	23.1	20.0	4.0	26.0	35.8	3.68	8850	30.1
120	1 1/2	38.10	22.23	7/8	25.4	11.11	29.0	24.9	4.8	31.2	45.4	5.377.3	12800	36.2
140	1 3/4	44.45	25.40	1	25.4	12.70	31.8	26.8	5.6	26.4	48.9	4	17400	42.2
160	2	50.80	28.58	1 1/8	31.7	14.29	36.9	31.5	6.4	41.6	58.5	9.75	22700	48.2
200	2 1/2	63.50	39.69	1 9/16	38.1	19.84	48.0	40.7	8.0	52.0	71.6	15.59	35400	60.3

[표 18-3] 미국의 롤러 체인의 치수표

chain No.		pitch p	roller		pin dia-meter	roller link plate		transverse dimensions			tensile stren-gth,lb persl-rand	weight lb per foot	recommended maximum rpm		
													leeth		
A.S.A	dia-mond		width w	dia-meter d		thick-ness t	heig-ht H	A	B	C			12	48	24
25	89	1/4	⅛	0.130	0.0905	0.030	0.226	0.149	0.188	0.254	875	0.084	5800	7800	8880
35	82	3/8	3/16	0.200	0.141	0.050	0.344	0.224	0.290	0.400	2100	0.21	2380	3780	4200
41	65*	1/2	1/4	0.306	0.141	0.050	0.383	0.256	0.315	…	2000	0.26	1750	2725	2850
40	66	1/2	6/16	0.312	0.156	0.060	0.452	0.313	0.358	0.563	3700	0.41	1800	2830	3000
50	449*	5/8	3/8	0.400	0.200	0.080	0.594	0.384	0.462	…	6100	0.68	1300	2030	2200
50	148	5/8	3/8	0.400	0.200	0.080	0.545	0.384	0.462	0.707	6600	0.65	1300	2030	2200
60	433	3/4	1/2	0.469	0.234	0.094	0.679	0.493	0.567	0.892	8500	0.99	1025	1615	1700
80	434	1	5/8	0.625	0.312	0.125	0.903	0.643	0.762	1.160	14500	1.73	650	1015	1100
100	470	1 1/4	3/4	0.750	0.375	0.156	1.128	0.780	0.910	1.411	24000	2.51	450	730	850
120	472	1 1/2	1	0.875	0.437	0.187	1.354	0.977	1.123	1.796	34000	3.69	350	565	650
140	474	1 3/4	1	1.000	0.500	0.220	1.647	1.054	1.219	1.929	46000	5.00	260	415	500
160	478	2	1 1/4	1.125	0.562	0.250	1.900	1.250	1.433	2.301	58000	6.53	225	360	420
200	480	2 1/2	1 1/2	1.562	0.781	0.312	2.275	1.533	1.850	2.800	95000	10.65	170	260	300

Courtesy of Diamond Chain and Mfg Co.
Not made in multiple strands. All dimensions. All dimensions are in inches.

롤러 체인, 롤러 링크를 핀 링크에 연결하고 있다. 핀 링크는 2개의 핀이 2개의 핀 링크 플레이트에 압입되고 있다. 핀의 양단을 코오킹한 형식과 일간을 분할 핀으로 멈추게 한 형식이 있다. 분할핀은 작은 것에는 사용하지 않는다.

롤러 링크는 외측에 롤러를 끼운 2개의 부시(bush)가 2개의 롤러 링크 플레이트에 압입되어 있다. 롤러는 부시에 끼워져서 양측의 롤러 링크 플레이트에서 회전할 수 있다.

크기는 호칭번호를 표시하고, 25 ~ 240 사이에 13종류가 있다.

롤러 체인은 2개의 핀의 거리를 피치라 하고, 이 피치는 3.175 [mm]($\frac{1}{8}$inch)의 정수배로 되어 있다. 그 배수에 0(롤러가 있는 것), 5(롤러가 없는 것), 1(경량형)을 붙인 것이 이 호칭번호이다. 롤러 체인은 핀 링크의 핀을 길게 하여 열수를 증가할 수가 있으므로 단열로는 힘이 부족할 때는 체인을 크게 하지 않더라도 대동력을 전달할 수 있다.

롤러 체인에서 문제가 되는 것은 늘음이다. 핀과 부시의 사이에 마모로써 1핀으로 1[mm]만큼 늘어나면 100피치에는 10[mm] 길게 늘어난다. **그림 18-11**은 미국규격의 롤러의 체인을 나타내었고 **그림 18-12**는 3열 롤러체인이며 **표 18-3**은 롤러 체인의 치수표이다.

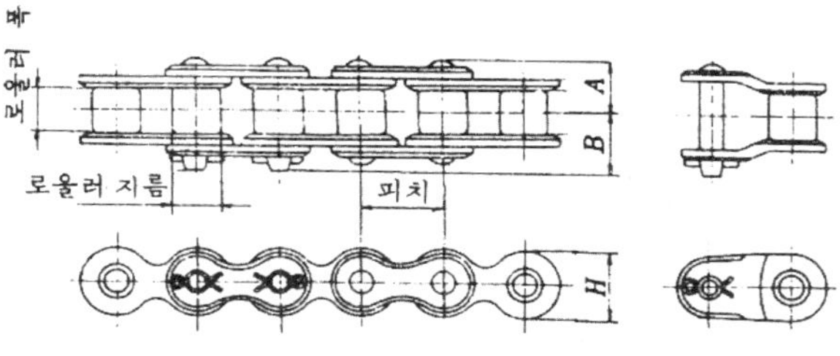

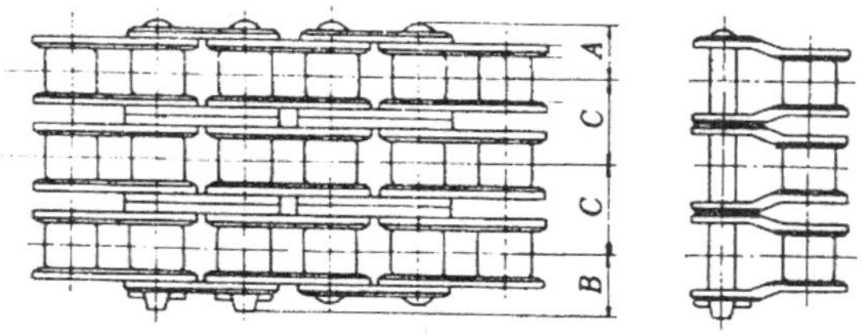

그림 18-11 롤러 체인의 미국규격

그림 18-13에서 왼쪽 그림은 신품, 오른쪽 그림은 잡아당기는 측이 마모한 것이다. 그리고 자전거용의 체인(피치 12.7[mm]이고 축이 좁다)의 늘어난 것과 신품을 비교한 것이다. 108피치에서 3피치는 늘어난 것이다.

그림 18-14는 링크의 접촉을 도시한 것이고 이음 링크는 전 길이가 짝수피치, 오프셋 링크는 전 길이가 홀수피치로 되어 있다.

그림 18-12 3열의 롤러 체인

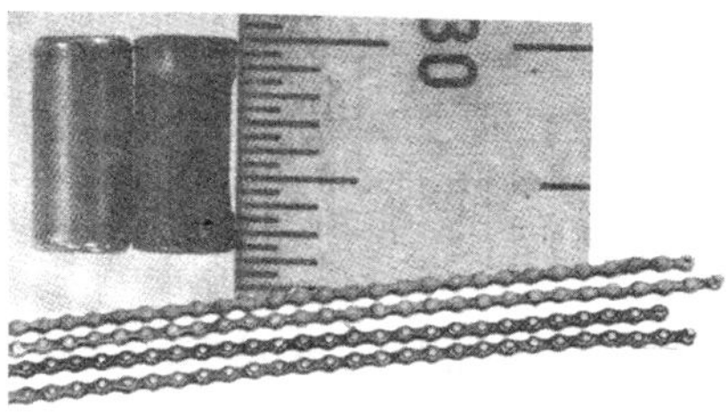

그림 18-13 체인의 늘음

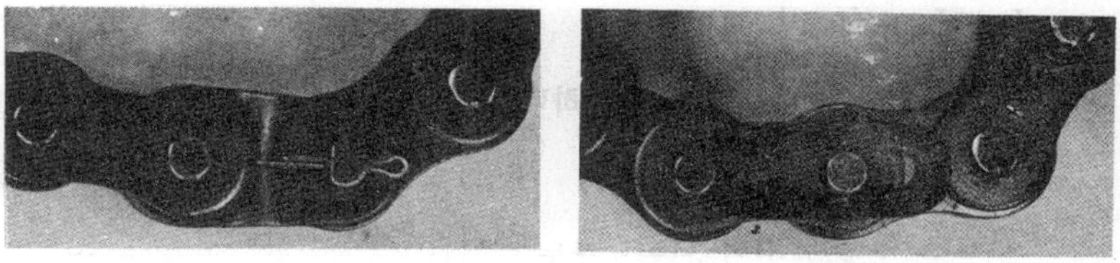

그림 18-14 링크의 접촉

18.3 체인의 기본설계

1. 체인의 길이

체인의 길이는 링크의 남은 수가 허용되지 않으므로, 한 쌍의 스프로킷 휠에 필요한 체인의 길이는 링크의 수에 피치 p를 곱해야 얻어진다. 이 점에서 양풀리의 중심거리는 가감할 수 있는 장치로 만들어 놓는 것이 좋다. 또 전 길이를 되도록 피치의 짝수배(偶數倍)로 하는 것이 좋으며, 홀수배(奇數倍)로 하면 오프셋 링크 1개를 사용해야 되는 것이다. 체인 링크의 수 L_n은 벨트의 길이를 구하는 계산식과 같은 양으로 근사식으로 계산된다.

$$L = 2C + \frac{\pi}{2}(D_1 + D_2) + \frac{(D_2 - D_1)^2}{4C}$$

$Z_1 = \frac{\pi D_1}{p}$, $Z = \frac{\pi D_2}{p}$ 이므로 $D_1 = \frac{pZ_2}{\pi}$, $D_2 = \frac{pZ_2}{\pi}$ 를 위식에 대입하면 다음 식이 얻어진다.

$$L = 2C + \frac{Z_1 + Z_2)p}{2} + \frac{(Z_2 - Z_1)^2 p^2}{4C\pi^2} \tag{18-2}$$

링크의 수 L_n은

$$L_n = \frac{L}{p} = \frac{2C}{p} + \frac{Z_1 + Z_2}{2} + \frac{(Z_2 - Z_1)^2 p}{4C\pi^2}$$

$$= \frac{2C}{p} + \frac{1}{2}(Z_1 + Z_2) + \frac{0.0257p(Z_2 - Z_1)^2}{C} \tag{18-3}$$

단, Z_1, Z_2 : 대소 스프로킷 휠의 잇수, p : 체인의 피치, C : 축간 거리

이것은 링크의 수이므로 소수점 이하는 반올림한다. 또 짝수가 되도록 올리면 오프셋 링크를 사용하지 않게 되어 좋다. 길이를 [mm]로 표시하면

$$L_p = L_n \cdot p\,[\text{mm}] \tag{18-4}$$

중심거리 C는 다음 범위가 적당하다.

$$C=(40\sim50)p \tag{18-5}$$

그러나 중심거리의 최소 거리로서는

$$C_{\min}=30p$$

또는

$$\text{큰 스프로킷 휠의 피치원 지름}+\frac{\text{작은 스프로킷 휠의 피치원 지름}}{2} \tag{18-6}$$

중심거리의 최대 거리 $C_{\max}$는

$$C_{\max}=80p \text{ 또는 } C_{\max}=4.6m \tag{18-7}$$

양풀리의 회전비는 5 : 1 정도까지가 적당하고 최대로 해서 7 : 1이다.

2. 속도

속도 v는 5[m/sec] 이하로서 2 ~ 5[m/sec]가 가장 적당하다.

$$v=\frac{\pi DN}{100\times 60}=0.000524\,DN=\frac{pZN}{6000}\,[\text{m/sec}] \tag{18-8}$$

$(\pi D=pZ)$

단, D : 스프로킷 휠의 피치원의 지름[cm], N : 스프로킷 휠의 회전속도[rpm]
p : 체인의 피치, Z : 스프로킷 휠의 잇수

스프로킷 휠의 잇수(Z)는 많을수록 체인에 충격을 작게 주고, 체인의 피치 p도 작을수록 원활한 운전을 할 수 있으므로 체인의 최대 가능속도를 다음과 같이 제한한다.

$$\text{최대 가능속도 } v_{wmax}=\frac{2Z}{\sqrt{p}}\,[\text{m/sec}] \tag{18-9}$$

단, Z : 작은 스프로킷 휠의 잇수, p : 체인의 피치[mm]
그리고 롤러 체인의 피치 p는

$$p=\left(\frac{115000}{N}\right)^{\frac{2}{3}}[\text{mm}] \tag{18-10}$$

3. 속도의 변동율

롤러 체인의 경우이든 사일런트 체인의 경우이든 간에 체인의 속도 v는 체인의 피치를 p, 스프로킷 휠의 회전속도를 N, 잇수를 Z라 하면, 스프로킷 휠 1회전마다 Z개의 링크가 송출되므로 $v=NpZ$이다. 그러나 실제로 이것은 체인의 평균속도이며, 체인이 스프로킷 휠에 걸리고 있는 상태에서 링크 플레이트는 굽혀지지 않아서 **그림 18-15**와 같이 정다각형의 바퀴에 벨트를 감은 것과 같이 되므로 스프로킷 휠이 일정한 각속도로 회전하면 체인은 빨라지기도 하고 늦어지기도 한다. 즉 체인의 속도 v는 **그림 18-15**(a)의 경우가 가장 빠르고, 그림 (b)의 경우가 가장 늦다. 지금 피치원의 지름을 D_p라 하면

$$R_{max}=\frac{D_p}{2},\quad R_{min}=\frac{D_p}{2}\cdot\cos\frac{\pi}{Z}$$

이므로 스프로킷 휠의 각속도를 ω라 하면

$$\left.\begin{aligned} v_{max}&=R_{max}\cdot\omega=\frac{D_p}{2}\cdot\omega \\ v_{min}&=R_{min}\cdot\omega=\left(\frac{D_p}{2}\cos\frac{\pi}{Z}\right)\omega \end{aligned}\right\} \tag{18-11}$$

로 되어 ω가 일정한 경우에 체인의 속도는 v_{max}와 v_{min}과의 사이에서 끊임 없이 주기적으로 변화한다. 즉 **그림 18-16**에서 보는 것처럼 그 운동의 모양은 파상이다.

지금 속도의 변동율을 λ라 하면

$$\lambda=\frac{(v_{max}-v_{min})}{v_{max}} \tag{18-12}$$

$$\lambda=\frac{D-D\cos(\pi/Z)}{D}=1-\cos(\pi/Z)\fallingdotseq\frac{\pi^2}{2Z^2} \tag{18-13}$$

또 $\dfrac{p}{D}=\sin\dfrac{\pi}{Z}\fallingdotseq\dfrac{\pi}{Z}$

$$\lambda=\frac{p^2}{2D^2} \tag{18-14}$$

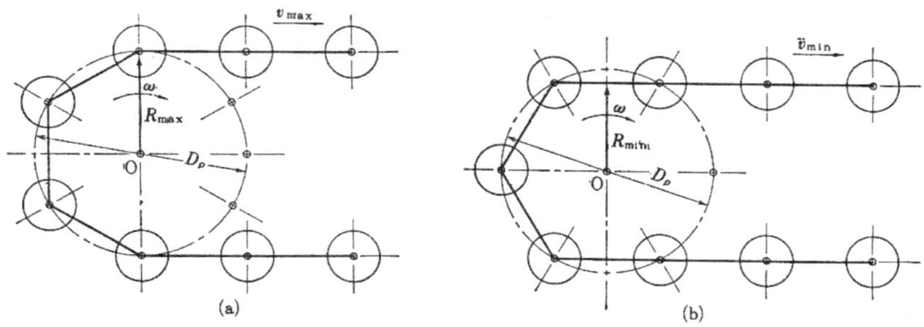

그림 18-15 체인의 속도변동율

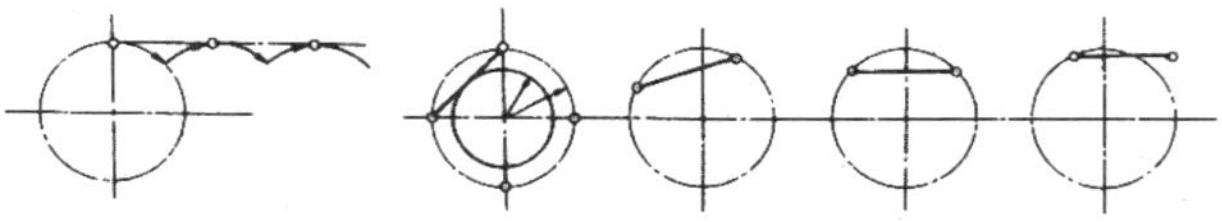

그림 18-16 체인의 파상운동

체인의 속도는 이와 같이 변화가 있으므로 장력에도 변동이 생기고 따라서 소음과 진동의 원인이 된다. 이 변동율 λ를 될 수 있는 대로 작게 하려면 잇수 Z 또는 스프로킷 휠의 피치원 지름 D를 크게 하거나, 피치 p를 작게 하면 된다. 또 피치가 작은 체인은 중량도 작으므로 원심력의 점에서도 피치가 큰 체인보다 고속운전을 할 수 있다. $\lambda-Z$ 선도를 **그림 18-17**에 도시한다.

잇수가 15 이하이면 λ가 증가한다.

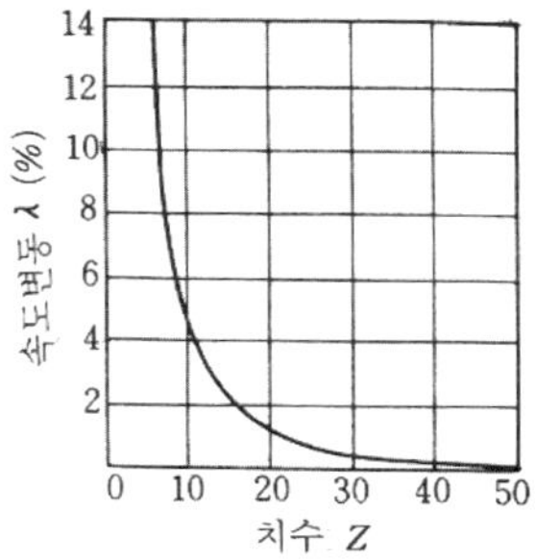

그림 18-17 체인의 $\lambda-Z$ 선도

4. 롤러 체인의 전동마력

체인의 평균속도 v[m/sec]를 체인의 긴장측의 장력(스프로킷 휠의 피치원에 있어서 회전력)을 T_a[kgf]라 하면 전동마력 H[PS]는 다음 식으로 주어질 것이다.

$$H_{pS}=\frac{T_a}{75}v\,[\mathrm{PS}],\quad H_{kW}=\frac{T_a}{102}v\,[\mathrm{kW}] \tag{18-15}$$

허용장력은 파단하중으로 설정한다. 이 때 안전계수 S는 3 이상으로 하고, 보통의 운전 상태에서는 $7 \sim 10$이다.

$$T_a = \frac{T_B \cdot i}{f \cdot S} \tag{18-16}$$

$$\text{또}\quad T_a = i\frac{2.5p^2}{f(v+3)} \tag{18-17}$$

단, 원심력 무시

또 표 18-4에 표시한 과부하수정계수 f를 곱하여 보정할 필요가 있다. 다열체인의 경우는 단열의 전동능력을 열수배하고 붙이기오차 등을 고려하여 다열계수 i를 곱한다. 표 18-5는 다열계수표를 표시한 것이며, 전동마력의 계산에 있어서는 체인 메이커의 카탈로그를 참조하는 것이 좋다.

[표 18-4] 사용계수(f)

	부하의 특징		1일의 사용 시간			
			10시간	24시간	10시간	24시간
전동조건	보통의 전동	원심 펌프, 송풍기, 일반 수송 장치 등 부하가 균일한 것	1.0	1.2	1.4	1.7
전동조건	충격을 수반하는 전동	다통펌프, 압축기, 공작기계 등 부하 변동이 중간쯤 되는 것	1.2	1.4	1.7	2.0
전동조건	큰 충격을 수반하는 전동	프레스, 분쇄기, 토목 및 광산 기계 등 부하 변동이 격심한 것	1.4	1.7	2.0	2.4
전동조건	원동기의 종류		전동기, 터빈 엔진		디이젤 엔진, 단통엔진	

[표 18-5] 다열계수(i)

체인의 열수	수정 계수
2	1.7
3	2.5
4	3.3
5	3.9
6	4.6

5. 롤러 체인의 전동마력표

표 18-6은 마모에 의한 체인의 수명을 고려한 각 체인의 치수와 사용 잇수에 대한 전동마력수를 표시한 것이다. 체인의 선정에 있어서는 롤러의 충격파괴에 관계되는 체인의 피치, 스프로킷 휠의 잇수 및 회전속도를 고려한다. 즉 피치가 작은 것은 링크의 자중이 작아져서 고속회전에 사용할 수 있으나 가격이 비싸므로 다시 고려가 필요하다. 일반적으로 저속도운전에 사용하는 경우에는 체인의 크기를 넓은 범위에 걸쳐 선택할 수 있으며, 경제적으로는 각 체인에 허용되는 최고회전속도 이하에서 되도록 피치가 큰 체인을 선택하는 것이 좋다. 불필요하게 작은 피치의 체인을 사용해서 스프로킷 휠의

잇수를 많게 한다든가 쓸데없이 다열체인을 사용하는 것은 비경제적이다.

이상의 8개의 체인의 각 크기에 있어서의 전동마력수는 정상적인 부하전동 아래에서 하루의 사용 시간을 10시간을 기준으로 하여 작성한 것이고, 1일의 사용 시간이 그것보다 증가하고, 또 충격을 수반하는 전동과 같이 변동하중이 있는 전동에서는 마모에 의한 체인의 수명이 단축된다. 그러므로 체인의 수명을 일정하게 유지하기 위해서는 사용시간과 부하의 특성에 의한 계수를 소요의 전동마력에 곱하고, 그 수정마력에 의하여 사용회전속도에 대한 체인의 크기와 작은 스프로킷 휠의 잇수를 선택해야 된다. 따라서 표 18-4와 같은 사용계수표를 사용하는 것이 좋다.

[표 18-6] 단열체인의 전달마력

(a) 호칭번호 40(피치 12.7[mm])

(단위 : PS)

작은 스프로킷 휠의 잇수	최고 회전 속도 rpm	작은 스프로킷 휠의 회전속도[rpm]																			
		50	100	200	300	400	500	600	700	800	900	1000	1200	1400	1600	1800	2000	2200	2600	3000	3600
13	2180	0.2	0.5	0.8	1.2	1.5	1.8	2.0	2.2	2.4	2.6	2.8	3.1	3.3	3.5	3.6	3.7				
14	2380	0.2	0.5	0.9	1.3	1.6	1.9	2.2	2.5	2.7	2.9	3.1	3.4	3.7	3.9	4.1	4.2	4.3			
15	2560	0.3	0.5	1.0	1.4	1.8	2.1	2.4	2.7	2.9	3.2	3.4	3.8	4.1	4.3	4.5	4.7	4.8			
16	2720	0.3	0.6	1.1	1.5	1.9	2.3	2.6	2.9	3.2	3.4	3.7	4.1	4.4	4.7	5.0	5.1	5.2	5.4		
17	2860	0.3	0.6	1.1	1.6	2.0	2.4	2.8	3.1	3.4	3.7	4.0	4.4	4.8	5.1	5.4	5.6	5.7	5.9		
18	2980	0.3	0.6	1.2	1.7	2.2	2.6	2.9	3.3	3.6	3.9	4.2	4.7	5.1	5.5	5.8	6.0	6.2	6.3		
19	3080	0.4	0.7	1.3	1.8	2.3	2.7	3.1	3.5	3.9	4.2	4.5	5.0	5.5	5.9	6.2	6.4	6.6	6.7	6.8	
20	3160	0.4	0.7	1.3	1.9	2.4	2.9	3.3	3.7	4.1	4.4	4.7	5.3	5.8	6.2	6.5	6.8	7.0	7.2	7.2	
21	3230	0.4	0.8	1.4	2.0	2.5	3.0	3.5	3.9	4.3	4.6	5.0	5.6	6.1	6.5	6.9	7.1	7.4	7.6	7.6	
22	3290	0.4	0.8	1.5	2.1	2.6	3.2	3.6	4.1	4.5	4.9	5.2	5.8	6.4	6.8	7.2	7.5	7.7	8.0	8.0	
24	3360	0.5	0.9	1.6	2.3	2.9	3.4	4.0	4.4	4.9	5.3	5.7	6.4	6.9	7.4	7.8	8.1	8.4	8.6	8.7	8.4
26	3380	0.5	0.9	1.7	2.5	3.1	3.7	4.3	4.8	5.2	5.7	6.1	6.8	7.4	8.0	8.4	8.7	8.9	9.2	9.2	8.8
30	3370	0.6	1.1	2.0	2.8	3.6	4.2	4.9	5.4	6.0	6.5	6.9	7.8	8.4	8.9	9.4	9.7	10.0	10.2	10.1	9.2
32	3310	0.6	1.1	2.1	3.0	3.8	4.5	5.1	5.7	6.3	6.8	7.3	8.1	8.8	9.3	9.9	10.1	10.3	10.5	10.4	
35	3220	0.7	1.2	2.3	3.2	4.1	4.9	5.6	6.2	6.8	7.4	7.9	8.7	9.4	10.0	10.4	10.7	10.9	11.0	10.6	
40	2970	0.7	1.4	2.6	3.7	4.6	5.4	6.2	6.9	7.6	8.2	8.7	9.6	10.3	10.9	11.2	11.5	11.6	11.5		
윤활 형식 (모빌유)	1분간에 4-10방울 정도가 적하주유를 하든가 때로는 흘러 지나가게 한다.					기름에 새지 않는 케이싱 속에 1분간 20방울 이상의 적하주유를 하든가, 간단한 유조 속을 지나게 한다.						유조 속을 지나가든가, 기름이 계속 흘러 지나가게 하든가, 강제 주유한다.									

(b) 호칭번호 160(피치 50.8[mm])

(단위 : PS)

작은 스프로킷 휠의 잇수	최고 회전속도 rpm	작은 스프로킷 휠의 회전속도[rpm]									
		10	20	40	60	80	100	120	140	160	180
13	260	3.2	6.0	11.1	15.7	19.9	23.7	27.2	30.5	33.6	36.4
14	280	3.4	6.5	12.1	17.2	21.8	25.9	29.9	33.5	37.0	40.2
15	305	3.7	7.0	13.0	18.4	23.5	28.1	32.4	36.4	40.2	43.7
16	325	3.9	7.5	14.0	19.8	25.3	30.3	34.9	39.3	43.4	47.2
17	340	4.2	8.0	14.9	21.1	27.0	32.4	37.4	42.0	46.4	50.6
18	355	4.4	8.5	15.8	22.5	28.7	34.4	39.7	44.9	49.5	54.0
19	365	4.7	9.0	16.7	23.9	30.4	36.4	42.0	47.6	52.6	57.2
20	375	4.9	9.4	17.6	25.1	32.0	38.4	44.3	50.1	55.3	60.3
21	385	5.2	10.0	18.5	26.4	33.6	40.4	46.7	52.6	58.1	63.4
22	390	5.4	10.4	19.4	27.6	35.2	42.3	49.0	55.1	60.8	66.4
24	400	5.9	11.3	21.1	30.1	38.4	46.1	53.3	60.1	66.5	72.4
26	400	6.4	12.2	22.8	32.5	41.5	49.7	57.5	64.8	71.6	78.0
30	400	7.4	14.0	26.2	37.3	47.4	56.9	65.7	73.9	81.6	88.9
32	400	7.9	14.9	27.8	39.5	50.3	69.2	69.6	78.2	86.3	93.9
35	380	8.6	16.3	30.3	42.9	54.6	65.4	75.4	84.6	93.3	101.3
40	355	9.7	18.5	34.3	48.5	61.5	73.5	84.5	94.8	104.2	112.9
윤활 형식	I					II					

작은 스프로킷 휠의 잇수	작은 스프로킷 휠의 회전속도[rpm]									
	200	220	240	260	280	300	320	340	360	400
13	39.0	41.4	63.6							
14	43.1	45.9	48.4	50.6	52.8					
15	47.0	50.0	52.9	55.5	58.0	60.3				
16	50.9	54.1	57.3	60.2	62.9	65.5	67.9			
17	54.5	58.1	61.5	64.8	67.7	70.5	73.1	75.5		
18	58.1	62.1	65.7	69.2	72.4	75.5	78.3	80.9		
19	61.6	65.8	69.9	73.6	77.1	80.3	83.4	86.2	88.8	
20	65.0	69.4	73.6	77.6	81.4	84.6	87.8	90.8	93.4	
21	68.3	73.1	77.5	81.5	85.5	89.1	92.5	95.6	98.7	
22	71.6	76.6	81.1	85.4	89.5	93.3	96.9	100.1	103.0	
24	78.0	83.3	88.3	93.0	97.4	101.5	105.4	108.6	112.4	118.4
26	84.1	89.7	95.1	100.0	104.7	109.1	113.2	116.8	120.5	127.4
30	95.6	101.9	107.9	113.5	118.7	123.6	128.1	132.2	136.3	144.0
32	100.9	107.5	113.7	119.5	124.9	129.9	134.4	138.5	142.4	
35	108.8	115.8	122.3	128.5	134.2	139.3	143.9	148.0	151.6	
40	121.1	128.6	135.4	142.1	148.3	153.9	157.2	114.6		
윤활 형식	III									

[표 18-7] 롤러 체인의 허용최고회전속도[rpm]

작은 스프로킷 휠의 잇수	로울러 체인번호							
	40	50	60	80	100	120	140	160	200
13	2180	1570	1180	750	535	415	305	260	185
14	2380	1720	1290	820	585	455	335	280	205
15	2560	1850	1390	880	630	490	360	305	220
16	2720	1960	1480	935	670	520	380	325	235
17	2860	2060	1550	985	700	550	400	340	245
18	2980	2150	1610	1020	730	570	415	355	255
19	3080	2220	1670	1060	755	590	430	365	265
20	3160	2280	1720	1090	775	605	440	375	270
21	3230	2330	1750	1110	790	620	450	385	280
22	3290	2370	1780	1130	805	630	460	390	280
24	3360	2420	1820	1160	825	645	470	400	290
26	3378	2438	1830	1160	829	649	474	400	290
30	3370	2430	1830	1160	825	645	470	400	290
32	3310	2386	1794	1140	811	633	462	392	284
35	3220	2320	1740	1110	790	615	450	380	275
40	2970	2140	1610	1020	730	570	415	355	255
45	2670	1930	1450	920	655	515	375	320	230
48	2466	1780	1342	851	607	476	345	293	212
54	2042	1472	1110	701	499	390	285	243	176
60	1580	1140	860	545	390	305	220	185	135

표 18-7은 롤러 체인 전동에 있어서 반복충격에 의한 피로 파괴 방지를 고려하여 결정한 각 치수에 대한 허용최고회전속도를 표시한다. 체인의 각 치수와 잇수에 대하여 회전속도 이하로 사용하면 롤러 체인은 양호한 성능을 발휘할 수가 있을 것이다. 낮은 속도로 사용하는 경우는 체인의 크기의 선택범위가 넓게 되나, 앞의 전동마력표의 마력수를 고려하여 허용범위 내에서 되도록 큰 것을 사용하는 것이 경제적이다.

6. 스프로킷 휠의 최대 보스의 지름과 최대 축지름

다음 표 18-8은 롤러 체인의 각 크기와 잇수(Z)에 대하여 택할 수 있는 스프로킷 휠의 최대 보스의 지름과 최대 축지름을 표시한다.

[표 18-8] 최대 보스의 지름(HD_{max}) 및 최대 축지름(d_{max})

잇수 \ 체인의 크기		40	50	60	90	100	120	140	160	200
13	HD_{max}	39	48	59	79	99	118	136	155	196
	d_{max}	22	30	38	51	66	80	92	106	135
14	HD_{max}	43	53	65	87	109	131	151	172	217
	d_{max}	26	33	42	58	74	88	102	118	150
15	HD_{max}	47	58	72	95	119	143	165	188	237
	d_{max}	29	37	48	62	80	96	112	129	165
16	HD_{max}	51	63	98	103	129	155	179	204	257
	d_{max}	31	41	50	69	86	106	123	140	180
17	HD_{max}	55	69	84	111	139	167	193	220	278
	d_{max}	34	46	55	75	94	113	133	153	196
18	HD_{max}	60	74	90	120	150	179	208	236	298
	d_{max}	38	50	60	80	101	123	143	164	210
19	HD_{max}	64	79	96	128	160	192	222	253	318
	d_{max}	42	51	63	86	110	132	154	177	226
20	HD_{max}	68	84	102	136	170	204	236	269	339
	d_{max}	45	55	68	92	116	140	164	188	240
21	HD_{max}	72	89	108	144	180	216	250	285	359
	d_{max}	48	59	73	97	124	150	175	200	256
22	HD_{max}	76	94	114	152	190	228	264	301	379
	d_{max}	50	62	78	103	130	159	185	213	270
23	HD_{max}	80	99	120	160	200	240	278	317	399
	d_{max}	52	66	80	110	138	167	196	225	286
24	HD_{max}	84	105	127	169	211	254	294	336	421
	d_{max}	55	70	85	115	145	178	207	236	299
25	HD_{max}	88	110	133	177	221	266	308	352	442
	d_{max}	58	74	90	121	154	186	218	250	316

최대 보스의 지름이라 하는 것은 체인의 크기의 스프로킷 휠의 잇수에 있어서 체인의 보스에 접촉함이 없이 회전할 수 있는 지름이고, 최대 축지름이라 하는 것은 최대 보스의 지름에 대하여 취할 수 있는 지름이며, 그 크기의 스프로킷 휠에서 취할 수 있는 최대의 축구멍을 의미한다.

18.4 전동마력표에 의한 계산

롤러 체인의 선택에 대한 여러 가지의 팩터(factor)를 설명하였는데, 이것을 총괄하여 마모와 신축에 의한 수명을 고려한 롤러 전동의 설계순서를 표시하면 다음과 같다.

1) 표 18-4의 사용 계수표에서 전동 조건에서 사용계수를 결정한다.

2) 사용마력과 사용계수에서 수정마력을 계산한다.

(수정마력) = (사용마력) × (사용계수)

3) 표 18-7의 허용 최고 회전속도에서 허용되는 체인의 크기의 범위를 결정한다.

4) 전동 마력표에서 회전속도와 수정마력에서 작은 스프로킷 휠의 잇수(Z)를 결정한다.

   이 때 허용 범위 내에서 되도록 큰 치수의 체인을 사용하는 것이 경제적이다. 줄의 수가 많은 다열체인을 사용하든지, 피치가 작은 체인을 사용하여 잇수를 증가시키는 것은 비경제적이다. 잇수 $Z=17 \sim 24$ 정도가 좋다.

5) 최대 보스의 지름표에서 선정된 작은 스프로킷 휠의 잇수(Z)가 최대 보스 지름 또는 최대 축지름에 저촉이 되지 않는가를 점검한다. 만일 허용 최대 축지름을 넘으면 다시 많은 잇수를 사용한다.

18.5 스프로킷 휠

1. 스프로킷 휠의 구조

스프로킷 휠(sprocket wheel)의 잇수는 보통 $10 \sim 70$개의 범위가 사용되고 잇수가 적으면 원활한 운전을 할 수 없고, 진동을 일으키고 체인의 수명을 단축시킨다. 그러므로 잇수는 17개 이상이 바람직하나 저속의 경우는 6개까지 사용된다. 마모를 균일하게 하려면 되도록 홀수개가 좋다.

스프로킷 휠의 치부는 체인과 물고 돌 때 충격력을 받고 롤러와의 접촉에 의하여 마모를 생기게 한다. 치부의 재료는 인성과 내마모성이 필요하고, 잇수가 적은 스프로킷 휠은 표면경화의 열처리를 행하고 표면에 내마모성을 주고 내부에서는 인성을 준다. 일반적으로 바깥지름이 작은 스프로킷 휠에는 단강을 사용하고, 바깥지름이 큰 스프로킷 휠에는 주철을 사용한다. 그림 18-18은 스프로킷 휠의 치형이다.

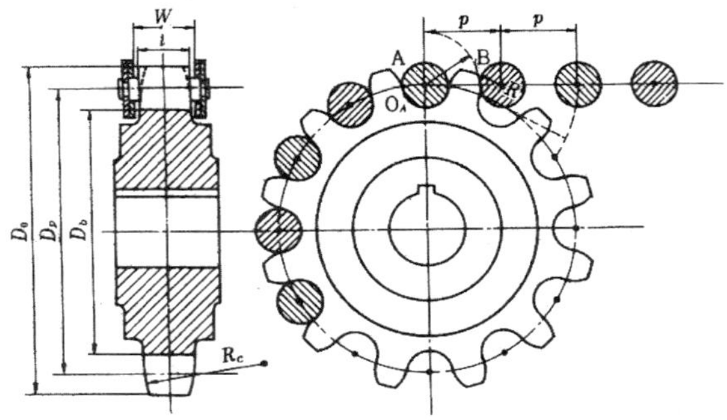

그림 18-18 스프로킷 휠의 치형

2. 스프로킷 휠의 기본 치수

(1) 피치원의 지름과 바깥지름

체인을 스프로킷 휠에 감아걸 때 체인의 각 핀의 중심을 통하는 원을 스프로킷 휠의 피치원이라 한다. 지금 체인의 피치를 p, 롤러 지름을 R, 잇수를 Z라 하면 그림 18-19에서 피치원의 지름 D_p는 다음과 같이 구해진다.

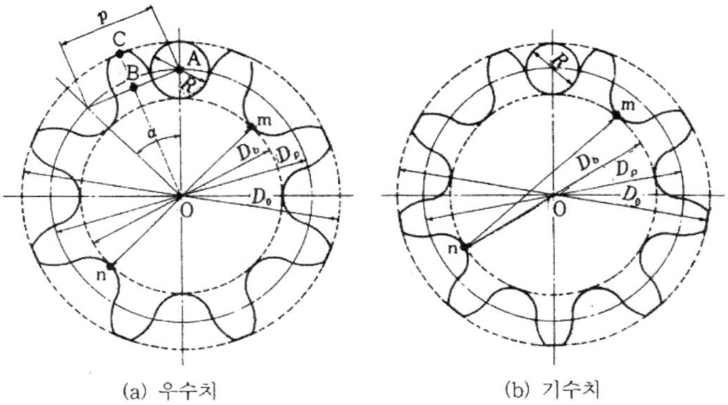

그림 18-19 스프로킷 휠의 피치원의 지름 D

$$\alpha = \frac{2\pi}{Z} \qquad (18\text{-}18)$$

$$\overline{OA} = \frac{\overline{AB}}{\sin\frac{\alpha}{2}} = \frac{\frac{p}{2}}{\sin\frac{\pi}{Z}}$$

$$\therefore\ D_p = 2\times\overline{OA} = \frac{p}{\sin\frac{\pi}{Z}} \qquad (18\text{-}19)$$

이높이를 롤러의 지름 R과 같다고 하면 바깥지름 D_0는

$$D_0 = D_p + R \tag{18-20}$$

또 그림에서 $\overline{BC} \fallingdotseq 0.3p$ 라 하면

$$D_0 = 2(\overline{OB} + \overline{BC}) = 2\left(\frac{\overline{AB}}{\tan\frac{\alpha}{2}} + 0.3p\right)$$

$$= 2\left(\frac{p}{2} \cdot \cot\frac{\pi}{Z} + 0.3p\right) = p\left(0.6 + \cot\frac{\pi}{Z}\right) \tag{18-21}$$

스프로킷 휠의 측정은 버니어미터 또는 마이크로미터 등으로 측정하고 서로 마주보고 있는 이뿌리 사이의 거리 mn을 잰다. 짝수의 경우는 $mn = D_B$로 되므로 곧 D_B 및 $D_p = mn + R$가 구해지나 홀수의 경우는 다음 식으로 구한다.

$$D_p = (mn + R) \,/\, \cos\frac{\pi}{2Z} \tag{18-22}$$

이뿌리 거리 mn을 캘리퍼 지름(caliper diameter)이라 한다.
또 그림 18-20에서

$$D_0 = p\cot\left(\frac{180^\circ}{Z}\right) + D_r \tag{18-23}$$

단, D_r : 롤러의 지름[mn]

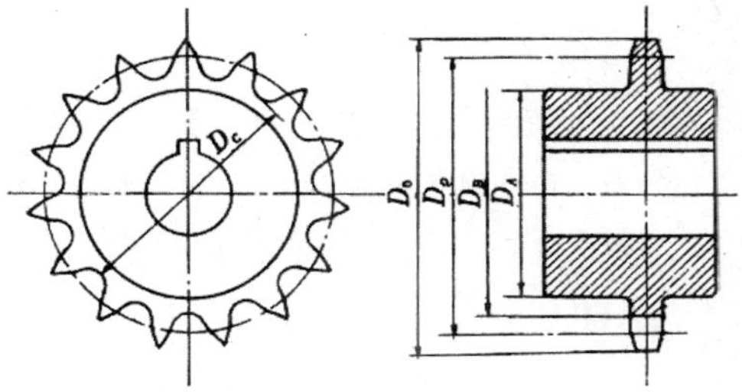

그림 18-20 스프로킷 휠의 여러 가지 치수

(2) 스프로킷 휠의 이뿌리 지름

이뿌리 지름 $D_B = D_p - D_r$ (18-24)

이뿌리 거리 $\left.\begin{array}{l} D_C = D_B \cdots\cdots \text{짝수의 경우} \\ D_C = D_p \cos(90°/\pi) - D_r \cdots\cdots \text{홀수의 경우} \end{array}\right\}$ (18-25)

예제 1 50 번의 롤러 체인으로 4 [PS]를 전달시키는 데 있어서 안전율을 15 로 유지하기 위해서는 체인 속도는 어느 범위 내에 있어야 되느냐?

풀이 # 50 의 체인의 절단하중은 2210 [kgf], 안전율 15이므로 $F = \frac{2210}{15} = 147$ [kgf]

전달마력 $H = 4$ [PS]이므로 $v = \frac{75H}{F} = \frac{75 \times 4}{147} = 2.04 \fallingdotseq 2$[m/sec]

위의 식에서 $F < 147$ [kgf]이면 $v > 2.04$ 가 되므로, 체인 속도는 항상 2 [m/sec] 이상으로 유지해야 된다.

예제 2 60 번 롤러 체인을 잇수 40,200[rpm]의 스프로킷 휠에 사용하였을 때, 몇 마력을 전달시킬 수 있는가? 안전율 15 라 한다.

풀이 표에서 # 60 의 체인의 전단강도는 3200[kgf]이다. 안전율을 15라 하면

하중 $F = \frac{3200}{15} = 213$ [kgf]

$N_1 = 200$ [rpm], $p = 19.05$ [mm], $Z_1 = 40$

$$v_m = \frac{200 \times 19.15 \times 40}{60 \times 1000} = 2.54 \text{ [m/sec]}$$

$$\text{전달마력 } H = \frac{Fv_m}{75} = \frac{213 \times 2.54}{75} = 7.2 \text{ [PS]} \quad \therefore \ 7.2 \text{ [PS]}$$

예제 3 8 [PS]를 750 [rpm]의 원중기에서 축간 거리 820 [mm], 250 [rpm]의 종동축에 전달시키려고 한다. 롤러 체인을 사용하고, 체인의 평균 속도 3 [m/s], 안전율 15 라 하면 체인의 번호와 길이, 양스프로킷 휠의 지름 및 잇수를 계산하여라.

풀이 전달력 $F = \frac{75H}{v_m} = \frac{75 \times 8}{3} = 200$ [kgf]

안전율 15이므로 체인의 전단하중은 $P_B = 200 \times 15 = 3000$ [kgf]

표에서 # 60 의 1열롤러 체인(절단 하중 3200 [kgf])을 선택한다.

이 체인의 피치 $p = 19.05$ [mm]이므로 원동풀리의 잇수 Z_1 은

$$Z_1 = \frac{v_m}{N_1 p} = \frac{3 \times 60 \times 1000}{750 \times 19.05} = 12.6 \fallingdotseq 13$$

종동풀리의 잇수 Z_2 는

$$Z_2 = Z_1 \cdot \frac{N_1}{N_2} = 13 \times \frac{750}{250} = 39$$

스프로킷 휠의 잇수는 공식에서

i) 원동풀리쪽 :

피치원의 지름

$$D_1 = \frac{p}{\sin\frac{\pi}{Z_1}} = \frac{19.05}{\sin\frac{180^\circ}{13}} = \frac{19.05}{\sin 13.8^\circ} = \frac{19.05}{0.2391} = 79.67[\text{mm}]$$

바깥지름

$$D_{01} = p\left(0.6 + \cot\frac{\pi}{Z_1}\right) = 1.905 \times \left(0.6 + \cot\frac{180^\circ}{13}\right) = 19.05 \times (0.6 + 4.0611) = 88.79\,[\text{mm}]$$

ii) 종동풀리쪽 :

피치원의 지름

$$D_2 = \frac{p}{\sin\frac{\pi}{Z_1}} = \frac{19.05}{\sin\frac{180^\circ}{39}} = \frac{19.05}{\sin 4.61^\circ} = \frac{19.05}{0.0831} = 234.32\,[\text{mm}]$$

바깥지름 : $D_{02} = \frac{2C}{p} + \frac{1}{2}(Z_1 + Z_2) + \frac{0.0257p}{C}(Z_1 - Z_2)^2$

$$= \frac{2 \times 820}{19.05} + \frac{1}{2}(13 + 39) + \frac{0.0257 \times 19.05}{820}(13 - 39)^2$$

$$= 86.1 + 26 + 0.404 = 112.504 \fallingdotseq 113\,[\text{링크}]$$

예제 4 6 PS를 1000 [rpm]의 축에서 250 [rpm]의 축에 롤러 체인으로 동력을 전달시키려고 한다. 하중은 때때로 50% 정도 초과하는 수가 있다. 체인과 스프로킷 휠을 설계하여라. 단, $v = 4$[m/sec]

풀이

$$v = \frac{pZ_1 N_1}{6000}, \quad pZ_1 = \frac{6000v}{N_1} = \frac{6000 \times 4}{1000} = 24$$

$$p = \left(\frac{115000}{N}\right)^{\frac{2}{3}}[\text{mm}] = \left(\frac{115000}{1000}\right)^{\frac{2}{3}}[\text{mm}] = 23.6[\text{mm}]$$

표에서 다음의 피치를 선택하면

p[mm]	15.88	1.05
Z_1	15	13

잇수는 많고 피치는 작을수록 좋으므로 $p = 15.88$ [mm], $Z_1 = 15$로 한다.

$H = \frac{P_w v}{75}$ 이므로 $P_w = \frac{75H}{v} = \frac{75 \times 6}{4} = 113$ [kgf]

안전율 $S_f = 15$, 필요 최대 장력 $= 113 \times 15 \fallingdotseq 1700$ [kgf]

표에서 $p = 15.88$ [mm], 롤러 지름 $d = 10.2$ [mm], 롤러의 폭 $= 6.3$ [mm], 절단 하중 1930 [kgf]의 것을 선정한다.

최대허용하중 $= 420 \times$(핀의 지름×부시의 길이)

핀의 지름 $= 5.15$ [mm]

최대허용하중 $= 420 \times 0.515 \times 0.63 = 136$[kgf]

$136 < 1.5P_w = 170$ [kgf]

이것으로 보면 50%의 초과 하중에는 약간 무리가 있다. 그러므로 이 점을 중요시하면 폭넓은 체인은 규격표에는 없으나 $p=15.88$ 의 것으로 폭이 6.3[mm]가 아닌 9.8[mm]의 것도 제작된다. 이것을 선택하면 $420\times0.515\times0.95=205$ [kgf]로 되고 적당하다.

큰 스프로킷 휠의 치수

$$\epsilon_2=\epsilon_1\frac{N_1}{N_2}=15\times\frac{1000}{250}=60,$$

$$\alpha_2=\frac{180^\circ}{60}=3^\circ,\ \sin3^\circ=0.0523,\ p=15.88\,[\text{mm}]$$

$$\therefore\ D_2=\frac{p}{\sin\alpha^2}=\frac{15.88}{0.0523}=303.4\,[\text{mm}]$$

$$Z=15,\ \alpha_1=\frac{180^\circ}{15}=12^\circ,\ \sin12^\circ=0.2079$$

$$\therefore\ D_1=\frac{15.88}{0.2079}=76.38\,[\text{mm}]$$

롤러의 지름을 d 라 하면

바깥지름 $D_{01}=p\sin\dfrac{180^\circ}{Z_1}+d=15.88\times\cot12^\circ+10.2=84.91\,[\text{mm}]$

$$D_{02}=15.88\times\cot3^\circ+10.2=313.2\,[\text{mm}]$$

중심거리 C가 750[mm]라 하면 체인의 길이는

$$L_2=\frac{2C}{p}+\frac{1}{2}(Z_1+Z_2)+\frac{0.0257p}{c}(Z_1-Z_2)^2$$
$$=\frac{2\times750}{15.88}+\frac{1}{2}(15+60)+\frac{0.0257\times15.88}{750}\times(15-60)^2$$
$$=133.6=134\,[\text{링크}]$$
$$L_p=L_n\times p=15.88\times134$$
$$=2127.92\,[\text{mm}]$$

이 결과를 제도하면 **그림 18-29**와 같이 된다.

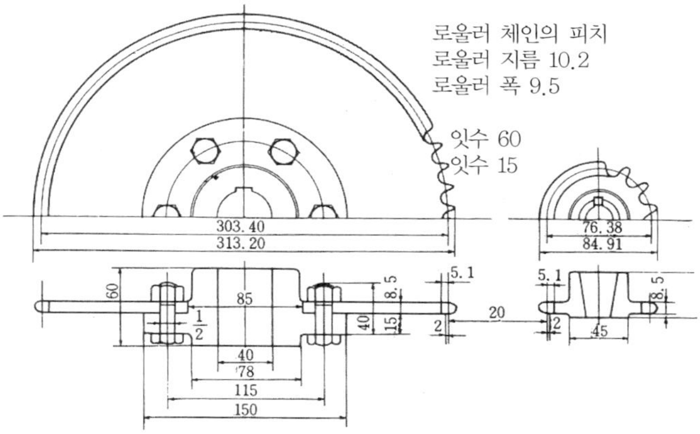

그림 18-29

예제 5 6[PS]를 전달시키는 다음과 같은 롤러 체인 장치를 설계하여라. 원동풀리의 회전속도 $N_1=1000$

[rpm], 종동풀리의 회전속도 $N_2=250$ [rpm], 중심거리 750 [mm], 안전율 15 라 하면, 하중은 때때로 50% 정도 초과하는 것을 고려한다.

풀이 원동풀리의 잇수 $Z_1=17$ 로 가정하여 # 40 의 체인을 사용하면 $p=12.70$ [mm]로

$$v_m=\frac{1000\times 12.70\times 17}{60\times 1000}\text{ [m/sec]}$$

전달력 $F=\dfrac{75H}{v_m}=\dfrac{75\times 6}{3.6}=125$ [kgf] 50% 의 초과 하중을 생각한 최대 전달 하중 $F_{\max}$ 는

$$F_{\max}=125\times 1.5=187.5\text{ [kgf]}$$

40 의 체인의 전달하중은 1420[kgf]에 대한 안전율 $=\dfrac{1420}{187.5}=7.6$

50을 사용하면 $p=15.88$ [mm], $v_m=\dfrac{1000\times 15.88\times 17}{60\times 1000}=4.5$ [m/sec]

$$F_{\max}=\frac{75H}{v_m}\times 1.5=\frac{75\times 6\times 1.5}{4.5}=150\text{ [kgf]}$$

50의 전달하중 2210[kgf]에 대한 안전율 $=\dfrac{2210}{150}=14.7$, # 60이면 $p=19.05$ [mm]

$$v_m=\frac{1000\times 19.05\times 17}{60\times 1000}=5.4\text{ [m/sec]}$$

$$F_{\max}=\frac{75H}{v_m}\times 1.5=\frac{75\times 6\times 1.5}{5.4}=125\text{ [kgf]}$$

60의 전달하중 3200[kgf]에 대한 안전율 $=\dfrac{3200}{125}=25.6$ 이상의 결과는 체인의 속도가 크게 되고 또 안전율도 너무 크다. # 50은 안전율이 약간 작다.

40을 두 줄을 나란히 놓은 2열 롤러 체인을 사용하면 체인의 속도도 적당하고 안전율도 $7.6\times 2=15.2$ 가 되어 적당하다.

종동풀리의 잇수

$$Z_2=Z_1\frac{N_1}{N_2}=17\times\frac{1000}{250}=68$$

원동풀리의 피치원의 지름

$$D_1=\frac{12.70}{\sin\dfrac{180^\circ}{17}}=\frac{12.70}{\sin 10.6}=\frac{12.70}{0.185}=68.65\text{[mm]}$$

바깥지름 $D_{01}=12.70\times(0.6+\cot 10.6^\circ)=12.70\times(0.6+5.309)=75.04$ [mm]

종동풀리의 피치원의 지름

$$D_2=\frac{12.70}{\sin\dfrac{180^\circ}{68}}=\frac{12.70}{\sin 2.65^\circ}=\frac{12.70}{0.0465}=273.11\text{[mm]}$$

바깥지름 $D_{02}=12.70\times(0.6\cot 2.65^\circ)=12.70\times(0.6+21.470)=280.29$ [mm]

이뿌리원의 지름 $D_{B2}=D_2-d=273.11-7.94=265.17$ [mm]

가로 피치 $C=14.4$[mm], $B=21.4$ [mm]

18.6 사일런트 체인

1. 사일런트 체인의 개요

(1) 사일런트 체인의 특성

롤러 체인은 사용함에 따라 늘음이 생기므로 물림 상태가 나쁘게 되고 또 소음을 발생한다. 사일런트 체인은 이 결점을 없애고, 전동할 수 없는 고속회전이 필요할 때 정숙하고 원활한 운전이 필요할 때 사용된다.

사일런트 체인(silent chain)은 스프로킷 휠의 치와의 접촉면적이 크므로 운전은 원활하고, 전동효율도 98% 이상까지 도달한다. 그러나 높은 정밀도가 요구되고 공작이 어려운 것이므로 롤러 체인보다 값이 비싸다. 사일런트 체인은 그림 18-22와 같이 凹자형의 양쪽에 3각형의 다리를 가지고 있는 특수한 형체의 강판을 연결하여 필요한 길이로 한 것이고, 전동마력에 의하여 링크을 가로로 몇 줄이고 나란히 놓고 적당한 폭으로 결정한다.

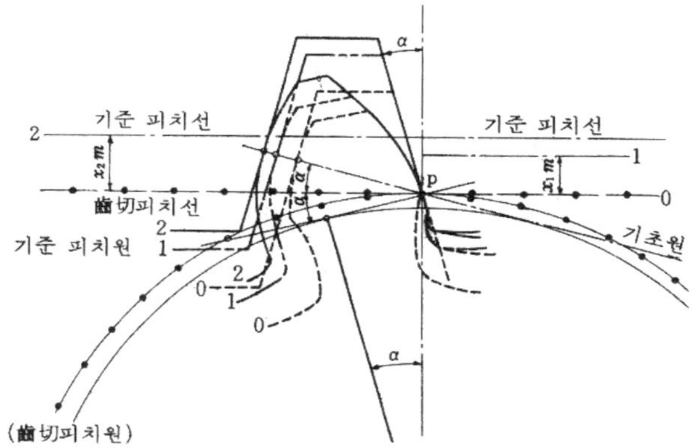

그림 18-22 사일런트 체인의 장치와 면각

(2) 사일런트 체인의 면각

링크의 양끝의 경사면이 맺는 각을 α라고 하고 이 α를 면각이라 하며, 보통 52°, 60°, 70°, 80°의 4종류가 있으며, 피치가 큰 것일수록 α가 작은 것을 사용한다. 또 그림 18-22와 같이 스프로킷 휠의 1개의 이의 양면이 맺는 각을 β, 잇수를 Z라 하면

$\triangle OAB$에서 $\dfrac{\alpha}{2}=\dfrac{\beta}{2}+\dfrac{2\pi}{Z}$이므로

$$\beta=\alpha-\frac{4\pi}{Z} \tag{18-26}$$

사일런트 체인의 링크의 수는 짝수로 하는 것이 좋고, 축간 거리 C는 롤러 체인 경우

와 같이 피치의 30~50배로 한다. 즉 $C=(30\sim50)p$ 이다.

(3) 사일런트 체인의 종류

사일런트 체인에는 **그림 18-23**에서 보는 바와 같은 핀 이음에 의한 레이놀즈 사일런트 체인(Reynolds silent chain)이 **그림 18-24**에서 보는 바와 같이 핀 대신에 받침 a, b에서 접촉하도록 되어 있는 모스 사일런트 체인(Morse silent chain) 등이 있다. 링크 플레이트(강판)는 냉간압연한 강재에서 성형하고, 다시 열처리를 하여 강인성과 내마모성을 준다. 이음핀은 냉간인발강재에 표면경화를 행하고, 그 후에 바깥둘레를 연마 다듬질한다. 체인을 운전할 때 링크의 굽힘 운동에 의하여 생기는 마모를 작게 하기 위하여 핀과 링크 플레이트와의 끼워맞춤(감합 : fitting)에 여러 가지 방법이 채용되고 있다. **그림 18-23**은 링크 벨트형이라 하고, 2개의 라이너를 집어넣은 것이다. 부시 m′는 링크 플레이트 A에, 부시 m은 링크 플레이트 B에 각각 고정되어 있다. 링크 A, B가 굽혀질 때 부시 m은 링크 A에, 부시 m′는 링크 B에 대하여 어느 각도만큼 움직일 수 있다.

그림 18-24의 모스형은 로커 핀 a, 시이트 핀 b의 2개의 핀으로 링크의 굴곡 운동을 핀 a, b 사이의 로커 운동으로 바꿔서 마모를 작게 한 것이다. **그림 18-25**는 모스형의 구조이다. 핀 또는 라이너의 마모에 의하여 피치가 늘어나면 체인은 **그림 18-26**과 같이 닳아서 위로 올라가 치와 물리게 되므로 마모에 대해서는 항상 자동적으로 조절할 수 있다. 사일런트 체인은 스프로킷 휠에 감겨질 때 그 상태로는 가로로 이동하여 벗겨져 나올 염려가 있으므로 안내링크 플레이트를 사용한다.

그림 18-27은 안내 링크 플레이트로서, 운전 중 가로 미끄럼을 방지하기 위하여 설치하고 그림 (b)와 같이 안내 링크가 체인의 양쪽에 달려 있는 것을 사이드 가이드형(side guide type) 체인, 그림 (a)와 같이 체인 안내 링크를 중앙에 집어넣은 것을 센터 가이드형(center guide type) 체인이라고 한다. 이 때는 스프로킷 제일의 중앙에 홈(溝)을 파 놓아야 된다.

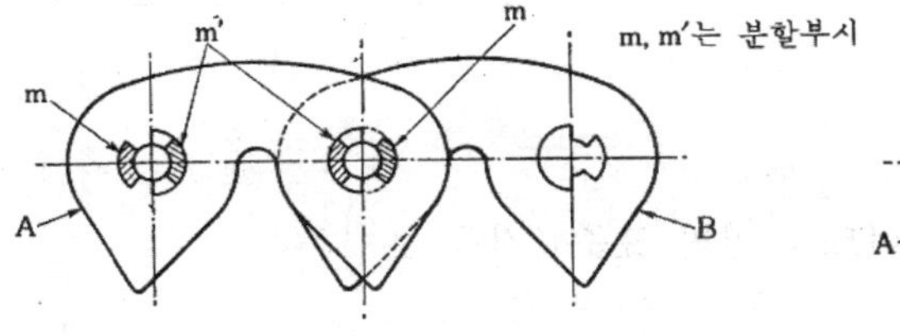

그림 18-23 레이놀즈형 사일런트 체인

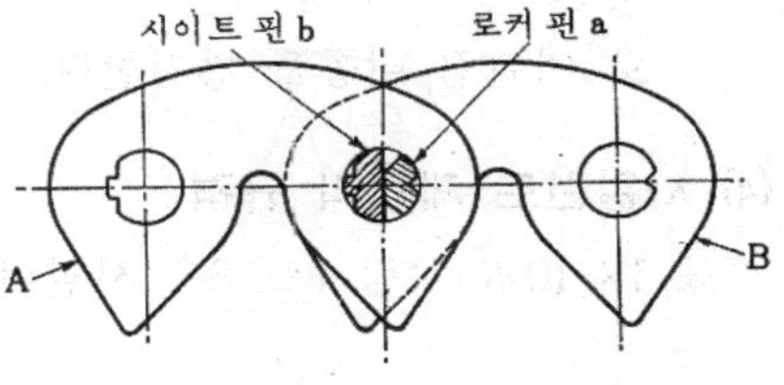

그림 18-24 모스형 사일런트 체인

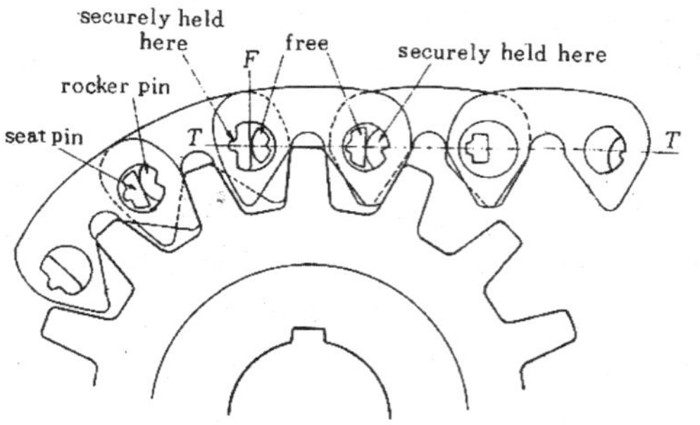

그림 18-25 모스형의 운동

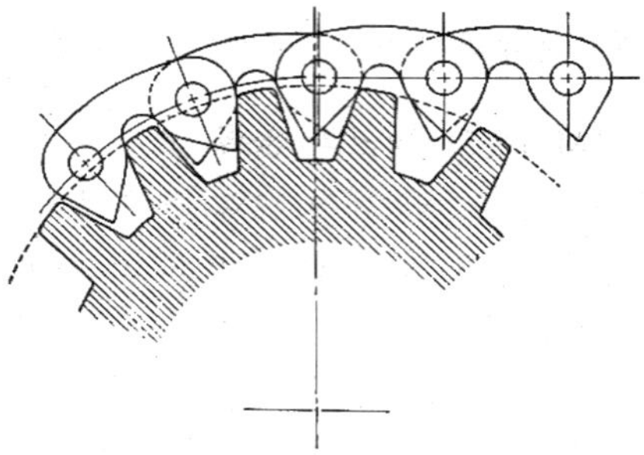

그림 18-26 사일런트 체인의 마모

또 그림 (c)와 같이 가이드 링크 플레이트가 없는 것을 넌 가이드형(non guide type) 체인이라 하며, 이 때는 스프로킷 휠의 치부양측에 플랜지(鍔)를 설치하여 가로 미끄럼 이동을 방지한다.

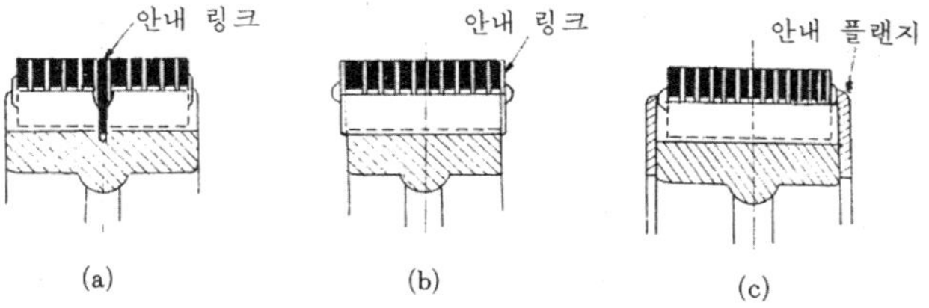

그림 18-27 안내 링크

(4) 사일런트 체인의 규격

표 18-9과 그림 18-28은 사일런트 체인의 표준규격을 표시한다.

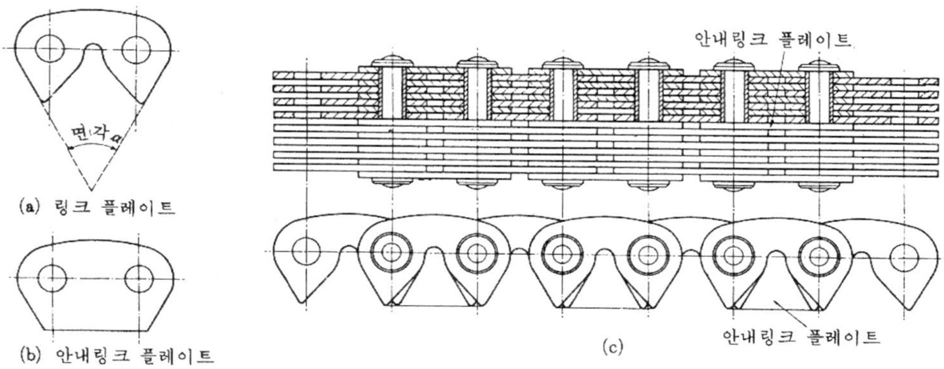

그림 18-28 사일런트 체인의 규격도

[표 18-9] 사일런트 체인의 규격 치수

피치		링크 플레이트[mm]		핀의 지름 [mm]	라이너(부시) 두께 [mm]	와셔[mm]		면각
[in]	[mm]	길이	두께			지름	두께	
3/8	9.52	17.25	1.52	2.77	0.71	6.35	1.52	60°, 70° 및 80°
1/2	12.70	22.27	1.52	3.17	1.02	7.24	1.52	52° 및 60°
5/8	15.87	27.48	1.52	4.75	1.27	9.25	1.52	52° 및 60°
3/4	19.05	32.94	1.52	4.75	1.25	10.46	1.52	52°, 60° 및 70°
1	25.40	43.61	1.52	6.35	1.52	12.70	2.03	52°
1 1/4	31.75	54.02	3.04	8.71	2.03	15.87	2.03	52°
1 1/2	38.10	74.69	3.04	11.10	2.03	19.05	2.03	60° 및 52°
2	50.80	86.00	3.04	14.27	2.03	22.22	2.03	52°

2. 사일런트 체인의 설계

(1) 파괴하중

파괴하중 P_B는 각 제품에 의하여 다르나 일류 제품에 대하여 다음 식으로 구한다.

$$P_B = 385pb\,[\text{kgf}] \tag{18-27}$$

여기서, p : 체인의 피치[cm], b : 체인의 폭[cm]

사일런트 체인의 스프로킷 휠의 치형은 그림 18-29에 도시한다.

여기서, p : 체인 피치[in], Z : 잇수

(2) 사일런트 체인의 속도

사일런트 체인의 속도 v는 7[m/sec] 이하로서 특시 4~6[m/sec]가 가장 적당하다. 적당한 윤활과 밀폐한 게이지를 구비하고 있고, 피치가 작으면 최대 10[m/sec]까지는 허용되나 고속이 될 수록 소음이 크게 나고 내구성을 해친다. 그러나 미국에서는 사일런트 체인의 속도를 다음 식으로 구한다.

$$v = \frac{Nzp}{12}\,[\text{ft/min}] \tag{18-27}$$

여기서, N : 회전속도[rpm], Z : 잇수, p : 피치[in]

(3) 사일런트 체인의 스프로킷 휠의 지름

미국규격에는 사일런트 체인에 사용되는 스프로킷 휠의 지름을 다음 식으로 구하도록 규정되어 있다. 그림 18-29를 보아라.

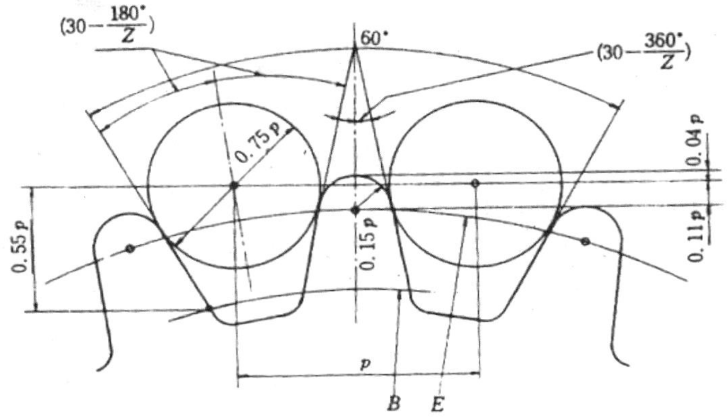

그림 18-29 사일런트 체인의 스프로킷 휘일의 설계

이끝원의 중심 지름 $D=p\left(\cot\frac{\pi}{Z}-0.22\right)[\text{in}]$ (18-28)

작용면의 최소 지름 $B=p\sqrt{1.515213+\left(\cot\frac{\pi}{Z}-1.1\right)^2}\ [\text{in}]$ (18-29)

(4) 사일런트 체인의 전동마력표

사일런트 체인 전동을 선택하려면 전달마력, 원동축, 종동축의 회전속도, 축지름, 하중상태등을 고려한다. 전달마력은 원동기의 종류, 사용 시간, 하중 상태를 생각하고 안전율을 곱한다. 안전율은 표 18-11과 같다.

[표 18-11] 안전율의 값

하중의 상태	10시간 이하(1일중)		24시간(1일중)	
	모터 터빈	내연 기관	모터 터빈	내연기관
충격이 없다	1	1.3	1.3	1.7
충격이 중간 정도	1.3	1.7	1.7	2
충격이 크다	1.7	2	2	2.5

예제 6 연강표면경화의 $Z_1 = 17$, $N_1 = 1200$[rpm]의 작은 스프로킷 휠에서 철강제의 $Z_2 = 50$, 큰 스프로킷 휠에 사일런트 체인으로 전동시키면 몇 마력을 전달시킬 수 있는가?

풀이

$$Z_1 = 17,\ \alpha = \frac{180^\circ}{17} = 1053^\circ{}',\ \sin 10^\circ 35' = 0.1837$$

$$D_1 = \frac{p}{\sin\alpha_1} = \frac{19.05}{0.1837} = 103.72\,[\text{mm}]$$

$$Z_2 = 50,\ \alpha_2 = \frac{180^\circ}{50} = 3^\circ 36,\ \sin 3^\circ 36' = 0.0628,\ D_2 = \frac{19.05}{0.0628} = 303.39\,[\text{mm}]$$

$$N_1 = 1200\,[\text{rpm}],\ N_2 = 1200 \times \frac{17}{50} = 353\,[\text{rpm}]$$

회전비 $\epsilon = \dfrac{1200}{353} \fallingdotseq 3.4$

$$v = 0.000524\, D_1 N_1 = 0.000524 \times 10.372 \times 1200 = 6.52\,[\text{m/sec}]$$

$$p = 1.905\,[\text{cm}],\ b = 7.62\,[\text{cm}]$$

파괴하중 $P_B = 385pb = 385 \times 1.905 \times 7.62 \fallingdotseq 5600\,[\text{kgf}]$

안전율 $S_f = 30$으로 잡는다.

$$P_w = \frac{5900}{30} = 187\,[\text{kgf}]$$

$$H = \frac{P_w v}{75} = \frac{187 \times 6.52}{75} = 16.25\,[\text{PS}]$$

중심거리 $C = 450\,[\text{mm}]$라 하면

체인의 길이 $L_n = \dfrac{2 \times 450}{19.05} + \dfrac{17+50}{2} + \dfrac{0.0275 \times 19.05}{450} \times (17-50)^2 = 81.7 = 82$[링크]

$$L_p = p \times L_n = p \times L_n = 19.05 \times 82 = 1562.1\,[\text{mm}]$$

찾아보기

ㅅ

ㅇ

ㅈ